石油石化废水处理技术及工程实例

■赵杉林 主 编
■张金辉 副主编

中国石化出版社

内 容 提 要

本书系统介绍了废水处理技术的基本原理、石油石化行业不同类型生产废水的处理技术、典型工程实例等。全书由废水处理技术概论、石油工业废水处理及工程实例、石化工业废水处理及工程实例三部分组成。重点介绍油田采油废水、稠油废水、钻井废水、井下作业废水、石化行业含油废水、含硫废水、含酚废水、含环烷酸废水、含氰（腈）废水、含铬废水、含苯废水的特性、来源及国内外同类废水的污染防治对策和治理方法，并列举了大量的废水处理工程实例，最后介绍了石化行业中水回用方面的相关内容。

本书重视对石油石化行业不同类型生产废水处理技术的系统总结，注意吸收废水处理的新理论和新技术，同时力求理论联系实际，通过典型工程实例突出其实用性和可操作性。

本书可作为从事石油石化行业废水治理的科研、设计、规划及管理人员的技术用书，也适合供其他行业从事废水污染治理的人员以及高等院校相关专业的师生参考。

图书在版编目(CIP)数据

石油石化废水处理技术及工程实例/赵杉林编.
—北京:中国石化出版社,2012.11
ISBN 978-7-5114-1797-8

Ⅰ.①石… Ⅱ.①赵… Ⅲ.①石油化工废水-工业废水处理-研究 Ⅳ.①X703

中国版本图书馆 CIP 数据核字(2012)第 248552 号

中国石化出版社出版发行

地址:北京市东城区安定门外大街 58 号
邮编:100011 电话:(010)84271850
读者服务部电话:(010)84289974
http://www.sinopec-press.com
E-mail:press@sinopec.com
北京科信印刷有限公司印刷
全国各地新华书店经销

*

787×1092 毫米 16 开本 35 印张 886 千字
2013 年 1 月第 1 版 2013 年 1 月第 1 次印刷
定价:120.00 元

Preface 前言

石油作为重要的能源，在世界能源构成中占有很大的比重，对整个社会经济结构具有深远的影响。随着对石油资源需求总量的不断增长，如何有效地控制和治理石油开采与炼制过程中造成的环境污染，已成为世界各国亟需解决的重要课题。从目前我国石油石化行业废水处理与中水回用技术研究现状以及技术成熟度与优劣性来看，有必要对这些技术及典型工程进行深层次总结、分析，并结合国外先进技术，进行综合与集成，以加速我国石油石化行业废水处理技术的提高和发展。

本书在对废水处理技术基本原理进行简要介绍的基础上，总结了国内外先进的石油石化行业不同类型生产废水的处理技术、废水资源化回用技术和节水减排技术，列举了各类废水处理技术的典型工程实例，突出其实用性和可操作性。全书由废水处理技术概论、石油工业废水处理及工程实例、石化工业废水处理及工程实例三部分组成。重点介绍油田采油废水、稠油废水、钻井废水、井下作业废水、石化行业含油废水、含硫废水、含酚废水、含环烷酸废水、含氰(腈)废水、含铬废水、含苯废水的特性、来源及国内外同类废水的污染防治对策和治理方法，并列举了大量的废水处理工程实例，最后介绍了循环冷却水处理和中水回用等方面的相关内容。

本书由辽宁石油化工大学赵杉林主编，张金辉副主编，参加编写人员有李长波、马会强、胡春玲、李萍及中国科学院青岛生物能源与过程研究所孔令照。全书由赵杉林教授统稿。

本书可作为从事石油石化行业废水治理以及其他行业从事废水污染治理的科研、设计、规划及管理人员的技术用书，也可供从事环境工程的其他人员以及大专院校相关专业的师生参考使用。

由于作者学术水平和工作经验有限，书中难免有不妥及错误之处，敬请专家和读者批评指正。

编　者

Contents 目录

第一篇 废水处理技术概论

第二篇　石油工业废水处理及工程实例

第三篇　石化工业废水处理及工程实例

第一篇 废水处理技术概论

第一章　水体污染与处理

第一节　水环境与水循环

一、水环境

地球表面上水的覆盖面积约占3/4。水是宝贵的自然资源，是人类生活、动植物生长和工农业生产不可缺少的物质。水是一切生命机体的组成物质，是生命发生、发育和繁衍的源泉。水是生物体新陈代谢的一种介质，生物从外界环境中吸收养分，通过水将各种养分物质输送到机体的各个部分，又通过水将代谢产物排出机体之外，因此水是联系生物体营养过程和代谢过程的纽带，水参与了一系列的生理生化反应，维持着生命的活力。水还对生物体起着散发热量、调节体温的作用，是人体以及各种生物体中含量最多的一种物质，约占体重的2/3。每人每天约需5L水，没有水就没有生命。

生产和生活用水，基本上都是淡水。地球上全部地面和地下的淡水量总和仅占总水量的0.63%。随着社会发展和人们生活水平的提高，生产和生活用水量在不断提升。人类年用水量已接近$4\times10^{12}m^3$，全球有60%的陆地面积淡水供应不足，近20亿人饮用水出现短缺。联合国早在1977年就向全世界发出警告：水资源不久将成为继石油危机之后的另一个更为严重的全球性危机。近年来多种渠道的报道都在告诫人类面临着水源危机。据估计，全球对水的需求，每20年将增加一倍，但水的供应却不会以这种速度增加。目前拥有世界人口40%的约80多个国家正面临着水源不足，并使其农业、工业和人民的健康受到威胁。人类不但需水量大，而且随着工农业的迅速发展和人口增长，排放的废污水量也急剧增加，使许多江、河、湖、水库，甚至地下水等都遭受不同程度的污染，使水质下降。而水质的优劣直接关系到工农业生产能否正常进行，关系到水生生物的生长，更关系到人体的健康，因此，水质的优劣极为重要。

天然水可分为降水、地表水和地下水三大类。天然水体又是江、河、湖、海等水体的总称。所有的天然水体总是要和外界环境密切接触，它在运动过程中，将接触到的大气、土壤、岩石等所含的多种物质挟持或溶入，使自身成为极其复杂的体系。大多数天然水体的pH值为3~9，其中河水pH值为4~7，海水pH值为7.7~8.3，天然水体中通常含有三大类物质，即悬浮物质、胶体物质和溶解物质，如表1-1所示。

表1-1　天然水体的组成

分　类	主 要 物 质
悬浮物质	细菌，病毒，藻类及原生动物，泥沙，黏土等颗粒物
胶体物质	硅、铝、铁的水合氧化物胶体物质，黏土矿物胶体物质，腐殖质等有机高分子化合物
溶解物质	氧、二氧化碳、硫化氢、氮等溶解气体，钙、镁、钠、铁、锰等离子的卤化物，碳酸盐、硫酸盐等盐类，其他可溶性有机物

二、水的循环

水的循环分为自然循环与社会循环。

1. 自然循环

自然界中的水并不是静止不动的，在太阳能的作用下，通过海洋、湖泊、河流等广大水面以及土壤表面、植物茎叶的蒸发与蒸腾作用形成水汽，上升到空中凝结为云，在大气环流——风的作用下又以雨、雪、雹的形式降落到地面。这些降落下来的水分，在陆地上分为两路流动：一路在地面上汇成江河湖泊，称为地面径流；另一路渗入地下，形成地下水，称为地下渗流。这两路水有时相互交流转换，但最后都注入海洋。与此同时，一部分水经过地面与水面的蒸发以及植物吸收后叶面的蒸腾又进入大气团中，这种循环往复的过程称为自然界水的循环，如图 1－1 所示。

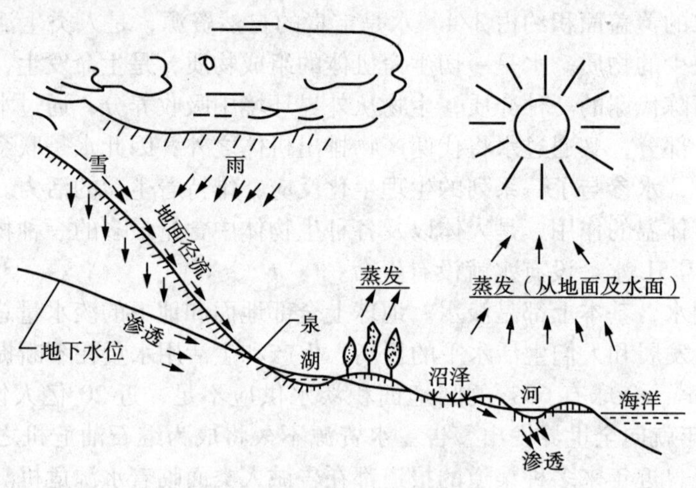

图 1－1　自然界水的循环

据推算，整个地球的降水量每年约 $4 \times 10^5 km^3$，每年自然循环的水量约占地球上总水量 $(14 \times 10^8 km^3)$ 的 0.03%，在这些循环水量中只有约 1/4 降落到陆地的表面，这些降水到达地面后，其中约有 56% 的水量为植物蒸腾、土壤与地面水体蒸发所消耗，34% 形成地面径流，10% 渗入地下补充地下水，形成地下径流。

2. 社会循环

人类为满足生产与生活需要，要从自然界摄取大量的水。这些水经使用后就成为生活污水和生产废水，排入自然水体。这样，水在人类社会中又构成了一个局部的循环体系，即水的社会循环，如图 1－2 所示。

每人每天至少需要 5L 水，加上卫生方面的需要，全部生活用水量 40～50L/d。生活水准越高，用水量也越大。一般来说，发展中国家平均人均日用水量 40～60L，发达国家则达到 200～300L。当然，用水量的大小与不同地区的气候条件、生活习惯有关。

工业更是用水大户，据统计，工业用水一般要占城市用水的 70%～80%。各种行业，如发电、冶金、石油、化工、纺织、印染、造纸都是用水大户。表 1－2 所列为各类产品的单位用水量。

农业则是另一用水大户，不少国家尽管工业用水量很大，但农业用水量仍大大超过工业用水量。即使发达国家如美国、日本，其农业用水量约为工业用水量的 2～3 倍。中国是一个农业大国，农业是主要的用水与耗水部门。据统计，长江流域每亩水稻田的需水量约为 $50 \sim 500m^3$；北方地区的主要农作物为小麦、玉米和棉花，其需水量分别为 $200 \sim 300m^3/hm^2$、$150 \sim 250m^3/hm^2$、$80 \sim 150m^3/hm^2$ 左右。

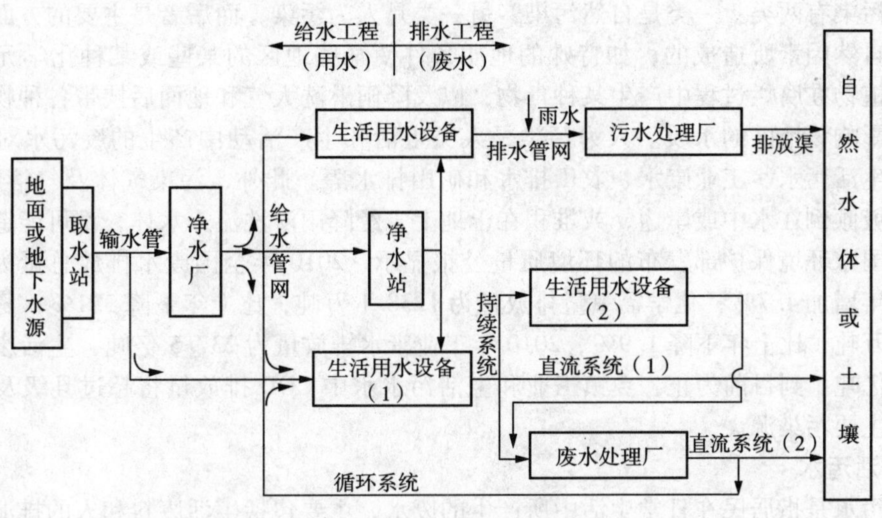

图 1-2 水循环系统

表 1-2 各类产品的单位用水量 m^3/t

产品	用水量	产品	用水量	产品	用水量
苛性钠	100 ~ 150	纸浆	200 ~ 250	白铁皮	50
苏打	50	报纸	280	铝	160
90% 硫酸	30	毛织品	150 ~ 350	煤炭	1 ~ 5
硫酸铵	50 ~ 250	棉纱	200	石油	4
液氨	30	皮革	50 ~ 125	汽油	10 ~ 20
电石	60	人造丝浆料	660	水泥	1 ~ 4
丙酮	360	黏胶人造丝	2400	炸药	800
醋酸	400 ~ 1000	玻璃	70	合成橡胶	1250 ~ 2800
乙醇	200 ~ 500	甜菜糖	100 ~ 200	电力	$0.02m^3/kW \cdot h$
啤酒	20 ~ 80	钢铁	300	汽车	$40m^3$/辆
肉类加工业	8 ~ 35	钢板	70 ~ 75		

随着世界人口的增长与工业、农业的发展，用水量在日益增长。用水量增加的结果使废水的排放量也相应增加，这些废水如不经处理直接排入水体就会造成很严重的环境污染，使水资源更加紧张。因此，在合理开发利用水资源的同时要有效地控制水体的污染。

第二节 废水的来源与污染物

一、废水的来源与特性

水体污染主要指由于人类的各种活动排放的污染物进入河流、湖泊、海洋或地下水等水体中，使水和水体的物理、化学性质发生变化从而降低了水体的使用价值。水体污染会严重危害人体健康，据世界卫生组织报道，全世界75%左右的疾病与水污染有关；常见的伤寒、霍乱、胃炎、痢疾和传染性肝炎等疾病的发生与传播都直接或间接与饮用污染水有关。

水体污染有两类：一类是自然污染，另一类是人为污染，而后者是主要的方面。自然污染主要是自然因素所造成的，如特殊的地质条件使某些地区的某些或某种化学元素大量富集，天然植物在腐烂过程中产生某种毒物，以及降雨淋洗大气和地面后挟带各种物质流入水体，都会影响该地区的水质。人为污染是人类生活和生产活动中产生的废污水对水体的污染，包括生活污水、工业废水、农田排水和矿山排水等。此外，污染气体及气溶胶的沉降，废渣和垃圾倾倒在水中或岸边，或堆积在土地上，经降雨淋洗流入水体，都可能造成污染。

根据国家环境保护部发布的环境质量公报显示，2010年全国废水排放总量为617.3亿吨，比上年增加4.7%；化学需氧量排放量为1238.1万吨，比上年下降3.1%；氨氮排放量为120.3万吨，比上年下降1.9%，2010年工业废水排放量为237.5亿吨，生活废水排放量为379.8亿吨。到目前为止，乡镇工业和生活污水水中COD排放量将超过县级及县以上企业而成为主要污染源。

1. 生活污水

生活污水是指居民在日常生活中所产生的废水，主要包括生活废料和人的排泄物，包括厨房洗涤、淋浴、洗衣等废水以及冲洗厕所等废水。废水的成分及其变化取决于居民的生活状况、生活水平及生活习惯。污染物的浓度则与用水量有关。

生活污水的水质特征是水质较稳定，但浑浊、色深且具有恶臭，呈微碱性，一般不含有毒物质。由于生活污水适于各种微生物的生长繁殖，所以往往含有大量的细菌、病毒和寄生虫卵。

生活污水中所含固体物质约占总质量的0.1%～0.2%，其中溶解性固体约占固体总量的3/5～2/3，主要是各种无机盐和可溶性的有机物质，悬浮固体占总量的1/3～2/5，而其中有机成分几乎占3/4以上。此外，生活污水中还含有氮、磷等营养物质。表1－3所列为城市生活污水的典型组成。表1－4是中国一些城市生活污水的水质情况。

表1－3　城市生活污水的典型组成　　mg/L

项　目	无机的	有机的	总量	BOD_5	项　目	无机的	有机的	总量	BOD_5
可沉固体	40	100	140	55	总固体	275	380	655	160
不可沉固体	25	70	95	65	氮	15	20	35	
溶解固体	210	210	420	40	磷	5	3	8	

表1－4　中国部分城市生活污水水质情况

水质指标	北京	上海	西安	武汉	哈尔滨
ph值	7.0～7.7	7.0～7.5	7.3～7.9	7.1～7.6	6.9～7.9
SS/(mg/L)	100～320	300～350		60～330	110～450
BOD_5/(mg/L)	90～180	350～370	—	320～340	80～250
NH_3-N/(mg/L)	25～45	40～50	21.7～32.5	15～60	15～50
氯化物/(mg/L)	124～128	140～150	80～105	—	—
P/(mg/L)	30～35	—	—	—	5～10
K/(mg/L)	18～22	—	—	—	—

2. 工业废水

工业废水是指工业生产所排放的废水。由于工业类型、生产工艺及用水水质、管理水平的不同，使各类工业废水的成分与性质千差万别。工业废水中除冷却水较清洁外，其余都含有各种各样的污染物，有的含有大量的有机污染物质，有的含有毒有害物质，有的物理性状十分恶劣，成分十分复杂。这类工业废水必须经处理后方能排入水体或城市下水道系统。表1-5所列为化学工业所排放废水中重点污染物的来源。

表1-5 化学工业废水中重点污染物的来源

重点污染物	来　源
汞	聚氯乙烯(电石法)厂、汞试剂厂
镉	无机和有机镉生产厂、镉试剂厂
铅	颜料厂、铅盐生产厂
砷	硫酸生产厂、农药厂
铬	铬盐生产厂、铬黄颜料厂
酸类	硫酸、盐酸、硝酸、合成染料、农药、塑料生产厂
氨、铵盐	化肥(氮肥)厂、焦化厂
碱类	氯碱厂、纯碱厂
氟化物	硫酸厂、氟塑料生产厂、磷肥生产厂、制冷剂厂
酚类	合成苯酚生产、合成染料、酚醛树脂厂、农药厂、焦化厂
氰化物	焦化厂、煤气生产厂、氰化钠生产厂、氮肥厂、有机化工厂
硫化物	硫酸厂、焦化厂、染料厂、有机化工厂、无机盐厂
有机磷	农药厂、有机化工厂
有机氯	农药厂、有机化工厂
BOD、COD_{Cr}	染料厂、塑料厂、农药厂、焦化厂、涂料厂、其他有机化工原料厂

3. 农业废水

随着农药与化肥的大量使用，农业径流排水已成为水体污染的主要原因之一。施用于农田的农药与化肥除了小部分被植物吸收外，大部分残留在土壤或漂浮于大气中，经降水洗淋、冲刷及农田灌溉排水，残留的农药与化肥最终会随降水及灌溉排水径流排入地面水体或渗入地下水中。此外，农业废弃物(包括农作物的秆、茎、叶以及牲畜粪便等)也会随各种途径带入水体中，造成水体的污染。表1-6为每种家畜废物排放量的人口当量数。

表1-6 每种家畜废物排放量的人口当量数

家　畜	BOD_5	总固体
牛	6.0	18.4
马	3.0	13.0
猪	1.8	4.4
羊	0.6	3.0
鸡	0.1	0.3

二、污染物种类及水质指标

废水中的污染物种类大致可分为：固体污染物、需氧污染物、营养性污染物、碱污染物、有毒污染物、油类污染物、生物污染物、感官性污染物、热污染等。水体中的污染物大致分类见表1－7。

表1－7　水体中的污染物

分　类	主要污染物
无机有害物	水溶性氯化物、硫酸盐、酸、碱等无机酸碱盐中无毒物质、硫化物
无机有毒物	铝、汞、砷、镉、铬、氟化物、氰化物等重金属元素及无机有毒化学物质
耗氧有机物	碳水化合物、蛋白质、油脂、氨基酸等
植物营养物	铵盐、磷酸盐和磷、钾等
有机有毒物	酚类、有机磷农药、有机氯农药、多环芳烃、苯等
病原微生物	病菌、病毒、寄生虫等
放射性污染	铀、锶、铯等
热污染	含热废水

为了表征废水水质，规定了许多水质指标。主要有：有毒物质、有机物质、悬浮物、细菌总数、pH值、色度、温度等。一种水质指标可以包括几种污染物，而一种污染物又可以属于几种水质指标。

1. 固体污染物

固体污染物常用悬浮物和浊度两个指标来表示。悬浮物是一项重要的水质指标。它的存在不但使水质浑浊，而且易使管道设备堵塞、磨损，干扰废水处理及回收设备的工作。由于大多数废水中都有悬浮物，因此去除水中的悬浮物是废水处理的一项基本任务。

浊度是对水的光传导性能的一种测量，其值可表征废水中胶体和悬浮物的含量。主要是水体中含有泥沙、有机质胶体、微生物以及无机物质的悬浮物和胶体物，产生的浑浊现象，导致水的透明度降低，而影响感官甚至影响水生生物的活动。

固体污染物在水中以3种状态存在：溶解态（直径小于1nm）、胶体态（直径1～200nm）和悬浮态（直径大于100nm）。水质分析中把固体物质分为两部分：能透过滤膜（孔径约3～10μm）的称溶解固体（DS）；不能透过的称悬浮固体或悬浮物（SS），两者合称为总固体（TS）。在水质监测中悬浮物（SS）是一个比较重要的水质指标。

2. 耗氧有机物

水体污染物中有一类属于耗氧有机物，它们是来自于城市生活污水及食品、造纸、印染等工业废水中含有的大量的烃类的化合物、蛋白质、脂肪、纤维素等有机质，本身无毒性，但在分解时需消耗水中的溶解氧，故称为耗氧（或需氧）有机物。

耗氧有机物种类繁多，组成复杂，因而难以分别对其进行定量、定性分析。没有特殊要求，一般不对它们进行单项定量测定，而是利用其共性，间接地反映其总量或分类含量。在水质监测和工程实际中，常采用以下几个综合水质污染指标来描述。

（1）化学需氧量（COD）

化学需氧量是指在酸性条件下，用强的化学氧化剂将有机物氧化成CO_2、H_2O所消耗的氧化剂所含的氧量。以每升水消耗氧的毫克数表示（mg/L）。COD值越高，表示水中有机污染物的污染越严重。目前常用的氧化剂主要是重铬酸钾和高锰酸钾。由于重铬酸钾氧化作用很强，所以能较完全地氧化水中大部分有机物和无机性还原性物质（但不包括硝化所需的氧量），此时化学需氧量用COD_{Cr}表示，该指标主要适用于分析污染严重的水样，如生活污水和工业废水。如采用高锰酸钾作为氧化剂，则用COD_{Mn}表示，该指标适用于测定一般地表水，如海水、湖泊水等。目前，根据国际标准化组织(ISO)规定，化学需氧量指 COD_{Cr}，而称 COD_{Mn} 为高锰酸钾指数。

与 BOD_5 相比，COD_{Cr} 能在较短时间内较为准确地测出废水中耗氧物质的含量，不受水质限制。缺点是不能表示出可被微生物氧化的有机物量，此外废水中的还原性无机物质也能消耗部分氧，会造成一定的误差。

(2)生化需氧量(BOD)

天然水体中溶解氧含量一般为5～10mg/L。当大量耗氧有机物排入水体后，水中溶解氧会急剧降低，水体出现恶臭，破坏水生生态系统。这类物质对水体的污染程度，可间接地用单位体积水中耗氧有机物生化分解过程所消耗的氧量(以mg/L为单位)，即生物化学需氧量(BOD)来表示。

废水中有机物的分解，一般可以分为两个阶段。第一阶段称碳化阶段，是有机物中的碳氧化为二氧化碳，氮氧化为氨的过程。碳化阶段消耗的氧量称为碳化需氧量，用 L_a 表示。第二阶段称为氮化阶段或硝化阶段。氨在硝化细菌的作用下，被氧化为亚硝酸根和硝酸根。硝化阶段的耗氧量称为硝化需氧量，用 L_N 表示。

有机物的耗氧过程与温度、时间有关。在一定范围内温度越高，微生物活力越强，消耗有机物就越快，需氧越多；时间越长，微生物降解有机物的数量和深度越大，需氧量越多。在实际测定生化需氧量时，温度规定为20℃。此时，一般有机物需20天左右才能基本完成第一阶段的氧化分解过程，其需氧量用 BOD_{20} 表示，它可视为完全生化需氧量 L_a。在实际测定时，20天时间太长，目前国内外普遍采用在20℃条件下培养5天的生物化学过程需要氧的量为指标，称为 BOD_5，简称BOD。BOD_5 只能相对反映出氧化有机物的数量，各种废水的水质差别很大，其 BOD_{20} 与 BOD_5 相差悬殊，但对某一种废水而言，此值相对固定，如生活污水的 BOD_5 约为 BOD_{20} 的0.7左右。但是，它在一定程度上亦反映了有机物在一定条件下进行生物氧化的难易程度和时间进程，具有很大的使用价值。

如果废水中各种成分相对稳定，那么COD与BOD之间应有一定的比例关系。一般来说，$COD > BOD_{20} > BOD_5 > COD_{Mn}$。其中 BOD_5/COD 比值可作为废水是否适宜生化法处理的一个衡量指标。比值越大，越容易被生物氧化。通常认为 BOD_5/COD 大于0.3的废水才适宜采用生化处理。

(3)总需氧量(TOD)

有机物主要组成元素是C、H、O、N、S等。在高温下燃烧后，将分别产生 CO_2、H_2O、NO_2 和 SO_2，所消耗的氧量称为总需氧量TOD。TOD的值一般大于COD的值。

TOD的测定方法是：向氧含量已知的氧气流中注入定量的水样，并将其送入以铂为触媒的燃烧管中，在900℃高温下燃烧，水样中的有机物即被氧化，消耗掉氧气流中的氧气，剩余氧量可用电极测定并自动记录。氧气流原有氧量减去剩余氧量即得总需氧量TOD。TOD的测定，仅需要几分钟。但TOD在水质监测中应用比较少。

(4)总有机碳(TOC)

总有机碳是近年来发展起来的一种水质快速测定方法，用于测定废水中的有机碳的总含量。总有机碳的测定方法是：向氧含量已知的氧气流中注入定量的水样，并将其送入特殊的燃烧器(管)中。以铂为催化剂，在900℃高温下，使水样汽化燃烧，并用红外气体分析仪测定在燃烧过程中产生的 CO_2 量，再折算出其中的含碳量，其值就是总有机碳值。为排除无机碳酸盐的干扰，应先将水样酸化，再通过压缩空气吹脱水中的碳酸盐。TOC的测定时间也仅需几分钟。TOC 虽可以以总有机碳元素量来反映有机物总量，但因排除了其他元素，仍不能直接反映有机物的真正浓度。

3. 富营养化污染

污水中除大部分是含碳的有机物外，还包括含氮、磷的化合物及其他一些物质，它们是植物生长、发育的养料，称为植物营养素。过多的植物营养物进入水体后，也会恶化水质、影响渔业生产和危害人体健康。含氮的有机物中最普遍的是蛋白质，含磷的有机物主要为洗涤剂等。

4. 无机无毒物质(酸、碱、盐污染物)

无机无毒物质主要指排入水体中的酸、碱及一般的无机盐类。酸主要来源于矿山排水、工业废水及酸雨等。碱性废水主要来自碱法造纸、化学纤维制造、制碱、制革等工业的废水。酸碱废水的水质标准中以 pH 值来反映其含量水平。酸性废水和碱性废水可相互中和产生各种盐类；酸性、碱性废水亦可与地表物质相互作用生成无机盐类。所以，酸性或碱性污水造成的水体污染必然伴随着无机盐的污染。

酸性和碱性污水使水体的 pH 值发生变化，破坏了自然的缓冲能力，抑制了微生物的生长，妨碍了水体的自净，使水质恶化、土壤酸化或盐碱化。此外酸性废水也对金属和混凝土材料造成腐蚀。同时，还因其改变了水体的 pH 值，增加了水中的一般无机盐类和水的硬度等。

5. 有毒污染物

废水中能对生物引起毒性反应的化学物质，称有毒污染物。工业上使用的有毒化学物质已经超过 12000 种，而且每年以 500 种的速度递增。

毒物是重要的水质指标，各类水质标准对主要的毒物都规定了限值。废水中的毒物可分为三大类：无机有毒物质、有机有毒物质和放射性物质。

(1)无机有毒物质

这类物质具有强烈的生物毒性，它们排入天然水体，常会影响水中生物，并可通过食物链危害人体健康，这类污染物都具有明显的累积性，可使污染影响持久和扩大。无机有毒物质包括金属和非金属两类。

重金属污染物的特点是因其某些化合物的生产与应用的广泛，在局部地区可能出现高浓度污染。此外，重金属污染物一般具有潜在危害性，它们与有机污染物不同。水中的微生物难于使之分解消除，会在食物链中逐级富集，浓度会越来越大，摄入人体后会在人体内积累，引起慢性中毒。在生物体内的某些重金属又可被微生物转化为毒性更大的有机化合物(如无机汞可转化为有机汞)。重金属污染物的毒害不仅与其摄入机体内的数量有关，而且与其存在形态有密切关系，不同形态的同种重金属化合物其毒性可以有很大差异。如烷基汞的毒性明显大于二价的汞离子的无机盐；砷的化合物中三氧化二砷(As_2O_3，砒霜)毒性最大；钡盐中的硫酸钡($BaSO_4$)因其溶解度小而无毒性，$BaCO_3$ 虽难溶于水，但能溶于胃酸，所以和氯化钡($BaCl_2$)一样有毒。

无机污染物中的氰化物(KCN 及 NaCN)的毒性是很强的，氰化物以各种形式存在水中，人中毒后，会呼吸困难，全身细胞缺氧，导致窒息死亡。氰化物主要来自各种含氰化物的工业废水，如电镀废水、煤气厂废水、炼焦炼油厂和有色金属冶炼厂等的废水。

(2)有机有毒物质

主要包括有机氯农药、多氯联苯、多环芳烃、高分子聚合物(塑料、人造纤维、合成橡胶)、染料等有机化合物。它们的共同特点是大多数为难降解有机物，或持久性有机物。它们在水中的含量虽不高，但因在水体中残留时间长，有蓄积性，可造成人体中毒、致癌、致畸、致突变等生理危害。

随着现代化石油化学工业的高速发展，产生了很多原来自然界没有的、难分解的、剧毒的有机物，这些有机物有合成洗涤剂、有机氯农药等。例如对环境危害极大的有机氯农药，其特点是毒性大，化学性质稳定，残留时间长，且易溶于脂肪、蓄积性强而在水生生物体内富集，不仅影响水生生物的繁衍，且通过食物链危害人体健康。这类农药国外早已禁用，中国从 1983 年开始也已逐步停止生产和限制使用。

多氯联苯(PCB)是联苯分子中一部分或全部氢被氯取代后所形成的各种异构体混合物的总称。PCB 有剧毒，脂溶性强，易被生物吸收，且具有化学性质稳定等特点，不易被燃烧，强酸、强碱、氧化剂都难以将其分解，耐热性高，绝缘性好，蒸汽压低，难挥发等特性。所以 PCB 作为绝缘油、润滑油、添加剂等，被广泛用于变压器、电容器，以及各种塑料、树脂、橡胶等工业，因此 PCB 也存在于这些工业的废水中而被排入水体。PCB 在天然水和生物体内都很难降解，是一种很稳定的环境污染物。

近年来石油对水体的污染也十分严重，特别是海湾及近海水域。石油对水体污染的主要污染物是各种烃类化合物，如烷烃、环烷烃、芳香烃等。在石油的开采、炼制、储运、使用过程中，原油和各种石油制品进入环境而造成污染，其中包括通过河流排入海洋的废油、船舶排放和事故溢油、海底油田泄漏和井喷事故等。当前，石油对海洋的污染已成为世界性的环境问题。1991 年发生的海湾战争，人为地使大量原油从科威特的艾哈迈迪油港流入波斯湾，这是最大的一次石油污染海洋事件，它将带来难以估量的恶果。

石油或其制品进入海洋等水域后，对水体质量有很大影响，这不仅是因为石油中的各种成分都有一定的毒性，还因为它具有破坏生物的正常生活环境，造成生物机能障碍的物理作用。石油比水轻又不溶于水，覆盖在水面上形成薄膜层，既阻碍了大气中氧在水中的溶解，又因油膜的生物分解和自身的氧化作用，会消耗水中大量的溶解氧，致使海水缺氧，同时因石油覆盖或堵塞生物的表面和微细结构，抑制了生物的正常运动，且阻碍小动物正常摄取食物、呼吸等活动。如油膜会堵塞鱼的鳃部，使鱼呼吸困难，甚至引起鱼类死亡。若以含油的污水灌溉，也会因油膜黏附在农作物上而使其枯死。

6. 放射性物质

放射性是指原子核衰变而释放射线的物质属性。主要包括 X 射线、α 射线、β 射线、γ 射线及质子束等。大量的放射性同位素 ^{238}U、^{236}Ra、^{232}Th 等一般放射性都比较弱，对生物几乎没有危害。人工的放射性同位素主要来自铀、镭等放射性金属的生产和使用过程，如核试验、核燃料再处理、原料冶炼厂等。其浓度一般较低，主要引起慢性辐射和后期效应，如诱发癌症、促成贫血、白血球增生、对孕妇和婴儿产生损伤、引起遗传性损害等。

7. 油类污染物

油类污染物包括“石油类”和“动植物油”两类。沿海及河口石油的开发、油轮运油、炼油工业废水的排放、内河水运以及生活废水的大量排放等，都会导致水体受到油的污染。油类污染物能在水面上形成油膜，影响氧气进入水体，破坏了水体的复氧条件。它还能附着于土壤颗粒表面和动植物体表，影响养分的吸收和废物的排出。当水中含油 0.01 ~0.1mg/L 时，对鱼类和水生生物就会产生影响。当水中含油 0.3 ~0.5mg/L，就会产生石油气味，不适合饮用。同时，油污染还破坏了海滩休养地、风景区的景观等。

8. 生物污染物质

生物污染物质主要指废水中的致病性微生物，它包括致病细菌、病虫卵和病毒。未污染的天然水中的细菌含量很低，水中的生物污染物主要来自生活污水、医院污水和屠宰肉类加工、制革等工业废水。主要通过动物和人排泄的粪便中含有的细菌、病菌及寄生虫类等污染水体，引起各种疾病传播。如生活污水中可能会有能引起肝炎、伤寒、霍乱、痢疾、脑炎的病毒和细菌以及蛔虫卵和钩虫卵等。生物污染物污染的特点是数量大、分布广、存活时间长、繁殖速度快，必须予以高度重视。

9. 感官性污染物

废水中能引起异色、浑浊、泡沫、恶臭等现象的物质，虽然没有严重的危害，但也引起人们感官上的极度不快，被称为感官性污染物。如印染废水污染往往使水色变红或其他染料颜色，炼油废水污染可使水色黑褐等。对于供游览和文体活动的水体而言，感官性污染物的危害则较大。各类水质标准中，对色度、臭味、浊度、漂浮物等指标都作了相应的规定。

10. 热污染

废水温度过高而引起的危害，称为热污染。热电厂等的冷却水是热污染的主要来源。这种废水直接排入天然水体，可引起水温升高，产生的危害主要有：①由于水温的升高，使水中的溶解氧减少，相应的亏氧量随之减少，水中传递的速率减慢；另一方面，水温的升高会导致生物耗氧的速度加快，溶解氧进一步耗尽，使水质迅速恶化，造成鱼类和其他水生生物死亡；②由于水温的升高，加快藻类繁殖，从而加快水体的富营养化进程；③由于水温的升高，导致水体中的化学反应加快，使水体中的物化性质如离子浓度、电导率、腐蚀性发生变化，可能导致对管道和容器的腐蚀；④由于水温升高，加速细菌生长繁殖，增加后续水处理的费用。如取该水体作为给水水源，则需要增加混凝剂和氯的投加量，且使水中有机氯含量增加。

第三节　水质指标与水质标准

一、水质指标

水质指标是指水和其中所含杂质共同表现出来的物理、化学和生物学的综合特性。各项水质指标表明水中杂质的种类、成分和数量，是判断水质的具体衡量指标。水质指标种类很多，有上百项。它们可以分为物理性、化学性和生物学三类。

1. 物理性水质指标

①感官物理性指标：温度、色度、嗅和味、浑浊度、透明度等。

②其他物理性水质指标：如总固体、悬浮固体、溶解固体、可沉固体、电导率等。

2. 化学性水质指标

①一般化学性水质指标：如 pH 值、碱度、硬度、各种阴(阳)离子、总含盐量、有机物质；

②有毒的化学性水质指标：如各种重金属、氰化物、多环芳烃、各种农药等；

③氧平衡指标：如溶解氧(DO)、化学需氧量(COD)、生化需氧量(BOD)、总需氧量(TOD)。

3. 生物学水质指标

包括细菌总数、总大肠杆菌群数、各种病原细菌、病毒等。

二、水质标准

水质标准可分为两类：一类是根据水的不同用途而制定的水质标准，即针对不同的用途而建立起相应的物理、化学和生物学的水质质量标准；另一类是为了保护环境、保护水体的正常用途，对排入水体的生活污水和工业废水水质提出一定的限制与要求，即污水排放标准。

一般排放标准有《城镇污水处理厂污染物排放标准》(GB 18918—2002)、《污水综合排放标准》(GB 8978—1996)、《农用污泥中污染物控制标准》(GB 4284—1984)等。

行业排放标准涉及各种行业，如《磷肥工业水污染物排放标准》(GB 15580—2011)、《稀土工业污染物排放标准》(GB 26451—2011)、《钒工业污染物排放标准》(GB 26452—2011)、《弹药装药行业水污染物排放标准》(GB 14470. 3—2011)、《淀粉工业水污染物排放标准》(GB 25461—2010)、《酵母工业水污染物排放标准》(GB 25462—2010)、《油墨工业水污染物排放标准》(GB 25463—2010)、《陶瓷工业污染物排放标准》(GB 25464—2010)、《铝工业污染物排放标准》(GB 25465—2010)、《铅、锌工业污染物排放标准》(GB 25466—2010)、《铜、镍、钴工业污染物排放标准》(GB 25467—2010)、《镁、钛工业污染物排放标准》(GB 25468—2010)、《硝酸工业污染物排放标准》(GB 26131—2010)、《硫酸工业污染物排放标准》(GB 26132—2010)、《杂环类农药工业水污染物排放标准》(GB 21523—2008)、《制浆造纸工业水污染物排放标准》(GB 3544—2008)、《电镀污染物排放标准》(GB 21900—2008)、《羽绒工业水污染物排放标准》(GB 21901—2008)、《合成革与人造革工业污染物排放标准》(GB 21902—2008)、《发酵类制药工业水污染物排放标准》(GB 21903—2008)、《化学合成类制药工业水污染物排放标准》(GB 21904—2008)、《提取类制药工业水污染物排放标准》(GB 21905—2008)、《中药类制药工业水污染物排放标准》(GB 21906—2008)、《生物工程类制药工业水污染物排放标准》(GB 21907—2008)、《混装制剂类制药工业水污染物排放标准》(GB 21908—2008)、《制糖工业水污染物排放标准》(GB 21909—2008)、《皂素工业水污染物排放标准》(GB 20425—2006)、《煤炭工业污染物排放标准》(GB 20426—2006)、《医疗机构水污染物排放标准》(GB 18466—2005)、《啤酒工业污染物排放标准》(GB 19821—2005)、《柠檬酸工业污染物排放标准》(GB 19430—2004)、《味精工业污染物排放标准》(GB 19431—2004)、《兵器工业水污染物排放标准火炸药剂》(GB 14470. 1—2002)、《兵器工业水污染物排放标准火工药剂》(GB 14470. 2—2002)等，可作为规划、设计、管理与监测的依据。

此外，当废水作某种用途时，应满足相应的用水排放标准，如《农田灌溉水质标准》(GB 5084—1985)、《渔业水质标准》(GB 11607—1989)等。

上面提到的排放标准都是浓度标准，这类标准存在明显的缺陷：不论废水接纳水体的大小和状况，不论污染源的大小，都采用同一个标难。因此，即使满足排放标准，如果排放总量大大超过接纳水体的环境容量，也会对水体造成不可逆的严重后果。此外，浓度标准也无法防止某些工厂用清水稀释来降低排放浓度以满足排放标准的现象。

针对这一状况，近年来总量控制标准受到了重视。该标准根据一定范围内的水体环境容量和自净能力，计算出允许排入该水域的污染物总量，然后再按照一定的原则，将这些允许的排污总量合理地分配给区内各污染源。

按照适用范围的大小，总量控制可分几个层次：规定一个工厂(或企业)每个排放口的排污总量；规定一个范围内(包括若干工厂)的排放总量，由各厂协商分配，只要各厂总量不超过该范围所允许的排放总量即可；一条河流的流域往往在地理上与若干城市有关，可以规定流经各城市的河段所允许的排污总量。

总量控制可以避免浓度标准的缺点。我们要实行总量控制先需要做很多基础工作，如污染源调查、环境质量评价、水体自净规律和污染物迁移转化规律的研究、污染治理边际费用研究等。在没有这些条件以前，总量控制难以实施或奏效。

第四节　水污染对人类的危害

有毒有害污染物可以通过多种途径侵入人体。水体和土壤中的毒物，主要通过饮用水和食物经过消化被人体所吸收。而一些脂溶性毒物，如苯、有机磷酸酯类和农药，以及能与皮肤脂酸根结合的毒物，如汞、砷等，可经过皮肤被人体吸收。

污染物也可以经由口腔、肠、胃进入人体。肠、胃及口腔黏膜均可吸收毒物，经过肝脏的解毒作用之后，才分布到全身，因此往往对口腔、肠胃及肝脏等器官造成危害。

有毒物质如苯、有机磷化物等脂溶性物质，可以通过皮肤的表皮经过毛孔到达皮脂腺及腺体细胞而被吸收，还有些毒物可以通过汗腺进入人体。通过皮肤进入人体的有毒物质，也是不经过肝脏的解毒作用，而直接进入血液循环，分布到全身。

通过上述途径侵入人体内的污染物，在进入血液进行全身循环时，有的毒物在血液中即同血红细胞或血浆中的某些成分发生作用，破坏血液的输氧功能，抑制血红蛋白的合成代谢，发生溶血作用。有的毒物能在不同的身体器官和部位进行储存富集，产生毒性作用，或者进行生物转化作用，如铅蓄积在骨骼内，DDT 蓄积在脂肪组织中等。很多毒物在人体内经过生物转运和生物转化，被消化或被解毒。肾脏、肠、胃等，特别是肝脏对各种毒物具有生物转化功能。体内毒物以其原形或代谢产物作用于靶器官，发挥其毒害作用。最后毒物经过肝脏、消化道和呼吸道排出体外，少数也可以随汗液、乳汁、唾液等排出体外，有的在皮肤的代谢过程中进入毛发而脱离机体。

环境污染对人体健康的危害，是一个十分复杂的问题。有的污染物在较短时期内通过空气、水体、食物链等多种介质侵入人体，或几种污染物联合侵入人体，造成急性危害。也有些污染物，小剂量持续地侵入人体，经过相当长时间才显露出对人体的慢性危害或远期危害，甚至影响到子孙后代。所以，可将环境污染对人体健康的危害，按时间分为急性危害、慢性危害和远期危害三种。

1. 急性危害

在短时期内(或者是一次性的)，有害物大量地进入人体所引起的中毒为急性中毒。例如 20 世纪 30 ~70 年代世界几次大的烟雾污染事件，都属于环境污染的急性危害。急件危害对人体影响最明显，较为典型的是 1952 年 9 月发生在英国伦敦的烟雾事件，死亡人数达 4000 余人，在病理解剖中发现，死者多属于急性闭塞性换气不良，造成急性缺氧或引起心脏病恶化而死亡。

急性危害的急性毒作用，常用动物实验来阐明环境污染物对机体的作用途径、毒性表现和对机体的剂量与效应之间的关系。急性毒作用一般以半数有效量(ED_{50})来表示，它指直接引起一群受试动物的半数产生同一中毒效应所需的毒物剂量。ED_{50}值越小，则受试物的毒性越高，反之则毒性越低。半数有效量是以死亡作为中毒效应的观察指标，则称为半数致死量(LD_{50})或半数致死浓度(LC_{50})；半数有效量是以数理统计方法计算出预期能引起 50% 的动物出现同一生物学效应的受试物剂量。它有一定的误差，故常用“可信限”来表示可能的变动范围。环境污染物毒性根据半数致死量，一般分为5级，具体见表1－8。

表1－8　急性毒性分级

毒性分级	大鼠一次经口的 LD_{50}[①]	6只大鼠吸入4h，死亡2～4只的浓度/(mg/kg)	家兔经皮肤 LD_{50}[①]	对人可能致死估算量[②]
极毒	<1	<10	<5	0.1
高毒	1～	10～	5～	3
中等毒	50～	100～	44～	30
低毒	500～	1000～	350～	250
微毒	5000	10000～	2180～	>1000

①受试动物每千克体重所接受的受试物的毫克数。

②指进入人体(60kg体重)的受试物毫克数。

2. 慢性危害

小量的有害物质，经过长时期的侵入人体所引起的中毒，称为慢性中毒。慢性中毒一般要经过长时间之后才逐渐显现出来。环境污染物对人体的慢性毒害作用，既是环境污染物本身在体内逐渐累积的结果，又是污染物引起机体损害逐渐积累的结果。例如，由镉污染引起的骨痛病便是环境污染慢性中毒的典型例子。

人和动物对慢性毒作用易呈现耐受性。但是，污染物长时间作用于机体，往往会损及体内的遗传物质，引起突变，给机体带来远期的危害，甚至通过遗传影响子孙后代的身体健康。因此，慢性毒作用对人体的损害可能比急性毒作用更加深远和严重。

3. 远期危害

远期危害包括致畸作用、致突变作用和致癌作用。环境污染物通过人或动物母体影响胚胎发育和器官分化，使子代出现先天性畸形的作用，称之为致畸作用。致突变作用是指环境污染物或其他环境因素引起生物体细胞遗传物质或遗传信息发生突然改变的作用。而环境中致癌物质诱发肿瘤的作用称为致癌作用。目前，已经发现的致癌化学物质越来越多，但是对于致癌物质的致癌机理尚不十分清楚。表1－9列举出的致癌物质，可供参考。由于引起癌症的因素相当复杂，致癌物质的作用又与剂量、体质、进入人体的途径和其他生活条件等多方面的情况有关系，所以有些物质在一些条件下是致癌物质，而在另外一些情况下又可能没有致癌作用。

表1－9　致癌物质

致癌器官	致癌物质
皮肤	铬、砷、钴等及化合物，多环芳烃类，X射线、电离辐射、紫外线等
肠道	砷、联苯胺、芳苯、亚硝胺
骨	铍及其化合物、氡及其子体、镭、铀核裂变物
造血系统	苯及其化合物
膀胱	2－萘胺、1－萘胺、联苯胺、4－氨基联苯、4－硝基联苯、亚硝胺、洋红、二甘醇、埃及血吸虫
肝	乙酰胺、氯化烯、黄曲霉菌类等
甲状腺	氨基三唑
肺	多环芳烃类，异丙油、芥子气、双氯甲醚、砷、铬、镍及氯甲镍、石棉、氡及其子体、镭、铀核裂变物

污染物在人体内的整个过程，包括从吸收、代谢、累积、转移及排泄，它们与引起中毒的疾病症状之间的相应关系，现在尚没有被充分认识，这也是环境医学工作者面临的一项重

要研究课题。

第五节 水体的自净作用

污染物随污水排入水体后，经过物理的、化学的与生物化学的作用，使污染的浓度降低或总量减少，受污染的水体部分地或完全地恢复原状，这种现象称为水体自净或水体净化，水体所具备的这种能力称为水体自净能力或自净容量。若污染物的数量超过水体的自净能力，就会导致水体污染。

水体自净过程非常复杂，按机理可分为3类：①物理净化作用：水体中的污染物通过稀释、混合、沉淀与挥发，使浓度降低，但总量不减；②化学净化作用：水体中的污染物通过氧化还原、酸碱反应、分解合成、吸附凝聚(属物理化学作用)等过程，使存在形态发生变化及浓度降低；③生化净化作用：水体中的污染物通过水生生物特别是微生物的生命活动，使其存在形态发生变化，有机物无机化，有害物无害化，浓度降低，总量减少。生物化学净化作用是水体自净的主要原因。

一、物理净化作用

物理净化作用如图1-3所示。

1. 稀释

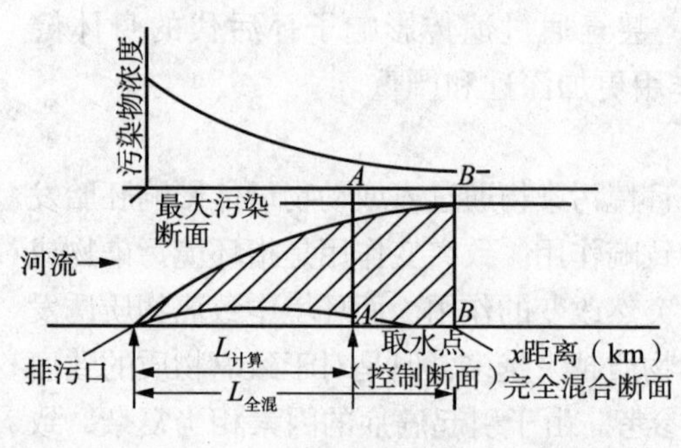

图1-3 水体的物理净化作用过程

污水排入水体后，在流动的过程中，逐渐和水体水相混合，使污染物的浓度不断降低的过程称为稀释。在下游某个断面处污水与河水完全混合，该断面称为完全混合断面(见图1-3，$B-B$断面)。大江大河的河床宽阔，污水与河水不易达到完全混合，而只能与一部分河水相混合，并在排污口的一侧形成长度与宽度都较稳定的污染带。

稀释效果受两种运动形式的影响，即对流与扩散。

(1)对流(或称平流)

污染物随水流方向(即纵向x)运动称为对流(或称为平流)。对流是沿纵向x，横向y(即河宽方向)和深度方向z(竖向)运动的统称。污染物在水体内的任意单位面积上的移流率可用下式推求：

$$O_1 = U(x, t) \cdot C(x, t)$$

或
$$O_1 = U(x, y, z, t) \cdot C(x, y, z, t) \quad (1-1)$$

式中 O_1——污染物在对流时的移流率，mg/(m^2·s)；

U，C——分别为水体断面平均流速与污染物平均浓度，m/s，mg/L。

(2)扩散

扩散有3种方式：①分子扩散，由于污染物分子的布朗(Brown)运动引起的物质分子扩散使浓度降低称为分子扩散；②紊流扩散，由于水体的流态(紊流)造成的污染物浓度降低称为紊流扩散；③弥散，由于水体各水层之间的流速不同，使污染物浓度分散称为弥散。湖泊、水库等静水体，在没有风生流、异重流(由温度差、浓度差引起)、行船等产生的紊动作用时，扩散稀释的主要方式是分子扩散。流动水体的扩散方式主要是紊流扩散与弥散，分子扩散可忽略不计。紊流扩散与弥散作用符合虎克定律，可用式(1－2)推求污染物在纵向 x 的扩散通量：

$$O_2 = -D_x \cdot \frac{\partial c}{\partial x} \tag{1-2}$$

式中　O_2——纵向 x 的扩散通量值，$mg/(m^2 \cdot s)$；

D_x——纵向 x 的紊流扩散系数，m^2/s；

$\frac{\partial c}{\partial x}$——纵向 x 的浓度梯度，mg/m^4；

"－"——表示沿污染浓度减少方向扩散。

三维方向的扩散通量为

$$O'_2 = -(D_x \frac{\partial c}{\partial x} + D_y \frac{\partial c}{\partial y} + D_z \frac{\partial c}{\partial z}) \tag{1-3}$$

式中　O'_2——三维综合的扩散通量值，$mg/(m^2 \cdot s)$；

D_x，D_y，D_z——分别为 x，y，z 方向的紊流扩散系数，m^2/s；

$\frac{\partial c}{\partial x}$，$\frac{\partial c}{\partial y}$，$\frac{\partial c}{\partial z}$——分别为 x，y，z 方向的浓度梯度，mg/m^4；

"－"——表示沿污染浓度减少方向扩散。

2. 混合

污水与水体水混合后，污染物浓度降低。河流的混合稀释效果，决定于混合系数 $\alpha = \frac{Q_{混}}{Q_{总}}$。若河水流量为 Q，污水流量为 q，能与污水混合的河水流量为 $Q_{混}$。大型河流 $Q_{总} = q + Q$，中、小型河流的全部河水都能与污水混合，则 $Q_{混} = Q$。

混合系数受河流形状、污水排污口形式(包括排污口构造、排污方式、排污量等)等因素的影响。

若要计算出排污口下游某特定断面处的混合系数，可采用式(1－4)。该特定断面称为计算断面或控制断面(如图1－3，$A-A$ 断面)：

$$\alpha = \frac{L_{计算}}{L_{全混}} (L_{计算} \leqslant L_{全混}) \tag{1-4}$$

式中　$L_{计算}$——排污口至计算断面(控制断面)的距离，km；

$L_{全混}$——排污口至完全混合断面的距离，km；

α——混合系数，当 $L_{计算} \leqslant L_{全混}$，$\alpha = 1$。表1－10为岸边排放时，排污口与完全混合断面的距离统计数据，可作为参考。

表1－10　岸边排污口与完全混合断面距离　　km

河水流量与污水流量之比值 Q/q	河水流量 $Q/(m^3/s)$			
	5	5～50	50～500	>500
5∶1～25∶1	4	5	6	8
25∶1～125∶1	10	12	15	20
125∶1～600∶1	25	30	35	50
>600∶1	50	60	70	100

注：当污水在河心进行集中排污时，表列距离可缩短至2/3；当进行分散式排污时，表列距离可缩短至1/3。

完全混合断面污染物平均浓度为：

$$C = \frac{C_w q + C_R \alpha Q}{\alpha Q + q} \tag{1-5}$$

式中 C_w——原污水中某污染物的浓度，mg/L；

q——污水流量，m^3/s；

C_R——河水中该污染物的原有浓度，mg/L；

Q——河水流量，m^3/s。

若 $C_R = 0$，且河水流量远大于污水流量时，式(1-5)可简化为：

$$C = \frac{C_w q}{\alpha Q} = \frac{C_w}{n} \tag{1-6}$$

3. 沉淀与挥发

污染物中的可沉物质，可通过沉淀去除，使水体中污染物的浓度降低，但底泥中污染物的浓度增加，如果长期沉淀，淤积河床，一旦受到暴雨冲刷或扰动，可对河水造成二次污染。沉淀作用的大小可用下式表达：

$$\frac{dC}{dt} = k_3 C \tag{1-7}$$

式中 C——水中可沉淀污染物浓度，mg/L；

k_3——沉降速率常数(沉淀系数)，如果 k_3 取负值，表示已沉降物质再被冲起。

若污染物属于挥发性物质，可由于挥发而使水体中污染物的浓度降低。

二、化学净化作用

1. 氧化还原

氧化还原是水体化学净化的主要作用。水体中的溶解氧可与某些污染物产生氧化反应，如铁、锰等重金属离子可被氧化成难溶性的氢氧化铁、氢氧化锰而沉淀，硫离子可被氧化成硫酸根随水流迁移。还原反应则多在微生物的作用下进行。如硝酸盐在水体缺氧条件下，由反硝化菌的作用还原成氮(N_2)而被去除。

2. 酸碱反应

水体中存在的地表矿物质(如石灰石、白云石、硅石)以及游离二氧化碳、碳酸系碱度等，对排入的酸、碱有一定的缓冲能力，使水体的 pH 值维持稳定。当排入的酸、碱量超过水体的缓冲能力后，水体的 pH 值就会发生变化。若变成偏碱性水体，会引起某些物质的逆向反应，例如已沉淀于底泥中的三价铬、硫化砷(AsS，As_2S_3)等，可分别被氧化成六价铬(K_2CrO_4)、硫代亚砷酸盐(AsS_3^{3+})而重新溶解；若变成偏酸性水体，上述反应逆向进行。

3. 吸附与凝聚

属于物理化学作用，产生这种净化作用的原因在于天然水中存在着大量具有很大表面能并带电荷的胶体微粒。胶体微粒有使能量变为最小及同性相斥、异性相吸的物理特性，它们能吸附和凝聚水体中各种阴、阳离子，然后扩散或沉降，达到净化的目的。

三、生化净化作用

图 1-4 为水体生物化学净化过程示意图。

以含氮有机物为例，在有溶解氧存在的条件下，经好氧菌作用被氧化分解成 NH_4^+、

NH_3、H_2O 和 CO_2。NH_4^+ 与 NH_3 在亚硝化菌作用下，被氧化成亚硝酸盐 NO_2^-，再在硝化菌作用下，被氧化成硝酸盐 NO_3^-。被消耗掉的溶解氧，由水面复氧得到补充。可沉物沉淀后形成的有机底泥，由于底部缺氧，在厌氧细菌的作用下被分解为 NH_3、CH_4、CO_2 及少量 H_2S 等。

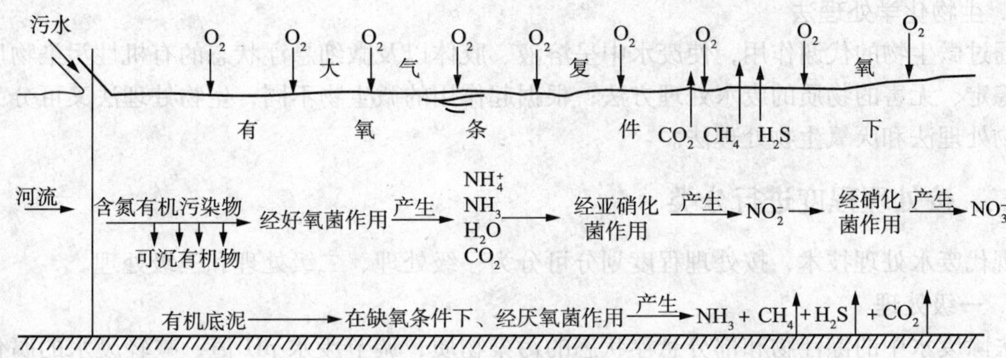

图 1－4 水体中含氮有机物生物化学净化示意图

第六节 废水处理的基本途径与方法

废水中的污染物质是多种多样的，往往不可能用一种处理单元就能把所有的污染物质去除干净。一般一种废水往往需要通过几个处理单元组成的处理系统处理后，才能达到排放要求。采用哪些方法或哪几种方法联合使用需根据废水的水质和水量、排放标准、处理方法的特点、处理成本和回收经济价值等，通过调查、分析、比较后才能决定，必要时还要进行小试、中试等试验研究。

一、按处理方法进行分类

针对不同污染物质的特征，发展了各种不同的废水处理方法，这些处理方法可按其作用原理划分为四大类：物理处理法、化学处理法、物理化学法和生物处理法。

1. 物理处理法

主要通过物理作用，以分离、回收废水中不溶解的呈悬浮状态污染物质（包括油膜和油珠）的废水处理法。根据物理作用的不同，又可分为重力分离法、离心分离法和筛滤截流法等。属于重力分离法的处理单元有沉淀、上浮（气浮、浮选）等，相对使用的处理设备是沉砂池、沉淀池、除油池、气浮池及其附属装置等。离心分离法本身就是一种处理单元，使用的处理装置有离心分离机和水旋分离器等，筛滤截流法包括截留和过滤两种处理单元，前者使用的处理设备是隔栅、筛网，而后者使用砂滤池和微孔滤池等。

2. 化学处理法

通过化学反应和传质作用来分离、去除废水中呈溶解、胶体状态的污染物质或将其转化为无害物质的废水处理法。在化学处理法中，以投加药剂产生化学反应为基础的处理单元是：混凝、中和、氧化还原等；而以传质作用为基础的处理单元则有：萃取、汽提、吹脱、吸附、离子交换以及电路析和反渗透等。后两种处理单元又统称为膜处理技术。其中运用传质作用的处理单元具有化学作用，而同时又有与之相关的物理作用，所以也可以从化学处理法中分离出来，成为另一种处理方法，称为物理化学法，即运用物理和化学的综合作用使污水得到净化的方法。

3. 物理化学法

利用物理、化学作用去除废水中污染物质的方法，如分离法、萃取法、汽提法和吹脱法等。

4. 生物化学处理法

通过微生物的代谢作用，使废水中呈溶液、胶体以及微细悬浮状态的有机性污染物质转化为稳定、无害的物质的废水处理方法；根据起作用的微生物不同，生物处理法又可分为好氧生物处理法和厌氧生物处理法。

二、按处理程度进行分类

现代废水处理技术，按处理程度划分可分为一级处理、二级处理和三级处理。

1. 一级处理

去除废水中的漂浮物和部分悬浮状态的污染物质，调节废水 pH 值，减轻废水的腐化程度和后续处理工艺负荷的处理方法。

污水经一级处理后，一般达不到排放标准。所以一般以一级处理为预处理，以二级处理为主体，必要时再进行三级处理，即深度处理，使污水达到排放标准或补充工业用水和城市供水，一级处理的常用方法有筛滤法、沉淀法、上浮法、预曝气法。

2. 二级处理

污水通过一级处理后，再加处理，用以除去污水中大量有机污染物，使污水进一步净化的工艺过程。相当长时间以来，主要把生物化学处理作为污水二级处理的主体工艺。近年来，采用化学或物理化学处理法作为二级处理主体工艺，并随着化学药剂品种的不断增加，处理设备和工艺的不断改进而得到推广。因此，二级处理原来作为生化处理的同义词已失去意义。

污水经过一级处理之后，可以有效地去除部分悬浮物，生化需氧量(BOD)也可以去除一部分，但一般不能去除污水中呈溶解状态的和呈胶体状态的有机物和氧化物、硫化物等有毒物质，不能达到污水排放标准。因此需要进行二级处理。目前，二级处理的主要工艺为生物处理，包括厌氧生物处理及好氧生物处理，其中好氧生物处理主要有活性污泥法及生物膜法。

近年来，有的国家正在研究和采用化学或物理化学处理法作为二级处理主体工艺，预期这些方法将随着化学药剂品种的不断增加，处理设备和工艺的不断改进而得到推广。

污水二级处理可以去除污水中大量 BOD 和悬浮物，在较大程度上净化了废水，对保护环境起到了一定作用。但随着污水量的不断增加，水资源的日益紧张，需要获取更高质量的处理水，以供重复使用或补充水源。为此，有时需要在二级处理基础上，再进行污水三级处理。

3. 三级处理

污水三级处理又称污水深度处理或高级处理。目的是为进一步去除二级处理未能去除的污染物质，其中包括微生物以及未能降解的有机物或磷、氮等可溶性无机物。三级处理是深度处理的同义词，但二者又不完全一致。三级处理是经二级处理后，为了从废水中去除某种特定的污染物质，如磷、氮等而补充增加的一项或几项处理单元；至于深度处理则往往是以废水回收、复用为目的，而在二级处理后所增设的处理单元或系统。三级处理耗资较大，管理也较复杂，但能充分利用水资源。完善的三级处理由除磷、脱氮、去除有机物（主要是难以生物降解的有机物）、病毒和病原菌、悬浮物和矿物质等单元过程组成。根据三级处理出水的具体去向，其处理流程和组成单元是不同的。如果为防止受纳水体富营养化，则采用除磷和除氮的三级处理；如果为保护下游引用水源或浴场不受污染，则应采用除磷、除氮、除毒物、除病菌和病原菌等三级处理，可直接作为城市饮用水以外的生活用水，如洗衣、清扫、冲洗厕所、喷洒街道和绿化地带等用水。

第二章　废水的收集及预处理

第一节　废水的收集

一、污水管道设计

废水的收集应遵循清污分流的原则，特别对于工厂废水的收集，应根据所排放废水的清浊程度以及废水处理的工艺要求，进行分流收集，以便分质处理。某些轻污染废水(如循环冷却水)可不经处理直接排放或回用。

对于一般中小型工厂的废水处理，一般由厂方自行将废水接入污水处理系统的集水调节池。对于大型工厂或生活小区，应对污水收集管道的铺设进行设计计算。

污水管道设计可以参照城市排水的有关规定，结合废水处理的实际情况，合理地进行设计。表2-1为城市排水工程关于污水管道设计的一般规定。表2-2是污水管道最大允许流速、最大设计充满度、最小设计流速、最小设计坡度。

表2-1　污水管道设计的一般规定

项　目	一般规定
1. 充满度 2. 最小坡度 3. 流速	见表2-2
4. 最小管径	(1)厂区内工业废水管、生活污水管200mm (2)城市街道下的生活污水管300mm
5. 覆土	(1)荷载要求：在行车道下一般不小于0.7m (2)防冻要求： ①无保温措施时，管内底可埋设在冰冻线以上0.15m ②有保温措施或水温较高的管道，可根据当地经验埋浅些，以上两种情况均不宜小于0.7m (3)最大覆土：不宜大于6m (4)理想覆土：在满足各方面要求的前提下，争取在1~2m
6. 连接	(1)管道在检查井内连接，一般采用平接 (2)不同直径管道也可以采用设计水平面接 (3)在任何情况下进水管底不得低于出水管底
7. 坡度骤变的处理	(1)管道坡度骤然变陡，可由大管径变为小管径 当D=200~300mm时，只能按生产规模减小一级 当D≥400mm时，应根据水力计算确定，但减小不得超过二级 (2)管径坡度骤然变缓，应逐渐过渡

续表

项　目	一 般 规 定
8. 小管核算	(1)当有公共建筑物位于管线始端时，应加入该集中流量进行复核 (2)流量很小而地形又较平坦的上游支管，可采用非计算管段，采用最小管径，按最小坡度控制
9. 冲洗	(1)在流速小于0.4m/s的上游管段，可考虑设冲洗井 (2)每座冲洗井的长度一般为250m
10. 溢流	污水管道在进入处理厂前，当条件允许时，可设事故溢流口，但必须得到当地有关部门的同意
11. 通风	在充满度过高的管段，高浓度污水接入的井位及污水管上每隔500m左右的井位处宜设通风管
12. 计量	在适当的管段中，宜设置观测和计量构筑物

表2－2　污水管道最大允许流速、最大设计充满度、最小设计流速、最小设计坡度

管径/mm	最大允许流速/(m/s)		最大设计充满度	在设计充满度下的最小设计流速/(m/s)	按设计充满度下最小流速控制的最小坡度		最小设计充满度	最小设计充满度下的不淤流速/(m/s)	按照最小计算充满度下不淤流速控制的最小坡度	
	金属管	非金属管			坡度	相应流速/(m/s)			坡度	相应流速/(m/s)
150					0.007	0.72			0.005	0.40
200			0.6		0.005	0.74			0.004	0.43
300				0.7	0.0027	0.71			0.002	0.40
400			0.7		0.002	0.77	0.25	0.40	0.0015	0.42
500					0.0016	0.81			0.0012	0.43
600	≤10	≤5			0.0013	0.82			0.001	0.50
700					0.0011	0.84			0.0009	0.52
800					0.001	0.88			0.0008	0.54
900			0.75	0.8	0.0009	0.90	0.30	0.50	0.0007	0.54
1000					0.0008	0.91			0.0006	0.54
1100					0.0007	0.91			0.0006	0.62
1200					0.0007	0.97	0.35	0.60	0.0006	0.66

二、污水流量确定

(1)居住区生活污水排放量。若有实际生活用水量统计数字，可按实际生活用水量计算。当难于确定设计人口时，也可按面积的污水量模数计算。

(2)工业企业中的生活污水和沐浴污水量的标准及厂内公用建筑物生活污水量的标准参见现行给排水设计规范。

(3)工业废水量按单位产品的废水量计算，或按工艺流程及设备排水量计算，或实测水量数据计算。

三、污水流量变化系数

居住区生活污水量总变化系数见表2－3。

表 2-3　生活污水量总变化系数 K_z 值

平均流量/（L/s）	4	6	10	15	25	40	70	120	200	400	750	1600
K_z	2.3	2.2	2.1	2.0	1.89	1.80	1.69	1.59	1.51	1.40	1.30	1.20

工业废水量的变化系数根据生产工艺及生产性质确定。

四、污水量计算

生活污水和工业废水量计算公式见表 2-4。

表 2-4　生活污水和工业废水量计算公式

名　称	计算公式	符号说明
1. 居住区生活污水最大设计流量	$Q=\frac{qNK_z}{86400}$(L/s)	q——每人每日平均污水定额，L/(人·d) N——设计人口数，人 K_z——总变化系数
2. 工业企业工业废水最大设计流量	$Q=\frac{mMK_g}{3600T}$(L/s)	m——生产过程中单位产品的废水量定额，L/单位产品 M——每日的产品数量 K_g——总变化系数，根据生产工艺或经验决定 T——工业企业日工作小时数
3. 工业企业生活污水最大设计流量	$Q=\frac{q_1N_1K_z+q_2N_2K_z}{3600T}$(L/s)	q_1——一般车间每班每人污水量定额，L/(人·班)，一般以 25L 计 q_2——热车间每班每人污水量定额，L/(人·班)，一般以 35L 计 N_1——一般车间最大班工人数，人 N_2——热车间最大班工人数，人 T——每班工作小时数
4. 工业企业淋浴用水最大设计流量	$Q=\frac{q_3N_3+q_4N_4}{3600}$(L/s)	q_3——不太脏车间每班每人淋浴水量定额，L/(人·班)，一般以 40L 计 q_4——较脏车间每班每人淋浴水量定额，L/(人·班)，一般以 60L 计 N_3——不太脏车间最大班淋浴人数，人 N_4——较脏车间最大班淋浴人数，人

第二节　水量及水质调节

废水的水量和水质并不总是恒定均匀的，往往随时间的推移而变化。生活污水随生活作息规律而变化，工业废水的水量水质随生产过程而变化。水量水质的变化使处理设备不能在最佳工艺条件下运行，严重时使设备无法正常工作，为此要设调节池，进行水量水质的调节。

一、水量调节

废水处理中单纯的水量调节有两种形式：一种为线内调节（图 2-1），进水一般采用重力流，出水用泵提升。调节池的容积可用图解法进行计算。实际上由于废水流量变化的规律性差，所以调节池容积的设计一般凭经验确定。另一种为线外调节(图2-2)。调节池设在支路上，当废水流量过高时，多余的废水打入调节池，当废水流量低于设计流量时，再从调节池回流集水井，并送去预处理。

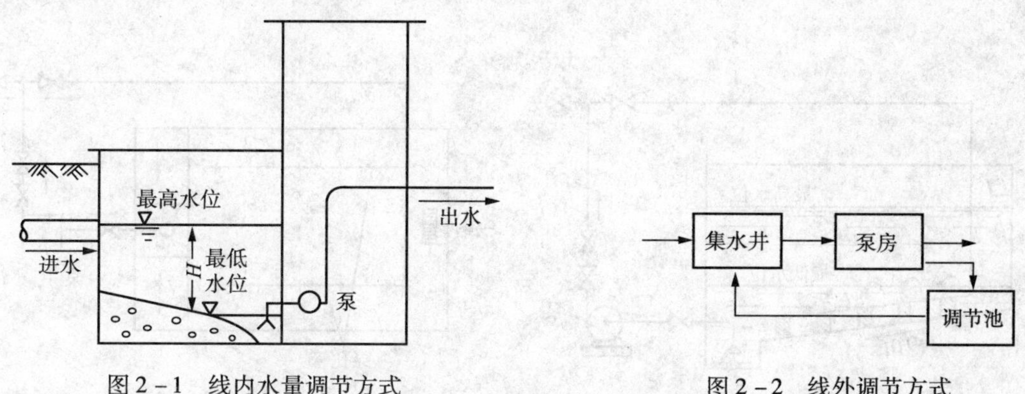

图2-1　线内水量调节方式　　　图2-2　线外调节方式

线外调节与线内调节相比，其调节池不受进水管高度的限制，但被调节水量需要两次提升，动力消耗大。

二、水质调节

用于水质调节，对不同时间或不同来源的废水进行混合的调节池，也称均和池或均质池。

1. 普通水质调节池

对调节池可写出物料平衡方程：

$$C_1QT + C_0V = C_2QT + C_2V \tag{2-1}$$

式中　Q——取样间隔时间内的平均流量；

C_1——取样间隔时间内进入调节池污染物的浓度；

T——取样时间间隔；

C_0——取样间隔开始时调节池污染物的浓度；

V——调节池的容积；

C_2——取样终了时调节池内污染物的浓度。

假设取样间隔时间内调节池出水浓度不变，则每个取样间隔后出水浓度为：

$$C_2 = (C_1T + C_0V/Q)/(T + V/Q) \tag{2-2}$$

当调节池容积已知时，可利用上式计算出各间隔时间的出水污染物浓度。

2. 外加动力搅拌水质调节池

利用外加动力(如叶轮搅拌、空气搅拌、水泵循环等)而进行的强制调节，其特点是设备较简单，效果好，但运行费较高。

(1)水泵强制循环搅拌

如图2-3所示，调节池的底部设有穿孔管，穿孔管与水泵排水管相连，用水力进行搅拌。其优点是简单易行，缺点是动力消耗大。

(2)空气搅拌

如图2-4所示，在池底设穿孔管，与鼓风机空气管相连，利用压缩空气进行搅拌。

空气用量，采用穿孔管曝气时可取 $2\sim3m^3/hm$(管长)或 $5\sim6m^3/hm^2$(池面积)。采用这种方式，搅拌效果好，还可以起到曝气的作用，可防止悬浮物沉积于池内。最适用于废水流量不大、处理工艺中需要进行预曝气以及有现成压缩空气的场合使用。如废水中含有易挥发的有害物质，则不宜使用该类调节池，此时可用叶轮搅拌或使用差流方式进行混合。

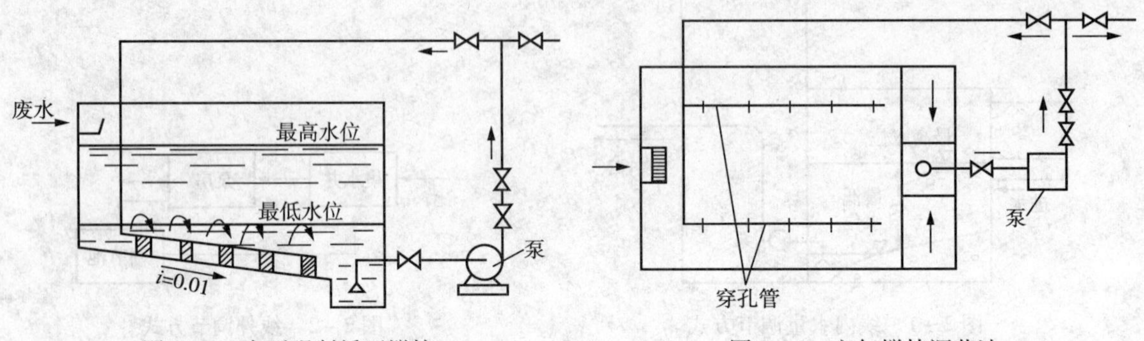

图 2-3　水泵强制循环搅拌　　　图 2-4　空气搅拌调节池

(3)机械搅拌

如图 2-5 所示，在池内安装机械搅拌设备。机械搅拌有多种型式，如桨式、推流式、涡流式等。此种搅拌方式搅拌效果好，但设备常年浸泡于水中，易腐蚀，运行费用较高。

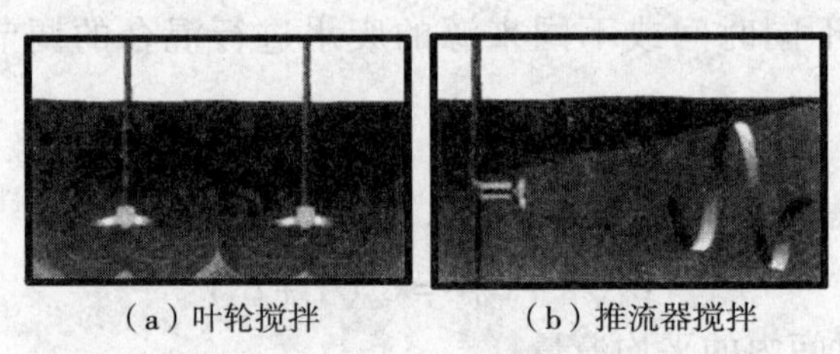

(a)叶轮搅拌　　(b)推流器搅拌

图 2-5　机械搅拌调节池

3. 差流式调节池

利用差流方式使不同时间和不同浓度的废水进行自身的水力混合，这类调节池基本没有运行费，但池型结构较复杂。

(1)折流式调节池

图 2-6(a)为一种横向折流式调节池。配水槽设在调节池的上部，池内设有许多折流板，废水通过配水槽上的孔溢流至调节池的不同折流板间，从而使某一时刻的出水中包含不同时刻流入的废水，使水质达到某种程度的混合。图 2-6(b)为上下折流式调节池，这种调节池的优点是混合较均匀，当废水中悬浮物较多时，不易产生沉淀。

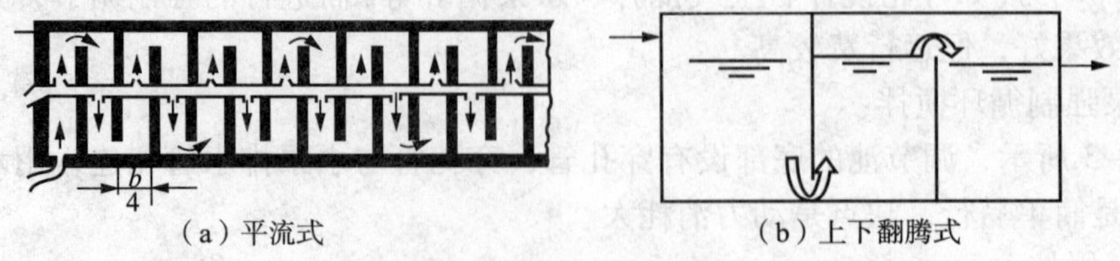

(a)平流式　　(b)上下翻腾式

图 2-6　折流式调节池

(2)穿孔导流槽式调节池

图2-7为另一种构造较简单的差流式调节池。对角线上的出水槽所接纳的废水来自不同的时间，其浓度各不相同，这样就达到了水质调节的目的。为了防止池内废水的短流，可在池内设一个纵向挡板，以增强调节效果。

这种调节池的容积可用下式计算：

$$W_T = \sum_{i=1}^{t} \frac{q_i}{2} \tag{2-3}$$

考虑到废水在池内流动可能出现短流等因素，引入 $\eta = 0.7$ 的容积加大系数。则上式为：

$$W_T = \sum_{i=1}^{t} \frac{q_i}{2\eta} \tag{2-4}$$

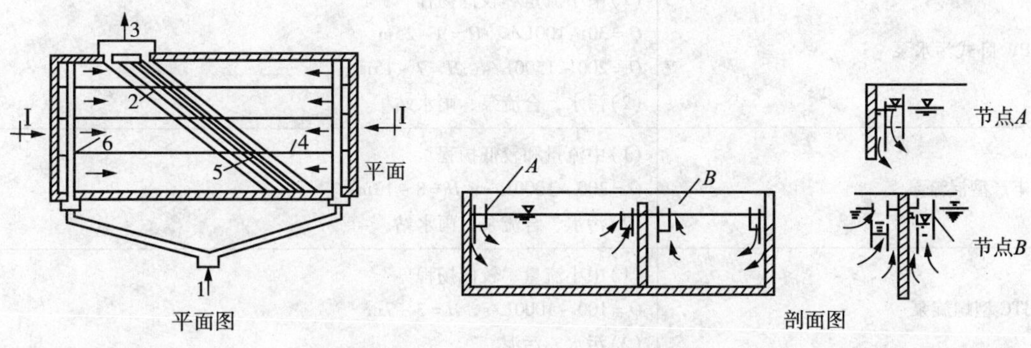

图2-7 穿孔导流式调节池

(3)分流贮水池

对于某些工业，如有泄漏可能或有周期性冲负荷发生时，宜设置分流贮水池。当废水浓度超过某一设定值时，可将废水放进贮水池，进行水质的调节，如图2-8所示。

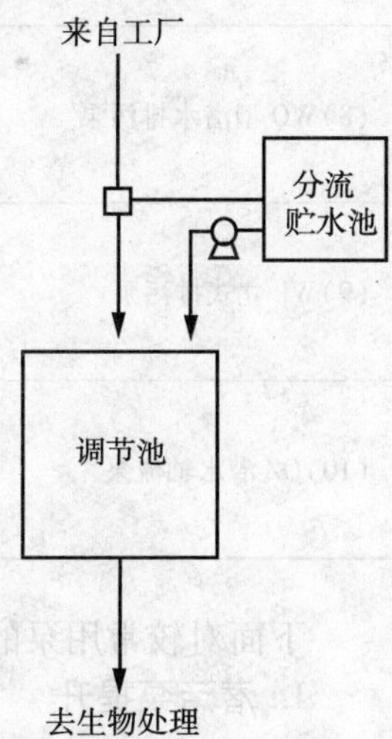

图2-8 分流贮水池

第三节 废水的提升

一、集水池

当废水的水量及水质较均匀稳定，或废水水量很大(如城市污水处理)时，可不设调节池，而废水提升泵前设一集水池。集水池的设计遵循以下原则：①最小池容：集水池的最小容积，不应小于最大一台污水泵5min的出水量；②集水池宜设置冲洗或清泥设施；③集水池的布置应考虑水泵吸水管的水力条件，减少滞留或涡流。

二、废水的提升

废水的提升根据所选用废水提升泵的不同而有不同的方式。常用水泵的型式及适用条件见表2-5。

表 2-5　水泵型式及适用条件

泵　型	适 用 条 件
(1)ZLB 型立式轴流泵	(1)中、大流量，低扬程。设计流量为 2.0～15.0m^3/s，扬程 3～8m (2)雨水、合流、排灌泵站
(2)HLB 型立式、HBC 型卧式混流泵	(1)流量、扬程较低。设计流量为 0.25～1.0m^3/s，扬程 5～9m Q=0.6～2.5m^3/s，H=5～10m Q=2.0～3.0m^3/s，H=7～15m (2)雨水、合流泵站
(3)SH 型双吸式离心清水泵	(1)大流量，设计流量为 1.0m^3/s (2)雨水、合流泵房
(4)PW 卧式污水泵	(1)中小流量和较低扬程 Q=30～100L/s，H=9～25m Q=200～1500L/s，H=7～15m (2)污水、合流泵、雨水站
(5)丰产型混流泵	(1)中流量和较低扬程 Q=300～1000L/s，H=8～13m (2)污水、合流泵、雨水站
(6)JTC 型螺旋泵	(1)中小流量、较低扬程 Q=100～1000L/s，H=3～7m (2)污水、污泥
(7)FY 型耐腐蚀型液下立式离心泵	(1)小流量、较高扬程 Q=1～100L/s，H=16～33m (2)用于带腐蚀性污水
(8)WQ 型潜水排污泵	(1)中小流量、中低扬程 Q=15～3750m^3/h，H=7～40m (2)雨水、合流、排灌泵站
(9)WL 立式排污泵	(1)大中小流量、低扬程 Q=80～10000m^3/h，H=5～30m (2)雨水、合流、排灌泵站
(10)QZ 潜水轴流泵	(1)大流量、低扬程 Q=125～3400L/s，H=1.5～9m (2)雨水、合流、排灌泵站

下面对较常用泵的安装做一介绍。

1. 潜污泵提升

对于中小水量、中低扬程废水的提升，最常用的是采用 WQ 型液下潜污泵进行废水的提升，根据安装方式的不同可分为干式安装与湿式安装。如图 2-9(a)、图 2-9(b)所示。采用湿式安装的优点是可不设污水泵房，泵的效率比较高，节省投资及运行费用。

2. 自吸泵提升

对于某些小水量、腐蚀性强的废水，如采用潜水式排污泵则易腐蚀，可采用自吸式离心泵进行废水的提升。目前常用的自吸式离心泵有 PW 型污水泵、ZW 型离心泵，对于腐蚀性不是很强的工业或生活活水也可采用离心式清水泵。采用地面泵的优点是设备的维修、管理较方便，其缺点是每次重新起动要灌引水，泵的效率相对较低。

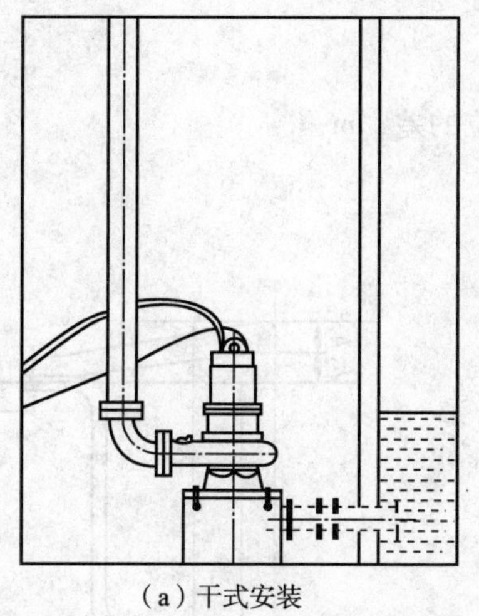

（a）干式安装

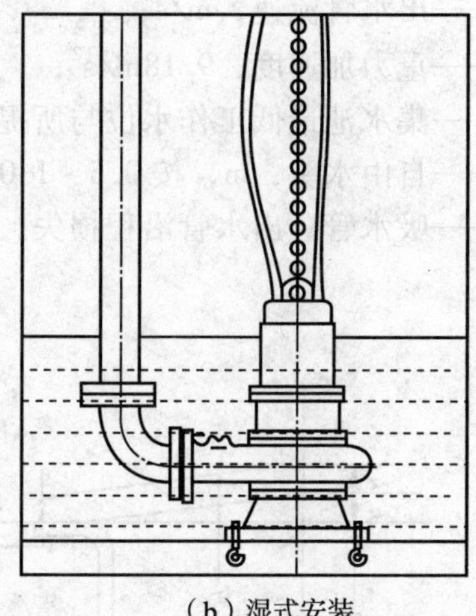

（b）湿式安装

图 2－9　WQ 型潜污泵安装示意图

常用的引水设备见表 2－6，对于小型水泵，一般采用密闭引水箱引水。

表 2－6　常用引水设备

名　称	优点及使用条件
1. 真空泵引水	(1) 启动可靠 (2) 可使用各种水泵 (3) 水泵充水时间 3～5min，设 2 台(其中一台备用)
2. 真空灌引水	(1) 可使水泵启动控制电路的设计简化 (2) 保证水泵随时启动 (3) 适用于大、中型水泵的启动
3. 密闭水箱引水	(1) 设备简单 (2) 使用于小型泵 (3) 引水时间 3～5min

三、水泵全扬程计算

水泵扬程如图 2－10 所示。

水泵全扬程 H 计算公式为：

$$H \geqslant h_1 + h_2 + h_3 + h_4 \tag{2-5}$$

式中　H——水泵的全扬程，m；

h_1——吸水管水头损失，m；

$$h_1 = \xi_1 \frac{v_1^2}{2g} + h_1'$$

h_2——出水管水头损失，m；

$$h_2 = \xi_2 \frac{v_2^2}{2g} + h_2'$$

ξ_1，ξ_2——局部阻力系数；

v_1——吸水管流速，m/s；

v_2——出水管流速，m/s；

g——重力加速度，9.18m/s^2；

h_3——集水池最低工作水位与所提升最高水位的差，m；

h_4——自由水头，m，按0.5～1.0m计算；

h'_1，h'_2——吸水管、出水管沿程损失，m。

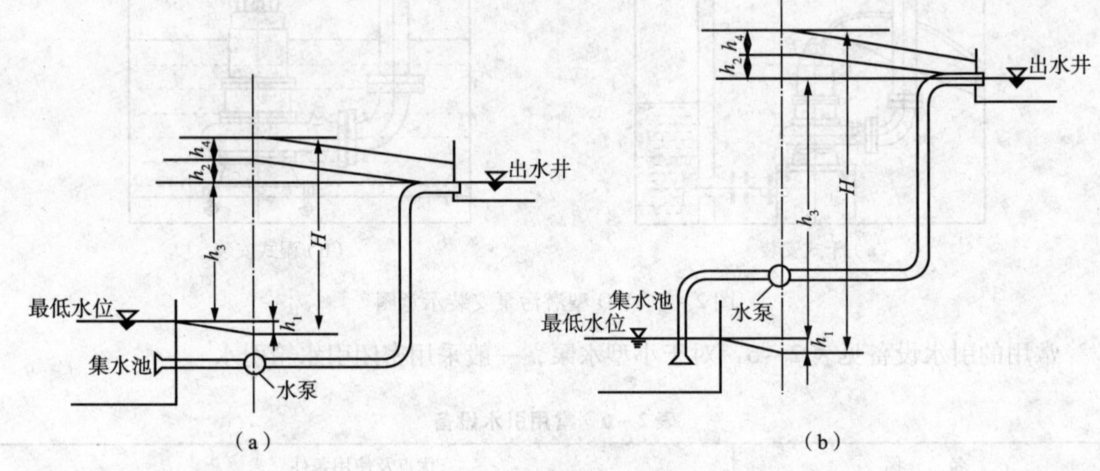

图2-10　水泵扬程计算图示

四、其他

1. 水泵进出水管

水泵进出水管一般规定见表2-7。

表2-7　水泵进出水管规定

项　目	一 般 规 定
吸水管	(1)断面应比水泵吸入口大一级，一般不应小于100mm (2)每台水泵设单独的吸水管 (3)吸水管流速 v=0.8～1.5m/s，不得小于0.7m/s (4)采用偏心渐缩管时管顶应成水平，管底成坡度
出水管(压力管)	(1)断面比水泵吐出口大一级 (2)流速 v=1.2～1.8m/s，不得小于1.0m/s和不大于2.5m/s (3)压力干管的最高点应设排气装置，最低点设泄水装置

2. 污水泵的启动方式

(1)自灌式

污水泵为常年运行，多采用自灌式，启动及时可靠，管理方便。

(2)非自灌式

采用半自动控制，其中引水装置为半自动控制或手动控制。

第三章　物理处理法

在工业废水的处理中，物理法占有重要的地位。与其他方法相比，物理法具有设备简单、成本低、管理方便、效果稳定等优点。它主要用于均质和去除废水中的漂浮物、悬浮固体、砂和油类等物质。物理法一般被用做其他处理方法的预处理或深度处理。

物理法主要包括均化、过滤、重力分离、离心分离、隔油法等。

第一节　均化法

无论是工业废水，还是城市污水或生活污水，水量和水质在24小时之内都有波动。一般说来，工业废水的波动比城市污水大，中小型工厂的波动就更大，甚至在一日内或班产之间都可能有很大的变化。这种变化对污水处理设备，特别是生物处理设备正常发挥其净化功能是不利的，甚至还可能遭到破坏。同样对于物化处理设备，水量和水质的波动越大，过程参数就越难控制，处理效果越不稳定；反之，波动越小，效果就越稳定。在这种情况下，应在废水处理系统之前，设置均化调节池，用以进行水量的调节和水质的均化，以保证废水处理的正常进行。此外，酸性废水和碱性废水可以在调节池内中和；短期排出的高温废水也可通过调节以平衡水温。另外，调节池设置是否合理，对后续处理设施的处理能力、基建投资、运转费用等都有较大的影响。

废水处理设施中调节均化的目的是：①提供对有机物负荷的缓冲能力，防止生物处理系统负荷的急剧变化；②控制 pH 值，以减小中和作用中的化学品的用量；③减小对物理化学处理系统的流量波动，使化学品添加速率适合加料设备的定额；④当工厂停产时，仍能对生物处理系统继续输入废水；⑤控制向市政系统的废水排放，以缓解废水负荷分布的变化；⑥防止高浓度有毒物质进入生物处理系统。

一、均化池类型

均化是用以尽量减小污水处理厂进水水量和水质波动的过程，其构筑物为均化池，亦称调节池。调节池的型式和容量的大小，随废水排放的类型、特征和后续污水处理系统对调节、均和要求的不同而异。

主要起均化水量作用的均化池，称为水量均化池，简称均量池（见图 2－1）；主要起均化水质作用的均化池，称为水质均化池，简称均质池（见图 3－1）。如果均量和均质兼而有之的，称为均化池。

此外，还有防止水质突然恶化影响的事故池等（见图 3－2）。

通常有一种误解，认为沉淀池也可起均量或均质的作用，实际上沉淀池的作用主要是分离固体，既不能均量，均质的作用也很小，且无保证。

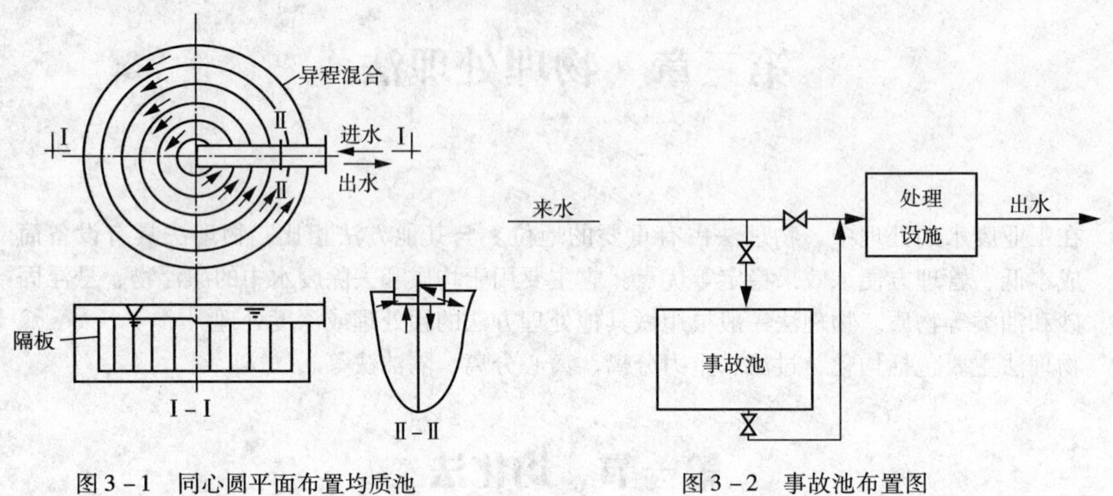

图3－1　同心圆平面布置均质池　　　图3－2　事故池布置图

二、均化池中的混合

在均化池内通常要进行混合，其目的是要保证调节作用。通过混合与曝气，防止可沉降的固体物质在池中沉降下来和出现厌氧情况，还有预曝气的作用，废水中的还原性物质可以被氧化，吹脱去除可挥发性物质，而BOD可因空气气提而减少，减轻曝气池负荷；还能改进初沉效果。

常用的混合方法包括：①水泵强制循环；②空气搅拌；③机械搅拌；④穿孔导流槽引水。

第一种方式，如图2－3所示。这种方式，在调节池底设穿孔板，穿孔管与水泵压水管相连，用压力水进行搅拌，不需要在均化池内安装特殊的机械设备，简单易行，混合也比较完全，但动力消耗较多。

空气搅拌是在池底多设穿孔管，穿孔管与鼓风机空气管相连，用压缩空气进行搅拌。机械搅拌是在池内安装机械搅拌设备。机械搅拌设备有多种形式，如桨式、推进式、涡流式等。在均化池中，如采用穿孔管曝气时，空气量可取2～3$m^3/(h\cdot m^2)$或5～6$m^3/(h\cdot m^2)$。当进水悬浮物含量约200mg/L时，保持悬浮状态所需动力4～8W/m^3(废水)。为使废水保持好氧状态，所需空气量约0.6～0.9$m^3/(h\cdot m^2)$。空气搅拌和机械搅拌的效果良好，能够防止水中悬浮物的沉积，且兼有预曝气及脱硫的效能。此外，动力消耗也较水泵强制循环少。但是，这种混合方式的管路和设备常年浸于水中，易遭腐蚀，且有使挥发性污染物质逸散到空气中的不良后果。此外，运行费用也较高。

采用穿孔导流槽引水方式进行均化，虽然能克服上述缺点，但均化效果不够稳定，而且构筑物结构复杂，特别是池底的排泥设备，目前还缺乏效果良好的构造形式。

上述四种方式各有利弊，由于简单易行，效果良好，工程上常用的混合方式是第二种空气搅拌。

第二节　筛滤法

废水中含有的微粒物质和胶状物质，可以采用机械过滤的方法加以去除。过滤方法作为废水处理的预处理方法，用以防止水中的微粒物质及胶状物质破坏水泵，堵塞管道及阀门等。另外过滤法也常用在废水的最终处理，使滤出液可以进行循环使用。

一、格栅过滤

格栅一般斜置在进水泵站集水井的进口处。它本身的水流阻力并不大，只有几厘米，阻力主要产生于筛除的污物堵塞栅条。一般当格栅的水头损失达到 10～15cm 时就该清洗。

格栅除污设备形式多种多样，格栅按形状可分为平面格栅和曲面格栅两种。按格栅的栅条间隙，可分为粗格栅(50～100mm)、中格栅(10～40mm)、细格栅(3～10mm)三种；按结构形式及除渣方式可分为人工格栅和机械格栅两大类，机械格栅又可分为回转式、旋转式、齿耙式机械格栅等多种形式。

1. 人工格栅

人工格栅结构型式如图 3－3 所示。

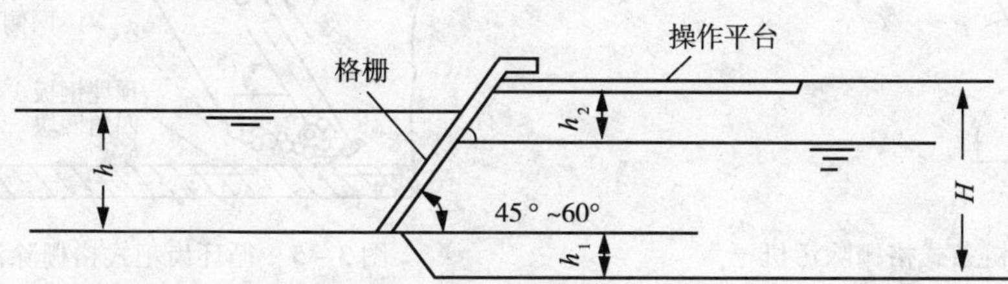

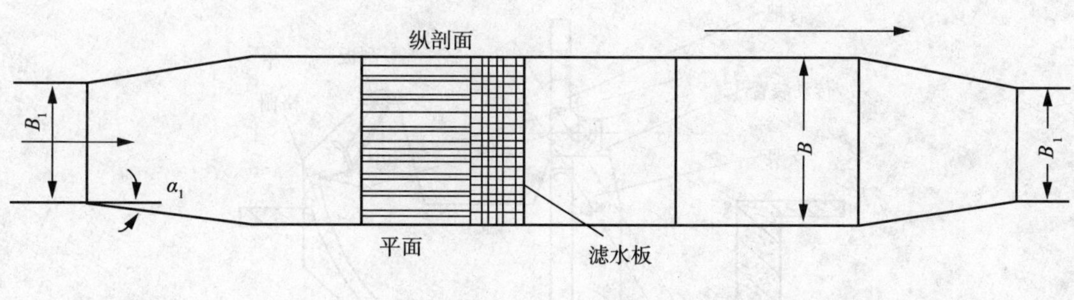

图 3－3　人工格栅

2. 机械格栅

机械格栅除污机形式多种多样，图 3－4 所示为链条式格栅除污机，图 3－5 为循环齿耙式格栅除污机，图 3－6 为曲面机械格栅除污机，图 3－7 所示为旋转过滤网格栅除污机，图 3－8 为钢丝绳牵引格栅除污机。

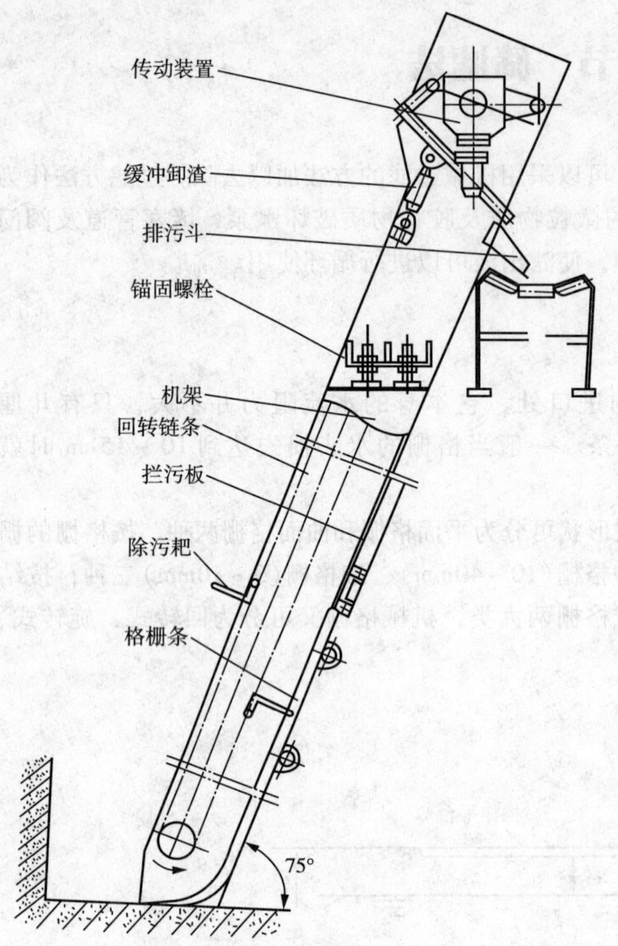

图 3－4　链条式格栅除污机

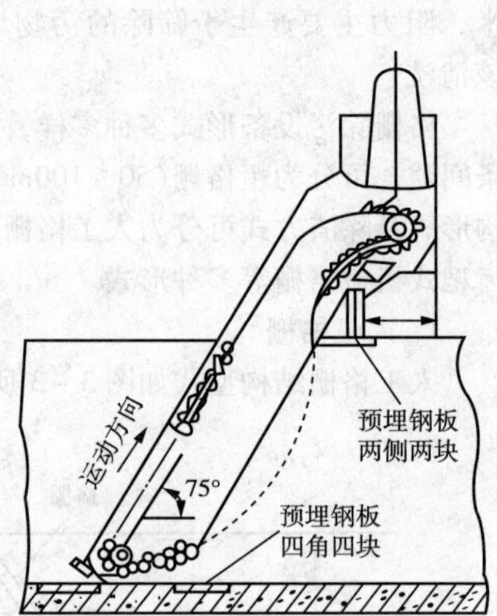

图 3－5　循环齿耙式格栅除污机

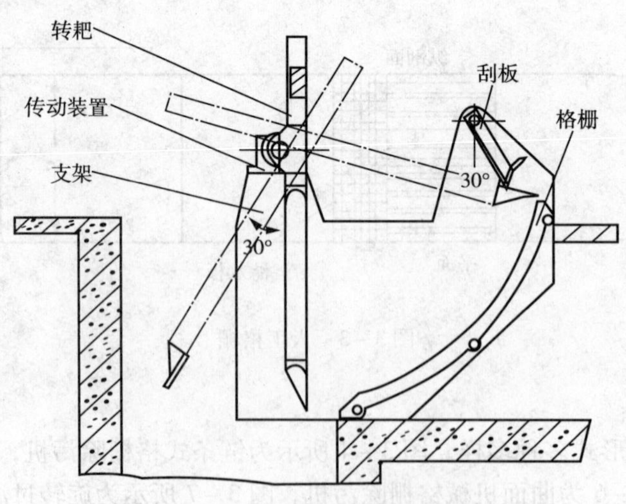

图 3－6　曲面机械格栅除污机

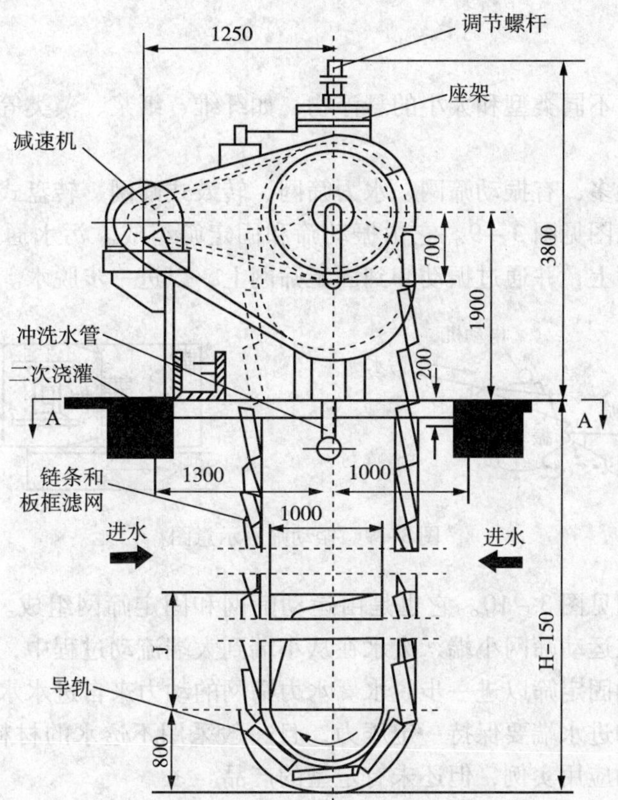

图 3－7　旋转过滤网格栅除污机

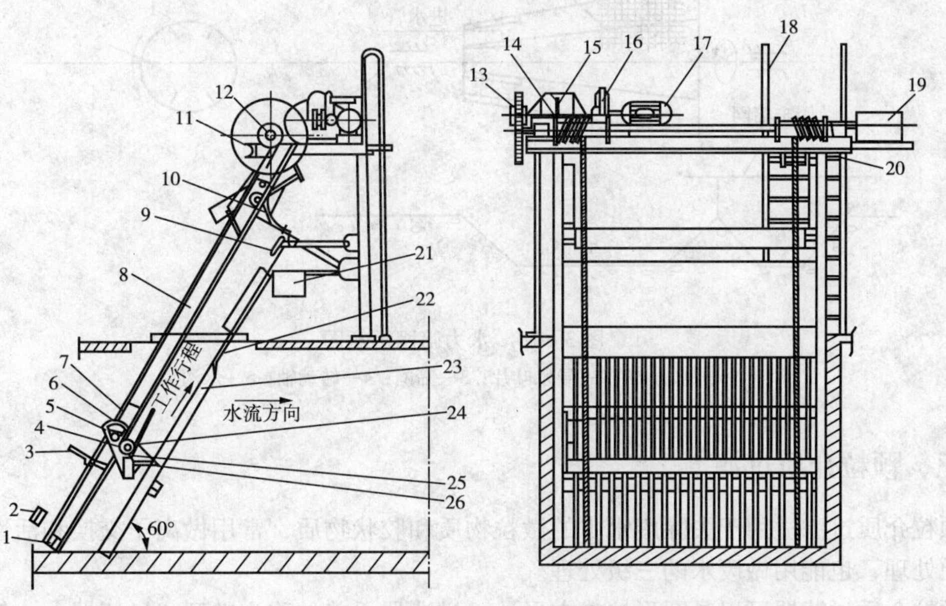

图 3－8　钢丝绳牵引滑块式格栅除污机

1—滑块行程限位螺栓；2—除污耙自锁机构开锁撞块；3—除污耙自锁栓；4—耙臂；5—锁轴；6—除污耙摆动限仪板；7—滑块；8—滑块导轨；9—刮板；10—抬耙导轨；11—底座；12—卷筒轴；13—开式齿轮；14—卷筒；15—减速机；16—制动器；17—电动机；18—扶梯；19—限位器；20—松绳开关；21，22—上、下溜板；23—格栅；24—抬耙滚子；25—钢丝绳；26—耙齿板

二、筛网过滤

筛网能去除水中不同类型和大小的悬浮物，如纤维、纸浆、藻类等，相当于一个初沉池的作用。

筛网过滤装置很多，有振动筛网、水力筛网、转鼓式筛网、转盘式筛网、微滤机等。

振动式筛网示意图见图3－9。它由振动筛和固定筛组成。污水通过振动筛时，悬浮物等杂质被留在振动筛上，并通过振动卸到固定筛网上，以进一步脱水。

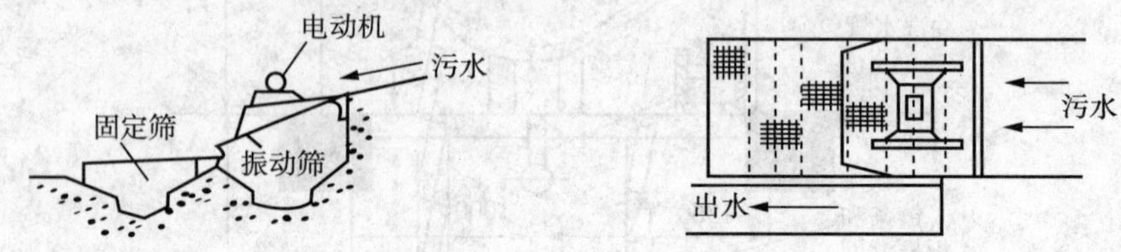

图3－9　振动筛网示意图

水力筛网示意图见图3－10。它也是由运动筛网和固定筛网组成。运动筛网水平放置，呈圆锥形。进水端在运动筛网小端，废水在从小端到大端流动过程中，纤维等杂质被筛网截留，并沿倾斜面卸到固定筛以进一步脱水。水力筛网的动力来自进水水流的冲击力和重力作用。因此水力筛网的进水端要保持一定压力，且一般采用不透水的材料制成，而不用筛网。水力筛网已有较多的应用实例，但还未有定型的产品。

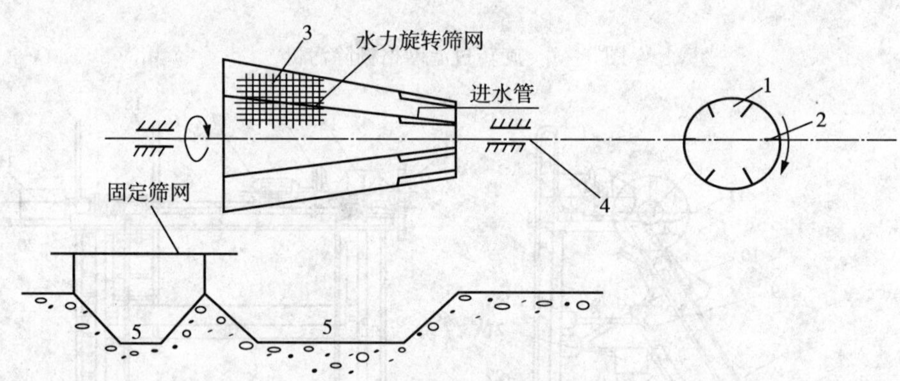

图3－10　水力筛网示意图

1—进水方向；2—导水叶片；3—筛网；4—转动轴；5—水沟

三、颗粒介质过滤

颗粒介质过滤适用于去除废水中的微粒物质和胶状物质，常用做离子交换和活性炭处理前的预处理，也能用做废水的三级处理。

颗粒介质过滤器可以是圆形池或方形池。过滤器无盖的称为敞开式过滤器，一般废水自上流入，清水由下流出。有盖而且密闭的，称为压力过滤器，废水用泵加压送入，以增加压力。

过滤介质的粒度及材料，取决于所需滤出的微粒物粒子的大小、废水性质、过滤速度等因素。在废水处理中常用的滤料有石英砂、无烟煤粒、石榴石粒、磁铁矿粒、白云石粒、花岗岩粒以及聚苯乙烯发泡塑料球等，其中以石英砂使用最广。石英砂的机械强度大，相对密度在2.65左右，在pH值2.1~6.5的酸性废水中化学稳定性好。但当废水呈碱性时，有溶出现象，此时一般常用大理石和石灰石。无烟煤的化学稳定性较石英砂好，在酸性、中性及碱性环境中都不溶出，但机械强度稍差，其密度因产地不同而有所不同，一般为1.4~1.9。大密度滤料常用于多层滤料滤池，其中石榴石和磁铁矿的相对密度大于4.2，莫氏硬度大于6。对含胶状物质废水则可用粗粒骨炭、焦炭、木炭、无烟煤等，在此情况下，过滤介质兼有吸附作用。

图3-11为常用的颗粒介质过滤设备——普通快滤池。快滤池一般用钢筋混凝土建造，池内有排水槽、滤料层、垫料层和配水系统；池外有集中管廊，配有进水管、出水管、冲洗水管、冲洗水排出管等管道及附件。

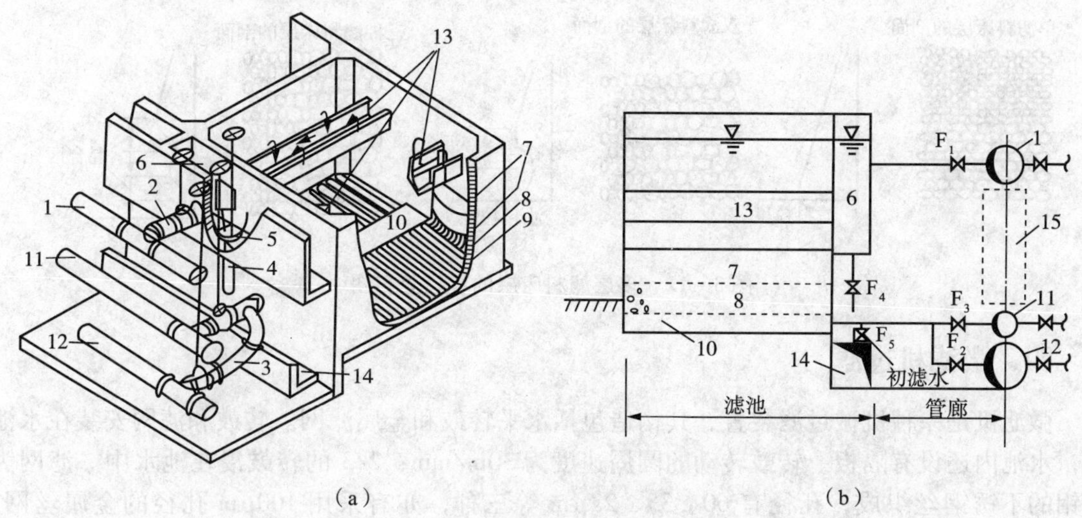

图3-11 普通快滤池

1—进水干管；2—进水支管；3—集水渠；4—水层；5—过滤层；6—承托层；7—排水系统；8—滤过水干管；9—滤过水支管；10—冲洗水管；11—洗砂排水管；12—排水管；13—排水渠；14—废水渠；15—走道空间

在废水的三级处理中，往往采用综合滤料过滤器，滤床采用不同的过滤介质，一般是以格栅或筛网及滤布等作为底层的介质，然后在其上再堆积颗粒介质。典型综合滤料的组成是：无烟煤(相对密度1.55)占55%~60%，硅砂(相对密度2.6)占25%~30%，钛铁矿石榴石(相对密度4以上)占10%~15%以上。滤床上层是相对密度较小的无烟煤颗粒，一般粒径为2mm；底层是密度较大的细粒材料，粒径为0.25mm；最下面是砾石承托层。三种滤料之间适当的粒径和密度的比例是决定因素，而两种较重的滤料中应包括严格控制的各种细粒径滤料，这样，在反冲洗后，滤床的每一水平断面都有各种滤料，形成混合滤料而无明显的交界面。综合滤料滤池接近理想滤池，沿水流方向由粗至细的级配滤料组成，空隙逐渐均匀减少，以提供最大截污能力，从而延长过滤周期，增加滤速，接受较大的进水负荷。滤速可达15~30m/h，为普通滤池的3~6倍。表3-1列出了普通快速滤池的滤料组成和滤速范围，图3-12列出了多层滤料床层的粒径分布。

表 3-1　普通快滤池的滤料组成及滤速

滤池类型	滤料及粒径/mm	相对密度	滤料厚度/m	滤速/(m/h)	强制滤速/(m/h)
单层滤池	石英砂 0.5~1.2	2.65	0.7	8~12	10~14
双层滤池	无烟煤 0.8~1.8	1.5	0.4~0.5	4.8~24	
	石英砂 0.5~1.2	2.65	0.4~0.5	一般为 12	14~18
三层滤池	无烟煤 0.8~2.0	1.5	0.42	4.8~24	
	石英砂 0.5~0.8	2.65	0.23		
	磁铁矿 0.25~0.5	4.75	0.07	一般为 12	
三层滤池	无烟煤 1.0~2.0	1.75	0.45	4.8~24	
	石英砂 0.5~1.0	2.65	0.20		
	石榴石 0.2~0.4	4.13	0.10	一般为 12	

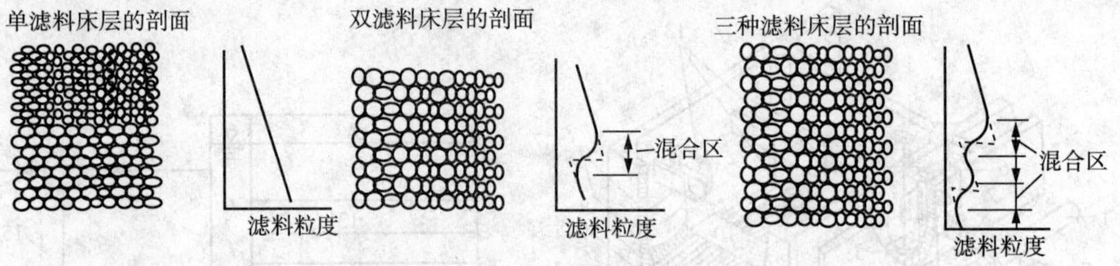

图 3-12　多层滤料床层的粒径分布图

四、微滤机过滤

微滤机是一种机械过滤装置，其构造包括水平转鼓和金属滤网。转鼓和滤网安装在水池内，水池内还设有隔板。转鼓转动的圆周速度为 30m/min，2/3 的转鼓浸在池水中。滤网为含钼的不锈钢丝织成，孔径有 60、35、23μm 等三种，亦有采用 100μm 孔径的金属丝网。图 3-13 为带有金属滤网转鼓的微滤机。

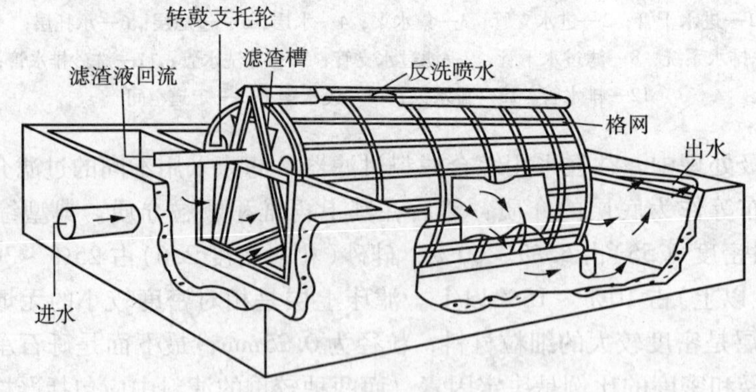

图 3-13　微滤机总图

微滤机的工作原理是废水通过金属网细孔进行过滤。废水从转鼓的空心轴管，通过金属网孔过滤后流入水池。截留在网孔的悬浮物，随着转鼓转动到上面时，被冲洗水冲下，收集在转鼓内，随同冲洗水一起，从空心轴出口排出。微滤机的过滤及冲洗过程均为自动进行。

微滤机的优点为设备结构紧凑，处理废水量大，操作方便，占地较小。缺点是滤网的编织比较困难。

另外，在化工废水的过滤处理中，还可以采用离心过滤机或板框过滤机等通用设备，近年来又有微孔管过滤机出现，微孔管代替金属丝网，起过滤作用，微孔管可由聚乙烯树脂或者用多孔陶瓷等制成。它的特点是微孔孔径大小可以进行调节，微孔管调换比较方便，适用于过滤含有无机盐类的废水。

第三节　重力法

废水中含有的较多无机砂粒或固体颗粒，必须采用沉淀法除掉，以防止水泵或其他机械设备、管道受到磨损，并防止淤塞。沉淀池中沉降下来的固体，可用机械进行清除。

一、沉砂池

沉砂池也是一种沉淀池，用以分离废水中相对密度较大的无机悬浮物，如砂、煤粉、矿渣等，使这些悬浮物在池内沉降，以免进入后面的沉淀池污泥中而给排除及处理污泥带来困难。但是，在沉砂池内不能让相对密度较小的有机悬浮物沉降下来，废水流速不宜过大也不宜过小。沉砂池有平流式、竖流式、曝气式、旋流式等四种，国内广泛应用的是平流式，平流沉砂池的效率较高，其构造如图 3－14 所示。

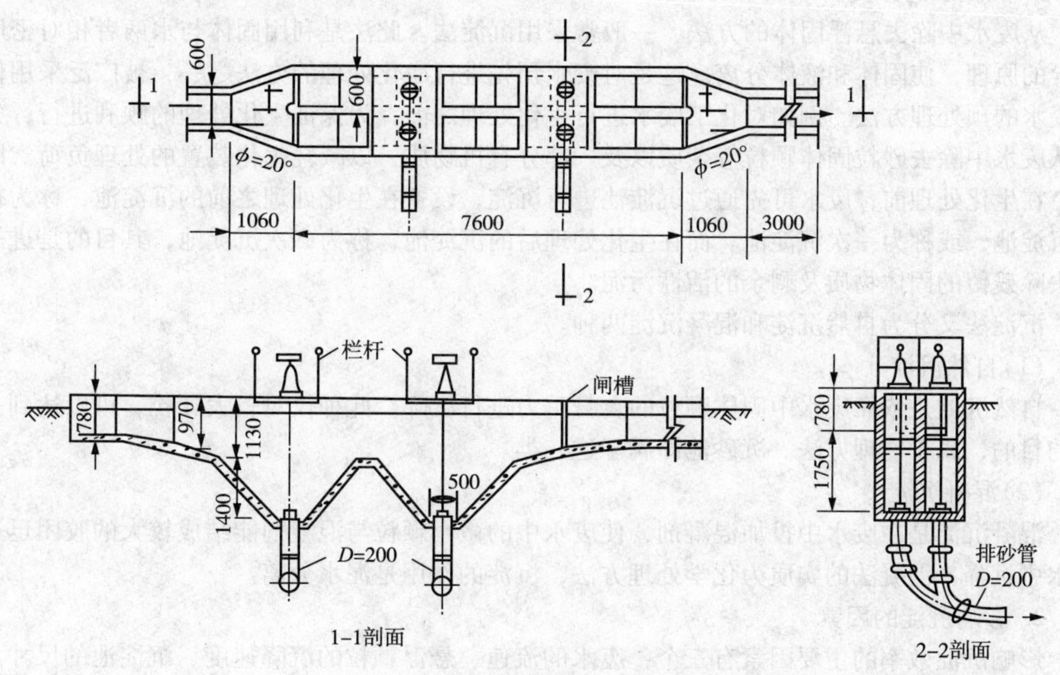

图 3－14　平流式沉砂池

平流式沉砂池的过水部分是一条明渠，渠的两端用闸板控制水量，渠底有贮砂斗，斗数一般为 2 个。贮砂斗下部设带有闸门的排砂管，以排除贮砂斗内的积砂。也可以用射流泵或螺旋泵排砂。

为了保证沉砂池能很好地沉淀砂粒，又使密度较小的有机悬浮物颗粒不被截留，应严格控制水流速度。一般沉砂池的水平流速在0.15～0.3m/s为宜，停留时间不少于30s。沉砂池应不少于2个，以便可以切换工作。池内有效水深不大于1.2m，合格沉砂池渠宽不小于0.60m，池内超高为0.30m。设计时应采用最大过流量，用最小流量作校核。

当废水含砂量较大时，沉砂池的贮砂斗应按不超过两日砂量计算。所沉泥砂的含水率近似为60%，容重为1500kg/m^3。为了能使泥砂在贮砂斗内自动滑行，贮砂斗的坡度不应小于55°，下部排泥管径不小于200mm。

一般平流沉砂池的最大缺点，就是尽管控制了水流速度及停留时间，废水中一部分有机悬浮物仍然会在沉砂池内沉积下来，或者由于有机物附着在砂粒表面，随砂粒沉淀而沉积下来。为了克服这个缺点，目前有采用曝气沉砂池，即在沉砂池的侧壁下部鼓入压缩空气，使池内水流呈螺旋状态运动。由于有机物颗粒的密度小，故能在曝气的作用下长期处于悬浮状态，同时，在旋流过程中，砂粒之间相互摩擦、碰撞，附在砂粒表面的有机物也能被洗脱下来。通常曝气沉砂池采用穿孔管曝气，穿孔管内孔眼直径为2.5～6mm，空气用量为2～3m^3/m^2(池面)，螺旋型水流周边最大旋转速度为0.25～0.3m/s，池内水流前进速度为0.01～0.1m/s，停留时间为1.5～3.3min。

二、沉淀池

1. 沉淀法的分类

从废水中除去悬浮固体的方法，一般常采用沉淀法。此法是利用固体与水两者相对密度差异的原理，使固体和液体分离。这是对废水预先进行净化处理的方法之一，被广泛采用作为废水的预处理方法。例如对化工废水进行生化处理之前，为保证生化处理的顺利进行，先要从废水中除去砂粒固体颗粒等杂质以及一部分有机物质，以减轻生化装置的处理负荷。因此，在生化处理前，废水可先通过沉淀池进行沉淀，设备在生化处理之前的沉淀池，称为初级沉淀池，或称为一次沉淀池。而在生化处理后的沉淀池，称为二次沉淀池，其目的是进一步去除残留的固体物质及剩余的活性污泥。

沉淀法又分为自然沉淀和混凝沉淀两种。

(1)自然沉淀

自然沉淀是依靠废水中固体颗粒的自身重力进行沉降。此种仅对较大颗粒，可以达到去除的目的，属于物理方法。沉砂池即属于这一类。

(2)混凝沉淀

混凝沉淀是在废水中投加混凝剂，使废水中的微小颗粒与混凝剂能结成较大的胶团迅速在水中沉降，混凝法的实质为化学处理方法，沉淀的作用是泥水分离。

2. 影响沉淀的因素

影响沉淀效率的主要因素有三个：废水的流速、悬浮颗粒的沉降速度、沉淀池的尺寸。

在一定的污水流速下，对一定大小的沉淀池其沉降效率主要取决于颗粒的沉降速度。自由沉降的颗粒沉降速度，与颗粒的形状以及颗粒与流体间的相对运动情况有关。通常是用雷诺数 Re 的大小来判断颗粒在水中沉降的相对运动流动类型。对于球形颗粒有

$$Re=\frac{d_s\cdot u_s\cdot \rho}{\mu} \tag{3-1}$$

式中　d_s——颗粒的直径，m；

u_s——颗粒的沉降速度，m/s；

ρ——污水的密度，kg/m^3；

μ——污水的黏度，Pa·s。

一般雷诺数 $Re<1$，即流体与颗粒相对运动是呈滞流状态。此时沉降速度 u_s 可以由 Stokes 公式来计算，即

$$u_s=\frac{d_s^{\ 2}(\rho_s-\rho)g}{18\mu} \tag{3-2}$$

式中 ρ_s——颗粒的密度，kg/m^3。

这说明某一污水在某一沉淀池处理时，污水中的悬浮颗粒直径或密度愈大，其沉降速度愈快，则沉降效率愈高。

颗粒的沉降速度 u_s，有一个最小值，用 u'_s 表示。为了使悬浮颗粒在从进沉淀池入口至沉淀池出口这段时间内，能沉降到池底，必须保证悬浮颗粒在沉淀池中有一定的停留时间，即修改公式

$$T_s=\frac{H}{u'_s} \tag{3-3}$$

式中 T_s——废水在沉淀池中的停留时间，s；

H——沉淀池深度，m；

u'_s——颗粒的最小沉降速度，m/s。

表明在 u_s 一定时，随着沉淀池深度 H 的减少，沉淀时间 T_s 可以缩短。但是必须保持沉淀池有一定的深度 H，才能防止已沉淀的颗粒再被水的流动所扰动，而不重新被水带出沉淀池。所以，只有在保证池底沉淀物不受水流冲击和扰动的情况下，适当减小沉淀池深度，才能提高沉淀效果。

假定废水的流量为 Q(m^3/s)，废水在沉淀池(图 3-15)中的流速是 u(m/s)，那么

$$Q=u\cdot B\cdot H \tag{3-4}$$

式中 B——沉淀池的宽度，m。

而废水在沉淀池中停留时间 T

$$T=\frac{L}{u} \tag{3-5}$$

式中 L——沉淀池的长度，m。

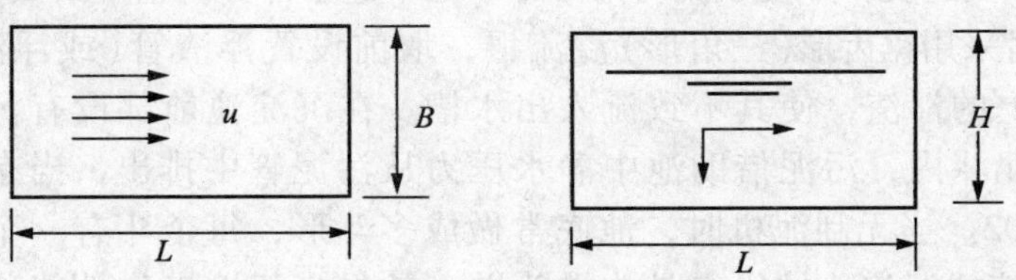

图 3-15 沉淀池的尺寸

对于某一沉淀池，其尺寸 H、B、L 固定，污水的流速 u 愈大，则废水实际在沉淀池停留时间 T 愈短；反之，流速 u 愈小，停留时间 T 愈长。为了保证污水中悬浮颗粒的沉降时间 T，则污水停留时间 T 至少等于颗粒的沉降时间 T_s，即 $T=T_s$。

由上面式子，解得

$$Q=Au'_s \tag{3-6}$$

式中　A——沉淀池的底面积，m^2。

通常将废水流量 Q 与沉淀池平面面积 A 之比称为表面负荷，亦称为过流率，用符号 q_0 表示，单位 $m^3/(m^2 \cdot s)$，即

$$q_0 = \frac{Q}{A} \tag{3-7}$$

或

$$Q = A \cdot q_0$$

可见，在同一沉淀池内，过流率的大小与颗粒的最小沉降速度 u_s' 相等。过流率愈小，沉淀效果愈好。反之，则沉淀效果差。对一定流量的废水，沉淀面积愈大，则过流率愈小，沉淀效率也愈好。

实际上，由于污水在通过沉淀池的各过水断面上的流速分布是不均匀的，颗粒在沉淀池中的实际停留时间要比上面提到的停留时间 T_s 短；又由于受到水流本身的湍动影响，颗粒的实际沉降速度也要比上面提到的 u_s 小。所以沉降效果实际上要比理论效果低一些。

3. 沉淀池的结构型式

根据池内水流的方向不同，沉淀池大致可以分为五种，即平流式沉淀池、竖流式沉淀池、辐流式沉淀池及斜管式沉淀池、斜板式沉淀池等。沉淀池的操作区域可以分为水流部分和沉淀部分。

水流部分：废水在这部分内流动，悬浮固体颗粒也在这部分区域内进行沉降。为了使水流均匀地通过各过水断面，一般均在污水的入口处设置挡板，并且要使进水的入口置于池内的水面以下。另外在沉淀池的出水口前，设置浮渣挡板，用以防止浮渣以及油污等流出沉淀池。

沉淀部分：沉降到池底的污泥需定期排放。采用机械排泥的沉降池底是平底。也可以采用泥浆泵或利用水的压力将污泥排出，此时池底应为锥形。另外还可以将两种排泥方式同时采用。

以下介绍常见的沉淀池的型式及构造。

(1)平流式沉淀池

图3-16为附有链条刮泥机的平流式沉淀池。废水由进水槽经进水孔流入池中。进水挡板的作用是降低水流速度，并使水流均匀分布于池中过水部分的整个断面。沉淀池出口为孔口或溢流堰，有时采用锯齿形(三角形)溢流堰，堰前设置浮渣管(或浮渣槽)及挡板，以拦阻和排除水面上的浮渣，使其不致流入出水槽。在沉淀池前部设有污泥斗，池底污泥由刮泥机刮入污泥斗内，污泥借助池中静水压力从污泥管中排出，当有刮泥机时，池底坡度为0.01~0.02。当无刮泥机时，池底常做成多斗形，每个斗有一个排泥管，斗壁倾斜45°~60°。平流式沉淀池的优点是构造简单，效果良好，工作性能稳定，但排泥较为困难。

(2)辐流式沉淀池

当废水含大量无机悬浮物且水量又大时，宜采用辐流式沉淀池，见图3-17。

(3)竖流式沉淀池

竖流式沉淀池有圆形与方形两种。当废水含大量有机悬浮物而水量又不大时，可考虑采用竖流式沉淀池，见图3-18。

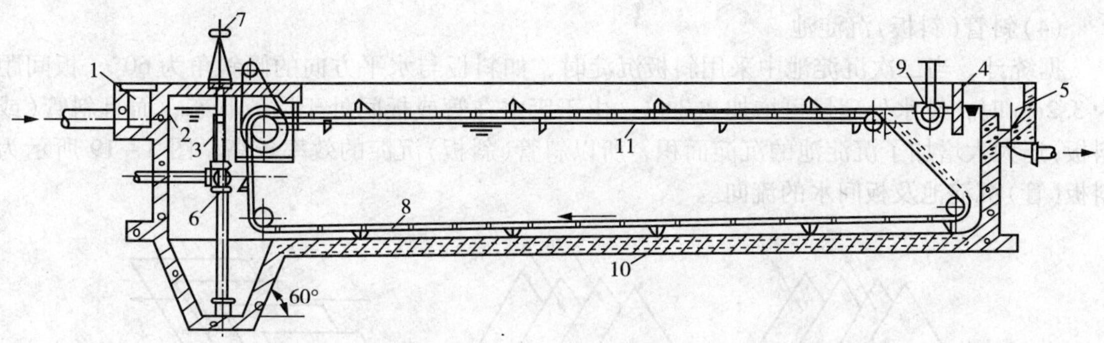

图 3-16 链条带刮泥机的平流沉淀池

1—进水槽；2—进水孔；3—进水挡板；4—出水挡板；5—出水槽；6—排泥管；7—排泥闸门；8—链带；9—排渣管槽(能转动)；10—刮板；11—链带支撑

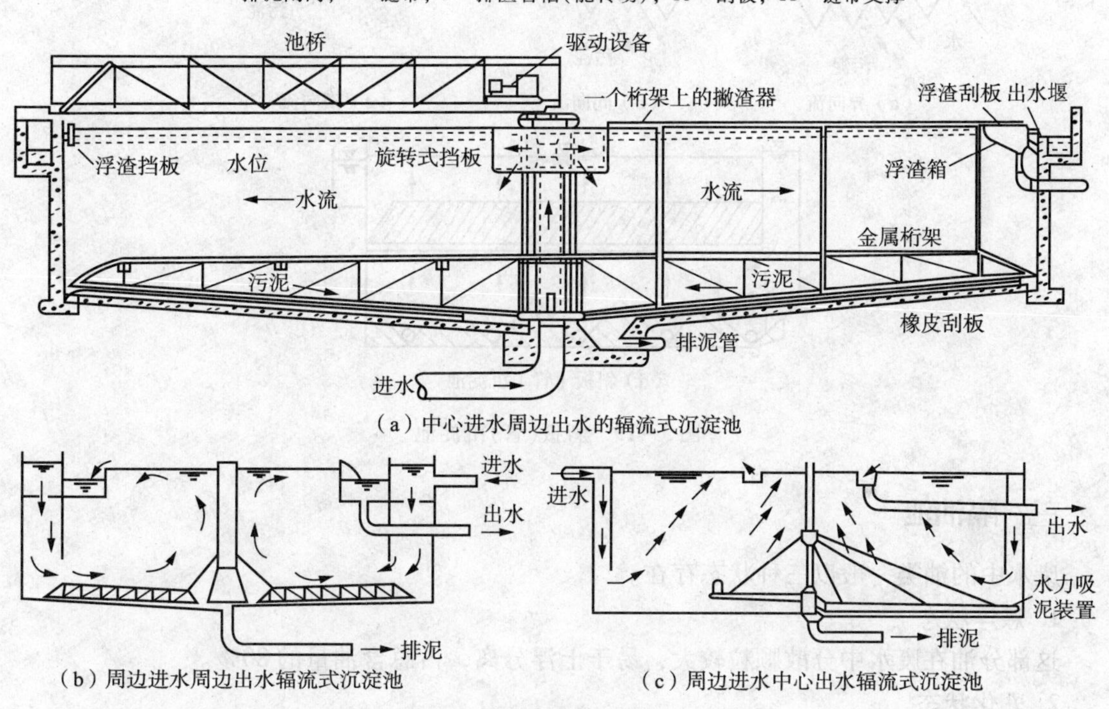

(a) 中心进水周边出水的辐流式沉淀池

(b) 周边进水周边出水辐流式沉淀池

(c) 周边进水中心出水辐流式沉淀池

图 3-17 辐流式沉淀池

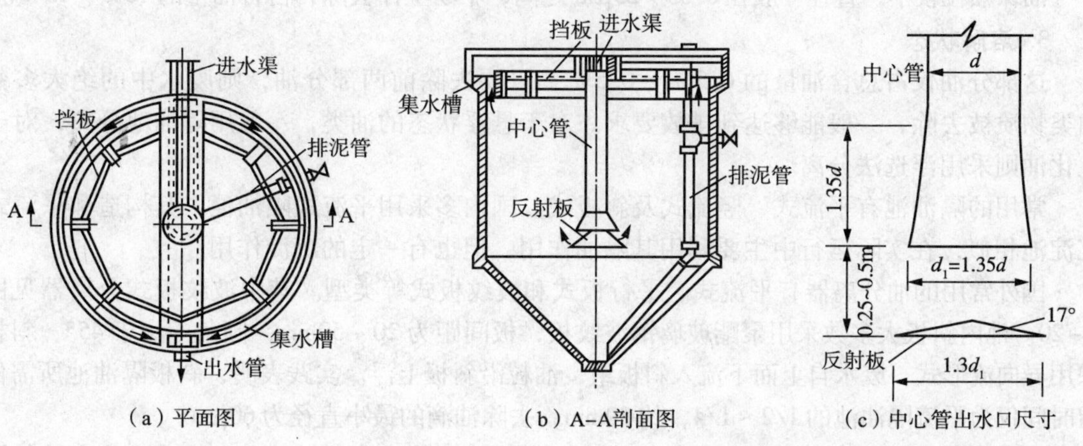

(a) 平面图　(b) A-A剖面图　(c) 中心管出水口尺寸

图 3-18 竖流式沉淀池(重力排泥)

(4)斜管(斜板)沉淀池

据统计，当二次沉淀池中采用斜板沉淀时，如斜板与水平方向的倾斜角为60°，板间距为3.2cm时，废水处理量可增加2.3倍。由于废水在管或板间处于层流状态，而且斜管(或斜板)还大大增加了沉淀池的沉淀面积，所以斜管(斜板)沉淀的效率较高。图3-19所示为斜板(管)沉淀池及板间水的流向。

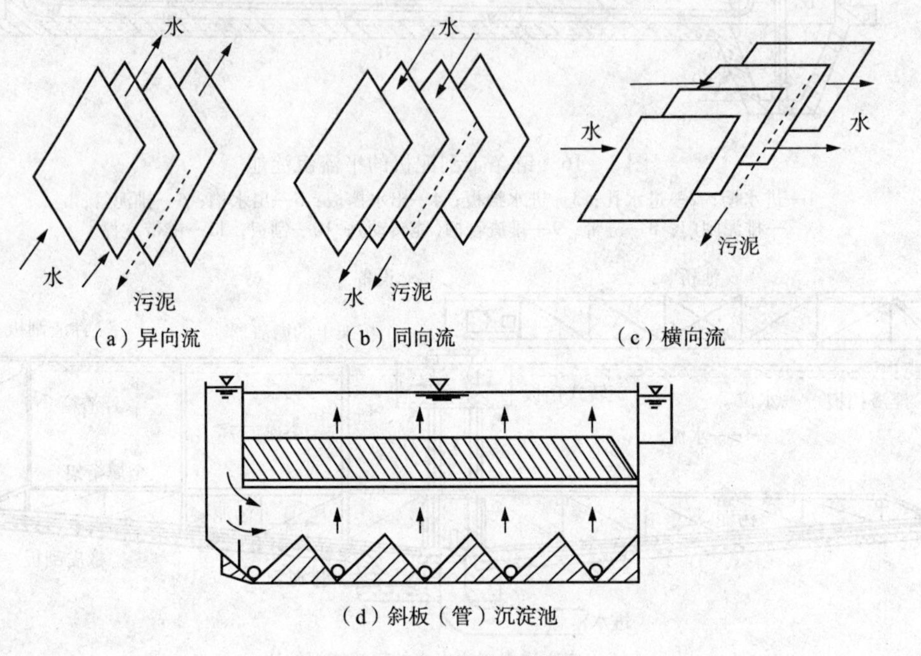

图3-19 斜板(管)沉淀池

三、隔油池

废水中的油类一般以三种状态存在。

1. 悬浮状态

这部分油在废水中分散颗粒较大，易于上浮分离，占总含油量的80%。

2. 乳化状态

油珠颗粒较小，直径一般在0.05~25μm之间，不易上浮去除，占含油量的10%~15%。

3. 溶解状态

这部分油仅占总含油量的0.2%~0.5%，只要去除前两部分油，则废水中的绝大多数油类物质被去除，一般能够达到排放要求。对于悬浮状态的油类，一般用隔油池分离，对于乳化油则采用浮选法分离。

常用的隔油池有平流式、竖流式及斜板式。国内多采用平流式隔油池，其构造和平流式沉淀池相似，在实际运行中主要利用其隔油作用，但也有一定的沉淀作用。

国外常用的油分离器有平流式、平行板式和波纹板式等类型。其中波纹板式分离器见图3-20。池内斜板大多数采用聚酯玻璃钢波纹板，板间距为20~50mm，倾角不小于45°，斜板采用异向流形式，废水自上而下流入斜板组，油粒沿斜板上浮。实践表明，斜板隔油池所需停留时间仅为平流隔油池的1/2~1/4，约30min，去除油滴的最小直径为60μm。

壳牌石油公司研制的斜板隔油池即所谓PPI(Parallel plate Intercepter)型油水分离池如图

3－21所示。该装置可去除大于60μm的油珠。

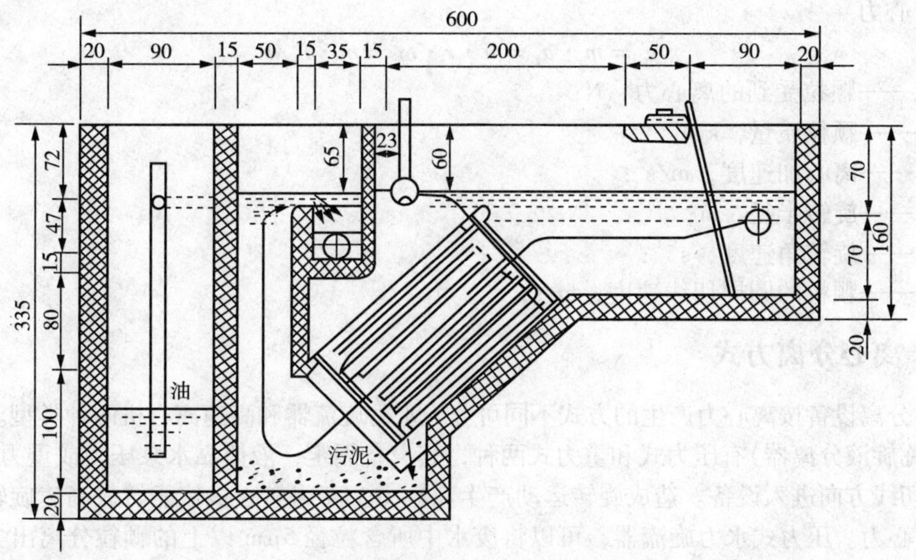

图3－20 波纹板式油分离器

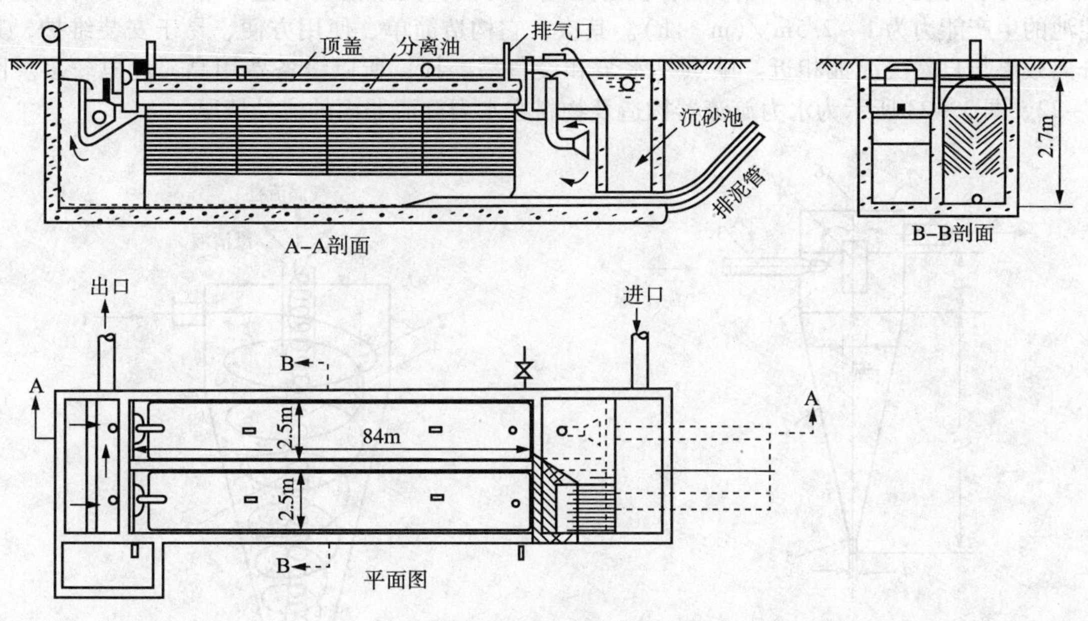

图3－21 PPI型油水分离池

第四节 离心法

一、离心分离的原理

含悬浮物的废水在高速旋转时，由于悬浮颗粒和废水的质量不同，所受到的离心力大小不同，质量大的被甩到外圈，质量小的则留在内圈，通过不同的出口将它们分别引导出来，

利用此原理就可分离废水中悬浮颗粒，使废水得以净化。当废水高速旋转时，水中的颗粒物所受的离心力

$$F_c = m \cdot a_c = m \cdot r \cdot \omega^2 = m \cdot v_s^2 / r \tag{3-8}$$

式中 F_c——颗粒受到的离心力，N；

m——颗粒质量，kg；

a_c——离心加速度，m/s^2；

r——旋转半径，m；

ω——旋转角速度，s^{-1}；

v_s——颗粒的圆周切线速度，m/s；

二、离心分离方式

离心分离设备按离心力产生的方式不同可分为水力旋流器和高速离心机两种类型。水力旋流器(或称旋液分离器)有压力式和重力式两种，其设备固定，液体靠水泵压力或重力(进出水头差)由切线方向进入设备。造成旋转运动产生离心力。高速离心机依靠转鼓高速旋转，使液体产生离心力。压力式水力旋流器，可以将废水中所含粒径 5μm 以上的颗粒分离出去。进水流速一般应在 6～10m/s，进水管稍向下倾 3°～5°，这样有利于水流向下旋转运动。

压力水力旋转器体积小，单位容积的处理能力高，处理能力可达 $1000m^3/h$，而一般沉淀池的生产能力为 $1～2.5m^3/(m^2 \cdot h)$。其次，它构造简单、使用方便、易于安装维护，其分离效果与自然沉淀池相近。缺点是水泵和设备易磨损，所以设备费用高，耗电较多。图 3－22、图 3－23 所示为水力旋流器构造及物料在水力旋流器内的流动情况。

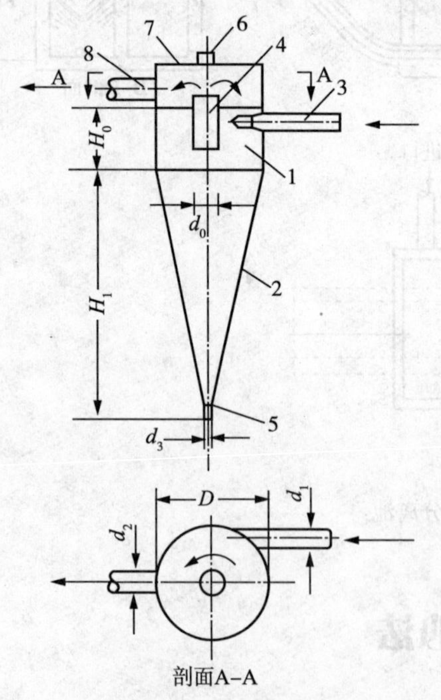

图 3－22　水力旋流器构造

1—圆筒；2—圆锥体；3—进水管；4—上部清液排出管；5—底部清液排出管；6—放气管；7—顶盖；8—出水管

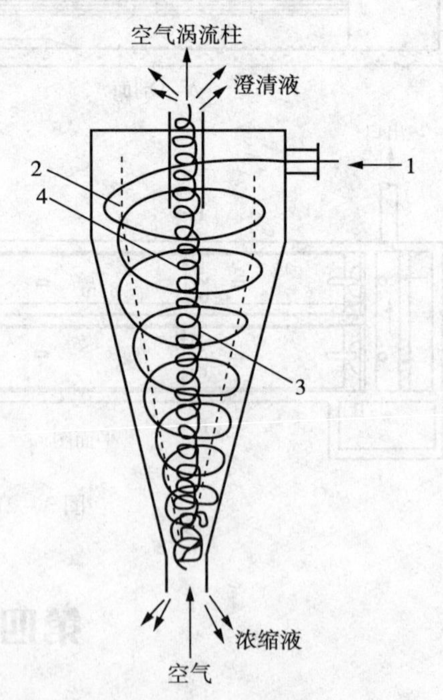

图 3－23　物料在水力旋流器中的流动

1—入流；2—一次涡流；3—二次涡流；4—空气涡流柱

高速离心机处理废水，也称为机械旋转的离心分离方法，离心机的种类很多，按分离系数 α 的大小进行分类，离心机可以分为如下几种：①常速离心机，$\alpha < 3000$；②高速离心机，$3000 < \alpha < 12000$；③超高速离心机，$\alpha > 12000$。

因为离心机的转速高，所以分离效率也高。但设备复杂，造价比较昂贵，一般只用在小批量的、有特殊要求的难处理的废水方面。

第四章 化学处理法

化学法是利用化学作用来处理废水中的溶解物质或胶体物质，用于去除废水中的金属离子、细小的胶体有机物、无机物、植物营养素(氮、磷)、乳化油、色度、臭味、酸、碱等，对于废水的深度处理有着重要作用。

化学法包括中和法、混凝法、氧化还原法、吸附法、化学沉淀及消毒等方法。

第一节 中和法

对于工业企业排出的低浓度的含酸、含碱废水，在无回收利用价值时，往往采用中和的方法进行处理，中和法也常用于废水的预处理，调整废水的pH值。

中和即pH值调整，或称为酸碱度调整。pH值为氢离子(H^+)浓度指数的简称。废水含酸或含碱时，表现为pH值的降低或升高。废水呈中性时，pH值等于7；pH值小于7时，废水呈酸性，pH值越小，酸性越强；pH值大于7时，废水呈碱性，pH值越大，碱性越强。pH值的应用范围在0~14之间。

对含酸或含碱废水，含酸浓度在4%，含碱浓度为2%以下时，如果不能进行经济有效的回收、利用，则应经过中和，将废水的pH值调整到呈中性状态，才能排放。而对含酸、含碱浓度高的废水，则必须考虑回收及开展综合利用的方法。

一、酸性或碱性废水的中和

1. 酸性废水的中和处理方法

对酸性废水进行中和时，可采用以下方法：①使酸性废水通过石灰石滤床；②与石灰乳混合；③向酸性废水中投加烧碱或纯碱溶液；④与碱性废水混合；⑤向酸性废水中投加碱性废渣，如电石渣、碳酸钙、碱渣等。中和酸所需消耗的碱性物质数量如表4-1所示。

表4-1 中和酸所需消耗的碱性物质数量

酸的种类	中和1kg酸所需碱性物质的量/kg						
	CaO	$Ca(OH)_2$	$CaCO_3$	$MgCO_3$	$CaMg(CO_3)_2$	$NaOH$	Na_2CO_3
硫酸	0.57	0.755	1.02	0.86	0.94	0.815	1.03
盐酸	0.77	1.01	1.37	1.15	1.26	1.10	1.45
硝酸	0.455	0.59	0.795	0.668	0.732	0.635	0.84
醋酸	0.466	0.616	0.83	0.695	—	0.666	0.88

有两点值得注意：①采用中和法时，中和时间一般要长。例如对含有弱酸的废水，选用碳酸盐，反应时间很长；如含醋酸废水，适宜选用氢氧化物类碱性物质进行中和；②中和后，应避免生成大量沉渣，否则会影响处理效果，同时又带来沉渣的处理问题，故生成的盐

要有一定大小的溶解度。例如含硝酸、盐酸的废水，中和后生成的盐，一般多易溶于水，不产生沉淀。又如含硫酸的废水，如果用石灰石中和时，则会产生大量的硫酸钙沉淀，因为硫酸钙在水中的溶解度比较小。

2. 碱性废水处理方法

对碱性废水，一般可以采用以下途径进行中和：①向碱性废水中鼓入烟道废气；②向碱性废水注入压缩的二氧化碳气体；③向碱性废水投入酸或酸性废水等。

对碱性废水进行中和时，可首先考虑采用酸性废水的中和处理。若附近没有酸性废水时可采用投加酸进行中和。工业用硫酸是在碱性废水中和中应用比较多的酸。中和各种碱性废水所需的酸量可见表4－2。

表4－2　中和碱性废水所需消耗的酸量

碱类名称	中和1kg碱所需耗用的酸量/kg					
	H_2SO_4		HCl		HNO_3	
	100%	98%	100%	36%	100%	65%
NaOH	1.22	1.24	0.91	2.53	1.37	2.42
KOH	0.88	0.90	0.65	1.80	1.13	1.74
$Ca(OH)_2$	1.32	1.34	0.99	2.74	1.70	2.62
NH_3	2.88	2.93	2.12	5.90	3.71	5.70

用烟道气中和碱性废水．主要是利用烟道气中的CO_2和SO_2两种酸性气体对碱性废水进行中和。这是一种以废治废、开展综合利用的好办法，既可以降低废水的pH值，又可以去除烟道气中的灰尘，并使烟道气中的CO_2及SO_2气体从烟气中分离出去，防止烟道气污染大气。湖南省长沙印染厂等单位的运行情况证明，烟道气中和法对降低碱性废水pH值效果明显，pH值一般可由10～12降至5～7左右。存在的问题是废水经中和后，废水中硫化物、色度、耗氧量都有所增加。

二、酸性废水中和处理的方式和设备

1. 酸性废水与碱性废水混合

若有酸性与碱性两种废水同时均匀的排出时，并且两者各自所含的酸、碱量又能相互平衡，那么，两者可以直接在管道内混合，不需设中和池，但是，对于排水情况经常波动变化时，则必须设置中和池，在中和池内进行中和反应。

中和池一般应是平行设计两套，进行交替使用。设计时应考虑废水在中和池内停留的时间为15min左右，根据具体情况，控制经中和以后的出水pH值在5～8的范围内。

2. 投药中和

投药中和就是将碱性中和药剂如石灰、石灰石、电石渣、苏打等，投入到酸性废水中，经过充分中和反应，使废水得以治理。投药中和又分为干投法和湿投法两种。

(1)干投法

干投法是将固体的中和药剂按理论投加量的1.4～1.5倍，均匀连续地投入到酸性废水中。干投法可采用利用电磁振荡原理的石灰振荡设备投加，以保证投加量的均匀。它设备简单，但反应较慢，而且反应不易彻底，投药量大。图4－1所表示的是用石灰石中和酸性废水的干投法流程。

(2)湿投法

当石灰成块状时，则不宜采用干投法，可采用湿投法。即先在石灰消化槽里将石灰加水消化，制成40% ~50%浓度的乳液，投入乳液槽，再加水搅拌调配成5% ~10%浓度的石灰水，然后用泵送到投配槽，经投加器投入渠道，与酸性废水共同流入中和反应池，发生中和反应后进行澄清，使水与沉淀物进行分离。其流程如图4 -2所示。

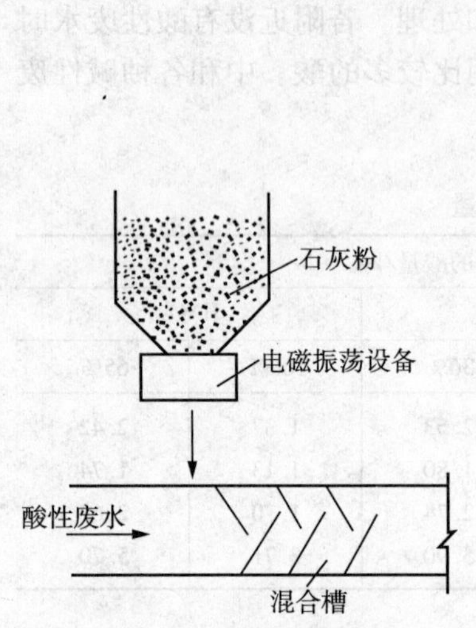

图4 -1　用石灰石中和酸性废水的干投法流程

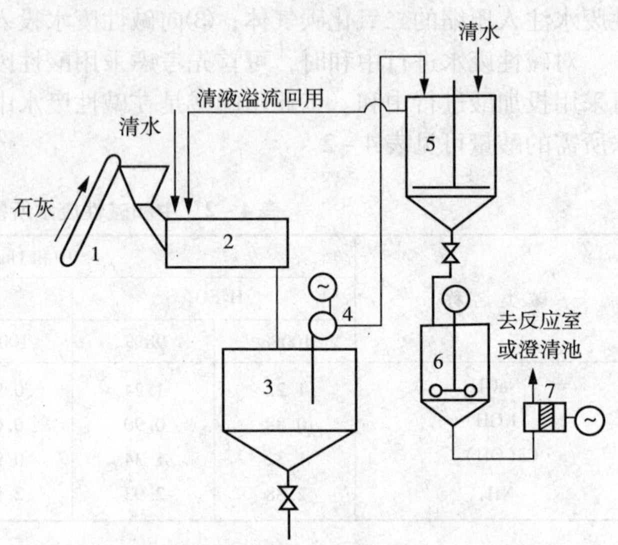

图4 -2　石灰石湿投法流程

1—石灰输送带；2—消石灰机；3—石灰乳槽；4—石灰乳泵；5—石灰乳贮存箱；6—石灰乳投药箱；7—石灰乳计量泵

3. 过滤中和

过滤中和就是利用石灰石、大理石、白云石等作滤料，使酸性废水通过滤料得到中和。采用过滤中和时，要求对废水中的悬浮物、油脂等进行预处理，以便于中和的进行，并防止滤料的堵塞。

图4 -3所示为普通中和滤池。以石灰石($CaCO_3$)作滤料时，中和反应速率较使用其他滤料时要快，故从经济上考虑，一般选用石灰石最合适。但过滤中和含硫酸废水如用石灰石作滤料，则中和后产生的硫酸钙会覆盖滤料使之堵塞，而影响中和反应的继续进行。因此，一般采用白云石滤料对含硫酸废水进行过滤中和，中和反应产生的硫酸镁易溶于水，不会影响中和反应的继续进行，但相对的处理成本比较高。

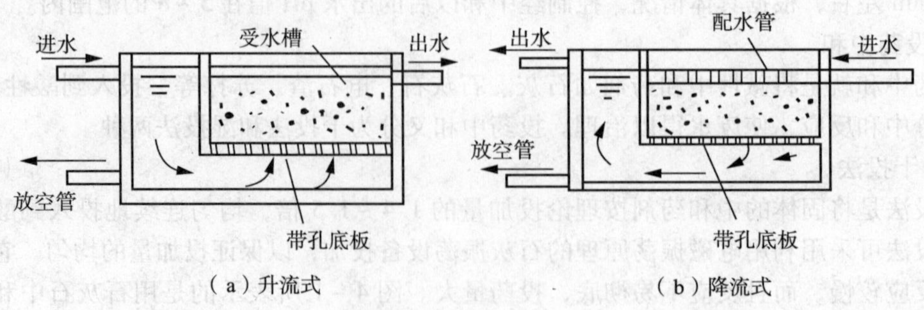

图4 -3　普通中和滤池

最近，为了克服硫酸钙沉淀覆盖滤料这一缺点，利用石灰石作滤料处理含硫酸废水出现了新型的过滤中和反应器，即流化床中和反应器，见图4-4，在石灰石膨胀过程中颗粒间的相互摩擦，破坏硫酸钙覆盖层，而脱下的硫酸钙随水带走。

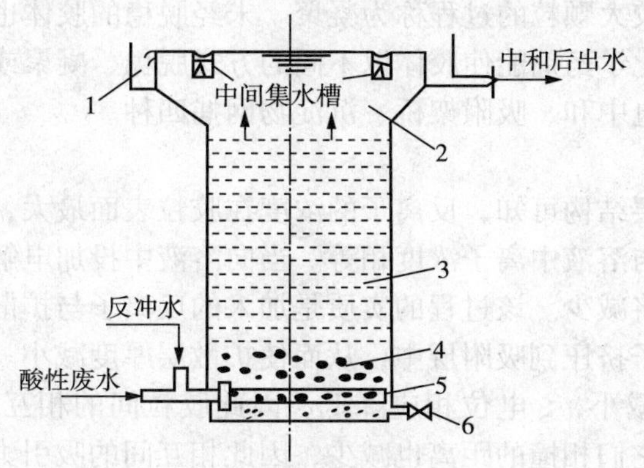

图4-4 升流式膨胀中和滤池

1—环形集水槽；2—清水区；3—石灰石滤料；4—卵石垫层；5—大阻力配水系统；6—放空管

三、碱性废水中和处理的方式和设备

1. 利用废酸性物质中和法

废酸性物质包括含酸废水、烟道气等。烟道气中 CO_2 含量可高达24%，此外有时还含有高浓度的 SO_2 和 H_2S 等酸性气体，故可用来中和碱性废水。

用烟道气中的 CO_2 中和碱性废水一般在喷淋塔中进行。废水从塔顶布水器均匀喷出，烟道气则从塔底鼓入，两者在填料层间进行逆流接触，完成中和过程，使碱性废水和烟道气都得到净化，该方法的关键是控制好气液比。根据资料介绍，用烟道气中和碱性废水，出水的pH值可由10~12降到中性。该法的优点是以废治废，投资省，运行费用低；缺点是出水中的硫化物、耗氧量和色度都会明显增加，还需进一步处理。

2. 药剂中和法

常用的药剂是硫酸、盐酸及压缩二氧化碳。硫酸的价格比较低，应用最广。盐酸的优点是反应物溶解度高，沉渣量少，但价格较高。用无机酸中和碱性废水的工艺流程与设备，与药剂中和酸性废水基本相同，在此不再赘述。

第二节 混凝沉淀法

一、混凝原理

混凝法的基本原理是在废水中投入混凝剂，在废水里形成胶团，与废水中的胶体物质发生电中和，形成絮粒沉降。混凝沉淀不但可以去除废水中的粒径为 10^{-6} ~ 10^{-3}mm 的细小悬浮颗粒，而且还能去除色度、油分、微生物、氮和磷等富营养物质，重金属以及有机物等。

废水在未加混凝剂之前，水中的胶体和细小悬浮颗粒的本身质量很轻，受水的分子热运动的碰撞而做无规则的布朗运动。颗粒都带有同性电荷，它们之间的静电斥力阻止微粒间彼此接近而聚合成较大的颗粒；其次，带电荷的胶粒和反离子都能与周围的水分子发生水化作用，形成一层水化膜，阻碍各胶体的聚合。一种胶体的胶粒带电越多，其ξ电位就越大；扩散层中反离子越多，水化作用也越大，水化层也越厚，因此扩散层也越厚，稳定性越强。

废水中投入混凝剂后，胶体因ξ电位降低或消除，破坏了颗粒的稳定状态（称脱稳）。脱稳的颗粒相互聚集为较大颗粒的过程称为凝聚。未经脱稳的胶体也可形成大的颗粒，这种现象称为絮凝。不同的化学药剂能使胶体以不同的方式脱稳、凝聚或絮凝。按机理，混凝可分为压缩双电层、吸附电中和、吸附架桥、沉淀物网捕四种。

（1）压缩双电层机理

由胶体粒子的双电层结构可知，反离子的浓度在胶粒表面最大，并沿着胶粒表面向外的距离呈递减分布，最终与溶液中离子浓度相等。当向溶液中投加电解质，使溶液中离子浓度增高，则扩散层的厚度将减少。该过程的实质是加入的反离子与扩散层原有反离子之间的静电斥力把原有部分反离子挤压到吸附层中，从而使扩散层厚度减小。

由于扩散层厚度的减小，ξ电位相应降低，因此胶粒间的相互排斥力也减少。另一方面，由于扩散层减薄，它们相撞的距离也减少，因此相互间的吸引力相应变大。使其排斥力与吸引力的合力由斥力为主变成以引力为主（排斥势能消失），胶粒得以迅速凝聚。

（2）吸附电中和机理

胶粒表面对异号离子、异号胶粒、链状离子或分子带异号电荷的部位有强烈的吸附作用，由于这种吸附作用中和了电位离子所带电荷，减少了静电斥力，降低了ξ电位，使胶体的脱稳和凝聚易于发生。当二价铝盐或铁盐混凝剂投量过多，混凝效果反而下降的现象，可以用本机理解释。因为胶粒吸附了过多的反离子，使原来带的负电荷转变为正电荷，排斥力变大，从而发生了再稳定现象。

（3）吸附架桥机理

吸附架桥作用主要是指链状高分子聚合物在静电引力、范德华力和氢键力等作用下，通过活性部位与胶粒和细微悬浮物等发生吸附桥联的过程。

当三价铝盐或铁盐及其他高分子混凝剂溶于水后，经水解、缩聚反应形成高分子聚合物，具有线形结构。这类高分子物质可被胶粒所强烈吸附。聚合物在胶粒表面的吸附来源于各种物理化学作用，如范德华引力、静电引力、氢键、配位键等，取决于聚合物同胶粒表面二者化学结构的特点。因其线形长度较大，当它的一端吸附某一胶粒后，另一端又吸附另一胶粒，在相距较远的两胶粒间进行吸附架桥，使颗粒逐渐变大，形成粗大絮凝体。

（4）沉淀物网捕机理

当采用硫酸铝、石灰或氯化铁等高价金属盐类作混凝剂时，当投加量大得足以迅速沉淀金属氢氧化物[如$Al(OH)_3$、$Fe(OH)_3$]或带金属碳酸盐（如$CaCO_3$）时，水中的胶粒和细微悬浮物可被这些沉淀物在形成时作为晶核或吸附质所网捕。水中胶粒本身可作为这些沉淀所形成的核心时，凝聚剂最佳投加量与被除去物质的浓度成反比，即胶粒越多，金属凝聚剂投加量越少。

以上介绍的混凝的四种机理，在水处理中往往可能是同时或交叉发挥作用的，只是在一定情况下以某种机理为主而已。低分子电解质的混凝剂，以双电层作用产生凝集为主；高分子聚合剂则以架桥联结产生絮凝为主。故通常将低分子电解质称为混凝剂，而把高分子聚合物单独称为絮凝剂。

二、影响混凝效果的因素

在废水的混凝沉淀处理过程中，影响混凝效果的因素比较多。其中重要的有以下几方面：

(1)水样的影响

对不同水样，由于废水中的成分不同，同一种混凝剂的处理效果可能会相差很大。

(2)药剂投加量的影响

药剂投加量有其最佳值，混凝剂投加量不足，则水中杂质未能充分脱稳去除，加入太多则会再稳定。

(3)水温的影响

其影响主要表现在：一，影响药剂在水中起化学反应的速度，对金属盐类混凝剂影响很大，因其水解是吸热反应；二，影响矾花的形成和质量，水温较低时，絮凝体形成缓慢，结构松散，颗粒细小；三，水温低时水的黏度较大，布朗运动强度减弱，不利于脱稳胶粒相互凝聚，水流剪力也增大，影响絮凝体的成长，该因素主要影响金属盐类的混凝，对高分子混凝剂影响较小。

(4)碱度的影响

主要指金属盐类，因其混凝过程中水解产生大量 H^+，造成 pH 值下降，以至降到最优混凝条件以下，保持一定碱度则使反应过程中 pH 值基本保持恒定；对于高分子混凝剂，因其作用并非靠大量水解来实现的，且水中均会保持有一定的碱度，故对其最佳投加量影响不大。

(5)废水 pH 值的影响

对金属盐类，pH 值影响其在水中水解产物的种类和数量，一般在 pH 值为 5.5 ~ 8.0 时有较高脱除率；对人工合成高分子混凝剂，则影响其活性基团的性质。

(6)水力条件的影响

混凝的过程是混凝剂与胶粒发生反应并逐步凝聚在一起的过程，水流紊动过于缓慢，则混凝剂与胶粒反应速度太小，紊动过于激烈则使结成的絮体重新破裂。一般混凝过程分为混合与反应两个阶段，混合阶段持续大约 10 ~ 30s，一般不超过 2min，其速度梯度 $G = 700 \sim 1000 s^{-1}$，主要是使药剂迅速而均匀地扩散到水中，反应阶段通常为 10 ~ 30min，其平均速度梯度的值为 $10 \sim 75 s^{-1}$（通常 $30 \sim 60 s^{-1}$），G 值为 $10^4 \sim 10^5$，主要是使水中微粒凝聚成矾花并增大而沉淀(或上浮)的过程。

三、混凝剂和助凝剂

混凝剂的品种目前不下二三百种，按其化学成分可分为无机和有机两大类。无机盐主要是铝和铁的盐类及其水解聚合物，有机类品种很多，主要是高分子化合物，可分为天然的及人工合成的两部分。

无机混凝剂主要是利用其强水解基团水解形成的微絮体使脱粒脱稳，从 19 世纪末美国最先将硫酸铝用于给水处理并取得专利后，无机混凝剂以其价格低廉、原料易得等优点得以大量运用，目前无机混凝剂的主要品种见表 4 – 3。

有机混凝剂分为天然有机混凝剂与人工合成有机高分子混凝剂。天然有机混凝剂是人类使用较早的混凝剂，不过其用量远少于人工合成高分子混凝剂，其原因在于天然高分子混凝剂电荷密度较小，相对分子质量较低，且易发生生物降解而失去絮凝活性。人工合成有机高分子絮凝剂的运用是近三十年来的事，但在废水处理中的应用却越来越广泛。人工合成有机高分子絮凝剂都是水溶性聚合物，重复单元中常包含带电基团，因而也被称为聚电解质。包含带正电基团的为阳离子型聚电解质，包含带负电基团的为阴离子型聚电解质，既包含带正电基团又包含带负电基团的为两性型聚电解质。有些人工合成有机高分子絮凝剂在制备中并没有人为地引进带电基团，称为非离子型聚电解质。水及废水处理中，使用较多的是阳离子型、阴离子型和非离子型聚电解质，表4－4是水和废水处理中常用的聚电解质。

表4－3　常用无机类混凝剂一览表

类　别	药品名称	化学式
高分子	聚合氯化铝(PAC)	$[Al_2(OH)_nCl_{6-n}]_m$
	聚合硫酸铝(PAS)	$[Al_2(OH)_n(SO_4)_{3-n/2}]_m$
	聚合氯化铁(PFC)	$[Fe_2(OH)_nCl_{6-n}]_m$
	聚合硫酸铁(PFS)	$[Fe_2(OH)_n(SO_4)_{3-n/2}]_m$
低分子	硫酸铝(AS)	$Al_2(SO_4)_3 \cdot nH_2O$
	三氯化铝(AC)	$AlCl_3 \cdot 6H_2O$
	明矾(硫酸铝铵)(AA)	$(NH_4)_2SO_4 + Al_2(SO_4)_3 \cdot 24H_2O$
	硫酸铝钾（KA)	$K_2SO_4 + Al_2(SO_3)_3 \cdot 24H_2O$
	含铁硫酸铝(MICS)	$Al_2(SO_4)_3 + Fe_2(SO_4)_3$
	硫酸亚铁	$FeSO_4 \cdot 7H_2O$
	硫酸铁(FS)	$Fe_2(SO_4)_3 \cdot 12H_2O$
	氯化铁(FC)	$FeCl_3 \cdot nH_2O$
	氯化绿矾	$FeCl_3 + Fe_2(SO_4)_3$
	氯化锌(ZC)	$ZnCl_2$
	硫酸锌(ZS)	$ZnSO_4$
	氧化镁	MgO
	碳酸镁	$MgCO_3$
	电解铝	$Al(OH)_3$
	电解铁	$Fe(OH)_3$

表4－4　常用聚电解质

名　称	离子型	说　明
聚丙烯酰胺(PAM)	非	主要非离子絮凝剂品种
聚氧化乙烯(PEO)	非	对某些情况很有效
聚乙烯吡咯酮	非	专用絮凝剂
部分水解聚丙烯酰胺(HPAM)	阴	主要阴离子絮凝剂品种，均聚物
聚乙烯磺酸盐(PSS)	阴	M为金属离子、负电性强，电荷对pH值不敏感，均聚物
聚乙烯胺	阴	均聚物，电荷与pH值有关
聚羟基丙基－甲基氯化铵	阳	均聚物，电荷与pH值有关
聚二甲基二烯丙基氯化铵	阳	均聚物，正电性强，电荷对pH值不敏感，主要阳离子絮凝剂品种
聚羟基丙基二甲基氯化铵	阳	均聚物，正电性强，电荷对pH值不敏感
聚二甲基铵甲基丙烯酰胺	阳	主要阳离子絮凝剂品种，电荷与pH值有关
聚二甲基丙基甲基丙烯酰铵	阳	水解为阳离子丙烯酰铵衍生物

为了提高温凝沉淀的效果，通常在使用混凝剂时还需加入一些助凝剂。助凝剂有如下三类：

（1）pH 值调节剂

用于调整废水的 pH 值，以达到混凝剂使用的最佳 pH 值。常用的有石灰等。

（2）活化剂

用来改善絮凝体的结构，增加混凝剂的活性，如活性炭、各种黏土及活化硅酸等，活化硅酸是由硅酸钠与硫酸中和并熟化，使硅酸钠转化成硅酸单体，聚合成高分子物质。其优点是絮凝体形成快，而且粒大、密实；在低温下也能很好凝聚，而且最佳 pH 值的范围很广；若将其与硫酸亚铁或硫酸铝合用，凝聚效果更好。

（3）氧化剂

如氯等，用来破坏其他对混凝剂有干扰的有机物质。

四、混凝处理流程及设备

混凝处理流程包括投药、混合、反应及沉淀分离几个部分，其示意如图 4－5 所示。

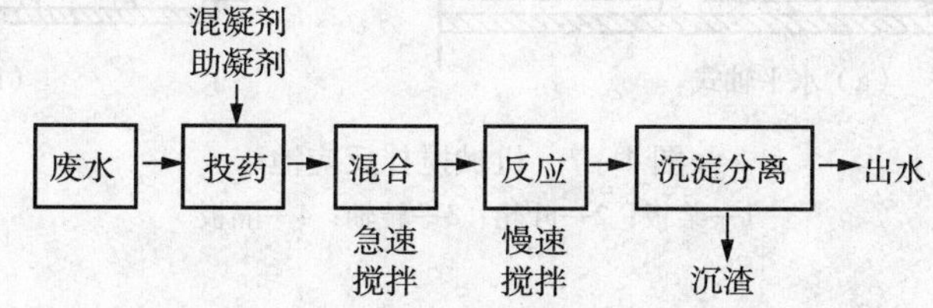

图 4－5　混凝沉淀处理流程示意图

（1）投药

投药方法分干法和湿法两种。干法即把药剂直接投放到被处理的水中。其优点是占地少，缺点是对药剂的粒度要求较高，投配量较难控制，对机械设备要求较高，同时劳动条件也差。用得较多的是湿法，即先把药剂配制成一定浓度的溶液，再投入被处理水中。投药设备包括投加和计量两部分。常采用的投加设备有耐酸水泵、真空泵及空气压缩机等；常用的计量设备有浮杯式计量器、孔板及转子流量计等。

（2）混合

药剂投入废水中后发生水解反应并产生异电荷胶体，与水中胶体和悬浮物接触，形成细小的矾花，这一过程就是混合，大约在 10～30s 内完成，一般不超过 2min。对混合的要求是快速而均匀。快速是因混凝剂在废水中发生水解反应的速率很快，需要尽量造成急速扰动以生成大量细小胶体，并不要求产生大颗粒；均匀是为了使化学反应能在废水中各部分得到均衡发展。

混合的动力有水力和机械搅拌两类。因此混合设备也分为两类，采用机械搅拌的有机械搅拌混合槽、水泵混合槽等；利用水力混合的有管道式、穿孔板式、涡流式混合槽等。

（3）反应

混合完成后，水中已产生细小絮体，但还未达到能自然沉降的粒度，反应设备的任务就是使小絮体逐渐絮凝成大絮体。反应设备应有一定的停留时间和适当的搅拌强度，以让小絮体能相互碰撞，并防止产生大的絮体沉淀。但搅拌强度太大，则会使生成的絮体破碎，且絮体越大，越易破碎，因此在反应设备中，沿着水流方向搅拌强度应越来越小。反应时间一般需 20～30min 左右。

反应池的型式有隔板折流反应池、涡流式反应池、机械搅拌反应池等。折板反应池与机械搅拌反应池结构见图4－6和图4－7。

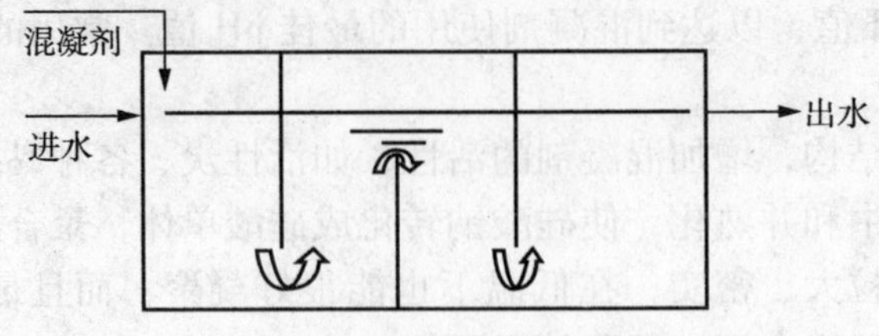

图4－6　折流式反应池

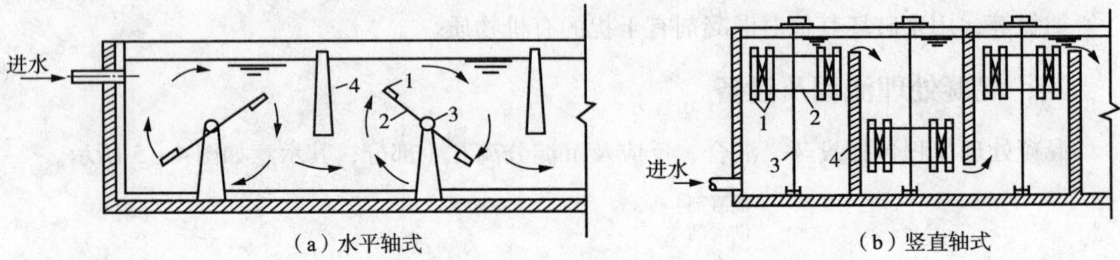

（a）水平轴式　　（b）竖直轴式

图4－7　机械搅拌反应池

1—桨板；2—叶轮；3—转轴；4—隔板

（4）澄清池

澄清池是能够同时实现混凝剂与原水的混合、反应、澄清合成一体的设备，具有效率高而尺寸小的优点。它利用的是接触凝聚原理，即强化混凝过程，在池中让已经生成的絮凝体悬浮在水中成为悬浮泥渣层（接触凝聚区），当投加混凝剂的水通过它时，废水中新生成的微絮粒迅速吸附在悬浮泥渣上，从而达到良好的去除效果。所以澄清池的关键部分是接触凝聚区。保持泥渣处于悬浮、浓度均匀稳定的工作条件已成为所有澄清池的共同特点。图4－8为混凝沉淀中常用的一种设备——机械加速澄清池。

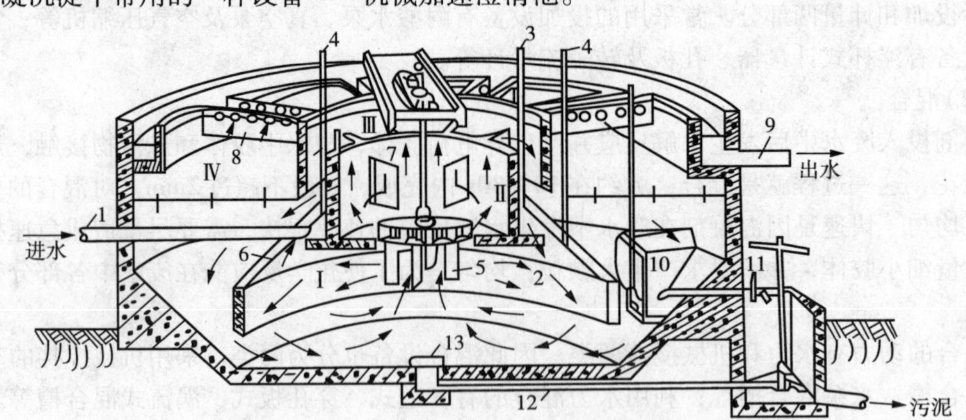

图4－8　机械加速澄清池结构透视图

Ⅰ—混合室；Ⅱ—反应池；Ⅲ—导流室；Ⅳ—分离室

1—进水管；2—三角配水槽；3—排气管；4—投药管；5 搅拌桨；6—伞形罩；7—导流板；8—集水槽；9—出水管；10—泥渣浓缩室；11—排泥管；12—排空管；13—排空阀

总的来讲，由于混凝沉淀法具有许多优点，如污染物去除效率比较高，操作简单，处理费用低，适用范围广等，已成为废水处理最普遍采用的方法之一。同时，为了进一步提高废水的处理效率，现已采取的两方面措施：一是采取化学磁性混凝沉淀；另一方面是进行充电混凝沉降。

第三节 氧化还原法

废水经过化学氧化还原处理，可使废水中所含的有机、无机有毒物质转变成无毒或毒性不大的物质，从而达到废水处理的目的。

由标准氧化还原电位可以判断氧化剂和还原剂的氧化还原能力，各物质的标准氧化还原电极电位见表4-5。电极电位 E° 值越大(正值越大)，电对中氧化型为氧化剂时氧化能力越强。E° 值越小(负值越小)，电对中还原型作还原剂时还原能力就越强。从表中可以看出，氧化能力最强的是氟，但是用氟来处理废水目前尚存在一定的困难，一般用得比较多的氧化剂主要是 Cl_2、O_3 等。

表4-5 标准氧化还原电极电位(25℃时)

氧化型(氧化剂)	电子数 n	还原型(还原剂)	电极电位 E°/V	氧化型(氧化剂)	电子数 n	还原型(还原剂)	电极电位 E°/V
F_2	$2e^-$	2F	+2.87	Cu^{2+}	$2e^-$	Cu	+0.34
O_3+2H^+	2e	O_2+H_2O	+2.07	$2H^+$	$2e^-$	H_2	±0.000
$H_2O_2+2H^+$	2e	$2H_2O$	+1.77	Fe^{3+}	$3e^-$	Fe	-0.036
$MnO_4^-+4H^+$	$3e^-$	MnO_2+2H_2O	+1.695	Fe^{2+}	$2e^-$	Fe	-0.44
$ClO_3^-+6H^+$	$6e^-$	$Cl+3H_2O$	+1.45	S	$2e^-$	S^{2-}	-0.48
Cl_2	$2e^-$	$2Cl^-$	+1.359	Cr^{3+}	$3e^-$	Cr	-0.74
$Cr_2O_7^{2-}+14H^+$	$6e^-$	$2Cr^{3+}+7H_2O$	+1.33	Zn^{2+}	$2e^-$	Zn	-0.763
ClO^-+H_2O	$2e^-$	Cl^-+2OH^-	+0.89	Mn^{2+}	$2e^-$	Mn	-1.182
Hg^{2+}	$2e^-$	Hg	+0.854	Al^{3+}	$3e^-$	Al	-1.66
Fe^{3+}	e^-	Fe^{2+}	+0.771	Mg^{2+}	$2e^-$	Mg	-2.37
I_2	$2e^-$	$2I^-$	+0.5355	Na^+	e^-	Na	-2.714

一、氧化法

投加化学氧化剂可以处理废水中的 CN^-、S^{2-}、Fe^{2+}、Mn^{2+} 等离子。废水处理中常用的氧化剂包括：①在接受电子后还原成负离子的中性分子，如 Cl_2、O_2、O_3 等。②正电荷的离子，接受电子后还原成负离子，如漂白粉的次氯酸根中的 Cl^+ 变为 Cl^-。③正电荷的离子，接受电子后还原成带较低正电荷的离子，如 MnO_4^- 中的 Mn^{7+} 变为 Mn^{2+}、Fe^{3+} 变为 Fe^{2+} 等。

常用的氧化法如下：

1. 空气氧化法

空气氧化法是利用空气中的氧气氧化废水中的有机物和还原性物质的一种处理方法。空气因其氧化能力比较弱，主要用于含还原性较强物质的废水处理，如炼油厂的含硫废水。空气中的氧与水中硫化物的反应如下：

$$2HS^- + 2O_2 \longrightarrow S_2O_3^{2-} + H_2O \quad (4-1)$$

$$2S^{2-} + 2O_2 + H_2O \longrightarrow S_2O_3^{2-} + 2OH^- \quad (4-2)$$

$$S_2O_3^{2-} + 2O_2 + 2OH^- \longrightarrow 2SO_4^{2-} + H_2O \quad (4-3)$$

有机硫化物与氧反应生成二硫化物，其在水中的溶解度很小，容易从水中分离出去，反应如下：

$$RSNa + R'SNa + 1/2O_2 + H_2O \longrightarrow RS - SR' + 2NaOH \quad (4-4)$$

反应过程中，式(4-1)与式(4-2)反应为主反应。根据理论计算，每氧化1kg硫化物为硫代硫酸盐，需氧量为1kg，约相当于3.7m^3空气。由于部分硫代硫酸盐(约10%)会进一步氧化为硫酸盐，使需氧量约增加到4.0m^3空气，而实际操作中供气量往往为理论值的2~3倍。

空气氧化脱硫在密闭的塔器(空塔、板式塔、填料塔)中进行。图4-9为某炼油厂的废水氧化装置。含硫废水经隔油沉渣后与压缩空气及水蒸气混合，升温至80~90℃，进入氧化塔，塔径一般不大于2.5m，分四段，每段高3m。每段进口处设喷嘴，雾化进料。塔内气水体积比不小于15。增大气水比则气液的接触面积加大，有利于空气中的氧向水中扩散，加快氧化速度。废水在塔内平均停留时间为1.5~2.5h。

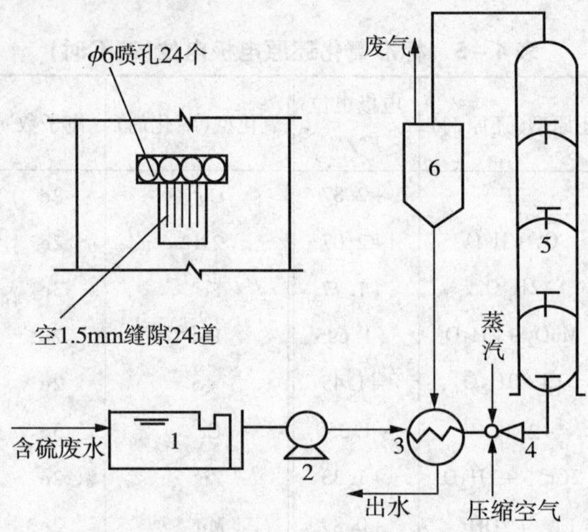

图4-9 空气氧化法处理含硫废水流程

1—隔油池；2—泵；3—换热器；4—射流器；5—空气氧化塔；6—分离器

2. 氯氧化法

氯气是普遍使用的氧化剂，既用于给水消毒，又用于废水氧化，主要是起到消毒杀菌的作用。通常的含氯药剂有液氯、漂白粉、次氯酸钠、二氧化氯等。各药剂的氧化能力用有效氯含量表示。氧化价大于-1的那部分氯具有氧化能力，称之为有效氯。作为比较基准，取液氯的有效氯含量为100%。表4-6给出了几种含氯药剂的相对有效氯含量。

表4-6 纯含氯化合物的有效氯

化学式	相对分子质量	氯当量/($molCl_2$/mol)	含氯质量分数/%	有效氯质量分数/%
液氯 Cl_2	71		100	100
漂白粉 $CaCl(OCl)$	127	1	56	56
次氯酸钠 $NaOCl$	74.5	1	47.7	95.4
次氯酸钙 $Ca(OCl)_2$	143	1	49.6	99.2
一氯胺 NH_2Cl	51.5	1	69	138
亚氯酸钠 $NaClO_2$	90.5	2(酸性)	39.2	156.8
氧化二氯 Cl_2O	87	2	81.7	163.4
二氯胺 $NHCl_2$	86	2	82.5	165
三氯胺 NCl_3	120.5	3	88.5	177
二氧化氯 ClO_2	67.5	2.5(酸性)	52.5	262.5

氯氧化法目前主要是用在对含酚、含氰、含硫化物的废水治理方面。

(1)处理含酚废水

向含酚废水中加入氯、次氯酸盐或二氧化氯等，可将酚分解。根据理论计算投加的氯量与水中的含酚量之比为6:1时，即可使酚完全破坏，但由于废水中存在其他化合物也与氯发生反应，实际上氯的需要量要超过理论量多倍，一般要超出10倍左右。如果投氯量不够，酚不能完全被破坏，且生成具有强烈臭味的氯酚。二氧化氯的氧化能力为氯的2.5倍左右，而且在氧化过程中不会生成氯酚。但由于二氧化氯的价格昂贵，故仅用于除去低浓度酚的废水处理。

(2)处理含氰废水

用氯氧化法处理含氰废水时，是将次氯酸钠直接投入废水中，也可以将氢氧化钠和氯气同时加入废水中，氢氧化钠与氯气反应生成次氯酸钠。由于这种氯氧化法是在碱性条件下进行的，故又称为碱性氯化法。

废水中含氰量与完成两个阶段反应所需的总氯及氢氧化钠的量之比，理论上为$CN:Cl_2:NaOH=1:6.8:6.2$。实际上，为使氰化物完全氧化，一般要投入氯的量为废水中所含氰量的8倍左右。

3. 臭氧氧化法

臭氧(O_3)是氧的同素异构体，在常温常压下是一种具有鱼腥味的淡紫色气体。沸点-112.5℃，密度2.144kg/m^3，比氧重1.5倍。此外，臭氧还具有以下一些重要性质。

①不稳定性。臭氧不稳定，在常温下容易自行分解成为氧气并释放出热量。

$$2O_3=2O_2+\triangle H \qquad \triangle H=284\text{kJ/mol}$$

MnO_2、PbO_3、Pt、C等催化剂的存在或经紫外线辐射都会促使臭氧分解。臭氧在空气中的分解速度与臭氧的浓度和温度有关。当浓度在1%以下时，其分解速度如图4-10所示。由图可见，温度越高，分解越快，浓度越高，分解也越快。

臭氧在水溶液中的分解速度比在气相中的分解速度快得多，而且强烈地受羟离子的催化。pH值越高，分解越快。臭氧在空气中的分解速度如图4-10所示。常温下的半衰期约为15~30min。

②溶解性。臭氧在水中的溶解度要比纯氧高10倍，比空气高25倍。在空气中臭氧的浓度对臭氧的溶解度有很大影响，同时溶解度还受到气体压力的影响。它们之间的关系如图4-11所示。在常压下，20℃时，水中臭氧浓度和气体中臭氧的平衡浓度之比为0.285。图4-12为压力对臭氧溶解度的影响。

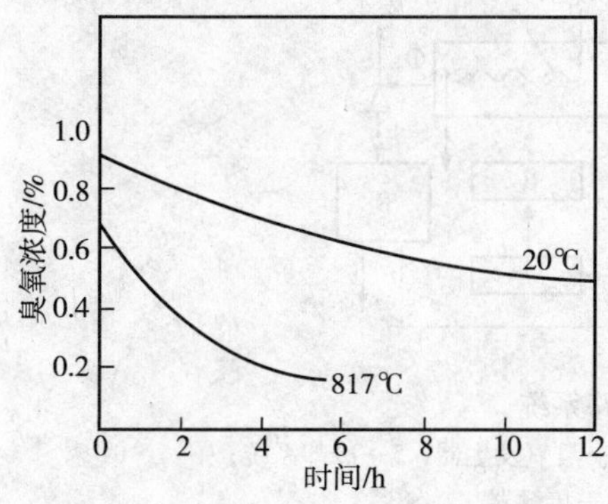

图4-10　臭氧在空气中的分解速度

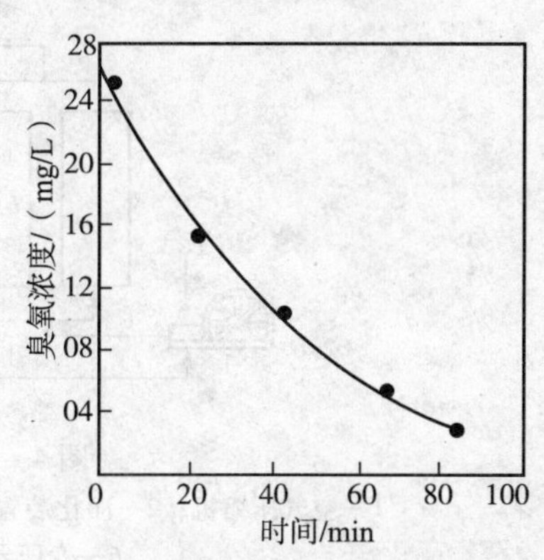

图4-11　臭氧在蒸馏水中的分解速度

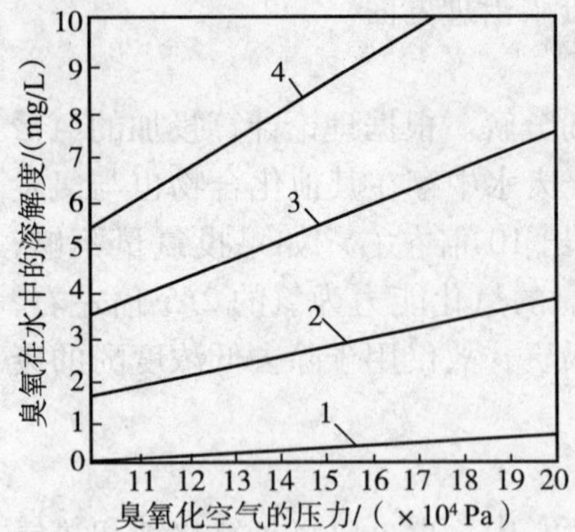

1—1gO_3/m^3 空气；2—5gO_3/m^3 空气；
3—10gO_3/m^3 空气；4—15gO_3/m^3 空气

图 4-12　压力对臭氧浓度的影响

③毒性。当臭氧在空气中的浓度达到 0.1mg/m^3 时，即可以使人的眼、鼻和喉感到刺激，当臭氧浓度达到1～10mg/m^3 时可引起头痛、恶心等症状。我国《工作场所有害因素职业接触限值》(GBZ 2—2002)规定车间空气中臭氧的最高容许浓度为 0.3mg/m^3。

④氧化性。臭氧可使有机物质被氧化，可使烯烃、炔烃及芳香烃化合物被氧化成醛类或有机酸。

制备臭氧的方法很多，有化学法、紫外线法、电解法和无声放电法等方法。其中唯一经济实用的方法是无声放电法，被普遍使用。化学法制备臭氧目前正处于研究阶段。

(1)无声放电法的原理

在一对交流电极之间通过氧气或空气，电极间的两侧被绝缘，则空气或氧气通过电极时便发生放电现象，由于这种放电是没有声音的，所以称之为无声放电法。无声放电法生产臭氧的原理及装置如图 4-13 所示。

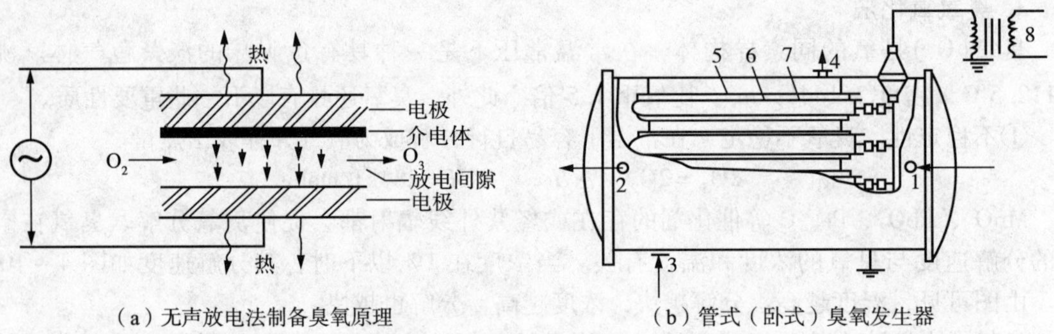

(a) 无声放电法制备臭氧原理　　(b) 管式(卧式)臭氧发生器

图 4-13　臭氧的制备原理与装置

1—空气或氧气进口；2—臭氧化气出口；3—冷却水进口；4—冷却水出口；
5—不锈钢管；6—放电间隙；7—玻璃管；8—变压器

(2)臭氧发生系统及装置

由于臭氧不稳定，通常在现场随制随用。以空气为原料制备臭氧，由于原料来源方便，因而应用较为普遍。图 4-14 为以空气为原料的典型臭氧氧化处理闭路系统流程图。

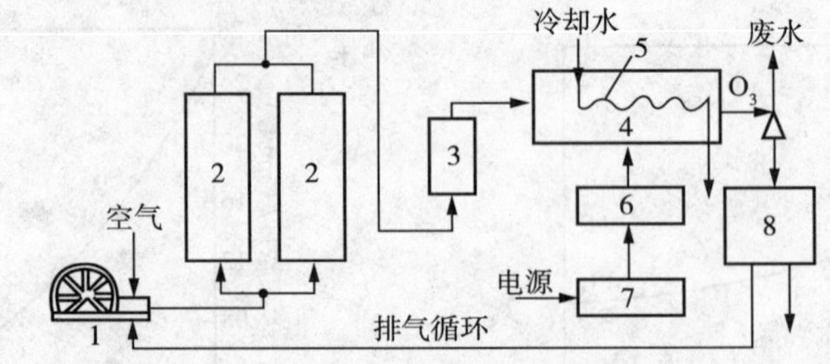

图 4-14　臭氧处理闭路系统

1—空气压缩机；2—净化装置；3—计量装置；4—臭氧发生器；5—冷却系统；
6—变压器；7—配电装置；8—接触器

(3)臭氧在废水处理中的应用

用臭氧处理废水的过程为：臭氧先溶于水中，然后再与废水中所含有的污染物进行氧化反应。臭氧在水中的溶解度并不大，它与污染物的反应速率也受到限制，所以反应速率一般不是很快。

用臭氧处理废水，氧化产物的毒性降低，另外，臭氧在水中分解后得到氧，可使水中的溶解氧增加，而不会造成二次污染。臭氧主要用于废水的三级处理，其作用是：①降低废水中的 COD 和 BOD；②杀菌消毒；③增加水中的溶解氧；④脱色和脱臭味；⑤降低浊度。

臭氧的消毒能力比氯强。对脊髓灰质炎病毒，用氯消毒，保持 0.5 ~ 1.0mg/L 余氯量，需要 1.5 ~ 2.0h 的反应时间，而要达到同样的消毒效果，用臭氧消毒，保持 0.045 ~ 0.45mg/L 的剩余臭氧，只需 2min。若初始臭氧浓度超过 1mg/L，经 1min 接触，病毒去除率可达到 99.99%。

如果臭氧氧化法和其他处理方法组合使用，对废水处理会发挥更好的经济效果，例如将混凝或活性污泥法与臭氧氧化法联合使用，可以有效地去除色度和难降解的有机物。

4. 湿式氧化法

湿式氧化法是在较高温度和压力下，用空气中的氧来氧化废水中溶解和悬浮的有机物和还原性无机物的一种方法。因氧化过程在液相中进行，故称为湿式氧化。与一般方法相比，湿式氧化法具有适用范围广、处理效率高、二次污染低、氧化速度快、装置小、可回收能源和有用物料等优点，缺点是需要高压设备．基建投资比较大。

湿式氧化法工艺最初由美国的 Zimmermann 研究提出，20 世纪 70 年代以前主要用于城市污水处理的污泥和造纸黑液的处理。20 世纪 70 年代以后，湿式氧化技术发展很快，应用范围也在不断扩大，装置数目和规模也日益增大，并开始了催化湿式氧化的研究和利用。20 世纪 80 年代中期以后，湿式氧化技术向三个方向发展：第一，继续开发适用于湿式氧化的高效催化剂，使反应能在比较温和的条件下进行，并在较短的时间内完成；第二，将反应温度和压力进一步提高到水的临界点以上，进行超临界湿式氧化；第三，回收系统的能量和物料。图 4 - 15 为基本的湿式氧化处理系统。表 4 - 7 为湿式氧化对某些废水的处理结果。

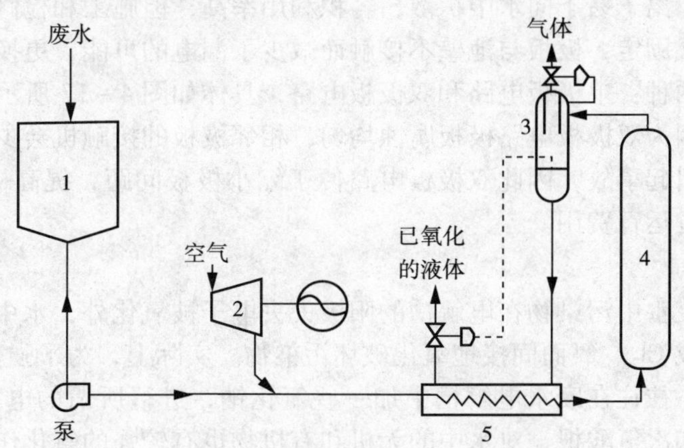

图 4 - 15　湿式氧化法基本流程图

1—贮存罐；2—空压机；3—分离器；4—反应器；5—热交换器

二、电解法

1. 原理

电解是利用直流电进行氧化还原反应的过程。电解时，把电能转变为化学能的装置为电解槽。在电解槽中，与电源正极相连接的极称为阳极，与电源负极相连接的极称为阴极。当接通直流电源后，电解槽的阴极和阳极之间发生了电位差，驱使正离子移向阴极，在阴极取得电子，进行还原反应；负离子移向阳极，在阳极放出电子，进行氧化反应。从而使得废水中的污染物在阳极被氧化，在阴极被还原，或者与电极反应产物作用，转化为无害成分被分离除去。目前对电解还没有统一的分类方法，一般按照污染物的净化机理可以分为电解氧化法、电解还原法、电解凝聚法和电解浮上法；也可以分为直接电解法和间接电解法；按照阳极材料的溶解特性可分为不溶性阳极电解法和可溶性阳极电解法。

表 4－7　湿式氧化对某些废水的处理结果

废水种类	反应条件			处理前/(mg/L)		处理后/(mg/L)	去除率/%
	温度/℃	压力/MPa	空速/h^{-1}				
焦化废水	280	8.0	1	COD_{Cr}	6305	32	99.5
				NH_3-N	3775	5	99.9
				B[a]P	29.4	0.7	97.6
石化废水	275	7.0	2	COD_{Cr}	320000	24000	92.5
炼油废水	260	6.0	2	COD_{Cr}	91274	8800	90.4
印染废水	280	8.0	2	COD_{Cr}	1293	65	95.0
农药废水	245	4.2	2	COD_{Cr}	14352	1245	91.3
化肥厂废水	220	3.0	2	COD_{Cr}	2452	262	89.3
				NH_3-N	1265	41	96.8
染料废水	250	5.0	2	COD_{Cr}	14735	1005	93.2
机械加工废水	250	5.0	2	COD_{Cr}	26082	915	96.5

电解槽一般多为矩形。按废水的流动方式分为回流式和翻腾式，具体如图 4－16 所示。回流式水流流程长，离子易于向水中扩散，容积利用率高，但施工和检修比较困难。翻腾式的极板采用悬挂方式固定，极板与池壁不接触而减少了漏电的可能，更换极板也比较方便。

极板电路也有两种：单极板电路和双极板电路，具体如图 4－17 所示。生产上双极板电路应用比较普遍，因为双极板电路极板腐蚀均匀，相邻极板的接触机会少，即使接触也不容易发生电路短路而引起事故，因此双极板电路便于缩小极板间距，提高极板的有效利用串，从而减少投资和节省运行费用。

2. 电解氧化还原

电解氧化是指废水中污染物在电解槽的阳极失去电子被氧化外，水中的 Cl^-、OH^- 等也可在阳极放电而生成 Cl_2、氧而间接地氧化破坏污染物。实际上，为了强化阳极的氧化作用，减少电解槽的内阻，往往在废水电解槽中加一些氯化钠，进行所谓的电氯化，NaCl 投加后在阳极可以生成氯和次氯酸根，对水中的无机和有机物也有较强的氧化作用。

电极还原主要用于处理阳离子污染物，如 Cr^{6+}、Hg^{2+} 等。目前在生产应用中，都是以铁板为电极，由于铁板溶解，金属离子在阳极还原沉积而回收除去。下面以电解含氰废水为例。

在阳极上发生直接氧化反应：

$$CN^- + 2OH^- - 2e^- \longrightarrow CNO^- + H_2O \quad (4-5)$$

$$CNO^- + 2H_2O \longrightarrow NH_4^+ + CO_3^{2-} \quad (4-6)$$

$$2CNO^- + 4OH^- - 6e^- \longrightarrow 2CO_2 + N_2 + H_2O \quad (4-7)$$

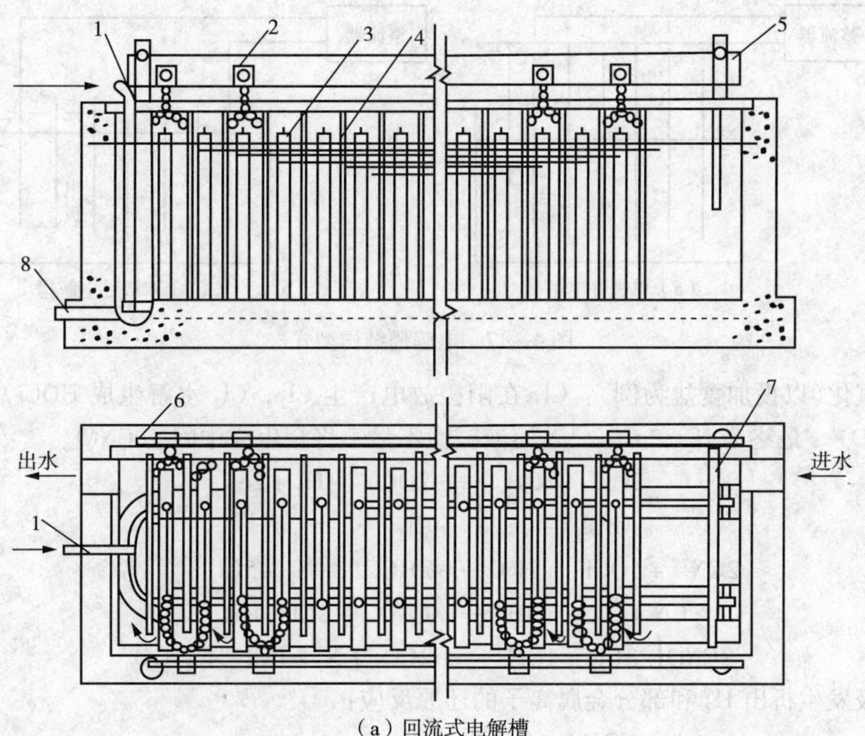

（a）回流式电解槽

1—压缩空气管；2—螺钉；3—阳极板；4—阴极板；5—母线；6—母线支座；7—水封板；8—排空阀

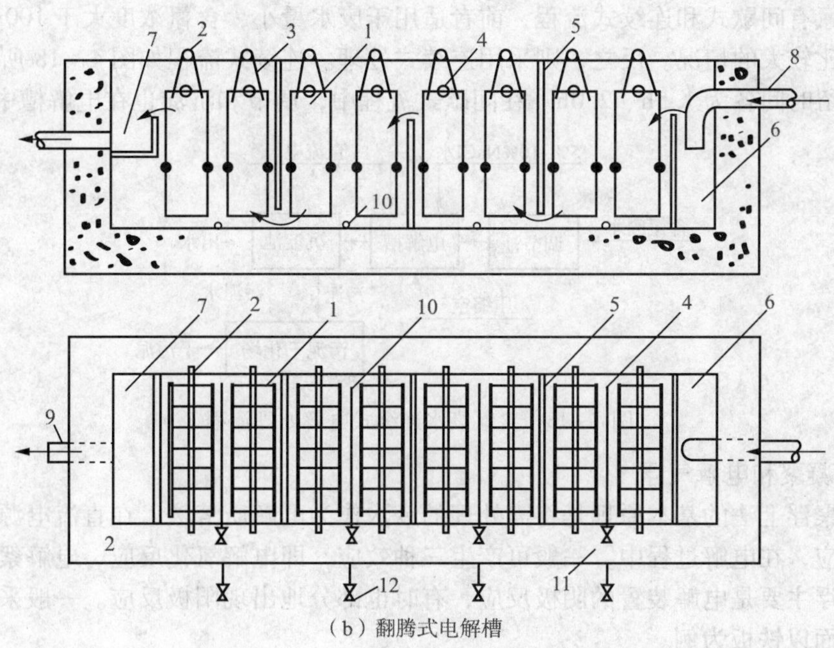

（b）翻腾式电解槽

图4－16　电解槽结构型式

1—电极板；2—吊管；3—吊钩；4—固定卡；5—导流板；6—布水槽；7—集水槽；

8—进水管；9—出水管；10—空气管；11—空气阀；12—排空阀

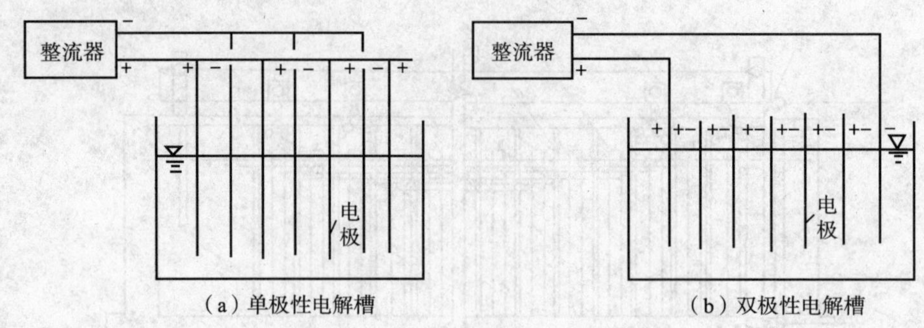

（a）单极性电解槽　（b）双极性电解槽

图 4－17　电解槽结构型式

间接氧化(以投加食盐为例)：Cl^- 在阳极放电产生 Cl_2，Cl_2 水解生成 HOCl，OCl^- 氧化 CN^- 为 CNO^-、最终为 N_2 和 CO_2。若溶液碱性不强，将会生成中间态 CNCl。

$$2Cl^- + 2OH^- \longrightarrow 2OCl^- + H_2 + 2e^- \tag{4-8}$$

$$2Cl^- - 2e^- \longrightarrow Cl_2 \tag{4-9}$$

$$2CN^- + 5OCl^- + H_2O \longrightarrow 2HCO_3^- + N_2 + 5Cl^- \tag{4-10}$$

$$CN + Cl_2 + 2OH^- \longrightarrow CNO^- + 2Cl^- + H_2O \tag{4-11}$$

$$2CNO + 3Cl_2 + 4OH^- \longrightarrow 2CO_2 + N_2 + 6Cl^- + 2H_2O \tag{4-12}$$

在阳极发生析出 H_2 和部分金属离子的还原反应：

$$2H^+ + 2e^- \longrightarrow H_2 \tag{4-13}$$

$$Cu^{2+} + 2e^- \longrightarrow Cu \tag{4-14}$$

$$Ag^+ + e^- \longrightarrow Ag \tag{4-15}$$

电解除氰有间歇式和连续式流程，前者适用于废水量小，含氰浓度大于 100mg/L，且水质水量变化比较大的情况。反之，则采用连续式处理。连续式流程如图 4－18 所示。调节池和沉淀池停留时间各为 1.5h、2.0h。在间歇式流程中，调节和沉淀也在电解槽中完成。

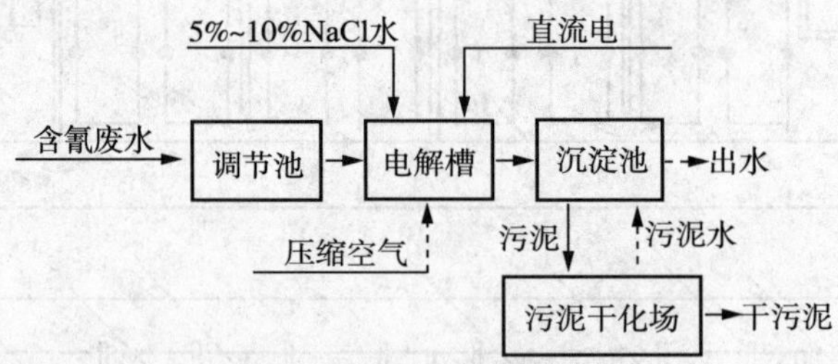

图 4－18　含氰废水连续式电解处理流程

3. 电解凝聚和电解气浮

电解凝聚浮上法的基本原理是将需处理的废水作为电解质溶液，在直流电源的作用下发生电化学反应，在电解过程中，一般可产生三种效应，即电解氧化反应、电解絮凝和电解气浮，电解气浮主要是电解装置的阴极反应，有时也部分地出现阳极反应。一般采用铁、铝作为阳极，下面以铁板为例。

采用可溶性铁极板的电极反应：铁失去电子变为二价铁离子进入废水中

$$Fe - 2e \longrightarrow Fe^{2+} \tag{4-16}$$

二价铁离子进一步水解，形成氢氧化亚铁和氢氧化铁

$$Fe^{2+} + 2OH^- \longrightarrow Fe(OH)_2 \tag{4-17}$$

$$4Fe(OH)_2 + O_2 + 2H_2O \longrightarrow 4Fe(OH)_3 \tag{4-18}$$

而 Fe^{2+} 和 $Fe(OH)_2$ 对废水中胶体起到凝聚作用。

阴极反应：氢离子在阴极上放电变为氢气逸出

$$2H^+ + 2e \longrightarrow H_2\uparrow \tag{4-19}$$

逸出的氢气形成极小的气泡，将废水中的凝聚物浮上电解槽的液体表面，起到气浮的效果。与此同时，在阴极还发生氧化反应，使有机物分解氧化成无害成分；在阳极发生还原反应，使氧化型色素还原成无色。

利用电解凝聚和电解气浮，可以处理多种含有机物、重金属的废水。表 4－8 列出了四种废水处理的工艺参数。

表 4－8 电解凝聚法对各类废水处理的工艺参数

污水来源	pH 值	电量消耗/（A·h/L）	电流密度/（A·min/dm²）	电能消耗/（kW·h/m³）	电解电压（单极式）/V	电极金属消耗/（g/m³）	电极材料	极距/mm	废水电解时间/min
制革厂	8～10	0.3～0.8	0.5～1.0	1.5～3.0	3～5	250～700	钢板	20	20～25
毛皮厂	8～10	0.1～0.3	1～2	0.6～1.0	3～5	150～200	钢板	20	20
肉类加工厂	8～9	0.08～0.12	1.5～2.0	1.0～1.5	8～12	70～110	钢板	20	40
电镀厂	9～10.5	0.03～0.15	0.3～0.5	0.4～2.5	9～12	45～150	钢板	10	20～30

制革废水与毛皮厂废水的悬浮物、COD，经电解凝聚处理后，分别降低 90% 和 50% 左右；肉类加工厂含油脂、悬浮物、COD 分别平均为 800mg/L、1100mg/L 和 960mg/L，经电解凝聚处理后，上述水质指标分别降低 90%～95%、70% 和 70%。电镀废水经过氧化、还原和中和处理后，再用电解凝聚补充处理，可使各项指标均达到排放与回收标准。

电解凝聚气浮法比起投加凝聚剂的化学凝聚来，具有一些独特的优点：可去除的污染物广泛，反应迅速（如阳极溶蚀产生 Al^{3+} 并形成絮凝体只需 15～45s），适用的 pH 值范围宽，所形成的沉渣密实，澄清效果好。

三、高级氧化技术

随着工业的不断发展，环境污染日益严重，高浓有毒有机污染物成为水处理过程中的难点，传统水处理工艺中的物理方法、生物方法往往不能得到满意的结果。近年来，随着人们环保意识的逐渐增强，水处理技术的发展已逐渐由物理过程转向化学过程，即通过化学反应使污染物破坏而实现无害化。高级氧化技术是在对传统水处理技术中经典化学氧化法改革的基础上应运而生的一种新技术。

高级氧化（Advanced Oxidation Process，即 AOP 或者 Advanced Oxidation Technology，即 AOT）的概念由 Glaze，W. H. 等人于 1987 年提出，是指利用羟基自由基 OH·有效破坏水相中污染物的化学反应。羟基自由基的产生方法一般采用加入氧化剂、催化剂或借助紫外光、超声波等。其特点如下：①羟基自由基具有极强的氧化性，对多种污染物能有效去除；②属于游离基反应，所以反应速率快；③可操作性强，设备相对简单；④对污染物的破坏程序能达到完全或接近完全。

产生活性羟基自由基的方式可分为均相、多相和有无照射作用等多种。目前被认为比较突出的高级氧化技术有：H_2O_2/Fe^{2+}(Fenton 试剂法)；$UV/TiO_2/O_2$(多相光催化氧化)；UV/H_2O_2(过氧化氢加紫外光)；$UV/TiO_2/H_2O_2$(过氧化氢与多相光催化结合)。许多研究成果都显示了高级氧化法的突出优势。国外已将该技术用于地下水、有毒污泥和污染土壤的研究。我国从 20 世纪 90 年代初也相继开展了这方面的研究。结合我国国情和国民经济实力，目前我国的研究方向重点在于多相光催化氧化技术，并着重于以太阳能为主以电光源为辅，将光催化氧化作为一项水处理过程中的单元技术，对现有的水处理工艺进行改革。

第四节 吸附法

一、吸附法基本原理

在废水处理中，吸附法处理的主要对象是废水中用生化法难于降解的有机物或用一般氧化法难于氧化的溶解性有机物，包括木质素、氯或硝基取代的芳烃化合物、杂环化合物、洗涤剂、合成染料、除绣剂、DDT 等。当用活性炭等对这类废水进行处理时，它不但能吸附这些难于分解的有机物，降低 COD，还能使废水脱色、脱臭，把废水处理到可重复利用的程度。所以吸附法在废水深度处理中得到了广泛的应用。

吸附法是利用多孔性固体物质作为吸附剂，以吸附剂的表面吸附废水中的某种污染物的方法。常用的吸附剂有活性炭、硅藻土、铝矾土、磺化煤、矿渣以及吸附用的树脂等。其中以活性炭最为常用。

1. 吸附的原理

吸附法处理废水时，吸附过程发生在液 - 固两相界面上，由于吸附剂的表面力作用而产生吸附。目前对这种表面力的性质，认识得还很不充分。其中有一种理论是用表面能来解释，即认为：在表面积一定的情况下，吸附剂要使其表面能减少，只有通过表面张力的减少来达到。如果吸附剂在吸附某物质后能降低表面能，则该吸附剂便能吸附此种物质。所以吸附剂的表面只可以吸附那些能够降低它表面张力的物质。

吸附剂和被吸附物质之间的作用力有三种不同类型：分子间力、化学键力和静电引力。由于这三种不同作用力的作用，结果形成三种不同形式的吸附。即物理吸附、化学吸附和交换吸附。在废水处理中，主要是物理吸附，有时是几种吸附形式的综合作用。

物理吸附是由于固体的表面粒子(分子、原子)存在着剩余的吸引力所引起的。在固体内部，粒子间存在着吸引力，但粒子的位置不同，受力情况也不同。物理吸附的特点是没有选择性，吸附质并不固定在吸附剂表面的特定位置上，而多少能在界面范围内自由移动，因而其吸附的牢固程度不如化学吸附。物理吸附主要发生在低温状态下，过程放热较小，约 42kJ/mol 或更少，可以是单分子层或多分子层吸附。影响物理吸附的主要因素是吸附剂的比表面积和细孔分布。

化学吸附是由于溶质与吸附剂发生化学反应，形成牢固的吸附化学键和表面配合物，吸附质分子不能在表面自由移动。吸附时放热量较大，与化学反应的反应热相近，约 84 ~ 420kJ/mol。化学吸附有选择性，即一种吸附剂只对某种或特定几种物质有吸附作用，一般为单分子层吸附，通常需要一定的活化能，在低温时，吸附速度较小。这种吸附与吸附剂的表面化学性质有密切的关系。被吸附的物质往往需要在很高的温度下才能被解吸，且所释出的物质已经起了化学变化，不再具有原来的性状，所以化学吸附是不可逆的。

在实际吸附过程中，物理吸附和化学吸附在一定条件下也是可以相互转化的。可能在较低的温度下进行物理吸附，而在较高的温度下进行的往往是化学吸附，或者可能会同时发生两种吸附。

2. 吸附平衡

在吸附过程中，固、液两相经过充分的接触后，一方面吸附剂不断地吸附吸附质，另一方面吸附质由于热运动又不断地脱离吸附剂表面而解吸，最终将达到吸附与解吸的动态平衡。达到平衡时，单位吸附剂所吸附的物质的数量称为平衡吸附量，这种状态称为吸附平衡。

在一定的温度下，吸附质在固相中的浓度与吸附质在液相的平衡浓度存在着某种函数关系，这种关系可以用吸附等温线来表示，根据试验，可将吸附等温线归纳为如图4－19所示的五种类型。

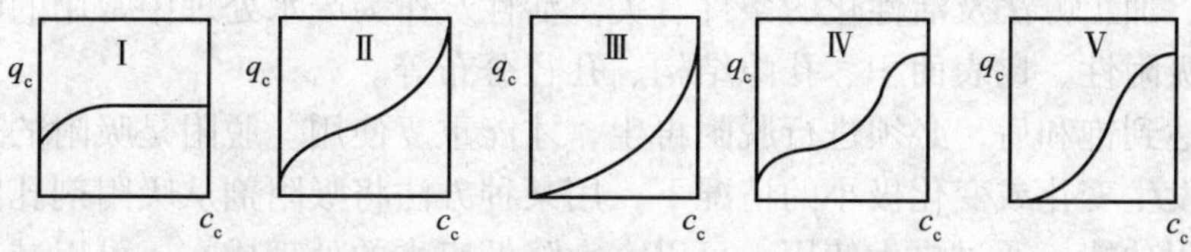

图4－19　物理吸附的五种吸附等温线

描述吸附等温线的数学表达式称为吸附等温式。常用的有 Freundlich 等温式、Langmuir 等温式和 B. E. T 等温式。在废水处理中，常用的等温式为前者，方程如下：

$$A = KC^{1/n} \tag{4-20}$$

式中 K 称为 Freundlich 吸附系数，n 为常数，通常大于1。上式虽然为经验式，但与实际数据较为吻合。通常将该式绘制在双对数纸上以便于判断模型准确性并确定 K 值和 n 值，将上式两边取对数，得：

$$\lg A = \lg K + 1/n \lg C \tag{4-21}$$

由实验数据按上式作图得一直线（见图4－20），其斜率等于 $1/n$，截距等于 $\lg K$。一般认为 $1/n$ 值介于0.1～0.5，则易于吸附，$1/n>2$ 时难以吸附。利用 K 和 $1/n$ 两个常数，可以比较不同吸附剂的特性。所以，吸附等温线可以进行吸附剂的选择和吸附剂用量的估算。

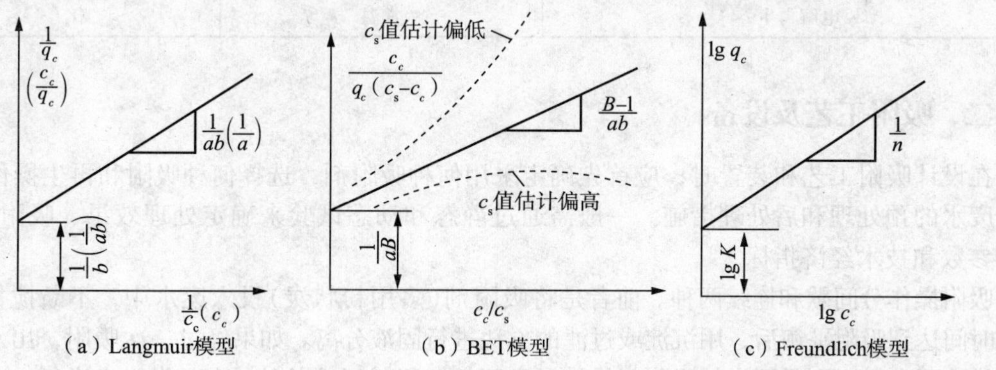

图4－20　吸附等温线常数图解法（Freundlich 模型）

3. 吸附剂及其再生

一切固体物质都有吸附能力，但是只有多孔性物质或磨得极细的物质由于具有很大的表面积，才能作为吸附剂。吸附剂的选择还必须满足以下要求：①吸附能力强；②吸附选择性好；③吸附平衡浓度低；④容易再生和再利用；⑤机械强度好；⑥化学性质稳定；⑦来源容易；⑧价格便宜。一般工业吸附剂难于同时满足这八个方面的要求，因此，应根据不同的场合选用。

目前常用的吸附剂很多，除人们熟悉的活性炭和硅胶外，还有活化炭、白土、硅藻土、活性氧化铝、焦炭、树脂吸附剂、腐殖酸，甚至那些弃之为废物的炉渣、木屑、煤灰及煤粉等。

吸附剂的吸附能力常用静活性来表示，即在一定的温度及平衡浓度的静态吸附条件下，单位质量或单位体积吸附剂所能吸附的最大吸附质量。

吸附过程的物料系统、包括废水(溶媒)、污染物质(溶质)及吸附质，因此吸附质是属于不同相间的传质过程，机理比较复杂，影响吸附过程的因素比较多，主要可以归纳为三方面的影响因素，即吸附剂的性质、污染物的性质以及吸附过程的条件。

吸附剂的物理及化学性质，对吸附效果有决定性的影响，而吸附剂的性质亦与其制作时所使用的原料、加工方法及活性化的条件有关。活性炭作为废水处理中常用的吸附剂，其吸附效果决定于吸附性、比表面积、孔隙结构、孔径分布等。

吸附剂在达到饱和后，必须进行脱附再生，才能重复使用。脱附是吸附的逆过程，即在吸附剂结构不发生变化或变化极小的情况下，用某种方法将吸附剂从吸附剂孔隙中除去，恢复吸附剂的吸附功能；通过再生使用，可以大大降低废水的处理成本；可以减少废渣的排放量；同时可以回收有用的吸附质。目前吸附剂的再生方法主要有加热再生、药剂再生、化学氧化再生、湿式氧化再生、生物再生等，具体如表 4 – 9 所示。在选择再生方法时，主要考虑三方面的因素：①吸附质的物理性质；②吸附机理；③吸附质的回收使用价值。

表 4 – 9　吸附剂再生方法分类

种类		处理温度	主要条件
加热再生	加热脱附	100℃ ~200℃	水蒸气、惰性气体
	高温加热再生（炭化再生）	750℃ ~950℃（400℃ ~500℃）	水蒸气、燃烧气体、CO_2
药剂再生	无机药剂	常温 ~80℃	HCl、H_2SO_4、NaOH、氧化剂
	有机药剂(萃取)	常温 ~80℃	有机溶剂(苯、丙酮、甲醇等)
生物再生		常温	好气菌、厌气菌
湿式氧化再生		180℃ ~220℃，加压	O_2、空气、氧化剂
电解再生		常温	O_2

二、吸附工艺及设备

在设计吸附工艺和装置时，应首先确定采用何种吸附剂，选择何种吸附和再生操作方法以及废水的预处理和后处理措施。一般需通过静态和动态试验来确定处理效果、吸附容量、设计参数和技术经济指标。

吸附操作分间歇和连续两种。前者是将吸附剂(多用粉状炭)投入废水中，不断搅拌。经一定时间达到吸附平衡后，用沉淀或过滤的方法进行固液分离。如果经过一次吸附，出水还达不到排放要求时，则需要增加吸附剂投加量和延长停留时间或者对一次吸附出水进行二次或多次吸附。间歇吸附工艺适用于规模小、间歇排放的废水处理。当处理规模比较大，需建较大的混合池和固液分离装置，粉状炭的再生工艺也比较复杂。故目前在生产上很少使用。

连续式吸附工艺是废水不断地流进吸附床，与吸附剂接触，当污染物浓度降至处理要求时，排出吸附柱。按照吸附剂的充填方式，又分为固定床、移动床和流化床三种。具体构造图如图4－21、图4－22和图4－23所示。

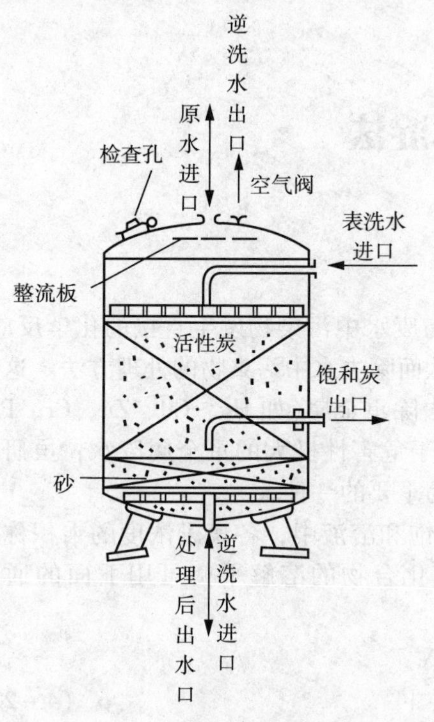

图4－21　固定床吸附塔构造图

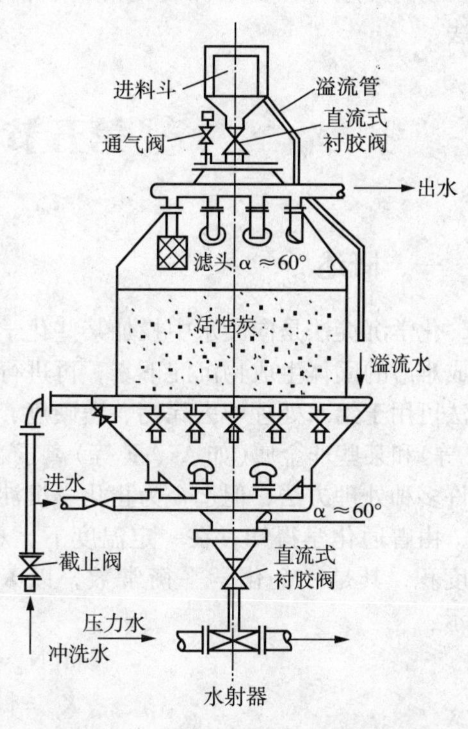

图4－22　移动床吸附塔构造示意图

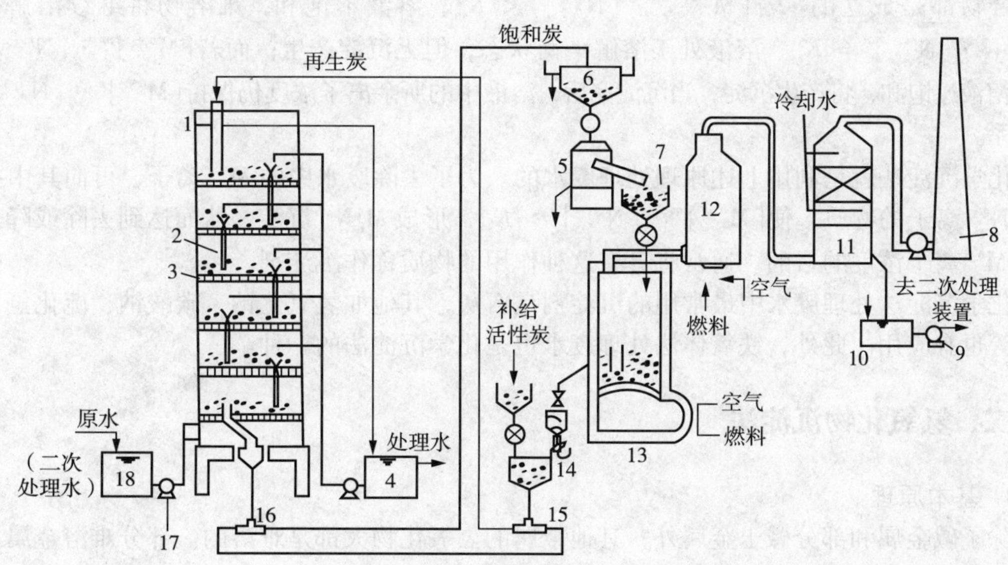

图4－23　粉状炭流化床及再生系统

1—吸附塔；2—溢流管；3—穿孔管；4—处理水槽；5—脱水机；6—饱和炭贮槽；7—饱和炭供给槽；8—烟筒；9—排水泵；10—废水槽；11—气体冷却塔；12—脱臭塔；13—再生炉；14—再生炭冷却槽；15，16—水射器；17—原水泵；18—原水槽

吸附法除对含有机物废水有很好的去除作用外，据报道对某些金属及化合物也有很好的吸附效果。研究表明，活性炭对汞、锑、铋、锡、钴、镍、铬、铜、镉等都有很强的吸附能力。国内已应用活性炭吸附法处理电镀含铬、含氰废水，对于化工厂、炼油厂等排放的有机污染物的废水，在要求深度处理时、活性炭吸附法也已成为一种实用、可靠而且经济的方法。

第五节　化学沉淀法

一、概述

化学沉淀法是向废水中投加某些化学药剂，使其与废水中污染物发生直接的化学反应，形成难溶的固体生成物沉淀下来，再进行固液分离，从而除去水中污染物的处理方法。这种方法可用于给水处理中去除钙、镁硬度，废水处理中去除重金属(如 Hg、Cd、Zn、Cr、Pb、Cu 等)和某些非金属(如 As、F 等)离子态污染物。对于危害性极大的重金属废水，虽研究了许多种处理方法，但迄今为止化学沉淀法仍然是最为重要的一种。

由普通化学得知，在一定温度下，难溶化合物的饱和溶液中，各离子浓度的乘积称作溶度积，其是一个化学平衡常数，以 K_{sp} 表示。难溶化合物的溶解平衡可用下面的通式表示：

$$M_mN_n \rightleftharpoons mM^{n+} + nN^{m-}$$

$$K_{sp} = [M^{n+}]^m \cdot [N^{m-}]^n \tag{4-22}$$

式中 M^{n+} 表示金属阳离子，N^{m-} 表示阴离子，[　]表示摩尔浓度(mol/L)。上式对各种难溶化合物都是成立的。若$[M^{n+}]^m \cdot [N^{m-}]^n < K_{sp}$，溶液不饱和，难溶物将继续溶解；若$[M^{n+}]^m \cdot [N^{m-}]^n = K_{sp}$，溶液处于溶解平衡状态，但无沉淀产生；而若$[M^{n+}]^m \cdot [N^{m-}]^n > K_{sp}$，溶液过饱和，将产生沉淀，当沉淀完后，溶液中的所余离子浓度仍保持$[M^{n+}]^m \cdot [N^{m-}]^n = K_{sp}$关系。

化学沉淀法就是利用上述原理处理废水的。为了去除废水中的 M^{n+} 离子，可向其中投加具有 N^{m-} 离子的物质，使$[M^{n+}]^m \cdot [N^{m-}]^n > K_{sp}$，形成 M_nN_m 沉淀，从而达到去除或降低废水中 M^{n+} 离子浓度的目的。通常将具有这种作用的物质称作沉淀剂。

化学沉淀法处理废水中最常用的沉淀剂是石灰，其他如氢氧化钠、碳酸钠、硫化氢、碳酸钡等也有应用。此外，铁氧体法处理废水也是化学沉淀法的一种。

二、氢氧化物沉淀法

1. 基本原理

除了碱金属和部分碱土金属外，其他金属的氢氧化物大都是难溶的。部分难溶金属氢氧化物的溶度积如表 4－10 所示。

由表 4－10 可以看出，金属氢氧化物的溶度积一般都很小，因此可用氢氧化物沉淀法去除废水中的大多数金属离子。氢氧化物沉淀法常用的沉淀剂有石灰、碳酸钠、苛性钠、石灰石等。

表 4－10　部分金属氢氧化物的溶度积

化学式	K_{sp}	化学式	K_{sp}	化学式	K_{sp}
AgOH	1.6×10^{-8}	$Cr(OH)_3$	6.3×10^{-31}	$Ni(OH)_2$	2.0×10^{-15}
$Al(OH)_3$	1.3×10^{-33}	$Cu(OH)_2$	5.0×10^{-20}	$Pb(OH)_2$	1.2×10^{-15}
$Ba(OH)_2$	5.0×10^{-3}	$Fe(OH)_2$	1.0×10^{-15}	$Sn(OH)_2$	6.3×10^{-27}
$Ca(OH)_2$	5.5×10^{-6}	$Fe(OH)_3$	3.2×10^{-38}	$Th(OH)_4$	4.0×10^{-45}
$Cd(OH)_2$	2.2×10^{-14}	$Hg(OH)_2$	4.8×10^{-26}	$Ti(OH)_3$	1.0×10^{-40}
$Co(OH)_2$	1.6×10^{-15}	$Mg(OH)_2$	1.8×10^{-11}	$Zn(OH)_2$	7.1×10^{-18}
$Cr(OH)_2$	2.0×10^{-16}	$Mn(OH)_2$	1.1×10^{-13}		

注：表中所列溶度积，均为活度积，但应用时一般作为溶度积，不加区别。

氢氧化物的沉淀与 pH 值有很大关系，如果以 $M(OH)_n$ 表示金属氢氧化物，则有：

$$M(OH)_n \rightleftharpoons M^{n+} + nOH^-$$

$$K_{sp} = [M^{n+}][OH^-]^n \tag{4-23}$$

同时发生水的解离：

$$H_2O \rightleftharpoons H^+ + OH^-$$

水的离子积为：

$$K_w = [H^+][OH^-] = 1\times10^{-14} \tag{4-24}$$

由式(4－23)和式(4－24)可得：

$$\lg[M^{n+}] = -n\text{pH} + \lg K_{sp} + 14 \tag{4-25}$$

由上式可以看出，金属离子浓度相同时，溶度积 K_{sp} 越小，则开始析出氢氧化物沉淀的 pH 值愈低；对于同一金属离子，浓度越大，开始析出沉淀的 pH 值越低。

许多金属离子和氢氧根离子不仅可以生成氢氧化物沉淀，而且还可以生成各种可溶性羟基络合物。各种金属羟基络合物在溶液中存在的数量和比例都直接与溶液 pH 值有关。而且还应该指出，有些金属(如 Al、Zn、Pb、Cr、Sn 等)氢氧化物沉淀具有两性，即既具有酸性又具有碱性，既能和酸作用，又能和碱作用。以 Zn 为例，在 pH＝9 时，Zn 几乎全部以 $Zn(OH)_2$ 的形式沉淀。但是，当碱加到某一数量，使 pH＞11 时，生成的 $Zn(OH)_2$ 又能和碱起作用，溶于碱中，生成 $Zn(OH)_4^{2-}$ 或 ZnO_2^{2-} 离子。因此，用氢氧化物沉淀法分离废水中的金属时，废水的 pH 值是操作的一个重要条件。

2. 氢氧化物沉淀法在废水处理中的应用

氢氧化物沉淀法可用于矿山、铅锌冶炼厂等废水的处理。图 4－24 为某矿山废水处理工艺流程。废水经二级化学沉淀后，出水可达到排放标准。

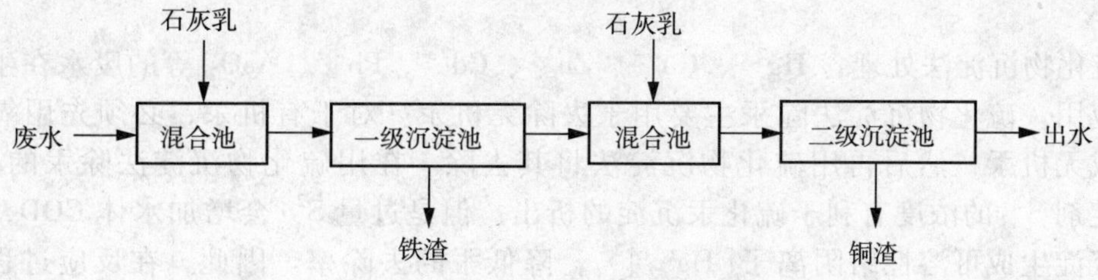

图 4－24　某矿山废水处理工艺流程

在氢氧化物沉淀法中，最常用的是石灰沉淀法，该法的优点是经济、简便、药剂来源广，因而在处理重金属废水时应用最广。但是此法在实践中还存在不少问题和困难，主要是劳动卫生条件差，石灰品级不稳定，管道易结垢、堵塞与腐蚀，沉渣体积庞大，脱水困难。其中沉渣问题最为突出，因为金属氢氧化物沉淀多为胶体状态，含水率高达95%～98%，给脱水造成了极大困难。

三、硫化物沉淀法

硫化物沉淀法是向废水中投加硫化物沉淀剂，使废水中的重金属离子与硫离子反应，生成难溶的金属硫化物沉淀。由于重金属离子与硫离子能生成溶度积很小的硫化物，因此用硫化法去除废水中溶解性的重金属离子是一种有效的处理方法。而且硫化物沉淀法比氢氧化物沉淀法对废水中重金属离子的去除更为彻底。硫化物沉淀法常用的沉淀剂有 H_2S、Na_2S、NaHS 等。

硫化物沉淀的生成与 pH 值有较大关系。金属硫化物的溶解平衡式为：

$$MS \rightleftharpoons M^{2+} + S^{2-}$$

$$[M^{2+}] = K_{sp}/[S^{2-}] \tag{4-26}$$

以硫化氢为沉淀剂时，硫化氢分两步电离，其电离方程式如下：

$$H_2S \rightleftharpoons H^+ + HS^-$$

$$HS^- \rightleftharpoons H^+ + S^{2-}$$

电离常数分别为：

$$K_1 = \frac{[H^+][HS^-]}{H_2S} = 9.1\times10^{-8} \tag{4-27}$$

$$K_2 = \frac{[H^+][S^{2-}]}{[HS^-]} = 1.2\times10^{-15} \tag{4-28}$$

由式(4－26)、式(4－27)、式(4－28)可得：

$$[M^{2+}] = \frac{K_{sp}[H^+]^2}{1.1\times10^{-22}[H_2S]} \tag{4-29}$$

在0.1MPa、25℃的条件下，硫化氢在水中的饱和浓度为0.1mol/L(pH≤6)，因此有：

$$[M^{2+}] = \frac{K_{sp}[H^+]^2}{1.1\times10^{-23}} \tag{4-30}$$

由式(4－30)可以看出，金属硫离子的浓度和 pH 值有关，随 pH 值的升高而降低。

采用硫化物沉淀法处理含重金属废水，去除率高，可分步沉淀，泥渣中金属品位高，便于回收利用，适用 pH 值范围大。但过量 S^{2-} 可使处理水 COD 增加；当 pH 值降低时，可产生有毒的 H_2S。有时金属硫化物的颗粒很小，分离困难，此时可投加适量絮凝剂进行共沉淀。

用硫化物沉淀法处理含 Hg^{2+}、Cu^{2+}、Zn^{2+}、Cd^{2+}、Pb^{2+}、AsO_2^- 等的废水在生产上均得到了应用。硫化物沉淀法除汞主要用于去除无机汞。对于有机汞，必须先用氧化剂将其氧化成无机汞，然后再用硫化物沉淀法将其去除。在用硫化物沉淀法除汞的过程中，提高沉淀剂 S^{2-} 的浓度有利于硫化汞沉淀的析出；但是过量 S^{2-} 会增加水体 COD，还能与硫化汞沉淀生成可溶性络阴离子 $[HgS_2]^{2-}$，降低汞的去除率。因此，在反应过程中，要补投 $FeSO_4$ 溶液，以除去过量硫离子。这样，不仅有利于汞的去除，而且有利于沉淀的分离。

四、碳酸盐沉淀法

1. 方法分类

碳酸盐沉淀法有三种不同的应用方式，适用于不同的处理对象：①投加难溶碳酸盐(如碳酸钙)，利用沉淀转化原理，使水中金属离子(如 Pb^{2+}、Cd^{2+}、Zn^{2+}、Ni^{2+} 等)生成溶解度更小的碳酸盐而析出沉淀。②投加可溶性碳酸盐(如碳酸钠)，使水中金属离子生成难溶碳酸盐而沉淀析出。这种方式可去除水中的重金属离子和非碳酸盐硬度。③投加石灰，与水中碳酸盐硬度生成难溶的碳酸钙和氢氧化镁而沉淀。这种方式可去除水中的碳酸盐硬度。

2. 水的化学软化

化学软化大多是和混凝、沉淀或澄清过程同时进行的，也称沉淀软化过程。水中含有的硬度或碱性物质，在添加化学药剂后，转变成难溶的化合物，形成沉淀而除去。可根据原水水质和对水质的要求，并结合当地当时的有关规定选用一种药剂或同时使用几种药剂。最常用的化学药剂为石灰(CaO)，有时还辅以纯碱(Na_2CO_3)、石膏($CaSO_4$)等。

(1)石灰软化法

当原水的非碳酸盐硬度较小时，可采用石灰软化方法，软化反应如下：

$$Ca(OH)_2 + CO_2 = CaCO_3 \downarrow + H_2O$$

$$Ca(OH)_2 + Ca(HCO_3)_2 = 2\,CaCO_3 \downarrow + 2\,H_2O$$

$$Ca(OH)_2 + Mg(HCO_3)_2 = CaCO_3 \downarrow + MgCO_3 \downarrow + 2\,H_2O$$

$$Ca(OH)_2 + MgCO_3 = CaCO_3 \downarrow + Mg(OH)_2 \downarrow$$

熟石灰加入水中，首先与 CO_2 反应，然后再与 $Ca(HCO_3)_2$ 反应。由于 $MgCO_3$ 的溶解度比 $CaCO_3$ 大得多，故要使 Mg^{2+} 沉淀下来，必须增加生成 $Mg(OH)_2$，所以石灰用量需增大1倍。

(2)石灰－纯碱软化法

对于非碳酸盐硬度较高的水，可采用石灰－纯碱软化法，即同时投加石灰和纯碱。石灰－纯碱软化法可以是冷法、温热法或热法。冷法温度为生水温度；热法温度≥98℃；温热法温度介于两者之间，通常为50℃。纯碱软化反应如下：

$$CaSO_4 + Na_2CO_3 = CaCO_3 \downarrow + Na_2SO_4$$

$$CaCl_2 + Na_2CO_3 = CaCO_3 \downarrow + 2NaCl$$

$$MgSO_4 + Na_2CO_3 = MgCO_3 \downarrow + Na_2SO_4$$

$$MgCl_2 + Na_2CO_3 = MgCO_3 \downarrow + 2NaCl$$

$$MgCO_3 + Ca(OH)_2 = CaCO_3 \downarrow + Mg(OH)_2 \downarrow$$

$$Ca(OH)_2 + Na_2CO_3 = CaCO_3 \downarrow + 2NaOH$$

用石灰－纯碱法时，加药量必须正确，$Ca(OH)_2$ 或 Na_2CO_3 过量会发生自反应而增加水中 NaOH 含量。过量的纯碱本身在蒸汽锅炉中会发生如下水解反应：

$$Na_2CO_3 + H_2O \rightleftharpoons 2NaOH + CO_2$$

水解生成的 NaOH 可能成为锅炉苛性脆化或碱性腐蚀的一个因素，CO_2 则会导致凝结水管路发生腐蚀。

(3)石灰－石膏软化法

当原水的碱度大于硬度时，水中无非碳酸盐硬度，而有 $NaHCO_3$ 存在。对于这种水，采用石灰－石膏(或 $CaCl_2$)软化法比较好。其反应如下：

$$2NaHCO_3 + CaSO_4 + Ca(OH)_2 = 2CaCO_3 \downarrow + Na_2SO_4 + 2H_2O$$

五、铁氧体沉淀法

1. 铁氧体简介

铁氧体一般是指铁族元素和其他一种或多种金属元素的复合氧化物，它具有高的导磁率和高的电阻率，是一种重要的磁性介质。铁氧体不溶于酸、碱、盐溶液，也不溶于水。铁氧体的磁性强弱及其他特性与其化学组成和晶体结构有关。在铁氧体的晶格类型中，尖晶石型铁氧体最为人们所熟悉，其化学组成一般可用通式 $BO \cdot A_2O_3$ 表示，其中 B 代表二价金属如 Fe、Mg、Zn、Mn、Co、Ni、Cu 等，A 代表三价金属如 Fe、Al、Cr、Co、Bi 等。磁铁矿(其主要成分为 Fe_3O_4)就是一种天然的尖晶石型铁氧体。

2. 铁氧体沉淀法及其在水处理中的应用

铁氧体沉淀法是1973年由日本电器公司首先提出，并于20世纪70年代发展起来的一种废水净化方法，主要用于处理含重金属离子废水。铁氧体法处理含重金属离子废水是指向废水中投加铁盐，通过控制工艺条件，使废水中的重金属离子与铁盐生成稳定的铁氧体共沉淀物，再采用固液分离的手段，达到从废水中除去重金属离子的目的。

处理含重金属离子废水的铁氧体沉淀法有多种类型，如中和法、氧化法、GT－铁氧体法及常温铁氧体法等。其反应机理如下(以中和法为例)：

$$Fe^{2+} + Fe^{3+} + 8OH^- \longrightarrow Fe(OH)_2 + 2Fe(OH)_3 \longrightarrow FeFe_2O_4 + 4H_2O$$

上式中的 Fe^{2+} 泛指二价金属离子，Fe^{3+} 泛指三价金属离子，$FeFe_2O_4$ 为铁氧体。

图4－25为铁氧体沉淀法处理含铬废水流程示意图。废水中主要含铁离子和六价铬离子，初始pH值为3～5。废水由调节池进入反应槽，按 $FeSO_4 \cdot 7H_2O : CrO_3 = 16:1$（重量比)投加硫酸亚铁。经搅拌使 Cr^{6+} 与 Fe^{2+} 进行氧化还原反应，然后用NaOH调节pH值至7～9，产生氢氧化物沉淀，加热至60～80℃，通空气曝气20min。当沉淀呈现黑褐色时，停止通气。之后进行固液分离，废渣送去利用，废水经检测排放。

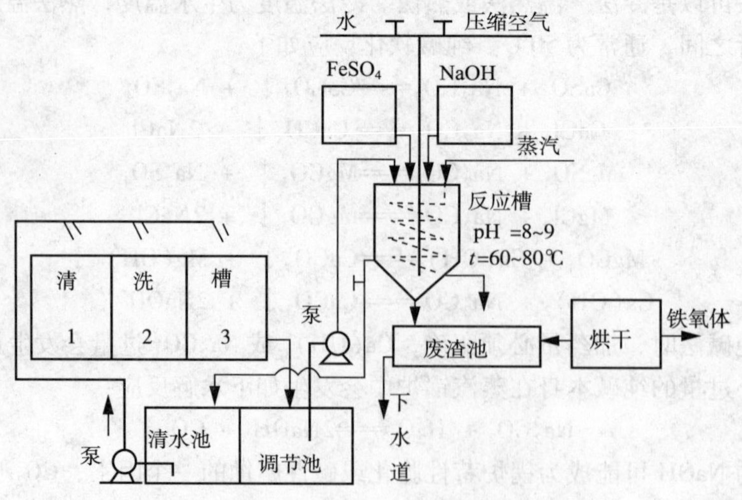

图4－25　铁氧体沉淀法处理含铬废水

与其他工艺相比，铁氧体法具有以下优点：①工艺过程简单，处理条件温和，治理效果好；②铁氧体沉渣粒度小，比表面积大，可通过吸附、包夹等作用去除部分有机污染物、泥沙、微生物及其他可溶性无机盐；③铁氧体沉渣具有强磁性，可利用磁分离；④铁氧体沉渣稳定，不存在二次污染，并可通过适当处理制成有用材料，如催化剂、磁流体、填料等；⑤进入铁氧体晶格的重金属离子种类多，处理废水的适用面广。

但铁氧体沉淀法也存在一些缺点：①不能单独回收有用金属；②需要消耗相当多的硫酸亚铁、一定数量的氢氧化钠及热能，处理成本较高；③出水中硫酸盐含量高。

六、钡盐沉淀法

钡盐沉淀法仅限于含 Cr(Ⅵ)的废水处理，采用的沉淀剂有 $BaCO_3$、$BaCl_2$ 和 BaS 等，生成铬酸钡($BaCrO_4$)。铬酸钡的溶度 $K_{sp} = 1.2 \times 10^{-10}$。

钡盐法处理含铬废水要准确控制 pH 值，pH 愈低，$BaCrO_4$ 溶解度愈大，对去除铬不利；而 pH 值太高，CO_2 气体难以析出，也不利于除铬反应进行。采用 $BaCO_3$ 作沉淀剂时，用硫酸或乙酸调 pH 值至 4.5～5，反应速度快，除铬效果好，药剂用量少，而不用 HCl，防止残氯影响。采用 $BaCl_2$ 作沉淀剂，生成的 HCl 会使 pH 值降低，pH 值应控制高些(6.5～7.5)。

为了促使沉淀，沉淀剂常加过量，而出水中含过量的钡，也不能排放，一般通过一个以石膏碎块为滤料的滤池，使石膏的钙离子置换水中的钡离子生成硫酸钡沉淀。

钡盐法形成的沉渣中，主要含铬酸钡，最好回收利用。可向泥渣中投加硝酸和硫酸，反应产物有硫酸钡和铬酸，投加的比例约为沉渣∶硝酸∶硫酸＝1∶0.3∶0.08。

七、卤化物沉淀法

1. 氯化银沉淀法除银

含银废水主要来源于镀银和照相工艺，加氯化物可以沉淀回收银。镀槽中的含银量高达 13～45g/L，一般先用电解法回收银，将银浓度降至 100～500mg/L，然后再用氯化物沉淀法，将银浓度进一步降至几 mg/L。如果在碱性条件下与其他金属氢氧化物共沉，银浓度可降至 0.1mg/L。

废水中含有多种金属离子时，调 pH 值至碱性，同时加氯化物，则其他金属离子形成氢氧化物沉淀，银形成氯化银沉淀。用酸洗沉渣，将氢氧化物沉淀溶出，仅剩下氯化银，实现分离和回收银。

2. 氟化物沉淀法

当废水中含有比较单纯的氟离子时，投加石灰，调 pH 值至 10～12，生成 CaF_2 沉淀，可使氟浓度降至 10～20mg/L。若水中还含有其他金属离子，由于吸附共沉淀作用，可使氟浓度降至 8mg/L 以下。如果加石灰的同时，加入磷酸盐(如过磷酸钙、磷酸氢二钠)，则与氟形成难溶的磷灰石沉淀。当石灰投量为理论量的 1.3 倍，过磷酸钙投量为理论量的 2～2.5 倍时，可使氟浓度降至 2mg/L。

第六节 消毒

消毒是对经二级处理后的城市污水进行的深度处理。城市污水经二级处理后，水质已经改善，但细菌的绝对值仍很大，并可能存在病原菌。因此，在排放水体前或在农田灌溉时，应进行消毒处理。污水消毒的方法是向污水中投加消毒剂，目前用于污水消毒的消毒剂主要有液氯、臭氧、次氯酸钠、紫外线等。

一、液氯消毒

液氯消毒的原理如下：

$$Cl_2 + H_2O \longrightarrow HOCl + HCl$$

$$HOCl \longrightarrow H^+ + OCl^-$$

上式所产生的 OCl^- 具有强氧化性，可以杀灭细菌与病原体。消毒效果与水温、pH 值、接触时间、混合程度、污水浊度及所含干扰物质、有效氯浓度有关。图4－26为液氯消毒工艺流程。

次氯酸钠消毒也是依靠 OCl^- 的强氧化作用。

二、臭氧消毒

臭氧由三个氧原子组成，极不稳定，分解时产生初生态氧[O]：

$$O_3 = O_2 + [O]$$

[O]具有极强的氧化能力，对有顽强抵抗力的微生物具有强大的杀伤力。而且[O]还具有很强的渗入细胞壁的能力，从而破坏细菌有机体链状结构导致细菌的死亡。图4－27为常见的臭氧消毒流程。

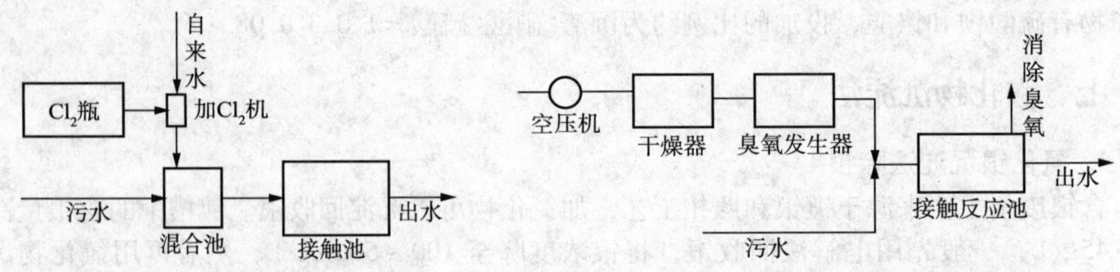

图4－26　液氯消毒工艺流程　　图4－27　臭氧消毒工艺流程

臭氧消毒效率高并能有效地降低污水中残留的有机物、色、味等，污水 pH 值与温度对消毒效果影响很小，不产生难处理的或生物积累性残余物。缺点是投资大、成本高，设备管理较复杂。

三、紫外线消毒

紫外光能穿透细胞壁并与细胞质反应而达到消毒的目的。其中，波长为2500～3600 埃的紫外光杀菌能力最强。由于紫外光需照透水层才能起消毒作用，故污水中的悬浮物、有机物和氨氮都会干扰紫外光的传播。因此，处理水水质越好，光传播系数越高，紫外线消毒的效果也越好。图4－28为紫外线消毒工艺流程。

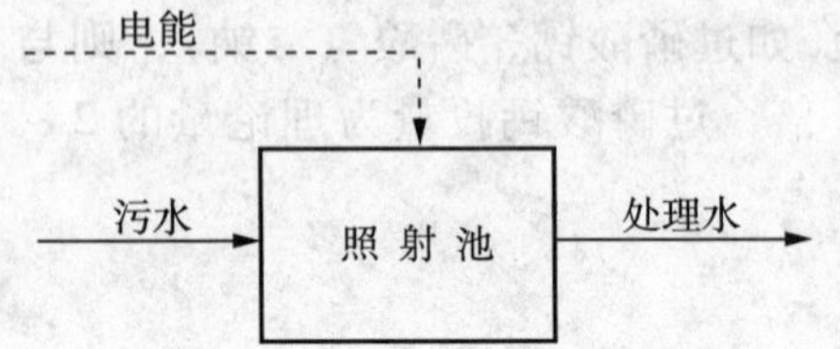

图4－28　紫外线消毒工艺流程

第五章 物理化学法

废水经过物理方法处理后，仍会含有某些细小的悬浮物以及溶解态有机物。为了进一步去除残存在水中的污染物，可以采用物理化学方法进行处理。常用的物理化学方法有离子交换法、膜分离、吹脱法和气提法等。

第一节 离子交换法

离子交换法是一种借助于离子交换剂上离子和水中离子进行交换反应而除去废水有害离子态物质的方法，在水的软化、纯水制备、贵重金属离子的回收及放射性废水、有机废水的处理中有着广泛的应用。

一、离子交换剂

1. 分类、组成及结构

离子交换剂根据其材料可分为无机离子交换剂和有机离子交换剂，根据其来源又可分为天然离子交换剂和人工合成离子交换剂，根据其交换能力可分为强碱性、弱碱性、强酸性、弱酸性等多种类型。具体见图 5－1。

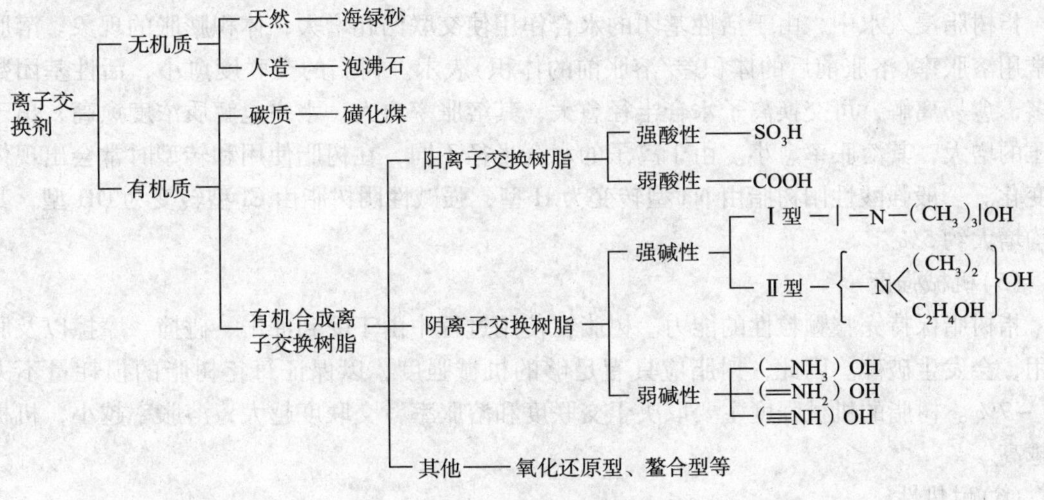

图 5－1 离子交换剂分类

离子交换树脂的化学结构由不溶性树脂母体和活性基团两部分组成，树脂母体是有机化合物和交联剂组成的高分子共聚物，交联剂的作用是使树脂母体形成主体的网状结构，交联剂与单体的质量比的百分数称为交联度。活性基团由起交换作用的离子和与树脂母体联结的固定离子组成。

阳离子交换树脂内的活性基团是酸性的，阴离子交换树脂内的活性基团是碱性的。根据其酸碱性的强弱，可将树脂分为强酸（RSO_3H）、弱酸（RCOOH）、强碱（R_4NOH）、弱碱（R_nNH_3OH，$n=1\sim3$）四类。活性基团中的 H^+ 和 OH^- 分别可用 Na^+ 和 Cl^- 替换，因此阳离子交换树脂又有钠型、氢型之分；阴离子交换树脂又有氢氧型和氯型之分，钠型和氯型又称为盐型。

2. 物理化学性质

因功能、用途的不同以及原材料性能的不同，树脂的物理化学性质也不同。常用凝胶树脂的主要物理性能如下。

(1)外观及粒度

凝胶型阳树脂为半透明的棕色或淡黄色小球，阴树脂的颜色略深。粒度与均匀度影响树脂的性能，粒度越小，表面积越大。但粒度过细会使流体的阻力增加，机械强度降低。一般树脂小球的直径为 0.2～0.8mm。

(2)树脂密度

①湿真密度：指树脂在水中充分溶解后的质量与真体积的比。一般为 1.04～1.3g/mL，通常阳树脂的湿真密度比阴树脂大，强型的比弱型的大。

②湿视密度：指树脂在水中溶解后的质量与堆体积的比，一般为 0.6～0.85g/mL。通常阳树脂的密度大于阴树脂。树脂在使用过程中，因基团脱落、骨架链的断裂等原因，其密度略有减小。

(3)含水量

水中充分溶胀的湿树脂所含水的质量占湿树脂的百分数，含水量主要取决于交联度、活性基团的类型和数量等，一般在 50% 左右。

(4)溶胀性

指树脂浸入水中，由于活性基团的水合作用使交联网孔增大，体积膨胀的现象。溶胀程度常用溶胀率(溶胀前后的体积差/溶胀前的体积)表示。树脂的交联度愈小，活性基团数量愈多，愈易离解，可交换离子水合半径愈大，其溶胀率愈大。水中电解质浓度愈高，出于渗透压的增大，其溶胀率愈小。由于离子的水合半径不同，在树脂使用和转型时常会出现体积的变化。一般强酸性阳树脂由 Na 型转变为 H 型，强碱性阴树脂由 Cl 型转变为 OH 型，其体积均增大约 5%。

(5)机械强度

指树脂保持完整颗粒性的能力。树脂在使用过程中由于受到冲击、碰撞、摩擦以及胀缩作用，会发生破碎。因此，树脂应具有足够的机械强度，以保证每年树脂的损耗量不大于 3%～7%。树脂的机械强度主要取决于交联度和溶胀率，交联度越大，溶胀率越小，机械强度越高。

(6)耐热性

各种树脂均有一定的工作温度。操作温度过高易使活性基团分解，从而影响交换容量和使用寿命。当温度低于 0℃时，树脂内水分冻结，使颗粒破裂。通常情况下树脂的使用和贮藏温度控制在 5℃～40℃。

(7)孔结构

大孔树脂的交换容量、交换速度等性能与孔结构有关。目前使用的 D001×14－20 系列树脂，其平均孔径为$(100\sim154)\times10^{-10}$m，孔容 0.09～0.21mL/g，比表面积 16～36.4m^2/g，交换容量1.79～1.96mmol/ml。

3. 主要的化学性能

(1)离子交换反应的可逆性

(2)酸碱性

H型阳树脂和OH型阴树脂在水中电离出H^+和OH^-，具有酸碱性。由于活性基团在水中电离能力的大小不同，树脂的酸碱性也有强弱之分。强酸或强碱性树脂在水中离解度大，受pH值的影响小；弱酸或弱碱性树脂离解度小，受pH值的影响大。因此，弱酸或弱碱性树脂在使用时对pH值有严格的要求。

(3)选择性

是树脂对水中某种离子能优先交换的性能，是离子交换剂的一项重要的性能指标。选择性的大小可用选择性系数表示。选择性系数的大小与温度、离子性质、溶液的组成及树脂的结构等因素有关。在常温稀溶液中，一般有以下规律：离子价数越高，选择性越好；原子序数愈大、离子的水合半径愈大，选择性愈好。根据文献资料，常见离子交换的选择性顺序如下。

阳离子：$Th^{4+} > La^{3+} > Ni^{3+} > Co^{3+} > Fe^{3+} > Al^{3+} > Ra^{2+} > Hg^{2+} > Ba^{2+} > Pb^{2+} > Sr^{2+} > Ca^{2+} > Ni^{2+} > Cd^{2+} > Cu^{2+} > Co^{2+} > Zn^{2+} > Mg^{2+} > Ba^{2+} > Tl^{+} > Ag^{+} > Cs^{+} > Rb^{+} > K^{+} > NK_4^{+} > Na^{+} > Li^{+}$

当采用RSO_3H树脂时，Tl^+和Ag^+的选择性顺序分别提前至Pb^{2+}左右。

阴离子：$C_6H_5O_7^{3-} > Cr_2O_7^{2-} > SO_4^{2-} > C_2O_4^{2-} > C_4H_4O_6^{2-} > AsO_4^{2-} > PO_4^{3-} > MoO_4^{2-} > ClO_4^{-} > I^{-} > NO_3^{-} > CrO_4^{3-} > Br^{-} > SCN^{-} > CN^{-} > HSO_4^{-} > NO_2^{-} > Cl^{-} > HCOO^{-} > CH_3COO^{-} > F^{-} > HCO_3^{-} > HSiO_3^{-}$ H^+和OH^-的选择性决定于树脂活性基团的酸碱性强弱。对于强酸性阳树脂，H^+的选择性介于Na^+和Li^+之间。但对于弱酸性阴树脂，H^+的选择性是最强的。同样对于碱性阴树脂，OH^-的选择性介于CH_3COO^-和F^+之间，但对于弱碱性阴树脂，OH^-的选择性最强。

(4)交换容量

用于定量表示树脂的交换能力，常用E_v(mmol/mL湿树脂)表示，也可用E_w(mmol/g干树脂)表示。这两种表示方法间的数量关系如下：

$$E_v = E_w \times (1 - \text{含水量}) \times \text{湿视密度}$$

市售交换树脂所标的交换容量是总交换容量，即活性基团的总数。树脂在给定的工作条件下实际所发挥的交换能力称为工作交换容量。由于树脂的再生程度、进水中离子的种类和浓度等许多因素的影响，实际的交换容量只有总交换容量的60%～70%。

二、离子交换的基本理论

1. 离子的交换平衡

离子的交换过程可用下式表示

$$RA + B \underset{\text{再生}}{\overset{\text{交换}}{\rightleftharpoons}} RB + A$$

式中 RA—— 含有A离子的固相树脂；

B—— 溶液中的离子B；

RB——交换后带有 B 离子的固相树脂；

A——进入溶液中的离子 A。

当交换反应处于平衡状态时，其平衡关系可用下式表示：

$$K_A^B = \frac{[RB][A]}{[RA][B]} \tag{5-1}$$

式中 K_A^B——表示 A 型树脂对 B 离子的选择系数；

[RA]——固相树脂中 A 离子的浓度；

[RB]——固相树脂中 B 离子的浓度；

[A]——溶液中 A 离子的浓度；

[B]——溶液中 B 离子的浓度。

当含有 B 离子的溶液进入装有 RA 树脂的离子交换器后，树脂中的 A 离子能否与溶液中的 B 离子发生交换反应以及反应程度由树脂选择性决定，可用选择性系数 K_A^B 表示。

①当 $K_A^B > 1$ 时，说明 RA 树脂对 B 离子的选择性较高，离子的交换反应可以进行。K_A^B 远大于 1 时，表示 B 离子的选择性更高，交换过程可以进行得比较彻底。

②当 $K_A^B < 1$ 时，说明 RA 型树脂对 A 离子的选择性要比对 B 离子的选择性要高，交换反应无法进行，说明 RA 型树脂不适于作为离子交换剂。

③当 $K_A^B = 1$ 时，说明 RA 型树脂对 A、B 两种离子的选择能力相同，因此无法分开两种离子。

由以上分析可知，只有在第一种情况下，离子的交接过程才能正常进行。

2. 离子交换速度

离子交换过程可以分为四个连续的步骤：①离子从溶液的主体向颗粒表面扩散，穿过颗粒表面的液膜(液膜扩散)；②穿过液膜的离子继续在颗粒内的交换网孔中扩散，直至达到某一活性基团所处的位置；③目的离子和活性基团中的可交换离子发生交换反应；④被交换下来的离子沿着与目的离子运动相反的方向扩散，最后被主体水流带走。

上述几步中，交换反应速率与扩散相比要快得多，因此，总交换速度是由扩散过程控制的。

由 Fick 定律，扩散速度可写成

$$dq/dt = D_0(c_1 - c_2)/\delta \tag{5-2}$$

式中 c_1，c_2——分别表示扩散界面层两侧的离子浓度，$c_1 > c_2$；

δ——界面层的厚度，相当于总扩散层的厚度；

D_0——总扩散系数。

单位时间、单位体积树脂内扩散的量是上述扩散速度与单位体积树脂表面积 S 的乘积，即

$$dq/dt = D_0(c_1 - c_2)S/\delta \tag{5-3}$$

式中 S 与树脂颗粒有效直径 ϕ、孔隙率 ε 有关，

$$S = B(1-\varepsilon)/\phi \tag{5-4}$$

式中 B 是颗粒均匀程度有关的系数。由以上两式可得到：

$$dq/dt = D_0 B(c_1 - c_2)(1-\varepsilon)/\varphi \cdot \delta \tag{5-5}$$

可见，影响离子交换扩散速度的因素有以下几种：

①树脂的交联度越大，网孔越小，扩散速度越慢。

②树脂颗粒越小，由于内扩散距离缩短和液膜扩散的表面积增大，使扩散速度越快。

③溶液离子浓度越大，扩散速度越快；一般说来，在树脂再生时，$c_0 > 0.1\text{mol/L}$，整个交换速度偏向受内孔扩散控制；而在交换制水时，$c_0 < 0.003\text{mol/L}$，过程偏向于受液膜扩散控制。

④提高水温能使离子的动能增加，水的黏度减小，液膜变薄，有利于离子的扩散。

⑤交换过程中的搅拌或提高流速，可使液膜变薄。加快液膜的扩散，但不影响内孔的扩散。

⑥被交换离子的电荷数和水合离子的半径越大，内孔扩散速度越慢。

为了提高离子交换的速度，可采取以下的措施：

①提高离子穿过膜层的速度。具体可采用以下办法：加快交换体系的交换速度或提高溶液的过流速度，以减小树脂表面的膜层厚度；提高溶液中的离子浓度；减小树脂的粒度，增大交换剂的表面积；提高交换体系的温度，加快扩散速度。

②加快离子在树脂空隙内扩散速度的措施。具体有：降低凝胶树脂的交联度，增加大孔树脂的致孔剂，提高树脂的孔隙率、孔度和溶胀度，以有利于离子的扩散；提高交换体系的温度，加快扩散速度。

三、离子的交换过程

离子的交换过程包括交换和再生两个步骤。若这两个步骤在同一设备中交替进行，则为间歇过程。间歇操作过程操作简单，效果可靠，但当处理量大时，需多套装置并联运行。如果交换和再生分别在两个设备中连续进行，树脂不断在交换和再生设备中循环，则构成连续过程。

在交换过程中，当树脂上可交换的离子与溶液中的离子大部分或绝大部分进行了交换，或者当交换柱的出流液中，残存的离子浓度超过某一规定指标时，则可认为交换过程达到了平衡或树脂已达到了饱和状态，此时要进行再生，为下一交换过程创造条件。

图5-2所示为固定床离子交换器间歇操作过程。离子交换树脂装填于塔或罐内，交换树脂层不动，构成固定床，溶液由上向下流过树脂层，进行离子交换，运行方式与过滤类似。现以树脂RA交换溶液中的B为例说明运行过程。

当含B浓度为c_0的原水自上而下通过RA树脂层时，顶层树脂中的A首先和B进行交换，达到交换平衡时，这层树脂因饱和而失效，此后进水中的B不再和失效树脂交换，交换过程在下一层树脂中进行。在交换区内，每个树脂颗粒均交换部分B，因上层树脂接触的B浓度高，故树脂的交换量大于下层树脂。经过交换区，B自c_e降至接近于0。c_e是与饱和树脂中B浓度呈平衡的液相B浓度，可视同于c_0，因此流出交换柱的水中不含B，故交换区以下床层的树脂未发挥作用，是新鲜树脂，水质也没有发生变化。继续运行，失效区逐渐扩大，交换区向下移动，未交换区逐步缩小。当交换区下绕到达树脂层底部时，出水中开始有B漏出，此时称为树脂层穿透，再继续运行，出水中B浓度迅速增加，直至与进水c_0相同，此时全塔树脂饱和失效。

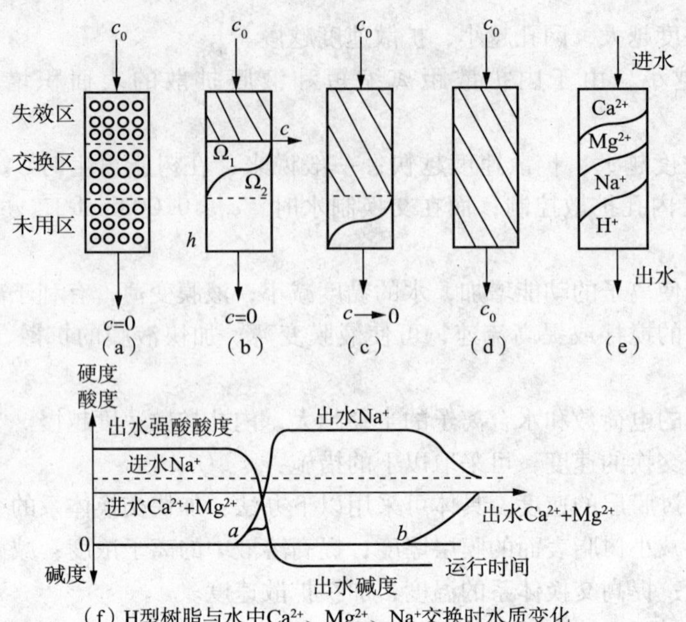

(f) H型树脂与水中Ca^{2+}、Mg^{2+}、Na^+交换时水质变化

图 5-2　固定床离子交换工作过程

四、树脂的再生

树脂的再生，一方面可恢复树脂的交换能力，另一方面可回收有用物质。

1. 再生方式

固定床树脂有以下几种再生方式。

(1) 顺流再生

在交换柱中，再生液与被处理溶液的流向相同，即由交换柱的顶部进液，底部排液。

(2) 逆流再生

在交换柱中，再生液与被处理液的流向相反，即从底部进液，顶部排液。

(3) 分流再生

再生液从交换柱的顶部、底部同时进入，从交换柱的中部排出。

(4) 串联再生

当两个或几个交换柱串联使用时，被处理液由顶部流至底部，再由底部串联接入下一个交换柱的顶部，如此串联至最后，从最后一交换柱的底部排出。相反，再生液则由最后一个柱的顶部进入，由底部接入下一个交换柱的顶部，如此，直至从第一个交换柱的顶部排出。

(5) 体外再生

在阴阳离子混合交换柱中，树脂饱和后，两种树脂全部或仅阴树脂移出交换柱进行再生，再生后的树脂移回至混合交换柱中。

2. 再生剂用量

再生剂的用量与树脂再生效果、运行费用、再生方式、树脂类型及再生剂的种类均有关。理论上，1leq 的再生剂可以恢复 1leq 树脂的交换用量，但实际上再生剂的用量要比理论值大得多，通常为 2～5 倍。通常情况下，再生剂的用量越多，再生效率越高，但当再生剂用量增加到一定量后，再生效率随再生剂用量增长不大。如用 2% NaOH 对交换了 Cr^{6+} 的强碱性树脂进行再生，经试验，以控制 95% 的再生效率较为合适。

3. 再生液浓度

再生液的浓度与树脂类型、再生方式有关。表5-1所示为推荐的再生液浓度。如用硫酸作为再生液，建议分二步逐次再生，可以取得较好的再生效果。三步再生时，每步再生液的用量、浓度及再生液的流速可参照表5-2。

表5-1 推荐的再生液浓度

再生方式	强酸阳离子交换树脂		强碱阴离子交换树脂	混合床	
	钠型	氢型		强酸树脂	强酸树脂
再生液品种	食盐	盐酸	烧碱	盐酸	烧碱
顺流再生液浓度/%	5~10	3~4	2~3	5	4
逆流再生液浓度/%	3~5	1.5~3	1~3		

表5-2 硫酸三步再生法再生液浓度

再生步骤	再生剂用量(占总量)	浓度/%	流速/(m/s)
1	1/3	1.0	8~10
2	1/3	2.0~4.0	5~7
3	1/3	4.0~6.0	4~6

4. 再生液温度

在树脂允许的温度范围内，再生液的温度越高，再生效果就越好。但为了节省运行费用，一般在常温下进行再生。有时为了除去树脂中一些有害物质或再生困难的离子，再生液可加热到35℃~40℃。

5. 再生液的流速

再生液的流速关系到再生液和树脂的接触时间，从而影响再生效果。在离子交换柱中间，再生液的流速一般控制在4~8m/s左右。

6. 树脂再生后的清洗

树脂再生后，树脂上会残留一些再生剂，要用产品水或去离子水进行正洗或反洗，清洗用水量由计算决定。一般小型软化或纯水系统中，清洗水用量约占产品水量的10%~20%。

五、离子交换系统与设备

完整的离子交换系统包括顶处理单元、离子交换单元、再生单元和电控仪表系统等。

1. 离子交换单元的分类

根据离子交换柱的构造、用途及运行方式，可对离子交换单元作如图5-3的分类。

2. 离子交换固定床体系

离子交换固定床体系是指树脂的交换和再生在同一设备内，不同的时间内完成，其运行方式为间歇运行。

根据水流方向和使用要求的不同，固定床可分为以下几种形式。

(1)单床和多床形式

在交换柱内只填装一种树脂，只用一个交换柱称为单床，如多个交换柱串联或并联使用，则称为多床。

(2)复床形式

有的交换柱填充阳树脂，有的交换柱填充阴树脂，阴阳树脂的交换柱串联在一起使用的称为复床。

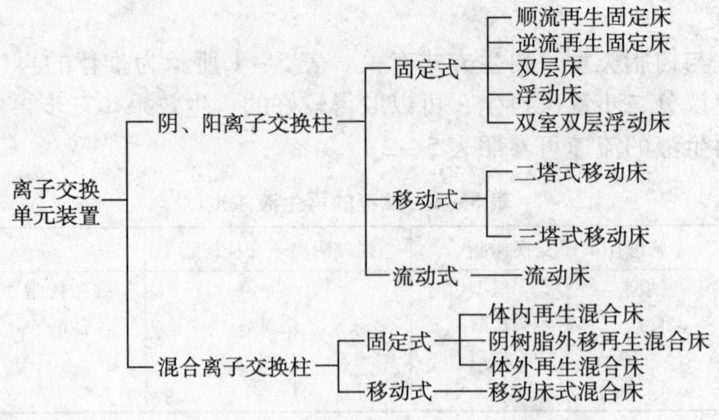

图5－3　离子交换单元的分类

(3)双层床形式

在逆流再生固定床内，依据一定的配比填装强、弱两种树脂，密度小、粒度细的弱型树脂在上层，密度大、颗粒粗的强型树脂在下层。以这种型式组成的固定床称为双床。双床的工作状况如图5－4所示。

固定床离子交换器由筒体、进水装置、排水装置、再生液分布装置及相关管道和阀门组成，其结构如图5－5所示。

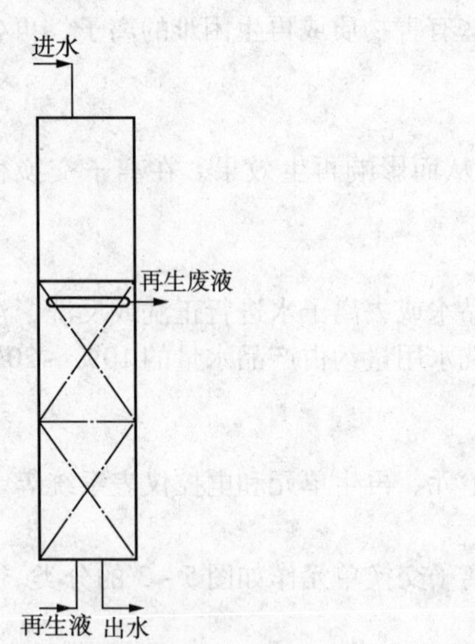

图5－4　双床工作状况

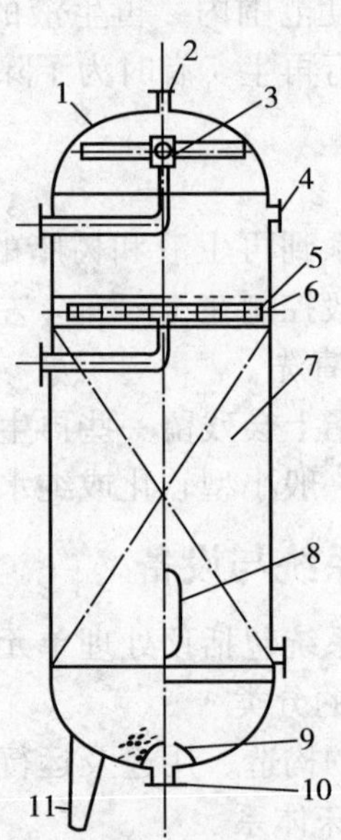

图5－5　逆流再生固定床结构

1—壳体；2—排气管；3—上布水装置；4—交换剂装填口；5—压制层；6—中排液管；7—离子交换剂层；8—试镜；9—下布水装置；10—出水管；11—底脚

3. 连续式离子交换系统

固定床离子交换器内树脂不能边饱和边再生，树脂和容器的利用效率均很低，生产不连续，再生和冲洗时必须停止交换。为了克服上述缺点，发展了连续式离子交换设备，主要型式有移动床和流动床。

图5－6所示为三塔式移动床离子交换系统，由交换塔、再生塔和清洗塔三部分组成。运行时，原水由交换器下部的配水系统流入塔内，向上快速流动，将整个树脂层托起，进行

离子交换。经过一定时间后，当出水离子开始穿透，立即停止进水，并由塔底排水，排水时树脂层下沉(称落床)，从塔底排出部分已饱和的树脂，同时浮球阀自动打开，放入已再生好的树脂。操作时要注意塔内树脂的混床。每次落床的时间很短，约 2min 后又开始进水，托起树脂层，关闭浮球阀。失效树脂由水输送至再生塔。再生塔的结构及运行与交换塔大致相同。

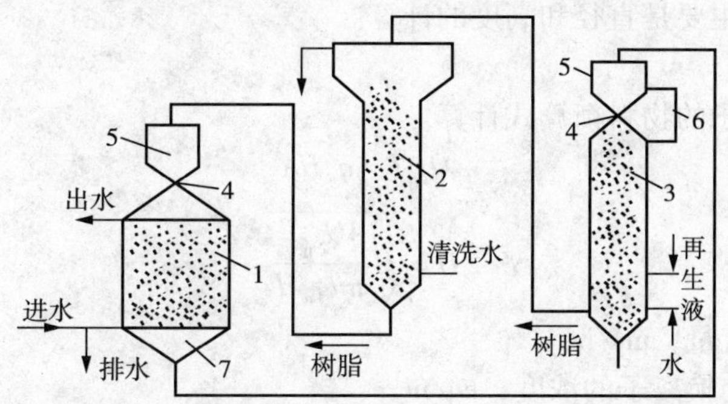

图 5－6　三塔移动床

1—交换塔；2—清洗塔；3—再生塔；4—浮球阀；5—贮树脂斗；6—连通管；7—排树脂部分

移动床的优点是树脂用量较少，在相同产水量时，约为固定床的 1/3～1/2，能连续产水，水质较好。但对进水变化的适应性较差，设备小，投资少。其缺点是树脂的损耗率大，自动化程度要求较高。

图 5－7 所示为移动床离子交换废水处理设备，主要用于处理电镀废水、胶片洗印废水，回收废水中的金属、化工原料，实现水资源的重复利用。

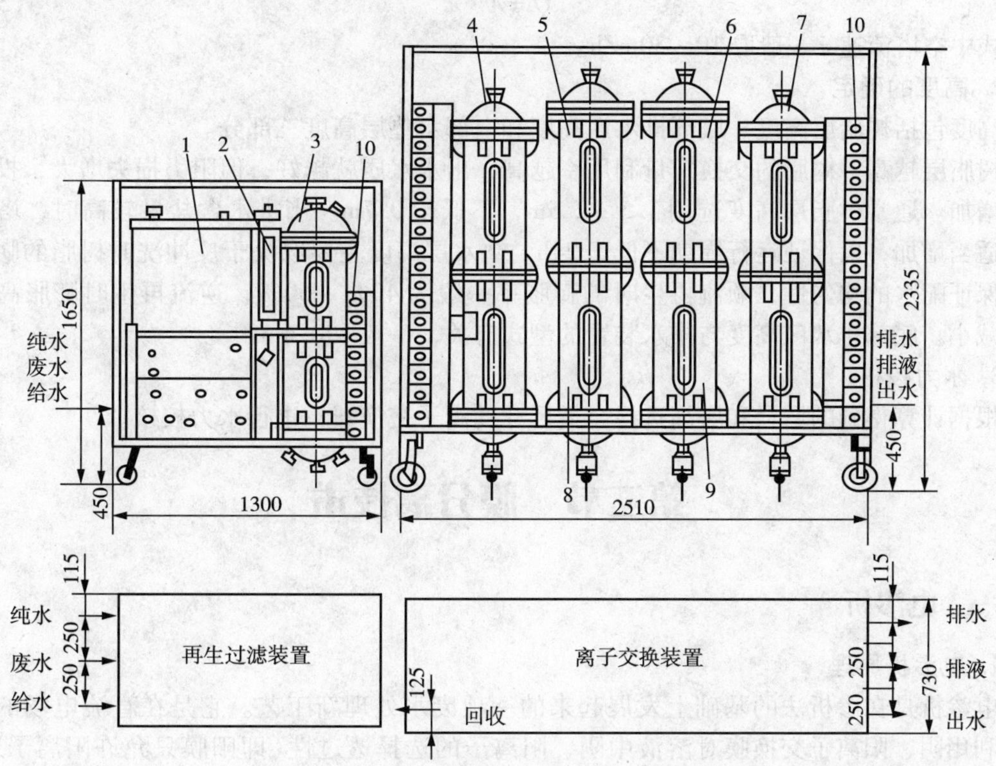

图 5－7　移动床废水处理装置

1—废水贮槽；2—流量计；3—白球过滤柱；4—阳柱；5—脱钠柱，6，7—阴柱；8，9—再生柱；10—塑料隔膜阀

六、设计计算

离子交换系统的设计计算包括离子交换树脂的选择、工艺系统的确定、离子交换器尺寸的计算、再生计算、阻力的核算等。

交换器尺寸计算主要是直径和高度的计算。

1. 直径的计算

直径可由交换离子的物料衡算式计算。

$$Q_{c_0}T = q_w HA \tag{5-6}$$

$$D = \sqrt{\frac{4Q_{c_0}T}{\pi n q_w H}} \tag{5-7}$$

式中 Q——废水的流量，m^3/h；

c_0——进水中交换离子的浓度，eq/m^3；

T——两次再生的时间间隔，h；

n——交换器个数，一般不少于 2 个；

q_w——交换剂的工作交换容量，eq/m^3；

H——交换剂床高度，m；

A——交换器截面积，m^2；

D——交换器的直径，m，一般不小于 3m。

另外，也可以根据要求的制水量和选定的水流空塔流速计算塔径：

$$Q = A \cdot v \tag{5-8}$$

式中空塔流速 v 一般取 10～30m/h。

2. 高度的确定

高度包括树脂层高度、底部排水区高度和上部水垫层高度三部分。

树脂层越高，树脂的交换容量利用率越高，出水水质就越好，但阻力损失增大，投资也相应增加。通常树脂层高度选用 1.5～2.5m，不低于 0.7m。当进水含盐量较高时，塔径和层高适当增加，以保证运行周期不低于 24h。垫水层高度主要取决于反冲洗时树脂的膨胀高度和保证配水的均匀性，顺流再生时的膨胀率一般为 40%～60%，逆流再生时膨胀高度可适当减小。底部排水区高度与排水装置的型式有关，一般取 0.4m。

3. 水力校核

根据计算得到的塔径和塔高选择合适尺寸的离子交换器，进行水力校核。

第二节　膜分离技术

一、电渗析

1. 电渗析原理

电渗析是在渗析法的基础上发展起来的一项废水处理新工艺。它是在直流电场的作用下，利用阴、阳离子交换膜对溶液中阴、阳离子的选择透过性(即阳膜只允许阳离子通过，阴膜只允许阴离子通过)，而使溶液中的溶质与水分离的一种物理化学过程。

电渗析系统由一系列阴、阳膜交替排列于两电极之间组成许多由膜隔开的小水室，膜间保持一定的距离。电渗析的工作原理见图5－8。

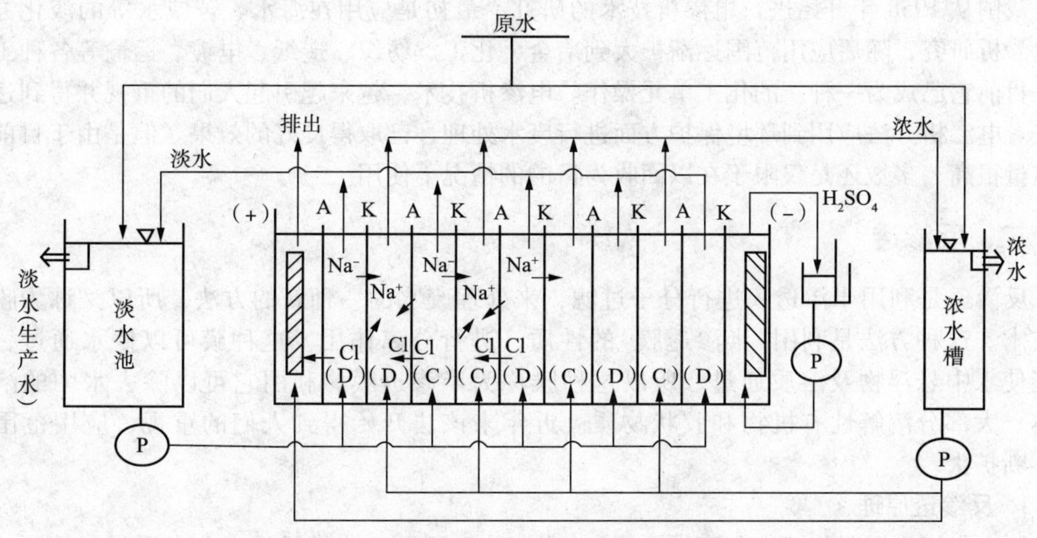

图5－8　电渗析分离原理图

电渗析过程主要分成三个步骤。

(1)离解

废水中的电解质在直流电场的作用下产生阴离子和阳离子。

(2)离子的迁移

产生的阴、阳离子分别向电场的正、负电极移动，在移动过程中与离子交换膜相遇。由于离子交换膜具有选择性，结果使一些小室离子浓度降低而成为淡水室，与淡水室相邻的小室则因富集了大量离子而成为浓水室。从淡水室和浓水室分别得到淡水和浓水，原水中的离子得到了分离和浓缩，水便得到了净化。

(3)电极反应

电极与膜之间的隔离室称为极室，极室中的离子与电极反应，即阳极发生氧化反应、阴极发生还原反应。

除了以上三个主要过程以外，同时还发生一系列次要过程，如反离子的迁移、电解质浓度差扩散、水的电渗透、水的压渗、水的电离等，所以在电渗析器的运行过程中，同时发生着多种复杂过程。主要过程是电渗析处理所希望的，而次要过程却对废水处理是不利的。例如，反离子迁移和电解质浓度差扩散将降低除盐的效果；水的渗透，电渗和压渗会降低淡水产量和浓缩效果；水的电离会使耗电量增加，导致浓水室极化结垢等问题，因此，在电渗析器的设计和操作时，必须设法避免和改善这些次要过程对电渗析的不利影响。

2. 电渗析在废水处理中的应用

电渗析法最先用于海水淡化制取饮用水和工业用水，海水浓水制取食盐，以及其他单元技术组合制取高纯水，利用电渗析法去除水中的盐分使水淡化，具有投资少、建设时间短、方便易行等优点，电耗量为1～5kW·h/m^3 淡水。

在废水处理中，根据工艺特点，电渗析法操作有两种基本类型：一种是由阳膜和阴膜交替排列而成的普通电渗析工艺，主要用于从废水中单纯分离污染物离子，或者把废水中的污染物离子和非电解质污染物分离开，再用其他方法处理；另一种是由复合膜与阳膜构成的特殊电渗析工艺，利用复合膜的极化反应和极室中的电极反应以产生 H^+ 和 OH^-，从废水中提取酸和碱。

我国从1958年开始进行电渗析技术的研究，最初是应用在海水、苦咸水等的淡化方面的电渗析研究，随后应用范围逐渐扩大到冶金、化工、纺织、造纸、电镀、运输等各种工业中。目前它已成为一种新的化工单元操作。电渗析技术，越来越引起人们的重视并得到逐步推广。电渗析方法应用到环境保护方面进行废水处理，已取得良好的效果。但是由于目前其耗电量很高，多数还是仅限于在以回收为目的的情况下使用。

二、反渗透

反渗透是利用半渗透膜进行分子过滤，来处理废水的一种新的方法，所以又称为膜分离技术。这种方法是利用"半渗透膜"的性质，进行分离作用。这种膜可以使水通过，但不能使水中悬浮物及溶质通过，所以这种膜称为半渗透膜。利用它可以除去水中的溶解固体、大部分溶解性有机物和胶状物质。近年来该法开始得到人们的重视，应用范围也在不断扩大。

1. 反渗透原理

用一张半渗透膜将淡水和废水隔开，如图5-9所示，该膜只让水分子通过，而不让溶质通过。由于淡水中水分子的化学位比溶液中水分子的化学位高，所以淡水中的水分子自发地透过膜进入废水中，这种现象称为渗透。在渗透过程中，淡水一侧液面不断下降，而废水一侧的液面不断上升。当两液面不再发生变化时，渗透便达到了平衡状态，此时两液面的压差称为该种废水的渗透压。如在废水一侧加上一定的压力 p 后，就会造成废水中的水分子被压力压过半渗透膜而进入清水一侧，结果使得废水中的溶质及悬浮物被分离，而使废水得到净化。由于这种过程与渗透过程相反，所以称为反渗透。

由此可见，实现反渗透必须具备两个条件：一是必须有一种高选择性和高透水性的半渗透膜；二是操作的压力必须高于废水的渗透压。

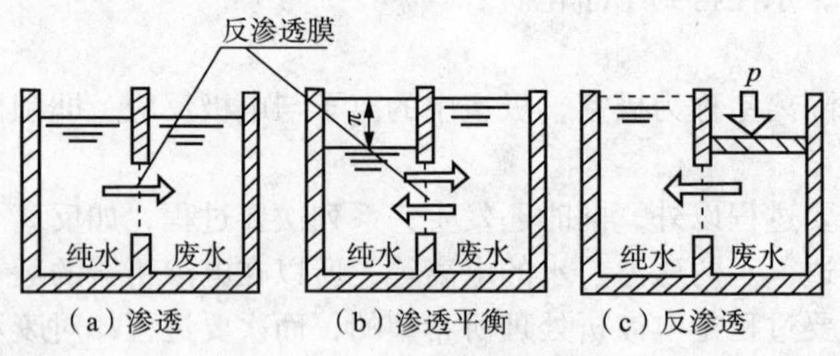

图5-9 反渗透原理示意图

2. 反渗透工艺在废水处理中的应用

反渗透最早用于海水淡化，随着反渗透膜材料的发展、高效膜组件的出现，反渗透的应用领域不断扩大。在海水和苦咸水的脱盐、锅炉给水和纯水制备、废水处理与再生、有用物质的分离和浓缩等方面，反渗透都发挥了重要的作用。

如采用反渗透法处理电镀废水可以实现闭路循环。逆流漂洗槽的浓液用高压泵打入反渗透器，浓缩液返回电镀槽重新使用，处理水则补充入最后的漂洗槽。对不加温的电镀槽，为实现水量平衡，反渗透浓缩液还需蒸发后才能返回电镀槽。

反渗透用于造纸废水、印染废水、含油化工废水，医院污水处理和城市污水的深度处理等也得到了很好的处理效果。如用于处理造纸废水，BOD的去除率为70%~80%，COD

85%～90%，色度96%～98%，Ca 96%～97%，水回用率达到80%以上。用于城市污水的深度处理，可降低含盐量99%以上，而且还可去除各类含N、P化合物，使COD去除96%，达到10^{-6}数量级。

三、超滤

超过滤法简称超滤法，与反渗透一样也依靠推动力和半透膜实现分离。两种方法不同的是，超滤法所需的压力较低，一般约在0.1～0.5MPa压力下进行，而反渗透的操作压力为2～10MPa。超滤法和反渗透法中都使用半渗透膜，超滤法中使用最多的半渗透膜(称超滤膜)也是醋酸纤维素制成的膜，但其性能不同，膜上的微孔直径较大，为0.02～10μm，而反渗透法中使用的半渗透膜(称反渗透膜)的孔径较小，只有0.003～0.06μm。所以超滤法适用于分离相对分子质量大于500，直径为0.005～10μm的大分子和胶体，如细菌、病毒、淀粉、树胶、蛋白质、黏土和油漆色料等，这类液体在中等浓度时，渗透压很小；而反渗透一般用于分离相对分子质量低于500，直径为0.0004～0.06μm的糖、盐等渗透压较高的体系。

超滤装置和反渗透装置类同，目前我国普通应用管式装置。国外除应用管式、卷式装置外，近年来更多地应用空心纤维式装置，近年来超滤法在工业废水处理方面应用很广，如用于电泳涂漆废水、含油废水、含聚乙烯醇废水、纸浆废水、颜料和染色废水、放射性废水等的处理以及食品工业废水中回收蛋白质、淀粉。

由于废水中含有各种各样的溶质物质，所以，只采用单一的超滤方法，常常不可能去除不同相对分子质量的各类溶质，一般多是将超滤法与反渗透法联合使用，或者与其他废水处理法联合使用。

第三节　萃取法

一、原理

萃取采用与水不互溶但能很好溶解污染物的萃取剂，使其与废水充分混合接触，利用污染物在水和溶剂中的溶解度或分配比的不同，达到分离、提取污染物和净化废水的目的。萃取法适用于以下情况的废水处理：①具有共沸点的恒沸混合液，而不能用蒸馏、蒸发的方法分离的废水；②对热敏感的物质，在蒸发和蒸馏的高温条件下，易发生化学变化或易燃易爆的物质；③沸点非常接近的，难以用蒸馏方法分离污染物质的废水；④对挥发度差的物质；⑤某些用化学方法处理复杂、且成本较高的废水。

萃取的实质是溶质在水中和溶剂中有不同的溶解度。溶质从水中转入萃取剂中是传质过程，其推动力是废水中实际浓度与平衡浓度的差。当达到平衡状态时，溶质两相中的浓度不再变化，这时溶质在萃取剂(溶剂)及水中的浓度服从分配定律。

$$k = c_{溶}/c_{水} \tag{5-9}$$

式中　$c_{溶}$——溶质在萃取剂中的平衡浓度；

$c_{水}$——溶质在废水中的平衡浓度；

k——分配系数。

上式只是在稀溶液中，在一定的温度下，溶质不离解或不配位的条件下才能成立，否则，分配系数不是严格的常数，式(5-9)将呈曲线关系式。此时

$$k' = c_{溶}/c_{水} \tag{5-10}$$

$$k' = m/n \tag{5-11}$$

式中　n——废水中溶质分子的缔合数；

m——萃取剂中溶质分子的缔合数；

k'——溶质分子呈缔合形式时的分配系数。

m 值越大或 n 值越小，对萃取越有利。

当溶质在废水中产生解离，而在萃取剂中不解离时，分配定律则用下式表示：

$$k'' = (c_{溶}/c_{水}) \cdot 1/(1-\alpha) \tag{5-12}$$

式中　α——溶质在废水中的解离度，即分解为离子的分子数与溶质分子的总数的比值；

k''——溶质在废水中呈解离状态时的分配系数。

从式(5－12)可以看出，解离度越小，对萃取就越有利。

表5－3所示为某些溶剂萃取含酚废水的分配系数 k。

表5－3　溶剂萃取含酚废水的分配系数 k(20℃)

溶剂	苯	重苯	醋酸丁酯	磷酸三丁酯	$N-503$	803#液体树脂
苯酚废水(含酚23.0g/L)	2.39	2.44	50	64.11	122.1	593
甲酚废水(含甲酚23.0g/L)	32.23	34.23	—	744.85	686.58	1942

溶质由水相向有机相扩散的过程包括：溶质从水相主体向相界面扩散、穿越相界面、向溶剂主体扩散。萃取过程一般是在湍流状态下进行的，两液相的主体呈湍流扩散，可认为溶质在液相主体的浓度是均匀的，而靠近界面层，溶质呈分子扩散形式。

液相萃取的传质速度可用下式表示：

$$G = KA\Delta c \tag{5-13}$$

式中　G——单位时间内萃取的溶质量，kg/h；

K——总传质系数，m/h；

A——两相接触面积，m^2；

Δc——溶质浓度差推动力，kg/m^3。

由上式可见，采取以下措施可提高萃取速度。

①增大两相接触面积。通常使一相不断滴加分散到另一相中去。对于表面张力不大的物系，仅仅靠密度差推动液相通过筛板或填料，便可获得适当的分散度；对表面张力大的物系，可以依靠喷雾、搅拌、脉冲等方式达到分散的目的。需要注意的是，无论哪种情况，都要防止因分散过度而产生乳化现象。

②增大传质系数。

传质系数的大小取决于时间的传质方式。扩散分为分子扩散、湍流扩散，前者速度较慢。通过加入外界能量，强化液相间的湍流状态，便能增大传质系数。需注意的是，当溶液内含有表面活性物质和固体杂质时，相表面上增添了阻力层，会显著降低传质系数，应设法预先除去。

③增大传质动力。增大传质推动力的主要措施是采用逆流操作，使两相逆向流动，进行接触传质。

二、萃取剂的选择

要使萃取获得满意的效果，必须选择恰当的溶剂，这关系到萃取剂本身的用量、两液相的分离效果、萃取设备的大小等技术经济指标。萃取剂选择的依据如下：①萃取能力大。要有较大的分配系数。②萃取剂的物理化学性质与废水有较大的区别，主要是从密度、沸点、表面张力、黏度等方面考虑。密度差大，便于分离；溶剂在水中的溶解度越小越好，以减少损失；溶剂、水、溶质之间的沸点差别要大，便于用蒸馏或蒸发的方法回收溶剂；溶剂的表面张力要适中，如表面张力过大，则分离迅速，但因容易自身相互黏聚，分散程度差，影响两液相之间的充分接触，面表面张力过小，则液体易于乳化，影响分离效率；黏度要小，以利于分离、输送。③来源广、价格便宜。④溶质要易于再生和回收。将萃取相分离，可同时回收溶质和溶剂，具有重大的意义。萃取剂的用量往往很大，有时达到和废水相等的量，如不能将其再生回用，有可能完全失去废水处理的经济合理性；另一方面，溶质的量也很大，如不回收，则会造成二次污染。

一般情况下，一种溶剂不能同时满足全部条件，应根据当地具体条件，选择适宜的溶剂作为萃取剂。

温度对萃取过程有重要的影响，在多数情况下，温度增高，溶质在废水中及萃取剂中的溶解度要增大，且后者往往大于前者，这样对萃取是有利的。温度升高，液体的黏度也要降低，对萃取剂与水的分离有利。但另一方面，温度升高，萃取剂本身在水中的溶解度也增大，即增加了萃取剂的损失，对萃取不利。因此，要根据萃取剂的种类和废水的水质，通过试验选择适宜的萃取剂及再生时的温度。

三、萃取工艺及设备

萃取工艺按两相接触方式可分为两大类，即间歇萃取和连续萃取。

1. 间歇萃取

工业上的间歇萃取一般采用多段逆流方式，萃取系统由一系列混合沉降器组成，混合器内装有搅拌装置，使废水与近饱和的萃取剂接触，而新鲜萃取剂则与经过几段萃取后的稀浓度废水相通，这样可达到高的萃取效率和少的溶剂用量。

间歇操作的缺点是设备笨重，操作管理不方便，不能一次将废水中的溶质全部萃取出来，只用于小量废水的处理。

2. 连续萃取

连续式萃取操作是在塔设备中进行的，废水由塔顶进入并向下流动，萃取剂由塔底向上流动，两相在塔内逆流接触萃取。连续萃取设备的选择，关键在于确定塔高和塔径。常用的逆流萃取设备有填料塔、筛板塔、脉冲塔、转盘塔和离心萃取机等。

(1)往复式筛板萃取塔

图5－10所示为往复式筛板萃取塔。内部分为三段：最底下一段为下分离段，中间一段为萃取段，上面一段为上分离段。废水与萃取剂在塔中逆流接触。在萃取段内有一纵轴，轴上装有若干块钻有圆孔的圆盘型筛板，纵轴由塔顶的偏心轮带动，做上下往复运动，起强化传质、防止返混的作用。上下两分离段的断面面积较大，轻重两液面靠密度差在此段平稳分流，轻液由塔顶流出，重液则从塔底流出。

筛板的脉动强度是影响萃取效果的主要因素，其值等于脉动幅度和频率乘积的两倍。脉动强度太小，两相混合不良；脉动强度太大，易造成乳化和液泛。一般脉冲幅度以4～8mm，频率125～500次/min为宜，这样可获得3000～5000mm/min的脉动强度。筛板间距一般为150～600mm，筛孔5～15mm，开孔率10%～25%，筛板与塔壁的间距为5～10mm。

塔径、塔高及筛板数根据试验或生产实践资料选定。

(2)转盘萃取塔

转盘萃取塔的构造示意图见图5-11。

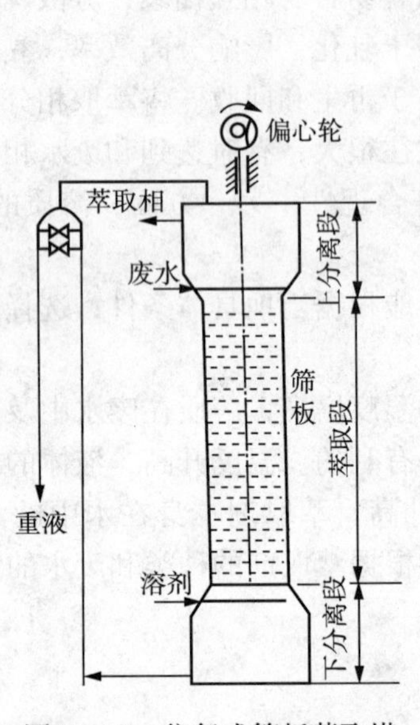

图5-10　往复式筛板萃取塔

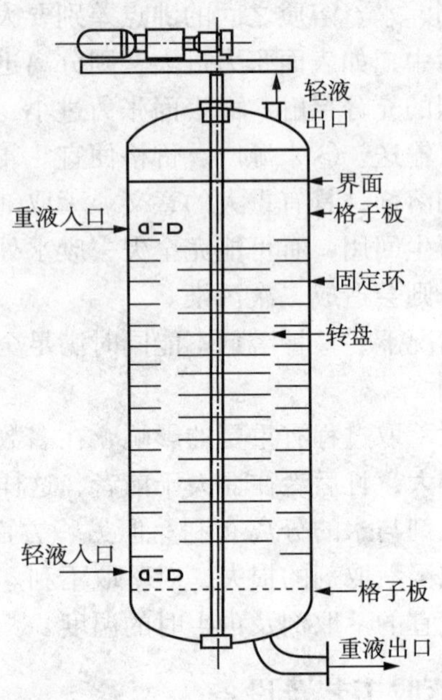

图5-11　转盘萃取塔

在中部萃取段的塔壁上安装有一组等间距的固定环形挡板，构成多个萃取单元：在每一对环形挡板的中间位置，均有一块固定在中心旋转轴上的圆盘。废水和萃取剂分别从塔上部、下部切线引入，逆流接触。在圆盘的转动作用下，液体被剪切分散，其液滴的大小同圆盘直径与转速有关。调整转速，可以得到最佳的萃取条件。为了消除旋转液流对上下分离段的扰动，在萃取段两端各设一整流格子板。

转盘萃取塔的主要效率参数为：塔径与盘径之比为1.3~1.6；塔径与环形板内径之比为1.3~1.6；塔径与盘间距之比为2~8。

(3)离心萃取机

离心萃取机的外形为圆形卧式转鼓，转鼓内有许多层同心圆筒，每层都有许多孔口相通。轻液由外层的同心圆筒进入，重液由内层的圆筒进入。转鼓高速旋转(1500~5000r/min)产生离心力，使重液由里向外，轻液由外向里流动，进行连续的逆流接触，最后由外层排出萃余相，由内层排出萃取相。萃取剂的再生(反萃)也同样可用离心萃取机完成。

据国外资料介绍，工业用的离心萃取机转鼓直径为0.9m，高1m，生产能力高达60m^3/h。国产的离心萃取剂的转鼓直径为500mm，最大处理量为10m^3/h。据报道，用轻油萃取含酚废水，当油水比为1.3时，经萃取机处理可使酚的浓度由3000mg/L降至35mg/L。应用离心萃取机再生萃取相，当碱液与萃取相之比为1.25时，可使溶液中酚的含量达36%。

萃取设备的计算主要是确定塔径和塔高。塔径取决于操作流速。对于填料塔、脉冲塔、转盘塔等萃取设备，首先根据经验关系确定液泛速度，再打40%~70%折扣作为设计操作流速。塔高的计算实质上是一个传质问题，方法有二：①根据废水处理要求，从平衡关系和操作条件求出平衡级数；根据塔内流体力学状况和操作条件从传质要求定出总效率；两者相除得到实际级数，再结合板间距就可以得到塔高。筛板萃取塔等分级萃取设备按此计算。②对于浓度连续变化的微分萃取设备，从操作条件、传质系数和比表面积确定严格逆流时的传质单元高度；再考虑轴向混合的校正，求得设计用的传质单元高度(或直接测定)；从废水处理要求和操作条件求出传质单元数；两者相乘得到塔高。

第四节　吹脱法与汽提法

吹脱法、汽提法都是用于脱除废水中的溶解性气体或易挥发性物质的一种方法，即将气体(汽提剂)投加废水中，使溶解性气体或易挥发性物质变成气体，扩散到气体扩散剂气流中进行分离，从而净化废水的过程。用这种方法处理废水，常选用两种不同的汽提剂，即空气和水蒸气。习惯上将前者称为吹脱法，后者称为汽提法。

一、吹脱法

1. 原理

吹脱法的基本原理是气液相平衡和传质速度理论。在气液两相系统中，溶质气体在气相中的分压与该气体在液相中的浓度成正比。当该组分的气体分压低于溶液中该组分浓度对应的气相平衡分压时，就会产生溶质组分从液相向气相的传质。传质的速度取决于组分平衡分压和气相分压的差值。气液平衡关系和传质速度随物系、温度和两相接触状况而异。对于给定的物系，通过提高水温，使用新鲜空气或负压操作，增大气液接触面积和时间，减少传质阻力，达到降低水中溶质的浓度、增大传质速度的目的。

从气液两相的平衡关系，可以采取以下措施降低溶质在液相中的溶解度：①提高水溶液的温度以减小溶质在水溶液中的溶解度。②降低溶质气体在液面上的分压。③增大浓度差。办法是使气液两相以逆流方式接触，提高操作强度降低分压。

另一方面，废水的解吸操作是溶质从液相向气相的单相传质过程，根据溶质从液相向气相的扩散机理、影响传质速率的各种因素以及在有限的时间内达到最大的解吸量，从以下方面来提高解吸速度：①解吸系数。在各种高效解吸塔内，由于气液两相都处于强烈的湍流状态，气液相主体的扩散阻力都很小，而且在相界面上气液两相里平衡，没有扩散阻力，因此可以认为，决定解吸速率的阻力主要是来自液膜阻力和气膜阻力。对于易溶气体(E 值小的气体)，扩散阻力主要来自气膜一侧，属于气膜控制。这时应适当增大气体湍流程度，以减小液膜厚度，降低扩散阻力。当废水中含有油类及各种悬浮物和沉淀物时，不仅容易引起设备的阻塞，而且还会严重影响传质效果，因此必须在预处理过程中将其设法除去。②增大气液相接触面。可采用喷洒、鼓泡等措施以增大填料比表面积，也可采用气液逆流接触等。③调整 pH 值。溶质在废水中的存在状态与 pH 值密切相关。如处理含硫废水时，pH 值越大，游离的硫化氢含量越低，不利于脱除；若 $pH<5$，则可将其全部从废水中除去。表 5－4 中列出溶液中游离硫化氢含量与溶液 pH 值的关系。

表 5－4　游离硫化氢与溶液 pH 值的关系

pH 值	5	5.5	6	6.5	7	7.5	8	8.5	9	9.5	10
游离 H_2S 含量/%	100	97	95	83	64	40	15	4	2	1	0

硫化钠没有挥发性，无法用吹脱法或汽提法将其从废水中分离出来，但在酸性条件下，生成硫化氢，可以以气体形式被分离出来。同样含氨废水可以在pH为10.8~11.5的碱性条件下，以气体氨的形式分离出来。

2. 吹脱设备

(1)吹脱池

主要依靠池液面与空气自然接触去除溶解气体的吹脱称自然吹脱池，适用于易挥发溶解性气体、水温较高、风速较大以及有开阔场地、不易产生二次污染的场合。

吹脱池的吹脱效果可用下式计算：

$$0.43\lg(c_1/c_2) = D(\pi/2h)^2 t - 0.207 \tag{5-14}$$

式中 t——废水的停留时间，即吹脱时间，min；

c_1，c_2——气体的初始浓度和经过 t 时间的剩余浓度，mg/L；

h——水深度，m；

D——气体在水中的扩散系数，cm^2/min。

O_2、H_2S、CO_2 和 Cl^- 的扩散系数分别为：$1.1\times10^{-3}\ cm^2/min$、$8.6\times10^{-4}\ cm^2/min$、$9.2\times10^{-4}\ cm^2/min$ 和 $7.6\times10^{-4}\ cm^2/min$。

由上式可见，获取较好吹脱效果的条件是较长的贮存时间、尽量小的水层深度或较大表面积。

向池内鼓入空气或在池面上安装喷水管可以增强吹脱效果，此时的吹脱效果又可以用下式表示：

$$\lg c_1/c_2 = 0.43\beta \cdot t \cdot S/V \tag{5-15}$$

式中 S——气体接触面积，m^2；

V——废水体积，m^3；

β——吹脱系数，其值与温度有关，常见气体的吹脱系数见表5-5。

表5-5 常见气体的吹脱系数

气体种类	H_2S	SO_2	NH_3	CO_2	O_2	H_2
β	0.07	0.055	0.015	0.17	1	1

喷水管安装高度离水面1.2~1.5m，为防止风吹损失，四周应加挡水板或百叶窗，喷水强度可选用 $12m^3/(m^2\cdot h)$。

(2)吹脱塔

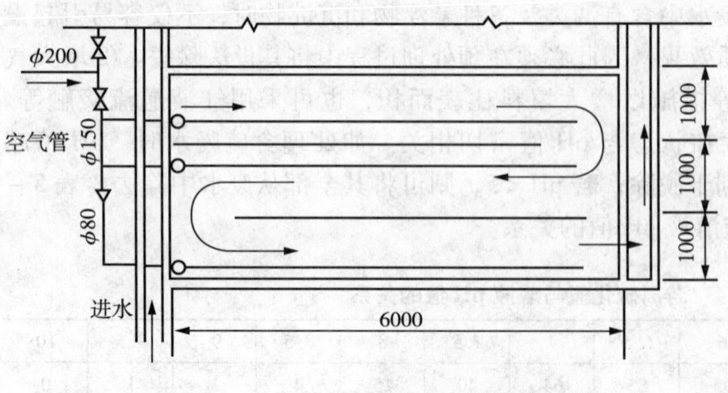

图5-12 填料吹脱塔的构造示意图

常采用填料塔、板式塔等气液分离设备，吹脱效率高，可回收有用气体，防止二次污染。

图5-12所示为填料吹脱塔构造示意图。塔内装有一定高度的填料层，废水从塔顶流入，沿填料表面呈薄膜状向下流动。同时从塔底鼓入空气，向上流动与废水逆流接触，塔

内气相与液相组成沿塔高连续变化。

板式塔的主要特征是在塔内装有一定数量的塔板，废水水平流过塔板，从上一层塔板流入下一层塔板，空气以鼓泡或喷射方式穿过塔板上的水层，相互接触传质。图5－13所示为板式吹脱塔的构造示意图。

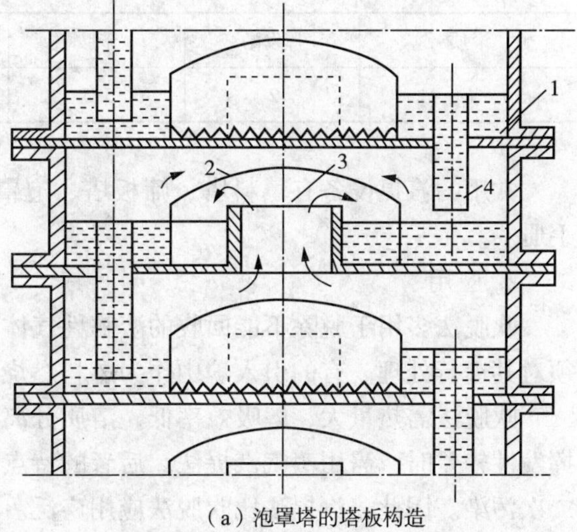

（a）泡罩塔的塔板构造

1—塔板；2—泡罩；3—蒸汽通道；4—降液管

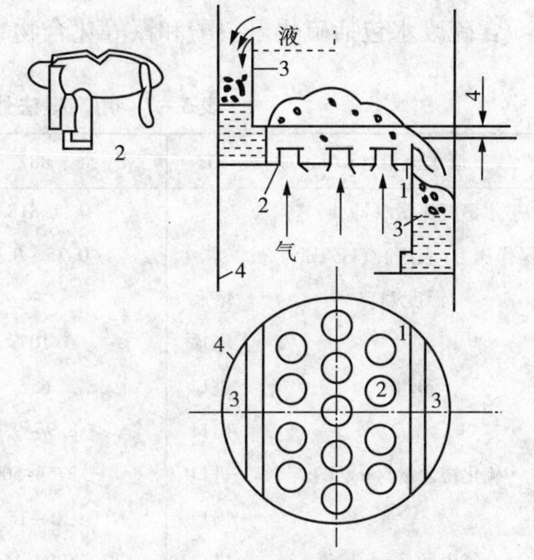

（b）浮阀塔示意图

1—塔板；2—浮阀；3—降液管；4—塔体

图5－13 板式吹脱塔的构造示意图

二、汽提法

1. 原理

汽提法主要用于脱除废水中的挥发性溶解物质。废水与水蒸气直接接触，使挥发性物质按一定比例扩散至气相中，从而达到从废水中分离污染物的目的。根据被处理废水中溶质的性质，大致可分为以下几类。

(1)溶解性气体和极易挥发的物质

例如含氨、硫化氢、二氧化硫等的废水，与吹脱法类似，水蒸气既是汽提剂，又是热源，起到降低溶质气体的分压和提高温度的作用。

(2)与水互溶的挥发性物质

含甲醇、乙醇、二硫化碳等的废水，可利用其在气液平衡条件下气相浓度大于液相浓度这一特征，通过蒸汽直接接触，使混合液部分气化，并按一定比例富集于气相，不断将生成的蒸汽移出处理，分离回收溶质。这是属于简单蒸馏的一种形式。

(3)与水不互溶的挥发性物质

对含单元酚、苯胺等废水，利用其混合液的沸点低于两组分中任一组分沸点这一特征，将含挥发性物质的废水在低于100℃的条件下沸腾汽化，并按一定比例富集于气相，将其进行分离，回收溶质，属于蒸汽蒸馏的一种形式。

不论是哪一种蒸馏方法，都是利用混合物中各组分挥发度的差异来达到分离、净化废水的目的。废水用蒸汽汽提后，水与溶质同时变为蒸汽，其数量与各自的挥发度相当。

单位体积废水所需的蒸汽量称为汽水比，用 V_0 表示。假定在废水进口处气液两相传质已达到了平衡，可得如下关系：

$$Q(c_0-c)/V=kQc_0/Q \tag{5-16}$$

$$V_0=V/Q=(c_0-c)/kc_0 \tag{5-17}$$

式中 k 为气液平衡时溶质在蒸汽冷凝液与废水中的浓度之比，或称为分配系数。对于低浓度废水，可视为定值。表5－6所列为某些溶质的 k 值。

表5－6　某些溶质的k值

溶质	挥发酚	苯胺	游离氨	甲基苯胺	氨基甲烷
k	2	5.5	13	19	11

常用的汽提设备有填料塔、筛板塔、泡罩塔、浮阀塔等，其设计可参照有关化工设计手册。

2. 应用

吹脱法多用于脱除不能回收的溶解性气体，当分离的气体会对大气造成二次污染时，必须对其进行处理。有的引入炉中作为燃料燃烧，有的将其破坏变成无害气体排放。

吹脱法需热量大，解吸效率低，溶质分离回收困难，或者欲回收的物质被空气氧化，其挥发性较差时，需用蒸汽汽提法。后者的特点是方法简便、经济，便于回收溶质，不易产生二次污染。因此，汽提法比吹脱法应用广泛。

(1)含硫废水的处理

含硫废水包括硫化氢、酚和氰等化合物，处理流程的有关工艺数据见表5－7。

表5－7　用汽提法处理含硫废水的工艺数据

废水流量/(L/min)	553	882	227	
水蒸气流量/(kg/h)		1.818	11.364	1.590
操作压力(表压)/(kg/cm^2)		0.35～0.49	1.54	0
温度/℃	塔底	—	131	110
	塔顶	107	121	—
pH值	进口	6.5	8.5	9～9.5
	出口	8.9～9.0		7.5
硫化物含量/(mg/L)	进口	275～500	8000	1870
	出口	0～15	5～10	0
氢含量/(mg/L)	进口	100～150	5000	1482
	出口	100～150	200	194

蒸汽汽提法脱除硫化氢的去除率为96%～100%，氨的去除率为69%～95%；吹脱法使硫化氢的去除率为88%～98%，氨的去除率为77%～90%。

(2)处理含氰废水

含氰废水的处理既可采用空气吹脱法，也可采用蒸汽汽提法。吹脱效率与pH值、温度、淋水密度和汽水比有密切关系。

用蒸汽汽提法处理含氰废水，在塔板数为12～15块，塔底压力为1.6～1.8kPa，温度为104℃，蒸汽温度为140～150℃，水汽比为1∶160(体积比)，废水进口含氰浓度为150～200mg/L的条件下，出水浓度可降至30mg/L。

含氰废水处理后排出的气体可用碱液吸收，使氢氰酸变成氰化钠回收，或进一步转化为亚铁氰化钾作为产品。

(3)含酚废水的处理

汽提法最早用于从含酚废水中回收挥发酚，其典型流程如图5－14所示。

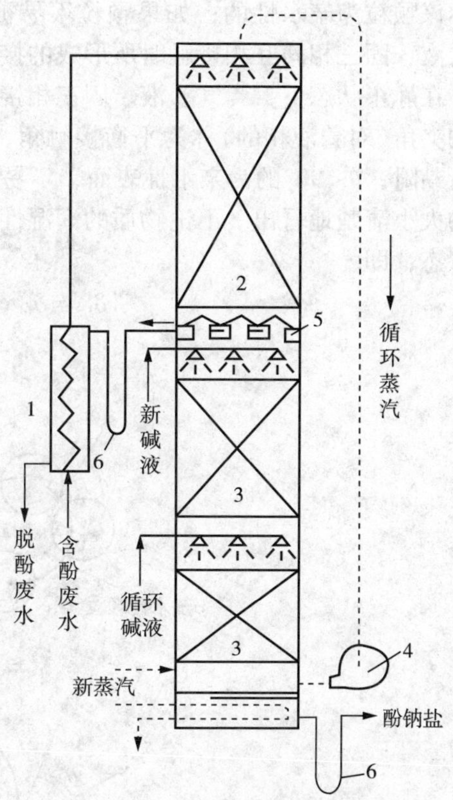

图5－14　汽提法含酚废水回收流程

1—预热器；2—汽提段；3—再生段；4—鼓风机；5—集水槽；6—水封

汽提塔分上下两段，上段称汽提段，通过逆流接触方式用蒸汽脱除废水中的酚；下段称再生段，同样通过逆流接触，用碱液从蒸汽中吸收酚。其工作过程如下：废水经换热器预热至100℃后，由汽提塔的顶部淋下，在汽提段内与上升的蒸汽逆流接触，在填料层中或塔板上进行传质。净化的废水通过预热器排走。含酚蒸汽用鼓风机送到再生段，相继与循环碱液和新碱液(含NaOH 10%)接触，经化学吸收生成酚钠盐回收其中的酚，净化后的蒸汽进入汽提段循环使用。碱液循环在于提高酚钠盐的浓度，待饱和后排出，用离心法分离酚钠盐晶体，加以回收。

汽提脱酚工艺简单，对处理高浓度(含酚1g/L以上)废水，经济上可以做到收支平衡，且不会产生二次污染。但是，经汽提后的废水中酚的残余浓度仍较高，约400mg/L，必须进一步处理。另外，由于再生段内喷淋热碱液的腐蚀性很强，设备必须采取防腐措施。

第五节　气浮法

一、概述

气浮法是一种固－液分离或液－液分离技术。它是通过某种方法产生大量的微细气泡，使其与废水中密度接近于水的固体或液体污染物微粒黏附，形成密度小于水的气浮体，在浮力作用下，上浮至水面形成浮渣而实现固－液或液－液分离。由此可见，实现气浮分离必须具备以下三个条件：第一，必须向废水中提供充足的微细气泡；第二，必须使废水中的污染物质能形成悬浮状态；第三，必须使气泡与悬浮颗粒物质产生黏附作用。

在水处理中，气浮法广泛应用于：①分离地面水中的细小悬浮物、藻类及微絮体；②回收工业废水中的有用物质，如造纸厂废水中的纸浆纤维及填料等；③代替二次沉淀池，分离和浓缩剩余活性污泥，特别适用于易产生污泥膨胀的生化处理工艺中；④分离回收含油废水中的悬浮油和乳化油；⑤分离回收以分子或离子状态存在的目的物，如表面活性物质和金属离子。

二、基本原理

1. 水中悬浮颗粒与微细气泡黏附的条件

气泡能否与悬浮颗粒发生有效附着主要取决于颗粒的表面性质。如果颗粒易被水润湿，则称该颗粒为亲水性的；如果颗粒不易被水润湿，则是疏水性的。颗粒的润湿性程度常用气、液、固三相间互相接触时所形成的接触角的大小来解释。

在静止状态下，当气、液、固三相接触时，在气－液界面张力线和固－液界面张力线之间的夹角(对着液相的)称为平衡接触角，用 θ 表示。通常 $\theta>90°$ 的为疏水性表面，易为气泡所黏附；$\theta<90°$ 的为亲水性表面，不易为气泡所黏附。这可从图 5－15 中物质与水接触面积的大小清楚地看出。不论物质的润湿性如何，在三相接触点上，三个界面张力总是处于平衡状态，即

$$\delta_{LS}=\delta_{LG}\cos(180°-\theta)+\delta_{GS} \tag{5-18}$$

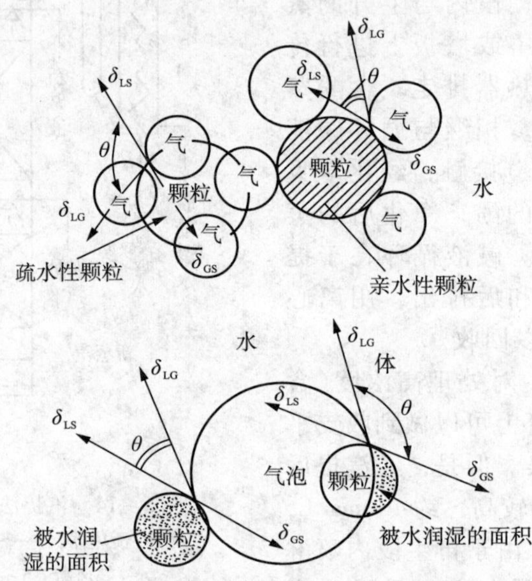

图 5－15　亲水性与疏水性物质的接触角

当气泡与颗粒共存于水中时，在其附着前，单位界面面积上的界面能之和为 $E_1=\delta_{LS}+\delta_{LG}$，附着后，单位附着面积上的界面能相应减小为 $E_2=\delta_{GS}$，其界面能降低的数值为：

$$\Delta E=E_1-E_2=\delta_{LS}+\delta_{LG}-\delta_{GS} \tag{5-19}$$

将式(5－18)代入，整理得

$$\Delta E=\delta_{LG}(1-\cos\theta) \tag{5-20}$$

由式(5－20)可知：①当 $\theta\to0°$，$\cos\theta\to1$，$(1-\cos\theta)\to0$，则 $\Delta E\to0$，这种颗粒不易与气泡黏附，不能用气浮法去除。②当 $\theta\to180°$，$\cos\theta\to-1$，$(1-\cos\theta)\to2$，则 $\Delta E\to2\delta_{LG}$，这种颗粒与气泡黏附紧密，最易于用气浮法去除。③对 δ_{LG} 值很小的体系，虽然有利于形成气泡，但 ΔE 很小，不利于气泡与颗粒的黏附。

在实际操作当中，对于那些弱亲水性或亲水性比较强的物质的气浮处理，常需要投加合适的化学药剂，以改变颗粒的表面性能，增强其疏水性，使其变得易于与气泡黏附，适于用气浮法去除。

2. 化学药剂的投加对气浮效果的影响

亲水性很强的物质(如植物纤维、油珠及炭粉等)，不投加化学药剂即可获得满意的固(液)－液分离效果。而一般的疏水性或亲水性物质，均需投加化学药剂，以改变颗粒的表面性质，增加气泡与颗粒的吸附。这些化学药剂主要有以下几类：

(1)混凝剂

各种无机或有机高分子混凝剂，它不仅可以改变污水中悬浮颗粒的亲水性能，而且还能使污水中的细小颗粒絮凝成较大的絮状体以吸附、截留气泡，加速颗粒上浮。

(2)浮选剂

浮选剂大多数由极性－非极性分子所组成。极性－非极性分子的结构一般用符号 O－表示，圆头端表示极性基，易溶于水(因为水是强极性分子)；尾端表示非极性基，难溶于水，为疏水基。在气浮过程中，所投加的浮选剂的极性基团能选择性地被亲水性物质所吸附，非极性端则朝向水中，从而使亲水性物质转化为疏水性物质，使其能与微细气泡黏附。浮选剂的种类很多，如松香油、石油及煤油产品、表面活性剂、硬脂酸盐等。

(3)助凝剂

其作用是提高悬浮物颗粒表面的水密性，以提高颗粒的可浮性，如聚丙烯酰胺。

(4)抑制剂

其作用是暂时或永久性地抑制某些物质的浮上性能，而又不妨碍需要去除的悬浮颗粒的上浮，如石灰、硫化钠等。

(5)调节剂

调节剂主要是调节废水的 pH 值，改进和提高气泡在水中的分散程度以及提高悬浮颗粒与气泡的黏附能力，如各种酸、碱等。

三、气浮的类型

按微细气泡产生方式的不同，气浮法可分为电解气浮法、分散空气气浮法(简称散气气浮法)和溶解空气气浮法(简称溶气气浮法)。

1. 电解气浮法

电解气浮法是在直流电的作用下，用不溶性阳极和阴极直接电解废水，正负两极产生的氢和氧的微气泡黏附于悬浮物上，将其带至水面以进行固－液分离的一种技术。

电解法产生的气泡微细，密度小，直径约 10～60μm(远小于散气法和溶气法)，浮升过程中不会引起水流紊动，浮载能力大，特别适合于脆弱絮凝体的分离。电解气浮法除用于固－液分离外，还有降低 BOD、氧化、脱色和杀菌作用。

电解气浮法具有去除污染物范围广、对废水负荷变化适应能力强、生成泥渣量少、工艺简单、设备小、不产生噪声等优点，但存在电耗大、电极易结垢等问题，较难适用于大型生产。目前主要用于中小规模的工业废水处理，处理水量约 10～20m^3/h。去除的主要是废水中的细分散悬浮固体和乳化油。如用电解气浮法处理某轧钢厂含橄榄油和铁粉悬浮固体的废水，就是一个应用实例。

电解气浮装置可分为竖流式和平流式两种，如图 5－16 和图 5－17 所示。

2. 散气气浮法

目前常用的有扩散板曝气气浮法和叶轮气浮法两种。

(1)扩散板曝气气浮法

通过具有微细孔隙的扩散装置或微孔管，使压缩空气以微小气泡的形式进入水中，进行气浮。其装置如图 5－18 所示。

这种方法简单易行，但产生的气泡较大(直径约 1～10mm)，空气扩散装置的微孔易于堵塞，气浮效果不高。

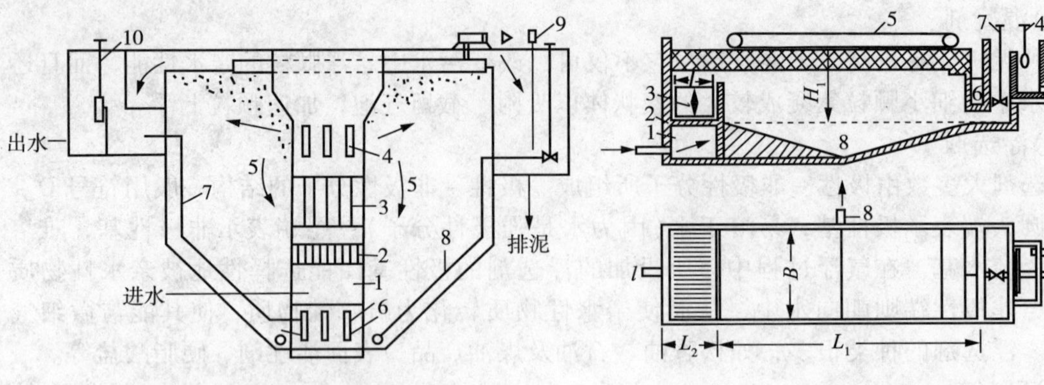

图 5-16 竖流式电解气浮池

1—入流室；2—整流栅；3—电极组；4—出流孔；5—分离室；6—集水孔；7—出水管；8—排沉泥管；9—刮渣机；10—水位调节器

图 5-17 双室平流式电解气浮池

1—入流室；2—整流栅；3—电极组；4—出口水位调节器；5—刮渣机；6—浮渣室；7—排渣阀；8—污泥排除口

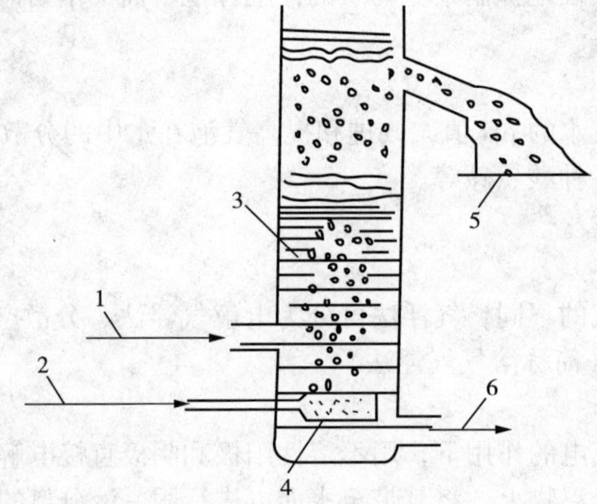

图 5-18 扩散板曝气气浮装置示意图

1—入流液；2—空气进入；3—分离柱；4—微孔陶瓷扩散板；5—浮渣；6—出流液

(2)叶轮气浮法

将空气引入一个高速旋转的叶轮附近，通过叶轮的高速剪切运动，将空气吸入并分散为小气泡(直径 1mm 左右)，进行气浮。叶轮气浮设备结构示意图如图 5-19 所示。

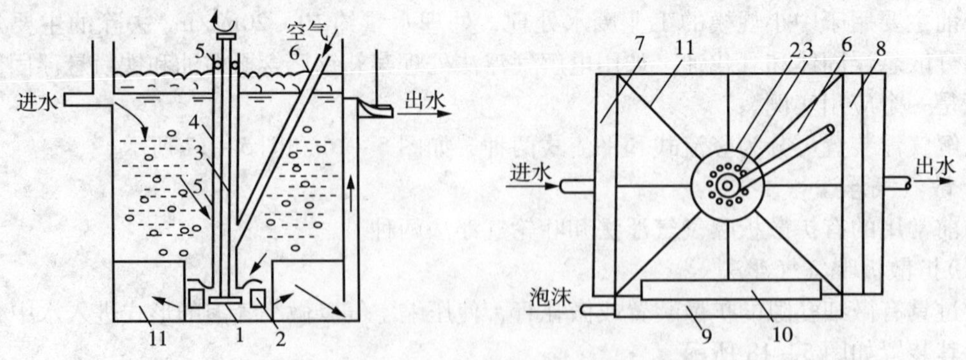

图 5-19 叶轮气浮设备结构示意图

1—叶轮；2—盖板；3—转轴；4—轴套；5—轴承；6—进气管；7—进水槽；8—出水槽；9—泡沫槽；10—刮沫板；11—整流板

在气浮池的底部置有叶轮叶片，由转轴与池上部的电机相连接，并由后者驱动叶轮转动，在叶轮的上部装设着带有导向叶片的固定盖板，叶片与直径成60°，盖板与叶轮间有10mm 的间距，而导向叶片与叶轮之间有 5 ~8mm 的间距，盖板上开有孔径为 20 ~ 30 mm 的孔洞 12 ~18 个(作循环进水孔)，盖板外侧的底部空间装设有整流板。

叶轮气浮池一般采用正方形，边长不超过叶轮直径的6 倍。当处理水量较大时，可在一个气浮池中设多个叶轮。气浮池的工作水深一般为 2. 5 ~4. 0 m，气浮时间 15 ~20 min。

由于叶轮气浮设备不易堵塞，叶轮气浮适于处理水量不大而悬浮物浓度高的废水，如洗煤废水、含油脂废水、含羊毛废水，以及含表面活性剂的废水泡沫浮上分离等。

3. 溶气气浮法

使空气在一定压力下溶于水中并呈饱和状态，然后使废水压力骤然降低，这时溶解的空气便以微小的气泡从水中析出并进行气浮。用这种方法产生的气泡直径为 20 ~ 100μm，并且可人为地控制气泡与废水的接触时间，因而净化效果比散气气浮法好，应用更广泛。

根据气泡从水中析出时所处压力的不同，溶气气浮又可分为溶气真空气浮和加压溶气气浮两种类型。加压溶气气浮是国内外最常用的气浮法。

(1)溶气真空气浮

溶气真空气浮是空气在常压或加压条件下溶入水中，而在负压条件下析出。其主要特点是气浮池在负压(真空)状态下运行，因此，溶解在水中的空气易呈过饱和状态，从而大量地以气泡形式从水中析出，进行气浮。析出的空气数量取决于水中溶解的空气量和真空度。

溶气真空气浮的优点是溶气压力比加压法低，动力设备和电能消耗较少。而最大缺点是气浮池构造复杂，运行维护困难，因此在生产中应用不多。

(2)加压溶气气浮

加压溶气气浮法是目前应用最广泛的一种气浮方法。空气在加压条件下溶于水中，再在常压下以微气泡的形式释放出来。

①加压溶气气浮法工艺流程。加压溶气气浮按溶气水不同有全溶气、部分溶气和回流加压溶气 3 种基本工艺流程。

全溶气流程如图 5 –20 所示。该流程是将全部入流废水进行加压溶气，再经减压释放装置进入气浮池进行固液分离。与其他两种流程相比，其耗电高，溶气罐容积较大，但因不另加溶气水，所以气浮池容积小。

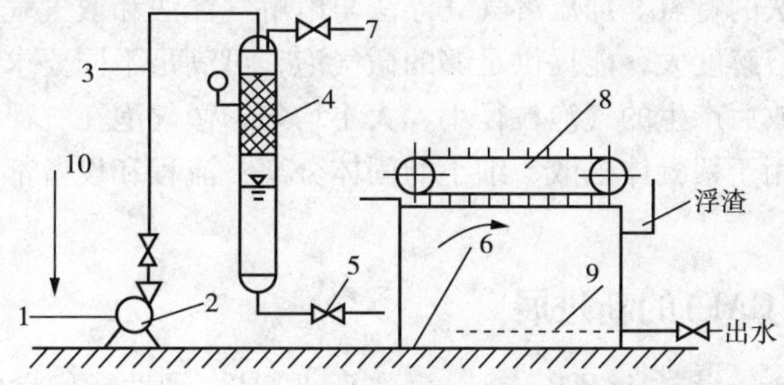

图 5 –20 全溶气加压溶气气浮流程

1—原水进水；2—加压泵；3—空气加入；4—压力溶气罐(含填料层)；5—减压阀；6—气浮池；7—放气阀；8—刮渣机；9—集水系统；10—化学药剂

部分溶气流程如图5-21所示。该流程是将部分入流废水进行加压溶气，其余废水直接送入气浮池。该流程比全溶气流程省电，另外因只有部分废水经过溶气罐，所以溶气罐的容积比较小。但因部分废水加压溶气所能提供的空气量较少，因此，若想提供同样的空气量，必须加大溶气罐的压力。

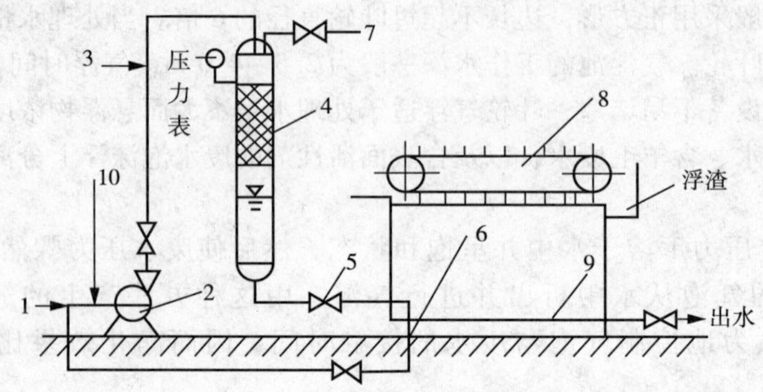

图5-21 部分溶气气浮流程

1—原水进入；2—加压泵；3—空气进入；4—压力溶气罐(含填料层)；5—减压阀；6—气浮池；7—放气阀；8—刮渣机；9—集水系统；10—化学药液

回流加压溶气流程如图5-22所示。该流程将部分出水进行回流加压，废水直接送入气浮池。该法适用于含悬浮物浓度高的废水的固-液分离，但气浮池的容积较前两者大。

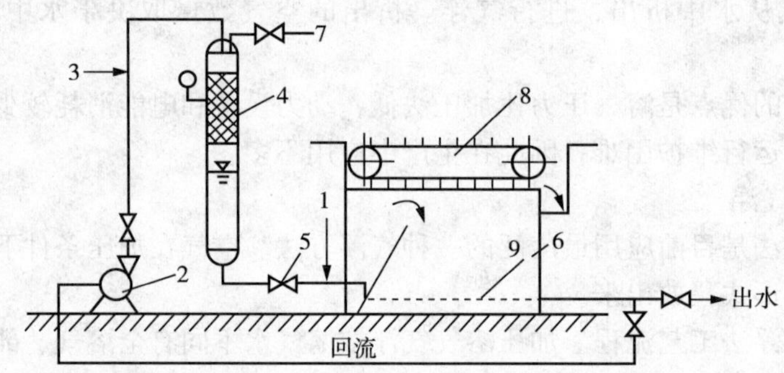

图5-22 回流加压溶气气浮流程

1—原水进入；2—加压泵；3—空气进入；4—压力溶气罐(含填料层)；5—减压阀；6—气浮池；7—放气阀；8—刮渣机；9—集水管及回流清水管

②加压溶气气浮法的特点。加压溶气气浮法与电解气浮法和散气气浮法相比，具有以下的特点：水中的空气溶解度大，能提供足够的微气泡，可满足不同要求的固-液分离，确保去除效果；经减压释放后产生的气泡粒径小、大小均匀，微气泡在气浮池中上升速度慢、对池扰动较小，特别适用于絮凝体松散、细小的固体分离；流程和设备都比较简单，维护管理方便。

四、涡凹气浮(CAF)的新进展

涡凹气浮系统(Cavitation Air Flotation，简称CAF)是一种性能优良的新型机械碎气气浮技术。涡凹气浮系统的工作原理如图5-23所示。

未经处理的污水首先进入装有涡凹曝气机的小型充气段。污水在上升的过程中通过充气段，并在此处与曝气机产生的微气泡充分混合。曝气机将水面上的空气通过抽风管道转移到水下。曝气机利用空气输送管底部散气叶轮的高速转动在水中形成一个真空区，液面上的空气通过曝气机输入水中去填补真空，微气泡随之产生，并螺旋式地上升到水面，空气中的氧气也随之进入水中。

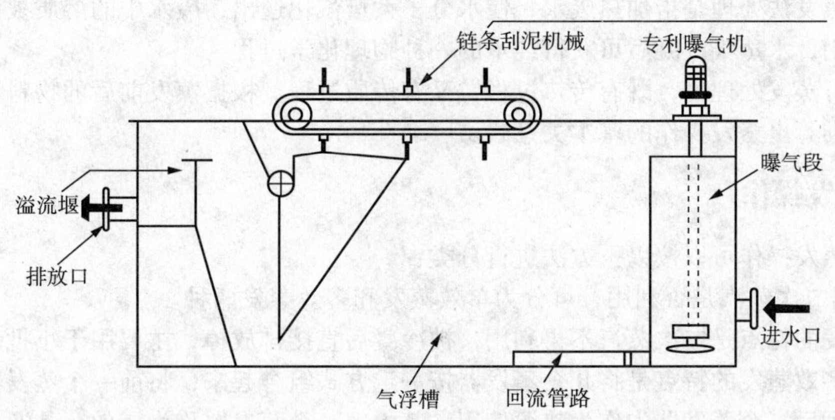

图 5-23 涡凹气浮系统的装置

由于气水混合物和液体之间密度的不平衡，产生了一个垂直向上的浮力，将固体悬浮物带到水面。上浮过程中，微气泡会附着于悬浮物上，到达水面后固体悬浮物便依靠这些气泡支撑和维持在水面，并通过呈辐射状的气流推力来清除。

浮在水面上的固体悬浮物间断地被链条刮泥机消除，刮泥机沿着整个液面运动，并将悬浮物从气浮槽的进口端推到出口端。刮渣机的刮渣板被固定在链条的两端，刮泥机是由一个电机带动齿轮的传动装置来驱动，齿轮装在槽的一边。刮泥机沿着槽的整个宽度移动，将浮着的悬浮物刮到倾斜的金属板上，再将其推入污泥排放管道。污泥排放管道里有水平的螺旋推进器，将所收集的污泥送入污泥收集容器。通常螺旋推进器也由刮渣机的马达驱动。净化后的污水在排放前会先经由金属板下方的出口进入溢流槽。溢流槽用来控制气浮槽的水位，以确保槽中的液体不会流入污泥排放管道内。

开放的回流管道从曝气段沿着气浮槽的底部伸展，在产生微气泡的同时，涡凹曝气机会在回流管的池底形成一个负压区，这种负压作用会使废水从池子的底部回流到曝气区，然后又返回气浮段。这个过程确保了在没有进水流量的情况下，气浮仍不断地进行。

CAF 系统用独特的曝气机将水面上的空气通过管道把空气转移到水中，并由曝气机散气叶轮的高速旋转而产生的三股剪切作用把空气粉碎成微气泡，每台曝气机溶气能力可达 28.32L/s；同时，由于底部叶轮高速旋转的抽真空作用，气浮池底部独特的回流管能实现 30% ~50% 废水的自动回流，故涡凹气浮又称空穴气浮。由于涡凹气浮系统独特的设计，解决了传统溶气气浮系统(DAF)技术中经常遇到的一些难题，它不仅完全省去了传统溶气气浮系统中庞大的压力溶气罐、电耗很高的空压机、循环泵以及容易堵塞的喷嘴和释放器，而且具有投资省、效率高，占地小、操作简单，运行费用低、安装方便，无噪音、应用范围广等优点。处理水量在 35 ~150t/h 的 CAF 设备功率只有 3.0kW。

CAF 系统是由美国 Hydrocal 公司和 Mcwong 公司开发的新技术，由于 CAF 的突出优点，现已广泛应用于国内外的造纸废水、含油废水、制革废水、洗衣废水、食品工业废水、印染废水和市政废水等处理工程中。

第六节　蒸发法

一、基本原理

废水的蒸发法处理是指加热废水，使水分子大量汽化逸出，废水中的溶质被浓缩以便进一步回收利用，水蒸气冷凝后可获得纯水的一种物理化学过程。

废水进行蒸发处理时，既有传热过程，又有传质过程。根据蒸发前后的物料和热量衡算原理，可以推算出蒸发操作的基本关系式。

二、蒸发操作

常用的蒸发操作可以按以下方法进行分类：

(1)根据二次蒸汽是否利用，可分为单效蒸发和多效蒸发两种。

单效蒸发的特点是二次蒸汽不再利用，被冷凝后直接排放掉，主要用于小批量、间歇生产的情况；多效蒸发的特点是将几个蒸发器按一定方式组合起来，将前一个蒸发器所产生的二次蒸汽引到后一个蒸发器中作为热源使用，其中每一个蒸发器称为一效，凡通入加热蒸汽的蒸发器称为第一效，用第一效的二次蒸汽作为加热剂的蒸发器称为第二效，依此类推。多效蒸发主要用于大规模的连续生产。

(2)根据操作压力不同，可分为常压蒸发、加压蒸发和减压蒸发3种。

常压蒸发是蒸发器的分离室与大气相通，或采用敞口设备，二次蒸汽直接排放到大气中的操作方式。加压蒸发是蒸发操作在大于大气压的条件下进行，这种操作可以提高二次蒸汽的温度，从而提高了热能利用率。减压蒸发是蒸发操作在低于大气压的条件下进行，是实际生产中采用较多的一种方式。

三、蒸发设备

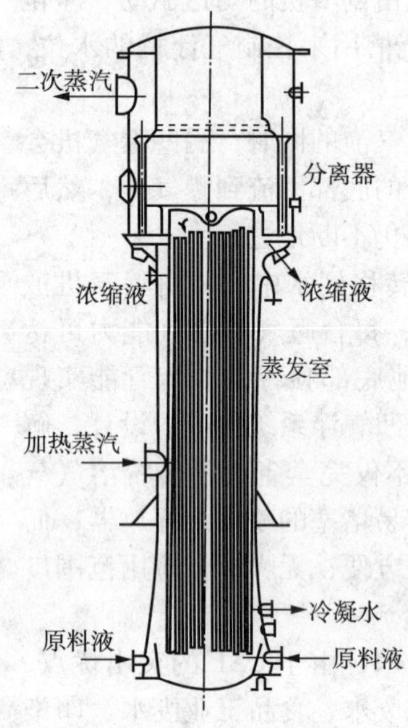

图5-24　升膜式蒸发器

废水处理中用到的蒸发器主要有列管式蒸发器、薄膜式蒸发器和浸没式蒸发器三种。

1. 列管式蒸发器

列管式蒸发器由加热室和蒸发室构成。根据废水循环流动时作用水头的不同，分自然循环式和强制循环式两种。

加热室内有一组直立加热管(*DN*25～75，长0.6～2m)，管内为废水，管外为加热蒸汽。这种蒸发器的优点是结构简单，传热面积较大，清洗维修较简便；缺点是循环速度小，生产率低，适用于处理黏度较大及易结垢的废水。

2. 薄膜式蒸发器

薄膜式蒸发器有长管式、旋流式和旋片式三种。其特点是废水仅通过加热管一次，不作循环，废水在加热管壁上形成一层很薄的水膜。蒸发速度快，传热效率高。适于热敏性物料蒸发，此外，处理黏度较大、容易产生泡沫的废水时效果也较好。长管式薄膜蒸发器按水流方向可分为升膜(图5-24)、降膜和升降膜式三种。

3. 浸没燃烧蒸发器

浸没燃烧蒸发器是热气与废水直接接触式蒸发器，以高温烟气为热源，图5－25为其构造示意图。燃料（煤气或油）在燃料室中燃烧产生的高温烟气（约1200℃）从浸于废水中的喷嘴喷出，加热和搅拌废水，二次蒸汽和燃烧室气由器顶出口排出，浓缩液由器底用空气喷射泵抽出。

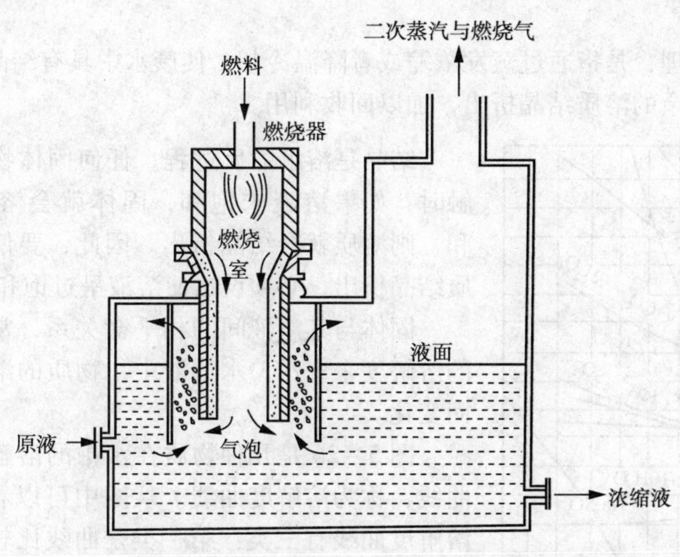

图5－25 浸没燃烧蒸发器示意图

浸没式燃烧器结构简单，传热效率高，废水沸点较低，适用于蒸发强腐蚀性和易结垢的废液，但不适于热敏性物料和易被烟气污染的物料蒸发。

四、蒸发法在废水处理中的应用

1. 浓缩高浓度有机废水

高浓度有机废水，如酒精废液、造纸黑液、酿酒业蒸馏残液等可用蒸发法浓缩，然后将浓缩液加以综合利用或焚化处理。例如，在酸法纸浆厂，将亚硫酸盐纤维素黑液蒸发浓缩后，可用作道路黏接剂、砂模减水剂、鞣剂和生产杀虫剂等。

2. 浓缩放射性废水

废水中绝大多数放射性污染物质是不挥发的，可用蒸发法浓缩，然后将浓缩液密封存放，让其自然衰变。一般经二次蒸发，废水体积可减小为原来的1/500～1/200，这样大大减少了昂贵的贮罐容积，从而降低处理费用。

3. 浓缩废酸、废碱

酸洗废液可用浸没燃烧法进行浓缩和回收。例如，某钢铁厂的废酸液中含 H_2SO_4 100～200g/L、$FeSO_4$ 220～250g/L，经浸没燃烧蒸发浓缩后，母液含 H_2SO_4 增至600g/L，而$FeSO_4$ 减至60g/L。

纺织、造纸和化工等工业部门排出的高浓度废碱液经浓缩后，可回用于生产。例如，上海某印染厂采用顺流串联三效蒸发工艺浓缩丝光机废碱液，这种废碱液含碱40～60g/L，经三效蒸发浓缩所得浓缩液中的含碱量为300 g/L，其他杂质很少，可直接回收用于生产。

第七节　结晶法

一、基本原理

结晶法废水处理，是指通过蒸发浓缩或者降温冷却，使废水中具有结晶性能的溶质达到过饱和状态，让多余的溶质结晶析出，加以回收利用。

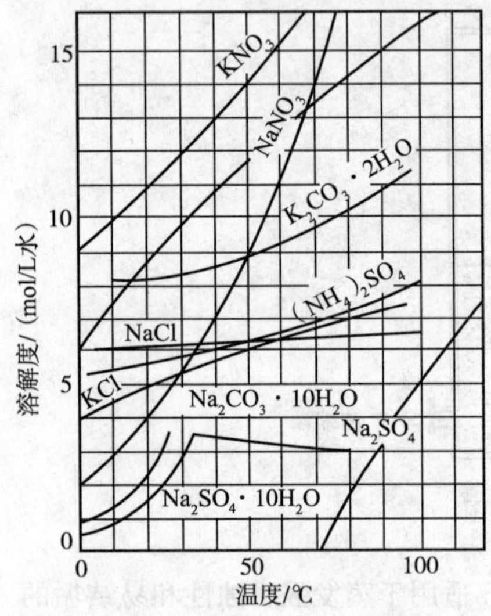

图 5－26　几种物质的溶解度曲线

结晶是溶解的反过程。任何固体物质与它的溶液接触时，如果溶液未饱和，固体就会溶解，如溶液过饱和，则溶质就会结晶析出。因此，要使溶液中的固体溶质结晶析出，必须设法使溶液呈过饱和状态。

固体与其溶液间的相平衡关系，常以固体在溶剂中的溶解度来表示。水溶液中，物质的溶解度主要随温度而变化。

图 5－26 是几种物质在水中的溶解度随温度变化的曲线，称为溶解度曲线。从图中可以看出，固体物质的溶解度曲线有三类：第一类是曲线比较陡的，如 KNO_3、$Al_2(SO_4)_3$ 等，这表明其溶解度随温度的变化而显著变化；第二类是曲线比较平坦的，如 NaCl、$(NH_4)_2SO_4$ 等，其溶解度受温度的影响并不很明显；第三类是曲线中间出现突变的，这是因为物质的组成发生了变化，例如 Na_2SO_4 在 305.2K 以下为含 10 个结晶水的盐，曲线比较陡，在 305.2K 以上则转变成了无水盐，曲线转变成为缓慢下降。溶解度曲线对结晶操作具有重要的指导意义：根据溶解度曲线，可以通过改变溶液温度或去除一部分溶剂来破坏相平衡，使溶液呈过饱和状态，析出晶体。通常在结晶过程终了时，母液浓度即相当于在最终温度下该物质的溶解度，若已知溶液的初始浓度和最终温度，便可按物料衡算原理求出结晶量。

二、结晶方法及设备

结晶所采用的方法主要有两种：①蒸发结晶法，对于溶解度随温度降低而变化不大的物质结晶，如 NaCl、KBr 等，常采用去除一部分溶剂的结晶法，即溶液的过饱和状态是通过溶剂在沸点时的蒸发或在低于沸点时的汽化而获得。②冷却结晶法，对于溶解度随温度降低而显著降低的物质结晶，如 KNO_3、$K_4Fe(CN)_6 \cdot 3H_2O$ 等，常采用不去除溶剂的结晶法，即溶液的过饱和状态是通过降温冷却获得。此外，按操作情况，结晶还有间歇式和连续式、搅拌式和不搅拌式之分。

结晶设备随采用的结晶方法不同而异，对于第一种结晶方法采用的结晶器有蒸发式、真空蒸发式和汽化式三种。比如由一敞槽构成的结晶槽就是一种最简单的汽化式结晶器，蒸发结晶器与普通的蒸发器的构造及操作完全一样。第二种结晶方法采用的结晶器主要有水冷却式和盐水冷却式，如连续式敞口搅拌结晶器、循环式结晶器等。

三、结晶法在废水处理中的应用

1. 从化工废液中回收大苏打

某化工厂的废液中含氯化钠、硫酸钠和硫代硫酸钠(大苏打)，利用这三种物质的溶解度随温度变化的规律不同，可将废液蒸发浓缩，使氯化钠和硫酸钠先达过饱和而结晶析出，并趁热将其分离出来。然后冷却废液，降低硫代硫酸钠的溶解度，在缓慢搅拌下使其结晶析出。

2. 从含氰废液中回收黄血盐

某焦化厂用蒸发结晶法处理含氰废水(废水量 10 ~ 15m^3/h，含 HCN 150 ~ 300mg/L)，每天可以抽取含黄血盐 350 ~ 400g/L 的溶液 500 L，可制得黄血盐结晶产品 150kg。

3. 从钢材酸洗废液中回收硫酸亚铁

金属进行热加工时，表面会形成一层氧化铁皮，它对金属的强度及后加工(如轧制和电镀等)都有不良的影响，必须加以清除。常用稀硫酸将其溶解掉，由此产生的废酸液通常称为酸洗废液。这种废液含 H_2SO_4 10% 左右、$FeSO_4$ 17% 左右、水约 73%，一般采用结晶浓缩法回收废酸和硫酸亚铁，例如采用蒸汽喷射真空结晶法流程，可生产出 $FeSO_4 \cdot H_2O$ 晶体，含 H_2SO_4 的母液可回用于钢材酸洗过程。

第八节　磁分离法

一、基本原理

磁分离法是借助外加磁场的磁力作用，将水中的悬浮物吸着而与水分离，从而达到净化废水的目的。目前，磁分离法已被成功地用于钢铁废水处理，此外，在食品、化工、造纸、电镀、城市污水等废水处理中也有应用。

物质在外加磁场 H 的作用下会被磁化而产生附加磁场 H'，其中 H' 与 H 方向相同的物质称为顺磁性物质，像铁、钴、镍等及其合金的 H' 要比 H 大得多，且 H' 不随 H 的消失而消失，这类物质又被称为铁磁性物质。H' 与 H 方向相反的物质称为反磁性物质。各种物质磁化的难易程度可用磁化率 K_m 来衡量，磁化率是物质的磁化强度与引起物质磁化的外磁场强度的比值。对于铁磁性物质，其 K_m 值很大，它们不但易被磁化，而且能使原有磁场显著增强，因而在磁分离器中常作为磁化物质使用。如果废水中的悬浮物是铁磁性物质，最适于用磁分离法去除。其余顺磁性物质的 K_m 值很小，在外磁场强度较弱时不能被明显磁化，只能采用高梯度磁分离法才能除去。反磁性物质的 K_m 小于零，在外磁场作用下，逆磁场磁化，使磁场减弱，因此不能直接用磁分离法除去。各种物质磁性差异正是磁分离法的基础。

水中颗粒物在外磁场中受到两种基本力，一种是磁力，另一种是机械力(包括水流阻力、重力、摩擦力、惯性力和范德华力等，其中最主要的是水流阻力)。磁分离法就是有效地利用磁力，克服与其抗衡的机械力(磁过滤、磁盘)或利用磁力或重力，使颗粒凝聚后沉降分离(磁凝聚)。

磁分离法按产生磁场的方法不同，可分为永磁性分离、电磁性分离和超导电磁性分离三类；按装置原理不同，可分为磁凝聚分离、磁盘分离和高梯度磁分离法三种；按工作方式不同，可分为连续式和间断式磁分离；按颗粒物去除方式不同，可分为磁凝聚沉降分离和磁力吸着分离。

二、磁分离装置

磁分离装置主要分为磁凝聚装置、磁盘分离机、高梯度过滤机和超导磁分离机等。

1. 磁凝聚(分离机)装置

磁凝聚装置由磁体、磁路构成(见图5-27)。

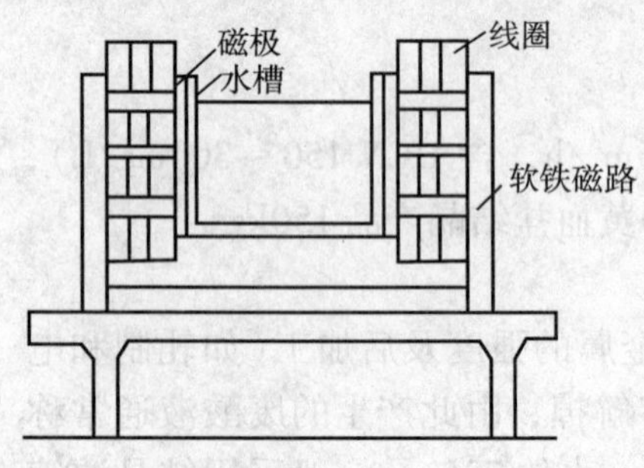

图5-27 磁凝聚装置

磁体可以是永久磁铁或电磁线圈，因此可分为永磁凝聚装置和电磁凝聚装置两种，永磁凝聚装置每一侧的磁块同极性排列，以构成均匀的磁场；电磁凝聚装置是用导线绕制成线圈，通以直流电流，产生磁场。工作时，废水通过磁场，水中磁性颗粒物被磁化，形成如同具有南北极的小磁体。由于磁场梯度为零，因此颗粒所受合力为零，不被磁捕集，但颗粒间却相互吸引，聚集成大颗粒。当废水通过磁场后，由于磁性颗粒有一定的矫顽力，因此能继续产生凝聚作用。为了防止磁体表面大量沉积而堵塞通路，废水通过磁场的流速应大于1m/s，污水在磁场中仅需停留1s左右。磁凝聚常用来作为提高沉淀池或磁盘工作效率的一种预处理方法。

2. 磁分离机

磁盘分离机的结构如图5-28所示。在磁盘不锈钢底板的两面，按极性交错、单层密排的方式粘结数百至上千块永久磁块，然后再用铝板或不锈钢板覆面。磁块的层数根据盘面两侧场强的不同要求，常为2~4层。磁盘转动时，盘面下部浸入水中。

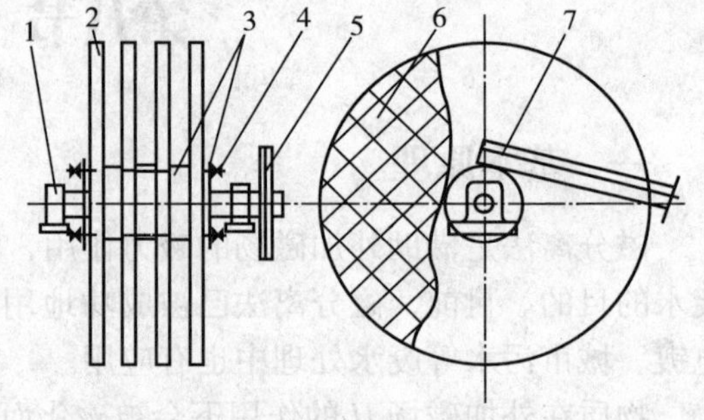

图5-28 磁盘构造示意图

1—轴承座；2—磁盘；3—铝档圈；4—盘位固定螺钉；5—皮带轮；6—锶铁涂氧体永久磁铁；7—刮泥板

磁性颗粒被吸到盘面上，当这部分盘面转出水面后，上面的泥渣由刮刀刮下，落入“V”形槽中送走。

为了提高处理的效果，应增大磁场强度、磁力梯度和颗粒粒径，在磁盘的磁场强度、磁力梯度一定的条件下，就只有依靠增大颗粒粒径来提高颗粒的去除效率，因此，常将磁盘与磁凝聚或药剂絮凝联合使用。

3. 高梯度磁过滤器

高梯度磁过滤器结构如图5-29所示，其主要部件是激磁线圈和装填不锈钢毛的过滤框。在激磁线圈中通直流电，便在不锈钢毛周围形成很高的磁场梯度。过滤器的场强可按需要调节。冷却水由单独的净环系统供给，并有液流信号器进行缺水保护。反冲洗采用气、水混合脉冲式。运行程序用气动或电动阀门自控转换。

4. 超导磁分离器

超导磁分离器的构造如图5-30所示。水从下方进入装有介质的滤筒，滤速为180m/h，磁体由液氮致冷系统冷却。超导磁分离器的工作原理与普通电磁分离基本相同，只是其载流导线是用超导材料制成，导线中允许通过的电流密度要比普通导体高2~3个数量级，因此只需较小的体积就能产生2T以上的磁场，并且大大节省了电能。

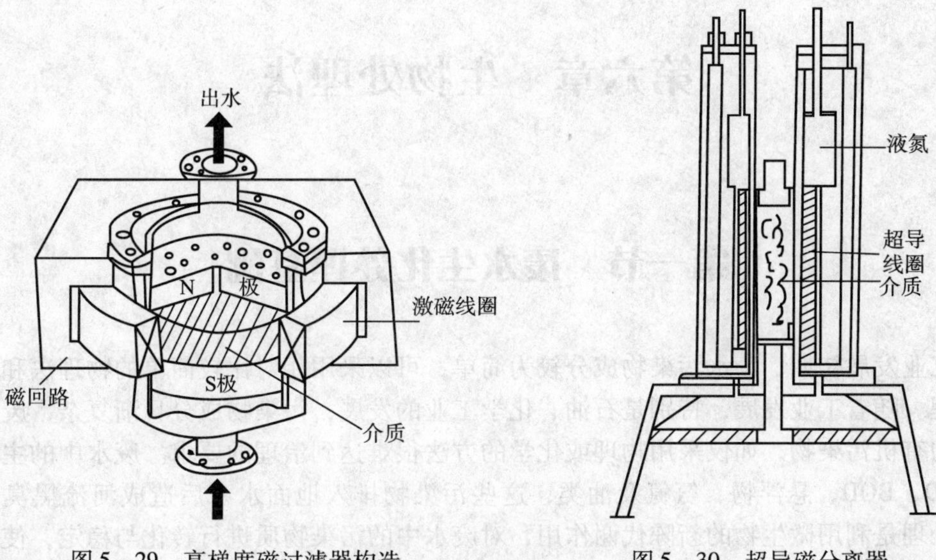

图5－29　高梯度磁过滤器构造　　图5－30　超导磁分离器

目前已制成直径4.3m、日处理水量38.93m^3 的超导磁过滤器，今后尚需研究临界温度较高而易得的超导材料。

三、磁分离在废水处理中的应用

磁分离法不但已成功地应用于钢铁工业废水处理，而且运用于其他工业废水（如含油废水、含重金属离子废水、锅炉凝结水等）、城市污水和地面水的处理。以下是两个应用实例。

1. 磁凝聚法处理钢铁废水

国内某钢铁公司曾采用永久磁体对转炉烟尘洗涤废水进行磁凝聚处理，处理废水量为1800m^3/h，磁场强度为0.08～0.10T，用锶铁氧体永久磁铁构成均匀磁场。废水经过处理，出水悬浮物可由700mg/L降至200mg/L，处理效率达70%。实际运转时，为进一步提高处理效果，在预磁前，投加聚苯酰胺0.3～1mg/L，可使出水悬浮物降至47mg/L。

2. 磁盘法处理含油废水

油轮、机械厂、轧钢厂等所排出的含油废水，可用磁性粉末和磁盘分离相结合的方法处理，处理流程如图5－31所示。首先向废水中投加粒径1～15μm的强磁性微粒，投加量为30g/L，使油吸附在微粒上。再在混合槽中投加少量高分子凝聚剂，同时采用磁凝聚措施，使微粒凝聚增大，最后用磁盘吸着分离。分离后的泥浆送到燃烧室加热，使油和水蒸发、燃烧。再生的磁性颗粒循环使用，出水含油带油的强磁性微粒量可由3000mg/L降到3mg/L。

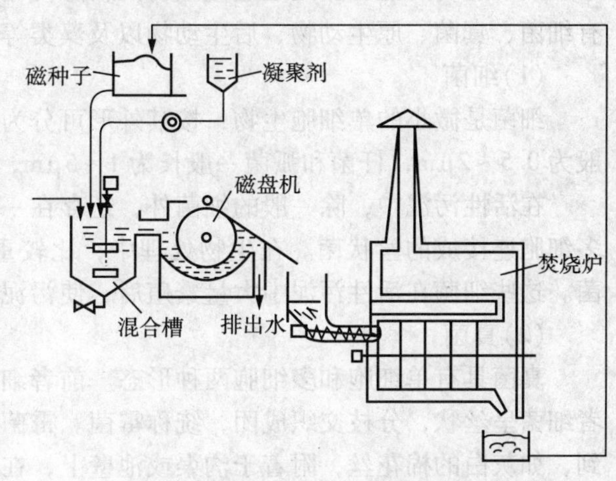

图5－31　磁盘法处理含油废水

第六章　生物处理法

第一节　废水生化处理基础

在工业发展初期，废水污染物成分较为简单，可以采用相对比较简单的物理法和化学法进行处理。随着工业发展，特别是石油、化学工业的发展，污染物成分日渐复杂，废水中含有大量的有机污染物，如仅采用物理或化学的方法很难达到治理的要求。废水中的主要污染物有 COD、BOD、悬浮物、氨氮及油类，这些污染物排入地面水系后造成河流黑臭。废水的生化处理是利用微生物的新陈代谢作用，对废水中的污染物质进行转化与稳定，使其无害化的处理过程。对污染物进行转化与稳定的主体是微生物。

一、生物处理法的基本原理

在废水处理过程中，随着废水水质的差异，出现的微生物种类、数量也有明显差别，其中以细菌的数量最多。由于微生物具有来源广、易培养、繁殖快、对环境适应性强、易变异等特征，在生产上较容易采集菌种进行培养增殖，并在特定条件下进行驯化，使之适应有毒工业废水的水质条件，从而通过微生物的新陈代谢使有机物无机化、有毒物质无害化。加之微生物的生存条件温和，新陈代谢过程中不需要高温高压，它是不需投加催化剂和催化反应，用生化法促使污染物的转化过程。与一般化学法相比优越得多，其处理废水的费用低廉，运行管理较为方便，所以生化处理是废水处理系统中最重要的过程之一，目前，这种方法已广泛用于生活污水及工业有机废水的二级处理。

1. 生物处理中常见的微生物

废水生物处理主要是通过微生物的新陈代谢作用来实现的。参与这一过程的微生物主要有细菌、真菌、原生动物、后生动物以及藻类等，其中细菌起主要作用。

(1)细菌

细菌是微小的单细胞生物，按其外形可分为球菌、杆菌和弧菌三种类型。球菌的直径一般为 0.5 ~2μm，杆菌和弧菌一般长为 1 ~5μm，宽 0.5 ~1μm。

在活性污泥中，除一般的细菌外，还存在一些较高等的细菌，如单细胞的放线菌、由许多细胞连接成的丝状菌。在生物处理中，比较重要的高等细菌有球衣菌、硫丝菌等丝状细菌。这些细菌在活性污泥中大量繁殖后，使污泥的脱水困难。

(2)真菌

真菌具有单细胞和多细胞两种形态。前者细胞多呈圆形或椭圆形，常见的有酵母菌；后者细菌呈丝状，分枝交织成团，统称霉菌。霉菌细胞比细菌细胞大得多，其菌丝肉眼能观察到，如灰白的棉花丝，附着于沟渠或池壁上，在生物膜内，真菌形成大的网状组织，是结合生物膜的一种材料，在活性污泥中，大量霉菌的生长繁殖会引起污泥膨胀。

(3)原生动物

在生物处理中，主要的原生动物有肉足虫类、鞭毛虫类、纤毛虫类等，其中以纤毛虫类原生动物与废水处理的关系最为密切。因为它爱吃细菌和有机物。纤毛虫类按其运动方式可分为游泳型和固着型两种，正常的活性污泥以固着型纤毛虫为主，如钟虫、盖纤虫等，此时活性污泥生长良好，净化效果也较好。根据各种属原生动物在活性污泥中的数量，可以判断活性污泥状态的好坏。

(4)后生动物

又称多细胞动物，主要有轮虫、线虫等。轮虫以吞食有机物颗粒、细菌、藻类以及小的原生动物为主，要求较高的溶解氧，所以轮虫常在有机物含量较低的水中出现，表明废水处理的效果较好。活性污泥中线虫很多，无净化能力，其出现表明污泥已培养成熟。

(5)藻类

是一种单细胞或多细胞的植物，富含蛋白质、脂肪等营养物质。藻类细胞内有叶绿素，能进行光合作用，可以利用光能将空气中所吸收的二氧化碳合成为细胞质，放出氧气，增加水中的溶解氧。藻类在活性污泥中很少，生物滤池表面可以见到，而生物氧化塘则有多种种属的藻类。

在正常运转的废水生物处理系统中，始终存在着一个由细菌、原生动物、后生动物等多种微生物组成的生态系统。

2. 微生物的新陈代谢

微生物在生命活动过程中，不断地从外界环境中摄取营养物质，通过复杂的酶催化反应将其加以利用，提供能量并合成新的生物体，同时又不断地向外界环境排泄废物。这种为了维持生命活动的过程与繁殖下一代而进行的各种化学变化称为新陈代谢。各种生物的生命活动，如生长、繁殖、遗传及变异，都需要通过新陈代谢来实现。

根据能量的释放及吸收，可将代谢分为分解代谢和合成代谢。在分解代谢过程中，结构复杂的高分子有机物或高分子化合物分解为简单的低分子物质或低能物质，逐级释放出其固有的自由能，微生物将这些能量转变为三磷酸腺苷(ATP)，以结合能的形式储存起来。在合成代谢过程中，微生物将从外界摄取的营养物质，通过一系列生化反应合成新的细胞物质，生物体合成所需的能量从 ATP 的磷酸盐键能中获得。在微生物的生命活动过程中，这两种代谢过程不是单独进行的，是相互依赖，共同进行的，分解代谢为合成代谢提供物质基础和能量来源，通过合成代谢又使生物体不断增加，两者密切配合推动了一切生物的生命活动。

(1)分解代谢

高能化合物分解为低能化合物，物质由繁到简并逐级释放能量的过程称分解代谢，或称异化作用。一切生物进行生命活动所需要的物质和能量都是通过分解代谢提供的，所以说分解代谢是新陈代谢的基础。根据分解代谢过程对氧的需求，又可分为好氧分解代谢和厌氧分解代谢。

好氧分解代谢是好氧微生物和兼性微生物参与，在有溶解氧的条件下，将有机物分解为 CO_2 和 H_2O，并释放出能量的代谢过程。在有机物氧化过程中脱出的氢是以氧作为受氢体。如葡萄糖($C_6H_{12}O_6$)在有氧情况下完全氧化：

$$C_6H_{12}O_6 + 6O_2 \longrightarrow 6CO_2 + 6H_2O + 2880\text{kJ} \qquad (6-1)$$

厌氧分解代谢是厌氧微生物和兼性微生物在无溶解氧的条件下，将复杂的有机物分解成简单的有机物和无机物(如有机酸、醇、CO_2 等)，再被甲烷菌进一步转化为甲烷和 CO_2 等，并释放出能量的代谢的过程。厌氧代谢的受氢体可以是有机物(通常称为厌氧状态)，也可以是含氧化合物，如硫酸根、硝酸根、二氧化碳(称为缺氧状态)。如葡萄糖的厌氧代谢，以含氧化合物为受氢体时，1mol 葡萄糖释放的能量为 1796kJ；以有机物为受氢体时，1mol 葡萄糖释放的能量为 226kJ。

$$C_6H_{12}O_6 + 12KNO_3 \longrightarrow 6CO_2 + 6H_2O + 12KNO_2 + 1796kJ \quad (6-2)$$

$$C_6H_{12}O_6 \longrightarrow 2CH_3CH_2OH + 2CO_2 + 226kJ \quad (6-3)$$

好氧分解代谢过程中，有机物的分解比较彻底，最终产物是含能量最低的 CO_2 和 H_2O，故释放能量多，代谢速度快，代谢产物稳定。从废水处理的角度，主要是希望保持这样一种代谢形式，即在较短时间内，将废水有机污染物稳定化。厌氧分解代谢中有机物氧化不彻底，最终代谢产物中有的还可以燃烧，还含有相当的能量，故释放的能量较少，代谢速度较慢，所以，在废水处理中较少采用厌氧代谢的形式，仅是当有机物浓度较高(如高浓度有机废水和有机污泥)时，用厌氧方式生产沼气，回收甲烷。

(2)合成代谢

微生物从外界获得能量，将低能化合物合成为生物体的过程称合成代谢，或称同化作用。简言之，是微生物机体自身物质制造的过程。在此过程中，微生物体合成所需要的能量和物质可由分解代谢提供。图 6－1 所示为微生物的新陈代谢体系。

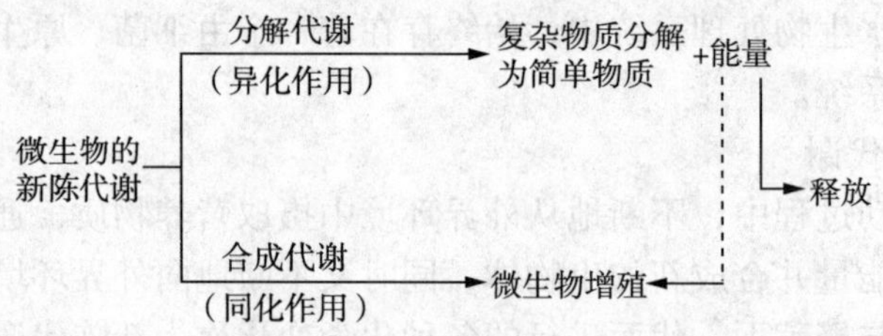

图 6－1　微生物的新陈代谢体系

3. 酶及酶反应

微生物与废水中有机物作用时，一切化学反应都是在酶的催化条件下才能进行，酶是由活细胞产生的能在生物体内和生物体外起催化作用的生物催化剂。酶有单成分酶和双成分酶之分。单成分酶完全由蛋白质组成，这类酶蛋白质本身就具有催化活性，多数可以分泌到细胞体外催化水解，所以是外酶。而双成分酶是由蛋白质和活性原子基团相结合而成，蛋白质部分为主酶，活性原子基团一般是非蛋白质部分，此部分若与蛋白质部分结合较紧密时，称之为辅基，结合不牢固时，称之为辅酶。主酶与辅酶组成全酶，两者不能单独起催化作用，只有有机结合成全酶才能起催化作用，其中蛋白质部分是决定催化什么样的底物以及在什么部位发生反应，辅基和辅酶则决定催化什么样的化学反应。双成分酶(全酶)保留在细胞内，所以称之为内酶。

酶具有一般无机催化剂所共有的特点，更具其特殊性能，主要表现以下几方面。

(1)催化效率高

对于同一反应，酶比一般化学催化剂的催化速度高 $10^6 \sim 10^{13}$ 倍。例如，1mol 铁每秒仅能催化 10^{-5}mol 的过氧化氢分解，而 1mol 过氧化氢酶每秒可催化分解 10^5mol 的过氧化氢，使反应速度提高了 10^{10} 倍。酶催化的高效性还表现用极少量酶就可使大量反应物转化为产物。

(2)酶的活性大小与环境条件密切相关

迄今为止，已知所有酶的化学组成与一般蛋白质一样，在高温、高压、强酸、强碱、重金属离子、紫外线以及高强辐射等条件下，都会因蛋白质变性而降低酶的催化活力，甚至使活力消失。因此，对废水的条件加以适当控制，以维持酶具有最高的活力。

(3)受金属离子的影响

有些物质如镁离子及钾离子等，对酶有激活作用，称为酶的激活剂，可以提高酶的活性。还有些物质，特别是一些重金属离子能降低酶的活性，称为酶的抑制剂，或称酶中毒。氰化物是一种抑制剂，所以对于氰化物废水，不宜采用生化法进行处理。

(4)酶的专一性

酶对其所作用的物质即底物有着严格的选择性。一种酶只能作用于一些结构极其相似的化合物，甚至只能作用于一种化合物而发生化学反应。所以，处理不同性质的废水，对微生物必须进行筛选和驯化，分别加以利用。

(5)受有机物浓度的影响

酶的活性还受废水中有机物浓度的影响，浓度提高，活性也增加。但是浓度高到一定程度之后，由于酶已全部和有机物结合，故浓度升高，反应速率反而下降。一般用生化法处理高浓度废水时，应先进行适当的稀释。

根据酶的这些特征，废水需要具备一定的条件，才能采用生化法进行处理。

酶催化反应通常称之为酶促反应或酶反应。酶促反应速率受酶浓度、基质浓度、pH 值、湿度、反应产物、活化剂和抑制剂等因素的影响。

4. 微生物的生长

废水处理的过程实际上可以看做是一种微生物的连续培养过程，即不断给微生物供给食物，使微生物数量不断增加。

微生物的生长规律可用微生物生长曲线来描述，表示微生物在不同的培养环境下的生长情况及微生物的整个生长过程。按其生长速度的不同，生长曲线可划分为四个生长期，如图 6－2 所示。

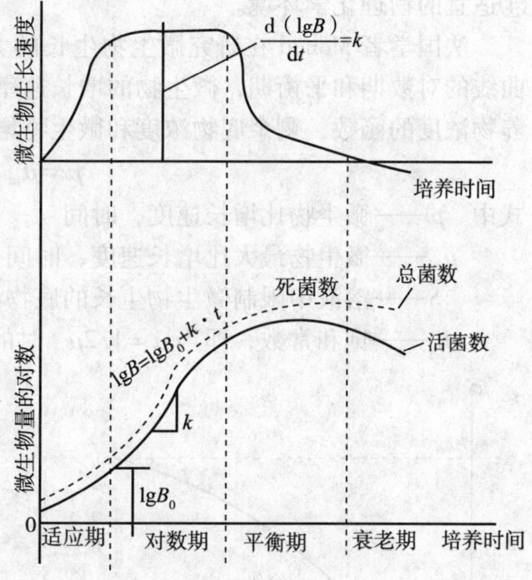

图 6－2 微生物生长曲线

(1)适应期

是微生物培养的最初阶段。在这个阶段，微生物刚接入新的培养液中，对新的环境有一个适应过程，微生物的数量基本不增加，生长速度接近于0。这一时期一般在微生物的培养驯化期或处理水质突变时出现，能适应的微生物生存下来，不能适应的微生物则被淘汰，此时可能出现微生物减少的情况。

(2)对数期

微生物的代谢活动经调整，适应了新的环境，在营养物质较丰富的条件下，微生物的生长繁殖不受底物的限制，微生物的生长速度达到最大值，细菌数量以几何级数的速度增加，称对数生长期或等速生长期。增长速度的大小取决于微生物本身的世代时间及利用底物的能力，即取决于微生物自身的生理机能。

这一阶段的微生物具有繁殖快、活性大、对底物分解速率快的特点。为了维持微生物的快速生长，必须提供充分的食物，使微生物在食料过量的环境中生长，微生物的生长不受食物供应的限制。此时，微生物体内能量高，絮凝性和沉降性能均较差，出水有机物浓度也较高，出水效果并不处于最佳状态。

(3)平衡期

由于微生物的大量繁殖、消耗了大量的有机物，培养液中的底物被逐渐消耗，加上代谢产物的不断积累，造成了不利于微生物生长的食物条件和环境条件，微生物的生长受到了抑制，生长速度减慢，死亡的速度逐渐加快，使微生物的数量趋于稳定。

(4)衰老期

也称内源代谢期。经平衡期后，培养液中的营养物质近乎耗尽，微生物只能利用体内贮存的物质或以死细菌作为养料进行内源呼吸，维持生命。由于内源代谢造成的细菌细胞死亡速率超过新细胞的增长速率，使微生物的数量急剧减少，生长曲线显著下降，故衰老期也称为内源代谢期。在细菌形态方面，退化型较多，这些细菌在这一时期往往产生芽胞。

必须指出，上面所述的生长曲线并不是细菌细胞的基本性质，只反映了微生物的生长与底物浓度间的依赖关系，曲线的形状受供氧情况、温度、pH 值、有毒物质浓度等环境条件的影响。在废水处理中，通过控制底物量(F)与微生物量(M)的比值 F/M，使微生物处于不同的生长状况，从而控制微生物的活性与废水处理的效果。一般废水处理中常控制 F/M 在较低的范围内，利用平衡期或内源代谢初期微生物的生长活动，使废水中的有机物稳定化，以取得较好的处理效果。

5. 微生物的生长动力学

微生物增长的一些比较重要的先决条件主要有：①碳源；②能源；③外部电子受体；④适宜的物理化学环境。

法国学者 Monod 在研究微生物生长的大量实验数据的基础上，提出了微生物典型生长曲线的对数期和平衡期，微生物的增长速率不仅是微生物浓度的函数，而且是某些限制性营养物浓度的函数，剩余底物浓度和微生物增长率间的关系可用下式表示：

$$\mu = \mu_m \cdot S/(K_s + S) \tag{6-4}$$

式中 μ——微生物比增长速度，时间$^{-1}$；

μ_m——微生物最大比增长速度，时间$^{-1}$；

S——溶液中限制微生物生长的底物浓度，质量/容积；

K_s——饱和常数，即当 $\mu = 1/2\mu_m$ 时的底物浓度，又称半速度常数。

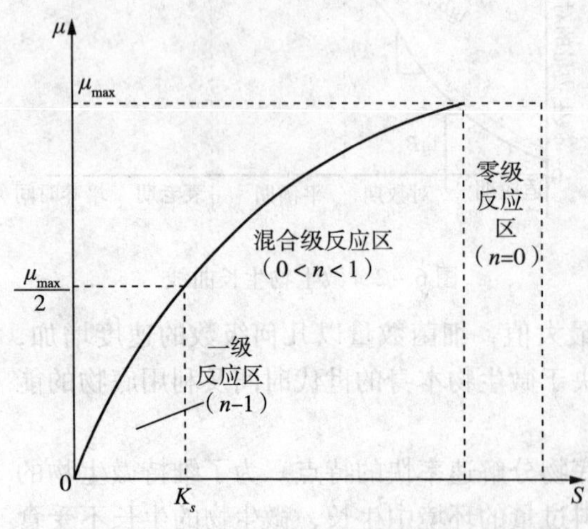

图 6-3 比增长速度与底物浓度的关系

使用上式时，S 必须是限制性底物的浓度，一般认为碳源和能源是限制细菌增长的营养物质，以 COD、BOD 或 TOC 计，其他物质如氮、磷在某些条件下也控制微生物的生长。

上式表示的关系也可以用图 6-3 所示的曲线表示。

二、微生物生长的影响因素

废水生化处理是以废水中所含的污染物作为营养源，利用微生物的代谢作用使污染物被降解，废水得以净化。显然，如果废水中的污染物不能被微生物所降解，则生化处理是无效的。如果废水中的污染物可以被微生物降解，则可以获得良好的处理效果。但是当废水突然进入有毒物质，或环境条件突然发生变化，超过微生物的承受限度时，将会对微生物产生抑制或毒害作用，使系统的运行遭到严重破坏。因此，进行生化处理时，给微生物的生长繁殖提供适宜的环境条件是非常重要的。生物处理对废水水质的要求主要有以下几个方面。

1. pH 值

在废水处理过程中，pH 值不能有突然变动，否则将使微生物的活力受到抑制，以至于造成微生物的死亡。对好氧生物的处理，pH 值可保持在 6～9 范围内，对厌氧生物的处理，pH 值应保持在 6.5～8 之间。

2. 温度

温度过高时，微生物会死亡，而温度过低，微生物的新陈代谢作用将变得缓慢，活力受到抑制。一般生物处理要求水温控制在 20～40℃之间。

3. 水中的营养物及其毒物

微生物的生长、繁殖需要多种营养物质，其中包括碳源、氮源、无机盐类等。水质经过分析后，需向水中投加缺少的营养物质，以满足所需的各种营养物，并保持一定的比例关系。

在工业废水中，有时存在着对微生物具有抑制和毒害作用的化学物质，即有毒物质。有毒物质对微生物生长的毒害作用，主要表现在使细菌细胞的正常结构遭到破坏以及使菌体内的酶变质，并失去活性。有毒物质对微生物产生有毒作用有一个量的概念，即达到一定浓度时才显示出毒性，在允许浓度以内，微生物可以承受。对生物处理来讲，废水中存在的毒物浓度的允许范围，至今还没有统一的资料，而且在废水生物处理中毒物最高容许浓度的规定差别也很大，表 6－1 所给出的数据仅供参考。微生物驯化后，毒物最高容许浓度的数值可以适当提高。

表 6－1　废水生物处理中有毒物质允许浓度

毒物名称	允许浓度/(mg/L)	毒物名称	允许浓度/(mg/L)	毒物名称	允许浓度/(mg/L)
亚砷酸盐	5	铁	100	酚	100
砷酸盐	20	硫化物(以 S 计)	10～30	氯苯	100
铅	1	氯化钠	10000	甲醛	100～150
镉	1～5	CN^-	5～20	甲醇	100～150
三价铬	10	氰化钾	8～9	吡啶	400
六价铬	2～5	硫酸根	5000	油脂	30～50
铜	5～10	硝酸根	5000		
锌	5～20	苯	100		

4. 氧气

根据微生物对氧的要求，可分为好氧微生物、厌氧微生物及兼性微生物。好氧微生物在降解有机物的代谢过程中以分子氧作为受氢体。如果分子氧不足，降解过程就会因没有受氢体而无法进行，微生物的正常生长规律就会受到影响，甚至被破坏。所以在好氧生物处理的反应过程中，一般需从外界供氧，一般要求废水中的溶解氧浓度维持在 2～4mg/L 左右为宜。

而厌氧微生物对氧气很敏感，当有氧存在时，它们就无法生长。这是因为在有氧存在的环境中，厌氧微生物在代谢过程中由脱氢酶所活化的氢将会与氧结合形成 H_2O_2，而厌氧微生物缺乏分解 H_2O_2 的酶，从而形成 H_2O_2 积累，对微生物细胞产生毒害作用。所以厌氧处理设备要严格密封，隔绝空气。

5. 有机物的浓度

进水有机物的浓度高，将增加生物反应所需的氧量，往往由于水中含氧量不足造成缺氧，影响生化处理效果。但进水有机物的浓度太低，容易造成养料不够，缺乏营养也使处理效果受到影响。一般进水 BOD_5 值以不超过 500～1000mg/L、不低于 100mg/L 为宜。

三、生物处理法的分类

生化处理方法主要分为好氧处理和厌氧处理两大类型。按照微生物的生长方式，可分为悬浮生长型和附着生长型两类；按照系统的运行方式可分为连续式和间歇式；按照主体设备中的水流状态，可分为推流式和完全混合式等。

根据作用原理的不同，生物处理大致分类如下。

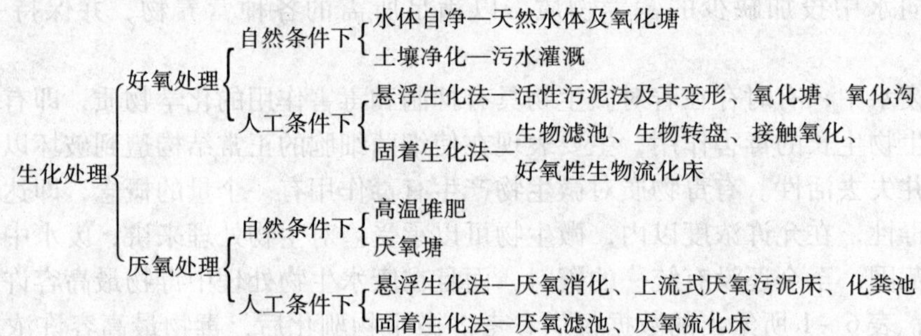

第二节　活性污泥法

一、传统活性污泥法

1. 基本原理

活性污泥法是利用悬浮生长的微生物絮体处理废水的一类好氧生物处理方法，这种生物絮体称为活性污泥，它由好氧性微生物(包括细菌、真菌、原生动物及后生动物)及其代谢的和吸附的有机物、无机物组成，具有降解废水中有机污染物(也有些可部分分解无机物)的能力，显示生物化学活性。活性污泥法处理废水的关键在于具有足够数量和性能良好的污泥，它是大量微生物聚集的地方，即微生物高度活动的中心，在处理废水过程中，活性污泥对废水中的有机物具有很强的吸附和氧化分解能力。污泥中的微生物，在废水处理中起重要作用的是细菌和原生动物。

活性污泥处理废水中有机质的过程，分为两个阶段进行，即生物吸附阶段和生物氧化阶段。

(1)生物吸附阶段

废水与活性污泥微生物充分接触，形成悬浊混合液，废水中的污染物被比表面积巨大且表面上含有多糖类黏性物质的微生物吸附和粘连。大分子有机物被吸附后，首先在水解酶作用下，分解为小分子物质。然后这些小分子与溶解性有机物在酶的作用下或在浓度差推动下选择性渗入细胞体内，从而使废水中的有机物含量下降而得到净化。这一阶段进行得非常迅速，对于含悬浮状态有机物较多的废水，有机物的去除率是相当高的，往往在10～40min内，可下降80%～90%。此后，下降速度迅速减缓。在这个阶段，吸附作用是主要的，生物氧化作用是次要的。

(2)生物氧化阶段

被吸附和吸收的有机物质继续被氧化，这段时间需要很长，进行非常缓慢。在生物吸附阶段，随着有机物吸附量的增加，污泥的活性逐渐减弱。当吸附饱和后，污泥失去吸附能力。经过生物氧化阶段吸附的有机物被氧化分解后，活性污泥又呈现活性，恢复吸附能力。

2. 活性污泥指标

衡量活性污泥数量和性能好坏的指标主要有以下几项。

(1)活性污泥的浓度(MLSS)

指1L混合液内所含的悬浮固体(MLSS)或挥发性悬浮固体(MLVSS)的量，单位为g/L或mg/L。污泥浓度的大小可间接地反映废水中所含微生物的浓度。一般在活性污泥曝气池内常保持MLSS浓度在2～6g/L之间，多为3～4g/L。

(2)污泥沉降比(SV%)

是指一定量的曝气池废水静置30min后，沉淀污泥与废水的体积比，用%表示。它反映污泥的沉淀和凝聚性能好坏。污泥沉降比越大，越有利于活性污泥与水的分离，性能良好的污泥，一般沉降比可达15%～30%。

(3)污泥容积指数(SVI)

又称污泥指数，是指一定量的曝气池废水经30min沉淀后，1g干污泥所占有沉淀污泥容积的体积，单位为mL/g，它实质是反映活性污泥的松散程度。污泥指数越大，则污泥越松散。这样可有较大表面积，易于吸附和氧化分解有机物，提高废水的处理效果。但污泥指数太高，污泥过于松散，则污泥的沉淀性差，故一般控制在50～150mL/g之间为宜，但根据废水性质的不同，该指标也有差异。如废水溶解性有机物含量高时，正常的SVI值可能较高；相反，废水中含无机性悬浮物较多时，正常的SVI值可能较低。

以上三者之间的关系力：

$$SVI = SV\text{ 的百分数} \times 10 / MLSS(g/L) \quad (6-5)$$

3. 活性污泥法基本流程

活性污泥法的基本流程如图6－4所示。

流程中的主体构筑物是曝气池，废水经沉淀预处理(如初沉)，除去某些大的悬浮物及胶状颗粒等后，进入曝气池与池内活性污泥混合成混合液，并在池内充分曝气，一方面使活性污泥处于悬浮状态，废水与活性污泥充分接触，另一方面，通过曝气，向活性污泥提供氧气，保持好氧条件，保证微生物的正常生长和繁殖，水中的有机物被活性污泥吸附、氧化分解。处理后的废水和活性污泥一同流入二次沉淀池，进行泥水分离，上层净化后的废水排出。沉淀的活性污泥部分回流入曝气池进口，与进入曝气池的废水混合，以补充曝气池内活性污泥的流失。由于微生物的新陈代谢作用，不断有新的原生质合成，所在系统中活性污泥量会不断增加，多余的活性污泥应从系统中排出，这部分污泥称为剩余污泥量；回流使用的污泥，称为回流活性污泥。通常，参与分解废水中有机物的微生物的增殖速度，都慢于微生物在曝气池内的平均停留时间。因此，如果不将浓缩的活性污泥回流到曝气池，则具有净化功能的微生物将会逐渐减少。除污泥回流外，增殖的细胞物质将作为剩余污泥排入污泥处理系统。

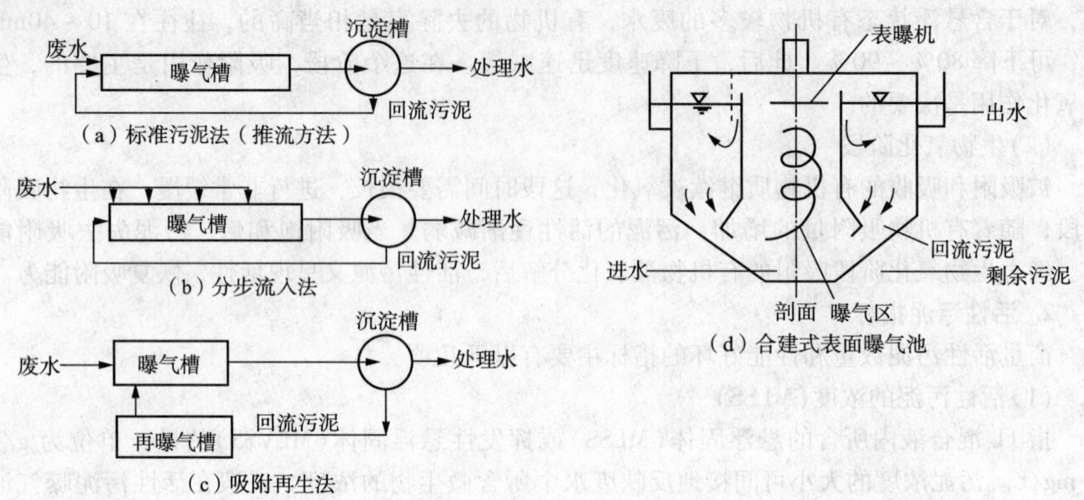

图6－4　活性污泥法基本流程图

4. 活性污泥法的分类

按废水和回流污泥的进入方式及其在曝气池中的混合方式，活性污泥法可分为推流式和完全混合式两大类。

推流式活性污泥曝气池有若干个狭长的流槽，废水从一端进入，另一端流出。此类曝气池又可分为平行水流（并联）式和转折水流（串联）式两种。废水在池内的流动过程中，底物降解，微生物增长，*F/M* 沿程变化，系统在生长曲线某一段上工作。

完全混合式是废水进入曝气池后，在空气搅拌作用下立即与池内活性污泥混合液混合，从而使进水得到良好的稀释，污泥与废水得到充分混合，可以最大限度地承受废水水质变化的冲击。同时，由于池内各点水质均匀，*F/M* 固定，系统处于生长曲线某一点上工作。运行时，可以调节 *F/M*，使曝气池处于良好的工况条件下工作。

按供氧方式活性污泥法可分为鼓风曝气式和机械曝气式两大类。

鼓风曝气式是采用空气（或纯氧）作为氧源，以气泡形式鼓入废水中，适用于长方形的曝气池，布气设备一般安装在曝气池的底部，气泡在形成、上升和破坏时向水传氧并搅动水流。

机械曝气是用专门的曝气机械，剧烈地搅动水面，使空气中的氧溶解于水中。曝气机兼有搅拌和充氧作用，使系统接近于完全混合型。如果在一个长方形池内安装多个曝气机，废水从一端进入，经几次机械曝气后，从另一端流出，这种形式相当于若干个完全混合式曝气池串联工作，适用于废水量很大的处理系统。此外，还有混合曝气型，空气或纯氧进入混合池后，在搅拌机作用下，被剪切成微小气泡，从而加大气液接触面积，提高充氧效率。

对于小型曝气池，采用机械曝气，动力费用较少，并省去了鼓风曝气所需的空气管道，维护和管理也比较方便，但曝气机转速高，所需动力随曝气池的加大而迅速增大，所以池子不宜太大。同时，由于废水的曝气需借助于机械搅动水面与空气接触而吸收氧气，需要较大的池面积。另外，曝气池中如有大量的泡沫产生，会影响叶轮的充氧能力。鼓风曝气的供气量可调，曝气效果也较好，一般适用于较大的曝气池。

5. 活性污泥法参数

（1）污泥负荷

在活性污泥法中，一般将有机底物与活性污泥的质量比（*F/M*），即单位质量活性污泥

(kgMLSS)或单位体积曝气池(m^3)在单位时间(d)内所承受的有机物量(kgBOD),称为污泥负荷,用 L 表示。

$$L = \frac{QS_0}{Vx} \tag{6-6}$$

式中 Q、S_0 和 V 分别代表废水流量、BOD 浓度和曝气池容积,x 表示污泥浓度。

有时为了表示有机物的去除情况,也采用去除负荷 L_r,即单位质量活性污泥在单位时间内去除的有机物质量。

$$L_r = \frac{Q(S_0 - S_e)}{Vx} = \eta L \tag{6-7}$$

式中,S_e 和 η 分别表示出水底物浓度和处理效率。

$$\eta = (S_0 - S_e)/S_0 \tag{6-8}$$

污泥负荷与废水处理效率、活性污泥特性、污泥生成量、氧的消耗量有很大的关系,废水温度对污泥负荷的选择也有一定的影响。

实践表明,在一定的负荷范围内,随着污泥负荷的升高,处理效率下降,处理水的底物浓度升高。一般来说,BOD 负荷在 0.4kgBOD/kgMLSS · d 时,可以取得 90% 以上的去除率。对于不同的底物,$L-\eta$ 关系有很大的区别,对于容易生物降解的有机物,即使污泥负荷升高,BOD 去除率下降的趋势也较缓慢,相反,对于难生物降解的有机物如醛类、酚类污染物,当污泥负荷超过某一值后,BOD 的去除率显著下降。图 6-5 所示为各种废水污泥负荷与 BOD 去除率的关系。

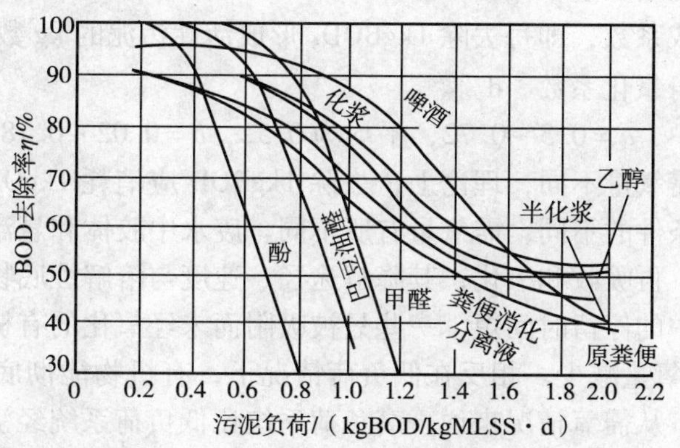

图 6-5 污泥负荷与 BOD 去除率的关系

污泥负荷对污泥特性也有一定的影响。采用不同的负荷,微生物的营养状况不一样,活性污泥的絮凝沉淀性也不同,污泥负荷 SVI 值随着污泥负荷有复杂的变化。图 6-6 所示 SVI-L 曲线是具有多峰的波形曲线,有三个低 SVI 的负荷区和两个高 SVI 的负荷区。如果在运行时负荷波动进入高 SVI 负荷区,污泥沉淀性差,将会出现污泥膨胀。一般在高负荷时应选择在 1.5~2.0kgBOD/kgMLSS · d 范围内,中负荷时为 0.2~0.4kgBOD/kgMLSS · d,低负荷时为 0.03~0.05kgBOD/kgMLSS · d 。

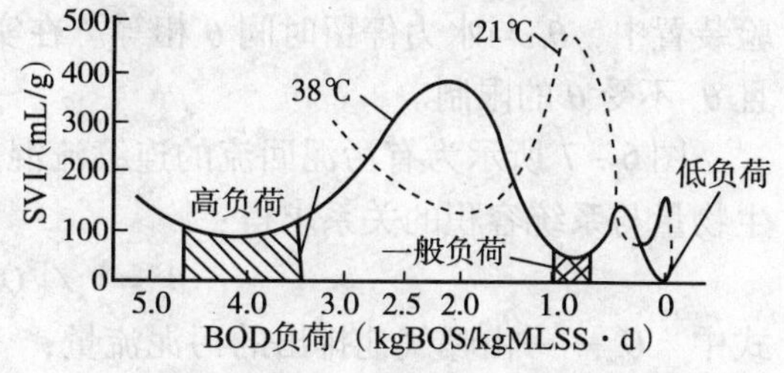

图 6-6 BOD 负荷及温度对污泥 SVI 的影响

当废水浓度降低且超过一定值时,由于 F/M 较小,活性污泥中的主要生物体-菌胶团和丝状微生物将出现营养竞争，丝状微生物的比表面积比菌胶团大，摄取食物的能力强，因此，相对地菌胶团的生长受到抑制，丝状菌得到生长，甚至成为优势菌，使活性污泥的沉淀性变差，SVI 值升高。相反，如果废水浓度升高，负荷达到 1.0kgBOD/kgMLSS · d 左右，微生物体内营养贮存增多，多糖类、聚 β－羟基丁酸等黏性物质大量形成，菌胶团的持水性变好，沉淀性变差。如果再进一步增加底物浓度，大量游离细菌出现，微生物处于分散状态，所测定的 SVI 小。如在很低的底物浓度下，微生物的营养缺乏，体内贮存物被利用作为能量，菌胶团解体，上清液变浊，SVI 减小。当系统供氧不足时，丝状菌和菌胶团同样会出现耗氧竞争，丝状菌成为优势，也使 SVI 升高。

水温对污泥负荷的影响主要表现为温度对新陈代谢的影响。在一定的水温范围内，提高水温可以提高 BOD 去除速度和能力，同时可以降低水的黏性，从而有利于活性污泥絮体的形成和沉淀。从 SVI 角度看，水温较高时，可以选用较高的污泥负荷，不致使污泥膨胀。

活性污泥在混合液中的浓度净增长速度为

$$dx/dt = -Y ds/dt - k_d x \tag{6-9}$$

式中 Y——微生物增长常数，即每消耗单位底物所形成的微生物量，一般为 0.35～0.8mgMLSS/mgBOD_5；

k_d——微生物自身氧化率，时间$^{-1}$，一般为 0.05～0.1d^{-1}。

工程上常采用平均值计算，即

$$\Delta x = aV_x L_r - bV_x \tag{6-10}$$

式中 Δx——每天污泥增加量，kg/d；

a——污泥合成系数，即每去除 1kgBOD_5 形成活性污泥的 kg 数；

b——污泥自身氧化系数，d^{-1}。

一般活性污泥法中，$a = 0.3 \sim 0.72$，平均为 0.52，$b = 0.02 \sim 0.18$，平均为 0.07。

不同污泥负荷的需氧量不同，理论上，去除 1kgBOD 应消耗 1kgO_2，但由于废水中有机物的存在形式及运转条件的不同，需氧量有所不同。废水中胶体和悬浮状态的有机物首先被污泥表面吸附、水解、再吸收和氧化，其降解途径、速度与溶解性底物有所不同。当污泥负荷大时，底物在系统中的停留时间短，一些只被吸附而未经氧化的有机物可能随污泥排出系统，使去除 BOD 的需氧量减少。相反在低负荷情况下，有机物能彻底氧化，甚至过量自身氧化，因此需氧量大。从需氧情况来说，高负荷系统比低负荷系统经济。

不同的污泥负荷对营养比有不同的要求，在低负荷时，污泥自身氧化程度较大，在有机体氧化过程中释放出氮、磷成分，所以氮、磷的需求量较小，如在延时曝气法中，BOD: N: P = 100: 1: 0.2，而在一般的负荷下，则要求 BOD: N: P = 100: 5: 1。

(2) 泥龄

细胞的平均停留时间 θ_c 也称泥龄，是微生物在曝气池中的平均培养时间。在间歇式试验装置中，θ_c 与水力停留时间 θ 相等。在实际的连续流活性污泥系统中，θ_c 将比 θ 大得多，且 θ_c 不受 θ 的限制。

图 6－7 所示为有污泥回流的连续流混合系统，细胞的平均停留时间可以通过排出的微生物量与系统容积的关系求得：

$$\theta_c = V_x / [Q_w x + (Q - Q_w) x_e] \tag{6-11}$$

式中 Q_w——由曝气池排出的污泥流量；

x_e——二次沉淀池出水中挟带的活性污泥浓度。

由于出水中 x_e 很小，上式可简化为：

$$\theta_c = V/Q_w \tag{6-12}$$

如有剩余活性污泥排出，则

$$\theta_c = V_x/[Q'_w x_R + (Q - Q'_w)x_e] \tag{6-13}$$

式中 Q_w 为从排出系统排出的活性污泥量，当 x_e 极小时，$\theta_c = V_x/(Q'_w x_R)$。

可见，可以通过控制每日从系统排出的污泥量，控制细胞平均停留时间。

泥龄 θ_c 与污泥负荷及出水浓度的关系可以用下式表示。

$$S_e = K_s(1 + k_d\theta_c)/(YK\theta_c - k_d\theta_c - 1) \tag{6-14}$$

表明系统出水水质仅仅是细胞平均停留时间的函数，与其他因素无关。

在有污泥回流的推流式系统中(图 6-8)，泥龄 θ_c 与污泥负荷及出水浓度的关系可以用下式表示。

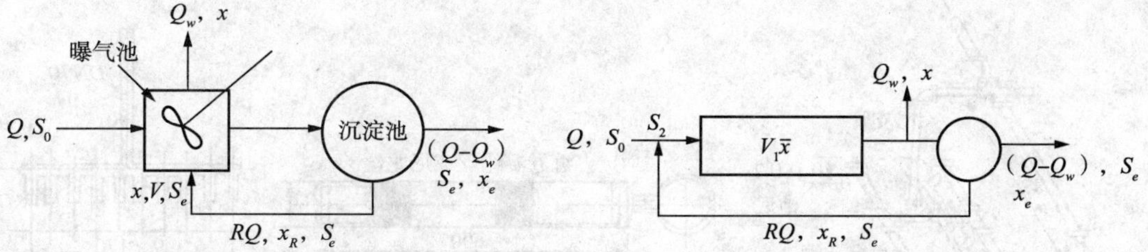

图 6-7　有污泥回流的连续流混合系统　　图 6-8　有污泥回流的推流式系统

$$\frac{1}{\theta_c} = \frac{YK(S_0 - S_e)}{(S_0 - S_e) + (1 + R)K_s\ln(S_i/S_e)} - k_d \tag{6-15}$$

式中　S_i——进入曝气池的水流由于回流稀释后的底物浓度，

$$S_i = (S_0 + RS_e)/(1 + R) \tag{6-16}$$

在活性污泥法设计中，既可采用污泥负荷，也可采用泥龄作为设计参数。在实际运行时，控制污泥负荷比较困难，需要测定有机物量和污泥量。如采用泥龄作为运转控制参数，只要调节每日的排泥量，比较简单。

6. 活性污泥系统的设计

(1)曝气系统设计

活性污泥法是一种好氧生物处理法，有机物的降解与有机体的合成都需要氧的参与，没有充足氧气，好氧微生物不可能存在，更不能发挥氧化分解的作用。同时作为一个有效的处理工艺，还必须使微生物、有机物与氧充分接触，因此，混合搅拌作用也是不可缺少的。通过曝气可以实现充氧与混合两个目的。

由于水溶解氧的能力有限，同时混合液污泥浓度较大，氧在液相中的扩散阻力大，所供给的氧不能完全为水所吸收，可以用氧吸收率或动力效率两个指标来衡量。氧吸收率与曝气设备类型、水的性质、水温、空气扩散装置的淹没深度等因素有关。常用的鼓风曝气的氧利用率为 5% ~10%。理论上，每去除 1kgBOD 需消耗 1kgO_2，即相当于标准状态下 3.5m^3 空气，则鼓风曝气每去除 1kgBOD 需供给空气量为 35 ~70 m^3，实际上，由于曝气池负荷及运行方式的不同，供气量需放大 1.5 ~2.0 倍。

曝气方法可分为以下两种。①鼓风曝气。鼓风曝气就是利用鼓风机或空压机向曝气池充入一定压力的空气，一方面供应生化反应所需要的氧量，同时保持混合液悬浮固体均匀混合，气压要足以克服管道系统及扩散器阻力及扩散器上部的静水压。扩散器是鼓风曝气的关键部件，其作用是将空气分散成空气泡，增大气液接触界面，将空气中的氧溶解于水中。曝气效率取决于气泡大小、水的亏氧量、气液接触时间、气泡的压力等因素。

目前常用的空气扩散器有以下几类，见图6－9。

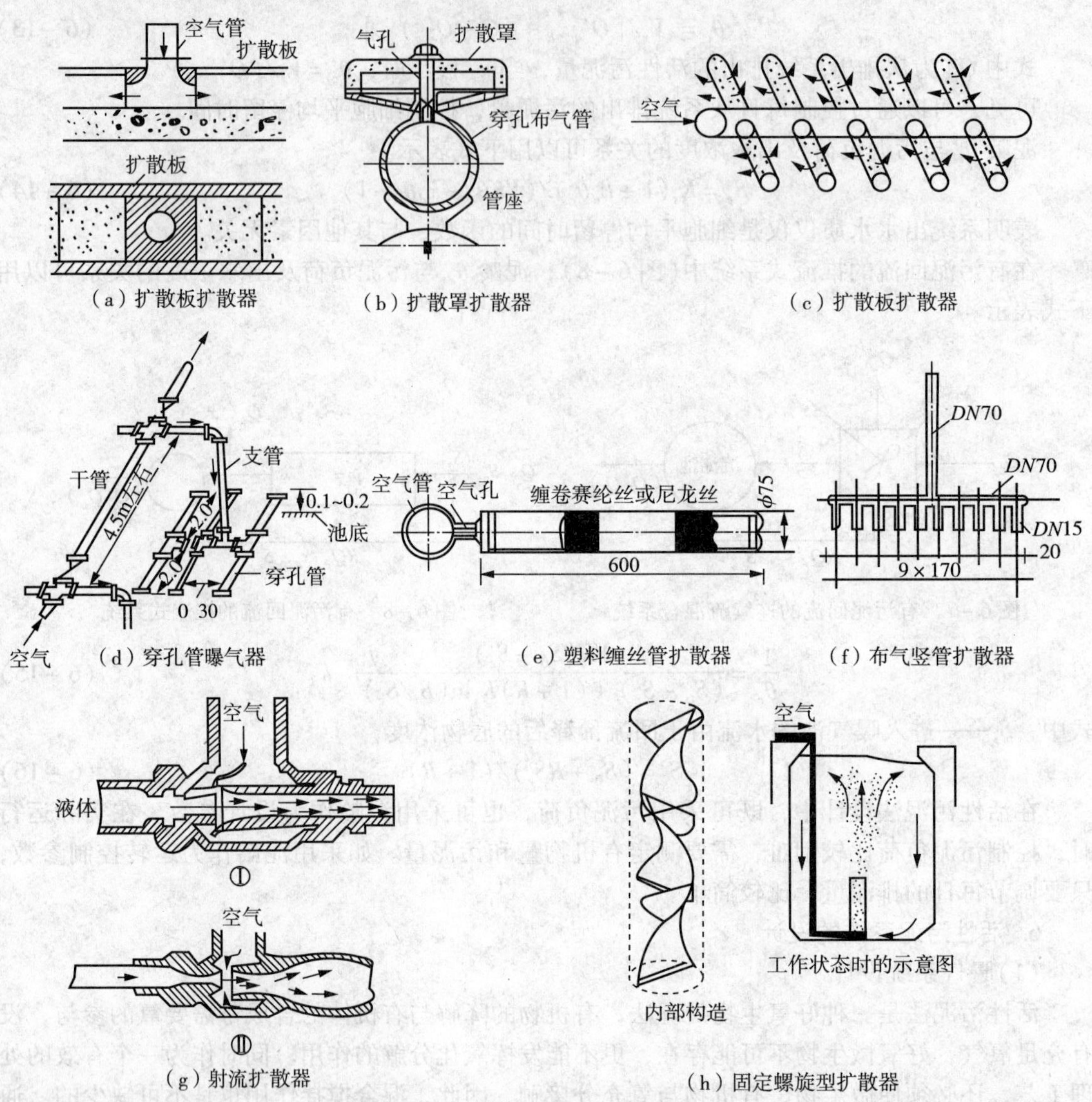

图6－9　各种类型的空气扩散器

a. 小气泡扩散器。由微孔材料制成的扩散板或扩散管，气泡直径可以达到1.5mm以下。b. 中气泡扩散器。常用穿孔管和莎纶管。穿孔管的孔眼直径为3～5mm，孔口朝下，与垂直面成45°夹角。孔距10～15mm，孔口流速不小于10m/s。国外也用莎纶（Saran）、尼龙或涤纶线缠绕多孔管以分散气泡。c. 大气泡扩散器。主要有竖管，直径为15mm左右；倒盆式扩散器系水力密切扩散型，由塑料及橡皮板组成，空气从橡皮板四周喷出，旋转上升，气泡直径2mm左右，阻力大，支力效率为2.6kgO_2/kW·h；圆盘形扩散器，由聚氯乙烯圆盘片、不锈钢弹性压盖与喷头连接而成。通气时圆盘片向上顶起，空气从盘片与喷头间喷出；当供气中断时，扩散器上的静水压头使盘片关闭。d. 射流扩散器。用泵打入混合液，在射流器的喉管处形成高速射流，与吸入或压入的空气强烈搅拌。将气泡粉碎为100μm左右，使氧迅速转移至混合液。e. 固定螺旋扩散器。由 ϕ300mm 或 ϕ400mm，高 1500mm 的圆筒组成，内部装有按 180°扭曲的固定螺旋元件 5 ~ 6 个，相邻两个元件的螺旋方向相反，一顺时针旋，另一逆时针旋。空气由底部进入曝气筒，形成气水混合液在筒内反复与器壁及螺旋板碰撞、分割、迂回上升。由于空气喷出口径大，故不会堵塞。

②机械曝气。机械曝气大多以装在曝气池水面的叶轮快速转动，进行表层充氧。按转轴的方向不同，表面曝气分为竖式和卧式两类。常用的有平板叶轮、倒伞型叶轮和泵型叶轮，见图 6 – 10，其中泵型表面曝气机已有系列产品。

表面曝气叶轮工作时，由于叶轮的提升和输水作用，使曝气池内液体不断循环流动，更新气液接触面，不断从大气中吸氧。叶轮旋转时，在周边形成水跃，使液面剧烈搅动，从大气中将氧卷入水中。同时，叶轮中心及叶片背水侧出现负压，通过小孔可以吸入空气。此外，曝气叶轮也具有足够的提升能力，一方面保证液面更新，同时也使气体和液体获得充分混合，防止池内活性污泥沉积。

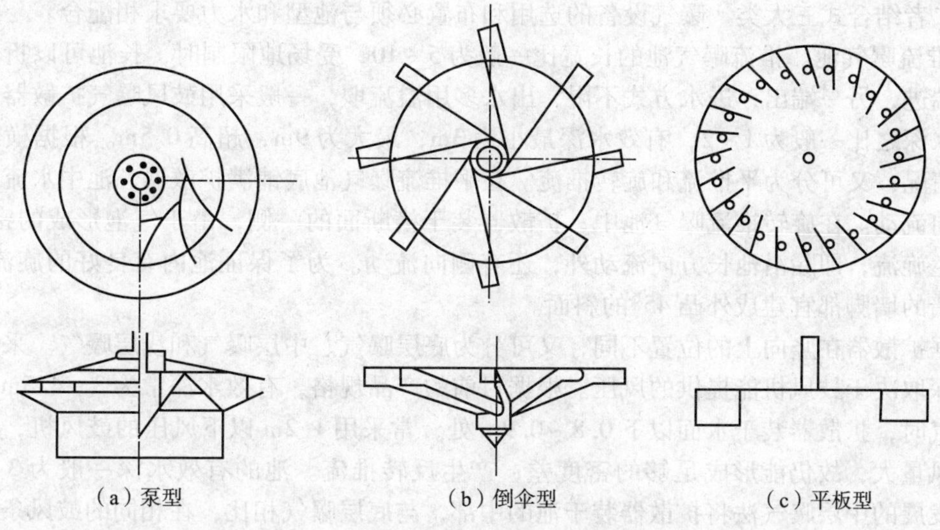

图 6 – 10　机械曝气器

实测表明，泵型叶轮的提升能力和充氧能力比相同直径的平板叶轮大，倒伞型叶轮的动力效率较平板叶轮高，但充氧能力较差。

曝气叶轮的充氧能力和提升能力同叶轮浸没深度、叶轮的转速等因素有关。在适宜的浸深和转速下，叶轮的充氧能力最大，并可保证池内污泥浓度和溶解氧浓度均匀。一般生产上曝气叶轮转速为 30 ~ 100r/min，叶轮周边线速度为 2 ~ 5m/s。线速度过大，会打碎活性污泥颗粒，影响沉淀效率，但线速度过小，将影响充氧量。叶轮的浸没深度按上顶平板面在静止水面下的深度计，一般在 40mm 左右(可调)。若浸没深度过小，充氧能力将因提升力减小而减小，底部液面不能充氧，将出现污泥沉积和缺氧，当浸没深度过大，充氧能力也将显著减小，叶轮仅起搅拌机的作用。

③曝气设备比较。常用曝气设备性能见表 6 – 2。

表 6 – 2 中的标准状态指用清水做曝气实验，水温 20℃，大气压力为 1.013×10^5Pa，初始水中溶解氧为 0；现场实验用的是废水，水温为 15℃，海拔 150m，$\alpha=0.85$，$\beta=0.9$，水中溶解氧保持 2mg/L。

表6-2　各类曝气设备的性能资料

曝气设备	氧吸收率/%	动力效率/($kgO_2/kW \cdot h$)		曝气设备	氧吸收率/%	动力效率/($kgO_2/kW \cdot h$)	
		标准	现场			标准	现场
小气泡扩散器		1.2~2.0	0.7~1.4	低速表面曝气机	4~8	1.2~2.7	0.7~1.3
中气泡扩散器		1.0~1.6	0.6~1.0	高速浮筒曝气机	10~25	1.2~2.4	0.7~1.3
大气泡扩散器	10~30	0.6~1.2	0.3~0.9	转刷式曝气机		1.2~2.4	0.7~1.3
射流曝气器	6~15	1.5~2.4	0.7~1.4				

机械曝气常用于曝气池较小的场合，可减少动力消耗，维护管理也较方便。鼓风曝气供应空气的伸缩性较大，曝气效果也较好，一般用于较大的曝气池。

(2)曝气池设计

①曝气池类型。曝气池实际上是一个生化反应器，按水力特征可分为推流式和完全混合式以及二者结合式三大类。曝气设备的选用和布置必须与池型和水力要求相配合。

a. 推流曝气池。推流曝气池的长宽比一般为5~10，受场地限制时，长池可以折流，废水从一端进，另一端出，进水方式不限，出水多用溢流堰，一般采用鼓风曝气扩散器。池宽和有效水深之比一般为1~2，有效水深最小为3m，最大为9m，超高0.5m。根据横断面上的水流情况，又可分为平推流和旋转推流。在平推流曝气池底铺满扩散器，池中水流只有沿池长方向流动。在旋转推流曝气池中，扩散器装于横断面的一侧，由于气泡形成的密度差，池水产生旋流，即除沿池长方向流动外，还有侧向流动。为了保证池内有良好的旋流运动，池两侧墙的墙脚都宜建成外凸45°的斜面。

根据扩散器在竖向上的位置不同，又可分为底层曝气、中层曝气和浅层曝气。采用底层曝气池深取决于鼓风机能提供的风压。根据目前的产品规格，有效水深常为3~4.5m；采用浅层曝气时，扩散器装于水面以下0.8~0.9m处，常采用1.2m以下风压的鼓风机，虽风压小，但风量大，故仍能形成足够的密度差，产生反转推流。池的有效水深一般为3~4m。近年来发展的中层曝气法将扩散器装于池的中部，与底层曝气相比，在相同的鼓风条件和处理效果时，池深一般可加大到7~8m，最大可达9m，从而节约了曝气池的用地。中层曝气的扩散器也可设于池的中央，形成两个侧流。这种池型可采用较大的宽深比，适于大型曝气池。

b. 完全混合曝气池。完全混合曝气池平面可以是圆形、方形或矩形。吸气设备可采用有面曝气机，置于池的表层中心，废水从池底中部进入。废水一进入池内，即在表面曝气机的搅拌下，立即与全池混合均匀，不像推流式那样上下段有明显的区别。完全混合曝气池可以和沉淀池分建或合建。

分建式完全混合曝气池的曝气池和沉淀池分别设置，既可使用表曝机，也可用鼓风曝气装置。合建式完全混合曝气池也称曝气沉淀池，国外称为加速曝气池，曝气和沉淀在同一池中完成。由于出水水质较普通曝气池差，加之控制和调节困难，运行不灵活，国外渐趋淘汰。

曝气池构造如图6-11所示。

②曝气池的设计计算。曝气池(区)的经验设计计算方法主要有负荷法和泥龄法。

污泥负荷法是通过试验或参照同类型企业的设备工作状况，选择合适的污泥负荷计算曝气池容积V。如采用Lawrence-McCarty模式，则有

$$V = \theta_c YQ(S_0 - S_e)/x(1 + k_d\theta_c) \quad (6-17)$$

式中 θ_c——细胞平均停留时间，也称泥龄，d；

Y——微生物生长常数，即每消耗单位底物所形成的微生物量，一般为 0.35 ~ 0.8mgMLSS/mgBOD$_5$；

Q——废水流量，m^3/h；

S_0——废水进水 BOD$_5$ 浓度，mg/L；

S_e——废水出水 BOD$_5$ 浓度，mg/L；

x——曝气池内污泥的浓度，mg/L；

k_d——微生物自身氧化率，时间$^{-1}$，一般为 0.05 ~ 0.1d^{-1}。

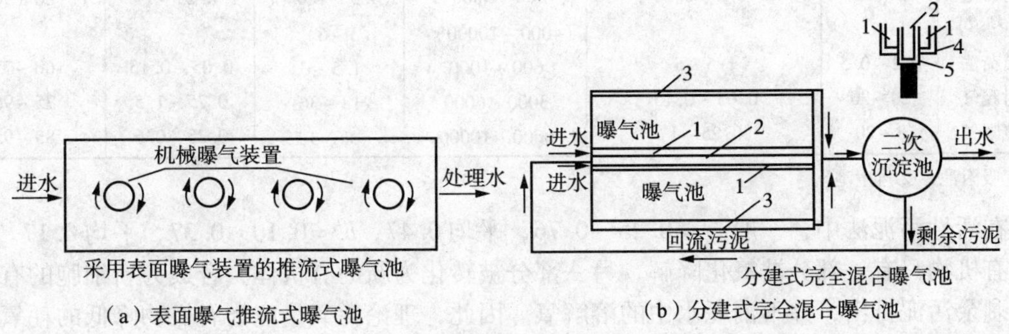

（a）表面曝气推流式曝气池　　（b）分建式完全混合曝气池

图 6-11　普通曝气池结构

1—进水槽；2—进泥槽；3—出水槽；4—进水孔口；5—进泥孔口

废水在曝气池中的名义停留时间为

$$t = V/Q \quad (6-18)$$

实际停留时间为

$$t = V/(1 + R)Q \quad (6-19)$$

式中 R——回流比。

如采用泥龄作为设计依据，则有

$$V = \theta_c \cdot [Q_w x + (Q - Q_w)]/x \quad (6-20)$$

式中 Q_w——由曝气池排出的污泥量，m^3/h。

表 6-3 归纳了各种活性污泥法的典型设计参数值。

剩余污泥量可由下式通过选定的污泥负荷值进行计算，也可通过 θ_c 计算。

$$\triangle x = Y_{obs}Q(S_0 - S_e) \times 10^{-3} \quad (6-21)$$

$$Y_{obs} = Y/(1 + k_d\theta_c) \quad (6-22)$$

式中 Y_{obs} 实质上是扣除了内源代谢后的净合成系数，称为观测合成系数，相对地，Y 称为理论合成系数。

一般地说，MLVSS 约占总悬浮固体的 80%，所以，剩余污泥总量为按上式计算值的 1.25 倍。

曝气池的需氧量可由负荷法通过下式计算。

$$O_2 = a'L_r V_x + b'V_x \quad (6-23)$$

式中 O_2——每日系统的需氧量，kg/d；

a'——有机物代谢的需氧系数，kg/kgBOD；

b'——污泥自身氧化系数，kg/kgMLSS·d；

L_r——去除负荷，即单位质量活性污泥在单位时间内所去除的有机物质量。

$$L_r = Q(S_0 - S_e)/V_x = \eta L \tag{6-24}$$

$$\eta = (S_0 - S_e)/S_0 \tag{6-25}$$

表 6-3　活性污泥法的设计参数

运行方式	θ_c/d	L/[kgBOD$_5$/(kgMLSS·d)]	x/(mg/L)	O/h	R	BOD$_5$ 去除率/%
普通推流	5~15	0.2~0.4	1500~3000	4~8	0.25~0.5	85~95
渐减曝气	5~15	0.2~0.4	1500~3000	4~8	0.25~0.5	85~95
阶段曝气	5~15	0.2~0.4	2000~3500	3~5	0.25~0.75	85~95
吸附再生	5~15	0.2~0.6	(1000~3000)① (4000~10000)②	(0.5~1.0)① (3~6)②	0.25~1	80~90
高负荷法	0.2~0.5	1.5~5	600~1000	1.5~3	0.05~0.15	60~75
延时曝气	20~30	0.05~0.15	3000~6000	18~36	0.75~1.5	75~95
纯氧曝气	8~20	0.25~1	6000~10000	1~3	0.25~0.6	85~95

①吸附池；②再生池。

在活性污泥法中，一般 $a'=0.25\sim0.76$，平均 0.47，$b'=0.10\sim0.37$，平均 0.17。由于废水有机物只有一部分被氧化降解，另一部分被转化为新的有机体，合成为新细胞的有机物作为剩余污泥排出，并不消耗水中的溶解氧。因此，理论耗氧量应为有机物降低的耗氧量减去转化为有机体的有机物耗氧量。其中，有机物降低的耗氧量为 $Q(S_0-S_e)\times10^{-3}$(kg)，这里 S_0 和 S_e 都以 BOD$_5$ 计，可折算为有机物完全氧化的需氧量 BOD$_u$。当耗氧常数 $K_1=0.1d^{-1}$时，BOD$_5$=0.68BOD$_u$。

如果假定细胞组成式为 $C_5H_7NO_2$，则氧化 1kg 微生物所需的氧量为 1.42kg。

所以，每系统的需氧量为

$$O_2 = Q(S_0 - S_e)\times10^{-3}/0.68 = -1.42(\Delta x) \tag{6-26}$$

实际的供气量还应考虑曝气设备的氧利用率以及混合的强度要求。通常情况下，当污泥负荷大于 0.3kgBOD$_5$/(kgMLSS·d)时，供气量为 60~110m^3/kgBOD$_5$(去除)，当污泥负荷小于 0.3 或更低时，供气量为 150~250m^3/kgBOD$_5$(去除)。

对于分建式曝气池，活性污泥从二沉池回流到曝气池时需要设置污泥回流设备，包括提升设备和管渠系统。常用的污泥提升设备是污泥泵和气力提升器。污泥泵效率较高，根据回流量和回流管水力阻力计算来选型，设数台以适应废水量的变化和备用。空气提升器结构简单，管理方便，所输入的空气可补充污泥中的溶解氧，尤其适用于采用鼓风曝气的系统。

一般空气管最小管径 25mm，管内流速 8~10m/s，提升管最小管径 75mm，流速按气水混合液计为 2m/s。

二、吸附生物氧化法

吸附生物氧化法又称吸附生物降解，简称 AB 法。是德国亚深大学教授 B. Bohnke 于 20 世纪 70 年代中期开创的，20 世纪 80 年代初开始应用于工程实践。该法是在传统二段活性污泥法和高负荷活性污泥法的基础上开发的一种生物处理新工艺，属超高负荷活性污泥法。国内外的试验研究及应用表明，AB 与传统活性污泥法相比，在处理效率、运行稳定性、工程投资及运行费用等方面均具有明显的优势，是一种非常有效的生物处理方法。

AB 法的工艺流程如图 6-12 所示。

AB法的一个主要特点是一般不设初沉池，A段和B段的回流系统分开。A段污泥负荷高达2～6kgBOD/(kgMLSS·d)，约为常规活性污泥法的20倍，泥龄短，一般为0.3～0.5d，水力停留时间约30min，A段的活性污泥全部是细菌(大肠杆菌用)，其世代很短，繁殖速度快。A段可以通过控制溶解氧的含量，以好氧或兼氧的方式运行(A段溶解氧含量约0.2～0.7mg/L)，耗氧负荷为0.3～0.4kgO_2/kgBOD，BOD去除率可以调整，污泥产率高，污泥的沉降性能较好(SVI约为40～50)，污水经A段处理后可生化性有可能提高。B段的微生物主要为菌胶团以及原生动物和后生动物，负荷约0.15～0.3kgBOD/(kgMLSS·d)，停留时间约2～3h，泥龄约15～20d，溶解氧含量约1～2mg/L。由于A段的有效功能使B段的处理效果得以提高，不仅能进一步去除COD、BOD，而且能提高硝化效果。AB法对BOD、COD、SS、磷和氨氮的去除效果一般均高于常规活性污泥法，节省基建投资约20%，节约能耗25%左右。其特点是A段负荷高，抗冲击负荷的能力强，对pH和有毒物质的影响具有很大的缓冲作用，特别适用于处理高浓度、水质水量变化大的污水。

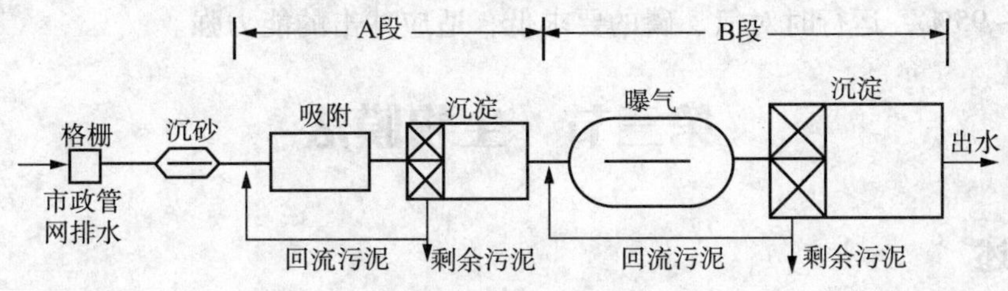

图6－12　AB法工艺流程

曝气池的设计参数见表6－4，A段沉淀池水力停留时间为1.0～2.0h，B段沉淀池水力停留时间为2.0～4.0h。

表6－4　AB法曝气池主要设计参数

项　目	曝气池	
	A段	B段
污泥负荷2～6kgBOD/(kgMLSS·d)	2～5	≤0.3
容积负荷2～6kgBOD/(m^3·d)	6～10	≤0.9
混合液浓度MLSS/(g/L)	2～3	3～4
污泥龄SRT/d	0.4～0.7	10～25
水力停留时间HRT/d	0.5～0.75	2.0～4.0
污泥回流率/%	20～50	50～100
溶解氧DO/(mg/L)	0.3～0.7	3～4
气水比	(3～4):1	(7～10):1

三、间歇式活性污泥法

间歇式活性污泥法也称序批式活性污泥法，是由一个或多个SBR池组成，运行时废水分批进入池中，依次经历5个独立阶段，即进水、反应、沉淀、排水和闲置。进水及排水用水位控制，反应及沉淀用时间控制，一个运行周期的时间依负荷及出水要求而异，一般为4～12h，其中反应占40%，有效池容为周期内进水量与所需污泥体积的和。

在SBR中发生的过程是典型的非稳态过程，底物和微生物的浓度的变化在时间上呈理想推流，在空间上呈完全混合状态。因此比连续流反应速率快，处理效率高，耐冲击负荷的能力强。由于底物浓度高，浓度梯度也大，交替出现缺氧、好氧状态，能抑制专性好氧菌的过量繁殖，有利于生物的脱氮。又由于泥龄短，丝状菌不可能成为优势，因此，污泥不会发生膨胀。与连续流相比，SBR 法流程短，装置结构简单，当水量较小时，只需一个间歇反应池，不需专门设沉淀池与调节池，不需要污泥回流，运行费用低。

四、延时曝气法

也称完全氧化法，与普通活性污泥法相比，由于采用的污泥负荷很低，约 0.05 ~ 0.2 kg(BOD_5)/[kg(MLSS)·d]，曝气时间长，为 24 ~ 48h，因而曝气池的容积大，处理单位废水所消耗的空气量多，仅适用于废水处理量较小的场合。该方法大多采用完全混合曝气池，不设初沉池，曝池中的污泥浓度较高，达到 3 ~ 6g/L，但微生物处于内源呼吸阶段，剩余污泥量少，污泥有很高的稳定性，泥粒细小，不易沉淀，因此二沉池停留时间长，BOD_5 的去除效率为 75% ~ 95%，运行时对氮、磷的要求低，适应冲击的能力强。

第三节　生物膜法

一、概述

1. 生物膜法的发展与分类

生物膜法是污水生物处理主要技术之一，它与活性污泥法并列，既是古老的、又是发展中的污水生物处理技术。

在 19 世纪末期的 1893 年，英国将污水在粗滤料上喷洒进行净化试验取得了良好的净化效果。生物滤池开始问世，并从此开始用于污水处理实践。在 20 世纪 20 ~ 30 年代，开始建造了许多生物膜处理系统，其主要形式就是生物滤池。与微生物处于悬浮生长状态的活性污泥法相比，虽然生物滤池具有生物量高和净化效果好等优点，但是由于其水力负荷和 BOD 负荷均较低、环境卫生条件较差、处理构筑物占地面积较大并且有可能被脱落的生物膜堵塞等缺点，在 20 世纪 40 ~ 50 年代生物滤池有逐步被活性污泥法取代的趋势。

在此期间，生物滤池的填料主要是碎石、卵石和焦炭等实心拳状的无机天然滤料，一般具有比表面积小和空隙率低等缺点。到 20 世纪 60 年代，新型的有机合成材料开始大量生产，广泛使用的有由聚氯乙烯、聚苯乙烯和聚酰胺等制成的波纹状、列管状和蜂窝状等有机合成填料，其比表面积和空隙率大大增加。并且随着环境保护对水质要求的进一步提高，生物膜法获得了新的发展。到 20 世纪 70 年代，除了普通生物滤池(Trickling Filters，也称为滴滤池)外，生物转盘(RBC)、淹没式生物滤池(Submerged Biofilm Reactor，也称生物接触氧化法)和生物流化床(Fluid Bed)技术都得到了较多的研究与应用。近年来，生物膜法又出现了新型的膜反应器，如微孔膜生物反应器(Membrane Biofilm Reactor)、汽提式生物膜反应器(Air - lifts Biofilm Reactor)、移动床生物膜反应器(Moving Bed Biofilm Reactor)、复合式活性污泥生物膜反应器(Hybrid Activated Sludge Biofilm Reactor)、序批式生物膜反应器(Sequencing Biofilm Reactor)、升流式厌氧污泥床 - 厌氧生物滤池(USAB - AF)及附着生长稳定塘(Attached - growth ponds)等。

生物膜法设备类型很多，按生物膜与废水的接触方式不同，可以分为填充式和浸渍式两类。在填充式生物膜法中，废水和空气沿固定的填料或转动的盘片表面流过，与其上生长的生物膜接触，典型设备有生物滤池和生物转盘。在浸渍生物膜法中，生物膜载体完全浸没在水中，通过鼓风曝气供氧，如载体固定，称为接触氧化法；如载体流化，则称为生物流化床。

2. 生物膜法的基本原理

生物膜法是与活性污泥法并列的一种污水好氧生物处理技术，这种处理法的实质是使细菌和菌类一类的微生物和原生动物、后生动物一类的微型动物附着在滤料或某些载体上生长繁育，并在其上形成膜状生物污泥－生物膜。污水与生物膜接触，污水中的有机污染物，作为营养物质被生物膜上的微生物所摄取，污水得到净化，微生物自身也得到繁衍增殖。

污水与滤料或某种载体流动接触，在经过一段时间后，后者的表面将会为一种膜状污泥－生物膜所覆盖，生物膜逐渐成熟，其标志是生物膜沿水流方向的分布，在其上由细菌及各种微生物组成的生态系统以及其对有机物的降解功能都达到了平衡和稳定的状态。从开始形成到成熟，生物膜要经历潜伏和生长两个阶段，一般的城市污水，在20℃左右的条件下大致需要30 d左右的时间。图6－13所示是附着在生物滤池滤料上的生物膜的构造。

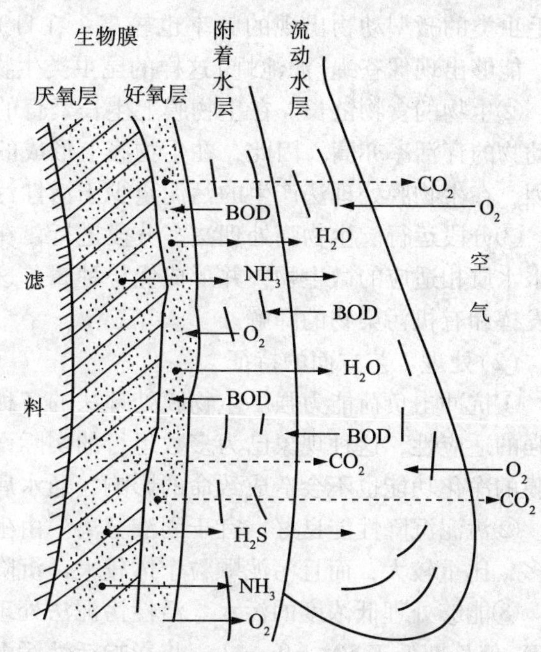

图6－13　生物滤池滤料上生物膜的构造(剖面图)

生物膜是高度亲水的物质，在污水不断在其表面更新的条件下，在其外侧总是存在着一层附着水层。生物膜又是微生物高度密集的物质，在膜的表面和一定深度的内部生长繁殖着大量的各种类型的微生物和微型动物，并形成有机污染物－细菌－原生动物(后生动物)的食物链。

生物膜在其形成与成熟后，由于微生物不断增殖，生物膜的厚度不断增加，当其增厚到一定程度时，在氧气不能透入的里侧深部就会转变为厌氧状态，形成厌氧性膜。因此，生物膜由好氧层和厌氧层组成，好氧层的厚度一般为2mm左右，有机物的降解主要在好氧层内进行。

从图6－13可见，在生物膜内外，生物膜与水层之间进行着多种物质的传递过程。空气中的氧溶解于流动水层中，从那里通过附着水层传递给生物膜，供微生物用于呼吸；污水中的有机污染物则由流动水层传递给附着水层，然后进入生物膜，并通过细菌的代谢活动而被降解，这样就使污水在其流动过程中逐步得到净化。微生物的代谢产物如H_2O等则通过附着水层进入流动水层，并随其排走，而CO_2及厌氧层分解产物如H_2S、NH_3以及CH_4等气态代谢产物则从水层逸出进入空气中。

当厌氧层还不厚时，它与好氧层保持着一定的平衡与稳定关系，好氧层能维持正常的净化功能，但当厌氧层逐渐加厚，并达到一定的程度后，其代谢产物逐渐增多，这些产物向外侧逸出，必然要透过好氧层，使好氧层的生态系统的稳定状态遭到破坏，从而失去了这两种膜层之间的平衡关系，又因气态代谢产物的不断逸出，减弱了生物膜在滤料(载体、填料)上的固着力，处于这种状态的生物膜即为老化生物膜，老化生物膜净化功能较差，而且易于脱落。生物膜脱落后生成新的生物膜，新生生物膜必须在经过一段时间后才能充分发挥其净化功能。比较理想的情况是减缓生物膜的老化进程，控制厌氧层的过分增长，加快好氧层的更新，并且尽量使生物膜不集中脱落。

3. 生物膜法的主要特征

(1)微生物相方面的特征

①参与净化反应微生物多样化。生物膜固着在滤料或填料上，其生物固体平均停留时间(污泥龄)较长，因此在生物膜上能够生长世代时间较长、比增殖速度很小的微生物，如硝化菌等。在生物膜上还可能大量出现丝状菌，而且不会发生污泥膨胀。线虫类、轮虫类以及寡毛虫类的微型动物出现的频率也较高。在日光照射到的部位能够出现藻类，在生物滤池上，能够出现像苍蝇(滤池蝇)这样的昆虫类生物。

②生物的食物链长。在生物膜上生长繁育的生物中，动物性营养一类所占比例较大，微型动物的存活率亦高。因此，在生物膜上形成的食物链长于活性污泥上的食物链。正是这个原因，在生物膜处理法产生的污泥量少于活性污泥处理系统。

③分段运行。生物膜处理法多分段进行，在正常运行的条件下，每段都繁衍与进入本段污水水质相适应的微生物，并形成优势种属，这种现象非常有利于微生物新陈代谢功能的充分发挥和有机污染物的降解。

(2)处理工艺方面的持征

①抗冲击负荷能力强。生物膜处理法的各种工艺，对流入污水水质、水量的变化都具有较强的适应性，这种现象已为多数运行的实际设备所证实，即使有一段时间中断进水，对生物膜的净化功能也不会造成致命的影响，通水后能够较快地得到恢复。

②污泥沉降性能良好，宜于固液分离。由生物膜上脱落下来的生物污泥，所含动物成分较多，比重较大，而且污泥颗粒个体较大，沉降性能良好，宜于固液分离。

③能够处理低浓度的污水。活性污泥法处理系统不适宜处理低浓度的污水，如原污水的BOD_5值长期低于50～60mg/L，将影响活性污泥絮凝体的形成和增长，净化功能降低，处理水质低下。但是生物膜处理法对低浓度污水，也能取得较好的处理效果，运行正常可使BOD_5为20～30 mg/L的污水，将BOD_5值降至5～10mg/L。

④易于维护运行。与活性污泥处理系统相比，生物膜处理法中的各种工艺都比较易于维护管理；而且如生物滤池、生物转盘等工艺，运行费用低，去除单位重量BOD_5的耗电量较少，可节约能源。

二、生物接触氧化法

生物接触氧化的早期形式为淹没式好气滤池，即在吸气池中填充块状填料，经曝气的废水流经填料层，使填料颗粒表面长满生物膜，废水和生物膜相接触，在生物膜的作用下，废水得到净化。随着各种新型的塑料填料的制成和使用，目前这种淹没式好气滤池已发展成为接触氧化池。接触氧化池内用鼓风或机械方法充氧，填料大多为蜂窝型硬性填料或纤维型软性填料，构造示意见图6－14。

生物接触氧化池的形式很多。从水流状态分为分流式(池内循环式)和直流式。分流式普遍用于国外，废水充氧和与生物膜接触是在不同的间格内进行的，废水充氧后在池内进行单向或双向循环。这种形式能使废水在池内反复充氧，废水同生物膜接触时间长，但是耗气量较大。水穿过填料层的速度较小，冲刷力弱，易于造成填料层堵塞，尤其在处理高浓度废水时，这种情况更值得重视。直流式接触氧化池（又称全面曝气接触式氧化池）是直接从填料底部充氧的，填料内的水力冲刷依靠水流速度和气泡在池内碰接、破碎形成的冲击力，只要水流及空气分布均匀，填料不易堵塞。这种形式的接触氧化池耗氧量小，无氧效率高，同时，在上升气流的作用下，液体强烈的搅拌促进氧的溶解和生物膜的更新，也可以防止填料堵塞。目前国内大多采用直流式。

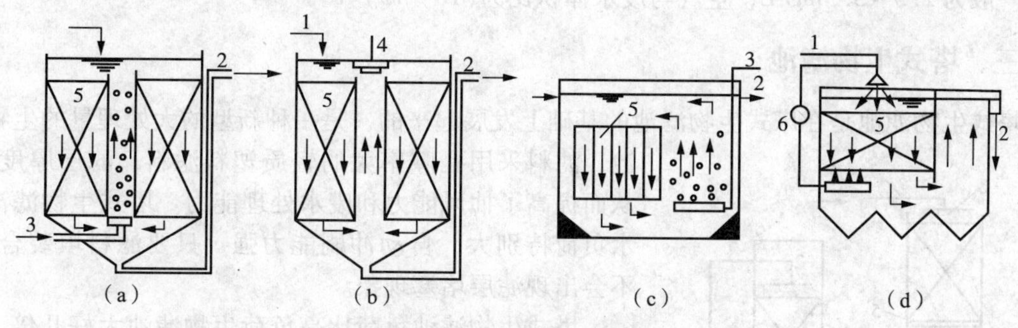

图 6-14　接触氧化池构造

1—进水管；2—出水管；3—进气管；4—叶轮；5—填料；6—泵

从供氧方式分，接触氧化法可分为鼓风式、机械曝气式、洒水式和射流曝气式几种。国内以鼓风式和射流曝气式为主。

接触氧化池填料的选择，要求比表面积大、空隙率大，水力阻力小，性能稳定。垂直放置的塑料蜂窝管填料曾经被广泛采用。这种填料比表面积较大，单位填料上生长的生物膜数量大。据实测，每平方米填料表面上的活性生物量可达 125g，如折算成悬浮混合液，则浓度为 13g/L，比一般活性污泥法的生物量大得多。但是这种填料各蜂窝管间互不相通，当负荷增大或布水均匀性较差时，则易出现堵塞，此时若加大曝气量，又会导致生物膜稳定性变差，周期性的大量剥离。近年来国内外对填料做了许多研究工作，开发了塑料规整网状填料，见图 6-15(a)。在网状填料中，水流可以四面八方连通，相当于经过多次再分布，从而防止了由于水气分布不均匀而形成的堵塞现象。缺点是填料表面较光滑，挂膜缓慢，稍有冲击，就易于脱落。国内也有采用软性填料，即由纵向安设的纤维绳上绑扎一束束的人造纤维丝，形成巨大的生物膜支承面积，如图 6-15(b)所示。实践表明，这种填料耐腐蚀、耐生物降解，不堵塞，造价低，体积小，质量轻（$2\sim3kg/m^3$），易于组装，适应性强，处理效果好。但这种填料在氧化池停止工作时，会形成纤维束结块，清洗较困难。

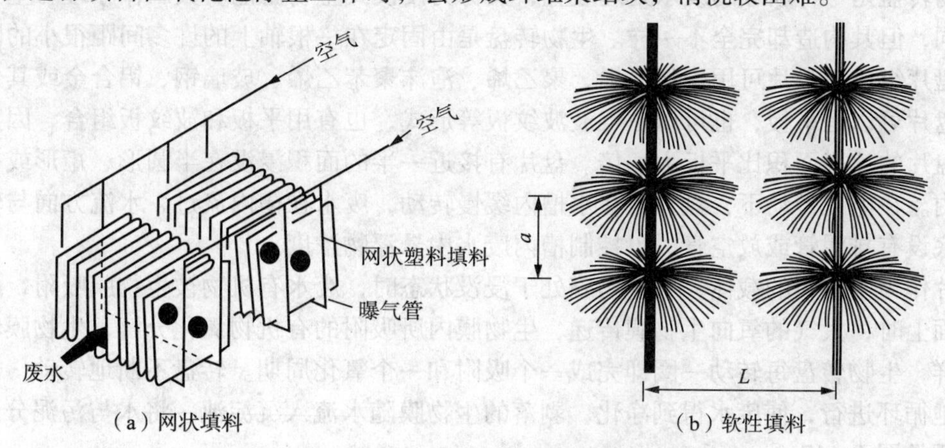

图 6-15　接触法氧化池填料

从接触氧化池脱落下来的生物污泥含有大量气泡，宜采用气浮法分离。

一般废水在接触氧化池内停留时间为0.5～1.5h，填料负荷为3～6kgBOD_5/(m^3·d)。当采用蜂窝管时，管内水流速度在1～3m/h左右，管长3～5m(分层设置)。由于氧化池内生物浓度高(折算成MLSS达10g/L以上)，故耗氧速度比活性污泥快，需要保持较高的溶解氧，一般为2.5～3.5mg/L，空气与废水体积比为(10～15):1。

三、塔式生物滤池

塔式生物滤池是在床式生物滤池的基础上发展起来的，是一种新型的大处理量的生物滤池，滤料采用孔隙率大的轻质塑料滤料，滤层厚度大，从而提高了抽风能力和废水处理能力。塔式生物滤池进水负荷特别大，自动冲刷能力强，只要滤料填装合理，不会出现滤层堵塞现象。

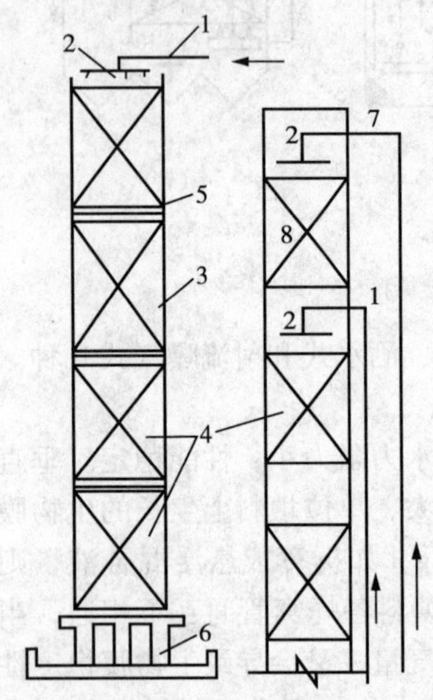

图6－16　塔式生物滤池

1—进水管；2—布水器；3—塔身；4—滤料；5—填料支承；6—塔身底座；7—吸收段进水管；8—吸收段填料

塔式生物滤池负荷比高负荷生物滤池大好几倍，也比普通生物滤池大好几倍，可承受较大浓度的废水，耐负荷冲击的能力也比较强，但要求的通风量比较大，在最不利的水文条件下往往需要实行机械通风。

塔式生物滤池的滤层厚，水力停留时间长，分解的有机物数量大，单位滤池面积处理能力高，占地面积小，管理方便，工作稳定性好，投资和运转费用低，还可采用密封塔结构，避免废水中挥发性物质造成二次污染，卫生条件好。但是，塔式生物滤池出水浓度较高，常有游离细菌，所以，塔式生物滤池适宜于二次处理串联系统中作为第一级处理设备，也可以在废水处理程度要求不高时使用。塔式生物滤池高度为6～8m，直径为塔高的1/6～1/8。图6－16为塔式生物滤池的构造示意图。

四、生物转盘

生物转盘是一种新颖的废水处理装置，又称为浸没式生物滤池。其工作原理与生物滤池基本相同，但其构造却完全不一样。生物转盘是由固定在一根轴上的许多间距很小的圆盘或多角形盘片组成。盘片可用聚氯乙烯、聚乙烯、泡沫聚苯乙烯、玻璃钢、铝合金或其他材料制成。盘片可以是平板，也可以是点波波纹板等形式，也有用平板和波纹板组合，因为点波波纹板盘片的比表面积比平板大一倍。盘片有接近一半的面积浸没在半圆形、矩形或梯形的氧化槽内。在电机带动下，盘片组在水槽内缓慢转动，废水在槽内流过、水流方向与转轴垂直，槽底设有排泥管或放空管，以控制槽内废水中悬浮物浓度。

盘片作为生物膜的载体，当生物膜处于浸没状态时，废水有机物被生物膜吸附，而当它处于水面上时，大气的氧向生物膜传递，生物膜内所吸附的有机物氧化分解，生物膜恢复活性。这样，生物转盘每转动一圈即完成一个吸附和一个氧化周期。转盘不断地转动，上述过程不停地循环进行，使废水得到净化。剥落的生物膜随水流入沉淀池，将水与污泥分开。其工艺流程见图6－17。

与生物滤池相同，生物转盘无污泥回流系统，为了稀释进水，可考虑出水回流，但是生物膜的冲刷不依靠水力负荷的增大，而是通过控制一定的盘面转速来达到。

生物转盘的优点是操作简单，生物膜与废水接触的时间可以通过调整转盘转速加以控制，故适应废水负荷变化的能力强。其缺点是转盘材料造价高，机械转动部件容易损坏，投资较高。目前，国内主要用在处理水量不大，而含有机物浓度较高的场合。

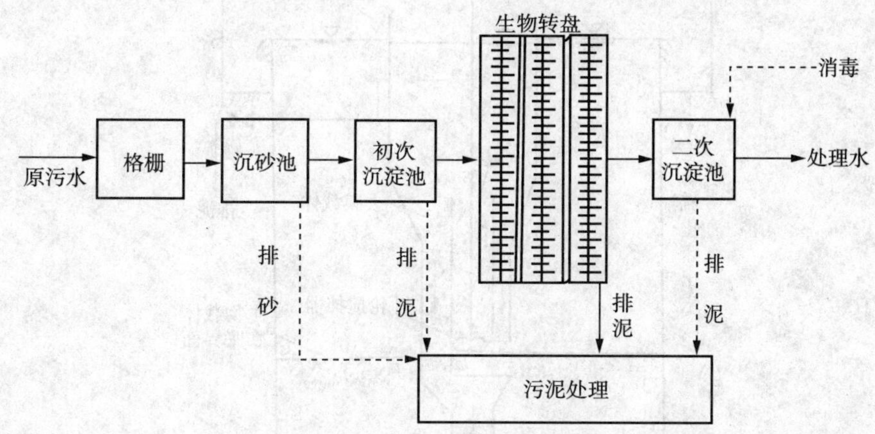

图 6－17　生物转盘工艺流程图

五、生物流化床

生物流化床是使污水通过流化的颗粒床，流化的颗粒表面附着生长着大量的生物膜，废水在流化床内同均匀分散的生物膜相接触而获得净化。生物流化床是一种强化生物处理、提高微生物降解有机物能力的高效工艺。首先，因载体颗粒小，总表面积大（每 m^3 载体的表面积可达 2000～3000m^2），为微生物的生长提供了充足的场所，因而提高了单位容积反应器内的微生物量；其次，载体处于流化状态，污水从其下部、左、右侧流过，频繁与生物膜相接触，又由于载体颗粒小，在床内比较密集，互相磨擦碰撞，因此提高了生物膜的活性，强化了有机污染物由污水中向生物膜细胞内的传质过程。

1. 生物流化床的构造

生物流化床由床体、载体、布水装置、充氧装置和脱膜装置等部分组成。

(1) 床体

床体平面多呈圆形，多由钢板焊接而成，需要时也可以由钢筋混凝土浇灌而成。

(2) 载体

载体是生物流化床的核心部件，通常采用细石英砂、颗粒活性炭、焦炭、无烟煤球、聚苯乙烯等。一般颗粒直径为 0.6～1.0mm，所提供的表面积很大。例如用直径为 1mm 的砂粒作载体，其比表面积为 3300m^2/m^3，是一般生物滤池的 50 倍。

(3) 布水装置

布水装置一般位于滤床的底部，它能起到均匀布水和承托载体颗粒的作用，因而是生物流化床的关键技术环节。目前在生物流化床的试验与应用中通常采用多孔板，多孔板上设砾石粗砂承托层、圆锥布水结构及泡罩分布板（参见图 6－18）。

(4) 脱膜装置

及时脱除老化的生物膜，使生物膜经常保持一定的活性，是生物流化床维持正常净化功能的重要环节。目前应用较多的有叶轮搅拌器、振动筛和刷形脱膜机等。图 6 - 19 所示为叶轮脱膜装置，设在流化床的上部，它利用叶轮的旋转所产生的剪切力作用使生物膜与载体分离，脱落的生物膜从沉淀分离室的排泥管排出，载体经沉降后返回流化床体。

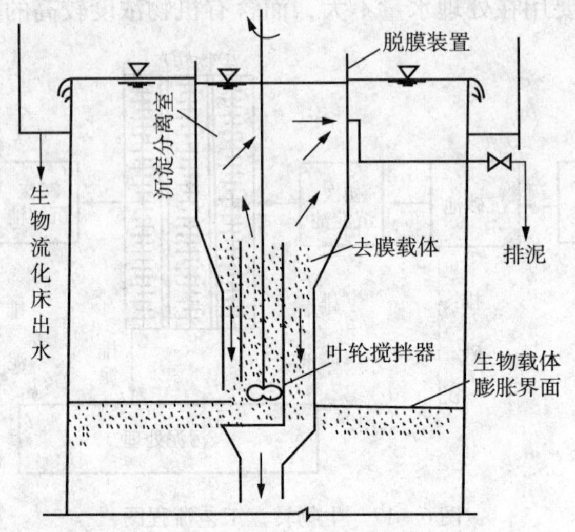

图 6 - 18　生物流化床的布水装置

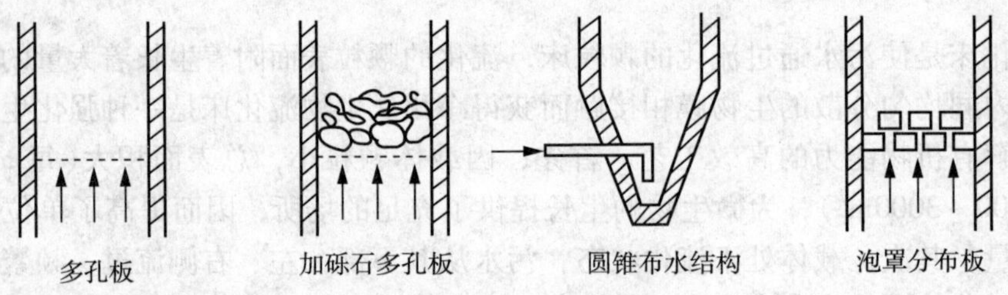

图 6 - 19　叶轮脱膜装置

2. 生物流化床的类型

根据流化床载体的流化动力来源不同，流化床可以分为以液流为动力的二相流化床和以气流为动力的三相流化床。

以氧气（或空气）为氧源的液固二相流化床流程如图 6 - 20 所示。污水与部分回流水在充氧设备中与氧混合，使污水中的溶解氧达到 32 ~ 40mg/L，然后从底部通过布水装置进入生物流化床，缓慢均匀地沿床体横断面上升，同时与生物膜相接触，发生生物氧化反应。处理后的污水从上部流出床体，进入二沉池，分离脱落的生物膜，处理水得到澄清。为了及时脱除载体上老化的生物膜，应在流程中设脱膜装置。

以空气为氧源的三相流化床的工艺流程图（参见图 6 - 21）。本工艺的流化床由三部分组成，在床体中心设输送混合管，其外侧为载体沉降区，上部为载体分离区。空气由输送混合管的底部进入，在管内形成气液固混合体，混合液在空气的搅拌作用下载体之间产生强烈的搅拌摩擦作用，外层生物膜自动脱落，因此不需要特别的脱膜装置。但载体易流失，气泡易聚集变大，影响充氧效果。为了控制气泡大小，可以采用减压释放空气的方式充氧或采用射流曝气充氧。

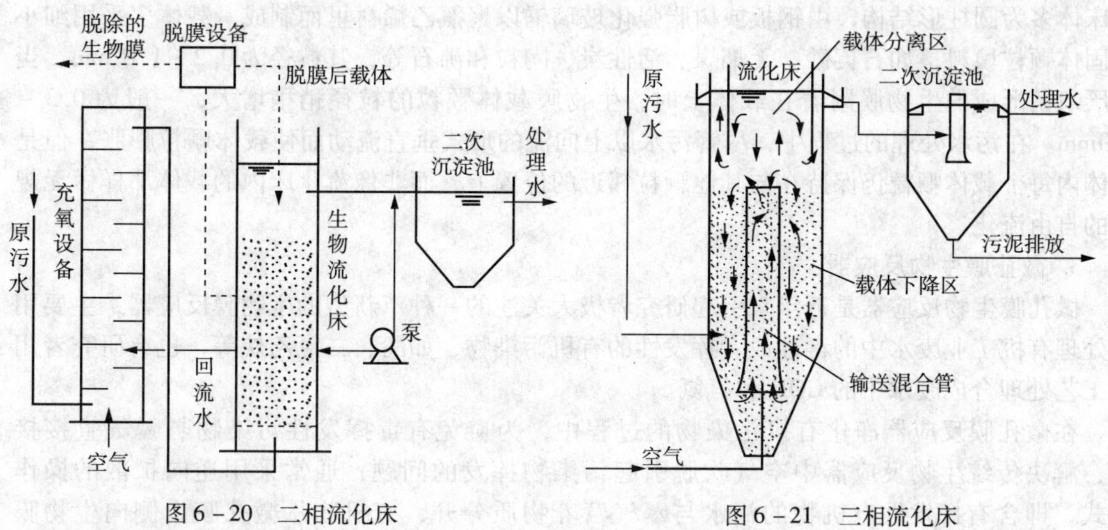

图 6-20 二相流化床 图 6-21 三相流化床

六、新型生物膜反应器

1. 移动床生物膜反应器

移动床生物膜反应器(Moving—Bed Biofilm Reactor, MBBR)是一种新型生物膜反应器，它是为了解决固定床反应器需要定期反清洗、流化床需要使载体流化、淹没式生物滤池易堵塞需清洗滤料和更换曝气器等复杂操作而发展起来的。

在移动床生物膜反应器中，填充直径约为 10mm、长度约为 7mm 的短管聚乙烯塑料填料，比重为 0.96g/cm^3，内设有交叉面支撑、外有鱼鳍状沟棱，以增加填料的比表面积。这些漂浮的载体随反应器内混合液的回旋翻转作用而自由移动。为了防止生物膜载体从反应器内流出，在反应器出口处设有穿孔板栅网。在实际运行中，移动床生物膜反应器既不需要反冲洗，也不需要污泥回流，通过反应器的水头损失也不大。

在稳态运行条件下，当移动床生物膜反应器承受较高的有机物负荷时，可以实现良好的有机物去除率。该处理工艺运行可靠，易于操作，适用于设计小型污水处理厂或改造现有的超负荷运行的活性污泥处理系统；此外，移动式生物膜反应器也可用于污水处理中的脱氮除磷。因此该工艺具有很大的发展与应用前景。

2. 厌氧生物膜膨胀床

尽管厌氧消化工艺应用于污水生物处理已经几十年了，但是厌氧生物膜膨胀床是为优化污水处理甲烷发酵工艺于 1974 年研究和开发出来的。与生物流化床相似，厌氧生物膜膨胀床亦是在床内填充细小的固体颗粒作为微生物附着生长的载体，但是污水从床底部流入时使填料层膨胀而非流化，一般其膨胀率为 10% ~20%，此时颗粒间仍保持相互接触。

厌氧生物膨胀床无疑是又一种强化生物处理效果、提高有机物降解能力的处理工艺。首先，在细小填料颗粒为微生物附着生长提供较大的比表面积，单位反应器容积内微生物浓度一般可达到30g/L，因而可以承受的有机负荷可达到 10 ~40kgCOD/(m^3·d)；其次，载体处于膨胀状态能防止滤床堵塞；床内微生物固体停留时间较长，通过微生物的内源呼吸作用可减少剩余污泥量等。

典型的厌氧生物膜膨胀床主要由床体、载体、进出水管和沼气收集管等所组成。膨胀床的床体多为圆柱形结构，由钢板或树脂强化玻璃辅以聚氯乙烯衬里而制成。载体多采用细小的固体颗粒填料，如石英砂、无烟煤、活性炭、陶粒和沸石等，其粒径为0.2～1.0 mm。当由厌氧菌形成的生物膜附着在载体上时，生物膜载体颗粒的粒径稍稍增大，一般为0.3～3.0mm。在污水处理的过程中，尽管污水以上向流的形式垂直流动而使载体颗粒膨胀，但是床体内每个载体颗粒仍保持在与其他颗粒邻近的位置上，而非像流化床内的载体那样做无规则的自由流化。

3. 微孔膜生物反应器

微孔膜生物反应器是近年来引起研究者极大关注的一种革新型的生物膜反应器，主要用来处理有机工业废水中的毒性或者挥发性的有机污染物，如酚、二氯乙烷等，也有研究者用此工艺处理合成废水中的COD和氨氮。

在微孔膜反应器净化有机污染物的过程中，为避免有毒挥发性污染物与曝气直接接触，解决传统生物反应器中空气吹脱引起污染物挥发的问题，通常采用逆向扩散的操作方式，即含有挥发性有机物的污水与曝气营养物质分开，有机物从微孔膜内侧向生物膜方向扩散，而氧气则从微孔膜外侧向生物膜扩散，两者在生物膜内相聚并在微生物的作用下有机污染物得以氧化分解。常用的微孔膜为透过性超滤膜，如硅橡胶膜、活性炭膜、中空纤维等。

4. BIOFOR 反应池

第三代生物膜反应池 BIOFOR（Biological Filtration Oxygenated Reactor，简称 BIOFOR）是继滴流滤池(Trickling Filter)和干燥过滤系统之后的第三代污水处理生物膜反应池。它不仅具有生物膜工艺技术的优势，同时也起着有效的空间滤池的作用。

BIOFOR 是德国菲力普穆勒公司的专利污水处理工艺，该工艺实际上是氧化向上汇流生物滤池(Oxygenated Cocrrent up—Flow Biofiler)。在 BIOFOR 中，气和水从滤池底部经滤料平行流出，通过高强度的空气扩散器进行氧化。原理如图6－22所示。

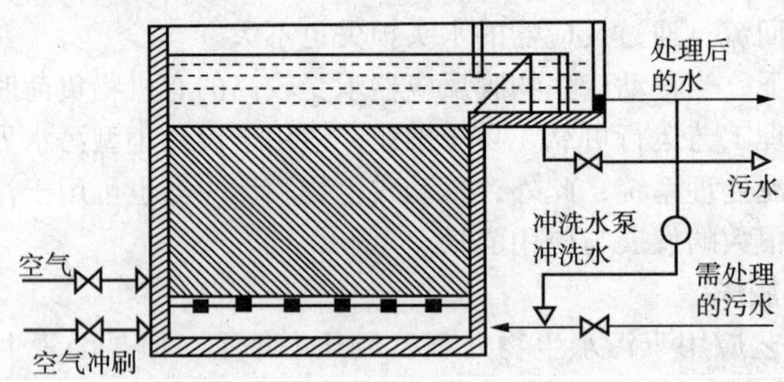

图6－22　BIOFOR 工艺原理

BIOFOR 工艺具有以下优点：①气、水平行流动使得气水能够充分高效地混匀，从而防止了气泡凝结，节省能源消耗并提高了供氧效率。②与下向流过滤相反，上向流过滤持续在整个滤池高度上，从而提供了正压条件，这样可以避免因为产生沟流影响过滤而形成的气阱(gas pockets)。③形成对整个工艺有益的半柱推条件，所以即使采用高过滤速度和负荷，仍保持该工艺的持久稳定性和有效性。④由于空气强固体物质带入滤床，空气和污水平行流动从而能使过滤效率提高，最终在滤池中可得到高负荷、均匀的固体物质，通过提高反冲洗之前的运行时间，可以减少大量的清洁时间。⑤反应器的高度可高达4m，因而占地面积较小。⑥BIOFOR 可与其他传统工艺结合使用，可使一些过去的老厂随时随地进行技术改造，避免资源浪费。

5. 复合式生物膜反应器

随着生物膜工艺的发展，生物膜工艺不仅作为单独的污水处理工艺得到广泛的应用，近年来复合到污水好氧与厌氧处理的其他污水处理工艺中去，形成复合式生物膜反应器。目前研究得比较多的几种复合类型主要有活性污泥－生物膜反应器、序批式生物膜反应器、升流式厌氧污泥床－厌氧生物滤池、附着生长污水稳定塘等。

6. 固定化细胞技术

固定化细胞技术，是国际上从20世纪60年代后期开始迅速发展的一项技术。它是通过化学或物理手段将游离细胞定位于限定的空间区域，并使其保持活性反复利用的方法。以前主要用于工业微生物的发酵生产，20世纪70年代后期由于水污染问题日益严重，迫切要求开发高效的废水处理新技术。这时，人们开始考虑利用固定化细胞技术取代活性污泥法，用于某些污染物的转化和降解。将从活性污泥中分离筛选的优势菌种加以固定，就可以组成一种新的高效的废水处理系统。固定化细胞是废水生物处理中生物自然净化——人工培养微生物絮凝体(活性污泥)、人工强化高效高浓度微生物絮凝体(微胶囊)的必然发展阶段。许多研究结果表明：固定化细胞技术在废水处理，尤其是特种工业废水处理领域中具有广阔的应用空间。

固定化细胞技术具有处理效率高、装置占地小、剩余污泥产量少等优点，从而成为近年来研究的热点。目前细胞固定化方法有载体结合法、交联法和包埋法三种。在各种固定化方法中，尤其以利用高聚物在形成凝胶的过程中将微生物固定在其内部的包埋法，优点更为突出。在包埋法固定化技术中，首先是选择合适的包埋剂及包埋条件。适用于废水处理的包埋剂应满足：在固定化过程中，微生物活性丧失少；固定成球后，机械强度高，传质性能好，性质稳定等。包埋剂主要有琼脂、聚丙烯酰胺、海藻酸钠、明胶、几丁质及聚乙烯醇(简称PVA)等。针对废水处理的实际情况，一般认为PVA是比较合适的包埋剂。

例如采用PVA－硼酸法，污泥经离心处理后与PVA以一定的重量比混合，将混合液滴加到用2% $CaCl_2$ 及 Na_2CO_3 调成pH＝6.7的饱和硼酸溶液中，在室温中聚合24h后，得到粒径为3mm左右的固定化细胞小球，再以自来水冲洗后备用。

目前的研究往往是在实验室水平，要使其真正应用于生产，还有两个必须解决的问题。一是优势菌种的筛选问题，由于实际废水是一个复杂的体系，需要选育适合它的高效菌种或菌群；二是对固定化细胞体系的研究。采用PVA－硼酸法包埋等方法，细菌活性损失往往较大，经过将近10天左右才逐渐恢复。另外固定化载体的使用寿命有限，价格较贵，也影响了固定化细胞技术的推广应用。因此，有必要对固定化细胞体系作进一步的研究，探讨出适合于废水处理的创新工艺。

第四节　厌氧生化处理

一、厌氧生物处理原理

废水厌氧生物处理是环境工程与能源工程中一项重要技术，是有机废水强有力的处理方法之一。人们有目的地利用厌氧生物处理已有近百年的历史。农村广泛使用的沼气池，就是厌氧生物处理技术最初的运用实例。但由于存在水力停留时间长、有机负荷低等缺点，较长时期限制了该技术在废水处理中的广泛应用。从20世纪70年代开始，由于世界能源的紧缺，能产生能源的废水厌氧技术得到重视，不断开发出新的厌氧处理工艺和构筑物。大幅度地提高了厌氧反应器内活性污泥的持留量，使废水的处理时间大大缩短，处理效率成倍提高。特别在高浓度有机废水处理方面逐渐显示出它的优越性。

废水的厌氧生物处理是指在无分子氧的条件下通过厌氧微生物（或兼氧微生物）的作用，将废水中的有机物分解转化为甲烷和二氧化碳的过程，所以又称厌氧消化。厌氧生物处理实际上是一个复杂的生物化学过程，早在20世纪30年代，人们就已经认识到有机物的分解过程分为酸性（酸化）阶段和碱性（甲烷化）阶段。1967年，Bryant的研究表明，厌氧过程主要依靠三大主要类群的细菌，即水解产酸细菌、产氢产乙酸细菌和产甲烷细菌的联合作用完成。因此应划分为三个连续的阶段，即水解酸化阶段、产氢产乙酸阶段、产甲烷阶段，有人也把第一个阶段又划分为水解和酸化两个阶段，具体见图6-23。

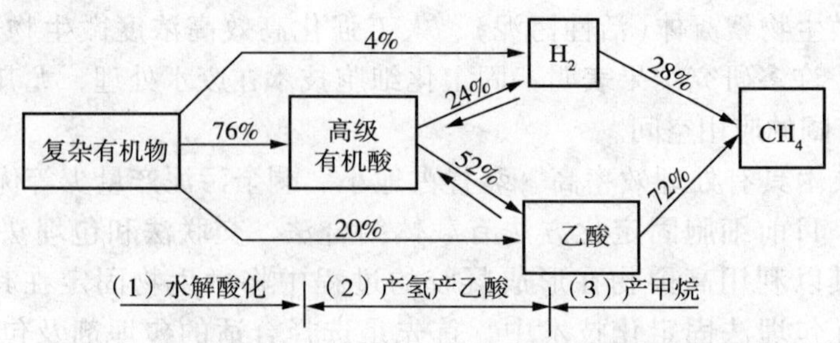

图6-23　厌氧发酵的三个阶段和COD转化率

第一个阶段为水解酸化阶段。在这个阶段中，复杂的大分子有机物、不溶性的有机物先在细胞外酶水解为小分子、溶解性有机物，然后渗透到细胞体内，分解产生挥发性有机酸、醇类、醛类物质等。

第二个阶段为产氢产乙酸阶段。在产氢产乙酸细菌的作用下，将第一个阶段所产生的各种有机酸分解转化为乙酸和 H_2，在降解奇数碳素有机酸时还形成 CO_2。

第三个阶段为产甲烷阶段。产甲烷细菌利用乙酸、乙酸盐、CO_2 和 H_2 或其他一碳化合物转化为甲烷。

上述三个阶段的反应速率因废水性质的不同而异。而且厌氧生物处理对环境的要求比好氧法要严格。一般认为，控制厌氧生物处理效率的基本因素有两类：一类是基础因素，包括微生物量（污泥浓度）、营养比、混合接触状况、有机负荷等；另一类是周围的环境因素，如温度、pH值、氧化还原电位、有毒物质的含量等。

厌氧生物处理的主要影响因素有pH值、碳氮化、温度、阻抑物等。

1. pH值

产酸菌繁殖的倍增时间是以分钟或小时计，而甲烷菌却长达4~6d。若消化过程被酸性发酵阶段所控制，则甲烷细菌必被酸性发酵产物等所抑制，因此，平衡这两类细菌非常重要。为此，消化过程的pH值应控制在6.7~7.2为宜。运行正常的消化系统可以在消化的最终产物中产生缓冲剂，例如：

$$\text{有机物} \longrightarrow CO_2 + H_2O + NH_3 + CH_4$$

$$CO_2 + H_2O + NH_3 \longrightarrow NH_4HCO_3\text{（缓冲剂）}$$

当消化过程中有机酸积累时，要大量消耗掉碳酸氢根（HCO_3^-），使消化液的缓冲能力降低甚至消失：

$$RCOOH + HCO_3^- + H_2O \longrightarrow RCOO^- + CO_2 + 2H_2O$$

2. 碳氮比

在厌氧菌的生命过程中，由于呼吸作用没有分子氧参与，分解有机物所获得的能量仅为需氧条件下的3% ~10%，因此，对营养的要求主要以能满足合成新的细胞质为基础。

在高碳氮比值下进行发酵时，易造成产酸发酵优势。当pH值降至6.0以下，此时产气效果差，酸性气体超过50%，到pH值降至5.5以下时，会出现酸阻抑现象，发酵基本停止，影响有机物的分解。而在低碳氮比值下进行发酵时，则易造成腐解发酵，蛋白质分解、氨释放加快，使发酵液pH值上升至8以上，气体中的甲烷含量降低，大量氨随沼气一起排出。碳氮比值控制的适宜范围以(20:1) ~ (30:1)为宜，这样才能使发酵过程的产酸和释氨速度配合得当，酸碱中和反应恰好稳定在pH值为4左右。

3. 温度

温度对厌氧消化有很大影响，因为温度直接影响生化反应速率的快慢。起消化作用的微生物中，一种是嗜温性微生物，在15 ~43℃之间为宜，最适宜温度为32 ~35℃；另一种是嗜热性微生物，它们可以在高温环境中繁殖，适宜温度为49 ~54.5℃。

采用较高温度进行消化是有利的，可以缩短消化时间，在45 ~60℃内消化作用最好，但由于热损失高，还产生臭味，实际上较少采用。比较适宜的温度约为35℃，即中温消化。高、中低温消化法的单位容积处理能力比值为2.5:(0.2 ~0.25)。

4. 阻抑物

厌氧消化过程的阻抑物主要为重金属离子和阴离子。

(1)重金属离子的阻抑作用

重金属离子对甲烷消化所起的阻抑作用有两个方面：①与酶结合，产生变性物质；②重金属离子及其碱性化合物的凝聚作用，使酶沉淀。

(2)阴离子的阻抑作用

阴离子的阻抑作用最大的是硫化物，当其浓度超过100mg/L时，对甲烷细菌有阻抑作用。硫化物是硫酸根在硫酸还原菌作用下还原而生成的，因此，消化过程中硫酸根浓度不应超过5000mg/L。

多年来，结合高浓度有机废水的特点和处理实践经验，开发了不少新的厌氧生物处理工艺和设备。有代表性的厌氧生物处理工艺和设备有：普通厌氧消化池、厌氧滤池、厌氧接触消化、上流式厌氧污泥床(UASB)、厌氧附着膜膨胀床(AAFEB)、厌氧流化床(AFB)、升流厌氧污泥床－滤层反应器(UBF)、厌氧转盘和挡板反应器、两步厌氧法和复合厌氧法等。表6－5列举了几种常见厌氧工艺的一般性特点和优点。

表6－5　几种常见厌氧处理工艺的比较

工艺类型	特　点	优　点	缺　点
普通厌氧消化	厌氧消化反应与固液分离在同一个池内进行，甲烷气和固液分离(搅拌或不搅拌)	可以直接处理悬浮固体含量较高或颗粒较大的料液，结构较简单	缺乏持留或补充厌氧活性污泥的特殊装置，消化器中难以保持大量的微生物；反应时间长，池容积大等

续表

工艺类型	特　点	优　点	缺　点
厌氧接触法	通过污泥回流，保持消化池内污泥浓度较高，能适应高浓度和高悬浮物含量的废水	消化池内的容积负荷较普通消化池高，有一定的抗冲击负荷能力，运行较稳定，不受进水悬浮物的影响，出水悬浮固体含量低，可以直接处理悬浮固体含量高或颗粒较大的料液	负荷高时污泥仍会流失；设备较多，需增加沉淀池、污泥回流和脱气等设备，操作要求高；混合液难以在沉淀池中进行固液分离
上流式厌氧污泥床	反应器内设三相分离器，反应器内污泥浓度高	有机负荷高，水力停留时间短；能耗低，无需混合搅拌装置，污泥床内不填载体，节省造价又避免堵塞问题	对水质和负荷突然变化比较敏感；反应器内有短流现象，影响处理能力；如设计不善，污泥会大量流失；构造较复杂
厌氧滤池	微生物固着生长在滤料表面，滤池中微生物含量较高，处理效果比较好。适用于悬浮物含量低的废水	可承受的有机容积负荷高，且耐冲击负荷能力强；有机物去除速度快，不需污泥回流和搅拌设备；启动时间短	处理含悬浮物浓度高的有机废水，易发生堵塞，尤以进水部位更严重。滤池的清洗比较复杂
厌氧流化床	载体颗粒细，比表面积大，载体处于流化状态	具有较高的微生物浓度，有机物容积负荷大，具有较强的耐冲击负荷能力，具有较高的有机物净化速度，结构紧凑，占地少以及基建投资省	载体流化能耗大，系统的管理技术要求比较高
两步厌氧法和复合厌氧法	在两个独立的反应器中进行，比例酸化和甲烷化在两个反应器中进行。两个反应器内也可以采用不同的反应温度	耐冲击负荷能力强，能承受较高负荷；消化效率高，尤其适于处理含悬浮固体多、难消化降解的高浓度有机废水；运行稳定，更好地控制工艺条件	两步法设备较多，流程和操作复杂
厌氧转盘和挡板反应器	对废水的净化靠盘片表面的生物膜和悬浮在反应槽中的厌氧菌完成，有机物容积负荷高	无堵塞问题，适于高浓度废水；有机物容积负荷高，水力停留时间短；动力消耗低，耐冲击能力强，运行稳定，运转管理方便	盘片造价高

二、普通厌氧消化池

普通厌氧消化池已有很长的历史，消化池采用密闭的圆柱形，如图6-24所示。废水间歇或连续进入池中，经消化的污泥和废水分别由消化池的底部和上部排出，产生的沼气由顶部排出。池径从几米到三四十米，池体部分的高度约为池径的1/2。底部呈圆锥形，以利于排泥。消化池一般设有顶盖，以保证良好的厌氧条件，便于收集沼气，保持池内温度，并减少池面的蒸发。消化池要进行搅拌，常用的搅拌方式有三种：①机械搅拌；②沼气搅拌，即用压缩机将沼气从顶部抽出，再从池底充入，进行循环搅拌；③循环消化液搅拌，即在池内设射流器，池外设置的水泵将循环消化液经射流器重新打入消化池内，射流器喉管吸入的是消化产生的沼气。

中温和高温消化时，要对消化液进行加热，加热的方式有三种：①废水在消化池外先经热交换器预加热到一定温度再进入消化池；②热蒸汽直接在消化池进行加热；③在消化池安装热交换器。

普通消化池中温消化的负荷为 2 ~ 3kgCOD/(m^3·d)，高温消化时的负荷为 5 ~ 6kgCOD/(m^3·d)。

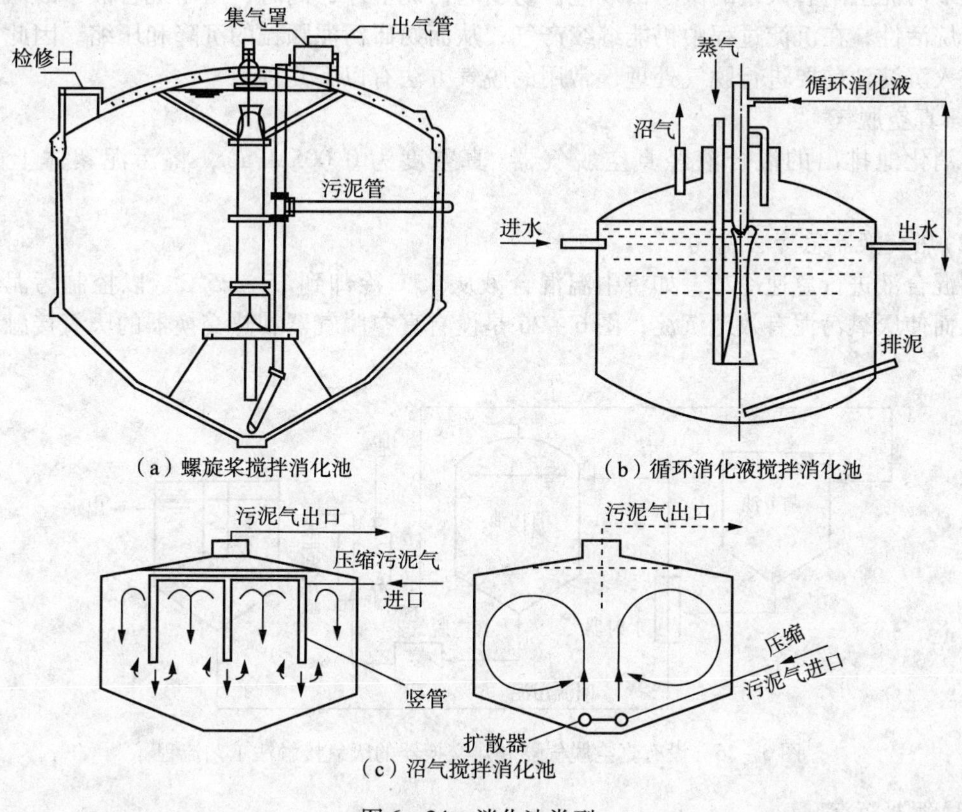

（a）螺旋桨搅拌消化池　（b）循环消化液搅拌消化池

（c）沼气搅拌消化池

图 6-24　消化池类型

普通消化池的优点是：可以直接处理悬浮固体含量较高或颗粒较大的料液，消化反应和固液分离在同一个池进行，结构简单。其缺点是无法保持或补充厌氧活性污泥，消化池内难以保持大量的微生物；无搅拌的消化池会出现料液分层现象，微生物不能与料液均匀接触，消化效果差。

三、厌氧接触消化池

为了克服消化不能保持或补充厌氧污泥的缺点，在普通消化池后设置一沉淀池，将污泥沉淀后回流至消化池，一方面可以保持消化池内污泥的浓度，同时出水中污泥的含量少，水质稳定。工艺流程如图 6-25 所示。

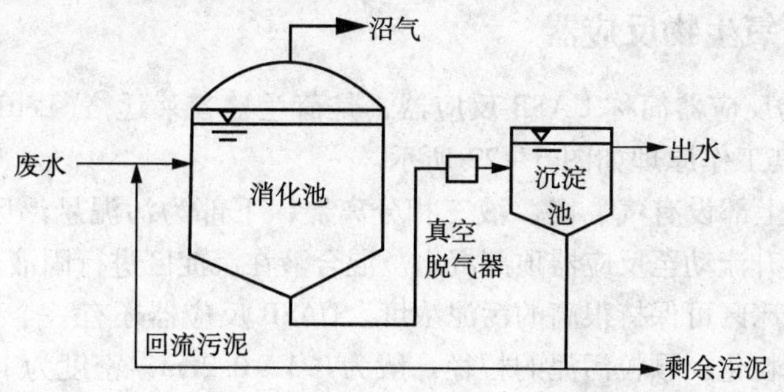

图 6-25　厌氧接触法工艺流程

从消化池排出的混合液在沉淀池中进行固液分离有一定的困难。原因有二：一方面由于混合液中污泥上附着大量的微小沼气泡，易引起污泥上浮；同时，由于混合液中的污泥仍具有产甲烷活性，在沉淀过程中仍能继续产气，从而妨碍污泥颗粒的沉降和压缩。因此，混合液在进入沉淀池前要进行脱气处理，常用的脱气方法有以下几种。

(1)真空脱气

由消化池排出的混合液经真空脱气器(真空度为0.005MPa)，将污泥絮体上的气泡除去。

(2)热交换器急冷法脱气

将混合液进行急速冷却，如将中温混合液从35℃冷却到15~25℃，以控制污泥继续产气，从而使厌氧污泥有效地沉淀；图6-26是设有真空脱气器和热交换器的厌氧接触法工艺流程。

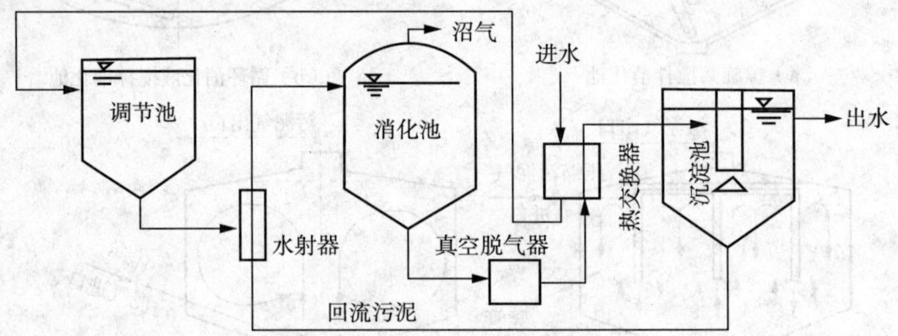

图6-26　设有真空脱气器和热交换器的厌氧接触法工艺流程

(3)絮凝沉淀

向混合液中投加絮凝剂，使厌氧污泥凝聚成大颗粒，以加速沉降。

(4)用超滤器代替沉淀池，改善固液分离效果

此外，在沉淀池设计时，表面负荷比一般废水沉淀池表面负荷要小，一般不大于1m/h，停留时间比一般废水沉淀时间要长，可采用4h。

厌氧接触法的特点：①消化池内污泥浓度较高，一般为10~15g/L，耐冲击能力强；②消化池的容积负荷较普通消化池高，中温消化时，一般为2~10kgCOD/(m^3·d)，水力停留时间比普通消化池大大缩短，如常温下，普通消化池为15~30d，而接触法小于10d；③可以直接处理悬浮固体含量较高或颗粒较大的料液，不存在堵塞问题；④混合液经沉淀后，出水水质好，但需增加沉淀池、污泥回流和脱气等设备。

四、上流式厌氧生物反应器

上流式厌氧生物反应器简称UASB反应器，是荷兰学者莱廷格(Lettinga)等人在20世纪70年代初开发的，其工作原理如图6-27所示。

UASB反应器的上部设有气、固、液三相分离器，下部为污泥悬浮区和污泥床，废水从反应器底部流入，上升流动至反应器顶部沉出。混合液在沉淀区进行固液分离，污泥可自行回流到污泥床区，污泥床区可保持很高的污泥浓度。UASB反应器还有一个很大的特点是，能在反应器内实现污泥颗粒化，颗粒污泥的粒径一般为0.1~0.2cm，密度为1.04~1.08g/cm^3，具有良好的沉降性能和很高的产甲烷活性。污泥颗粒化后，反应器内污泥的平均浓度可达

50gVSS/L 左右，污泥龄一般在 30d 以上，而反应器的水力停留时间比较短；所以 UASB 反应器具有很高的容积负荷。UASB 反应器不仅适于处理高、中浓度的有机废水，也适用于处理如城市废水这样的低浓度有机废水。

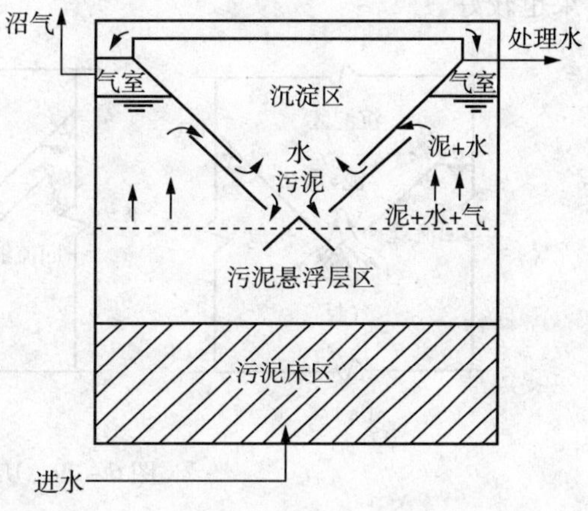

图 6－27 UASB 厌氧生物反应器工作原理图

UASB 反应器的构造特点如图 6－28 所示，集生物反应与沉淀于一体，结构紧凑。废水由配水系统从反应器底部进入，通过反应区经气、固、液三相分离器后进入沉淀区；气、固、液分离后，沼气由气室收集，再由沼气管流向沼气柜；固体（污泥）经沉淀区沉淀后自行返回反应区；沉淀后的处理水从出水槽排出。UASB 反应器内不设搅拌设备，上升水流和沼气产生的气流足可满足搅拌要求。UASB 反应器的构造简单，便于操作运行。

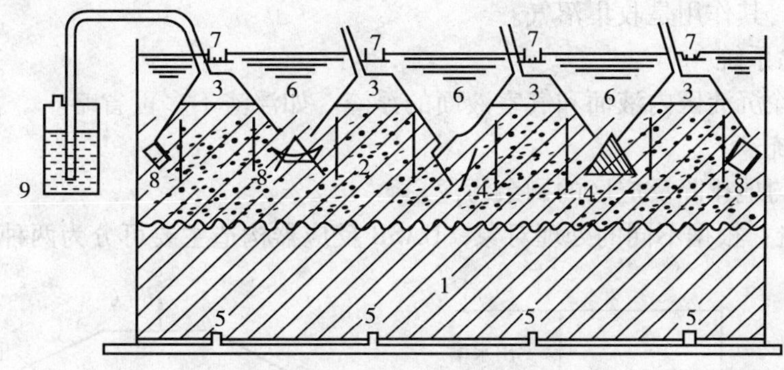

图 6－28 UASB 反应器的构造

1—污泥床；2—悬浮污泥层；3—气室；4—气体挡板；5—配水系统；6—沉降区；7—出水槽；8—集气罩；9—水封

UASB 反应器主要组成如下：

（1）进水配水系统

其功能主要是将废水均匀地分配到整个反应器，并具有进行水力搅拌的功能。这是反应器高效运行的关键之一。

（2）反应区

其中包括污泥床区和污泥悬浮层区，有机物主要在这里被厌氧菌所分解，是反应器的主要部位。

（3）三相分离器

它由沉淀区、回流缝和气封组成。其功能是把气体（沼气）、固体（污泥）和液体分开。固体经沉淀后出回流缝回到反应区，气体分离后进入气室。三相分离的分离效果将直接影响反应器的处理效果。分离器的形式是多种多样的，但其三项主要功能为：气液分离、固液分离和污泥回流；主要组成部分为气封、沉淀区和回流缝。图 6－29 所示为三相分离器的基本构造型式。

图 6－29（a）式构造简单，但泥水分离的情况不佳，在回流缝同时存在上升和下降两股流体，相互干扰，污泥回流不通；图 6－29（c）式也存在类似情况；图 6－29（b）式的构造较为复杂，但污泥回流和水流上升互不干扰，污泥回流通畅，泥水分离效果较好，气体分离效

果也较好。

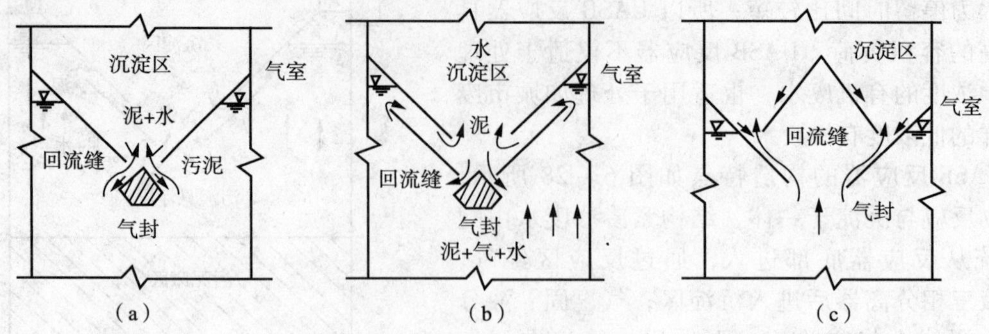

图 6－29　UASB 三相分离器结构型式

(4)配水系统

其作用是把沉淀区水面处理过的水不均匀地加以收集，排出反应器。

(5)储气室

也称集气罩。其作用是收集沼气。

(6)浮渣清除系统

其功能是清除沉淀区内液面和气室液面的浮渣。如浮渣不多可省略。

(7) 排泥系统

其功能是均匀地排除反应区的剩余污泥。

UASB 的构造：根据不同的处理对象，UASB 反应器构造主要可分为两种，见图 6－30。

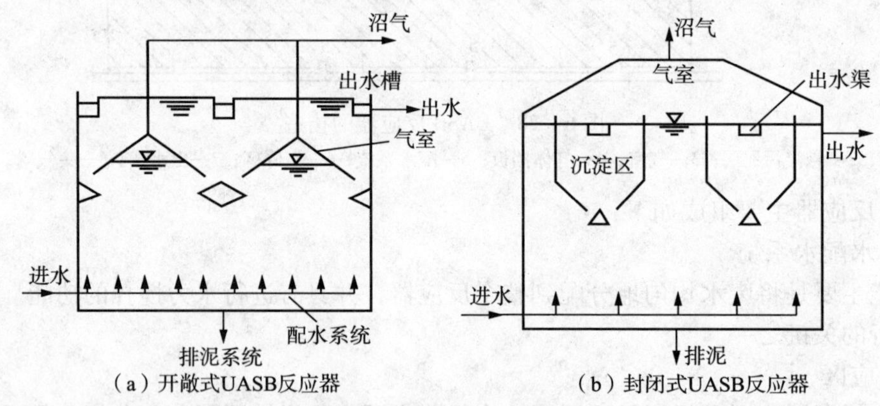

图 6－30　UASB 反应器构造

图 6－30(a)为开敞式 UASB 反应器。其特点是反应器的顶部不加密封，出水水面是开放的，或加一层不密封的盖板。这种 UASB 反应器主要适用于处理中低浓度的有机废水。中低浓度废水经 UASB 反应器处理后，出水中的有机物浓度已经降低，所以在沉淀区产生的沼气数量很少，一般不再收集。这种型式反应器构造比较简单，易于施工安装和维修。图 6－30(b)为封闭式 UASB 反应器，其特点是反应器的顶部加盖密封。在液面与池顶之间形成一个气室，可以同时收集反应区和沉淀区产生的沼气。这种型式反应器适用于处理高浓度有机废水或含硫酸盐较高的有机废水。此种型式反应器的池盖也可为浮盖式。

UASB 反应器的横断面形状一般为圆形或矩形。反应器常为钢结构或钢筋混凝土结构。当采用钢结构时，常采用圆形横断面；当采用钢筋混凝土结构时，则常用矩形横断面。三相分离器要求采用矩形横断面，便于设计和施工。

UASB 反应器处理废水一般不加热，而利用废水本身的水温。如果需要加热提高反应的温度，则采用与消化池加热相同的方法。反应器一般都采用保温措施，方法同消化池。反应器必须采取防腐蚀措施。

表 6－6 列举了国外部分 UASB 反应器的应用情况与国内部分半生产性和生产性 UASB 反应器运行数据。

表 6－6　国外部分 UASB 反应器的应用实例

废水类型	使用国家	装置数	设计负荷/[kgCOD/(m^3·d)]	反应器体积/m^3	温度/℃
甜菜制糖	荷兰	7	12.5～17	200～1700	30～35
	德国	2	9.12	2300，1500	30～35
	奥地利	1	8	3040	30～35
土豆加工	荷兰	8	5～10	240～1500	30～35
	美国	1	6	2200	30～35
	瑞士	1	8.5	600	30～35
土豆淀粉	荷兰	2	10.3～10.9	1700，5500	30～35
	美国	1	11.1	1800	30～35
玉米淀粉	荷兰	1	10～12	900	30～35
小麦淀粉	荷兰	1	6.5	500	30～35
	爱尔兰	1	9	2200	30～35
	澳大利亚	1	9.3	4200	30～35
大麦淀粉	芬兰	1	8	420	30～35
酒精	荷兰	1	16	700	30～35
	德国	1	9	2300	30～35
	英国	1	7～10	2100	30～35
	美国	2	10.8～10.3	5000，1800	30～35 30～35
酵母	沙特阿拉伯	1	10.5	950	30～35
	荷兰	1	5～10	1400	23
	美国	1	14	4600	30～35
啤酒	美国	1	5.7	1500	20
	荷兰	1	3～5	600	24
屠宰	加拿大	1	6～8	450	24
	荷兰	2	8～10	1000，740	24
牛奶	荷兰	1	4	740	20
造纸	荷兰	1	5～6	2200	25
	荷兰	1	10	375	30～35
蔬菜罐头	美国	1	11	500	30～35
白酒	泰国	1	15	3000	30～35
城市废水	印度	1	2.3	1200	常温
	哥伦比亚	1	2	1600	常温

五、两相厌氧消化池

两相厌氧消化工艺是根据厌氧消化过程产酸和产甲烷两阶段中起作用的微生物群在组成和生理生化特性方面的差异，采用两个独立的反应器串联运行。第一个反应器称为产酸反应器，或产酸相；第二个反应器称为产甲烷反应器，或产甲烷相。两个反应器中分别培养发酵菌和产甲烷菌，并控制不同的运行参数，使其分别满足两类不同的细菌的最适合生长条件。两相厌氧消化工艺克服了单相厌氧消化工艺中两类微生物的协调和平衡矛盾，提高了反应器处理能力。

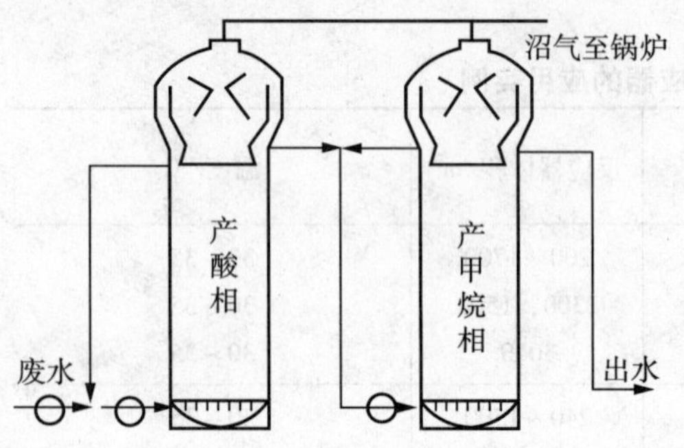

图 6－31　两相厌氧消化工艺流程

两相厌氧消化工艺流程如图 6－31 所示。由图 6－31 可见，产酸相接受待处理的原废水或经过一定预处理的废水，其出水则送至第二个反应器——产甲烷相。两相厌氧消化工艺中的反应器可以采用前述任一种厌氧的反应器，如完全混合反应器、升流式厌氧污泥床、厌氧滤池或其他反应器。产酸相和产甲烷相所采用的反应器形式可以相同，也可以不同。

两相厌氧消化工艺最本质的特征是相的分离，即在产酸相中保持产酸细菌的优势，在产甲烷相中保持产甲烷菌的优势，有如下方法实现相分离。

1. 化学法

即投加选择性的抑制剂或调整氧化还原电位，抑制产甲烷菌在产酸相中生长，以实现两相分离。

2. 物理法

即采用选择性的半渗透膜使进入两个反应器的基质有显著的差异，以实现相的分离。

3. 动力学控制法

即利用产酸细菌和产甲烷细菌在生长速率上的差异，控制两个反应器的水力停留时间，使生长速率慢、世代时期长的产甲烷菌不可能在停留时间短的产酸相中存活。

上述三种方法中，以动力学控制法最为简便，因此被普遍采用。必须指出的是，两相的彻底分离是很难实现的，在产酸相或产甲烷相中，总还会有另一类细菌存在，只是不占优势而已。

与单相厌氧消化工艺相比较，两相厌氧消化工艺具有以下优点：①由于产酸相可以在相当高的负荷下运行，两相厌氧工艺的有机负荷可以比单相厌氧消化工艺明显提高。②出于产甲烷相创造了符合产甲烷菌生长需要的良好环境，产甲烷菌的活性可以提高，因而使产量增加。③两相厌氧消化工艺运行较稳定，承受冲击负荷的能力较强。④当废水中 SO_4^{2-} 等抑制性物质时，对产甲烷菌的影响将由于相的分离而减弱。⑤对于复杂的碳水化合物（如纤维素等），其水解反应往往是厌氧消化过程的限速步骤，采用两相厌氧消化有利于提高其水解反应速率，因此提高厌氧消化效果。

六、厌氧滤池

厌氧滤池又称厌氧固定膜反应器，是 20 世纪 60 年代末开发的新型高效厌氧处理装置，其工艺如图 6－32 所示。滤池呈圆柱形，池内装放填料，池底和池顶密封。厌氧微生物附着于填料的表面生长，当废水通过填料层时，在填料表面的厌氧生物膜作用下，废水中的有机物被降解，并产生沼气，沼气从池顶部排出。滤池中的生物膜不断地进行新陈代谢，脱落的生物膜随出水流出池外。废水从池底进入，从池上部排出，称升流式厌氧滤池；废水从池上部进入，以降流的形式流过填料层，从池底部排出，称降流式厌氧滤池。

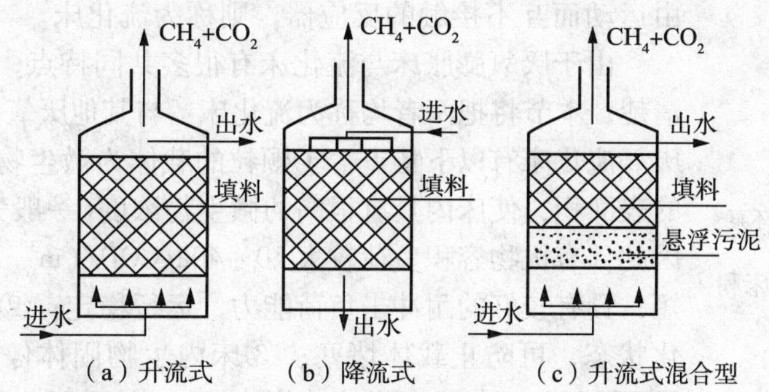

图 6-32　厌氧滤池工艺流程

厌氧生物滤池填料的比表面积和空隙率对设备处理能力有较大影响。填料比表面积越大，可以承受的有机物负荷越高，空隙率越大，沉淀池的容积利用系数越高，堵塞减小。因此，与好氧生物滤池类似，厌氧生物滤池对填料的要求为：比表面积大，填充后空隙率高，生物膜易附着，对微生物细胞无抑制和毒害作用，有一定强度，且质轻、价廉、来源广。填料层高度，对于粒状滤料，高度以不超过 1.2m 为宜，对于塑料填料，高度以 1~6m 为宜。填料的支撑板采用多孔板或竹子板。

在厌氧生物滤池中，厌氧微生物大部分存在于生物膜中，少量以厌氧活性污泥的形式存在于滤料的孔隙中。厌氧微生物总量沿池高度分布是很不均匀的，在池进水部位高，相应的有机物去除速度快。当废水中有机物浓度高时，特别是进水悬浮固体浓度和颗粒较大时，进水部位容易发生堵塞现象。为此，对厌氧生物滤池采取如下改进：①出水回流，使进水有机物浓度得以稀释，同时提高池内水流的流速，冲刷滤料空隙中的悬浮物，有利于消除滤池的堵塞。此外，对某些酸性水，出水回流起到中和作用，减少中和药剂的用量；②为了避免堵塞，仅在滤池上部和中部各设置一填料薄层，空隙率大大提高，处理能力增大；③采用平流式厌氧生物滤池，滤池前段下部进水，后段上部溢流出水，顶部设气室，底部设污泥排放口，使沉淀悬浮物得到连续排除；④采用软性填料。软性填料空隙率大，可克服堵塞现象。

厌氧生物滤池的特点如下：①由于填料为微生物附着生长提供了较大的表面积，滤池中的微生物数量较高，而且生物膜停留时间长，平均停留时间长达 100d 左右，因而可承受的有机容积负荷高，COD 容积负荷为 2~16kgCOD/(m^3·d)，且耐冲击负荷能力强；②废水与生物膜两相接触面大，强化了传质过程，因而有机物去除速度快；③微生物附着生长为主，不易流失，因此不需污泥回流和搅拌设备；④启动或停止行动后再启动比前述厌氧工艺法时间短；但该工艺也存在一些问题：处理含悬浮物浓度高的有机废水，易发生堵塞，尤以进水部位更为严重。滤池的清洗尚无简单有效的方法。

七、厌氧流化床

厌氧膨胀床和流化床的工艺流程如图 6-33 所示，床内填充细小的固体颗粒作载体。常用的载体有石英砂、无烟煤、活性炭、陶粒和沸石等，颗粒一般为 0.2~1mm。废水从床底

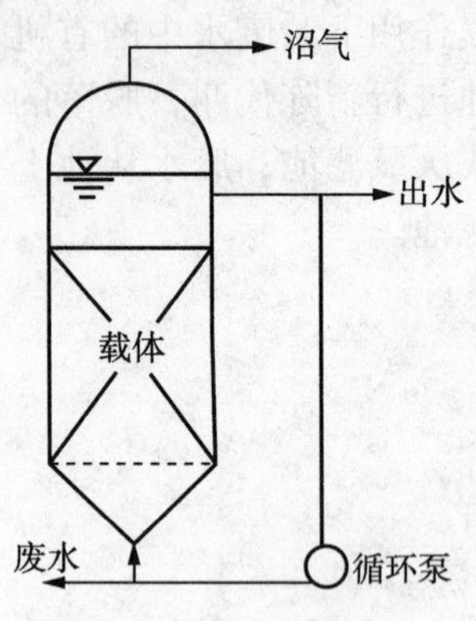

图6-33 厌氧膨胀床和流化床工艺流程

部流入，向上流动。为使填料层膨胀或流化，常用循环泵将部分出水回流，以提高床内水流的上升速度。

一般常将床内载体略加松动，载体间空隙增加但仍保持互相接触的反应器称为膨胀床；而上升流速增大到使载体可在床内自由运动而互不接触的反应器，则称为流化床。

由于厌氧膨胀床与流化床有很多共同特点，其区分界限也不分清楚，本节将把两者均称为流化床：与其他厌氧生物反应器相比较，厌氧流化床有以下特点：①颗粒的载体为微生物附着生长提供较大的表面积，使床内具有很高的微生物浓度(一般为30gVSS/L左右)，因此，有机物容积负荷较大10~40kgCOD/(m^3·d)，水力停留时间短，具有较好的耐冲击负荷能力，运行稳定；②载体处于膨胀或流化状态，可防止载体堵塞；③床内生物固体停留时间较长，运行稳定，剩余污泥量少；④既可用于高浓度有机废水的处理，也可用于低浓度的城市废水处理。

厌氧流化床的主要缺点有：载体流化耗能较大，系统的设计、运行要求高。表6-7为部分国外生产性厌氧流化床实例。

表6-7 部分国外生产性厌氧流化床实例

公司名称	Ecolotrol	Dorr - Oliver	Gist - Brocades	Gist - Brocades	Enso - Gutyeit
流化床所在地	Birmingham（美国）	Muscatine(美国)	Delft（荷兰）	Drouvy（法国）	Kunkapaa - Will（芬兰）
投产时间	—	1984年4月	1984年8月	1985年10月	1984年
废水名称	清凉饮料	大豆加工	酵母发酵	酵母发酵	KP纸浆蛋白
废水量/(m^3/d)	380	770	4320	1200	—
废水COD浓度/(mg/L)	6900	12000	3200	3600	700①
pH值		6.7~7.1	6.8	7.4	3~6
厌氧消化相数	单相	两相	两相	两相	单相
厌氧流化床容积/流化验床有效容积/m^3	120	360/300	380/225	125/80	
厌氧流化床高度/流化部分/m		12.5	21/13	17/12	
厌氧流化床直径/m		6.1	4.7	3.0	
系列数		2	2	2	1
水力停留时间/h	6	16	2.4	3.2	3~12
消化温度/℃		35	37	37	35±2
COD去除负荷/[kg(COD)/(m^3·d)]	9.6	12	22	20	
微生物浓度/(kg/m^3)		12	20	20	
COD去除率/%	77	76	70	75	50~60①

①以BOD表示。

八、生物脱氮和生物除磷

1. 生物脱氮原理

现行的以传统活性污泥法为代表的好氧生物处理法，其传统功能是去除污水中呈溶解性的有机物。至于氮、磷只能去除细菌细胞由于生理上的需要而摄取的数量，这样，氮的去除率为20%～40%，而磷的去除率仅为5%～20%。

在自然界存在着氮循环的自然现象。在采取适当的运行条件后，是能够将这一自然作用运用在活性污泥反应系统的。

(1)氨化与硝化

在未经处理的新鲜污水中，含氮化合物存在的主要形式有：①有机氮，如蛋白质、氨基酸、尿素、胺类化合物、硝基化合物等；②氨态氮(NH_3、NH_4^+)，一般以前者为主。

含氮化合物在微生物的作用下，相继产生下列各项反应。

①氨化反应。有机氮化合物，在氨化菌的作用下，分解、转化为氨态氮，这一过程称之为“氨化反应”。以氨基酸为例，其反应式为：

$$RCHNH_2COOH + O_2 \xrightarrow{\text{氨化菌}} RCOOH + CO_2 + NH_3$$

②硝化反应。在硝化菌的作用下，氨态氮进一步分解氧化，就此分两个阶段进行，首先在亚硝化菌的作用下，使氨(NH_4)转化为亚硝酸氮，反应式为：

$$NH_4^+ + \frac{3}{2}O_2 \xrightarrow{\text{亚硝化菌}} NO_2^- + H_2O + 2H^+ - \Delta F$$

$$(\Delta F = 278.42KJ)$$

继之，亚硝酸氮在硝酸菌的作用下，进一步转化为硝酸氮，其反应式为：

$$NO_2^- + \frac{1}{2}O_2 \xrightarrow{\text{硝酸菌}} NO_3^- - \Delta F$$

$$(\Delta F = 72.27kJ)$$

硝化反应的总反应式为：

$$NH_4^+ + 2O_2 \longrightarrow NO_3^- + H_2O + 2H^+ - \Delta F$$

$$(\Delta F = 351kJ)$$

③硝化菌。亚硝酸菌和硝酸菌统称为硝化菌，硝化菌是化能自养菌，革兰氏染色阴性，不生芽孢的短杆状细菌，广泛存活在土壤中，在自然界的氮循环中起着重要的作用。这类细菌的生理活动不需要有机性营养物质，从CO_2获取碳源，从无机物的氧化中获取能量。

(2)反硝化

反硝化反应是指硝酸氮(NO_3-N)和亚硝酸氮(NO_2-N)在反硝化菌的作用下，被还原为气态氮(N_2)的过程。

反硝化菌属于异养型兼性厌氧菌。在厌氧条件下，为厌氧呼吸，以硝酸氮(NO_3-N)为电子受体，以有机物(有机碳)为电子供体。在这种条件下，不能释放出更多的ATP，相应合成的细胞物质也较少。

在反硝化反应过程中，硝酸氮通过反硝化菌的代谢活动，可能有两种转化途径，即：同化反硝化(合成)，最终形成有机氮化合物，成为菌体的组成部分；另一为异化反硝化(分解)，最终产物是气态氮。其变化过程如下：

$$NO_3^- \begin{cases} \nearrow NO_3^- \rightarrow NH_2OH \rightarrow NH_3\text{（形成有机体）（同化反硝化）} \\ \searrow NO_2^- \rightarrow N_2O \rightarrow N_2\text{（异化反硝化）} \end{cases}$$

2. 生物除磷原理

根据霍尔米(Holmers)提出的化学式，活性污泥的组成是：

$$C_{118}H_{170}O_{51}N_{17}P$$

或　　C: N: P = 46: 8: 1

如原污水中 N、P 的含量低于此值，则需要另行从外部投加，如恰等于此值，则在理论上应当是能够全部摄取而加以去除的。

所谓生物除磷，是利用聚磷菌一类的微生物，能够过量地(在数量上超过其生理需要)从外部环境摄取磷，并将磷以聚合的形态贮藏在菌体内，形成高磷污泥，排出系统外，达到从污水中除磷的效果。

生物除磷机理比较复杂，还有待人们进一步去研究、探讨，其基本过程是：

(1)聚磷菌对磷的过剩摄取

在好氧条件下，聚磷菌属有氧呼吸，不断地氧化分解其体内储存的有机物，同时也不断地通过主动输送的方式，从外部环境向其体内摄取有机物，由于氧化分解，又不断地放出能量，能量从 ADP 获得，并结合 H_3PO_4 而合成 ATP(三磷酸腺苷)，即：

$$ADP + H_3PO_4 + \text{能量} \longrightarrow ATP + H_2O$$

H_3PO_4 除一小部分是聚磷菌分解其体内聚磷酸盐而取得的外，大部分是聚磷菌利用能量，在透膜酶的催化作用下，通过主动输送的方式从外部将环境中的 H_3PO_4 摄入体内，摄入的 H_3PO_4 一部分用于合成 ATP，另一部分则用于合成聚磷酸盐。这种现象就是“磷的过剩摄取”。

(2)聚磷菌的放磷

在厌氧条件下，聚磷菌体内的 ATP 进行水解，放出 H_3PO_4 和能量，形成 ADP，即：

$$ATP + H_2O \longrightarrow ADP + H_3PO_4 + \text{能量}$$

这样，聚磷菌具有在好氧条件下过剩摄取 H_3PO_4，在厌氧条件下释放 H_3PO_4 的功能。

3. 典型脱氮除磷工艺

(1)缺氧－好氧脱氮工艺(Ax－O 法)

该工艺又名 A/O 脱氮工艺，是在 20 世纪 80 年代初开创的工艺流程，其主要特点是将反硝化反应器放置在系统之首，故又称为前置反硝化生物脱氮系统，这是目前采用比较广泛的一种脱氮工艺。

图 6－34 所示为分建式缺氧－好氧活性污泥脱氧系统，即反硝化、硝化与 BOD 去除分别在两座不同的反应器内进行。

硝化反应器内的已进行充分反应的硝化液其中一部分回流反硝化反应器，而反硝化反应器内的脱氮菌以原污水中的有机物作为碳源，以回流液中硝酸盐的氧作为受电体，进行呼吸和生命活动，将硝态氮还原为气态氮(N_2)，不需外加碳源(如甲醇)。

设内循环系统，向前置的反硝化池回流硝化液是本工艺系统的一项特征。

此外，如前所述，在反硝化过程中，还原 1mg 硝态氮能产生 3.75mg 的碱度，而在硝化反应过程中，将 1mg 的 NH_4-N 氧化为 NO_3-N，要消耗 7.14mg 的碱度，因此，在缺氧－好氧系统中，反硝化反应所产生的碱度可补偿硝化反应消耗碱度的一半左右。因此，对含氮浓度不高的废水(如生活污水、城市污水)可不必另行投碱以调节 pH 值。

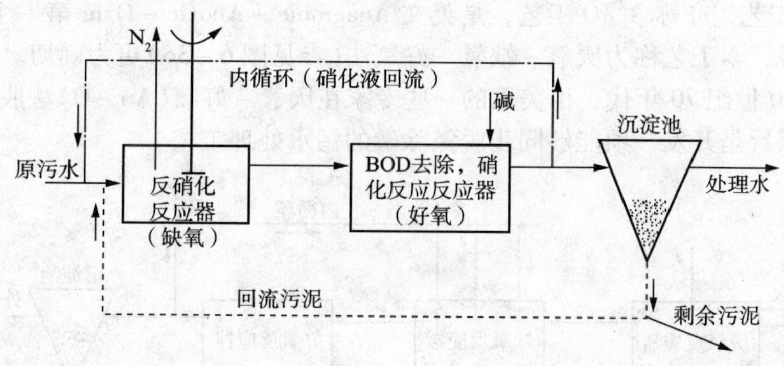

图 6－34　分建式缺氧－好氧活性污泥脱氮系统

此外，本系统硝化曝气池在后，使反硝化残留的有机污染物得以进一步去除，提高了处理水的水质，而且不需增建后曝气池。

由于流程比较简单，装置少，无需外加碳源，因此，本工艺建设费用和运行费用均较低。

(2)厌氧－好氧除磷工艺(An－O 法)

流程如图 6－35 所示。从图可见，本工艺流程简单，既不投药，也无需考虑内循环，因此，建设费用及运行费用都较低，而且由于无内循环的影响，厌氧反应器能够保持良好的厌氧(或缺氧)状态。

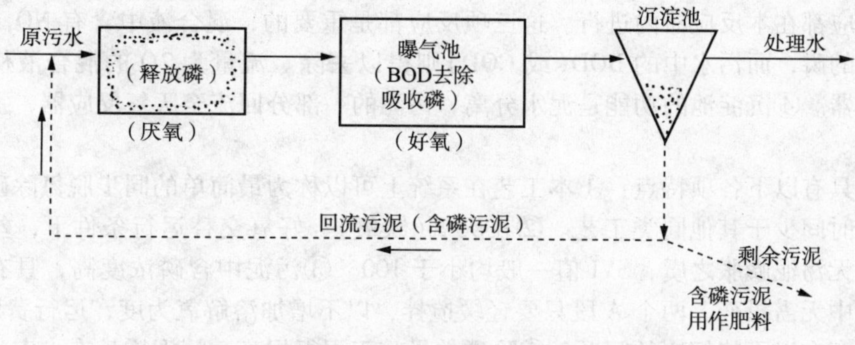

图 6－35　厌氧－好氧除磷工艺流程(An－O 法)

本工艺已实际应用，根据实用情况，本工艺具有如下特征：

①在反应器内的停留时间一般 3～6h，是比较短的。②反应器(曝气池)内污泥浓度一般在 2700～3000mg/L 之间。③BOD 的去除率大致与一般的活性污泥系统相同。磷的去除率较好，处理水中磷含量一般都低于 1.0mg/L，去除率大致在 76% 左右。④沉淀污泥含磷率约为 4%，污泥的肥效好。⑤混合液的 SVI 值 <100，易沉淀，不膨胀。同时，试验与运行过程中还发现本工艺具有如下问题：①除磷率难于进一步提高，因为微生物对磷的吸收，即使是过量吸收，也是有一定限度的，特别是当进水 BOD 值不高或废水中含磷量高时，即 P/BOD 值高时，由于污泥的产量低，将更是这样。②在沉淀池内容易产生磷释放的现象，特别是当污泥在沉淀池内停留时间较长时更是如此，应注意及时排泥和回流。

(3)A-A-O法同步脱氮除磷工艺

A-A-O工艺，亦称A^2/O工艺，是英文Anaerobic-Anoxic-Oxic第一个字母的简称。按实质意义来说，本工艺称为厌氧-缺氧-好氧法(参见图6-36)更为确切。

本法是在20世纪70年代，由美国的一些专家在厌氧-好氧(An-O)法脱氮工艺的基础上开发的，其宗旨是开发一项能够同步脱氮除磷的污水处理工艺。

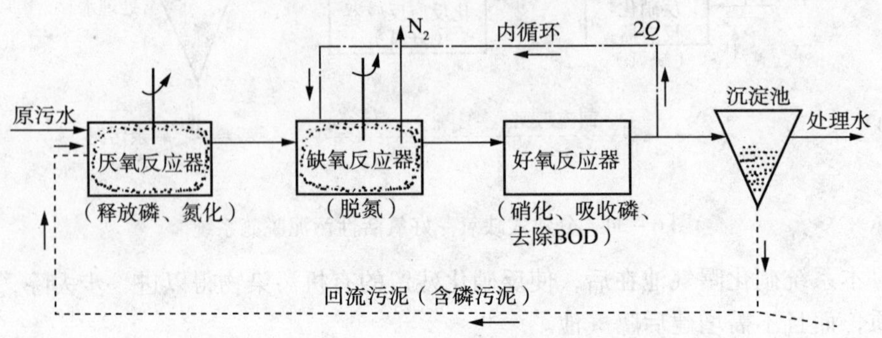

图6-36　A-A-O法同步脱氮除磷工艺

各反应器单元功能与工艺特征如下：①厌氧反应器，原污水进入，同步进入的还有从沉淀池排出的含磷回流污泥，本反应器的主要功能是释放磷，同时对部分有机物进行氨化。②污水经过第一厌氧反应器进入缺氧反应器，本反应器的首要功能是脱氮，硝态氮是通过内循环由好氧反应器送来的，循环的混合液量较大，一般为$2Q$(Q为原污水流量)。③混合液从缺氧反应器进入好氧反应器、曝气池，这一反应器单元是多功能的，去除BOD、硝化和吸收磷等反应都在本反应器内进行。这三项反应都是重要的，混合液中含有NO_3-N，污泥中含有过剩的磷，而污水中的BOD(或COD)则得以去除。流量为2Q的混合液从这里回流到缺氧反应器。④沉淀池的功能是泥水分离，污泥的一部分回流至厌氧反应器，上清液作为处理水排放。

本工艺具有以下各项特点：①本工艺在系统上可以称为最简单的同步脱氮除磷工艺，总的水力停留时间少于其他同类工艺。②在厌氧(缺氧)、好氧交替运行条件下，丝状菌不能大量增殖，无污泥膨胀之虞，SVI值一般均小于100。③污泥中含磷浓度高，具有很高的肥效。④运行中无需投药，两个A段只要轻缓搅拌，以不增加溶解氧为度，运行费用低。

本法还存在以下待解决的问题：①除磷效果难于再行提高，污泥增长有一定的限度，不易提高，特别是当P、BOD值高时更是如此。②脱氮效果也难于进一步提高，内循环量一般以2Q为限，不宜太高。③进入沉淀池的处理水要保持一定浓度的溶解氧，减少停留时间，防止产生厌氧状态和污泥释放磷的现象出现，但溶解氧浓度也不宜过高，以防循环混合液对缺氧反应器的干扰。

九、生物脱硫技术

1. 硫酸盐酸性废水的来源

硫酸盐酸性废水的来源主要有两个方面，即自然的和人为的。自然硫酸盐废水的来源主要由单质硫的氧化和硫基的转化。原理为：

$$S \longrightarrow SO_4^{2-}$$

$$H_2S(S^{2-}) \longrightarrow S \longrightarrow SO_4^{2-}$$

人为的硫酸盐废水是由于近几年工业的发展，出现了一些传统产酸废水行业外的工业，如食品工业中柠檬酸的生产、糖蜜酒精蒸馏废水、味精废水、脂肪酸废水、淀粉废水等；医药行业中如酵母废水、土霉素生产废水、麦迪霉素生产废水等；其他的工业如电力工业、石油工业、有色金属的冶炼、有酸车间、电镀车间等。从上面我们可以看出，含硫酸性废水的来源十分广泛，涉及国内经济的方方面面，因此众多行业产生的含硫废水若不治理将严重污染环境。

2. 高浓度硫酸盐废水的影响和危害

随着人们对环境的日益重视，有机废水的处理技术也日趋完善，但许多资料和专家都认为，含高浓度硫酸盐的酸性废水对有机废水的处理有或多或少的影响。

(1)对好氧处理的影响和危害

在有机废水的好氧处理中，污泥和水的体积如果控制在一定的水平内，污泥中会有一定量的丝状硫细菌，如果硫酸盐浓度过高，会促使丝状硫细菌大量繁殖，导致污泥 SVI 值升高，引起污泥的膨胀，从而导致水和污泥的比例失调，废水的处理效果急剧下降，严重的会使整个污水处理系统崩溃。

(2)对厌氧生物处理的危害

它的危害主要为抑制作用。在废水有机物的厌氧消化过程中，产甲烷细菌对有机物的去除起着关键的作用。在正常的厌氧环境中，产甲烷菌可以利用非产甲烷菌的代谢产物乙酸、H_2、CO_2 等生成甲烷。但是，当废水中有较多的硫酸盐存在时，硫酸盐还原菌将大量繁殖，与产甲烷菌争夺基质，且竞争能力强于后者，因而成为系统中的优势菌种，抑制产甲烷菌的生长。另一方面硫酸盐还原产物 H_2S 对产甲烷菌会产生毒害作用，从而会使反应效果变差，甚至导致整个系统失效。

3. SRB 与 MPB 竞争关系

(1)硫酸盐浓度

在厌氧反应器中，由于硫酸盐还原菌所能利用的基质范围广泛，在硫酸盐存在的条件下，它能活跃地生长，进行硫酸盐还原作用。当硫酸盐浓度较低时，硫酸盐还原作用较弱，不会影响正常的厌氧消化，而且，少量硫化物的存在还有利于产甲烷菌的生长。许多学者利用动力学和热力学的数据说明了 SRB 与 MPB 相比较，具有三个明显的优势：①SRB 对于产甲烷的前体 H_2 和乙酸具有较高的亲和力；②反应热力学有利于硫酸盐还原作用。硫酸盐还原作用所释放的能量比产甲烷反应所释放的能量要多，说明硫酸盐还原反应比产甲烷反应更容易进行；③MPB 要求比 SRB 更低的氧化还原电位。因此，一般来说，硫酸盐还原过程总是优先发生。

(2)环境中的基质种类

当环境中以丙酸、丁酸为基质时，硫酸盐还原菌一方面利用降解这些基质时产生的质子和电子还原硫酸盐，从而使体系保持低氢分压，促进了这些基质的继续降解；另一方面降解产物乙酸可作为产甲烷菌的基质，促进了产甲烷反应的进行。因此，在这种情况下，硫酸盐还原菌和产甲烷菌能够共同生长，存在良好的共生关系。

(3)SRB 与 MPB 初始数量比率

如果初始时处理系统中已有占绝对优势的产甲烷菌群体，即使再有充足的作为硫酸盐还原的电子受体，硫酸盐还原菌也难以发展到能抑制产甲烷菌产甲烷的程度；相反，初始时已存在相当数量和比例的硫酸盐还原菌群体，则产甲烷菌难以增殖和产甲烷，这种抑制状态会一直持续到环境中的硫酸盐被消耗尽之后才能解除。

总之，在厌氧消化过程中，硫酸盐还原菌和产甲烷菌存在着基质竞争，并可由此导致硫酸盐还原菌对产甲烷菌的竞争抑制作用。

4. 含硫酸盐有机废水的处理工艺研究

对于含有硫酸盐废水的处理，以往的研究主要是考虑如何抑制 SRB 的活性，从而使甲烷化反应得以顺利进行。然而这对生物种群的利用显然不充分，对硫酸根离子的去除也不利，因此为了达到处理有机物和硫酸盐的目的，人们对两相厌氧处理工艺进行了研究。典型工艺如下：

(1)硫酸盐还原－甲烷化两相厌氧工艺

如图 6－37 所示，工艺流程如下：废水由贮罐进入反应器，在其中 SRB 的作用下硫酸盐被还原为硫化物，同时有机物被酸化，出水由上部进入汽提塔，其中的硫化物以硫化氢的形式被氮气洗出，汽提塔出水部分回流入反应器以解除高浓度硫化物对 SRB 的抑制作用，部分流入 UASB 进行甲烷发酵，反应器和汽提塔上部分气体进入脱硫塔以回收硫。

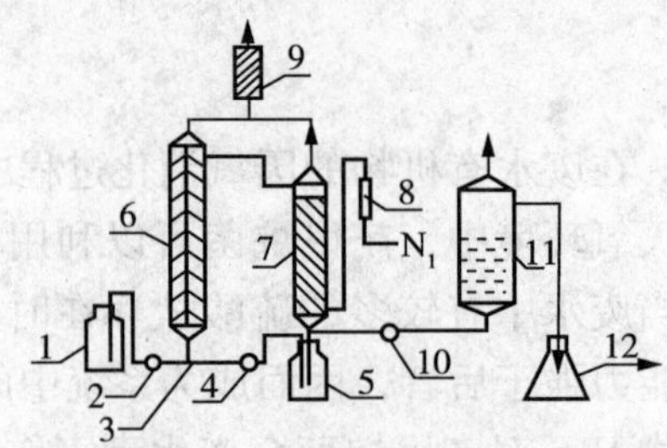

图 6－37 硫酸盐还原－甲烷化两相厌氧工艺流程示意图

1—进料贮罐；2，4，10—恒流泵；3—三通阀；5—缓冲罐；6—反应器；7—汽提塔；8—气体流量计；9—脱硫塔；11—UASB 反应器；12—出料罐

(2)硫酸盐还原－硫化物氧化－产甲烷－接触氧化四相串联工艺

如图 6－38 所示，流程如下：在硫酸盐还原反应器中，硫酸盐还原菌利用废水中部分有机物将硫酸根离子还原为硫化物，在硫化物生物氧化反应器中，无色硫细菌在好氧条件下将硫化物氧化成单质硫。产甲烷反应器中的产甲烷菌将脱硫废水中的有机物分解为甲烷和二氧化碳。在好氧条件下，接触氧化反应器中填料表面的微生物进一步分解废水中的有机物。

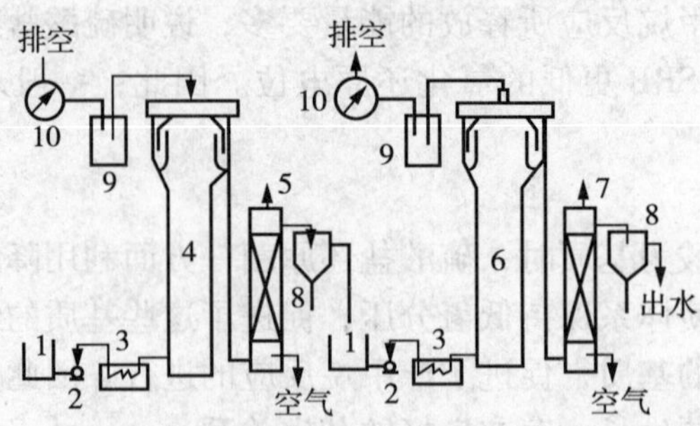

图 6－38 硫酸盐还原－硫化物氧化－产甲烷－接触氧化四项串联工艺流程示意图

1—储水糟；2—计量泵；3—恒温水浴；4—硫酸盐还原反应器；5—硫化物生物氧化反应器；6—产甲烷反应器；7—接触氧化反应器；8—沉淀池；9—水封；10—气体流量计

第五节　自然净化处理

一、稳定塘

近几十年来，稳定塘处理城市污水或工业废水在欧美和部分发展中国家推广很快。以美国为例，1945年有45座，1957年有631座，1968年有2500座，1976年达5500座，1980年达7000余座，至今已达20000余座。目前，全世界已有40多个国家和地区在使用稳定塘。随着我国经济建设和城镇建设的发展，城市人口迅速增长，用水量剧增。城市生活污水和工业废水排放量也不断迅猛增长，水体污染日益严重，水质日益恶化。在当前我国水污染严重、国家水力有限的情况下，污水稳定塘对控制污染将起到重要作用。我国应用稳定塘处理城市污水和工业废水的共有40多座，如黑龙江省齐齐哈尔污水库、上海金山石化总厂稳定塘、新疆克拉玛依市稳定塘、湖北省鄂城鸭儿湖稳定塘、江苏省镇江市征润州稳定塘等。这些稳定塘为处理污水、废水发挥了一定作用。

稳定塘是一种构造简单、易于管理、处理效果稳定可靠的污水自然生物处理设施。污水在塘内通过长时间的停留，其有机物通过不同细菌的分解代谢作用后被生物降解。稳定塘按照功能可分为好氧塘、兼性稳定塘、厌氧稳定塘、曝气稳定塘、高效稳定塘等。

1. 好氧塘

好氧塘的水深一般在0.5m左右，阳光能够直透塘底，塘内藻类生长繁茂，光合作用旺盛，塘水中溶解氧非常充足，好氧微生物活跃，BOD去除率高，在停留2~6d后可去除80%以上。其净化机理如图6-39所示。

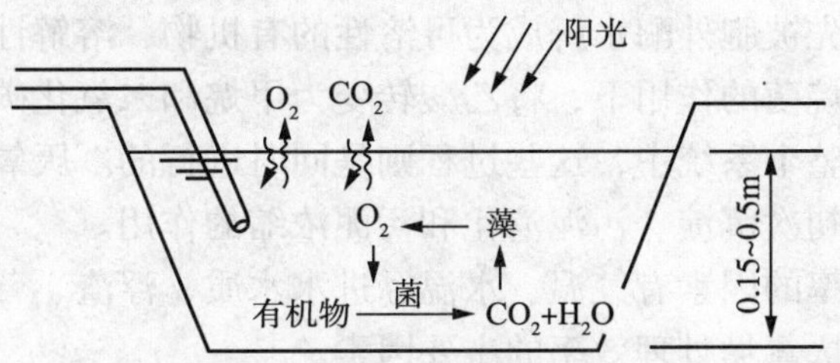

图6-39　好氧塘作用机理示意图

好氧稳定塘净化反应中的一个主要特征是好氧微生物与植物性浮游生物-藻类共生。藻类利用透过的太阳光进行光合作用，合成新的藻类，并在水中放出游离氧。好氧微生物即利用这部分氧对有机物降解，而在这一活动中所产生的CO_2又为藻类在光合作用中所利用。一般稳定塘午后溶解氧可以高至过饱和，午夜至凌晨可低至0.5mg/L以下。这样在CO_2和O_2的授受过程中，有机污染物得到降解。好氧塘是各类稳定塘的基础，一般各种稳定塘的最终出水都要经过好氧塘。

2. 兼性塘

兼性塘是最常见的一种污水稳定塘，其特点是塘深较深(1.2~2.5m)，因此塘中存在不同的区域。上层阳光能透射到的区域，藻类得以繁殖，溶解氧含量充足，好氧细菌活跃，为好氧区；底层有污泥积累，溶解氧几乎为零，主要由厌氧菌对不溶性的有机物进行代谢，为厌氧区；中部则为兼性区，实际上是好氧区和厌氧区中间的过渡区，大量兼性菌存在其中，随环境条件的变化以不同的方式对有机物进行分解代谢。

兼性塘的作用机理见图6-40。兼性塘中三个不同区域不易截然分清，相互之间有密切的联系。厌氧区中生成的CH_4、CO_2等气体将经过上部两区的水层逸出，且有可能被好氧层中的藻类所利用；生成的有机酸、醇等会转移至兼性区、好氧区，由好氧菌对其进一步分解。好氧区、兼性区中的细菌和藻类，也会因死亡而下沉至厌氧区，由厌氧菌对其分解。

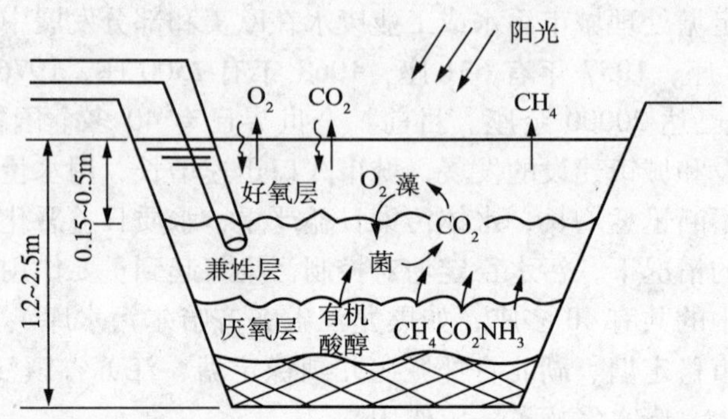

图6-40 兼性塘作用机理示意图

兼性塘可以接受原污水或经预处理的污水，易于运行管理，其有机负荷不如好氧塘高，出水水质也不如好氧塘好。但因其深度较深，可缩小占地面积，常作为好氧塘的前期处理塘。

3. 厌氧塘

厌氧塘处理污水的原理，与污水的厌氧生物处理相同。有机物的厌氧降解分为水解、产酸和产甲烷三个步骤。厌氧塘全塘大都处于厌氧状态。在厌氧状态下，进入厌氧塘的可生物降解的颗粒性有机物，先被胞外酶水解成为可溶性的有机物，溶解性有机物再通过产酸菌转化为乙酸，接着在产甲烷菌的作用下，将乙酸转变为甲烷和二氧化碳。虽然厌氧降解有机物是有顺序的，但是，在整个系统中，这些过程则是同时进行的。厌氧塘除对污水进行厌氧处理以外，还能起到污水初次沉淀、污泥消化和污泥浓缩的作用。

影响厌氧塘处理效率的因素有气温、水温、进水水质、浮渣、营养比、污泥成分等。其中，气温和水温是影响厌氧塘处理效率的主要因素。

厌氧生物塘一般作为需处理而与稳定塘组成厌氧-好氧(兼氧)生物稳定塘系统，较好地应用于处理水量小、浓度高的有机废水。厌氧塘作为稳定塘的一种形式，通常设置于稳定塘系统的首端，以减少后续处理单元的有机负荷。厌氧塘可用于处理屠宰废水、禽蛋废水、制浆造纸废水、食品工业废水、制药废水、石油化工废水等，也可用于处理城市污水。城市污水由于有机物含量比较低，采用厌氧塘较少。在城市污水稳定塘系统首端设置厌氧塘，该塘在塘系统总面积中所占比例较小，为清除污泥带来方便。另外，厌氧塘的进水口接到较小厌氧塘的底部(图6-41)，有利于利用塘内的厌氧污泥，提高处理率。厌氧塘的最大问题是无法回收甲烷，产生臭味，环境效果较差。

4. 稳定塘的水力学特征

(1)进水口和出水口构造形式

从前设计的塘大都是通过一跟管接受进水，而且往往位于塘的中心，其水力学特性和运转效果往往不佳。稳定塘宜采用多个进水口装置。出水口尽可能布置在距进水口较远的位置上。稳定塘的进、出水口设置应该能使通过稳定塘的水流在进、出口位置之间形成一个匀速流动断面。

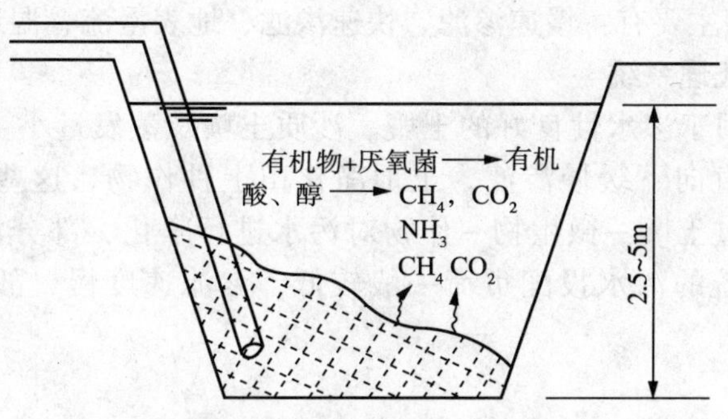

图 6 – 41 厌氧塘作用机理示意图

(2)折流板

将水流均匀地分配到各级塘时，可获得好的处理效果。除了处理效果提高之外，从经济性和美学要求的角度来看，折流板也起着重要的作用。因为在折流处，除了由风浪引起的水平力之外，其他作用力很小。所以折流板结构并不要求特别坚固。它可设置在塘的表面之下，还有助于克服不美观的缺点。一般来说，使用折流板越多，导流性和处理效果越好。折流板的另外一个好处是当水流过折流板底端时，引起的涡流增强了混合作用，因而能破坏分层或其形成趋势。冬季结冰可能损害或破坏折流板，因此在严寒地区设计稳定塘的折流板时必须谨慎。

(3)风的影响

风吹动水能使水体循环流动。为了使风产生的短路循环减少到最低程度，应当使塘的进水口至出水口轴线垂直于主导风向。如果因某些原因进水口至出水口轴线不能布置在适当的方位上，在某种程度上可用折流板控制由风引起的循环。应该记住，在相同深度的稳定塘中，表面流是顺风方向的，而底层回流是逆风方向的。

二、污水土地处理系统

污水土地处理是在人工调控下利用土壤－微生物组成的生态系统，使污水中的污染物净化的处理方法。在污染物得以净化的同时，水中的营养物质和水分也得以循环利用。因此，土地处理是实施污水资源化、无害化和稳定化的利用系统。

污水土地处理是在污水农田灌溉的基础上发展起来的，污水农田灌溉的目的是利用水肥资源。污水农田灌溉没有专门的设计运行方法和参数，灌溉水的水质、水量是依据作物生长特性、农田灌溉水质来确定的。污水灌田所引起的臭气散发、土壤地下水和植物污染等问题，随着城市迅速发展，人口高度集中，污水大量排放而日益突出。污水直接灌田已不能满足人们对环境卫生的要求，因此污水农田灌溉应是在污水处理基础上的应用。

土地处理系统是以土地作为主要处理系统的污水处理方法，其目的是净化污水，控制水污染。土地处理系统的设计运行参数需通过试验研究确定。在系统的维护管理、稳定运行、出水的排放和利用、周围环境的监测等方面都有较全面的考虑与规定。

传统的二级生物处理，无法解决由于有机化学工业迅速发展带来的大量有毒有害有机物污染问题，也不能解决 N、P 引起的水体的富营养化问题。因此，我国在国家“六五”和“七五”期间，均将土地处理技术列为环保科技攻关项目进行研究。我国国务院环境保护委员会

1986 年颁发的“关于我国水污染防治技术政策的若干规定”，将污水土地处理利用列为我国的一项重要技术政策予以贯彻实施。

土地处理技术类型主要有：慢速渗滤、快速渗滤、地表漫流、湿地和地下渗滤系统等。

1. 污水慢速渗滤处理系统

慢速渗滤系统适用于渗水性良好的土壤、沙质土壤及蒸发量小、气候湿润的地区。废水经喷灌和面灌后垂直向下缓慢渗滤，土地净化田上种作物，这些作物可吸收污水中的水分和营养成分，通过土壤-微生物-作物对污水进行净化，部分污水蒸发和渗滤(见图6-42)。慢速渗滤系统的污水投配负荷一般较低，渗滤速度慢，故污水净化效率高，出水水质优良。

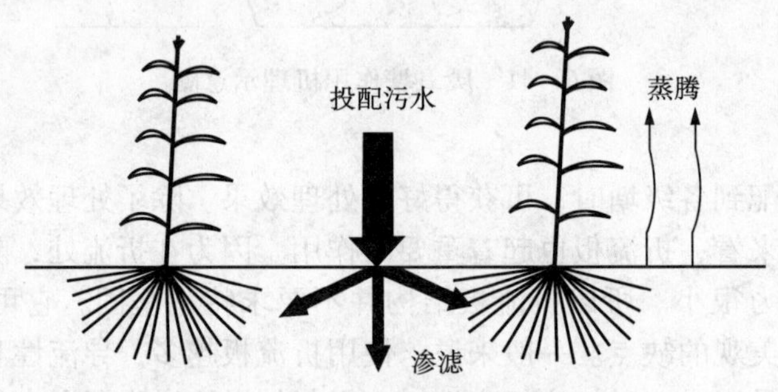

图6-42 慢速渗滤系统示意图

慢速渗滤系统有农业型和森林型两种。其主要控制因素为：灌水率、灌水方式、作物选择和预处理等。

其主要特点有：

(1)典型的慢速渗滤处理系统，所投配的污水一般不产生径流排放。污水与降水共同满足植物需要，并与蒸散量、渗滤量大体平衡。渗滤水经土层进入地下水的过程是间歇性且极其缓慢的。

(2)适宜慢速渗滤处理系统的场地，上层厚度应大于 0.60m，地下水埋深应大于 1.2m，土壤渗透系数应大于 0.15cm/h。

(3)根据土壤、气候和污水特点选择适宜的植物。与其他类型土地处理系统相比较，植物是更重要的组成部分，它能充分利用水和营养物资源，可获得的生物量大。该系统中的植物以选择经济作物为主。

(4)处理系统中水和污染物的负荷较低，处理效率高，再生水质好，渗滤水缓慢补给地下水，不产生次生污染问题。

(5)受气候和植物的限制，在冬季、雨季和作物播种、收割期不能投配污水，污水需要贮存或采取其他辅助处理措施。

(6)以深度处理和利用水、营养物为主要目标的慢速渗滤系统，所要求的水质预处理程度相对其他类型土地处理要高。根据对作物、土壤、地下水影响的要求，预处理可采用一级处理、二级处理，并需要对其中工业废水的成分加以必要的控制。

2. 污水快速渗滤处理系统

污水快速渗滤处理系统是将污水有控制地投配到土地表面，污水在通过具有良好渗透性能的土壤向下渗滤过程中，集生物氧化、沉淀、过滤、氧化还原和硝化、反硝化等过程而得到净化的一种污水土地处理系统(图6-43)。

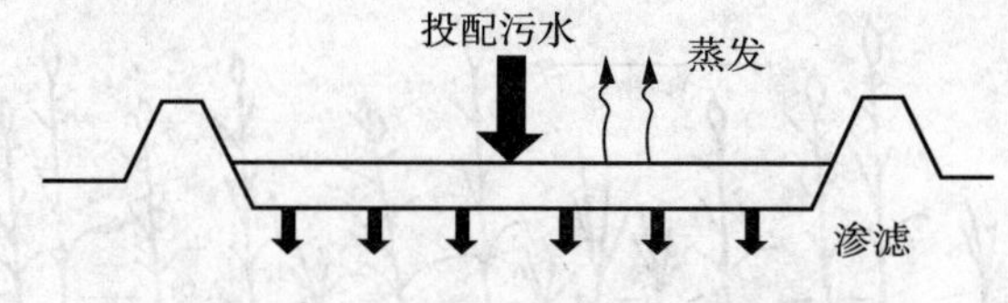

图 6-43　快速渗滤系统示意图

(1)处理目的

①回灌地下水；②渗滤水回收再利用或向水体排放；③渗滤水自然补给地下水。

(2)场地特点

①适于进行快速渗滤处理的地点，应具有大于 1.5m 厚、渗透性能良好的粗质地土层；②地下水埋深在 2.5m 以上；③距离人口密集区有一定距离的河滩地、沙荒地。

(3)预处理

①一级处理。在土壤质地较粗时，可以用一级处理或酸化(水解)作为预处理，这种污水的 C/N 值较高，有利于污水中氮的去除。②二级处理。为提高渗滤速度、节省土地和提高系统出水水质，宜选择二级处理作为预处理。

为减少污水中悬浮固体堵塞土壤孔隙，保证较高的渗滤速度，一级处理是污水快速渗滤的最低限预处理。

3. 污水地表漫流处理系统

污水地表漫流处理系统(OF)，是将污水有控制地投配到土壤渗透性低、具有一定坡度、生长牧草的土地表面，污水在沿坡面在薄层流动过程中不断被净化，大部分出水以地表径流汇集排放的一种土地处理类型(图 6-44)。

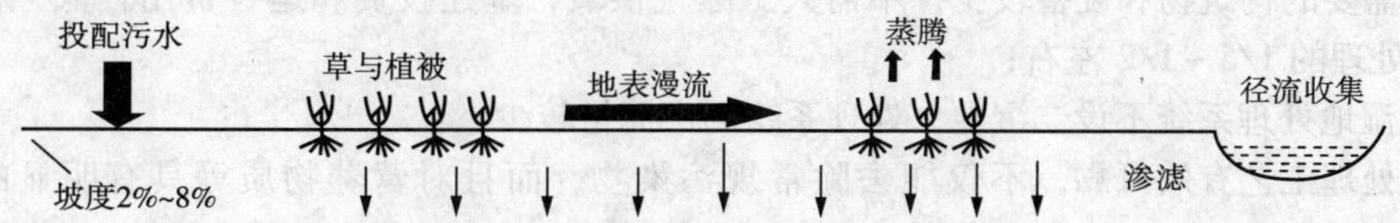

图 6-44　地表漫流系统示意图

主要特点：①地表漫流处理系统适用于土壤渗透性较低的黏土、壤土，或在场地 0.3 ~ 0.6m 处有弱透水层的土地；②场地最佳自然坡度为 2% ~8%，经人工建造形成均匀、和缓的坡面；③对预处理要求较低，通常经一级处理或细筛处理即可；④在污水浓度较稀的情况下，污水和污泥可合并处理，这时就可以省去耗费较大的污泥处理系统；⑤出水为地表汇集，或利用或排放；⑥处理出水一般可达二级处理标准，由于地表土壤和淤泥层成分的溶出，出水不能达到渗滤型土地处理出水那样高的标准。

4. 污水湿地处理系统

(1)类型和特点

①定义。湿地，是指地下水位终年接近地表面、土壤处于饱和状态并生长着植物的地方(图 6-45)。

污水人工湿地处理系统，是将污水有控制地投配到经人工构造的湿地上，主要利用土壤、植物和微生物等作用处理污水的一种污水自然处理系统。

②类型。按水流方式，污水人工湿地可以分为地表流和地下流两大类型。

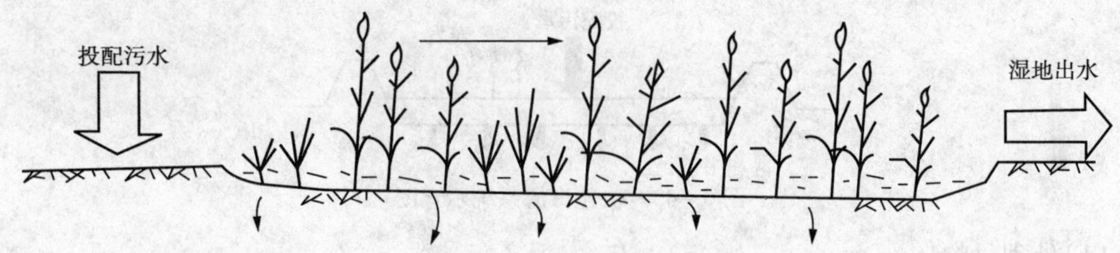

图6-45 湿地处理系统示意图

a. 地表流湿地：水在生长稠密的水生(沼生)植物丛中流动，具有自由水面。

b. 地下流湿地：水以潜流形式渗过长有植物的浅层多孔滤床。

地表流湿地在美国比较流行，尤其是用于大型污水处理系统和营养物质去除。地下流湿地则在欧洲、澳大利亚和南非得到广泛接受。近年来这两种类型在我国都有研究和应用。

③系统组成。污水人工湿地处理系统通常可以分为预处理、湿地田、水质水量监控三个组成部分。

a. 预处理：污水人工湿地预处理一般包括沉砂池、提升泵、配水井、沉淀池或酸化水解池，其作用是保证后续工艺的正常运行。

b. 湿地田：湿地田一般由一些具有缓坡的长方形单元地块组合而成。湿地包括床基层、水层、植物、动物、微生物五个基本组分。

c. 水质水量监控：水质监测包括 BOD_5、COD_{Cr}、SS、pH 值、水温等项目。水量调控应根据运行要求确定。

④特点。污水人工湿地处理与传统污水处理工艺相比有以下优点：

a. 需要的构筑物和设备较少，不需人工曝气供氧，基建投资和运行费用较低，一般只需常规处理的1/5~1/2左右；

b. 湿地处理系统不设二沉池，处理系统的产泥量较少；

c. 处理工艺有效可靠，不仅能去除常规污染物，而且对营养物质等具有明显的处理效果；

d. 易于维护管理；

e. 对水力负荷和污染物负荷的波动具有较强的耐受能力；

f. 可间接地产生其他效益，如绿化、收割芦苇、野生生物保护等。

人工湿地处理的上述优点对污水处理系统而言是非常重要的，正因为如此受到科技界和工程界的重视并得到了迅速发展。

为发挥污水湿地处理的优点必须满足一些条件。与常规污水处理系统相比，它存在以下缺点：

a. 占地面积较大；

b. 需要经过两三个植物生长季节，形成稳定的植物和微生物系统后才能达到设计处理要求。

随着研究的不断深入和设计实践经验的不断丰富，将会更有效地发挥其优点，充分认识其限制因素，使污水湿地处理系统更加完善。

(2)污染物的去除

在污水人工湿地处理系统中，通过物理沉淀、过滤、化学沉淀、吸附、微生物降解和植物吸收等过程，可以去除污水中的有机物、悬浮物、氮、磷、重金属、油脂和病原体等多种污染物质。

悬浮状有机物在缓流条件下通过沉淀和过滤作用被很快去除，溶解状有机物(含胶体状有机物)主要通过附着生长微生物和悬浮生长微生物的利用而降解去除。污水中的SS主要是靠沉淀作用及植物性碎屑和生物的截留作用得以去除的。沉积物中的可降解有机物能够在厌氧条件下逐步分解，但速度很慢。

在污水人工湿地处理系统中，有机氮经生化分解转化为氨氮，氨氮则主要通过硝化－反硝化作用及植物吸收得到去除。在好氧区氨氮被硝化菌氧化成硝酸盐和亚硝酸盐，在缺氧区硝酸盐和亚硝酸盐又被反硝化菌还原成氮气而最终脱除。磷在湿地中通过吸附、络合、化学沉淀、植物吸收和物理沉淀得到去除。新生沉积层和增生床层对磷的贮存起主要作用。

金属元素在湿地中的去除机理有化学沉淀、吸附、络合、过滤、物理沉积、植物吸收和微生物吸附作用。在湿地中，油脂中挥发性组分经蒸发而散失，其余部分被微生物分解破坏。细菌可因沉淀、紫外线照射、化学反应、自然死亡和浮游生物的捕食而被去除。病毒可被土壤和有机碎片吸附或失活。

(3)运行管理

污水湿地处理的运行管理主要包括设备管理、设施管理、田间管理和水质水量监控四个方面。其中设备运转、设施维护与其他污水处理厂的运行管理基本相同。田间管理则主要是湿地植物的管理。

5. 地下渗滤处理系统

地下渗滤处理系统是将污水投配到距地面约0.5m深，有良好渗透性的地层中，集毛管浸润和土壤渗透作用使污水向四周扩散，通过过滤、沉淀、吸附和生物降解作用等过程使污水得到净化(图6－46)。

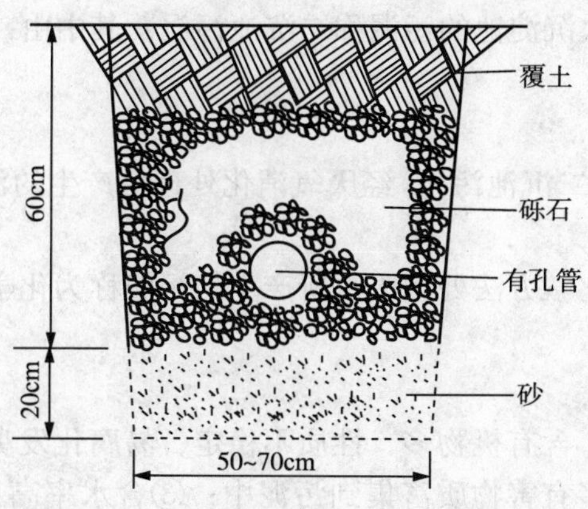

图6－46　地下渗滤系统示意图

地下渗滤系统适用于无法接入城市排水管网的小水量污水处理，如分散的居民点住宅、度假村、疗养院等。污水进入处理系统前须经化粪池或酸化池预处理。

第七章　污泥的处理与处置

污水厂的污泥是指处理污水所产生的固态、半固态及液态的废弃物，除灰分外，含有大量的水分(95%～99%)、挥发性物质、病原体、寄生虫卵、重金属、盐类及某些难分解的有机物，体积非常庞大，且易腐化发臭，如不加处理的任意排放会对环境造成严重的污染。随着城市化进程加快，污水处理设施的普及、处理率的提高和处理程度的深化，污水的排放量呈快速上升趋势，污泥的排放量也快速增长。因此，如何合理地处置污水厂污泥以及污泥的资源化利用将显得越来越重要。

第一节　污泥的来源、特性及处理方法

一、污泥的来源

污泥来源于废水处理过程，根据废水处理工艺的不同，污泥可分如下几类。

1. 初次沉淀污泥

来自初次沉淀池，其性质随废水的成分而异。

2. 二沉池污泥

来自生化处理系统二次沉淀池的污泥称二沉池污泥，其中由二沉池多余外排部分的污泥称剩余活性污泥。

3. 消化污泥

生污泥(初次沉淀池、二沉池污泥)经厌氧消化处理后产生的污泥称为消化污泥。

4. 化学污泥

用混凝、化学沉淀等化学方法处理废水所产生的污泥称为化学污泥。

二、污泥的特性

污泥的主要特征是：①含有机物多，性质不稳定，易腐化发臭；②有毒有害污染物的含量高，废水处理过程中许多有害物质富集到污泥中；③含水率高，呈胶状结构，不易脱水；④可用管道输送；⑤含较多植物营养素，有肥效；⑥含病原菌及寄生虫卵，流行病学上不安全。

污泥的特性可用以下几个指标来表征：

1. 污泥含水率

污泥中所含水分的质量与污泥总质量之比称为污泥含水率。污泥含水率一般都很高，密度接近于水。污泥含水率对污泥特性有重要影响。不同污泥，含水率差别很大。污泥的体积、质量与所含固体物浓度之间的关系，可用式(7－1)表示。

$$V_1/V_2 = W_1/W_2 = (100 - p_2)/(100 - p_1) = c_1/c_2 \tag{7-1}$$

式中　p_1，p_2——污泥含水率，%；

V_1，V_2——含水率分别为 p_1，p_2 时的污泥体积，m^3；

W_1，W_2——含水率分别为 p_1，p_2 时的污泥质量，kg；

c_1，c_2——含水率分别为 p_1，p_2 时的污泥的固体浓度，kg/m^3。

由式(7－1)可知，当污泥含水率由99%降到98%，或由98%降到96%，或由97%降到94%，污泥体积均能减少一半，也即污泥含水率越高，降低污泥的含水率对减容的作用则越大。式(7－1)适用于含水率大于65%的污泥。因含水率低于65%后，污泥内出现很多气泡，体积与质量不再符合式(7－1)的关系。

不同含水率下的污泥状态如表7－1所示。

表7－1　污泥含水率及其状态

含水率	污泥状态
90%以上	几乎为液体
80%～90%	粥状物
70%～80%	柔软状
60%～70%	几乎为固体
50%	黏土状

2. 挥发性固体(或称灼烧减重)和灰分(或称灼烧残渣)

挥发性固体近似的等于有机物含量；灰分表示无机物含量。

3. 污泥的相对密度

污泥的相对密度等于污泥质量与同体积的水质量之比值。由于水的相对密度为1，所以污泥的相对密度 γ 可用下式计算：

$$\gamma = \frac{p + (100 - p)}{p + \frac{100 - p}{\gamma_s}} = \frac{100\gamma_s}{p\gamma_s + (100 - p)} \qquad (7-2)$$

式中　γ——污泥的相对密度；

p——污泥含水率，%；

γ_s——污泥中干固体平均相对密度。

干固体包括有机物(即挥发性固体)和无机物(即灰分)两种成分，其中有机物所占百分比及其相对密度分别用 p_v 和 γ_v 表示，无机物的相对密度用 γ_a 表示，则污泥中干固体平均相对密度 γ_s 可用式(7－3)计算。

$$100/\gamma_s = p_v/\gamma_v + (100 - p_v)/\gamma_a \qquad (7-3)$$

即

$$\gamma_s = 100\gamma_a\gamma_v/[100\gamma_v + p_v(\gamma_a - \gamma_v)] \qquad (7-4)$$

有机物相对密度一般等于1，无机物相对密度为2.5～2.65，以2.5计，则式(7－4)可简化为

$$\gamma_s = 250/(100 + 1.5p_v) \qquad (7-5)$$

将式(7－5)代入式(7－2)得污泥相对密度的最终计算式为

$$\gamma = 25000/[250p + (100 - p)(100 + 1.5p_v)] \qquad (7-6)$$

确定污泥相对密度和污泥中干固体相对密度，对于浓缩池的设计、污泥运输及后续处理都有实用价值。

三、国内外污泥的处理与处置现状

污泥的处理基于以下三方面的考虑：一是污泥的减量化，二是稳定化，三是无害化。

表7－2所示为日本污泥处理工艺，其中：①浓缩→脱水→焚烧；②浓缩→消化→脱水→焚烧；③浓缩→消化→脱水为三种主要的污泥处理方式，占到日本全部污泥处理的70%以上。可见，日本污泥最终处置已以污泥焚烧为主导工艺。

表7－2　污泥处理工艺现状

最终稳定状态	污泥处理工艺	最终稳定处理场数	处理固体物量/(t/年)	比例/%
液状污泥	浓缩	4	0.0	0.00
	浓缩→消化	6	8.8	0.56
脱水污泥	浓缩→脱水	310	138.6	8.89
	浓缩→消化→脱水	203	245.3	15.74
	好氧消化→浓缩→脱水	6	1.1	0.07
	浓缩→热处理→脱水	2		
复合肥料	浓缩→脱水→复合肥料	90	46.2	2.96
	浓缩→好氧消化→脱水→复合肥料	1	0.7	0.04
	浓缩→消化→脱水→复合肥料	60	63.6	4.08
干燥污泥	浓缩→干燥	12	0.2	0.01
	浓缩→消化→干燥	18	3.7	0.24
	浓缩→消化→脱水→干燥	20	1.54	0.99
焚烧灰	浓缩→脱水→焚烧	159	553.0	35.48
	浓缩→消化→脱水→焚烧	71	383.3	24.59
	好氧消化→浓缩→脱水→焚烧	1	0.1	0.00
	浓缩→热处理→脱水→焚烧	5	35.1	2.25
	其他	3	1.8	0.12
熔融渣	浓缩→脱水→熔融	30	50.4	3.23
	浓缩→消化→脱水→熔融	4	2.7	0.17
	浓缩→脱水→焚烧→熔融	2	2.5	0.16
	消化→脱水→焚烧→熔融	3	0.1	0.00
	其他	1		
合计		1011	1558.7	100

目前国内城市污水处理厂污泥大部分采用浓缩—消化—脱水的处理工艺，脱水后的干污泥进行综合利用或直接送填埋场进行填埋处理，只有少量的污水处理厂采用焚烧处理，进行能源利用。

图 7－1 为国内外污水处理厂污泥处理及处置的一般工艺硫程。

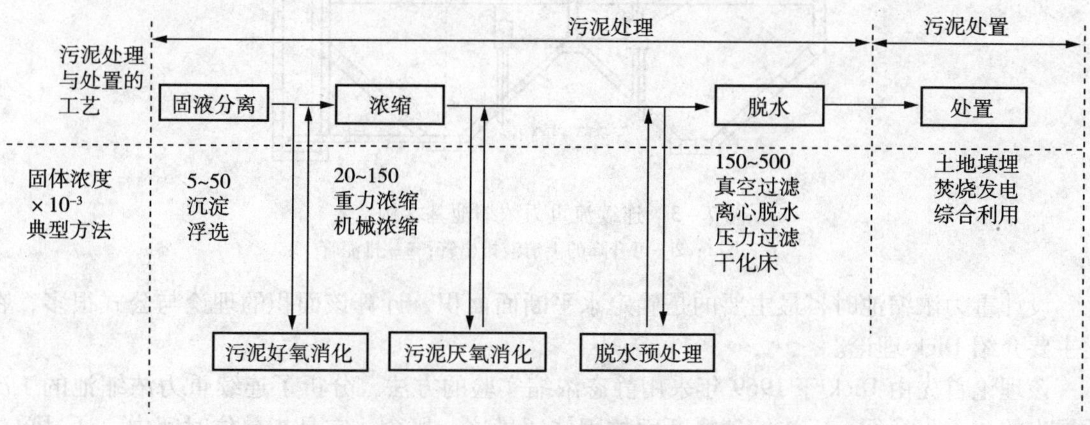

图 7－1　污泥处理与处置流程

第二节　污泥的浓缩及预处理

一、污泥的浓缩

沉淀池排出的污泥含水率比较高，因此，首先要进行浓缩脱水，降低其含水率及体积，减小用于贮存污泥的池容积、处理所需的投药量及污泥处理设备的尺寸。污水处理厂中常用的污泥浓缩方法主要有重力浓缩和气浮浓缩两种。

1. 重力浓缩法

重力浓缩法是应用最广、操作最简便的一种浓缩方法，它的主要构筑物是污泥浓缩池，根据运行方式不同，重力浓缩法可以分为连续式和间歇式两种。相应地，重力浓缩池也分为连续式和间歇式两种。

图 7－2 所示为污泥间歇式浓缩池。图 7－3 为连续流重力浓缩池基本构造。

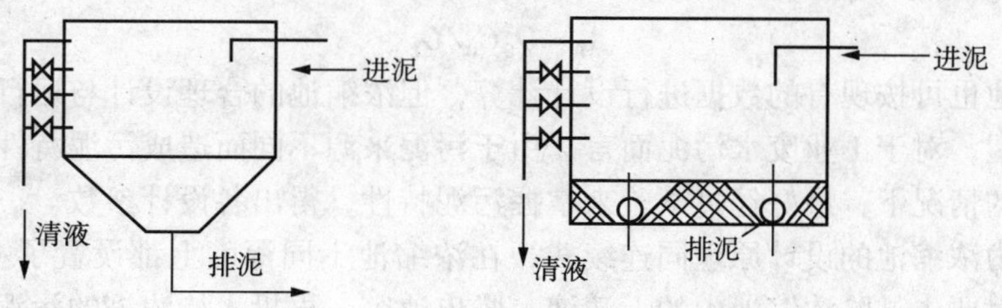

图 7－2　间歇重力浓缩池基本构造图

浓缩池必须同时满足以下条件：①上清液澄清；②排出的污泥固体浓度达到设计要求；③固体回收率高。如果浓缩池的负荷过大，处理量虽然增加，但浓缩污泥的固体浓度低，上清液浑浊，固体回收率低，浓缩效果就差；相反，负荷过小，污泥在池中停留时间过长，可能造成污泥厌氧发酵，产生氮气和二氧化碳，使污泥上浮，同样使浓缩效果降低，往往需要加氮以抑制气体的继续产生。

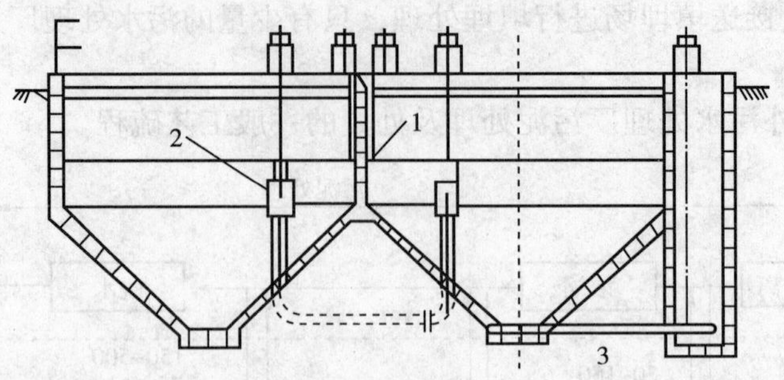

图 7－3　连续流重力浓缩池基本构造

1—进口；2—可升降的上清液排出管；3—排泥管

设计重力浓缩池时，最主要的是确定水平断面面积，计算该面积的理论与公式很多，在此主要介绍 Dick 理论。

该理论首先由 Dick 于 1969 年采用静态浓缩实验的方法，分析了连续重力浓缩池的工况后提出的。首先介绍一下浓缩池横断面的固体通量这一概念，它是指单位时间内，通过单位面积的固体质量，单位为 $kg/(m^2 \cdot h)$。当浓缩池运行正常时，通过浓缩池任一断面的固体通量 G 等于浓缩池底部连续排泥所造成的底流牵动流量 G_u 和污泥自重压密所造成的固体静沉通量 G_i 之和。底流牵动流量 G_u 和该断面处的污泥固体浓度 C_i 存在如下关系。

$$G_u = uC_i \tag{7-7}$$

式中　u——由于底部排泥导致产生的界面下降速度，大小为底部排泥量 Q_u（m^3/h）与浓缩池断面积 A（m^2）的比值。运行资料统计表明，活性污泥浓缩池的 u 一般为 0.25～0.51m/h。

固体静沉通量 G_i 与该断面处的污泥固体浓度 C_i 也存在如下关系。

$$G_i = v_iC_i \tag{7-8}$$

式中　v_i——污泥固体浓度为 C_i 时的界面沉速。可通过在固体浓度为 C_i 的沉降曲线上过起点作切线而求得。

当稳态工作时，固体通量和断面积的乘积即为进入浓缩池的固体总量：$A_tG = Q_0C_0$。如进入浓缩池的固体总量 Q_0C_0 保持不变，G 越小，则 A_t 越大，即采取最小通量 G_L[$kg/(m^2 \cdot h)$]，所对应的面积 A_t 就是该浓缩池的设计面积。

$$A_t = Q_0C_0/G_L \tag{7-9}$$

重力浓缩池也可按现有的数据进行设计计算，但浓缩池的合理设计与运行取决于对污泥特性的正确掌握，对于工业废水污泥而言，由于污泥来源不同而造成污泥特性差别很大，因此，在有条件的情况下，最好经过试验来掌握污泥特性，得出各设计参数。

间歇式重力浓缩池的设计原理同连续式，在浓缩池不同深度上都设置了上清液排除管，这是因为运行时要先排除浓缩池中的上清液，腾出池容，再投入待浓缩的污泥。间歇式浓缩池浓缩时间一般为 8～12h。

2. 气浮浓缩法

重力浓缩法比较适合于密度大的污泥，如初次原污泥等，对于密度接近于 1 的轻污泥如活性污泥，沉淀效果不佳，在此情况下，最好采用气浮浓缩法。它是利用高度分散的微小气泡作为载体去黏附废水中的污染物，使其密度小于水而上浮到水面实现固液或液液分离的过程。在水处理过程中，可用来代替二次沉淀池分离和浓缩剩余活性污泥，特别适用于易于产生污泥膨胀的生化处理工艺。部分澄清水回流溶气的气浮浓缩的工艺流程见图7－4。

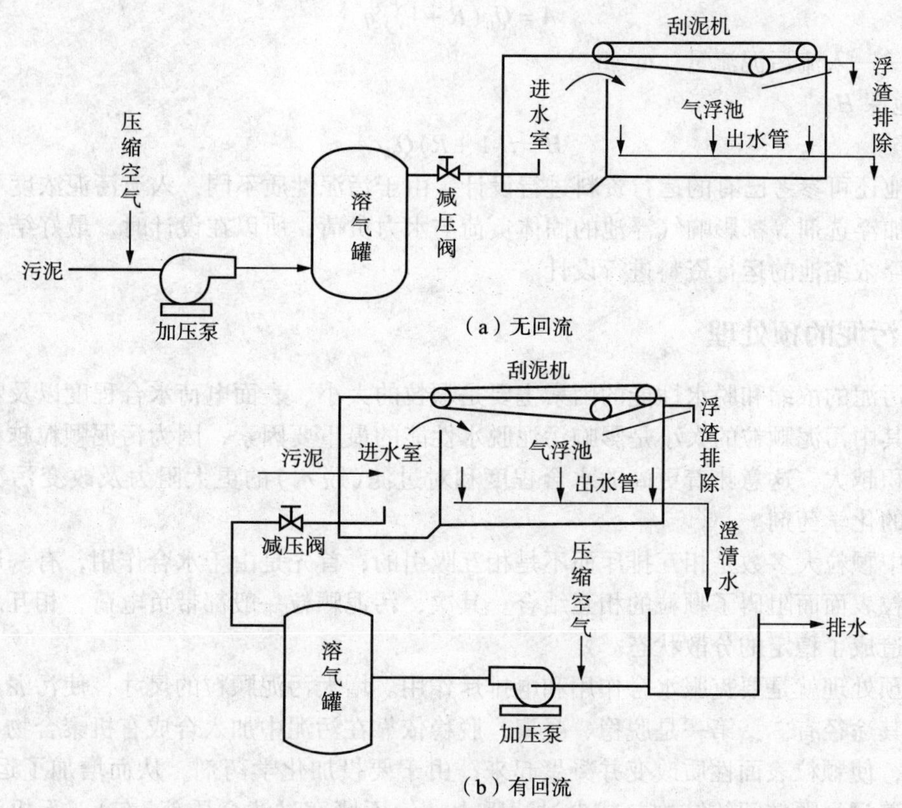

图7－4 气浮浓缩工艺流程

澄清水从池底引出，一部分用水泵引入压力溶气罐加压溶气，另一部分外排。溶气水通过减压阀从底部进入进水室，减压后的溶气水释放出大量微小气泡，并迅速依附在待气浮的污泥颗粒上，从而使污泥颗粒的密度下降易于上浮，在池表面形成浓缩污泥层由刮泥机刮出池外。不能上浮的颗粒则沉到池底，由池底排出。气浮池的设计计算步骤如下：

（1）主要技术参数的确定

气浮浓缩池的主要技术参数是气固比、水力负荷和气浮停留时间。

气固比是指气浮时有效空气总质量与入流污泥中固体物总质量之比，用 A_n/S 表示。其值一般采用0.03～0.04，也可通过气浮浓缩试验确定。

水力负荷 q 的取值范围在1.0～3.6$m^3/(m^2 \cdot h)$，一般取1.8。而气浮停留时间 t 与气浮污泥浓度有关。

（2）回流比 R

$$A_a/S = S_a R(fp-1)/c_0 \qquad (7-10)$$

式中 A_a/S——气固比；

S_a——0.1MPa下，空气在水中的饱和溶解度，mg/L；

p——溶气罐压力，一般为2～4kg/cm^2；

f——溶气水的空气饱和度，一般为50%～80%；

c_0——污泥浓度，mg/L。

（3）气浮池面积 A

$$A=Q_0(R+1)/q \tag{7-11}$$

式中　Q_0——入流污泥流量，m^3/h。

（4）池深 H

$$H=t(1+R)Q_0/A \tag{7-12}$$

气浮池还可参考已有的运行资料进行设计。由于污泥性质不同，入流污泥浓度不同，以及是否添加浮选剂等都影响气浮池的固体负荷与水力负荷，所以在设计时，最好结合试验与类似的气浮浓缩池的运行资料进行设计。

二、污泥的预处理

影响污泥的浓缩和脱水性能的因素主要是颗粒的大小、表面电荷水合程度以及颗粒间相互作用。其中污泥颗粒的大小是影响污泥脱水性能的最重要因素，因为污泥颗粒越小，颗粒的比表面积越大，这意味着更高的水合程度和对过滤（脱水）的更大阻力及改变污泥脱水性能要更多的化学药剂。

污泥中颗粒大多数是相互排斥而不是相互吸引的，首先是由于水合作用，有一层或几层水附于颗粒表面而阻碍了颗粒的相互结合。其次，污泥颗粒一般都带负电荷，相互之间表现为排斥，造成了稳定的分散状态。

污泥预处理就是要克服水合作用和电排斥作用。增大污泥颗粒的尺寸，使污泥易于过滤或浓缩，其途径有二：第一是脱稳、凝聚，脱稳依靠在污泥中加入合成有机聚合物、无机盐等混凝剂，使颗粒表面性质改变并凝聚起来，由于要投加化学药剂，从而增加了运行费用；第二是改善污泥颗粒间的结构，减少过滤阻力，使不堵塞过滤介质（滤布）。无机沉淀物或一定的填充料可以起这方面的作用。

污泥经预处理能增大颗粒的尺寸，中和电性，能使吸附水释放出来，这些都有助于污泥浓缩和改善脱水性能。此外，经预处理后的污泥，在浓缩时污泥颗粒流失减小，并可以使固体负荷率提高。最常用的调理方法有化学调理和热处理，此外还有冷冻法和辐射法等。为减少调理的化学药品用量，还可采用物理洗涤－淘洗法。

1. 化学调理

化学调理实质是向污泥中投加各种混凝剂，使污泥形成颗粒大、孔隙多和结构强的滤饼。一般使用的调理剂有三氯化铁、三氯化铝、硫酸铝、聚合铝、聚丙烯酰胺、石灰等。无机调理剂价廉易得，但渣量大，受pH值的影响大。处理后污泥量增大，污泥中无机成分比例提高，污泥的燃烧价值降低；而有机调理剂则与之相反。综合应用2～3种混凝剂，混合投配或依次投配，可以提高效能。如石灰和三氯化铁同时使用，由于石灰和污水中的重碳酸盐生成的碳酸钙能形成颗粒结构而增加了污泥的空隙率。

由于调理剂的投加范围很大，因此在特定的情况下，最好是经过试验决定最佳剂量。

2. 热调理

热调理使污泥在一定压力（1～1.5MPa）下短时间加热（160～200℃）。这种调理方法使固体凝结，破坏凝胶体结构，降低污泥固体和水的亲和力。而且污泥也被消毒，臭味几乎被消除，并易于在真空或压力过滤机中过滤。热调理法可用以调节各种混合的有机废水污泥，包括难以处置的剩余活性污泥，最适用于生物污泥，未曾发现工业废物对污泥热处理有影响。但缺点是能耗较大，操作技术水平要求高，有臭气放出，且调理后的污泥在过滤后所得滤液有机物浓度很高。与湿式氧化不同的是，湿式氧化中要加空气以使污泥在高温下有比较深的氧化程度；热调理则不让污泥中的有机物氧化。

3. 淘洗

淘洗是一项单元操作。在操作过程中将固体或固液混合物与液体完全混合，使某些组分转移到液体中。典型范例为将消化污泥在化学调理前进行洗涤，以去除可能消耗大量化学药品的某些可溶性有机和无机组分。淘洗液中的 BOD 和 COD 值都很高，需回流到废水处理装置去处理。淘洗能降低碱度，从而降低调理化学药品投加量，但通常洗涤污泥的费用超过由于降低调理化学药品的节省费用。且由于从污泥中洗出来的细小固体在主要的废水处理装置中可能不能完全被截流，因而，虽然过去采用这种操作比较普遍，现在不提倡采用。

三、污泥的消化

污泥消化的主要目的是改善污泥的卫生条件和使污泥易于脱水。目前通常采用的是二级消化，但二级消化池在设计上却体现出两种不同的设计总图。一种是在一级消化池和二级消化池两个池子内完成消化过程。在一级消化池中，没有集气、加热、搅拌等设备，不排出上清液。污泥中有机物的分解主要是在一级消化池内完成的。在二级消化池中设有集气设备和撤除上清液装置，但不再加热和搅拌，污泥在二级消化池中最后完成消化，全部消化过程产生的上清液由二级消化排出。另一种是不把二级消化池看成完成污泥消化过程的一个构筑物，而更偏重于污泥的残余消化、进一步产气、污泥的贮存和降温以便于脱水等。整个消化过程基本上是在一级消化池内完成。为避免污泥的过度浓缩以及在排泥和脱水方面可能产生的困难，有时在二级消化池中同时设置搅拌装置，只是使用频率较低。有的污水处理厂在该池内不排出上清液，运转效果也比较好。

影响污泥消化的主要因素有以下几个：

1. 温度

根据不同的温度可将消化分为三个类型：①低温发酵，消化温度为 5～15℃；②中温发酵，温度为 30～35℃；③高温发酵，温度为 50～55℃。

温度的高低主要决定消化过程的快慢，如在高温下只要 10d 即能完成消化过程，中温条件下就需要延长至 20～30d，而当温度降至 10℃左右时，消化过程则需要 3～4 个月。

温度的高低对产气量也有一定的影响，高温发酵的产气量比中温发酵略有增加。

高温发酵几乎能杀灭所有的病原菌和寄生虫卵，而中温发酵只能杀灭其中的一部分。

2. 酸碱度

甲烷菌生长的最适宜 pH 值范围为 6.8～7.2，如 pH 值低于 6 或高于 8，其生长将受到影响。产酸细菌对酸碱度不如甲烷菌敏感，其适宜 pH 值较广，为 4.5～8。由于污泥消化时有机物的酸性发酵和碱性发酵在同一构筑物内进行，为了维持产生的酸和甲烷的平衡，避免产生过多的酸，应保持消化池内的 pH 值在 6.5～7.5，最好在 6.8～7.2 的范围内。实际的运行中，挥发酸的控制较 pH 值更为重要，当酸量累积至足以降低 pH 值时，消化效果显著下降。正常运行的消化池中挥发性酸（以醋酸计）一般控制在 200～800mg/L，超出 2000mg/

L，产气量将迅速下降，甚至停止产气，因为 pH 值的下降会抑制甲烷菌的生长。消化池污泥中含有重碳酸盐（HCO_3^-）和碳酸（H_2CO_3），具有缓冲作用，碳酸与池中二氧化碳的量有关，而 HCO_3^- 则与系统中碱度有关。对于大多数废水，其重碳酸盐等于总碱度。

3. 搅拌

搅拌可以缩短消化时间，在一定程度上提高产气量。当池内没有搅拌设备时，污泥有分层现象，池底部分容积主要用于贮存和浓缩熟泥，微生物与有机物不能充分接触。虽然排出的熟污泥的含水率较低，但消化时间长，池容大。

对于完全混合消化池，生污泥连续或频繁地投入，并采用强烈的搅拌使池内污泥保持混合状态，从池内排出的则是被进入消化池污泥所取代的混合液。温度一般保持在中温的最佳范围。连续而均匀的进泥和排泥可使池内有机物最大限度地维持在一定的水平上，并通过搅拌使池内污泥处于均匀一致的最佳状态，有机物的浓度、微生物的分布、温度、pH 值都均匀一致，使微生物的生长有一个稳定的环境，与有机物的接触好，提高了消化速率，缩短了消化时间，因此常将这种消化池称为高速消化池。

以上一级消化池内由于搅拌作用，泥水处于混合状态，排出的熟污泥中有一定量的生污泥，为了将泥水分离，熟污泥浓缩，采用二级消化法。一级消化池排出液继续在二级消化池内消化、浓缩，并起到贮存作用。二级消化池内不设搅拌设备，一般也不设加热设备，实际上起沉淀浓缩池的作用。

4. 生熟污泥的配比

正常运行的消化处于碱性发酵阶段，如加入的生污泥较多，则产酸率大于耗酸率，造成挥发性酸的积累而破坏碱性发酵所需的条件。加入的生污泥少，分解速度快，但池容相对增大，因此消化池的投配率必须合理，可用下式计算：

$$P = (W_1/W) \times 100\%$$

式中 P——投配率，每天投加的湿污泥量占消化池有效容积的百分数，%；

W_1——投入的湿污泥量，m^3/d；

W——消化池的有效容积，m^3。

当采用完全混合式消化池处理生活污水污泥，流水作业化温度在 20～35℃时，P 可取 5%～15%。

5. 碳氮比

污泥中有机物的成分（C/N）对消化过程有较大的影响。C/N 太高，则微生物所需的氮量不足，污泥中 HCO_3^- 的浓度低，缓冲能力差，pH 值易下降。如 C/N 太高，胺盐会大量积累，pH 值可上升至 8 以上，从而抑制微生物的生长繁殖。一般情况下控制 C/N 在（10～20）∶1 比较适宜。

6. 添加剂和有毒物质

添加少量有益的化学物质有助于促进消化，提高产气量和原料的利用效率。如在消化池中添加少量的硫酸锌、磷矿粉、炼钢渣、碳酸钙、炉灰等均可不同程度提高产气量，甲烷的含量及有机物的分解率。其中以添加磷矿粉的效果最佳。

添加过磷酸钙能促进纤维素的分解，提高产气量。添加少量的钾、钠、钙、镁、锌、磷等元素能促进发酵菌的生长，增加酶的活性，从而促进产气，提高产气率。

与上述相反，许多化学物质对微生物的生长有抑制作用，统称为有毒物质。有毒物质的种类很多，有有机的、无机的。表 7－3 为城市污水、污泥发酵中各种有害物质的浓度界限。

表7-3　污泥消化中有毒物质的允许浓度

有毒物质名称	表示方式	允许浓度	有毒物质名称	表示方式	允许浓度
盐酸、磷酸、硝酸、硫酸	pH值	6.8	氯化钠	NaCl	5~10g/L
乳酸	pH值	5.0	氟化钠	NaF	>11mg/L
丁酸	pH值	5.0	硫代硫酸钠	$Na_2S_2O_3$	≥2.5g/L
草酸	pH值	5.0	亚硫酸钠	Na_2SO_3	<200mg/L
酒石酸	pH值	5.0	硫氰酸钠、硫氰酸钾	SCN^-	>180mg/L
甲醇	CH_3OH	800mg/L	氢氰酸的，氰化钾	CN^-	2~10mg/L
丁醇	C_4H_9OH	800mg/L	苛性钠、苛性钾、苏打、苛性石灰	pH值	7~8
异戊酸	$C_6H_{11}OH$	800mg/L	铜化合物	Cu	100mg/L
甲苯	$C_6H_5CH_3$	400mg/L	镍化合物	Ni	200~500mg/L
二甲苯	$C_6H_4(CH_3)_2$	<870mg/L	铬酸盐、铬酸、硫酸铬	Cr	200mg/L
甲醛	HCHO	<100mg/L	硫化氢、硫化物	S^{2-}	70200mg/L
丙酮	CH_3OOCH_3	>4g/L	盐酸度、钾矿废物	Cl^-	2g/L
乙醚	$(C_2H_6)_2O$	>3.6g/L	四氯化碳	CCl_4	1.6g/L
汽油	—	400mg/L	阳离子去垢剂	有效物质	100mg/L
马达油	—	25g/L	非离子去垢剂	有效物质	500mg/L

第三节　污泥脱水

一、过滤的基本理论

在污泥的处理与处置过程中，常要求对污泥进行脱水处理。污泥的脱水性能表示脱水的难易程度，脱水的主要方法有真空过滤法、压滤法、离心法和自然干燥法。

一般认为污泥的比阻值在$(0.1\sim0.4)\times10^9 s^2/g$之间时，进行机械脱水较为经济和适合，但污泥的比阻值一般大于此值(见表7-4)，故机械脱水前，必须按上节所述进行预处理。

表7-4　各种污泥的大致比阻值

污泥种类	比阻值		污泥种类	比阻值	
	s^2/g	m/kg		s^2/g	m/kg
初次沉淀污泥	$(4.7\sim6.2)\times10^9$	$(46.1\sim60.8)\times10^9$	活性污泥	$(16.8\sim28.8)\times10^9$	$(164.8\sim282.5)\times10^9$
消化污泥	$(12.6\sim14.2)\times10^9$	$(123.6\sim139.3)\times10^9$	腐殖污泥	$(6.1\sim8.3)\times10^9$	$(59.8\sim81.4)\times10^9$

注：$s^2/g\times9.81\times10^3=m/kg$。

机械脱水所采用的方法有真空过滤法、压滤法、离心法，本质上均属于过滤脱水的范畴，基本原理也相同，都是利用过滤介质两侧的压力差作为推动力，使水分强制通过过滤介质，固体颗粒被截流在介质上，达到脱水的目的。对于真空过滤法，其压差是通过在过滤介质的一侧造成负压而产生；对于压滤法，压差产生于过滤介质的一侧；对于离心法，压差是以离心力为推动力。

过滤开始时，滤液仅需克服过滤介质的阻力。当滤饼逐渐形成后，还必须克服滤饼本身的阻力。通过分析可得到著名的卡门(Carmen)过滤基本方程式。

$$t/V=(\mu\omega r/2pA^2)\cdot V+\mu R_f/pA=bV+a \tag{7-13}$$

式中 V——滤液体积，m^3；

t——过滤时间，s；

p——过滤压力，kgf/m^2；

A——过滤面积，m^2；

μ——滤液的动力黏滞度，$kgf\cdot s/m^2$；

ω——滤过单位面积的滤液在过滤介质上截流的干固体质量，kg/m^2；

r——比阻(单位过滤面积上，单位干重滤饼所具有的阻力称为比阻)，m/kg；

R_f——过滤介质的阻抗，$1/m^2$。

因此，可通过过滤试验测定不同时间 t 的滤过水体积，将 t/V 与 V 绘成一直线，斜率为 $b=\mu\omega r/2pA^2$，截距为 $a=\mu R_f/pA$，由此得

$$r=2bPA^2/\mu\omega \tag{7-14}$$

而由 ω 的定义，可知

$$\omega=(Q_0-Q_1)C_g/Q_1$$

式中 Q_0——污泥量；

Q_1——滤液量；

C_g——滤饼中固体物质浓度，g/mL。

二、过滤介质

过滤介质是滤饼的支撑物，应具有足够的机械强度和尽可能小的流动阻力。工业上常用的过滤介质有以下几类。

1. 织物介质

又称滤布，包括棉、毛、丝、麻等天然纤维及由各种合成纤维制成的织物，以及由玻璃丝、金属等织物组成的网状物。织物介质在工业上应用最为广泛。表 7-5 为各种滤布的性能及特点。

表 7-5 各种滤布的性能及特点

名称	热稀酸	冷硫酸	冷稀酸	浓碱	稀碱	耐温度	光滑度	霉	蛀	机械强度	耐磨性	氧化剂	有机溶剂	价格
棉织物	–	–	–	溶胀	+	耐 150℃	较差	–	–	一般	一般	–	–	便宜
粘纤与铜氨纤	–	–		膨胀	+	一般	一般	–	+	一般	一般	–	+	便宜
醋纤	–		+	膨胀	+	耐 200℃			+	一般	一般	–	–	较贵
尼纶与锦纶	–	–	–	较强	+	耐 121℃	光滑			较低	较强	+	+	较贵
涤纶	+	+	+	+	+	耐高温	光滑			较强	良好	+	+	贵
腈纶与丙纶	+	+	+	+		耐 97℃	光滑			强		+	+	较低
维纶			+	泛黄	+					较低			+	
氯纶与偏氯纶		+		+		耐 70℃	光滑			较强				
玻璃布	+	+	+	+	+	耐高温		+	+		差	+	+	便宜

2. 粒状介质

包括细砂、木炭、石棉、硅藻土等细小坚硬的粒状物质，多用于深层过滤。

3. 多孔固体材料

是具有很多微细孔道的固体材料，如多孔陶瓷、多孔塑料及多孔金属制成的管或板。此类介质多耐腐蚀，且孔道较细，适用于处理只含有少量颗粒的腐蚀性悬浮液或其他特殊场合。

在污泥脱水机械中，滤布起了重要作用，影响脱水的操作与成本，因此必须认真选择。

三、过滤脱水设备

从严格的意义上说，过滤与脱水有一定的区别，过滤是指从泥浆、污泥得到粒子，间隙仍充满液体的泥饼为止；而脱水指用机械的方法去掉多孔介质和滤饼内的毛细管化合水及粒子表面的吸附水。

机械脱水方法主要有以下几类：①采用加压或抽真空的办法将滤层内的液体用空气或蒸汽排除的通气脱水法。②靠机械压缩作用的压榨法。泥浆、污泥等浓度不太高，能用泵压送时，仍可以用过滤法。压榨法主要用于水分较少，难以用泵送料的场合，以高浓度的污泥、半固体原料及滤饼为操作对象。③用离心力作为推动力除去污泥内液体的离心脱水法。

污泥脱水机械设备可分为间歇式和连续式两类；按作用原理又可分为真空式、加压式和离心式。

1. 真空过滤设备

真空过滤是目前使用较广泛的机械脱水设备，具有处理量大、能连续生产、操作平稳、易于实现自动化、维修检查容易等特点。但对污泥的要求较高，不适于过滤比阻抗大及易于挥发的物料，对流体黏度也有一定的要求。故脱水前要进行预处理，附属设备多，功力消耗大，工序复杂，占地面积大，运行费用也较高。间歇式真空过滤器有叶状过滤器，只适用于处理少量的污泥。连续式真空过滤器分为圆筒形、圆盘形及水平形。根据滤饼剥落排料的方法和过滤室构造的不同，圆筒形及水平形又有多种形式。

图 7－5 为转鼓真空过滤机，由空心转鼓、污泥贮槽、真空系统、压缩空气机等组成。图中空心转鼓(1)的表面覆盖有过滤介质，并浸在污泥槽(2)内，浸没深度可根据污泥的干化程度进行调节，一般为 1/3 转鼓直径。转鼓用隔板分割成许多扇形间格(3)，每格有单独的连通管与分配头(4)相接。分配头由两片紧靠在一起的部件组成，即转运部件(5)和固定部件(6)。固定部件有凹槽(7)与真空管路(13)相通，孔(8)与压缩空气管路(14)相通。转动部件有许多小孔（9），每孔通过连通管与各扇形间隔相连。转鼓转动时，由真空的作用，将污泥吸附在过滤介质上，液体通过过滤介质沿真空管路流到气水分离罐。吸附在转鼓上的滤饼转出污泥槽的液面后，若扇形间隔的连通管在固定部件的凹槽(7)范围内，则处于区Ⅰ、Ⅱ，可以连续吸干水分。当小孔(9)与固定部件的孔(8)相通时，进入反吹区Ⅲ，与压缩空气相通，滤饼被反吹松动，便于剥落。剥落的泥饼用皮带运输器(12)运走。转鼓每转一周，依次经过滤饼形成区Ⅰ、吸干区Ⅱ、反吹区Ⅲ及休止区Ⅳ。

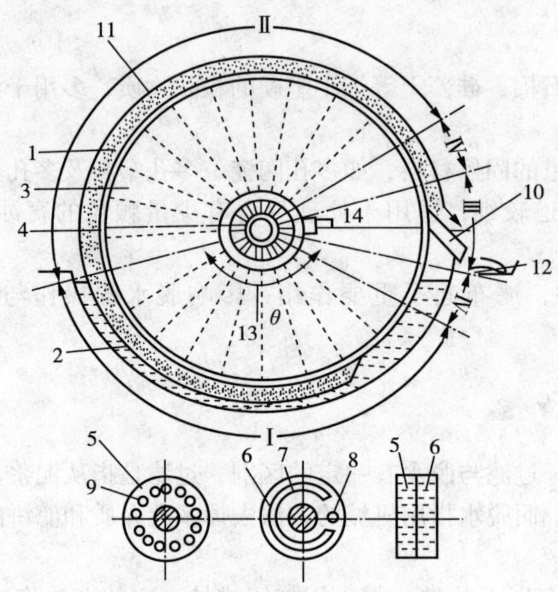

图 7－5　转鼓真空过滤机

Ⅰ—滤饼形成区；Ⅱ—吸干区；Ⅲ—反吹区；Ⅳ—休止区；1—真空转鼓；2—污泥贮槽；3—扇形空间；4—分配头；5—转动部件；6—固定部件；7—与真空泵通的缝；8—与空压机通的孔；9—与各扇形格相通的孔；10—刮刀；11—泥饼；12—皮带运输器；13—真空管路；14—压缩空气管路

其他还有各种形式的真空过滤机，如线带式真空过滤器、旋管式过滤器、Dorrco 真空过滤器、单式转动真空过滤器、圆盘式真空过滤器等。

2. 压力过滤设备

利用各种液压泵或空压机形成大气压以上的正压进行过滤的方式称为加压过滤。过滤时的压力可达到 4～8MPa，因此过滤推动力远大于真空过滤。

加压过滤的优点是：脱水泥饼的含水率较低；滤饼的剥落性能较高；可以用增加滤板数目方便地调整过滤面积，处理能力大于真空过滤。其缺点是：需要自动控制装置，压榨要用高压泵或空压机，动力消耗大，更换滤布较费力，有臭气发生，有时要采用消石灰作为助滤剂，污泥量增加。

加压过滤设备主要有板框压滤机、带式压滤机等。

(1)板框压滤机

其工作原理如图 7－6 所示。将具有滤液通路的沟或孔的滤板滤框平行地交替配置，滤布夹在板与框中间，用端板压紧连接在一起。污泥从给料口压入滤框内，压滤后滤渣堆积在框内，通过滤布的滤液则从排液口排出。

板框压滤机的优点是：滤材使用寿命长；污泥可以压得比较干；滤饼厚度匀一，便于洗涤。其缺点是：给料口易堵塞；剥落滤饼较麻烦。

根据其结构的不同，板框压滤机可分为单面压滤和双面压滤，卧式和立式压滤；按操作方式不同，可分为手动与自动。

国产板框压滤机的面积从(300mm ×300mm)～(1400mm×1400mm)，每台机器由 10～60 对或更多的板框组成，过滤面积由几平方米到 200m^2 以上，可适用于不同规模的污泥的脱水。

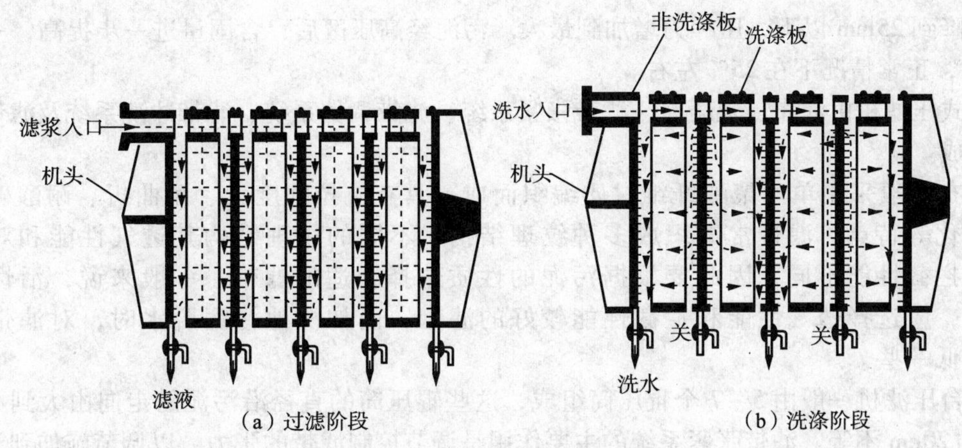

图 7－6　板框压滤机工作原理

(2)带式压榨过滤机

图 7－7 所示为带式压滤机工作原理图。

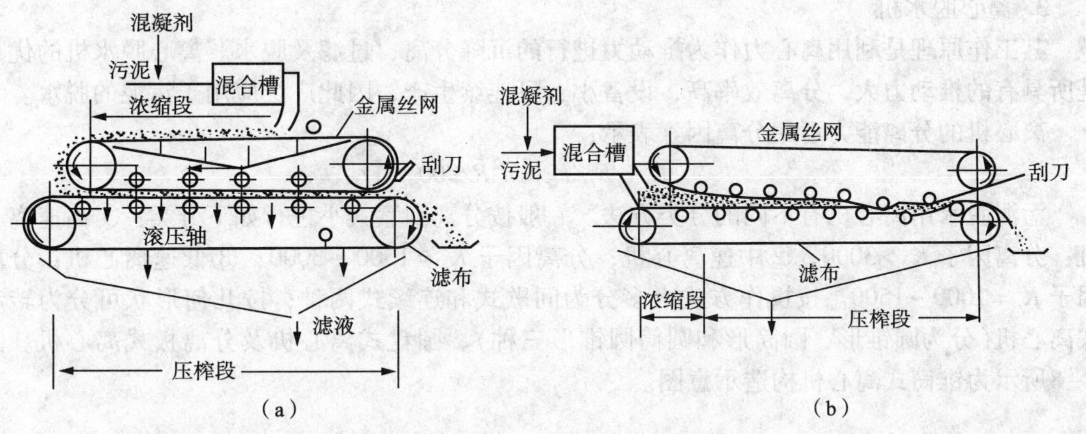

图 7－7　带式压滤机脱水工作原理图

带式压滤机是由上下两条张紧的滤带夹带着污泥层，从一连串按规律排列的辊压轮中呈 S 形弯曲经过，靠滤带本身的张紧力形成对污泥层的压榨力和剪切力，把污泥中的毛细水挤压出来，获得含固量较高的泥饼，从而实现污泥脱水。带式压滤机有许多形式，一般可以分为几个工作区。①重力脱水区。在该区域内，滤带水平行走。污泥经过调质后，部分毛细水转化为游离水，这部分水分在该区域内按自身的重力穿过滤带，从污泥中分离出来。一般来说，重力脱水可以脱去污泥中 50% ~70% 的水分，使含固量增加 7% ~10%。②楔形脱水区。楔形脱水区是一个三角形的空间，滤带在该区内逐渐靠拢，污泥在两条滤带间逐步开始受到挤压。在该区段内，污泥的含固量进一步提高，并由半固体向固态转变，为进入压力脱水做准备。③低压脱水区。污泥经楔形区后，被夹在两条滤带间绕辊压筒作 S 形上下移动。施加到泥层上的压榨力取决于滤带张力和辊压筒直径。在张力一定时，辊压筒直径越大，压榨力越小。脱水机前面三个辊压筒的直径较大，一般在 50cm 以上，施加到泥层上的压力较小，因此称为低压区。污泥经低压区后，含固量进一步提高，但低压区的主要作用是使污泥成饼，强度增加，为接受高压做准备。④高压脱水区。经低压脱水的污泥，进入高压区后，受到的压榨力逐渐增大，其原因是辊压筒的直径越来越小，到高压区的最后一个辊压筒，直径往往降到25mm以下，压榨力增加到最大。污泥经高压区后，含固量进一步提高，一般大于20%，正常情况下在25%左右。

带式压滤机由滤布、辊压筒、滤带张紧系统、滤带调偏系统、滤带冲洗系统及滤带驱动系统组成。

滤布一般采用单丝聚酯纤维材质编织而成，具有抗拉强度大、耐曲折、耐酸碱、耐温度变化等特点。滤带常编织成多种纹理结构，不同的纹理结构其透气性能和对污泥颗粒的拦截性能不同，因此要根据污泥的性质选择合适的滤带。一般来说，活性污泥脱水时，应选择透气性能和拦截性能较好的滤带；而初沉池污泥脱水时，对滤带的性能要求低一些。

一台压滤机一般由5~7个辊压筒组成，这些辊压筒的直径沿污泥的走向由大到小，从90cm到20cm不等。滤带张紧系统的主要作用是调节控制滤带的张力，以调节施加到泥层上的压榨力和剪切力，这是运行中的一些重要控制手段。滤带调偏系统的作用是时刻调整滤带的运行方向，保证运行的正常。滤带冲洗系统的作用是将挤入滤带中的污泥冲洗掉，保证其正常的过滤性能。一般定期用高压水反方向冲洗。

3. 离心脱水机

其工作原理是利用离心力作为推动力进行的沉降分离、过滤及脱水。离心脱水机的优点是所具有的推动力大，分离效率高，设备小，可连续生产，因此广泛应用于污泥的脱水。

离心机的分离能力可用分离因素表示：

$$K_c = F_c/F_g = n^2R/900$$

污泥脱水用离心机有不同的分类方法。一般按分离因素大小进行如下分类：①高速离心机：分离因子 $K_c > 3000$；②中速离心机；分离因子 $K_c = 1500 \sim 3000$；③低速离心机：分离因子 $K_c = 1000 \sim 1500$。按操作方式大多分为间歇式和连续式两种；按几何形状可分为转动式离心机(分为圆锥形、圆筒形和圆筒圆锥形三种)、圆盘式离心机及分离板式离心机。图7-8所示为锥筒式离心机构造示意图。

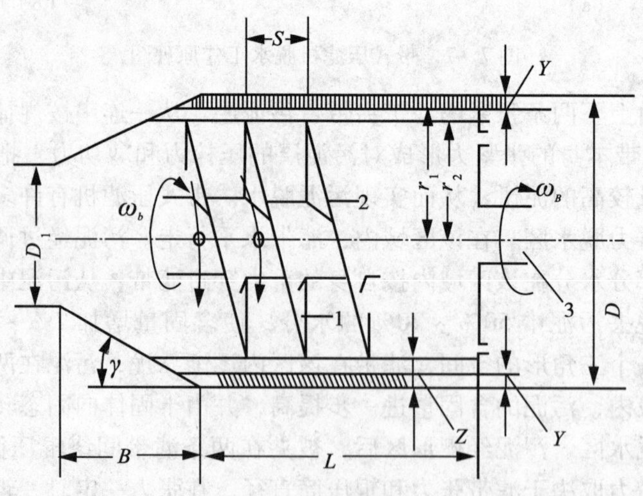

图7-8 锥筒式离心机构造示意图

L—转筒长度；B—锥长(也称岸区长)；Z—水池深度；S—螺矩；γ—锥角；ω_b—转筒旋转角速度；ω_B—螺旋输送器旋转角速度；Y—泥饼厚度；D—转筒直径；r_2—水池表面半径；r_1—转筒半径；D_1—锥口直径；1—螺旋输送器；2—转筒；3—空心转轴

第四节 污泥的最终处置及综合利用

一、污泥的最终处置

1. 土地填埋

污泥的卫生填埋始于20世纪60年代，是在传统填埋的基础上发展起来的。从保护环境角度出发，经过科学选址和必要的场地防护处理，具有严格、科学的工程操作方法。到目前为止，已发展成为一项比较成熟的污泥处置技术，其优点是投资较少、容量大、见效快，1992年欧盟大约40%的污泥采用了填埋处置。由于污泥填埋对污泥的土力学性质要求较高，需要大面积的场地和大量的运输费用，地基需作防渗处理以免污染地下水等，因此，近年来污泥填埋处置所占比例越来越小。美国环保局估计，今后几十年内，美国6500个填埋场将有5000个被关闭。与1984年相比，欧盟国家污泥填埋量增加了4%，但同期污泥总量却增加了16%。

土地填埋是我国污泥处置的主要方法，目前我国城市污水处理厂的污泥绝大部分采用填埋的方法。

2. 排海

在一些靠海的国家和地区，大型的污水处理厂直接将液态污泥排海或将脱水污泥直接投海。该处理方法虽然方便经济，但会对海洋产生严重污染，危及人类的安全。美国已于1991年禁止向海洋倾倒污泥，欧共体也在1991午5月颁布了《Directive Concerning Urban Wastewater Treatment》，规定从1998年12月31日起，不得在水体中倾倒污泥。

3. 污泥的焚烧

污泥焚烧的优势在于可以迅速和较大程度地使污泥达到减量化，近年来焚烧法由于采用了合适的预处理工艺和焚烧手段，达到了污泥热能的自足，并能满足越来越严格的环境要求和充分地处理不适宜于资源化利用的部分污泥。由于其在恶劣的天气条件下不需存储设备，对于大城市因远离填埋场造成运输费用高的场合，使用焚烧法处置可能是经济有效的。在欧盟，1992年污泥焚烧的比例为11%，比1984年增加了38%；在日本采用焚烧处置的污泥已占60%以上。其他的污泥热处理方法如污泥的热解及湿式氧化，近年也取得了较大的进展，但目前仍处在研究阶段。

污泥经焚烧后产生无菌、无臭的无机残渣，大大减少了体积，是一种可靠而有效的污泥处置方法。焚烧灰能有效地用在沥青原料和轻质基材等建筑材料，燃烧产生的热可以用来发电。因此焚烧工艺无论从技术上还是从污泥减量上都是非常好的污泥最终处置的途径。但焚烧法设备及运行费用昂贵，易造成大气污染，同时大约有1/3左右以灰分的形式存留下来。污泥的焚烧可以分为两类，即完全焚烧和湿式燃烧(即不完全燃烧)。

(1)完全焚烧

污泥所含水分完全蒸发、有机物质完全被焚烧，最终的产物是CO_2、H_2O、N_2等气体及焚烧灰。污泥的燃烧热值可用下式计算：

$$Q=2.3a[100p_v/(100-G)-b][(100-G)/100]$$

式中 Q——污泥的燃烧热值，kJ/kg(干)；

p_v——有机物质的含量(即挥发性固体),%；

G——机械脱水时所加无机混凝剂（以占污泥干固体质量的%计），当用有机高分子混凝剂或未投无机混凝剂时，$G=0$；

a，b——经验系数，与污泥的性质有关。新鲜初沉池污泥与消化污泥：$a=131$，$b=10$；新鲜活污泥：$a=107$，$b=5$。

各类污泥的燃烧热值见表7-6。

表7-6 各种污泥的燃烧热值表

污泥种类	燃烧热值/(kJ/kg)(干)	污泥种类	燃烧热值/(kJ/kg)(干)
初沉池污泥 新鲜：	15826~18191.6	经消化的：	6740.7~8122.4
经消化	7201.3	初沉淀污泥与活性污泥混合	
初次沉淀池污泥与腐殖污泥		新鲜的：	16956.5
混合		经消化的：	7452.5
新鲜的：	14905	新鲜活性污泥：	14905~15214.8

完全焚烧设备有回转焚烧炉、立式多段焚烧炉、流化床焚烧炉等。

图7-9所示为带式干燥器与流化床焚烧炉联合使用的流化床焚烧炉工艺流程图。

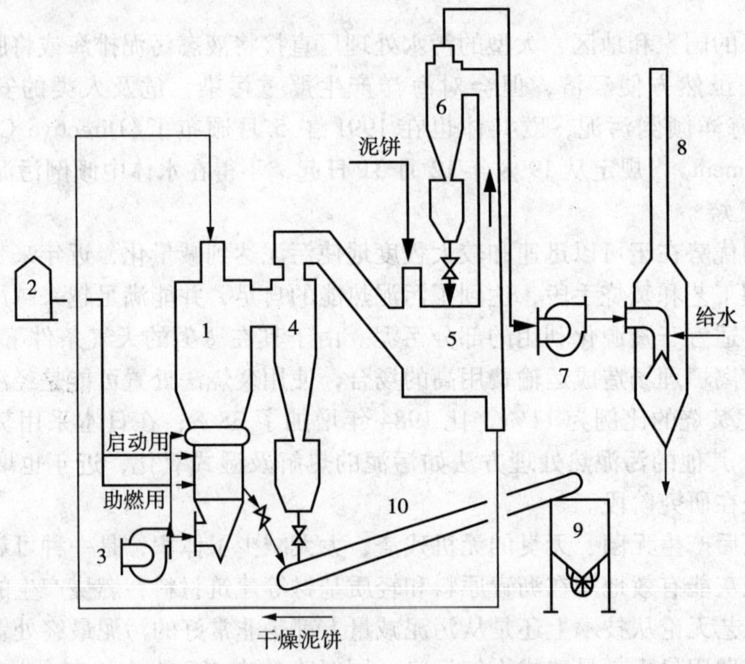

图7-9 流化床焚烧炉工艺流程

1—流化床焚烧炉；2—重油池；3—一次旋风分离器；4—快速干燥器；5—二次旋风分离器；6—抽风机；7—除尘器；8—灰斗；9—带式输送机；10—输送带

流化床焚烧炉是用硅砂作为载热体，预热空气从炉底喷射而上，使硅砂层呈悬浮状态。干燥的污泥从炉顶加入，与热硅砂混合焚烧，焚烧灰与气体一起从炉顶经旋风分离器气固分离，热气体用预热空气，热焚烧灰用预热干燥污泥，以进行热量回收。

泥饼加入带式干燥器4，将泥饼干燥至含水率约40%，干燥器的热源采用流化床焚烧炉排出的烟道气，温度约800℃，经二次旋风分离器5分离，泥灰落入干燥器4，废气经抽风机6、除尘器7后排入大气，排气温度约150℃。干燥后的污泥由输送带10直接送入流化床焚烧炉，与流化床内的高温硅砂激烈混合，将污泥的温度上升至700℃进行焚烧。焚烧灰则随喷射而上的气流一起由旋风分离器3分离，焚烧灰落入带式输送机9后送至灰斗8。气体则进入4作为热源。重油2沿炉壁切向喷入炉内，在硫化床上部焚烧污泥，燃烧温度可达850℃。焚烧温度不能再高，否则会使硅砂熔化结块。流化所需空气由鼓风机鼓入。

流化床的特点是：结构简单，接触高温的金属部件少，故障也较少；污泥的干燥与焚烧同时进行，可除臭；硅砂与污泥混合的接触面积大，热效率高，节省能源；焚烧时间短，炉体小，由于炉子的热容量大，停止运行后，每小时降温不到5℃，因此在停运后两天内重新运作可不必预热载体，故可连续或间歇运行；操作可用自动仪器控制，实现自动化；其缺点是操作复杂，运行效果不及其他焚烧炉稳定；动力消耗大；焚烧气体可能含有致癌物质二恶英，要配备二恶英处理装置，价格较贵。

(2)湿式燃烧

湿式燃烧也称不完全燃烧或湿式氧化，是指浓缩后的污泥(其含水率约96%)，在液态下加温加压，并压入压缩空气，使有机物被氧化去除，从而改变污泥的结构与成分，脱水性能大大提高。在湿式氧化过程中有80%～90%的有机物被氧化，故又称其为不完全燃烧。湿式氧化必须在高温高压下进行，所需氧化剂为空气中的氧气或纯氧、富氧等。

湿式氧化对污泥中所含有机物或还原性无机物的去除效率，可用氧化度来表示。

氧化度＝湿式氧化前后COD值的差/湿式燃烧前的COD(%)

湿式燃烧是在高温高压下，以压缩空气中的氧气作为氧化剂，氧化污泥中的有机物及还原性无机物质。由于必须保证氧化反应在液相中进行，温度高，氧化速度快，氧化度也高。但若压力不高，大量氧化反应热被消耗于蒸发水蒸气，造成液相固化，使有机物无法氧化。因此反应温度高，压力也相应要高。反应温度与相应的压力见表7－7。

表7－7 湿式燃烧的反应温度与反应压力关系表

反应温度/℃	反应压力/MPa
230	4.5～6.0
250	7.0～8.5
280	10.5～12.0
300	14.0～16.0
320	20.0～21.0

反应温度低于200℃时，反应速率缓慢，反应时间再长，氧化度也不会提高。反应温度为230℃～374℃时，反应时间约1h，即可达到氧化平衡，继续延长反应时间，氧化度几乎不再增加。根据湿式燃烧所需的氧化度、反应温度、压力的不同，湿式燃烧可分为以下几种。①高温高压氧化法。反应温度为280℃，压力为10.5～12MPa，氧化度为70%～80%，燃烧后的残渣很少，氧化分离的BOD_5为4000～5500mg/L，COD为8000～9500mg/L，氨氮为1400～2000mg/L，氧化热值高，可以回收发电，但设备费用高。②中温中压氧化法。反应温度为230～250℃，压力为4.5～8.5MPa，氧化度为30%～40%，不需要辅助燃料，设备费较低，但氧化分离的浓度高，BOD_5为7000～8000mg/L。③低温低压氧化法。反应温度为200～220℃，压力为1.5～3.0MPa，氧化度低于30%，设备费就更低，需辅助燃料，残

渣量多，氧化分离的 BOD_5 低。

典型的湿式氧化工艺流程如图 7－10 所示。

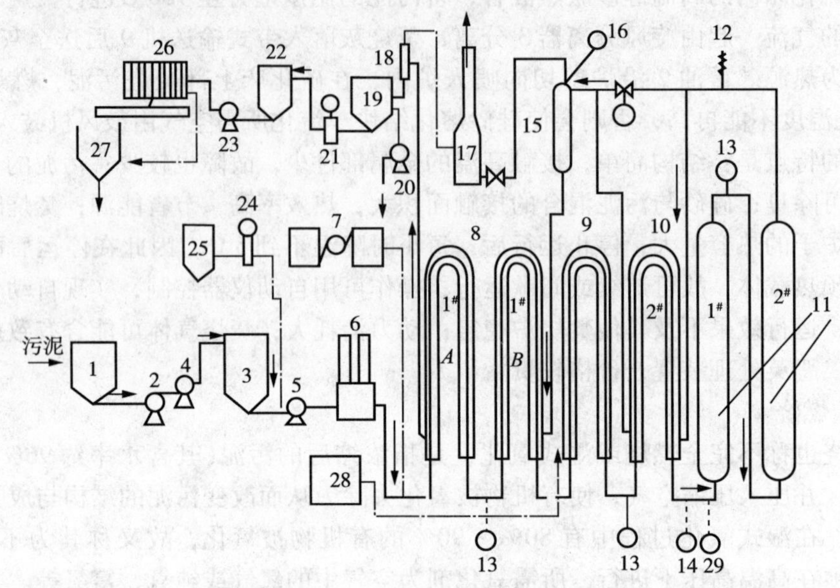

图 7－10 湿式氧化工艺流程图

1—污泥浓缩池；2—破碎机；3—储泥池；4—浓缩污泥泵；5—污泥泵；6—空压机；7—蒸汽加热器；8—1#热交换器；9，10—2#热交换器；11—1#，2#反应塔；12—安全阀；13—温度报警计；14—温度调节计；15—气液分离器；16—压力调节报警器；17—压力调节阀及铂接触燃烧炉；18—旋流分离器；19—固液分离池；20—回流泵；21—灰渣泵；22—灰渣池；23—泥泵；24—苛性钠泵；25—苛性钠池；26—压滤机；27—泥饼斗；28—启动用锅炉；29—温度指示计

湿式氧化工艺过程如下：

①污泥的浓缩。污泥经浓缩池（1）浓缩至 96% 左右，用破碎机破碎至 9mm 以下，以免堵塞热交换器。②污泥与空气加压混合。污泥泵（4）将污泥送至储泥池（3），再用污泥泵、高压泵加压至 9.5MPa。氧化污泥的空气用空压机 6 加压至 9.5MPa，二者混合后，压入 1#套管式热交换器 7，蒸汽加热器 8 及 2#热交换器的内管中。为防止热交换器的内壁结垢，可从苛性钠池，用苛性钠泵 24 加入苛性钠溶液，以降低原污泥的硬度，加入量为 1.0～2.0g/L 污泥。③热交换。在热交换器 8 内，与氧化分离液（来自气液分离器 15）进行逆向热交换，使泥气混合液升温至 130℃左右，然后进入热交换器 10，使温度升高至 200～210℃，进入反应塔 11 进行反应。④反应。反应塔的进口温度为 200～210℃，塔内压力为 8.5MPa，污泥中的有机物及还原性无机物被氧化，释放出氧化反应热，使反应温度继续升高，至 2#反应塔出口时的温度可达 230～250℃。总反应时间约 1h。⑤汽液分离与固液分离。从 2#反应塔流出的氧化混合液进入 2#热交换器 10 的夹层，再到气液分离器 15，依靠旋流及相对密度差将气液固分离。气体经水洗后，用压力调节阀及铂接触燃烧炉 17 燃烧（燃烧温度达到 450℃），脱臭后排入大气中。固、液体通过热交换器 8 的夹层，进行热交换，使温度降至 40～45℃。经减压阀降低压力至大气压后流入旋流分离器 18，气体也至燃烧炉 17 脱臭。混合液进入固液分离池 19，沉渣用灰渣泵 21 抽送至灰渣池 22，再用泥泵 23 压入压滤机 26 脱水，泥饼经泥饼斗 27 外运，上清液回流至初沉池。

湿式燃烧法的优点：适应性强，难生物降解的有机物可被氧化；达到完全杀菌；反应在密闭的容器中进行，无臭气产生，管理可实现自动化；反应时间短，有机物氧化彻底；残渣量小。其缺点是设备采用不锈钢制作，造价高，需要专门的高级作业管理人员；高压设备的电耗大，噪声也大；热交换器及反应塔要经常除垢；同时在高温高压的氧化过程中，产生有机酸与无机酸，对设备有腐蚀作用；排放的气体要进行处理。

二、污泥的综合利用

1. 农业上的应用

污泥在农业上的利用已有很久的历史，主要包括污泥农用，污泥用于森林与园艺、废弃矿场等场地的改良等。污泥中含有丰富的有机物和 N、P、K 等营养元素以及植物生长必需的各种微量元素 Ca、Mg、Zn、Cu、Fe 等，施用于农田能够改良土壤结构、增加土壤肥力、促进作物的生长。污泥的土地利用是一种安全积极的污泥处置方式，在美国约有 40% 左右的污泥采用土地利用的方式进行处置。尽管污泥的土地利用具有能耗低、可回收利用污泥中养分等优点，但也存在病原菌扩散和重金属污染的危险。为此各国政府先后颁布了农用污泥重金属浓度标准和严格的无害化要求，并对单位面积土地污泥的应用量有严格的限制。

日本从 1995 年制定了有机肥料等级标准，由全国农协会就家畜肥料、下水污泥肥料和复合肥料制定了相应的标准和区分界限。表 7－8 为农业绿化用污泥的主要成分表。

表 7－8 农业绿化用污泥的主要成分

项目	有机物干物/%	C/N 比	N_2O	磷酸干物/%	钾/%	碱/%	调查对象和厂数
石灰系	36	9.3	2.0	3.6	0.21	19	36
高分子系	56	9.4	2.7	3.2	0.36	6.4	55
石灰系	42	8.2	2.7	2.3	0.15	21	9
高分子系	56	6.1	4.5	3.6	0.30	3.7	42
石灰系	51	7.9	3.2	3.5	0.21	23	16
高分子系	70	6.5	5.2	5.8	0.36	3.1	58

从表 7－8 中可以看出，下水污泥中具有磷酸含量较高、钾含量低的特点，故日本土木研究所已开始研究以单纯剩余污泥为原料的肥料。另外，土木研究所和农业环境研究所也在共同研究把干燥污泥和牛粪有机地结合在一起，制成高质量的肥料。

2. 建筑材料利用

污泥可用于制砖与纤维板材两种建筑材料。污泥制砖可用干化污泥直接制砖，也可采用污泥焚烧灰制砖。制成的污泥砖强度与红砖基本相同。对制砖黏土的化学成分有一定的要求。当用干化污泥直接制砖时，由于干化污泥组成与制砖黏土有一定的差异，要对污泥的成分进行一定的调整，使其成分与制砖黏土的化学成分基本相当。焚烧灰的化学成分与黏土成分比较接近，因此利用焚烧灰制砖，只需加入适量的黏土和硅砂即可。

污泥制纤维板材，主要是利用蛋白质的变性作用，即活性污泥中所含粗蛋白（有机物）与球蛋白（酶），在碱性条件下，加热、干燥、加压后，会发生一系列的物理、化学性质的改变，从而制成活性污泥树脂（又称蛋白胶），再与经过漂白、脱脂处理的废纤维（可利用棉、毛纺厂的下脚料）一起压制成板材，即生化纤维板。生化纤维板的性能见表 7－9，表中还列出了国家三级硬质纤维板的标准以作比较。

表 7－9 生化纤维板与三维硬质纤维板性能比较

板名	容重/(kg/m^2)	抗折强度/(kg/cm^2)	吸水率/%
三级硬质纤维板	≤800	≤200	≥35
生化纤维板	1250	180～220	30

3. 污泥沼气利用

污泥发酵产生的污泥气既可作为燃料，又可作为化工原料，是污泥综合利用的重要方面。其成分随污泥的性质而异，一般 CH_4 的含量在50%～60%以上。

消化池产生的污泥气能完全燃烧，保存运输方便，无二次污染，是一种理想的燃料。污泥沼气热值一般为5000～6000kcal/m^3（1cal＝4.1868J），当用做锅炉燃料时，1m^3 气体相当于1kg煤。

污泥气在化学工业上也有广阔的利用前途。污泥气的主要成分是甲烷与二氧化碳，将污泥气净化，除去二氧化碳，即可得到甲烷，以甲烷为原料可制成多种化学品。

第二篇 石油工业废水处理及工程实例

第八章　石油工业废水污染源及其污染物

第一节　石油工业环境污染源的构成

石油工业是我国现代能源及国民经济的重要组成部分。石油工业生产过程包括油气田勘探、开发、石油加工、石油机械制造及石油储运等，因此，石油工业污染源在其构成上除上述主体生产过程外，还包括自备电厂污染源、机械加工污染源、机动车船污染源以及生活污染源等。石油工业环境污染源的总体构成如图 8－1 所示。

油气田勘探开发是一项包含地下、地上等多种工艺技术的系统工程。其主要工艺过程如前所述，包括地质调查、勘探、钻井、测井、井下作业、采油(气)、油气集输、储运及辅助配套工艺过程，如供水、供电、通讯、排水等。在这些具体的开发生产活动中，不同工艺和不同开发阶段，其排放的污染物及构成不尽相同。

地震勘探阶段的环境污染源主要是放炮震源和噪声源。

钻井阶段的污染源主要来自钻井设备和钻井施工现场。钻井过程不仅会产生废气、废水，还会产生固废和噪声。废气主要来自大功率柴油机排出的废气和烟尘；废水主要由柴油机冷却水、钻井废水、洗井水及井场生活废水所组成；废渣主要有钻井岩屑、废弃钻井液及钻井废水处理后的污泥。

测井过程中，由于有时使用放射性辐射源和放射性核素，因此，其污染源主要是放射性“三废”物质以及因操作不慎溅、洒、滴入外环境的活化液、挥发进入空气中的放射性气体、被污染的井管和工具等。

井下作业过程中，由于其工艺复杂、施工类型多，故其形成的污染源也较为复杂。在压裂施工中，会产生大量压裂液；地面高压泵组会产生噪声和振动。在酸化施工中，酸化液与硫化物结垢作用后可产生有毒气体 H_2S，造成大气污染；酸化后洗井排出的废水含有各种酸液或酸液添加剂等。在注水和洗井施工中，会产生洗井废水；注水泵组会产生较强的噪声。

在采油(气)过程中，主要污染源和污染物是采油井与原油一同产出的油田水，另外在油气集输过程中还会有一定量的烃类气体释放和落地原油产生。特别在稠油开采施工时，如采用蒸汽吞吐热采或“蒸汽驱”及蒸汽发生炉产生烟气污染。

在油气集输和储运过程中，主要废水污染源是原油脱出的含油废水；油气分离器及分离罐排出的含砂、含油废水；原油稳定流程中的气液固三相分离器及真空罐和冷凝液储罐排水；还有计量站、联合站、脱水站、油水泵区、油罐区、装卸油站台、原油稳定、轻烃回收和集输流程的管线、设备及地面冲洗等排放出的含油、含有机溶剂的废水。主要废气污染源有储罐、油罐车、增压站、集气站、压气站、天然气净化厂等损耗烃类的场所和设备，以及加热炉放空火炬等。主要固体废弃物有从三相分离器、脱水沉降罐、电脱水等设备排水时排出的污油；泵及管线跑、冒、滴、漏排出的污油；脱水沉降罐、油罐、油罐车、含油废水处理厂等设施，以及天然气净化厂清出和排出的油砂、油泥、过滤滤料等固体泥状废物。主要噪声源有机泵、电机、加热炉螺杆式压缩机等。

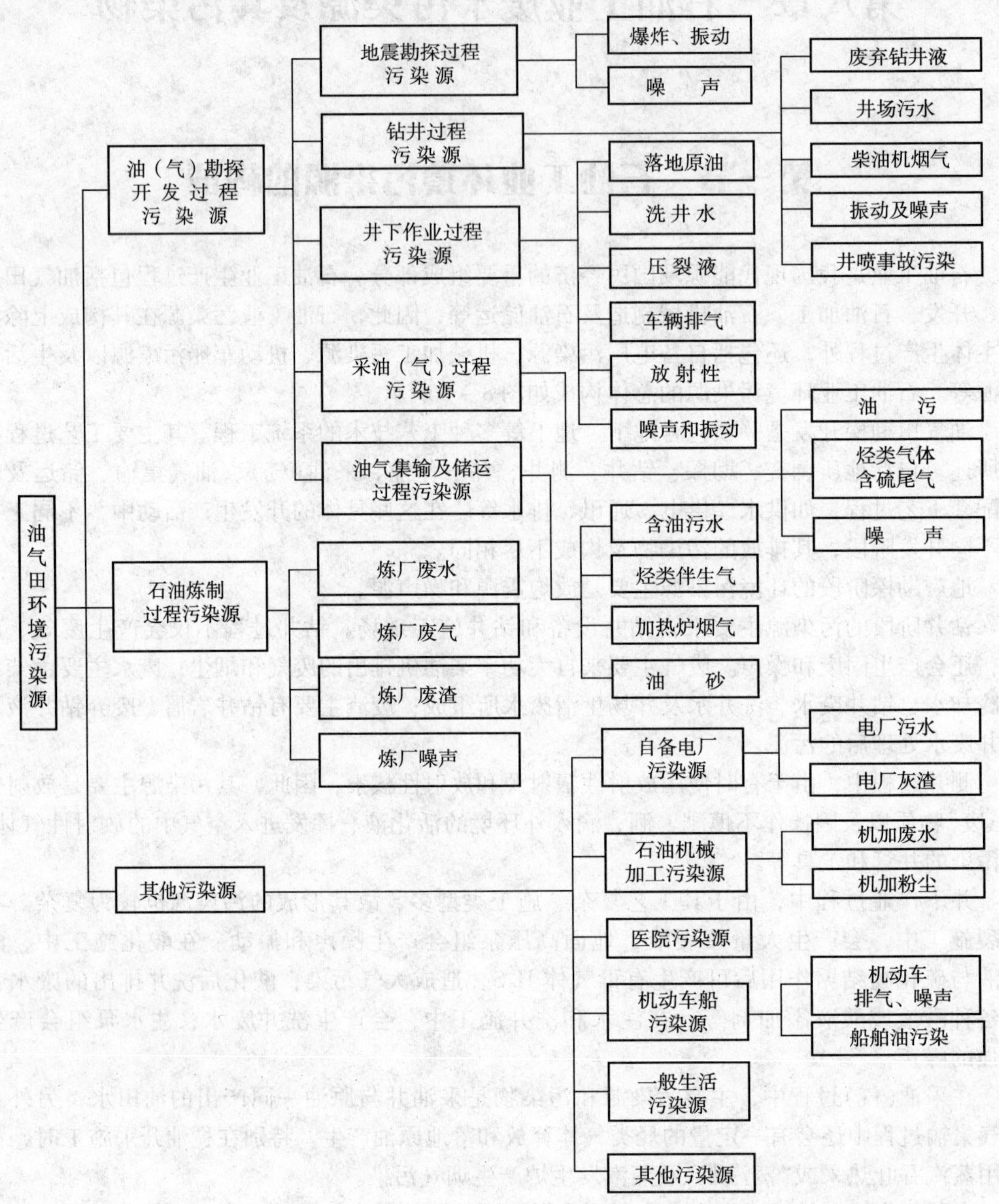

图 8-1　石油工业环境污染源的总体构成

总之，在石油勘探开发过程中，从地震勘探到钻井、采油(气)、集输和储运的各个环节上，由于工作内容多，工序差别大，施工情况多样，管理水平不一，设备配置不同及环境状况差异，污染源比较复杂。图 8-2 展示出油气田开发过程中污染物排放的一般情况及污染源的构成情况，从中可以了解油气田污染源形成的一般规律。

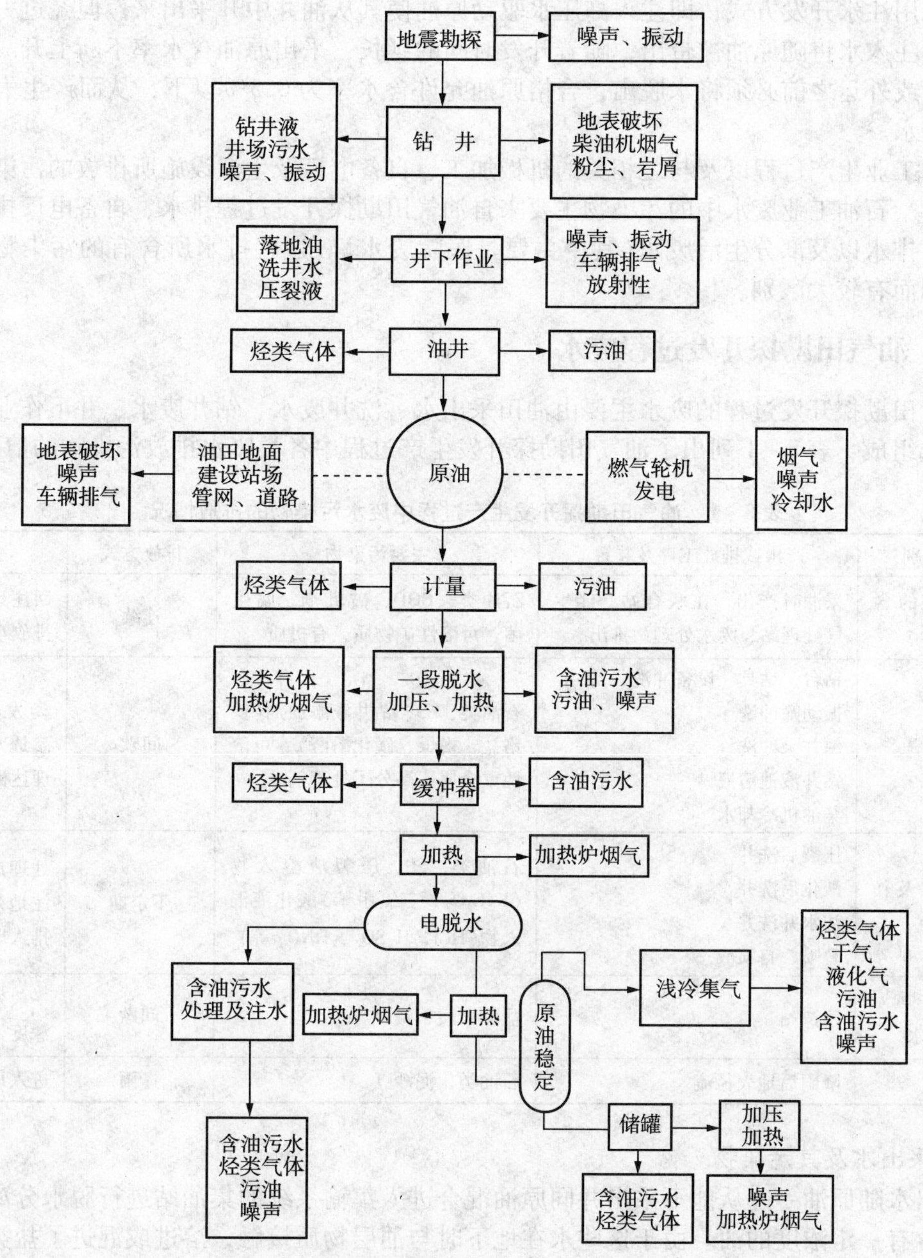

图 8－2　油气田开发过程中的污染源构成及污染物排放流程示意图

第二节　石油工业废水的主要来源及分类

在石油的生成、运移和储集的过程中，石油的主要天然伴生物是水。在油藏勘探开发初期，通常情况下，原始地层能量可将部分油、气、水驱向井底，并举升至地面，以自喷方式开采，称之为一次采油。一次采油采出液含水率很低。但是，如果油藏圈闭良好，边水补充不足，原始地层能量递减很快，一次采油方式难以维持。为获得较高采收率，需向地层补充能量，实施二次采油，二次采油有注水开发和注气开发等方式。目前全国各油田绝大部分开发井都采用注水开发方式，即注入高压水驱动原油使其从油井中开采出来。但经过一段时间注水后，注入水将随原油被带出，随着开发时间的延长，采出原油含水率不断上升。油田原油在外输或外运之前必须将水脱出，合格原油允许含水率为0.5%以下，从而产生大量的石油工业废水。

石油工业生产过程以及与之相关的机械加工、自备电厂及生活设施所排放的污染物是多种多样的。石油工业废水中的污染物主要来自油气田勘探开发过程排水、自备电厂排水、机械加工厂排水以及部分生活废水(其中主要是医院废水)。这些排水所含有的污染物，因其性质不同而有较大区别。

一、油气田勘探开发过程废水

油气田勘探开发过程的废水主要由油田采出水、洗井废水、钻井废水、井下作业废水和矿区雨水组成，表8-1列出了油气田勘探开发生产过程中各类废水排放污染物的情况。

表8-1　油气田勘探开发生产过程中废水污染物的排放情况

废水类别	产出或排放工序及装置	主要污染物	排放方式	去向
原油脱出的含油废水	采油时产出，在联合站、伴生气处理站、废水处理站排出	石油类、COD、破乳剂、腐生菌、可溶性矿物质、有机质	连续	回注地层达标排放
钻井废水	钻台、钻具、设备冲洗 振动筛冲洗 钻井泵冲洗 钻井液池清液 柴油机冷却水	石油类、SS、钻井液添加剂(铁铬盐、褐煤、磺化酚醛)、可溶性重金属、高分子处理剂	间歇	蒸发、风干、渗透地下、处理达标排放
洗井废水及作业废水	压裂后洗井 酸化后洗井 注水井洗井 替喷、自喷液	石油类、SS、压裂液溶入物(K_2CrO_7、三氯甲苯)酸化液混入物(HCl、H_2SO_4、HNO_3等)	不定期	处理后部分回注地层，部分排入地表水体
稠油开采注汽站废水	注汽站	盐类、酸、碱	间歇	一般外排 深度处理回用
矿区雨水	降雨后地表径流	石油类、泥沙	逢雨	进入地表水

1. 采出水及其污染物

采出水随原油一起从地下采出并同原油混合进入集输系统的集油站进行脱水分离，脱出的水仍含有一定浓度的油。由于这些水在地下时与油层物质接触，溶进或混进了盐类、悬浮物、石油、有害气体及有机物，同时由于石油及天然气和水长期贮存地下，使适合于其生存条件的微生物和细菌得以繁衍生长，在脱水分离时需要加热并加入破乳剂，故这种产出的含油废水水温和矿化度较高，偏碱性，溶解氧较低，含有腐生菌和硫酸盐还原菌，油质及有机物含量高，并含有一定的破乳剂成分。

2. 钻井废水及其污染物

钻井废水是在钻井施工过程中产生的废水。由振动筛冲洗水、钻井泵冲洗水、钻台和钻具机械设备清洗水、废弃钻井液池清液、柴油机排出的冷却水及井场生活废水组成。钻井废水所含有的污染物主要是石油类、钻井液添加剂(如铁铬盐、褐煤、磺化酚醛)、岩屑等。

3. 洗井水及其污染物

洗井水主要来自井下作业洗井及注水井的定期洗井。洗井水主要含有石油类、表面活性剂及酸、碱等污染物。

4. 矿区雨水及其污染物

在油田矿区内由于降雨形成地表径流，可将散落在井场及土壤中的部分落地原油带入地表水体，如排渠、河流、水库、湖泊等，成为水污染的重要因素之一。由于降雨形成的地表径流受降雨强度、汇水面积、地形、土壤截留、井场分布等多种因素影响，因此由地表径流携带的落地原油进入地表水体的量是难以精确计算的。矿区雨水所含有的污染物主要是石油类和泥沙冲积物。

二、机械加工、自备电厂及医院废水和污染物

表 8－2 列出了机械加工、自备电厂及医院的废水和污染物。

表 8－2　石油企业中机械加工、自备电厂及医院废水和污染物

工程类别	废水类别	来源	主要污染物
自备电厂	水力冲灰水	冲粉煤灰、炉渣工艺排水	无机盐、SS
	循环冷却水	电厂循环冷却系统	盐分、水温较高
石油机械加工	含油废水	锻冲、零件加工、热处理、表面处理等	油、COD
	电镀废水	镀件清洗、废镀液、车间冲刷水	各种金属离子、酸、碱类物质等
机动船舶	洗舱水、压舱水	船舱	油、COD
	舱内清洗及设备冲刷水	船舱及设备	油、COD
生活污染源排水	医院废水	病房、手术室、洗衣房等	病原微生物、BOD_5、氨等
	一般生活废水	厨房、厕所、浴池等	BOD_5、氨、细菌

1. 自备电厂废水及污染物

自备电厂排出的废水主要是水力冲灰水、循环冷却水。它们分别来自电厂冲粉煤灰和电厂循环冷却系统。主要污染物为无机盐、SS；循环冷却水亦称热排水，易对水环境造成热污染。

2. 石油机械加工废水及污染物

石油机械加工产生的废水主要有电镀废水和含油废水两种。前者主要来自镀件清洗、废镀液和电镀车间冲涮水；后者则来自锻冲、零件加工、热处理及表面处理等。其主要水体污染物为各种金属离子（含六价铬）、油、COD、碱和酸类物质。

3. 医院废水

石油企业医院及卫生防疫单位排放的废水主要来自病房、手术室、洗衣房、浴池和厕所。与工业废水比较，这类排水虽排量不大，但危害较严重，与一般的生活废水亦有区别。其主要污染物为病原微生物（病毒、病菌、寄生虫卵等），同时还含有一定量的 BOD_5、SS、氨氮及放射性和化学物质等污染物，有的医院由于在洗衣房洗衣时加入碱，而使废水的 pH 值较高。经过处理的废水因用消毒剂灭菌，常含有余氯。

根据对有关医院抽样化验的资料，医院废水的细菌总数可达每毫升几百万至几千万个之间；BOD_5 在耗水量为 1000L/（床・d）的情况下，在 30～132mg/L 之间，平均为 60mg/L；悬浮物一般为 50～150mg/L。所以医院废水同生活废水不同，与工业废水也不同，是一种高含菌的特殊的废水。

医院废水，尤其是传染病医院、结核病医院和综合医院传染病房、传染科排出的废水，含有的病原微生物对外界有较强的适应能力，在废水中存在的时间也较长，如果医院废水不

经无害化处理，任其排放，就有可能造成霍乱、伤寒、痢疾等肠道传染病，肝炎、小儿麻痹等病毒传染病及结核病和某些寄生虫病的流行、传播。国内外因地面水经受此污染而引起传染病暴发流行的实例屡有发生。

第三节　石油工业废水中的主要污染物

一、石油工业废水中的污染物分类

石油工业废水主要是从地层中随原油一起被开采出来的，该废水经过了从原油集输到初加工整个过程，因此废水中杂质种类及性质都和原油地质条件、注入水性质、原油集输条件等因素有关。另外，洗井回水、钻井废水、作业废水的回收，使石油工业废水的成分更加复杂、水质进一步恶化，但从总体上讲，这种废水是一种含有固体杂质、液体杂质、溶解气体和溶解盐类等较复杂的多相体系。从颗粒大小和外观来看可按表 8－3 进行分类。

表 8－3　石油工业废水中的污染物分类

分散颗粒	溶解物(低分子、离子)			胶体颗粒		悬浮物		
颗粒大小	0.1nm	1nm	10nm	100nm	1μm	10μm	100μm	1mm
外观	透明			光照下混浊		混浊	肉眼可见	

原水中的细小杂质，若按石油工业废水处理的观点，可以分为五大类。

1. 悬浮固体

其颗粒直径范围取 1～100μm，因为大于 100μm 的固体颗粒在处理过程中很容易被沉降下来。此部分杂质主要包括：

泥沙：0.05～4μm 的黏土、4～60μm 的粉砂和大于 60μm 的细砂；

各种腐蚀产物及垢：Fe_2O_3、CaO、MgO、FeS、$CaSO_4$、$CaCO_3$ 等；

细菌：硫酸盐还原菌(SRB)5～10μm，腐生菌(TGB)10～30μm；

有机物：胶质、沥青质类和石蜡等重质油类。

2. 胶体

粒径为 1×10^{-3}～1μm，主要由泥砂、腐蚀结垢产物和微细有机物构成，物质组成与悬浮固体基本相似。

3. 分散油及浮油

废水原水中一般有 1000mg/L 左右的原油，偶尔出现瞬时 2000～5000mg/L 的峰值含油量，其中 90% 左右为 10～100μm 的分散油和大于 100μm 的浮油。

4. 乳化油

原水中有 10% 左右的(1×10^{-3}～10μm)的乳化油。

5. 溶解物质

在废水中处于溶解状态的低分子及离子物质，主要包括：

(1)溶解在水中的无机盐类

基本上以阳离子和阴离子的形式存在，其粒径都在 1×10^{-3} μm 以下，主要包括如下离子：Ca^{2+}、Mg^{2+}、K^{+}、Na^{+}、Fe^{2+}、Cl^{-}、HCO_3^{-}、CO_3^{2-} 等，此外还包括环烷酸类等有机溶解物。

(2)溶解的气体

如溶解氧、二氧化碳、硫化氢、烃类气体等，其粒径一般为$(3\sim5)\times10^{-4}\mu m$。处理后废水无论是回注或是排放，上述五类杂质中有关部分都要求净化达到一定指标。

二、石油工业废水的水质分析

根据净化水的不同去向，选择不同的分析项目。

1. 净化废水回注时分析项目

(1)pH 值

pH 值是判断腐蚀与结垢趋势的重要因素之一。因为某些水垢的溶解度与水的 pH 值有密切的关系，一般水的 pH 值越高，结垢的趋势就越大；若 pH 值较低，则结垢趋势减小。但结垢与腐蚀往往是一对矛盾体，因此结垢趋势减小的同时，水的腐蚀性往往会增加。

大多数原水的 pH 值在 5 ~ 8 之间，但当 H_2S 和 CO_2 溶于水中后，能使水的 pH 值降低，因为 H_2S 和 CO_2 都是酸性气体。

(2)悬浮固体

悬浮固体是引起油层堵塞的重要因素，是废水处理的主要去除对象，当颗粒直径大于孔隙喉道直径的 1/2 时易引起桥架堵塞，颗粒直径大于油层喉道直径时更易引起堵塞。为了衡量水中固体悬浮物含量，通常以量取已知体积的原水，采用薄膜过滤器过滤出来的固体数量来测定，常用的是滤膜孔径为 0.45μm 的过滤器。

(3)浊度

浊度是水的“混浊”程度的一个量度，浊度高意味着水是不清洁的，含有较多的悬浮固体。水的浊度高也标志着地层堵塞的可能性大，因而浊度的测定也是应当控制的一个重要水质指标。

(4)温度

水温将影响水的结垢趋势、水的 pH 值以及各气体在水中的溶解度。水温过低，原水则不易处理。另外，水温对腐蚀也会有一定的影响，一般情况下，水温增高，腐蚀将加剧。

(5)相对密度

$$\text{相对密度}=\frac{\text{实际原水的密度}}{\text{纯水的密度}}$$

由于原水中含有溶解的杂质(离子、气体等)，因此它总比纯水更致密，一般原水的相对密度均大于 1.0。它是水中溶解固体总量的直接标志，即比较几种水的相对密度，就能估计出溶解于这些水中的固体的相对含量。

(6)溶解氧

溶解氧对原水的腐蚀和堵塞都有明显的影响，它不仅直接影响水对金属的腐蚀，而且如果水中存在溶解的二价铁，氧气进入系统就会使不溶的铁的氧化物沉淀，从而造成水中二价铁溶解度失衡，引起钢管、钢制容器的铁原子失去电子而溶入水中，导致腐蚀。并且，因氧化而生成的三价铁沉淀物会产生，而且腐蚀产物会增加水中悬浮物的含量。

(7)硫化物

原水中的硫化物(主要是硫化氢 H_2S)可能是自然存在于水中的，也可能是由于水中存在的硫酸盐还原菌(SRB)产生的。H_2S 的存在会促进腐蚀。如果在正常情况下的“甜水”(即无 H_2S 的水)在运行过程中开始显出有 H_2S 的痕迹，则表明可能有硫酸盐还原菌在系统中的某些地方(例如管道或罐壁上)产生了腐蚀。此外，硫化物也可能对堵塞产生一定的影响，这是因为硫化铁(FeS)既是一种腐蚀产物，也是一种潜在的地层堵塞物。

(8)细菌数量

由于原水中细菌的存在，既可能引起腐蚀，又可能引起地层堵塞，因此需要测定和监视细菌生长的情况，除测定原水中危害较大的硫酸盐还原菌(SRB)的数目外，还需要测定黏泥生成菌(TGB)及细菌总数等。

(9)阳离子组分

钙：钙离子是原水的主要成分之一，钙离子能很快地与碳酸根或硫酸根离子结合，并生成沉淀附着的垢或悬浮固体，因而通常是造成地层堵塞的主要原因之一。

镁：通常镁离子浓度比钙离子低得多，但镁离子与碳酸根离子结合也会引起结垢和堵塞问题。不同的是碳酸镁引起的结垢和堵塞不如碳酸钙那么严重，此外，碳酸镁是可溶解的而硫酸钙则不溶解。

铁：地层水中天然的铁的含量很低，因此在水系统中铁的存在并达到一定含量，通常标志存在着金属的腐蚀。在水中的铁可能以高铁(Fe^{3+})或低铁(Fe^{2+})的离子形式存在，也可能作为沉淀出来的铁化合物悬浮在水中，故通常可用铁的含量来检验或监视腐蚀情况。沉淀出来的铁化合物还会引起地层的堵塞。

钡：钡离子在原水中之所以重要，主要是由于它能和硫酸根离子结合生成硫酸钡($BaSO_4$)，而硫酸钡是极其难溶解的，甚至少量硫酸钡的存在也能引起严重的堵塞，与此类似，原水中的锶离子(Sr^{2+})，也会导致严重结垢和堵塞。

(10)阴离子组分

氯离子：在采出废水中氯离子是主要的阴离子，在通常的淡水中也是一个主要组分。氯离子的主要来源是氯化钠等盐类，因此有时水中氯离子浓度被用来作为水中含盐量的度量。此外，由于氯离子是一个稳定成分，因此它的含量也是鉴定水质的较容易的方法之一。氯离子可能造成的影响，主要是随着水中含盐量的增加，水的腐蚀性也增加。因此，在其他条件相同的情况下，水中氯离子浓度增高就意味着更容易引起腐蚀，尤其是点腐蚀。

碳酸根和碳酸氢根：由于这类离子能生成不溶解的水垢，因此它们在油田废水中也是很重要的阴离子。在水的碱度测定中，以碳酸根离子浓度表示的碱度称为酚酞碱度，而以碳酸氢根离子浓度表示的碱度则称为甲基橙碱度。

硫酸根：由于硫酸根离子能与钙、钡和锶等生成不溶解的水垢，因此硫酸根离子的含量在原水中也是值得注意的一个问题。

(11)总矿化度

总矿化度高对抑制油层黏土膨胀有利，但易结垢，更易引起腐蚀。高矿化度水对水中溶解氧含量敏感，即使是微量的氧也会引起严重腐蚀。

2. 净化废水排放时分析项目

为了使净化水达到排放标准，净化水质要按《废水综合排放标准》GB 8978—1996 有关规定执行。结合石油行业特点除严格按国家标准检测第一类指标外，还应对如下第二类主控指标进行分析：pH 值、色度、悬浮物、BOD_5、COD、石油类、硫化物、氨氮、氟化物、磷酸盐、苯胺类、硝基苯类、阴离子表面活性剂、铜、锌、锰等，以期尽可能降低排出废水对受纳水体的污染程度。

3. 国内主要油田原水水质分析

国内主要油田有代表性的废水处理站原水水质分析示于表 8 -4。

表 8-4 国内主要油田代表性废水处理站原水水质分析数据

油田	站名	主要离子含量/(mg/L)							总矿化度/(mg/L)	pH 值	总铁/(mg/L)	H_2S/(mg/L)	CO_2/(mg/L)	TGB/(个/mL)	SRB/(个/mL)
		$K^+ + Na^+$	Ca^{2+}	Mg^{2+}	Cl^-	SO_4^{2-}	HCO_3^-	CO_3^{2-}							
大庆	喇二联	1184.0	10.0	1.2	833.1	0.0	1549.9	96.0	3674.2	8.85	0.15	13.0	0.0	250	250
	中三污	1206.8	8.0	2.4	730.3	4.8	1769.5	102.8	3824.6	8.50	0.10	4.0	0.0	25	250
胜利	坨四	3837	181	44	5900	0	791	12	10765	7.99	0.48	0.08	—	4×10^4	1.4×10^4
	辛一	11952	1661	217	21804	0	402	0	36036	7.15	6.24	0.02	—	0	0
	滨二首站	15285	539	148	23453	612	1860	0	41897	6.73	1.23	0.26	—	11.5×10^4	1.5×10^2
	临盘首战	7455	414	88	12223	0	481	0	20661	7.76	0.80	0.06	—	—	9.5×10^4
	孤一联	1722	24	17	2044	50	1114	17	4988	8.10	0.61	0.00	—	2.5×10^4	3.1×10^2
辽河	兴一联	889.8	8.0	4.9	326.2	0.0	1672.0	84	2982.7	8.60	0.07	—	—	—	—
	高升联	188.6	44.1	14.6	212.8	0.0	317.3	12.0	789.3	8.72	0.00				
中原	文明联	30428	960	196	48353	751	599	0	81277	6.50	2.00	3.10	57.4	—	3.5×10^3
	濮一联	48647	2502	192	78631	1509	599	0	132081	6.50	2.00	2.02	74.5	—	3.5×10^2
华北	雁一联	929.7	29.3	7.8	1178.7	11.3	552.3	0	2709	7.50	—	—	—	—	—
长庆	中区集油站	2790.1	3367	578	48496	2751	201	0	83300	6.4	—	0.05	—	—	1.6×10^4
江汉	广华集油站	75255	545	57	116874	112	322	0	195178	6.7	1.4	—	297	—	—

除表中所列数据外，还有油、悬浮固体及水温等也是原水的重要指标。含油量一般为1000mg/L左右，相应的悬浮固体含量一般为80～250mg/L，少部分油田原水含油量高达3000～5000mg/L，相应悬浮固体含量高达1000～2000mg/L，这两项指标在同一废水站瞬时变化很大。水温一般为30～60℃左右。个别油田有差异，如华北油田为60～70℃，长庆油田为30℃左右，中原油田为50℃左右。在进行废水处理站工程设计之前对其水质要详细化验分析。

第九章　油田含油废水处理技术

第一节　油田含油废水的来源

油田含油废水的主要来源有三种：一是油田采出水，二是洗盐废水，三是洗井水。这三种水主要污染物为原油，同时又都是在原油生产过程中产生的，故称油田含油废水。

一、油田采出水

全国各油田基本都采用注水开发方式，即注入高压水保持油层压力，驱动原油从油井中开采出来。但经过一段时间注水后，注入水将伴随原油被开采出来。随着开发时间的延长，原油含水率不断上升，油井产出的水量随含水率的不断上升而增加。油田生产的原油在外输或外运之前都必须经过脱水净化，合格原油允许含水率为0.5%。油井采出水为油田含油废水的主要来源，注水开发的油田一般前2~3年采出液中不含水，以后含水率一般以每年0.5%~2.0%的速度递增。如大庆喇嘛甸油田仅开发15年含水率就上升到75%以上，即采出1t原油生产3t采出水。稠油油田开发是向地层注入高压水蒸气，注入一段时间后水蒸气将稠油减黏，原油与蒸汽冷凝水混合在一起从油井开采出来，这种水也称采出水。其采出液含水率达50%以上。上述两种采出液都要经脱水工艺将水脱出。油田脱水工艺流程很多，现仅简单介绍几种常见的脱水工艺。

1. 一段电－化学脱水

所谓原油电－化学脱水是指在电脱水器之前加入一定量的原油破乳剂，使油包水型乳状液破乳将水释放出来，再经电脱水器脱水。图9－1为一段电－化学脱水工艺流程。

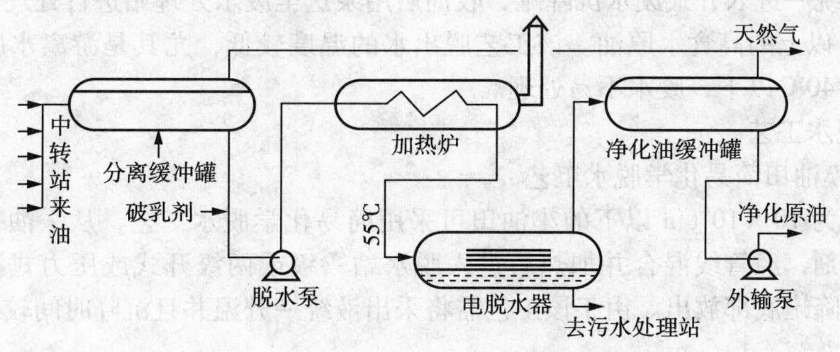

图9－1　原油一段电－化学脱水工艺流程图

合格的脱水原油用泵外输，从电脱水器底部放出的脱出水进入废水处理站。此流程一般适用于处理含水率为20%及以下的原油。由于一段电脱之前都将含水原油升至较高温度(如大庆原油为55℃左右)，因而脱出的采出水温度较高，便于废水处理。但当电脱水器油水界面控制不当时，废水含油量偏高，又给废水处理带来困难。

2. 两段电－化学脱水

两段电－化学脱水工艺流程如图9－2所示。

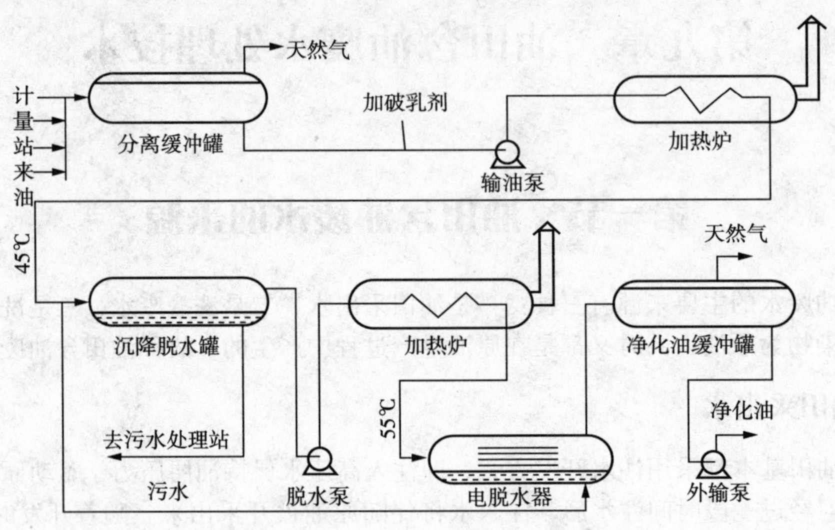

图9－2　原油两段电－化学脱水工艺流程图

含水原油在中转站加破乳剂后，用泵送入脱水集油站进行脱水。在脱水站内首先进行热沉降脱水，使含水率降到20%以下，再加热升温进电脱水，合格原油经缓冲罐由泵外输。电脱水器放出的废水先进入沉降脱水罐，然后在该罐底部将废水放至废水站。此流程适用于原油含水率为20%～50%的中含水原油脱水。此流程脱出的废水温度比一段电－化学脱水温度低，废水含油量也比较低，而且比较均匀。

3. 三段电－化学脱水

三段电－化学脱水工艺如图9－3所示。

从中转站送至脱水集油站的含水原油，首先经游离水脱除器将水脱出来，经此段可使原油含水率降到50%以下，再进行后两段脱水(其工艺同两段电－化学脱水)。以上三种脱水器放出的废水统一进入开式废水沉降罐，收油后用泵送至废水处理站进行处理。该流程适用于含水率50%以上的高含水原油。该工艺脱出水的温度较低，尤其是游离水脱除器废水温度更低，约在40℃以下，废水不易处理。

4. 其他脱水工艺

(1)小规模油田简易化学脱水工艺

对于规模为10×10^4t/a以下的小油田可采用简易化学脱水工艺，从采油井口加入一定量的原油破乳剂，经管线混合并加热后进入脱水站一级或两级开式或压力式沉降罐进行脱水，废水从沉降罐底部放出。由于该工艺需将采出液统一升温并且沉降时间较长，因而废水质量较好。

(2)高黏原油脱水工艺

高黏原油(稠油)指动力黏度(μ_{50})为80～500mPa·s的原油，该原油脱水温度要求高达80℃。其脱水工艺为：原油进脱水站之前加破乳剂，加热后进入电脱水进行脱水，废水从脱水器底部放出。废水温度高便于处理，但由于高黏油的相对密度高，一般为0.95以上，从而靠油水相对密度进行重力沉降除油较为麻烦，因而必须采取特殊处理办法。

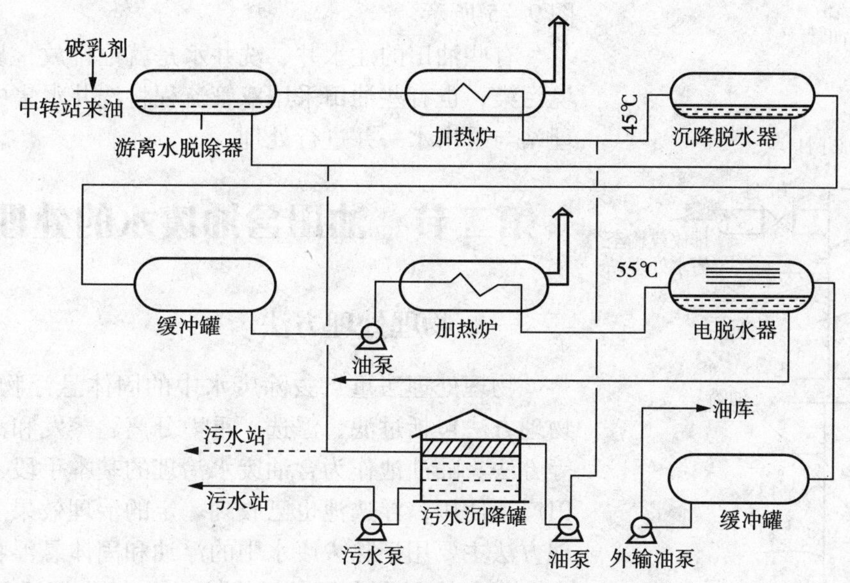

图 9－3　原油三段电－化学脱水工艺流程图

二、洗盐废水

洗盐工艺流程如图 9－4 所示。

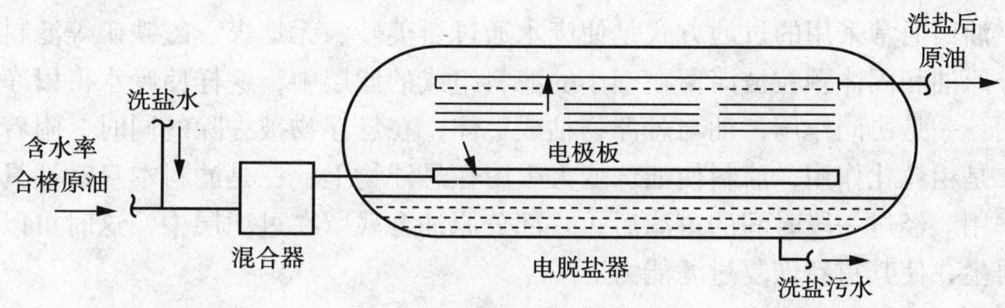

图 9－4　洗盐工艺流程图

炼制原油时，对原油含盐量有比较严格的要求。一般采出水含盐量低于 5000mg/L 时，可不设洗盐设施。但当采出水含盐量大于 5000mg/L，甚至为$(1\times10^5\sim3\times10^5)$mg/L 时，脱水后原油含水率即使为 0.5% 以下，其含盐量绝对值也是很可观的。如某油田采出水含盐为 2×10^5mg/L，脱水后原油含水率为 0.5%，则此原油含盐量为 1000mg/L，大大超过原油允许含盐量。另外，在脱水过程中原油中还滞留一部分盐类，对于这种原油，脱水后还要进行洗盐处理。含水合格原油加入一定比例的淡水，经混合后进入电脱盐器(实际上也是电脱水器)将水脱出以达到脱盐目的。洗盐水由底部放出进入废水处理场进行处理。

三、洗井水

在油田注水过程，尽管注入水经过比较严格的处理，但水中毕竟还含有一定浓度的油和悬浮物等杂质，这些杂质一部分被截留在油层表面或注水井附近的岩层内(见图 9－5 中 A 处)。这样，注入一定时间后由于杂质的堵塞使注水压力增加或注水量减少。因此，经过一定时间注水后要对注水井进行洗井，在注水井修井作业后也需洗井。洗井工艺流程如

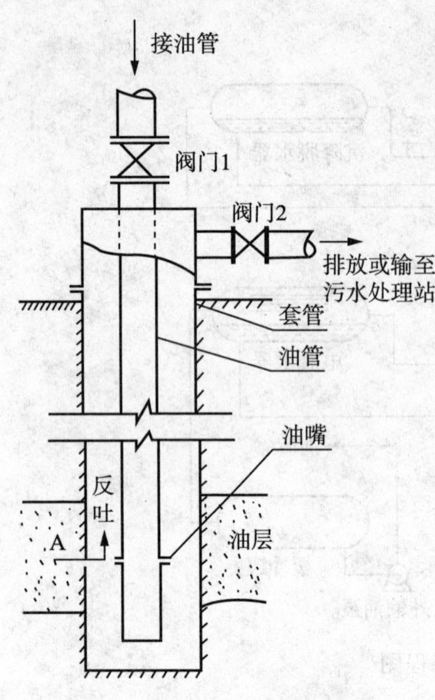

图9－5　洗井工艺流程图

图9－5所示。

有些油田的注水井、洗井水是就地排放，易于造成环境污染，也有些油田采用双管流程将洗井水集中到废水处理站与采出水一并进行处理。

第二节　油田含油废水的处理方法

一、物理处理方法

物理处理法重点去除废水中的固体悬浮物、油类等。物理方法包括过滤、浮选、重力分离、蒸发和活性炭吸附等方法。隔油池作为含油废水治理的基本手段，已被各油田广泛使用；浮选池也已收到一定的治理效果。这两种治理方法主要用于除去废水中的浮油和固体悬浮物。过滤是含油废水处理最常用的重要方法；氧化塘适用于土地宽阔、气候适宜的油田采用，在一些油田这种方法取得了较好的效果。

1. 过滤

过滤是将废水通过设有孔眼的装置或流过由某种介质组成的滤层，使废水中的悬浮固体得以去除。油田通常采用的过滤方式是使废水通过石英砂、无烟煤、磁铁矿等滤料，使废水中的一部分原油和固体颗粒被滞留在细小的滤料组成的滤层中，这样使废水得以净化。过滤有以下作用：一是协同作用，油与悬浮物粘成一体，在悬浮物被去除的同时，附着的油也随之除去；二是粗粒化作用，滤料使油珠变大吸附在悬浮物上；三是滤料本身对油具有一定的截留吸附作用。经过一段时间的过滤后，一部分原油会残留在过滤层中，这时可以利用反冲洗使滤料再生，使其重新恢复过滤能力。

2. 沉降

沉降是利用各种污染物之间的密度差，分离废水中泥砂等悬浮固体和油类。依靠油水密度差进行重力分离是油田废水处理的关键。从油水分离的试验结果看，沉降时间越长，从水中分离浮油的效果越好。

对于油田的含油废水而言，原油的上浮规律符合斯托克斯(Stokes)公式：

$$v=\frac{g}{18\upsilon}(\rho_{水}-\rho_{油})d^2$$

式中　v——油珠上升速率，cm/s；

g——重力加速度，cm/s^2；

$\rho_{水}$——水的密度，g/cm^3；

$\rho_{油}$——油的密度，g/cm^3；

d——油珠直径，cm；

υ——水的重力黏度系数，g/(cm·s)。

从式中可以看出，油珠粒径的大小对于分离效果起着决定性的作用。因此，在治理含油废水之前要先测出油珠粒径的分布，然后确定要去除的最小粒径。油田根据重力分离的原理设计的废水处理设施有沉淀池和隔油池。沉淀池用于去除悬浮固体、分离部分油分，隔油池用于去除废水中的浮油。

3. 粗粒化法

所谓粗粒化是指含油废水通过一个装有粗粒化材料的设备时，油珠粒径由小变大的过程。根据 Stokes 公式，当废水水温一定时，如果设法使直径增大，则油珠就会以平方关系加快上浮速度，则除油效率就会显著增加。

目前常用的粗粒化材料除了石英砂、无烟煤、陶粒等材料外，树脂也是近年新开发的一种粗粒化滤料。树脂经过表面活性剂处理之后，不仅具有亲油性，而且具有反复利用性。使用时，树脂填充成厚度为 0.8m 的滤床，当废水以滤速 20m/h 通过时，微小油珠便聚集吸附在树脂表面形成薄膜。随着过滤过程的延续，油膜逐渐增高到一定的厚度，油膜便在下一树脂层内形成，一直到油浸透为止。由于粗粒化设备能去除大于 20μm 的油粒，因此，该方法也是去除乳化油的有效手段。

4. 离心分离

离心分离是使装有废水的容器高速旋转，形成离心力场，因颗粒和废水的质量不同，受到的离心力也不同。质量小的废水则留在内侧，各自通过不同的出口排出，达到分离污染物的目的。离心分离设备可按照离心力产生的方式，将其分为水力旋流分离器和离心机。

二、化学处理方法

废水的化学处理方法主要用于处理废水中不能单独使用物理方法或生物方法去除的一部分胶体和溶解性物质。针对油田废水采取的化学处理方法是为了去除废水中的原油和悬浮物，特别是乳化油。所采用的化学处理方法主要有：混凝沉淀、化学氧化、离子交换和化学预处理以及加入化学药剂的浮选法。

废水中存在着大量的胶体物质，为使其能用沉淀方法除去，一般采用化学混凝。废水中过量的酸和碱可以通过中和方法使之达到规定的 pH 值；废水中存在的一些氧化还原物质多数处于溶解状态且有的还有毒性，对这些有毒物质利用其氧化还原性能，通过加入相应的还原剂进行反应达到降低毒性或使它变为无毒的目的。

1. 中和法

中和法是对废水进行预处理的基本方法。废水中和法分两大类，一类是将酸性和碱性废水混合；另一类是利用投加药剂调整 pH 到一定值。

2. 混凝沉淀

化学混凝(图 9-6)是用来去除水中无机和有机的胶体悬浮物。胶体颗粒不能靠自然沉降去除，必须使之转化为易于沉淀的颗粒。

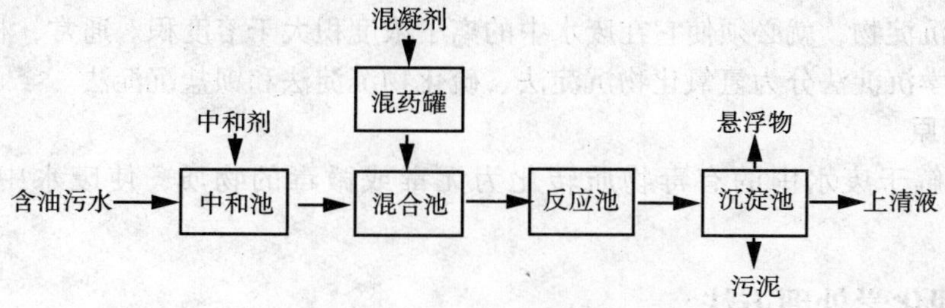

图 9-6 混凝沉淀法工艺流程图

油田含油废水中10μm以下的乳化油通常占含油量的10%，它是一种水包油型乳化油，细小油珠外边包着一层水化膜且具有一定的负电荷，水中还含有环烷酸等分散剂，使该乳化物呈稳定状态。因此，要想达到油水分离的目的，就得首先破乳。混凝沉淀法就是通过向含油废水中加入化学混凝剂，使水包油的乳状液破乳，使油颗粒发生聚并，粒径变大，浮力也随之增大，促使油水产生分离。一般使用的混凝剂有：$FeCl_2$、$FeSO_4$、聚合氯化铝、$Al_2(SO_4)_3$等。表9－1列出了油田常用的混凝剂及助凝剂。

表9－1　油田含油废水处理常用的混凝剂

名称	分子式或详细名称	性质及制备	主要技术指标
精制硫酸铝	$Al_2(SO_4)_3 \cdot 18H_2O$	白色结晶状或粉末状，易溶于水，水溶液显酸性。相对密度：晶体1.62，粉末0.7	含Al_2O_3 14%～17%
粗制硫酸铝	$Al_2(SO_4)_3 \cdot 18H_2O$	白色结晶状或粉末状，易溶于水，水溶液显酸性。相对密度：晶体1.62，粉末0.7	含Al_2O_3 9%
聚合氯化铝	$[Al_2(OH)_nCl_{6-n}]_m$ $m \leq 10$ $n \leq 5$	以盐酸、氢氧化铝或铝灰为原料，经过滤、浓缩、干燥（液状产品不干燥）制成，固体为黄褐色或无色粉末状，液体为黄褐色液体，pH值为3.5～5.0	固体： Al_2O_3 30%～40%，碱化度60%～80% 液体： Al_2O_3 10%～14%，碱化度60%～80%，相对密度1.2
硫酸亚铁	$FeSO_4 \cdot 7H_2O$	块状结晶体，相对密度1.89	含$FeSO_4 \cdot 7H_2O$ 95%，含$FeSO_4$ 52%
非离子型聚丙烯酰胺	PAM	由丙烯酰胺聚合而成	固含量大于90%，分子量500万～900万
含油废水絮凝剂MXN－213	MXN－213	由有机和无机物质复配而成，适用于高含油废水的处理，为中国石油勘探开发研究院油田化学所的最新研究成果	固含量10%～20%
高分子混凝剂	胺甲基PAM	由丙烯腈、甲醛、有机胺经催化、水解、聚合而成；白色胶体	含量40%～50%

3. 化学沉淀法

通过向废水中投放化学药剂，使污染物在化学反应中生成不溶性或难溶性的化合物，析出沉淀，使水质净化。污染物在反应过程中可以形成沉淀物是应用化学沉淀法处理废水的条件。要想形成沉淀物，就必须使它在废水中的离子浓度积大于溶度积。通常，根据沉淀物的不同，可把化学沉淀法分为氢氧化物沉淀法、硫化物沉淀法和钡盐沉淀法。

4. 氧化还原

通过将溶解于废水中的有毒物质转化为无毒或微毒的物质，使废水中的有毒成分降低。

三、物理化学处理方法

物理化学处理法，就是用物理和化学的方法处理废水，达到使水体净化的目的。包括浮选法、离子交换法、反渗透法和电渗析法等。

浮选是将空气或其他气体注入水中，用泵将油水混合物与气体混匀、加压，并由缓冲罐导向浮选池。在此处，将高压调至常压、释放出的气泡附集了悬浮的油粒和固体，从而减小了悬浮颗粒的密度，使油经过水向上运动，并在浮选池面上被撇除。

浮选过程符合下式的运动学方程：

$$\ln \frac{c}{c_0} = -kt$$

式中 c_0——油的初始浓度；

c——时间 t 时的含油浓度；

k——浮选速率常数。

浮选法对于去除废水中的乳化油具有特殊的功效。因此，浮选设备常被安放在初级除油设备的后面作为二级治理设备。

四、生物处理方法

生物处理方法是利用微生物的生物化学作用，将复杂的有机物分解为简单物质，将有毒物质转化为无毒物质，使废水得到净化。根据氧气供应的有无，生物处理方法又分为好氧法和厌氧法。好氧处理法是在水中有充分溶解氧存在的情况下，利用好氧微生物的活动，将废水或污物中的有机物分解为二氧化碳、水、氮和硝酸盐。目前油田应用的方法有活性污泥法、生物转盘法、氧化塘法等。厌氧生物法是在缺氧的情况下，利用厌氧微生物的活动，将废水或污物中的有机物分解为甲烷、二氧化碳、硫化氢、氨和水。生物治理法具有效率高、运行成本低、污泥可用作肥料等优点，在油田中得到了广泛的应用。

五、废水处理方法的选择原则

通常在废水治理技术上将上述处理方法分为初级治理、二级治理和三级治理。

初级治理属于预处理，用于去除浮油和悬浮物，有时还通过中和调整废水的 pH 值。主要手段有：油水分离、絮凝沉降、浮选、中和。经初级处理后可部分去除悬浮物，但一般不能去除废水中呈溶解状态和胶体状态的有机污染物。

二级治理主要采用生物化学处理方法除去废水中大量的有机污染物。主要方法有：活性污泥法、曝气法、氧化塘法、生物滤池及厌气处理。经二级治理后，废水中大部分悬浮物、COD、BOD 已被去除。但仍不能去除一部分生物不能分解的有机物和溶解性无机物，还残留有磷、氮和大量病菌。

三级治理又称深度处理，它多采用化学和物理化学方法，经三级处理后的出水可重复利用。主要方法有：离子交换、电渗析、超滤、反渗透、活性炭吸附、臭氧法等。这种治理方法治理效果虽好，但费用较高。

废水治理方法很多，在做出选择之前，必须做好以下工作：①对废水水质、水量进行全面检测分析，掌握废水中油含量、悬浮物含量、悬浮颗粒粒径分布和其他水体污染物的含量及形成原因。②了解回注水的排放标准，以确定对废水的治理程度，进而确定治理工艺和流程。③对准备选择的工艺的技术经济可行性进行预测评价，以保证最终选择的废水治理方法的实际可行性和可靠性。④结合各种操作单元所能达到的治理范围，初步确定废水治理方案。

对于废水回注来说，大部分油田只采用一级处理；如废水要外排，则采用二级处理方法；在辽河、胜利等油田，用三级治理方法处理后的废水用于稠油蒸汽驱的锅炉回注水。

总之，选择治理方法的原则就是选择一个合理的废水治理流程，即将适当的治理方法和适当的处理设施和设备进行合理的排列组合，以适应油田回注水标准或排放标准。

第三节　油田含油废水处理的主要设备

油田采用的含油废水处理设备种类繁多。不同地区可根据废水处理量的大小、来水水质不同，选择不同参数来确定处理设备容积和种类。从目前情况看，采用的主要设施有立式除油罐、平流式隔油池、单阀过滤罐、压力式过滤罐、粗粒化除油罐等。

一、自然除油设备

油田废水处理站大量使用的是立罐(或称立式除油罐)，在罐内原水自上而下流动，水中油珠自下而上上浮至油层，使废水得到净化。

1. 立式除油罐的水量计算

(1)立式除油罐的设计水量计算

可由下式计算：

$$Q_s = \frac{Q}{n}$$

式中　Q_s——立式除油罐的设计水量，m^3/h；

n——同时运行的除油罐座数，$n \geqslant 2$；

Q——含油废水处理站的设计水量，m^3/h，其值由下式计算：

$$Q = kQ_1 + Q_2 + Q_3 + Q_4$$

式中　k——时变化系数，$k = 1.00 \sim 1.15$；

Q_1——原油脱水过程中排出的含油废水，m^3/h；

Q_2——回收的注水井洗井水量，m^3/h；

Q_3——过滤罐反冲洗排水回收水量，按回收水泵小时排量计，m^3/h；

Q_4——其他排水量，m^3/h。主要包括脱水转油站内其他排水量，以及含油废水处理站内各处理设备的溢流水量，当无法计算此部分水量时，可取 Q_1 值的 1% ~5%。

(2)校核水量及计算

含油废水处理站在设计时，由于考虑到检修的需要，除油罐的设计一般不少于两座。当其中一座除油罐停止运行时，其余运行的每座除油罐实际负担的水量即为校核水量。校核水量也是除油罐的最大运行水量，校核水量由下式计算：

$$Q_x = \frac{npQ_s}{n-1}$$

式中　Q_x——校核水量，m^3/h；

n——除油罐座数，$n \geqslant 2$；

p——一座除油罐停止运行后，其余运行的除油罐实际负担的水量占全部水量的百分数。如部分水量调往其他废水站处理或外排时，$p<1$；当废水不能外调或外排时，$p=1$。

利用校核水量进行计算，可以确定：溢流管底或溢流堰顶的安装高度及罐内设计油层厚度。当除油罐通过此水量时，罐内油层厚度不得小于安全厚度，以防止此时油槽收水。

(3)最小运行水量及确定

油田含油废水量随着采出原油含水率的不断上升而不断增大。含油废水处理站建成投入运行时，除油罐实际运行水量，即为其最小运行水量。

引入最小运行水量的目的在于确定：随处理水量的自然递增，可调堰的最大调节范围；或固定堰出水时，罐内的最大油层厚度。

除油罐最小运行水量的确定原则：维持除油罐冬季的正常运行，不至于因水温的降低而给自动收油造成困难。

除油罐最小运行水量由经验确定。

$$Q_d = kQ_s$$

式中 $k=0.3\sim0.4$；

Q_d——除油罐最小运行水量，m^3/h。

2. 立式除油罐容积的设计方法

(1)沉降曲线法

将待处理水样进行油珠粒径分布测试，同时可得一条沉降曲线(见图9-7)。

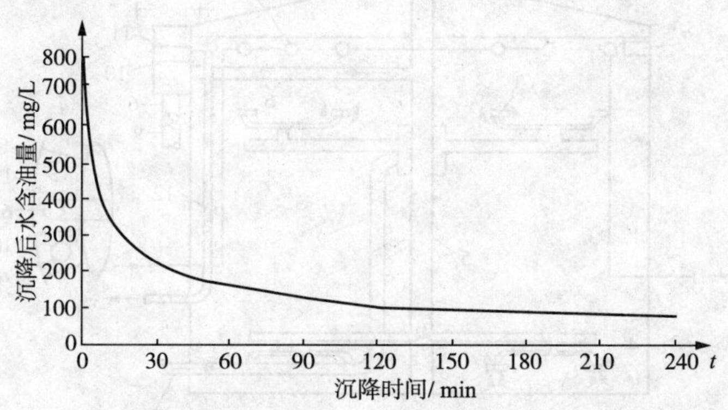

图9-7 油珠粒径分布测试沉降曲线图

由图9-7可以看出，如果要求沉降后水含油量在100mg/L以下，则取停留时间$t=3.0$h。

此法比较简便，常作为立式除油罐容积的设计依据。

(2)经验法

对于同一油田或同一区块要陆续增加若干废水处理站，可用已建站的经验数据，作为确定停留时间的依据。

3. 立式除油罐的结构形式

立式除油罐的结构形式有多种，其中具有代表性的有如下几种：

(1)管式出水立式除油罐。

其构造见图9-8。原水经进水管、配水包、配水头(可做成喇叭口形或出口设挡水板形并沿罐平面均匀分布)进入罐内。含油废水自上而下流动过程中，水中油珠并携带一部分悬浮物靠油、水相对密度差上浮至水面。污油经径向及环形集油槽、出油管流出。除油后的废水经集水头(其构造与配水头一样)、中心柱(注意中心柱一定要开孔)、出水管流出。用出水管水平段管底至集油槽上缘之间的距离 h_4 控制罐内液位，该值可通过计算获得，一般经验数为 $h_4=0.4\sim0.6\text{m}$。所谓管式出水是指用出水管高度控制液位。

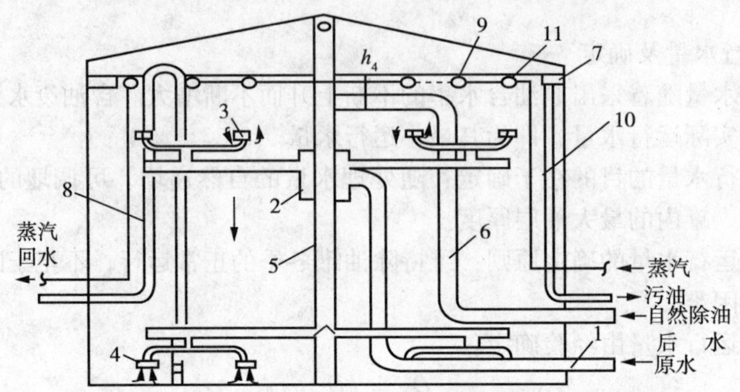

图 9-8 管式出水立式除油罐构造图

1—进水管；2—配水包；3—配水头；4—集水头；5—中心柱；6—出水管；7—环形焦油槽；8—溢流管；9—蒸汽盘管；10—出油管；11—径向集油槽

(2)固定堰出水立式除油罐。

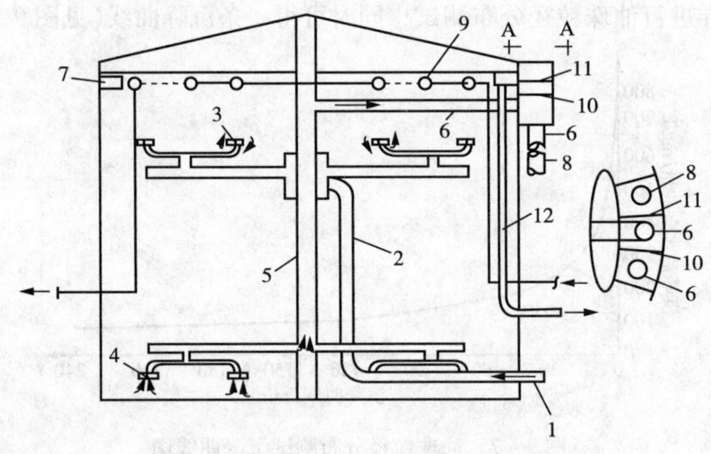

图 9-9 固定堰出水立式除油罐构造图

1—进口管；2—配水包；3—配水头；4—集水头；5—中心柱；6—出水管；7—集油槽；8—溢流管；9—蒸汽盘管；10—出水堰；11—溢流堰；12—出油管

其构造见图 9-9。该罐构造与管式出水立式自然除油罐基本相同。沉降后水经中心柱上升以后进入水平出水管，再进入设在罐上部外侧的固定堰水箱，经固定出水堰流出。当罐进出水量突然增大时，多余的水量经溢流堰流出罐。所谓固定出水是指用固定堰控制出水水位以控制罐内液位。

(3)压力立式除油罐。

其构造见图 9-10。该罐配水、集水部分构造与立式除油罐基本相同。出水管直接从罐底引出，因正常运行时罐内全充满废水不需控制液位。污油靠罐内压力流出，用油、水界面仪控制自动排油阀开、关进行自动排油。当油水界面到达 A 点高度时，开始排油，到达 B

点时停止排油。空气进、出管在空罐进水时排气用及满罐排水放空进气用。

4. 压力卧式除油罐

压力卧式除油罐构造如图9-11所示。

原水进罐后用几排穿孔管配水，废水自上而下流动，沉降后水经集水穿孔管流出。污油由集油包收集后经排油阀及污油管流出。可用放空排污阀定期排泥。用油水界面仪控制排油阀自动排油。进、排气阀作罐进水排气及放空时进气之用。

5. 各种除油罐的适用范围

管式及固定堰式立式除油罐，由于为重力常压罐，罐体容积可采用$1000m^3$、$2000m^3$或$5000m^3$，因此单罐处理量可达$5000m^3/d$以上。这两种适用于单罐大水量重力式流程使用。两种压力除油罐适合压力全密闭流程中使用。由于压力式钢罐与重力式钢罐在有效容积相同时前者比后者钢材耗量大很多，而且压力式钢罐随着罐直径的增加，单位容积耗钢量也增加，因此压力式钢罐一般直径取4.0m，相应的容积为$200m^3$，单罐处理水量为$1000m^3/d$。其中压力立式自然除油罐适用单罐处理水量小于或等于$500m^3/d$。因为立式罐在罐直径最大为4.0m的条件下，当水量超过$500m^3/d$时，有效高度必须超过6.0m，而且废水下降流速也要增加，除油效率会降低。而卧式罐克服了立式罐在随处理量增加而流速增加的缺点，单罐处理水量增加水流速度不变，它与立式罐在容积相同的情况下，水流速度远低于立式罐，符合水处理"浅池理论"，除油效果较好。但卧式压力罐也有缺点，水层上边受污油干扰，下边受污泥干扰，致使出水水质降低。因此在单罐处理量等于或小于$500m^3/d$，污泥含量高的废水要尽量采用立式压力罐。

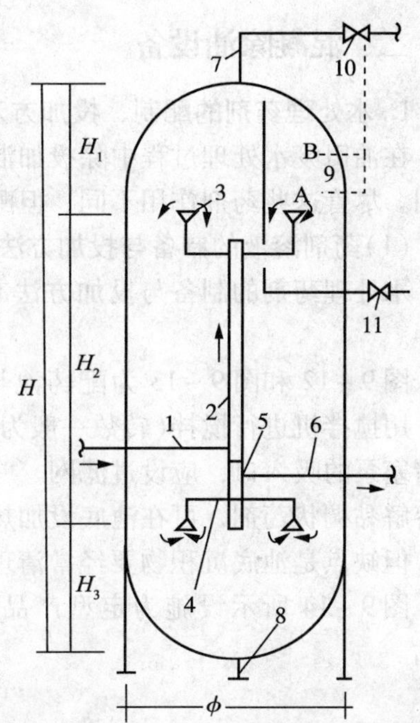

图9-10 压力立式除油罐示意图

1—进水管；2—中心柱(上部)；3—配水头；4—集水头；5—中心柱(下部)；6—出水管；7—污油管；8—放空、排污管；9—油水界面仪；10—自动排油阀；11—空气进、出管

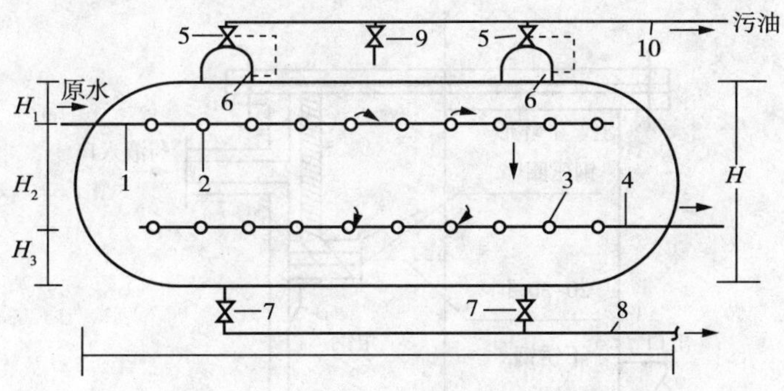

图9-11 压力卧式除油罐构造图

1—进水管；2—配水穿孔管；3—集水穿孔管；4—集水管；5—排油阈；6—油水界面仪；7—放空排污阀；8—放空排污管；9—进、排气阀；10—污油干管

二、混凝除油设备

1. 水处理药剂的配制、投加方法及设施

在油田废水处理过程中除投加混凝剂以外，还要投加杀菌剂、防垢剂、缓蚀剂等化学处理剂。尽管这些药剂作用不同，但配制及投加方法基本上是一致的，在此一并叙述。

(1)药剂溶液的制备与投加方法

水处理药剂的制备与投加方法有多种。近几年来油田含油废水站采用的方法大体上有三种。

图9－12和图9－13为配药池与投药合一设施，无论是固体还是液体药剂加入溶药池后，用搅拌机进行搅拌(转数一般为100～200r/min)。溶解后用柱塞计量泵投加，为防止杂质堵塞泵的吸入口，应设过滤网。一般放两个溶药池便于轮换运行及清理池底沉降物。如用来溶解黏稠状药剂，可在池底设加热盘管，但适用于废水处理量大而且投药量大的废水站使用。但缺点是池底沉积物要经常清理。

图9－14所示设施为定型产品，一般容积较小，适用于投药量小或处理量较小的废水站。

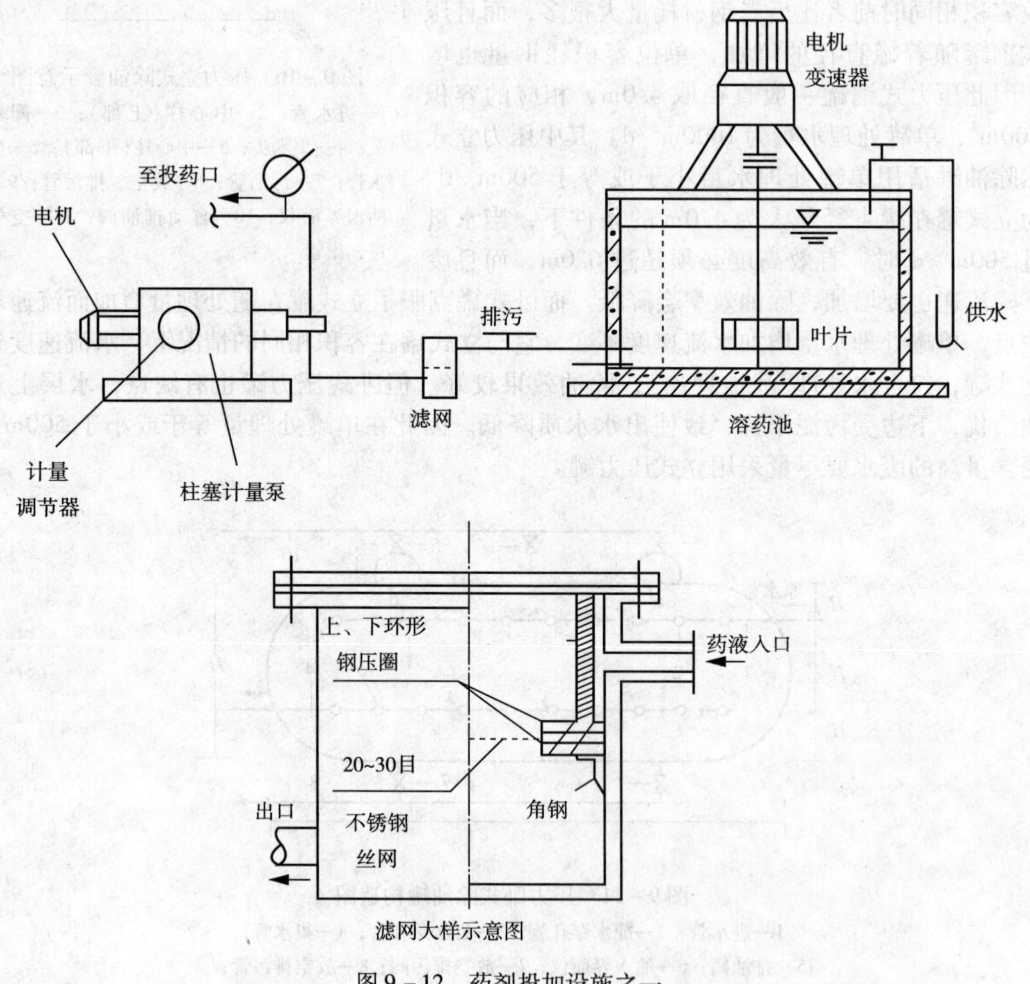

图9－12 药剂投加设施之一

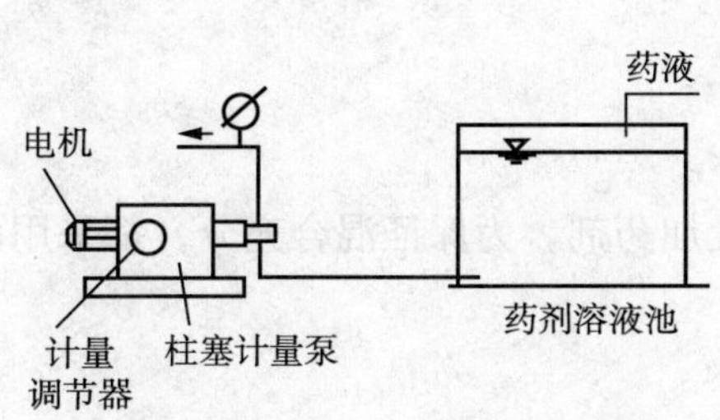

图 9-13 药剂投加设施之二

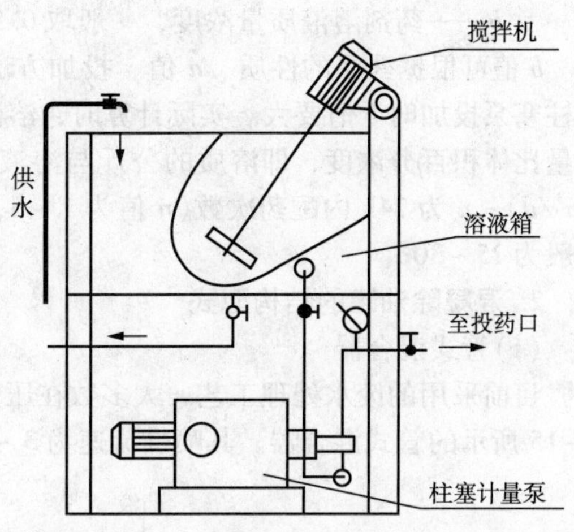

图 9-14 药剂投加设施之三

(2)药剂制配计算

油田含油废水处理常用混凝剂如表 9-2 所示。

表 9-2 油田含油废水处理常用混凝剂

序号	名 称	分子式或详细名称	主要技术指标
1	精制硫酸铝	$Al_2(SO_4)_3 \cdot 18H_2O$	$Al_2(SO_4)_3$ 含量为 14% ~17%
2	粗制硫酸铝	$Al_2(SO_4)_3 \cdot 18H_2O$	$Al_2(SO_4)_3$ 含量为 9%
3	聚合氯化铝，代号 PAC	$[Al_2(OH)_nCl_{6-n}]_m$ $m \leqslant 10$，$n \leqslant 3 \sim 5$	固体：$Al_2(SO_4)_3$ 占 30% ~40%，碱化度 60% ~80%；液体：$Al_2(SO_4)_3$ 占 10% ~14%，碱化度 60% ~80%，相对密度 1.2
4	硫酸亚铁	$FeSO_4 \cdot 7H_2O$	纯度 95%，$FeSO_4$ 占 52%
5	阳离子型高分子混凝剂，代号 PAM	胺甲基，PAM(液体)	含量 40% ~50%
		PAM(液体)	含量 3%
6	非离子型聚丙烯酰胺，别名 PAM 或 3 号絮凝剂	$\mathrm{[CH_2-CH]_n}$ (CH 上接 $CONH_2$)	胶体：固体含量 8% ~10%；粉状：含量 90% 以上。分子量 20 万 ~500 万
7	CG - A 絮凝剂 CGP - A 絮凝剂	经常用作助凝剂	木粉、香胶粉加碱，一氯乙酸酒精制成，含量 10% ~20%
8	XN-8807	由 PAC + 酸 + PAM + 表面活性剂制成	液体：含量 5%
9	碱式氯化铁 碱式硫酸铁	$[Fe_2(OH)_mCl_{6-m}]_n$ $[Fe_2(OH)_m(SO_4)_{3-0.5m}]_n$	

药剂溶解池及溶液池一般都合为一个池子，其容积按下式计算：

$$W = \frac{Q \cdot a \cdot 10^{-6}}{b \cdot n}(m^3)$$

式中 W——溶解池有效容积，m^3；

a——最大投药量，mg/L；

b——药剂溶液质量浓度，一般取0.5%～10%。

b值可根据药品的性质、n值、投加方法综合比较来确定，用离心泵投加时b值要小，用柱塞泵投加时b值要大。实际计算时，溶液的密度可近似为1kg/L，则重量百分浓度可用重量比体积百分浓度，即溶质的公斤与溶液的升数之比(%)来代替；Q为废水站设计水量(m^3/d)；n为24h内配药次数(n值为1～6，计量泵投加时，n值取1～3)。药剂储存时间一般为15～30d。

2. 混凝除油罐的结构型式

(1)管式混合器

目前采用的废水处理工艺，大多数在压力管线中投加药剂。为保证混合充分，都采用图9－15所示的管式混合器。其喷嘴流速为3～4m/s。

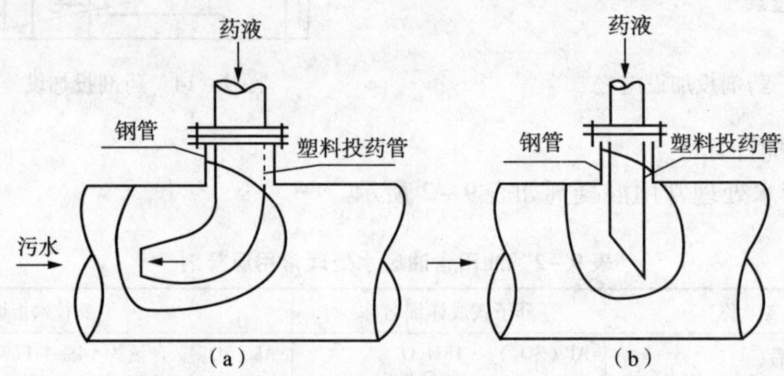

图9－15　管式混合器示意图

(2)旋流反应管式出水混凝除油罐

该罐构造如图9－16所示。自然除油后水或原水(指自然及混凝除油合一罐)进入旋流式中心反应筒。混合后的废水在反应筒内进行反应以形成大的絮凝体。经配水管路系统，使

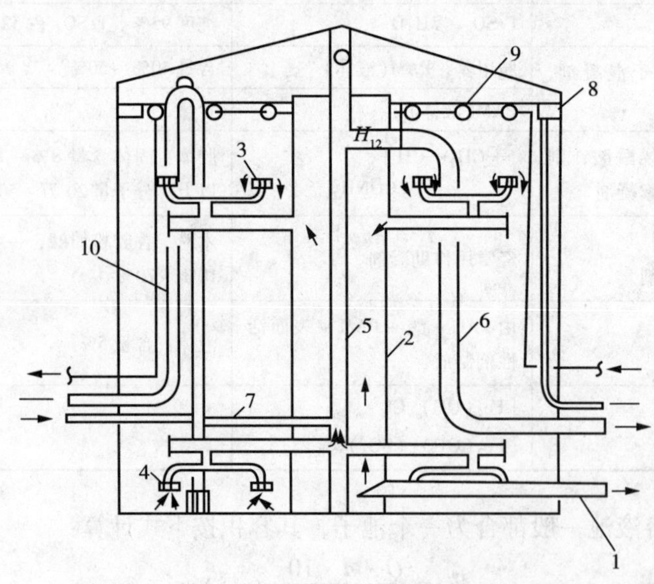

图9－16　旋流反应管式出水混凝除油罐结构图

1—进水管；2—旋流式中心反应筒；3—配水头；4—集水头；5—中心柱；6—上部出水管；7—下部出水管；8—集油槽；9—蒸汽盘管；10—溢流管

废水沿罐平面均匀配水。废水在自上而下流动过程中，携带油颗粒的絮凝体，靠油、水相对密度差产生的浮力上升。污油经集油槽污油管自动流至污油罐。沉降后水经集水管路系统、中心柱、上部出水管(控制罐内水位)从下部出水管流出。在北方地区一般罐上部都设蒸汽盘管以免污油凝固。

(3)旋流反应固定堰出水混凝除油罐

该罐结构如图9－17所示。该罐与管式出水罐不同之处是用设在罐上部外侧的固定出水堰高度来控制罐内水位。同一处设有溢流堰代替管式出水的溢流管。其他部分与图9－16完全相同。

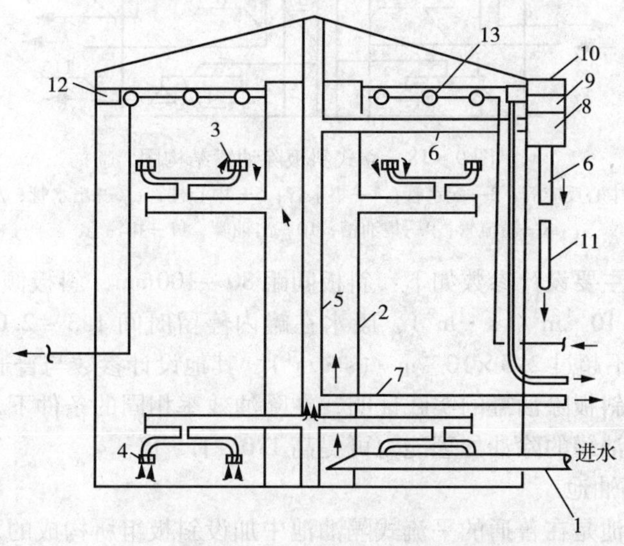

图9－17　旋流反应固定堰出水混凝除油罐结构图

1—进水管；2—旋流式中心反应筒；3—配水头；4—集水头；5—中心柱；6—上部出水管；7—下部出水管；8—固定出水堰；9—溢流堰；10—固定堰水箱；11—溢流管；12—集油槽；13—蒸汽盘管

三、斜板除油设备

斜板除油设备基本上分为立式和平流式两种，如立式斜板除油罐和平流式斜板隔油池。在油田上常用的是立式斜板除油罐。

1. 立式斜板除油罐

立式斜板除油罐的结构形式与普通立式除油罐基本相同，其主要区别是在普通除油罐中心反应筒外分离区的一定部位加设了斜板组，如图9－18所示。

含油废水从中心反应筒出来之后，先在上部分离区进行初步的重力分离，较大的油珠颗粒先行分离出来，然后废水通过斜板区，油水进一步分离。分离后的废水在下部集水区流入集水管，汇集后的废水由中心柱管上部流出除油罐。在斜板区分离出的油珠颗粒上浮到水面，进入集油槽后由出油管排出到收油装置。

斜板材质应是在废水中长期浸泡不软化、不变形、耐油、耐腐蚀的材料，常选用的材料有聚氯乙烯、不饱和聚酯玻璃钢等。

常用的斜板规格有两种：一种是板长1750mm，板宽750mm，板厚1.5mm，每板有6个波，波长130mm，波高16.5mm，波峰处的夹角为101°；另一种是板长1750mm，板宽

650mm，板厚 1.2mm，每板有 11 个波，波长 59mm，波高 28mm。

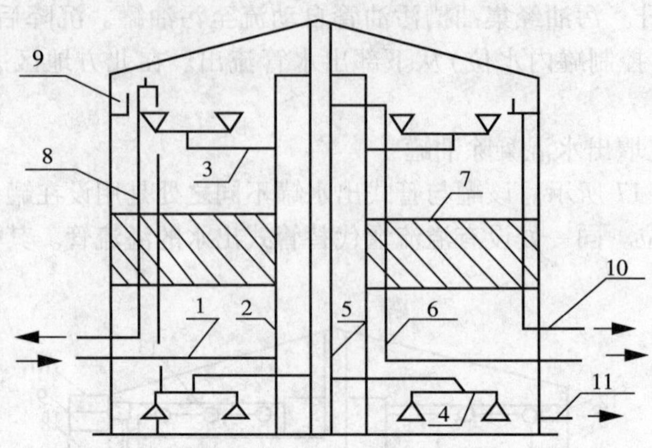

图 9－18　立式斜板除油罐结构图

1—进水管；2—中心反应筒；3—配水管；4—集水管；5—中心柱管；6—出水管；7—波纹斜板组；8—溢流管；9—集油槽；10—出油管；11—排污管

立式斜板除油罐主要设计参数如下：斜板间距 80～100mm，斜板倾角 45°，斜板水平投影负荷$(1.5 \sim 2.0) \times 10^{-4} m^3/(s \cdot m^2)$，废水在罐内停留时间 1.3～2.0h，下降流速 1.0～1.6mm/s，校核负荷不超过$2.8 \times 10^{-4} m^3/(s \cdot m^2)$，其他设计参数与普通除油罐基本相同。

油田上使用立式斜板除油罐的实践证明，在除油效率相同的条件下，与普通立式除油罐相比，同样大小的除油罐的除油处理能力可提高 1.0～1.5 倍。

2. 平流式斜板隔油池

平流式斜板隔油池是在普通的平流式隔油池中加设斜板组所构成的，如图 9－19 所示。

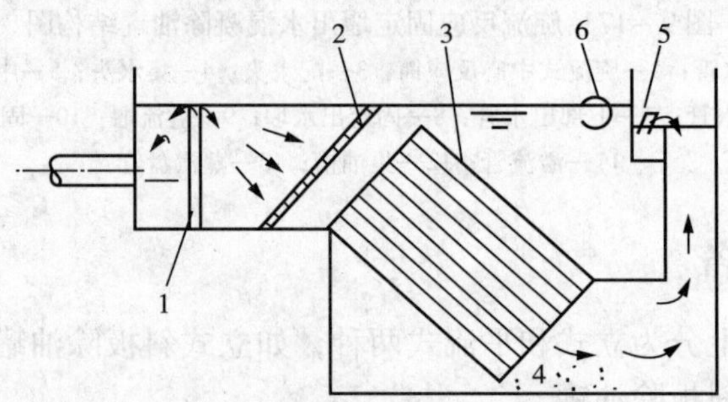

图 9－19　平流式斜板隔油池构造图

1—配水堰；2—布水栅；3—斜板；4—集泥区；5—出水槽；6—集油管

这种隔油池一般是由钢筋混凝土做成的池体，池中波纹斜板安装成 45°。进入的含油废水通过配水堰、布水栅后均匀而缓慢地从上而下地经过斜板区，油水、泥在斜板中进行分离，油珠颗粒沿斜板组的上层板下，向上浮升滑出斜板到水面，通过活动集油管收集到污油罐，再送去脱水；泥砂则沿斜板组的下层斜板面滑向集泥区落到池底，定时排除；分离后的水从下部分离区进入折向上部的出水槽，然后排除或送去进一步处理。

四、粗粒化除油设备

1. 粗粒化材料的选择

粗粒化材料从形状看分为粒状的和纤维状的两大类，从材质上看分为天然的（如无烟煤、蛇纹石、石英砂等）和人造的（如聚丙烯塑粒球和陶粒等）两类。从文献报道看，国外应用的粗粒化材料很多，以各种化工产品居多，如聚酯、聚丙烯、聚乙烯、聚氯乙烯等。作为一次性使用主张用纤维性材料，重复使用主张用粒状材料。国内油田目前工业化的粗粒化装置都是用粒状材料，各种材料性能见表9－3。

表9－3　粗粒化材料物理性能表

材料名称	润湿角	相对密度	润湿角测定条件
聚丙烯	7°38′	0.91	1. 水温44℃； 2. 介质为净化后含油废水； 3. 润湿剂为原油
无烟煤	13°18′	1.60	
陶粒	72°42′	1.50	
石英砂	99°30′	2.66	
蛇纹石	72°9′	2.52	

粗粒化材料选择原则为：①耐油性能好，不能被溶解或溶胀；②具有一定机械强度，且不易磨损；③不易板结，冲洗方便；④一般主张用亲油性材料；⑤尽量采用相对密度大于1的材料；⑥货源充足，加工、运输方便，价格便宜；⑦粒径3～5mm为宜。

2. 粗粒化除油装置构造与设计

粗粒化除油装置分为两部分，前段为粗粒化装置（一般称粗粒化罐），后段为与其配套的除油装置，因为粗粒化除油效果只有经过粗粒化段和除油段后才能看出来，所以上述两段一并论述，重点为粗粒化段。

（1）粗粒化除油装置构造形式

①分建式。所谓分建式是指粗粒化罐与其配套的除油罐分为两个单独构筑物。粗粒化罐一般为压力反向流形式，与其配套的除油罐原则上是各种构造形式均可以使用。图9－20所示为分建式粗粒化除油装置的一种。与其配套的除油罐为重力式除油罐。经粗粒化后的废水从重力式除油罐上部进入，废水在由上向下流动过程中，靠油水相对密度差进行油水分离。除油后的水经重力式除油罐底部集水管流出，污油经除油罐上部集油槽流出。

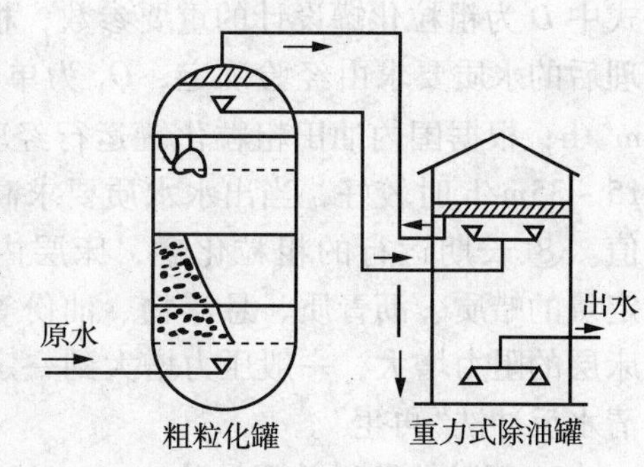

图9－20　分建式粗粒化除油装置示意图

②合建式。所谓合建式是指粗粒化段与除油段都在一个构筑物内，其优点是便于装配化施工。图9－21为卧式合建式粗粒化装置图。其第一除油段可去除油珠直径100μm以上的浮油，粗粒化段基本构造与分建式粗粒化罐基本相同，第二除油段可去除经粗粒化的分散油。图9－22为立式合建式粗粒化除油装置。粗粒化段构造也与分建式粗粒化罐基本相同，除油段为重力式斜板除油，其优点是废水在此段停留时间要比图9－21中除油段停留时间短，缺点是罐的高度大，不便于施工。

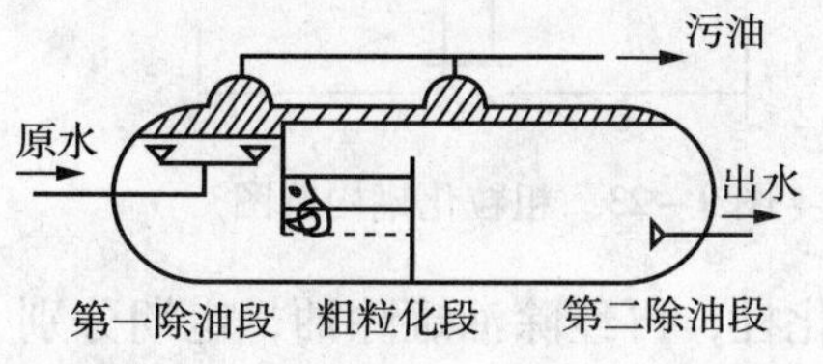

图9－21　卧式合建式粗粒化装置示意图

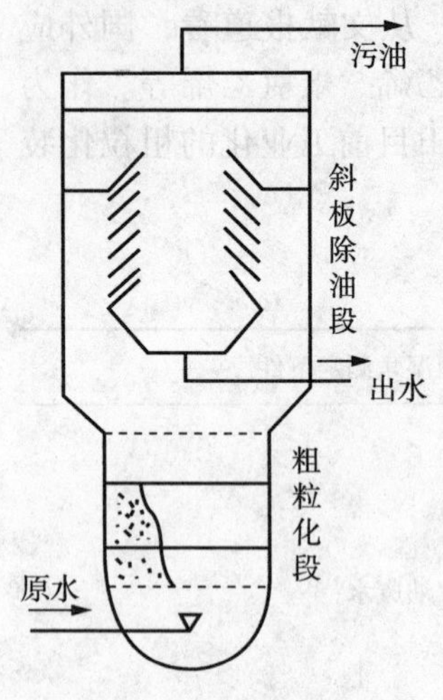

图9-22　立式合建式粗粒化除油装置示意图

(2)粗粒化罐构造

粗粒化罐构造如图9-23所示。各部件材质选择、构造尺寸确定和作用如下：①壳体用普通碳素钢制造，承压一般为0.6MPa。当含油废水平均腐蚀率为0.125mm/a时，内涂环氧树脂漆；大于0.125mm/a时，可用玻璃钢衬里或采取其他防腐措施。②进、出水管线一般用低压碳素钢管，管径及承压力通过水力计算得出。③粗粒化材料的作用是使废水油珠由小变大，达到粗粒化的目的。垫层一般用卵石，厚度H_5一般为300mm。④罐下部设钢格栅及不锈钢丝网。格栅用以承托垫层和粗粒化层物料重量，格栅用$\phi16$圆钢或$\phi21.25\times2.75$钢管制成。格栅直径用d表示，格栅之间用δ表示。δ比粗粒化材料粒径上限大1~2mm，例如选用无烟煤粒径为3~4mm，则δ为5mm即可。不锈钢网的设置是为了防止粗粒化材料漏掉，孔眼要比粗粒化材料下限粒径小，例如无烟煤粒径为3~4mm，则网径可选用12~14目的不锈钢网。⑤当采用聚丙烯类相对密度小于1.0的粗粒化材料时，必须设置上部格栅、不锈钢丝网及压网卵石层，以防跑料。压网卵石粒径选用16~32mm，厚度H_2一般为0.3m。⑥H_1及H_6的选择应根据进、出水管径确定，一般为0.5~1.0m。⑦粗粒化罐直径D由下式确定：

$$D=\sqrt{\frac{4Q_1}{\pi q}}$$

式中D为粗粒化罐设计的重要参数，根据来水和处理后的水质要求由经验确定，Q_1为单罐设计水量，m^3/h；根据国内油田粗粒化罐运行经验，q一般为15~35m/h时较好，当出水水质要求高时可取下限值。⑧长期运行的粗粒化罐，床层内部要积存一定量的蜡质、沥青质、悬浮物、油份等杂质。此时床层的阻力增大，一般压力增大到一定值时便要用清水反冲洗“再生”。

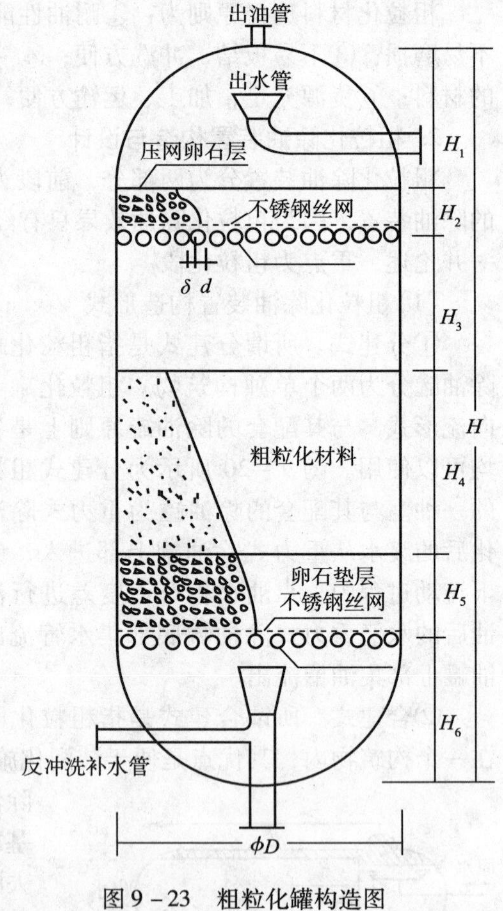

图9-23　粗粒化罐构造图

3. 粗粒化除油效果评价

粗粒化除油处理前后，水中含油量、悬浮物含量及其他杂质含量都有一定的降低，但主要评价指标为含油量去除率及出口含油量。粗粒化效果评价要看废水在粗粒化前后油珠粒径分布的变化，下面通过粗粒化模拟试验加以说明。

模拟试验流程如图9-24所示，粗粒化柱内填装3mm×1.5mm聚丙烯粒。含油废水原水经计量后进粗粒化柱，再经除油罐除油，定期分别在1、2、3号取样口取样，测其含油量。不经粗粒化，只经除油罐的流程见图9-25中虚线部分，试验结果见表9-4。由表9-4中对比可看出，经粗粒化后除油效果是十分明显的。

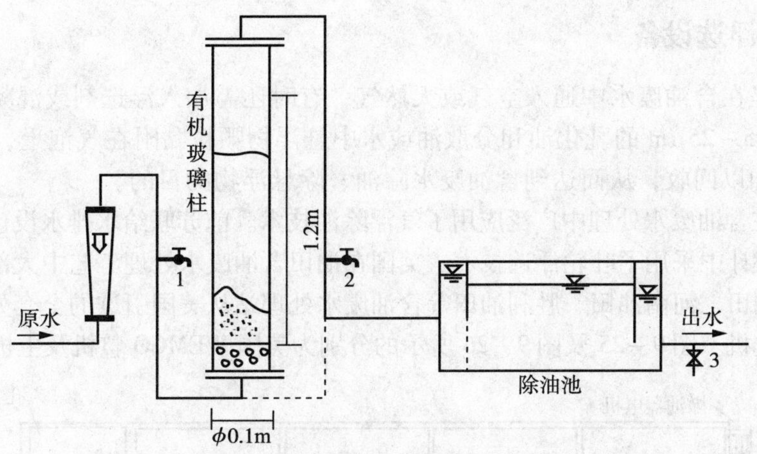

图 9-24 粗粒化模拟试验流程图

表 9-4 粗粒化除油模拟试验结果

序号	流量/(m^3/h)	粗粒化负荷/(m/h)	进口平均含油量/(mg/L)	除油罐出口/平均含油量(mg/L)	停留时间/min	除油效率/%	运行时间/d
1	1.3	108.3	714	53	32	92.6	7
2	1.0	75.0	1073	30	42	97.0	7
3	1.3	未经粗粒化	1153	382	32	66.9	8
4	1.0	未经粗粒化	1212	269	42	77.3	8

粗粒化柱运行头 3 天，因聚丙烯球对油有一定吸附量，故出口含油量低于进口含油量。3 天以后基本饱和，即进、出口含油量基本相同，同时在 1、2 号取样口取样，用“静止浮选法”分别测其油珠粒径分布，结果示于表 9-5。表中“η”为粗粒化率，指 100μm 以下同一油珠粒径范围内的含油量在粗粒化前后的差值与粗粒化前含油量的百分比。该指标越大说明粗粒化效果越明显。由表 9-5 看出，粗粒化负荷越低，效果越好。

表 9-5 粗粒化后油珠粒径变化表

q/(m/h)	35.6				80.8				124.8			
d_H①	a②	b③	η④	G⑤	a	b	η	G	a	b	η	G
≤64	241	33	86.0	842	273	70	74.0	1254	357	249	30.0	824
≤45	158	21	87.0	1262	160	42	75.0	1218	182	166	8.0	859
≤26	60	10	83.0	1232	102	28	73.0	1182	84	55	24.0	821
平均			85.3				75.0					

①d_H—油珠粒径，μm；②a—粗粒化前含油量，mg/L；③b—粗粒化后含油量，mg/L；④η—粗粒化率，$\eta=(a-b)/a$,%；⑤G—测定时污水总含油量，mg/L。

五、气浮浮选设备

气浮浮选是在含油废水中通入空气或天然气，有时还需加入浮选剂或混凝剂，使含油废水中颗粒为0.25～25μm的乳化油和分散油或水中悬浮物颗粒黏附在气泡上，随气泡一起上浮到水面上并加以回收，从而达到含油废水除油、除悬浮物的目的。

目前国外在含油废水处理中广泛应用了气浮除油技术。前苏联给水排水设计院的油田含油废水处理定型设计中采用了叶轮浮选技术。美国在油田含油废水处理工艺中大部分都采用叶轮浮选法，中原油田、河南油田、胜利油田等含油废水处理站从美国引进的全套处理设施，也都采用了叶轮浮选机。图9－25及图9－26所示的分别为美国WEMCO整机及主机构造示意图。

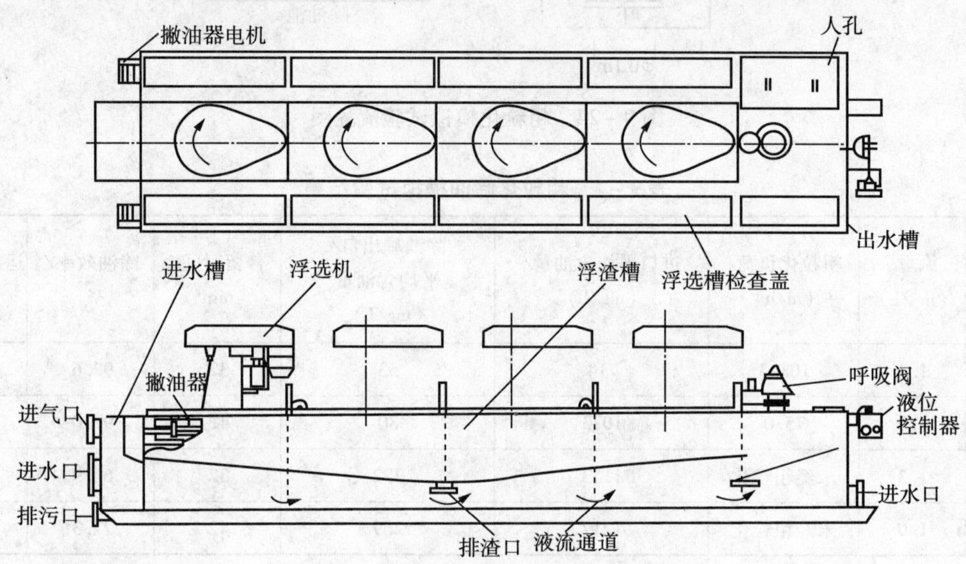

图9－25　WEMCO浮选机整机构造示意图

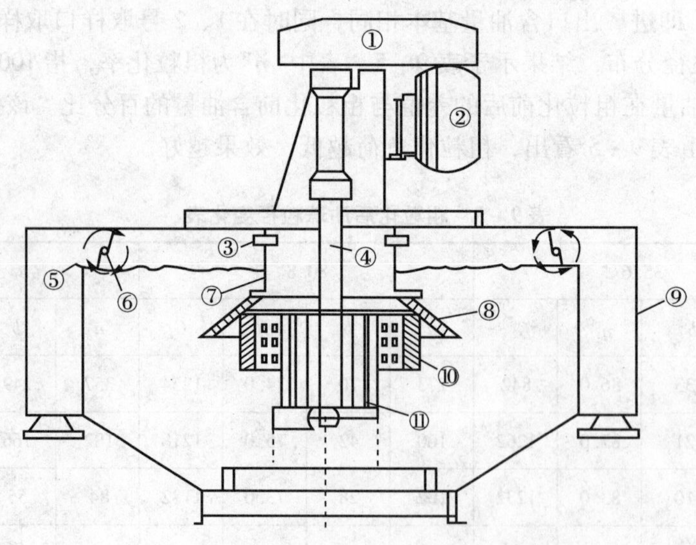

图9－26　WEMCO浮选机主机构造示意图

1—皮带护罩；2—电动机；3—进气口；4—主轴；5—调节堰；6—撇油器；7—立管；8—扩散罩；9—集油槽；10—扩散器；11—转子

该机称诱导气浮机，整机为一撬装结构，由底座、浮选槽、离心引气浮选装置、密封盖、检查孔、撇油器及气动液位控制器组成。浮选机一般由四套离心引气浮选装置形成一个浮选室，室与室之间上部设有高出水面的挡板，下部有通气孔以便串联气浮。每个气浮室的含油废水从转子底部向上流动，气、水在混合区充分混合，混合后的水流受到转子离心剪切力的作用。高速通过扩散器小孔，水中形成很多微小气泡并吸附油及悬浮物上浮形成泡沫，泡沫由缓慢转动的撇油器刮到集油槽内，因而废水得到净化。

六、压力式过滤罐

油田采用的过滤罐按其过滤方式分为压力式过滤罐和重力式过滤罐，如图 9－27 所示。

在进行过滤时，废水由进水管经喇叭口流入罐中，自上而下地通过滤料和垫层。由于滤料的作用，使废水中的微小油粒以及前期絮凝后没有沉降的微小悬浮物得到进一步去除。治理后的水流入集水总管后流出罐外。

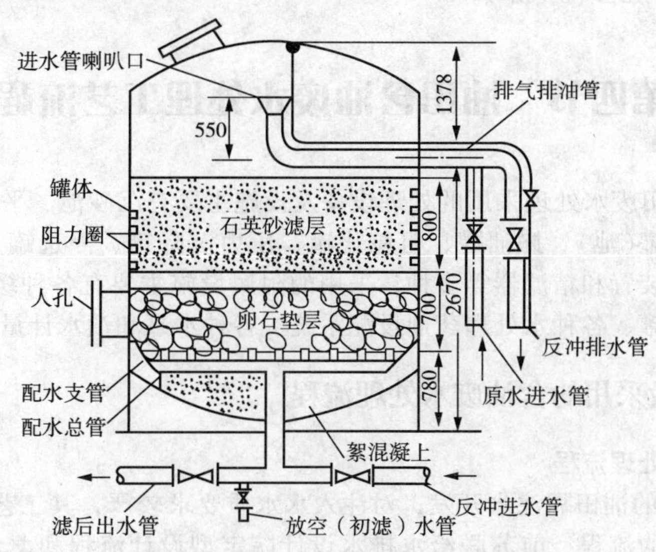

图 9－27　压力式过滤罐构造示意图

当过滤一段时间后，因滤料截留了悬浮杂质和油分而被污染，因此必须定期对滤料进行冲洗，才能再次使用。反冲洗过程与过滤过程相反，反冲洗水在罐内自下而上地流动冲洗滤料。反冲洗进水为清水，反冲洗出水排入废水池。从过滤开始到反冲洗完毕，完成了过滤罐的一个完整工作周期。

油田一般是使用石英砂滤料，对这种滤料有如下要求：

(1) $d_{10}=0.5\sim0.6\text{mm}$，$d_{10}$为通过筛孔的砂量 10% 的筛孔直径；

(2) 不均匀系数 $k_{80}=d_{80}/d_{10}$，d_{80}为通过筛孔的砂量 80% 的筛孔直径；

(3) 石英砂滤料中各种粒径所占的百分比大致如下：

$d=0.25\sim0.5\text{mm}$ 占 10% ～15%；

$d=0.5\sim0.8\text{mm}$ 占 70% ～75%；

$d=0.8\sim1.2\text{mm}$ 占 15% ～20%；

石英砂滤料的厚度为 0.7 ～0.8m。

过滤罐的垫层在处理过程中上要起支撑滤料的作用，同时在反冲洗时使布水均匀。垫料层用卵石组成，它的厚度和分层铺设的情况因采用的排水系统不同而异。由于目前油田所采用的压力过滤罐的排水系统多数是大阻力排水系统，故其垫料层多采用表9－6的铺设方式。

表9－6　垫料层的铺设方式

层　次	垫料直径/mm	厚度/mm	层　次	垫料直径/mm	厚度/mm
1	2～4	100	4	16～32	150
2	4～8	100	5	32～64	250
3	8～16	100	总计		700

压力式滤罐的基本设计参数为：①工作周期：12～24h；②反冲洗时间：10～15min；③反冲洗强度：12～15L/(s·m^2)。

第四节　油田含油废水处理工艺流程

目前国内外油田废水处理采用的处理设备及设施主要有沉砂池、平流式隔油池、自然除油罐、混凝沉降罐(池)、撇油罐、粗粒化罐、压力沉降罐、浮选罐、压力滤罐、单阀滤罐、组合式处理装置和精滤器等多种，采用的附属设施主要有各种缓冲罐、回收水罐、反冲洗水罐、污油罐、各种水处理药剂投配系统、各种水泵和油水计量设施等。

一、国外一般采用的含油废水处理流程

1. 前苏联废水处理流程

前苏联有75%的油田靠注水开发，对注入水水质要求较严，其工艺流程种类也很多。现举两种有代表性的流程：前苏联给水排水设计院定型设计流程和戈尔斯克油田废水处理流程。给水排水设计院定型设计流程见图9－28。当原水含油3000mg/L以下时，净化后的水含油为10～25mg/L，悬浮物含量10～20mg/L，含铁量2.5mg/L以下。前苏联戈尔斯克油田废水处理流程见图9－29，该站设计水量为5000m^3/d，混凝剂硫酸铝投加量为30mg/L左右。

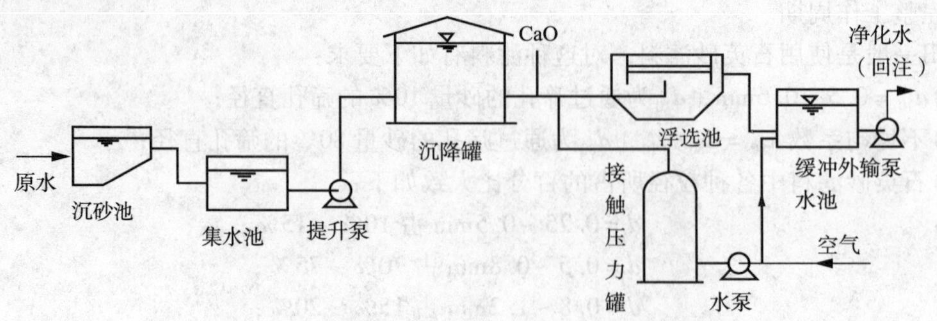

图9－28　前苏联给排水设计院废水处理流程图

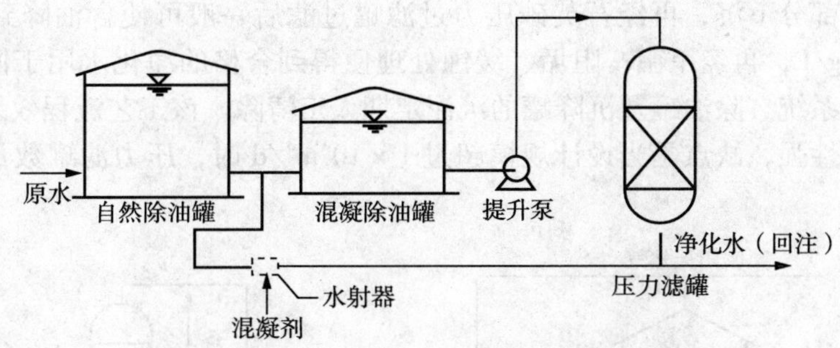

图 9－29 前苏联戈尔斯克油田废水处理流程图

前苏联各种处理构筑物运行参数及出水水质见表 9－7。

表 9－7 前苏联各种处理构筑物运行效果平均指标

构筑物	运行条件	来水/(mg/L)		出水/(mg/L)	
		含油	悬浮物	含油	悬浮物
沉砂池	$T=0.5\sim1.0$min	—	≥300	—	200～500
隔油池	$T=2.0$h	5000	500	100～150	50～100
缓冲沉淀池	$T=24\sim48$h	150	100	25～40	20～30
沉降罐	$T=8\sim16$h	1000	300	50～90	30～50
卧式压力沉降罐	$T=2.0$h，$P=0.2$MPa	1000	70	35～50	25～35
平流式沉淀池	$T=3.0$h	150	100	20～40	20～30
悬浮澄清池	$T=2.0$h	200	100	15～20	15～20
浮选池	$T=20$min，$P=0.2\sim0.4$MPa	200	100	30～50	30～40
浮选池	$T=20$min，$P=0.2\sim0.4$MPa 混凝	200	100	10～25	10～20
浮选池	$T=20$min，$P=0.2\sim0.6$MPa	200	100	20～35	20～30
滤池	$C=5.0$m/h，砂滤池	50	40	2～10	2～10
滤池	$C=2.5\sim5.0$m/h，有硅藻土层的有孔陶瓷过滤	50～70	50	痕迹	痕迹

2. 美国含油废水处理典型流程

美国对注水水质要求很严，除对水中油、悬浮物和含铁指标要求严格外，还要求脱氧或密封、杀菌、化学防垢及缓蚀等。比较典型的处理工艺如图 9－30 所示。

二、国内常用的处理流程

1. 自然除油－混凝除油－压力过滤

该流程如图 9－31 所示，目前在国内各油田普遍采用。

从脱水转油站送来的原水经自然除油后可使废水中含油量由 5000mg/L 降至 500mg/L 以下，再投加混凝剂混凝沉降后，一方面含油量可降至 50～100mg/L 以下；另一方面悬浮物大部分上浮，少部分下沉，再经石英砂压力过滤罐过滤后一般可使含油降到20mg/L以下，悬浮物降到10mg/L，再经杀菌、阻垢、缓蚀处理便得到合格的净化水用于回注。回收的污油送回原油集输系统。除油罐及沉降罐的沉泥定期人工清除。该工艺流程效果较好，对原水含油量变化适应性强，缺点是当设计规模超过 $1\times10^4m^3/d$ 时，压力滤罐数量多，流程相对复杂一些。

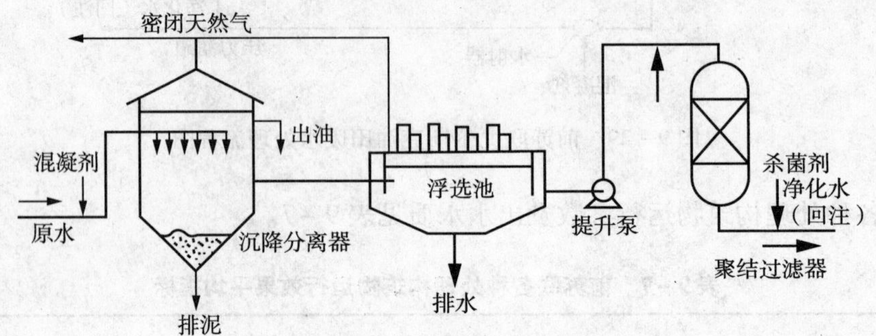

图9－30　美国常用的处理流程图

2. 混凝除油－单阀滤罐过滤

该流程见图9－32。它是将图9－31中三步处理流程中自然除油罐和混凝除油罐合并为一个除油罐，该罐同时起两个罐的作用。当原水水质较好或净化水质要求不太严格时，可不加混凝剂，水质要求严格时再加混凝剂。单阀滤罐为重力式，可制成大直径、处理量大的罐，因此该流程比较简单，适用于设计水量较大的处理站，可以做到废水不外排。缺点是对原水水质变化适应较差，净化水水质不如图9－31流程好。该流程在国内油田应用较少。

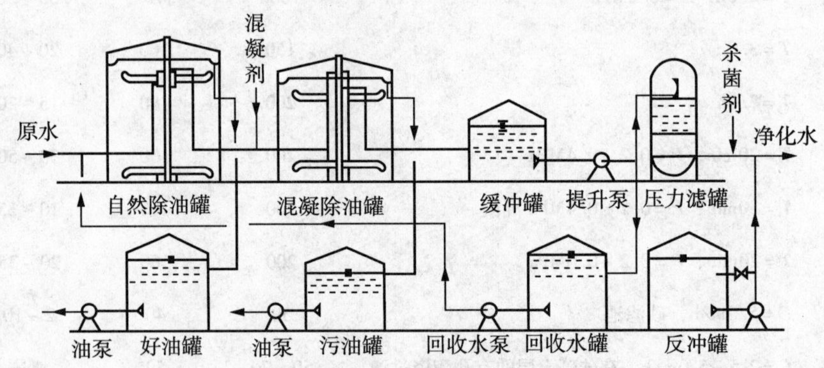

图9－31　自然除油－混凝除油－过滤流程图

3. 粗粒化－混凝除油－单阀滤罐过滤

该流程见图9－33，它是在图9－32两步流程基础上的改进流程。废水经粗粒化罐处理后由于油珠粒径变大，可以大大减少混凝除油罐停留时间，一般可不再加混凝剂，出水水质可达到图9－32流程的程度，投资比图9－32流程节省。当原水中泥砂含量较高时，因易堵塞粗粒化罐，则不宜采用此流程。

4. 自流处理流程

当废水处理站与注水站联合建站时，可采用自流流程。即将图9－32、图9－33中缓冲罐直径加大作注水缓冲罐，外输泵改为注水泵。该流程可节省建设投资，减少占地面积和节约能源。

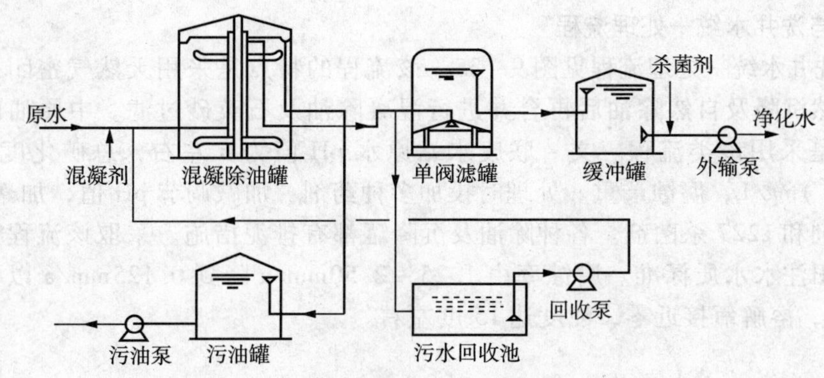

图 9－32　混凝除油－单阀滤罐过滤流程图

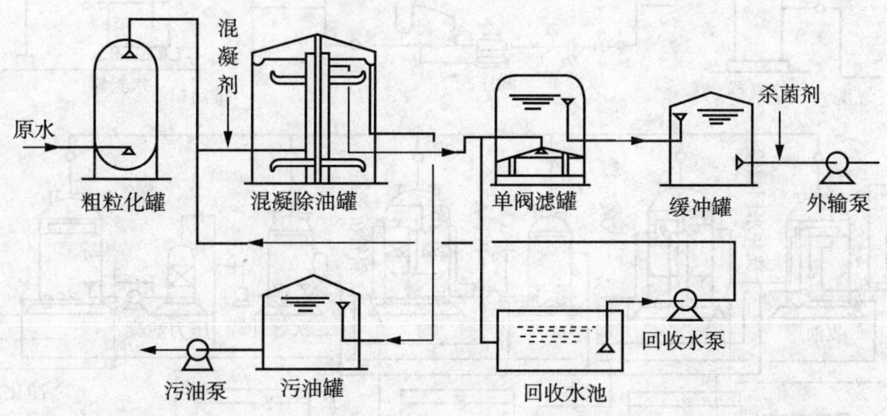

图 9－33　粗粒化－混凝除油－单阀滤罐过滤流程图

5. 自然除油－粗粒化－压力除油－压力过滤流程

图 9－34 为密闭四步处理流程。图 9－34 中缓冲罐及注水站清水罐均为 250mm 厚的柴油密封罐，粗粒化材料为蛇纹石。原水由原油集输系统的 5000m^3 沉降罐充分除油后送到废水站进行处理。该类流程适宜于对净化水水质要求较严的低渗透油层回注。一般原水含油量较低（在 20mg/L 左右），在废水站投加混凝剂，净化水外输前加杀菌剂等。四步处理流程净化水水质相当好，适于低渗透油层回注；但基建投资大，适合于水量小、水质要求严格的处理站设计应用。

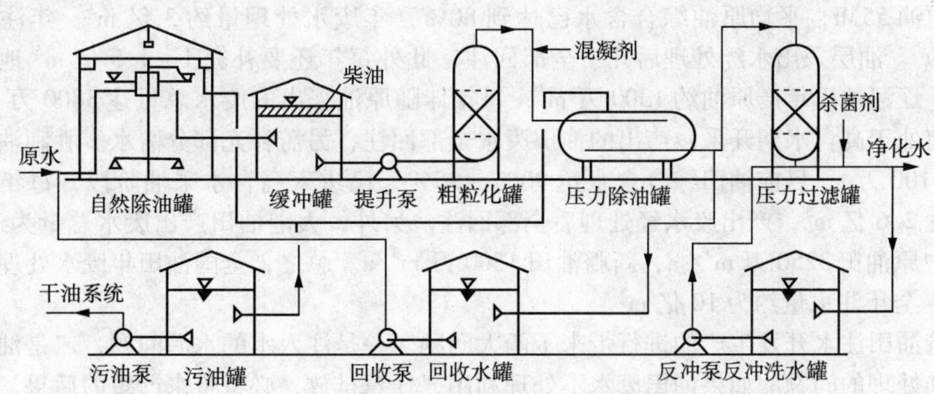

图 9－34　油田废水四步处理流程图

6. 原水与洗井水统一处理流程

原水与洗井水统一处理流程见图9-35。该流程的特点是采用天然气密闭，洗井水和原水分别自然沉降及自然除油后再合并进行混凝除油及石英砂过滤。中原油田文-联废水处理站就是采用该类流程。文-联废水站原水pH值为6左右，总矿化度高达($10\times10^4\sim15\times10^4$)mg/L，腐蚀严重。处理时投加多种药剂：加碱调节pH值，加絮凝剂沉降，并加入缓蚀剂和1227杀菌剂。各种除油及沉降罐都有排泥措施。采取该流程处理后水质基本达到油田注水水质标准。腐蚀率由1.25~2.50mm/a降到0.125mm/a以下，含油量30mg/L以下，溶解氧接近零，浊度达15度左右。

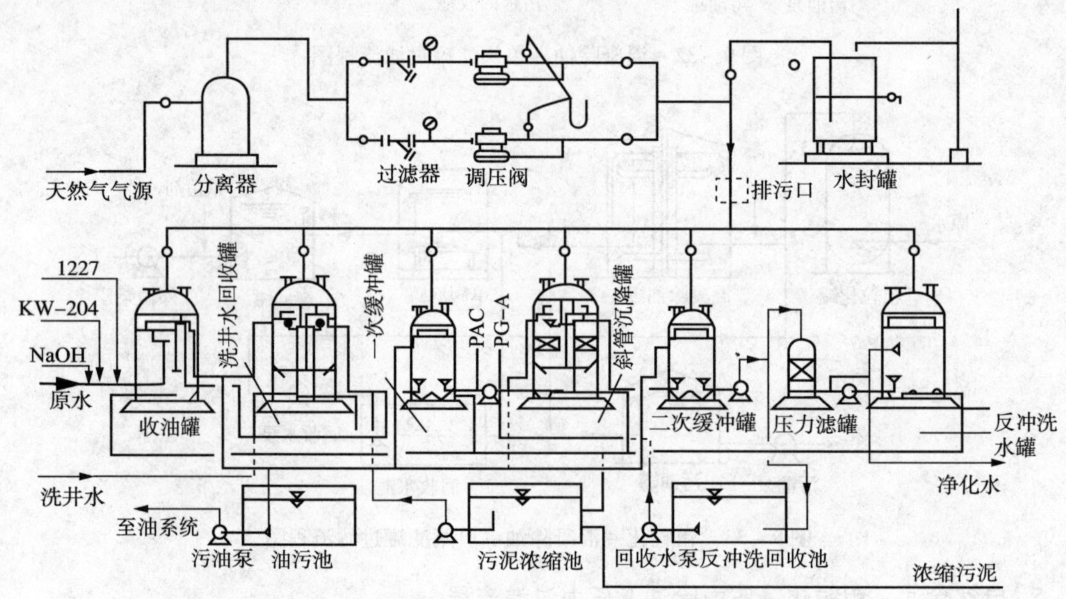

图9-35 原水与洗井水统一处理流程图

第五节 油田废水回注及对水质的要求

目前，我国大部分油田采用了注水开发方式，每生产1t原油需注水2~3t，因而水和石油生产的关系极其密切。随着我国油田开发规模的增大，含油废水产出量愈来愈多。大庆油田年产原油55Mt，平均原油综合含水已达到80%，年废水处理量约3亿m^3，年注水量为4~5亿m^3。油层采出水经处理后几乎全部回注，此外每年还要补充1~1.5亿m^3地面水注入地下。辽河油田年产原油约1300万m^3，每年伴随原油采出的废水总量达3800万m^3。该油田目前处于高含水期开采，产出的油田废水全部回注，另需补充部分清水。胜利油田年产原油约3100万t，目前油田综合含水达90%~95%，已进入高含水采油阶段，每年废水产出总量达2.6亿m^3，产出废水经处理后全部回注。另外，大港油田产出废水总量为1800万m^3/a，中原油田3250万m^3/a，新疆油田1500万m^3/a。总之，全国油田年废水处理量约为9亿m^3，全年注水量约为10亿m^3。

随着油田注水开发生产的进行带来了两大问题。一是注入水的水源问题，二是油田废水的排放和处理的问题。如果油田废水不处理利用，任意排放，必将带来严重的后果，不但浪费了宝贵的水资源，而且会严重污染环境，影响油田安全生产。在生产的实践中，人们认识到油田废水回注是合理开发和利用水资源的正确途径。

一、油田废水回注的优缺点

我国油田废水经处理达标后基本上得到了利用，废水处理后回注是主要的利用方式。它不仅解决了油田回注水的水源问题，而且可以有效地提高原油产量。含油废水经处理后回注具有以下优缺点：

1. 废水回注的优点

(1)含油废水的矿化度和黏度高(例如三次采油废水)，并且含有聚丙烯酰胺和表面活性剂等，因此具有良好的洗油功能。据统计，向油层回注废水时，其采收率要比回注淡水时提高3%~5%。

(2)密度为1.1~1.2g/cm^3 的废水能在注水井底形成较高的水压，这就使油井具有良好的吸收能力。

(3)往注水井回注含油废水可以防止水源及环境被污染。

(4)油层废水或破乳后的废水温度通常远远高于地面水源的温度，这对注水井的吸收能力和洗油过程具有良好的作用。

2. 实行废水回注的弊端

(1)为了防止注水井井底地带堵塞并维持高吸收能力，必须将废水净化到一定程度，这就需要建造造价较高、占地面积较大的地面废水处理设备。

(2)回注废水易造成设备、管道和注水井腐蚀和结垢。

(3)在恢复注水井压力的过程中，易造成废水的外流。

二、油田废水回注对水质的要求

1. 油田开发对注水水质的要求

陆上油田的开采方式主要为注水开发方式。通过向地层注水来弥补因采油而造成的地下亏空，并起到驱动原油的目的。一次采油阶段的生产主要依靠地层自身的能量进行生产，当一次采油进入衰产阶段时，主要反映出产油量大幅度减少，地层能量降低。这时就要求依靠人工能量以驱动油层中的原油，即实施注水。油田注水所服务的对象是由致密岩石组成的油层，因此要求一定的注水水质加以保证，这样才能达到人们预期的注得上、注得进、注得够的目的。

2. 油层条件对注水水质的要求

目前陆上油田动用开发的低渗透油藏在35%左右，而且每年新探明的石油地质储量中低渗透油层所占的比重也越来越大。例如1989年当年探明储量中低渗透储量占27.1%，1990年上升至45.9%，1995年上升至72.7%。这些低渗透油田的孔喉半径通常在2~4μm以下，渗透率在(10~50)×10^{-3}μm^2。以中原油田为例，平均孔喉半径2μm，渗透率33.15×10^{-3}μm^2。平均油藏中深3243m，矿化度(18~28)×10^{-4}mg/L。废水回注必须有相应配套的废水处理工艺，以确保处理后的水质达相应低渗透油田注水水质标准要求。

三、净化废水回注水质标准

1. 注水水质的基本要求

注水水质必须根据注入层物性指标进行优选确定。通常要求：在运行条件下注入水不应结垢；注入水对水处理设备、注水设备和输水管线腐蚀性要小；注入水不应携带超标悬浮物，有机淤泥和油；注入水注入油层后不使黏土发生膨胀和移动，与油层流体配伍性良好。

如果油田含油废水与其他供给水（如浅层地下水、地面净化废水和地面江河湖泊水等）混注时，必须具备完全的可能性，否则必须进行必要的改性处理后方可混注。考虑到油藏孔隙结构和喉道直径，要严格限制水中固体颗粒的粒径。

2. 注水水质标准

由于各油田或区块油藏孔隙结构和喉道直径不同，相应的渗透率也不相同，因此注水水质标准也不相同，目前全国主要油田都制订了本油田的注水水质标准，尽管各油田标准差异较大，但都要符合注水水质基本要求。表9－8中列出了石油天然气行业标准《碎屑岩油藏注水水质推荐指标及分析方法》（SY/T 5329—94）中水质主要控制指标。由于净化水主要用于回注油层，所以废水处理工艺必须设法使净化水达到有关注水水质标准。

表9－8　推荐水质主要控制指标

注入层平均空气渗透率/μm^2		<0.10			0.1~0.6			>0.6	
标准分级	A1	A2	A3	B1	B2	B3	C1	C2	C3
悬浮固体含量/（mg/L）	<1.0	<2.0	<3.0	<3.0	<4.0	<5.0	<5.0	<7.0	<10.0
悬浮物颗粒直径中值/μm	<1.0	<1.5	<2.0	<2.0	<2.5	<3.0	<3.0	<3.5	<4.0
含油量/（mg/L）	<5.0	<6.0	<8.0	<8.0	<10.0	<15.0	<15.0	<20	<30
平均腐蚀率/（mm/a）					<0.076				
点腐蚀	A1，B1，C1级：试片各面都无点腐蚀； A2，B2，C2级：试片有轻微腐蚀； A3，B3，C3级：试片有明显腐蚀								
SRB菌/（个/mL）	0	<10	<25	0	<10	<25	0	<10	<25
铁细菌/（个/mL）		$n\times10^2$			$n\times10^3$			$n\times10^4$	
腐生菌/（个/mL）		$n\times10^2$			$n\times10^3$			$n\times10^4$	

注：①$1<n<10$。
②清水水质指标中去除含油量。

3. 注水水质辅助性指标

除了上述对注水水质的主要控制指标外，SY/T 5329—94还对注水水质的辅助性指标作出指导性规定。辅助性指标主要包括溶解氧、硫化氢、侵蚀性二氧化碳、铁、pH值等。

（1）溶解氧

水中含溶解氧时可加剧腐蚀，当腐蚀率不达标时，应首先检测溶解氧浓度。一般情况要求，油田废水溶解氧浓度小于0.05mg/L，特殊情况不能超过0.1mg/L。清水中的溶解氧含量要小于0.05mg/L。

（2）硫化氢

如果原水中不含硫化物或发现废水处理和注水系统硫化物含量增加，说明系统细菌增生严重。硫化物含量过高的废水，可引起水中悬浮物增加，通常清水中不应含硫化物，油田废水中硫化物含量应小于2.0mg/L。

（3）侵蚀性二氧化碳

水中侵蚀性二氧化碳含量等于零时，稳定；大于零时，可溶解碳酸钙垢，并对设施有腐蚀作用；小于零时，有碳酸盐沉淀析出。一般要求侵蚀性二氧化碳含量为 -1.0~1.0mg/L。

(4) pH 值

水的 pH 值应控制在 7±0.5 为宜。

(5) 铁

当水中含亚铁离子时，由于铁细菌作用可将二价铁离子转化为三价铁离子，生成氢氧化铁沉淀，当水中含硫化物(H_2S)时，可生成 FeS 沉淀，使水中悬浮物增加。

四、油田回注水的防垢缓蚀及杀菌

1. 防垢

油田含油废水与其他水混注，系统中垢的种类很多，其中危害最大的是碳酸钙垢、硫酸钙垢和硫酸钡垢、硫酸锶垢。油田水常见的水垢及影响结垢的主要因素见表 9-9。

在注入水中加入阻垢剂是油田防垢阻垢的常用方法之一。油田常用的阻垢剂有天然阻垢剂、膦酸盐类阻垢剂、磷酸酯类阻垢剂、聚合物类阻垢剂等。表 9-10 列出了油田常用的阻垢剂。

表 9-9　油田水常见的水垢及影响因素

名称		化学式	结垢的主要因素
	碳酸钙	$CaCO_3$	二氧化碳分压、温度、含盐量、pH 值
	硫酸钙	$CaSO_4 \cdot 2H_2O$	温度、压力、含盐量
	硫酸钡	$BaSO_4$	温度、含盐量
	硫酸锶	$SrSO_4$	
铁化合物	碳酸亚铁	$FeCO_3$	腐蚀、溶解气体、pH
	硫化亚铁	FeS	
	氢氧化亚铁	$Fe(OH)_2$	
	氢氧化铁	$Fe(OH)_3$	
	氧化铁	Fe_2O_3	

表 9-10　油田水处理常用的阻垢剂

名称	分子式或结构式	物化性质	用途
葡萄糖酸钠	HOCH—C(H)(OH)—C(H)(OH)—C(OH)(H)—C(H)(OH)—COONa	白色或淡黄色结晶粉末。易溶于水，微溶于醇，不溶于醚	用作油田水处理系统的阻垢剂。因分子中含有多个羟基，它和钙离子的相互作用干扰了碳酸钙晶格的正常生长，从而使钛酸钙垢以微粒状分散在水质中，进而达到阻止或减少垢生成的目的。加药量 10~50mg/L
单宁酸	$C_{76}H_{52}O_{46}$	为淡黄色无定型粉末或松散有光泽的鳞片状或海绵状固体，溶于水、乙醇、丙醇，水溶液呈酸性	较早用于水处理的缓蚀阻垢剂。一方面它是一种多元酚，分子中含有大量的羟基和羧基，可与铁、钙、镁等离子形成稳定的络合物，减少钙垢的沉积；另一方面，它能在金属表面形成保护膜，阻止水垢的形成。加药量 10~50mg/L

续表

名称	分子式或结构式	物化性质	用途
三聚磷酸钠	$NaO-P(=O)(ONa)-O-P(=O)(ONa)-O-P(=O)(ONa)-ONa$	白色结晶或结晶性粉末，易溶于水	用于油田回注废水处理系统的一种无机阻垢剂。能与钙、镁、铁等离子络合，软化硬水，并能吸附在已形成碳酸钙垢晶体上，从而改变原来的晶体结构，抑制钛酸钙垢的生长。还是一种无机表面活性剂，有利于将水注入地层，提高注水效率
氨基三亚甲基膦酸	$(OH)_2POCH_2N[CH_2PO(OH)_2]_2$	无色或淡黄色黏稠液体，或白色颗粒状固体，易溶于水	一方面可与水中的Ca、Mg等离子生产稳定的五元环络合物，使水中析出碳酸钙垢的可能性变小；另一方面能吸附在晶体的活性点上，形成阴极络合物吸附膜并进入已形成的碳酸钙垢的晶体中，从而有效阻止或减轻水中成垢盐类形成水垢；兼具缓蚀、阻垢性能。一般加药量1~20mg/L
羟基亚乙基二膦酸	$(H_2O_3P)_3CCH_3OH$	无色至淡黄色透明黏稠液体，易溶于水	一方面可与水中的Ca、Mg等离子生产稳定的五元环络合物，使水中析出碳酸钙垢的可能性变小；另一方面能吸附在晶体的活性点上，形成阴极络合物吸附膜并进入已形成的碳酸钙垢的晶体中，从而有效阻止或减轻水中成垢盐类形成水垢；兼具缓蚀、阻垢性能。一般加药量1~20mg/L
2-膦酰基丁烷-1，2，4-三羧酸	$CH(COOH)-C(PO_3H_2)(COOH)-CH_2-CH_2(COOH)$	无色至淡黄色透明黏稠液体，易溶于水	在高温、高碱度、高硬度、高pH值的水质中对二价金属离子具有卓越的稳定性。一般投加量为5~10mg/L
聚丙烯酸	$\text{-}[CH_2-CH(COOH)]_n\text{-}$	无色或淡黄色液体，易溶于水，黏稠	在水溶液中发生电离，离解出的聚合物负离子能与水质金属离子形成稳定络合物，起到阻止或减少水垢的作用。加药量一般为1~20mg/L
水解聚马来酸酐	$\text{-}[CH(COOH)-CH(COOH)]_m\text{-}[CH-CH]_n\text{-}$（后一单元为 C(=O)-O-C(=O) 环酐）	棕黄色透明液体，易溶于水，化学热稳定性好，分解温度在330℃以上	该产品从70年代开始用于油田水处理系统，是阴离子型缓蚀阻垢剂，用药量低，一般为2~20mg/L
马来酸酐-丙烯酸共聚物	$\text{-}[CH-CH]_m\text{-}[CH-CH]_n\text{-}[CH-CH]\text{-}$（取代基依次为 C(OH)-OC(OH)=O；CO—O—CO；C(=O)OH）	浅棕黄色透明液体	能与水溶液中的金属离子如钙、镁、铁、铜等离子形成温度的络合物，从而起到阻止或减少水垢的作用。价格低，阻垢性能良好，目前在油田使用较多。用药量低，一般为2~20mg/L

2. 缓蚀

腐蚀有化学腐蚀及电化学腐蚀。电化学腐蚀过程就是在金属与废水接触的表面上，阴极和阳极间电子流动的过程。阴极和阳极形成一对腐蚀电池。腐蚀的影响因素包括：

(1)pH值

在无氧水中随着 pH 值的降低，腐蚀加剧。在较高 pH 值时，铁的表面被 $Fe(OH)_2$ 或 $FeCO_3$ 所覆盖形成保护膜从而减轻了腐蚀。在有氧的情况下，pH 值为 6～8 时腐蚀主要影响因素是氧，pH 值对腐蚀影响不大。

(2)含盐量

水中含盐量高时，水的导电性好，加剧腐蚀。

(3)溶解氧

氧是引起腐蚀的主要因素。

(4)CO_2

CO_2 因溶解于水会降低 pH 值从而加剧腐蚀。

(5)H_2S

当水为酸性或中性时，H_2S 可大部分离解成 S^{2-}，S^{2-} 与 Fe^{2+} 生成黑色不溶于水的 FeS 沉淀物，促使阳极反应不断进行，引起比较严重的腐蚀。在碱性条件下水中的 H_2S 主要以分子形式存在，对腐蚀影响不大。

可通过采取以下几个方面的措施控制或减缓腐蚀的发生：①设备合理选材或改变材料的组成。例如可以用耐腐蚀合金钢或非铁金属代替一般的碳钢，也可以用耐腐蚀非金属材料，但需要考虑经济成本以及油田水系统的高压及高温等条件的限制，有时也可用涂料或衬里的办法来解决或减轻腐蚀。②改变介质状况。例如改变水的 pH 值，或用化学方法和物理方法去除气体如 O_2、H_2S、CO_2 等，或用别的水混合起来改变水的组成，这些方法在油田采用较多。③阴极保护。应用电化学原理使足够量的电流通过浸于水中的金属以阻止腐蚀，电化学保护可分阴极保护和阳极保护。

在油田水中投加缓蚀剂是常用的缓蚀方法。表 9－11 列出了油田水处理常用的缓蚀剂。

表 9－11 油田水处理常用的缓蚀剂

名称	分子式或结构式	物化性质	用途
氯化锌	$ZnCl_2$	为白色结晶或粉末。易溶于水，溶于甲醇、乙醇甘油、丙酮、乙醚，不溶于氨水，易潮解	在油田回注水中与其他无机或有机缓蚀剂复配使用，属阴极缓蚀剂。锌离子在阴极部位使用使 pH 值升高，形成疏松多孔的氢氧化锌沉淀物而起到保护膜作用。单独使用时，pH＝7 时，需投加 50mg/L，才有缓蚀效果。但当 pH＝8 时，二价金属盐在溶液中几乎完全析出，而失去缓蚀效果
吗啉	$HN(CH_2CH_2)_2O$	无色液体，有氨味。可以任意比例与水混合，可溶于丙酮、苯、戊烷、甲醇和四氯化碳	在油田回注水处理系统中用作缓蚀剂，以防止金属的腐蚀。在密闭系统中加入微量的吗啉，即可调节水溶液成弱酸性，对酸性介质能起到很好的缓蚀作用
苯并三唑	$C_6H_5N_3$	呈淡褐色至白色结晶粉末。易溶于热水、醇、苯及其他有机溶剂，微溶于冷水。水溶液呈弱酸性，pH 值 5.5～6.5	该产品广泛用作铜、银质及其合金设备的缓蚀剂。pH 值在 6～9 范围内有良好的缓蚀作用，但在 pH 值较低的介质中缓蚀效果降低。使用浓度为 1～10mg/L
月桂酰基肌氨酸钠	$C_{15}H_{28}NNaO_3$	白色鳞片状结晶或板状晶体可溶于含水酒精及甘油等多元醇的水溶液，溶于水。在通常条件下，对热、酸、碱稳定	在油田回注水处理系统中用作缓蚀剂。能吸附在金属表面形成单分子的螯合薄膜，使整个金属表面被疏水性的致密膜覆盖从而起到缓蚀作用。pH 值在 6～9 范围内有良好的缓蚀作用。使用量为 10～20mg/L，缓蚀率为 96%，腐蚀率可控制在 0.076mm/a 以下。常与杀菌剂 1227 及阻垢剂 HEDP 配伍使用

续表

名　称	分子式或结构式	物化性质	用　途
高温酸化缓蚀剂	季铵盐复合物	浅红色油状物体，常温下溶于水和酸，在盐酸中有良好的缓蚀效果，在20℃以下使用效果良好	该产品用作油气井酸化压裂工艺中的酸洗缓蚀剂。市售牌号8607
季铵盐型酸化缓蚀剂	季铵盐	棕色至棕黑色油状液体。有刺激气味，溶于水，溶于呈酸性	用作油气井酸化压裂工艺中盐酸、土酸及其他工业用酸洗缓蚀剂，市售的商品牌号有8110和7812

3. 杀菌

在适宜的条件下，大多数细菌在废水系统中都可生长繁殖，在油田水中危害最大的是硫酸盐还原菌和腐生菌。

硫酸盐还原菌在自然界中普遍存在，在海水、淡水、土壤和岩石中到处都有。总之，凡是在厌氧环境中，在适宜的温度下都有可能存在。在油田水系统中，硫酸盐还原菌存在的主要部位是水管线的滞留点如弯头、闸门、水表等处，也存在于垢下或管底沉积物中能够局部形成厌氧的环境中，各种水罐罐壁垢下及罐底淤泥中，滤罐滤料及垫层中，回注废水的注水井油管与套管的环形空间中。

腐生菌广泛存在于低矿化度含油废水处理系统中，以及含油废水与地面水或地下水混注系统中。因为这时有溶解于水中的氧气或混注时从清水中带入的氧气，有的含油废水中本来存在的糖类、醇类和磷类等细菌生长繁殖所需的养料，再加上废水具有适宜细菌生长的温度，特别是混注水的温度一般为25~35℃，因此腐生菌便大量繁殖，大量繁殖的结果是形成细菌膜，水中悬浮物及肉眼可见物大大增加，从而堵塞注水系统及地层。

油田废水系统中细菌的危害是非常严重的，因此必须设计消除其危害。一般有三种方法：一是已构成堵塞时用机械或水力清洗管线或设备；二是采用合理的废水处理工艺，在低矿化度废水开式处理工艺中，尽量减少曝气量。如果废水与清水混注时，应在注水泵吸水管处混合，这样基本上是半密闭状态，可避免腐生菌大量繁殖；三是处理工艺及注水工艺全部密闭再进行杀菌处理。第三种措施是解决细菌问题的最彻底的办法，应尽量采纳。

油田水处理中的杀菌主要靠投加杀菌剂，表9-12列出了油田水处理中常用的杀菌剂。

表9-12　油田水处理常用杀菌剂

名　称	分子式或结构式	物化性质	用　途
液氯	Cl_2	黄绿色透明液体	是氧化型杀菌剂中常用的药剂，价格低廉、有效。液氯一般经气化后在油田联合站次流程废水处理中作为氧化型杀菌剂使用
次氯酸钠	NaClO	固态为白色粉末，工业品为无色或淡黄色液体，有刺激性气味	杀菌作用主要靠次氯酸的氧化作用。使用时液氯更为方便
二氧化氯	ClO_2	红黄色液体。冷却压缩后成红色液体，沸点11℃	ClO_2对细菌的杀生能力是氯气的25~26倍，可以在pH值6~10的范围内有效使用，而氯气、次氯酸钠只能在pH值较低的条件下使用
十二烷基二甲基苄基氯化铵	$C_{21}H_{38}ClN$	淡黄色膏状物，用于水	目前油田注水普遍使用的主力杀菌剂。一般加药量10~20mg/L。冲击式投加量100mg/L

续表

名称	分子式或结构式	物化性质	用途
BC-454 杀菌剂	$C_{25}H_{56}Cl_2N_2$ 和 $C_{21}H_{38}ClN$	浅黄色膏状物，溶于水	复合型杀菌剂，性能优于 1227。和其他水处理剂(防垢剂、缓蚀剂、絮凝剂等)有良好的配伍性。已在大庆、辽河、新疆等油田得到了广泛应用
甲醛	HCHO	白色有刺激性液体，常用浓度为 40% 的水溶液	甲醛通常与 1227 复配使用，具有较好的杀菌性能，但由于强烈的刺激性气味，很难在油田推广使用
戊二醛	$OH(CH_2)_3CHO$	有刺激性气味的无色透明油状液体。不易溶于冷水，但与热水可互溶，易溶于乙醇、乙醚等有机溶剂	戊二醛是醛类杀菌剂杀菌能力最高的，在油田水处理中广泛应用，但价格较高，往往与其他杀菌剂复配使用。如油田广泛使用的杀菌剂 WC-85 是戊二醛与 1227 的复配产物，其中戊二醛含量 15%，1227 含量为 15%，pH 值 4~5，复配产品毒性较低，不易产生抗药性

第六节 油田回注水处理工程实例

陕北某油矿联合站在石油开采过程中，产生大量的油田采出水，采出水中主要含有原油、破乳剂、盐、入井化学液等污染物质，废水具有含油量高、SS(悬浮固体)高、含盐量高和可生化性差等特点，拟将其处理并回注到油层。

一、水量和水质

1. 水量

该联合站油田采出水量平均为 2000t/d，日变化系数为 1.2，该联合站回注水处理站设计处理水量为 2400t/d，集中在 12h 排放。

2. 进出水水质

根据陕北某油矿联合站提供的资料和多次监测结果分析，得到设计系统的进水水质，并依据《碎屑岩藏注水水质推荐标准》SY/T 5329—94 的低渗透率油田回注水指标确定了排放水要求，如表 9-13 所示。

表 9-13 进出水水质指标

水质指标	pH	总铁/(mg/L)	悬浮物/(mg/L)	溶解氧/(mg/L)	SRB/(个/mL)	含油/(mg/L)	颗粒直径/μm	硫化物二价硫/(mg/L)
进水水质	6.5~8.0	≤8.5	≤500	≤0.5	≤8000	≤2000		≤600
回注水标准	6.5~8.5	≤0.5	≤1.0	≤0.05	0~10	≤5.0	≤1.0	≤10

二、工艺装备及特点

1. 工艺流程简介

国内采油废水处理工艺大多是以满足地层回注和回灌要求进行设计的。以沉降/气浮-混凝-过滤工艺过程为基础，采用的主要技术包括重力除油、压力除油、混凝、浮选、过滤等。本工程综合根据经济、环保和社会效益分析，确定采用混凝反应-沉淀-水解酸化-生物接触氧化-混凝反应-沉淀的工艺对该废水进行处理。具体工艺流程，如图 9-36 所示。

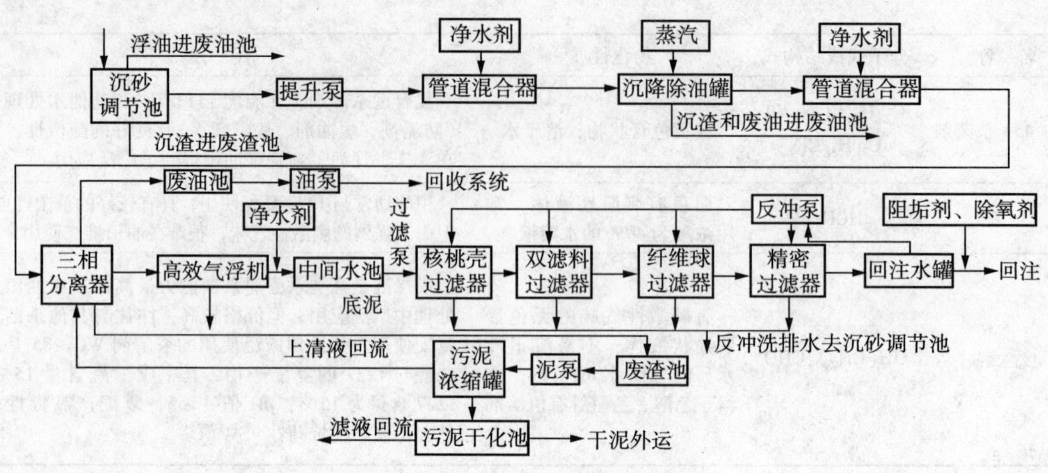

图9－36　本工程废水处理工艺流程

2. 工艺特点

本工艺具有以下特点：

(1)利用地理优势和合理的设计流程，减少了电耗。

(2)采用沉砂调节池，不但除油效率高而且操作方便。

(3)采用混凝斜板除油罐系统，大大提高了除油罐效率和利用率。

(4)采用高效一体化气浮机(加压回流溶气气浮系统)除油，减少了设备占地面积，保证了后续过滤单元的正常运行。

(5)采用改性核桃壳和改性纤维球作为专性除油滤料，提高了除油效率，减小了过滤器反冲洗难度。

(6)采用溶解氧测定仪等在线仪表控制加药系统，不但提高了加药系统的自动程度而且节约了资源和药剂。

3. 主要工艺构筑物及设备

(1)沉砂调节池(1座)

主要功能是初步除油、除砂、除渣及调节水质水量。该池中废水在重力作用下，油、水、渣得到初步分离，同时不同时间分离的废水在这里得到均匀混合。油因为密度较小而浮在水面，经刮渣撇油机刮入集油管而排入废油池，渣经过刮渣机刮入集泥坑而排入废渣池。设备工艺尺寸为43650mm×18000mm×4500mm，有效水深2.7m，浮油区深度0.3m，内设刮渣撇油机、集油管和废水提升泵2台。沉降调节池设计进水水质指标为含油量≤2000mg/L，SS≤600mg/L，出水可达到含油量≤1000mg/L，SS≤200mg/L。

(2)沉降除油罐(2座)

主要功能是除油沉渣。经过沉砂调节池后的废水由油泵打入管道混合器，在管道混合器内与加入的混凝剂和助凝剂充分混合反应之后，进入除油沉降罐，在该罐内废水中的微小油滴先在絮凝剂的作用下脱稳而形成大的油滴，而后经过沉降罐中的斜板分离区，得以重力分离。油因为密度较小而浮在水面，经排油装置排入废油池；渣则沉入罐底经排渣管排入废渣池。

除油沉降罐尺寸为D12000mm×10000mm，两台并联，内设斜板、布水装置和收油装置。除油沉降罐的设计进水水质：含油量≤1500mg/L，SS≤300mg/L；出水可达到含油量≤

500mg/L，SS≤100mg/L。

(3)三相分离器(2套)

本工程的主要流程是油、水和渣的分离。经过除油沉降罐处理后的废水经管道混合器自流进入三相分离器，在管道混合器内与加入的混凝剂和助凝剂充分混合。在三相分离器的反应区内微小油滴或颗粒物先在絮凝剂的作用下脱稳而形成大的油滴或矾花，而后进入三相分离器的分离区，在该区内油、水、渣三相得到分离。三相分离器外形尺寸为14000mm×4000mm×5500mm，两套并联，内设搅拌机和三相分离装置。三相分离器设计进水水质：含油量≤800mg/L，SS≤200 mg/L，出水可达到含油量≤200mg/L，SS≤30mg/L。

(4)高效气浮机(2套)

主要作用是去除分散度比较高的油。废水经三相分离器处理后进入气浮系统，本气浮系统采用JQF型一体化沉淀气浮设备，由气浮机主体(反应区、斜管凝聚区、接触区、分离区和出水区)、回流泵、溶气罐、空压机、刮渣机、电控无堵塞释放器和排渣系统等组成，外形尺寸为11500mm×4000mm×4500mm，单台总装机功率11.8kW，处理能力100m^3/h，两台并联运行。高效气浮器设计进水水质：含油量≤250mg/L，SS≤60mg/L；出水可达到含油量≤20mg/L，SS≤20mg/L。

(5)核桃壳过滤器(2台)

主要功能是去除分散油和微小悬浮物。中间水池的水经过滤泵加压进入核桃壳过滤器，在该系统中，废水中颗粒在静电、吸附、重力沉降和拦截的作用下得以去除。核桃壳过滤采用两台并联，单台处理能力100m^3/h，过滤器为钢制防腐结构，外形尺寸为D2.8m×5.315m，设计空塔流速约为16m/h，反冲洗强度7.7L/(m^2·s)。罐内滤料采用特制核桃壳。采用缠绕不锈钢穿孔管布水、出水，可有效减少滤料流失，提高配水均匀性。核桃壳过滤器设计进水水质：含油量≤30 mg/L，SS≤30mg/L；出水可达到含油量≤5mg/L，SS≤5mg/L。

(6)双滤料过滤器(2台)

主要作用是进一步去除分散油和微小悬浮物。核桃壳过滤器出水直接进入双滤料过滤系统，在该系统中，废水中颗粒在静电、吸附、重力沉降和拦截的作用下得以去除。双滤料过滤器采用两台并联，单台处理能力100m^3/h，过滤器为钢制防腐结构，外形尺寸为D3.2m×4.12m，设计空塔流速约为12m/h，反冲洗强度13.8L/(m^2·s)。罐内滤料为两层滤料，上层为无烟煤，下层为石英砂，合理滤料配置可避免反冲状态下滤料混层，提高水质，延长过滤周期。双滤料过滤器设计进水水质：含油量≤6mg/L，SS≤7mg/L；出水可达到含油量≤4mg/L，SS≤3 mg/L。

(7)改性纤维球过滤器(2台)

主要作用是进一步去除分散油和微小悬浮物。双滤料过滤器出水直接进入纤维球过滤系统，在该系统中，废水中颗粒在静电、吸附、重力沉降和拦截的作用下得以去除。纤维球过滤采用两台并联，过滤器为钢制防腐结构，外形尺寸为D2.8m×5.315m，两台串联，单台处理能力100m^3/h，设计空塔流速约为16m/h，反冲洗强度7.7L/(m^2·s)。采用机械搅拌水同时反冲洗，可手动也可自动操作。该装置为深度过滤单元，滤料所用的纤维球材质表面经过改性处理，对油和机械杂物吸附能力明显增强，具有良好的亲水疏油性，反洗再生性能很好，是当前用于含重(原)油采油废水治理的优选材料。改性纤维球过滤器的设计进水水质：含油量≤5mg/L，SS≤5mg/L，出水可达到含油量≤2mg/L，SS≤1mg/L。

（8）精密过滤器（4 台）

为确保回注水水质指标，废水经过多介质过滤器和纤维球过滤器处理后，再进入精密过滤器进行处理，在滤芯的作用下水质得以进一步改善。精密过滤器出水进入清水罐。精密过滤器为全不锈钢结构，内部安装钛合金滤芯，膜孔隙直径 1μm，精密过滤器选型为 TSD－2400 型，4 台，分为 2 个系列两级，单台外形尺寸为 *D*2. 4m ×4. 0m，工作压力 0. 3MPa。精密过滤器设计进水水质：含油量≤3mg/L，SS≤2mg/L；出水可达到含油量≤1mg/L，SS≤1mg/L，悬浮物中值粒径≤1μm。

（9）回注水罐

主要作用是暂时储存反冲洗水和储存回注用水。上一级出水加入缓蚀阻垢剂、除氧剂和杀菌剂后，进入回注水罐。设计有效容积 2000m^3，规格为 *D*15. 78m × 12m，停留时间约 10h。内设液位计 1 套，配加药装置 3 套和溶解氧测定仪 1 套。

三、调试与运行

1. 工程调试

按照单机、联合试车顺序对机械设备和电气控制系统进行调试，在达到设计要求后开始系统调试，系统调试主要分为：气浮前系统调试、高效气浮机调试和过滤单元调试 3 个部分进行。

（1）气浮前系统调试

气浮前设备主要有沉砂调节池、除油沉降罐、三相分离器和管道混合器。该部分工艺调试主要是调整加药量，除油沉降罐前管道混合器加药量为 PAC 80 mg/L 和 PAM 8mg/L 时，悬浮物、油类和废水分离比较好，除油效率稳定，达到 56. 2%，SS 去除率稳定，达到 53%。

（2）高效气浮设备调试

气浮设备调试主要是调整溶气压力、回流量、加药量以及截止阀开启度。通过 1 周的不断改变工况调试，发现在容器压力 0. 42MPa、回流量 32%、加药量 PAC 120mg/L 和 PAM 15mg/L、调整适宜的截止阀开启度使释放效果良好时，出水水质较好，除油效率稳定，达到 90%，SS 去除率稳定，达到 80%。

（3）过滤单元的调试

过滤单元主要包括核桃壳过滤器、多介质过滤器、纤维球过滤器和精密过滤器。该单元主要确定进水量、反冲洗水量和反冲洗周期。经过 10d 的改变工况调试，发现进水量与上个单元来水量之间有正相关性，过滤泵应根据废水提升泵的运行状况进行适当调整，但是整体来看当过滤泵调整到 196t/h 时，运行的连续性比较好。当连续累计过滤 14. 6h 后，出水水质开始恶化，为了保证过滤器的稳定运行，反冲洗周期应为 12h。当反冲洗水量为 440t/h、反冲洗强度为 15. 2L/(m^2·s)时，有跑砂现象；当反冲洗水量约为 405t/h、反冲洗强度约为 14L/(m^2·s)、反冲洗时间为 12min 时，滤料膨胀率高，反冲洗效果好且没有跑砂现象。对于核桃壳过滤器，当反冲洗水量约为 165t/h、反冲洗强度约为 7. 4L/(m^2·s)、反冲洗时间为 15min 时，反冲洗效果较好。对于纤维球过滤器当反冲洗水量约为 152t/h、反冲洗强度约为 6. 9L/(m^2·s)、反冲洗时间为 20min 时，反冲洗效果较好。对于精密过滤器，当反冲洗水量约为160t/h、进气量约为380L/min、反冲洗时间为18min时，反冲洗效果较好。为了方便操作，确定核桃壳过滤器、纤维球过滤器和精密过滤器的运行反冲洗水量约为165t/h、反冲洗时间为20min。

2. 运行效果

(1)运行结果监测

本系统采用24h连续运行制度，3d的连续监测结果表明该系统运行正常。水质监测的平均结果如表9-14所示。

表9-14　运行监测数据

工艺单元	石油类/(mg/L)			SS/(mg/L)		
	进水	出水	去除率/%	进水	出水	去除率/%
沉砂调节池	2013.6	821.3	59.2	521.7	201.4	61.4
沉降除油罐	821.3	189.7	76.9	201.4	109.6	45.6
三相分离器	189.7	156.3	17.4	109.6	84.5	22.9
高效气浮设备	156.3	19.6	87.7	84.5	18.6	78.0
核桃壳过滤	19.6	8.9	54.6	18.6	11.3	39.2
双介质过滤器	8.9	4.2	52.8	11.3	5.3	53.1
纤维球过滤器	4.2	2.5	40.5	5.3	1.5	71.7
精密过滤器	2.5	0.8	68	1.5	0.4	73.3

(2)系统存在的问题与讨论

①运行一段时间后沉砂调节池排泥不畅。这是因为在沉淀的过程中有一些油随砂一起沉淀到池底并互相黏着，使排泥比较困难。针对这种情况，采取加大排泥频率和在污泥沟内布设曝气管的方式解决问题，实践证明，这种措施是切实可行的。

②沉降除油罐的出水含油量、出水水质不稳定。主要原因：一是水温比较高(50℃～60℃)，二是来水波动较大。采取的措施是根据来水情况调整加药量和进水量。运行结果表明这种措施是可行的。

③高效气浮机溶气罐的浮球液位计和电磁阀易于腐蚀损坏。主要原因是原水矿化度比较高，含盐量大，腐蚀性强。采取的措施是改不锈钢浮球液位计为PP浮球液位计，改电磁阀为气动阀。运行实践表明这种措施是可行的。

④高效气浮机随着运行时间的推移溶气量越来越小。主要原因是循环泵来水是气浮机的中上部的水，因排泥不及时，泥可能随循环泵进入溶气罐，最终导致空气的溶解度降低；再加上长期运行造成释放器结垢或堵塞影响气泡的释放。如果不及时维修将导致出水水质变差，溶气水水质变差。采取的措施是及时巡场、定期排泥、清洗溶气罐和释放器。实践表明这种措施是可行的。

⑤高效气浮机出水水质恶化。主要原因：一是水质波动大，二是释放气泡效果差。针对第一个原因采取调节加药量和进水量的措施，使加药量与进水量和水质匹配；针对第二种原因采取调整回流量和截止阀的开启度的方法。实践证明采取以上措施是可行的。

⑥精密过滤器滤芯容易堵塞，过滤压力升高较快。主要原因是反冲洗不及时和进水水质太差。针对第一个原因采取加大反冲洗频率和强度以及及时清洗滤芯的方法；针对第二个原因则采取在进水管上设置回流管的办法，当水质比较差时回流而不进入精密过滤器。实践证

明措施可行。

四、运行费用分析

工程固定总投资为人民币1680万元，每吨废水的处理电费为人民币0.68元；每吨水的药剂费为人民币0.80元；废水站定员2人，每人每月工资1000元，则每吨水处理人工费为0.07元；固定资产形成率按照90%计，维修费率按照2%提取，则每吨水的设备维修费为0.18元；污泥处置费按50.00元/t计，系统日产生含水率97%污泥约40t，则每吨水的污泥处置费为0.83元，总计每吨水处理费用为人民币2.56元。

第七节　油田废水处理站的运行维护

一、除油罐的操作维护

除油罐是废水处理站的主要设备之一，投产后必须认真维护，确保运行安全，为此应注意如下三个问题。

1. 进水

除油罐在投产前除应对罐内集油槽、集配水系统、斜板安装等部分进行检查外，对管式出水罐还应检查中心柱上边是否开孔。孔的作用是防止出水管形成虹吸，有的站曾发生过因中心柱上未开孔，造成出水管出不来水的现象。这就需要停产清罐，重新开孔，延误投产时间。

对于有中心筒的除油罐，在初步投产或检修后投产进水时，一定要按废水流程先从反应筒进水，以防止压扁反应筒的事故发生。

2. 放水及检修

除油罐运行一定时间后需要停运，放水清理罐内污泥和检查斜板。放水时一定先放反应筒外的水，再放反应筒内的水，以保证反应筒不被压坏。在新近的设计中都采用了反应筒内外加阀连通的保护措施，即反应筒外不放水，反应筒内是放不出水的。需要动火操作时，一定将罐内的污油用蒸汽及锯末擦洗干净，以防止油气见火后引起爆炸。

3. 正常运行

除油罐正常运行时，一般液面比较平稳，污油可自动流入污油槽排走。当来水量突然增大时，会使液面增高，促使大量污油及废水排入污油罐，严重时会发生冒顶事故。运行中应通过液体浮标及自动液位报警经常注意除油罐、污油罐的液位变化，由于出水系统水头损失较小，这时若要保持要求的油层厚度，又会影响除油效果。为此，除油罐若为管式出水，应定期强制排油，即关小废水出口阀门，把油位抬高进行收油，以达到油层不太厚的目的。在除油罐停产检修时，也用此法洗涤油污收干净，然后再把罐中水放掉。若出水采用可调方式，为保证一定油层厚度，随着废水量的不断增加，可不断降低可调堰板或出水管顶部标高。除油罐的油层厚度测量，可用一细口玻璃瓶内装砂子，将其相对密度用砂子调整到比油的大但比水的小，然后将瓶口封死，系一细绳即可测量。此法简单易行，效果良好。

二、过滤操作维护

过滤罐在正常运转时，关键在于控制好适宜的反冲洗强度。

1. 压力滤罐

若干个压力滤罐工作时，由于各个滤罐的阻力不同，因而滤速也不同。在生产中可以人为地控制滤速，也可以不加控制任其自然平衡。一般滤罐较少时，可连续把所有滤罐反洗一遍，则各个滤罐的滤速会基本相同。若滤罐数量较多，想人为地控制大致相同的滤速较为困难，控制滤速必须在滤罐进水管上安装流量计，控制好流量使流量计读数在需要的刻度范围内。

过滤罐工作一段时间后，出水水质会逐渐变坏。当出水水质不合格时，应停止过滤，进行反冲洗。反冲洗水用不低于40℃的热水进行，用反冲泵的出水阀控制适宜的冲洗强度。在设计中，反冲泵的排量是按冲洗一座滤罐考虑的，所以严禁用泵同时冲洗多个滤罐，即使增加反冲洗时间也是徒劳的。冲洗完毕后转入正常过滤，最初几分钟内的过滤水水质较差，可打开初滤阀把过滤水放至废水回收池，然后正常过滤。

滤罐正常工作时，应每半年检查一次，看滤层是否因跑砂而变薄，凸凹不平和积泥、结壳等异常现象。平时还应通过观察滤罐工作周期有无缩短、出水水质有无变化等来判断有无问题，发现问题及时处理。例如滤料减少应加以补充；发现石英砂表面有结垢现象，严重影响处理效果时，应及时进行酸洗。酸洗的方法是用2%工业盐酸，加入1%的甲醛作杀菌剂，把配好的酸洗液倒入罐内静止浸泡24h左右，待酸洗水表面不冒泡为止，然后把酸液排空，再用水进行反冲洗滤料，直至干净为止。

压力滤罐运行时应注意经常排气，以免灌顶积气过多影响过滤效果。

2. 单阀滤罐

采用单阀滤罐时，废水由除油罐经单阀滤罐至储罐一般都是自流的，当设备的高程和连接管道设计合适时，单阀滤罐正常运行时是比较稳定的。设计中单阀滤罐的工作周期为24h。在滤罐冲洗前应将回收水池的水尽量打光，以免发生溢流。反冲洗过程中冲洗水箱水位不断下降，当水位降至虹吸破坏管道口露出水面时，则虹吸破坏自动停止反冲洗，然后将反冲洗电动阀关闭进入正常运行。其他的有关注意事项与压力罐相同。

三、粗粒化罐操作维护

粗粒化装置是油田常用的设备。油田普遍采用立式除油罐，粗粒化罐则作为其前置装置。这就要求进入粗粒化罐的含油废水中不允许含有泥砂，否则水头损失将急剧上升，最后堵塞粒料。对于废水中含有泥砂的油田，如果采用粗粒化装置必须采取一定措施满足其使用条件，使粗粒化装置充分发挥作用。

粗粒化装置进水一般是反向的，负荷为$30m^3/(h \cdot m^2)$左右。反冲“再生”的周期按实际情况确定，一般为数月乃至半年，甚至更长。反冲洗强度为$17L/(s \cdot m^2)$，不得超过$25L/(s \cdot m^2)$，一般在设计上都采用两座粗粒化罐并联与一座沉降罐搭配。这样配套使用，可不另设反冲辅助管，可集两罐水量于一罐，反冲强度可达$17L/(s \cdot m^2)$上。

在生产管理中，应定期检查粗粒化罐进、出口压力表；检查每座罐的水表流量，应使流量大致相等并做好记录。

粗粒化罐运行一年以后应定期检查，根据检查情况，填补或更换粗粒化材料。

四、污油回收系统操作维护

污油罐上安装压力表或压差计可读出液位高低。当油位达到油位上限高度时，打开放水阀放水，同时观察放水看窗，直到发现有油污再关闭放水阀。然后启动油泵，将油打到最低液位为止。

五、水质监测

运行中应定期对原水、滤前、滤后水进行取样分析，分析项目包括油含量、悬浮物含量、铁含量、膜滤系数等，以监测各设备的运行。

有关油田回注水水质指标和分析方法，参阅石油天然气行业标准《碎屑岩油藏注水水质推荐指标及分析方法》(SY/T 5329—94)。

第十章　稠油废水的水质特性与处理途径

第一节　稠油废水 COD 的构成

“稠油”是指在油层温度下脱气原油黏度大于 100mPa·s，相对密度大于 0.92 的原油，国外称之为“重油”(Heavy Oil，Heavy Crude Oil)。稠油与其他原油的主要区别在于它的密度和黏度，稠油的黏度高、流动性能差。稠油是世界经济发展的重要资源，在全球大约 10 万亿桶剩余石油资源中，70% 以上是重油资源，其储量有 4000 亿～6000 亿立方米，是年产出量的几千倍，而常规油只有 50 倍，比较常规油、重油和天然气这三大类烃类资源的状况，可以看到重油的前景是最好的，重油有望成为重要的战略接替资源。我国稠油资源分布很广，储量丰富，据不完全统计，陆上重油、沥青资源约占石油资源总量的 20% 以上，探明和控制储量已达 16 亿吨。目前已在 12 个盆地发现了 70 多个稠油油田，主要分布在辽河油田、新疆油田、胜利油田和中原油田等。其中我国第三大油田辽河油田是生产稠油的大户，原油年产量达 1000 万吨以上，稠油、超稠油占到 60% 以上。辽河油田是地质结构复杂、油藏品类丰富的复式断块油气田，稠油、高凝油藏量尤为丰富，被称为“流不动的油田”。油田中大部分稠油、高凝油的含蜡高达 50%，最高凝固点达 67℃，是目前世界公认的凝固点最高、开采难度最大的原油。

近 20 年来，全球重油工业的发展速度比常规油快，重油和沥青砂的年产量由 2000 万吨上升到目前的近 1 亿吨。委内瑞拉是重油储量最大的国家，预期在不远的将来其日产重油量可达 120 万桶；加拿大目前的油砂日产量达 50 万桶；欧洲北海的重油日产量达 14 万桶；中国、印度尼西亚等国的重油工业近年来也发展迅猛，年产量都在 1000 万吨以上。我国从 60 年代初至 70 年代末，先后进行了蒸汽吞吐和蒸汽驱的试验，直至 80 年代初才开展了工业性试验和工业化开采，逐步形成了辽河、胜利、新疆、河南等稠油生产区，并形成相当大的开采规模，产量占全国石油总产量的 1/10 以上，成为世界主要稠油生产国之一。

由于稠油的黏度高，难流动，故不能用常规的方法开采，但稠油的黏度对温度十分敏感，只要温度升高到 8～10℃时，其黏度就降低 1 倍，故以高压饱和蒸汽注入油层，先吞后吐进行热采，就能达到良好效果，其采收率可达 40%～60%。按稠油油藏的特点，其开采方式也各有所异，但总是沿着降黏和使分子变小、变轻的方向发展努力着。

目前，提高采收率最成功的开采方法分两大类：一是注入流体热采或驱替型方法的所谓热力采油，如热水驱、蒸汽吞吐、蒸汽驱、火驱等；另一类是增产型开采方式，包括水平井、复合分支井、水力压裂、电加热、化学降黏等，这两类技术的结合使用，已成为当今稠油开发的主要手段。我国稠油开发大多采用蒸汽吞吐或蒸汽驱开采的所谓热力采油方式，同时各大稠油开采油田针对其自身特点，通过引进、消化、吸收和技术创新，形成了各具特色的开采技术。其中，胜利油田采用热采、注蒸汽、电加温、化学降黏(注聚合物驱)等技术；辽河油田的中深层热采稠油技术；大港油田的化学辅助吞吐技术；新疆油田的浅层稠油面积驱技术；河南油田的稠油热采技术等，均处于国内领先水平。

在稠油的开采过程中，通常会产生大量的采出液，它是原油、砂和水的混合液。采出液中水与油的比例变化很大，取决于很多因素，包括油藏地质、油井年限以及油井和蒸汽之间的关系。然而在大多数情况下，采出液中水的体积是油的2～20倍，通常为4倍左右。从开采的含水稠油中分离出的含油废水常称为稠油废水，或稠油采出水。

在热力开采过程中，一方面使用大量清水，另一方面产生大量废水，开采1t稠油，要消耗2～4t蒸汽，而产生1t蒸汽需烧掉0.06t原油，同时会产生2～4t稠油废水。这就必然会有大量含油废水产生，我国每年产生的稠油废水总量大约为2亿t。随着稠油开采量和开采年限的增加，稠油废水量将会继续上升。如何经济合理地处置大量稠油废水，已成为当今稠油生产中的一大难题。

一、原油的分类及含油废水的主要物性

目前，在石油行业中，可用黏度大小对原油进行分类。原油50℃，动力黏度<1000mPa·s时，称为稀油；黏度在1000～10000mPa·s之间的为稠油；黏度在10000～50000mPa·s的为特稠油；黏度在50000mPa·s以上的为超稠油。超稠油原油的物性见表10－1。

表10－1　辽河某区超稠油主要物性

密度/(g/cm³)	含胶质＋沥青/%	含蜡/%	动力黏度/mPa·s			凝点/℃
			50℃	80℃	100℃	
0.997	30.2	4.31	10×10^4 以上	5464	1172	48

辽河油田稠油原油的物性见表10－2。

表10－2　辽河稠油原油物性

密度/(g/cm³)	黏度/mPa·s	沥青质/%	蜡/%	胶质/%
0.9835(50℃)	1300.36(50℃)	20	11	21

稠油的物性对含油废水的物性及处理影响较大，稠油废水有以下特点，见表10－3和表10－4。

表10－3　超稠油废水主要物性　　除pH外，均为mg/L

油	悬浮物	COD	含有机化学药剂	pH	SiO_2	总硬度	总碱度	总矿化度
5000～50000 一般在 30000	8000～80000 一般在 20000	10000～50000	2000～5000	7.5	110	21	710	1172

表10－4　稠油废水常规水质分析　　除pH外，均为mg/L

石油类	COD_{Cr}	BOD_5/COD	pH	悬浮物	矿化度	电导率(20℃)
128.8	915.59	<0.2	8.82	117	2104	$3.4\times10^3\mu S/cm$

(1)稠油废水易形成O/W型乳状液，它的稳定性强，由于稠油开采中采用蒸汽驱或化学驱油，有时还要添加降黏剂，因此，采出液在脱水沉降过程中，必须加化学破乳剂，在油水分离时，大量的化学药剂残留在废水之中，形成了较为稳定的O/W型乳化液。这种废水不仅含油量高，COD值也高，乳化液长期不能自行分离，处理难度大。

(2)稠油废水中悬浮物含量高。在开采中泥沙和机械杂质一同进入废水系统，由于是稳定的乳化液，泥沙不易沉降下来，使废水中悬浮物总量高达20000mg/L左右。

(3)稠油废水的油水密度差小。稀油的密度在880kg/m^{3}以下，而稠油平均密度为950kg/m^{3}左右。

(4)稠油废水具有较大的黏滞性，特别是在水温低时更显著。

(5)稠油废水具有较高的温度，一般在70~80℃。

(6)稠油废水成分的复杂性和多变性。

稠油废水含有许多杂质，除自身的胶质、沥青质外，还携带较多的泥砂，在开采作业和集输中往往又加入各种化学药剂，使稠油废水的成分更加复杂。由于稠油开采和生产过程中变化因素较多，导致废水成分多变。

二、稠油废水中有机物的组成与COD的关系

稠油废水的治理是困扰国内外环保工作者的难题，采用稀油废水的处理办法很难奏效，尤其是国家要求外排废水COD必须达标(一般在100mg/L以下)，而稠油废水可生化性差，COD转化率极低，只有20%左右。因此，必须深入分析稠油废水中有机物的组成与COD的关系，才能有针对性地进行治理。废水中有机物的组成见表10-5、表10-6、表10-7。该表中数据是采用GC/MS(即色-质联机)分析的结果。

表10-5 辽河某区采油废水原水GC/MS分析数据

序号	化合物名称	相对分子质量	分子式	含量/(mg/L)
1	甲基环戊烯酮	96	C_6H_8O	0.103
2	苯酚	94	C_6H_6O	21.1
3	二甲基环戊烯酮	110	$C_7H_{10}O$	0.286
4	2-甲基酚	108	$C_7H_{10}O$	3.07
5	3-甲基酚	108	C_7H_8O	7.55
6	2,3-二甲基酚	122	$C_7H_{10}O$	0.0412
7	十一烷	156	$C_{11}H_{24}$	0.26
8	2-乙基酚	122	$C_8H_{10}O$	0.321
9	2,4-二甲基酚	122	$C_8H_{10}O$	1.65
10	3,5-二甲基酚	122	$C_8H_{10}O$	0.383
11	4-乙基酚	122	$C_8H_{10}O$	2.09
12	2,6-二甲基酚	122	$C_8H_{10}O$	0.0669
13	3,4-二甲基酚	122	$C_8H_{10}O$	0.865
14	萜品醇	154	$C_{10}H_{18}O$	0.002
15	十二烷	170	$C_{12}H_{26}$	0.472
16	3-甲乙基酚	136	$C_9H_{10}O$	0.232

续表

序号	化合物名称	相对分子质量	分子式	含量/(mg/L)
17	2-乙基4-甲基酚	136	$C_9H_{10}O$	0.189
18	3-乙基5-甲基酚	136	$C_9H_{10}O$	0.715
19	2，4，6-三甲基酚	136	$C_9H_{10}O$	0.161
20	2-乙基6-甲基酚	136	$C_9H_{10}O$	0.157
21	2，3，5，6-四甲基苯醌	164	$C_{10}H_{12}O_2$	0.26
22	2-甲基5-甲乙基酚	150	$C_{10}H_{12}O$	0.167
23	十三烷	184	$C_{13}H_{28}$	0.698
24	乙烯基苯甲醇	134	$C_9H_{10}O$	0.016
25	二氢茚醇	134	$C_9H_{10}O$	0.601
26	叔丁基3甲苯	148	$C_{11}H_{16}$	0.024
27	十四烷	198	$C_{14}H_{30}$	0.836
28	八氢六甲基茚	208	$C_{15}H_{28}$	0.088
29	八氢六甲基茚	208	$C_{15}H_{28}$	0.093
30	二甲基乙基甲酚	180	$C_{11}H_{16}O$	0.171
31	十五烷	212	$C_{15}H_{32}$	1.21
32	二乙基酞酸酯	222	$C_{12}H_{14}O_4$	0.006
33	十六烷	226	$C_{16}H_{34}$	1.31
34	十七烷	240	$C_{17}H_{36}$	1.43
35	十八烷	254	$C_{18}H_{38}$	1.34
36	二异丁基酞酸酯	278	$C_{16}H_{22}O_4$	0.072
37	十九烷	268	$C_{19}H_{40}$	1.39
38	十丁基酞酸酯	278	$C_{16}H_{22}O_4$	0.588
39	十六烷酸	256	$C_{16}H_{32}O_2$	0.14
40	二十烷	282	$C_{20}H_{42}$	1.56
41	十七烷酸	270	$C_{17}H_{34}O_2$	0.013
42	二十一烷	296	$C_{22}H_{44}$	1.39
43	十八烷酸	284	$C_{18}H_{36}O_2$	0.0415
44	二十二烷	310	$C_{22}H_{46}$	1.45
45	二十三烷	324	$C_{23}H_{48}$	1.41
46	二十四烷	338	$C_{24}H_{50}$	1.22
47	二十五烷	352	$C_{25}H_{52}$	1.03
48	二辛基酞酸酯	390	$C_{24}H_{38}O_4$	0.801
49	二十六烷	366	$C_{26}H_{54}$	0.651
50	二十七烷	380	$C_{27}H_{56}$	0.559
51	二十八烷	394	$C_{28}H_{58}$	0.297
52	法呢醇	222	$C_{15}H_{26}O$	0.025
53	二十九烷	408	$C_{29}H_{60}$	0.172
54	三十烷	422	$C_{30}H_{62}$	0.148
55	三十一烷	436	$C_{31}H_{64}$	0.053
56	十二烷基十氢菲	360	$C_{26}H_{48}$	0.135
57	十二烷基十氢蒽	360	$C_{26}H_{48}$	0.519

表 10-6 辽河某区采油水样静置 20d 后的分析结果

序号	化合物名称	相对分子质量	分子式	含量/(mg/L)
1	甲基环戊烯酮	96	C_6H_8O	0.161
2	苯酚	94	C_6H_6O	3.97
3	二甲基环戊烯酮	110	$C_7H_{10}O$	0.656
4	2-甲基酚	108	$C_7H_{10}O$	0.808
5	3-甲基酚	108	C_7H_8O	1.78
6	2，3-二甲基酚	122	$C_7H_{10}O$	0.047
7	十一烷	156	$C_{11}H_{24}$	0.022
8	2-乙基酚	122	$C_8H_{10}O$	0.09
9	2，4-二甲基酚	122	$C_8H_{10}O$	0.053
10	3，5-二甲基酚	122	$C_8H_{10}O$	0.129
11	4-乙基酚	122	$C_8H_{10}O$	0.506
12	2，6-二甲基酚	122	$C_8H_{10}O$	0.046
13	3，4-二甲基酚	122	$C_8H_{10}O$	0.239
14	萜品醇	154	$C_{10}H_{18}O$	0.005
15	十二烷	170	$C_{12}H_{26}$	0.044
16	3-甲乙基酚	136	$C_9H_{10}O$	0.055
17	2-乙基4-甲基酚	136	$C_9H_{10}O$	0.075
18	3-乙基5-甲基酚	136	$C_9H_{10}O$	0.222
19	2，4，6-三甲基酚	136	$C_9H_{10}O$	0.089
20	2-乙基6-甲基酚	136	$C_9H_{10}O$	0.038
21	2，3，5，6-四甲基苯醌	164	$C_{10}H_{12}O_2$	0.035
22	2-甲基5-甲乙基酚	150	$C_{10}H_{12}O$	0.052
23	十三烷	184	$C_{13}H_{28}$	0.051
24	乙烯基苯甲醇	134	$C_9H_{10}O$	0.043
25	二氢茚醇	134	$C_9H_{10}O$	0.174
26	叔丁基-3-甲苯	148	$C_{11}H_{16}$	0.064
27	十四烷	198	$C_{14}H_{30}$	0.137
28	甲基茚烷醇	148	$C_{10}H_{12}O$	0.102
29	二甲基乙基甲酚	180	$C_{11}H_{16}O$	0.037
30	十五烷	212	$C_{15}H_{32}$	0.147
31	二乙基酞酸酯	222	$C_{12}H_{14}O_4$	0.056
32	十六烷	226	$C_{16}H_{34}$	0.20
33	十七烷	240	$C_{17}H_{36}$	0.407
34	十八烷	254	$C_{18}H_{38}$	0.433
35	二异丁基酞酸酯	278	$C_{16}H_{22}O_4$	1.64
36	十九烷	268	$C_{19}H_{40}$	0.217
37	二丁基酞酸酯	278	$C_{16}H_{22}O_4$	6.44

续表

序号	化合物名称	相对分子质量	分子式	含量/(mg/L)
38	十六烷酸	256	$C_{16}H_{32}O_2$	0.279
39	二十烷	282	$C_{20}H_{42}$	0.217
40	十七烷酸	270	$C_{17}H_{34}O_2$	0.03
41	二十一烷	296	$C_{22}H_{44}$	0.194
42	十八烷酸	284	$C_{18}H_{36}O_2$	0.079
43	二十二烷	310	$C_{22}H_{46}$	0.162
44	二十三烷	324	$C_{23}H_{48}$	0.155
45	二十四烷	338	$C_{24}H_{50}$	0.126
46	二十五烷	352	$C_{25}H_{52}$	0.128
47	二辛基酞酸酯	390	$C_{24}H_{38}O_4$	0.765
48	二十六烷	366	$C_{26}H_{54}$	0.162
49	二十七烷	380	$C_{27}H_{56}$	0.118
50	二十八烷	394	$C_{28}H_{58}$	0.071
51	法呢醇	222	$C_{15}H_{26}O$	0.189
52	二十九烷	408	$C_{29}H_{60}$	0.059
53	三十烷	422	$C_{30}H_{62}$	0.037
54	三十一烷	436	$C_{31}H_{64}$	0.047
55	十二烷基十氢菲	360	$C_{26}H_{48}$	0.033
56	十二烷基十氢蒽	360	$C_{26}H_{48}$	0.066

表 10－7　静置 20d 后的水样经浮选处理后的 GC/MS 分析结果

序号	化合物名称	相对分子质量	分子式	含量/(mg/L)
1	甲基环戊烯酮	96	C_6H_8O	0.014
2	苯酚	94	C_6H_6O	2.74
3	二甲基环戊烯酮	110	$C_7H_{10}O$	0.099
4	2－甲基酚	108	$C_7H_{10}O$	0.46
5	3－甲基酚	108	C_7H_8O	1.03
6	2，3－二甲基酚	122	$C_7H_{10}O$	0.04
7	十一烷	156	$C_{11}H_{24}$	0.013
8	2－乙基酚	122	$C_8H_{10}O$	0.044
9	2，4－二甲基酚	122	$C_8H_{10}O$	0.315
10	3，5－二甲基酚	122	$C_8H_{10}O$	0.058
11	4－乙基酚	122	$C_8H_{10}O$	0.254
12	2，6－二甲基酚	122	$C_8H_{10}O$	0.031
13	3，4－二甲基酚	122	$C_8H_{10}O$	0.135
14	匝品醇	154	$C_{10}H_{18}O$	0.002
15	十二烷	170	$C_{12}H_{26}$	0.04

续表

序号	化合物名称	相对分子质量	分子式	含量/(mg/L)
16	3-甲乙基酚	136	$C_9H_{10}O$	0.024
17	2-乙基4-甲基酚	136	$C_9H_{10}O$	0.033
18	3-乙基5-甲基酚	136	$C_9H_{10}O$	0.103
19	2,4,6-三甲基酚	136	$C_9H_{10}O$	0.065
20	2-乙基6-甲基酚	136	$C_9H_{10}O$	0.016
21	2,3,5,6-四甲基苯醌	164	$C_{10}H_{12}O_2$	0.02
22	2-甲基5-甲乙基酚	150	$C_{10}H_{12}O$	0.013
23	十三烷	184	$C_{13}H_{28}$	0.050
24	乙烯基苯甲醇	134	$C_9H_{10}O$	0.025
25	二氢茚醇	134	$C_9H_{10}O$	0.089
26	3-叔丁基甲苯	148	$C_{11}H_{16}$	0.026
27	十四烷	198	$C_{14}H_{30}$	0.087
28	甲基茚烷醇	148	$C_{10}H_{12}O$	0.021
29	二甲基乙基甲酚	180	$C_{11}H_{16}O$	0.010
30	十五烷	212	$C_{15}H_{32}$	0.109
31	二乙基酞酸酯	222	$C_{12}H_{14}O_4$	0.017
32	十六烷	226	$C_{16}H_{34}$	0.121
33	十七烷	240	$C_{17}H_{36}$	0.145
34	十八烷	254	$C_{18}H_{38}$	0.168
35	二异丁基酞酸酯	278	$C_{16}H_{22}O_4$	0.274
36	十九烷	268	$C_{19}H_{40}$	0.208
37	二丁基酞酸酯	278	$C_{16}H_{32}O_2$	1.89
38	十六烷酸	256	$C_{16}H_{32}O_2$	0.117
39	二十烷	282	$C_{20}H_{42}$	0.188
40	十七烷酸	270	$C_{17}H_{34}O_2$	0.007
41	二十一烷	296	$C_{22}H_{44}$	0.139
42	十八烷酸	284	$C_{18}H_{36}O_2$	0.036
43	二十二烷	310	$C_{22}H_{46}$	0.149
44	二十三烷	324	$C_{23}H_{48}$	0.145
45	二十四烷	338	$C_{24}H_{50}$	0.112
46	二十五烷	352	$C_{25}H_{52}$	0.114
47	二辛基酞酸酯	390	$C_{24}H_{38}O_4$	0.670
48	二十六烷	366	$C_{26}H_{54}$	0.1
49	二十七烷	380	$C_{27}H_{56}$	0.099
50	二十八烷	394	$C_{28}H_{58}$	0.068
51	法呢醇	222	$C_{15}H_{26}O$	0.076
52	二十九烷	408	$C_{29}H_{60}$	0.048
53	三十烷	422	$C_{30}H_{62}$	0.033
54	三十一烷	436	$C_{31}H_{64}$	0.029
55	十二烷基十氢菲	360	$C_{26}H_{48}$	0.016
56	十二烷基十氢蒽	360	$C_{26}H_{48}$	0.055

表 10-8 欢四联水样的有机物分析结果

项目	原水	静置 20 天水样	静置 20 天的浮选水样
主要有机物数目	67	57	57
含 C—H—O 的有机物数目	32	33	33
其中：酚类	17	17	17
酮类	3	3	3
酯类	4	4	4
酸类	3	3	3
醇类	4	5	5
醌类	1	1	1
含 C—H 的有机物数目	35	24	24
其中：$<C_{15}$	11	6	6
$C_{16}\sim C_{25}$的烃	15	10	10
$>C_{26}$的烃	9	8	8
相对分子质量范围	96~360	96~360	96~360
碳数范围	6~26	6~26	6~26
C—H—O 有机物含量/(mg/L)	40.86	18.89	8.78
其中：酚类	37.93	8.24	5.45
酮类	0.389	0.82	0.11
酯类	1.467	8.90	2.85
酸类	0.195	0.39	0.16
醇类	0.619	0.51	0.19
醌类	0.260	0.03	0.02
C—H 有机物含量/(mg/L)	23.06	3.30	2.21
被检测的有机物含量/(mg/L)	63.92	22.19	10.99

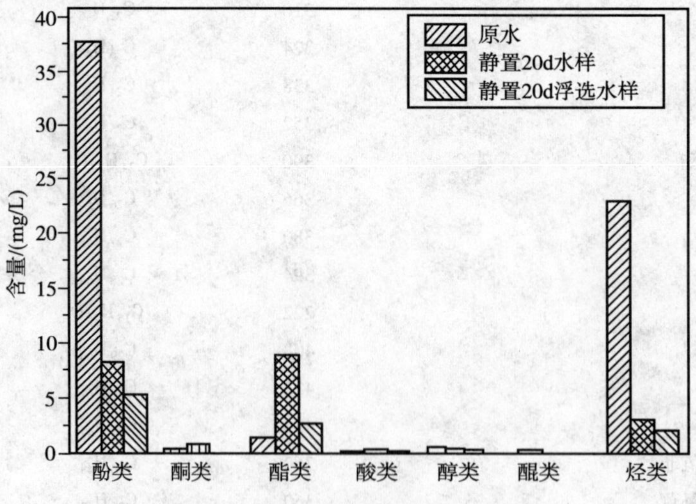

图 10-1 有机物含量分布对比图

表10－8及图10－1是根据表10－5至表10－7归结的水样GC/MS分析结果。由表10－8可知，原水的有机物组成是极其复杂的，主要由酚类、烃类(主要为烷烃)、酯类、醇类、酮类和苯醌类组成，其含量分别占原水有机物总量的59.3%、36.1%、2.3%、0.97%、0.6%和0.41%，该区采油废水中有机物主要以酚类和烃类为主(不包括废水中的水溶性有机物)。原水经GC/MS技术分析测试，其可检测的显著有机物为67种，而放置20天后的水样其检出物种为57种。这些有机化合物是造成含油废水COD高的主要因素。

从有机物的含量变化来看，水样经20d的放置其酚类和烃类变化最显著。静置20d后的水样经WEMCO浮选机处理后，其物种数无变化，但有机物的含量变化较为明显。浮选是去除采油废水中悬浮物、油的有效方法。如果对新鲜采油废水在隔油后进行浮选处理，其去除有机物的效果可能较放置20d后的去除效果要好。

含油废水中的化学药剂对COD的贡献较大，根据研究得出：向去离子水中加入不同浓度的破乳剂10～250mg/L，则废水中的COD值由33mg/L增加至568mg/L；投加驱油剂10～250mg/L时，COD值由10mg/L增至510mg/L；有机絮凝剂对水中COD也有贡献。以上三种化学药剂的浓度与COD值均成线性关系。而各类化学药剂的可生化性(BOD_5/COD_{Cr})均小于0.2，说明采用一般的生化方法是很难达标的。

第二节　稠油废水水质特性及对处理工艺的影响

一、稠油废水的水质特性

1. 普遍性

稠油废水与稀油废水相比，具有以下特征：①稠油废水的油水密度差小。稀油即低密度原油的密度在880kg/m^{3}以下，通常约为840kg/m^3，而稠油平均密度为900kg/m^3，一些特超稠油的密度为990kg/m^{3}以上，其原油的微粒有时可长期悬浮在水中；②稠油废水具有更多的杂质，除自身的胶质、沥青质外，尚携带较多的泥砂，在开发过程中又往往加入各种降黏剂，使稠油废水的成分更复杂；③稠油废水中的胶质和沥青质具有天然乳化性质，易形成以微小的油粒为中心的水包油乳状液，给稠油废水的破乳增加困难；④稠油废水具有较大的黏滞性，特别在水温低时更显著；⑤稠油废水具有较高的温度，在开发过程中为降低原油黏度往往将温度提高到70～80℃，而稀油的输送温度在50℃左右。

由于稠油密度高、黏度大、胶质和沥青质含量高，造成原油与水的密度差异小；胶质和沥青质具有天然乳化性质，给水中油珠凝聚增加困难；从水中分离出的原油黏度高、流动性差，给原油回收也造成困难。因此，稠油废水的处理是比较困难的。

目前油田废水中油的处理主要是根据Stocks公式进行设计的，油珠上浮速度与油水密度差成正比，与油珠直径平方成正比，而与水的黏度成反比。因此，稠油废水处理难易程度还与生产过程中油珠分布状况的改变以及油、水密度、黏度的改变等因素有密切的关系。在生产过程中，当含水原油通过地层孔隙向油井流动时，当含水原油沿着井筒向上流动，受到油嘴节流时；当含水原油进入流程，经过输油泵、脱水泵、废水泵多次提升，再经过管道紊流输送时，都不同程度将原油粉碎分散在废水中。废水的多次提升，增加了含油废水的处理难度。另一方面，原油生产过程中要投加不同种类的化学药剂，其中有些投加了乳化液稳定物质，此外，几乎在各种原油中都存在着乳化液，特别是稠油所含的大量胶质、沥青质都是很好的天然乳化剂。因此在采油、原油集输、原油脱水和含油废水处理过程中都要充分考虑减少对含水原油、含油废水的搅动，尽量采用容积泵或低转速输送泵，减少泵的提升过程。在选择投加化学药剂时应有利于破乳，尽可能避免使用有利于乳化的药剂。

原油集输、原油脱水工艺需要减少原油黏度和密度，常采用对稠油掺稀油或对原油加温的方法达到这一目的，以改善工艺条件。稀油与稠油以 1:1 混合后原油黏度可降低 10 倍，油水密度差可增大近 6 倍，从而油珠上浮速度可提高 6 倍。由于温度升高，液体体积膨胀，油和水的密度都要减少，但在同样温升下，油的密度下降值比水的密度下降值更大。因此随着温度升高，油水密度差加大。同时稠油废水的黏度却随着水温的增加而减少，所以稠油废水水温的升高，使油水密度差值增大，降低了稠油废水的黏度，无疑可以加快油水的分离速度。

然而在高矿化度的情况下，还要考虑流程密闭，配伍的各种水质处理剂要合理的投加。稠油废水的处理，是稠油开采工艺的一个组成部分，应该从系统工程角度来处理好稠油废水处理的各个环节。

2. 多变性

由于采油过程以及管理等方面的原因，稠油废水水质水量变化较大，具有多变性，为此有关研究人员对辽河油田欢四联稠油废水水质进行了调查，每天每隔 1h 取样，主要对水中的油和悬浮物进行化验分析，同时监测其温度和 pH 值，并对稠油废水的外观进行了观察。结果见表 10－9 ~ 表 10－13。

表 10－9　1999 年 7 月 21 日稠油废水水质变化

序号	时间	温度/℃	pH	颜色	油/(mg/L)	悬浮物/(mg/L)
1	9：00	52	7.8	棕黑色	4451.4	192
2	10：00	46	7.8	棕黑色	1813.8	256
3	11：00	48	7.6	棕黑色	935.4	243
4	12：00	48	7.5	棕黑色	741.4	175
5	13：00	48	7.8	灰黄色	353.5	170
6	14：00	49	7.8	灰黄色	206.4	157
7	15：00	47	7.6	灰黄色	203.5	158
平均值		48.3	7.7		1243.6	193

表 10－10　1999 年 7 月 26 日稠油废水水质变化

序号	时间	温度/℃	pH	颜色	油/(mg/L)	悬浮物/(mg/L)
1	9：00	49	7.8	棕黑色	1669.6	110
2	10：00	51	7.8	棕黑色	1811.7	119
3	11：00	51	7.8	棕黑色	1388.4	121
4	12：00	51	7.8	棕黑色	1030.1	102
5	13：00	51	7.8	棕黑色	995.1	109
6	14：00	50	7.8	棕黑色	604.8	105
7	15：00	49	7.8	棕黑色	1708.5	140
平均值		50.3	7.8		1315	115

表 10-11 1999 年 7 月 28 日稠油废水水质变化

序号	时间	温度/℃	pH	颜色	油/(mg/L)	悬浮物/(mg/L)
1	9：00	55	7.8	棕黑色	1507.4	211
2	10：00	54	7.8	棕黑色	1529.2	190
3	11：00	54	7.8	棕黑色	883.9	176
4	12：00	55	7.8	棕黑色	406	169
5	13：00	54	7.8	棕黑色	892.8	209
6	14：00	54	7.8	棕黑色	590.2	181
7	15：00	54	7.8	棕黑色	516.4	191
平均值		54.3	7.8		904	190

表 10-12 1999 年 8 月 3 日稠油废水水质变化

序号	时间	温度/℃	pH	颜色	油/(mg/L)	悬浮物/(mg/L)
1	9：00	64	7.9	棕黑色	947.2	242
2	10：00	64	7.8	棕黑色	1556	267
3	11：00	64	7.8	棕黑色	3048	273
4	12：00	64	7.8	棕黑色	2710	271
5	13：00	64	7.8	棕黑色	2075	271
6	14：00	64	7.8	棕黑色	2499	269
7	15：00	64	7.8	棕黑色	2359	271
平均值		64	7.8		2171	266

表 10-13 1999 年 8 月 5 日稠油废水水质变化

序号	时间	温度/℃	pH	颜色	油/(mg/L)	悬浮物/(mg/L)
1	9：00	62	7.8	灰黄色	448.3	173
2	10：00	63	7.8	灰黄色	326.0	149
3	11：00	63	7.8	灰黄色	308.1	175
4	12：00	64	7.8	灰黄色	435.1	163
5	13：00	63	7.8	灰黄色	452.0	166
6	14：00	63	7.8	灰黄色	261.7	149
7	15：00	63	7.8	灰黄色	241.5	149
平均值		63	7.8		353	161

由表 10-9～表 10-13 可以清楚地看出，欢四联水质变化很大，每天原水中的油、SS 等指标都在变化，即使是在同一天，不同时段原水中的油、SS 等指标也会发生变化。最高油含量接近 9000mg/L，最低油含量为 200mg/L 左右，平均为 1200mg/L。最高 SS 含量为 300mg/L 左右，最低 SS 含量为 100mg/L 左右，平均为 185mg/L。变化最大的是油含量，本研究认为油含量变化较大的原因较多，比如生产管理、化验分析以及水中的浮油和分散油等。但水中的浮油以及分散油可能是导致油含量变化较大的主要原因，如果将它们通过斜板隔油池去除，水中油含量将会更加稳定。水中的浮油和分散油会明显干扰化验分析的结果，

导致油含量变化不定。另外由图表还可看出，欢四联稠油废水的温度、pH 值比较稳定，温度一般为60℃左右，pH 值为7.8 左右。

3. 复杂性

(1)无机化合物

稠油废水中不仅含有大量的阳离子如 Na^+、K^+、Ca^{2+}、Mg^{2+}、Ba^{2+}、Sr^{2+}、Fe^{2+} 等和阴离子如 Cl^-、SO_4^{2-}、CO_3^{2-}、HCO_3^- 等，它们会影响稠油废水的缓冲能力、含盐量和结垢倾向，而且还含有少量的不同的重金属化合物，如 Cr、Cu、Pb、Hg、Ni、Ag 和 Zn 等。另外有些稠油废水中还含有微量的放射性化学物质如 ^{40}K，^{238}U，^{232}Th，^{226}Ra。镭可以与钙、钡、锶等离子共沉形成碳酸盐和硫酸盐垢。有关稠油废水中放射性化学物质的含量文献中报道的很少，然而稠油废水中重金属含量报道较多，见表 10－14。

表 10－14　稠油废水中重金属的含量

重金属	典型数据/(μg/L)	范围/(μg/L)
Cd	50	0～100
Cr	100	0～390
Cu	800	0～1500
Pb	500	0～1500
Hg	3	0～10
Ni	900	0～1700
Ag	80	0～150
Zn	1000	0～5000

(2)有机化合物

稠油废水中自然存在的有机化合物主要分为四类，即脂肪烃和环烷酸、芳香烃、极性化合物和脂肪酸。在不同的油田，这些化合物的相对含量和分子量分布变化很大。表 10－15 给出了稠油废水中溶解性有机物含量的典型数据。

表 10－15　稠油废水中有机物含量

有机物	典型数据/(mg/L)	范围/(mg/L)
脂肪烃($<C_5$)	1	0～6
脂肪烃($\geqslant C_5$)	5	0～30
芳香烃		
BTEX	8	0～20
环烷烃	1.5	0～4
极性化合物		
酚类	5	1～11
脂肪酸	300	30～800

注：BTEX 是指苯、甲苯、乙苯和二甲苯

稠油废水中脂肪烃和环烷烃的含量范围较宽，碳原子低于5的脂肪烃极易溶解于水中，是主要的挥发性有机碳。芳香烃化合物和脂肪烃化合物构成了稠油废水中所谓的碳氢含量，而极性化合物和脂肪酸化合物通常称为其他有机物。芳香烃化合物特别是苯、甲苯、乙苯和萘，它们溶解于水中，构成了稠油废水中的溶解性化合物。同时也发现稠油废水中含有少量的聚合芳香烃。极性化合物如酚类通常溶于水，但在原油或冷凝液中通常含量不高，因此稠油废水中的极性化合物浓度通常要低于芳香烃含量。脂肪酸特别是乙酸极易溶于水，因此稠油废水中含有较高浓度的脂肪酸(大约1000mg/L)。

(3)化学药剂

在采油过程中投加了大量的化学药剂，这些化学药剂具有重要的作用，如降黏缓蚀、阻垢、防泡、防蜡、杀菌、破乳、混凝、脱水等。

不同的油田，或即使同一个油田，不同的采油厂，它们所采用的化学药剂的类型和数量都不同。有些化学药剂为纯净化合物如甲醇，有些为溶于溶剂的或共溶的表面活性剂。根据这些化学药剂在油、气和水三相中的相对溶解度，不同的化学药剂都将进入油、气、水三相，只不过其浓度不同而已。表面活性剂可以进入任何液相，但是在采油过程中有些表面活性剂要被消耗。因此要准确评估这些化学药剂的数量和类型是非常困难。表10－16给出了油气田所采用的典型化学药剂的类型和浓度。

表10－16　油气田采出水中的化学药剂

化学药剂	油田浓度/(mg/L)		气田浓度/(mg/L)	
	典型数据	范围	典型数据	典型数据
缓蚀剂	4	2～10	4	2～10
阻垢剂	10	4～30	—	
破乳剂	1	0.1～2	—	
聚电解质	2	0～10	—	
甲醇			2000	1000～15000
己二醇			1000	500～2000

注：1. 缓蚀剂主要为酰胺化合物和咪唑啉化合物

2. 阻垢剂主要为磷酸酯化合物和磷酸化合物

3. 破乳剂主要为烷氧基树脂、聚己二醇酯和烷基苯磺酸盐

4. 聚电解质主要为聚酰胺化合物

二、稠油废水水质特性对处理工艺的影响

针对稠油废水黏度大、油水密度差小、乳化严重、水温高、水质水量变化大、处理难度大的特点，认为高效净水药剂的研制和开发是稠油废水深度处理的基础和关键。强化前段除油效果，减轻后段过滤系统的压力，使整个工艺技术合理、紧凑和高效；同时必须充分考虑废水的均质均量，避免来水对整个工艺流程造成冲击。基于稠油废水的多变性和复杂性，本研究提出稠油废水处理应充分考虑和研究的几个方面。

(1)强化调节池的功能

由于稠油废水油水密度差小以及水质水量变化较大的原因，因此强化调节池的功能显得非常重要，可以在调节池中布置曝气装置，对稠油废水进行预曝气，这将有利于提高油水密度差，有利于浮油的去除，有利于水质的稳定，有利于去除稠油废水中挥发性的有机物。

(2)加强高效净水药剂的研制和开发

由于稠油废水乳化严重，为使油、水分离，破乳是先决条件。因此高效净水药剂的研制和开发是稠油废水深度处理的基础和关键，为使高效净水药剂发挥其高效的破乳功能，应通过实验来确定最佳投药量、加药点、搅拌方式以及反应时间等。

(3)选择适合稠油废水处理的装置

为强化稠油废水处理效果，工艺流程中必须采用高效的油水分离设备，如斜板隔油和溶气气浮等设备。但它们也必须在投加高效的净水药剂以及保持良好的水力条件下方能发挥预期的作用。

(4)稠油废水处理流程与原油脱水工艺应统筹考虑

原油脱水的水质对稠油废水处理效果的影响很大。原油脱水用的破乳剂与废水处理所采用的药剂应有良好的配伍性。另外应保证脱水中油含量的稳定性。

(5)稠油废水处理工艺流程应紧凑、合理、高效以及耐冲击

由于稠油废水水质水量变化较大，因此高效、紧凑、合理以及耐冲击的工艺流程就显得极为重要。

第三节　稠油废水处理的途径

目前国内外对稠油废水合理处置的方法有三种：其一是将其外输至邻近稀油区，作为注水水源，或回灌废地层；其二是将其做深度处理，回用于注汽锅炉；其三是在除油工艺的基础上，增加生化处理，达标排放或作为农田灌溉用水。

一、注水或回灌废地层

当热采区块附近其他采油区块需要注水水源时，可将稠油废水处理达到注水水质标准即可回注。

1. 工艺原理

(1)水质净化处理

利用悬浮颗粒(油珠或固体悬浮物)与废水的密度差，靠重力进行油、水、泥的分离。首先向水中投加混凝剂和助凝剂，与废水进行混合、反应和沉降，去除粒径大于或等于 60μm 的油和悬浮物；经过气浮浮选(进浮选前加浮选剂)去除粒径大于或等于 10μm 乳化油和油 - 湿固体；最后经过过滤达到注水水质指标。

(2)水质稳定处理

加水质稳定剂，减缓腐蚀，防止结垢，抑制细菌繁殖。采用隔氧措施，防止空气进入废水处理系统。投加的稳定剂有缓蚀剂、阻垢剂、杀菌剂和除氧剂，从而达到水质稳定。

2. 处理单元的比较

处理单元的比较见表 10 - 17。

表 10-17 含油废水处理单元综合比较

序号	方法名称	设备名称	分离对象	去除粒径/μm	主要优点	主要缺点
1	重力分离	API 沉降罐 CPI PPI	浮油，分散油，油-湿固体	≥150 ≥60 ≥60 ≥60	效果稳定，运行费用低，管理方便	占地较大
2	浮选	IGF DAF CAF 压力浮选	乳化油和油-湿固体	≥10	效果较好，工艺成熟	一般需加药，浮渣难处理
3	吸附		溶解油	≤10	出水水质极好，设备占地少	运行费用高，活性炭再生较难
4	粗粒化		发散油，分化油	≥10	设备小型化，操作简单	滤料易堵，长期使用效果下降
5	生物处理		溶解油	≤10	出水较好，运行费较低	进水水质要求高
6	过滤	砂滤池 核桃壳过滤器 双滤料过滤器 双向过滤器 金刚砂过滤器	乳化油	≥10	出水水质较高	需反冲洗，反洗操作要求较高

3. 工艺流程

工艺流程分重力流程和压力流程。

(1)重力流程

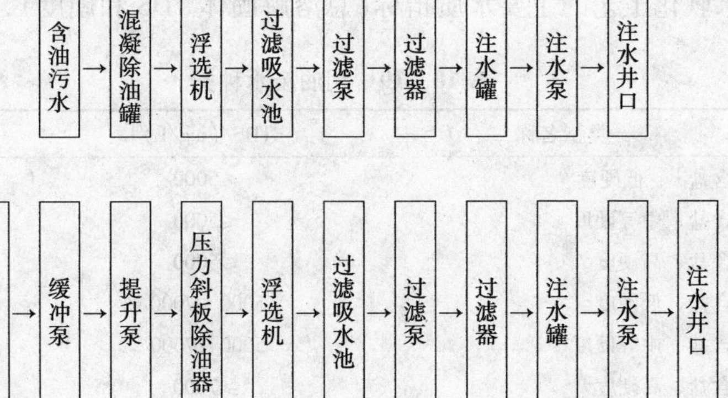

(2)压力流程

以上处理流程可使回注水中含油量控制在20mg/L以下、悬浮物30mg/L以下，并能控制细菌的繁殖及产生的危害。

二、作为热采锅炉水源

把稠油废水深度处理，使水质达到热采锅炉给水指标，作为热采锅炉用水。此出路不仅充分利用了稠油废水资源和温度，而且防止对水体污染。以辽河油田欢三联废水深度处理用于热采锅炉工程为例，直接经济效益为1.4元/m^3水，每年经济效益约1000多万元。但处理难度较大，高矿化度水还需脱盐处理。美国、加拿大和德国等一些国家已采用这种出路，我们国家从1989年开始试验研究，最近几年开始实际应用。

1. 热采锅炉水质指标

各国热采锅炉给水指标见表10-18。

表10-18　各国热采锅炉给水指标

序号	项目＼来源	中国（SY 0027—94）	加拿大莫尼柯	美国石油学会	加拿大制造厂家	加拿大经验规定
1	溶解氧/(mg/L)	≤0.05	0.005	0.1	0.01	0.05
2	总硬度(以$CaCO_3$计)/(mg/L)	≤0.1	0.1	1.0	0.01	测不出
3	总铁/(mg/L)	≤0.05	0.05	0.1	0.05	0.1
4	二氧化硅/(mg/L)	≤50	100	150	50	50
5	悬浮物/(mg/L)	≤2	1	5.0	基本为0	5.0 最好1.0
6	总碱度(以$CaCO_3$计)/(mg/L)	≤2000		最大2000		最大2000
7	油和脂(建议不包括溶解油)/(mg/L)	≤2	1.0	1.0	1.0	1.0
8	矿化度/(mg/L)	≤7000	10000	最大7000	≤8000	溶解度决定
9	pH	7.5~11	8.5~9.5	7~12	7~12	7.5~9.1
10	进炉前是否处理	不处理	不处理	不处理	不处理	不处理

2. 稠油废水进热采锅炉主要处理指标

根据稠油废水所含污染物的种类和数量，及热采锅炉给水指标，稠油废水深度处理用于热采锅炉供水，主要处理废水中的油、悬浮物和硬度三项指标。

3. 稠油废水种类及评估

选择稠油废水软化工艺的主要水质指标(总溶解固体TDS和硬度)，见表10-19。

表10-19　稠油废水种类

序号	类型名称	TDS/(mg/L)	硬度/(mg/L)
1	低含盐①、低硬度②	≤5000	≤300
2	低含盐、中等硬度	≤5000	300~800
3	低含盐、高硬度	≤5000	≥800
4	中含盐、低硬度	5000~7000	≤300
5	中含盐、中等硬度	5000~7000	300~800
6	高含盐、高硬度	≥7000	≥800
7	其他性质稠油废水	含较高氯根、二氧化硅和硫化物	

①含盐此处指可溶性固体物；②硬度以$CaCO_3$计。

各类稠油废水的处理评估见表10-20。

4. 处理流程

(1)除油和除悬浮物流程

此段处理流程主要采用混凝沉降、气浮选和过滤处理工艺，达到软化前的水质要求。废水在进入混凝沉降罐前先进调节水罐，均质均量后进入下游流程。混凝沉降罐停留2~4h，保证进入气浮选含油量为100~200mg/L。从浮选出水含油5~20mg/L，过滤后含油量2~5mg/L。

表10-20　稠油废水种类评估

序号	类型名称	评估	举例
1	低含盐、低硬度	易软化，不需预软化，处理成本低，宜作为锅炉回用水	高一联、锦一联和欢四联稠油废水
2	低含盐、中等硬度	易软化，需预软化，处理成本较低，宜作为锅炉回用水	曙四联稠油废水
3	低含盐、高硬度	需特殊预软化，处理成本较高，稀释后可作为锅炉回用水	曙五联和哇一联稠油废水
4	中含盐、低硬度	较难软化，需脱盐，处理成本较高，稀释后可作为锅炉回用水	
5	中含盐、中等硬度	较难软化，需脱盐，处理成本较高，稀释后可作为锅炉回用水	
6	高含盐、高硬度	很难软化，需脱盐，处理成本很高，不宜作为锅炉回用水	胜利油田草桥稠油废水

(2)软化工艺流程

选择稠油废水离子交换软化工艺应取决于下列因素：锅炉给水标难、废水TDS、硬度、硬度与碱度之比。由于稠油废水TDS浓度和硬度的变化范围大，选择软化工艺一般规则见表10-21。

表10-21　选择稠油废水离子交换软化工艺的原则

序号	TDS含量/(mg/L)	硬度[①]/(mg/L)	软化工艺
1	≤2000	100	强酸聚合母体单床数值
2	700~5000	≤2000	上流式串联床强酸树脂
3	5000~10000	≤500	单床弱酸树脂
4	5000~10000	500~2000	强酸树脂+弱酸树脂串联
5	10000~50000	≤2000	串联床弱酸树脂
6	≥50000	≤500	单床螯合树脂

是否进行化学沉降分离预软化处理，还取决于废水中TDS、总硬度、碱度、SiO_2和金属离子的含量。

5. 工程实践和流程评价

对稠油废水深度处理用于热采锅炉，从1989年开始先后在曙五联、曙四联和锦一联进行工业性试验，分别对各处理单元(除油、除悬浮物、软化和吸附)进行了大量的试验和研究，取得一定成果，形成适用于不同水质条件的处理流程，能够满足热采锅炉的水质条件，现已建成曙四联8000m^3/d废水深度处理站、注一联6000m^3/d废水深度处理站、欢三联20000m^3/d废水深度处理站和欢四联15000m^3/d废水深度处理站，实现了稠油废水的回用。

美国、加拿大利用稠油废水处理后回用热采锅炉的技术已有30余年的历史，从工艺流程(包括废液和废泥处理工艺)、设备、自动控制都有完整配套技术，有成熟的运行经验，生产实践证明了它的可靠性、实用性和经济效益都是可行的。我国从事这项技术的试验研究和工程实践较晚，与国外相比还有一定差距。

三、达标外排

对稠油废水采用一般的隔油－气浮－生化处理技术不能完全满足要求。经过无数次的研究及失败的经验教训，人们认识到对这种稳定性强的乳化液首先应进行破乳，并投加高效水处理剂进行混凝和浮选，以除去废水中大部分石油类、悬浮物，以及附着于悬浮物上的有机药剂后，废水的BOD_5/COD_{Cr}比值由0.2左右可以上升到0.48～0.5，废水的可生化性得以提高，再进行生化处理，COD的转化率可以上升到60%以上，外排水中COD_{Cr}值一般都在100以下，达到了国家排放标准。

由于在原油开采和处理过程中加入大量的化学助剂，废水形成了比较稳定的乳化液，很难破乳。另外，废水中高含油和悬浮物的存在，使普通净水剂对这种稳定的乳化液作用甚微。因此，超稠油废水含油高，稳定性极强。针对以上特点，关键是开发对O/W型乳化液有高效破乳性能的净水剂，在此基础上加入高效絮凝剂，两种药剂互为补充、同时作用，实现超稠油废水的有效净化处理。

絮凝剂的开发是提高超稠油废水处理效果的另一个关键因素。在无机絮凝剂的基础上加入有机絮凝剂形成共聚物，增强聚结能力，使废水中的悬浮物得以更好地聚结而最终被清除。近年来，同济大学、中国石油大学、辽宁石油化工大学等单位针对稠油废水的特点，研究开发出复配的废水净化剂，不仅能降低稠油废水中的石油类物质、悬浮物，还能降低废水的COD，提高废水的可生化性。

稠油废水的处理应注意以下几方面的问题：

(1)应具备有效的破乳措施

为达到油、水、泥分离，破乳是先决条件，应选择合适的混凝剂或破乳剂，并选择最佳投药量、加药点、混合、反应和沉降方式及反应温度。

(2)保证足够的油、水、泥分离时间

因稠油密度大，油水密度差小，其重力分离虽在充分破乳条件下进行，为使油珠有效上浮，加长油、水、泥分离时间还是必要的，一般应比稀油废水延长1～2倍。

(3)保证一定的pH值和碱度

在使用混凝剂时，应保证一定的pH值和碱度，pH值对混凝效果影响较大。

(4)稠油废水处理工艺与脱水工艺应统筹考虑

原油脱水的水质对稠油废水处理效果影响很大。原油脱水用破乳剂应与水处理药剂同性，减少加药种类和数量。原油脱水的水质对稠油废水处理效果影响很大。原油脱水用破乳剂应与水处理药剂同性，减少加药种类的数量。

(5)废水处理工艺前应有水量、水质调节装置

由于原油生产客观存在不稳定因素，原油脱出水也随之产生波动。这种波动对废水处理运行影响较大，通过调节，可以保证后续处理流程和加药相对稳定运行，保证处理效果。

稠油废水处理的工艺流程Ⅰ：

原水 → 隔油沉降 → 净水剂混凝 → 混凝并调 pH → 沉降 → BSBR 生化反应器 → 过滤 → 达标外排

（净水剂混凝处加入 UP－11，混凝并调 pH 处加入 UP－12；UP－11、UP－12 为化学药剂）

稠油废水处理的工艺流程Ⅱ：

原水 → 调节罐 → 慢速反应器 → 快速反应器 → 斜板隔油 → 快速反应器 → 气浮分离器 → 冷却塔 → 高效生物酸化器 → 生化反应器 → 达标外排

（慢速反应器处加入破乳剂 LH－1，快速反应器处加入絮凝剂 LJ－1，第二个快速反应器处加入浮选剂）

稠油废水深度处理达标外排，主要是废水中 COD 不能达标，归纳起来大量稠油废水的出路，首先是回注生产油层；其次是深度处理供热采锅炉用水，技术比较成熟，处理成本较低；最后，在没有其他技术可行、经济合理的回用途径时，才考虑达标外排，目前国内外还无成熟技术。

第四节　稠油废水回用于热采锅炉工艺流程

稠油蒸汽开采起始于 20 世纪 50 年代后期，目前已成为稠油开采的主要方法。加利福尼亚州 Kern 河油田地区是美国主要的稠油热采区，1992 年稠油产量为 60000m^3/d，加拿大和委内瑞拉也采用热力开采，2000 年其稠油产量均在 80000m^3/d 以上。在热力开采过程中，将高压蒸汽以一定流速注入油层加热原油降低黏度，保持一定的压力驱赶原油至油井附近进行开采。在加利福尼亚每注入 1m^3 蒸汽只能开采 0.2～0.5m^3 的稠油，对于产量为 60000m^3/d 的稠油区块，需要注入的蒸汽量为 120000～300000m^3/d。稠油热采所需蒸汽通常由蒸汽发生器产生提供，这些蒸汽发生器为平行加热炉，炉管为单向流布置，只能产生干度为 70%～80% 的蒸汽，这些蒸汽以及液相中残留的 20%～30% 的水全部注入到油层，不产生浓缩液，因此需要大量的补给水。由于环境保护方面的原因，地下清水被限制使用，如加拿大亚伯达省就限制了地下水的开采，允许开采水量仅为 1350 m^3/d，因此有必要回用高含盐稠油废水。加拿大亚伯达省油砂技术研究中心主任 Bowman 博士认为水和废水处理技术已直接影响和制约了油田的可持续发展。

显然解决油田蒸汽驱锅炉供水和稠油废水的处理双重矛盾的最直接的方法是将稠油废水经过适当的处理后回用于高压蒸汽锅炉。一方面可将稠油废水进行深度处理，不污染周围环境，另一方面又可为锅炉提供水温较高的补给水，变废为宝，具有较大的经济效益，然而绝大多数的油田蒸汽发生器需要的是不含油、零硬度、低二氧化硅和低盐度的补给水。但是许多稠油废水都是高含油量、高硬度、高二氧化硅和高含盐，稠油废水和锅炉补给水的典型水质的对比见表 10－22。

锅炉给水必须不含 Ca^{2+}、Mg^{2+} 等离子，以防炉管或油层结垢。稠油废水的软化工艺不仅难以管理而且非常昂贵，当稠油废水的总硬度大于 200mg/L 时，就不能单独采用离子交换树脂，而应采用石灰软化与离子交换相结合的软化工艺。石灰软化可将硬度降至 30mg/L

左右，离子交换可降至0。当稠油废水中的TDS大于3000mg/L时，就需要采用酸碱联合再生的弱酸离子交换树脂，而不能采用价格便宜的盐再生的强酸钠离子交换树脂。该工艺需要酸碱化学药剂储罐、进料系统和昂贵的再生液处理系统。

表10－22　油田蒸汽发生器水质要求和稠油废水典型水质的对比

参数	蒸汽发生器补给水	稠油废水典型水质
油	1	200～2000
悬浮物	1	60～1500
硬度	0.5	100～1500
二氧化硅	50	30～300
TDS	7000～8000	3000～3000
总铁	0.05	0.1～2.0
溶解氧	0.01～0.04	—

稠油废水进热采锅炉已有二十多年的历史，下面把其典型的工艺流程和经验作一简单的介绍。

一、加拿大冷湖(Cold Lake)油田

冷湖油田属于ESSO公司，1964年开始采用蒸汽驱开采稠油，1978年将稠油废水回用于热采锅炉，产生干度为80%、压力为14MPa的蒸汽注入地层。冷湖油田进热采锅炉所需水量约为52000m^3/d，稠油废水进热采锅炉工艺流程见图10－2。

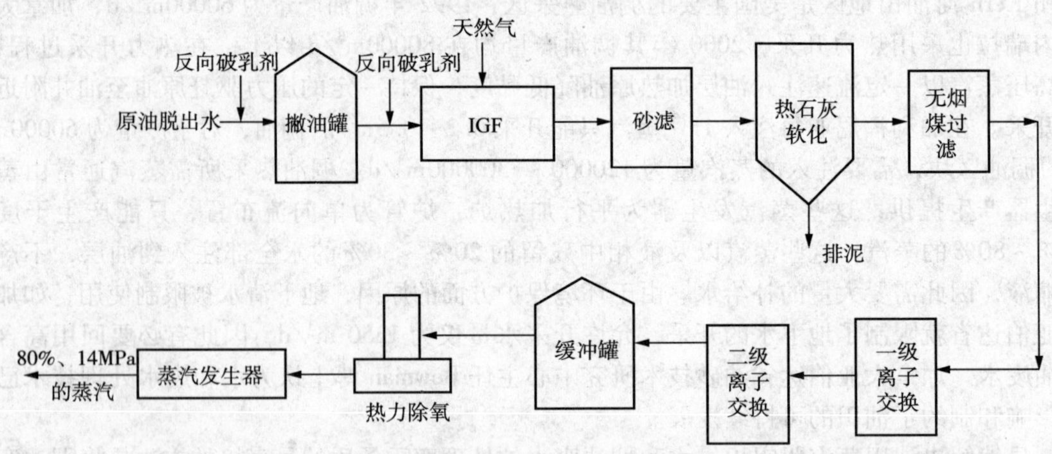

图10－2　冷湖油田稠油废水处理工艺流程

原油脱出水经过油水分离后直接进入撇油罐，在撇油罐的进口投加反向破乳剂。撇油罐出水进入诱导式气浮选IGF(Induced Gas Flotation)，由美国Filter公司生产，IGF进口也投加反向破乳剂，主要去除非溶解性油和悬浮固体。IGF出水进入砂滤，主要去除悬浮油和悬浮物，保护后段设备的正常运转。砂滤出水进入热石灰软化系统，主要去除硬度和二氧化硅，同时也可除氧。热石灰软化的温度控制在100～110℃，采用污泥循环、pH调节和镁剂除硅。热石灰软化出水进入无烟煤过滤器，进一步去除悬浮物。采用两级弱酸离子交换器串联将剩余硬度降到1mg/L以内。离子交换器的再生采用酸碱两步法。处理后的典型水质见表

10－23，满足蒸汽发生器的给水要求。

表 10－23　冷湖油田稠油废水处理后的典型水质

水质指标	浓度
TDS	7000mg/L
二氧化硅	50mg/L
总硬度（以 $CaCO_3$ 计）	1mg/L
非溶解性油	0mg/L
pH	10.0

处理后的水采用热力除氧，进入蒸汽发生器，该蒸汽发生器是由 Thermotics 公司生产，进水量为 $1600m^3/h$，可产生压力为 14MPa、干度为 80% 的蒸汽注入地层。

二、美国圣阿多（San Ardo）油田

圣阿多油田采用蒸汽驱开采稠油，注入的蒸汽压力为 4.8MPa，所用的蒸汽发生器是由 CE－Natco 和 Struthers 公司生产的直通型蒸汽发生器。稠油废水处理后作为蒸汽发生器的补给水，该系统已运行 24 年。稠油废水处理系统工艺流程见图 10－3。

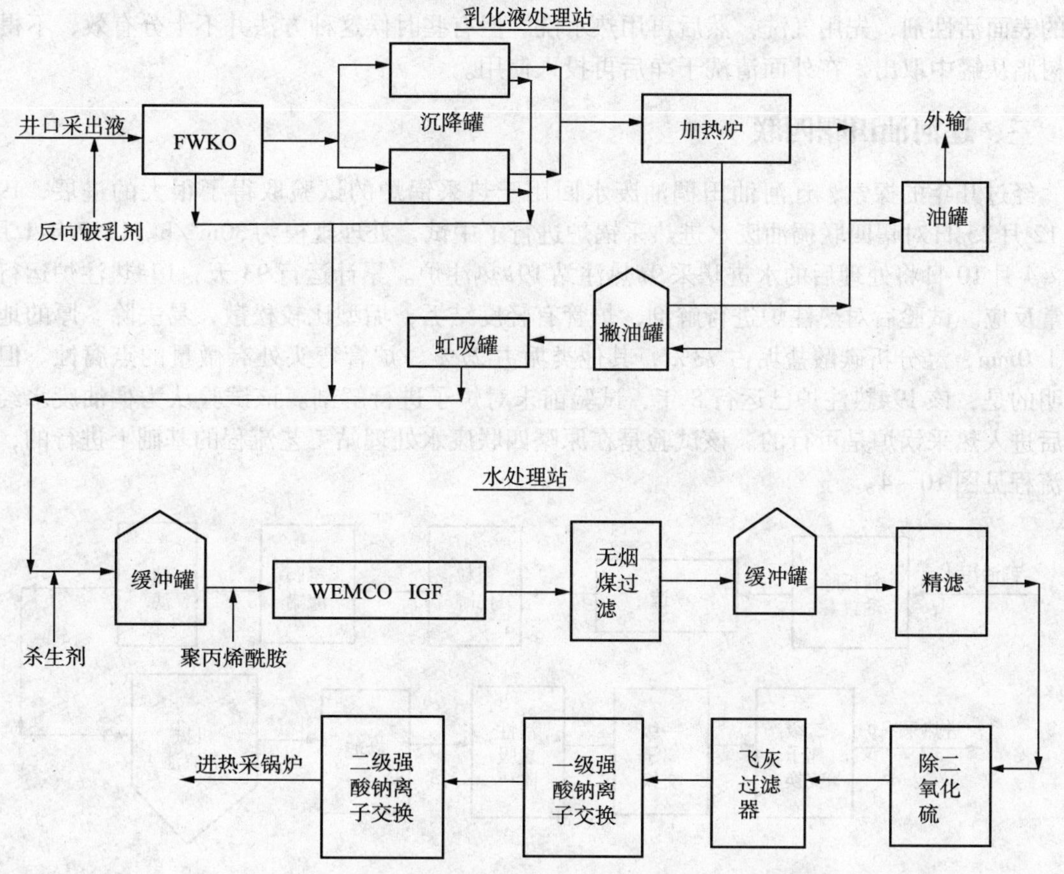

图 10－3　圣阿多油田稠油废水处理工艺流程

稠油破乳脱水主要采用游离水去除 FWKO（Free Water Knock－out）、加热炉和撇油罐等设备完成。原油脱出水通过一个体积为 $480m^3$ 的缓冲罐进入水处理站。原油脱出水中的油含

量通常低于70mg/L，缓冲罐出水进入IGF，其出水油含量低于5mg/L，然后进入无烟煤过滤进一步去除水中的油和悬浮物。由于水中SO_2气体含量较高，为了避免蒸汽发生器发生腐蚀，采用了SO_2气体脱除系统。其出水进入飞灰过滤器，然后进入一个160m^3的缓冲罐。其出水依次进入IR－120和IR－200两级离子交换除硬度，两级离子交换器均采用盐再生工艺，每周再生盐耗量为160t。离子交换器最终出水水质见表10－24。

表10－24　圣阿多油田稠油废水处理后的典型水质

水质指标	浓度
TDS	6000mg/L
二氧化硅	120mg/L
总硬度(以$CaCO_3$计)	0.5mg/L
非溶解性油	0mg/L
pH	8.5

到目前为止，整个处理系统存在的主要问题是厌氧细菌的过度繁殖，以及飞灰沉积在缓冲罐甚至离子交换床上。圣阿多油田清洗离子交换树脂的标准程序是先打开树脂罐，加入足够的表面活性剂，先用气洗，然后再用热水洗。但有些时候这种方法并不十分有效，不得不将树脂从罐中取出，在外面清洗干净后再投入使用。

三、辽河油田曙四联

经过几年的探索，辽河油田稠油废水回用于热采锅炉的试验取得了很大的进展，1996年12月25日对曙四联稠油废水进热采锅炉进行了中试，处理规模为30m^3/h。1997年1月6日～4月10日将处理后的水进曙采9#热注站19#热注炉。累计运行93天，19#热注炉运行无异常反应。试验后对热注炉进行解剖，炉管有轻度结垢，垢型比较松散，易去除。厚的地方有1.0mm，经分析碳酸盐垢占73%，其他类垢占27%。炉管弯头处有微量的点腐蚀。但需说明的是，该19#热注炉已运行8年，试验前未对炉子进行解剖。该试验认为稠油废水经处理后进入热采锅炉是可行的。该试验是在原曙四联废水处理站工艺流程的基础上进行的，工艺流程见图10－4。

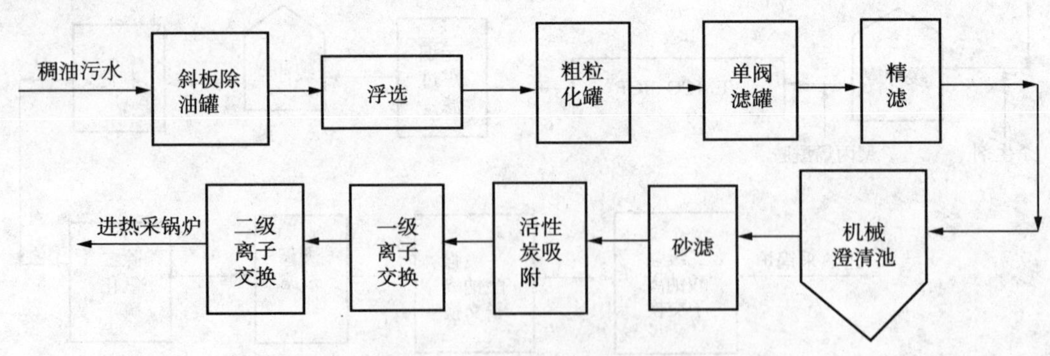

图10－4　曙四联稠油废水处理工艺流程图

其中软化装置是热采锅炉自带的，交换树脂为强酸型阳离子001×7型。试验期间，气候情况恶劣，为全年最冷的季节，平均气温在－15℃左右，有些设备在室外操作多有不便，由于在冬季温度很低，除油罐和澄清池均未排过泥。最大的问题是废水来水的水质非常不稳定，差别相当大。该试验对曙四联及9#热注站处理前后水质经常检测的项目有：硬度、二氧化硅、含油、悬浮物、铁、pH。定期检测的项目有：碱度、氯根、矿化度、硫化物、COD、溶解氧等。在试验期间采样62次、化验项目12种，共取得化验数据1120组，经综合分析证明处理后进炉水质符合热注锅炉的要求，详见表10－25。

表10－25　曙四联稠油废水中试处理前后水质情况　mg/L

项　目	运行情况			
	进水	处理后水（生水）	生水运行波动范围	进炉水
油（不计溶解油）	130～5660	3.05	0～9	1.66
悬浮物	75～556	3.52	1.0～34	2.51
硬度	70.0	70.9	30～115	未检出
二氧化硅	50.9	32～63	50.9	
总铁	0.15	未检出	0～0.1	<0.2
总碱度	<1400	<1400	<1400	<1400
TDS	<3000	<3000	<3000	<3000
溶解氧		0.2		
pH	6.93	6.93	6.8～7.8	6.93
硫化物	9.9	4.46		1.92
COD		260	240～287	

中试结果表明：热采锅炉的软化装置的平均运行周期为17.2h，超过清水运行周期的16h，最长运行周期为40.5h，一次再生时间小于5h。软化装置的进水硬度在35～115mg/L，进炉水硬度为未检出。进炉水的含油小于2mg/L，悬浮物小于3mg/L。

热采锅炉前现有软化系统处理稠油废水的一些经验和认识：(1)001×7型强酸阳离子交换树脂可与曙四联稠油废水相适应，软化后可达到进炉水质指标。但由于该树脂是根据本地区清水水质所选配，所以存在不完全适应稠油废水特性的问题。表现为运行时间短、漏硬早、再生不彻底、树脂层厚度不够和再生盐水箱小等。详见表10－26。(2)离子交换树脂对稠油废水中有机物有较好的承受能力，即废水对树脂表面虽然具有一定程度的污染，但对树脂的交换能力影响不大，废水中的COD对树脂没有明显污染作用。(3)稠油废水中二氧化硅对树脂交换能力影响不大，不会影响树脂对钙、镁离子的吸附。(4)稠油废水软化与清水相比，再生时间长、用盐量大、排出的废盐水量多，将增加1.5～2.0倍。

活性炭吸附装置处理稠油废水的经验和认识：(1)除COD、色度、味等有效时间短（15d左右），用于除油可达90d以上。(2)进活性炭水质应达标和稳定，如超过一定浓度将造成对活性炭的污染，且不易恢复。

根据对以上工艺流程的分析，可以认为稠油废水处理后回用于热采锅炉的工艺流程其实可以归纳为三段分步处理，图10－5为稠油废水回用于注汽锅炉的典型处理工艺图，这个工艺流程包括油和悬浮物的去除、硬度和二氧化硅的去除以及硬度的最终去除。如图10－5所示，油的去除通常是采用撇油罐、IGF和颗粒填料过滤等处理单元相结合。硬度的去除通常采用石灰软化和离子交换相结合的方法或单独采用离子交换，这主要取决于处理水中的硬度。如果二氧化硅浓度超标，那么就要采用热石灰软化或者温石灰软化去除二氧化硅。

表 10－26　热注站现有软化装置存在的主要问题

问　题	原　因	表　现
树脂层偏薄	1. 没有考虑含油废水表面污染 2. 设计周期短，特别是美国炉	1. 实验证明有 150～200mm 的树脂层很快无效，下部有 100～150mm 的树脂层为饱和即漏硬 2. 工作周期短。清水 10～14h，废水 17.5h(平均) 3. 树脂层高度。第一级为 850mm，第二级为 700mm
二级离子交换流速过大	1. 为考虑废水 2. 与国内规范不符	设计流速为 59.7m/h，国标不大于 30m/h，极限值为 40m/h
为考虑水中含盐的影响	清水含盐量低，而稠油废水中的含盐量较高	1. 曙四联稠油废水含盐约 2400mg/L，而清水为 600mg/L 2. 稠油废水中 Na^+、K^+ 多，影响树脂的交换容量
两级串联再生第一级不彻底	1. 未考虑稠油废水中的污染物较多 2. 设计程序已定	1. 第二级树脂容易流失 2. 第一级树脂上层污染物去除不彻底
耗盐量增加	污物多，再生困难	1. 再生时间长，强度大。清水 1.5～2.0h，废水 4～5h 2. 耗盐量增加。比清水多 1～2 倍

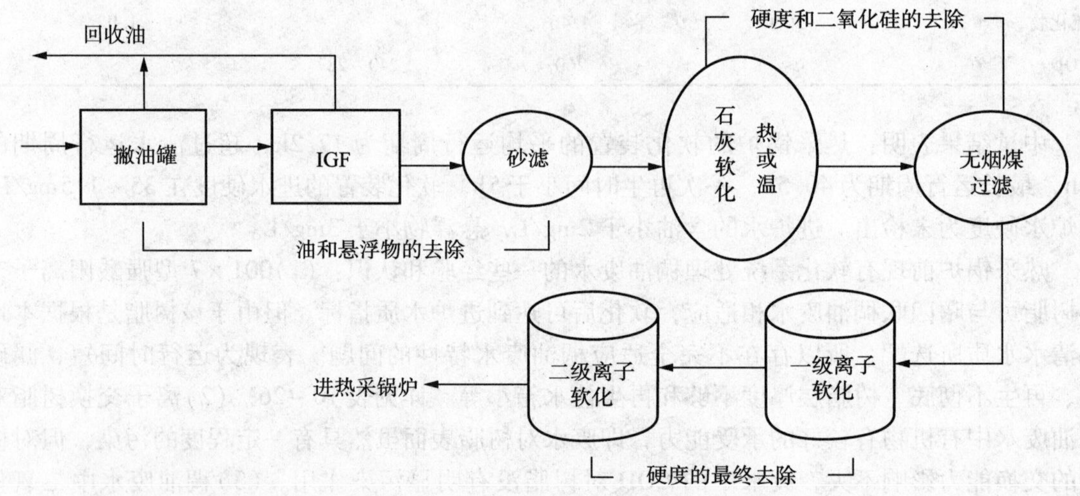

图 10－5　稠油废水处理的典型工艺流程

第五节　辽河油田稠油废水处理工程实例

辽河油田作为我国的第三大油田，目前原油年产量 1000 万吨以上，在我国国民经济和能源战略上占有举足轻重的作用。同时它又是我国稠油生产的重要基地，占全国稠油生产总量的 65%。随着稠油的开采，稠油废水水量逐年上升，水质逐渐恶化，目前稠油废水水量为 84100m^3/d，占整个辽河油田废水总量的 60% 左右。过去由于废水含盐量较大、乳化严重、成分复杂，且温度较高，没有合适的技术处理，废水只能经过简单处理后回注地层，不仅浪费了废水的热能，每年的废水回注费和外排费就高达几千万元，不仅如此，辽河油田生产和生活用水不得不大量使用地下水，过量的开采，使地下水位急剧下降，随着生产和生活用水量与日俱增，供水严重不足。如何经济合理地处置这些数量巨大的稠油废水，是摆在辽河油田人面前一个非常严峻的经济和技术难题，直接影响和制约了油田的可持续发展。

在经过大量调研、数据分析之后，辽河油田确定了实施稠油"绿色开采"的战略。鉴于稠油生产所消耗的清水与产生的稠油废水数量相当，决定大力发展循环技术处理废水，把稠油废水处理成合格的清水，重新应用到稠油的开采中，使稠油废水资源化。

稠油废水循环利用是一个世界级难题，难点在于它的水质特性。稠油废水具有油水密度差小、乳化严重、生物降解性能差、水质水量变化大、矿化度高等复杂特点，这些都决定它的处理难度相当大。从2001年12月以来，辽河油田公司在稠油废水回用热注锅炉技术成型后，近几年来大力研发和推广环保新技术，严格限制和淘汰落后工艺，经过十年的磨砺，辽河油田在稠油废水循环利用技术领域取得了6项关键技术突破，集成创新了具有我国自主知识产权的稠油废水循环利用技术，建立了一套完整的稠油废水处理工艺技术路线，确定了经济合理的工艺流程和工程设计参数，2008年，这项研究成果还获得国家科学技术进步奖二等奖。

利用稠油废水循环利用技术，辽河油田公司总投资达4.5亿元，在从事稠油生产的6个采油厂先后建起7座稠油废水深度处理站，所处理的稠油废水经水质分析和炉管检测，出水水质完全达到进热注锅炉的给水指标，炉管结垢速率也在正常范围内，制水成本大幅度下降，单位水量净效益达到每立方米10元以上，每年可为油田所在地盘锦市节约近3000万立方米的清水。这些达标的废水回用于锅炉，变成开采稠油的蒸汽源源注入地下，实现了循环利用。其中辽河油田第五座稠油废水深度处理站——冷一联稠油废水处理中心每年处理500万m^3稠油废水，同时还能从中回收1万多t原油。

稠油废水的循环利用，每年可减少排放到辽河流域的COD_{Cr}(化学需氧量)1.14万t，BOD_5(生化需氧量)2850t，对缓解辽河流域的水体污染起到了积极作用。目前稠油废水循环利用技术已经在新疆、河南等油田得到推广。

欢三联、曙四联和洼一联废水深度处理工程是辽河油田分公司2002年重点项目。欢三联是新建工程，曙四联和洼一联为改建工程，其设计规模分别为20000m^3/d、8000m^3/d和3000m^3/d。其处理工艺流程基本相似，但欢三联处理工艺最全，本节以介绍欢三联工程为主，曙四联和洼一联为辅。

锦州采油厂、曙光采油厂和金马公司现产含油废水分别为30000m^3/d、26000m^3/d和10000m^3/d，锦采有15000m^3/d常规处理后用于生产注水，剩余15000m^3/d由于没有好的出路，只好无效回灌废层。一方面，稠油开采的热采锅炉大量使用清水，另一方面，大量多余含油废水无效回灌废层，致使生产成本较高，给油田生产带来经济损失。广大科技人员经过多年科技攻关，掌握了稠油废水深度处理回用热采锅炉给水技术，于2001年正式立项，开展设计，将欢三联、曙四联和洼一联多余含油废水深度处理后回用注汽锅炉给水，实现含油废水的循环利用。不但节约了大量清水资源，又利用了废水的热能，节约热采锅炉的燃料消耗，同时又缓解了这些地区供水紧张局面，具有良好的经济和社会效益。

一、工艺流程

1. 废水处理主工艺流程

原油脱出水首先进入调节水罐，进行水量、水质调节；提升泵从调节罐吸水，变频调速均量输送给斜管除油罐，除油罐出水重力流入浮选机，浮选机出水重力流入机械加速澄清池。机械加速澄清池出水重力流入过滤吸水池，经过滤泵加压依次进入核桃壳过滤器、多介质过滤器和2级弱酸软化器，软化器出水进入外输吸水罐。

在斜管除油罐或调节水罐前投加反相破乳剂，主要用于除油；在浮选机前加浮选剂，进一步除油和悬浮物；在机械加速澄清池前投加镁盐和液碱，主要去除SiO_2；核桃壳过滤器和多介质过滤器进一步去除油和悬浮物达到设计指标；弱酸软化器对滤后水进行软化，使硬度指标达到设计指标。

流程示意图如下：

原油采出水→调节水罐→提升泵→斜管除油罐→溶气浮选机→机械加速澄清池→过滤泵→核桃壳过滤器→多介质过滤器→一级弱酸软化器→二级弱酸软化器→外输水罐→外输泵→去热注站

2. 废水处理次工艺流程

系统产生的各种废水，按照其水质污染程度，分别进入废水池A格和B格。过滤器初期反洗水、浓缩器上清液、污泥脱出水、池(罐)放空水、溢流水等含油和悬浮物较多的废水进入废水池A格，A格水经泵提升后进入斜板沉淀器，斜板沉淀器出水进入废水池B格；过滤器后期反洗水、软化器漂洗水等含油和悬浮物比较少的废水，进入废水池B格，经回收水泵提升到机械加速澄清池或调节水罐。

流程示意图如下：

系统产生较脏污水→污水池A格→提升泵→斜板沉淀器→污水池B格→回收水泵→澄清池/调节水罐

3. 污泥脱水工艺流程

处理工艺中产生污泥的单元主要有斜管除油罐、DAF浮选机、机械加速澄清池及污泥浓缩器。斜管除油罐、机械加速澄清池、污泥浓缩器产生的污泥重力流入污泥池，经污泥提升泵输送到污泥浓缩器；浮选机产生的污泥经泵提升直接进入浓缩器；污泥浓缩器中的污泥，经加药浓缩后重力进入污泥加压泵入口，加压后进入厢式污泥压滤机，压滤机出泥经皮带输到污泥装车间，用汽车外运到型煤厂。

流程示意图如下：

系统产生污泥→污泥池→提升泵→污泥浓缩器→污泥脱水泵→厢式压滤机→皮带→输送机→装车外运

4. 事故状态检测及事故流程

为了防止过滤和软化系统受到前段非正常水质污染，在过滤泵出口安装在线浊度仪表和取样口。当在线检测仪表检测到水质超过正常范围时，发出信号报警，再通过手工取样化验确认水质超过正常允许值时，开始运行事故流程，即关闭过滤泵出水到核桃壳过滤器管线，将不合格水切换到调节水罐前。与此同时，采取调整加药种类、数量等措施，消除水质冲击负荷带来的不利影响。

二、工艺评价

1. 废水处理主工艺

生产运行表明，废水处理主工艺流程运行可靠、稳定，各处理单元达到了预期设计功能，保证了出水的分段达标，从而保证了整个处理工艺出水水质达标。各处理单元运行情况如下：

(1)5000m^3 调节水罐(2座)

调节水罐进水、出水、底部排污、加药点、顶部浮动收油、底部高压水冲洗以及阀组间内收油泵等运行正常，达到了设计目的。

(2)2000m^3 斜管除油罐(2座)

斜管除油罐运行平稳，顶部收油、底部排泥系统使用正常，中部玻璃钢斜管结实可靠，没有发生脱落现象。

(3)浮选机(2台)

浮选单元运行基本正常。各组成部分管道混合器、回流泵、空气计量系统、顶部刮渣机、底部刮泥机、曝气头、斜板、中心控制盘等运行基本正常，达到了预期设计目的。对生产运行中出现的胶皮老化问题、回流泵机械密封不严及溶气管接头处有断裂现象等问题，采用丁腈橡胶和硅橡胶更换老化胶皮，采用钢制接头更换损坏的塑料接头，更损坏的机械密封，整改已能满足生产需要。

(4)核桃壳过滤器(6座)

本次采用的体外搓洗式全自动核桃壳过滤器，运行可靠，体外搓洗效果好，控制柜显示每个过滤器运行状态，直观，操作管理方便。运行水量达16000m^3/d时，压差控制在0.1MPa以内，24h反洗一次，达到了设计要求。对生产运行中出现的搓洗泵油封漏油、出水跑核桃壳问题，厂家进行了现场整改，整改后没有出现类似问题。

(5)多介质过滤器

本次引进的多介质过滤器自动化水平高，操作参数、水质检测数字化，出水水质高，过滤周期及压差达到了合同规定指标。运行水量达16000m^3/d时，不除硅情况下，压差控制在0.2MPa以内，12h反洗一次，达到了设计要求。对生产运行中出现的反洗跑核桃壳问题、鼓风机冒水问题，厂家已经解决。

(6)弱酸软化器

软化器自投运以来，分别进行了软化、酸再生、碱转型、正洗、反洗、树脂体外转移等工序，现场操作表明，本次工程采用的大孔弱酸树脂固定床软化器能够适应欢三联废水特性，运行可靠、稳定，自动化水平适中，操作管理方便。软化器及配管选择的衬胶材质耐过流介质的腐蚀，保证了设备使用寿命。

截至2003年4月20日，树脂累计运行了10个软化周期。生产运行表明：本次工程树脂选择合理，能够适应欢三联废水性质，没有发生树脂板结、堵塞现象。每个树脂罐累计过水量约40000m^3，树脂工作交换容量达到理论交换容量的90%左右。树脂有集油(主要是溶解油)现象，碱洗工艺是必要的。针对欢三联水质，树脂的完全碱转型工序可以省略，达到碱洗目的即可。

软化器再生系统方便、灵活，酸碱储存、计量、配置系统密闭，安全卫生。树脂体外转移系统、再生系统运行正常，达到了预期设计目的。对生产运行中出现的正洗硬度下不来问题，装置突然断电，进出水气动阀门关闭，造成系统憋压问题，厂家进行了整改，整改后，没有出现类似问题。

2. 污泥脱水工艺

2003年3月26日，开始运行污泥脱水工艺，首先对机械加速澄清池产生的硅泥进行浓缩和厢式压滤机脱水，脱水结果表明：污泥脱水工艺和设备完全能够满足硅泥脱水需要，脱出泥饼坚硬、干爽。

2003 年 3 月 27 日，对 2000m^3 斜管除油罐底部排出的含油污泥进行脱水。首先，含油污泥在浓缩器内投加化学药剂（聚沉剂），浓缩后含油污泥经厢式压滤机进行脱水，脱水后污泥完全达到了设计要求，满足装车外运条件。脱水结果表明：污泥脱水工艺和设备能够满足油泥脱水需要。

2003 年 3 月 28 日，对 2000 斜管除油罐底部排出的含油污泥不加任何化学药剂进行脱水试验，试验结果表明：压出污泥成块状，但含水较多，四处流淌。

生产运行表明，污泥加药重力浓缩，厢式压滤机脱水工艺和设备是可行的，不但能处理硅泥，也能处理含油污泥，含油污泥含水率可达 96%、含油量可达 5%，处理后污泥含水率可达 50% 左右，运行正常，运输十分方便，不会造成二次污染。硅泥脱水不用加药，含油污泥脱水需要加药，不加药保压时间过长，脱出污泥含水率高，不利运输。

螺杆泵电磁调速污泥保压系统运行可靠、便利，保证了厢式压滤机的正常运行。

运行中发现厢式压滤机靠近液压站侧，卸泥时有泥饼落地现象。

3. 除硅工艺

2003 年 2 月 12 日至 3 月 18 日，在机械加速澄清池进行静态除硅试验，筛选出除硅药剂种类及最佳加药量。2003 年 4 月 5 日开始试运连续除硅工艺，试验结果如下：

(1) 每座澄清池投加 7t 氧化镁培养泥浆层，在加药间投加氯化镁 700~800mg/L，氢氧化钠 800mg/L，絮凝剂 60mg/L，pH 值控制在 10.3 左右，二氧化硅由进水的 110mg/L 处理到 40mg/L 左右。

(2) 出水硬度上升到 180~200mg/L，碱度上升到 1800mg/L 左右，矿化度上升到 4500mg/L 左右。

由于澄清池反应区泥浆层培养技术难度较大，培养需较长时间，本次投运泥浆层沉降比不是十分理想，造成出水携带较多细小氢氧化镁絮体，絮体进入过滤系统，造成多介质过滤器进出口压差上升到 0.6MPa，发生堵塞现象，此时核桃壳过滤器进出口压差不高，运行正常。

试运结论：镁盐、氢氧化钠机械加速澄清池除硅工艺是可行的，可以将二氧化硅由进水的 80~120mg/L 处理到 30~40mg/L 左右，除硅效率为 60%~70%。多介质过滤器不适用于除硅工艺。

4. 仪表及自控

本次工程采用的 DCS 自控系统集 DCS 和 PLC 的特长于一体，既可用于模拟量的数据采集，又可作连续过程控制及调节，也可快速处理各种开关量的逻辑控制，运行可靠、稳定，操作便利。

除油、除硅岗和过滤软化岗的两台下位机，将各处理单元的运行参数进行监测，监测参数上传中控室上位机，监测数据准确、详尽、直观，给生产运行带来极大便利。浮选机、核桃壳过滤、多介质过滤、软化及再生 PLC 自控系统，既有手动运行模式又有批自动和全自动运行模式。各种模式适应不同运行状态，操作灵活。生产运行表明本次工程主要处理单元采用的独立 PLC 自控系统稳定、适用，既满足了处理单元自动化生产要求，又满足现场操作水平的要求，受到现场操作人员的好评。

本次工程采用的水质在线检测仪表有浊度仪、硬度仪、pH 计、酸浓度仪、碱浓度仪。生产运行表明，仪表运行稳定、可靠，极大地方便了运行管理，在现有的生产管理水平下，完全能运行起来。

5. 其他辅助工艺

(1)酸碱卸车工艺、酸碱储存、酸碱计量、酸碱配制工艺能满足生产需要，运行可靠、稳定、环保、卫生。酸碱提升泵、酸碱射流器及酸碱储罐内防腐能够适应输送介质性质，保证了设备使用寿命。输送酸碱管道采用的玻璃钢塑料复合管道耐腐蚀性能好、机械强度高、施工质量好，使用效果较好。

酸计量罐顶部最好不用法兰形式连接，虽然采用法兰连接内部衬胶方便，但密封性不好，尤其罐直径较大，需要机械加工精度较高，在法兰接触面加密封垫才能密封严实。对于较大酸计量罐，设备厂家今后可以取消顶部大法兰，改为侧壁开入孔方式，既可满足内部衬胶，又可保证密封性，且降低了设备造价。

(2)加药系统

加药系统所选择的药剂搅拌箱、药剂投加泵、药剂计量、管线能够满足处理工艺需要，保证药剂的准确、足量投加。对生产运行出现的投加聚铝药剂管线腐蚀问题进行了更换管材，改为PPR塑料管道。改换管材后，管道运行良好。有腐蚀的计量泵厂家已根据输送介质性质，更换了材质，现运转良好。发生上述现象的主要原因不是技术问题，主要是由于设计前不知使用哪一家化学药剂，一般都在投产后，通过众多药剂生产厂家评选后确定，而不同化学药剂厂家生产的同类药剂成分相差较大。

三、运行参数

(1)废水处理主流程运行水量见表10－27。

表10－27　主流程水量运行一览表

序号	运行时间	累计天数/d	累计运行水量/m^3	平均日运行水量/(m^3/d)	最高日运行水量/(m^3/d)	备注
1	2002.10.22～11.19	30	283306	9444	11000	废水投运
2	2002.11.20～2003.2.17	90	1009068	11211	15681	90天生产考核
3	2003.2.18～4.4	46	556600	12100	14000	延长考核期
4	2003.4.5～2003.4.20	16	215000	14000	16000	满负荷考核期
	合计	182	2063974			

(2)单座软化器一个软化周期过水量约40000m^3。

(3)软化累计处理水量142.5×10^4m^3。

四、技术指标

1. 水质指标

(1)悬浮物和油

各处理单元出水悬浮物和油平均值、最小值及最大值(144d平均值)见表10－28。数据由欢三联废水深度处理站水分析化验岗监测。

表 10-28 各处理单元出水悬浮物和油平均值、最小值及最大值

序号	单元名称	平均值/(mg/L)		最小值/(mg/L)		最大值/(mg/L)		设计值/(mg/L)	
		悬浮物	含油	悬浮物	含油	悬浮物	含油	悬浮物	含油
1	老站进水	305.7	281.6	73.0	23.3	1672	1694		
2	新站进水	163.4	84.5	31.5	5.3	1533.0	395.7		
	进水平均值	234.55	183.05					300	1000
3	调节水罐出水	117.0	79.0	53.2	9.9	388.0	429.9	300	700
4	除油罐出水	70.0	59.3	3.0	2.6	372.2	633.0	180	150
5	浮选机出水	9.2	2.2	0.6	0.4	61.5	12.9	40	10
6	澄清池出水	8.2	1.4	1.2	0.3	35.8	12.0	20	10
7	核桃壳出水	2.7	1.2	0.3	0.3	25.5	5.3	10	5
8	多介质出水	1.0	0.9	0.0	0.2	9.2	2.3	2	2
9	软化器出水	0.3	0.8	0.0	0.0	8.2	1.9	2	2

(2)二氧化硅

进出水二氧化硅含量见表 10-29。

表 10-29 二氧化硅分析数据 mg/L

取样点	平均值	最大值	最小值	设计值
进水	98.1	133.5	57.1	100
出水	87.7(42)	113.3	65.4	80(50)

注：数据来自深度处理站化验岗，括号内为除硅出水数据

处理前后二氧化硅(不投除硅单元)变化见图 10-6。

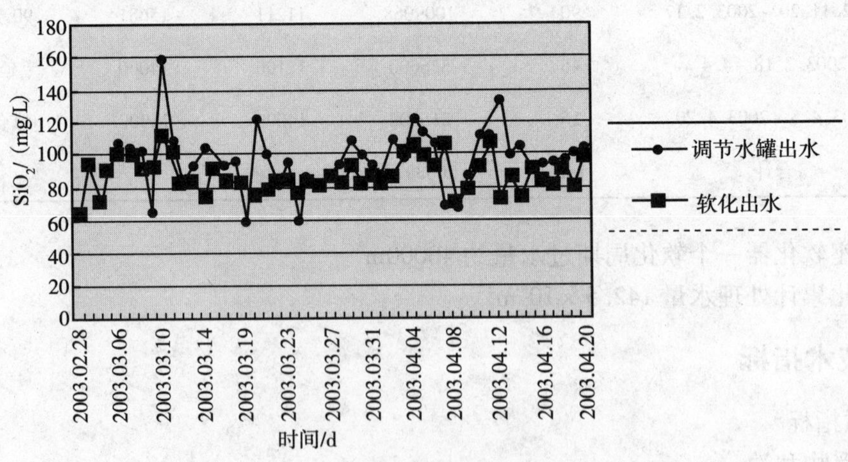

图 10-6 处理前后二氧化硅含量分布图

(3)144d 生产考核化验全分析数据

处理后水质分析数据如表 10-30 所示。

表 10－30　处理后水质分析数据

序号	分析项目	深度处理站化验岗/设计院（平均值）	勘探开发研究院（平均值）	合同要求值（90d 平均值）
1	温度/℃	55		≥50
2	*溶解氧/(mg/L)	0.02	—	≤0.3
3	总硬度/(mg/L)	未检出	0.00	≤0.1
4	总铁/(mg/L)	未检出	0.00	≤0.05
5	*二氧化硅/(mg/L)	87.7(41)	117.91	≤(50)
6	总碱度/(mg/L)	1400(1800)	—	≤1800
7	*悬浮物/(mg/L)	0.30	1.82	≤2
8	油和脂/(mg/L)	0.80	0.18	≤2
9	可溶性固体/(mg/L)	3400(5200)	—	≤4000
10	pH(25℃)	8.0(9.5)	7.74	7.5～11

注：1. 括号内为除硅后数据；

2. 悬浮物深度处理站化验岗/设计院采用分光光度法，研究院采用重量法；

3. 二氧化硅深度处理站化验岗/设计院采用钼黄法，研究院采用钼蓝法；

4. 二氧化硅合同要求钼黄法，悬浮物合同要求重量法。

分析化验单位为辽河油田分公司锦州采油厂欢三联废水深度处理站化验岗、辽河石油工程有限公司化验室及辽河油田分公司勘探开发研究院中心化验室(第三方检验)。

2. 化验数据分析

(1)进出水悬浮物和油

通过 144d 水质监测，进出水悬浮物和含油见图 10－7、图 10－8。

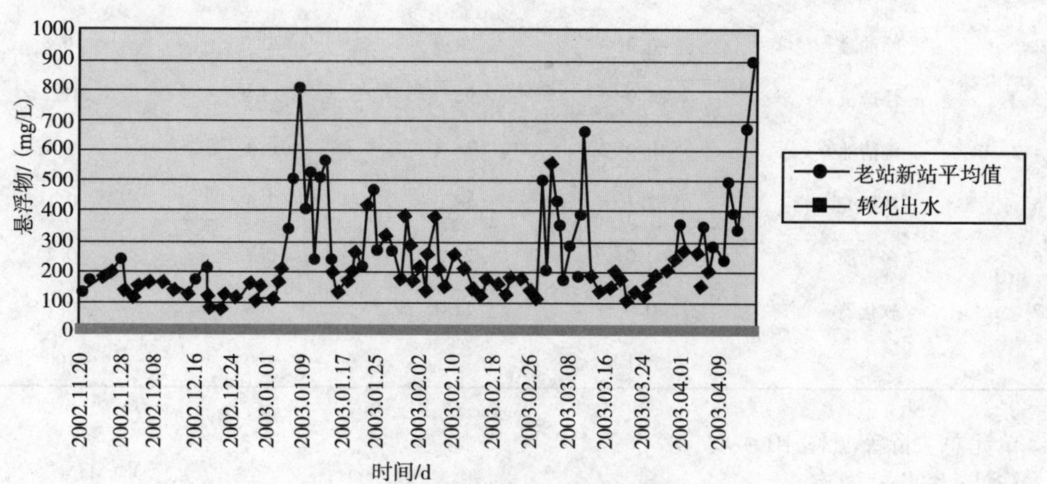

图 10－7　进出水悬浮物曲线图

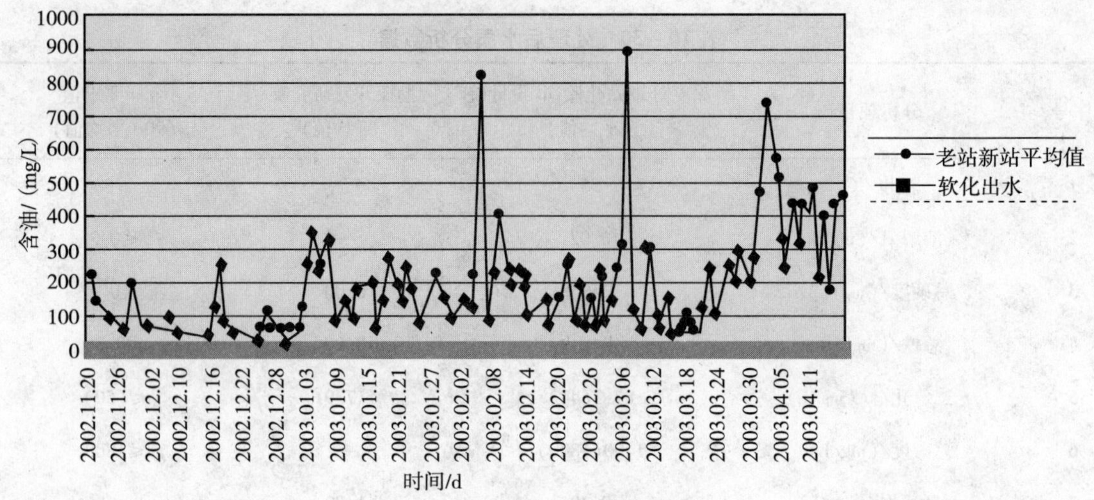

图 10－8 进出水含油曲线图

通过 2002 年 11 月 20 日到 2003 年 4 月 20 日期间 144d 统计数据，进水悬浮物超过合同规定值 300mg/L 27 次，占总进水的 19%。出水悬浮物超过合同规定值 2mg/L 8 次，占总进水的 6%。来水超标主要是前段原油脱水进液量和药剂投加量变动造成的。

通过 2002 年 11 月 20 日到 2003 年 4 月 20 日期间 144d 统计数据，进水含油 144d 都没有超过合同规定的 1000mg/L，出水含油 144d 都没有超过合同规定的 2mg/L。

(2) 处理单元悬浮物和油去除率

从表 10－31 可以得出，调节水罐和浮选机去除悬浮物和油，无论是单元去除率还是总去除率都是比较高的。浮选机在去除悬浮物和油中起到关键作用，达到了预期目的。

表 10－31 处理单元悬浮物和油去除率

序号	单元名称	单元去除率/%		总去除率/%	
		悬浮物	含油	悬浮物	含油
1	调节水罐	50.1	56.8	50.1	56.8
2	除油罐	40.2	24.9	20.0	10.8
3	浮选机	86.9	96.3	25.9	31.2
4	澄清池	10.9	36.4	0.4	0.4
5	核桃壳	67.1	14.3	2.3	0.1
6	多介质	63.0	25.0	0.7	0.2
7	软化器	70.0	11.1	0.3	0.1
8		合计		100	100

单元总去除率见图 10－9。

(3) 系统除硅效率

通过表 10－29 可以计算出：不投除硅单元二氧化硅去除率为 10.6%，投除硅系统二氧化硅去除率为 57.1%。

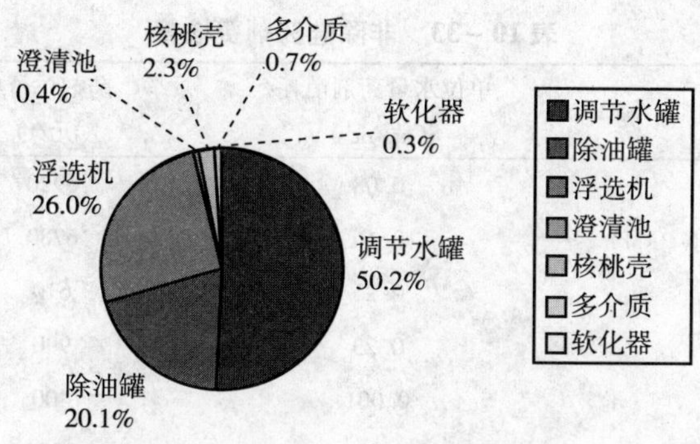

图 10－9　各处理单元悬浮物和油总去除率饼状图

五、经济指标

1. 运行成本

运行成本主要包括药剂消耗、电耗、人工及折旧等。

(1)药剂消耗

①非除硅化学药剂消耗：单位水量药剂消耗 0.72kg/m^3，详见表 10－32。

表 10－32　152d 药剂用量一览表

序号	名称	加药量/t	每日用药量/(t/d)	累计处理水量/($\times10^4m^3$)	单位水量药剂消耗/(kg/m^3)
1	反相破乳剂	148.2	0.97	178	0.08
2	铝盐(PAC)＋絮凝剂(PAM)	290	1.90	178	0.16
3	酸	362	2.38	142	0.25
4	碱	330	2.17	142	0.23
5	聚沉剂	3	0.02	178	0.001
6	阻垢剂	13	0.09	178	0.007
	合计	1146.2	7.53		0.72

②除硅化学药剂消耗

a. 氯化镁 700～800mg/L

b. 氢氧化钠 800mg/L

c. 絮凝剂 60mg/L

单位水量药剂消耗 1.66kg/m^3。

(2)电耗

单位水量电耗 0.94kW·h/m^3。

(3)药剂费核算

①非除硅药剂费核算：见表 10－33，单位水量药剂费 2.06 元/m^3。

②除硅药剂费核算：见表 10－34，单位水量除硅药剂费约 3.30 元/m^3。

该工程以可靠、实用、低耗、自动化适中、效益好为目标，积极采用适合欢三联水质特点的新工艺、新技术、新设备和新材料。单位水量能耗 0.90kW·h/m^3，单位水量化学药剂消耗 0.24kg/m^3，单位水量酸碱消耗 0.4kg/m^3，单位水量药剂费 2.06 元/m^3 废水。

表 10-33 非除硅药剂费核算

序号	名称	单位水量药剂消耗/(kg/m³)	药剂单价/(元/t)	单位水量药剂费/(元/m³)
1	反相破乳剂	0.08	6920	0.55
2	铝盐(PAC)+絮凝剂(PAM)	0.16	6780	1.08
3	酸	0.25	610	0.15
4	碱	0.23	990	0.23
5	聚沉剂	0.001	400	0.0004
6	阻垢剂	0.007	8080	0.05
	合计	0.72		2.06

表 10-34 除硅药剂费核算

序号	名称	药剂投加浓度/(mg/L)	药剂单价/(元/t)	单位水量药剂费/(元/m³)
1	氯化镁	800	2600	2.08
2	氢氧化钠	800	990	0.79
3	絮凝剂	60	6920	0.41
	合计			3.28

生产运行表明：该工程工艺先进、流程简单、能耗和化学药剂消耗低，平面布置合理、美观，水质在线检测及自动化系统可靠、先进，整体技术达到国内领先水平。

除硅工艺投药量大、成本高，技术管理难度大，并且投除硅工艺后，多介质过滤器运行周期大大缩短，不适合除硅工艺。另外，除硅后水的硬度、pH 值、碱度等都有较大提高。第三，生产运行表明：在高碱度水质条件下，处理后水中二氧化硅保持在 100mg/L 以内，热采锅炉能够安全、稳定运行。所以，针对欢三联水质，鉴于技术、经济及多介质精细过滤器等方面因素，不宜投除硅系统。

2. 效益分析

(1)注汽锅炉用清水成本

①制水成本(C_1)。此段成本为从水源井到注汽锅炉进口所发生的费用，根据勘探局供水公司统计计算地下水从地下到注汽锅炉软化前的制水成本约 1.4 元/m³，此制水成本包括生产工程中的电费、药费、工资福利、折旧、大修和其他费用。

②制汽成本(C_2)。此段成本主要为热注站制汽所消耗的燃料费、电费、药费(软化、脱氧)、工资福利、折旧、大修和其他费用。由于电费、药费、工资福利、折旧、大修等费用用清水和废水时相差不大，认为相等，不再计算，只计算燃料费。经计算单位水量燃料费用为 700 元/m³。

③无效回注成本(C_3)。无效回注成本包括电费、工资福利、折旧、大修和其他费用等，为了简化计算，只计算运行电费，其余费用不再计算。经计算单位水量电费为 1.67 元/m³。

总成本 C_A = 制水成本 + 制汽成本 + 无效回注成本 = $C_1 + C_2 + C_3 = 1.40 + C_2 + 1.67 = 3.07 + C_2$(元/m³)

(2)注汽锅炉用废水成本

①制水成本(C_{10})。此段成本为废水处理成本，包括电费、药费、工资福利、折旧、大

修和其他费用。经计算制水成本为3.05元/m^3。

②制汽成本(C_{20})。此段成本主要为热注站制汽所消耗的燃料费、电费、药费(软化、脱氧)、工资福利、折旧、大修和其他费用。由于电费、药费、工资福利、折旧、大修等费用用清水和废水时相差不大，认为相等，不再计算，只计算废水与清水温差所节省的燃料费用。

总成本 C_B = 制水成本 + 制汽成本 = $C_{10} + C_{20} = 3.05 + C_{20}$(元/$m^3$)

(3)成本比较

将注汽锅炉用清水与用废水总成本进行比较：

$C_A - C_B = (3.07 + C_2) - (3.05 + C_{20}) = (C_2 - C_{20})$(元/$m^3$)

经计算单位水量节省燃料费用 $C_2 - C_{20} = 2.45$ 元/m^3。

欢三联日处理水量为2万m^3，年产生经济效益可达1788.5万元。

六、采用的新工艺、新技术、新设备、新材料

1. 新工艺

欢三联废水深度处理站工程设计是在总结国内外含油废水成功经验和失败教训基础上，为适应锦州采油厂原油开采方式、集输方式、脱水方式以及欢三联的水质特点积极采用的新工艺、新技术、新设备、新材料，主要技术特点为短流程新工艺，具体如下：

(1)废水处理主流程采用调节、重力除油、浮选、澄清、过滤和离子交换软化处理工艺；

(2)斜管除油、浮选、澄清工艺采用重力流程，二级过滤、二级软化采用一次提升，减少提升次数，节约能耗；

(3)采用废水调节缓冲工艺，将系统产生废水，根据其污染程度进行分类，对较脏废水单独进行处理，处理后打回主流程，减轻对主流程水质冲击；

(4)采用先除油，后除悬浮物的处理工艺。分段处理有针对性地加药，更好地强化了各段功能，提高了药效，另外也为污泥脱水创造了条件；

(5)采用水射器密闭配酸、配碱工艺，安全、可靠、环保、卫生；

(6)采用事故回流工艺。当出现水质恶化，不满足过滤单元进水水质时，系统自动检测、报警。切换废水处理流程，避免恶化水质对滤料和树脂的污染，同时保证出水水质；

(7)采用重力浓缩，厢式压滤机脱水的污泥处理工艺；

(8)利用处理后的废水采暖不但省去锅炉前软化工艺，还利用了废水的温度，降低了能耗。

2. 新技术

(1)采用微絮凝过滤技术，保证出水悬浮物小于2mg/L；

(2)采用接触絮凝、澄清除硅技术；

(3)提升泵、外输泵、加药泵采用变频调速技术；

(4)采用电磁调速技术，解决污泥脱水机自动保压问题；

(5)采用超声波技术，解决重力输水管道流量计量问题；

(6)采用内喷涂料技术，解决钢管水质二次污染问题；

(7)采用地上架空铺设技术，解决玻璃钢输水管道穿越苇塘问题；

(8)采用夯扩桩地基处理技术，解决房屋设备位于回填土上的基础问题；

(9)采用钢骨架固定轻型彩板技术，解决大跨度厂房屋面问题。

3. 新设备

(1)采用高效溶气浮选机。该机功能齐备，工作稳定可靠，出水水质高，占地比常规溶气浮选机节约50%左右；浮选机进水采用管道混合器进行药剂混合，内部采用斜板提高固液分离效率，底部设有刮泥、顶部设有刮渣机。

(2)采用全自动多介质精细过滤器。配有化学清洗设备1套，设备出水含油和悬浮物均小于2mg/L，保证了进热采锅炉水质指标；

(3)采用大孔弱酸树脂固定床软化器，运行可靠、稳定，操作便利；

(4)采用体外搓洗全自动核桃壳过滤器；

(5)采用浮动收油装置，收油效果好，操作便利；

(6)采用立式螺杆泵输送污油池内污油。室外安装，既简化工艺，又节省了污油泵房；

(7)采用厢式压滤机进行含油污泥脱水，脱出污泥含水率比离心脱水低10%左右。

4. 新材料

(1)采用新型反相破乳剂，更好地适应含油废水性质；

(2)采用国产大孔弱酸树脂D113软化含油废水；

(3)采用耐含油废水温度和腐蚀的玻璃钢斜管，提高单体处理效率，节约占地；

(4)采用既耐酸碱又耐油的特殊橡胶制品作为弱酸软化器及配管内衬，保证了设备及管道的使用寿命；

(5)采用FRP/PVC复合管道输送浓盐酸液体，解决腐蚀和强度问题；

(6)采用PPR非金属管道输送有腐蚀的化学药剂，解决以往管道腐蚀问题。

综上所述，稠油废水回用于热采锅炉具有巨大的经济效益，是环境效益和经济效益的完美统一。现场中试结果表明：若包括原油回收费，其净效益可达8.7～9.2元/m^3，若不包括原油回收费，其净效益可达2.5～3.0元/m^3。辽河油田目前日产稠油废水$8.41\times10^4m^3$，若全部回用于热采锅炉，其每年的净效益可达7674万～9209万元，经济效益非常明显。因此不论是从环境效益和社会效益，还是从经济效益的角度出发，大量的稠油废水宜首选回用于热采锅炉，其次才是达标外排。

第十一章　海洋石油开发废水处理及溢油防治技术

海洋蕴藏了全球超过70%的油气资源，全球深水区最终潜在石油储量高达1000亿桶，深水是世界油气的重要接替区，因此采油是21世纪最具潜力的石油开采方式，是维护国家能源安全和海洋权益的重要举措，战略意义重大。

我国海洋石油开发工业从1964年在渤海海域开始勘探，1966年用固定平台钻成第一口石油探井。1975年建成第一座渤海四号采油平台后，渤海七号、渤海六号采油平台相继投产。自1980年开始，海洋石油工业与外资合作进行勘探、开发、生产，中外合作开发生产的油田有位于渤海海域的埕北和渤中28－1两个油田、位于南海北部湾的涠10－3油田等。目前，中国海洋石油总公司在我国海域已经建成82个油气田，产量约占我国年产量的1/4。2012年2月4日，我国建成世界最先进的半潜式钻井平台第6代深水钻井平台“海洋石油981”，它的最大作业水深3050m，最大钻井深度12000m，填补了中国在深水装备领域的空白，使中国跻身世界深水装备的领先水平。2012年5月9日，“海洋石油981”在南海海域正式开钻，是中国石油公司首次独立进行深水油气的勘探，标志着中国海洋石油工业的深水战略迈出了实质性的步伐。它的投入使用，对于我国进军深海海洋工程装备开发、提升深水作业能力、实现国家能源战略、维护国家权益等具有重要的战略意义。

海上采油过程需要解决诸多技术问题，其中与水处理相关的主要包括三个方面：其一是油田采出的含油废水的处理，这是防治海洋污染的关键环节；其二是油田注水过程存在的结垢问题，其有效解决对于保障海上油田的可持续开采至关重要；其三是海洋石油开发溢油防治，实现长周期安全稳定生产，保护环境。

第一节　海洋石油开发废水污染与处理工艺

一、概述

海洋石油开发废水是石油勘探、开发、生产过程中排放的废水，主要包括采油废水、钻井废水、洗井废水和采气废水。在这类废水中，量最大的是采出水。还有少量来自密闭排泄、敞开排泄、火炬水封罐的废水。废水中主要是油和少量氯离子及钙、镁离子，还有悬浮物，少量BOD、COD。

海洋石油开发废水有如下特点：①废水随时间而变化。油田开始投入生产时，基本上没有采出水，随着油田生产时间的增长，废水量也不断增加，到生产后期，从地层出来的井液大部分是采出水，这种变化各油田甚至各井都不同。②海洋石油开发废水的污染以石油污染为主，尤其以石油组分中的芳香烃类有机物的毒性更为严重。每升废水含油浓度在几百到几千毫克范围。③由于原油的性质不同，废水中油的乳化程度不一。④废水一般呈碱性。

二、废水的污染现状、危害及治理情况

1. 污染现状

海洋石油开发工业的含油废水，系指采油平台上经过处理后从固定排污口排放的采油工艺废水。海洋石油开发工业含油废水排放标准分为两级，一级适用于辽东湾、渤海湾、莱州湾、北部湾，国家划定的海洋特别保护区，海滨风景游览区和其他距岸10海里以内的海域；二级适用于一级标准适用范围以外的海域。

1989年，海洋石油开发工业共生产原油约95.3×10^4t，排放入海的废水共约$45\times10^4m^3$，绝大部分是达标排放的。中海油集团2009年实现了4766万t油气当量，2010年海上油气年产量首次突破5000万t油气当量，加上海外产量和进口，中海油的油气供应总量达到7525万t当量，比2005年翻倍。油气产量已经逼近国内第二大石油巨头中国石化，与中国石油、中国石化形成了三足鼎立的局面，且未来中海油的油气产量可能占到全国产量的半壁江山。目前中海油已经掌握了300m水深的油气勘探开发成套技术体系，具备了在1500m水深条件下的作业能力并正积极向3000m水深迈进。在“十二五”期间，中海油将投入3500多亿元用于中国海域的油气资源勘探开发，其中将投资200多亿元用于深水大型装备建设，在海外建成一个“大庆油田”，2020年前再建一个深水为主的“深海大庆油田”。

原油产量的逐年递增，必然产生大量的含油废水，尽管绝大部分达标排放入海，但对天然水体的潜在污染危险是绝不能忽视的。尤其是近年来，国际国内海上采油区管道泄露溢油事故时有发生，并造成相当大的生态灾难，已经引起全世界的高度重视。例如墨西哥湾漏油事件，2010年4月20日夜间，位于墨西哥湾由英国石油公司(BP)租赁的“深水地平线”钻井平台发生爆炸并引发大火，大约36h后沉入墨西哥湾，11名工作人员死亡，钻井平台底部油井自2010年4月24日起漏油不止，每天漏油达到5000桶，并且海上浮油面积在2010年4月30日统计的$9900km^2$基础上进一步扩张。此次漏油事件造成了巨大的环境破坏和经济损失，同时，也给美国及北极近海油田开发带来巨大变数。还有渤海蓬莱油田漏油事件，中国海洋石油总公司和美国康菲石油公司共同持股的19-3油田B、C生产平台于2011年6月4日、17日两次发现溢油事故，2011年7月13日关闭，9月初油田全面停产，对渤海海洋生态环境造成严重的污染。

2. 废水的危害

大量石油烃类的有机物排入天然水体，会消耗溶解氧，从而破坏生态平衡，影响鱼类生存。鱼虾体内积存了石油，通过食物链进入人体，还会影响味道。沉于水底的有机物可厌氧分解产生硫化氢。石油组分中的芳香烃对鱼虾类海洋生物有致畸和致癌作用。石油对海洋回游动物的影响程度可用致死浓度来衡量，如对梭鱼96h的致死浓度为0.62mg/L，最大忍耐限度为0.12mg/L，而且石油对海洋动物幼体的影响要比成体的大。

3. 废水治理清况

大型采油平台，一般都设有处理装置就地处理废水，小型采油平台或离岸较近的平台，可用船只或管道将废水输送到陆地处理。

从一开始，海洋石油开发工业的废水治理与油田生产设施同时建设。第一座海上生产平台——渤海四号采油平台(以下简称海四)于1975年投产，当时，我国还未公布海洋石油开发工业含油废水排放标准。海四采用隔油-浮选-过滤三个设施组成的含油废水治理系统，外排水含油在10~20mg/L。这种方法用于对后来建成的渤六生产废水处理，因原油较稠，

废水中油不易脱除，故处理效果较差，为此，渤海石油公司设计公司工艺室自行研制了“小型高效除油器”，即采用聚丙烯球、聚丙烯布(或毡)作填充材料，以粗粒化原理除油，实验成功之后，在采油平台上使用，至今仍能达标排放，废水含油在30mg/L以下。

1985年9月投产的渤海埕北油田，由于原油比较稠，所以用聚结器(类似斜波纹板隔油)→充气浮选装置→活性炭、砂滤器三级处理。要求进入聚结器的废水含油浓度小于5000mg/L；最终出口浓度可在5mg/L，但由于埕北油田原油稠，已进入高产水期，加之操作及红外分析法抗干扰能力差等多方面原因，有时超标准排放。1989年埕北油田外排废水$30\times10^4m^3$，达标率为35%，废水含油浓度在20～80mg/L；超标的废水含油浓度在50～120mg/L之间。

1986年7月投产的北部湾涠10－3油田和1989年5月投产的渤中28－1油田，油质较埕北油田轻，所以涠10－3油田的含油废水治理系统比埕北油田省去了活性炭和砂滤器，渤中28－1油田的含油废水治理系统比埕北油田省去了充气浮选装置。这两个油田含油废水均能达标排放。1989年，涠10－3油田外排废水$7.8\times10^4m^3$，含油浓度在4～19mg/L之间；渤中28－1油田排放废水$1.6\times10^4m^3$，平均含油浓度为17.8mg/L。

1989年1月投入试生产的位于南海东部珠江口盆地的流花10－1－6井，其含油废水治理装置的原理与前面所述不同，它是利用水及油相对密度不同的原理而制成的水力旋流器，把油从水中分出。经该装置处理的废水能达标排放。废水含油浓度在25～40mg/L之间。

尽管根据原油物性的不同，不断改进废水治理装置，但对稠油废水的治理，目前尚无良策，为了在勘探开发海上石油的同时，保护海洋环境，渤海石油公司于1987年开展了稠油废水处理的科研工作，取得了一定进展。

目前在治理上存在如下问题：

(1)海上生产原油具有高密度、高含腊、高倾点(通称“三高””原油)的特点(见表11－1)，废水含油量高，使进入处理装置的废水含油浓度超过设计标准，导致外排废水不能达标排放。

表11－1　几个海上油田原油的主要特征

油田名称	位置	密度(15℃)/(kg/m^3)	含蜡量(质量分数)/%	倾点/℃	黏度/mPa·s
惠州21－1	珠江口	800	15.6	25/30	2.7～4.2(50℃)
涠10－3	北部湾	858	27/29	35/38	4.7(50℃)
埕北	渤海	955	5.74	7.7	750(50℃)
渤中28－1	渤海	830	15/20	33	3.7(50℃)
渤中34－2	渤海	854	15.42	15/30	9.1(40℃)
西江24－3	珠江口	858	45	40	8.3(45℃)

(2)操作管理上的问题。设备运转时间长，需要清理、调整和维修，但由于需要维持油田继续生产等原因，以致不能对设备及时进行检修。

三、典型处理流程介绍

早期海洋石油开发废水处理工艺流程大体分为两类，即二段和三段治理流程。前者分为混凝除油和过滤除油两部分；后者分为除油罐油水分离除浮油和混凝除油，进一步除去浮油和部分乳化油，及压力过滤除油三部分。近几年又发展了粗滤化除油和气浮法除油代替混凝法除油工艺。

1. 浮选－压滤法

渤海四号采油平台是我国第一座海上综合性采油平台，有8口油井，年产原油3万余t。含油废水来自来出原油和伴生水，含油约1000mg/L。除油采用下列浮选－压滤工艺，工艺流程如图11－1所示。

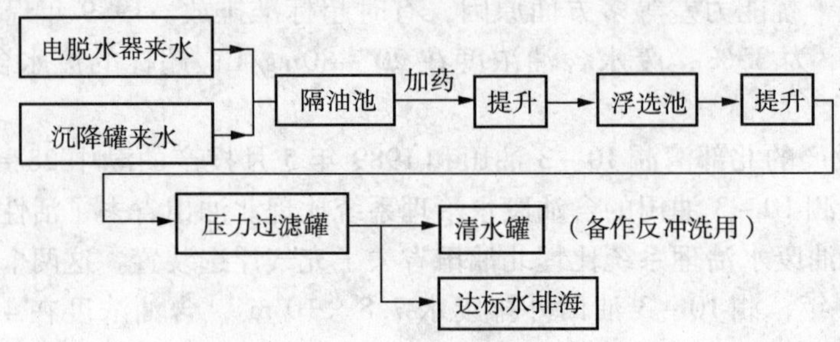

图11－1　浮选－压滤法工艺流程图

隔油池（$24m^3$）用隔板分为3间。每间安装45°斜板一组，斜板间距分别为50mm、40mm、30mm。含油废水通过斜板后，油水即可分离。污油通过集油管流入收油罐，然后用压缩空气压入沉降罐，再循环脱水。隔油池的废水通过提升泵送至浮选池（容积$24m^3$），在泵的进口管内加入药剂$A1Cl_3$（浓度0.5%，加药量可根据废水中含油量而定）。加药浮选后废水进双层过滤罐（2座），其中所装滤料分上、中、下三层。下层层厚200mm，粒径为14mm的石英砂，中层层厚300mm，粒径为0.4～0.9mm的石英砂，上层为活性炭，粒度8～30目，层厚300mm。

采用该流程设计的含油废水处理装置用于渤海四号采油平台的含油废水处理，结果表明运行情况正常。年收油2715t，经济效益明显。当时设备一次性投资约5×10^4元，当年收回投资并略有盈余。既保护了环境，又节约了能量，还为企业增加了经济效益。

2. 粗粒化法

废水治理工艺流程如图11－2所示。隔油采用不饱和聚脂玻璃钢制成的波纹斜板成45°角重叠安装而成。一级粗粒化塔内填充料为聚丙烯球，二级粗粒化塔填充料为聚丙烯布。两种填充料均为亲油疏水材料，能将污油吸附在表面，逐步使小油滴变为大油滴，最后上浮至水面而流失，使含废水得到深度净化。

采用该流程设计的含油废水处理装置用于渤海八号采油平台的含油废水处理，自1979年投产以来，运转正常稳定，排水含油30mg/L，年回收原油约$380m^3$，经济效益显著。

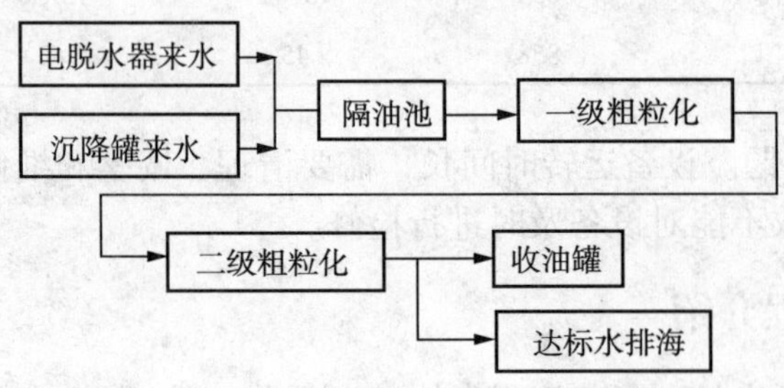

图11－2　粗粒化法处理含油废水流程图

3. 浮选－砂滤法

我国渤海石油公司为了治理埕北油田稠油废水，从国外引进了气浮－砂滤装置，其工艺流程如图 11－3 所示。

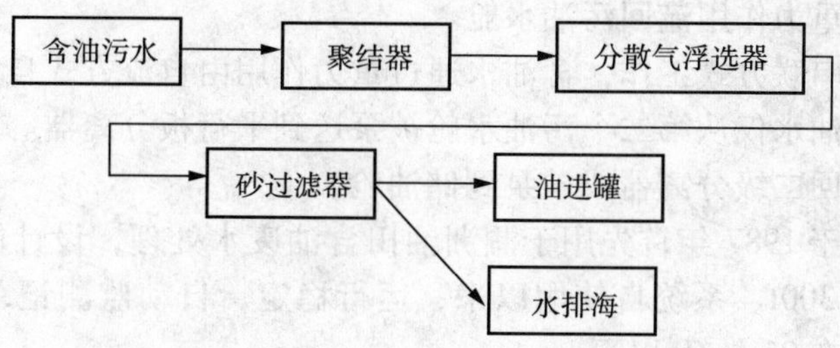

图 11－3　浮选－砂滤法处理含油废水流程图

聚结器是一个装有出流板组的出流分离器，出流板组实际包括一个固定在框架上的波纹板装置，如图 11－4 所示。水流从进口穿过板组到出口一侧时建立了层流状态。在通过板组的过程中，油上升到板的顶部通过一个油槽撇出，而离开板组的水进一个敞开的排放溢流槽排出。

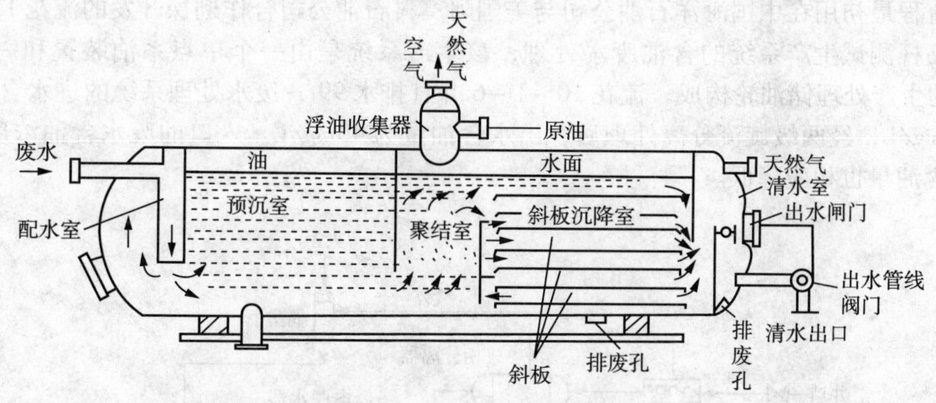

图 11－4　聚结器结构示意图

分散气浮选器原理：当转子在转动时，立管内的液体由于离心力的作用而通过扩散器的开口排出，气体被吸入立管并在下部与液体混合。最后，气体和液体一起通过扩散器的开孔。在加入浮选药剂的同时，气体变成微小气泡并在浮选槽中分散。乳化油和固体颗粒黏附到小气泡上，而后浮至水面成为浮渣，浮渣由浮选槽两侧溢油堰上方的浮渣撇除器撇除。

砂过滤器是基于深度效应原理的下向流型的高速率过滤器，填充两种过滤介质：在高密度的细砂上面为粗砂及极硬无烟煤。

设计要求上述设施进口水含油小于 2000mg/L，悬浮物小于 1000mg/L，出口水含油 10mg/L，悬浮物小于 5mg/L。

采用该流程设计的含油废水处理装置用于埕北油田的含油废水处理，设备运行正常，但由于原油性质为重质高黏度油（$d_4^{20}=0.957$），水中油不易脱净，使进口水含油（指凝结器）经常大于 3000mg/L，超过了设备的设计范围，治理效果不尽理想。在水量小、浮选药剂及操作等一切正常的情况下出水石油类可达 30mg/L，一般为 50mg/L。

4. 沉淀分离法

含油废水先进入污油水舱，经过静置、沉淀后，含油废水分离为油相和水相。油相作为回收油从污油水舱中泵回二级分离器，有时也用泵送到储油舱，水相部分则被泵送到平行板分离器以进一步分离为油相和含油水；在这里，油通过重力作用流回污油水舱，而含油水则由重力作用流向浮选装置以便进行最后的油水分离。从浮选装置出来的水含量低于30mg/L，排放入海，而油仍由重力作用流回污油水舱。

两个污油水舱以串联方式工作，含油水通过重力作用由自流方式自第一个污油水舱流到第二个舱，这样，含油水仅从第二个污油水舱被泵送到平行板分离器。当污油水舱的油相积累到一定厚度时被泵回二级分离器或被泵到储油舱。

该废水处理系统于1987年首先用于涠洲油田含油废水处理，设计能力为日处理油井产液3700t、含油废水1300t。系统自使用以来，运行稳定，自动监测记录和人工取样分析表明，排水的含油量均在25mg/L以下。

5. 旋流分离法

含油废水治理工艺流程见图11－5。含油废水经过废水预处理装置初步分离后用加压泵加压到约9.8×10^5Pa，进入到两台水力旋流器，或经过水力旋流器二级串联处理，处理后的水，含油量小于50mg/L，排入海中，还有近10%的水含油量较高，返回到含油水储仓。如含油量少的那部分水达不到50mg/L以下，就返回预处理装置或返回水力旋流器再次处理。

该流程最初用在中国海洋石油公司与美国阿莫科石油公司合作勘探开发的流花11－1油田延长钻杆测试生产系统的含油废水处理，该生产系统是由一个单点系泊装置和一艘7×10^4t级的生产处理储油轮构成。流花10－1－6井日排水99t，废水处理系统的进水含油浓度为1000mg/L，经两级旋流分离处理后，出水含油量为40mg/L。入口的废水含油浓度越低，出水的含油量也相应降低。

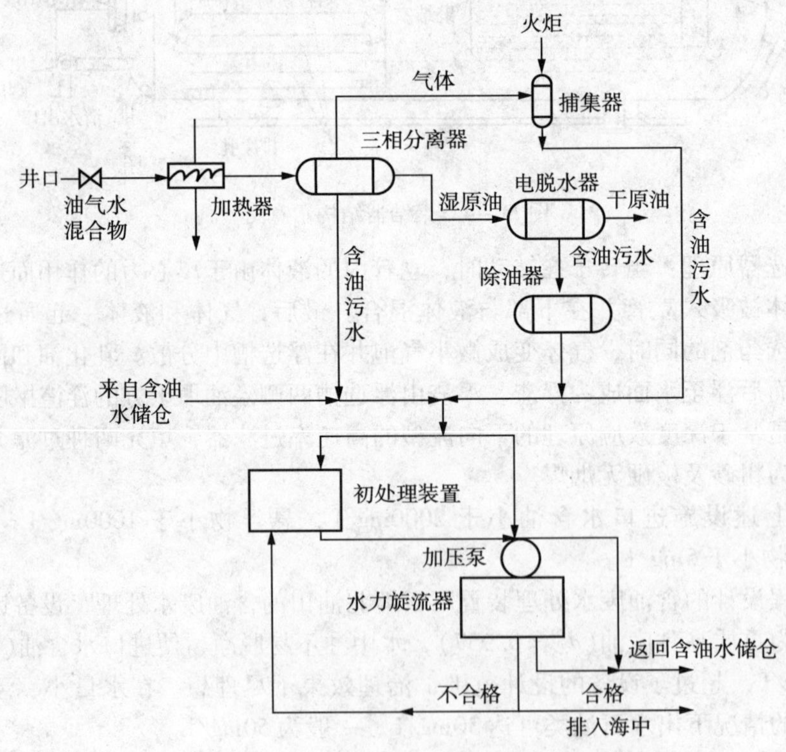

图11－5　旋流分离法处理含油废水工艺流程图

第二节　海上油田注水及膜法水处理技术

由于海上采油平台的寿命短、风险高，因此必须提前采用注水开发方式。采出水处理后回注是保障油田可持续性开发并减轻环境污染的一个重要途径。但油田采出水含油量、矿化度、固体悬浮物含量高，且含有腐生菌和硫酸盐还原菌，以及采油过程、油水破乳及输送过程中投加的种类繁杂的药剂，使其处理难度极大。由于油田采出水量与注入水量不平衡，需要通过打水源井或直接注入海水的方式补充水量。打水源井不仅成本很高，而且井水的矿化度一般较低，与储层水的盐度相差较大，会引起储层中黏土颗粒的迁移，致使渗流孔堵塞。此外，直接注入海水也存在较严重的结垢问题。因此海上采油新型水处理技术的开发与应用至关重要。

一、海上油田注水技术现状及存在的问题

1. 传统注水处理工艺及注水指标

传统的采出水处理工艺主要是围绕去除悬浮物和除油展开的。国外海上油田常用的净化装置有气体浮选装置、离心机、水力旋流器、电泳装置、波纹板分离器、薄膜过滤器等，国内油田的采出水处理回注工艺大多数也以隔油－混凝(气浮)－过滤工艺为基础。渤海油田原油处理厂生产废水处理工艺即包括斜板除油、气浮和核桃壳过滤3个工序，处理出水供油田注水用。胜利埕岛海上油田的采出水处理系统采用自然沉降、水力旋流、纤维球过滤工艺，出水达到注水水质标准后回注到储层中。另外，离心分离方法在南海海上油田也有应用。

传统直接注入海水的处理流程，主要围绕除悬浮物和除氧展开。英国北海福蒂斯油田于1976年开始注入海水，其海水处理工艺为精滤器－换热器－脱氧塔－清滤器－注水泵。国内，埕岛油田选用了海水粗过滤、压力斜板沉淀、细过滤、超重力脱氧、电解氯化杀菌、药剂投加等海水处理工艺，处理后海水中悬浮物≤5mg/L、含氧量≤0.05mg/L，颗粒粒径中值控制在4μm以下。渤海绥中36－1油田采用的注水要求从海水中滤掉90%～95%的直径≥5μm的颗粒。

各油田含油储层的孔隙结构及其渗透率各不相同，目前全国主要油田的注水水质标准参照石油天然气行业标准《碎屑岩油藏注水水质推荐指标及分析方法》(SY/T 5329—94)。该标准对水中悬浮物含量及粒径、含油量、细菌含量等几项指标有严格要求，但对注水中易致垢的二价离子则没有相应的要求。因此，尽管一般情况下注水水质达到了SY/T 5329—94中相应指标的要求，但在生产中结垢现象依然较严重。

2. 海上油田注水存在的问题

(1)油田回注废水处理工艺存在的问题

在油田回注废水处理工艺流程中，除油系统是一个关键环节。目前回注水处理除油工艺可去除绝大部分的悬浮油、分散油和乳化油，但出水中仍含有少量的油类，致使滤料失效速度加快，并造成注入能力下降，给油田生产造成很大影响。如渤海油田绥中36－1海上油田平台回注废水处理系统采用核桃壳过滤器作为最后一级精滤器，由于采出水中的细菌使滤料颗粒之间发生粘连，造成油水分离及悬浮物沉降困难，导致过滤器出水油类、悬浮物含量偏高(悬浮物含量为18mg/L，含油量为27mg/L)，达不到该平台要求的注水水质指标(含油量

≤15mg/L，悬浮物含量≤10mg/L），加快了滤料的污染。

回注水处理工艺存在的另一个问题是，传统的絮凝、过滤等工艺对细菌的去除效果较差，其中的硫酸盐还原菌会将硫酸盐还原为硫化氢，导致注水管线受腐及腐蚀物脱落，这是造成回注水中悬浮固体含量高的重要原因，此外细菌和悬浮固体聚集成的黏液团也是造成储层堵塞的重要原因之一。

(2)海上油田废水回注的储层损害问题

国外海上油田注水开发已有较长历史，对产出水回注造成储层受损的主要原因、损害机理已有较深入研究。研究发现，注入水中携带的悬浮固体、石油液滴、细菌和形成的水垢以及储层中的完井液、黏土细砂粒等因素共同作用，形成桥堵和滞留在孔隙中堵塞储层喉道，使储层渗透能力受损，引起储层严重堵塞，注水能力下降很快，特别是细菌的繁殖会导致渗透率出现严重下降。

国内海上油田回注采出水的工作起步较晚，对采出水造成的储层伤害及补救措施经验不足。这部分的文献报道还较少，但可以看到，采用清污混注方式的回注废水处理系统，处理后的废水与水源井的清水不配伍，严重时会产生大量黑色絮状悬浮物。这种不配伍现象在渤海其他油田中也普遍存在。

(3)海上油田注海水存在的问题

海水是海上油田首选的注入水水源，但海水中硫酸盐的浓度较高，而地下岩层水中钙离子(部分地下岩层中是钡或锶离子)的浓度很高，两者混合时必然会发生严重的硫酸盐或碳酸盐沉淀即水垢，使注水井附近区域的储层受堵严重，大大降低注水能力，从而无法保障油田的压力平衡，导致油田产量大幅下降。硫酸盐水垢一旦形成，只能采取机械钻或铰刀的形式清除，需要将井关闭，取出钻井索具和生产装置，处理费用昂贵，并且只能去除生产装置内部的水垢，不可能去除储层中的水垢。有研究表明，全球每年因油井结垢引起的经济损失至少有 500 亿美元。

另一方面，许多注入海水的油田都因硫酸盐还原菌将硫酸盐还原为硫化氢而使储层变为酸性，从而引起采油井和地面设施受腐蚀，并产生硫化物水垢，造成设备管线的堵塞。因此，以海水为注入水水源时，还必须进行与硫化物相关的修复工作以及设置安全保护系统。渤海 SZ36－1 油藏为酸性油气藏，地层油气含硫化氢(H_2S)气体，硫化氢溶于地层水伴随原油产出，因此生产废水中含有硫离子(S^{2-})。硫酸盐还原菌的生长繁殖也将使硫酸盐、亚硫酸盐转变为硫化氢，引起金属管道器具的腐蚀，并在清水、废水混注时产生 FeS 等水垢，形成大量黑色悬浮物。国外的研究发现，由于不正确的注水方式，还可能引起放射性污染。铀(^{238}U 和 ^{235}U)和钍(^{232}Th)以稳定的化合物形式存在，但其 γ 射线的子核很容易与富含氯的储层水一起转移。一旦这些放射性元素发生渗漏，将会产生很大的危害，其中镭与其同位素易同其他难溶碱金属以硫酸盐的形式共沉。英国南部 Brae 油田的储层中含有辐射性的^{226}Ra 和^{228}Ra，会与硫酸根发生沉淀，将导致生成天然辐射性物质的水垢，存在安全隐患。国内海上油田因为开发较晚，关注较多的是形成的硫酸盐垢，还未见油田酸化及硫化物垢以及放射性等方面问题的报道。我国南海涠洲 12－1 海上油田早期以富含硫酸根的海水为注入水水源，所含硫酸根离子与储层水中富含的钡、锶等离子生成沉淀，导致该油田中块油井严重结垢。在修井作业中发现，A6 井下管柱严重结垢，A3 和 A5 井的相应位置油管内外也有垢层，这是涠洲 12－1 油田中块油井生产中亟待解决的突出问题。胜利油田埕岛海上油田的配伍性试验表明，混合后的水在高温下仍会出现结垢。

二、海上采油过程膜法水处理技术

1. 超滤/微滤膜的应用

采出水经过传统的絮凝、沉淀等处理后，含油量较低(一般可降至10mg/L以下)，主要以乳化油和溶解油形态存在。由于处理出水中含有表面活性剂等物质，采用传统方法很难将乳化油和溶解油分离开来。膜分离技术在处理油田采出水方面具有突出的优势，超滤和微滤膜技术可有效去除废水中的乳化油类。选择适宜的膜工艺和膜组件，可一次去除水体中粒径<100μm的油滴，对分散油和乳化油的适应性均很强，除油率>90%，对细菌也有较好的去除效果，且无二次污染，过程无相变，流程短，能耗低。许多研究者都开展了用微滤和超滤处理陆上油田采出水的研究，对海上油田采出水的处理报道则很少。

微滤膜在采出水处理方面的应用研究多采用陶瓷微滤膜。谷玉洪等利用0.8μm的陶瓷膜过滤器处理辽河油田某采油厂砂滤后的采出水，水中悬浮物固体含量由20~50mg/L降至1mg/L以下(颗粒直径<1μm)、含油量<3mg/L，可满足特低渗透油田注水水质要求。王怀林等用陶瓷膜处理采出水，处理出水达到了低渗透油田的注水水质要求。Cakmakci Mehmet等采用溶气气浮、酸化、石灰絮凝沉淀、筒式过滤(5μm和1μm)、微滤和超滤处理Trakya地区的油田采出水，并利用纳滤和反渗透进行最终的脱盐处理，结果表明该种预处理出水水质可达到土耳其石油工业排放水的COD要求(250mg/L)，用0.2μm的微滤膜可以很好地达到RO进水水质要求。

随着对环境保护的日益重视和能源的日益紧张，近年来超滤膜在油田采出水处理方面的研究与应用得到迅速发展。国内各大油田和主要科研院所相继开展了相关的试验研究与应用工作，处理后的出水水质可以满足《碎屑岩油藏注水水质推荐指标及分析方法》(SY/T5329—1994)中A1类标准的要求。于水利采用非对称结构的陶瓷复合超滤膜和PVDF(聚偏氟乙烯)超滤膜组件对大庆油田采出水进行了处理，结果表明超滤对浊度、油和悬浮物的去除率分别达到97%、98%、94%以上，对硫酸盐还原菌(SRB)、铁细菌(IB)、腐生菌(TGB)的去除率接近100%，渗透液浊度<1NTU，原油<1mg/L，悬浮物<1mg/L，对有机碳和化学需氧量的去除率超过98%和90%，固体颗粒的中径<2μm。李发永等用外压管式聚砜超滤膜装置现场处理采出水，王立国等开展了核桃壳过滤-超滤工艺处理油田采出水的研究，均达到了良好的效果。

值得注意的是，国内一些油田已成功开展了超滤处理油田采出水的中试研究，处理出水水质达到油田回注水SY/T5329—1994的A1标准，满足低渗油田或特低渗油田的注水要求。张振家等采用PVC合金中空纤维超滤膜组件对大庆油田某转油站的废水进行了深度处理试验，出水悬浮物含量<1.0mg/L，含油量为1.5mg/L(≤5.0mg/L)，且不含硫酸还原菌，达到了榆树林油田特低渗透油田的回注水要求。雷乐成等采用“先除油、后除悬浮物”工艺，采用硅藻土动态膜超滤工艺精密过滤，在辽河油田开展了规模为$10m^3/h$的采出水处理回注中试，出水中油和悬浮物含量均小于2mg/L，悬浮物粒径控制在1μm左右。大庆油田采油十厂与天津膜天膜公司联合开展了$500m^3/d$的超滤膜处理油田废水深度净化和回用中试研究，对油、悬浮物、细菌的去除率分别为100%、84.3%和97.8%，颗粒粒径的中值为0.7μm，净化后水质达到特低渗透油田回注水水质标准。

2. 纳滤软化海水和采出水的注水技术

直接注入海水的注水方式会引起严重的结垢等一系列问题，提高运行成本，并增加化学药剂用量和增大油井维修频率，其主要原因就是海水中存在较高浓度的硫酸根离子以及钙、镁离子。而以低硫酸盐海水作为回注水，除了可防止结垢外，还减少了还原性硫细菌的营养源，从而降低了硫酸盐还原菌的活性以及由此带来的硫化氢生成量和发生油井酸化的可能性，并降低了与其相关的结垢与防腐蚀的费用和安全隐患，可以减少由此而带来的油井维修费用。国外的研究表明，安装和运行一套海水脱硫酸盐设备以及注入低硫酸盐海水的费用要低于直接注入海水增加的成本，同时可消除与放射性元素的共沉淀并减少了相应的处置费用。由于不再使用阻垢剂，也就避免了与阻垢剂相关的储层受损及排放带来的环境污染等问题的发生，并且在采油平台上或在浮式采油平台 FPSO 上可以减少额外设备。

脱除硫酸盐的关键是采用纳滤膜分离技术，纳滤膜的特点是膜表面一般带有一定量的负电荷，可选择性地去除海水中的硫酸根离子，得到低硫酸盐含量的海水。目前，该技术在海水淡化预处理方面国外已有应用，表明淡化装置结垢趋势大大降低。利用纳滤软化海水作为海上油田采油注水已得到成功应用，1991 年英国北海油田浮动式采油船上已经开始将纳滤软化海水用作油田注水。对于深海采油，除硫酸根的技术更为重要。Firassol 油田水深约 1500m，储层中钡和锶离子含量较高，该油田的浮式采油船系统采用了除硫酸根技术，将海水中的硫酸根离子浓度降至 40mg/L，消除了结垢现象。

目前，对采出水进行纳滤处理的研究报道很少。Mondal 等人采用 NF270、NF90 和 BW30 三种膜进行了采出水的处理研究，结果表明经三种膜处理后可获得 TDS 在 1000 ~ 2000mg/L 以下的采出水透过液，从而证明纳滤在采出水处理中的可行性。

膜法水处理技术在海上油田水处理中将发挥越来越大的作用，对于提高我国海上采油技术水平、打破海上采油的供水瓶颈、降低能耗和开发成本、防止海洋环境污染具有重要意义，是海上油田开发过程中的趋势和必然选择。

第三节　海洋溢油防除技术和治理方法分类

一、溢油防除技术系统

溢油多属于突发性事故，发生紧急，危害严重，而且由于海洋环境特殊，造成处理难度大。溢油处理是一项复杂的系统工程，需要统一指挥，调动各部门密切配合，动用各种方法、技术和设备进行处理才能取得成功。

溢油防除方法和技术的采用，应根据溢油的性质、溢油量、气象水文条件，事故海域及其周围环境近期和长远的影响以及可能使用的不同方法的经济效益比较等进行综合分析，以确定最佳的处理方法和技术。溢油应急技术包括溢油监视、监测、报警、溢油鉴别、溢油扩散预报、溢油回收处理等一系列高新技术。一些发达国家，从 20 世纪 60 年代起就开始研究该项技术，业已形成一整套溢油防治技术系统。中国的溢油应急体系还处于筹建阶段。

许多石油生产国都十分重视海洋溢油的回收和处理技术的研究。为防治海洋石油污染，国际上已制订了一系列法律和条令，如美国的“联邦水污染控制法”、英国的“水利资源(防止污染)法”、日本的“海洋污染防止法”和我国的“中华人民共和国海洋环境保护法”等。我国海洋环境保护法第二章第十八条规定：国家根据海洋环境污染防治的需要制定国家重大海上污染事故应急计划。国家海洋行政主管部门负责制定全国海洋石油勘探开发重大海上溢油应急计划，国家海事行政主管部门负责制定全国船舶重大海上溢油污染事故应急计划，沿海可能发生重大海洋环境污染事故的单位，应当依照国家规定，制定污染事故应急计划。

溢油发生后通常由溢油应急处理中心发出警报，通过卫星、飞机及船只密切监视溢油扩散动向。根据溢油位置、溢油量和性质决定采取处理方案。先用围栏或集油剂控制溢油的扩散，迅速调集各部门的各种油处理机械设备，回收厚油层油，然后用吸油材料、化学处理剂(分散剂、凝油剂)处理薄油层，如图11-6所示。

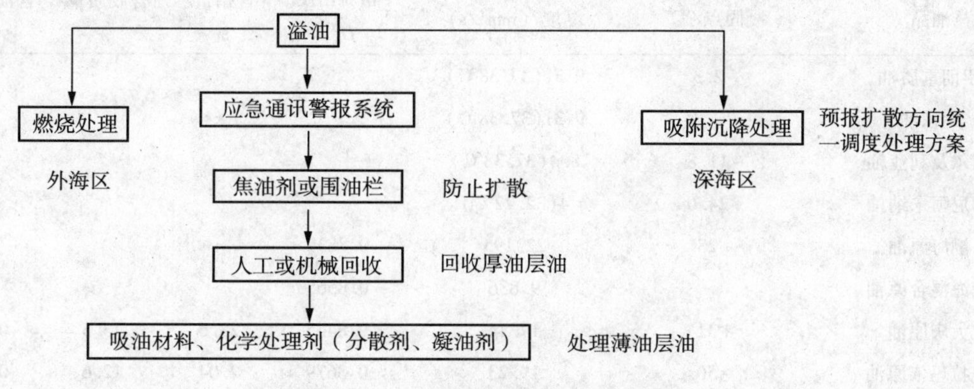

图11-6 溢油防除技术系统示意图

二、溢油治理主要方法分类

海洋表面溢油污染的治理方法可分为物理处理法、化学处理法和生物处理法。物理处理法是利用物理的方法和机械装置，消除海面和海岸的油污染的方法，包括围油栏、油回收船、油吸引装置、网袋回收装置、油拖把、吸油材料吸油和磁性分离法等。机械的和物理的方法主要用于较厚油层的回收处理，到目前为止该法还是溢油处理的主要手段和方法。化学法包括燃烧法和油化学处理剂法。油化学处理剂有乳化分散剂(又称消油剂或油分散剂)、凝胶剂(或称溢油固化剂)、集油剂(或称聚油剂、化学围油栏)。主要利用化学药剂改变溢油物理性质便于溢油回收处理或减少油污染危害。油化学处理剂主要用于机械、物理方法处理后无法再处理的薄油层处理，但是在海况恶劣场合，无法用机械、物理方法处理时，也可作为单独的方法处理。

三、溢油防治方法的选择

1. 根据石油特性的选择

原油及油品的性质不仅影响溢油后的物理化学变化和漂移扩散过程，而且在决定采用何种机械设备回收溢油，用何种方法处理溢油时都必须参考的因素，表11-2为国内外一些原油的物理性质。

对于倾点高的原油，如我国大庆、胜利、任丘原油和印尼原油等，运输过程中需加温，一旦泄漏到海上遇到温度较低的海水马上凝固，经波浪作用，形成大小不等的片状和块状在海面上漂浮。对于这样的溢油采用油分散剂、吸油材料处理是无效的，也不能用吸油泵等吸油装置回收溢油，而采用刮板式、倾斜板式油回收船和网袋回收装置以及人工回收方法是有效的。

对于倾点低的原油，如中东阿拉伯原油及轻质油品，常温下多呈液体状态，一旦溢流到海面，在迅速扩散的同时，低沸点成分不断挥发。在有可能引起火灾以前，作为应急处理措施，喷撒油分散剂使溢油乳化分散是很有必要的。但若溢出已超过30min，低沸点成分已几乎挥发完了之后，是否使用油分散剂，需根据现场情况而定。对该类油，可考虑使用围油栏，并采用刮板式、倾斜式油回收装置、吸油泵、吸油材料和油拖把等回收溢油；水面少量的漂浮溢油最后用消油剂处理。

表 11－2 国内外原油性质

油品	凝固点/℃	黏度/(mm²/s)	相对密度 D_4^{20}	含蜡量/%	含胶质量/%	含沥青量/%
伊朗重质油	－2.3	9.31(37.38℃)				
中东油	－2.3	9.31(37.38℃)				
阿尔及利亚油	－11.8	8.4(37.38℃)				
印尼阿未纳油	＋24.0	4(32.22℃)				
渤海原油	＋28	22.195	0.8839			
南海混合原油		9.836	0.8565			
大庆原油	＋31	17.44	0.8445	28.6	13.3	0.98
克拉玛依原油	－50	19.23	0.8679	2.04	12.6	0.01
玉门原油	＋10	12.85	0.8934	1	12.17	5.82
大港原油	＋20	22.898	0.8962	14.1	15.6	
辽河原油	＋15	9.67	0.9099	10.9	15.6	
胜利混合原油	＋24	195.6	0.9148	20.6	29.3	7.0
扶余原油	＋26	26.38	0.8689			
胜利孤岛原油	－2	498.0	0.9400	7.0	32.9	
胜利孤垦原油	－4	243.5	0.9492		34.6	
胜利孤东原油	－2	239.4(40℃)	0.9349			
北部湾10－3原油	35～38(倾点)	4.7mPa·s(50℃)	0.858	27～29		
渤海埕北原油	7.7(倾点)	750mPa·s(50℃)	0.955	5.74		
渤中28－1原油	33(倾点)	3.7mPa·s(50℃)	0.830	15～20		
渤中34－2原油	15～30(倾点)	9.1mPa·s(40℃)	0.854	15.4		
珠江口西江24－3原油	40(倾点)	8.3mPa·s(45℃)	0.858	45		
珠江口惠州21－1原油	25～30(倾点)	2.7～4.2mPa·s(50℃)	0.800	15.6		

溢油量一般按500t以上、10～500t、10t以下分为大、中、小三类。

小型溢油多属油轮装卸时的跑、冒、滴、漏和小型油轮事故以及岸上油罐溢油事故等，多是在港区内发生的溢油，一般情况比较稳定。事故一旦发生，立即铺设围油栏防止扩散或使用集油剂防止扩散，并聚集海面溢油，再用简易的收油工具进行人工回收，或用胶凝剂胶凝油后再用网袋回收装置回收溢油。

中等溢油场合，如果仅靠人工回收是很困难的。根据溢油性状、气象条件、水文情况，可考虑使用围油栏、集油剂、油回收船、吸油装置、胶凝剂、油拖把等回收溢油。

大型溢油场合，需动用大型油回收船、围油栏、吸油装置、胶凝剂等各种回收溢油机械和方法。若在远洋可考虑用燃烧法处理。

2. 根据气象水文条件选择

目前所使用的防止溢油扩散和回收装置，在风浪、潮流大的场合使用效果均很差。围油栏一般只适用于风速10m/s，波高1m，潮流1kn以下的场合。大型围油栏可在风速15m/s，潮流2kn，波高2～3m的海况下使用。油回收船、油吸引装置等在海况平静的场合回收效果良好，但在风浪大的场合一般不能使用。在风浪大的场合，可考虑使用胶凝剂、油分散剂，借风浪的搅拌作用，胶凝与乳化分散效果良好，减少油污染危害。

第四节　海洋溢油物理机械回收法

一、溢油的围控设备

1. 溢油围控设备的分类

围油栏是用于防止溢油扩散，缩小溢油面积，配合回收和处理溢油的设备。使用条件的不同，围油栏设计的种类繁多，至今无统一的分类。常用的分类有：

(1)按其使用性能分类

可分为应急型围油栏和常用型围油栏。应急型围油栏装备于油轮、驳船、油回收船、围油栏作用船、岸壁设施等场合，以备急用；常用型围油栏则常铺设于码头泊位、渔场、钻井平台、海上作业船以及海水浴场、养殖场等场合。

(2)按抗风浪、潮的性能分类

可分为轻型和重型两种围油栏。重型围油栏能抗比较恶劣的海况；轻型围油栏在风浪较小的条件下使用。

(3)按铺设位置分类

可分为浮上式、充气式和浮沉式、定量式和非定置式。浮上式浮于水面；浮沉式不用时沉入海底，用时浮于水面，通过充放空气调节浮力按时浮沉，上浮与下沉仅需 10min 左右，操作管理很方便；充气式用时充气，不用时放气回收保存。油港码头、采油平台必须用的围油栏属于定置式围油栏，应急使用的围油栏属于非定置式围油栏。

(4)按制造结构形式分类

可分为垂直屏体型、固形浮体型和气室浮体型等(参见图11－7)。近代又发展了充气充水式和气幕式等新型围油栏。

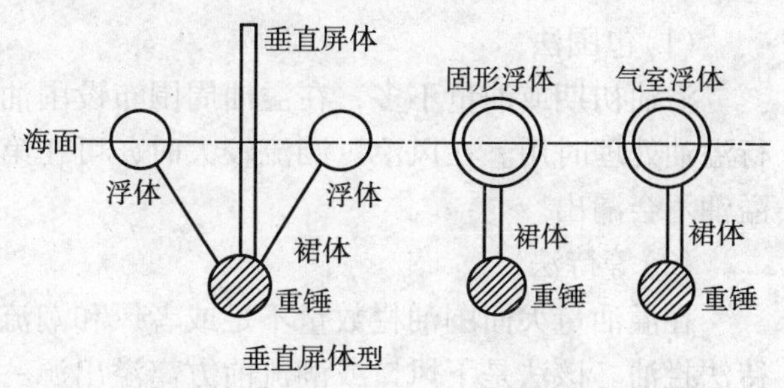

图 11－7　围油栏的三种结构形式

A 型出水面 10cm 以上，入水深度 20cm 以上；B 型出水面 30cm 以上，入水深度 40cm 以上；C 型出水面 40cm 以上，入水深度 60cm 以上；D 型出水面 60cm 以上，入水深度 80cm 以上。

英国维科马国际公司的充气充水式围油栏，整体长度为 800～1600m，中间没有连接环节，只需 10～20min 就可布设完毕，可用于外海溢油回收作业。

青岛华海环保工业有限公司生产的浮子式橡胶围油栏总高度在 60～122cm，水上高度在 20～38.5cm，水下在 32～60cm，可抗波高 2～3m，风速 20m/s，流速 1.5～3km，充气式围油栏总高度在 80～200cm，水上 28～64cm，水下 37～102cm，能抗波高 2～4m，流速 2～4km，风速 15～20m/s。

在日本固形浮体型围油栏占 71%，气室型占 18%，垂直屏体型占 11%。垂直屏体型较老式，已逐渐被淘汰。

围油栏材料应具有滞油性强，随波性好，抗风浪能力强，强度高，耐磨、耐撕裂，容易清洗，使用方便等性能。

围油栏通常由漂浮体、栅裙、镇重锤和径向牵拉部分构成。漂浮体保证整个栅体漂浮在水面某一固定位置上，防止海浪从栅顶越过。漂浮材料可用泡沫塑料、软木或充气(空气或二氧化碳)。用于围油栏漂浮体的泡沫塑料有聚乙烯、聚苯乙烯、聚氨酯等。充气式浮体通常用氯丁橡胶为材料，用空气压缩机充气后即可使用。围油栏的裙体起着连接浮体与重锤，防止溢油从浮体下边水体中流走的作用。裙体材料通常有帆布、聚乙烯、聚酯、尼龙和玻璃纤维编织物或膜。为了提高裙体强度，有时还与金属丝编织在一起。镇重锤挂在裙体下部，它可以保证围油栏与水面成直角，保持一定的高度。常用重锤材料有铁锤、金属环和石块等。径向牵拉部分承担围油栏质量的主要部分，包括径向车技膜、金属或塑料钩环、系泊锚链及连接板，使围油栏具有抗风、抗浪、抗水流等性能。

2. 溢油围控设备布设方法

发生溢油时，根据溢油的性状、水文气象条件及周围环境可选择不同的方式布设围油栏(参见图11-8)。

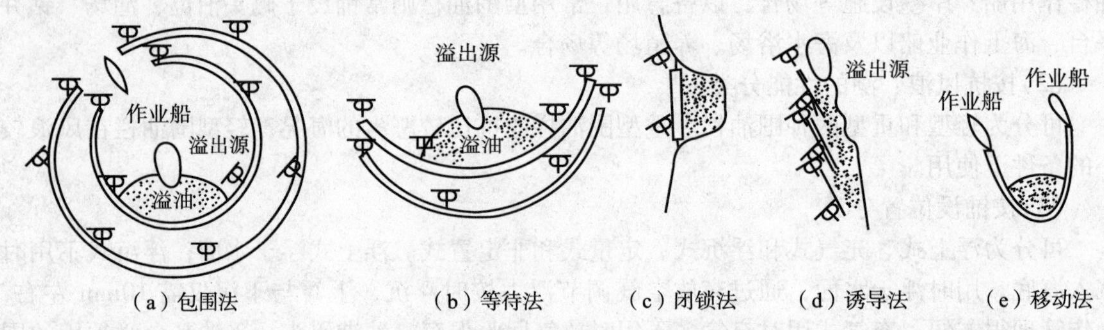

图11-8　布设围油栏的5种方法

(1)包围法

溢油初期或油量不多，在溢油周围布设围油栏，在溢油扩散后方留-作业船进出口，进行溢油处理时用。在风浪、潮流较大时，可在第一道围油栏外面再布设第二道围油栏，确保溢油不会漏出。

(2)等待法

在溢油量大而围油栏数量不足或者风和潮流影响大，难以将溢油包围的情形下可采用等待法拦油。该法是下风口或潮流前方离溢出源一定距离布设伞形围油栏，等待拦油，也根据具体情况布设2道或3道围油栏。

(3)闭锁法

溢出源在岸边或狭窄水域，可充分利用陆地地形拦截溢油。

(4)诱导法

溢油量大，风、潮流的影响大。现场拦油不可能的情况，或者为了保护特定的海域、海岸不受溢油污染，可用围油栏在溢油扩散前方一侧布设，将溢油引导到能够进行回收作业或者污染损失较小的海面上。根据情况可布设多道围油栏。

(5)移动法

在深水的海面或风、潮流大的情况下，可用两条作业船拖曳围油栏拦油。

上述5种方法属于基本的布设围油栏方法，实际应用时，可根据具体情况灵活运用。溢油事故一旦发生，关键是设法将围油栏及时运到场油现场，减少溢油污染损害。

除了上述机械围油栏以外，还有一种气幕法围油栏。它是由空压机、多孔管构成。多孔管铺设在水下，由空压机供给压缩空气，当压缩空气从管孔退出时在水中形成气泡上浮，同时伴随产生上升的水流，利用上升水流的表面流，防止溢油扩散。空压机设在船上，多孔管由船舶布放，可随时收或放，使用方便。

气幕法围油栏多用于海港、运河地区，潮流在0.6kn以下适用。其优点是：使用方便迅速、受风浪的影响较小、造价低。但多孔管气孔容易被泥沙沉淀物及海生物堵塞，需及时清理。

二、溢油回收机械设备

溢油回收机械设备通常有油回收船、油吸引装置、网袋回收装置、油拖把等，能回收大量溢油。通常用于油层厚度在0.5cm以上的油膜回收。国外已有回收速率为200m^3/h和30000m^3/d的大型油回收船。

1. 油回收船

油回收船种类繁多，各有优缺点，共同的特点是在平静的海面和对油层厚的轻质油收油效果好。德国要求其送油回收设备能在有效波高3m，风速10m/s时作业，具有回收油4000t/h的能力。油回收船按船体分，有单体船和双体船。单体船的回收装置有单侧和双侧两种；双体船的回收装置在双体船之间，这种形式对油的回收很有利。油回收船上的油回收装置主要有倾斜板式、吸引式、可变堰流入式、皮带式、转筒吸附式、旋转圆板式、离心式、自然流入式、刮板式及混合式等。

(1)倾斜板式油回收装置

如图11-9所示，随油回收船前进，溢油沿倾斜板流下至集油舱，在集油舱下部设有底板和导板，油沿导板聚集上浮，然后用油泵将上浮的油输入贮油舱。该装置对低黏度油回收效果好，操作时需根据水面油厚度随时调整倾斜板位置，适应溢油流入。

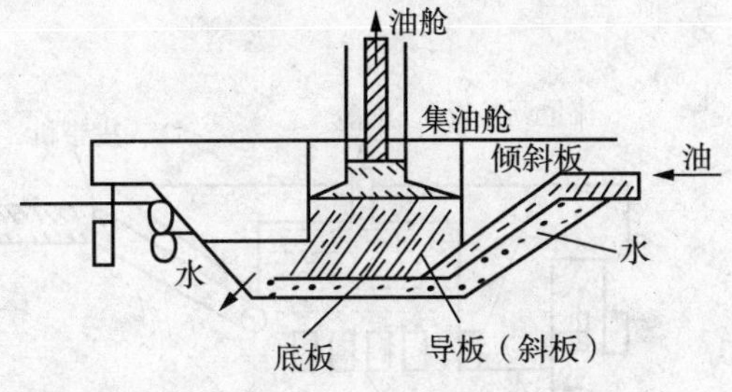

图11-9 倾斜板式油回收装置示意图

(2)吸油式油回收装置

吸油式油回收装置其种类很多，常用的方式是浮子吸引式，通过一只浮筒漂浮于溢油区，溢油流入浮筒中；浮筒用输油管与船上喷射泵相连，喷射泵将浮筒中的油吸引到船上油水分离舱，分离舱内有斜板式油水分离装置，分离的油经溢流堰进入船，再进入油回收舱。喷射泵的驱动水可循环使用，而分离的水经吸着槽排出舱外。如图11-10、图11-11所示。

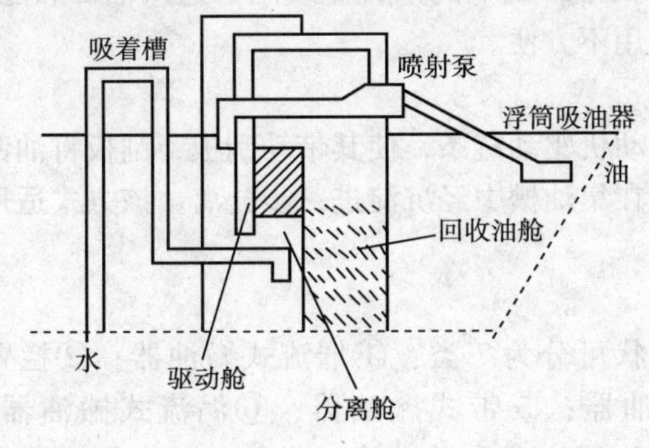

图11-10 浮子吸引式油回收装置示意图之一

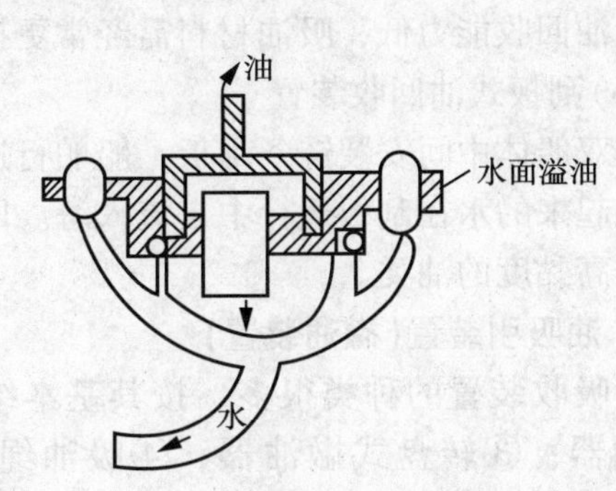

图11-11 浮子吸引式油回收装置示意图之二

(3)可变堰流入式油回收装置

可变堰流入式油回收装置通常有两种，如图 11－12 所示，一种是利用泵将舱内的水排出，造成落差，油水通过流入板流入，再经过舱内的导板油上浮，最后进入集油槽。另一种方式是在装置的进入口设可变式油水分离板，通过该板进入的表层油首先进入第一分离槽，油水靠重力分离后，通过的溢油分别经第二分离槽、第三重力分离档进一步分离，最后进入油回收舱，分离的下层水强制排出船外。

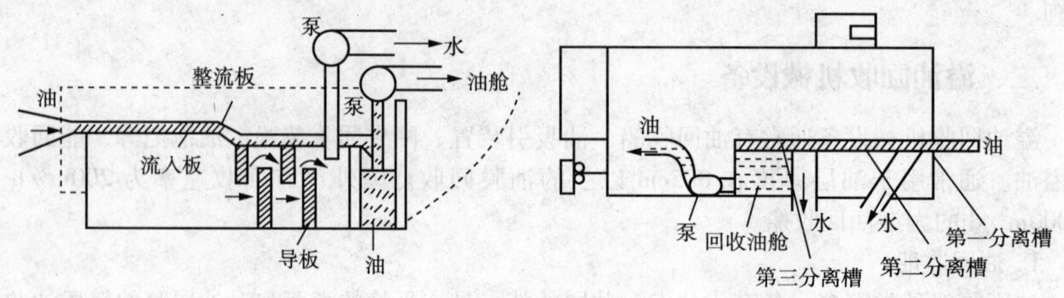

图 11－12　可变堰流入式油回收装置示意图

(4)皮带式油回收装置

如图 11－13 所示，通过设置在船头部的皮带机转动，海水表面溢油被皮带带入回收舱内，流经堰板，油自然上浮，水经流量调整板排出。该装置集油效果好。

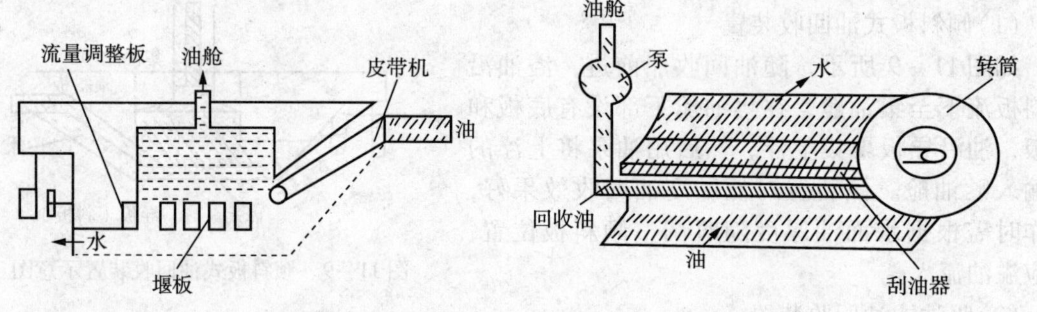

图 11－13　皮带式油回收装置示意图　　图 11－14　转筒吸附式油回收装置示意图

(5)转筒吸附式油回收装置

如图 11－14 所示，通过在船头部的表面敷设一层耐用的吸油材料的转筒，转筒以一定的速度回转，转筒吸附的油被后面的耐磨性刮器刮下，刮下的油自流或用泵送入油回收舱。该装置油回收能力低，吸油材料需经常更换，使用不方便。

(6)刮板式油回收装置

在双船体中间安装链条刮板，船舶行进时电动机驱动链条，使其带动刮板，刮板将油刮起，带起来的水在刮板运行中自流入海。回收油在集油槽中经沉淀进一步分离。该方式适用于回收高黏度的油类。

2. 油吸引装置(撇油装置)

油吸收装置的种类很多，按其基本结构形状可分为 7 类：①堰流式撇油器；②拦臂式撇油器；③转盘式撇油器；④吸油绳式撇油器；⑤带式撇油器；⑥涡流式撇油器；⑦真空式撇油器。各类撇油器按使用方式又分为固定式和移动式 2 类。其基本原理是利用流体力学原理把周围海面溢油吸引到装置内，并使油层变厚，利用自身的泵或船上以及岸上的泵，将吸入的油输送到船或岸上的接收设备里。对于较厚的油层回收送油比较有效。

图 11 - 15 展示了美国的 Clean sweep 回收器示意图。回收器有多个圆盘，每个圆盘间隙 5cm，圆盘直径约 1/3 处于水中，外周有 24 个叶片，圆盘旋转时叶片将水面溢油带入，上部刮片可将叶片上的油刮下聚集在中心回收。其回收能力达 96 ~ 240kL/h，在恶劣天气下也能适用。

Cyclonet 涡旋式油回收器，由法国阿斯托姆公司制造，如图 11 - 16 所示。使用时安装在单体船的两侧，油水由船体推进而进入斗内，随后以切线方向进入圆筒并在圆锥底部以切线方向排出水分，油则集中到上部由泵和抽油管把油抽走。在 1978 年法国 AMOCO CADID 号油轮事故中在 2m 波高的条件下成功地进行了每小时回收 $200m^3$（含油率 70%）溢油的工作。迄今，该类回收器已在欧洲各国普及。类似的按旋转分离原理的油 - 水分离器很多，其中心部位产生低压，油集中在中部低压处，可用泵将油抽送。

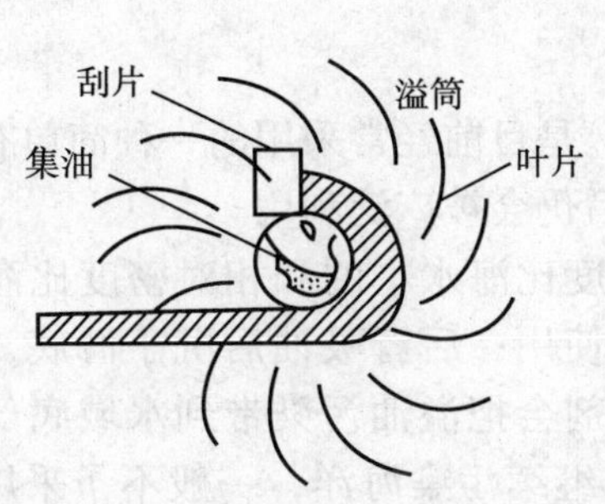

图 11 - 15　美国 Clean sweep 回收器

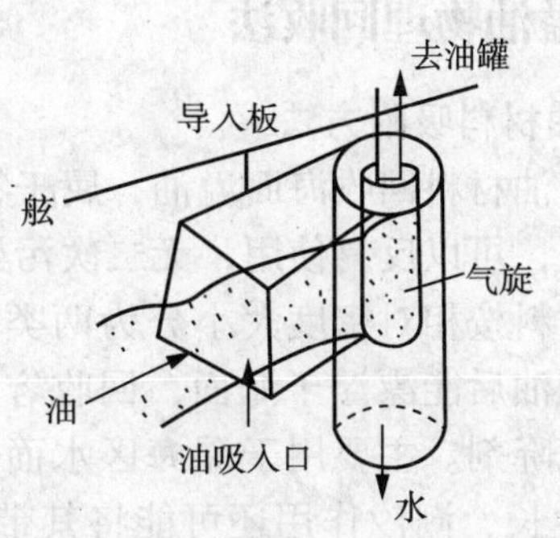

图 11 - 16　法国的 Cyclonet 回收器

3. 网袋回收装置

高黏度的溢油或凝固点高的原油（如胜利混合原油）遇海水冷却凝成块状、片状，尤其在冬季温度低时更易凝固，对于这样的溢油采用网袋方式回收，如图 11 - 17 所示。使用胶凝剂胶凝高黏度原油或重油后也凝成块状、片状，也可用网袋回收处理。还可用于回收固体吸油材料及水面垃圾。

网袋可安装在单船体一侧或两侧，也可由两艘拖曳船拖拉大型网袋回收水面溢油。网袋回收满油后，拆卸下并拖带到船上接收设备里，运回陆地处理。

4. 油拖把

油拖把是利用吸油性能好，能够反复使用的吸油材料（如聚氨酯、聚丙烯等）编织在维尼龙缆绳上，许多拖把挂在缆绳上。由拖船引导浮在水面的缆绳经过送油区时，拖把上沾满溢油后，回收到作业船上，在作业船上安装有挤压滚柱；将油拖把挤压，流出的油收集在收油格中，挤压完油后的拖把再从溢油区吸油，如此反复，如图 11 - 18 所示。油拖把对于低黏度的油且油层较厚以及无风浪情况下非常有效。使用油拖把时不能同时使用消油剂。聚氨酯泡沫是优良的吸油材料，它可吸附超过其本身体积 90% 的油或本身重量 100 倍的油，吸油速度很快，1 ~ 2min 完成吸附，弹性好，通过挤压或离心作用回收吸附的油，并可反复使用。吸附的油不挤压它不会流出来。聚丙烯材料也可吸附相当本身质量 12 ~ 18 倍的油，可用于制备油拖把吸油材料。

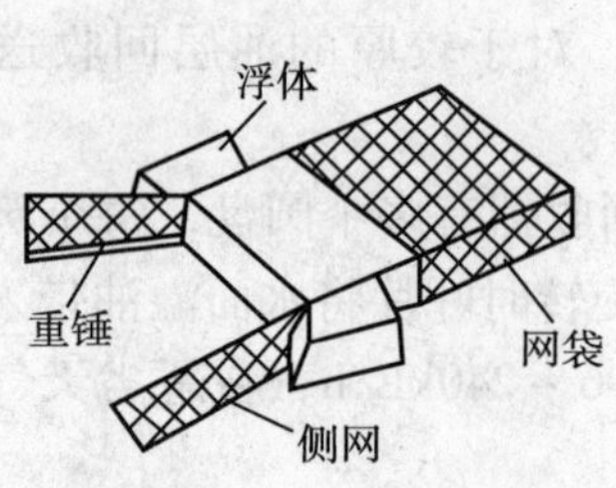

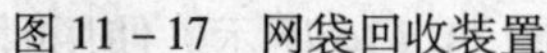
图 11－17　网袋回收装置

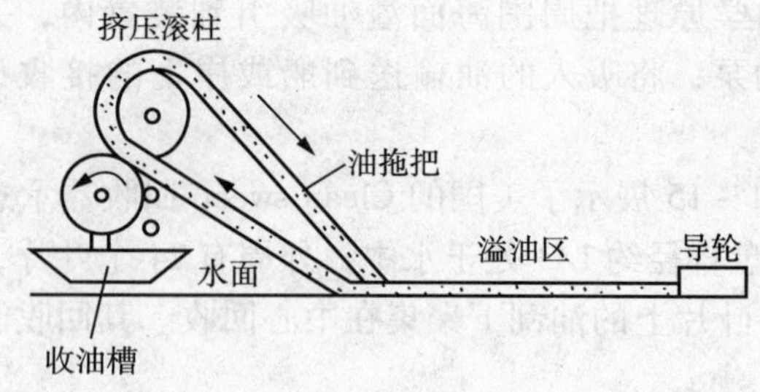

图 11－18　油拖把吸油作业

世界著名的溢油处理设备公司有英国威科玛国际有限公司（Vikoma International Limited）、英国 OMI 有限公司（O. M. I. Ltd）、英国壳牌国际海洋公司（Shell International Marine Limited）、美国斯莱克巴溢油装备公司（Slickbar）、英国 BP 石油公司溢油反应服务中心（The Oil Spill Response Service Centre）等。

三、溢油物理回收法

1. 吸油材料吸附方法

利用吸油材料回收海面溢油，属于物理吸附法，是目前经常采用的一种简单有效的治理溢油的方法，可以反复使用，无二次污染问题，今后仍会被广泛利用。

吸油材料按相对密度大小分为两类，即相对密度比海水小的和相对密度比海水大的材料。前者吸油后能漂浮于海面，回收容易，可反复使用；后者吸油后沉于海底，一次性使用，又称沉降剂。主要用于深海区水面除油。沉降剂会把溢油污染带到水域底部，危害底栖生物的生长，潮汐作用还可能将其带入浅海区，继续污染海洋，一般不予采用。

吸油材料按来源分，分为天然的和合成的两类；按性质分，分为有机物和无机物两类。能够被用作吸油材料的物质很多，其中主要有以下几种。

①高分子合成材料：聚丙烯、聚氨酯、聚乙烯、聚酯等。

②天然纤维材料：稻草、麦秆、草纤维、纸、纸渣、木屑、芦苇、鸡毛等，其中稻草能吸附其本身质量 5 倍的油。

③无机材料：炭粉、珍珠岩、浮石、硅藻土、玄武石等。该类材料主要用于溢油沉降处理剂。

一些国家对吸油材料性能有具体的要求，如日本对申请使用的吸油材料性能要求规定如下：①对重油的吸油量：6g/g，0.8g/cm^3；②吸水量：1.5g/g 以下，0.1g/cm^3 以下；③化学性质稳定：在通常的保管状态下不易变质；④保持原状：吸油后能够长时间保持原来形状；⑤易回收：使用后容易回收；⑥使用后能够用燃烧处理，燃烧时产生的有害气体少。

吸油材料根据使用方便程度，可以加工成球状、块状，纤维可织成毛毯状和拖把扫帚状。使用时将吸油材料直接向溢油上撒布，待其达到饱和吸附时及时回收，经挤压处理回收吸附的油，还可再一次吸油使用。海上回收吸油材料，小量时可乘小船或作业船通过人力用网袋捞，大量时用作业船拖带网袋方式回收。

处理小量溢油时，吸油后的吸油材料可用作锅炉燃料或直接焚烧最终处理。处理大量溢油时，可利用机械挤油设备或离心机回收溢油，挤出油后的吸油材料可再使用或作锅炉燃料或在专用炉中焚烧处理。图 11－19 为利用弹性泡沫吸油材料连续自动吸油装置示意图。

2. 溢油磁性分离方法

美国 Avco. Corp 和 Pfizer Inc. 公司研究出一种能消除海面油污的磁性分离法，该法利用一种溶于石油而不溶于水的特殊磁性的“液体”，含有粉末状 Fe_2O_3 磁性物质，磁性微粒如人发直径千分之一大小。当“液体”在水表面雾化后，漂浮的石油就会被磁铁吸住而去除。

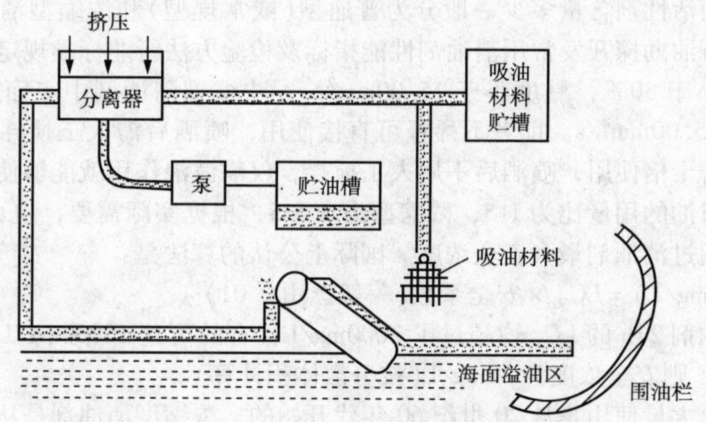

图 11-19 吸油材料连续吸油作业

第五节 海洋溢油化学处理法

一、溢油燃烧法

燃烧法是真正的化学方法，过去由于人们担心燃烧的蔓延会危及附近船舶和设施，油层燃烧时产生的浓烟也会污染大气，因此只是在离岸相当远的公海才使用这一方法。采用各种助燃的方法，使大量溢油能在不长的时间内燃尽，故比其他方法彻底，处理时无需复杂的装置，处理费用低。

英国政府在处理“托里·坎扬”(Torrey Canyon)号油轮事故中，曾出动飞机轰炸沉船，使其船内残存的约 3 万 t 原油燃烧掉，取得了成功；“埃巴岛”号油船搁浅，利用灯芯材料和引火剂燃烧 1 万余 t 溢油也取得了成功。

如果漂浮的油层薄，直接燃烧困难时，除用引火材料(金属钠、镁等)外，还可用麦秆、稻草、珍珠岩等灯芯材料助燃。如果在油量多，油层厚，扩散迅速的情况下，需采用耐火性围油栏防止火焰蔓延。

二、消油剂

油化学处理剂包括乳化分散剂(消油剂，Oil Dispersant)、胶凝剂和集油剂。它的作用是辅助油回收船和油回收装置，处理那些油回收器难以见效的 0.3cm 以下厚度的薄油层。在特定条件下(如气象、海况比较恶劣时)，它也可成为治理溢油事件的主要手段而大量地、大面积地被使用。加拿大环境保护局、英国农业、渔业和粮食部以及美国的环境保护机构分别拟定了试验和使用溢油处理剂的规范，并确定了验收、批准和许可溢油处理剂的指南。我国对消油剂产品的使用也实行申请、检验符合毒性规定后允许使用的制度。

1. 消油剂分类及使用规定

消油剂是一类表面活性剂溶液，能够显著降低溢油与海水(水)之间的界面张力，形成稳定的水包油(O/W)型乳状液，使溢油迅速分散到海水(水)中。消油剂的活性成分是表面活性剂，根据使用不同溶剂分为两类，一类以水为溶剂，称水基消油剂；另一类以烷烃为溶剂，称为烃基消油剂。消油剂成分中除了表面活性剂和溶剂外还有一定量的稳定剂和防腐剂。消油剂按表面活性剂含量多少一般分为普通型(或常规型)和浓缩型消油剂。按照中华人民共和国海洋石油勘探开发常用消油剂性能指标及检验方法行业标准规定，常规消油剂中表面活性剂含量小于30%，黏度小于15.00mm^2/s；浓缩型消油剂中表面活性剂含量大于50%，黏度大于15.00mm^2/s。前者不稀释可直接使用，喷洒后需人工搅拌；后者使用前用海水作溶剂稀释若干倍使用，喷洒后不用人工搅拌，仅靠波浪作用就能够使溢油充分乳化分散。通常消油剂对油的用量比为1∶5，浓缩型为0.5∶5，根据实际需要，也可加大浓度使用，但最大用量应不超过消油剂最大安全浓度。国际上公认的算法是：

安全浓度 $C(mg/L)=LC_{50}\times$安全系数(一般选用0.01)

现在一般消油剂24h的LC_{50}均超过了3000mg/L，有的可达10000mg/L。如果消油剂的LC_{50}为3000mg/L，则安全浓度为30mg/L(按分散体积计算)。

消油剂在海上大量使用是从20世纪60年代开始的，浓缩型消油剂是从1973年开始的。最初1t溢油大约需要1t分散剂，现在1t浓缩型分散剂可分散30t溢油。在1967年“托里·坎扬”号油轮事故中，为清除岸边的14000 t溢油，共用了1万t分散剂与洗涤剂。所用的分散剂主要是英国石油公司的“BP1002”，这种分散剂中含12%的非离子洗涤剂和3%稳定剂的芳香族溶剂，其毒性很强，对生物24h的LC_{50}为0.5～5mg/L；对潮间带动物的毒性为5～100mg/L。实际上用这种分散剂清洗过的海滩上的动物全被毒死了。

关于消油剂的使用，由于其毒性而引起的二次污染问题一直引人注目，因此各国都有自己的规定。瑞典禁用消油剂。而德国反对将任何化学物质引入海洋，分散剂也被列入了污染物之内，除特殊情况外，不得采用消油剂清除溢油。英国规定只有在使用分散剂后，油－分散剂混合物的毒性不大于油本身的毒性的情况下，才可以在溢油事故中使用这种分散剂。根据赫尔辛基公约的规定，在波罗地海中不准使用分散剂。美国规定只有在溢油超过30t，水深大于150m并且远离沿岸的情况下，才可使用分散剂。挪威规定，对一次溢油使用分散剂的量在1000L以上者，必须得到国家污染控制局的批准。日本严格控制分散剂毒性，要求厂家必须按照统一的质量标准进行生产和销售，并且禁止在内海、内湾、离岸1000～2000m以内的海域以及有养殖场的地方使用乳化分散剂。我国海洋石油勘探开发常用消油剂性能指标见表11－3。《中华人民共和国海洋石油勘探开发环境保护管理条例》第17条规定，“化学消油剂要控制使用”“必须使用经主管部门核准的消油剂”“在发生油污染事故时应采取回收措施，对可能发生火灾或严重危及人身和财产安全，又无法使用回收方法处理，而使用化学消油剂可以减轻污染和避免扩大事故后果的紧急情况下以及在采取有效回收措施以后有少量确实无法回收的油时才准许使用少量消油剂，事故以后应及时向主管部门报告；一次性使用消油剂的数量(包括溶剂在内)，应根据不同海域等情况，由主管部门另作具体规定。作业者应按规定向主管部门报告，经准许后方可使用”。《中华人民共和国防止船舶污染海域管理条例》第11条规定，船舶在发生油污事故或违章排油后，不得擅自使用化学消油剂。如必须使用时，应事先用电话或书面向港务监督申请，说明消油剂的牌号、计划用量和试验地点，经批准后方可使用。

表 11－3　中国海洋石油勘探开发消油剂性能指标

指标名称	指标	海环牌 1 号消油剂
燃点/℃	>70	>80
30℃下运动黏度/(mm^2/s)	<50	<10
乳化率(10min 后)/%	>20(浓缩型>30)	>35
(30s 后)/%	>60(浓缩型>80)	>75
生物降解度(BOD_5/COD)/%	>30	>70
生物毒性(24h)LC_{50}/(mg/L)	>3000	>5000
鱼种：鲻虎鱼 Aboma Lactipes		

2. 消油剂评价及性能规定

对分散剂评价主要是性能与毒性两个方面，但实验室的结果与海上实验结果很难一致。对消油剂性能总的要求是：①对溢油的乳化率高，用量少；②对水生生物的毒性低；③对所用溶剂相溶性好，在低温下不凝固，表面活性剂不析出；④生物降解性能好；⑤价格便宜；⑥燃点高，不易着火；⑦黏度低，喷洒方便。

消油剂性能指标规定的乳化率是指被消油剂分散并溶于水中油的质量与加入水中油的质量之比，以百分数表示。其检验方法为用三氯甲烷萃取一定量乳化液中的油，在 650nm 波长下测定萃取液的吸光度。由吸光度值根据标准曲线可求出乳化油量与加入油量的百分比，即为乳化率。30s 乳化率代表消油剂的乳化能力，10min 乳化率代表乳化稳定性。试验中用试验油与消油剂以 5:1 的比例混合均匀，在人工海水中乳化，并将乳化液静置 30s 和 10min 后分别取下层乳化液，用三氯甲烷萃取后测定其中的油浓度。

消油剂的生物毒性是指消油剂对生物体的毒性大小。通常以动态或半静态方式试验受试生物死亡半数的浓度，即半致死浓度(LC_{50})；或在固定浓度(3000mg/L 或 5000mg/L)下试验受试生物死亡半数的时间，即半致死时间(TLM)来表示。国产双象 1 号消油剂 LC_{50}(24h)达到 6300mg/L，LC_{50}(48h)达到 3575mg/L，达到了国际先进水平。

生物降解(也称生化分解)系指在有氧条件下有机物被微生物通过中间代谢生成二氧化碳和水，最后完全转化成无机物的过程。生物降解的全过程进行得很缓慢，在评价有机物的可生物降解性时都以特定的条件和方式进行。通常采用的是模拟活性污泥曝气池或摇床振荡培养等方法，比较生物降解前后有机物的浓度变化，或者以有机物对微生物吸氧速率的影响为评价依据，如生化需氧量和化学需氧量相关性比较法，活性污泥相对吸氧速率等作出评价。我国的标准采用 BOD_5/COD 比值法，评价消油剂的可生物降解度。

3. 消油剂用表面活性剂

消油剂主要成分为表面活性剂和溶剂，同时含有少量稳定剂和防腐剂。能用于消油剂的表面活性剂种类很多，主要有如下几种。

(1)阴离子表面活性剂

常用的有烷基苯磺酸盐和肥皂。可单独使用或与非离子类表面活性剂配合使用，具有良好的乳化性和洗净性，但由于对水生生物毒性大，现已不使用。

(2)非离子型表面活性剂

①基酚聚氧乙烯醚：

其乳化性能优良，20 世纪 60 年代时大量用于消油剂，但毒性大，现已不用；

②烷基聚氧乙烯醚：

其乳化性能优良，如聚氧乙烯壬基苯基醚和聚氧乙烯油酸醚都是乳化性很好的表面活性剂，在20世纪60年代常用于配制消油剂，但由于其对鱼类TLM(24h) <150mg/L，毒性高，现也已不用；

③脂肪酸聚氧乙烯酯：

一般是聚氧乙烯油酸酯、聚氧乙烯硬脂酸酯和聚氧乙烯十二烷基酯，其聚氧乙烯相对分子质量以400~600为宜，其乳化性能优越，毒性低，TLM(24h)在3000~4200mg/L之间，现已成为消油剂所用表面活性剂的主流，已申请了许多专利；

④失水山梨醇聚氧乙烯脂肪酸酯：

如失水山梨醇聚氧乙烯(20)单月桂酸酯(吐温20)、失水山梨醇聚氧乙烯(20)三油酸酯(吐温85)和失水山梨醇单油酸酯(SP80)等，其乳化性好，毒性低，近代也已大量用于配制消油剂；

⑤其他：

如蓖麻子油的氧乙烯加成物的乳化性也很好，无毒性。还有脂肪酸聚乙二醇酯类，硬脂酰聚氧乙烯酯(9)、月桂酰聚氧乙烯酯(9)、油酰聚氧乙烯酯(9)等也都有良好的乳化分散性，均适用于消油剂配制；我国的双象1号消油剂用表面活性剂为脂肪酸聚乙二醇酯。

配制消油剂的表面活性剂的HLB值(亲水亲油平衡值)在9~12范围乳化性能好。HLB值超低的表面活性物对生物组织浸透性强，毒性大，油溶性好，适用于油渗性消油剂；而HLB值大时水溶性好，适用于水溶性溶剂消油剂。

20世纪60年代消油剂的溶剂用芳烃成分多，毒性高，现已被淘汰。现在油溶性消油剂大多用正构烷烃如无臭煤油、液体石蜡等为溶剂。卤代烷烃为溶剂的消油剂多用于重质油分散剂。水溶性消油剂通常以丙氧基甲醇、异丙醇和水为溶剂。浓缩型消油剂多为水溶性的，含溶剂量少，主要为表面活性剂，毒性低。表11-4为代表性的非离子型表面活性剂类消油剂的乳化性和对生物的毒性。表11-5为国外几个国家的主要消油剂产品性能。

表11-4　若干非离子型表面活性剂消油剂性能

主要成分[①]	乳化率/%		对鱼类的TLM/%	
	燃料油	原油	24h	48h
聚氧乙烯(9)壬基苯基醚	16.3	31.0	60	60
聚氧乙烯(9)油羧醚	23.0	29.5	150	120
聚氧乙烯(9)十二烷基酯	13.5	15.1	—	—
聚氧乙烯(9)硬脂酸酯	18.5	18.0	—	—
聚氧乙烯(9)油酸酯	21.8	25.1	4200	3000
聚氧乙烯(9)十二烷基酰胺	5.3	5.2	10~100	

①表面活性剂30%，异丙醇16%，水54%。

4. 消油剂使用方法

(1)普通型消油剂

一般含有石油磺酸盐和脂肪酸酯的混合表面活性剂及正己烷、煤油等低芳香族溶剂的，属于溶剂型消油剂。用量按油与消油剂的体积比(在10:1与10:3之间)，将消油剂直接喷洒在水面溢油表面，边喷洒边机械搅拌30min后，油即被乳化分散到水体中。

(2)浓缩型消油剂

此类消油剂通常使用聚氧乙烯油酸醚或酯及聚氧乙烯烷基酰胺或酯等为表面活性剂，异丙醇和乙二醇乙酯等为溶剂，溶剂量小，水溶性好。处理油时用量按浓缩型消油剂与油的体积比为1:30选用。使用前先用1份消油剂与9份水稀释，再用小型喷雾器或船用喷水器喷洒，边喷边搅动，30min后，油即被乳化分散到水体中。

表 11－5　国外主要消油剂产品性能指标

国家	公司	消油剂名称	着火点/℃	倾点/℃	毒性	剂量	承认许可
美国	Adair Equipment Co. Inc	Cold Clean 500		－4	对 pimephales promelas 无毒	油的 1/50	美国环境保护机构承认
美国	American Petrofina Marketing. Inc	Finasol DSRT	110	－23	对 pimephales promelas LC_{50}(96h)＝1350mg/L	油的 1/30～1/20	美国环境保护机构承认
美国	Ara Chem. Inc	Gold Crew Dispersant		－55			美国环境保护机构承认
美国	Arco Chem. Co	Atto Chem D－609 Dispersant	58	－40	对 pimephales promelas LC_{50}(96h)＝143mg/L	6～8cm^3/m^2	美国环境保护机构承认
美国	Contimental Resourceslnc	Cnoco Dispersantk	163	－9	毒性低	油的 12/100	美国环境保护机构承认
美国	Exxon Chemical Americas	Corexit8664	77.8	－35	斑纹鱼 LC_{50}(96h)＞2000mg/L	2～11cm^3/m^2	美国环境保护机构承认
美国	Sunshe Chemical CO	Jansolv	68		Fingeling steelhead LTM(96h)＝35.5mg/L	油的 1/90～1/190	美国环境保护机构承认
英国	Anti Pollution Chemicals Ltd.	APC Dispesall Concentrate	80	－20	Cragnon LC_{50}(48h)＞10000mg/L	—	英国农业、渔业和粮食部许可
英国	Atlas Productsand Services Ltd.	Atlas OSD	80	－15	毒性非常低	油的 1/4	英国农业、渔业和粮食部许可
英国	Baker Oil Treating	MEP 581	74	－20	毒性低	—	英国农业、渔业和粮食部许可
英国	BP Detergents Ltd.	BP1100WD Concentrate	87	－58	Cragnon LC_{50}(48h)＞10000mg/L	—	英国农业、渔业和粮食部许可
英国	Emkon International Ltd.	Emken Spill Wash Ltd	70	－40	Cragnon LC_{50}(48h)＞10000mg/L	—	英国农业、渔业和粮食部许可
英国	Gremerchemicals(U. R)，Ltd.	O. D. 11	71	－17	Cragnon LC_{50}(48h)＞10000mg/L	—	英国农业、渔业和粮食部许可
英国	Lsaas Bentleland Co. Ltd.	Fleetex BD/3	88	－20	毒性低	油的 1/4	英国农业、渔业和粮食部许可
英国	Shell Chemicalsu. k. Ltd.	Shell Dispersantconcertrate	68	021	Cragnon LC_{50}(48h)＞10000mg/L	—	英国农业、渔业和粮食部许可
英国	Universal Matthey Products Ltd.	UniperseM74	81	－30	Cragnon LC_{50}(48h)＞10000mg/L	5～9cm^3/m^2	英国农业、渔业和粮食部许可
加拿大	Diachen Industries Ltd.	Oilsperse43	84	－27	彩色鲟鱼 LTM(96h)＝2700mg/L	油的 1/10	加拿大环保承认
法国	S. E. P. P. I. C	Dispolene345	61	－15	LC_{50}(48h)：50～3000mg/L	油的 1/10	英国农业、渔业和粮食部许可
法国	Societe D'hydrocar butesdest. Denis	DN40	100	－15	Daphine LD_{50}(24h)＝490mg/L	油的 1/49	法国环境承认
荷兰	Chemiche Fabriek SERVO	SERVO CD2000	72	30		油的 1/10～1/20	英国农业、渔业和粮食部许可
比利时	E. C. O. P. V. B. AAtlan' tol	Atlan' tol AT7		－52	Pimephales Promelas LT_{50}(96h)＝12mg/L	油的 1/50	美国环境保护机构承认
日本	东邦千叶化学工业株式会社	101A	93		Skeletonema LC_{50}(48h)≥100mg/L	—	日本运输省承认

注：LC_{50}为试验物种 50% 致死浓度；LT_{50}为试验物种 50% 残存的毒性极限；LTM 为试验样本 50% 致死毒性水平；LD_{50}为试验物种 50% 致死剂量。

船用喷洒器喷洒量：

$$Q(\mathrm{L/min}) = 30.87 \cdot v \cdot L \cdot E \cdot C$$

式中　30.87——船的喷洒覆盖系数；

v——船的速度，km/h；

L——喷雾臂的宽度(加船舷两侧的宽度)，m；

E——油膜的平均厚度，mm；

C——分散1L油需用纯消油剂的用量，L。

飞机喷洒量按下式计算：

$$Q(\mathrm{L/min}) = 0.447 \cdot v \cdot SW \cdot E \cdot R$$

式中　0.447——喷洒覆盖系数；

v——飞机的速度，km/h；

SW——在水面的喷洒幅度，m；

E——油膜的平均厚度，mm；

R——消油剂/油的比例。

另外，水温低于20℃时消油效果较差，提高消油剂对低温使用适应性，对于其在北方气温较低地区实际使用功效就很重要。

消油剂只宜于处理中低黏度(20℃，1～999mm^2/s)油。由于低沸点轻质油品毒性高，即使使用无毒性消油剂也不能用它处理，因为这类油分散到海水水体中，对水生生物毒性大，危害严重。对于重质含蜡高黏度稠油，消油剂几乎无效。对已风化和乳化的油，含水率在50%以上已形成巧克力奶油冻的油类，消油剂同样也无能为力。在近海养殖区、半封闭的海湾或海水涨落潮差小、海水交换差的海面，以及在江河、湖泊水面，由于乳状液长期滞留水体中，有潜在危害性，也不允许使用消油剂。

在外海或海水交换好的海域，由于油的乳状液能快速分散，所以可以使用消油剂，不会有副作用。为了使消油剂充分地发挥作用，消油剂要撒在油面上，并且要进行搅拌，使之充分混合。风浪大时，风浪可替代人工搅拌。一般撒消油剂的方法是用喷雾悬臂把消油剂直接撒在油面上，然后再用拖带式搅拌装置搅拌。另外，也可以由海水泵吸管吸引消油剂原液，与海水一起喷射到海面上，混合与搅拌同时进行。在小范围内使用消油剂时，可用喷雾器或柄杓来撒消油剂，而处理大规模溢油可用飞机喷撒消油剂。在撒消油剂时，要戴上橡皮手套和防护眼镜，以防消油剂沾至皮肤上或吸入口鼻中。消油剂的用量取决于它的效能和混合方法以及所处理油的性质，在条件好的情况下其使用剂量是处理油量的10%～20%。当油膜大而薄时，消油剂损失大，其剂量可能与油量相等。当气象和海况条件恶劣时，也可直接用消油剂处理溢油。

三、溢油聚油剂

聚油剂也称集油剂、化学围油栏、油控试剂、活塞膜、单分子表面膜，是一种水面溢油化学处理剂，由表面活性剂和溶剂组成。通过在油膜周围水面或直接在油膜上喷洒集油剂改变油膜周围水面或油表面张力，能够阻止油膜扩散，增加油膜内聚力，使油膜自动聚集收缩到最小面积，起到减少溢油污染危害，并为用其他方法回收和处理溢油创造有利条件。

美国海军研究实验室最早研究了用表面活性剂单分子驱除沉船上方水面溢油，便于打捞沉船作业的方法，同时阐明了这种表面膜对溢油控制的多种应用及不同环境条件下的效果。第一个聚油剂专利是由在该实验室工作的 Zisman 等人提出的，以后不断有人提出新的集油剂专利。一些国际知名的大公司各自推出了集油剂品牌，如英国 Shell 公司的 Shell oil Herder，英国 BP Retergents 公司的 BP Oil Marshall 和美国 Exxon Chemical Americas 公司的 Coexit OC－5。

聚油剂的油控性指集油剂促使油膜收缩能力及油膜收缩持续时间，其油控性能与表面活性剂单分子膜的扩散速率、膜压、膜的持续性及单分子膜的溶解性及集油剂挥发性、稳定性、黏度等性质直接相关，也与环境因素如海水温度、盐度、海面状况相关。

表 11－6 为可供选择的一些表面活性剂。选择聚油剂用表面活性剂原料时，除了选用尽可能大的 F_M 值的物质以外，熔点、相对密度、有无毒性也是必须考虑的因素。应选择熔点低、相对密度小于 1、性质稳定、水溶性小、对于生物无毒害作用，同时又具有最大的集油能力的物质用于配制集油剂。

表 11－6 可供选择作为集油剂的表面活性剂的性质

表面活性剂	熔点范围/℃	相对密度	F_M/(mN/m)
癸醇	+7	0.829	36.2
油醇	4～12	0.849	33.5
油酸	5～7	0.895	30.1
硬脂酸丁酯	19～22	0.854	11.2
聚乙二醇(200)单月桂酸酯	19	0.993	43.0
聚乙二醇(200)二月桂酸酯	3～14	0.953	39.8
聚氧乙烯(400)二月桂酸酯	19～21	1.005	32.0
聚乙二醇(400)二油酸酯	－6～－3	0.981	40.8
聚乙二醇(400)单硬脂酸酯	33		36.2
聚氧乙烯(4)月桂醚(BrⅡ－30)	5～18	0.950	44.5
聚氧乙烯(6)十三烷基醚	7	0.982	45.0
聚氧乙烯(12)十三烷基醚	22	1.024	42.4
聚氧乙烯(15)十三烷基醚	24	1.013	40.5
聚氧乙烯烷基芳基醚	－15	1.044	42.1
聚氧乙烯(15)烷基胺	18	1.035	31.3
吐温 85	－13～－12	1.032	40
脱水山梨醇单月桂酸酯(SP－20)	19～20	1.076	45.5
脱水山梨醇单油酸酯(SP－80)	－7～－4	0.998	42.2
脱水山梨醇三油酸酯(SP－85)	<－18	0.999	40.0
Oil Herder(Shell 公司专利)	1～3	0.861	46.0

用于配制集油剂的溶剂应具有以下性质：①与表面活性剂完全混溶；②密度小于海水；③与表面活性剂不发生化学反应；④对表面活性剂油控性质无副作用，如不应溶入油膜中且不促进油膜的扩散；⑤低凝固点；⑥低强度，流动性好；⑦高沸点，尤其要求高于油的燃点(27℃)；⑧不引起表面活性剂活性成分在水中溶解；⑨对生物无毒害作用。可供集油剂选用的溶剂如表 11－7 所示。

表 11－7　可供集油剂选用的溶剂性质

物质(溶剂)	熔点/℃	沸点/℃	闪点/℃	水中溶解度 /h·(100g)$^{-1}$	相对密度
二乙基己酸	－118.4	227	127	0.1	0.9077
二乙基丁醇	－114.4	147	53	0.43	0.8343
异辛醇	－100	186	85	0.07	0.8323
异丁基异丁酸	－80.6	144	44		0.855
异丁基庚基酮	－75	182	91	<0.01	0.8180
二乙基己醇	－70	184	85	0.07	0.8340
二异丁基甲醇	－65	178	72	0.06	0.812
异癸醇	－60	220	104	<0.01	0.8406
二乙基己基乙酸盐		198	88	0.03	0.873
二异丁基酮	－41.5	169	49	0.05	0.8076
二乙基异己醇		173	77		0.830
1－己醇	－44.6	157	65	0.58	0.8205
松节油		153～175	0～8	不溶于水	0.860～0.875
仲辛醇	－38	178～179	31	不溶于水	0.835
辛醇	－15	194～197	30	不溶于水	0.827
庚醇	－34.1	176	23	lg/L(18℃)	0.8187
松油醇	2	214～224		微溶于水	0.9337

对于集油剂用量理论上只要保证能在油膜周围形成集油剂单分子膜并保持足够的膜压时的集油剂量即为使用量，但由于实际使用时集油剂的损失，实际使用量为实验室确定量的10倍以上。表11－8列出国内外若干集油剂的用量及相关性能。

表 11－8　若干国内外著名集油剂的性能及用量

产品来源	产品名称	着火点/℃	倾点/℃	使用剂量	毒性
The Shell Company	Shell Oil Herder	78	2	4.66L/km	海虾 TL_{50}(48h)＝2.5mg/kg
BP Detergents Ltd.	BP Oil Marshall	77	2	23.29 L/km	斑纹鱼 TLM(48h)＝250mg/kg 几乎无毒
Exxon Chemical Americas	Coexit oc－5	82	－35	2.33～4.26 L/km	斑纹鱼 LC_{50}(48h)＞10000mg/kg
青岛海洋大学	海大1号	78.5		对原油：20kg/t	阿錩鰕虎鱼 TLM(96h)＞8000mg/kg 几乎无毒

集油剂特别适用于控制面积大的薄油层，对于原油、润滑油和燃料油残余馏分极为有效；对一般石油，集油剂可将其压缩到5mm厚的油层，对少数油膜压为10mN/m的燃料油，集油厚度可达约10mm，超过此厚度不起作用，可用泵抽吸集油后的厚油层，使其继续集油。对已形成油包水乳状液的油或焦油块，集油剂无效，因此要在石油风化前使用集油剂。使用集油剂前不能用乳化分散剂处理油膜；在使用集油剂的同时使用消油剂，也将起反作用。

集油剂可用于控制除汽油以外(汽油很快挥发)的各种油品的扩散，并能使薄油膜聚集增至一定的厚度，用于废水池、港湾、湖泊、采油平台周围、油码头周围分散油膜的聚集回收处理；还可用集油剂清除人们难以进入的芦苇生长水域的溢油或保护养殖区域水面不受溢油污染；以及在采油平台或船只周围喷洒集油剂可在紧急情况下减少波浪侵袭作用；集油剂与围油栏、吸油装置、撇油装置配合使用可提高其效率。

实际使用时利用船上的喷洒装置、手动泵等喷洒集油剂，大面积溢油也可利用飞机空中喷洒集油剂，应把集油剂喷洒到溢油周围干净水面上，不要喷到溢油表面，也不要与水一起喷洒集油剂；一定时间后被控制的溢油开始再扩散时，应及时补充喷洒集油剂；溢油发生后应尽快使用集油剂，待油风化后其集油效果将大力降低甚至无效。使用集油剂前或使用集油剂时不能使用油分散剂，但可与凝油剂配合使用。

集油剂聚集油厚度有一定限度，可用集油剂集油公式计算，此时用吸油装置将厚油层吸走，油层变薄时集油剂继续起集油作用；如果厚的油层被集油剂单分子膜包围，此时厚油层将继续扩散，直到由集油公式计算出的厚度；集油剂能控制溢油不向周围扩散，但不能把溢油固定在一处，它在水面会随水流漂移，但被单分子膜控制的聚集油不会被风吹散。

四、溢油凝油剂

凝油剂也称油胶凝剂、油固化剂，是一种使溢油胶凝成块状物的化学试剂。胶凝后的油块浮于水面，便于用网等机械设备回收。凝油剂通常低毒或无毒，与溢油胶凝后一齐被回收，因此是一种真正有效防止水体污染的化学处理剂。国外在20世纪70年代就已研究油胶凝剂，大多属专利产品，已有几种商品胶凝剂出售，如美国Strikman Industry Spill - away ES-NA公司的Striktle、英国BP公司的Rigidoil、日本理化公司的胶油 - D等。凝油剂与其他化学处理一样，通常是在用物理机械法回收大部分较厚的溢油后使用。油层厚度为0.5cm以上用机械法回收，在0.5～0.3cm时使用油吸附材料，油层厚度为0.3～0.05cm时用集油剂和胶凝剂，油层厚度在0.05cm以下时用乳化分散剂处理。在海况比较恶劣无法使用机械回收设备时，胶凝法也可作为独立的方法处理海上溢油。

1. 凝胶结构类型

凝胶是分散体系的一种特殊形式，由固、液两相组成，固相形成网状结构，液体包在其中。凝胶性质介于固体和液体之间，无流动性，但有固体力学性质，如具有一定弹性、强度、屈服值等。凝胶的三维网状结构随分散相性质不同而有所不同。一些刚性凝胶，如无机物凝胶 SiO_2、TiO_2、Fe_2O_3 等，由于固体分散相质点本身和骨架有刚性，具有多孔结构，能吸收液体，其孔隙中填满液体分散介质，但其膨胀性很小，属非膨胀型结构。而由大多数柔性的线型高聚物分子所形成的凝胶，如橡胶、明胶、琼脂等，由于分散相质点本身具有柔性，易于流动，在它吸收或释放出液体时，往往改变其体积，表现出膨胀性，属膨胀型结构，具有弹性，变形后能恢复原状。凝胶网状结构一般有4种类型，如图11－20所示。

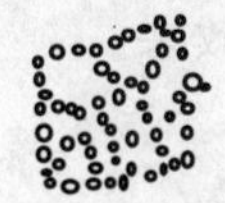

（a）板状质点互相连接；

（b）棒式板状质点连接；

（c）线形质点搭析部分有序排列；

（d）线形分子通过化学键连接；

图11－20 凝胶网状结构类型

（a）分散相质点为球形，排列接近线性，交错排列成网状结构，如 TiO_2 凝胶；

（b）分散相质点为棒状或板状，互相搭成网状结构，如 V_2O_5 凝胶；

（c）分散相质点为线形，骨架中的部分长链有序排列成微晶区，如明胶；

(d)分散相质点为线形大分子，通过化学键形成网状结构，如硫化橡胶。

凝胶中形成网状结构的作用力，可以是范德华力(如石墨凝胶)、氢键力(如 $Fe(OH)_3$ 凝胶)和化学键力(如硅胶)。以范德华力形成的凝胶结构不稳定，表现出触变性；大分子靠氢键相互连结形成的结构比较牢固，其膨胀性与温度有关，低温时有限膨胀，加热时无限膨胀；以分子间化学键力形成的网状结构，结构非常稳定。

2. 凝油剂种类

凝油剂处理海上溢油的方法是继乳化分散剂处理技术之后发展起来的技术。在溢油中加入凝油剂后，能使溢油很快变成半固体状的油凝胶，漂浮于水面，便于回收溢油。现已发展多种凝油剂产品。

(1)氨基酸衍生物

该产品由日本味之素 K. K 公司开发，专利公报其主要成分为 *N* - 酰氨酸胺或 *N* - 酰氨酸酯，其实是 *N* - 月桂酰谷氨酸 α 和 γ - 二丁基酰胺。商品为 9% 的淡黄色溶液，相对密度为 0.87(10℃)，黏度为 $2.74\times10^{-5}\,m^2/s$(10℃)，凝固点为 0℃ 以下。使用时必须喷水搅拌。20℃时用量为溢油的 40%，石油凝胶抗压强度可达 10kPa，几乎无毒，对青鱼的 TLM 为 42000mg/L。它只胶化与海水(或淡水)共存的油而不胶化纯油，氨基衍生物结构式为：

$$(H)(H_9C_4)N-\overset{O}{\overset{\|}{C}}-CH_2-CH_2-\underset{H-N-\underset{\underset{O}{\|}}{C}-C_{11}H_{23}}{\underset{|}{CH}}-\overset{O}{\overset{\|}{C}}-\overset{H}{\overset{|}{N}}-C_4H_9$$

(2)羊毛脂肪酸类(Strichite)

Amerace - ESNA 公司出品，其成分为羊毛脂肪酸、癸酸、石油磺酸酯、石灰等。相对密度为 0.84(20℃)，引火点为 68℃，黏度为 55mPa·s(10℃)，易溶于烃类，使用量为溢油量的 1/2 ~1/3。使用时先将产品撒在油层上，然后用水力搅拌，油即凝胶化。美国海军曾在旧金山湾处理溢油时用该产品。

(3)碳酰胺类(Amine Carbamates，商品名：胺 - D)

该产品主要成分为氨基甲酸盐。先在溢油上面喷撒十二烷胺、十四烷胺或十六烷胺的甲醇溶液，然后加干冰，使 CO_2 与长链烷胺发生反应，生成氨基甲酸盐，它能使溢油凝胶化。该凝油剂是美国海军溢油回收研究计划内容之一。反应式为：

$$R-NH_2+CO_2\rightarrow R-\overset{+}{N}H_2-\overset{-}{C}O_2$$

一种改进是用二羟松香胺代替长链胺，用 30% 的乙醇或乙醇和苯甲酸各占 15% 的混合溶液为溶剂配制的溶液，喷洒在溢油上再施放干冰，可取得最佳的凝油效果。

$$CH_2\overset{+}{N}H_2-\overset{-}{C}O_2$$

(结构式：含 H_3C、CH_3 取代基及异丙基 $(H_3C)_2CH-$ 苯环的松香骨架，连接 $CH_2\overset{+}{N}H_2-\overset{-}{C}O_2$)

(4)山梨糖醇衍生物类

新日本理化公司生产的二苯亚甲基山梨糖醇(DBS)(商品名胶油 - D)凝油剂，白色粉末，密度为 $0.22g/cm^3$。本品易溶于 *N* - 甲基吡咯烷酮、*N*，*N* - 二甲基乙酰胺、*N*，*N* - 二甲基-N-甲酰胺、二甲亚砜、环己酮等极性溶剂，常温下浓度达20%仍保持为溶液状态。对汽油、煤油、柴油、BTX(苯、甲苯、二甲苯)、重油等均有胶化作用。该凝油剂结构式为：

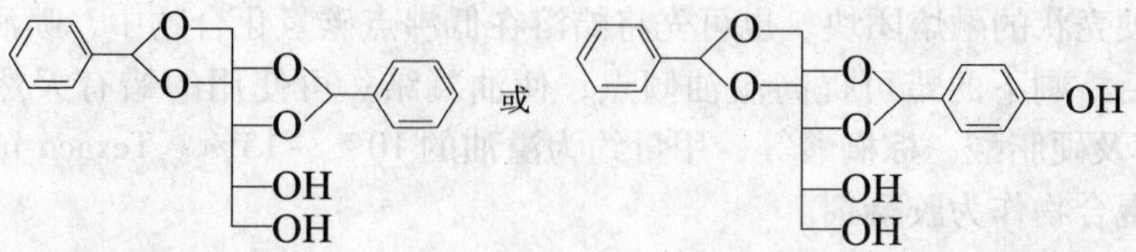

或

(5)蛋白质衍生物类

日本工业技术院东京工业试验所研究了海上溢油自然形成油包水奶油冻的机理以后，研制成了对生物无毒害性，适于处理重质原油的酵母蛋白凝油剂。利用石油培养酵母，将酵母经冻融、稀酸加热水分解、煮沸抽出等过程提取水溶性酵母蛋白。以酵母蛋白为原料，用有机溶剂法或水溶剂法进行羧甲基化。前者以80%乙醇溶液为介质，后者以水为介质，碱性条件下与一氯乙酸在40℃反应2h，生成水溶性羧甲基产物，升温至70℃～90℃热处理1～3h，然后加入$Al_2(SO_4)_3$水溶液进行沉淀，调节pH值至3～5，进行沉淀分离。为了提高产品凝油性能，还可添加10～150份的高级脂肪酸和环烷酸的铝盐一同沉淀。将沉淀物干燥，或添加合成胶乳再在120℃～150℃左右硫化2～10min即可得到凝油剂。最适宜的合成胶乳是与不饱和羧酸(如丙烯酸、甲基丙烯酸、马来酸等)共聚合的羧基变性胶乳，如C-SBR和C-NBR。

该凝油剂在溢油上散布后，通过搅拌可形成含水性胶油块，烧杯中试验可将B重油黏度由(25℃)100mPa·s增至8×10^4mPa·s，池塘试验B重油黏度可达1×10^4mPa·s以上，形成的废油球可用铁丝网回收。

(6)高分子聚合物类

英国BP公司发明的Rigidoil凝油剂是一种典型的高聚合类凝油剂。该凝油剂为双组分溶液，其一为液体聚烯烃类高聚物，分子结构中含有官能团和辅助官能团，如羧基、酸酐或酰基氯等基团；其二为交联剂，含有胺基或羟基官能团。高聚物和交联剂可用甲苯或其他碳氢化合物如汽油为溶剂，配成溶液使用。官能化聚合物可以是马来化聚丁二烯、聚异戊二烯、EPDM或天然橡胶；交联剂一般式为$(RCOO)_6Zn_4O$，式中R是烷基、环烷基、芳基、芳烷基或烷芳基烃基，其碳链至少含8个碳原子的烃基。

使用时，先将官能化高聚物溶液注入溢油表面，并使其充分混合，然后注入交联剂溶液，再充分搅拌，两者剂量比例为5:1，用量为溢油量的30%～40%。几分钟后开始胶凝，约1h后完成溢油胶凝，可用丝网捞出水面。国内交通部水运研究所曾用该凝油剂样品，按说明书要求进行实验室试验。当时其聚合物3.84英镑/L，交联剂2.97英镑/L，使用剂量比例为5:1，这样Rigidoil凝油剂价格为3.7英镑/L，按照其产品说明书的用量为溢油量的40%～45%估算，处理1t溢油的费用为1660英镑，成本很高，而且必须按比例先后喷洒两组分，还要充分搅拌，操作难度大。该法一个突出优点是可用于已风化的巧克力木斯的胶凝，这是其他凝油剂所不具有的。

(7)脂肪酸衍生物和酯类

山东高唐溢油固化剂产业公司生产的QWM-L溢油固化剂用植物油厂精炼后的废渣为原料，加入3%苯磺酸钠和3%的硫酸酸化水解，水溶性部分按一定比例加入氢氧化钙混合反应，固液分离，固体物在气流干燥机中烘干，粉碎得棕色粉状固体产品。该凝油剂可凝结原油、机油、柴油等油类，凝油时间为6～30min，固化剂用量为溢油量的50%～80%。

(8)蜡

菲力普石油公司采用这样方法凝油：将溢油升温至10℃～27℃，然后将蜡掺合进油层中，使之形成硬壳状的融熔团块。也可先将蜡溶在低沸点碳氢化合物中，喷洒在溢油上，挥发性成分挥发后，剩下的蜡可提高溢油倾点，使油凝结。可使用的蜡有天然地蜡、巴西棕蜡、C_{12}～C_{15}醇及硬脂酸、棕榈酸等，用量约为溢油的10%～15%。Texaco Inc. 公司使用沥青或其与蜡的混合物作为胶凝剂。

3. 凝油剂的使用方法

凝油剂处理海上溢油分3个步骤：先由拖船向溢油表面撒布凝油剂，溢油面积很大时，可考虑用飞机撒布凝油剂；然后通过人工机械或风浪作用使与溢油充分混合发生胶凝；最后利用人工或机械方法回收胶凝油块。

利用泵把海水吸起并与凝油剂同时喷到溢油表面，利用水压使凝油剂与溢油混合，或利用船的螺旋桨，使溢油与凝油剂充分混合，也可用船拖搅拌器搅拌使其混合。

港湾内的凝胶油可用围油栏围起来后用机动清扫船回收。小面积凝油溢油可采用人力网回收。在广阔海域中的胶化油可采用回收装置回收。图11－21为一种胶化送油回收装置。其前面是导向围油栏，引导溢油流向回收装置，在其中部有胶化油撒布口，后面是高压喷水起搅拌作用。粉末状凝油剂的撒布口尽量靠近溢油面，减少被风吹走损失。可考虑用双层管，内管喷洒凝油剂粉末，外管用高压泵喷水，可减少风吹损失，同时起搅拌混合作用。也可用履带式回收机回收胶油。

回收的胶化油可直接当做锅炉的燃料，或与沥青按适当比例混合用于铺沥青马路。也可以将胶化油加热到70℃～85℃，使其液化，随后进行油水分离，除去水分后，用原来的油稀释混合，得到再生油，可继续作燃料油；或进行精炼，得到的馏分与原来的油几乎相同。图11－22为胶凝油热分解回收装置。

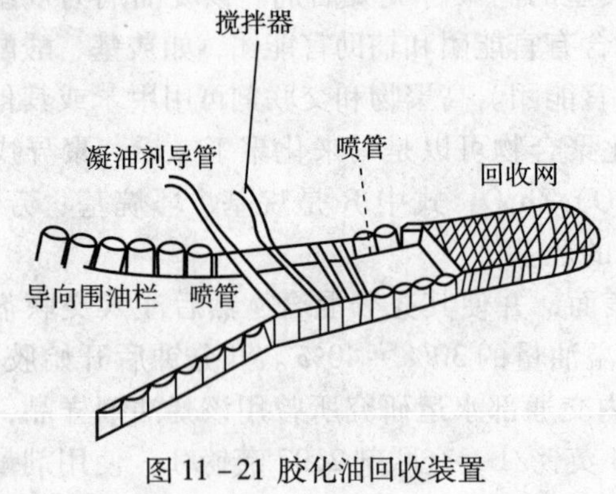

图11－21 胶化油回收装置

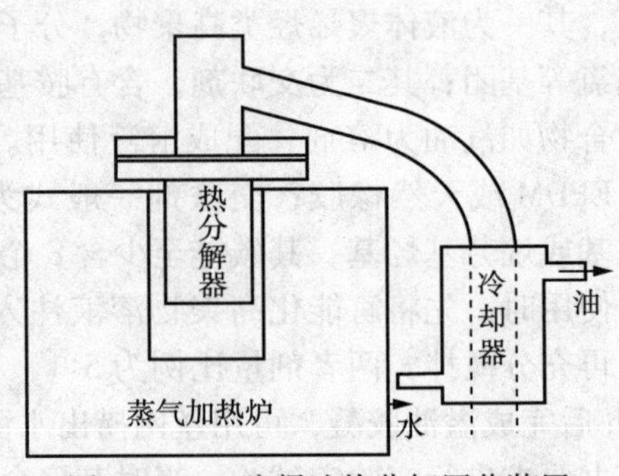

图11－22 胶凝油热分解回收装置

第十二章　钻井废水的组成及处理技术

油气钻探开发过程中产生大量的钻井废水，一口钻井一般可以产生钻井废水400～500m^3，废弃钻井液500～700m^3。由于钻井废水污染源分散、区域广，pH值过高，污染指标浓度高(例如石油类、COD_{Cr}、汞、砷、总铬、六价铬、镉、铅)，有毒有害物质可在环境或动植物体内蓄积，危害人类的身体健康，因此不对钻井废水进行专门的处理会严重破坏环境，危害人类生活。

为减少钻井废水直接排放对周边生态环境的危害，现场施工单位最常用两种办法：一种是采取分散罐装、集中拉到采油厂废水处理站，然后掺混少量采油废水混合处理，合格后回注地层的处理方法；二是采用物理、化学、物理－化学联合法、生物法等处理方法处理后达标排放。但由于钻井废水水质恶劣，第一种掺混采油废水的处理方法常常导致注水水质超标；若采用第二种常规的物理、化学、物理－化学联合法、生物法处理时，废水色度和COD等水质指标又经常超标，因此，钻井废水的深度处理是解决钻井废水排放污染问题的根本途径。

第一节　废弃钻井液和钻井废水的来源及特性

一、废弃钻井液

废弃钻井液产生在钻井和完井过程中，主要有：①被更换的不适于钻井工程和地质要求的钻井液；②在钻井过程中，因部分性能不合格而被排放的钻井液；③完井时井筒内被清水替出的钻井液；④由钻井液循环系统跑、冒、滴、漏而排出的钻井液；⑤部分钻屑。

通常钻井井场都备有废钻井液池，储存废弃钻井液，其容积的大小与所钻井的深度有关。因此，在一般情况下，完井后都留有一定数量的废弃钻井液。

根据资料统计，目前进行钻井液回收的油气田达67%，回收率从38%到60%不等。废弃钻井液对环境的影响与其性质有关，一般钻井液的pH值较高，为8.5～11，长期在废钻井液池储存，容易造成井场附近土地盐碱化。另一方面，钻井液或黏屑中含有一定数量的加重剂和化学处理剂，有些钻井液本身还含有油类，所钻进的地层中又可能含有害物质，这些都会对环境造成不同程度的污染。

1. 钻井液的分类

按我国正常使用情况和初步分类，钻井液分为水基钻井液、油基钻井液和气基钻井液三个体系，其中水基钻井液应用最广，约占98%以上，其余钻井液使用甚少。

(1)水基钻井液

水基钻井液包括淡水钻井液、含盐钻井液和钙处理液等类型。

①淡水钻井液：氯化钠的含量不大于1%，钙含量不大于120mg/L。其中包括淡水磷酸盐钻井液、淡水丹宁酸钻井液、淡水膨润土钻井液等。

②含盐钻井液：盐水钻井液，其含盐量由1%至饱和不等，可以根据需要加以控制。饱和盐水钻井液，钻井液中的氯化钠必须达到完全饱和，甚至过饱和。主要用于钻盐岩层。海水钻井液，用海水配浆，其含盐量在30000mg/L左右。主要用于海上或沿海钻井。

③钙处理钻井液：石灰钻井液，Ca^{2+}含量为120～500mg/L。用NaOH控制石灰溶解而达到调节Ca^{2+}的目的，pH值常在10以上。石膏钻井液，Ca^{2+}含量可达500～1200mg/L。可用来钻石膏层，pH值一般为7～9。氯化钙钻井液，钙含量可高达1200mg/L以上。

(2)油基钻井液

油基钻井液包括普通油基钻井液和油基钻井液两类。

①普通油基钻井液：以油为外相，以水为内相，为油水饱和钻井液，其油水比在(50～80):(50～20)范围内，含有柴油、氧化沥青、水。最常用的乳化剂是硬脂酸钠皂[$CH_3(CH_2)_{16}(OONa)$]。

②油基钻井液：通常是用氧化沥青、碱、柴油、处理剂、有机酸等组成，含水超过5%。

(3)气基钻井液

属于低密度型的一类钻井液体系。包括干燥气、雾、稳定泡沫、气体流体等品种。

2. 钻井液材料的性质

废弃钻井液对环境的污染还与钻井液材料有关，其中包括原材料和处理剂。

(1)钻井液原材料

钻井液原材料包括水、黏土、加重材料。

①水是水基钻井液的分散介质，绝大多数钻井液中含有水，甚至在油基钻井液下，水也起着重要的作用。水具有溶解多种物质的能力。

②黏土。在淡水钻井液中大量应用的是膨润土，其主要成分是蒙脱石。在盐水钻井液中主要使用的是抗盐膨润土。在油基钻井液中使用有机膨润土。

③加重材料。使用最普遍的是重晶石粉，纯净产品为白色粉末，含杂质时呈绿色或灰色，有轻微毒性，不溶于水。加重常在现场进行，有时会产生扬尘，形成暂时的局部污染。

常用加重剂的物理性质详见表12－1。

表12－1　常用加重剂

名称	化学式	相对密度	莫氏硬度
方铅矿	PbS	7.4～7.7	2.5～2.7
赤铁矿	Fe_2O_3	4.9～5.3	5.5～6.5
磁铁矿	Fe_3O_4	5.0～5.2	5.5～6.5
氧化铁	Fe_2O_3	4.7	—
钛铁矿	$FeO \cdot TiO_2$	4.5～5.1	5～6
重晶石	$BaSO_4$	4.2～4.5	2.5～3.5
菱铁矿	$FeCO_3$	3.7～3.9	3.0～4.0
元青石	$SrSO_4$	3.7～3.9	3.0～3.5
方解石	$CaCO_3$	2.6～2.8	3.0
白云石	$CaCO_3 \cdot MgCO_3$	2.8～2.9	3.5～4.0
碳酸钡粉	$BaCO_3$	4.28～4.35	3.0～3.7

酸制完井及修井液，也使用液体加重剂，主要是一些可以在水中溶解而形成较高密度的水溶液无机盐类。

液体加重剂使用较多的是 NaCl 溶液，配制时的密度可以按工程调节。排入环境可造成土壤盐碱化。

(2)钻井液处理剂

钻井液处理剂是为了适应各种情况下钻井技术的要求，加入的各种化学剂。它能调整钻井液性能，其加入的数量和种类依需要而定。

①无机处理剂。按其化学成分的不同分为以下品种：氯化物、硫酸盐、碱类、碳酸盐、磷酸盐、铬酸盐、硅酸盐。

②有机处理剂。有天然产品、改性产品及有机合成制品。按其化学成分分为腐殖酸类、纤维素类、木质素类、丹宁酸类、丙烯酸盐类、沥青类、淀粉类及高聚物类。

③表面活性剂。分为非离子型、阴离子型、阳离子型及两性活性剂。

(3)废弃钻井液的危害

废弃钻井液成分比较复杂，如处置不当会对环境造成污染。钻井液中对环境有害的物质是油类、盐类、重金属元素(Zn、Pb、Cu、Cd、Ni、Hg、As、Ba 和 Cr)，以及有机硫化物和有机磷化物等。这些污染物一部分可能是随钻进的地层进入钻井液的，有机污染物可能是来自钻井液处理剂的分解产物，无机污染物可能是伴随钻井液处理剂及其材料而来的。仅就钻井液中所含污染物而言，钻井液中的 NaOH、$CaCO_3$、Cr^{6+}、Fe^{3+}、SO_4^{2-}、SO_3^{2-}、NaCl 等，可影响地下水或地面水的 pH 值，其中 Cr^{6+} 的毒性对环境和人体的影响更为严重；Ca^{2+} 可使土壤板结、钙化；碱(NaOH、KOH)可使土壤的 pH 值增大；聚合物中的丙烯腈、丙烯酰胺、丙烯酸等具有毒性。

目前钻井液中常加入大量的纯碱和烧碱，在深井段钻井往往使用铁铬盐，有的还直接加入红矾。这两种处理剂都是含有铬元素的有毒物质。有机处理剂和表面活性剂，有的也含有毒物质。盐水钻井液和油基钻井液(包括混油钻井液)会污染水体。

二、钻井废水

1. 来源

(1)井场上的雨水

主要以井场上的泥沙为主。另外夹带有少量散落的原油和钻井液等物质。雨水水量的多少与季节、地区有关系。

(2)冲洗动力设备用水

主要污染物为机泵润滑油等油类物质，同时也包括了少量的钻井液。在正常的钻井作业情况下，这类废水的水量为一个定值，且在整个钻井废水中所占的比例较小。

(3)冲洗岩屑、钻井机械设备用水

主要含钻井液、油类、岩屑等物质，此类废水水量大，是钻井废水的主要来源。

(4)钻井特种作业过程所产生的废水

主要是指酸化和固井、完井作业过程中产生的废水。这部分废水量小，但水质复杂，富含酸化作业剂、固井液、完井液。

综上所述，钻井废水中的主要污染物应是钻井液、油类及泥沙。而泥沙一般都能在沉砂池中很快分离出去，在水体中较稳定存在的则是钻井液和油类。钻井废水的来源如图 12 - 1

所示。

在钻井现场，一般是挖坑将钻井废水蓄积起来，这样废水一旦外漏、渗入地下水中，将会使土地荒芜，寸草不生。同时，钻井废水如果不经过处理而直接外排，还会对周围环境尤其是农作物及地表水系造成影响和危害。沿海油田的钻井废水一旦排入海洋，将会对近海的生态环境造成危害。

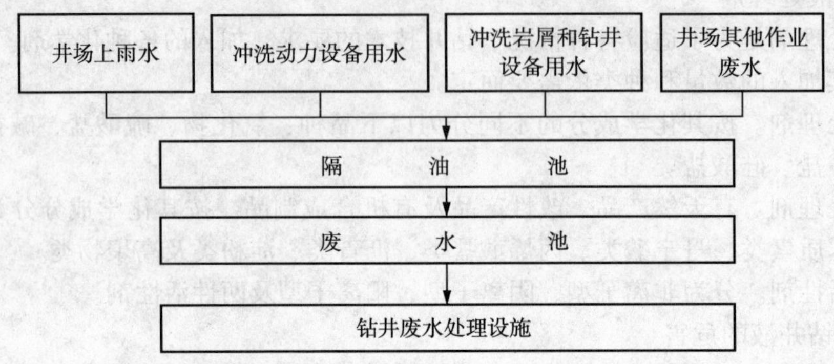

图 12－1　钻井废水流程示意图

2. 钻井废水主要污染物成分

由于含有钻井液中的各种组分，钻井废水的主要污染物与钻井所使用的钻井液类型有密切的关系。钻井废水主要污染物成分包含：

(1)钻井液添加剂

钻井液添加剂大致可分为造浆材料、加重材料、降滤失剂、增黏剂、降黏剂、乳化剂、页岩抑制剂、絮凝剂、杀菌剂、润滑剂、消泡剂、缓蚀剂、抗温剂、解卡剂、堵漏剂等几大类，这些添加剂中，只有造浆材料、加重材料和堵漏材料不构成环境危害，其余材料或多或少都对环境有一定的危害。

(2)无机盐类

在石油钻井作业中，由于钻井工艺的需要常常要使用盐水基的钻井液，尽管这类废弃物必须要进行专门的脱盐处理方可排入外界，但其所引起的潜在的污染则常常被环境管理人员忽视。

(3)重金属

钻井废水与废弃钻井液中含有大量的重金属，根据姜子东等人的分析结果，废钻井液中的重金属元素通常以 6 种状态存在，钻井废水中重金属主要以可溶态和离子交换态存在。

(4)油类物质

油类物质主要影响水体的 BOD 含量，且溶解油对于水体 BOD 的增高程度明显高于分散油。而乳化油则必须用专门的分离技术才能去除，且乳化程度越高，分离越困难。

3. 钻井废水的特性

钻井废水是钻井液、燃料油、润滑油或原油被水高倍稀释的产物，因此它的组成、性质及危害与钻井液类型、处理剂的组成有关。不同的油气田、钻探区、井深，钻井过程中产生的废水性质也不尽相同。钻井废水有以下水质特性：

(1)pH 值偏高

绝大多数钻井液 pH 值均控制在 7 以上，一般情况下多在 7.5～10，钙处理钻井液甚至达 11 以上。钻井液在钻井废水占有相当大的比例。因此，pH 值多在 8.5～9.0。

(2)含悬浮物高

钻井废水中的悬浮物含量多在2000~2500mg/L以上，其中包括钻井液中的胶态粒子(主要是膨润土及有机高分子处理剂)、黏土、加重剂材料及分散的岩屑及其他废水流经地面时所携带的泥砂、表层土等。

(3)含有一定数量的污染物

钻井废水中常有钻井液混入，加之钻井液处理剂及钻井液材料存在的影响，使其含有一定数量的有毒聚合物、有机污染物和无机污染物。

表12-2是四川石油管理局川东矿区对不同类型的钻井废水监测分析的结果，具有一定的代表性。

表12-2 钻井废水水质分析

井号	井深/m	洗井液	废水组分								
			色度	pH	悬浮物/(mg/L)	酚/(mg/L)	铬/(mg/L)	铁/(mg/L)	油/(mg/L)	COD/(mg/L)	硫化物/(mg/L)
音10井	670	清水	71o	6.9	213	0.04	未检出		144.6	51.49	未检出
音10井	1094	PAM钻井液	泥红色	8.1	574	0.62	0.78		86.57	164	
塔9井	1474	钻井液	褐黑色	7.3	364	0.034	0.36	1.08	49.23	192.1	
121井	2010	钻井液	褐黑色	7.26	304	0.65	4.01		1220.9	81.9	
威93井	2500	钻井液	褐黑色	7.04	364	0.12	0.14		180.9	159.3	0.15
塔12井	2910	钻井液	褐黑色	7.3	17.56	0.16	0.2		49.4	106.4	0.57
塔2井	8490	PAM钻井液	100°	7.1	172	0.83	0.6		302	323	2.14
自深1井	4657	深井钻井液	褐黑色	8.31	841	0.72	2.34	8.7	427	537	1.47

从表12-2中可以看出，浅层清水钻井，钻井废水主要含油；用PAM(聚丙烯酰胺)钻井液，则废水中含有悬浮物、酚、铬、油，用普通钻井液则含油和少量悬浮物、酚、铬；采用深井钻井液体系，钻井废水中含有油、酚、铬、悬浮物等。因此，钻井废水中主要污染物质为悬浮物、铬、酚和油。另外，由于钻井废水的性质受钻井液类型和组分的制约，其悬浮微粒(黏土)多带负电荷，由于双电层的作用，废水形成稳定的胶体并含有很高COD_{Cr}值和很深的色度，对于盐水钻井液钻井及水中矿化度较高的地区，废水中Cl^-的含量也很高，如不经处理直接外排，将对环境及井场周围农田造成危害。由于钻井区域分布很广，有些地区地下水位较高，土壤渗透性强，农作物较敏感，井场与地表水体相距较近，钻井废水即使完全控制在井场之内，污染物的下渗和迁移也可能造成土壤、地下水及地表水体不同程度的污染。对单一井场来说是点源污染，油气田上分布的多个井场则形成面源污染，对环境的影响较大。

4. 钻井废水产生量的估算

钻井废水产生量由于受客观条件的影响，因此，计算比较困难。例如，供水困难的钻井队产生废水量相对少一些，有些地区雨量大，特别是在低洼地区钻井，雨水的影响更加严重，甚至使废水大量流失，排入水域。因此，钻井废水产生的数量基本是由统计而得，平均每钻进1m，产生钻井废水约0.4m^3(浅井除外)。

三、钻井过程中对钻井废水的污染控制

钻井过程的环境保护，重点在于管水、少排放废水，即有效地从源头控制废水的产生。油气

田以管促治，采取了一系列比较有效的措施来控制钻井废水的产生及减少混入水中的污染物。

1. 封闭式井场管理

制定“钻井工程防治污染的规定”，所有污染物不能出井场规定的范围。

2. 控制用水量的措施

钻井过程中，即使在水源较充裕的地区也要严格控制用水量。①以钻井队为单位，积累资料，分析研究在各种气候、各类施工作业条件下的合理用水量。在保证正常生产、生活需要的情况下，控制用水，节约用水。②严格实施清污分流。根据钻井设备、井场环境条件，因地制宜地建立供水系统和排水系统。把生活饮用水与生产用水分开，把不经处理就可以排放和必须经过处理达标后才能排放的水分开，以减少处理工作量和处理用药量。③杜绝跑、冒、滴、漏常流水。供水系统设备和管线的安装要讲求质量，检查要认真，发现漏水要及时处理。用完水后要立即关闭闸阀。④尽量减少冲洗用水。

3. 废水回用于配制和稀释泥浆

第二节　化学混凝法处理钻井废水

化学混凝法是国内处理钻井废水的主要方法，也是最基本的处理方法。

一、间歇式化学混凝沉降工艺

间歇式化学混凝法是20世纪80年代较先进的处理工艺技术，它解决了钻井废水处理后达标排放的问题，同时提高了废水回用率，并基本上消除了钻井废水对环境的污染。

1. 工艺流程

目前，对于钻井废水的处理，四川石油管理局普遍采用间歇式化学混凝沉降工艺，其处理流程见图12－2。

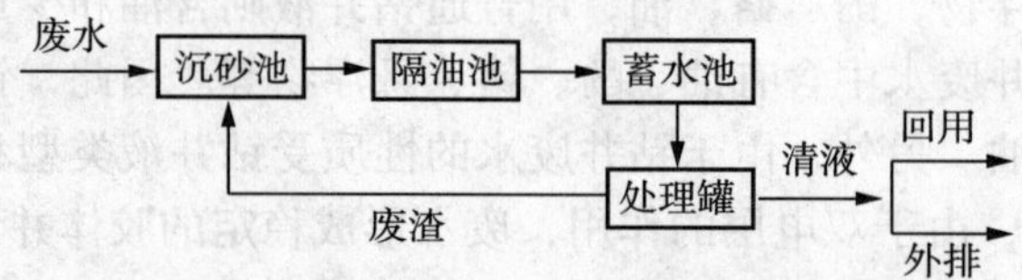

图12－2　钻井废水间歇式化学混凝沉降处理流程图

在处理废水时，选用无机混凝剂硫酸铝和有机阴离子型絮凝剂聚丙烯酰胺(PAM)。处理的方法是将钻井废水通过沉砂池引入隔油池，经除砂隔油后进蓄水池，然后用泵提升至废水处理罐，该装置是间断性操作的，经处理后的清液可以回用或外排。

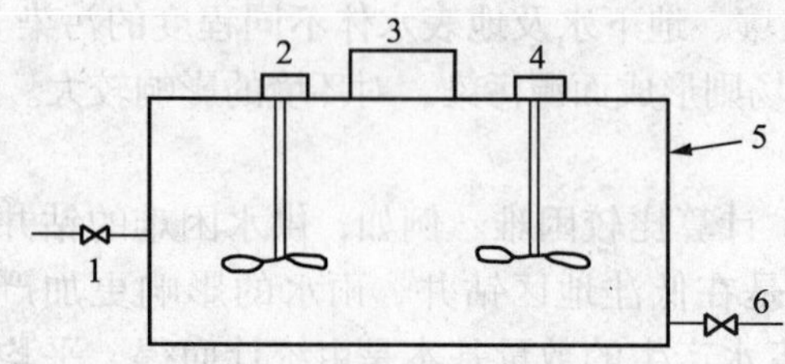

图12－3　间歇式混凝沉降装置示意图

1，6—阀门；2，4—涡轮搅拌器；3—加药罐($2m^3$)；5—处理箱

2. 间歇式混凝沉降装置

图12－3为间歇式混凝沉降装置示意图。

该装置由加药罐、搅拌器和处理箱组成，处理装置罐体为$25\sim30m^3$。具有结构简单、体积小、可搬运、操作简单、成本低等优点，使用效果较好，能够适应钻井废水处理工艺。

3. 废水间歇处理的操作步骤

(1)将废水打入处理箱。

(2)在加药箱内配制15%浓度工业硫酸铝溶液，0.1%聚丙烯酰胺溶液待用。

(3)开动涡轮搅拌器，使废水搅动。

(4)调整废水pH值达到7.65~8。

(5)迅速加入全量硫酸铝，30s后加入聚丙烯酰胺，然后继续搅拌1~3min。

(6)停止搅拌，矾花借水流逐步增大而沉淀，4~8h即可渣液分层。

(7)先由清液管排清液，然后由渣管排渣。

4. 存在问题

上述方法在技术、设备、处理能力、工程、运行管理等方面均存在许多不足之处，主要表现在：

(1)处理设施较庞大，预处理池容积为600m^3，渣液池为400m^3，占地1.2亩，征地费加之工程费用很高。完井后土地难以恢复，造成土地浪费。

(2)处理后的残渣未能进行无害化处理，完井后有近400m^3渣液(含水率>90%)贮于废水池内，既占用农田又污染环境。

(3)间歇式处理装置自动化程度不高，采用自然沉降，处理时间长，处理能力低，PAM脱除COD_{Cr}能力有限，这同钻井深度越来越深，钻井泥浆处理剂日益复杂的发展趋势不相适应。

(4)废水处理后达标率较低，特别是pH值和COD_{Cr}达标率偏低。

(5)由于处理装置未实现连续化、自动化，因此，本废水处理工艺的操作技术要求较高。加药量及搅拌速度、沉淀时间等因素若控制不当则可影响废水的处理效果。

二、改进的组合式废水连续处理装置

改进的组合式废水连续处理工艺围绕实现钻井废水的连续处理，四川石油管理局川西南矿区在化学混凝间歇处理装置的基础上研制出一种DZW-A型钻井废水连续处理装置，先后经过多次试验，针对污泥等问题进行多次整改，推出第二代组合式废水连续处理装置。

1. 处理工艺

钻井废水的处理工艺流程见图12-4。

钻井废水首先进入废水调节池调整废水的pH值，使之保持在7.5~8，调整后的废水进入多级旋流反应器中，与混凝剂发生反应。经过电中和的脱稳作用，逐渐形成絮凝体。在反应中要根据情况适量加入助凝剂，以促进较大颗粒矾花的形成。多级旋流反应器的废水治理量以6~8t/h为宜。经多级旋流反应器治理的废水进入斜板沉淀池进一步沉淀，在池中如发现沉渣上移至斜板区时，要立即停机，用调整废水pH值和添加混凝剂的办法使其恢复正常。经斜板沉淀池处理后的上清液，基本上已达到废水外排标准，可以外排，亦可以进入集水槽作回用水。从斜板沉淀池下部排出的渣液进入渣液浓缩罐，经过一段时间的浓缩，其上清液进入斜板沉淀的外排系统或回用系统。浓缩液则进入污泥脱水器，形成半干渣，其主要成分是岩石微粒和黏土，可成型堆放。

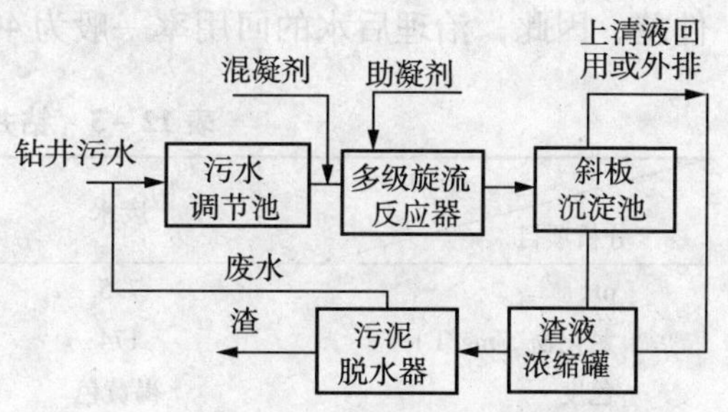

图12-4 钻井废水治理工艺流程图

采取这套治理工艺，每治理 $1m^3$ 钻井废水所需的主要消耗指标为：

①硫酸铝[$Al_2(SO_4)_3$]：1kg；②聚丙烯酰胺(PAM)：0.005kg；③石灰($CaCO_3$)：0.1kg；④烧碱(NaOH)：0.01kg；⑤电：0.5kw·h

2. 处理设施

这套废水处理工艺的关键性构筑物和设备是多级旋流反应器和斜板沉淀池。

(1)多级旋流反应器

从图 12－5 可以看出，废水沿切线方向进入一级反应器，并在反应器内发生旋转。由于油水密度不同，因此在旋转时将油分逐渐分离。在反应过程中加入混凝剂，使废水中的悬浮物与黏土逐渐分离。加入助凝剂，可使反应完全，形成油－水－污泥三相。经过四级旋流反应后，钻井废水中的悬浮物已大部分去除。图 12－6 为多级旋流反应器示意图。

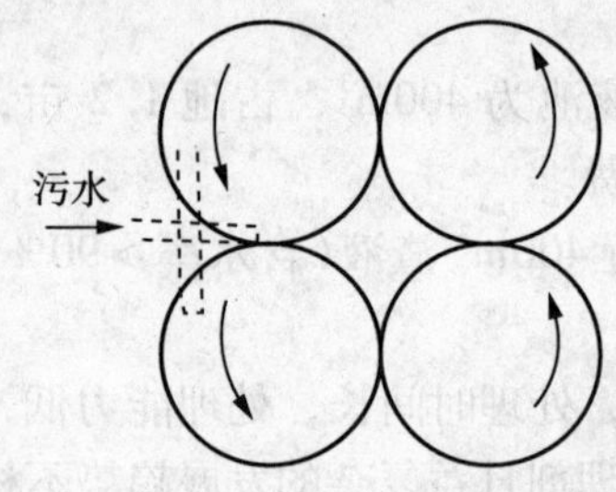

图 12－5　多级旋流反应器俯视图

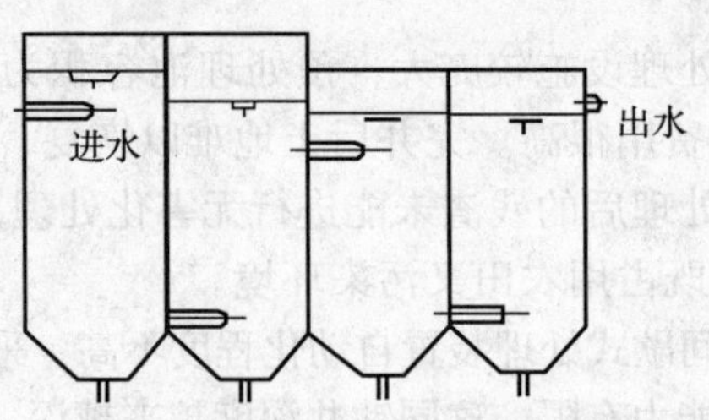

图 12－6　多级旋流反应器示意图

(2)斜板沉淀池

从多级旋流反应器流出的废水进入斜板沉淀池后，依照“浅池原理”，逐渐分离成油－水－泥三相，使废水治理进一步彻底化。该斜板沉淀池采用的是从下至上的流动方式。斜板沉淀池设计参数为：①污泥容积：$1.3m^3$；②污泥产生量：$0.8m^3/h$；③水流通过斜板时间：27min。

3. 治理效果

此套装置每小时可处理 6～8t 钻井废水，经过治理后的废水水质可达到标准以及工业用水要求，污泥含水率小于 80%，可成型堆放在特定场所，处理前后的水质情况见表 12－3。由于钻井工程系野外作业，且作业周期短(2～12 个月)，各项作业交叉进行且现场的储水条件差，因此，治理后水的回用率一般为 40%～60%，其余部分就地排放。

表 12－3　钻井废水治理前后水质情况表

类别 分析项目	废水	治理后水质	去除率,%
pH	7.5	6.7	—
氯化物/(mg/L)	174	188	—
色度	褐黄色	—	—
总铬/(mg/L)	0.64	0.1	84
悬浮物/(mg/L)	3100	29	91
酚/(mg/L)	0.71	0.024	96
油/(mg/L)	43	7.56	82.1
硫化物/(mg/L)	未检出	未检出	—
COD/(mg/L)	349	153	56
氰化物/(mg/L)	未检出	未检出	—

4. 处理装置的优点

总体上来说，这套处理设备主要有以下优点：①治理工艺流程比较完善，不仅可以有效地去除悬浮物和油，而且还可以处理污泥。②具有体积小、操作简单的特点，该装置占地面积仅为 $8m^2$，一人操作即可。③这套设备属于组合式撬装结构，因此，可以根据运输需要灵活地进行拆装，是野外流动作业时进行废水治理较为理想的设备。④整套设备造价低廉。这种设备的工艺流程同引进的日本同类设备的流程相似，但造价仅为引进设备的7%。

该装置还存在一些问题，如处理后的外排水 COD 不达标。

三、钻井废水处理技术存在的不足和发展趋势

1. 钻井废水处理技术存在的不足

(1)处理剂效能不高

目前化学混凝法处理钻井废水所用凝聚剂和絮凝剂的效能直接影响处理效果。无机凝聚剂硫酸铝、PAC 和 PFS 及有机絮凝剂 HPAM 去除废水中黏土悬浮物、油类和重金属离子等污染物效果较好，但去除 COD_{Cr} 能力较差，特别是对“聚磺”和三磺泥浆体系产生的废水，COD_{Cr} 去除率更低。

(2)处理方法单一、污染物深度去除能力有限

钻井废水除含有大量悬浮物和胶体之外，还含有一定量可溶性有机小分子化合物和高分子聚合物(如聚磺泥浆体系处理剂，此类处理剂分子中含多个亲水基团和发色基团，在水中易形成稳定的高分子溶液)。用化学混凝处理时可溶性有机物去除能力非常有限，必须配套采用其他方法如活性炭吸附、催化氧化和生物氧化等形成多元组合处理技术进行深度处理。

(3)钻井废水连续式处理装置针对性不强、处理成本高

目前国内油田现场应用的钻井废水连续式处理装置，较好地解决了间歇式处理装置中“水夹泥”和“泥带水”问题，实用性较强。但仍存在以下不足：钻井废水水质变化不定、处理药剂种类和数量无法定型；连续式处理装置使用不方便；设备造价较高(配套处理装置约120 万元/台)。

2. 钻井废水处理技术发展趋势

近年来随着钻井工艺的改进和新的低固相及无固相钻井液的应用，钻井废水 COD_{Cr}或不可生物降解的有机物含量逐渐增加，钻井废水处理难度在加大，传统的处理工艺、处理药剂和装置正在经受挑战。针对这一状况，建议今后对钻井废水的处理可开展以下研究工作：

(1)研制新型高效的钻井废水专用处理剂

钻井废水处理剂要具有絮凝能力强、沉降速度快、分层效果好、絮凝体体积小，且在碱性和中性条件下均有同等效果。其发展方向主要有以下几个方面：研制开发高聚合度复合型无机高分子凝聚剂；研制具有高效絮凝能力且兼有防腐和杀菌等多种功能的有机高分子絮凝剂；研制有机金属聚合物类凝聚剂：研究无机凝聚剂和有机絮凝剂复合体系；研制开发微生物类环保型絮凝剂。

(2)开发新型高效的钻井废水处理工艺

化学混凝法作为钻井废水环保达标处理“传统”工艺，对低色度和低 COD_{Cr}钻井废水进行处理既经济又高效。对中高色度和高 COD_{Cr}钻井废水，在优化化学混凝处理技术的同时，可考虑微电解、催化氧化等高级氧化和微生物絮凝沉降法等新型油田钻井废水处理技术的联合，注重多元组合处理技术的开发，以寻找技术和经济更为可行的环保达标处理工艺。

(3)开发新型环保钻井液体系

从控制污染源着手，以满足钻井工艺需要和防止环境污染为原则，开拓泥浆添加剂合成新思路。研制环保型泥浆处理剂以替代现有难降解泥浆处理剂，使泥浆处理剂研发与环境污染治理融为一体。

第三节　钻井废水无害化处理技术工程应用实例

“油田钻井废水无害化处理应用技术研究”于2004年9月进入现场试验，现场选在应用单位钻井废水和废泥浆固废处理场。在课题室内研究成果的基础上，结合现场现有的收集池($4000m^3$、$8000m^3$)设备、水源和电力配套情况，与现场单位领导专家一起对现场钻井废水处理流程进行讨论修订，提出了现场试验水处理流程筹建方案，并对该方案进行多次充分评估和论证。

现场试验于2004年9月3日正式开始，2004年12月30日结束，共计4个月。完成试验工作量$3060m^3$，2005年1月1日转入工业化生产运行阶段。

一、油田钻井废水现场达标处理流程

1. 采用的无害化处理技术

化学混凝固液分离/微电解组合处理技术。

2. 钻井废水现场处理装置流程

钻井废水现场处理装置流程示意图如图12－7所示。

由图12－7可知，钻井废水现场处理装置流程大体上分为五个部分：

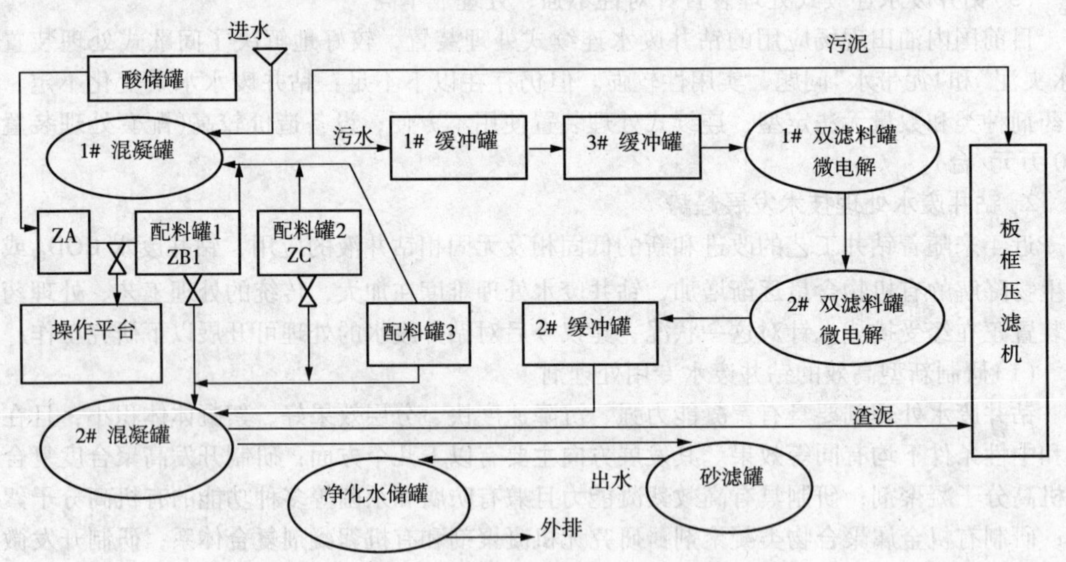

图12－7　钻井废水无害化处理装置流程示意图

(1)配料加药

酸贮罐专用来贮存药剂硫酸，配料罐1为钻井废水复合凝聚剂ZB1配料罐，配料罐2为絮凝剂ZC专用配料罐，配料罐3专门配制G剂溶液。

(2)化学混凝固液分离

钻井废水处理第一步需进行混凝固液分离处理。其中钻井废水加酸调节反应 pH 值，因此可在 1 号混凝罐进行固液分离处理。

(3)微电解反应

经过混凝处理的一级处理水，需要用硫酸调节反应 pH 值，然后通过两个串联的双滤料作为微电解处理罐，此为钻井废水无害化处理的关键步骤。

(4)深度处理

通过混凝/微电解处理后，钻井废水出水进入 2 号混凝罐，混凝固液压滤分离后净化水基本达标，若遇到高浓度三磺或聚磺钻井液产生的废水，COD_{Cr}数值仍不能达标，可先在 2 号混凝罐进行再处理。

(5)处理水和污泥传输

2 号混凝罐反应结束后，上层清液泵入砂滤罐进行砂滤处理，进入净化水缓冲贮罐经监测合格后再进行外排。下层污泥泵入板框压滤系统进行固液分离，泥饼可和废钻井液固化体一起堆放，压滤液泵回 2 号混凝罐，再进行循环处理。

3. 钻井废水处理装置和设备

(1)混凝罐的选择

为加强混凝反应搅拌效果，便于固相和液相快速分离，混凝罐外观设计上部为圆柱罐体，底部为锥体结构。

(2)微电解双滤料罐的选择

双滤料罐的设计按压力容器类的设备技术标准进行设计，承载压力为 0.6MPa，外观设计进水口和出水口为浮头式树脂柱床，考虑到便于长途运输，防止超高超宽，罐体长径比(即高度直径之比)为 1.2。

(3)固液分离工艺和设备的选择

据文献报道，离心分离和压滤法均可以用于固液分离，其分离效果如表 12－4 所示。

表 12－4　不同固液分离方法和设备的分离效果

分离方法	设备	脱水率/%	泥饼含水率/%	设备投资	处理效率
离子能分离法	离心分离机	2.4～68.2	21.6～88.2	大	高
压滤法	压滤机	50～79	46.7～67.8	小	中

由表 12－4 可见，两种方法分离的泥饼固相含水率一般小于 7%，从脱水效果看，压滤法明显优于离心法，考虑到集中处理，钻井废水固相含量高(一般高于 5%)，选用压滤法效率高，同时压滤机设备费用远低于离心分离机设备，因此选用压榨式板框过滤机进行固液分离。

(4)处理流程中各操作单元的连通

混凝反应、微电解反应操作单元通过管线、阀门和泵之间的连接变通来实现。

(5)钻井废水无害化处理主要装置和设备(表 12－5)

表 12－5　钻井废水处理主要装置和设备

序号	名称	规格	数量/个
1	混凝罐、深度处理罐	ϕ3200mm × H3280mm，15m³	1＋1
2	双滤料过滤器	ϕ2200mm × H3280mm，15m³	2
3	缓冲罐	L2000mm × 2000mm × H1500mm	3

续表

序号	名称	规格	数量/个
4	配料罐	300L	3
5	酸贮罐	300L	1
6	酸贮罐	5000mm × 2000mm × 1000mm	1
7	石英砂过滤器	$2.25m^3$	1
8	电动搅拌机	减速比 1:40	2 大，4 小
9	塑料离心泵	$Q = 15m^3/h$，$H = 30 \sim 40$；$Q = 15m^3/h$，$H = 5 \sim 10m$	1 + 1
10	螺杆泵	$Q = 16m^3/h$，$H = 50m$	1
11	加压泵	$F = 40 \sim 50$，$Q = 13.1m^3/h$，$H = 32.5m$	1
12	自吸泵	$Q = 50m^3/h$，$H = 10 \sim 15m$	1
13	反洗泵	$T = 15 \sim 80$，$Q = 54m^3/h$，$H = 15m$	1
14	无堵塞排污泵		2
15	法兰、阀门、接头等		若干
16	钢架平台制作、安装		
17	设备、工艺管线和电气安装		
18	板框过滤机		1

二、现场试验方案

钻井废水达标处理现场试验包括：验证化学混凝技术现场应用效果和评价净化水水质；确定混凝时间、各步工艺条件；确定微电解工艺条件及技术参数。

钻井废水无害化处理试验方案为：

(1)化学混凝工艺条件

配方：$3.0kg/m^3$ZA + $5kg/m^3$ZB1 + $10L/m^3$pH 调整剂 + $40g/m^3$ZC。

操作步骤：$15m^3$ 钻井废水，投加 45kgZA、300L ZB1(质量分数为 25% 水溶液)、150L pH 调整剂、150L ZC(质量分数为为 0.4% 水溶液)。

(2)微电解工艺条件

酸度 pH 值为 1.0，阳极材料为铸铁粉(机械加工厂)，阴极材料为活性炭，二者的质量比为 0.67。双滤料罐高度为 3.28m，直径为 2.20m，两个双滤料罐互相串联，控制流速为 83L/min。

三、现场试验效果与数据分析

1. 钻井废水中的主要污染物分析

2004 年 9 ~ 10 月，对现场每次试验水样的主要污染物进行了分析检测，结果如表 12 - 6 所示。

由表 12 - 6 可见，钻井废水组成复杂，水质变化不定。其浊度即悬浮物含量较高，可以说，现场的上层钻井废水不是真正意义上的“废水”，而是钻井废水和少量废钻井液的混合物，废水 COD_{Cr} 含量高，其数值范围为 1300 ~ 71000mg/L，废水中油含量不高，一般为 20 ~ 120mg/L，重金属离子总铬和铅离子分别为 0.86 ~ 4.51mg/L、0.56 ~ 3.2mg/L。

表 12-6 钻井废水主要污染物成分分析结果

采样日期	外观	pH	密度/(g/cm³)	悬浮物/(mg/L)	COD_{Cr}/(mg/L)	总铬/(mg/L)	含油/(mg/L)	Pb^{2+}/(mg/L)
04.09.11	黑褐色	10.15	1.15	75280	65308	0.86	36.5	1.2
09.12	黑褐色	10.62	1.12	52456	38690	1.72	72.5	0.8
09.13	棕褐色	11.37	1.08	22265	32327	1.56	35	1.6
09.14	黑褐色	9.34	1.36	40136	89783	2.1	26	2.1
09.15	棕褐色	9.50	1.10	8750	9560	1.89	100	0.75
09.20	棕褐色	5.85	1.06	2200	16210	1.75	75	2.3
09.21	棕黄色	7.54	1.10	4237	1302	1.23	65	2.5
09.22	黑褐色	10.26	1.14	56610	70208	3.21	35	1.8
09.23	棕褐色	8.67	1.10	8305	6740	2.31	86	1.4
09.24	棕红色	7.37	1.07	780	8388	4.51	115	1.7
10.05	棕红色	9.0	1.06	1100	3794	3.25	30	2.9
10.06	棕黄色	5.75	1.04	580	936	3.81	25	3.2
10.07	棕黄色	6.06	1.12	441	767	2.43	30	1.2
10.08	棕黄色	7.74	1.08	4500	2200	3.66	60	0.56

钻井废水外观为黑褐色、棕褐色和棕红色，色泽变化不一，外观颜色较深，表明色度严重超标，含有带有发色和助色基团的天然和合成类有机化合物如腐殖类、磺化类和木质素类物质 COD_{Cr}含量高，表明钻井废水中含有大量可溶性有机小分子和聚合物类高分子化合物，此类物质是导致其无害化处理难以达标的主要原因。钻井废水浊度高，表明此类废水固相含量(即悬浮固体含量)高。

2. 现场固液分离试验效果

每次试验前，先在室内用小样试验确定化学药剂基本投加量。经过现场试验表明：采用室内研究的混凝处理配方和工艺条件在现场重现性好，滤液澄清、泥饼成型效果好。为提高泥饼成型效率，当污泥输送泵的类型和扬程不同时，观察其混凝处理结果和效率。见表12－7。

表 12－7　混凝处理钻井废水宏观效果

混凝沉降情况	污泥输送泵类型	出水澄清度	压滤效果
絮体大、分层快、固液分离速度快	离心泵、扬程低	出水澄清、黄色	效率低、泥饼成型
絮体大、分层快、固液分离速度快	浓浆泵、扬程高	出水澄清、黄色	效率高、泥饼成型

由表 12－7 可见，在提高压滤装置工作效率方面，采用浓浆泵(或螺杆泵)代替离心泵输送污泥，效率较高。

3. 钻井废水无害化处理的净化水主要技术指标

每天试验 5～7 次，处理钻井废水 75～105m^3，第一步混凝罐出水 COD_{Cr}数值为 650～700mg/L，对第二步微电解出水先采集水样，按照国家《废水综合排放标准》(GB 8978—1996)的技术要求，对处理的净化水分别测定其中第一类污染物(主要是指重金属离子含量)和第二类主要污染物的技术指标，以评估水质达标状况，净化水主要技术指标结果见表12－8。

由表 12－8 可见，通过混凝/微电解二元组合技术处理后，净化水中第一类污染物全部达标，第二类主要污染物的技术指标符合 GB 8978—1996 的一级排放技术要求，且数据基本恒定。表明化学混凝/微电解二元组合技术处理钻井废水工艺稳定、数据重现性好、适应性强。

4. 钻井废水处理过程形成的渣泥浸出液毒性分析

按照固体废物的毒性判定标准和评价方法进行分析，结果见表 12－9。

由表 12－9 可见，渣泥浸出液中第一类、第二类污染物含量均很低，第一类污染物浓度均比国家标准《危险废物鉴别标准——浸出毒性鉴别》(GB 5085. 3—1996)规定的最高允许值低很多；第二类污染物主要技术指标也远低于国家标准《一般工业固体废物贮存、处置场污染控制标准》(GB 18599—2001)规定的最高允许值，接近二级排放标准。

地方环保局对废钻井液固化体浸出液的 COD_{Cr}数值有特殊要求，规定 $COD_{Cr} \leq 100$mg/L，因此在该地区集中处理时对钻井废水处理过程形成的渣泥不能随意堆放和处置，最好和废钻井液一同固化处理，以实现环保达标。

2004 年 12 月 8 日，环境监测站到现场采集处理后的净化水样，其检测结果分别见表12－10。

表 12-8 钻井废水无害化处理的净化水主要污染物成分分析结果

采样日期	外观	pH	COD/(mg/L)	石油类/(mg/L)	氯化物/(mg/L)	六价铬/(mg/L)	总铬/(mg/L)	铜/(mg/L)	铅/(mg/L)	锌/(mg/L)	镉/(mg/L)	锰/(mg/L)	硫化物/(mg/L)	悬浮物/(mg/L)	挥发酚/(mg/L)
09.26	浅黄色	8.5	56.8	0.8	168	0.005	0.016	0.05	<0.20	<0.05	<0.05	0.38	<0.005	30	0.036
09.27	浅黄色	8.4	48.7	1.2	216	0.113	0.056	0.06	<0.20	<0.05	<0.05	0.75	<0.005	28	0.045
09.28	浅黄色	8.3	102.6	1.3	248	0.006	0.085	0.08	<0.20	<0.05	<0.05	0.36	<0.005	56	0.056
09.29	浅黄色	7.6	128.2	1.0	216	0.008	0.076	0.06	<0.20	<0.05	<0.05	0.98	<0.005	35	0.045
09.30	浅黄色	8.8	95.6	2.5	118	0.011	0.012	0.07	<0.20	<0.05	<0.05	0.86	<0.005	48	0.035
10.05	浅黄色	9.0	68.7	0.9	189	0.012	0.085	0.03	<0.20	<0.05	<0.05	1.12	<0.005	46	0.048
10.06	浅黄色	8.8	96.2	1.6	196	0.007	0.076	0.02	<0.20	<0.05	<0.05	1.13	<0.005	65	0.098
10.07	浅黄色	8.3	118.3	3.5	198	0.10	0.095	0.01	<0.20	<0.05	<0.05	0.65	<0.005	58	0.086
10.08	浅黄色	6.7	54.9	0.772	116.9	0.004	0.016	0.05	<0.20	<0.05	<0.05	0.18	<0.005	28	0.031
10.09	浅黄色	8.2	86.4	3.6	168	0.09	0.092	0.06	<0.20	<0.05	<0.05	0.69	<0.005	70	0.068
10.10	浅黄色	8.1	76.5	2.5	187	0.08	0.045	0.06	<0.20	<0.05	<0.05	0.56	<0.005	69	0.071
10.11	浅黄色	8.4	46.5	1.2	185	0.04	0.012	0.08	<0.20	<0.05	<0.05	0.63	<0.005	35	0.036
10.12	浅黄色	8.5	123.0	1.3	172	0.09	0.025	0.09	<0.20	<0.05	<0.05	0.46	<0.005	46	0.025
10.13	浅黄色	8.3	46.8	1.4	135	0.11	0.039	0.01	<0.20	<0.05	<0.05	0.57	<0.005	57	0.015
国家标准	—	6~9	<100	<5	<250	<0.5	<1.5	<0.5	<0.10	<2.0	<0.1	<2.0	<1.0	<70	<0.5

表 12-9 钻井废水无害化处理后的渣泥浸出液指标(GB 5085.3—1996)

日期	外观	pH	COD_{Cr}/(mg/L)	石油类/(mg/L)	氯化物/(mg/L)	六价铬/(mg/L)	总铬/(mg/L)	铜/(mg/L)	铅/(mg/L)	悬浮物/(mg/L)	挥发酚/(mg/L)
12.08	无色	8.4	156.8	0.8	168	0.005	0.016	0.05	0.20	30	0.036
12.09	无色	8.5	148.7	1.2	216	0.113	0.056	0.06	0.20	28	0.045
12.10	无色	8.6	142.6	1.3	248	0.006	0.085	0.08	0.20	56	0.056
12.11	无色	8.7	128.2	1.0	216	0.008	0.076	0.06	0.20	35	0.045
12.12	无色	8.3	145.6	2.5	118	0.011	0.012	0.07	0.20	48	0.035
12.13	无色	8.5	148.7	0.9	189	0.012	0.085	0.03	0.20	46	0.048
国家标准	色度<70	6~9	<500	<5	<250	<1.5	<10	<5.0	<3.0	<70	<0.5

表 12-10 环境监测站净化水监测报告

样品编号	外观	pH	COD_{Cr}/(mg/L)	石油类/(mg/L)	氯化物/(mg/L)	六价铬/(mg/L)	总铬/(mg/L)	铜/(mg/L)	铅/(mg/L)	锌/(mg/L)	镉/(mg/L)	锰/(mg/L)	硫化物/(mg/L)	悬浮物/(mg/L)	挥发酚/(mg/L)
AH050801	浅黄	6.85	56.8	0.81	114.8	0.004	0.016	0.05	0.20	0.05	0.05	0.38	0.005	30	0.037
AH050801	浅黄	6.78	54.9	0.772	116.9	0.004	0.016	0.05	0.20	0.05	0.05	0.18	0.005	28	0.031
国家标准		6~9	<100	<5	<250	<0.5	<1.5	<0.5	<1.0	<2.0	<0.1	<2.0	<1.0	<70	<0.5

由表 12－10 可知，所有检测指标全部符合国家综合废水排放标准的一级标准要求。参照地下水水质标准和农田灌溉水质标准，Cl^- 含量符合农田灌溉水质标准。

5. 钻井废水处理费用

与钻井公司承钻现场泥浆池中的钻井废水相比，废水和固废处理场收集池里的钻井废水和废钻井液共存一池，废水浊度大，比重高($1.36g/cm^3$)、固相(即泥浆和泥砂含量)质量分数一般大于5%，多数情况下为钻井废水和稀废钻井液的混合物，因此钻井废水第一步混凝破稳时，酸消耗量较大，导致药剂成本升高。

废水处理流程定员 6 人，其中职工 3 人，每天处理钻井废水按照 $100m^3$ 计算，职工工资 100 元/天・人，临时工工资 30 元/天・人。经核算，钻井废水的综合处理成本见表 12－11。

表 12－11 钻井废水处理成本(日处理工作量 $100m^3$)

项目		单项费用	累计/元
药剂费用	pH 调整剂 A＋pH 调整剂 B	797	3000
	凝聚剂、絮凝剂	368	
	阳、阴极材料	1835	
动力能耗	电力、燃油	220kW・h 电、40L 油	300
人工费用	工资、福利和劳保	职工 3 人，临时工 3 人	390
管理费		10%	400
合计/元			4090

由表 12－11 可见，钻井废水处理的药剂成本为 30 元/m^3，其中微电解处理费用占 60% 左右；综合处理成本为 40.9 元/m^3，比江苏油田钻井废水和废弃钻井液的综合处理成本 52 元/m^3 下降接近 20%。

四、油田钻井废水无害化处理装置运行参数

(1)物料固相含量：≤5%(质量分数)。

(2)进料流量：混凝反应 $10m^3/h$，微电解反应 $5\sim10m^3/h$。

(3)压滤机总过滤面积：$100m^2$。

(4)压滤机工作压力：0.5MPa。

(5)凝聚反应搅拌速度：250r/min。

(6)絮凝反应搅拌速度：50r/min。

(7)沉降时间：10min。

(8)滤料粒径：20～60 目。

五、与国内外钻井废水处理技术对比

油田钻井废水化学混凝/微电解二元联合处理技术与相关的国内外油田钻井废水处理技术对比结果见表 12－12。

由表 12－12 可见，与国内外相关研究和相关技术对比，油田钻井废水无害化处理技术具有处理工艺简单、流程简短、处理周期短、费用低、处理装置配套通用、设备投资少和处理能力大等特点。

确定的处理工艺流程可解决钻井废水无害化达标处理的技术难题，避免了此类废液直接

外排而引起的生态环境污染问题。为国内油田对此类特种废水进行综合达标治理探索了一条新途径，建立了一种新方法、新工艺。

表 12-12　油田钻井废水无害化处理技术与同类技术综合对比结果

油田	USA Newpark Cord	江苏油田	本文
水质类别	废钻井液	钻井废水和废钻井液	钻井废水
处理目标	环保达标	环保达标	环保达标
处理工艺	混凝/分离/气浮/吸附	一级混凝分离/二级混凝/吸附	混凝/微电解
成本/(元/m^3)	44~58.5 美元/m^3	45~60	40.9
处理周期	8h	6h	2h
处理量/(m^3/d)	200	96	200
备注	工业应用	工业试验	工业试验

六、现场试验小结

2004 年 9~12 月在应用现场进行了 4 个月的现场处理试验，主要验证混凝/微电解组合技术处理钻井废水实际应用效果和综合评价处理的钻井净化水水质主要技术指标达标情况。

现场试验结果表明，采用化学混凝/微电解二元组合技术处理钻井废水的工艺条件为：第一步化学混凝通用组合配方为：$5kg/m^3$ZA + $6kg/m^3$ZB1 + $10kg/m^3$ 油田 C 剂 + $20g/m^3$CZ；第二步微电解工艺条件为：pH 值为 1.0，铁炭比为 0.67，柱停留时间为 20min。处理的净化水主要技术指标达到国家废水综合排放标准的一级标准要求，渣泥浸出液主要技术指标低于国家标准《一般工业固体废物贮存、处置场污染控制标准》(GB 18599—2001)规定的最高允许值。现场处理药剂费用为 30.0 元/m^3，综合费用为 40.9 元/m^3。

第四节　钻井废水处理技术在磨 005-X11 井的现场应用

一、磨 005-X11 井基本情况

磨 005-X11 井位于遂宁市磨溪镇。当地浅丘地形，气候属四川盆地亚热带湿润气候区，年平均日照 1376.6h，年平均辐射总量为 90.673kcal/cm^2，年平均气温 17.2℃。年降雨量 908~993mm，无霜期 238~300 天。1988 年在遂南气田的磨溪地区发现一储量丰富的大型天然气田，命名“磨溪油田”，已探脱硫厂明气田面积 120 平方公里，储量为百亿立方米，可开采几十年。总体设计开发方案拟打井 110 口，已打成 24 口，建成大型脱硫厂 1 个，年产天然气 6 亿立方米。磨 005-X11 是川西钻探公司所钻的一口定向井，于 2006 年 8 月开钻，2007 年 1 月完钻，完钻井深为 3254m。井场周围为农田，废水情况见图12-8。

图 12-8　磨 005-X11 井废水池中废水情况

二、磨 005 – X11 井现场实验情况

该装置初步试运行用于磨 005 – X11 井，图 12 – 9 所示为磨 005 – X11 井应用的废水处理装置外观情况，处理了全井在近 5 个月的钻井过程中所产生的 1000 余 m^3 的各种废水，确保井队顺利搬迁后，项目组对处理装置试运行中发现的不足和缺陷进行了改进完善。该井在开钻前西油分公司川中油气矿即把其他一口完钻井因完井废弃物实施固化设施而无法处理的约 $400m^3$ 完井钻井废水垃圾倒入了该井废水池中，因此，造成该井一开钻后废水浓度就较高。

图 12 – 9 在磨 005 – X11 井应用的废水处理装置外观情况

(1)项目现场试验组对废水处理装置的各处理单元的匹配性，处理能力进行了验证；对废水泵的流量、扬程及各单元间的水力停留时间、污染物的分离净化效果等进行了参数验证；对单元间流量匹配、投药方式、处理的连续性等问题进行了整改。

(2)对三开后的钻井废水进行了处理的技术条件、处理剂的加量、污染物的去除效率和废水处理效果进行了对比研究试验，取得了以下成果：①研究出了不同钻井时间段废水处理剂的配方、处理剂用量、污染物的去除效率，废水处理效果和废水处理成本；②试验研究找出了不同温度条件、不同钻井液废水的氧化剂使用量；③初步探索了氧化剂的氧化效率、氧化剂用量与温度条件和氧化效率的关系；④沉清器分离效率验证，沉清器完全能满足不同钻井时段的废水处理的沉清分离，达到设计工艺参数。⑤对装置处理后期钻井废水产生的渣泥的排放方式、排放效率等进行了研究验证，对存在的排渣不畅、排放不彻底的问题进行了改进与完善。

1. 混凝水力条件确定

实验室中进行混凝时的水力条件是：装有 500mL 废水的 1000mL 烧杯置于六联混凝实验机下搅拌，转速为 200r/min，向烧杯中加入一定量的混凝药剂后达到 pH 值为 5.0 后搅拌 2min，加入中和混凝剂调节 pH 值为 8.5，搅拌 1min 混匀；然后将转速调至 40 ~ 50r/min，加入相对分子质量为 1500 万的聚丙烯酰胺溶液，搅拌 2min 后停止搅拌。实验室混凝实验是非连续性的，而现场装置由于考虑连续处理，水力条件情况只能从现场实验调试中获得。现场实验时钻井作业采用聚磺体系泥浆，原水棕褐色。各种药剂采用泵前加入方式，药剂溶解后利用泵的吸力用射流器加入，通过泵调节混凝剂加入量和废水量，寻找矾花较大、沉淀较好的水力条件，但实验效果并不理想。通过分析认为是混凝剂在管道中混合不均，为了保证混凝剂与废水混合均匀，在管道内安装了管道混合器，混凝处理效果得到很大提高。取混凝后水样于 500mL 量筒内，观察矾花状态及絮体沉降快慢，待静止沉降 2h 后测定相应指标，安装管道混合器前后对比效果见表 12 – 13。

可见，过量的混凝剂可导致沉淀速度减慢，且渣泥量增加；混凝剂加量不够时处理水色

度较高。利用管道混合器将混凝剂充分混合后，药剂利用效率增加，可减少药剂使用量。从沉降速度观察看，现场沉降速度比实验室更快。

表 12-13 安装管道混合器前后废水处理情况对比

安装前后	加量/(mg/L)	沉淀速度描述	渣沉淀 2/3 以下时/min	色度/倍	颜色	渣液占总量比/%
安装前	1900	较慢	20	64	淡黄	20.0
安装前	1700	快慢	15	128	淡黄	16.0
安装前	1500	较快	10	256	亮黄	10.0
安装后	1900	较慢	20	16	无色	24.0
安装后	1700	快慢	15	32	淡黄	18.0
安装后	1500	较快	10	64	淡黄	12.0

2. 装置处理能力和各单元匹配

在制作装置时考虑最大处理量为 $8m^3$，但是实际存在多个泵运行，除沉淀单元到快速过滤单元之间利用重力自流外，其他单元采用泵提升，很难准确计算处理量，通过现场实验，确定泵之间匹配，管道大小是否合适，避免部分单元废水溢出，部分单元空运转。通过调试发现部分泵不匹配，原沉淀单元到快速过滤单元重力流管线太小，将原 65cm 管线改为 110cm 后，调整各泵流量和扬程，全过程顺利运行后，最终确定处理量约为 $6m^3/h$。

3. 快速过滤层厚度确定

快速过滤单元滤层位置、厚度较为关键。如果滤层位置高、滤层厚度大，一段时间后，滤料吸附部分悬浮物后，过滤能力下降，容易造成滤层上部废水溢出装置；如果滤层位置低，滤料下部的过滤废水较少，泵抽取这部分废水进入氧化池时，抽干情况时有发生。经实验确定：滤层厚度 50cm，滤层上部留 120cm，下部为 80cm。

4. 活性炭使用寿命

经混凝处理后的废水 COD_{Cr}约为 850mg/L，其根据室内实验确定两种氧化剂加量工艺条件为：H_2O_2/COD_{Cr}为 5，氧化时间 60min；加二氧化氯 100mg/L 废水，氧化时间为 30min，在此工艺下，使用活性炭为 2t，处理水 $350m^3$ 以前，COD_{Cr}去除率一直比较稳定，到 $400m^3$ 后 COD_{Cr}急剧下降，可见部分活性炭已经吸附饱和，形成穿透。2t 活性炭可以有效处理本次实验用水 $350m^3$，相当于自身重量 175 倍。以活性炭为载体，有机物与氧化剂在表面的不断吸附、消耗、脱附的动态过程大大提高了活性炭的使用寿命。饱和后活性炭经利用 4% 的 NaOH 溶液浸泡 2h，可使活性炭的吸附容量得到再生，现场实验表明只有原来吸附量的 20% 左右。

5. 各单元处理效率

通过现场优选的混凝剂加量和实验室确定的 Fenton 试剂、二氧化氯加量进行废水的处理，水质情况见表 12-14。

表 12-14 各单元对 COD 的去除效率

各单元	原水	混凝后	快速过滤	Fenton 试剂氧化吸附	二氧化氯氧化吸附
COD_{Cr}/(mg/L)	3450	850	812	118	89.2
累计 COD_{Cr}去除率/%	—	75.4	76.5	96.6	97.4

由表 12－14 可看出，COD_{Cr}去除主要在混凝阶段完成，其次第一级氧化吸附对 COD_{Cr}去除作用也比较明显；但是其他两个单元必不可少，快速过滤能有效地去除未沉淀的悬浮态和胶态有机物，减轻后续氧化处理的负担，二级氧化保证处理水中 COD_{Cr}能达到 GB 8978—1996 一级标准。现场实验表明，与实验室实验相比，混凝处理效率差距不大，但氧化效率比实验室更低些。

6. 原水水质、温度与氧化剂加量关系

现场受条件限制，原水水质不断变化，很难在同种水质下进行实验，本井实验随着井深加深原水变浓，此过程中温度不断降低，其规律分析还待进一步实验，总体实验规律是原水水质变浓，氧化剂投加量增加；温度降低，氧化剂投加量增加，并且活性炭寿命缩短。

2006 年 9 月—12 月，对该井的各钻井时段的各种废水共计处理 1061m^3，2006 年 12 月 20 日—2007 年 1 月 4 日，处理完完井废水 246m^3。处理水表观情况见图 12－10。

图 12－10 处理水表观情况

三、处理方法经济性分析

2006 年 9 月～12 月，对磨 005－X11 井的各钻井时段的各种废水共计处理 1061m^3，发生药剂费共计 48141 元，单位处理直接药剂成本为 45.4 元/m^3，见表 12－15，综合处理成本约为 85.4 元/m^3。

表 12－15 磨 005－X11 井药剂成本

处理剂名称	使用量/kg	单价/(元/t)	费用/元
高效混凝脱色剂	8310	1800	14958
pH 调节剂	3850	1000	3850
快速助凝剂	1220	11000	13420
高效氧化剂	894	17800	15913.2
合计			48141
药剂费成本			45.4 元/m^3

四、磨 005－X11 井现场实验存在的问题

装置在磨 005－X11 井试运用中，虽然处理效果较好，满足了该井全过程中各种废水的达标处理排放，但在实际运行中也发现了装置存在的缺陷。

(1)为节约运行及安装费用，制作时采用了独立单元，虽保障了处理效果，但各单元间的现场安装和连接不方便。

(2)设计时没有考虑混凝和出水 pH 值的监控系统，难以控制处理条件和出水 pH 值。

(3)沉淀系统没有设计安装斜板设施，处理水清液分离效果不是十分理想。

五、装置的进一步改进完善及应用

针对该装置在磨005－X11井初步现场实验应用中存在的缺陷，处理完该井所有的近1300m^3 废水后，对装置存在的不足进行了改进完善。

(1)将独立单元撬装为一体化处理装置，便于搬运和吊装。

(2)改进沉清池排泥器结构，在沉清器中增加斜板，提高沉清器的使用效率，增大处理能力。

(3)增加了混凝和出水pH值在线监控系统，便于控制处理条件和出水pH值。

第五节　钻井废水处理技术在龙岗10井的现场应用

一、龙岗10井基本情况

龙岗10井位于仪陇县立山镇。当地深丘地形，气候属四川盆地亚热带湿润气候区，年降水量为980～1150mm，大致由西南向东北递减。降水季节分配不均，夏季约占全年的45%，秋季约占25%，冬季约占5%，春季约占25%，降水变率较大。进入盛夏后，由于连续高温晴朗天气较多，使该地区常有旱情发生，对农作物生长影响很大。尤其是为四川盆地中伏旱严重地区之一。秋季受盆地地形影响，多秋雨绵绵天气，云量大，日照少，加之冬季多雾，多年平均日照仅136.73h，是全省日照较少的地区，使农作物的光合作用、营养物质的积累受到限制。

龙岗10井属龙岗天然气储气构造，该构造跨度大，自达州市的大竹、达县经南充市仪陇县直至广元市的苍溪县，据估计龙岗气田探明储量至少在10000亿m^3 以上，占截至2006年年底全国天然气剩余经济可采储量24490亿m^3 的40.8%，相当于目前我国最大的气田内蒙古苏里格气田的2个和第二大气田普光气田的3个。2006年5月21日，中石油在仪陇县立山镇打下龙岗1井，正式开始龙岗气田的钻探工作。在下钻6500多米深后，获得日产气量可达120万m^3 的重大发现，并且天然气硫含量只有30g/m^3 左右。龙岗10井于2007年3月开钻，设计深度6700m。

二、龙岗10井原水水质情况

由于该井开钻不久即实施空气钻井，废弃物产生量很大，产生的废弃物占用了一个容积约为600m^3 的废水池，使产生的废水预处理能力大大减弱，同时，由于该井实施清洁生产，为节约用水，反复回用废水，加之钻井过程中途出现油层(一次一天产油达20t)，出现井漏、卡钻，同时井又特别深，所用泥浆处理剂种类多，使用量大，并且由于在山区钻井，5月份期间夜晚扑杀的大量飞蛾落入废水池，见图12－11落入废水池中的飞蛾，飞蛾死亡腐败破坏废水水质等原因，致使该井废水浓度很高，给废水的达标处理带来了很大难度。影响水质

图12－11　落入废水池中的飞蛾

因素归纳为：

(1)捕杀的飞蛾严重影响了废水水质：5月份期间，持续近1个月，每天捕杀的约20kg飞蛾落入废水池，腐败后严重影响了废水水质量，造成废水COD增高。

(2)钻井井深，地下复杂，造成污染处理剂用量大，产生的废水浓度高，废水反复回用及在钻井中途钻获约20t原油进入了泥浆中，也一定程度使废水组分变得复杂，增加了废水处理难度。

(3)由于实施空气钻井，空气钻粉尘产生量较大，占用了废水池的有效容积，影响了废水预沉砂控制其浓度的效果，使废水处理难度增加。

三、龙岗10井的废水处理情况

2007年4月，改进后的装置运用于龙岗10井作业现场钻井废水的处理，整个装置进行撬装，便于运输。图12－12为改进后的处理装置水处理系统，图12－13为改进后的处理装置水处理系统(俯视)。装置增加了自动加药控制系统，见图12－14和图12－15。处理水质表观清澈透明，见图12－16和图12－17。处理水储存一定时间后，残留氧化剂氧化完全后，可以用来浇灌庄稼，见图12－18。

图12－12　改进后的处理装置

图12－13　改进后的处理装置(俯视)

图12－14　加药控制系统外观

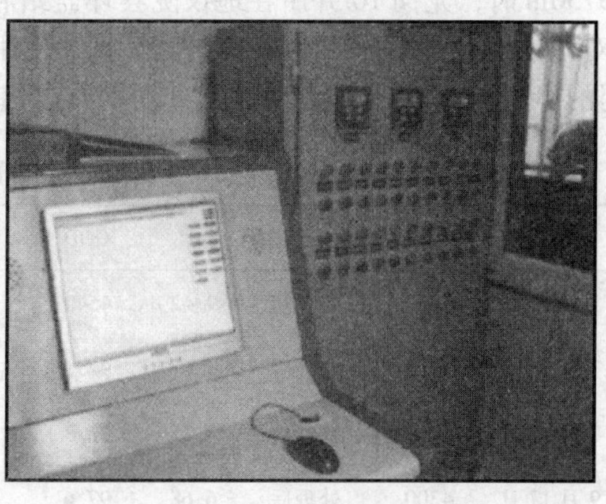

图12－15　自动加药控制系统

图 12－16 处理水表观

图 12－17 处理水与原水、自来水比较

图 12－18 附近居民用处理水浇菜

该装置设专人全程为井队处理废水，7 月 12 日使用聚合物磺化泥浆体系，钻至井深 3750m 时，龙岗 10 井所在地仪陇县环监站和安全环保质量监督检测研究院重庆环监所分别对该处理水质进行了监测；9 月 17 日，使用聚合物磺化泥浆体系，钻至井深 3750m 时，仪陇县环监站单独于该井对装置处理水质进行了监督取样监测。详细结果见表12－16。

表 12－16 龙岗 10 井钻井废水处理前后情况对比（2007 年）

监测日期	井深/m	水质性质	pH	COD	油	S^{2-}	Cr^{6+}	SS	色度	监测单位
7 月 12 日	3750	处理前	9.42	4540	218	8.00	0.020	976	黑褐色	重庆环监所
7 月 12 日	3750	处理后	7.67	92.1	N	N	0.006	4.0	未稀释	重庆环监所
7 月 12 日	3750	处理后	7.25	78.3	/	/	0.006	/	/	仪陇县环监站
9 月 17 日	4300	处理后	6.68	97.6	/	/	0.016	20	/	仪陇县环监站
GB 8978—1996 一级标准值			6～9	≤100	≤5	≤1.0	≤0.5	≤70	≤50 倍	

从监测结果看，处理前水质较浓，外观为黑褐色，COD 达 4540mg/L，油含量高达 218mg/L，而六价铬浓度不高。处理后，在钻井废水处理中最重要的指标 COD < 100mg/L、油未检出，处理水无色透明，其他指标也达到 GB 8978—1996 一级标准。两次取样未随机取样，取样时钻层位较深，可见该装置处理的钻井废水可以稳定的达标。

四、处理方法经济性分析

2007 年 4 月至 2008 年 3 月，在龙岗 10 井处理钻井废水共计 3800m^3，发生药剂费共计 151170.3 元，单位处理直接药剂成本为 39.8 元/m^3，见表 12－17，综合处理成本约为 112.4 元/m^3，见表 12－18。

表 12－17　龙岗 10 井药剂成本

处理剂名称	使用量/kg	单价/(元/t)	费用/元
高效混凝脱色剂	36825	1800	66285
pH 调节剂	7612.5	980	7460.3
快速助凝剂	500	18000	9000
高效氧化剂	435	25000	10875
HCl	3080	6500	7700
活性炭	6000	1600	39000
除钙剂	1000	2500	1600
活性炭再生药剂	500		1250
药剂运输费			8000
合计			151170.3
药剂费成本			39.8 元/m^3

表注：以处理量 3800m^3 作为计算值

表 12－18　龙岗 10 井综合成本

项目名称	单价/元	费用/元	备注
药剂费		151170.3	
设备折旧费	5200 元/月	62400 (以使用 12 个月计)	以设备总价 50 万元， 使用期为 8 年设计
设备维护费	500 元/月	6000	
吊装费	5000 元/次	10000	以 2 次计
运输费	8000 元/次・车	16000	以 2 台车计
操作人员费	150 元/人・天	108000(以 12 个月计)	以 2 名人员计
电费	50 元/天	18000(以 12 个月计)	
	(小计)	371570.3	
管理费		55745.5	以总费用 15% 计
总费用		427305.8	
综合成本		112.4 元/m^3	以处理 3800m^3 废水算

第十三章　含硫气田废水的处理技术

第一节　含硫气田废水的来源与综合治理

含硫气田水是伴随含硫天然气采出的地层水和含硫天然气在脱硫、脱水与轻烃回收等预处理过程中产生的含硫废水。通常，含硫气田废水除含 H_2S 外，还含有石油类和悬浮物等污染物，因此排放前必须进行处理。随着国家环保法规的日益健全，对石油天然气开发工业废水排放提出了更高的要求，对新投产(包括扩建和改造)的气田，硫化物(S^{2-})允许排放浓度低于1mg/L，对已投产的老气田，硫化物允许排放浓度低于5mg/L。

未经处理的含硫气田水对地面水环境影响很大，能使水质变黑并放出 H_2S 的臭鸡蛋味而不能饮用。用含硫气田废水灌溉农田，除气田废水中的氯化物会造成土地盐碱化和农作物减产外，硫化物对农作物也会造成危害。含硫气田废水进入地面水体，由于硫化物具有还原性，要消耗水中的溶解氧，因此对水生生物的生存威胁很大，例如当水中 H_2S 含量在1～25mg/L范围时，淡水鱼在1～3d内就会死亡。另外，在含硫天然气的开发中，含硫气田废水中含有 H_2S、CO_2 等腐蚀性气体，在钻井、采气、集气、净化、输气以及气田废水处理中，会发生硫化物腐蚀金属设备和管线的问题。

目前，针对含硫气田水的种类、含量和来水规模，国内外主要采用氧化、真空抽提、汽提和沉淀等方法将气田水中的硫化物脱出到规定指标，然后对脱硫气田水分别进行回注地层、排放和综合利用，以达到综合治理的目标。

一、含硫气田水的来源与分类

含硫气田水的来源与分类见表13－1。其中采出水的种类最多、来水量最大，含有机硫气田水最难治理。

表13－1　含硫气田水的来源和分布

分类		硫化物	来源
含无机硫气田水	低含无机硫气田水	H_2S:S^{2-} <20mg/L	采出水
	高含无机硫气田水	H_2S:S^{2-} 20～60mg/L	采出水
	超高含无机硫气田水	H_2S:S^{2-} >60mg/L	采出水、天然气脱水
	废碱液	Na_2S、NaHS、NaOH	天然气脱硫、轻烃回收
含有机硫气田水	含有机硫气田水	RSH、H_2S	采出水、天然气脱水
	含有机硫废碱液	RSH、RSSR、NaSR、NaOH	天然气脱硫、轻烃回收

二、含硫气田水的处理

1. 含无机硫气田水

(1)低含无机硫气田水

对于S^{2-}含量在4～20mg/L的气田水，采用氧化法处理即可达到四川省规定的排放标准（三类水域乙级标准，S^{2-}＜4mg/L）或回注标准。使用的氧化剂有$KMnO_4$、H_2O_2、液氯、漂白粉、NaClO和ClO_2等。

采用$KMnO_4$法将S^{2-}氧化成单质S，1mg/L S^{2-}约需要1.5～2.0mg/L $KMnO_4$。

H_2O_2法分为直接氧化法和催化氧化法。前者采用H_2O_2直接脱硫，1mg/L S^{2-}约需要1mg/L H_2O_2（含量30%）。后者使用Fenton试剂（H_2O_2作为氧化剂，Fe^{2+}或Cu^{2+}作为催化剂）催化氧化脱硫，其最佳组成为$Fe^{2+}:H_2O_2=3:10$、最佳pH＝3～4。

氯作为氧化剂的功能与作为消毒剂的功能不同，作为氧化剂时氧化效率与pH值成正向关系，作为消毒剂时灭菌效率与pH值成逆变关系。例如，用液氯氧化S^{2-}，若主要产物为单质S，1mg/L S^{2-}约需要2.1mg/L Cl_2；若液氯过量一倍，可使S转化为SO_2。

（2）高含无机硫气田水

S^{2-}含量为20～60 mg/ L的高含无机硫气田水，可以采用稀释/碱化－氧化法和真空抽提法处理。

稀释－氧化法适用于有稀释条件的井站。通常先把S^{2-}稀释到20mg/L，然后按低含无机硫气田水处理。对于地处边远、来水量少又无稀释条件的井站，可采用碱化－H_2O_2氧化法处理。即调节气田水pH值为8～9.5，用H_2O_2把S^{2-}一步氧化成SO_4^{2-}，出水S^{2-}含量可达排放标准。

真空抽提法是在一定pH值条件下，使气田水中硫化物全部转化成H_2S，然后在一定温度和负压条件下使H_2S与水分离。例如，对含S^{2-} 43mg/L的气田水用真空抽提法处理，pH值控制在7～8、真空度0.094MPa，抽提20min，水中S^{2-}降为1mg/L，抽提出的H_2S用碱液吸收、氧化沉淀可回收硫磺。该法脱硫效果较好，但是对设备要求高，一般适合于大型处理。

（3）超高含无机硫气田水

对于S^{2-}＞60mg/L的气田水，仍可采用真空抽提法处理。例如，控制来水温度66℃～79℃、pH值为3.5～6.0和闪蒸压力0.03MPa，含硫量为400mg/L的气田水经真空抽提法处理后的含硫量可下降到40mg/L，然后按高含无机硫气田水处理即可。处理超高含无机硫气田水的方法还有$KMnO_4$空气氧化法、沉淀法和汽提法。

$KMnO_4$空气氧化法是以Mn^{2+}作为催化剂，用$KMnO_4$和空气将S^{2-}氧化成SO_4^{2-}。采用该法处理S^{2-}含量为1500～2500mg/L的含硫废水，处理后出水中S^{2-}可达到未检测出的水平。

沉淀法是利用金属离子与S^{2-}反应生成沉淀的分离方法。一般用Fe^{3+}沉淀S^{2-}，生成Fe_2S_3，但Fe_2S_3不易与水分离，沉淀时间较长，处理后的水因含Fe^{3+}而发黄，这是目前国内外尚未解决的问题。由西南石油学院开发的SW－I型净水剂能有效地解决这个问题，已在部分地区使用。

汽提法又称为吹脱法，它是利用H_2S在水中溶解度小的特点，用内燃机废气、空气等降低H_2S的气相分压，使H_2S与水分离。为了提高汽提效率，要求气田水的pH值应尽量低，以使硫化物以H_2S形式存在。当气田水pH＜5.0时，98%的S^{2-}以H_2S形式存在，此时汽提效率最高。汽提气最好是含有大量CO_2的燃烧废气，以维持水的低pH值，提高汽提效率；并且燃烧废气的高温有利于水温上升，加速H_2S的脱除。美国Spraborry油气田应用浸没燃气汽提法，处理S^{2-}含量400～500mg/L的含硫废水，处理后S^{2-}含量为0.5～1mg/L。只是这种方法对设备要求高，燃烧器应采用不锈钢材料，汽提塔内部衬里应耐温、耐腐蚀。

空气汽提效果虽较燃气汽提差一些，但投资少、易于管理。

(4)含无机硫废碱液

含无机硫废碱液除可以采用 $KMnO_4$ 空气氧化法处理外，还可以采用 ZnO 沉淀法回收 NaOH 以及熬制硫化碱。

ZnO 沉淀法适用于含硫天然气预处理产生的高浓度 Na_2S 废碱液的再生。生成的 ZnS 在 800℃以上灼烧生成 SO_2，再经氧化、吸收可制取 H_2SO_4 副产品。例如，采用 ZnO 处理 Na_2S 含量为 100～200g/L 的废碱液，在 Na_2S∶ZnO＝1∶1(mol)、80℃和反应 1h 的操作条件下，Na_2S 脱除率达 95%，NaOH 单程收率达 80%，ZnS 经过焙烧循环使用。当废碱液总碱度为 200g/L 时，回收碱液中 NaOH 含量可达 180g/L，相当于 15% NaOH 溶液。

工业硫化碱的生产方法：将 Na_2S 含量为 160g/L 的废碱液经过三级蒸发锅(蒸发温度依次为 60℃、120℃和 180℃)处理，制得的工业硫化碱中 Na_2S 含量可达到 67%。已建成废碱液处理量为 8t/d，工业硫化碱产量为 2t/d 的生产装置。

2. 含有机硫气田水

对于 RSH 和 H_2S 含量较低的含硫天然气采出水和脱出水，可采用空气氧化法或 NaClO 氧化法脱硫。然而，对于含硫天然气凝液碱洗废液，因含有大量的 RSH、RSSR、RSNa、Na_2S 和少量的 NaOH，则是最难治理的气田水。经实验证明，Fe_2O_3、ZnO 等沉淀剂对有机硫几乎无脱除效果，处理后碱液仍散发出恶臭气味。经过大量试验和选择，采用 CuO 作沉淀剂，不仅沉淀了 S^{2-}，而且 RS^- 也得以氧化，并发现滤渣(主要是 CuS、RSCu 和未反应的 CuO)对残余有机硫(RSH、RSSR)有强烈的吸附作用，得到了无色、无臭的再生碱液。将滤渣在高温下灼烧，得到再生 CuO。灼烧尾气中的 SO_2 用 45% Na_2CO_3 溶液吸收，可制取焦亚硫酸钠副产品。

采用该法对四川江油脱硫厂含硫天然气凝液碱洗废液进行再生处理，废碱液组成为：RSH＋RSSR 型，S^{2-} 5.9877g/L、C1～C7 的 RSNa 型，S^{2-} 34.6853g/L、Na_2S 型，S^{2-} 12.6280g/L、NaOH 0.0496g/L。在 Cu^{2+}：S^{2-}＝1.56∶1(mol)、30℃～40℃和反应 0.5h 的操作条件下，总硫脱除率和 NaOH 收率均达到 95% 以上，得到 11.2% NaOH 再生溶液。经核算，对该厂 $4m^3/d$ 废碱液进行处理，可得到再生碱液约 $4.2m^3/d$、$Na_2S_2O_5$ 0.63t/d。显然，CuO 沉淀法处理高含有机硫废碱液非常有效。

三、含硫气田水处理方法选择原则

在工业上，处理含硫废水的方法很多，但是这些方法都各有其特点和适用范围，对处理含硫气田水，究竟采用何种方法，一方面要根据气田水的含硫量、气田水产出量、气井产水方式、排放标准、气田水所含物质有无回收价值以及气井的地理位置等，进行综合比较分析并进行试验研究；还要考虑到技术上可行和经济上合算，选择出最有效和最经济的处理方法。

针对气井的生产特点、气田废水的组成和环境保护的要求，含硫气田废水处理方法的选择原则归纳起来有以下几个方面：

(1)硫化物含量：硫化物含量是选择气田废水处理方法的依据，若硫化物含量高，选择一级处理难以达标，可能还要选择二级处理；相反，硫化物含量低，只需采用一级处理就能达标排放。

(2)产水数量：产水量即装置的处理能力，产水量大，所建装置大，产水量小，所建装置也小，这样才能使气田废水处理与采气生产相协调。

(3)提取化工产品：某些气田废水含有较高浓度的 K、Na、Li、Cl、Br 和 I 等元素，它们具有一定的回收价值。因此，应选择合适的回收技术进行回收。气田废水经脱硫预处理和提取化工产品后，可外排或回注地层。

(4)在地层内部有足够的容纳空间(例如采气已枯竭地层)，地层密闭性好，气田废水与地层水水质配伍性好的情况下，气田废水经脱硫预处理后，可采用回注方式进行处理。

(5)气井地处农村，气田废水处理后不能引起二次污染或潜在的危害，以保护农业生态环境。

(6)由于地质构造复杂，气田废水产出量不稳定，因此，不宜兴建永久性的处理设施，而应兴建简便的、可拆卸的处理设施。

四、含硫气田水的综合治理

1. 回注地层

气田水回注地层是治理气田水的一项行之有效的措施，我国大部分气田水是注入采气枯竭井或废弃井。含硫气田水回注地层必须对水质进行预处理和合理选择回注层位。

气田水的回注，主要是给废水找出路，保护生态环境。根据国内外的经验，对于不同的气田，由于气田水质不同，注入层位特性不同，不可能有统一的水质标准。气田回注水除了控制硫化物指标外，还要对溶解氧、总铁、含油量、悬浮物、总菌量、硫酸盐还原菌、膜滤系数、腐蚀速率、结垢率和游离 CO_2 等指标进行控制。表 13－2 列出了含硫气田水回注地层时的水质处理方法。

表 13－2 含硫气田水回注地层时的水质处理方法

目的	污染物质	处理方法
脱硫	H_2S、RSH、Na_2S	氧化、沉淀、真空抽提、气提
防垢	$CaCO_3$、$CaSO_4$、$BaSO_4$、Fe_2S_3	物理法：磁化和超声波处理、涂层、沉降、过滤 除垢剂：聚合无机磷酸盐、有机磷酸盐、AMP、PAA、PMAA 等
防垢		除垢剂：含缓蚀剂的盐酸、马来酸钠、二烷基二硫
防腐	H_2S、Cl^-、CO_2细菌、O_2 等	物理法：选用耐蚀管材、涂层、隔氧、阴极保护 缓蚀剂：铬酸盐－锌盐、聚磷酸盐－锌盐、ATMP－HEDA 等
杀菌	腐生菌、铁细菌、硫酸盐还原菌	杀菌剂：氯及氯的衍生物类、醛类、季胺盐、卤化物、季铵盐等
隔氧	溶解氧	物理法：密闭操作、天然气封、氮封
除氧		除氧剂：Na_2SO_3、N_2H_4、DEHA、CHZ、对苯二酚等

对于回注井及回注层位的选择，应根据现场实际经验选取。回注地层应有足够的空间，良好的渗透性，汲水指数要高，不与其他生产井层串通。回注井的井口余压要低，井身结构要好，以免回注水渗出地面造成污染，回注井还应尽可能靠近生产井，以减少注水系统投资和节约能源。

2. 综合利用

对于单纯的含硫气田水，只有 Na_2S 含量较高时才可以熬制 Na_2S、再生回收 NaOH、尾气制 H_2SO_4 或 $Na_2S_2O_5$。含硫气田废水除含 S^{2-} 外，还含有大量的 Li、Cl、Br、I 和 B 等微量元素。气田水的综合利用已受到国内外的重视。例如，日本从含碘 60～70mg/L 的气田水中用吹出法提 I_2，1969 年产量达到 4500t，居世界之首，80 年代开始采用树脂法从气田水中提 B。50 年代美国从阿肯色州油田水中提 Br_2。80 年代前苏联采用含 Al_2O_3 和 Mg 的吸附剂已成功地从气田水中回收 Li。

四川气田曾对气田水进行熬盐处理，因能耗太高现已停止。已成功开发利用气田水发生 NaClO 不需浓缩，利用 NaClO 氧化气田水中硫化物的技术。威远气田拟采用含溴 250～325mg/L、3000m^3/d 气田水，建设 200t/a 的提 Br_2 厂，将产生极好的经济效益。

3. 外排

在气田开采中，对环境质量要求严格又无回注条件的气田，通常是处理气田水达标外排，而对滨临海洋或靠近沙漠的气田，因无环境质量要求，气田水可直接外排。例如，美国的巴斯湾气田，产出水直接排入墨西哥湾；阿尔及利亚的加西－图伊尔气田，位于撒哈拉沙漠地带，产出水全部排入沙漠。四川气田的含硫气田水，根据来水规模和含硫量，一般都采用漂白粉氧化、空气催化氧化、吹脱处理和用高含 NaCl 的气田水作原料生产的 NaClO 氧化脱除气田水中硫化物，然后排放，或经进一步处理后回注采气枯竭井或废弃井。

随着气田的不断开发，含硫气田水的污染问题日趋严重，已影响到气田的正常生产。因此，必须对含硫气田水加以综合治理。含硫气田水的处理方法较多，但在应用这些方法时，必须依据来水规模、硫化物组成与含量，选择适当的处理方法，最好采用组合工艺流程，以求耗费最低而获得最佳的脱硫效果。含硫气田水的综合治理尤其是回注地层，实际上是解决气田水的出路问题，是否采用回注地层、综合利用或外排，还应从地理位置、资源、技术经济和环境保护等诸方面考虑，寻求最佳的治理方案。

第二节　吹脱法处理高含硫气田水工程实例

气田水是采气过程中与天然气同时采出地面的地层水。由于气田水在采出前长期与含硫天然气接触，故水中硫化物含量极高。据川东地区 8 口井气田水水质分析资料显示，川东气田水中含硫平均值为 387.0mg/L，最高达 962.0mg/L；又据川南矿区统计，合 10 井、塘 8 井等 7 口井的气田水硫化物平均含量为 177.2mg/L，最高值为 763.5mg/L。多年来，四川石油局所属各研究单位针对气田水中含硫化物量高的问题，进行了大量的治理研究工作。

一、室内试验

1. 试验水样

根据现场水质特征，室内配制硫化物含量不同的气田水。

2. 吹脱试验

含硫气田水与空气在吹脱塔中逆流接触，利用空气流来降低含硫气田水上部空间中硫化氢的分压，使硫化氢与水分离加速。吹脱塔采用筛板塔，板型为单流型，主要水力学性能为：

液沫分率 0.76(<0.85)

液沫夹带分率 0.09(<0.15)

操作气速/漏液点气速 2.85(>1.5)

降液管内泡沫液面高/(板距+堰高) 0.51(<1.0)

降液管内液体停留时间 3.6s(>3.0s)

二、吹脱工艺参数的确定

影响吹脱处理含硫气田水的因素很多，但综合起来考虑主要有四个因素，即：废水流量、空气流量、水的 pH 值及进水含硫量。为了快速准确地优选出最佳吹脱条件，采用了 $L_9(3^4)$ 正交实验表来安排实验，实验因素水平见表 13-3。

表 13-3 吹脱条件选择因素水平表 $L_9(3^4)$

因素	水平		
	1	2	3
废水流量/(L/h)	20	30	40
空气流量/(L/min)	400	500	600
废水的 pH 值	4	6	8
进水 S^{2-} 含量/(mg/L)	505.0	909.0	1424.1

按照表 13-3 的因素水平安排，共进行 9 次吹脱试验，试验用出水硫化物含量作为控制指标，用极差(R)分析来评价因素影响的大小，试验安排及数据分析见表 13-4。

表 13-4 吹脱条件选择试验结果及数据分析 $L_9(3^4)$

实验号	水平				
	废水流量/(L/h)	空气流量/(L/min)	pH 值	进水 S^{2-} 含量/(mg/L)	出水 S^{2-} 含量/(mg/L)
1	20	400	4	505.0	36.4
2	20	500	6	909.0	393.9
3	20	600	8	1424.1	1232.2
4	30	400	6	1424.1	494.9
5	30	500	8	505.0	444.4
6	30	600	4	909.0	70.7
7	40	400	8	909.0	838.3
8	40	500	4	1424.1	86.9
9	40	600	6	505.0	92.9
$\overline{k_1}$	554.2	456.5	64.7	191.2	
$\overline{k_2}$	336.7	308.4	327.2	434.3	
$\overline{k_3}$	339.4	465.3	1257.5	604.7	
R	217.5	156.9	1192.8	413.5	

影响出水硫化物含量的因素大小顺序是：pH 值 > 进水 S^{2-} 含量 > 废水流量 > 空气流量，而其中尤其以 pH 值的因素影响率最高，这主要是由于水中硫化物以 H_2S 形式存在的量是随 pH 值变化的，参见表 13－5。

表 13－5　不同 pH 值水中 H_2S 占硫化物的百分数(25℃)

pH 值	5.0	6.0	7.0	8.0	9.0
H_2S 的百分数/%	98	83	33	5	0.5

当 pH 值大于 5 时，水中 H_2S 含量占总硫化物的百分数随 pH 值增加而急剧降低，到 pH 值等于 9.0 时，水中 H_2S 的量基本等于零，这时水中硫化物主要以 S^{2-} 的形式存在。对于吹脱来说，它是利用水中 H_2S 溶解度小的特点，用空气来将水上部空间中的 H_2S 带走，从而降低了水上部空间中 H_2S 的分压，使 H_2S 在气液两相中的平衡被打破，使水中 H_2S 不断析出。因此，为了保证吹脱降硫效果，水中硫化物以 H_2S 形式存在的量越多越好，也就是要求废水的 pH 值至少要小于 5。在表 13－4 中，最佳的吹脱 pH 值是 4，但这已是所选水平的边界，有必要进一步用正交表安排实验，试验及成果分析见表 13－6、表 13－7。由表 13－7 的数据分析可以看出，调整后的影响因素影响大小顺序是：进水 S^{2-} 含量 > 废水流量 > 空气流量 = pH 值。经过水平调整，废水 pH 值由原来的主要因素降为次要因素，而进水 S^{2-} 含量则成为主要因素，相比之下，废水流量和空气流量的影响也是非常小的。由此可得到实验条件下的最佳吹脱条件，即：废水流量 40L/h，空气流量 700L/min，处理水的 pH 值为 3.0。在实验中，保持水的 pH 值在较低水平是相当必要的。在吹脱过程中，随着 H_2S 的瞬间析出，处理水的 pH 值稍有上升；如果保持 pH 值为 4～5，废水经瞬间吹脱后 pH 值会上升到 6 左右(到下一级塔板)，这时水中残留的 H_2S 会部分变成 HS^- 离子，以致影响吹脱效率。如果将处理前水的 pH 值控制在 3.0 左右，废水经瞬间吹脱后，流到下级塔板的水的 pH 值为 4～5，这时水中 H_2S 占总硫化物的百分数仍大于 98%，也就能保证有较高的脱硫效率。

表 13－6　吹脱条件选择因素水平表

因素	水平		
	1	2	3
废水流量/(L/h)	30	40	50
空气流量/(L/min)	500	700	900
废水 pH 值	2.0	3.0	4.0
进水 S^{2-} 含量/(mg/L)	501.0	811.6	1312.6

表 13－7　吹脱条件选择试验结果及数据分析 $L_9(3^4)$

实验号	水平				
	废水流量/(L/h)	空气流量/(L/min)	pH 值	进水 S^{2-} 含量/(mg/L)	出水 S^{2-} 含量/(mg/L)
1	30	500	2	501.0	32.1
2	30	700	3	811.6	48.1
3	30	900	4	1312.6	82.2
4	40	500	3	1312.6	66.1

续表

实验号	水平				
	废水流量/(L/h)	空气流量/(L/min)	pH 值	进水 S^{2-} 含量/(mg/L)	出水 S^{2-} 含量/(mg/L)
5	40	700	4	501.0	32.1
6	40	900	2	811.6	50.1
7	50	500	4	811.6	90.2
8	50	700	2	1312.6	78.2
9	50	900	3	501.0	30.1
$\overline{k_1}$	54.1	62.8	53.5	31.4	
$\overline{k_2}$	49.4	52.8	48.1	62.8	
$\overline{k_3}$	66.2	54.1	68.2	75.5	
R	16.8	10.0	10.1	44.1	

三、现场试验

采用吹脱－混凝沉淀工艺对川东、川南矿区 8 个井站的气田水进行处理，处理后水质均达到规定的排放标准。试验时吹脱工艺气液比为 1050:1，控制水的 pH 值为 3～4；混凝沉淀工艺三氯化铁用量为 400mg/L，PAC 用量为 60mg/L，SW－I 用量为 2000mg/L。试验结果见表 13－8。

表 13－8 现场试验结果表

序号	井站	硫化物/(mg/L)		COD_{Cr}/(mg/L)		SS/(mg/L)		pH 值	
		处理前	处理后	处理前	处理后	处理前	处理后	处理前	处理后
1	雷 13 井	960.4	0.3	1200.0	110.1	489.0	1.0	9.0	7～8
2	合 10 井	763.5	0.7	801.0	71.0	615.0	<5.0	8.8	7～8
3	罐 10 井	756.4	0.6	1389.4	172.1	124.0	<5.0	6.8	7～8
4	卧 1，2，3 井	331.3	0.1	1038.8	80.9	9.0	<5.0	6.5	7～8
5	成 13 井	43.9	0.2	728.3	75.9	1734.0	<5.0	7.2	6.8
6	七里十四	123.7	0.3	711.2	80.7	606.0	<5.0	6.2	7.0
7	张 10 井	283.4	0.4	1347.6	68.2	1002.0	<5.0	8.0	7.5
8	卧 57 井	159.7	0.4	274.6	61.6	387.0	<5.0	8.0	7.0

通过现场试验表明，采用吹脱－混凝沉淀工艺处理高含硫气田水效果好，处理工艺简单，解决了高含硫气田水的污染问题。为了保证吹脱除硫效果，应将废水的 pH 值控制在较低水平(本工艺采用 pH 值为 3～4)。

第三节　氧化法处理含硫气田水工程实例

一、川南气田水概况

川南矿区的大部分气田已进入中、晚期开采，气井相继产水，而且水量逐年增加。近年来，矿区为了提高天然气的采收率，又大力推广排水采气工艺，从而使气田水的产出量急剧上升。矿区气田水主要产自二叠系和三叠系两地层，这种气田水是一种矿化度较高的饱和淡盐水，水中含有 K、Na、Ca、Mg 等多种无机盐，此外还含有硫化物，据水样分析，矿区气田水中的污染物主要是硫化物。

目前，矿区共有气水同产井 60 多口，因为气层压力低，气体带水能力变差，因而大多数气井都是间断产水，并且是一边产水一边外排。气井生产制度的不同，造成各气井产水量差别很大，产水量多者每天达 100 ~ 200m^3，少者仅有 1 ~ 2m^3。

多年来，矿区为了减少外排气田水引起的污染，积极地采取了回注措施，回注率已达到 31%。在外排气田水中，S^{2-} 含量在 4 ~ 20mg/L 的占 34.8%，S^{2-} 含量大于 20mg/L 为 5.2%。这两部分气田水 S^{2-} 含量均超过四川省规定的排放标准(S^{2-} < 4mg/L)，由此不难看出，矿区含硫气田水污染的治理重点应是 S^{2-} 含量为 4 ~ 20mg/L 的这一部分。

矿区的气田较多，井站大多分散在长江和沱江下游的一部分地段，气田水排放后全部流入上述两水系。按照四川省环境污染物排放标准，矿区气田水应执行三类水域乙级排放标准，即 S^{2-} 小于 4mg/L。

综上所述，矿区在气田开发中面临的问题是：一方面怎样大力地推广排水采气工艺来增加天然气的采量；另一方面随着气田水产出量不断增加，怎样解决好气田水污染环境的问题。因此，如果气田水的污染治理不好，气田要做到经济合理的开发，是很难办到的。

二、室内试验

含硫废水处理的方法很多，如物理法、化学法、物理 - 化学法和生物氧化法等，但是究竟选用何种方法，主要取决于水中硫化物含量、处理费用和排放标准等。针对矿区气田水 S^{2-} 含量变化大，井站分散且多为间歇产水，以及矿区要求处理工艺简单，操作方便，费用少，采用化学氧化法处理含硫气田水有可能满足上述要求，这时因为氧化反应在气田水条件下就能进行，脱硫率较高，而且工艺简单，操作容易。

在实验室曾采用化学氧化[使用 $KMnO_4$、H_2O_2、CaCl(OCl)、NaOCl、空气]、化学沉淀($FeSO_4$、$FeCl_3$)、活性氧化铁吸附、天然气气提等方法进行了探索试验，试验结果证明，$KMnO_4$、H_2O_2 和 CaCl(OCl) 三种氧化剂的处理效果较好，而其他方法不是效果不够理想，就是现场使用困难，所以决定采用 $KMnO_4$ 等三种氧化剂进行试验。

$KMnO_4$、H_2O_2 和 CaCl(OCl) 均属强氧化剂，在 pH 值接近 7 的条件下，都能把 S^{2-} 氧化成无害的元素硫，在 pH > 8 时，$KMnO_4$ 和 H_2O_2 还能把 S^{2-} 氧化成 SO_4^{2-}。三种氧化剂和 S^{2-} 的化学反应式如下：

$$2KMnO_4 + 3H_2S = 2MnO_2 + 2KOH + 2H_2O + 3S\downarrow$$

$$4KMnO_4 + 3H_2S = 2K_2SO_4 + S\downarrow + 3MnO + MnO_2 + 3H_2O$$

$$H_2O_2 + H_2S = 2H_2O + S\downarrow$$

$$4H_2O_2 + Na_2S = Na_2SO_4 + 4H_2O$$

$$CaCl(OCl) + H_2S = CaCl_2 + H_2O + S\downarrow$$

室内试验结果证明，对处理S^{2-}为12～20mg/L的水溶液，三种氧化剂都能把水中S^{2-}氧化到排放标准以下(表13－9)，处理后的水质清澈，可以直接外排。对处理S^{2-}为60～65mg/L的水溶液，虽然三种氧化剂也能将水中S^{2-}氧化到排放标准(表13－10)，但是，H_2O_2和CaCl(OCl)处理后的出水呈乳白色，浊度较高，还需进行二次处理才能外排；$KMnO_4$处理后的出水中夹带有大量MnO_2的沉淀，也需要进行二次处理。

从室内试验结果初步可看出，化学氧化法[用$KMnO_4$、H_2O_2和CaCl(OCl)作氧化剂]处理低含硫溶液是可行的，但处理高含硫水溶液时，由于生产大量的S和MnO_2使水质变浑，需进行二次处理。

表13－9 低硫水溶液的氧化效果

编号	处理前水质		氧化剂名称	氧化剂用量/(mg/L)	温度/℃	处理后水质			备注
	pH	S^{2-}/(mg/L)				pH	S^{2-}/(mg/L)	浊度/(mg/L)	
1	7.3	15.1	$KMnO_4$	16.3	常温	7.5	1.6	43	$KMnO_4$和H_2O_2(30%)均为化学纯试剂，CaCl(OCl)为二级工业品(活性氯30%)
2	7.3	16.9	$KMnO_4$	6.0	常温	7.3	2.6	25	
3	7.2	15.4	$KMnO_4$	3.0	常温	7.2	8.4	51	
4	7.1	14.9	H_2O_2(纯)	47.9	常温	7.4	0.3	85	
5	7.4	15.6	H_2O_2(纯)	12.6	常温	7.4	2.3	44	
6	7.3	17.2	H_2O_2(纯)	5.3	常温	7.4	3.5	98	
7	7.5	16.5	H_2O_2(纯)	2.9	常温	7.7	4.2	73	
8	7.3	14.0	CaCl(OCl)	200.0	常温	/	4.8	/	
9	7.3	15.0	CaCl(OCl)	300.0	常温	/	2.7	/	
10	7.3	13.1	CaCl(OCl)	400.0	常温	/	0.6	/	

表13－10 高含硫水溶液的氧化效果

编号	处理前水质		氧化剂名称	氧化剂用量/(mg/L)	温度/℃	处理后水质			备注
	pH	S^{2-}/(mg/L)				pH	S^{2-}/(mg/L)	浊度/(mg/L)	
1	7.2	66.1	$KMnO_4$	276.3	常温	8.8	0.9	94	水溶液中有MnO_2沉淀
2	7.2	63.4	$KMnO_4$	224.6	常温	8.8	1.8	163	
3	7.4	61.1	$KMnO_4$	166.5	常温	9.1	5.3	121	
4	7.1	54.5	H_2O_2(纯)	60.9	常温	7.5	0.3	676	
5	7.6	67.6	H_2O_2(纯)	56.0	常温	8.4	3.5	666	
6	7.5	66.5	H_2O_2(纯)	23.1	常温	7.7	26.2	230	
7	7.3	59.5	CaCl(OCl)	600.0	常温	8.0	2.7	400	
8	7.3	56.5	CaCl(OCl)	700.0	常温	8.3	1.9	389	
9	7.4	56.1	CaCl(OCl)	800.0	常温	8.2	<1.0	394	

三、现场试验

为了验证实验室结果的正确性，在井站进行了放大试验。试验井选在矿区所属纳6井（为一化学排水井）和纳33井（非化学排水井），这两口井同属二叠系阳三层位。纳6井为一晚期生产井，依靠投加起泡剂助喷排水采气，每天间断采水12～20m^3，纳33井为一自喷井，每天断续产水12～20m^3，两口井的气田水S^{2-}含量在12～20mg/L。现场试验工艺流程如图13－1所示。

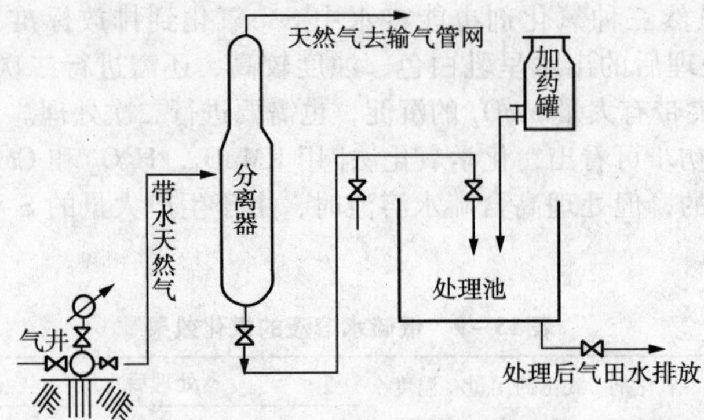

图13－1　现场试验工艺流程图

1. 试验流程

纳6井和纳33井气田水采气间歇处理方式，具体操作如下：当处理池中进入一定水量后，然后加入氧化剂溶液，当水面高度达到规定位置时，停止进水，剩下的氧化剂溶液一次加完，接着进行人工搅拌3～5min，再静置5min，取样分析并排水。

2. 试验结果

在现场气田水的条件下，进行了三种氧化剂的脱硫效果试验，其结果列在表13－11和表13－12中，从这些结果可得出：

表13－11　纳33井三种氧化剂的氧化效果

试验编号	处理前水质			氧化剂名称	氧化剂用量/(mg/L)	水温/℃	处理后水质		
	pH	S^{2-}/(mg/L)	浊度/(mg/L)				pH	S^{2-}/(mg/L)	浊度/(mg/L)
1	7.5～7.7	14.2	7～35	$KMnO_4$*	19.7	27～37	7.7～8.0	2.7	9～27
2	6.8～7.3	13.8	21～37	$KMnO_4$*	32.9	21～23	7.1～7.4	1.4	46～51
3	7.5～7.7	17.2	9～34	$H_2O_2^2$*	13.0	26～34	7.7～7.8	2.5	30～53
4	6.9～7.5	12.1	12～36	$H_2O_2^2$*	15.2	22～28	7.1～7.6	1.7	45～79
5	7.4～7.6	15.1	21～37	$H_2O_2^2$*	17.3	24～31	7.1～7.6	1.8	97～117
6	6.9～7.3	14.9	19～25	CaCl(OCl)#	300.0	21～25	7.2～7.5	2.1	86～100
7	6.8～7.0	17.9	13～21	CaCl(OCl)#	349.5	22～27	7.2～7.4	1.1	93～134

附注：* $KMnO_4$，H_2O_2(30%)均为一级工业产品

#CaCl(OCl)活性氯30%，二级工业品

表 13-12 纳6井三种氧化剂的氧化效果

试验编号	处理前水质			氧化剂名称	氧化剂用量/(mg/L)	水温/℃	处理后水质		
	pH	S^{2-}/(mg/L)	浊度/(mg/L)				pH	S^{2-}/(mg/L)	浊度/(mg/L)
1	7.1~8.1	13.6	20~26	$KMnO_4$	19.8	29~33	7.8~8.2	2.2	10~35
2	6.8~7.4	13.4	10~38	$KMnO_4$	26.5	28~32	7.1~7.5	1.2	28~60
3	6.8~7.4	12.5	10~40	$KMnO_4$	33.0	23~28	7.2~7.4	0.5	78~126
4	7.4~8.1	13.6	13~29	H_2O_2	13.1	29~33	7.6~8.2	1.8	8~34
5	6.8~7.9	13.0	12~27	H_2O_2	15.3	25~31	6.9~7.8	1.1	39~78
6	6.8~7.9	13.1	13~43	H_2O_2	17.5	26~32	7.0~7.9	0.5	16~120
7	6.6~7.6	12.0	19~40	CaCl(OCl)	300.5	27~30	7.9~8.3	0.7	10~57

(1)当 $KMnO_4$ 投加浓度为 20mg/L、H_2O_2(纯)为 13mg/L、CaCl(OCl)为 300mg/L 时，处理后气田水中 S^{2-} 含量均低于排放标准，这和实验室试验结果是一致的；

(2)纳6井投加的起泡剂和消泡剂，对脱硫效果无影响；

(3)经环境监测证明(表 13-13)，氧化处理后其他各项水质指标是符合排放标准要求的。

为了保证将来气田水处理后 S^{2-} 含量达到排放标准，又考虑到井站无监测手段，所以，适当地提高氧化剂的投加浓度是非常必要的，为此，推荐三种氧化剂的浓度如下：$KMnO_4$ 30mg/L，H_2O_2(纯)15mg/L，CaCl(OCl) 300mg/L。

表 13-13 处理后气田水的监测结果

	pH	油/(mg/L)	悬浮物/(mg/L)	挥发酚/(mg/L)	S^{2-}/(mg/L)	COD/(mg/L)
排放标准	6~9	40	500	4.0	4.0	300
纳6井	6.8	6.3	226	1.8	2.9	115
纳33井	6.9	/	212		3.0	74

四、处理费用

矿区全年含硫超标气田水为16万多 m^3；如果按国家征收排污费标准，以硫化物超标最低倍数计算(每 m^3 即0.15~0.20元)，那么，矿区应交纳2万多元的排污费。采用化学氧化法处理含硫气田水，其主要费用为药剂费，其次是基建费和操作管理维修费，处理成本照纳6和纳33井脱硫设施概算(表 13-14)，每 m^3 应为0.105~0.195元。

从表 13-14 看出，若以漂白粉[CaCl(OCl)]处理气田水，则处理费用与交排污费相抵消，但是，前者消除了污染，保护了环境，其社会效益是显而易见的。

表 13－14　纳 6 井和纳 33 井氧化脱硫处理成本

处理方法		处理能力/（m^3/d）	基建费/（元/m^3）	操作管理维修费/（元/m^3）	药剂费/（元/m^3）	处理成本/（元/m^3）	备注
氧化法	$KMnO_4$	30	0.02	0.005	0.17	0.195	①纳 6 井和纳 33 井加药罐系统费用共 2000 元，处理能力 30m^3/d，按十年折旧，操作管理维修费按经验值取为基建费的 25% ②表中药剂费是按出厂标得的
	H_2O_2	30	0.02	0.005	0.15	0.175	
	CaCl(OCl)	30	0.02	0.005	0.08	0.105	
	交排污费	30	/	/	/	0.15	

用化学氧化法处理低含硫气田水，在技术上是可行的，经济上也是可以接受的；对处理高含硫气田水，虽然在技术上可行，但因氧化后生成大量元素硫，使出水浊度增加，需进行二次处理，这样就会使处理成本增加，因此，最好是以稀释的办法用 CaCl(OCl) 处理或者进行回注。化学氧化法工艺简单，操作方便，费用较低；化学氧化法的试验成功，又增添了一种处理气田水的方法。本方法可以在其他矿区推广。

第十四章　井下作业废水的处理

在油气田勘探开发过程中，试油、压裂酸化、修井、洗井等井下作业均会产生一些废水，这类废水主要采用以下方法处理。

一、双管循环洗井流程

此流程即在建注水管线时建成双路管网，专设洗井水回收管线，收集各注水井排出洗井废水，集中输送到采出水处理站进行处理后回注地层。

此流程操作简单，既消除了污染，又回收利用了废水，但是该方法只适用于井点较集中、距废水处理站较近的注水井；对于边远、分散的井点，由于管线费用太高，双管循环洗井流程不可行，高寒地区为了防止冬季管线冻裂，也不易采用此方法。目前，胜利、辽河、江汉、长庆、中原、江苏等油田已广泛采用此种流程。

二、洗井水处理车

洗井水处理车以井口出水的压力为动力，使废水进入洗井车内得到净化处理，处理后清水进入水箱，再用泵车注入井内，如此洗井直至合格，分离出的污油、污泥随时排放到污物车内，见图 14－1。

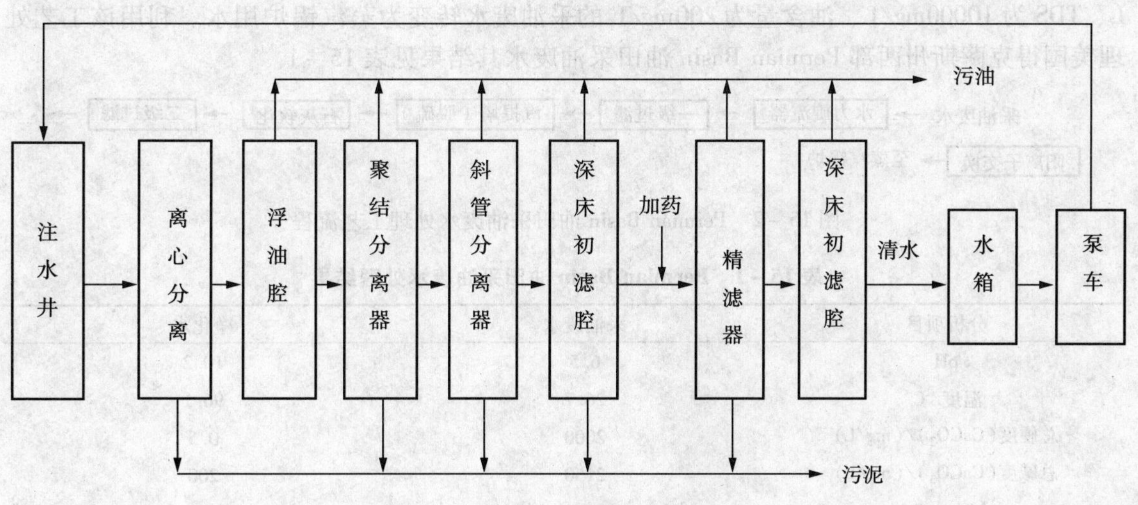

图 14－1　洗井车废水处理流程图

第十五章　国外采油废水处理技术的进展

我国油田分布广阔，遍及东北、西北、华北、中原、西南、华中及东南沿海各地。全国各油田基本都采用注水开发方式，随着开发时间的延长，原油含水率不断上升，油田采出水量也在迅猛增长。采出水的排放达标问题已经成为困扰油田发展的一大难题。同时，随着世界石油工业不断发展及环境保护的要求日趋严格，石油工业废水处理技术也在进步和完善，主要表现在不断出现新的设备、新的处理药剂及新的处理工艺，现介绍如下。

一、采油废水治理新工艺

Hussain A 和 Rochford D. B 报道了用于处理科威特北部油田采油废水的工艺流程(图 15－1)。该工艺主要由 API 和 CPI 油水分离器、IGF(Induced Gas Flotation)气浮等构筑组成。气浮后可以获得用于回注地层的净化水。这种含油废水处理工艺简单，是目前含油废水处理的典型工艺流程，但对乳化严重的采油废水和稠油废水处理效果不佳。这种处理工艺与国内目前的采油废水处理技术基本一致。

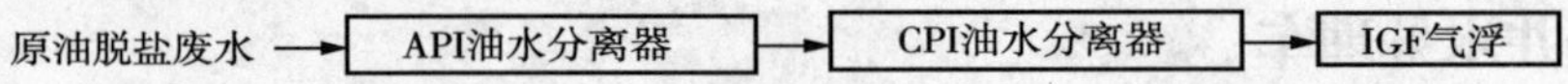

原油脱盐废水 → API油水分离器 → CPI油水分离器 → IGF气浮

图 15－1　油田采油废水处理典型工艺流程

Garbutt C. F 报道了一种新的油田采油废水处理工艺(图 15－2)，其特点是将水力旋流器引入流程，替代传统的隔油与浮选单元。该技术可以将硬度为 2000mg/L、硫化物为 500mg/L、TDS 为 10000mg/L、油含量为 200mg/L 的采油废水转变为蒸汽锅炉用水。利用该工艺处理美国得克萨斯州西部 Permian Basin 油田采油废水其结果见表 15－1。

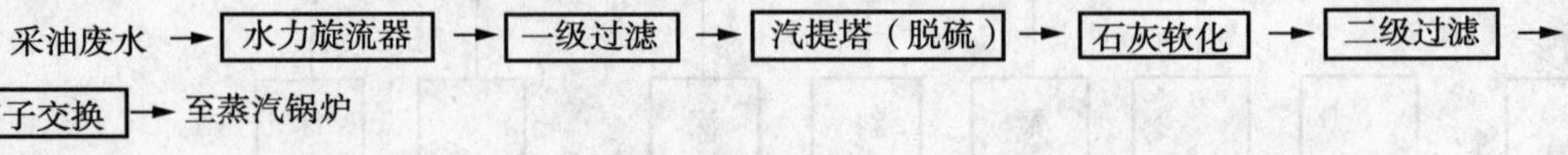

采油废水 → 水力旋流器 → 一级过滤 → 汽提塔（脱硫） → 石灰软化 → 二级过滤 → 阳离子交换 → 至蒸汽锅炉

图 15－2　Permian Basin 油田采油废水处理工艺流程

表 15－1　Permian Basin 油田采油废水处理结果

分析项目	采油废水	净化水
pH	6.5	10.2
温度/℃	26.7	96.1
总硬度($CaCO_3$)/(mg/L)	2000	0.5
总碱度($CaCO_3$)/(mg/L)	2150	200
油/(mg/L)	200	0
硫化物/(mg/L)	500	200
二氧化碳/(mg/L)	600	0

图 15－3 是 Madian E. S 等人报道的 Mobil 石油公司处理印度尼西亚 Arun 油田采油废水的工艺流程。采用化学破乳剂除油、气浮、生化联合组成的工艺替代了过去的混凝－过滤或

混凝－气浮－过滤工艺，重视并应用生化处理工艺是近年来国外油田采油废水处理的一种发展趋势。表 15－2 是该油田采油废水、处理水的组成和印度尼西亚的油田废水排放标准。

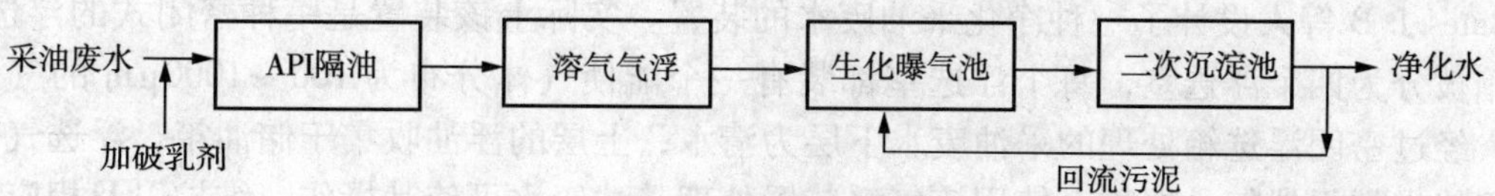

图 15－3　Arun 油田采油废水处理工艺流程

表 15－2　Arun 油田采油废水、处理水的组成和印度尼西亚的油田废水排放标准

参数	采油废水	处理水	排放标准
氨氮/(mg/L)	20	<5	5
BOD_5/(mg/L)	1200	<50	150
COD_{Cr}/(mg/L)	>3000	<150	300
烃类	2000	10	15
Fe 离子/(mg/L)	1.6	0.6	10
pH	4.8	7.8	6～9
酚/(mg/L)	32	1	1
TDS/(mg/L)	90	90	4000
T/℃	55	30	40

图 15－4 为北海 Ula 油田采油废水回注的处理工艺流程。该流程中采用了 3 个油水分离器和 6 个水力旋流器串联，处理后的水质可达到回注水的要求。其中油含量由 200～500mg/L(主要以 O/W 型乳状液形式存在)降至 20～30mg/L 以下。

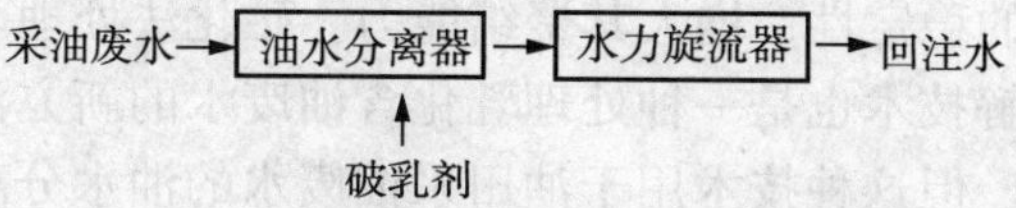

采油废水→油水分离器→水力旋流器→回注水

破乳剂

图 15－4　北海 Ula 油田采油废水回注的处理工艺流程

此外，Lawrence A. W 等人采用 GAC－FBR(活性炭生物流化床反应器)新工艺处理近海油田采油废水的流程。该技术主要是为满足日益严格的废水排放标准，特别是零排放标准。由美国的 BDM 石油技术公司和气体研究所共同完成的，目前该技术已进行了中试放大试验。美国的墨西哥海湾油田采油废水排放标准规定油日含量最高不超过 42mg/L，月平均不超过 29mg/L，采用该技术能完全达到，甚至可达到更严格的排放指标，即日最高油含量不超过 10mg/L。这种流程由油水分离器、絮凝、气浮、GAC－FBR、电渗析等单元组成。

Hughes S. W 等人提出了可供选择和废水处理工艺。这些流程主要由油水分离器、溶气气浮、化学氧化(UV/O_3 或 UV/H_2O_2 等)、金属离子去除系统(氢氧化物或硫化物沉淀)、过滤、离子交换、蒸发等单元组成。

可见，随着环保要求的提高和油田回注水水质的严格化，近年来国外油出采油废水的治理技术已得到改进和提高。采油废水的治理工艺已由原来的隔油－混凝－过滤技术改变为隔油－混凝气浮－生化－过滤技术。气浮和生化技术的采用已成为近年来先进的采油废水处理工艺的一种标志。

二、采油废水治理新设备及新技术

近年来，国外对含油废水(主要是采油废水)的处理已开发了一些新的设备，如新型密闭式浮选箱、水力旋流器、各种组合式油水分离器等。这些装置的成功开发，对提高含油废水的处理效果、对改进设备的处理效能以及实现处理设备功能的一体化都大有裨益。

Bates J. B 等人设计了一种净化采油废水的装置。实际上该装置是一种密闭式的浮选箱。浮选箱被分为四个浮选室，每个浮选室都装有一个能使气体分布为 100 ~ 1000μm 的气体分布管，经过密闭浮选箱处理的采油废水下层为清水，上层的浮油收集于储油箱，浮选气体采用油田伴生的天然气。据称，使用该气浮装置处理采油废水可使其操作、维护以及相应的化学药剂费用降低。Hubred G. . L 及石油大学环境中心等人发明了一种新型浮选柱。这种浮选装置采用侧部布气技术，可用于分离含油废水中的细小悬浮物和油滴。当采用并流流动时，废水和气体在浮选柱内分别以 0. 127 ~ 2. 54cm/s、0. 0254 ~ 2. 54cm/s 的流速流动，且水流量为气流量的 10 ~ 30 倍时可获得理想的采油废水处理效果，也可采用气水逆流接触。McCasland E. D 报道了一种分离油水混合物的简易装置，它是由油水混合物进口、折流挡板、油流出口和净化水出口几部分组成，具有结构简单，油水分离速度快等优点，但对油水密度差小的含油废水其处理效果不甚理想。Seureau J. J 等人开发了一种新型的旋流分离器。该旋流器能实现油 - 水 - 固三相的分离。与除油和除砂旋流器相比，三相旋流器具有体积小、效率高、投资和操作费用较低等特点，是一种集除油和除砂为一体的新型分离设备，适于海上和陆上油田采油废水的处理。此外，专利 WO94/13930 还介绍了一种安装在油田生产井内的油水分离旋流器。据称它能在井下实现油水的高效分离并将水回注到地层，当采出液含水量达到 70% 以下时，这种井下安装的同步油水分离设备非常有效。

专利 WO97/17294 介绍了一种从乳化的含油废水中分离油水的新技术。该技术通过在采油废水中加入电解质以增加其电导性，在磁电装置的作用下使采油废水产生磁性，成为磁流体，并借此破坏乳化油滴的稳定性，增大其聚结能力。磁化法处理乳化含油废水是近年来研究的一项新技术。薄膜电解技术也是一种处理乳化含油废水的新方法。Qingquan S 等人的发明专利对此有详细的报道。但这种技术用于油田采油废水的油水分离尚待进一步证实。

利用油和水，特别是水中溶解的烃类物质与水的沸点差异，Adrianus 等人发明了一种蒸馏技术来处理油田采油废水。这种技术的关键是填料蒸馏塔。由于许多有机物可与水形成共沸物，因此在填料塔内，沸点比水低和比水高的有机物均能进入蒸汽相，且控制蒸发水量为进水量的 5% ~20% 即可实现油水的高效分离。

高效多功能一体化的油田采油废水治理设备已成为研究热点，新的含油废水处理技术亦有不少文献报道。实现油 - 水、可溶性有机物 - 水、悬浮物 - 水之间的强化传质技术和有机物强化化学转化技术依然是今后采油废水治理研究的重要方向。

三、新型水处理药剂

为了处理采油废水中的溶解有机物、油及固体悬浮物，近年来文献也报道了一些新的水处理药剂。Thomas E. R 使用低分子量的有机胺，特别是季铵盐处理采油废水中的溶解有机物。Doyle D. H 等人利用聚合物改性膨润土或一些其他有机黏土吸附采油废水中的溶解有机物，也取得了良好的试验结果。此外，近年来文献还报道了多种有机高分子絮凝剂，其中多以丙烯酰胺和丙烯酸的二元及三元共聚物为主；为了处理乳化含油废水、稠油废水，性能优异的破乳剂的开发也已成为水处理药剂研究的一个方向。生物破乳剂、生物絮凝剂、天然高分子有机化合物改性的低污染或无污染的绿色水质处理剂也是研制的热点。

第三篇 石化工业废水处理及工程实例

第十六章　石化工业生产过程主要污染源与污染物

石油化工工业是以石油或天然气为主要原料，通过不同的生产工艺过程、加工方法，生产各种石油产品、有机化工原料、化学纤维及化肥的工业。由于生产过程中所用的原料、工艺技术及加工方法不同，产生的废水来源、种类及特点也大不相同。

石油从地下开采出来，经过脱水稳定处理后进入到集输管线，然后输到炼油厂或油库，在厂内再次进行脱水、脱盐处理，当原油中含水量小于或等于0.5%，含盐量小于5000mg/L后，方可进入到常减压装置。在加热炉内将原油加热到350℃以上，然后进行常压蒸馏、减压蒸馏，分割出汽油、煤油、柴油、润滑油馏分，常压重油和减压渣油作为二次加工的原料。为了提高产品质量及原油的综合利用率，在炼油厂还要进行二次加工，主要装置有催化裂化、铂重整、加氢、糠醛精制、聚丙烯、焦化、氧化沥青等多套装置，由于这些装置均采用物理分离和化学反应相结合的方法，生产过程往往是在高温下进行的，这就需要消耗燃料及冷却介质(水)。工艺汽提及注水、产品精制水洗水和机泵轴封冷却水等工艺中，水和油品要直接接触，因而产生含油污水、含酚污水等。

在炼油厂原油组分复杂，加工装置多，炼油装置大约有20套；生产基本有机原料的装置约有19套；生产三大合成材料(合成树脂、合成纤维、合成橡胶)的装置约有30套。所以石油化工废水与油田废水、生活污水不同，它具有种类多、成分复杂的特点，因而处理时工艺流程长、占地面积较大，设备多、投资较大。

要治理石油化工废水，必须首先了解污染源及其产生的污染物，石油化工厂的污染源分布在各生产装置、原油罐区、供排水车间等，以下选择几个主要装置简单介绍它们的工艺及污染源、污染物。

第一节　常减压蒸馏装置

在石油炼制过程中，首先按照沸点，用蒸馏的办法把原油分割成塔顶气馏分(C_4及C_4以下的馏分)、直馏汽油(或称石脑油馏分，沸点为60～160℃)、煤油馏分(沸点130～240℃)、柴油馏分(沸点180～360℃)、常压重油馏分(沸点在360℃以上)；常压重油可进一步在减压蒸馏过程中分割为减压柴油馏分(沸点360～500℃)和减压渣油馏分(沸点在500℃以上)。

常压蒸馏装置主要分为电脱盐和常减压两个部分。

①电脱盐：是脱除原油中无机盐和悬浮固体的工艺，以减轻加工设备的腐蚀和堵塞，避免加热炉管结焦，同时，在电脱盐工艺中，还能去除部分易使催化剂中毒的砷及其它重金属杂质。脱盐过程就是在原油中加入破乳剂和水，混合加热到105～149℃，在高压电场作用下，水很快凝聚沉降分离，盐类及有害物质随水排出。

②常减压：用蒸馏的方法，从原油中分离分出各种石油馏分，如重整原料、汽油组分、航空煤油、柴油、裂化原料、润滑油组分及油渣，另外还有化工原料炼厂气。本装置一般包括三个部分：初馏、常压蒸馏、减压蒸馏。初馏塔顶分馏出重整原料和汽油组分，然后塔底馏

分在常压下蒸馏。高沸点馏分可在减压塔中蒸馏。常减压蒸馏装置污染源分布流程见图16-1。

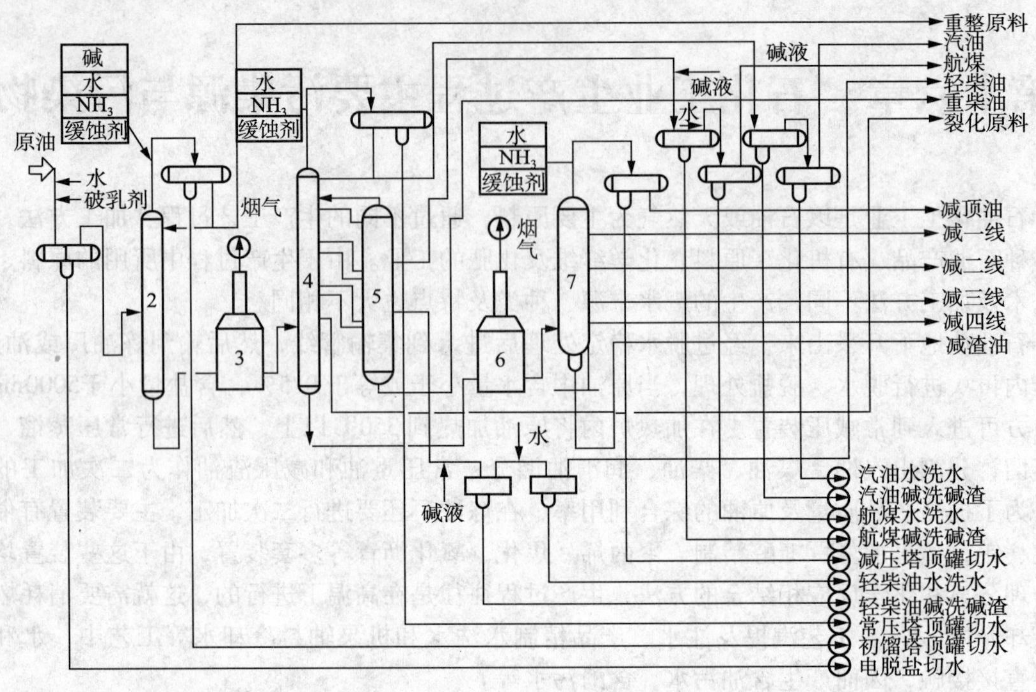

图16-1 常减压蒸馏装置污染源分布流程

在常压减压过程中，为防止腐蚀，通常都需要在塔顶注入氨、碱、缓蚀剂、水等。这样就造成了水的污染。另外产品需要精制时，还要采用碱洗、酸洗、水洗等，于是产生了废水、碱渣、酸渣。常减压装置废水污染数据见表16-1、表16-2。本装置废水污染物主要来自常减压蒸馏塔顶油水分离器排水、电脱盐排水、酸碱洗后的水洗水。这些水都是与油品直接接触后的排水，含污染物质较多。

表16-1 常减压装置排出的废水污染物量

序号	废水来源	原油种类	pH值	污染物量/(g/t原油)				
				含油量	硫化物	挥发酚	氰化物	COD
1	电脱盐罐切水	胜利	8.7	3.82	0.035	0.082	0.075	18.27
		南阳	9.1	3.17	0.16	0.072	0.020	16.58
		大庆、任丘	8.1	3.76	0.1	0.33		71.31
2	初馏塔顶油水	大庆	9.94	0.015	0.11	0.0032	0.002	2.62
		南阳	7.6	0.06	0.14	0.022	0.22	1.38
		大庆、任丘	7.6	0.012	0.007	0.04		0.46
3	常压塔顶油水	大庆	9.63	0.28	0.62	0.0119	0.01	8.69
		胜利		1.57	0.36	0.29	0.33	4.97
		南阳	9.06	0.37	1.80	0.22	0.04	5.40
		大庆、任丘	8.1	0.17	0.93	0.069		4.53

续表

序号	废水来源	原油种类	pH 值	污染物量/(g/t 原油)				
				含油量	硫化物	挥发酚	氰化物	COD
4	减压塔顶油水分离器切水	大庆	7.2	8.5	1.59	0.07	0.01	9.31
		胜利	9.13	5.04	10.93	2.14	7.67	119.73
		南阳	9.0	6.92	5.39	0.58	0.12	28.21
5	机泵冷却水	大庆、任丘	8.0	2.86	0.83	0.86		13.18
		大庆	8.1	2.51	0.00007			
		南阳	8.5	5.95	0.002	0.88		6.95

表 16-2 废水污染源数据

序号	废水来源	装置处理量/($\times10^4$ t/a)	原油种类	水量/(t/h)	水温/℃	pH 值	污染物浓度/(mg/L)				
							油	硫化物	挥发酚	氰化物	COD
1	电脱盐排水	330	胜利	15	84	8.7	105	0.95	2.26	2.1	502
		287	南阳	25	48	9.1	45	2.33	1.03	0.3	238
		302	新疆	12.5	81	8.1	6260	2.8	0.28	0.002	1865
2	初馏塔顶油水	218	大庆	1.0	30	9.9	12.5	192.8	0.87	0.3	712
		60	任丘	1.4	28	6.9	27.3	3.5	21.5	16.6	288
		287	南阳	2	48	9.0	10.3	24.8	4.1	2.3	247
3	常压塔顶油水	230	大庆	9.1	35	8.7	8.9	19.6	1.0	0.3	484
		60	任丘	1.05	27.3	6.6	8.9	6.6	17.7	20.7	278
		287	南阳	3	47.3	9	44.1	215.7	26.3	8.1	646
		330	胜利	6	63.5	9.1	107.7	25	19.9	23.7	342
		302	新疆	1.4		9.4	1203	24.5	1.22	0.004	626
4	减压塔顶油水分离器切水	230	大庆	8	37	9.3	278	52.0	5.4		566
		60	任丘	3.95	30	7.3	114	8.0	9.1	14.6	542
		287	南阳	16	48.9	8.7	155	120.8	12.6	2.6	633
		330	胜利	10	33	9.0	208	451	88.2	316.2	4940
		302	新疆	3.75		9.6	2165	329	1.1	0.006	1218
5	机泵冷却水	230	大庆	1.25	33	8.1	578.2	0.02	0.03	0.1	775

第二节　催化裂化装置

一般原油经常减压蒸馏后可得到10%～40%的汽油、煤油及柴油等轻质油品，其余的是重质馏分和残油渣。如果不经过二次加工，它们只能作为润滑油或重质燃料油。但是国民经济和国防上需要的轻质油量是很大的，以我国目前的需要情况为例，对轻质燃料油、重质燃料油和润滑油三者需要的比例大约为20：6：1，该比例在其他国家则随国情不同而异。另一方面，内燃机的发展对汽油的质量提出更高的要求，而直馏汽油则一般难以满足这些要求。直馏汽油的辛烷值一般在40～60范围，不能满足汽车燃料油的要求，原油经简单加工所能提供的轻质油品数量和质量与社会生产发展所需要的轻质油数量和质量之间的矛盾促使了催化裂化技术的产生和发展。

催化裂化工艺是将价值较低的重质馏分油，在高温及催化剂作用下转化为价值较高的轻质油品及二次加工所需要的化工原料。它能生产高辛烷值的汽油，改善柴油的十六烷值，为石油化工提供丰富的原料，同时还能提供大量的民用液化气。

催化裂化工艺过程一般分为三部分：①反应与再生部分；②分馏部分；③吸收稳定部分。反应再生部分主要设备有反应器，再生器及旋风分离器。原料与回炼油经加热炉预热后与再生器的高温催化剂接触进行催化反应，生成的油气通过旋风分离器分离出汽油和催化剂。表面有焦炭并失去活性的催化剂进入再生器，经高温烧焦再生，恢复其活性后返回反应器循环使用。烧焦过程中产生的烟气经旋风分离器与催化剂分离后，沿着再生器烟囱经双动滑阀排出。为回收能量需进入废热锅炉或能量回收系统。

分馏部分主要设备是分馏塔。反应产物在分馏塔内分割成各种馏分：气体、汽油、柴油、回炼油和油浆。气体经压缩后与汽油馏分送到吸收稳定部分。

吸收稳定部分主要设备为吸收塔、解吸塔、再吸收塔和稳定塔。吸收塔及再吸收塔主要是回收气体中的C_4和C_3馏分；解吸塔是将溶解在汽油中的乙烷以下的轻组分汽提出来；稳定塔顶馏出液化气，塔底为高辛烷值的稳定汽油。

近年来，由于高活性、高选择性、高稳定性的分子筛催化剂的出现，使硫化、催化、裂化获得了新的发展。目前分子筛提升管催化裂化比床层裂化的汽油收率高5～7%，焦炭产率低于1%。分子筛提升管催化裂化装置的污染源与Ⅳ型催化裂化装置污染源基本相同。

本装置来自催化分馏塔顶油水分离器切水及富气水洗水，这两部分水中含有大量的硫化物、挥发酚、氰化物，并且COD也较高。催化裂化装置产生的酚主要来源于催化分馏塔顶油水分离器的排水，含酚废水约占炼油厂总酚量的一半以上，它们来自催化分馏塔顶油水分离器排水。许多炼油厂每年从该装置排出几十吨粗酚，排出酚的浓度为300～400mg/L。回收利用酚资源可以减轻一大部分的危害。氰化物主要来自分馏塔顶油水分离器切水和富气洗涤水，这两处氰化物排量约占一个炼油厂氰化物总量的一半以上。催化装置每加工一吨原料油，大约排出浓度为2000～4000mg/L的COD为0.5～1kg。一个100×10^4t/a的催化裂化装置，一年即排出COD约1000多吨。这样大的污染负荷，必须加以治理。

采用常压渣油为原料的催化裂化装置，为防止催化反应中的二次反应，采用了加大雾化蒸汽量，从而使废水量增加了约一倍，各种污染物的含量也明显提高。Ⅳ型流化催化裂化装置污染物排出种类和数量见表16－3、表16－4，污染源流程见图16－2。

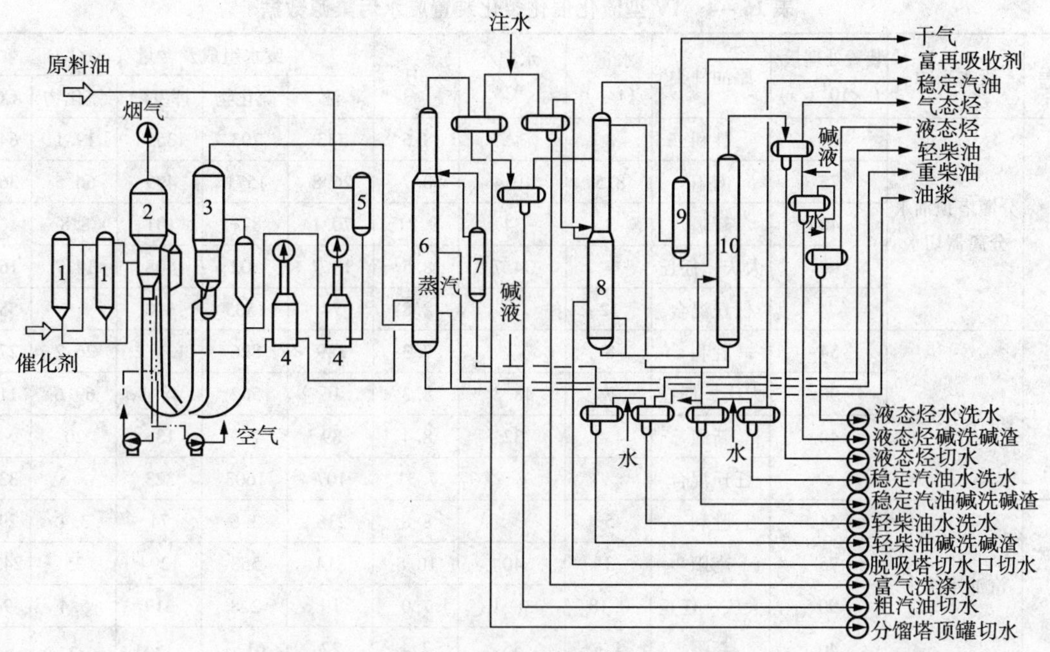

图 16-2　Ⅳ型流化催化裂化装置污染分布流程

1—催化剂罐；2—再生器；3—反应器；4—加热器；5—原料罐；6—分馏塔；7—汽提塔；8—吸收解吸塔；9—再吸收塔；10—稳定塔

表 16-3　催化裂化装置排出的废水污染物量

序号	废水来源	原料种类	pH 值	污染物量/(g/t 原料)				
				含油量	硫化物	挥发酚	氰化物	COD
1	分馏塔顶油水分离器切水	南阳	8.7	2.38	145.13	14.13	6.15	339.6
		胜利	8.6	86.85	93.96	42.11	2.26	759.8
		大庆、任丘	8.5	0.79	18.77	25.4	0.91	105
2	气压机出口切水	南阳		0.42	34.29	5.29	2.80	68.4
		胜利	7.24	22.4	97.89	15.78	3.11	327.7
		大庆、任丘		0.97	34.96	2.99	4.35	69.9
3	液态烃罐切水	南阳	8.4	0.08	16.22	0.65	0.93	24.4
		大庆、任丘	8.3	0.19	17.46	0.33	1.51	39.6
4	汽油水洗水	南阳	10.75	22.12	15.04	35.20	0.95	667.8
		胜利	8.75	16.03	0.26	5.46	0.253	215.4
		大庆、任丘	7.0	0.03	0.0044	0.5	0.0086	1.5
5	机泵冷却水	胜利		31.30	0.056	0.012	0.00017	9.4
		大庆、任丘		77.45	0.17	1.21	0.0069	14.2

表 16-4　IV 型流化催化裂化装置废水污染源数据

序号	废水来源	装置处理量/($\times 10^4$ t/a)	原油种类	水量/(t/h)	水温/℃	pH	废水组成及含量/(mg/L)				
							油	硫化物	挥发酚	氰化物	COD
1	分馏塔顶油水分离器切水	54	胜利	8		8.6	733	793	355	19.1	6411
		75	南阳	8.5	49.4	8.7	26.8	1571	499	66.5	3646
		40	新疆	3	34	9.21	70.1	871	191	8.8	
		90	大庆、任丘	7	34.7	8.5	13.7	302	408	14.7	1687
			任丘混合	12		8.8	74	1505	600		5568
2	富气水洗水	54	胜利	8		7.3	189	826	133.2	26.2	2765
		90	大庆、任丘	7	48.3	8.3	16	562	48.1	69.6	1124
		40	新疆	4.5	32	8.4	89	769	136	20	
			任丘混合			7.31	107	1603	323		3319
3	汽油水洗水	54	胜利	5		8.8	216	3.6	74	3.4	2908
		75	南阳	3	40	10.8	814	553	1294	35	24376
		90	大庆、任丘	0.18	38.1	7.0	19	2.8	319	5.4	940
		40	新疆	4.5	35	7.4	22	61.3	154	5	
4	液态烃切水	75	南阳	0.5	42.6	8.4	16	2984	119	170	4485
		90	大庆、任丘	1	42.1	8.3	21.3	1964	38	170	4455
5	泵房下水	54	胜利	5.5		8.5	384	0.07	0.15	0.002	115
		75	南阳	3.5	32.8	9.1	149	22.2	16.7	1.2	608
		90	大庆、任丘	10	30.3	6.7	871	1.9	13.6	0.08	159

第三节　催化重整装置

重整是指烃类分子重新排列生成新的分子结构，而在有催化剂作用的条件下对汽油馏分进行重整叫做催化重整。采用铂催化剂的重整叫做铂重整；采用铂铼催化剂或多金属催化剂的通常叫铂铼重整或多金属重整。

在催化重整过程中，发生环烷烃脱氢、烷烃环化脱氢等生成芳烃的反应以及烷烃异构化、加氢裂解等反应，这些反应都会使汽油的辛烷值提高。重整汽油的辛烷值一般在 90 以上，而且烯烃含量少、安定性好，是车用汽油的高辛烷值组成部分，也可以作航空汽油基础油。近年来各国对环境污染的限制更加严格，对燃料燃烧效率的要求不断提高，不加铅高辛烷值汽油的需要量增加，这进一步促进了催化重整的迅速发展。催化重整为炼油厂二次加工工艺，根据生产目的不同，可生产芳烃或者生产高辛烷值汽油。在国外，绝大部分的重整装置都用于生产高辛烷值的汽油。

催化重整装置由四部分组成：预处理、重整、芳烃抽提和芳烃分离。预处理的目的是将原料切割成适合重整要求的馏分，并脱除对催化剂有害的金属和非金属杂质，如砷、铅、铜和硫、氯化合物等。

重整反应器内，在催化剂作用下，使部分环烷烃、烷烃转变成芳烃。利用化学溶剂对芳烃及其他烃类的溶解性不同，可将芳烃抽提出来，从而把芳烃与环烷烃、烷烃分离开来。目前我国大部分炼油厂采用二乙二醇醚及三乙二醇醚等作为抽提溶剂，个别炼厂使用环丁砜抽提。本装置废水污染源来自预分馏塔顶、蒸发脱水塔、减压塔及苯塔等塔顶切水，主要排至污水系统处理。催化重整装置废水污染源数据见表16-5、表16-6。污染源流程见图16-3。

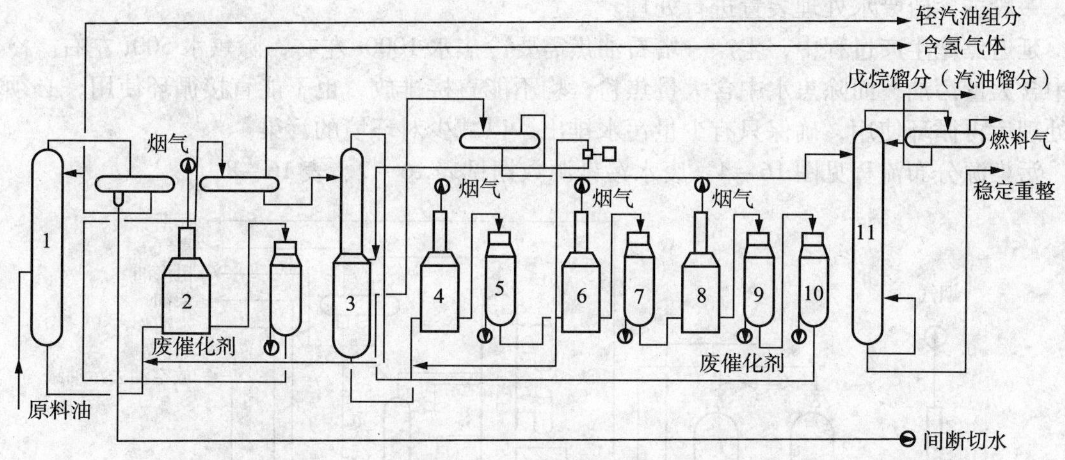

图16-3 催化重整装置预处理及重整污染源分布流程

1—预分馏塔；2—预加热炉；3—脱水塔；4—第一重整炉；5—第一重整反应器；6—第二重整炉；7—第二重整反应器；8—第三重整炉；9—第三重整反应器；10—后加氢反应器；11—稳定塔

表16-5 废水污染源数据

序号	废水来源	处理量 $\times10^4$/(t/a)	原油种类	排放量/(t/d)	水温/℃	pH	污染物组成及浓度/(mg/L)					
							含油量	硫化物	挥发酚	氰化物	COD	悬浮物
1	铂重整芳烃回流切水	15	大庆	0.04	22	9.1	88.2	0.05	0.174	0.196	110000	304.6
2	铂重整苯回流罐切水	15	大庆	0.035	26	5.6	45	0.06	2.12	0.304	7658	161.8
3	多金属重整苯回流罐切水	15	大庆	0.6	30	6.7	63.1	0.64	2659		42	192.5
4	重整装置总排水	15	胜利	3t/h	33	7.6	110	1.52	0.17	0.34	98.8	
5	多金属重整装置总排水		大庆	5t/h	32	8.1	590	0.9	1296		2912.5	407

表16-6 催化重整装置排出的废水污染物量

序号	废水来源	原油种类	pH	污染物量/(g/t原料)				
				含油量	硫化物	挥发酚	氰化物	COD
1	预分馏塔顶回流罐切水	大庆	8.4	1.31		14.11		60.48
2	预加氧塔顶回流罐切水	大庆	9.9	114.5		41.16		777
3	大气隔水封槽排水	大庆	8.5	34.45	0.43	0.013	0.37	299
4	苯回流罐切水	大庆	6.7	0.0084	0.0001	0.035	0	0.054

第四节 延迟焦化装置

焦化是使重质油品加热裂解、聚合变成轻质油、中间馏分油和焦炭的加工过程。焦化产品中不饱和烃含量较多，产品不稳定，需进一步精制。

延迟焦化是将重质油在管式加热炉中，迅速加热并在炉管中注水，形成高流速，使油品在炉管内短时间里达到焦化反应所需要的温度，进入焦炭塔进行焦化反应。反应生成的热焦经过吹汽、冷焦后，用高压水进行除焦作业。冷焦水分别通过隔油、冷却和沉降、过滤后分别回用。

本装置废水污染源主要来自冷焦和水力除焦过程。排出的含油废水大部分循环使用，有少量含油废水排至含油废水处理场进行处理。另一主要废水污染来自分馏塔顶排出的含硫废水，一般进含硫废水处理装置进行处理。

延迟焦化生产过程中，生产一塔石油焦需要冷焦水 1000t 左右，除焦水 500t 左右。冷焦水中含大量污油，而除焦水中含大量焦粉，均不能直接排放，也不能直接循环使用，必须分别处理后再循环使用，确保只有少量污水排出，以减少对环境的污染。

污染源分布流程见图 16-4。废水污染源数据见表 16-7、表 16-8。

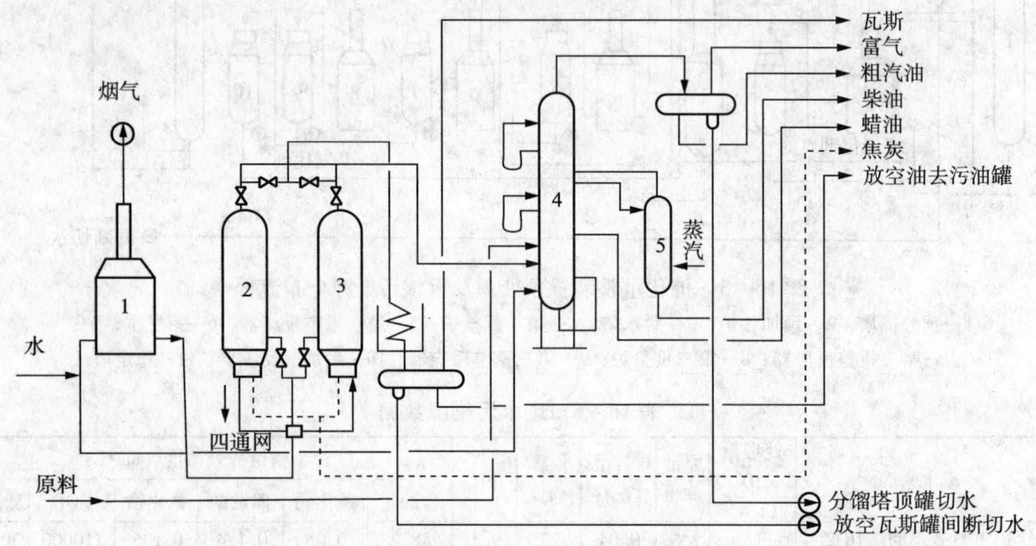

图 16-4　延迟焦化装置污染源分布流程

1—加热炉；2—焦炭塔；3—焦炭塔；4—分馏塔；5—汽提塔

表 16-7　废水污染源数据

序号	废水来源	处理量/(×10⁴ t/a)	原油种类	排放量/(t/h)	水温/℃	pH	污染物组成及浓度/(mg/L)					备注
							含油量	硫化物	挥发酚	氰化物	COD	
1	焦化冷凝水	62.7	大庆	320t/次	34	8.4	26	0.16	0.016	0.096	321.6	循环回用
		60	大庆	20	20	9.2	25.48	0.09	0.19	0.11	62	循环回用
2	冷焦水池水	75	胜利	2000t/d	46	8.3	99.7	5.7	9.74	15.42	548.5	循环用
3	验焦水	62.7	大庆	40	30	8.5	17.6	0.275	0.028	0.244	197.6	循环用
		30	克拉玛依		71.5	8.7	282.99	13.36	9.41	6.19	371.9	循环用
4	除焦隔油池排水	75	胜利	2000t/d	50	8.5	60.3					循环用
5	分馏塔顶油水分离器切水	62.5	大庆	3.6	27	9.3	286.7	1794	110	11.37	6445	连续切水
		60	大庆	4	18	9.0	2821	492	134.1	37.3	7747	连续切水
		75	胜利	5	38.5	8.8	209.7	3481	33.1	37.8	24033	连续切水
		30	克拉玛依		41.5	9.2	625.5	1560	459.0	450.0	20673.6	连续切水
6	装置总排水	62.5	大庆	42	34.3	8.7	127	7.93	5.03	4.4	935	
		60	大庆	78	15	7.8	19.17	4.2	7.5	1.2	520	
		75	胜利	5	36.5	8.4	77	0.304	0.204	0.34	69.1	

表16－8 延迟焦化装置排出的废水污染物量

序号	废水来源	原油种类	pH	污染物量 g/t 原料				
				含油	硫化物	挥发酚	氰化物	COD
1	分馏塔顶回流罐切水	大庆	9.2	17.56	109.43	6.71	0.69	393
		胜利	8.7	17.82	295.89	2.81	3.21	2042
		南阳	8.8	9.36	76.59	15.91	1.92	218.3
		大庆、任丘	9.4	6.76	93.56	20.06	0.56	347.8
2	焦化冷焦水	胜利	7.5	140.5	8.04	13.73	21.74	773.38
		南阳	9.1					
		大庆、任丘	6.7	6.3	0.014	0.003	0.004	4.23
3	焦化除焦水	大庆	8.2	17.7	0.11	0.02	0.16	131.30
		南阳	8.8	4.12	0.17	0.025	0.16	18.57
		大庆、任丘	7	5.08	0.28	0.32	0.011	12.72

第五节 加氢精制装置

加氢精制是各种油品在催化剂的作用下与氢气进行化学反应，脱除油品中的二烯烃、烯烃、硫、氧、氮的化合物及金属杂质等有害组分，提高油品的安定性，改善石油馏分品质的一种先进的加工工艺。加氢精制的原料是各种轻质油品，也可以是重质油品。

原料油和氢气经升温升压到反应条件后进入反应器，通过催化剂床层。在这里硫、氧、氮和金属化合物等即变为硫化氢、水和氨，而后被去除。二烯烃被饱和，芳烃被加氢。加氢生成油经过换热和冷却，依次进入高、低压分离器，分出含氢气体。然后进入汽提塔，将残留在油中的气体及轻馏分汽提出来，塔底即为加氢精制成品。精制产品中的硫化氢采用汽提或分馏塔顶注氨取代碱洗、水洗工艺。

目前，在下列炼油过程中加氢精制是必不可少的工艺过程：①重整原料的加氢精制，重整反应器进料对硫的含量有严格的要求，尤其是采用多种金属催化剂的重整装置，进料中规定硫含量必须小于 1×10^{-6}。②催化裂化循环油中硫沉积在催化剂表面上，再生时生成硫的氧化物，随废气排入大气造成污染。为了防止大气污染，催化裂化原料必须经过加氢脱硫精制。③为了减少大气污染，许多国家对燃料油的硫含量作了严格的规定。为了满足这些要求，必须用加氢脱硫的方法从燃料油脱除至少 80% 的硫。脱硫还可以防止硫化物对设备的腐蚀。

加氢精制的流程为原料油和氢气经升温升压到反应条件后进入反应器，通过催化床层。在这里硫、氧、氮的化合物等即变为硫化氢、水和氨，然后被除去。二烯烃被饱和，芳烃被加氢。加氢生成的油经过换热和冷却，依次进入高、低压分离器，分出含氢气体。然后进入汽提塔，将残留在油中的气体及轻馏分汽提出来，塔底即为加氢精制成品。精制产品中的硫化氢采用汽提或分馏塔顶注氨取代碱洗、水洗工艺。

加氢精制反应过程中生成硫化氢和氨，为防止硫氢化铵在冷却过程中结晶而堵塞工艺管线及设备，需在过程的特定部位注入工艺冲洗水，因而造成大量含硫、氨废水从高、低压分离器排出。

加氢精制是含硫废水的主要来源之一，其中高、低压分离切水含有大量的油、硫、酚和COD。为提高产品质量，有些油品需用碱洗后再水洗，因而产生碱渣。

加氢精制装置废水污染源数据见表16－9，加氢装置污染源分布流程见图16－5。

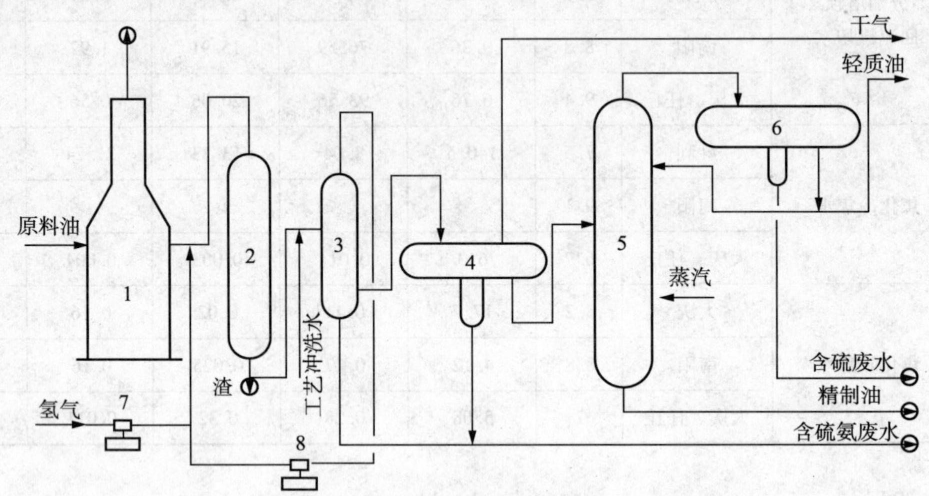

图16－5　加氢装置污染源分布流程

1—加热炉；2—反应器；3—高压分离器；4—低压分离器；5—汽提塔；
6—回流油罐；7—新氢压缩机；8—循环压缩机

表16－9　废水污染源数据

序号	废水来源	处理量/(t/a)	原油种类	排放量/(t/h)	水温/℃	pH	污染物组成及浓度/(mg/L)					
							含油量	硫化物	挥发酚	氰化物	COD	氨氮
1	分馏塔顶回流罐切水	20	大庆		35	9.8	5007	2489	0.49	1.22	2301	2451
		20	南阳	1	36.4	8.2	26.5	13.3	210	0.86	2127.9	39
2	低压分离器排水	20	大庆	6	33.5	10.2	228	8106	0.46	0.3	5539	2463
			南阳	9.5	40.1	9.2	594.2	4476	47.8	53.7	6818	3601
3	汽油水洗水	20	大庆	17.3		9.7	22	4.13	0.16		470	
4	汽油碱洗水洗水	20	南阳	2		8.3	86.87	54.3	178.5	13.2	2567	
5	机泵冷却水		南阳	2.5		8.8	411.1	1.59	0.95	0.27	148.8	

第六节　糠醛精制装置

糠醛是从农作物的副产品如玉米芯、谷糠等中提取得到的。它是无色液体，有烤面包味和刺激性臭味。糠醛不稳定，放置在空气中很快变色，先由淡黄、黄色、棕色，一直变到黑色；糠醛有毒，吸入糠醛气体过多会有头晕、走路不稳及恶心等症状。糠醛在常压下的沸点为161.7℃，温度为20℃，密度为1.1594 g/m^3。

糠醛精制装置是用糠醛作为溶剂，用常减压装置切割出来的经过(或未经过)酮苯脱蜡的馏分润滑油及丙烷脱沥青后的残渣润滑油为原料，根据糠醛对润滑油中非理想组分(多环短侧链的芳烃和环烷烃、胶质、硫和氮的化合物等)溶解能力强，而对润滑油的理想组分溶解能力差等特点，将润滑油中非理想组分与理想组分分离，以达到精制润滑油的目的，从而改善润滑油的黏温性、抗氧化安定性和油的色泽等，并可降低酸值和残炭。

糠醛精制装置分为抽提系统和溶剂回收系统。抽提系统：糠醛和原料油在抽提塔内逆流接触，由于密度不同，糠醛和溶解于糠醛中的非理想组分往下沉降。原料中的理想组分含少量糠醛向上流动，在塔内沉降段分为两相，即抽余液和抽出液，再分别进入溶剂回收系统，从而得到精制的润滑油。溶剂回收系统：用加热、减压汽提、蒸发的方法，去除油中的糠醛，并循环使用。

本装置废水污染源主要是含糠醛废水。来自脱水塔的废水使用真空泵排水。各炼油厂操作不同，则糠醛损失也有所不同，一般糠醛含量不低于1kg/t原料油。废水污染源数据见表16－10。糠醛精制装置污染源分布流程见图16－6。

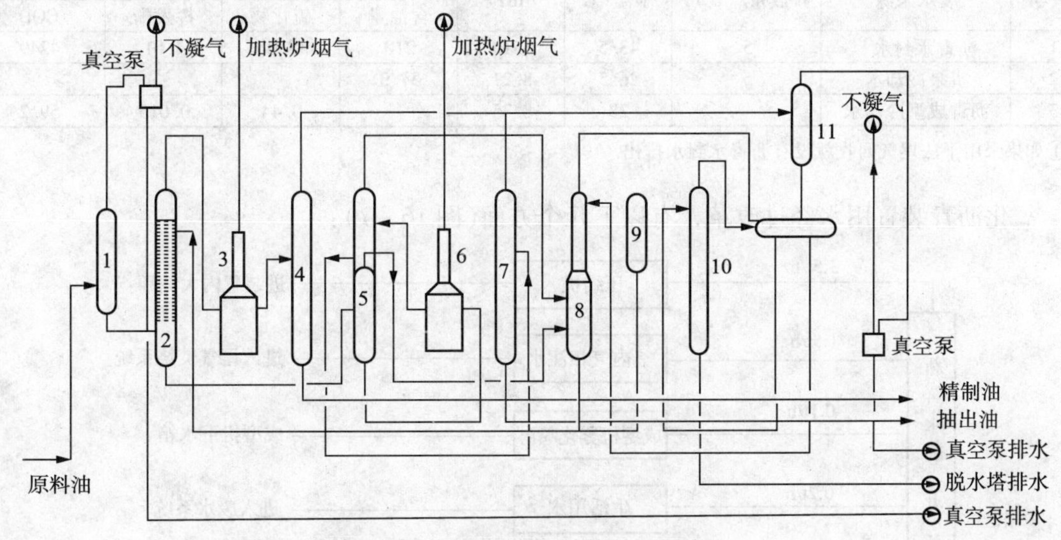

图16－6　糠醛精制装置污染源分布流程

1—脱气塔；2—抽提塔；3—精液加热炉；4—精液汽提塔；5—一、二次蒸发塔；6—废液加热炉；7—废液汽提塔；8—糠醛干燥塔；9—糠醛贮罐；10—脱水塔；11—真空罐

表16－10　废水污染源数据

序号	排放位置	处理量/($\times10^4$t/a)	原油种类	排放量/(t/h)	pH	污染物组成及浓度/(mg/L)					
						含油量	硫化物	挥发酚	氰化物	COD	悬浮物
1	脱水塔	6	胜利	1.41	7.3	912.6	0.32	0.288		786.7	
		25	大庆	2	8.1	85	25.8	0.01	0.039	137	16.4
2	轻质油脱水塔	23	胜利、大庆	3.5	4.8	13.9	0.22	0.23	0.10	84	9
3	泵房	6	胜利	3.51	8.4	173.6		0.16		426.7	
4	真空泵排水	25	大庆	9	8.15	30.8	6.2	0.008	0.02	553	29.7
5	总排污口	25	大庆	11	7.9	48.8	21.5	0.015		322	140.2

第七节 氧化沥青装置

氧化沥青是由常减压装置而来的减压渣油或丙烷脱沥青装置而来的半沥青，在一定温度(260～280℃)下，与空气中的氧反应，生成胶质、沥青质，以生产各种道路、建筑、电极沥青。

氧化沥青装置有釜式和塔式两种。塔式生产连续、自动化、操作简便。塔式装置可分原料加热、氧化、成型包装等三个主要过程。原料经加热进入氧化塔，鼓入空气进行氧化。为了带走热量需分层注水，馏出油和气体经冷却回收，沥青则注入水冷槽中进行成型。废水污染源数据见表16－11。

表16－11 废水污染源数据

序号	废水来源	排放量/(t/h)	水温/℃	pH	污染物组成及浓度/(mg/L)			
					含油量	硫化物	挥发酚	COD
1	沥青水封水①	5	43.5	5.19	210	18.35	4.01	4249
2	机泵冷却水	5	26.5	8.21	37.3			
3	沥青成型冷却水		28	8.35		0.44	0.015	59.2

①如果采用干法尾气回收就没有沥青水封水排出。

氧化沥青装置用水经过改革，有以下几个方面(图16－7)：

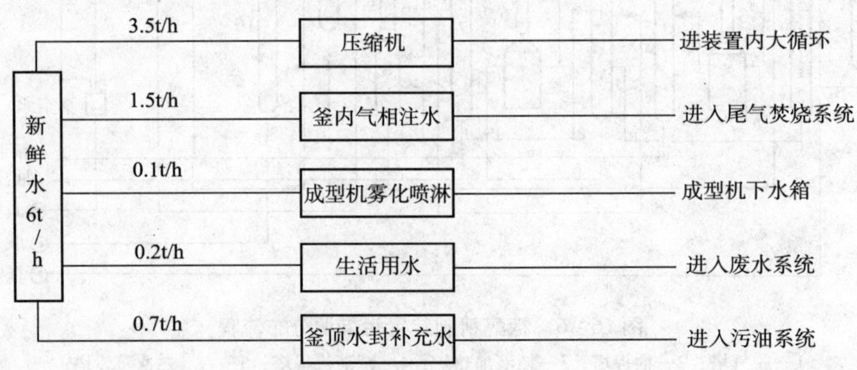

图16－7 氧化沥青装置用水情况

①装置内水的循环：成型机冷却水、沥青池用水经过设置循环热水的凉水塔，水温下降10℃。沥青的输送采取水冲，避免了用吊车转动沥青，每年可节约电23×10^4kw·h。

②氧化釜顶水封不用新鲜水。结合沥青尾气的多级分油或干法尾气预处理，水封用水大为减少。连续塔式氧化沥青装置，空气耗量为300～320m^3/t渣油，除利用空气中的部分氧气外，剩余气体随反应分解物质的釜顶排出，是一种乳白色恶臭浓烟，在大气中形成油气溶胶，对人和环境造成严重的危害。

第八节 乙烯、丙烯装置

乙烯最初是由乙醇脱水制取的，当时由于乙醇由粮食生产，工艺路线既不合理、产品产量又受到限制，因此阻碍了生产的发展。

自从石油烃裂解制乙烯技术工业化后，石油化工业得到了飞速的发展。所谓石油烃裂解即以石油烃为原料，通过高温裂解、压缩、分离得到乙烯，同时还可得到丙烯、丁二烯、苯、甲苯、二甲苯等重要副产品，这些产品可以进一步加工制取成各种各样的有机化工产品。这样乙烯装置成为石油化工的中心装置，乙烯是石油化工的主要代表产品，在石油化工中占主导地位。乙烯产量的增长，带动和促进三大合成材料和其他有机原料的增长，因此可以说，乙烯产量是衡量一个国家石油化工生产的主要标志。

乙烯用量最大的是生产聚乙烯，约占乙烯耗量的45%；其次是由乙烯生产的二氯乙烷和氯乙烯；乙烯氧化制环氧乙烷和乙二醇。另外乙烯芳烃化可制苯乙烯，乙烯氧化可制乙醛，乙烯可合成酒精，可制取高级醇。

丙烯用量最大的是生产聚丙烯，另外丙烯可制丙烯腈、异丙醇、苯酚和丙酮、丁醇和辛醇、丙烯酸及其脂类以及制环氧丙烷和丙二醇、环氧氯丙烷和合成甘油等。

目前乙烯、丙烯是以轻柴油、石脑油、天然气、炼厂气及油田气等为原料，通过高温裂解与深冷分离而制取。

裂解气深冷分离工艺主要包括两大部分。第一部分为裂解气的预处理，分为裂解气压缩、酸性气体脱除、干燥、炔烃的脱除等步骤。第二部分为裂解气的分离精制。

当然，不同的工艺技术，在裂解炉和废热锅炉结构上有一定差异。在脱除酸性气体和干燥过程的方法选择上也有不同。在分离顺序上，除顺序流程外，还有前脱丙烷流程。C_2 加氢除炔烃，也有前加氢和后加氢之分等。所有这些区别，都是由于在追求乙烯收率高、原料范围广泛、热分布均匀，以降低能源与原料的消耗，最终达到最佳的经济效益。

我国在20世纪70年代以来，先后在北京、上海、大庆、山东、南京等地建立了生产乙烯的生产装置。总的看来，我国的乙烯生产已经发展到相当的规模，但生产过程中同时产生的含有油、酚、苯、甲苯、二甲苯等污染物质。

废水污染源数据见表16－12。乙烯装置污染源分布流程见图16－8。

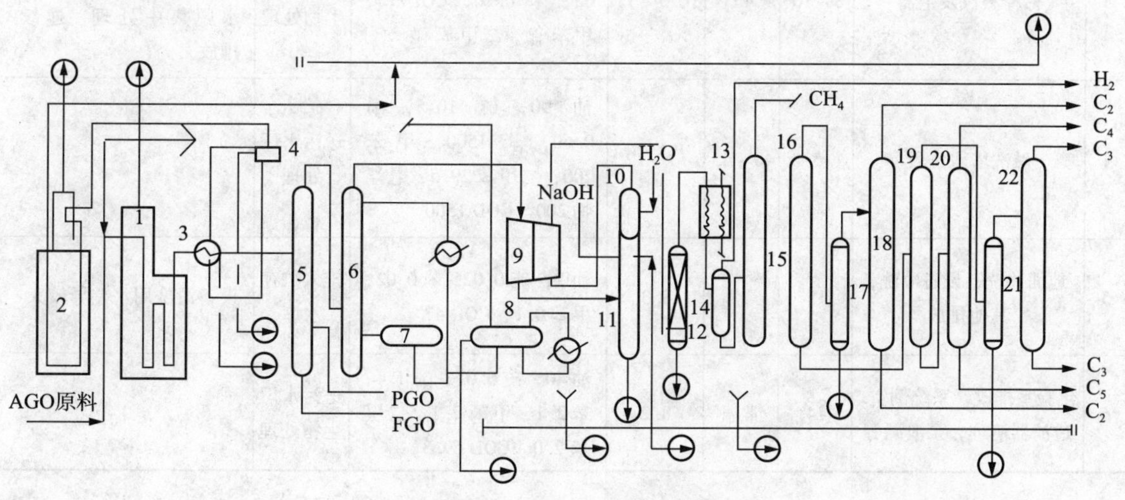

图16－8 乙烯装置污染源分布流程

1—裂解炉；2—蒸汽过热炉；3—废热锅炉；4—油洗器；5—预分馏塔；6—水冷塔；7—油水分离器；8—稀释蒸汽发生器；9—裂解气压缩机；10—碱洗塔水洗段；11—碱洗塔；12—裂解气干燥器；13—冷箱；14—氢气分离罐；15—脱甲烷塔；16—脱乙烷塔；17—C_2 加氢反应器；18—乙烯精馏塔；19—脱丙烷塔；20—脱丁烷塔；21—C_3 液相加氢反应器；22—丙烯精馏塔

废水、废液处理有些是在合成装置内进行的，如上海石油化工总厂，在装置内既进行废碱液的脱油、中和、汽提、沉降分离。处理后的废液与装置其他含油废水汇集进行沉降分油、TPI 波纹斜板分油。油分离后送排水车间进行二次浮选，然后送到总厂污水处理厂进行生物处理。有些则不然，如北京燕山石油化工公司，废碱液是在装置内用裂解汽油萃取脱油，然后送到油品车间贮存，沉降脱油，再送到废碱处理装置中和、汽提，合格的废碱直接排入污水库。装置内的含酚废水、含硫废水送入另外一个厂的污水处理装置，通过隔油、浮选、曝气后排入污水库。其他冲洗水、地面冲洗水等含油废水，进入污水泵房提升后，也送入污水处理装置，这在管理上比较困难，难以实现。二者相比，前者较好。

从表 16－12 中可以看出，乙烯生产装置正常情况下，污染物主要是废水(含酚废水和含硫废水)、废碱液。废气是火炬排放气。这些污染物按现行的工艺是不可避免的。只是随着控制水平的高低，其排放量和组成有所不同。

表 16－12　废水污染源数据

序号	排放位置	排放量/(m^3/h)	水温/℃	pH	污染物组成及浓度/(mg/L)	治理措施	备注
1	废热锅炉进口	0.8	常温	7～8	固体焦粒，焦粉	不处理	间断、清焦时排，根据工艺决定，国外有些装置不需水力清焦
2	废热锅炉汽包	0.7	100	9	微量 $Na_3PO_3(NH_2)_2$	不处理	设计为间断排，由于阀门泄漏，有少量的连续排出，这部分水可以回用
3	稀释蒸汽发生器	8～10	45	10.5～11	油 18.7，硫 7.5，酚 65，苯 0.26，COD715，甲苯 微，二甲苯 微	送污水厂生物处理	有些在装置内设有一次生物处理，然后进往污水厂集中处理，连续排放
4	碱洗塔水洗段	5	40～45	11～12	油 90，硫 10.5，酚 0.60，苯 1500，甲苯 200，二甲苯 29.5，悬浮物 200，COD 1500	送污水厂处理	
5	地面冲洗，设备冲洗，其他排放	15	常温	8.3	油 2，硫 0.02，苯 0.02，甲苯 0.1，COD 47	排入贮存水库	设备清洗用水差异较大
6	化验室排放，系统倒空，过滤器清理，泵泄漏等	14	常温	8.2	油 40，硫 0.07，酚 1.4，苯 2.1，甲苯 2.1，二甲苯 2.0，COD 69.3	送污水厂生物处理	

第九节　丙烯腈装置

丙烯腈装置系用丙烯、氨氧化法(Sohio 法)生产丙烯腈，副产氢氰酸、乙腈和硫铵。主反应如下：

$$CH_2—CH—CH_3 + NH_3 + \frac{3}{2}O_2 \longrightarrow CH_2—CH—CN + 3H_2O$$

本工艺使用了C－41催化剂，选择性好，副反应少，水、电、汽消耗定额低。在废水工程上采取了一些措施，压缩了废水生成量。

国内大多数厂家采用Sohio法生产丙烯腈。上海、抚顺、淄博、大庆等地均有丙烯腈装置。国内生产丙烯腈已有多年经验，但多数装置规模不大，单耗、能耗和“三废”处理成本较高。个别新建丙烯腈生产装置规模较大，使用了较新型的C－49催化剂，工艺比较先进，“三废”处理成本也低。

废水污染源数据（5×10^4t/a丙烯腈装置）见表16－13。

表16－13　废水污染源数据

序号	排放位置	排放量/(m^3/h)	水温/℃	pH	污染物组成及浓度/(mg/L)	治理措施	备注
1	浓缩罐顶部（倒出冷凝液）	10～11	常温	10	氰根(CN^-)，＜60	该项废水进碱消化塔分解氰根后生化处理	
					COD_{Cr}，2000～3000		
2	浓缩塔底部（排出液）	2	常温	10	氰根(CN^-)，455	在碱性废水烧去炉中焚烧	
					氢氧化钠，1.2%		
					重质聚介物，2.2%		
					COD_{Cr}，90000～120000		
3	反应系统水槽（抽出液）	5～6.5	常温	5.6～6.5	丙烯腈，＜100		废催化剂加入废水
					乙腈，＜100		
					总氰(CN)，＜1300		
					硫铵，10%～15%		
					氨盐，1.0%～1.5%		
					COD_{Cr}，60000～140000		

第十节　聚丙烯腈装置

丙烯腈聚合工艺分为水相悬浮聚合（二步法）和溶液聚合（一步法）两大类。本装置为硫腈酸钠（NaSCN）一步法工艺。聚丙烯腈是由丙烯腈（AN）、丙烯酸甲酯（MA）、甲基丙烯磺酸钠（MAS）等单体聚合而成。国内除山西榆次化纤厂用二甲亚砜（DMSO）溶剂湿法纺丝外，所有各厂都用NaSCN一步法生产，其他方法目前处于中试阶段。从环境保护看，采用有机溶剂对设备腐蚀少，回收容易，“三废”量也少，但溶剂泄漏易造成大气污染。

废水污染源数据（4.7×10^4t/a丙烯腈聚合装置）见表16－14。

表16－14　废水污染源数据

排放位置	排放量/(m^3/h)	水温/℃	pH	污染物组成及浓度/(mg/L)	治理措施	备注
真空液封桶	220	4～31	7.1	丙烯腈，150～200 异丙醇，70～100	生物处理	设计值，连续排放

第十七章　石化工业废水处理的一般方法和流程

石油化工废水种类繁多，除含油废水采用一般治理方法外，对于特殊废水应有针对性地进行治理。

第一节　石油化工废水的分类及特点

一、石油化工废水的分类

石油炼制是将原油经过物理分离或化学反应工艺过程，按其不同沸点分馏成不同的石油产品，同时在炼油加工过程中的注水、汽提、冷凝、水洗及油罐切水等均为产生废水的主要来源，其次废水还来源于化验室、动力站、空压站及循环水场等辅助设施，以及食堂、办公室等生活设施。现按水质特点，将废水分为以下几种：

1. 含油废水

这是炼油加工及储运等过程中排水量最大的一种废水，水中主要含有原油、成品油、润滑油及少量的有机溶剂和催化剂等。水中的油多以浮油、分散油、乳化油及溶解油的状态存在于废水中。含油废水主要来自装置中凝缩水、油气冷凝水、油品油气水洗水、油泵轴封、油罐切水及油罐等设备洗涤水、化验室排水等。

2. 含硫废水

含硫废水主要来自炼油厂催化裂化、催化裂解、焦化、加氢裂解等二次加工装置中塔顶油水分离器、富气水洗、液态烃水洗、液态烃储罐切水以及叠合汽油水洗等装置的排水。该水是一种排水量不大，但污染物浓度较高。污水中除含有大量硫化氢、氨、氮外，还含有酚、氰化物和油类污染物。并且具有强烈的恶臭，对设备有腐蚀性。当 pH 值低时，硫化物易分解，放出硫化氢气体，污染环境。该废水不宜直接排入集中处理场，而应进行汽提预处理。

3. 含碱废水

废水来自常减压、催化裂化等装置中柴油、航空煤油、汽油碱洗后的水洗水以及液态烃碱洗后水洗水。废水中含有游离状态的烧碱、石油类及少量的酚和硫等。当 pH 值大于 8.5 时，能抑制微生物的生长，使水体自净能力下降；水体长期受碱性污染，则使水生物种群发生变化，鱼类减产或灭绝，且腐蚀船舶和水中构筑物；增加水中无机盐类和水的硬度。废水中主要污染物是油和游离碱，同时还有含硫化合物、挥发酚和环烷酸，乳化严重，颜色呈乳白色。

4. 含盐废水

主要来自原油电脱盐脱水罐排水及生产环烷酸盐类的排水。除与含油废水的危害相同外，因含盐量高，用于灌溉时使土壤盐渍化。废水中主要污染物是含盐量很高，同时含有油和挥发酚。

5. 含酚废水

主要来自常减压、催化裂化、延迟焦化、电精制及叠台等装置，其中除催化裂化装置分馏塔顶油水分离器排出的废水含酚很高，约占炼厂外排废水总酚量的半数以上外，其余各装置排出的废水酚浓度较低，但水量较大。该废水如不经过处理，其危害性较大，污染范围广，对人体、农作物、自然水体会带来严重影响。

6. 生产废水

主要来源于循环水场冷却水排污，锅炉水排污、油罐喷淋冷却水及无污染的地面雨水等，该类废水受污染很少，一般COD值小于60mg/L，符合国家或地方排放标准的要求。

7. 生活污水

主要来源于生活辅助设施的排水，如办公楼卫生间、食堂等。其中的粪便等物及大肠杆菌对水体有污染。污水中的主要污染物是BOD_5和大肠杆菌。通常排入污水处理场进行统一处理。

8. 非污染废水(假定净水)

非污染废水主要来源于循环水场排污水、机泵非填料部分冷却水、空压机冷却水、电缆沟排水、无污染的地面雨水以及锅炉排污中和处理后的排水。其中循环水排污及锅炉排污水中主要污染物是含盐及一定的水质稳定剂。

炼油厂及石油化工厂废水分类见表17-1。

二、石油化工废水的特点

由于石油化工业产品繁多，工艺过程复杂，因此决定了石油化工废水具有如下几个明显的特点。

1. 废水排放量大，其波动也大

石油化工生产用水量大，废水排放量也大，生产每吨化学产品要排放几吨至几十吨废水。石油化学工业生产工艺复杂，有些工艺过程的废水是连续排放，有些则是间歇排放，因此水量的波动较大。例如，炼油厂目前平均每加工1t原油的废水排放量为0.3~3.5t，石油化工厂(含化肥厂、化纤厂)目前万元产值废水排放量平均为150~550t；一座30×10^4t/a乙烯的工厂，每年废水排放量约900×10^4t(实际废水量$300\times10^4\sim1500\times10^4$t/a)。每逢生产装置开停工和检修期间，水量变化则更大。

2. 化学污染物种类繁多及含量变化很大

石油化工生产涉及数千种原料、产品及中间产品，使得废水中的污染物数不胜数。又由于化学产品的不断更新和发展，废水中有毒化学物的品种也在日益增多。

各种污染物的化学、物理性质极其复杂。例如，炼油及石油化工废水除含有油、硫、酚、氰化物、COD外，还含有多种有机化学产品，如多环芳烃化合物、芳香胺类化合物、杂环化合物等。废水中的主要污染物，一般可概括为烃类和可溶解的有机与无机组分。其中可溶解的无机组分主要是硫化氢、氯化合物及微量的重金属；可溶解的有机组分大多能被微生物所降解，亦有小部分难以生物降解。废水中所含氮、磷等营养成分往往不均衡。

3. 毒性大

石油化工废水中含有的许多污染物都是有毒的，特别是含有酚、腈(氰)、胺类的废水具有明显的毒性。不同生产厂排放的有毒物也各不相同。

4. pH值范围很宽

排放的石油化工废水有的呈强酸性，pH值可小于1，有的则呈强碱性，pH值可大于13。

表 17-1 炼油厂及石油化工厂废水的分类

类别	序号	废水系统	主要来源	主要污染物	处理原则
全厂性集中处理的废水	1	含油废水	工艺过程与油品接触的冷凝水、介质水、生成水，油品洗涤水，油泵轴封水，化验室排水	油、硫、酚、氰、COD、BOD	在装置或罐区预隔油后排污水处理场(厂)
	2	化工工艺废水	化工过程的介质水、洗涤水等	酚、醛、COD、BOD	预处理后排污水处理场
	3	含油雨水	受油品污染的雨水	油	部分与含油废水合流，其余隔油排放
	4	循环水排污	循环冷却水	油、水质稳定剂	排污水处理场(厂)
	5	游轮压舱水	油品运输船压舱水	油	隔油排放或隔油 + 溶气气浮排放
	6	假定净水	无污染的工业排水	可能带有(很少)	排放
	7	生活污水	生活设施排水	BOD	排污水处理场(厂)或生活污水处理场
局部处理与预处理的废水	1	酸碱废水Ⅰ	软化水处理排水	酸、碱	中和后排放
	2	酸碱废水Ⅱ	工艺酸洗、碱洗后的水洗水	酸、碱、油、COD	中和后排污水处理场(厂)
	3	含铬废水	机修电镀排水	六价铬	局部处理后排放
	4	含硫废水	油品、油气冷凝分离水、洗涤水	硫、油、COD	预处理后供工艺过程二次利用
	5	含酚废水	催化裂化及苯酚、丙酮、间甲酚、双酚 A 等生产装置废水	酚	预处理后排污水处理场(厂)
	6	含氰废水	催化裂化、丙烯腈及腈纶化纤废水	腈	预处理后排污水处理场(厂)
	7	含醛废水	氯丁橡胶、乙醇、丁辛醇生产废水	醛	预处理后排污水处理场(厂)
	8	含苯废水	苯烃化、苯乙烯、丁二烯橡胶、芳烃生产废水	苯、甲苯、乙苯、异丙苯、苯乙烯	预处理后排污水处理场(厂)
	9	含氟废水	烷基苯生产废水	氟	预处理后排污水处理场(厂)
	10	含有机氯废水	氯醇法生产环氧乙烷、环氧丙烷及环氧氯丙烷、氯乙烯生产废水	有机氯	预处理后排污水处理场(厂)
	11	含油废水	油品、油气冷凝水、洗涤水	油	预隔油后排污水处理场(厂)
	12	高 COD 废水	页岩干馏废水、对苯二甲酸、甲酸废水	COD(上万 mg/L)	湿式氧化、焚烧或厌氧 - 好养处理
	13	冷焦、切焦水	焦化除焦废水	油、悬浮物	局部处理后回用

5. 废水水质随加工原油的性质、工艺过程和方法的不同而异

(1)原油和原材料性质的影响

原料油的含硫量高低及杂质多少，影响石油加工过程产生废水中含油、硫、酚、氰、COD 等污染物量的多少。

(2)加工方法、工程流程的影响

例如，目前国内生产烷基苯多采用脱氢法和裂解法两种工艺路线。脱氢法工艺是以蜡油为原料，通过加氢精制，脱氢后得到的单烯烃，在以氢氟酸为催化剂条件下，使直链单烯烃与苯进行反应，制得直链烷基苯，在此过程中产生的含有废水及含氟废渣较难处理，易造成污染。而采用裂解工艺是以蜡下油或蜡膏为原料，经裂解制得 α－烯烃，与苯在催化剂 $AlCl_3$ 作用下进行烷基反应。经氨水洗、中和、脱苯、精馏后制得烷基苯，生产过程中产生的废水用蒸汽吹脱法回收苯后，不但大大降低了废水排放量，减少了污染，而且每年还可获得近百万元的经济效益。

(3)防止设备腐蚀和结垢加入助剂的影响

例如，为了减轻加工设备的腐蚀和堵塞，避免加热炉管的结焦以及防止催化剂中毒，在原油电脱盐过程中，加入破乳剂和水，将原油中所含的无机盐类、悬浮固体物、砷以及其他重金属杂质脱除时，所产生的废水量及水质，随助剂的不同变化较大。加氢裂化装置中，氨和 H_2S 易在冷却器内形成硫氢化铵结晶，为防止管壁结垢，需在冷却器入口处注入一定量的软化水，因此相应增加了油水分离后废水和水中污染物的排放量。

(4)冷凝冷却方法、设备不同的影响

例如，延迟焦化生产进行冷焦、切焦过程中水与焦直接接触，而造成了排放水中含有大量的焦粉及蜡油、硫、酚、氰、重金属等污染物，难以处理，易造成严重污染。经工艺改革后，将冷焦、切焦水在装置内除油沉淀、过滤后进行水闭路循环重复使用，从而基本消除了废水排放所造成的污染。

(5)开工、停工、事故等非正常操作运行的影响

①石油化工生产装置开工过程一般需较长的时间才能达到稳定的生产条件。在这期间产生的废水量比正常生产过程时增加很多，甚至成倍增长。废水中污染物浓度波动范围大，往往形成冲击负荷，而影响污水处理的平稳运行。

②装置停工阶段的突然降温、降压、放料、放空、设备清洗时，往往需用大量的水，因而造成停工过程中的废水排放量突然增多和大量的污染物随水放入系统管网，流至污水处理场，产生难以承受的不良后果，并且影响排水系统及污水处理设施的检修。

③生产过程中经常发生管道、设备堵塞，需进行清通、酸(碱)水冲洗或更换设备。此时要调整工艺流程，进行切换操作；另外发生事故时，也要调整操作，排放大量含生产物料的水到事故储存池。

④生产过程中操作不平稳或局部停车等影响水量、水质变化。例如，乙烯、丙烯装置在正常运行时污染物流失量很小，而各类设备、仪表性能不佳或水、电、气供应可靠性差时，装置运转就会出现不稳定；甚至当局部停车或全部停车时，都会造成污染物流失，使废水中污染物浓度增高。当再由停车至恢复正常生产过程中，各类塔、设备、容器、泵等均要排出一定量的液体，而增加废水中油、硫、酚、苯、甲苯、二甲苯等烃类的含量，废水的 COD 及有毒、有害物质含量也会成倍增长。

由于石油化工废水具有上述几个特点，因此，对于不同的石油化工废水要采取不同的治理

技术。由于废水成分的繁杂，往往需要把几种不同的治理技术综合起来才能达到治理的目的。

第二节 废水治理的依据和基本原则

根据《中国环境与发展十大对策》、《国民经济和社会发展第十二个五年规划纲要》、《国家环境保护“十二五”科技发展规划》，我国在环境保护中将继续实施《污染物排放总量控制计划》和污染减排的环境保护目标。“十二五”远景目标及一系列环保法规将是企业治理污染的政策依据。

废水治理的基本原则是：

1. 实施清洁生产的原则，采用先进工艺，变“末端治理”为“全过程控制”，做到减少排污或不排污

增强生产工艺过程中的环保意识，不断改进技术及设备，选用无污染或少污染的清洁生产工艺、设备及原材料，最大限度地压缩排污量及废水排放量。例如，石油炼制生产中用干式减压蒸馏代替湿式减压蒸馏、用重沸器代替蒸汽汽提，产品精制用催化加氢工艺代替酸碱洗涤；基本有机材料生产过程中用低碱醇解法生产聚丙烯醇，采用裂解法工艺代替脱氢法工艺生产烷基苯；石油化纤生产过程中采用直接醇化法代替酯变换法生产聚酯熔体和切片，采用干法纺丝代替湿法纺丝生产丙烯腈等。

2. 走可持续发展的道路，节约资源，变废为宝；提高水的重复利用率，废水处理后回用

根据炼油、化工、化纤、化肥生产过程对水温、水质要求的不同，采取一水多级串联使用、循环使用、废水处理后回收利用等方法，减少生产过程中的废水排放量。

(1)一水多级串联用

将锅炉使用的一次性水，先用于工艺过程的冷凝、冷却、升温后送化学水处理进行脱盐，再送除氧器脱氧供锅炉使用；将丁二烯精馏塔、脱水塔冷却水串级使用之后送循环水场做补充水用。

(2)循环使用

对工艺过程的冷凝、冷却应首先选择空冷或增湿空冷代替水冷；对必须用水冷却的工艺，则采用循环水进行冷却。改进水质加强水质稳定处理，提高循环水的浓缩倍数，从而降低循环水的补充用水量，减少循环水的排污量。

(3)废水回用

开源节流，利用中水道系统进行废水回用。如将炼油工艺过程中产生的含硫含氨冷凝水，经汽提脱 H_2S、氨、氰后的净化水回用作为电脱盐的注水；将冷焦水、切焦水经隔油、沉淀、过滤后闭路循环使用；将洗槽废水经隔油、浮选、过滤后自身循环使用；将二级处理后的排放水，作为废水处理滤池的反冲洗用水及瓦斯罐、火炬水封罐的补充水。

3. 加强分级控制，做好污染源的局部预处理和综合回收利用

石油化工工艺过程废水中所含的污染物，大多数为生产过程流失的物料及有用物质，因此废水治理要从加强污染源控制、实行废水局部预处理及综合回收利用、回收废水中有用物料、降低能耗、变有害为有利入手，这是消除废水中污染物、减轻环境污染的有效办法。略举数例如下：

(1)采用预处理收油措施，从炼油工艺过程的电脱盐排水、油品冷凝排水、油罐切水中回收油；采用汽提法从含硫废水中回收 H_2S、NH_3；采用萃取工艺方法，从废碱液中回收环烷酸，从含酚废水中回收酚等去除废水中的污染物。

(2)采用蒸馏分离预处理从甲醇废水中回收甲醇，有效地降低废水中甲醇的含量；采用三级沉降分离方法进行 TiO_2 废水的预处理，TiO_2 去除率可达99%。采用调节、分离、蒸发、沉淀处理流程进行聚乙烯废水预处理，可有效地降低废水中油、COD 等污染物含量，减轻二级废水处理负荷。

(3)采用酸化法处理 PTA 废水，调节 pH 值 <4.2，进行酸化沉淀预处理，可回收 TA、降低废水中 TA 的含量，为后续处理降低负荷；采用超滤膜分离方法，进行含油废水预处理既可回收废水中的有用物料(油类)，又可降低废水中的含油量。

(4)采用脱氰降镍和氨汽提工艺流程和尿素解吸工艺流程，对化肥废水进行预处理，回收废水中的氨和尿素，降低了废水中的污染物并减少生物处理负荷，为废水达标排放创造了有利条件。

4. 严格实行清污分流，污污分治，合理划分排水系统

由于炼油、基本有机化工、化纤和化肥的生产性质不同，产品品种差别很大，生产过程中产生的废水种类较多，水质差异很大。根据废水的水质特征和处理方法来进行排水系统的划分，可以针对含有不同污染物质的废水，分别进行处理及回收有用物质，并且有利于提高废水最终处理效果、降低能耗、减少处理费用，为排放废水达标创造条件。

(1)全厂性废水系统

包括生产废水系统(含油废水、工艺废水、有机废水)、假定净水(清洁废水、清净废水)、含油雨水系统和生活污水系统。

(2)局部特殊性废水系统

包括含酸、含碱、含盐、含硫、含酚、含氰(腈)、含氟、含酮、含醇、含醛、含铬、含氨、含尿素及油剂、焦粉、有机氯、PTA、悬浮物、颗粒物等特殊性废水。

5. 加强废水的集中处理

针对炼油、化工、化纤、化肥等生产过程中产生的共性废水，需设置集中的废水处理场(净化水厂)。一般集中处理的净化深度多为二级，也有三级。其处理水量变化较大，如炼油行业一般在300～500t/h，大型炼厂可达600～800t/h，基本有机化工企业一般为600～800t/h，大型联合企业可达1600～2500t/h，石油化纤企业一般为500～800t/h，大型联合企业可达1800～3200t/h，化肥企业通常在200～400t/h。

对集中处理过程产生的油泥、浮渣、剩余活性污泥，设置有浓缩、机械脱水等设施。泥饼可进行资源化综合利用或焚烧、填埋处理。对集中处理场自身产生的废水同不合格水一并进行再处理。

6. 建立健全管理制度和体制，提高科学管理水平

石油化工废水的治理难度很大，若不进行科学管理，即使进行了清污分流和污染物分级处理，也不能发挥其应有的作用，取得好的结果。因此首先要健全制度，从严管理，贯彻“总量控制”的原则，方能确保所有污染物处理后的废水达标排放。

(1)建立全厂废水排放管理制度，制定生产装置、单元的废水排放分级控制指标，要像管理工艺生产一样，纳入日常生产管理考核，实行行政、调度、环保三方监督，并列入生产调度管理。

(2)建立独立核算管理的水质净化厂，承担废水处理。同生产厂或工艺装置一样，进行生产管理考核，并同责任制控制指标及经济效益挂钩。对各排水分厂或装置单元，实行按水量、水质分级控制指标考核收费，进行成本核算。把废水管理纳入标准化的科学管理轨道，提高管理水平。

根据上述原则，目前国内各石油化工企业针对各种废水的处理设施可分为两大类流程，一大类是作为一种预处理手段针对某种特殊废水进行单独处理的流程，这些预处理设施既可以设置在装置内，也可以单独设置在污水处理场的一端，有的本身就是一个装置；另一大类就是结合炼油、化工、化纤、化肥等不同类型企业废水进行最终处理(或称后处理)的单元组合流程。

第三节 废水治理流程

各石化企业的废水，由于装置组成、原油性质以及工艺过程不同，其水质各异。近年来国内炼油厂由于加工原油类型的变换和加工深度的变化，导致废水水质有较大差异，致使预治理设施及废水治理流程也都有相应的变化。

一、废水治理流程的选择

废水中的污染物组成相当复杂，往往需要采用几种方法的组合流程，才能达到处理要求。对于某种废水，采用哪几种处理方法组合，要根据废水的水质、水量，回收其中有用物质的可能性，经过技术和经济的比较后才能决定，必要时还需进行试验。全国各炼化企业，按其原料性质、加工装置与目的产品的不同其排放的废水水质和水量有很大的差异。炼化污水是一种难处理的工业废水，污染物种类多、浓度高，且由于我国的石油中重质油和含硫原油相对密度大，增加了炼油工艺的难度。国外炼油企业每加工 1t 原油产生 0.5 ~ 1.0t 废水，我国炼油厂每加工 1t 原油产生 0.3 ~ 3.5t 含油废水。

工业废水性质千差万别，治理流程的选择一般根据废水的性质及治理的要求来决定。炼化污水处理技术按治理程度分为一级处理、二级处理和三级处理。一级处理所用的方法包括格栅、沉砂、调整酸碱度、破乳、隔油、气浮、粗粒化等；二级处理方法主要是生物治理，如活性污泥、生化曝气池、生物膜法、生物滤池、接触氧化、氧化塘法等；三级处理方法有吸附法、膜法等。炼化污水一般经二级处理可达标排放。国内采用三级处理的企业极少，而国外很多炼化企业(炼油厂)污水一般都有三级或深度处理工艺。炼化企业污水治理技术见表 17 - 2。

目前炼化污水处理场的治理工艺基本上是隔油、气浮、生物处理。同时根据实际水质，设有水量水质均衡设施，pH 调整设施，预曝气设施，过滤式混凝沉淀等后处理设施。另外，还设有污油回收和污泥处理(包括浓缩、脱水和焚烧)等设施。炼化企业典型的污水处理流程如图 17 - 1 所示。

表 17 - 2 炼油厂废水治理一般技术

治理等级	治理方法	功能	治理水质
一级处理	格栅 沉砂 调整 pH 破乳 隔油 油水分离罐 平流式重力隔油池 斜板隔油池 气浮 投药絮凝 溶气气浮 喷射气浮 聚结 (粗粒化) 均衡	去除粗大杂物 沉淀泥砂 保持 pH 值在合适的范围 破乳化 去除浮油、粗分散油、悬浮物 去除细分散油、细小悬浮物 去除细分散油、细小悬浮物，使水量、水质均匀化	达到进入生物治理的水质要求

续表

治理等级	治理方法	功能	治理水质
二级处理	生物治理 活性污泥法 合建式曝气池 分建式曝气池 深层曝气池 生物膜法 塔式生物滤池 接触氧化池 氧化塘	去除可溶性有机物	可达排放标准
后治理	过滤 砂滤 双层滤料过滤 活性炭过滤 絮凝沉淀 絮凝溶气气浮	去除生物难降解的可溶性有机物、随出水流失的活性污泥悬浮物	确保达到排放标准
三级治理	活性炭吸附法 化学耗氧法 膜法	去除溶解油、生物难降解或不降解的可溶性有机物、可溶性无机物	接近地面水标准

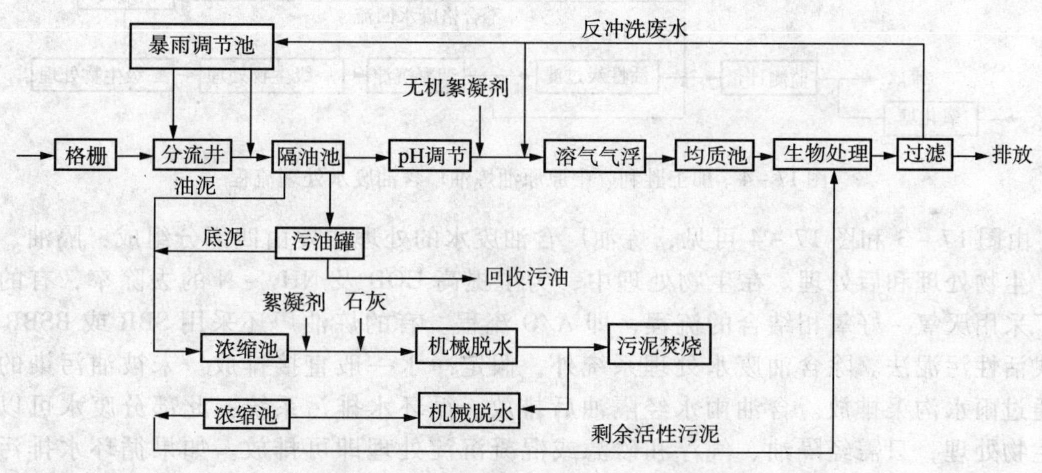

图 17－1 典型的炼油污水处理流程

图 17－1 所示流程与目前发达国家（美国、日本等）的治理现状相比，在工艺上是相近的。美国石油学会（API）所提出的第一阶段水平，即现行最实用的控制工艺，如图 17－2。

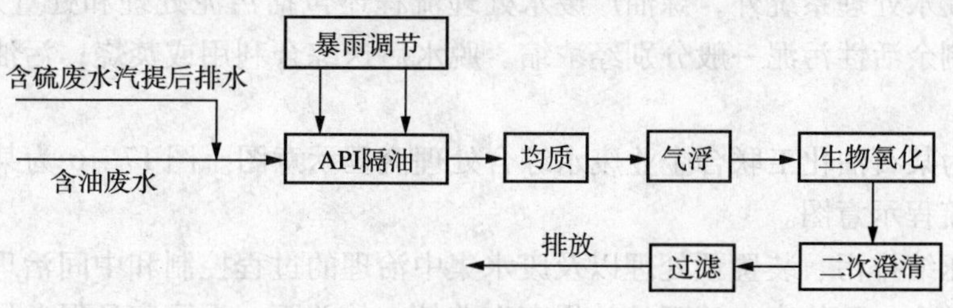

图 17－2 美国提出的炼油污水处理流程示意图

我国炼油厂废水处理的流程一般与加工原油的性质及炼油工艺的特点有关。通常加工大庆原油的炼油厂废水处理比较容易，而加工孤岛原油、胜利原油、中原原油的炼油厂及采取渣油掺炼工艺时，废水处理则比较复杂。图 17－3 为加工大庆原油的含油废水处理流程，图 17－4 为加工孤岛原油、胜利原油、中原原油及渣油掺炼工艺的含油废水处理流程。

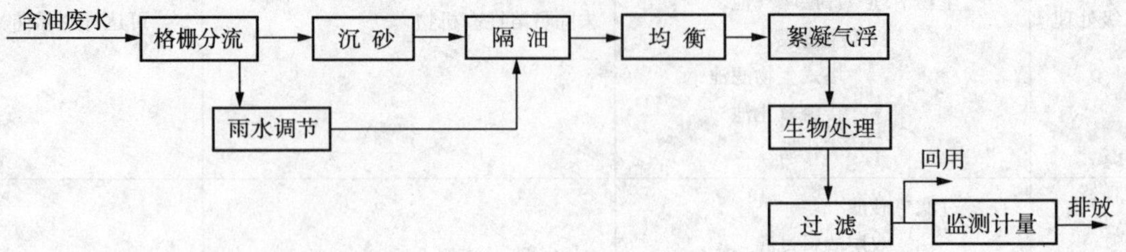

图 17－3　加工大庆原油炼油厂含油废水处理流程

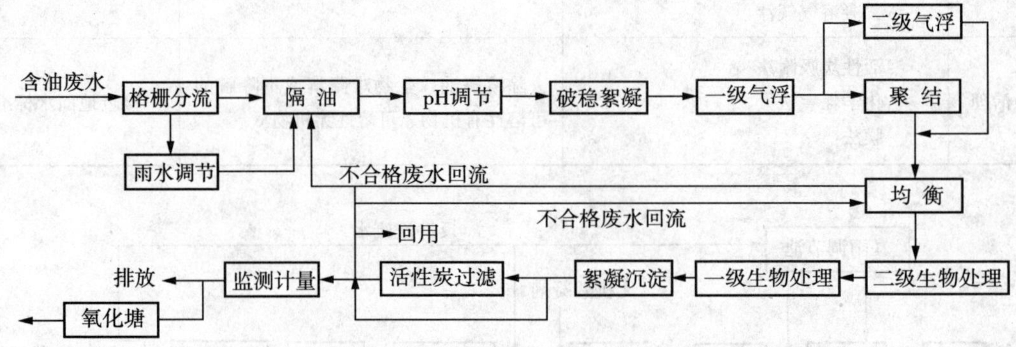

图 17－4　加工胜利、中原原油炼油厂含油废水处理流程

由图 17－3 和图 17－4 可见，炼油厂含油废水的处理主要由四部分组成：隔油、气浮、生物处理和后处理。在生物处理中，为了提高 COD 及 NH_3－N 的去除率，有的炼油厂采用厌氧－好氧相结合的流程，即 A/O 流程。有的炼油厂还采用 SBR 或 BSBR 序批式活性污泥法。除含油废水处理系统外，假定净水一般直接排放。未被油污染的雨水通过雨水沟渠排放。含油雨水经隔油后排放。循环水排污系统：此部分废水可以不经生物处理，只需经隔油、气浮和砂滤或混凝沉淀处理即可排放。如果循环水排污与其他含盐污水合并组成含盐废水系统，处理流程和含油废水相似，只是处理后的废水只能排放，不能回用。局部处理系统：如含硫废水汽提、酸碱废水中和等，该系统主要针对某种污染物进行处理，然后排入其他系统。

除了上述废水处理系统外，炼油厂废水处理流程还包括污泥处理和处置及污油的回收。油泥、浮渣和剩余活性污泥一般分别经浓缩、脱水后送综合利用或焚烧；污油一般经加热脱水后回收。

图 17－5 为某石油化工联合企业废水综合处理流程示意图。图 17－6 为某石油化工厂废水及污泥处理流程示意图。

但是由于压缩排污、装置预处理以及废水集中治理的过程控制和中间治理不够完善，尤其是管理不够健全，致使废水治理的效果存在着较大的差距。据国家环保总局统计，国内目前实际上只有 50% 的炼化企业能够稳定达到国家规定的排放标准。

美国、日本实际上各炼厂每吨原油排放废水量都在1t左右，很大一部分炼厂达0.5t以下。实际排放废水的水质都比较好，起码能够达到规定值，由于地方标准和企业标准往往比国家标准更严格，因此各炼油厂实际排放水质比上述规定还要好一些。

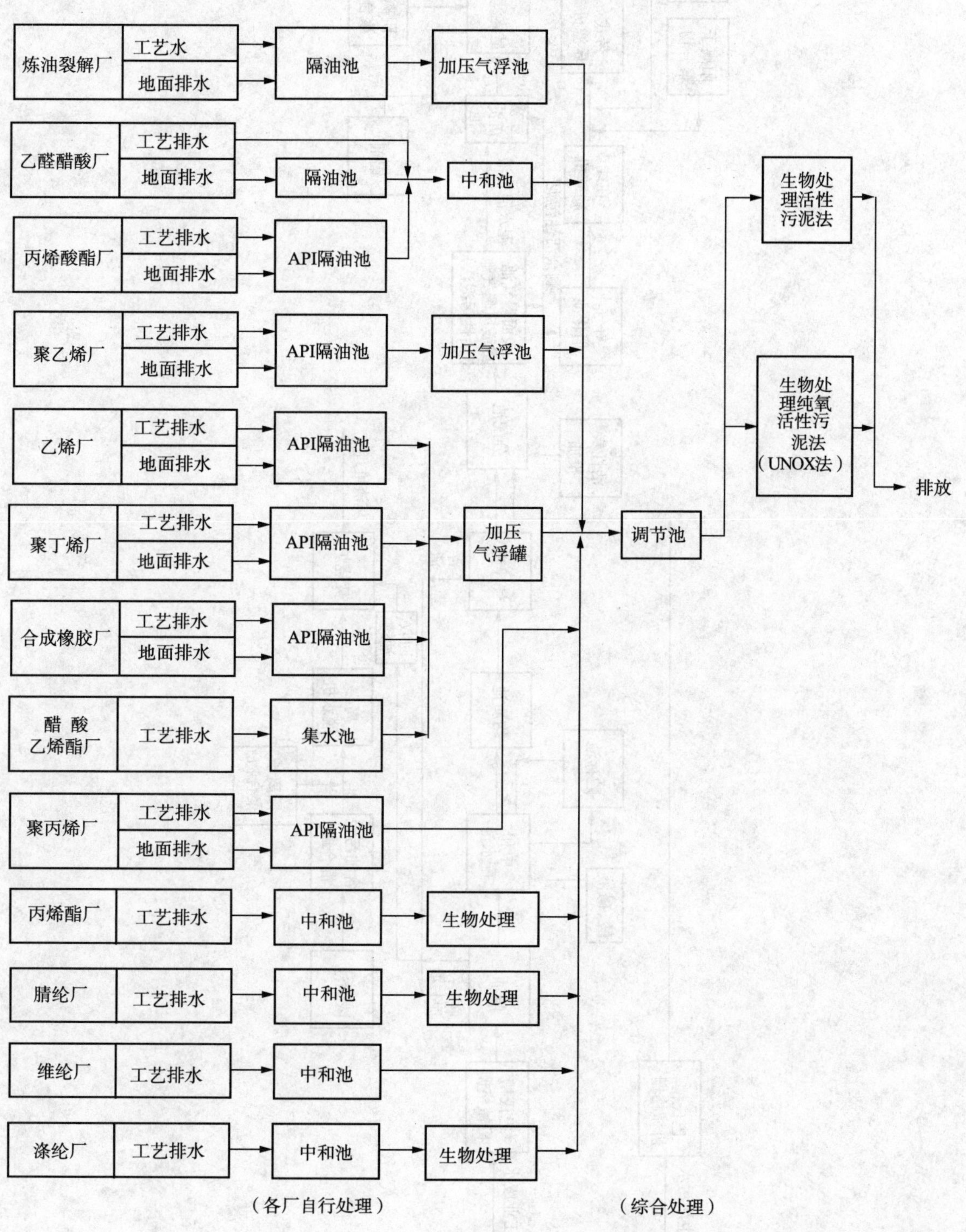

图17－5　石油化工联合企业废水综合处理流程

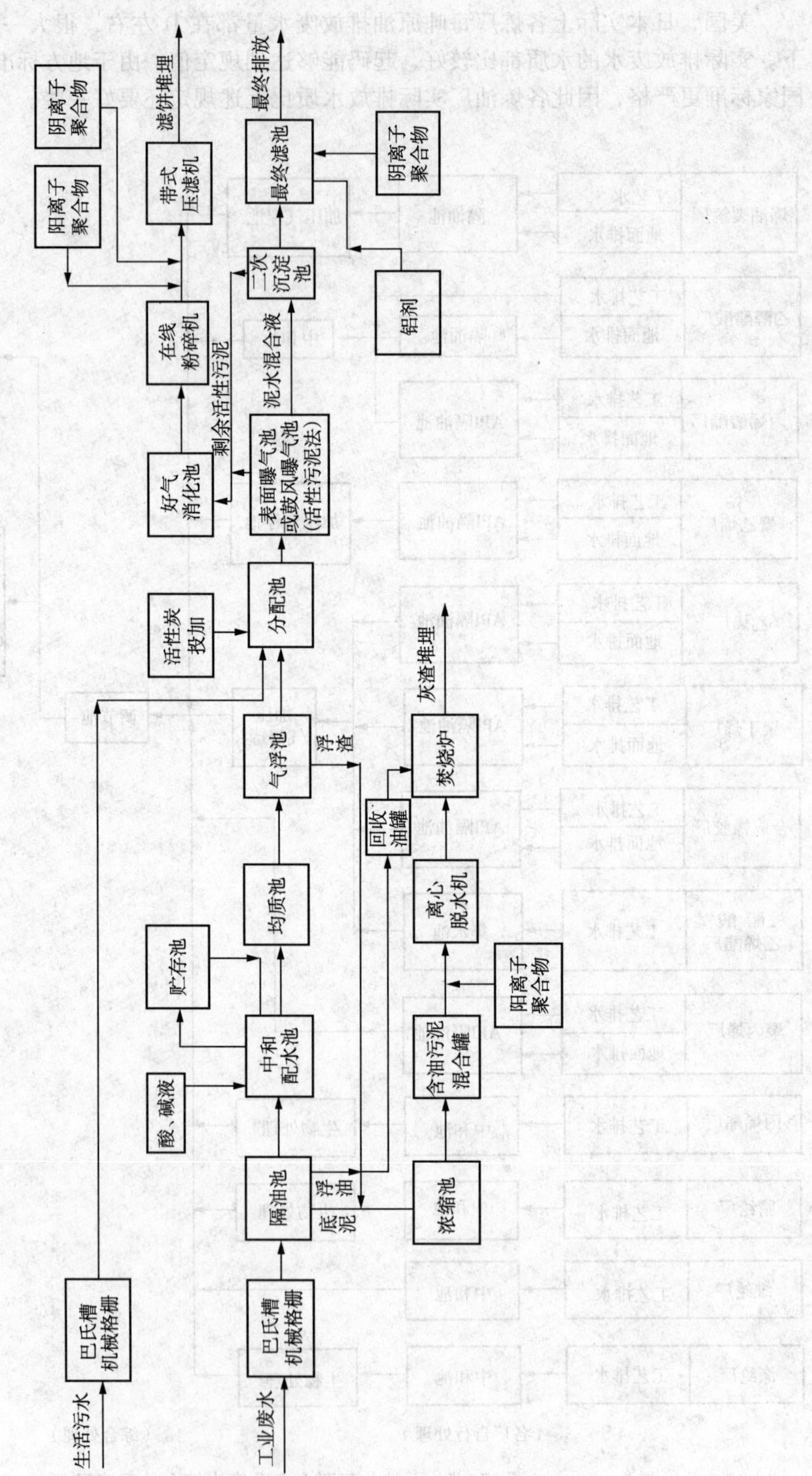

图 17－6　某石油化工厂废水及污泥处理流程

二、废水处理场(厂)的位置选择及总体布置

炼油厂和石油化工厂废水处理场(厂)的位置选择，通常结合工厂总平面布置和排水工程的总体规划统一确定。一般应符合下列条件：

(1)在工厂所在区域天然水体的下游；在夏季主导风向的下风侧。

(2)在厂区地形的低点，且不易受洪水淹没；排水及交通方便。

(3)与居民区或工厂办公区应有良好的隔离带，留有扩建的可能。废水处理场(厂)的占地应按远期规划一次确定，分期建设。目前国内炼油厂和石油化工厂废水处理场(厂)(废水量在300t/h以上的)一般占地面积为2~5hm^2左右。

废水处理场(厂)内的总体布置包括平面布置和竖向布置。对于所有的处理设备、构(建)筑物、辅助设施、管道、道路和绿化，设计师首先要有一个总体的统筹考虑，不仅要考虑工艺设备、管道的布置，同时还包括土建的基础、管沟、管墩、管架的布置、仪表的设置、仪表电缆和动力、照明电缆的布置、变配电设施、采暖通风设施、地面排水设施、供水设施、消防设施以及防雷、防静电设施等的综合考虑。布置应尽量紧凑协调，既要节省基建投资和运行费用，又要方便操作和维护，并且力求美观。

废水处理装置的布置，可按流程或操作单元分区。例如可分为中和、调节、均质区，隔油、气浮区，生物处理区，砂滤、活性炭后处理区，污泥处理区，污油回收区。各区的布置要求紧凑，做到塔器共平台，池子共壁，管渠兼设。

为节省能耗，废水处理的高程布置十分重要，一般宜尽量减少提升，按重力流布置。应充分利用地形，保证自流排水顺畅。管道布置应避免迂回穿梭；宜采用管架敷设，并注意防冻设施。

绿化面积应不小于20%。从环保和卫生的要求出发，所有处理的构筑物宜采取密闭设施，特别是有挥发性污染气体产生的池子，要加盖板，防止空气污染。对于卫生条件较差的岗位，例如污泥贮存池、泥饼堆放场和污泥焚烧装置等，宜尽量布置在废水处理场(厂)的边角隐蔽处，并设置边门，以便污泥、泥饼及灰渣的输送。

第四节 石油化工废水治理技术的发展趋势

一、我国石油化工工业废水处理的现状

中国石油、中国石化两大集团公司直属的上百家企事业单位中，大型甚至特大型炼油、化工、化纤和化肥生产企业有数十家，分布在21个省市自治区之内。从目前来看，我国长江、黄河、珠江、淮河、海河、松花江和辽河等七大水系流域均有石油化工生产企业。

1. 消耗水资源数量大、浪费大

目前我国加工1t原油平均耗水3.41t，排放废水2.37t；而国外炼油企业加工1t原油废水排放量大多在0.5t以下，先进水平达到0.1t。2000年全国加工1.54亿t原油(此处最好采用2010年或2011年的数据)，与国外一般水平比较，约多排放废水2.6亿t，相当于多耗新鲜水3亿多t；如果与国外先进水平相比，约多排放废水3.49亿t，相当于多耗新鲜水4亿多t。有机化工、化纤和化肥行业用水量也比较大，同样存在类似的情况。

国外有的炼油厂现在可以做到废水全部回用，基本上不向外排放废水。如日本兵库炼油

厂，平均加工1t原油的废水排放量仅为6~7kg；日本科斯莫(COSMO)公司千叶炼油厂，原油加工能力为1200万t/年，每年排放废水不到3000t，平均每加工1t原油排放废水不到0.25kg。我国只有燕山石化公司炼油厂、齐鲁石化公司炼油厂、镇海炼化公司炼油厂、福建炼油厂、济南炼油厂和林源炼油厂等单位加工1t原油排放废水小于1t，高于兵库炼油厂排放量100~130倍，高于科斯莫(COSMO)公司千叶炼油厂排放量3000~4000倍，而其他炼油厂差距更大。若以2000年国内原油加工能力计算，全国炼油厂废水排放率如果都能达到兵库炼油厂的水平，一年可以少排放废水3.64亿t，相当于少消耗新鲜水4亿多t，每吨水价格按0.45元计算，可以节约1.8亿元。从缓解我国水资源紧张的角度来看，其社会意义重大。

2. 每年排放的污染物数量大

石油化工企业对环境保护工作一向比较重视，从20世纪80年代抓生产装置达标工作时就把环保指标作为一项重要内容，要求从源头抓起、从工艺抓起，在技术改造和基本建设上要求必须做到“三同时”——即“环保措施必须与设计、施工、投产同时进行”。因此完成、执行的情况总体较好，管理机构和制度也较为健全。但目前在环境保护方面存在的问题仍然很多，距离国外先进水平差距较大。例如，1997年仅中石油系统就有10.52%(约8600万t)的工业废水未实现达标排放，外排工业废水带走的COD总量有6.9万t，约占全国外排工业废水中COD的0.98%，虽然低于外排工业废水所占的比例，但总量仍然较大。1997年中石化系统工业废水COD排放量如表17-3所示。

表17-3 1997年中石化系统工业废水COD排放量

行业	排放量/万t	行业	排放量/万t
炼油	1.91	化肥	0.19
化工	2.76	合计	6.90
化纤	2.04		

日本科斯莫(COSMO)千叶炼油厂加工1t原油外排COD只有0.006kg，而我国炼油企业平均为0.17kg，比科斯莫千叶炼油厂高27倍。

二、石油化工废水治理的趋势

炼化污水处理面临的问题是我国加工原油中重质油和含硫原油相对密度大，为提高轻质化程度，加大了化学加工工艺的难度，加工过程中产生的废水成分复杂、排污量多，废水处理难度大。全国有大型炼厂80多家，中小炼厂不计其数，水资源的严重短缺和环境因素制约着我国炼油企业的进一步发展壮大。为解决水资源短缺和污染治理问题，通过多年的运行实践，参照国内外废水治理的经验，结合我国实际情况，在今后一段时期，石化工业废水治理的发展方向有以下几点值得重视。

1. 抓源治本，从生产工艺中减少污染源

在选择生产工艺和设备时，应首先采用不产生或少产生污染的工艺和设备。如产品精制采用加氢精制代替酸、碱精制，每年可减少数万吨酸碱渣以及数万吨水洗废水；催化装置液态烃碱洗如采用注氨代替碱洗，则可不产生或少产生碱渣和水洗废水。又如采用重沸器代替直接蒸汽汽提，可减少大量被污染的蒸汽冷凝水。

2. 减少用水和排水量，提高废水的回用率

美国制定的炼油企业含油废水治理发展方向是零排放。目前我国炼油厂用水的单耗在1t左右，国外一般在0.3~0.5t，对比之下有相当大的差距，因此必须研究节水工艺及设备，提高水的回用率。与其他工业相类似，石化企业对废水治理的原则首先是回收其中的资源及能源，加强物料利用率，减少污染量。为此需从改革工艺着手，尽量采取少用和不用水的工艺技术，增加循环水的浓缩倍数，强化水质稳定措施。石化企业的冷却水用量很大，为原油加工量的20~30倍，国内除部分沿海炼油厂采用海水冷却外，大都用循环水；而且可根据被冷却产品的终温串级用水，锅炉给水先作工艺冷却水用，含硫废水治理后回用于电脱盐注水、催化富气洗涤、油品洗涤；焦化及氧化沥青装置实现了装置内用水的闭路循环；污水处理场出水经进一步治理后用于厕所冲洗或循环水的补充水等。为减少废水排放量，这些措施都有大力推广的应用价值。

3. 严格清污分流，合理划分排水系统

石化企业通常根据污染的种类将废水划分成不同的废水系统。一般全厂性的废水系统有含油废水、含盐废水、含油雨水和非污染废水。划分的依据除废水中所含污染物的种类、浓度外，也要考虑治理的方法和效率以及治理后废水的用途。除全厂性废水系统外，还有局部的废水系统，如高含硫废水经汽提或氧化脱硫后，供电脱盐注水或排入全厂性的含油废水系统。焦化装置冷焦、切焦废水经隔油和沉淀分焦处理，自成闭路循环系统。氧化沥青装置冷却水自成闭路循环系统。

4. 发展废水的预处理技术

按照石油废水的性质，对不同类型的污染物，若是在污染源处加以有效的回收处理，就可以使有用的资源就地返回用作化工原料。例如回收酚、油、醇、H_2S等，不仅治理了污水，而且减少了浪费。另外如破乳、中和过程，若是在污染源处进行，都是既经济又有效的。加强预处理可以有效地控制污染量，避免由于负荷过大发生冲击污水场的情况。

5. 完善废水治理技术，确保达标排放

炼化废水治理应视具体水质选择适用而高效的治理流程，目前国内普遍采用的隔油、气浮、生化处理等的基本流程是可行的。在此基础上，辅以必要的过程控制和中间处理，注意破乳、pH值调整、水量及水质的均衡、必要的监测和不合格废水的再治理，则可以确保治理后的水质达标。

6. 开发高效、低耗的废水处理新技术

为了提高废水处理效率和效果，必须开发经济有效的处理工艺，如研究高效除油技术，开发和应用高效化学药剂。从流程上应减少提升次数，推广自流处理技术。不但可降低能耗，而且还可减少由于增加乳化程度而带来的后续治理难度。在废水治理机械设备方面，同样应实现高效低耗、经济耐用的原则性要求。

7. 提高废水治理过程的在线监控自动化水平

在线监控的自动化程度是我国石油废水治理技术的薄弱环节。虽然我国在流量计、pH计、COD、油含量和溶解氧仪等应用方面有一些研究，取得一定成果，但还存在不少问题，有待改进。目前我们主要缺乏在各种不同情况下的在线自动监测仪器。此外，pH计探头的清洗问题尚未得到较好的解决。

8. 针对石化废水治理的新问题，研究有效对策

根据国家有关的废水排放的要求，废水中的COD、氨氮的排放标准有进一步提高的趋

势，对此必须有所准备，并注意研究和开发有效的治理方法。

对COD的治理应在高浓度和难降解有机物方面下工夫，根据目前情况，把注意力放在厌氧预处理高浓度有机废水上会有较为显著的效果。一般石化废水的BOD/COD值较低，在处理流程上宜发展好氧与厌氧交替生化处理的技术。关于氨氮的治理也应加以重视研究，开发有效的治理途径。

9. 制订废水排放的管理制度，切实加强管理

即使有再好的技术和设施，如果没有先进的管理，也是无效的。因此，首先要制订切实可行的严格管理制度，例如建立污染源分级控制指标，并把它纳入工艺卡片，与产品一样成为生产控制、考核的硬指标。又如建立各类岗位操作责任制，然后加强监督检查。同时做好水量水质的监测和数据管理来指导生产操作。对于操作人员的技术水平和事故处理能力要加强培训和考核，增强全体员工的环保意识，同样重视环保管理和产品管理，努力提高经济效益和环境效益。

第十八章　含油废水的处理

第一节　含油废水的来源及特性

含油废水来源很广，凡是直接与油接触过的水都含有油类，主要来源是油气和油品的冷凝水、油气和油品的洗涤水、反应生成水、机泵填料函冷却水、化验室排水、油罐切水、油罐车洗涤水、炼油设备洗涤排水、地面冲洗水等。石油与石化工业排出的废水含油量常介于150~1000mL/L之间，除含油外，还含有硫化物、酚、氰等毒性物质，颜色呈灰褐色，肉眼可见，具有石油臭味。有些污染源间断排放废水，对废水处理场的正常处理干扰很大，尤其是装置开停工或间歇期间的不正常排污，对废水处理的冲击更大。

废水中的油类污染物质，除重焦油的相对密度可大于1.1外，其余的都比水轻。本章着重介绍处理相对密度小于1的含油废水。

石油类物质通常以浮油、分散油、乳化油和溶解油四种状态存在于水中，见表18-1。

表18-1　油在废水中的存在状态

存在状态	油珠的颗粒直径/μm	特　征
浮油	>100	浮出水面，容易从水中分离，通常浮油占水中含量的60%~80%
分散油	介于10~100之间	悬浮于水中，不易从水中分离
乳化油	0.5~15 一般为6~7	均匀稳定地分散于水中，难于从水中分离，由于表面活性物质的存在，使乳化稳定性提高，阻碍着小油粒聚合成大油粒
溶解油	<用显微镜看不见的油颗粒	呈溶液状态，通常含油废水中的溶解油很小，一般小于10μm

含油废水在水面形成油膜，阻碍氧气进入水体，且易黏附和填塞鱼的鳃部，使鱼类窒息死亡，在含油废水水域中孵化的鱼苗多为畸形，影响岸边的环境卫生和植物生长，降低江滨海滩的使用价值。如果用含油废水进行灌溉，则会严重阻碍土壤的毛细孔，妨碍通气和光合作用，使水稻烂根、大米有油味，造成减产或颗粒无收。因此，含油废水必须经过妥善处理后才能排放。

第二节　含油废水的处理方法

石油炼制企业含油废水的处理方法一般有均衡、隔油、气浮、水力旋流分离、生化处理等，与油气田含油废水相比，有其自身的一些特点。另一方面，石油炼制企业含油废水处理技术按治理程度分为一级处理、二级处理和三级处理。一级处理所用的方法包括格栅、沉砂、调整酸碱度、破乳、隔油、气浮、粗粒化等；二级处理方法主要是生化治理，如活性污泥法、生化曝气法、生物膜法、生物滤池、接触氧化、氧化塘法等；三级处理方法有吸附法、化学氧化法、膜法等。一般经二级处理可达到排放标准，而需要在此基础上回用时采用三级处理。主要的处理方法见表18-2，一般处理流程如图18-1所示。

表 18-2　含油废水的处理方法、步骤和功能

序号	步骤	方法	去除主要污染物	预处理及功能
1	隔油	平流隔油池(API)	浮油及粗分散油	格栅——去除粗大杂质
		斜板隔油池(CPI)		沉沙——去除泥沙
		油水分离罐		
2	气浮（或聚结）	溶气气浮	细分散油和部分乳化油	均衡——均匀水质
		喷射气浮		调节 pH——中和，保证合适的 pH
		转子气浮		破稳絮凝——破乳化使小颗粒凝聚
		聚结过滤		
3	生物处理	完全混合式合建式曝气池	酚、腈、BOD_5、COD 等	隔油——去除油
		推流式分建式曝气池		气浮——进一步去除油
		深层曝气池		均衡——均匀水质
		氧化沟		预曝气——充氧
		塔式生物滤池		预过滤——进一步去除悬浮物
4	后处理	过滤	油、悬浮物及难以生物降解的物质	生物处理去除能被生物降解的有机物
		絮凝沉淀		
		活性炭过滤		
		活性炭吸附		
		臭氧氧化		

含油废水 → 破乳 → 隔油 → 气浮 → 吸附 → 出水

图 18-1　含油废水处理的一般流程

由于含油废水中所含油类的种类、浓度、特性不同，处理要求也不尽相同，处理方法和流程也随之而异。不含乳化油的废水，就不必先行破乳。若经隔油就已达到处理要求，也无需再经气浮与过滤处理。如果所含油类黏度不大，又采用了超滤的方法，那只要经超滤往往也就可达到处理的要求。因此上述流程应根据含油废水性质、含量、处理要求、工艺条件及其他因素进行取舍和组合。

一、破乳

一种或多种液体以微小的粒滴均匀地分散于另一种液体中形成的分散体系称为乳化液。微细的油珠分散于水中，形成水-油乳化液。在一般情况下，水-油乳化液中往往存在乳化剂，常见的乳化剂是一些表面活性物质，如皂类、高分子物质等。这些表面活性物质使乳化液趋于稳定状态。

由于乳化液的油珠极细，其表面的一层界膜常带有电荷，油珠外围形成双电层，使油珠相互排斥，极难聚结。因此，要使油水分离，首先要破坏油珠的界膜，使油珠相互接近并聚集成大滴油珠，从而浮升于水面，这种处理方法称为破乳。

常用的破乳方法有电场法、药剂法、离心法、超滤法等。

1. 电场法破乳

利用电场力对乳化液颗粒的吸引力或排斥作用，使微细油粒在运动中互相碰撞，破坏其

表面界膜及双电层结构，使微细油粒聚结成较大的油粒浮升于水面，达到油水分层的目的。电场可采用交流、直流或脉冲电源。

2. 药剂法破乳

向废水中投加破乳剂，破坏油珠的表面界膜，压缩双电层，使油珠聚集变大而与水分开，称为药剂破乳。药剂破乳又分为盐析法、凝聚法、盐析－凝聚混合法和酸化法等。

(1)盐析法

向废水中投加盐类电解质，破坏乳化液油珠的表面界膜及双电层结构，使油珠凝聚析出。如果加入的电解质是二、三价的钙、镁、铝等盐类，还可置换表面活性剂中的钠、胺等，使之成为钙、镁、铝的金属皂。这个置换反应亦起破乳、析油、分层作用。盐析破乳后析出油的油质较好，但出水水质浑浊，还需加凝聚剂进行澄清。

(2)凝聚法

是指向废水中投加絮凝剂，利用絮凝物质的架桥作用，使微粒油珠结合成聚合体。常用的絮凝剂有明矾、聚合氯化铝、活化硅胶、聚丙烯酰胺、硫酸亚铁、三氯化铁、镁矾土等。除硫酸亚铁、三氯化铁外，均有较好的效果，而以聚合氯化铝和明矾配合使用效果最为显著。研究表明，当pH＝8.0～9.0时，用明矾处理溶解油是有效的，而pH＝8～10时，可采用硫酸亚铁。

(3)混合法

即盐析和凝聚两法的结合。此法析出的油质比盐析法好，比凝聚法投药量少。先用少量的盐使乳化油珠初步脱稳，再加少量的凝聚剂，使之凝聚分离。由于析出油质好，便于再生利用。

(4)酸化法

往乳化液废水中加入酸，使乳化液中的脂肪酸皂转化为不溶于水的脂肪酸而分离出来。酸的投加量以使pH值降至2以下为宜。待分离油后，再用石灰乳中和，使废水pH值达到6～8。

3. 离心法破乳

借助于离心机械所产生的离心力，将油水分离，称为离心破乳。离心破乳采用的离心机有卧式和立式两种。在离心力的作用下，水相从离心机的外层排出，油相从离心机中部排出。离心机结构比较复杂，故这种方法国内应用并不普遍。

4. 超滤法破乳

超滤法是一种物理破乳法，它利用超滤膜孔径比油珠粒径小的特点，当乳化油废水通过超滤膜过滤器时，只允许水通过，而将比膜孔径大的油粒阻拦，从而达到乳化油水分离的目的。

国内采用药剂法较普遍，超滤法也已使用，高压电场法尚处于试验阶段。

乳化液经破乳除油后，一般尚需进一步处理，才能达到国家排放标准。

二、隔油

1. 隔油原理

隔油是重力分离方法的一种，其原理是在重力作用下，使废水中所含的油及其他悬浮杂质根据不同的相对密度自行分离，相对密度小于1的上浮，相对密度大于1的则下沉。隔油可以使废水中的浮油和粗分散油与水分离，且回收油品。

油在废水中的上浮速度是隔油池设计的主要依据，一般可由斯托克斯公式求出：

$$V_1 = \frac{\rho_{水} - \rho_{油}}{18\mu} \cdot d^2 \cdot g \text{ (cm/s)}$$

式中 V_1——油粒上浮速度，cm/s；

$\rho_{水}$——废水的容重，g/cm^3；

$\rho_{油}$——油的容重，g/cm^3；

μ——废水绝对黏滞系数(即绝对黏度)，Pa·s；

g——重力加速度，cm/s^2；

d——油粒直径，cm。

由于此式是在理论上求得的，即在下列四个假定条件下推导而得：①进水断面上各点的水流速度相同；②油料在上浮过程中(不含其他悬浮物)等速上浮；③油粒上升的水平速度等于水流速度；④上浮到池面或下沉至池底的颗粒即去除。

实际应用此公式时，尚需作些修改。在实际工程设计中，可取下列修正公式：

$$V = \frac{\beta}{\varphi}V_1$$

式中 V——设计的油粒上浮速度，cm/s；

V_1——按斯托克斯公式求得的油粒上浮速度理论值，cm/s；

β——浑浊水中油品上浮速度降低系数(考虑污水中含悬浮物颗粒时油品浮升速度的影响)(通常采用0.9～0.95)；

φ——考虑水流不均匀等因素的修正系数(通常采用1.35～1.50)；

$\frac{\beta}{\varphi}$——综合系数(通常取0.6～0.7)。

对于炼油厂废水，上述计算中的油品颗粒的容重一般可采用0.85～0.92g/m^3，油品的粒径一般为100～150μm。据国外资料介绍上浮油珠的最小设计粒径可取50～90μm。从上述斯托克斯定律可以看出：油粒上浮速度主要取决于粒径的大小、油品的相对密度和黏度。当油粒粒径越大，油品和水的相对密度差越大，污水黏度越小时，则隔油效果越好。

2. 隔油池的构造

国内目前常用的隔油池有下列三种型式：

(1)平流式隔油池(API)

平流式隔油池一般为钢筋混凝土、钢板制作或砖石砌墙结构。图18－2是我国广泛采用的传统型平流式隔油池的构造示意图。

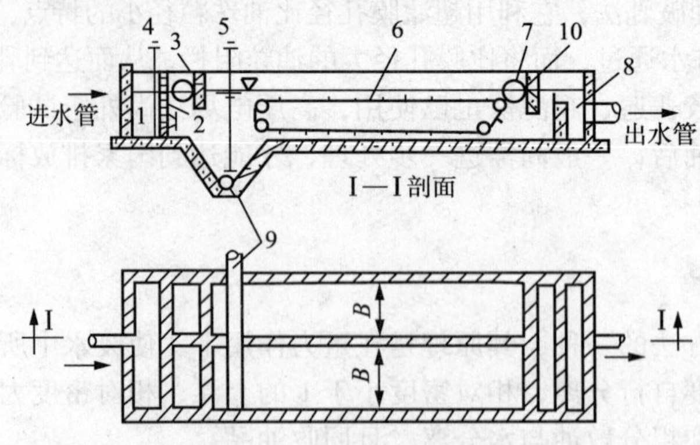

图18－2 平流式隔油池

1—配水槽；2—布水隔板；3—挡油板；4—进水阀；5—排渣阀；6—链带式刮油刮泥机；7—集油管；8—出水槽；9—排渣管；10—挡油板

由图 18－2 可见，废水由进水管流入配水槽(1)后，通过布水隔板(2)上面的孔洞或窄缝从挡油板(3)的下面进入池内。在流经隔油池的过程中，由于流速降低，相对密度小于 1 而粒径较大的可浮油珠便浮到水面，相对密度大于 1 的悬浮固体则沉向池底。澄清水从挡油板(10)下流过，经出水槽(8)由出水管排出。为了刮除浮油和沉渣，池内有回转链带式刮油刮泥机(6)，当它以 0.01～0.05m/s 的速度作回转运动时，就把池底沉渣刮集到池子前端的泥斗中，经排渣管(9)适时排出；同时将水面上浮油推向设在池尾挡油板内侧的集油管(7)。集油管是用直径为 200～300mm 的钢管上沿长度开 60°角的切口制成，可以绕轴线转动。平时，切口向上位于水面上，当水面浮油达到一定厚度后，将切口转向油层，浮油即溢入管内，并由此排出池外。

根据国内外的运行资料，这种隔油池的停留时间为 90～120min，可以除去的最小油粒粒径一般不小于 100～150μm，除油效率在 70% 以上。它的优点是结构简单，便于管理，除油效果稳定，但池体庞大，占地面积大。

(2)斜板隔油池(CPI、PPI)

斜板隔油池(CPI、PPI)构造如图 18－3 所示。

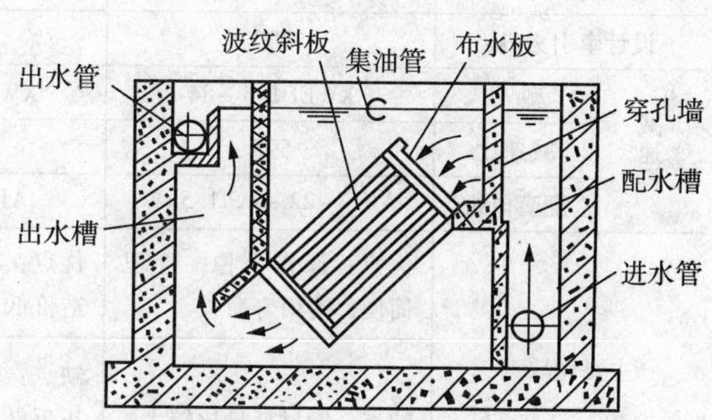

图 18－3　波纹斜板式隔油池

平行板式隔油池(PPI)是 API 的改进型。在平流式隔油池内沿水流方向安设数量较多的倾斜平行板，斜板的间距约为 10cm，不仅增加有效分离面积，而且也提高了整流效果。这种隔油池的特点是油水分离迅速，占地面积小，只有 API 的 1/2。但结构较复杂，维护、清理比较困难。

波纹斜板隔油池(CPI)是 PPI 的改进型。它将平行板改为波纹倾斜板，板间距 2～4cm，倾斜角为 45°。水流沿板面向下，油滴沿板下表面向上流动，汇集于集油区用集油管排出。处理水从溢流堰排出。这种隔油池分离效率高，停留时间仅 30min 左右，占地面积少，只有 PPI 的 2/3。处理水沿板面向下流，水中的油滴沿板下表面向上浮，然后用集油管汇集排出。水中的泥渣落入槽底部，处理水从溢流堰排出。

(3)平流加斜板组合式隔油池

平流加斜板组合式隔油池构造如图 18－4 所示。

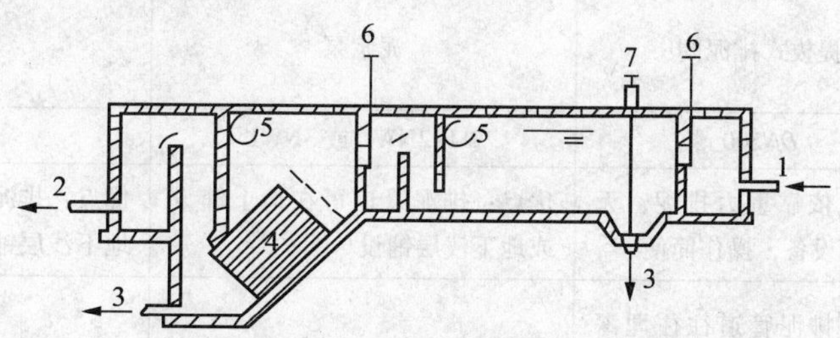

图 18－4　平流加斜板组合式隔油池

1—进水管；2—出水管；3—排泥管；4—斜板；5—集油管；6—壁板阀；7—排泥阀

平流式隔油池常用的刮油刮泥机见表 18－3。隔油池的排污方式见表 18－4。隔油池的构造特点见表 18－5。斜板隔油池的集油罩及板体清污设施示意见图 18－5。斜板隔油池设置气水搅动设施对板体进行清污是十分必要的。一般先用风吹再用水冲。例如上海炼油厂污水处理场的斜板隔油池设有这种清污设施，先由自备罗茨鼓风机供风搅动，然后再用处理后的污水或新鲜水冲洗保证该池使用效果良好。

表 18－3　平流隔油池常用的刮油刮泥机

主要性能＼机型		链条式刮油刮泥机	绳索牵引式刮油刮泥机	行车式刮油刮泥机
适用范围		池宽 $B=4.5$m 任意池长	池宽 $B=4.5$m 池长 $L<30$m	池宽 $B=4.5$m 任意池长
刮板数量		多块，在链带上每隔 3～4m 安装一块	单块	单块
刮板移动速度/(mm/s)		10～20	15.8	34.6
设计牵引力/kg		800	～1000	
减速机	型 号	XWED1.5－84	XWED0.8－74－1/1849	ZCS－400＋75.8－1－1
	减速比	595	43×43＝1849	300
	配套电机	AJO_2－22－4，1.5kW	AJO_2－22－4，0.8kW	RJO_2－32－6，2.2kW
主要优缺点		优点：操作平稳，管理简便，使用寿命长	优点：构造简单，制造方便，造价低，能耗少，重量轻	优点：加工比较简单，维修方便，池内预埋件少
		缺点：钢材耗量比较大	缺点：钢丝绳易拉断，电机需正反转换方向，进行刮泥中两侧和端部有较大死区	缺点：只适用于无盖板的隔油池；当油层或泥层较厚时，刮板进行中返回的油量或泥量较大
使用单位		老式：上海炼油厂、南京炼油厂、长岭炼油厂、东方红炼油厂	武汉石化厂、荆门炼油厂、九江炼油厂、石油五厂	杭州炼油厂、武钢冷轧厂
		新式：南充炼油厂、洛阳炼油实验厂		

表 18－4　隔油池的排泥方式

主要性能＼排泥方式	提拔式排泥阀	泥浆泵	水力提升器
规格	*DN*200	2 1/2NWL 或 3NWL	
主要优缺点	优点：依靠重力排泥，无需动力设备，操作简便	优点：排泥管道可在地上铺设或地下浅层铺设	优点：排泥管道可在地上铺设或在地下浅层铺设，操作比泥浆泵方便
	缺点：排泥管道往往埋深很大，施工和维修不便；排泥阀本身当泥砂卡塞时关不严	缺点：增加了动力设计，需一定能耗	缺点：耗水量较大，增加了污泥的含水量，能耗与泥浆泵相当
使用单位	杭州炼油厂、长岭炼油厂、荆门炼油厂	九江炼油厂、洛阳炼油实验厂	洛阳炼油厂、兰州西固区污水处理厂

表 18－5 隔油池的构造特点

隔油池类型	构造特点
平流式隔油池	一般为长方体的钢筋混凝土结构，也可采用钢板制作或砖石砌筑，长宽比 >4，内壁净宽通常取 6m、4.5m、3m、2.5m、2m，以 4.5m 宽使用最多。 池内设有刮油机、刮泥机，表层刮油、池底刮泥。在出水口池面设有集油管，集油管管径一般为 300mm。进水端的池底设有污泥斗，污泥斗的容积可按含水率 97% 的沉泥贮存 8～24h 计算。池顶一般设置非燃烧材料制成的盖板。池内设有蒸汽加热设施。池外设置蒸汽灭火设施。间数一般不少于 2 间
斜板隔油池	池体材质同上。一般在池内设置有多块波纹板（或平板）组成的板体。板体为长方体或平行六面体。板的排列有平行式（间距 40mm）和对峰式（最大间隙 33mm 左右）两种。板的材质要求耐腐蚀、光洁度好、不粘油，通常采用亲水疏油的不饱和聚酯玻璃钢，板体斜度 45° 或 60°（亦有水平放置的）。板组间以及板组与池壁间，应严密封堵，防止短路。 布水栅可采用穿孔板（开孔率 5%～6%，孔径为 12mm 左右）或双层条栅。池内没有集油管或集油罩，设有蒸汽加热设施以及板体清污设施。池顶加盖。间数一般不少于 2 间
平流加斜板组合式隔油池	通常将板体斜置于平流式隔油池的末端，在构造上具有上述两种池体的特征

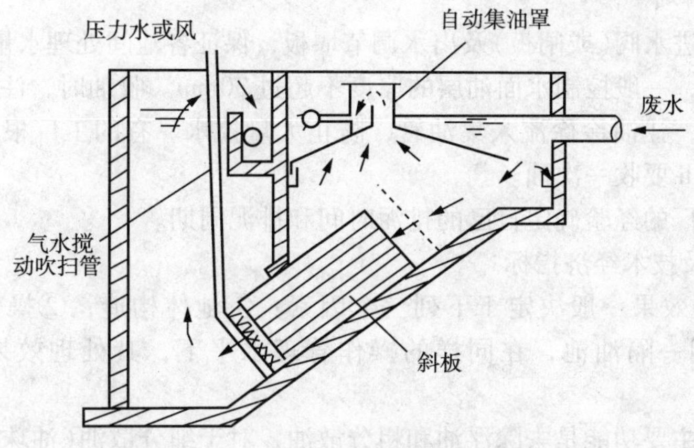

图 18－5 集油罩及板体清污设施

3. 隔油池的操作条件、处理效果及技术经济指标

（1）平流式隔油池的操作条件

①进入污水的 pH 值应为 6.5～8.5。

②污水进入隔油池前应避免剧烈搅动，宜自流进入隔油池。需要提升时，宜采用容积式泵，不宜采用离心泵。因为离心泵的搅动不仅使油珠粒径变小，而且使油珠形成水包油的乳化液。据国内研究单位试验表明，经离心泵提升拨动后，直径 40μm 以下的油珠的数量由 34% 上升到 66%。

③平流隔油池应能去除粒径大于或等于 150μm 的油珠。

④污水在隔油池中的停留时间一般为 1.5～2h，暴雨瞬时停留时间不小于 40min。对于循环水隔油池和防洪沟系统的雨水隔油池停留时间可取 40min～1h。

⑤平流隔油池内的水平流速一般采用 2～5mm/s，最大不得超过 10mm/s。据国外资料推荐，水平流速不应大于 15 倍上浮速度。

⑥为了保证较好的水力条件，要求池内有效水深一般不大于 2.2m，一般采用 1.5～2m，

有效水深与池宽之比一般为0.3～0.5。超高不应小于0.4m。有效水深与隔油池有效长度之比一般采取1/10左右。

⑦为了排泥顺畅，排泥阀及排泥管的直径不宜小于ϕ200mm，坡度大于或等于1%，并且在排泥管的起始端应设置压力水冲洗设施。

⑧刮油刮泥机的刮板移动速度一般不大于50mm/s，以免搅动造成紊流，影响油水分离。

⑨收油宜分间操作。为了收油的方便以减少收油时挟带水量，集油管串联不宜超过4根。

(2)斜板隔油池的操作条件

①应能去除60μm以上粒径的油珠。

②表面负荷一般为0.6～0.8$m^3/m^2 \cdot h$，相当于平流隔油池的4～6倍。

③污水在斜板间的流速一般为3～7mm/s。通过布水栅的流速一般为10～20mm/s。

④污水在斜板体内的停留时间一般为5～10min。

⑤斜板板间水流条件应满足雷诺数小于500，弗洛德数大于10^{-5}。

⑥斜板板体应定期清污，采用气水搅动吹扫时，风压不小于0.025 MPa，水压不小于0.2MPa。

(3)操作注意事项

①要及时调节进水阀(或闸板)及出水调节堰板，保证各池间处理水量均匀。

②要及时收油，一般控制水面油层的厚度不超过30mm。收油时，注意调节集油管的旋转角度或调节水位，让油徐徐流入集油管，防止大量挟水。有的工厂根据经验确定定期收油，一般不超过24h要收一次油。

③注意根据各厂的经验确定自己的排泥时间和排泥周期。

(4)处理效果及技术经济指标

隔油池的处理效果一般决定于下列三个因素：①池体构造；②操作管理；③处理水量及水质。对于同一隔油池，在同样的操作管理水平下，其处理效果主要决定于进水的水量和水质。

由于隔油池的主要功能是去除浮油和粗分散油，对于细分散油(油珠粒径小于50μm)的处理效果则很差，对于乳化油和溶解油则几乎不能去除。因此以含油量来表示隔油池的处理效果时，与油品在水中存在的状态，即油珠粒径的分布状态有很大的关系，一般当乳化油和溶解油在低浓度(乳化油小于30mg/L，溶解油小于10mg/L)时，隔油池对废水的含油量有明显的去除效果。

据国内一些炼油厂的调查，隔油池的一般处理效果如表18－6所示；隔油池所能去除的油珠粒径范围如表18－7所示。API、PPI、CPI的特性工艺参数、分离方式、防火防臭情况、附属设备、基建费用、清洗方式等技术经济指标汇总于表18－8。隔油池经常出现的问题及对策如表18－9所示。

表18－6 隔油池的一般处理效果

池型	进水含油量/(mg/L)	出水含油量/(mg/L)
平流隔油池	300～1000	100左右
斜板隔油池	<400	50左右
平流加斜板组合式隔油池	600左右	<50

表 18-7 隔油池去除油珠粒径范围

油珠粒径	平流隔油池去除率/%	斜板隔油池去除率/%
≥150	100	100
120~150	83	100
90~120	75	100
60~90	64	94
30~60	43	81
0~30	23	49

表 18-8 API、PPI、CPI 隔油池技术经济指标比较

项 目	API 式	PPI 式	CPI 式
除油效率/%	60~70	70~80	70~80
占地面积（处理量相同时）	1	1	1/3~1/4
可能除去最小油滴粒径/μm	100~150	60	60
最小油滴的浮上速度/(mm/s)	0.9	0.2	0.2
油分离除去方式	刮板及集油管集油	利用压差自动流入管内	集油管集油
泥渣除去方式	刮泥机将泥渣集中到泥渣坑	用移动式的吸泥软管或刮泥设备排除	重力排泥
平行板清洗	没有平行板	定期清洗	定期清洗
防火防臭情况	表面浮油有着火危险，且臭气散发	表面为清水，不易着火，臭气也不多	多用于聚胺酯类，有着火危险，臭气较少
附属设备	刮油刮泥机	卷扬机，清洗设备及装平行板用的单轨吊车	没有
基建费	低	高	较低

表 18-9 隔油池经常出现的问题及对策

出现问题	原因分析	对策
水质冲击	主要是乳化油、pH、含硫污水的冲击	1. 严格工艺过程的操作，在工艺过程中采取措施，不排或少排乳化废水 2. 针对乳化严重的废水，在污染源进行破乳预处理 3. 油罐排出的碱渣回收处理或贮存，限流排放 4. 健全工厂环保管理，制定分级控制的水质指标，实行排污收费、与奖金挂钩等制度
配水不均	各间池进水不均，主要是进水阀的开度或出水堰高度不一所致。断面布水不均主要是布水栅孔眼（或流道）不当所致。例如：安庆某厂穿孔板布水，孔眼 ϕ12mm，开孔率 4%（太小），孔眼易堵塞，布水不均。浙江某穿孔板布水，孔眼 ϕ60mm，开孔率 17.2%（过大），布水亦不均	1. 及时调节出水堰板 2. 选择布水栅应合适，并定期对布水栅进行清污 3. 忌用进水非淹没堰配水

续表

出现问题	原因分析	对策
水流短路	由于设计不周或施工不严，使斜板体与池壁间或板体间出现缝隙，致使短路。也有板体内斜板数量不足或塌落下垂，而造成短路	1. 板体制作工厂化，规格化 2. 施工安装中必须严密堵塞疑隙并注意维护
板体沾污	1. 由于异常废水(如油泥等)的排入 2. 首次投运时，池内进入含油量很高的污水污油直接沾污 3. 停运时放空池子，水位下降，致使水面污物沾挂	1. 废水先经均质或平流隔油后方入斜板隔油池 2. 定期对板体进行吹扫清污，一般1~2周清扫一次
收油、排泥差	1. 斜板隔油池和部分平流隔油池无刮油机，致使气温低或含重油多时，难以收油 2. 污泥斗坡度小，使重力排泥不畅	1. 设置刮油机或相对密度差收油罩，及时收油 2. 污泥斗坡度宜取60°，并做到及时进行重力排泥，或采用吸泥泵排泥
油气污染	敞口，致使油气挥发，污染空气	加盖板，并对油气进行回收或高烟囱排放

三、气浮

1. 气浮法简介

由于隔油池只能去除含油废水中的浮油和粗分散油，对于细分散油、乳化油去除效果很差，所以隔油后进行气浮处理。气浮法作为一种废水处理技术，对于分离相对密度接近于水的悬浮物质，例如油类、纤维、活性污泥等特别有效。与传统的沉淀法相比，它可以提高处理效果，大大缩短处理时间。

加压溶气气浮法是最常用的一种油水分离的气浮技术。这种技术净化效率高，操作容易控制。为进一步提高气浮效果，一般可采用投加混凝剂、助凝剂和其他药剂等措施。气浮法的关键是在水中通入或产生大量的微细气泡。气浮过程有下列三个步骤：①首先向废水中投加气浮剂(凝聚剂)，为细小的油珠及其他微细颗粒凝聚成疏水的絮状物；②使废水中产生尽可能多的微细气泡；③使气泡与废水充分接触，形成良好的气泡-絮状物的结合体，成功地与水分离。

2. 加压溶气气浮法(DAF)

(1)原理及流程

加压溶气气浮法是用水泵将废水送入溶气罐，加压到0.3~0.55MPa，同时注入空气，使其在压力下溶解于废水；一般溶气时间在1~3min。然后废水通过释放器进入气浮池，由于骤然减压，便形成许多微细气泡逸出，从而实现上浮分离。

溶气气浮法与其他气浮法相比的主要优点是气泡直径小，一般为30~120μm。因此，在供气量相同的情况下，气泡的总表面积大，吸附能力大；同时气泡上浮的速度慢，与被吸附杂质的接触时间延长，从而提高气浮效果。

加压溶气气浮法的处理流程主要有下列三种：

①全部废水加压溶气气浮流程

全部废水加压溶气气浮法是将全部废水用水泵加压，在溶气罐内空气溶解于废水中，然后通过减压阀将废水送入气浮池，如图18－6所示。它的特点是：a. 溶气量大，增加了油粒或悬浮颗粒与气泡的接触机会；b. 在处理水量相同的条件下，它较部分回流溶气气浮法所需的气浮池小；c. 全部废水经过压力泵，所需的压力泵和溶气罐均较其他两种流程大，因此投资和运转动力消耗较大。

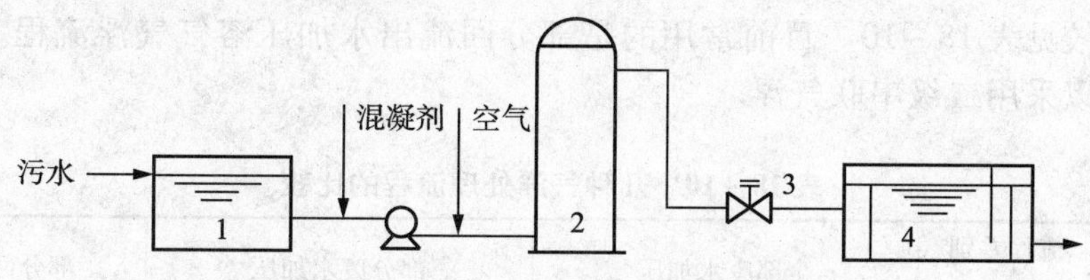

图18－6　全部废水加压溶气气浮流程

1—水池；2—气浮罐；3—减压阀；4—浮选池

②部分废水加压溶气气浮流程

如图18－7所示，这种流程是将一部分废水（例如30%～50%）加压溶气，其余废水直接进气浮分离池的混合室，与溶气水在混合室内充分混合，然后分离，属气泡接触型的气浮分离。

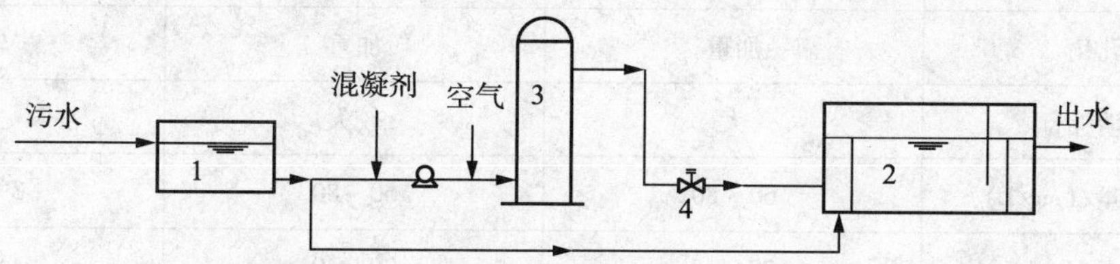

图18－7　部分废水加压溶气气浮流程

1—水池；2—浮选池；3—气浮罐；4—减压阀

它的特点是：a. 与全流程溶气气浮法所需的压力泵小，因此动力消耗低；b. 气浮池的大小与全流程溶气气浮法相同，但较部分回流溶气气浮法小。

③部分回流出水加压溶气气浮流程

部分回流出水加压溶气气浮流程如图18－8所示。这种流程是将气浮处理后的一部分水（一般为处理量的30%～50%）回流加压溶气；而全部废水经加药絮凝进入气浮池的混合室，在混合室与溶气水充分接触混合，属气泡接触型气浮分离。

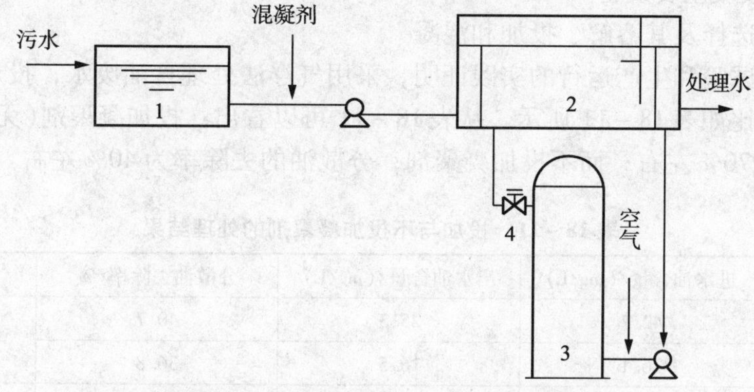

图18－8　部分回流出水加压溶气气浮流程

1—水池；2—浮选池；3—气浮罐；4—减压阀

它的特点是：a. 加压的水量少，动力消耗省；b. 气浮过程中不促进乳化；c. 矾花形成好，后絮凝少；d. 气浮池的容积较前两种流程大。

一般认为，部分进水加压和部分回流进水加压流程优于全加压流程。在后两种流程中加压水量通常只占总处理水量的30%～50%，可以节省电能，并使在水中形成的微细气泡得到充分的利用。在混凝气浮时，能充分利用混凝剂，减少投药量，使絮凝体不遭破坏。几种处理流程的比较见表18－10。目前常用的是部分回流出水加压溶气气浮流程。根据处理水质的要求也可以采用二级串联气浮。

表18－10　几种气浮处理流程的比较

流程差别 / 比较内容	全部废水加压溶气气浮流程	部分废水加压溶气气浮流程	部分回流出水加压溶气气浮流程
溶气水量比/%	100	30～50	30～50
设备容量（溶气罐、机泵等）	大	小	小
电能消耗	大	小	小
废水乳化	加重	加重	较轻
空气消耗	大	较大	小
硫酸铝加入量/(mg/L)	60～80	60～80	39～40
聚合铝加入量/(mg/L)	20～40	20～40	15～25
絮凝效果	差	差	好
释放器堵塞	严重	严重	少
气浮池容积	小	较大	较大
操作流程	简单	较复杂	较复杂
出水含油量/(mg/L)	30左右	30左右	20左右

(2)工艺参数及主要设备

①凝聚剂的选择及其溶解、投加和混凝

通过大量的试验和生产运行的实践证明，采用气浮法处理含油废水，投加与不投加凝聚剂的处理结果对比如表18－11所示。从表18－11可以看出：投加凝聚剂(无机凝聚剂)对分散油的去除率在70%左右；而不投加凝聚剂，分散油的去除率为40%左右。

表18－11　投加与不投加凝聚剂的处理结果

处理方法	进水油含量/(mg/L)	出水油含量/(mg/L)	分散油去除率/%	渣(油)水比/%
不投加凝聚剂	42.7	25.3	40.7	0.16
	26.1	16.5	36.8	
投加凝聚剂	57.9	13.6	76.5	0.62
	31.4	10.3	67.2	

目前，常用的无机絮凝剂聚合铝，投加量为15～35mg/L。有机高分子絮凝剂为聚丙烯酰胺，投加量为2～5mg/L。

②溶气及主要设备

溶气是溶气气浮法的核心。所谓溶气指的是在一定压力下使水中尽量多地溶入空气。根据亨利(Henry)定律：

$$G = 736K_T p$$

式中 G——理论溶解空气量，mL空气/L水；

p——溶气罐(管)中的绝对压力，atm；

K_T——与温度有关的溶解系数，温度与溶解系数的关系见表18－12。

表18－12 空气在水中的溶解系数 K_T 值

温度/℃	K_T 值	$736K_T$ 值
0	0.0337	27.75
10	0.0295	21.71
20	0.0243	17.88
30	0.0206	15.16
40	0.0179	13.17
50	0.0145	11.70

可见溶解空气量与压力是成正比的，但是压力太高的话，能耗太大。因此核心问题是在选择一定的压力下提高溶气的效率。所谓溶气效率是指在一定压力下实际溶解的空气量与理论溶解空气量的比值；

$$\eta = \frac{G_1}{G}$$

式中 η——溶气效率；

G_1——实际溶解空气量；

G——理论溶解空气量。

一般溶气压力选择在0.3～0.55MPa，溶气时间为1～3min，溶气效率为60%。在溶气压力和时间相同的情况下，应加强气水接触，使溶气效率提高到90%左右。溶气设备包括废水加压设备、产气设备及把空气充分溶解于水中的设备。污水加压设备一般选用扬程为40～60m水柱的SH型离心泵，扬量根据处理水量确定。产气设备一般选用压力为0.5～0.7MPa，风量为溶气水量的5%～8%的空气压缩机；或采用文丘里式射流器来吸气。由于工厂系统风的压力不稳定，无保障，一般不宜采用系统风供气。把空气充分溶解于水中的设备主要是溶气罐，罐内压力维持在0.3～0.55MPa。如果采取文丘里喷射吸气，其后的倒U型管或溶气罐保持余压0.1～0.3MPa。溶气时间一般为1～3min。溶气罐(管)内宜有使气水充分混合的措施。常用溶气罐有图18－9所列的几种型式。

其中溶气效率最高的为喷淋填料式溶气罐，废水从上部喷淋而下经过填料层，填料常用拉希瓷环或塑料环，规格为ϕ25mm×25mm×3mm或ϕ50mm×50mm×5mm；罐内液位采取恒控，始终保持液位在填料层下，并不被抽空，罐壁设置压力指示和液面指示。

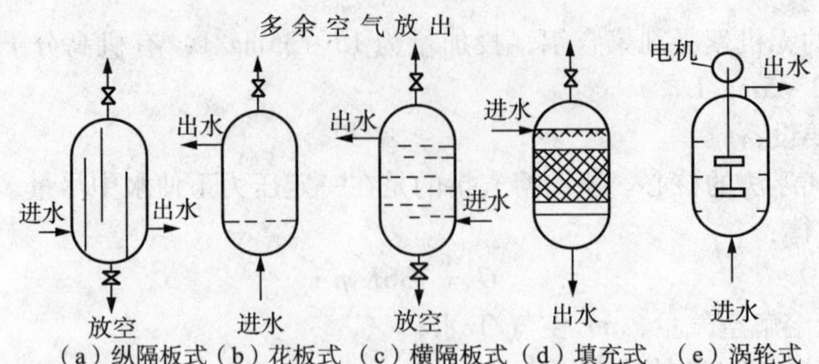

图 18－9　常用的溶气罐型式

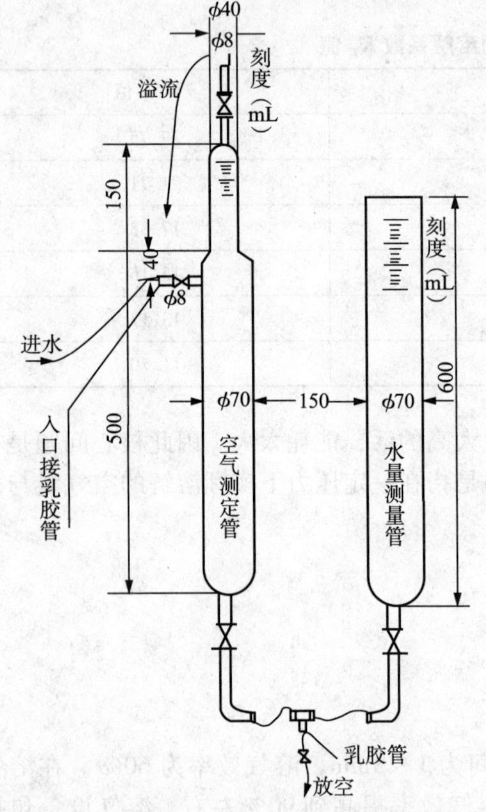

图 18－10　溶解空气量测定器(数字单位为 mm)

在实际应用中欲测实际溶解的空气量可用溶解空气量测定器(图 18－10)，先用清水充满溶解空气测定管，同时倒空水量测定管，将乳胶管接至溶气罐(管)的取样口，放水排尽管内积气，则可接通测定器的入口，随着进水，水中释放出的空气在空气测定管内即行分离，进水量则贮存于水量测定管内，分别读出空气测定管和水量测定管上部的刻度线即是空气量和水量值(mL)，这时的空气量是在该水温下，从溶气罐(管)的压力值(绝对压力)降至常压(1atm)时所释放出的溶解空气量，即为溶气罐(管)表压值的溶解空气量。

$$V=\frac{\text{空气量读数(mL)}}{\text{水量读数}-\text{空气量读数(mL)}}\cdot\frac{1}{1000}(\text{mL 空气量/L 水})$$

根据亨利定律，压力下降时，原溶解在水中的空气就要释放，设在某个压力 p(绝对大气压)下水中的溶解空气量为 G_1，在常压(1 个绝对大气压)下水中的溶解空气量为 G_2，理论释放的空气量应为：

$$V=G_1-G_2=736K_Tp-736K_T\cdot 1=736K_T(p-1)$$

而 $p-1=P$(表压值)，故 $V=736K_Tp$，即释放出来的空气量等于表压值下的溶解空气量。

(3)微细气泡的形成及主要设备

微细气泡的形成(亦称释放)是溶气气浮法的关键。要求气泡的粒径为 30～120μm。国内气浮法的释放设备目前有老式释放器和新型释放器两种，日趋被新型释放器所代替。所谓老式释放器由减压阀、管道和穿孔管(或帽罩式挡板)三部分组成。这种释放器由于泄压过早，主要减压靠减压阀(约占总消能的 95% 以上)，因此在阀后释放出大量的微细气泡，经过管道和穿孔管(或帽罩式挡板)会使空气泡集聚变大，致使在释放口的有效微气泡量仅仅只能占总释放量的 50% 左右，甚至更低一些。新型释放器是近几年来国内研制的高效率释放器，有 TS－78 型和 YW－81 型等。常用释放器的结构特点及使用效果见表 18－13。新型释放器释放出来的气泡细密，肉眼可见全池水呈乳白，大多数气泡粒径为 25～70μm，处理效果明显提高。

表 18－13　常用释放器的结构特点及使用效果

释放器类型	结构特点	处理效果	堵塞情况
老式释放器	由减压阀、管道和穿孔管（或帽罩式挡板）三部分组成，材质碳钢 泄压过早，在减压阀后释放出大量气泡经过管道和穿孔管或帽罩式挡板（相当布水器）气泡相聚变大	去油率 50%左右	基本不堵
TS－78 型释放器	由孔室、单孔盒盖、多孔盒底及导流管组成，材质为钢、铝或不锈钢。瞬间消能。单个处理量为 0.25～5t/h	去油率 70%左右	易堵
YW－81 型释放器	由单孔板、多孔板、法兰及导流管组成，材质为碳钢或者塑料。瞬间减压。单个处理量为 25t/h 左右	去油率 75%左右	半年未堵

（4）油粒等杂质的分离

分离是指油粒等杂质的絮凝颗粒在微细气泡的作用下与水分离。一般在分离池内完成对气泡析出型的全部废水加压溶气气浮流程来说，存在着在池内均匀分配的问题。而对气泡接触型的部分废水加压沼气气浮流程和部分回流出水加压溶气气浮流程来说，首先存在着溶气水与废水的充分混合问题，在进入分离池之前或在分离池的前端，要设置混合室，混合室的容积可按停留时间 3min 考虑，然后直接进入分离池。

气浮分离池可采用矩形分离池或圆形分离池，国内多采用矩形分离池。一般取分离速度为 2mm/s 左右，矩形分离池内水平流速不大于 15mm/s，分离区的长宽比宜大于 3∶1；有效水深一般取 1.5～2.5m；分离时间一般为 40～60min（对于全部废水加压溶气气浮流程一般取 60min，对于部分回流溶气气浮流程一般取 40min）。

在气浮分离池内一般设置出水调节堰板和刮渣机。刮渣的方向可以逆水流而刮也可顺水流而刮，常用刮渣机的规格见表 18－14。

表 18－14　常用刮渣机主要规格和性能

型号	主要规格和性能
行车式	适用于池宽 $B=4500$mm 和 $B=3000$mm 1. 选用行星摆线减速机，型号：XWD0.8－4－1/59，配套电动机：AJD_2-12-4，功率　0.8kW，转速：1500r/min，车体移动速度：99mm/s 2. 选用涡轮减速机，型号：WXJ－120－40－Ⅱ，配套电动机：$AJO_2-21-6-W$，功率 0.8kW，转速：1000r/min，车体移动速度：97.3mm/s。
链板式	适用池宽 $B=4500$mm 和 $B=3000$mm 长度有 $L=12600$mm 和 $L=19000$mm，可根据实际需要加长或缩短 刮板进行速度 50mm/s，速比 $i=604.9$，配套电动机功率 0.4kW

(5)处理效果及技术经济指标

溶气气浮法对于废水中的分散油和悬浮物处理效果十分明显，对于其他污染物质也有一定的处理效果，见表18－15。溶气气浮法的主要技术经济指标见表18－16。

表18－15　溶气气浮法的处理效果

水质	含油量/(mg/L)	悬浮物/(mg/L)	硫化物/(mg/L)	挥发酚/(mg/L)	COD/(mg/L)
进水	30～80	<80	40	100	400
出水	6～30	<20	<34	<95	<340
去除率	60%以上	75%左右	15%以上	5%以上	15%以上

表18－16　溶气气浮法的主要技术经济指标

基建投资/(元/t废水)	电耗/(kW·h/t废水)	聚合铝耗量/(kg/t废水)
1300～2000	0.5～2	0.015～0.035

3. 吸气气浮装置(IAF)

美国韦姆柯(WEMCO)公司制造的“喷嘴型”IAF装置，如图18－11所示。“喷嘴型”IAF装置是继“叶轮型”IAF之后发展起来的新型装置。这种装置利用池外的出水循环水泵升压，通过特殊喷嘴吸入空气并分散成微小气泡扩散到液体中。

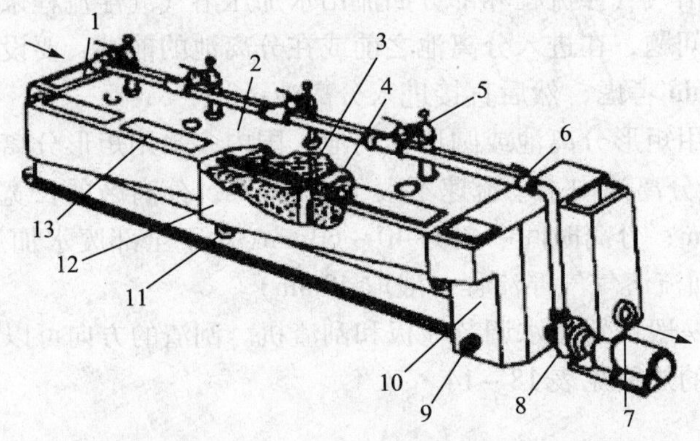

图18－11　“喷嘴型”韦姆柯吸气气浮装置

1—进水箱；2—气浮室；3—空气吸入口；4—隔板；5—调节阀；6—控制阀；7—出水口；8—泵；9—放空口；10—出水箱；11—废渣排出口；12—储渣箱；13—观察孔

美国CHEVRON公司在炼油厂废水处理工艺设计中，除油设施采用两级，第一级为API平流隔油，第二级为“喷嘴型”IAF装置，此装置为两个并联的韦姆克120型净化器。为了达到最好的除油效果，设置了调整pH和投加有机聚合电解质的设施。该公司采用“喷嘴型”IAF装置作为二级除油步骤，性能很好。浮渣收集到沉降罐中，进行油、水分离。他们认为IAF(吸气气浮)工艺较之DAF(溶气气浮)工艺有如下优点：①投资少，占地面积小，维修容易，运转性能较好，且不用无机凝聚剂。②气浮出来的油，不含有无机凝聚剂，易回收和回用。③该装置为密封型，油气气味少，对大气污染小。

喷射气浮法是利用高速喷射的废水来吸入空气，同时利用高速水流的剪切作用形成微细气泡的一种气浮法。国内目前采用的喷射气浮法，不但利用高速水流的剪切作用形成微细气泡，同时还保持一定的余压来溶解空气。

4. 机械气浮法

机械气浮法是利用安装在池内的高速旋转的叶轮(转子)将空气吸入废水系统中，同时利用高速旋转的剪切作用，通过分散器而形成微细气泡的一种分散空气气浮法，亦称转子吸气气浮法。美国 WEMCO 公司制造的“叶轮型”IAF 装置是典型的机械气浮法。该装置及其构造分别如图 18 – 12 和图 18 – 13 所示。

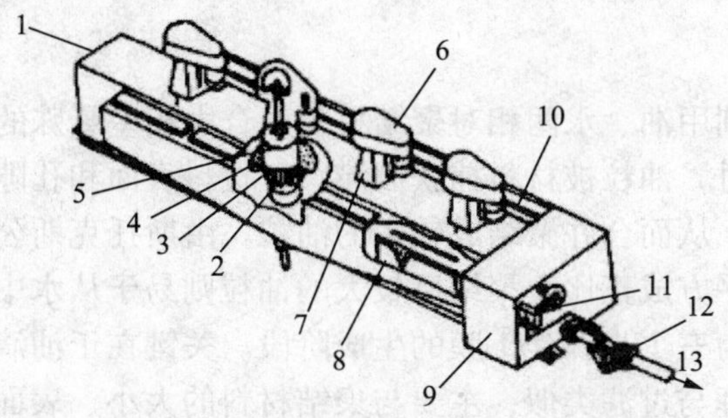

图 18 – 12　“叶轮型”韦姆柯吸气气浮装置

1—入口箱；2—转子；3—分散器；4—罩；5—空气入口(在立管里面)；6—传动装置；7—空气吸入量控制阀；8—集渣槽；9—出口箱；10—观察窗；11—液面控制器；12—控制阀；13—出水

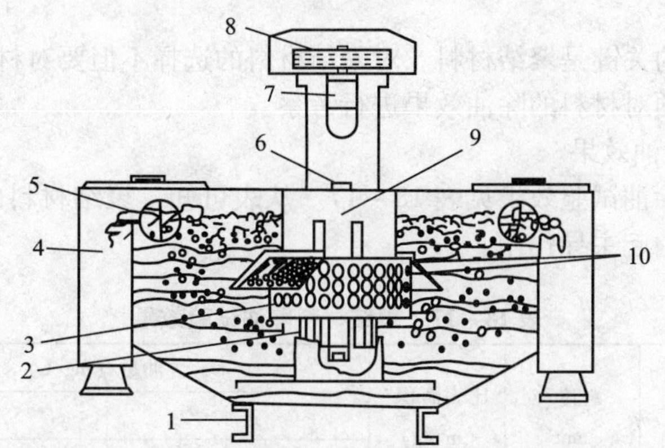

图 18 – 13　“叶轮型”韦姆柯气浮装置构造

1—固定导轨；2—转子；3—分散器；4—排渣槽；5—刮渣机；6—吸气口；7—电机；8—三角传动皮带；9—立管；10—穿孔罩板

该装置一般采用四级串联，停留时间为 3 ~ 6min，除油效率可达 40% 以上，需要投加有机高分子凝聚剂。该装置适用于油田废水、原油罐区废水、装卸油台废水、油轮压舱废水等处理。在美国该产品已是系列化生产，有 WEMCO – 44、56、66、76、84、120、120X、144 等型号，处理量为 34 ~ 1115m^3/h。国内在茂名石油工业公司和辽河油田分别引进 WEMCO – 56 型和 WEMCO – 76 型，处理量分别为 68m^3/h 和 150m^3/h。

四、均衡(调节和均质)

由于石油炼制企业废水来源广，水质复杂，往往水质和水量波动大，特别是当原油性质改变，工艺方法变更时，或者装置开、停工初期和检修期间，废水水量和水质变化很大，因此，在废水处理场设置均衡池十分必要。

均衡的作用是：①缓冲进水量峰值；②均匀废水中的污染物(COD、BOD、SS 等)；

③调节 pH 值；④对暴雨水量提供储存容量。

均衡池(罐)的位置有串联型(即全部流量都通过均质池)和并联型(即仅仅是超过正常流率的多余水量才进入均质池)两种，常用串联型。均衡池一般放在隔油处理后气浮处理前，或放在气浮处理后生物处理前，后者采用较多。

五、聚结(粗粒化)

1. 聚结法简介

聚结法除油技术是利用油、水两相对聚结材料亲合力相差悬殊的特性，当含油废水通过填充着聚结材料的床层时，油粒被材料捕获而滞留于材料表面和孔隙内。随着捕获油粒的增加，油粒间会产生变形，从而合并聚结成较大的油粒。由斯托克斯公式可知，油粒在水中的浮升速度与油粒直径的平方成正比，聚结后较大的油粒则易于从水中被分离。

聚结法除油可概括为三个步骤：①膜的生成阶段。关键在于油滴向材质的扩散和材质对油粒的截留作用，其机理与过滤类似，主要与聚结材料的大小、表面粗糙程度有关。②膜增厚阶段。油粒附着于聚结材料主要依赖于聚结材料对油的亲合力及油附着时的延伸亲合力。③膜脱落阶段。聚结油和凝聚油被水力推着向前缘临近区域延伸的再传递过程，主要靠水的紊流作用。

2. 聚结材料

聚结法除油技术的关键是聚结材料。对聚结材料的选择不但要对材料的疏水性、粒度和表面进行测定，还必须对材料的除油效果进行考察。

(1)聚结材料的除油效果

一些聚结材料的除油试验效果见表 18－17。从表可知，聚结材料的疏水性(比润湿度)和表面积在聚结过程中起主导作用。

表 18－17　聚结材料除油试验效果

聚结材料名称	比润湿度	粒度/mm	比表面积/(m^2/g)	含油量/(mg/L)				除油率/%
				进水		出水		
				范围	平均	范围	平均	
聚丙烯	0.33	3～4	<4	41～633	227	17～195	66.6	70.6
聚苯乙烯	0.67	1～2	<4	43～149	93	10～36	21.3	77.2
FY－101 蜡	3.6	0.8～2.0	<4	43～149	93	12～34	19.3	79.3
FY 101	0.67	0.8～2.0	<4	43～149	93	18～39	28.8	69.2
GDX	11.5	0.8～2.0	400	43～149	93	6～22	14.3	84.7
FDB－206	大	1.5～4.0	800	32～273	110	3～16	9.4	91.5
石英砂	0.17	0.8～1.2	<4	43～149	93	22～48	34.2	63.2

(2)聚结材料疏水性考察

表 18－18 所示为几种聚结材料改变其疏水性时的除油效果。

从表 18－18 中看出，有的材料经整理后改变其表面疏水性，除油效果有较大改变，而 FDB－206 由于本身就属于疏水－亲油性，故经改质后从除油效果看无显著差异。

另外，材料的粒度、几何结构和表面粗糙度对油粒附着都有较大影响，详见表 18－19。

从表 18－19 中数据看出，球状和柱状材料相比除油效率有差异，对于相同重量材料仅从几何形状看柱状材料较好。

表 18-18 改变材料表面疏水性质时的除油效果

聚结材料名称	粒度/mm	比表面积/(m^2/g)	表面是否整理	含油量/(mg/L)				除油率/%
				进水		出水		
				范围	平均	范围	平均	
FDB-206	1.5×4	800	整理	79~819	259	3~43	17	83.4
FDB-206	1.5×4	800	未整理	79~819	259	5~60	19.7	92.4
废催化剂	0.9×3	230	整理	32~273	110	10~28	17.6	84.0
废催化剂	0.9×3	230	未整理	32~273	110	15~34	27.6	75.0
石英砂	0.8~2.0	<4	整理	32~273	110	12~38	22.0	80.0
石英砂	0.8~2.0	<4	未整理	32~149	110	15~44	35.5	67.7

表 18-19 不同外形聚结材料除油效果

材料名称	粒度/mm	比表面积/(m^2/g)	强度/(kg/粒)	含油量/(mg/L)				除油率/%
				进水		出水		
				范围	平均	范围	平均	
柱状材料	1.5×4	800	5.4	56~160	104	19~45	32.4	69
球状材料	<2.0	800	4.0	56~160	104	26~77	45.5	56.4

(3)聚结法的处理流程和效果

聚结法的处理流程见图 18-14。聚结法除油流程简单，不需要复杂的操作程序，易于掌握，易于管理，装置紧凑，占地面积小，为自动化控制创造了有利条件。同时，与气浮法除油比较，聚结法不需要投加混凝剂，因而减少了近 70% 废渣。另外也减少了油类对大气的污染。但是，当废水中含油量较大时，容易产生堵塞而降低了处理效果。聚结法处理效果比较见表 18-20。

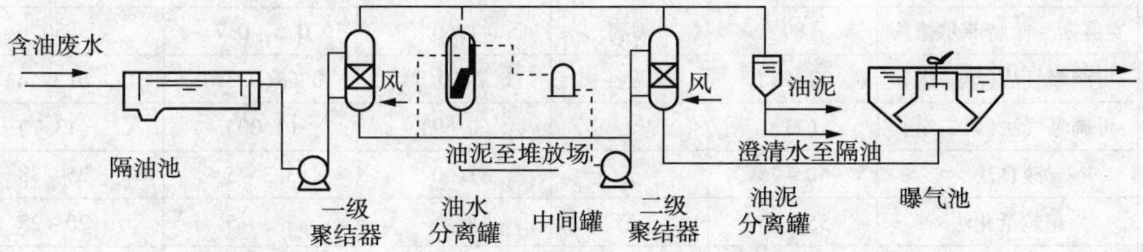

图 18-14 聚结除油流程图(北京燕山石化公司炼油厂)

六、生化法处理

1. 活性污泥法

活性污泥法是以活性污泥为主体的废水生物处理的主要方法。活性污泥法是向废水中连续通入空气，经一定时间后因好氧性微生物繁殖而形成的污泥状絮凝物，其上栖息着以菌胶团为主的微生物群，具有很强的吸附与氧化有机物的能力。

活性污泥法近 30 年来有了很大的发展，当今我国石化废水和炼油废水二级处理多数采用活性污泥法。

活性污泥的主要设计运行参数有：

①混合液悬浮固体(MLSS)，一般为3~5g/L。

②BOD负荷，有污泥负荷与容积负荷两种。污泥负荷，即BOD-SS负荷，一般为0.2~0.5kgBOD$_5$/(kgMLSS·d)。我国石化厂和炼油厂，目前常用BOD-SS负荷作设计运行参数。

③污泥龄(t_s)与污泥负荷有关，一般为2~15d。

④污泥沉降比(P_v)，15%~40%，以小于30%为好。

⑤污泥体积指数(SVI)，简称污泥指数。一般认为，SVI<100污泥沉降性能好，100<SVI<200污泥沉降性能一般，SVI>200污泥沉降性能不好。

几种活性污泥法的主要设计参数见表18-21。

表18-20　聚结法与气浮法处理效果比较

项目/方法	处理水量/(m^3/h)	油			硫			酚			COD			备注
		进水/(mg/L)	出水/(mg/L)	去除率/%	进水/(mg/L)	出水/(mg/L)	去除率/%	进水/(mg/L)	出水/(mg/L)	去除率/%	进水/(mg/L)	出水/(mg/L)	去除率/%	
聚结法	106	111	32.7	72.5	2.8	3.8	—	13.5	12.4	8.1	336	297	11.6	平均值
气浮法	106	111	43.2	61.1	2.8	1.5	53.6	13.5	10.4	23	336	269	19.9	平均值

表18-21　几种活性污泥法的主要设计参数

	处理系统	BOD$_5$去除率/%	需一次沉淀池与否	BOD负荷 容积负荷(L_V)/[kg/(m^3·d)]	BOD负荷 污泥负荷(L_S)/[kg/(m^3·d)]	去除每千克BOD所需空气量/(m^3/kg)
推流式	普通活性污泥法	90~95	需要	0.4~0.9	0.2~0.4	44~62
	减压曝气法	95	无	0.55	0.2~0.5	<44~62
	逐步曝气法	92	需要	0.8~2.4	0.2~0.5	32~44
	吸附再生法	85~90	无	1.15	0.25~0.5	46
	克芬斯-哈特菲尔德法	89	需要	1.60	0.5~0.7	50
	可调曝气法(第一组)	82(95)	需要	0.74(0.8)	0.68(0.33)	22.6(32.4)①
	可调曝气法(第二组)	(71)		(0.69)	(1.00)	(13.7)
	改良法	60~75	无	1.60	3.3~5	25~38
	超越活化法	55~65	无	6.4	3.3~5	20~25
完全混合式	加速曝气法	80~90	需要	1.5~3.0	0.25~0.5	
	曝气、沉淀混合法	72~90	需要	2~3	0.66~1.0	32
	射流曝气系统	95~97	需要	1.0~10.0		0.5~0.55②
	延时曝气法	有二次沉淀池	无	0.2~0.3	0.05~0.1	95~190
		无二次沉淀池 75~85				

①表示处理每m^3废水需要氧(空气)量，单位为m^3空气/m^3废水；②表示去除每kgBOD的耗电量，单位为kW·h/kgBOD

国内炼油厂污水处理大多采用的“合建式完全混合表面曝气池”即为活性污泥法的一种形式，所用的曝气设备基本上为泵型叶轮。该法对于进水负荷的突变不易适应，所需设备较为庞大，基建费用和运行费用都较高。因此，除了对现有曝气池的结构挖潜改造之外，探索新的处理方法和设备仍是当前一个重要的研究课题。

在传统活性污泥法问世以来的几十年里，生产实践大大推动了该技术的不断发展，相继出现了渐减曝气法、阶段曝气法、生物吸附法、完全混合法、延时曝气法、深井曝气、氧气曝气等常规改进工艺，以及氧化沟法、AB 法、SBR 法及其变型工艺等等。

(1)纯氧活性污泥法(UNOX 系统)

纯氧活性污泥法是在普通活性污泥法基础上发展起来的，采用纯氧代替空气作为微生物氧化分解有机物的氧源，可以增加水中的溶解氧浓度，从而提高废水处理效果，因此近年来发展较快。

纯氧活性污泥法有如下特点：在氧吸收速率很宽的范围内保持最大的有机物去除率；能在低溶解氧的空气系统中，F/M(食物－微生物比)测定值高的条件下有效地运行；能增加污泥的沉降速度，从而改善污泥的脱水性能；能在有机物浓度很宽的范围内操作，而不会产生缺氧，增加了整个系统的稳定性；与普通活性污泥法相比，占地少、处理成本低，对周围环境空气污染少；产生的剩余活性污泥量少。

德国林德(Linde)公司的 UNOX 纯氧曝气污水处理系统是现阶段较为成熟的纯氧曝气成套装置，目前全世界有数百套 UNOX 装置在运行；英国的 Vitox 纯氧曝气污水处理系统也有广泛的应用。中国石化自 1984 年以来在大庆石化总厂、天津石化公司、齐鲁石化公司、扬子石化公司先后从德国 Linde 公司引进 6 套 UNOX 装置，上海石化总厂也用国产机组建了两套纯氧曝气装置，如图 18－15 所示。

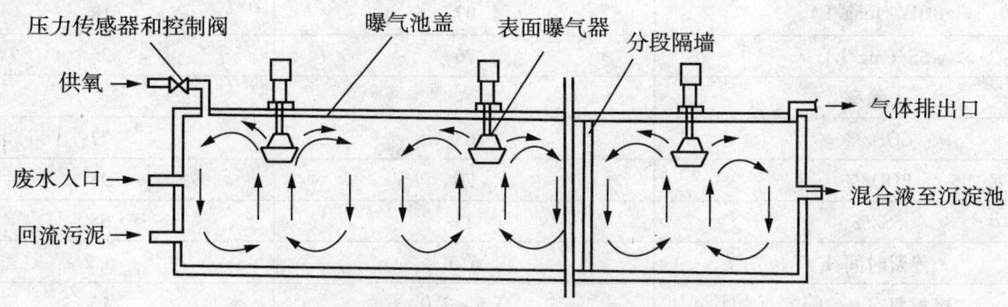

图 18－15　表面曝气的多段 UNOX 系统示意图

纯氧活性污泥法流程采用密闭多段充氧反应的气液接触系统，首先将纯氧、废水和回流污泥混合进入曝气池第 1 段，然后连续流过 2、3、4 接触段，最后混合液出曝气池到二次沉淀池沉淀后排出。沉淀污泥一部分回流到纯氧曝气池，剩余的送往污泥处理设施。曝气池各段气液接触混合，是利用表面曝气器(曝气机)来进行的。UNOX 系统所需氧是由 PSA 制氧装置(或深冷制氧)供给。供氧速率由设置在曝气池第 1 段的氧气压力控制器根据系统中氧的实际吸收速率按比例自动控制。UNOX 系统是属于封闭状态，基本在 245～980Pa 微正压下进行。由于密闭性能好，气体泄漏少，尾气由曝气池最后一段直接排出。为保证曝气池能达到要求的传氧速率，使各段中液体能整体混合，且降低单位溶解氧所需能量，必须使曝气池尺寸和各段造型与水深相配合，方能获得最佳的技术经济效益。

天津石化公司 UNOX 系统处理效果如表 18－22 所示；城市污水与化工废水混合处理效果比较见表 18－23；池底排泥浓度的比较见表 18－24。从表 18－24 可看出纯氧曝气法池底污泥浓度高于空气曝气法，有利于污泥脱水。

表18－22　天津石油化工UNOX系统处理效果(月均)

项目＼时间		1986年			1987年					设计要求
		10月	11月	12月	1月	2月	3月	4月	5月	
pH值①	进水	7.05	7.39	7.20	7.15	7.10	7.23	7.40	7.30	6～9
	出水	6.76	6.90	6.60	6.43	6.43	6.40	6.80	6.80	6～9
油/(mg/L)	进水	33.88	22.60	18.75	11.80	22.30	22.48	21.35	25.52	30～50
	出水	1.8	1.3	2.01	1.40	1.50	1.61	0.59	0.25	≤10
COD/(mg/L)	进水	573	520	504	275	319	329	336	778	800
	出水	58	77.4	113	56	65.9	55	36	67	≤200
成本/(元/t水)		0.952	0.782	1.251	0.912	1.309	0.889	0.864	0.790	

①pH值和油的处理效果及成本均含接触氧化法在内。

表18－23　城市污水与化工废水混合处理效果比较

项目	空气曝气	纯氧曝气
进水水质		
COD/(mg/L)	751	707
BOD_5/(mg/L)	324	348
SS/(mg/L)	113	114
出水水质		
COD/(mg/L)	281	176
BOD_5/(mg/L)	97	18
SS/(mg/L)	76	36
去除率		
COD/%	63	77
BOD/%	70	95
SS/%	33	68
停留时间/h	6.5	6.2
溶解氧/(mg/L)	0.5～2.0	15
MLVSS/(mg/L)	3440	4270
污泥负荷/[kgBOD/(kgMLVSS·d)]	0.35	0.32
污泥负荷/[kgCOD/(kgMLVSS·d)]	0.81	0.70
沉淀池污泥浓度/%	0.5	2.0

表18－24　池底排泥浓度的比较　　mg/L

序号	废水种类	空气曝气	纯氧曝气
1	沉沙后城市污水	1500	20000
2	初次沉淀后城市污水＋化工废水	3800～5000	15900～20000
3	初次沉淀后城市污水＋炼油废水	6300～8900	16000～18000
4	初次沉淀后城市污水＋化学及肉类废水	5100	28000
5	60％城市污水＋40％工厂废水	11000	15000
6	初次沉淀后城市污水＋啤酒废水	5300～10100	14100～18500
7	初次沉淀后城市污水＋啤酒及肉类罐头厂废水	11200	17000
8	初次沉淀后城市污水	7900	18000

天津石化公司通过多年实践开发了一种更为简单、经济、实用的纯氧曝气工艺，其中的生物反应器(相对于UNOX系统的曝气池)不需要密闭，因此特别适用于老厂的扩容改造，如图18-16所示，经初沉池预处理的城市生活污水或经调节池均质后的工业废水，先进入混合池与循环水以及回流污泥相混合，混合后的污水用泵送入充氧器。充氧器是一特制的、结构简单的中空设备，借助合理的水力设计，污(废)水在充氧器只需停留1~2min即可使DO达到40~60mg/L。充氧后的废水通过生化反应池底部的分布器进入生化反应池，缓慢上流。生化反应池内的活性污泥浓度为4~6g/L，由下而上废水中的有机污染物在活性污泥作用下分解，DO被消耗，到上部出水堰混合液的DO已降至1~3mg/L。经处理后的废水一部分作为循环水流至混合池，另一部分流到二沉池，经沉淀澄清后排放。沉淀浓缩后的污泥部分回流到混合池，其余送至污泥处理系统。氧气经缓冲罐通过调节阀进入充氧器，根据工艺需要调节充氧器出口阀门可控制充氧器的工作压力(一般控制在0.06~0.12MPa)。循环水量可由控制系统自动调整，以保证系统在最佳工艺条件下运行。

该工艺的主要特点是充氧(曝气)操作不用表面曝气机，生化反应与充氧在两个独立的设备中进行，生化反应器具有两相生物流化床的特征。

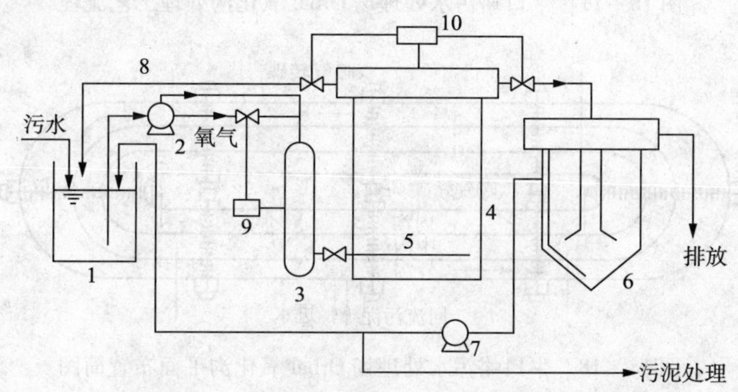

图18-16　纯氧曝气污水处理工艺流程示意图

1—混合池；2—进水泵；3—充氧器；4—生化反应池；5—进水布水器；6—二次沉淀池；7—污泥回流泵；8—循环回流水；9—供氧系统；10—污水回流控制系统

(2)氧化沟工艺

氧化沟是曝气构筑物呈封闭沟渠形而得名，又名“循环曝气池”，混合液在环状曝气渠道中不断循环流动。该处理工艺具有出水质量好、设备运行稳定、操作管理方便等优点，所以许多单位如抚顺石化石油二厂、广州石化公司、北京燕山石化牛口峪污水处理场、石家庄炼化公司等都得以采用。牛口峪污水处理场设计规模为$6\times10^4m^3/d$，主要处理乙烯生产过程中所排废水及居民区少量的生活污水。该厂采用二级生物处理工艺，生物处理工段为Orbal氧化沟，全套技术由美国引进，配套设备为国内产品，1994年12月建成投产。污水处理厂设计进、出水水质见表18-25，工艺流程如图18-17所示。生物处理工段设计为平行的两个系列，每个系列包括1个Orbal氧化沟和2个辐流式二沉池。每个氧化沟设24组曝气转碟，外、中、内沟各安装8组，氧化沟的平面布置如图18-18所示。

单个氧化沟的主要设计参数：进水流量为$1250m^3/h$，水力停留时间为14.2h，泥龄为35d，有效水深为4.26m，MLSS为4000mg/L，污泥负荷为0.074kgBOD/(kgMLVSS·d)、0.110kgCOD/(kgMLVSS·d)，容积分配为56∶26∶18(外∶中∶内)，溶解氧分配为0-1-2mg/L(外-中-内)。1997年11月~12月测试期间的运行参数如表18-26所示，处理效果如表 18－27 所示。

表 18－25　北京燕山石化公司牛口峪污水处理场设计进、出水水质

项　目	进　水	出　水	项　目	进　水	出　水
COD_{Cr}/(mg/L)	300	80	油/(mg/L)	40	4
BOD_5/(mg/L)	180	25	pH 值	6～9	6～8.5
SS/(mg/L)	200	20			

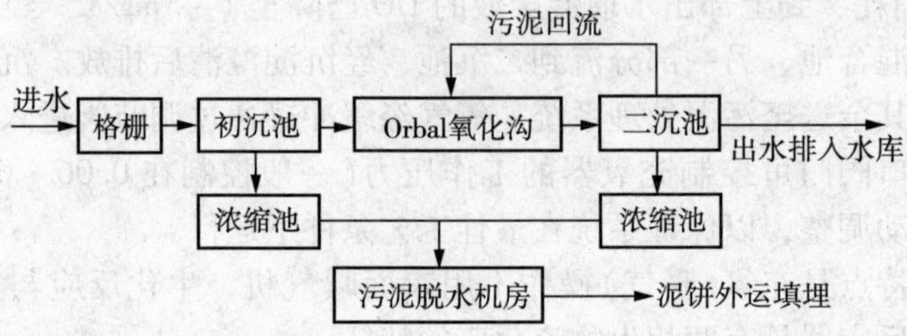

图 18－17　牛口峪污水处理场 Orbal 氧化沟处理工艺流程

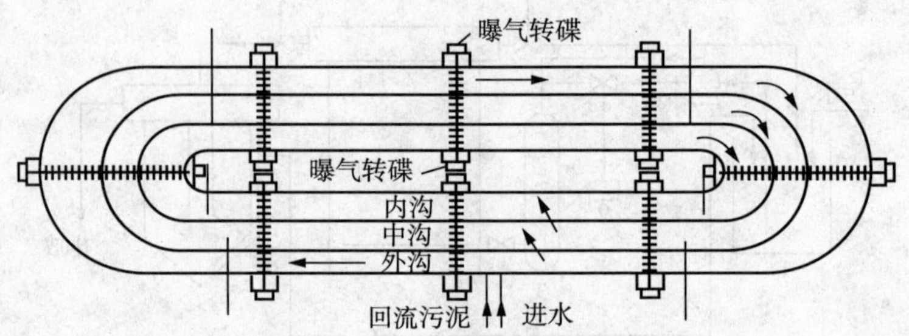

图 18－18　牛口峪污水处理场 Orbal 氧化沟平面布置简图

表 18－26　牛口峪污水处理场 Orbal 氧化沟运行参数

氧化沟运行参数		平均值	范　围
进水流量/(m^3/h)		903	851～937
水力停留时间/h		19	18～21
有效水深/m		4.2	
水温/℃		15	13～16
转碟运行组数	外沟	5	
	中、内沟	3	
转碟浸深/mm		450	
污泥回流比/%		61	59～65
MLSS/(mg/L)		3037	2923～3245
SV/%		93	91～94
SVI/(mL/g)		304	295～315
DO/(mg/L)	外沟	0	0～0.3
	中沟	0.4	0.1～0.9
	内沟	3.5	2.9～3.9

注：1. 表中溶解氧不包括转碟上游 1m 至下游 3m 范围内的测定值；

2. 溶解氧测定点在多个断面水下约 1m 处。

表 18－27　牛口峪污水处理场 Orbal 氧化沟处理效果

项 目	总进水/(mg/L)	氧化沟/(mg/L)				总出水/(mg/L)	氧化沟去除率/%	总去除率/%
		进水	外沟	中沟	内沟			
COD	455	396	37	29	24	28	92	93
BOD	—	197	5	4	3	3	> 95	—
SS	58	31	—	—	—	12	—	79
MH_4^+－N	11.82	11.55	—	—	—	—	> 99	> 99
TKN	—	16.09	1.89	1.09	0.95	0.98	94	—
NO_3^-－N	—	1.57	0.72	0.61	0.60	1.39	—	—
TN	—	17.44	1.96	1.26	1.18	1.43	92	—
pH	8.0	—	—	—	—	8.0	—	—

注：表中数据皆为平均值；COD 为间隔 2h 的平均样；其余皆为瞬时样。

测试结果表明，Orbal 氧化沟工艺处理效果很好，出水各项指标均远远低于设计值。COD、氨氮的去除率都超过 90%。在控制外沟中 DO(指非曝气区域)接近于零后，发现系统对 TN 的去除率大大提高。

2. 好氧生物膜法

好氧生物膜法又名好气附着型生长物的生物处理法或固定生物膜污水处理法。采用此法处理构筑物有：生物滤池、生物转盘、生物接触氧化池、生物流化床等。

由于生物膜的吸附作用，当废水在填料表面流动时，有机物被生物膜所吸附。同时，空气中的氧也经过废水表面进入生物膜，膜上的微生物在氧的参与下对有机物进行生物氧化分解，使废水得到净化。

(1)塔式生物淀池

塔式生物滤池是从普通和高负荷生物滤池的基础上发展起来的高效处理构筑物。在工艺上与高负荷生物滤池的区别不大，但塔式滤池的水力负荷比高负荷生物滤池大好几倍。塔式滤池可承受 $140m^3/(m^2 \cdot d)$ 的废水负荷，而高度可达 8～24m。滤池的高度与直径之比一般为(6～8)：1。由于塔身高，使废水、生物膜、空气三者充分接触，水流紊动剧烈，改善了通风条件，氧从空气中经过废水向生物膜内传质过程得到加强。由于废水停留时间短，对有机物成分复杂的工业废水处理不够完全，但它对有机负荷和毒物负荷的冲击适应性强，故宜作为高浓度工业废水的预处理构筑物，从而保证二级生物处理有稳定的效果。塔式生物滤池亦可作为低浓度废水的处理构筑物。实践证明，塔式生物滤池对处理含氰、酚、腈、醛等有毒废水效果较好，处理出水能符合要求。

①构造：塔式生物滤池的平面呈现圆形、方形或矩形，滤池主要组成包括塔身、填料、布水系统和通风系统，图 18－19 为塔式生物滤池流程示意图。

②塔身：主要起围挡填料的作用，一般可砖砌、钢筋混凝土浇注或框架结构镶嵌预制板。池顶通常高出上层填料表面 0.5m 左右，以免风吹影响废水的分布。塔身还设有观测孔兼作填料安装和更换的出入孔。

③填料：是塔式滤池的主要部分。对填料的选择有以下几点要求：就地取材、加工容易、价格便宜；单位体积填料面积和孔隙要大而适当；填料具有足够强度，能承受一定压

力，且本身质轻；能抵抗废水、空气、微生物的侵蚀，且能耐一定的温度；不含对微生物生命活动有影响的杂质。一般采用塑料填料，每层填料层厚度不宜大于2.5m，以便安装与维修。亦有采用焦炭和碎石作填材，费用颇为经济。

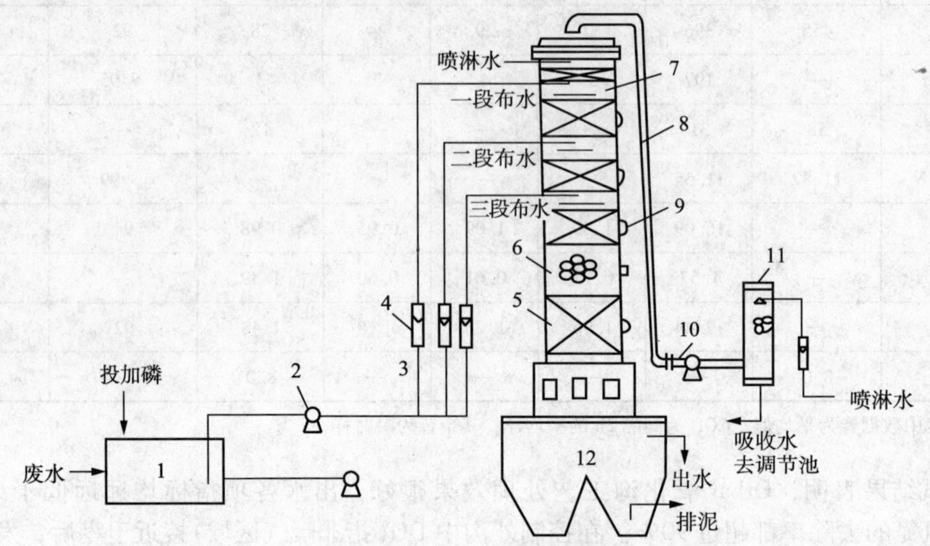

图18－19　塔式生物滤池流程

1—调节池；2—水泵；3—阀门；4—流量计；5—塔体；6—蜂窝填料；7—旋转布水器；8—风管；9—观察孔；10—风机；11—吸收塔；12—沉淀池

④布水与通风：均匀布水才能充分发挥全部填料的作用。布水是否均匀，取决于布水设备。塔式滤池的布水设备分移动式(常用旋转式)布水器和固定式喷嘴布水系统两种。旋转布水器可用电机带动，也可靠水的反作用力转动。喷嘴结构与冷却塔上所用的相同，固定式布水也有用溅水筛板的。塔式滤池一般用自然通风，塔底部空间的高度不宜小于0.6m，有时为防止有害气体的挥发，亦有采用机械通风。塔式滤池应用实例见表18－28。

(2)生物转盘

生物转盘又称两相接触器或转动生物接触器。生物转盘是由一系列平行的旋转圆盘、转动横轴、动力及减速装置、氧化槽等部分组成，如图18－20。生物转盘运行中有生物逐级分层的现象，是该构筑物的主要特点之一。

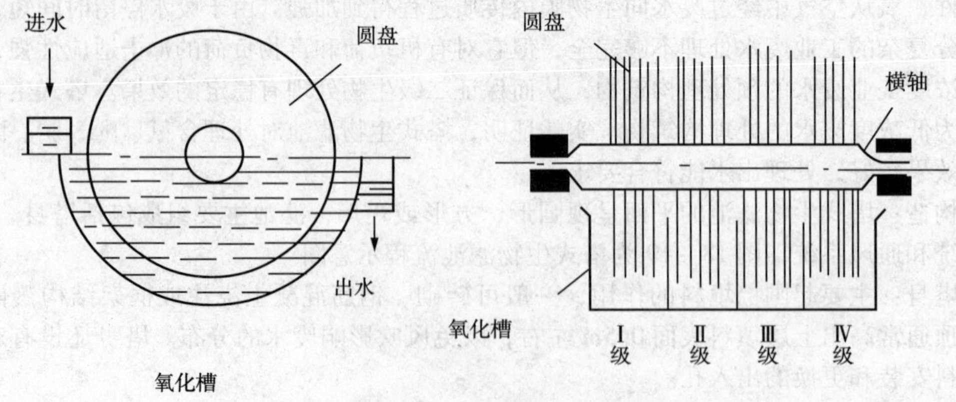

图18－20　生物转盘示意

表 18－28 塔式滤池应用实例

项目 \ 试验和应用单位	上海石化总厂腈纶分厂	湖南长岭炼油厂	福建三明化工厂	石油七厂						茂名石油工业公司炼油厂				
污水类型	丙烯腈废水	含碱、硫、油废水	含氰废水	高盐度含油废水						含油废水				
处理水量/(m^3/h)	450	60	1500	150										
进水 COD/(mg/L)	835	813	CN^-6.01～13.42							201	252	330	414	629
出水 COD/(mg/L)	432	611	CN^-0.44～1.78							101	124	175	235	413
去除率/%	48.3	24.8	CN^-75.08～89.52							49.7	50.6	46.9	43.1	34.4
进水 BOD_5/(mg/L)	482			10.3	15.2	20.5	25.6	32.0	41.1	54.1	91.1	132	163	336
出水 BOD_5/(mg/L)	229			3.5	4.1	5.3	4.3	6.0	8.5	13.8	22.8	50.9	72.1	197
去除率/%	52.5			66.2	73.3	74.8	83.4	80.8	79.4	74.5	75.0	61.5	55.7	41.4
BOD 负荷/[kgBOD/(m^3·d)]	3		CN^-0.7	0.1～0.2	0.21～0.30	0.31～0.40	0.41～0.50	0.51～0.60	0.61～0.70	0.32～1.0	1.0～1.5	1.5～2.0	2.0～3.0	3.0～4.52
水力负荷/[m^3/(m^3·d)]			75											
回流比														
通风型式	天然或机械均可	自然	机械							自然				
塔直径/m	2.2	3.2	8×8							3.5				
塔高/m	23.25	21.885	19.5							18.6				
填料	玻璃钢和纸蜂窝 ϕ19mm 和 ϕ25mm	立体波纹	纸蜂窝 ϕ18mm							纸蜂窝 ϕ20mm				
注	6 座塔	2 座塔	3 座塔进水温度 50℃，出水温度＜32℃ 冷却型塔滤	废水先经隔油砂滤后进塔滤 废水含盐量在 12000～15000mg/L 2 座塔						废水先经隔油池后进塔滤 去除 1kgBOD 产污泥 0.094kg				

①盘材与构造：盘材是生物转盘的主要组成，盘材的材质、形状、安装方式对设备的使用寿命、设备维修和投资影响最大。盘材要求质轻、价廉、耐腐蚀、便于加工、有一定刚度。盘材可用塑料、玻璃钢、竹片等。

圆盘不到一半的面积浸没在圆形或多边形的氧化槽中，污水从水槽中流过，水流方向可与盘片平行，亦可与盘片垂直。盘片的旋转使附着在盘片上的微生物交替地与水和空气接触，达到处理废水的目的。

在北方地区，为达到常年运转，转盘建于室内，也可加罩保温。对于有毒易挥发的废水，加盖可防止空气污染。南方地区为防止暴雨冲刷掉生物膜，亦有搭简易棚的。

②转盘型式：转盘可采用单轴单级、单轴多级或多轴多级的布置形式。增加转盘的级数可提高处理效果，但也相应提高了投资，一般为充分利用转盘的表面积，转盘不宜超过四级。国内应用生物转盘处理工业废水的实例见表 18－29。

表 18－29　生物转盘应用实例

项目 \ 试验或生产单位	淄博石油化工厂	上海第二化纤厂	北京石楼车辆段油罐洗刷所	铁道部北京木材防腐厂	大同合成橡胶厂、北京市环保所等
废水种类	丙烯腈废水	腈纶废水	含油废水	含酚废水	氯丁废水
流量/(m^3/h)	3	4	1.25	8.3	
停留时间/h	1.86	1.9			2
进水 COD/(mg/L)	297	200	540～672	120	
出水 COD/(mg/L)	8.6	<2	砂滤后 45～66	44.3	
去除率/%	71.3	90		6.3	
进水 BOD_5/(mg/L)		300	139～192	酚 6.3	230
出水 BOD_5/(mg/L)		60	砂滤后 2～3	酚 0.14	20～30
去除率/%		80		酚 97.7	90～92
有机负荷/[g/(m^2·d)]	COD 29.7	BOD 30～45			11.8
水力负荷/[m^3/(m^2·d)]	0.1	0.1～0.15	0.12	0.15	
进水方式	垂直于盘片	底部分散进水			与盘片转动方向一致或相反
线速/(m/min)	18	25.1	11	20	15～27
转盘直径/m	1.8	2	1	2.48	0.2
片距/mm	24	20	20		18
总片数/片	279	136	250		40
盘材	硬塑料板	硬塑料板、玻璃钢		聚丙烯	有机玻璃
型式	二轴二级	单轴二级	2 台并联，第一台单轴四级 100 片，第二台单轴三级 150 片	单轴三级 共两组盘片由 8 个断面拼成	单轴四级

(3)生物接触氧化法

生物接触氧化法即淹没滤床，亦称固定床处理法或接触氧化法，其构造示意见图18-21。

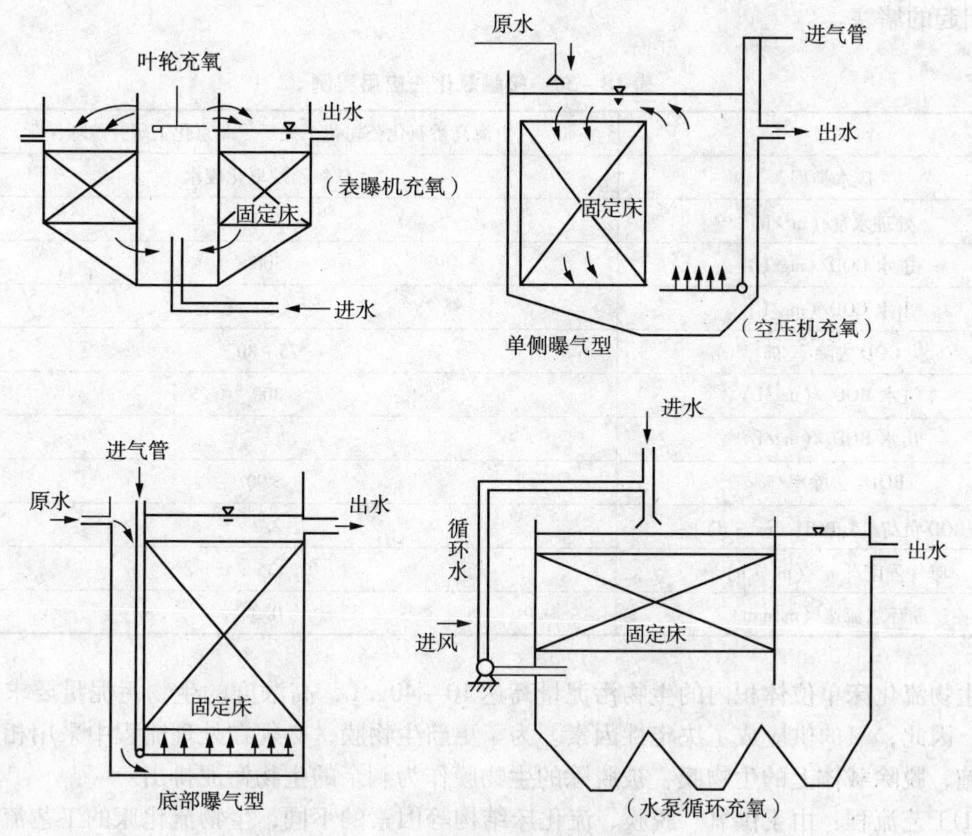

图18-21 生物接触氧化法结构

①构造：生物接触氧化池可采用钢结构或钢筋混凝土结构。池型可为圆形或矩形，池的底壁设有支承填料的格栅和进水、进气管的支座。生物接触氧化池一般填料高度为3m，底部布水、布气层厚度为0.6~0.7m，顶部稳定水层为0.5~0.6m，因此池高为4.5~5.0m。

②填料：填料与生物接触氧化法的生命力密切相关。目前国内主要采用聚氯乙烯、聚丙烯、环氧玻璃钢、环氧纸蜂窝填料等。亦有采用炉渣等颗粒状填料。填料的选择与水质有关。

③布水、布气装置：氧化池的均匀布水、布气对发挥填料作用，提高氧化池工作效率有很大的关系。供气方式有鼓风曝气、机械曝气和喷射曝气。鼓风曝气的空气扩散装置可采用穿孔管或曝气头等方式。进水方式可采用进水喇叭口、进水廊道和进水堰等，使全池均匀地布水。出水装置一般采用周边堰流的方式。

接触氧化法常见有氧化池与沉淀池分建式、合建式及多种串联喷射器供氧三种类型。在分建式和合建式中又分为一段法和二段法。

接触氧化法的体积负荷视水质而定，废水在氧化池内的停留时间一般为0.5~1.5h，水气比的控制以池中DO 3~6mg/L为宜，有的亦采用水气比为1:(10~15)的运行条件。

接触氧化法的应用实例见表18-30。

(4)生物流化床

生物流化床是以砂、焦炭、活性炭之类的颗粒材料作为载体，水流由下而上使载体流态化，在载体表面附着生长生物膜，由于附着生物膜的颗粒处于不停的流动，从而防止生物膜可能引起的堵塞。

表 18－30 接触氧化法应用实例

项目	上海高桥石化公司化工三厂、北京化工研究院环保所
废水类型	环氧乙烷皂化废水
处理水量/(m^3/h)	140
进水 COD/(mg/L)	500
出水 COD/(mg/L)	
COD 去除率/%	75～80
进水 BOD_5/(mg/L)	300
出水 BOD_5/(mg/L)	
BOD_5 去除率/%	>90
BOD 负荷/[kgBOD/(m^3·d)]	2.2
曝气强度/[m^3/(m^3·h)]	35
循环水流速/(m/min)	0.3

生物流化床单位体积内的生物污泥量高达 10～40g/L，高浓度的生物污泥量要求高速地供氧。因此，氧的供应成了决定性因素。为了更新生物膜，必须在处理流程中采用相应的机械措施，脱除载体上的生物膜，被脱除的生物膜作为剩余的生物污泥排出。

①工艺流程：由于供氧、脱膜、流化床结构等因素的不同，生物流化床的工艺流程主要可分以下两种：以纯氧或空气为氧源的生物流化床工艺(图 18－22)和三相生物流化床工艺(图 18－23)。

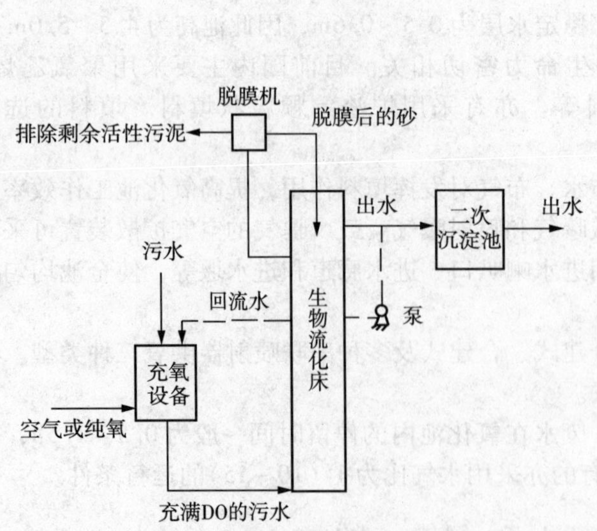

图 18－22 以纯氧或空气为氧源的生物流化床工艺流程

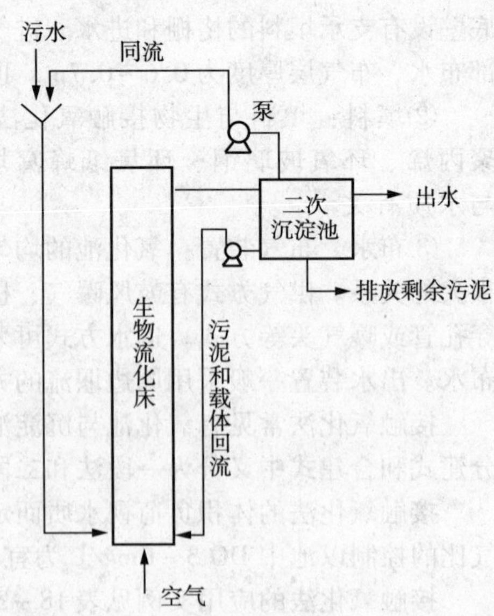

图 18－23 三相生物流化床工艺流程

以纯氧或空气为氧源的生物流化床工艺以纯氧为氧源，污水与回流水在充氧设备中与氧混合，使水中的溶解氧提高至32～40mg/L，然后进入生物流化床装置进行生物反应。经反应后的污水从生物流化床排出。在流程中设有脱膜机，脱除载体上的生物膜，作为剩余生物污泥排出。脱膜机间歇工作。经脱膜后的载体返回流化床。

对于一般浓度污水($BOD_5$80～200mg/L)，一次充氧不能保证生物处理所需的氧量，因此往往要循环回流。以压缩空气为氧源。由于氧在空气中的分压低，充氧后水中溶解氧含量低(一般情况下低于9mg/L)，因而循环系数大，动力消耗多。为充分利用充氧设备的体积和提高空气中氧的利用系数，曾用生物接触氧化池作为充氧设备，动力消耗有所下降。

在三相生物流化床中，气－液－固在流化床中进行生物反应，不需要另外的充氧设备，由于空气的搅动，载体之间的摩擦较强烈，一些多余的生物膜在流化过程中脱落，故不需特殊的脱膜装置。在三相流化床中，由于空气的搅动，有小部分的载体可能从流化床中带出，故需回流载体。当污水浓度较高时，可以用回流的办法稀释进水。三相生物流化床的技术关键之一，是防止气泡在床内互相并合，形成许多大的鼓泡，而影响充氧效率。为了控制床内气泡的大小，有采用减压释放空气的方式充氧的，也有采用射流曝气作为充氧手段的。

②生物流化床结构

布水：生物流化床结构关键是底部的配水装置，配水装置同时又是载体的支承层，配水的均匀性可对床内的流动产生重大的影响。生物流化床中常用的布水方式有多孔板布水、多孔板上设置砾石、粗砂配水、锥体布水和泡罩分布板布水等，见图18－24。

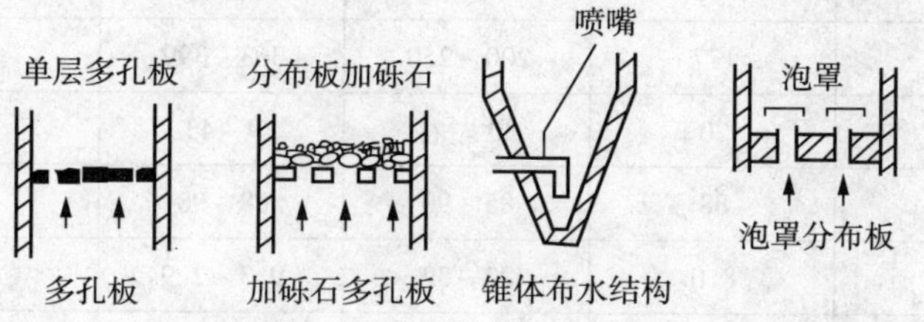

图18－24 生物流化床几种布水方式

充氧：以压缩空气为氧源的充氧，一般分为在床内直接曝气充氧、与回流污水提升结合充氧、在曝气柱中充氧、在填料塔中充氧等几种方式；以纯氧为氧源的充氧，一般分跌水充氧和曝气充氧两种。跌水充氧设备结构简单，充氧能力大，管理方便，是一种有效的充氧设备，见图18－25。

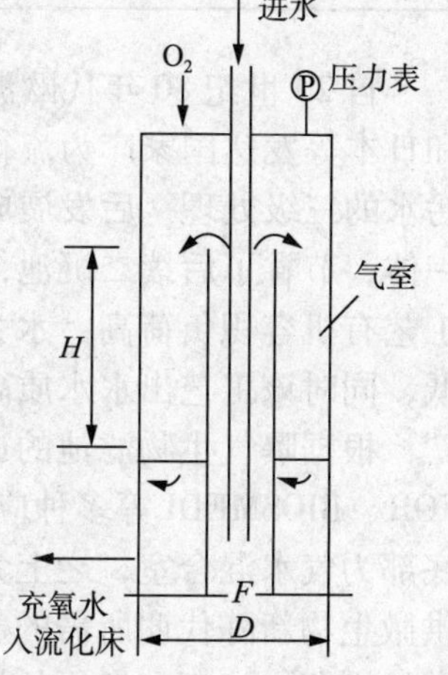

图18－25 跌水充氧装置

脱膜：脱膜对生物流化床保持高效运行十分重要。脱膜一般分两类，在床内靠载体摩擦脱膜和设置专门脱膜装置。专门脱膜装置主要采用振动筛，用泵从生物流化床的中上部抽出带生物膜的载体，经振动筛脱膜后载体返回流化床。

生物流化床试验运行实例见表18－31。

(5)曝气生物滤池

曝气生物滤池(Biological Aerated Filters，BAF)也称淹没式曝气生物滤池(Submerged Bio－logical Aerated Filters，SBAF)，它充分借鉴了污水生物接触氧化法和给水快滤池的设计思路，其工艺原理为在滤池中装填一定量粒径较小的粒状滤料，滤料表面生长着生物膜。滤池内部曝气，污水流经时利用滤料上高浓度生物膜的生物絮凝作用截留污水中的悬浮物，并保证脱落的生物膜不会随水漂出。运行一段时间后，因水头损失增加，需对滤池进行反冲洗，以释放截留的悬浮物并更新生物膜。

表 18－31　生物流化床试验运行实例

项目 \ 试验运行单位	成都市政院	兰州化工研究院	兰州化工研究院	山西机床厂	上海医药设计院
废水类型	天然气脱硫废水	石油化工废水	橡胶厂催化脱氢废水	煤气站废水	抗生素废水
处理水量/(m^3/d)				240	7.2
操作方式	二相	二相	二相	三相	三相
载体种类	砂	砂	砂	活性炭	烟道灰
氧源	空气	纯氧	纯氧	空气	空气
停留时间/min	32	10.8		11.2	798
进水 COD/(mg/L)	272	400～540	699～797	76～284	1998
出水 COD/(mg/L)	52.7	140～280	277～344	29.5～234	451
COD 去除率/%	80.5	41～66	50～62	39	77.3
COD 负荷/[kg/(m^3·d)]	12.3			39.2	2.80
进水 BOD_5/(mg/L)	177	200～250	363～399		771
出水 BOD_5/(mg/L)	20	30 左右	9～43		22
BOD_5 去除率/%	88	85～90	88～98		97.3
BOD 负荷/[kg/(m^3·d)]	8.0	22～32	9.3～2.9		1.34
污泥浓度/(g/L)	20			80	10
COD 氧化能力/[kg/(m^3·d)]	9.9			11.5	2.16

自 20 世纪 80 年代欧洲建成第一座曝气生物滤池污水处理厂后，曝气生物滤池已在欧美和日本等发达国家广为流行，目前世界上已有数百座污水处理厂采用了这种技术。最初用于污水的三级处理，后发展成直接用于二级处理。其最大特点是集生物氧化和截留悬浮固体于一体，节省了后续二沉池，在保证处理效果的前提下使处理工艺简化。此外，曝气生物滤池工艺有机容积负荷高、水力负荷大、水力停留时间短、所需基建投资少、能耗及运行成本低，同时该工艺出水水质高。

根据曝气生物滤池的进水方式、填料等不同可以分为 BIOCARBONE、BIOSTYR、BIOFOR、BIOSMEDI 等多种应用类型。其中 BIOFOR 工艺的结构和处理流程如图 18－26 所示，底部为气水混合室，之上为滤板和专用长柄滤头、承托层、滤料，曝气器位于承托层内，提供微生物新陈代谢所需的养分。BIOFOR 与 BIOSTYR 相比不同的是采用密度大于水的滤料，自然堆积，滤板和专用长柄滤头在滤料层下部，以支撑滤料的重量；而 BIOSTYR 中的滤板和滤头在滤料层顶部，以抵抗滤料层的浮力。BIOFOR 其余的结构、运行方式、功能等方面与 BIOSTYR 基本相同。

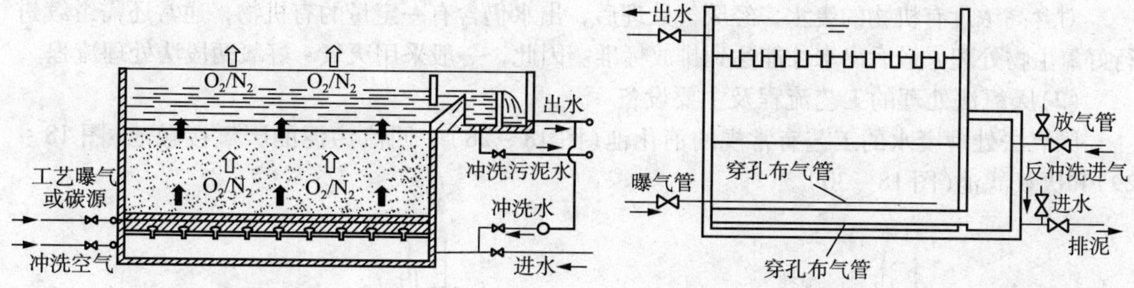

图 18－26　BIOFOR 结构示意图

3. 厌氧法

(1)厌氧法原理

厌氧法处理废水是在无氧条件下，利用微生物将有机物转化为甲烷及其他无机物(CO_2、NH_3 等)的过程，其原理是：

$$\text{有机物} \xrightarrow{\text{产酸细菌}} \text{有机酸} \xrightarrow{\text{甲烷细菌}} CH_4 + CO_2 + NH_3 \text{ 等}$$

厌氧处理的整个过程由酸性发酵阶段和甲烷发酵阶段组成。在酸性发酵阶段，由一类兼性菌将复杂有机物分解并发酵，形成有机脂肪酸、H_2、CO_2、NH_3 等，适宜 pH 值为 4.5 ~ 8。在甲烷发酵阶段，由另一类细菌和甲烷菌将有机酸及 H_2、CO_2 转化为 CH_4；甲烷菌绝对厌氧，专性极强，生长率低，需在微碱性环境中生长，适宜的 pH 值为 6.8 ~7.2。由于酸性发酵的反应速率远远大于甲烷发酵的速率，因此甲烷发酵控制着整个处理过程。

图 18－27 是典型的废水厌氧处理的降解过程，从中可以看到：①pH 在降解开始时，由于有机酸的形成而下降；随着甲烷发酵过程，酸被分解，pH 值上升；②剩余 COD 值在酸性发酵期间，有机物仅转换成溶解性酸类。因此 COD 没有下降，随着甲烷发酵开始，COD 才显著下降；③甲烷气体所占百分比和挥发性酸相反，一二天后，甲烷产量快速增长，而挥发性酸相应减少。

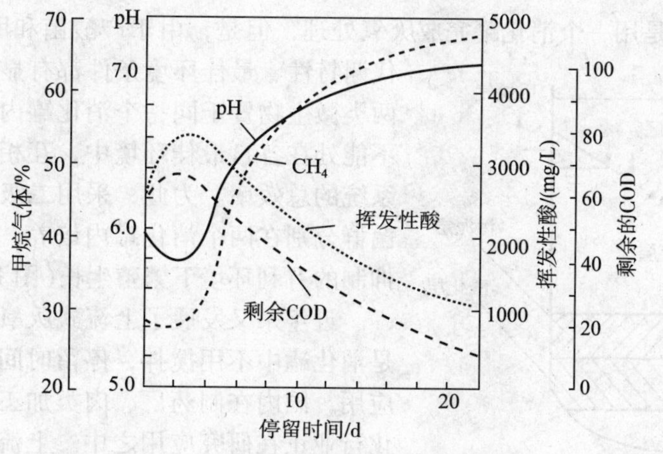

图 18－27　废水厌氧处理的降解过程

厌氧法处理废水的特点是可以处理高浓度有机废水，工艺本身能耗低，并可回收甲烷作为燃料。剩余污泥量仅为好氧生物处理的 1/6 ~ 1/10，且排出的污泥也易于脱水，所投加的氮、磷量也只有好氧处理的 1/6。但厌气菌对一些毒物诸如 $CHCl_3$、CCl_4 和 CN 等比较敏感；厌氧菌繁殖较慢，发酵时间长等。

对含高浓度有机物的废水，经厌气处理后，出水仍含有一定量的有机物，通常还需继续进行好氧生物处理，最后出水才能达到排放标准。因此，一般采用厌氧－好氧两段法处理流程。

(2)厌氧法处理的工艺流程及主要设备

厌氧法处理废水的工艺有常规的消化池(图18－28)、回流污泥的厌氧接触池(图18－29)和厌氧滤池(图18－30)。

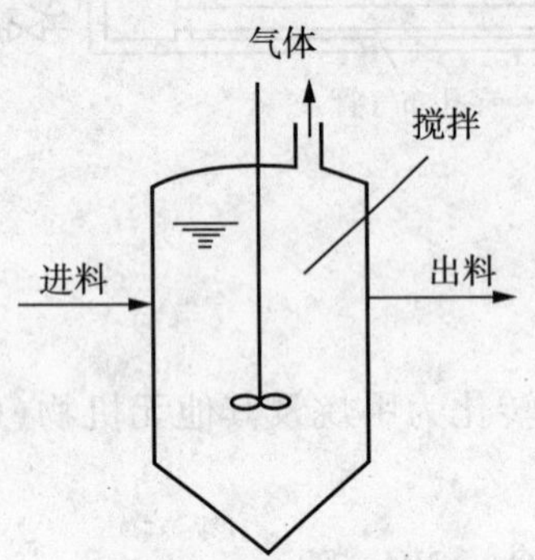

图18－28　常规消化池

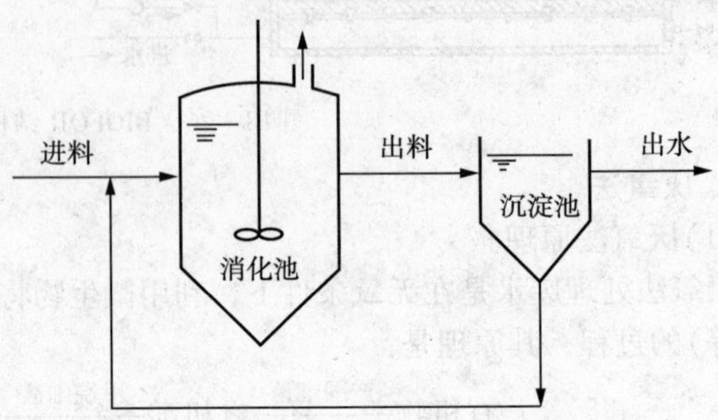

图18－29　回流污泥的厌氧接触池

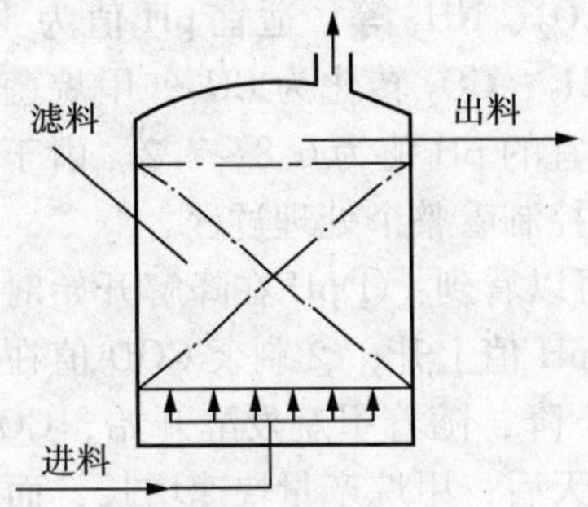

图18－30　厌氧滤池

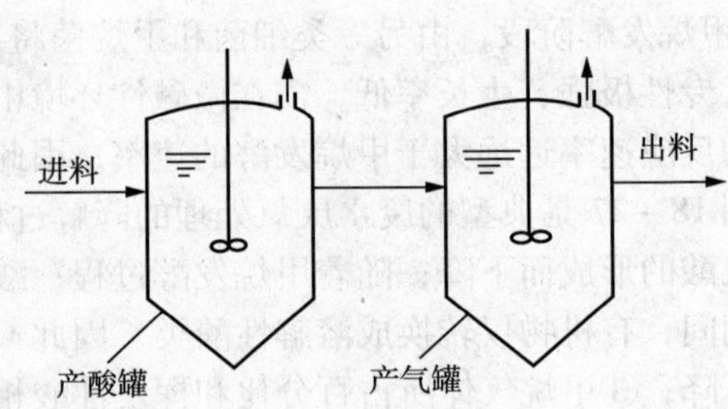

图18－31　二级厌氧处理

这些流程中都是用一个消化罐完成厌氧处理，但是，由于产酸菌和甲烷菌的生产速率、代谢特性、最佳环境条件都有显著的差异，这样使两类微生物置于同一个消化罐内，其两类微生物都不能处在各自最佳环境中，互相影响、抑制而降低系统的总效率。为此，采用二级厌氧处理，把两类菌群分别在两个消化罐内培养，使各自在没有互相抑制的有利环境下繁殖生长(图18－31)。

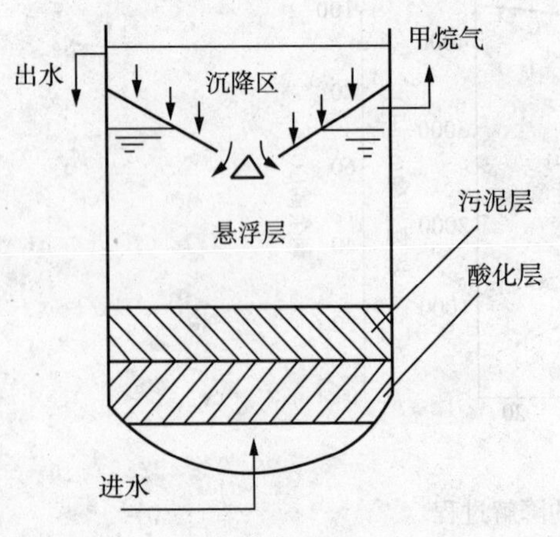

图18－32　上流式厌氧污泥床消化罐示意图

近年来又发展了上流式厌氧污泥床工艺，特点是消化罐中不用搅拌，停留时间短。国外已被广泛应用，国内在制药厂、肉类加工厂已开始应用，石化行业正在研究应用之中。上流式厌氧污泥床消化罐见图18－32。

(3)操作条件及影响因素

厌氧处理的操作条件主要是控制温度、pH值、营养物质和有毒物质的允许浓度等。

厌氧处理的温度控制比较严格，一般为33℃(中温发酵)或55℃(高温发酵)，运行温度

不能超过 ±2℃。采用55℃的高温发酵效果比33℃的中温发酵要好，沼气多、污泥少、效率高，但是能耗也高。针对温度较高的有机废水采用高温发酵是合适的。一般废水处理多采用中温发酵。

pH 值对厌氧发酵过程有明显影响，一般要求 pH 值在 6.5 ~ 7.6 之间，最适宜为 6.8 ~ 7.2 之间。进料 pH 值范围视具体情况决定，例如酒精厂废水，含有机酸多、pH 值低至 4，仍可直接进入厌气发酵池内，有机酸迅速转化为甲烷，pH 值迅速提高。操作中对 pH 值监控很重要，pH 值低于 6.8 将抑制甲烷菌生命活动，一方面停止进料，另一方面投加石灰水等调整 pH 值。不要在从消化池出水 pH 值变化后再采取措施，最好 pH 值能自动监控。

碳(C)、氮(N)、磷(P)的比例对厌氧发酵有影响。如工业废水中氮、磷不足应补充。一般 C:N:P = 100:2.5:0.5；BOD_5:N:P = 100:2.5:0.25；COD:N: P = 100:1:0.15。厌氧发酵时 N:P 值可稍高一点，C:N 值可达 10 ~ 20。

对厌气发酵的有毒物质主要有重金属离子和某些阳离子，一些化学物质超过一定浓度也有抑制作用，超过一定浓度可完全破坏厌氧发酵过程。毒物允许浓度有关研究报道各不相同，特别对重金属离子，允许浓度差别就更大，见表 18 - 32。

表 18 - 32 厌氧处理有毒物质允许浓度

有毒物质名称	允许浓度/(mg/L)	有毒物质名称	允许浓度/(mg/L)
铬(六价)	1% ~2%(污泥重)	氧化钠	5 ~ 10
镍	0.1% ~0.4%(污泥重)	氟化钠	>11
铜	0.25% ~0.5%(污泥重)	硫代硫酸钠	>2.5
锡	0.3%(污泥重)	亚硫酸钠	200
甲醇	800	硫氰化钠	>180
丁醇	800	氰化钠	2 ~ 10
异戊醇	800	四氯化碳	1.6
甲苯	400	去垢剂 - 阳离子	100
二甲苯	<870	去垢剂 - 非离子	500
甲醛	<100	盐酸、磷酸	pH 值：6.8
丙酮	>4	乳酸	pH 值：5.0
乙醚	>3.6	丁酸	pH 值：5.0
汽油	400	草酸	pH 值：5.0
		酒石酸	pH 值：5.0

(4)处理效果及技术经济指标

采用上流式厌氧污泥床反应器的处理效果见表 18 - 33。

表 18 - 33 上流式厌氧发酵废水处理效果

厂名	有机负荷/[kgCOD/(m^3·d)]	发酵池容积/m^3	温度/℃	COD		
				进水浓度/(mg/L)	出水浓度/(mg/L)	去除率/%
华北制药厂	8.0	0.14	38 ~ 42	10000 ~ 15000	900 ~ 1350	90
北京屠宰场	2.4 ~ 3.0	15	24 ~ 29	621 ~ 1258	134 ~ 169	76 ~ 84

发酵池的容积负荷一般为 6 ~ 9kgCOD/(m^3·d)左右，COD 去除率达 80% 以上，BOD 去

除率达91%。COD产沼气率为0.48m^3/(kgCOD·d)。沼气中甲烷含量为71%，二氧化碳含量为21%。由于高浓度废水厌氧处理后，一般达不到排放标准，因此厌氧处理经常与好氧处理结合一起用，形成厌氧-好氧工艺。好氧法每日处理1000kgCOD需耗电600~700kW·h，而厌氧法则可生产500m^3沼气。好氧法每日处理1000kgCOD，曝气池加沉淀池需体积600~700m^3；而厌氧法如采用厌氧滤池或上流式厌氧污泥床反应器所需体积为100~200m^3，投资和占地面积都可大幅度减少。北京市环保所曾对采用好氧活性污泥法和上流式厌氧污泥床发酵法处理酒精厂溶剂车间废水作了经济比较(原废水COD=12000mg/L)，详见表18-34。

表18-34 活性污泥法与厌氧发酵法技术经济指标对照

序号	项目	活性污泥法	厌氧发酵法
1	处理水量/(t/d)	8	0.8
2	进水COD/(mg/L)	12000	12000
3	COD去除率/%	90	95
4	装机容量/kW	464.5	19
5	设备运行容量/kW	329	12
6	日耗电量/(kW·h)	7896	288
7	剩余污泥量/(m^3/d)	脱水前384，后192	微
8	产生沼气量/(m^3/d)	—	4800
9	基建投资/×10^4元	63.1	41.2
10	折旧费/×10^4元	2.52	1.65
11	工资/×10^4元	1.26	0.75
12	药剂费/×10^4元	0.5	1.5
13	维修费/×10^4元	1.26	0.83
14	电费/×10^4元	21.33	0.78
15	日常运行费/(元/d)	895.5	183.42
16	废水处理成本/(元/m^3)	1.12	0.23
17	污泥/(m^3/d)	192	—
18	污泥处理费/元	556.8	—
19	沼气/(m^3/d)	—	4800
20	回收能源/元	—	288
21	年经营费/×10^4元	36.93	3.86
22	年成本/×10^4元	31.76	8.69
23	总资金投入量现值/×10^4元(经济寿命采用20a，贴现率10%)	270.41	74.03

从表18-34可看出，无论按年成本或资金总投入量来说，活性污泥法均比厌氧法高2.7倍，厌氧法比活性污泥法投资低1/3，电耗为1/27，废水处理成本费约1/4。厌氧法每天产沼气4800m^3，年收入10.5×10^4元，为投资1/4。好氧法剩余污泥192m^3，据北京羊绒

厂费用资料，用转鼓过滤机脱水，每 m^3 剩余污泥需电费 1.10 元，药费 1.80 元，仅此一项每年可节约污泥处理费 30×10^4 元，回收能源收入和节省污泥处理费用这两项即相当于全部投资额。

4. 活性污泥法与生物膜法组合处理含油废水

(1)生物接触氧化与活性污泥法串联处理含油污水

1975 年北京市环境保护科学研究所首先进行了生物接触氧化法处理城市污水的试验，以后逐渐在国内推广使用。青岛石油化工厂自 20 世纪 80 年代以来，一直沿用“隔油－浮选－曝气活性污泥法”这一老三套工艺处理炼油污水，虽经多次技术改造，处理后的污水只能达到 GB 8978－88 二级排放标准。1995 年又新建一座均质池和生物接触氧化池，与原污水处理场设施串联运行，收到了良好的效果。生物接触氧化池是由池体、填料、布水区和曝气系统等几部分组成，填料表面供微生物栖息繁殖，曝汽提供微生物生长所需氧气。已经充氧的污水浸没全部填料，并以一定的速度流经填料，填料上长满生物膜，污水与生物膜相接触，在生物膜上微生物的作用下，使污水得到净化。曝气系统是采用直接在填料池底部设进气管，由鼓风机向填料鼓风供氧。填料表面的生物膜由好氧和厌氧两层组成，好氧层厚度一般为 2mm 左右，有机物的降解主要在好氧层内进行。工艺流程如图 18－33 所示。

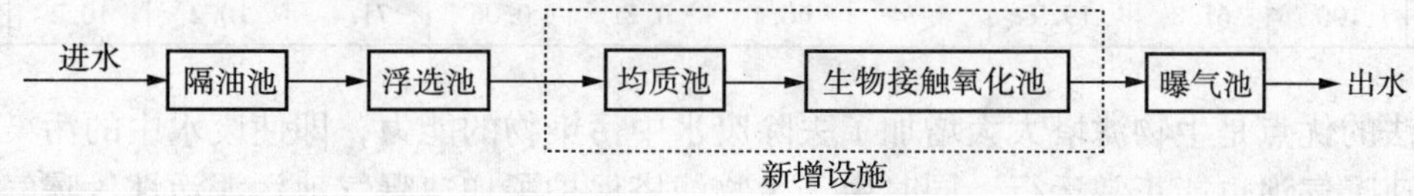

图 18－33 生物接触氧化与活性污泥串联生物处理工艺流程

表 18－35 为二浮出水进均质池及生物接触氧化后出水水质部分监测数据比较，结果显示新工艺处理使废水主要污染物 COD、石油类和挥发酚的去除率分别为 50% 左右、20% 左右和 90% 以上，使处理后的外排水水质达到了 GB 8978－88 新扩改“二级标准”。

表 18－35 污水处理场二浮出水与新设施出水水质

	COD/(mg/L)		石油类/(mg/L)		挥发酚/(mg/L)	
	二浮出水	新设施出水	二浮出水	新设施出水	二浮出水	新设施出水
10.40	329	135	16.09	10.53	20.70	< 0.1
10.50	280	128	16.02	15.63	27.89	< 0.1
10.10	346	150	14.54	10.84	28.90	< 0.1
10.16	377	159	12.29	12.00	26.71	< 0.1
10.19	350	150	9.88	7.11	19.48	< 0.1
10.23	311	153	6.97	5.53	28.22	< 0.1
10.25	292	108	12.00	5.38	28.39	< 0.1
10.30	417	131	8.60	7.47	55.27	< 0.1
10.31	272	107	12.05	6.00	51.24	< 0.1

(2)生物滤塔与加速曝气池串联两级处理炼油污水

茂名石化炼油厂含油废水采用生物滤塔与加速曝气池串联法治理，其工艺流程如图 18－34所示。

图 18－34　生物滤塔与加速曝气串联两级生化处理工艺流程

废水首先进入平流隔油池除去部分悬浮物和浮油，再进入斜板隔油池除油；经过二次除油的废水进入浮选池进一步除油，然后通过生物滤塔、加速曝气池进行生化处理，净化水进监护池后排放；油泥、浮渣、活性污泥进板框压滤机处理。生物滤塔共有 3 座并联使用，分别用酚醛树脂玻璃钢和聚氯乙烯为填料，制成蜂窝状，每塔处理水量为 100 ～ 200m^3/h。其治理效果如表 18－36 所示。

表 18－36　生物滤塔与加速曝气池处理效果

COD			石油类			硫化物			挥发物		
进水/（mg/L）	出水/（mg/L）	去除率/%	进水/（mg/L）	出水/（mg/L）	去除率/%	进水/（mg/L）	出水/（mg/L）	去除率/%	进水/（mg/L）	出水/（mg/L）	去除率/%
257	143	44.6	20.1	10.8	46.2	0.24	0.12	50.0	7.0	7.0	98.6
332	139	58.0	19.5	6.63	66.0	0.43	0.09	79.1	18.3	18.3	99.3
262	100	61.8	19.9	6.74	66.1	0.21	0.06	71.4	10.2	10.2	97.7

该法的优点是生物滤塔大大增加了去除废水中污染物的能力，即使废水中的污染物量波动，加速曝气池也能正常运行。同时由于生物滤塔保护了加速曝气池污泥活性，曝气池中水泥厂回流也处于良好状态。

5. 膜法 A/O 工艺处理含油废水

朱富祥等实验了 A/O 工艺和 AO_1O_2 工艺处理镇海炼化公司综合废水，其工艺分别如图 18－35、图 18－36 所示。

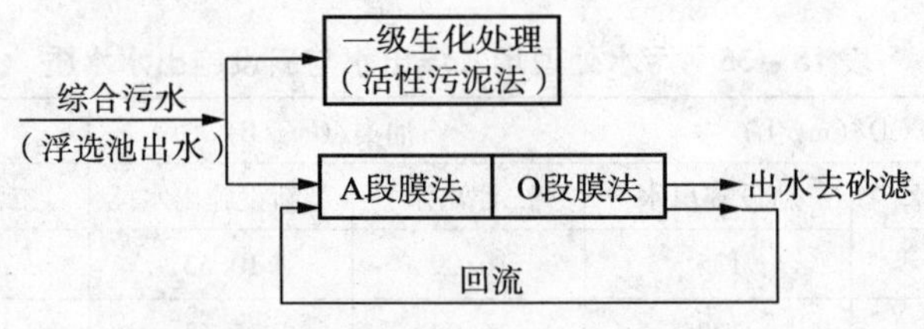

图 18－35　单级 A/O 工艺流程图

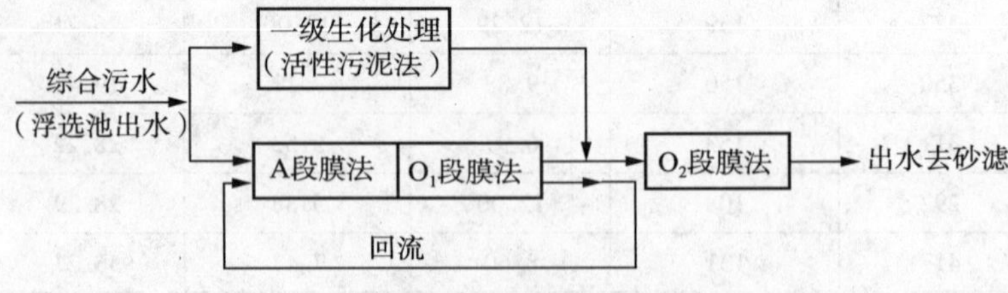

图 18－36　AO_1O_2 工艺流程

对处理水质组成复杂、毒性大、有机物浓度高的石化废水，采用先厌氧后好氧（即 A/O 生物法）的处理法，其好氧可生化性可提高 20% ～40%，这是因为废水中的有机物经厌氧生物处理后部分得以降解去除，部分有机物分子结构上有很大改变，变为好氧微生物易于分解的有机物。但是由于单级 A/O(先厌氧后好氧生化处理)流程不能完全保证污染物的出水合格率，改为 AO_1O_2 工艺流程处理后，最终出水合格率都有较大幅度的提高。增设二级好氧池的优点是一级消化池中随污水流失的消化菌可在二级消化池继续发挥作用。同时，该流程既能减少一级消化池的进水负荷，延长废水在消化池内的水力停留时间，使废水在一级消化池中得到较充分的处理，还能减轻二级消化池的进水有机负荷，以提高二级消化池去除污染物的能力。试验结果表明，新工艺流程的 COD、NH_4^+ - N 等主要污染物最终都能达到该厂规定的允许排放浓度，试验结果如表 18 - 37 所示。

表 18 - 37　浮选出水膜法 AO_1O_2 工艺处理废水结果

项目	浮选出水	A 段			O_1 段	O_2 段		去除率		出水合格率	
		进水	出水	去除率	出水	进水	出水	AO_1	AO_1O_2	AO_1	AO_1O_2
NH_4^+ - N/(mg/L)	77.6	40.5	41.1	—	13.0	44.9	13.5	41.8	82.5	47.1	58.8
COD/(mg/L)	355	175	139	20.24	83.4	133	72.9	50.6	72.8	93.8	100
硝态氮/(mg/L)	3.24	17.6	7.97	54.74	24.6	12.6	27.9	—	—	—	—
油/(mg/L)	32.9	16.7	12.4	25.82	9.32	14.8	7.43	44.1	72.0	72.7	75.0
pH	8.82	8.86	8.48	—	7.09	—	6.50	—	—	100	100

试验结果表明，AO_1O_2 流程 NH_4^+ - N 容积去除负荷为 0.087kg/(m^3.d)，比单级 AO_1 流程高 20.7%；NH_4^+ - N 去除率达 82.5%，比单级流程高 40.7%；COD 去除率为 72.8%，比单级流程高 22.2%；油去除率为 72%，比单级流程高 27.9%。采用分段注入部分回流的 AO_1O_2 流程还可使现有的合建式曝气池得到较为充分的利用。由于水中油类物质能黏附和聚结在生物膜的表面，尽管它们不是 A/O 微生物的毒性物质，但对反应基质和代谢产物的传质还是起屏蔽和阻碍作用。采取加大气水比，一方面可以提高水力搅拌和剪切强度，另一方面又可提高水体的充氧能力，吹脱吸附于填料表面的油膜，减少填料层的生物膜厚度，使膜内硝化菌活性提高，从而提高 A/O 系统的污染物去除效果。其中 NH_4^+ - N 去除率可达 85.7%，合格率达 100%；COD 去除率可达 81.3%，合格率达 100%。

A^2/O 应用于含油废水处理中，具有完整的除油、除 COD、除 NH_4^+ - N 等流程，于得爽等人探讨了含油废水处理的效果，油去除率可达 95% 以上，且 NH_4^+ - N 去除率可达 70% 以上，COD 去除率可达 95% 以上。其工艺流程如图 18 - 37 所示。

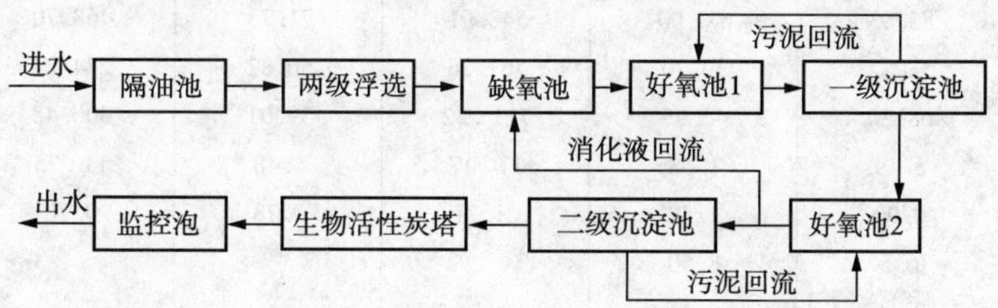

图 18 - 37　A^2/O 工艺处理含油废水的流程图

6. 氧化塘法处理含油废水

北京燕山石化牛口峪污水处理场采用了氧化塘工艺。林源炼油厂废水主要来源于用大庆原油常减压蒸馏、催化裂化、分子筛脱蜡及罐区储运系统，经隔油、浮选和曝气处理后与洗毛废水(经二级气浮处理)、染色废水(经气浮 + 生物碳处理)及生活污水汇流后流入提升泵站，经管道排入氧化塘自然氧化，其废水治理流程如图 18－38 所示。

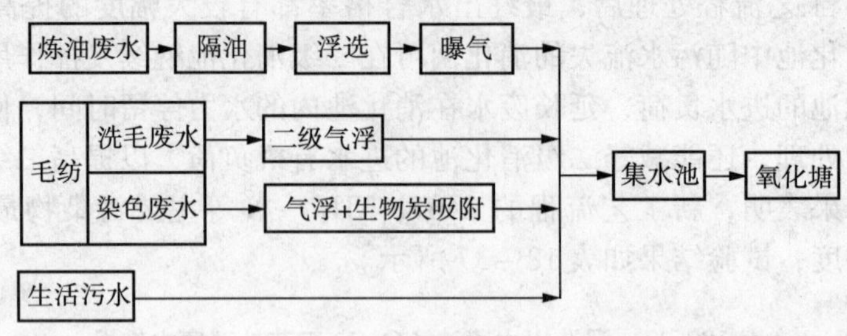

图 18－38　炼油、毛纺、生活污水综合治理流程

炼油厂废水经隔油、浮选和曝气处理，洗毛废水经二级气浮处理，染色废水经气浮＋生物碳处理后进入氧化塘入口处已经达到国家工业废水排放标准，氧化塘作为深度净化废水设施。该水塘为自然泡沼式氧化塘，由于自然日照、风浪充氧而孳生繁衍水草、藻类等水生植物，并放养鱼类构成一个生态系统，其水质用综合指数法或用模糊数学法评价都达到了地面三级水体的标准。

该氧化塘属兼氧型，藻类浓度为 110mg/L，水面下检出 95 种微生物，春、夏、秋三季水温在 10.7℃ ~27℃，风速在 2.73 ~3.9m/s，表 18－38 为污染物在氧化塘入口处和塘中浓度及去除率。因为氧化塘中存在着稀释、扩散和降解，故去除率 A 按下式计算，

$$A = \frac{Q_0 + Q_1 - Q_2}{Q_0 + Q_1} \times 100\%$$

式中 Q_0——上年污染物库存总量，t；

Q_1——上年污染物排入总量，t；

Q_2——今年污染物库存总量，t。

表 18－38　氧化塘对污染物去除率

项　目	入口浓度/(mg/L)	塘中浓度/(mg/L)	上年库存量/t	今年排入量/t	今年库存量/t	去除率/%
油类	4.26	0.56	5.2	3.68	3.92	55.86
挥发酚	0.21	0.016	0.33	0.18	0.11	78.43
氰化物	0.13	0.06	0.50	0.11	0.42	31.15
COD	83.03	67.00	543.91	71.73	468.70	23.86
BOD_5	58.82	39.20	467.26	50.82	274.24	47.06
悬浮物	68.30	42.95	711.52	59.01	300.48	61.00
NH_3-N	5.19	1.68	17.17	4.48	11.75	45.73
总磷	0.90	1.57	21.71	0.78	0.70	51.18
pH 值	6.5	8.50				
DO 值	2.16	6.41				

六、深度处理

1. 过滤

(1)过滤机理

前面章节中已介绍了过滤机理，本节主要涉及石油化工废水的过滤。由石油化工废水处理

流程可知，含油废水经隔油－气浮－生化处理后，在排放前，还需过滤。过滤主要去除污水中的悬浮固体和油，其机理主要有以下两个作用：一个是滤料的拦截作用，污水中的悬浮固体和油的较大颗粒在滤料的表面上被拦截，较小的颗粒则被悬浮固体堵塞滤料形成的小孔隙“筛网”截留下来；另一个是滤料的凝聚作用，污水中的悬浮固体和油与滤料碰撞接触时，由于分子引力的作用，被吸附于滤料表面或滤料表面的絮凝物上，凝聚作用在过滤中起主导作用。

过滤作为生物处理的前处理或后处理，主要去除污水中的油、悬浮固体或活性污泥。通过过滤，污水中的油和悬浮物的去除率分别为60%～70%，同时对污水中的硫、酚、COD等污染物也有一定的去除效率，去除率平均在20%～30%左右。过滤后要求出水含油量和悬浮固体的含量分别低于10mg/L。

(2)过滤的操作

过滤单元对污水的达标排放很重要，有的厂过滤单元运行正常，则外排水质好；而有的厂操作不当，使过滤单元常年闲置，因而外排水水质不能达到国家要求。反冲洗操作是完成过滤周期重要的环节。

①正常过滤的反冲洗：当滤料的截污量达饱和之后，必须对滤池进行反冲洗。滤池反冲洗基本方式有：水冲洗、水冲洗加表面冲洗以及空气－水冲洗。炼油污水处理多采用空气－水冲洗；对于生物处理的后过滤，由于污水含油量较低，一般小于20mg/L，可不用热水冲洗。在北方地区应备有热水反冲洗设施；反冲洗含油污水的热水温度一般为60℃；可根据滤料被油沾污的情况，采用完全或定期用热水冲洗的方法。

反冲洗强度：用于废水处理滤池的反冲洗强度一般采用12～15L/(s·m^2)(适用于水温20℃，若水温每增减1℃，反冲洗强度亦相应增减1%)。如采用混合滤料，反冲洗强度一般为16～18L/(s·m^2)。目前国内炼油厂的滤池一般采用空气－水冲洗，反冲洗强度可减至9～12L/(s·m^2)。

反冲洗时滤池的最佳膨胀率：滤料膨胀后增加的厚度与静止时滤料厚度之比称为膨胀率。滤料的膨胀率与滤料的密度、粒径和冲洗强度有关，膨胀率过小冲洗效率差，大滤料容易流失，耗水量大。污水处理单层砂滤料滤池的膨胀率一般为40%。滤料的最佳膨胀率可用下式表示：

$$e_m = \frac{0.6 - \varepsilon_0}{0.4} \times 100\%$$

式中　e_m——滤料的最佳膨胀率,%；

ε_0——膨胀前滤料的孔隙率,%。

反冲洗时间：汽水过滤反冲洗时间一般为10～15min，如采用空气－水反冲洗，总的时间为12～20min。空气－水反冲洗用于废水过滤的滤池，由于滤料截污量大，要彻底洗净滤料，在反冲洗时常辅以空气反冲洗。

正向滤池的空气－水反冲洗步骤为：开底部排水阀放水，直至水位降至滤料表面以上300～500mm；送入压缩空气冲洗5min[压缩空气强度1m^3/(min·m^2)]；然后空气－水同时冲洗5min；最后水冲洗5min，反冲洗结束。

反向滤池的空气－水反冲洗步骤为：开底部排水阀放水，直至水位降至滤料表面以上200～300mm；送入压缩空气冲洗3min；水冲洗5min；再送入压缩空气冲洗3min；再进行水冲洗5min，反冲洗结束。

最后静止10min，再将前5min初滤水排掉，然后正式运转。

反向滤池反冲洗水强度 12～14L/（s·m^2），压缩空气强度为 $1m^3$/（min·m^2）。

当采用双层滤料或混合滤料过滤时，为防止滤料流失，建议反冲洗采用以下步骤：停止进水，并降低水位至滤料水面以上 50～120mm；单独用空气冲洗 3～10 min［空气强度为 0.7～1.7m^3/（min·m^2）］；通入少量反洗水［水的强度为 1.35L/（s·m^2）］，同时通入空气，至水位升至距反冲洗排水槽顶 200～300mm，然后关闭空气；再用水反冲洗［水的冲洗强度为 6～7L/（s·m^2）］，直至滤池冲洗干净为止，对混合滤料，则在反冲洗周期将要结束时，以 8～11L/（s·m^2）较大的反冲洗强度冲洗，以使滤料获得正确的分级。

表面冲洗：滤池运行一段时间后，有时会在滤料表面形成由滤料颗粒、悬浮固体和其他黏性物质构成的泥球，这样将增加滤池的起始水头损失、缩短过滤周期。当采用双层或混合滤料时，由于无烟煤具有亲油疏水的性质，滤料表面很容易结成油膜，油膜又容易吸附水中的空气，所以当采用双层或混合滤料时，如采用空气－水冲洗方式，很容易造成无烟煤滤料的流失，建议采用表面辅助冲洗的方式。正常情况下，表面冲洗在反冲洗开始前 1min 开始，并在反冲洗终止前 1～2min 结束。

②安装或更换滤料时的反冲洗：一般在铺装滤料完成后，都要进行用水反洗，在反冲洗停止前逐渐降低冲洗强度，以完成有效的水力分层，使轻的杂质和粉末滤料集中于表层，以便刮除。

③助滤剂的投加：投加助滤剂的原理是利用助滤剂的电荷中和及其架桥作用，来增强污水中絮凝物的强度，以免穿透滤床。同时，由于污水中的油和其他胶体一般均带负电荷，而所有的滤料包括无烟煤、砂和石榴石也都带负电荷，如不经化学预处理，这些污染物由于互相排斥而容易穿透滤料，所以投加助滤剂可压缩油或胶体颗粒的双电层，使油和胶体聚集并有足够的强度来克服水力再分散力。

总之，投加助滤剂的目的是电荷中和及增加絮凝物的抗剪切强度，并不是要增加絮凝物的粒径，如增加絮凝物的粒径会导致过滤周期的缩短，所以过滤投加助滤剂是利用微絮凝的机理，一般电位控制在 ±2～3mV 以上即可。

助滤剂的投药量要通过滤出水的悬浮固体浓度和过滤水头损失曲线来确定，最佳投药量要通过使过滤期最终水头损失和出水悬浮固体浓度穿透同时到达终点来控制。投加药剂对过滤水头损失的影响情况见图 18－39。

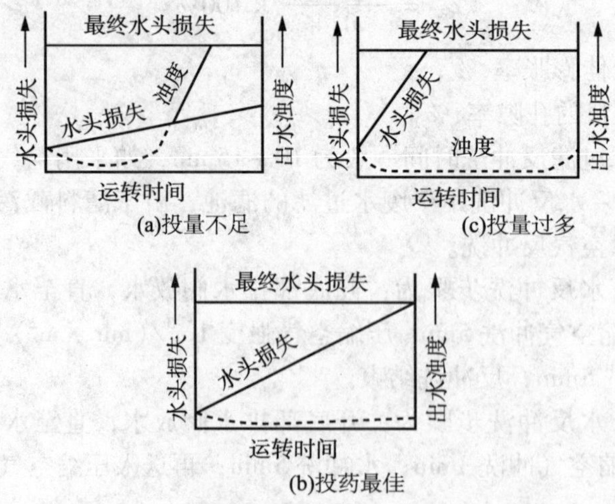

图 18－39　投加絮凝剂滤池过滤水头损失曲线

助滤剂的投加有以下两种方法：

a. 投加硫酸铝

在低投药量的情况下非常有效，投药量一般为 5～10mg/L，药液的浓度一般配制成1%～3%；微絮凝的最佳 pH 控制范围为5.5～6.8。当滤速高或水温非常低时，往往会增加过滤对絮凝的剪切力，所生成的氢氧化铝絮凝很容易被剪碎而带出出水，这时往往需投加0.1mg/L 的阴离子型高分子絮凝剂，以增加氢氧化铝絮凝的抗剪切强度。硫酸铝的投药点一般在滤池前6m 处，而高分子絮凝剂一般投在滤池前2m 处。

b. 投加阳离子型高分子絮凝剂

一般投加分子量为 5×10^4～7×10^4 的阳离子型高分子絮凝剂，投药量一般为 1～6mg/L，药液的浓度一般配制成0.2%～0.5%，分子量过高的阳离子型高分子絮凝剂会导致过滤水头损失过快而使过滤周期大大缩短。较高的投药量一般用于废水中含硫化物和酚类化合物高的场合。

(3) 过滤的技术参数和处理效果

①普通快滤池

a. 单层滤料滤速一般为 8～12m/h，双层滤料滤速一般为 12～16m/h。当一个滤池进行检修时，在保证设计流量情况下，此时其他几个滤池增加后的滤速为强制滤速。单层滤料的强制滤速达 12～14m/h。

b. 滤池的个数不应少于 2 个，滤池的平面形状可为方形或矩形，其长宽比可参见表18－39。滤池超高取 0.25～0.3m，水深一般取 1.5～2.0m，滤料厚度单层为 700～800mm，双层为 800～1100mm，承托层厚度一般为 400～600mm。

表 18－39　滤池长宽比

单个滤池面积/m^2	长:宽
≤30	1:1
>30	(1.25～1.5):1
当采用旋转或表面冲洗时	1:1，2:1，3:1

c. 快滤池一般采用大阻力集水系统。反冲洗多采用空气－水冲洗方式，反冲洗水为滤后水，在有条件的情况下，应优先考虑设置高位冲洗罐代替反洗水泵直接冲洗，高位水罐冲洗流量控制较方便，压力稳定，操作较简便。

d. 快滤池处理效果：单层滤料滤池油的去除率为30%，COD 的去除率在20%左右，悬浮固体去除率为60%～70%。

②反向滤池：在滤料层上表面 100mm 处设置一个格栅网，格栅的宽度为10mm，高度和间距为75mm，材质要求耐腐蚀并有一定的强度。格栅网的截面积应小于滤池面积的10%。当过滤水由下而上通过时，格栅网可形成一个坚固的拱门，用以阻止滤料的膨胀，从而可使滤速成倍增加。滤速为 10～20m/h，反冲洗强度为 12～14L/(s·m^2)。

根据国内反向滤池处理效果统计，当用于生物处理的后过滤时，滤速为 15～20m/h，过滤周期为 14h，对油和悬浮物的去除率为 50%，对硫化物和酚的去除率分别为 30.71%和 20.17%。

③压力滤罐：压力滤罐一般允许水头损失达 6m，压力滤罐处理效果见表 18－40。

表 18-40　压力滤罐处理效果

名称	水质	油			悬浮固体		
		进水/(mg/L)	出水/(mg/L)	去除率/%	进水/(mg/L)	出水/(mg/L)	去除率/%
兰州炼油厂	循环水	50	15~20	15~20	60~70	4~8	60~70
大连港某污水处理厂	污水	50	1	98			

2. 活性炭吸附

在有机废水处理中，活性炭吸附法不仅可作为三级(深度)处理的一个单元操作，是去除微量有机物(如酚类、苯类、石油类、氰化物以及产生色度的有机物等)的有效方法，而且可作为预处理和二级处理手段，去除废水中大量难以降解的有机污染物(如表面活性剂、农药、石油化工产品等)。一般情况下，活性炭对废水中 COD、BOD、TOC 等综合指标去除率可达 70% ~90%。近年来，国内外将活性炭吸附法作为处理石油炼制、石油化工、有机合成等工业废水的重要手段。

(1)活性炭的种类

根据活性炭的原料、形状及制造方法，其分类见表 18-41。

表 18-41　活性炭的分类

按形状	粉状活性炭 粒状活性炭(无定形活性炭、柱状活性炭、球状活性炭)
按制造方法	药剂活性炭(大多用 $ZnCl_2$ 作为活化剂的粉状活性炭) 气体活化炭(以水蒸气活化的粉状和粒状活性炭)
按原料	果核或果壳炭、木屑炭、煤质炭、石油沥青炭，以及用各种含碳有机废物制造的活性炭

(2)活性炭的特性

由于粒状活性炭的应用具有工艺简单、操作方便、再生后可重复使用等优点，因此，一般工业废水处理中多采用粒状活性炭。国内外几种常用于废水处理的粒状活性炭的特性列于表 18-42。

表 18-42　国内外几种常用废水处理的粒状活性炭的特性

牌号 性能	日本白鹭 W 炭	日本白鹭 L 炭	日本 X-7000 炭	美国 Filtrasorb-400	太原新华 ZJ15 炭(8#炭)	北京光华 GH-16 炭
原料、形状	煤质、无定形	煤质、无定形	煤质、球形	煤质、无定形	煤质、柱状	可核-无定形
粒度/目	8~32	8~32	8~32	12~24	10~20	10~28
填充密度/(g/L)	475	405	458	480	450~530	340~440
粒子密度/(g/L)	0.721	0.641			0.8	
真密度/(g/L)	2.0~2.2	2.0~2.2			2.2	~2.0
比表面积/(m^2/s)	850	970	1100	1020	~900	~1000
细孔容积/(mL/g)	0.88	1.07	0.94	0.81	0.80	0.90
平均细孔直径/μm	41×10^{-4}	44×10^{-4}	19×10^{-4}	21×10^{-4}		
硬度/%	90		98	87	>75	≥90
pH 值					9.0~9.5	8~10

续表

性能 \ 牌号	日本白鹭 W 炭	日本白鹭 L 炭	日本 X－7000 炭	美国 Filtrasorb－400	太原新华 ZJ15 炭(8#炭)	北京光华 GH－16 炭
灰分/%					<30	<4
水分/%					<10	<10
碘值/(mg/g)			1010	1060	≥800	≥1006
亚甲蓝吸附值/(mL/g)			200	200		
ABS 值			48	45		

(3)吸附装置的类型与选择

活性炭吸附装置可采用塔或池，根据活性炭在吸附装置中的状态，可将吸附操作分为固定床、移动床及流化床三种方式。

固定床是废水处理活性炭吸附工艺中最常用的一种方式。在一个运转周期内，活性炭在吸附装置中基本是固定不动的。固定床吸附操作可分为升流式和降流式，以及单塔式和多塔串联式。其结构示意见图 18－40。

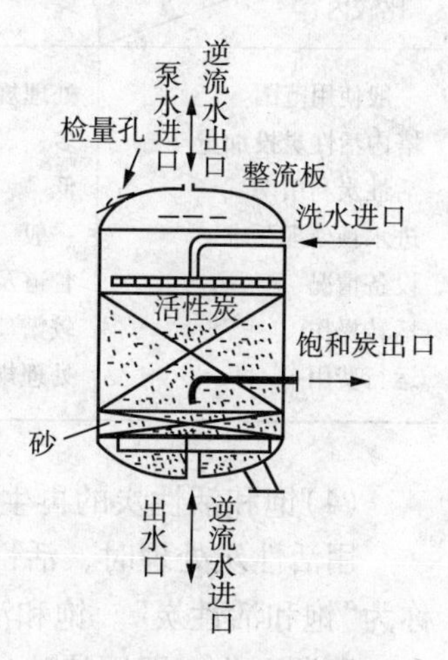

图 18－40　固定床构造

当废水三级处理规模较大时，多采用移动床式吸附装置，原水从塔底进入与活性炭层逆流接触，处理后的水从塔顶流出；饱和活性炭从塔底连续或间歇地卸出，送往再生装置；同时从塔顶补充等量的新活性炭或再生活性炭。移动床吸附操作设备简单、占地面积小、不需要反冲洗、操作管理方便，其结构示意见图 18－41。

流化床是活性炭在吸附装置中保持流动状态，与水逆流接触。图 18－42 为多层流化床吸附塔，该装置每层上的活性炭保持流动状态，但在整个塔内活性炭由最上层按次序移动到最下层。分隔每层的多孔板的开孔率、孔径、分布型式及层间活性炭下落管的大小，是影响多层流化床运转的重要因素。

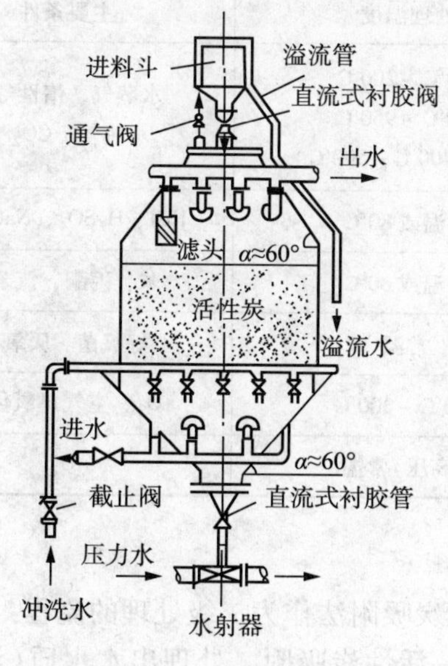

图 18－41　移动床构造

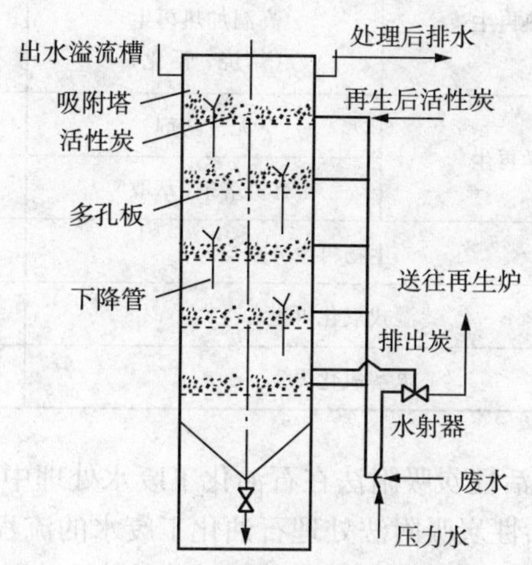

图 18－42　多段流化床构造

吸附装置型式的选择，要针对处理对象的性质及处理规模，进行必要的条件试验。根据试验结果(如所选定的活性炭的吸附等温线、接触时间、活性炭层高度等参数)结合使用地点的具体情况，经过技术经济比较，选择最适宜的吸附装置型式，有时还要与预处理和后处理结合起来考虑，综合考虑基建费及运转管理费用。不同床型吸附装置特性的比较见表18－43。

表18－43　不同床型吸附装置特性比较

床型 / 比较内容	固定床	移动床	流化床
一般使用范围	处理规模较小	处理规模较大	处理规模较大
塔内活性炭投加量	多	多	少
活性炭利用率	低	较高	高
进水预处理要求	一般	较高	高
设备情况	管道及切换阀多	管道及切换阀少	管道及切换阀少
运转操作	较繁琐	简单	复杂
运行费用	处理规模大时较高	处理规模大时较低	

(4)饱和活性炭的再生方法

用活性炭处理时，活性炭使用一定时间后，吸附能力下降以致完全丧失，这时的活性炭称为“饱和活性炭”。饱和活性炭如不再生即行废弃，必将造成资源的浪费与新的污染。

所谓再生，即用特殊的方法(物理或化学)，将吸附在活性炭上的污染物从微孔中去除且尽量不破坏活性炭本身的结构，恢复其吸附性能，达到重复使用的目的。活性炭的再生方法见表18－44。

表18－44　活性炭再生方法分类

种类		处理温度	主要条件
加热再生	低温加热再生(脱附) 高温加热再生 (焙烧、活化)	100℃～200℃ 750℃～950℃ (焙烧400℃～500℃)	水蒸气、惰性气体 水蒸气、CO_2气
化学再生	无机药剂	常温或80℃	HCl、H_2SO_4、NaOH等
	有机溶剂(萃取)	常温或80℃	苯、丙酮、氯苯等
生物再生		常温	好氧菌、厌氧菌
湿式氧化再生		180℃～200℃	O_2、空气、氧化剂
电解氧化再生		(高压)常温	O_2

(5)活性炭吸附法在石油化工废水处理中的应用

①活性炭吸附法处理石油化工废水的流程：活性炭吸附法作为二级处理的流程：隔油－气浮－过滤－活性炭吸附；隔油－混凝沉淀－过滤－活性炭吸附。处理出水水质(油、硫、酚、COD、BOD等)指标可达到排放标准。

活性炭吸附法作为深度处理的流程：活性炭吸附法作为深度处理时，多以生物二级处理出水作为进水，一般流程为：隔油－气浮－生物曝气－过滤－活性炭吸附。图18－43所示为国内某炼油厂处理流程实例，处理出水水质（酚、COD、油等）指标可接近地面水标准。

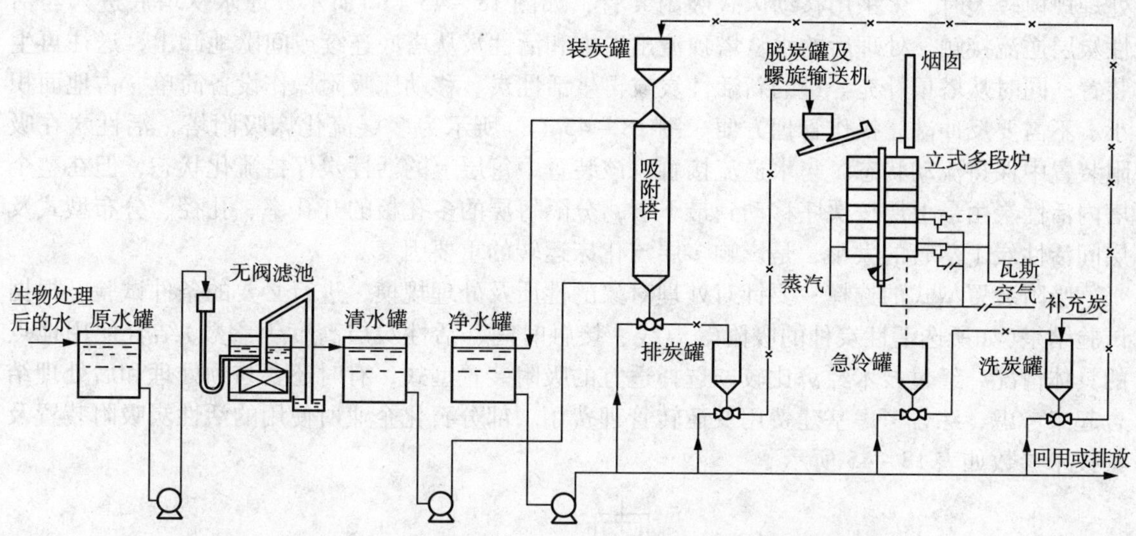

图18－43　国内某炼油厂活性炭吸附法深度处理炼油废水实例

曝气池中投加粉末活性炭（PACT法）：该工艺是将粉末活性炭直接加入曝气池中，使生物氧化与物理吸附同时进行，有利于改善二级出水水质，工艺流程如图18－44所示，增加少许投资就可以将传统的活性污泥法改进为该工艺，具有抗冲击负荷的能力，可以去除难降解的污染物、色度及氨氮，消除曝气池中的泡沫，控制污泥膨胀，提高污泥的沉降性能；还可减轻由于工业废水的流入而对污泥硝化反应所产生的抑制作用。粉末活性炭的投加量与曝气池进水水质有关，一般投加量在20～200mg/L之间。

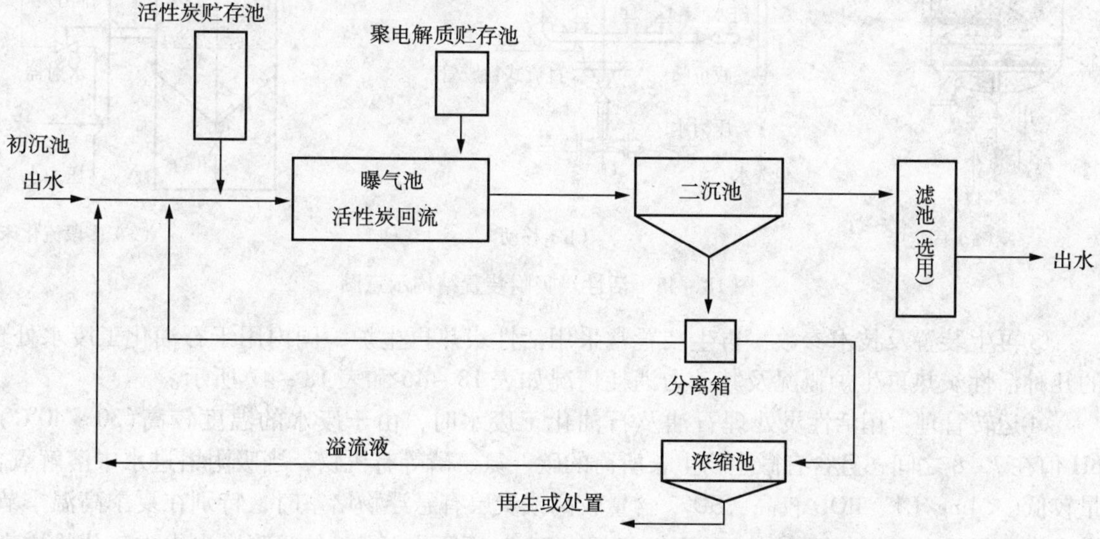

图18－44　投加粉末活性炭的活性污泥法工艺流程

②吸附装置及技术参数：活性炭吸附装置可采用塔或池，根据活性炭在吸附装置中的状态，可将吸附操作分为固定床、移动床及流化床三种方式。固定床是废水处理活性炭吸附工艺中最常用的一种方式，在一个运转周期内，活性炭在吸附装置中基本固定不动；操作基本上可以分为升流式和降流式，以及单塔式和多塔串联式。如图 18－45(a)所示。当污水三级处理规模较大时，多采用移动床式吸附装置，如图 18－45（b)所示，原水从塔底进入与活性炭层逆流接触，处理后的水从塔顶流出；饱和活性炭从塔底连续或间歇地卸出，送往再生装置；同时从塔顶补充等量的新活性炭或再生活性炭。移动床吸附操作设备简单、占地面积小、不需要反冲洗，操作管理方便。图 18－45（c)所示为多层流化床吸附塔，活性炭在吸附装置中保持流动状态，与水逆流接触；该装置中每层上的活性炭保持流化状态，但在整个塔内活性炭由最上层按次序移动到最下层，分隔每层的多孔板的开孔率、孔径、分布型式及层间活性炭下落管的大小，是影响多层流化床运转的重要因素。

吸附装置型式的选择，要针对处理对象的性质及处理规模，进行必要的条件试验。根据试验结果(如所选活性炭种的吸附等温线、接触时间、活性炭层高度等参数)结合使用地点的具体情况，经过技术经济比较，选择适宜的吸附装置型式，有时还要与预处理和后处理结合起来考虑，综合考虑基建费用及运转管理费用。部分石化企业所使用的活性炭吸附装置及其技术参数如表 18－45 所示。

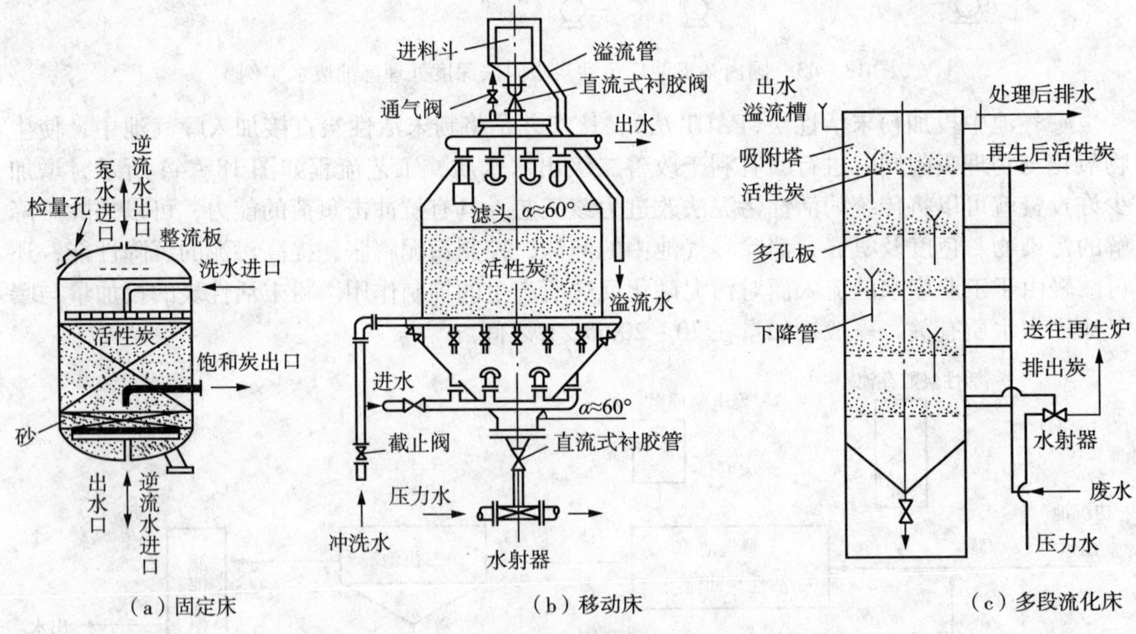

图 18－45　活性炭吸附装置结构示意图

③再生装置及技术参数：再生装置常采用活性炭热再生炉，国内用于石油化工废水处理的几种活性炭热再生炉概况及其动力消耗情况如表 18－46 和表 18－47 所示。

④运转管理：用活性炭处理石油及石油化工废水时，由于废水的温度较高(30～40℃)，pH 值在 7～8 之间，且含有微生物生长所需的碳、氮、磷等有机物，当吸附塔进水中溶解氧含量较低(<4mg/L)、BOD 较高、SO_4^{2-} 含量较高或炭层有悬浮物堵塞时，特别在夏季高温季节，塔内炭层中易有厌氧菌繁殖，这种厌氧菌可使 SO_4^{2-} 还原成 H_2S，使吸附塔出水中硫化物增高，并有异(臭)味；当出水遇到氧时又会使 H_2S 氧化成胶体硫，使出水白浊化。

表 18-45 活性炭吸附法处理石油化工废水装置及参数

厂名	处理能力/(m^3/h)	吸附装置类型	主要尺寸/m	主要技术参数			备注
				空塔速度/(m/h)	水炭接触时间/min	炭层高度/m	
大庆石化总厂	1135	降流式固定床吸附塔	φ5.0×4.4（每个系列4个塔，共12个）	≤20		塔3.0m，每系列三塔串联炭层高度为9.0m	新活性炭吸附容量为70mg/g，再生活性炭为50mg/g
兰州炼油厂	500	升流式移动床吸附塔	φ3.6×9.4（6个，并联使用）	10	39		活性炭用量：0.15 kg/m^3 废水
石家庄炼冶厂	550	升流式移动床吸附塔	φ3.4×10.52（8个塔并联使用）				
长岭炼油厂	600	升流式移动床吸附塔	φ4.4×8.0（4个塔并联使用）	10	36	6.0	
北京燕山石化公司炼油厂	20	升流式移动床吸附塔	φ1.2×7.3（2个塔并联使用）	10	30	5.0	
美国渥特逊炼油厂	667	降流式吸附滤池	φ3.6×3.6×7.8（12个池并联使用）	4.24	50		活性炭用量：0.12kg/m^3 废水
美国麦尔丘斯湾炼油厂	347	升流式移动床	φ3.4×14.0（3个塔并联使用）	7.08	40		活性炭用量：0.10 kg/m^3 废水
日本袖浦炼油厂	400	多段流化床吸附塔	φ5.1×13.5 11段(2塔并联使用)	9.0			

表 18－46　国内几种活性炭热再生炉概况

炉型		沸腾炉	立式移动床炉	转炉	立式多段炉	盘式炉	直流电流加热再生炉	微波加热再生炉
主要使用(实验)单位		沈阳自来水公司	兰州炼油厂	湖南长岭炼油厂	北京东方红炼油厂	五机部五院	白银有色金属公司	北京市环保所
加热方式		直接	间接	间接	直接	直接	直接	直接
热泵		城市煤气	液化石油气	液化石油气	液化石油气	渣油	直流电	微波
活性炭再生量/(kg/h)		62	80～100	60～100	20	54～90	65～87	10
构造尺寸/mm			内管：$\phi426\times8760$ 外管：$\phi600\times9980$	$\phi700\times15700$	外径：1400 内径：700 六段炉盘	炉膛：$\phi1276$ 高：3100	炉断面：$\phi110\times110$ 高：3400mm 炉盘：$\phi500$	炉体：$\phi408\times719$ 采用 2450MHz 3～5kW 微波发生器
进炉活性炭要求含水率/%			<50　湿基	<50　湿基	<50　湿基	<30	<10	
活化段温度/℃		700	704～794	700～750	750～850	850	850	850
活性炭在炉内停留时间/h		0.5	－4.31	2～3	0.4～0.5	0.75～1.25	0.23	0.1
消耗指标	煤气耗量/(kg/kg AC)	2.88 m^3/kgAC	0.85	1.2	0.23	0.3(油)		
	蒸汽耗量/(kg/kg AC)	4.8	0.14	0.5～1.2	1	1.0～1.2		
	电耗/(kW·h/kg AC)	0.16		0.18		空气 3.2m^3/kgAC	0.23	
	总能耗/(kJ/kg AC)	47482.25					5861.5～6699	
活性炭再生损失率/%		15	2	2.95～4.35	3.1	8.2	3～5.8	
再生活性炭性能恢复率/%	碘值 新活性炭/(mg/g AC)		745	738		542	580	
	碘值 饱和活性炭/(mg/g AC)		673	674			521	
	碘值 再生活性炭/(mg/g AC)		740	737		336	555	
	恢复率/%		99.4	99.9	90～95	62	96	88
	糖值恢复率/%			113				100
再生费用/(元/kg AC)						(折旧费在内) 0.2～0.25	0.163	
备注		已停用			中试规模			

①AC 代表活性炭

表 18 -47 用于石油化工废水处理的饱和炭再生炉及动力消耗

再生工艺数据 \ 厂名		北京燕山石化炼油厂	兰州炼油厂	日本某石油化工厂	日本袖浦炼油厂	长岭炼油厂	大庆石化总厂
再生规模/(kg/d)		480	1920 ~ 2400	1800	5760	2400	4800
活性炭的种类		太原 8[#]炭	太原 8[#]炭	煤质炭	球形活性炭	太原 8[#]炭	日本进口的活性炭
再生炉型		立式六段炉	立式移动床炉	立式移动炉床	流化床炉	回转炉	立式六段炉
平均再生损失/%		3.1	2	5	—	2.95 ~ 4.35	5 ~ 7
再生 1kg 活性炭动力消耗	燃料	液化石油气	液化石油气	液化石油气	煤油	液化石油气	天然气
		0.23kg	0.85kg	0.5kg	0.23kg	0.6kg	0.47kg
	水蒸气/kg	1.0	0.14	0.5	1.0	0.6(0.1MPa)	
	电耗/(kw/h)	0.11		0.17		0.18	
	助燃气/Nm^3	压缩空气 3.3			7		
再生炉构造、尺寸		外径：ϕ1400mm	内管				
		内径：ϕ700mm	ϕ426 × 8760			炉管	内径：ϕ2800mm
		高：2115mm	外径			ϕ700 × 15700	高：6000mm
		六段炉盘	ϕ600 × 9980				六段炉盘

为防止上述现象的发生，一方面应在设计时采取必要的措施，降低吸附塔进水 BOD_5 负荷、提高进水溶解氧含量。另一方面，一旦吸附塔出水水质发生 H_2S 及白浊化，可采用增加反洗次数(移动床不能反洗)，加氯杀菌，但最有效的消除措施是：当进水 BOD < 100mg/L 时，在吸附塔进水中投加 4 ~5mg/L 的 NO_3-N。

3. 臭氧氧化

臭氧具有很高的氧化还原电位($E^0=-2.07V$)，是一种极强的氧化剂和消毒剂。因此，在废水处理中的应用日益广泛。臭氧氧化反应的特点是反应快，投量少，在低浓度下也可进行反应，在水中不产生持久性残余，无二次污染问题。臭氧的主要物理性质见表 18 -48。

表 18 -48 臭氧的主要物理性质

熔点/℃	-192.5 ±0.4
沸点/℃	-111.9 ±0.3
临界温度/℃	-12.1
临界压力/MPa	5.53
气体密度(0℃，常压)/(g/L)	2.144
自由能(25℃)/(kg · J/mol)	135.6
颜色	
固体	暗紫色
液体	蓝黑色
气体	浅蓝色
溶解度:	
0℃，LO_3/L 水	0.64
19℃，LO_3/L 水	0.381
60℃，LO_3/L 水	0

臭氧氧化在炼油废水与石油化工废水处理工艺中常用于深度处理，配合其他处理单元过程使废水处理后能达到循环，回用于生产。臭氧与废水中污染物的反应可划分为两种类型，见表 18 -49。

表 18 -49 炼油及石油化工废水中污染物与臭氧反应的类型

受传质速度控制的物质	受化学反应速度控制的物质
酚、氰、不饱和有机化合物、硫化氢等	石油制品，合成表面活性剂，环戊烷、环己烷、苯并芘、甲醛、丙烯腈等

(1)臭氧氧化法处理炼油及石油化工废水的工艺流程

炼油或石油化工废水经过一级、二级处理后，出水水质可达到或接近排放标准。为了提高出水水质，使其达到生产系统中循环或回用的目的，可以再采用臭氧氧化法进行深度处理。流程见图 18 -46。

臭氧氧化法处理废水流程中各个工艺系统的作用及组成如下：

空气净化与干燥处理系统：包括无油空气压缩机、冷却器、冷冻和冷凝装置、过滤净化及稳压装置、空气吸附干燥及干燥剂再生装置、空气减压装置等。

臭氧发生系统：制造臭氧以供水处理使用，包括臭氧发生器，供电设备（调压器、升压变压器、电气控制设备等），发生器冷却设备（水泵、热交换器等）。

臭氧－水的接触反应系统：用于水的臭氧氧化处理，包括臭氧－水的接触反应装置及其尾气的回收利用或处理后的排放装置。

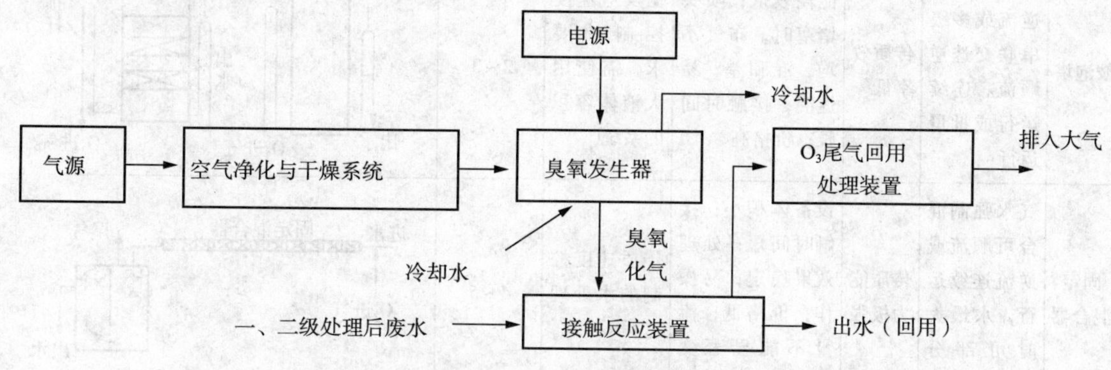

图 18－46　臭氧氧化法处理废水流程

（2）主要设备及操作参数

①接触反应装置及设计参数

水处理过程中常用的接触反应装置的类型及其性能比较见表 18－50，对于不同的反应过程应选用与其相适应的接触反应装置，见表 18－51。

目前国内不少厂家生产接触反应装置：a. 鼓泡塔：上海某厂定型生产 YHT 系列鼓泡塔，塔径 ϕ300mm 时为塑料塔，处理水量为 1t/h，ϕ500～1500mm 时为碳钢制造，内涂防腐层，处理水量为 3～30t/h；b. 管式固定螺旋混合器，某大学设备厂等生产 QGH－75 型固定（螺旋）混合器，并可根据需要研制其他规格。QGH－5 固定螺旋混合器的直径为 ϕ75mm，合金铝材料总长度 7.5m，重 60kg，处理水量为 250～700m^3/d；c. 蜗轮注入器，北京某厂有定型产品可供选用。

为了使处理反应效果良好和装置选型合理，在选型后应进行必要的试验，以确定相应的臭氧投加量、反应时间、接触反应高度、臭氧浓度等设计参数。接触反应装置的主要设计参数见表 18－52。

目前国内外臭氧发生器采用的原料气多为经过净化和干燥处理的空气（有时采用富氧空气或氧气）。在原料气进入臭氧发生器前所经过的处理工艺流程见图 18－47。

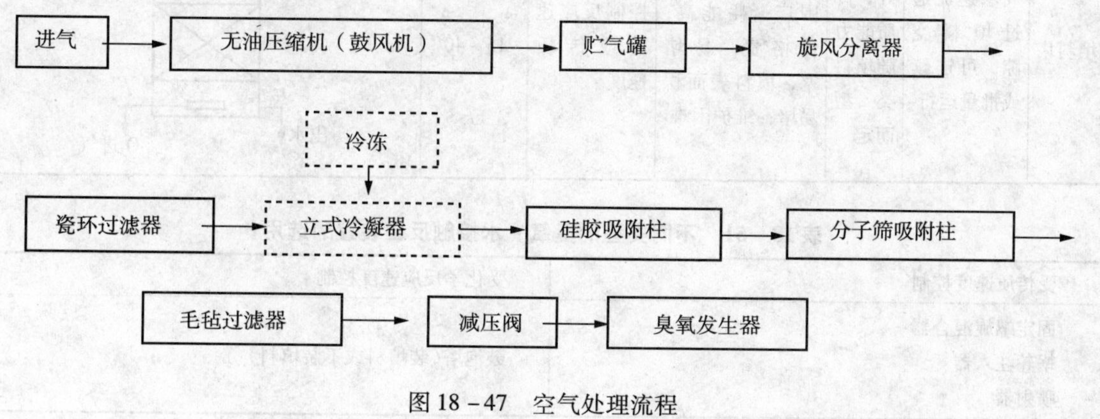

图 18－47　空气处理流程

表 18－50　常用臭氧－水接触反应装置类型及性能比较

类型	运行方式	传质能力	优、缺点	适用反应方式	电耗/($kW \cdot h/kgO_3$)	示意图
鼓泡塔	气水顺流、逆流或多级串联交迭逆顺流。连续运行或批量运行	传质效率低	能耗较低；喷头堵塞时，布气不均；混和差、易返混；接触时间长；价格高	据反应速度控制的要求，需使用大液体容积的系统	2～3	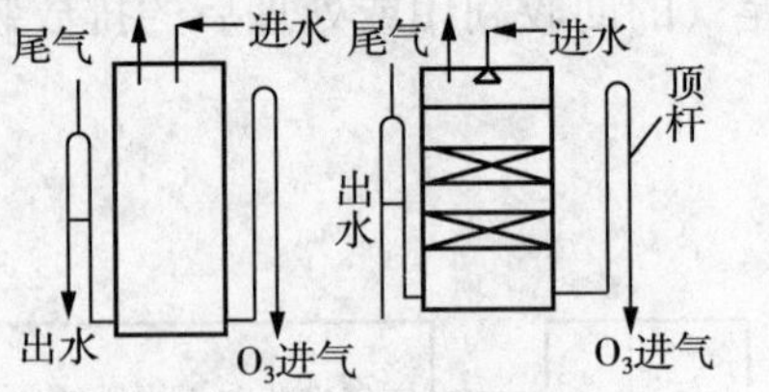 尾气 进水 出水 O_3进气 尾气 进水 顶杆 出水 O_3进气
固定混合器	气水强制混合可顺流或逆流连续运行，水最大时可部分投加	传质能力极强	设备体积小；接触时间短；处理效果稳定；易操作；价格低；流量不能显著变化；耗能一般	传质速度控制的水处理过程	4～5	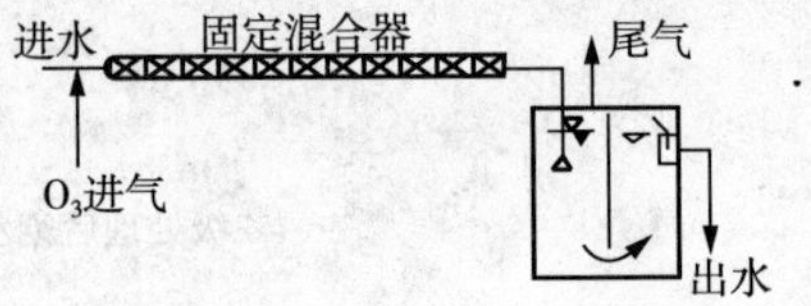 进水 固定混合器 尾气 O_3进气 出水
蜗轮注入器	气水强制混台多用于部分投加，淹没深度＜2m	传质能力强	混合效果好；接触时间较短；体积较小；流量不能显著变化；耗能较多；有噪声	传质速度控制的水处理过程	7～10	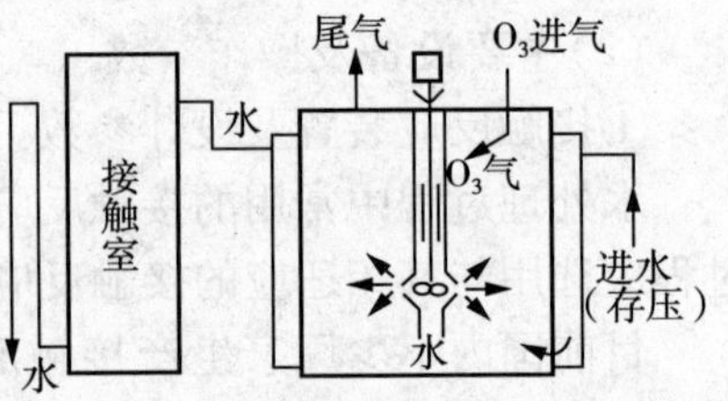 接触室 水 水 尾气 O_3进气 O_3气 进水(存压) 水
喷射器	气液强制或抽吸通过孔道可部分投加或全部投加	传质能力较强，传质界面面积较高	混合好；接触时间短；设备尺寸小；流量不能显著变化；耗能较多	传质速度控制的各种水处理过程	全部：15～30 部分：4～10	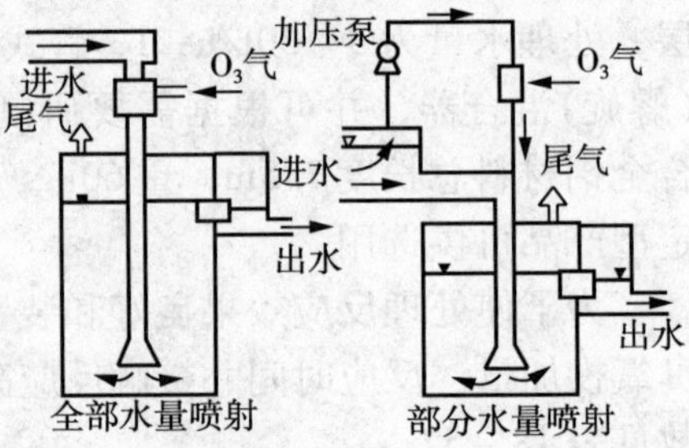 进水 O_3气 尾气 出水 全部水量喷射 加压泵 O_3气 进水 尾气 出水 部分水量喷射
填料塔	气水逆流通过填料空隙，可连续或批量运行	传质好，传质能力随填料类型而定	气水比适应；范围广；耗能高；价格贵；易堵塞，填料表面积易堵；维护困难	控制反应速度或传质速度	15～40	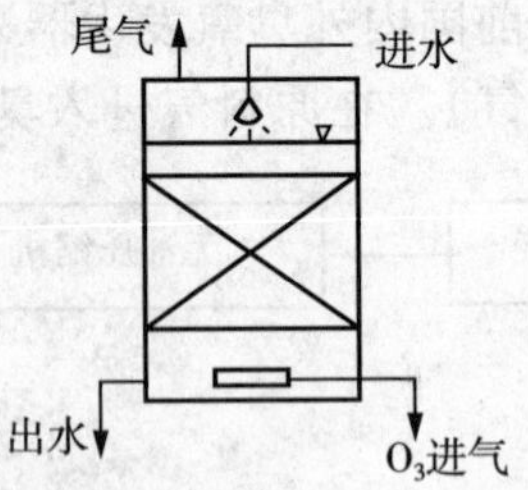 尾气 进水 出水 O_3进气

表 18－51　不同类型的臭氧－水接触反应装置的选用

受传质速度控制	受化学反应速度控制
固定螺旋混合器 蜗轮注入器 喷射器	鼓泡塔(装填料或不装填料)

表 18－52 接触反应装置的主要设计参数

名称	接触反应时间/min	臭氧投加量/(mg/L)	臭氧耗量比/(mgO_3/mg 污染物)	处理效果		
				处理前水质/(mg/L)	处理后水质/(mg/L)	处理率/%
1. 石油化工废水除酚	>10	400	1.4	290	0.3	99.89
2. 炼油废水除酚	>10	750	1.3	605	0.3	99.95
3. 炼油废水深度处理去除酚	>10	20～40	—	0.38	0.012	96.84
4. 炼油废水深度处理同时去除下列污染物						
酚	>10	30～50	—	0.1～0.3	< 0.1	90～96.67
硫	>10	30～50	—	< 0.1	0.006	94
油	>10	30～50	—	5	0.3	94
COD	>10	30～50	—	80	48	40
5. 重油裂解废水同时去除：						
油	12	300～400	15.3～20.4	22.8	3.2	85.97
酚	12	300～400	87～116	3.45	0.007	99.80
硫	12	300～400	789～1052	0.64	0.26	59.38
COD	12	300～400	1.42～1.90	289	78	73
CN	12	300～400	166～221	2.02	0.21	89.6
6. 酚油田及炼油废水同时去除：						
油	—	—	—	20～50	1.5～3	92.5～94
BOD_5	—	—	—	69～131	6～11	91.3～91.6
7. 油田及炼油废水除油	6～12	—	0.4～0.45	17.6～32.7	1.3～34	92.61～89.6
8. 含石油废水去除石油烃(除色臭等)		—	—	—	石油烃：2～3 溶解氧	感官指标全部改善
9. 含酚及甲醛废水同时去除：酚及甲醛	>10					酚 98 甲醛 48
10. 循环水杀菌及除藻	0.1～5	1～3	2～2.5mgO_3/mg 酚及甲醛		8～9	90～99

原料空气经处理后应达到无尘、无油、无水、无有机物及其他气体污染的要求，经深度干燥处理后干空气的露点应达到 -50℃以下（空气中含湿量少于 0.032g/m³ 空气）。干燥吸附柱中的硅胶和分子筛吸附剂在运行一段时间后需要再生（电加热或变压吸附无热再生）。

②臭氧发生装置

臭氧发生装置包括臭氧发生器及其供电设备（调压器、变压器等）、电气控制、测量设备等。臭氧发生装置的主要设备为臭氧发生器，臭氧发生器分为卧管式、立管式、卧板式和立板式，目前国内外生产的臭氧发生器以卧管式为主，这种型式的臭氧发生器生产 1kg 臭氧耗电为 16～20kW·h，生产的臭氧化气浓度可高达 20～25g/m³。

由表 18-52 看出，含酚废水经臭氧氧化处理后效果较好，酚的去除率为 90%～99%；对炼油废水中硫化物、石油类去除率为 94%；对废水中 COD 的去除率仅为 40%，这是因为臭氧将大分子有机物、环状有机物氧化后，生成链状的小分子化合物所致，废水中的有机物数量仍然存在，故 COD 值未减小。另外，臭氧对废水及循环水中杀菌灭藻效果很好，有的文献报道，臭氧还具有缓蚀、除垢功能。

4. 无机陶瓷膜超滤装置

无机陶瓷超滤膜由载体层、过渡层和膜层组成，主要以 Al_2O_3、TiO_2、ZrO_2 为材料，通过固态粒子烧结法制备载体层和过渡层，然后采用溶胶-凝胶法制备膜层和修饰层。它是基于筛分的原理，采用错流过滤的方式，流体在压力作用下流过膜管，小于膜孔径的水通过膜孔，大于膜孔径的油和其他物质被截留，从而达到分离的目的；分离中油滴基于其尺寸被膜阻止，而溶解油的被阻止则是基于膜和溶质分子间的相互作用。无机陶瓷膜因其亲水性强，水通量高、抗污染能力强、机械强度大、抗化学药剂能力好、耐油和耐有机物的能力强，并能够适应恶劣的使用环境，已逐渐成为含油污水处理的重要技术。适用于油田采出水、炼油厂的含油污水和油罐罐底水等含油污水的处理。

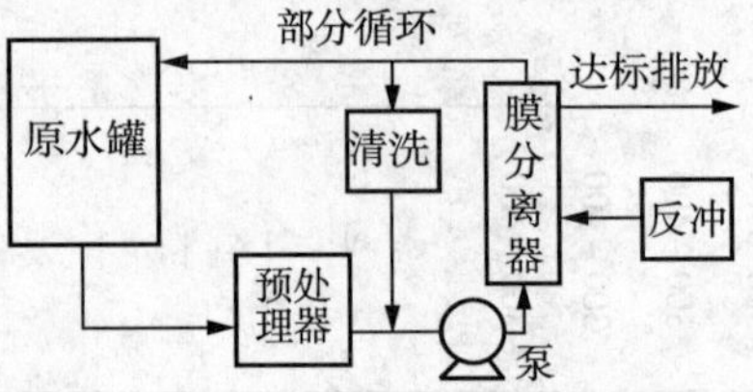

图 18-48 无机陶瓷超滤膜分离装置流程图

如图 18-48 所示，无机陶瓷超滤膜装置主要包括预处理系统、膜分离系统、反冲洗系统和清洗系统。

湖南岳阳新科公司采用无机陶瓷超滤膜对长岭炼油厂含油污水和长炼油罐罐底水进行了长时间的应用，油含量为 100～527mg/L 的原水，可获得出水油含量小于 5.0mg/L 的良好效果。处理结果见表 18-53，工艺参数见表 18-54。

表 18-53 无机陶瓷超滤膜处理含油废水结果一览表

原水		渗透液		膜通量/[L/(m²·h)]
油含量/(mg/L)	COD/(mg/L)	油含量/(mg/L)	COD/(mg/L)	
100～527	250～890	<5	58～80	859

表 18-54 无机陶瓷超滤膜处理含油废水的主要工艺参数

指标	控制范围	指标	控制范围
膜孔径/μm	0.05	反冲周期/min	15
操作压力/MPa	0.28～0.32	膜面流速/m/s	4.5～6
操作温度	常温	清洗液	碱、酸
反冲压力/MPa	0.5～0.8	漂洗水	自来水
反冲时间/s	3	—	—

与其他技术相比，无机陶瓷膜超滤技术具有以下优点：①工艺简明，处理效果稳定可靠，运行成本和维护费用低；②不需要添加药剂，没有污泥产生，清洁卫生；③全自动化控制，操作管理方便，劳动强度低。

第三节 含油废水的处理实例

一、高桥石化公司炼油厂老三套工艺

长期以来，炼油厂含油废水的处理技术基本上都是采用“隔油 + 气浮 + 生化处理”老三套处理工艺，典型的炼油厂含油废水处理流程如图 18 - 49 所示。

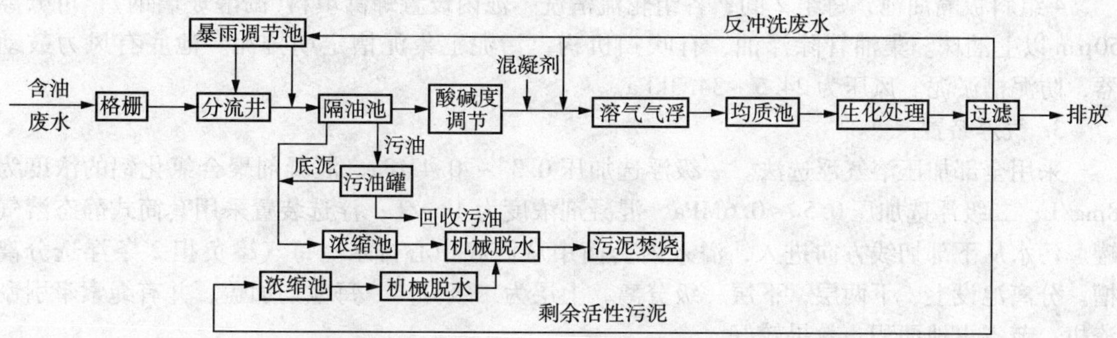

图 18 - 49 典型炼油厂含油废水处理流程示意图

以高桥石化公司炼油厂一号污水处理装置为例，该厂年加工原油 400 万 t，生产汽油、煤油、柴油及各种润滑油等。排出工业污水装置有：常减压(2 套)、酮苯脱蜡(2 套)、丙烷(2 套)、糠醛精制、酚精制、白土精制、石蜡、添加剂、焦化等。混合工业污水主要组成：石油类、有机物、硫化物、挥发酚、悬浮物等，污水处理量为 $2.16 \times 10^4 t/d$。工艺流程如图 18 - 50 所示，处理前后污染物的含量见表 18 - 55。

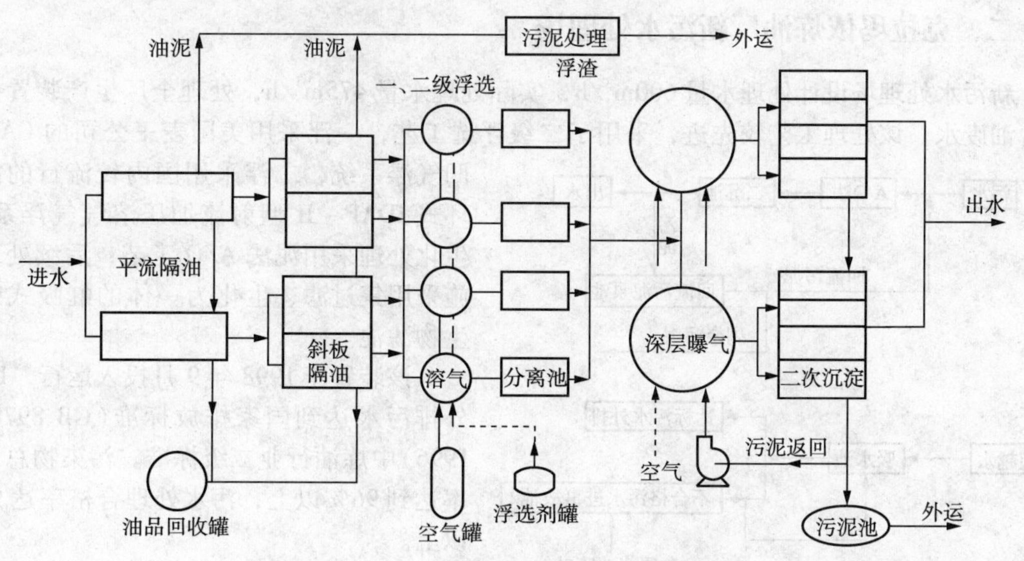

图 18 - 50 炼油厂污水处理装置工艺流程

表 18－55 污水处理前后污染指标对比

污水指标	含油量/(mg/L)	COD_{Cr}/(mg/L)	硫化物/(mg/L)	挥发酚/(mg/L)	悬浮物/(mg/L)
处理前指标	421 ~ 3235	757 ~ 2589	6.49 ~ 10.56	2.85 ~ 6.67	261 ~ 850
处理后指标	1.75	41.9	0.08	0.023	

1. 平流式隔油池

2 间隔油池，轮换清洗。污水停留 35min，可分离直径≥120μm 的油珠。池顶加盖，采用绳索牵引式撇油刮泥机械。

2. 斜板隔油池

4 组斜板隔油池，每组 2 间，各组轮流清洗，池内设置蜂窝填料(酚醛玻璃钢)，可分离 50μm 以上油珠。集油管除浮油，有吹扫机构，污泥汇集泥槽定期排泥。池底有风力鼓动器，防泥槽淤泥。风压为 24.5 ~ 34.3kPa。

3. 气浮装置

采用全部加压溶气浮选法。一级浮选加压 0.3 ~ 0.4MPa，混凝剂聚合氯化铝的浓度为 8mg/L；二级浮选加压 0.5 ~ 0.6MPa，混凝剂浓度为 4mg/L；浮选装置采用套筒式静态溶气罐。污水从下部切线方向进入，溢入内套筒中从筒底中心排水。每气罐负担 2 条浮选分离槽。分离池设上、下两层，下层一级分离，上层为二级分离. 每池均加盖，并有绳索牵引刮渣机。节省占地面积，效果较好。

4. 深层曝气池

2 个深层曝气池，直径 ϕ19.6m，深 8.2m。每池内有 2 个箱式曝气器，每个曝气器有 120 个空气喷嘴。每池耗空气量 $100m^3/min$，污泥靠螺旋泵回流提升至曝气池，污泥浓度 2 ~ 5g/L。螺旋泵流量 $450m^3/h$，扬程 25m，水平倾角 30°。

污水处理过程中产生油泥、浮渣，剩余活性污泥产量为 3t/d，采用浓缩脱水法形成固体废渣。

二、克拉玛依炼油厂新污水处理场

新污水处理场设计处理水量 $600m^3/h$，实际处理水量 $475m^3/h$，处理全厂生产装置排放的含油废水。该处理工艺较先进，采用了二级浮选工艺，一浮采用美国麦王公司的 CAF 涡凹气浮系统，二浮采用国内较流行的内循环式 JDAF－II 型射流加压溶气气浮系统；生化处理采用泥法 A/O 工艺；后续处理设施采用集过滤、生化为一体的虹吸式好氧生物滤池。

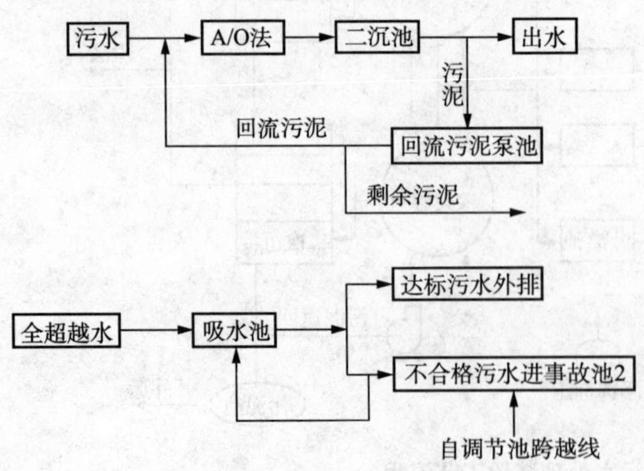

图 18－51 克拉玛依炼油厂含油污水处理工艺流程

该装置于 1998 年 9 月投入运行，10 月外排污水达到国家排放标准(GB 89782—1996)中炼油行业二级标准。污染物总去除率达到 96% 以上，污水处理合格率达 98% 以上。

1. 处理工艺流程(图 18－51)

(1)水处理工艺流程

含油污水→调节池→隔油池→一级气浮池→二级气浮池→A/O 池→二沉池→好气滤池→排放泵房→出水。

(2)“三泥”处理流程

油泥、浮渣、剩余污泥→储泥泵池→加药调理→离心脱水→外运利用。

(3)污油回收流程

污油→污油脱水罐→送厂回炼。

(4)活性污泥回流系统

(5)事故排放回流系统

2. 主要构筑物情况及实际运行结果

主要构筑物情况见表 18－56。除事故池 1 设计容积稍小；一浮池出口排量小，与进口排量相比差距太大，造成一浮液面居高不下，影响水处理效果外，其他参数选用基本合理正确，符合实际运行需要。

处理设施运行效果见表 18－57。检测结果表明，外排水质除悬浮物指标外，其他指标均达到国家一级标准。污染物去除效果除悬浮物、挥发酚外，其余均达到设计要求。

表 18－56 主要构筑物情况

构筑物的名称	间数/间	规格/m	有效水深/m	有效容积/m^3	设计停留时间/h
调节池	5	47.4 24.1 8.2	7.0	7300	
隔油池	8	34.2 40.2 3.0	2.0	2500	4
一级气浮	2 组	15.2 3.2 1.8	1.65	200	
二级气浮	2 组 6 格	25.1 20.1 3.3	2.2	800	
事故池 1	4	48.4 26.7 4.8	4.0	4900	
二沉池	2 座	265.05	2.85	2400	
事故池 2	4	45.2 27.5 4.8	4.0	5000	
A/O 池	2 座	单组 31307.1	5.5	10000	16
好气滤池	2 组 8 格	单格 4.0 4.0 3.8		400	

表 18－57 处理设施运行效果

项 目	处理装置进口/(mg/L)	处理装置进口/(mg/L)	二级标准	一级标准	实际去除率/%	设计去除率/%
pH 值	7.2	7.9	6~9	6~9	—	—
悬浮物	229	90	150	70	60.7	97
COD_{Cr}	1504.4	52.9	120	60	96.5	96
油	513.6	3.3	10	5	99.4	99
挥发酚	2.997	0.032	0.5	0.5	98.9	99.9
氰化物	0.007	0.001	0.5	0.5	85.7	90
硫化物	12.54	0.1	10	10	99.2	98

注：标准为 GB 8978—1996 污水综合排放标准；表中数据为几次监测的平均值。

三、某厂炼油废水处理实例

某厂排出含油废水流量 8640 m^3/h，含油废水水质为：油 13552. 94 mg/L，硫化物 44. 19mg/L，挥发酚 92. 5 mg/L，氯化物 3121mg/L，pH = 8. 8。

废水处理采用图 18 - 52 所示流程。

含油废水与脱硫处理后的含硫废水经格栅后，进入平流隔油池。该池设有浮油刮油机和刮泥机。平流隔油池出水溢流入调节池，经调节再抽至斜板隔油池。隔油池出水加硫酸铝溶液混合后进入气浮池。气浮采用 50% 回流水加压溶气。气浮池出水可直接流向砂滤池，也可先经曝气池再流入砂滤池。过滤后的出水可供循环水场作补充用水，亦可排放。

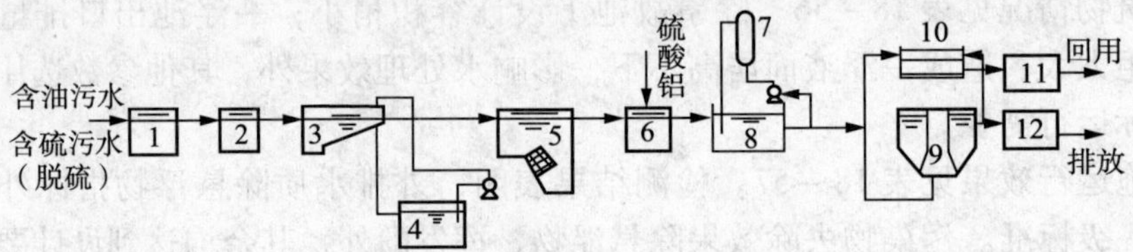

图 18 - 52　炼油废水处理流程实例

1—格栅；2—计量槽；3—平流隔油池；4—调节阀；5—斜板隔油池；6—加药池；7—溶气罐；8—气浮池；9—表面曝气池；10—砂滤池；11、12—集水池

主要构筑物及设计参数：

(1) 平流式隔油池

停留时间 102min，水平流速 4. 4mm/s。

(2) 斜板隔油池

板内流速 0. 51mm/s，污油上升速度 0. 167mm/s，去除油粒直径 ≥60um，出水含油 < 50mg/L。

(3) 气浮分离池

停留时间 2. 2h，水平流速 3. 7mm/s。

(4) 表面曝气池

污泥负荷为 0. 5kg/（kg · d），污泥浓度为 3kg/m^3，澄清区上升流速为 0. 3mm/s，导流区下降流速为 0. 02m/s。

(5) 砂滤池

滤料为 d = 1 ~ 2mm 的石英砂。反冲洗采用热水加压缩空气。压缩空气反冲强度 1m^3/（min · m^2），反冲历时 3min；60℃ 热水反冲洗，强度 20L/（s · m^2），反洗 5 ~ 8 min。废水处理后可达到排放标准，工程造价 391. 77 万元，占地 2. 8 × 10^4 m^2，处理成本 0. 3 元/ m^2。

第十九章　含硫废水的处理

在含硫原油加工废水中，其硫含量很高，酚、氨含量也较高，具有强烈的恶臭味。如果不处理，直接将其排入污水处理场，则会对后续生化处理带来很大冲击；若将含硫废水送入火炬烧掉，则会增加大气中 SO_2 的含量，SO_2 是造成酸雨的重要因素，国家对 SO_2 的控制已出台新的标准，因此，含硫废水、含硫气体必须认真处理。

第一节　含硫废水的来源及特性

含硫废水主要来源于炼油厂二次加工装置分离罐的排水、富气洗涤水等，由于这部分废水含有较高的硫化物、氨，同时含有酚、氰化物和油类等污染物，呈墨绿色，具有强烈的硫化氢恶臭味和较大的腐蚀性，它不但具有含油废水的危害，还能大量地消耗水中的氧气，使水体缺氧，而造成水中好氧生物的大量死亡。排入水体后，当酚含量达到 0.1 ~ 0.2mg/L，则会使鱼类有酚味，甚至死亡，使海带等水生植物腐烂。因此含硫废水不能直接排入污水处理场，必须进行预处理，并回收有用物质。

含硫废水中各污染物的浓度随着原油中硫、氰含量的增加和加工深度的提高而增加。我国部分炼油厂各生产装置的含硫废水的水质见表 19 - 1。

表 19 - 1　炼油厂含硫废水的水质情况　　mg/L

	原料水来源	硫化物	挥发酚	油	氮化物
胜利原油	常压塔顶油水分离罐	25	20	108	24
	减压塔顶油水分离罐	451	88	208	316
	催化裂化分馏塔顶	—	—	—	—
	油水分离罐	1487	502	154	542
	催化裂化富气水洗水	6845	137	145	3119
	焦化分馏塔顶油水分离器	3481	33	210	37.8
	铂重整柴油加氢高压分离器	15397	12.6	1427	796
	铂重整柴油加氢低压分离器	5442	15.3	231	564
大庆原油	常压塔顶油水分离罐	20	1.0	9	0.28
	减压塔顶油水分离罐	52	5.4	27.8	0
	催化裂化分馏塔顶	—	—	—	—
	油水分离罐	668	193	99	10
	催化裂化富气水洗水	156	20	26	69
	焦化汽油回流罐	1794	110	287	11
	柴油加氢精制低压分离罐	8108	0.5	228	—
	加氢裂化低压分离罐	4208	0.3	163	—

续表

原料水来源		硫化物	挥发酚	油	氮化物
任丘油田	常压塔顶油水分离罐	6.6	17.7	8.9	20.7
	减压塔顶油水分离罐	8	9.1	114	14.5
	催化裂化分馏塔顶	—	—	—	—
	油水分离罐	1057	155	148	241

1. 催化裂化装置

催化裂化装置含硫废水有3个来源，即分馏塔顶回流罐、富气水洗分离罐和稳定塔顶回流罐。分馏塔顶回流罐的含硫废水量与原料油性质、油品汽提蒸汽量密切相关，可调性不大。稳定塔顶回流罐的含硫废水量很少，并且都是间歇排放，对装置的酸性水量影响很小。富气水洗分离罐的酸性水量取决于富气水洗的注水量，其水量是影响装置酸性水量的主要因素。

表19－2列出了4套催化裂化装置的含硫废水量比较。由表中可见，同样是引进的重油催化裂化装置，两者的处理量相同，而B厂的含硫废水量却比A厂高60%；同样是蜡油催化裂化装置，两者的处理量相同，而B厂的含硫废水量比C厂却高出1倍以上。发生这种情况的根本原因在于工艺流程不同，以两引进装置为例，其流程分别如图19－1(a)、图19－1(b)所示。由图中可知，富气水洗的注水量和采用何种水作为注水是导致含硫废水量多少的关键。

表19－2　4套催化裂化装置的含硫废水量比较

项　目	处理量/(Mt/a)	废水量/(t/h)	每吨原料油/含硫废水量/t	废水组成/(mg/L) 硫化氢	废水组成/(mg/L) 氨
A厂重油催化裂化装置(引进)	1.0	15	0.12		
B厂重油催化裂化装置(引进)	1.0	25	0.2	3510	3986
B厂蜡油催化裂化装置	1.2	25	0.166	约994	约441
C厂蜡油催化裂化装置	1.2	12	0.08		

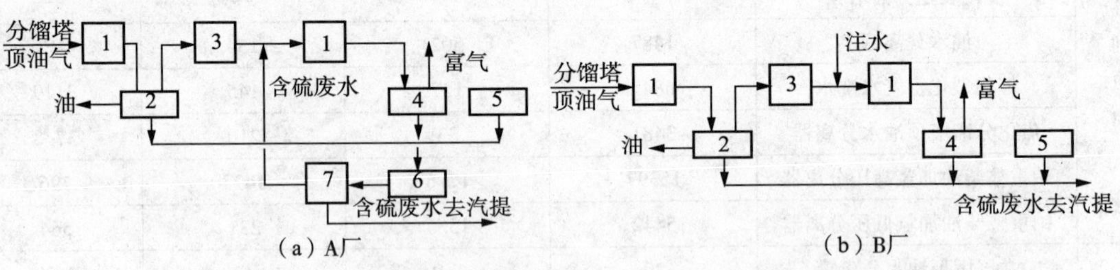

图19－1　引进的重油催化裂化装置含硫废水处理工艺流程

1—冷凝冷却器；7—分馏塔顶回流罐；3—气体压缩机；4—富气水洗分离罐；
5—稳定塔顶回流罐；6—废水罐；7—废水泵

富气水洗的目的是防止设备及管道腐蚀和被铁盐堵塞。国内某催化裂化装置处理量为1.2Mt/a，由于处理低硫蜡油，十多年来注水用量很少，甚至不注水，装置也能正常运转，这说明注水量完全可以根据原料油硫含量的多少进行调节。关于注水品种问题，目前国内催化裂化装置一般采用蒸汽冷凝水、含硫废水汽提后的净化水和分馏塔顶回流罐排出的含硫废水进行富气水洗。

采用分馏塔顶回流罐含硫废水作为富气水洗的注水，可以大大减少装置排出的含硫废水量，从而减少含硫废水汽提装置的处理量，还可相应地降低工厂废水处理场的负荷和排污量。这对于减少含硫废水汽提装置及废水处理场的规模、投资和操作费用都十分有利。例如，减少含硫废水量10t/h，含硫废水汽提装置即可节省蒸汽约1.8t/h，每年节约操作费用约72×10^4元。

2. 油品加氢装置

加氢精制和加氢裂化装置的含硫废水主要是反应生成水和过程气注水。反应生成水量和原料油组成有关，通常不能任意改变。过程气注水的目的是防止设备及管道腐蚀和被铵盐堵塞，这部分水的用量将直接制约加氢装置的含硫废水量。表19－3列出了3套加氢装置的含硫废水量。

由上表可见，C厂和D厂两套加氢裂化装置的注水量约为原料油的6%～8%。由于生产中原料油的硫、氨含量都比设计值低，所以生产中含硫废水的H_2S及氨的浓度都比设计值低。而B厂加氢装置注水量高达24%，废水中H_2S和氨的浓度很低，显然是注水量太大。生产实践证明，注水量为原料油量的6%～8%，在含硫废水浓度不特别高的情况下，完全可以保证加氢装置的正常运转。若含硫废水中H_2S和氨的浓度低于上表中C厂的数值，还有可能再适当降低注水量。如果炼油厂的设计和生产管理人员采取一些必要的技术措施，如结合本厂实际采用更合适的注水量和注水流程，并增加注水流量控制等措施，就会大大减少注水量，进而减少含硫废水量，可产生明显的经济效益。

表19－3　3套加氢装置的含硫废水量

项目	处理量/(Mt/a)	废水量/(t/h)	每吨原料油含硫废水量/t	含硫废水组成/(mg/L)		备注
				H_2S	氨	
C厂加氢裂化装置（引进）	0.8	6.847	0.068	64300	32200	设计数据
	—	—	—	20800	18510	生产数据
D厂加氢裂化装置（引进）	0.8	9.287	0.082	51000	39000	设计数据
	—	9	0.08	10000	12000	生产数据
B厂加氢精制装置	0.4	12	0.24	210	63	—

国内炼油厂的废水处理场一般对进水的质量要求为：H_2S和氨分别不大于50mg/L和100mg/L。因此，催化裂化、延迟焦化和加氢装置（甚至有的常减压蒸馏装置）的含硫废水都必须经过预处理，然后再排入废水场或回用。处理方法主要有空气氧化法和水蒸气汽提法，一般净化后的废水其硫含量都小于50mg/L，氨氮小于200mg/L，满足了进废水场的要求。含硫废水量是制约预处理装置和废水处理场占地面积、投资和操作费用的关键因素。在炼油厂的改造扩建工程中，如果处理得当，无需另建新装置而只需改造原有装置即可，这样环保效益和经济效益将十分可观。

第二节　含硫废水的处理方法

含硫废水的处理方法主要有空气氧化法和水蒸气汽提法，这两种处理方法国内都有工业化装置，而且运转稳定，处理效果好。

首先以空气氧化法为例进行简要的介绍。

一、空气氧化法

空气氧化法分为一段空气氧化法、一段催化空气氧化法和两段催化空气氧化法等。

1. 一段空气氧化法

一段空气氧化法是处理含硫废水的一种较老方法，含硫废水中的硫化胺和硫氢化胺可用空气中的氧氧化成硫酸盐或硫代硫酸盐，其反应式如下：

$$2HS^- + 2O_2 = S_2O_3^{2-} + H_2O$$

$$2S^{2-} + 2O_2 + 2H_2O = S_2O_3^{2-} + 2OH^-$$

$$S_2O_3^{2-} + 2O_2 + 2OH^- = 2SO_4^{2-} + H_2O$$

一般约占总量90%硫化物被氧化为硫代硫酸盐，而其他的10%被进一步氧化为硫酸盐。根据方程式，每氧化1kg硫化物的理论需氧量为1kg，约为4m^3空气，由于其中一部分硫代硫酸盐会进一步氧化成硫酸盐，因此空气用量还要增加，实际用量应为理论用量的2~3倍。此外，在空气氧化反应过程中需要通入蒸汽，以升高温度、加快反应速度。由于上述反应为放热反应，理论反应热为900kJ/mol，这些反应热用来加热废水和空气。

空气氧化法流程如图19-2所示。

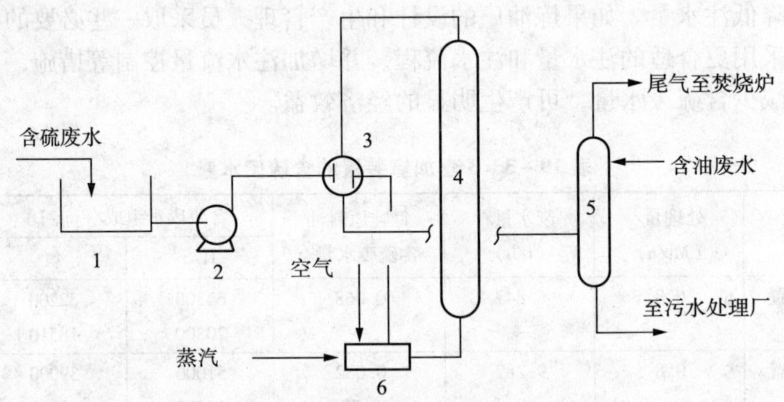

图19-2 空气氧化法流程脱硫流程示意图

1—含硫废水池；2—原料水泵；3—换热器；4—氧化脱硫塔；5—尾气喷淋塔；6—喷射混合器

除油后的含硫废水换热后和压缩空气、水蒸气混合加热到90℃左右进入氧化塔。在塔内有气液混合分配器使废水中的硫化氢与空气充分接触被氧化成硫代硫酸盐或硫酸盐。塔顶净化水经换热和分离出氧化尾气进行生物处理。尾气中含有少量的硫化氢，焚烧后排入大气。

设计参数为：①反应时间一般为1~2h；②塔底进水温度控制为80℃~90℃；③气水比(体积)大于15，实际用气量为理论用气量的2~3倍；④喷嘴气速大于13m/s，一般控制为15m/s；喷嘴水速大于1.5m/s，一般控制为1.8~2.3m/s；⑤塔段数控制为4段，塔的总压降控制为0.2~0.25MPa。主要操作条件及处理效果，见表19-4。

该法设备简单，操作容易，费用低，但不能脱除氮和氰化物，适用于低含硫废水(硫化物含量小于2000mg/L)的处理，氧化尾气宜送加热炉焚烧或用碱性水吸收，以防污染大气。影响脱硫率的主要因素是反应温度、气水比和反应时间，其投资、消耗指标及处理费用如表19-5所示。

表 19－4　主要操作控制条件及处理效果

厂名 控制条件及处理效果	天津炼油厂	石油七厂	天津第一炼油厂		北京燕山公司炼油厂	独山子炼油厂
	操作数据	操作数据	设计数据	操作数据	设计数据	操作数据
处理量/(t/h)		20	8	5.6	27	14
反应温度/℃		80～90	95	70±2	90	90
脱硫塔塔顶压力/MPa	25	常压	0.01～0.03		0.01	
气水比/(Nm^3/m^3 水)	85±5	10	15		15	15
反应时间/min	常压	120	60	≥60	70	>90
进水中硫含量/(mg/L)	7～8	199		490		1664
出水中硫含量/(mg/L)		54		91		57.6
硫化物去除率/%		73		81		96.5

表 19－5　投资消耗指标及处理费用

项目	天津炼油厂	天津第一石化厂	独山子炼油厂
蒸汽/(kg/t)	80	72	无①
电/(kW·h/t)	0.4	1.07	
非净化空气/(m^3/t)	40	18	
处理费用/(元/t)	2.1	0.8	
投资/×10^4 元	13.6	4	34.4

①和延迟焦化柴油换热代替蒸汽加热

由于硫化物被空气氧化为盐类，因而废水中盐含量增加。净化水中约90%的硫化物氧化为硫代硫酸盐排至废水处理场，会影响废水处理场生产操作。同时该法不能起到脱氮及脱氰作用，目前净化水还未回用于工艺装置。因此，在国内该工艺已逐渐被蒸汽汽提工艺所取代。

2. 一段催化空气氧化法

采用一段催化空气氧化法处理含硫废水，可使废水中硫化物大部分氧化成为硫代硫酸盐。在氧化塔内填充铜和铁族的金属催化剂(如氯化铜、氯化亚铁、氯化铁等)，pH值调到微碱性(7～9)，表压保持(0～3.4)×10^5Pa。水与充足的空气接触，保持过剩的游离氧量，使硫化物直接氧化成硫酸盐。催化剂浓度以30～100mg/L为宜。

3. 两段催化空气氧化法(直接转化法)

含硫废水通过装有催化剂的第一段空气氧化后，废水中含有的硫化钠，氧化生成的硫酸钠和硫代硫酸钠；废水中的硫化铵氧化成硫酸铵。然后废水进入第二段催化空气氧化塔生成元素硫和氨。不含硫化物和元素硫的水通过分馏塔放出氨，从塔顶逸出，净化的水从塔底排出。部分氨水循环以回收废水中的H_2S。回收的氨可以无水，或者为氨水溶液。两段氧化后的净水中仍可能含有一些硫代硫酸盐，可在一个反应器中用原废水中过剩的硫化铵，使所有硫代硫酸铵热分解为元素硫和氨；过剩的硫化铵和放出的氨，用蒸馏法从水中除去，然后循环返回氧化塔。

二、水蒸气汽提法

1. 原理

含硫废水可以看成是一种硫化氢、氨和二氧化碳等多元水溶液，它们在水中以NH_4SH、

$(NH_4)_2S$、$(NH_4)_2CO_3$、NH_4HCO_3 等铵盐形式存在，这些弱酸弱碱盐在水中水解后分别产生游离态硫化氢、氨和二氧化碳分子，它们又分别与其他气相中的分子成平衡，因而该体系是化学平衡、电解平衡和相平衡共存的复杂体系，因此控制化学、电离和相平衡的适宜条件是处理好含硫废水和选择适宜操作条件的关键。影响上述三个平衡的主要因素是温度和分子比。由于水解是吸热反应，因而加热可促进水解反应，使游离的硫化氢铵和二氧化碳分子增加，但这些游离分子是否都能从液相进入气相，这与它们在液相中的浓度、溶解度、挥发度大小以及能否与溶液中其他分子或离子发生反应有关，如二氧化碳在水中的溶解度很小、相对挥发度很大，与其他分子或离子的反应平衡常数很小，因而最容易从液相转入气相，而氨却不同，它不仅在水中的溶解度很大，而且与硫化氢和二氧化碳的反应平衡常数也很大，只有它在一定条件下达到饱和时，才能使游离的氨分子从液相转入气相。

显然通入水蒸气起到了加热和降低气相中的硫化氢、氨和二氧化碳分压的双重作用，促进它们从液相进入气相，从而达到净化水质的目的。汽提法分离污染物的原理视污染物性质而异，一般可归纳为以下两个方面：

(1)简单蒸馏

对于与水互溶的挥发性物质，利用气液平衡条件下，其在气相的浓度大于在液相的浓度这一特性，通过蒸汽直接加热，使其在沸点(水与挥发物两沸点间的某一温度)下按一定比例富集于气相。

(2)水蒸气蒸馏

对于与水不互溶或几乎不互溶的挥发性污染物质，利用混合液的沸点低于两相分沸点这一特性，可将高沸点挥发物在较低温度下加以分离除去。例如，废水中的松节油、苯胺、酚、硝基苯等物质，在低于100℃的条件下，应用水蒸气蒸馏法可将其有效脱除。

汽提通常都在封闭的塔内进行，汽提塔主要有两大类：填料塔和板式塔。板式塔是一种传质效率比填料塔更高的设备，其关键部件是塔板，根据塔板结构的不同又可分为泡罩塔、浮阀塔、筛板塔、舌形塔和浮动喷射塔等，其中前三种应用较广。

汽提法最早用于从含酚废水中回收挥发性酚，塔体分上下两段。上段叫汽提段，通过逆流方式用蒸汽脱除废水中的酚；下段叫再生段，同样通过逆流方式，用碱液从蒸汽中吸收酚。炼油装置的含硫废水可单独或混合后进行汽提，这取决于含硫废水的数量、组成和炼油厂的总体规划。目前，国内炼油厂大部分都采用混合含硫废水汽提。表19－6列出了几套汽提装置含硫废水的组成及采用的汽提工艺和净化水的组成。

从表19－6可以看出，不论采用哪种汽提工艺，净化水中 H_2S 和氨的含量一般都能满足废水处理场进水质量的要求。

表19－6　石化企业含硫废水处理装置一览表　mg/L

项目	汽提工艺	含硫废水来源	含硫废水					净化水	
			H_2S	氨	油	酚	氰	硫化氢	氨
镇海炼化股份公司	单塔加压线抽出	加氢裂化	25664	16305	60	4		<20	<150
		加氢精制	10348	1511	132	86			
茂名石化公司	双塔加压	加氢裂化	57785	61079	236	57.4	1.35		
		加氢精制	4458	8275	47	146	2.24	15	33
金陵石化公司炼油厂	双塔加压	混合酸性水	5000～15000	4000～10000				20～30	50～100

续表

项 目	汽提工艺	含硫废水来源	含硫废水					净化水	
			H_2S	氨	油	酚	氰	硫化氢	氨
抚顺石化公司石油三厂	单塔加压侧线抽出	混合酸性水	1500 ~ 2500	2000 ~ 3000	200 ~ 350		0.1 ~ 0.2	3 ~ 8	20 ~ 70
锦西石化总厂	单塔加压侧线抽出	混合酸性水	14365	15388	2288	512		65	150
安庆石化总厂	单塔加压侧线抽出	混合酸性水	8835	16293	352	408	12	68	
石家庄炼油厂	单塔加压侧线抽出	混合酸性水	7239	9854				7	96
荆门炼化总厂	单塔加压侧线抽出	混合酸性水	3000 ~ 4500	6000 ~ 9000	200 ~ 300			< 50	< 200

2. 工艺流程

用蒸汽汽提时，蒸汽起到了加热和降低气相中 H_2S、氨和 CO_2 分压的双重作用，促使其从液相进入气相，从而达到净化水质的目的。我国采用的水蒸气汽提装置有单塔、双塔两种类型，同时针对气相中 H_2S 和氨的出路，开发了以下几种工艺流程。

(1) 回收 H_2S 和氨的汽提工艺

①单塔加压侧线抽出汽提工艺

单塔加压侧线抽出汽提工艺所回收的 H_2S 可作为硫回收装置的原料，氨可回用于炼油装置，或作一般化肥原料。该工艺目前在国内多应用于含硫废水中 H_2S 和氨总浓度小于 50000mg/L 的场合，其净化水可满足 H_2S 浓度不大于 50mg/L 和氨浓度不大于 100mg/L 的要求。如图 19－3 所示，该汽提塔塔底温度 160℃、塔顶压力 0.5MPa，冷原料水或冷净化水作为冷进料，打入汽提塔顶部，可将 H_2S 和 CO_2 与 NH_3 分开，以获取纯度较高的酸性气，经与净化水换热后的原料水作为热进料，打入塔的上部，塔底部由重沸器或直接蒸汽供热，将 NH_3、H_2S、CO_2 全部汽提出来，塔底部取得合格的净化水，在汽提塔中形成一个 H_2S 含量最少，NH_3 浓度最高的集聚区，并由此抽出富氨的侧线气，并经三级冷凝分液后，得到纯度较高的氨气。

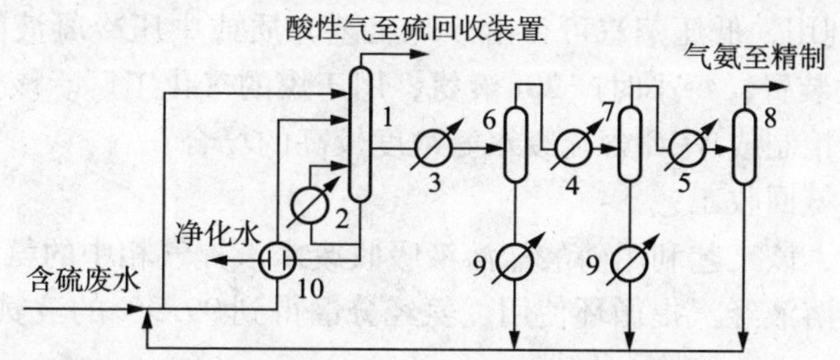

图 19－3 单塔加压侧线抽出汽提工艺流程示意图

1—汽提塔；2—重沸器；3、4、5—三级冷凝器；6、7、8—三级分离器；9—冷却塔；10—换热器

该工艺的流程和设备较为简单、操作平稳、投资少，每吨原油的蒸汽单耗为 130 ~ 180kg，故近年来得到了广泛应用和发展。

②双塔加压汽提工艺

如图 19－4 所示，一般 H_2S 汽提塔操作压力为 0.4 ~ 0.5MPa，氨汽提塔压力为 0.1 ~ 0.3MPa。根据原料废水中 NH_3 与 H_2S 的克分子比不同，原料废水可先进入氨汽提塔或先进入 H_2S 塔，一般 NH_3 与 H_2S 的克分子比≥4 时可先进入氨汽提塔，当克分子比仅为 1 或 2

时，先进入 H_2S 汽提塔。这两种流程都可以同时获得高纯度的 H_2S 和 NH_3，并可供回用或符合排放标准的净化水。

双塔加压汽提工艺所回收的 H_2S 可作为硫回收装置的原料，氨可回用于炼油装置，或作为一般化肥原料。该工艺操作平稳可靠，国内已应用在含硫废水 H_2S 和氨总浓度最高达120000mg/L 的场合。其净化水可满足 H_2S 不高于 50mg/L 和氨不高于 100mg/L 的要求。可以根据原料酸性水中 H_2S 和氨的浓度，调整工艺参数或设备结构，以满足对净化水质量的要求。该工艺的流程相设备较复杂、投资稍多，每吨原料水的蒸汽单耗约 230kg。

③CLL 氨回收工艺

该工艺由 Chemie Linz 和 Lurge 公司(CLL)共同开发，其工艺流程如图 19－5 所示。

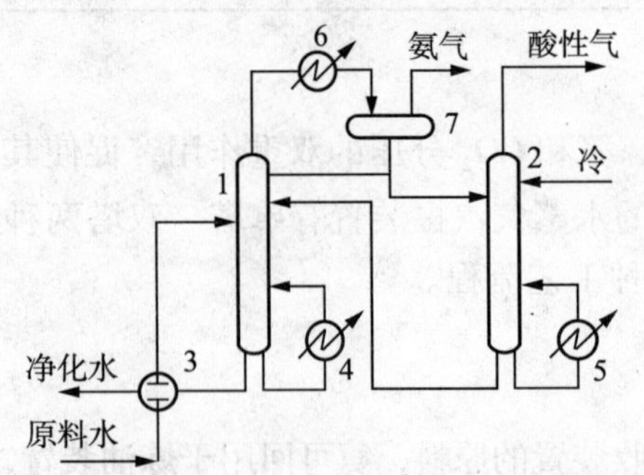

图 19－4　双塔加压汽提流程示意图

1—氨汽提塔；2—H_2S 汽提塔；3—换热器；4，5—沸器；6—冷却器；7—回流罐

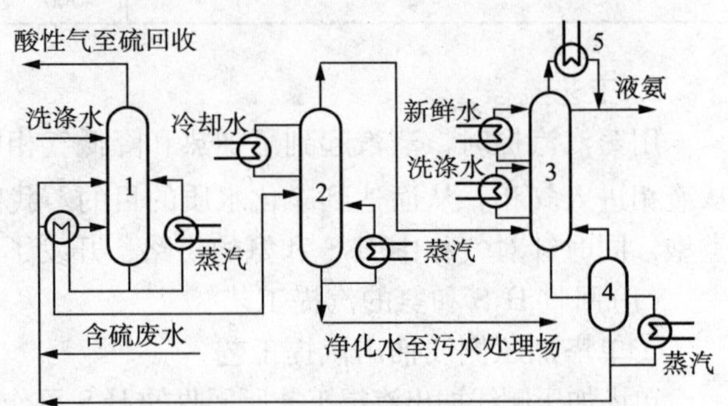

图 19－5　CLL 氨回收工艺流程示意图

1—脱酸塔；2—总汽提塔；3—酸性气吸收塔；4—汽提塔；5—氨液化

CLL 氨回收工艺的产品有：酸性气(氨体积分数不高于 1000μL/L)；氨气(不含 H_2S)，假如要求生产干净的液氨，气氨需进行干燥、液化和精制；净化水(氨 50～100mg/L，硫化氢为 5～20mg/L)。

采用 CLL 氨回收工艺首先要考虑公用工程消耗量和产品氨的价格，例如有无压力大于 1.5MPa 的蒸汽可供利用，低压蒸汽可否由冷却工艺介质或中压冷凝液闪蒸产生等。该公司建有两套 CLL 氨回收装置，每小时产 20t 液氨，用于煤的气化工厂。该公司推荐 CLL 工艺仅用于加氢裂化、加氢精制或 VCC 含硫废水氨浓度较高的场合。

④美国钢铁公司氨回收工艺

如图 19－6 所示，该工艺利用磷酸盐溶液吸收废水汽提气相中的氨，得到的酸性气送入硫回收装置，磷酸盐溶液经汽提循环使用，氨经分馏得到 99.9% 的液氨。

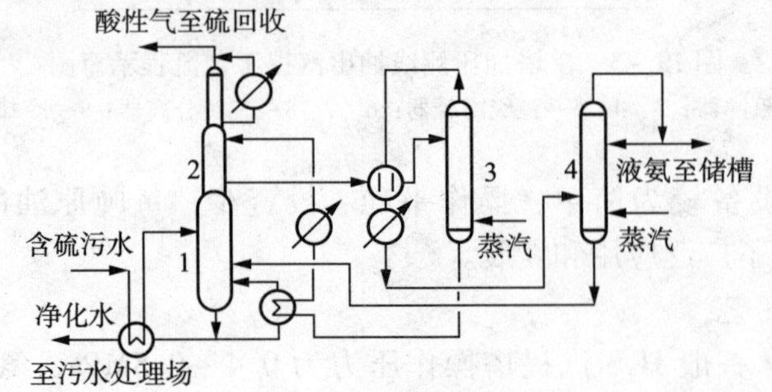

图 19－6　美国钢铁公司氨回收工艺流程示意图

1—脱酸塔；2—磷酸盐吸收塔；3—磷酸盐汽提塔；4—磷酸盐分流塔

(2)回收 H_2S 而不回收氨的汽提工艺

该工艺的 H_2S 汽提塔回收大部分 H_2S，作为不含氨的酸性气体送入硫回收装置回收硫磺。总汽提塔(低压)将小部分 H_2S 和全部氨汽提出来，作为富氨酸性气送入硫回收装置，在特殊火嘴中将其焚烧成氮气，并回收硫磺。

20 世纪 80 年代初，国内引进了两套具有特殊烧氨火嘴的硫回收装置。该装置操作可靠，净化水质量好，能满足要求，但其流程和设备较复杂，蒸汽单耗约 430kg/t(中压 160kg/t，低压 270kg/t)，其流程如图 19－7 所示。

(3) H_2S 和氨都不回收的汽提工艺

该工艺属单塔低压汽提，将含硫废水中的 H_2S、氨等全部汽提出去，含氨酸性气经高温焚烧后由高烟囱排入大气。此工艺只能用于处理 H_2S 和氨含量低的含硫废水，因为此时 H_2S 和氨不值得回收，并且环境保护允许热焚烧尾气排入大气。若硫回收装置有特殊的烧氨火嘴时，也能回收硫。该工艺有操作可靠、流程和设备简单以及投资省等优点，且净化水的质量能满足要求。蒸汽单耗约为 200 ~ 350kg/t(根据净化水质量要求，可用低压蒸汽)，其工艺流程如图 19－8 所示。

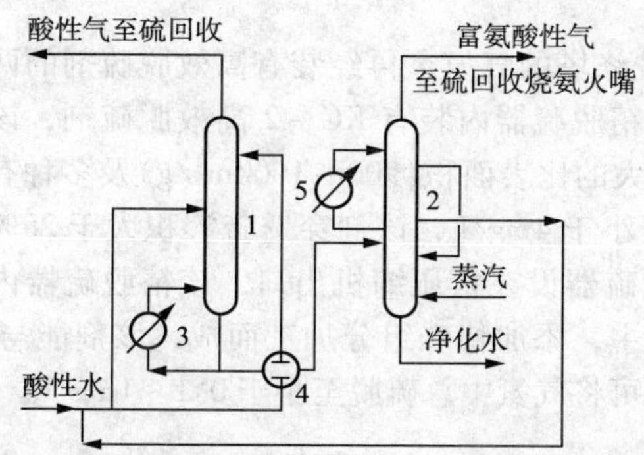

图 19－7 双塔汽提(不回收氨)工艺流程示意图

1—H_2S 汽提塔；2—总汽提塔；3—重沸器；4—换热器；5—冷却器

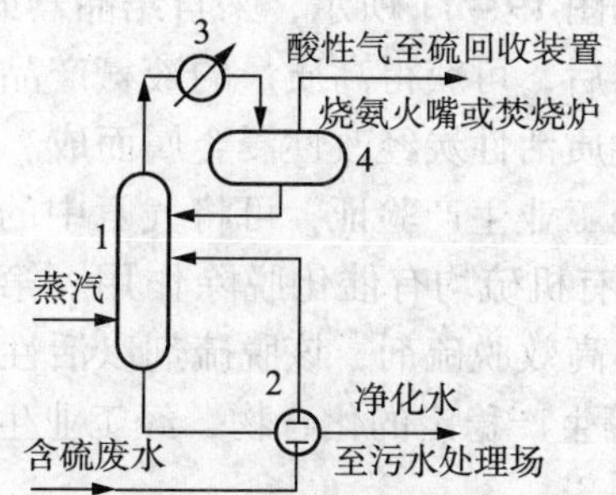

图 19－8 单塔低压汽提工艺流程示意图

1—总汽提塔；2—换热器；3—冷凝器；4—回流罐

(4)回收氨的精制工艺

单塔加压侧线抽出汽提工艺或双塔加压汽提得到的氨气中，H_2S 体积分数约为 1000 ~ 1000μL/L，需经过精制才能得到 H_2S 低于 10μL/L 的产品。目前国内有三种精制工艺流程。

①结晶－吸附法

如图 19－9 所示，从汽提部分出来的氨气先进入装有液氨的结晶器，当氨气鼓泡通过液氨液层时，NH_3 和 H_2S 可以结合生成硫氢化铵、硫化铵，随温度的降低，其硫氢化铵、硫化铵结晶析出物增多，故采用冷却结晶过程可去除氨中大部分 H_2S。

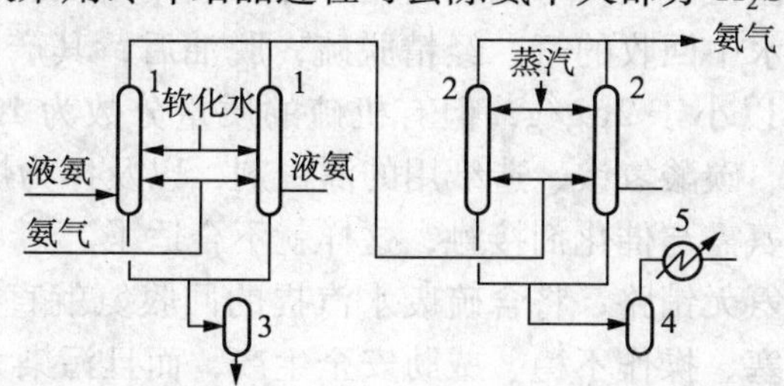

图 19－9 结晶－吸附流程示意图

1—结晶器；2—吸附器；3—冲洗液储罐；4—再生蒸汽过滤器；5—冷却器

从化学平衡和相平衡的角度来看，冷却结晶不可能把氨气中的 H_2S 全部去掉，且硫氢化铵的蒸汽压随温度的升高而迅速增加，故在结晶过程之后，再采用活性炭或活性氧化铝作为吸附剂，进行吸附，以进一步脱除气氨中的 H_2S。结晶－吸附过程为间断式切换操作，经生产验证，可将气氨中的 H_2S 脱至小于10mg/L。

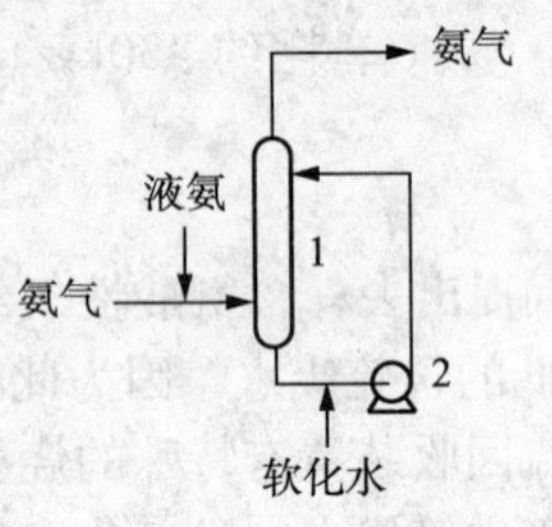

图 19－10　浓氨水循环洗涤流程示意图

1—氨精制塔；2—浓氨水循环泵

②气氨精制(浓氨水循环吸收)工艺

如图 19－10 所示，来自汽提部分的氨气，进入氨精制塔，在塔内经高浓度、高分子比(指 NH_3：H_2S)的浓氨水循环洗涤，根据气液平衡原理，氨气中的 H_2S 及水分转入低温溶液，积累了 H_2S 的溶液从塔底排出，塔内不断补入软化水及液氨，以维持系统的物料平衡及精制塔的温度(0～7℃)。该流程设备较简单、连续操作，也可将气氨中 H_2S 脱至小于10mg/L，但经常由于浓氨水循环泵的机械故障，影响精制效果。

③气氨精脱硫工艺

如图 19－11 所示，来自结晶器或浓氨水洗涤塔的气氨，再经装有高效脱硫剂的两段精脱硫器后，可获得高质量的液氨产品。第一段精脱硫器内装有 KC－2 高效脱硫剂，该剂为特种优质活性炭经改性浸金属而成。它具有很大的比表面积(900～1000m^2/g)及多种有机基团，经工业生产验证，可将气氨中的 H_2S 脱至小于4mg/L，该剂穿透硫容积大于25%，对 CS_2 等有机硫均有催化脱除作用。第二段精脱硫器设在氨压缩机出口，该精脱硫器内装有 KT310 高效脱硫剂，该脱硫剂以活性氧化锌为主，添加特殊组分加工而成，该剂能与 H_2S、RSH 等生产稳定的化合物，经工业生产验证，可将气氨中总硫脱至小于0.1～1mg/L。

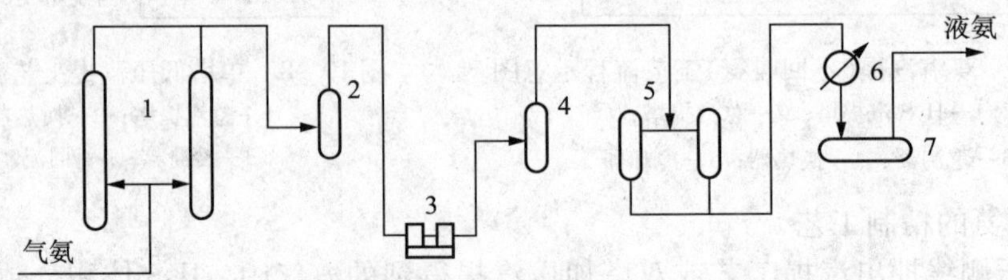

图 19－11　高效脱硫剂生产流程示意图

1—第一段精脱硫器；2—分液罐；3—氨压缩机；4—氨油分离器；

5—第二段精脱硫器；6—冷凝器；7—液氨贮罐

3. 关于含硫废水中的氨是否回收的问题

含硫废水中的氨是否值得回收，与氨的出路、综合利用以及经济效益密切相关。目前，国内炼油厂从混合含硫废水中回收的氨，经精脱硫，脱油后，其产品质量能达到国家标准，产品中 H_2S 的质量分数可以小于2μg/g，但有机硫的质量分数为100～280μg/g。这种液氨已用于生产一般复合化肥、碳酸氢铵、造纸用的漂白剂，以及作为炼油工艺注氨。如果用于生产硝酸和尿素，则因液氨需与催化剂接触，这样就不合适了。

目前，有些炼油厂因氨无销路，将含硫废水汽提的回收氨就直接送往火炬焚烧后放空，这样不但造成系统管道堵塞、操作不稳、威胁安全生产，而且污染大气。因此，在选择含硫废水汽提工艺时应解决氨的出路和综合利用问题，做好技术经济比较。若氨无出路，或回收氨在经济上不合理，则可采用不回收氨的汽提工艺，但必须将汽提装置设置在硫回收装置附近(因含氨的酸性气压力小)，并且在硫回收装置上设置烧氨火嘴，使氨在高温下分解，以减少污染。

4. 汽提前的预处理

由于废水中含有大量的油，其浓度可达数千至数万 mg/L，这些油若不预先去除，一旦进入汽提塔，在较高温度下，就会从水中分离，并浮在塔顶部不随釜液排出。油层越积越厚，致使原先塔内的气液相变成气－水－油三相，破坏了塔的正常工作。

由于该废水乳化严重，且含有许多非烃类物质，很难用沉降法去除。在选择除油方法时，应该综合考虑既降低含油量又不明显影响硫和氨的浓度。为此可以采用砂滤法去除含油废水中的油。砂滤柱为内径 25mm 的玻璃柱，滤料高度为 550mm，底部为烧结多孔板，并以小颗粒鹅卵石为承托层。滤料选用了石英砂、无烟煤、大理石、麦饭石及煤渣等 5 种，各种滤料的级配如表 19－7 所示。

表 19－7 各种滤料的级配 mm

滤 料	大颗粒	中颗粒	小颗粒
石英砂	0.95～1.24	0.84～0.95	0.50～0.84
无烟煤	1.47～2.50	1.24～1.57	0.95～1.24
大理石	1.47～2.50	1.24～1.57	0.95～1.24
煤渣	1.47～2.50	1.24～1.57	0.95～1.24
麦饭石	1.4～2.50	1.24～1.57	0.95～1.24

单层滤料试验时，大、中、小颗粒各占 1/3；双层滤料试验时，上层滤料占 1/3，下层占 2/3。实验表明单层滤料的最大除油效率依次为：无烟煤 > 煤渣 > 大理石 > 石英砂 > 麦饭石。单层过滤时除油效率低于 20%；双层滤料的除油效率以石英砂、无烟煤、煤渣最高，最大除油率达到 50% 以上。两者比较又以石英砂、无烟煤为好，其时间－效率趋于平坦，吸附油容量大。因此石英砂、无烟煤双层滤料是二级除油工艺的优选滤料。

5. 净化水的综合利用

含硫废水进入汽提装置，蒸汽汽提后所排出的水在工艺上称为净化水。经过汽提后的净化水含有少量的酚、硫、氨氮等物质，不能直接排放，但其基本上不含钙、镁、钠等离子。净化水通常排至废水处理场进行最终处理，后来经过试验，确定了将净化水分别用于电脱盐装置的注水和催化裂化装置压缩富气注水，分别代替原来工艺上用的除盐水。这样既可节约除盐水，又减少了外排废水的水量，降低废水处理费用。炼油厂净化水综合利用流程如图 19－12 所示。

(1)净化水代替电脱盐装置注水用的除盐水

常减压蒸馏装置电脱盐部分需要注水，一般注水量为原油量的 5%，甚至高达 10%，一套 2.5Mt/a 常减压蒸馏装置注水量可达 15.6t/h，甚至达 31.2t/h。数据表明，常减压蒸馏电脱盐装置在注除盐水时和改注净化水后原油中盐的平均含量基本相当，均可达到工艺要求；同时注净化水与注除盐水对原油中钠离子的脱除效果相当，而铁离子的含量未明显增加。钠离子和铁离子对原油的后续加工过程有重要影响，其中钠离子含量高会导致催化裂化催化剂的中毒，影响催化剂的活性、产品选择性及收率。铁离子的积聚会导致加氢裂化、加氢精制的催化剂床层堵塞、压降升高，影响正常生产。

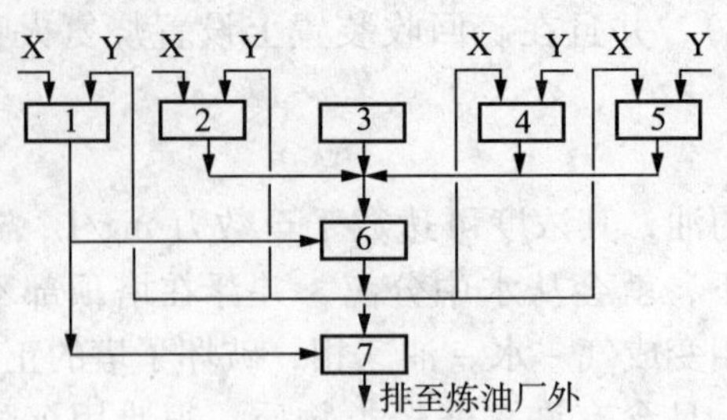

图 19－12 炼油厂净化水综合利用流程示意图

1—常减压蒸馏装置；2—催化裂化装置；3—延迟焦化装置；4—加氢精制装置；5—加氢裂化装置；6—含硫废水汽提装置；7—废水处理场；X—脱盐水或蒸汽冷凝水；Y—净化水

经过大量的实践证明，用净化水代替除盐水，在原油加工过程中不会对下游装置(如催化裂化)造成不良影响，目前国内多数炼油厂都成功地利用净化水作为电脱盐注水。表 19－8 为燕山石化炼油厂净化水注电脱盐前后水质比较，可见经过电脱盐后，排水中油含量没有明显变化，其余污染物指标均明显下降，其中硫化物下降了 63%、酚下降了 79%。原因是在电脱盐过程中，净化水中的酚经原油萃取作用从水相回到了油相中，使酚得到了回收。这表明净化水经电脱盐后比原来直接排放废水场时的污染负荷减少了，改善了排放废水的水质，有利于废水场的进一步处理。从表中的数据还可知，净化水中有少量的硫化物和氨氮转移到原油中，在原油进一步加工过程中，又转移到废水中，最终得到脱除。这些物质的量很小，且本身就是炼油过程中的产物，对原油加工没有不良影响。

表 19－8 净化水注电脱盐前后水质分析比较表 mg/L

项目		油	硫化物	酚	氨氮	COD
2 月 20 日	注前	21	52.3	269	116	1017
	脱后	20	33.7	90.5	78.5	649
2 月 21 日	注前	23	64.1	221	123	1110
	脱后	22	22.4	24.1	106	473
2 月 22 日	注前	15	68.3	248	102	1083
	脱后	16	12.8	25.3	63	661
2 月 23 日	注前	18	64.1	188	84	1176
	脱后	12	19.2	53.2	63	578

(2)净化水替代催化裂化装置压缩富气注水用的除盐水

催化裂化压缩富气注水目的是用水吸收富气中硫化物、氨等物质，以减少对后续设备的腐蚀，防止空冷器和后部设备产生铵盐结垢堵塞，也可去除少量脱前干气和脱前液态烃中硫化物的含量。燕山石化三催化压缩富气分别注除盐水和净化水对含硫含氨废水的影响如表 19－9 所示。从数据分析可知，注净化水与注除盐水相比，所产生的含硫废水中硫化物含量明显上升，说明油气中的硫化物通过注水吸收过程更多地转移到含硫废水中。在其他相同条件下，废水中硫化物的增加量大致应等于脱前干气及脱前液态烃等中间产品中硫化物的减少量，这说明富气水洗采用净化水效果更好。这与净化水 pH 值在 10 左右，其弱碱性有利于对 H_2S 等酸性物质的吸收有关。虽然注净化水后含硫含氨废水污染物含量较高，但是催化裂化装置与废水汽提装置之间建立了良好的循环，硫化物和氨都得到有效脱除，基本上不影响全厂的废水水质。

表 19-9　燕山石化三催化装置富气注水对含硫废水水质的影响

项目		pH	油/(mg/L)	硫化物/(mg/L)	COD/(mg/L)	氨氮/(mg/L)	注水情况
23 日	D-207	9.20	160	1693	14093	4241	除盐水
	D-301	8.00	125	1321	10863	2827	
26 日	D-207	9.26	250	1709	19524	4617	
	D-301	7.88	190	1683	17469	3487	
27 日	D-207	8.91	250	2183	19965	4052	净化水
	D-301	7.39	170	2982	18497	4241	
28 日	D-207	9.31	375	1699	35232	4806	
	D-301	8.25	90	3406	36700	5371	

注：采样时间 2001 年 3 月 23 日 ~28 日，注水量约 16t/h；D-207 为含硫废水罐；D-301 为凝缩油罐

催化裂化装置压缩富气改注净化水后，净化干气和液态烃产品质量合格，废水汽提装置运行稳定，达到了预期的效果。

(3)加氢装置用净化水作为注水

加氢装置用净化水作为注水目前国内外已有成功先例，应积极推广。因此，正常操作中不允许用非净化水作为注水。只有在装置开工或特殊情况时，如含硫废水汽提装置未启动，才允许暂时使用其他水(脱盐水等)作为注水。

总之，含硫废水汽提装置净化水的综合利用是炼油厂减少水污染不可忽视的一环，应引起广泛关注。

第三节　含硫废水处理实例

一、含硫废水汽提之一

1. 工艺技术原理及特点

炼油厂工艺装置排出的含硫、含氨、含氰的高浓度废水均采用汽提法进行预处理。高含硫、含氨废水一般来自催化裂化、加氢裂化、加氢精制、延迟焦化等二次加工装置，通称酸性水。下面介绍的是某炼油厂低能耗酸性水汽提装置。

该工艺吸取了单、双塔汽提工艺的优点，以降低能耗、提高产品纯度和净化水水质，加热强化污水中 HCN 的水解为目的。其工艺特点是：

(1)采用汽提-分馏-氰水解釜联合流程的氨汽提塔

①具有稳定的热源。采用热载体加热炉，使工艺过程的热源不受系统蒸汽的变化而波动，可以有效地进行自我控制和调解，并使塔釜温度提高到 179℃，以保证 HCN 水解所需的热能。

②HCN 水解不需消耗蒸汽，而且在没有 H_2S 干扰的情况下进行，新设一台 HCN 水解釜增加了停留时间，从而提高了 HCN 的水解率。

③用分馏原理优化进料和回流系统，调节不同浓度废水进料位置，以符合塔内温度与浓度梯度，有利于提高废水处理水平。

④优化换热系统和操作参数，改进塔内结构，使原料进塔温度由现有的120℃左右提高到160℃～170℃，降低装置能耗。

⑤塔内增设二段填料以保证分馏效果，利于 H_2S、NH_3 的汽提。

⑥采用塔顶二级冷凝二级分液，改进仪表控制回路，使氨回流系统操作更合理化，降低气氨中 H_2S 含量、有利于氨精制长期平稳操作。在精制气氨后增设低压降高效脱 H_2S 罐。

(2) 氨塔顶高温气相直接进入硫化氢汽提塔，塔顶不设重沸器，可以充分利用氨塔能量

①分馏塔顶增设列管冷却器和小直径填料段，以降低塔顶温度来保持塔顶温度平稳，防止酸性气带氨、带液，以保证出塔 H_2S 气体的纯度及质量。

②脱 H_2S 塔采用三段填料，进料位置合理，使塔内汽、液接触更加充分，并设有调节分子比的手段。

③在 H_2S 塔顶列管冷却器下部增设脱油设施，以减少酸性气及系统含烃量。

④调节操作、控制酸性气质量的手段齐全。

2. 处理流程

该处理工艺的示意流程如图 19－13 所示。酸性水进入原料污水罐储存和沉降脱油，然后进入汽提装置，经与净化水换热后进入氨汽提塔 25 层和 27 层。塔底由热载体重沸器供热、侧线由 23 层及 14 层气相抽出，经二级冷凝及二级分液。气氨去氨精制系统生产液氨或用液氨制备氨水。塔顶气直接进硫化氢塔侧壁下部三个填料层下方，使热进料气体与塔顶冷进料能充分逆向接触，保证出塔 H_2S 气的质量。H_2S 气送硫磺回收装置制硫。

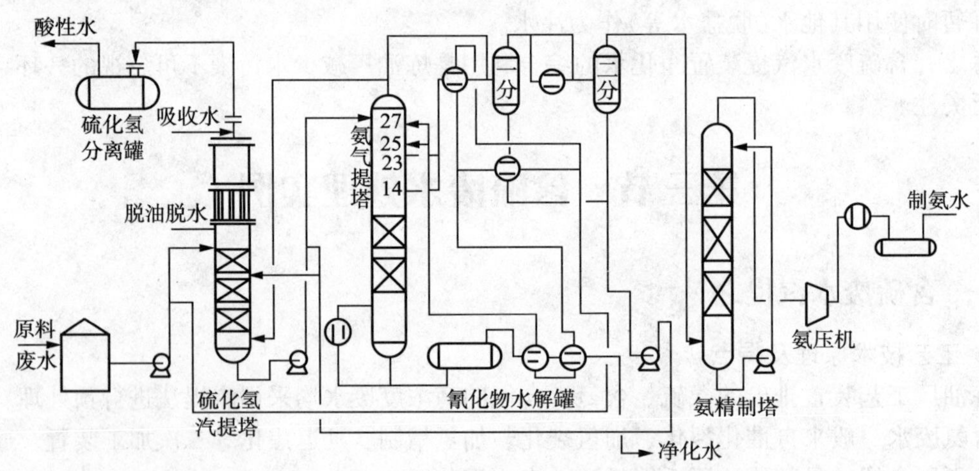

图 19－13　酸性水汽提工艺流程

硫化氢塔采用热进料，塔底不设重沸器。

氨塔顶二个凝液分离罐的液相部分，一部分打入硫化氢塔 1 层和 2 层填料之间；另一部分与硫化氢塔底液合并，作为氨塔塔顶回流。氨塔塔底的净化水经氰化物水解罐水解脱氰再经换热冷却后排出装置。

3. 工程设计处理能力

可根据需要设计不同处理能力的酸性水汽提装置，本实例设计处理能力为35t/h。

4. 工程设计水质要求(表 19－10)

表 19－10　酸性水汽提装置进、出水水质　mg/L

项　目	S^{2-}	NH_3	HCN	CO_2
进　水	3000	3600	200	450
出　水	10	66	<10	—

5. 处理每吨水的消耗指标(表 19－11)

表 19－11　处理每吨酸性水的消耗指标

项目	循环水/(t/t)	软化水/(t/t)	电耗/(kW·h/t)	蒸汽/(t/t)	瓦斯/(m^3/t)	处理量/(t/h)
设计	5.143	0.0286	6.529	0.0571	9.257	35
实际	7.72	0	4.4	0	8.877	28.5

设计能耗：16.046kgTEO/t；实际能耗：10.969kgTEO/t

6. 工程投资及主要工程材料指标

设计工程投资为 585.76 万元(1989 年概算)，1991 年建成后实际投资为 789 万元。

7. 其他

上面介绍的实例是较复杂的处理流程之一，下面再介绍一例某炼油厂采用的酸性水单塔加压侧线抽出汽提工艺，装置处理规模为 35t/h，工艺参数为：塔顶温度≥45℃，塔底温度为(158±2)℃，塔顶压力(0.48±0.02)MPa，塔底压力(0.51±0.02)MPa，废水进出装置的水质见表 19－12。

表 19－12　某炼油厂单塔汽提进出水水质　mg/L

项目	油类	S^{2-}	酚	COD	悬浮物	NH_3-N	pH 值
进水	30～169	2400～6500	440～674	4000～8770	20～68	2000～2460	8.5～9.0
出水	10～16	11～73	400～507	1500～1917	10～40	200～350	9.5～10

二、含硫废水汽提之二

1. 工艺技术原理及特点

本实例介绍某炼油厂 80t/h 含硫废水汽提装置，采用的是单塔汽提处理流程。其主要原理是利用 H_2S 与 NH_3 在水中的溶解度不同和其溶解度随温度升高而急剧降低的特点，对含硫、含氨废水在一座汽提塔内通过汽提进行净化。

首先将含硫、含氨废水加热到一定温度后送入汽提塔中、上部；塔底由重沸器提供 162℃的高温蒸汽，使废水的温度在塔内由上至下逐级升高，废水中的 H_2S 和 NH_3 被上升的蒸汽从液相中被汽提到气相中。当废水中的 H_2S 和 NH_3 含量达到净化要求后，即从塔底排出。绝大部分的氨被从塔中部抽出，经多级分凝脱水为 99% 以上的气氨，经氨压缩机后，制成工业用液氨产品。H_2S 则从塔的顶部抽出，送入硫磺回收装置制成硫磺产品。

该装置的技术特点是：

(1)对含硫废水处理能力的适应范围大。其最大处理量可达 80t/h，最小处理量为30t/h，均可平稳操作并使净化水质合格。

(2)对含硫废水中 H_2S 和 NH_3 的浓度波动适应性强，适合用于原油性质变化较大的炼油厂。废水中 H_2S 和 NH_3 的浓度最高可达 18376mg/L，最低浓度仅为 1000mg/L，均能保证净化水质量合格。

(3)该装置的综合能耗低，仅为 10.2kg 标油/吨水。

(4)该装置副产品利用率较高。净化水、氨和 H_2S 都能得到充分利用，减少了环境污染和资源浪费。

2. 工艺流程

工艺流程图如图 19－14 所示。

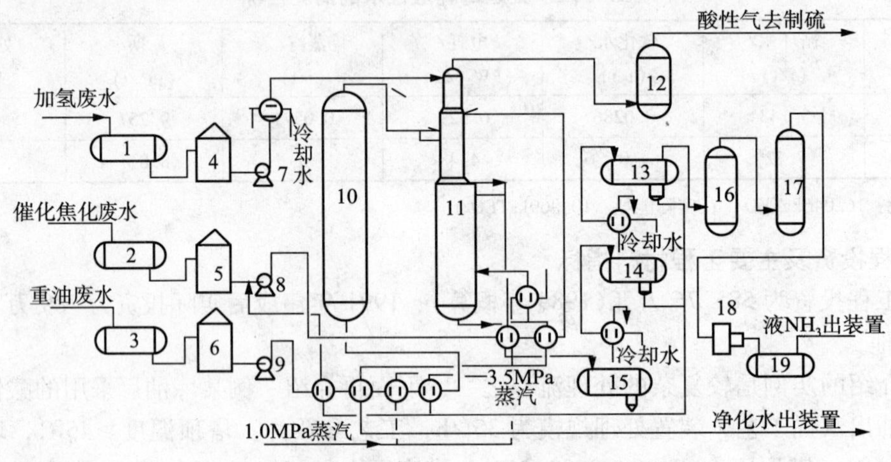

图 19－14　80t/h 含硫废水汽提工艺流程

1、2、3—脱气罐；4、5、6—污水罐；7、8、9—原料水泵；10—水解塔；11—汽提塔；12—H_2S 脱水罐；13、14、15—分凝脱水罐；16—结晶罐；17—吸附塔；18—氨压缩机；19—液氨罐

3. 装置设计处理能力为 80t/h

4. 设计水质要求(表 19－13)

表 19－13　水质要求　mg/L

项目	pH 值	硫	氨	氰	油
进水	10	6318	5259	55	<200
出水	—	50	300	1	—

5. 处理每吨废水的消耗指标(表 19－14)

表 19－14　处理每吨废水的消耗指标

耗电/kW	蒸汽/(t/t)	循环水/(t/t 水)
—	0.164	5

6. 工程投资及主要工程技术指标(表 19－15)

表 19－15　工程投资及主要工程技术指标

投资/万元	钢材/t	水泥/t	木材/t	备注
404.20	203.62	75	20	

7. 本装置无专用监测仪表

三、含硫废水汽提之三

1. 工艺技术原理及特点

本实例介绍某石油公司炼油厂含硫废水汽提装置，采用单塔、双塔汽提处理流程。其特点是根据氨在水中的溶解度远比 H_2S 大而 H_2S 的相对挥发度却比 NH_3 大的原理，在 H_2S 汽提塔顶部加入低浓度的冷进料，把塔顶尚存的 NH_3 溶解在液相中，从而保证塔顶 H_2S 气体得到提纯而排出。被吸收下来的 NH_3 自压送到氨汽提塔再次汽提，从塔顶出来的气氨经冷凝冷却，在回流罐内气液分离，用控制回流液中 NH_3 和 H_2S 分子比的方法，使气氨中所含的 H_2S 大部分被"固定"在液相中，从回流罐顶排出较高浓度的气氨进入氨精馏塔，控制氨精馏塔内保持较低压力和温度，并保持 NH_3 和 H_2S 在高分子比的条件下进行循环洗涤，即利用浓氨水洗涤，通过不断的循环洗涤，气氨里含有的极少部分 H_2S 被吸收"固定"于液相中。从而使气氨得到提纯，气氨从精馏塔顶排出后，经过压缩、冷凝后，即成为产品液氨。

2. 处理流程见图 19－15

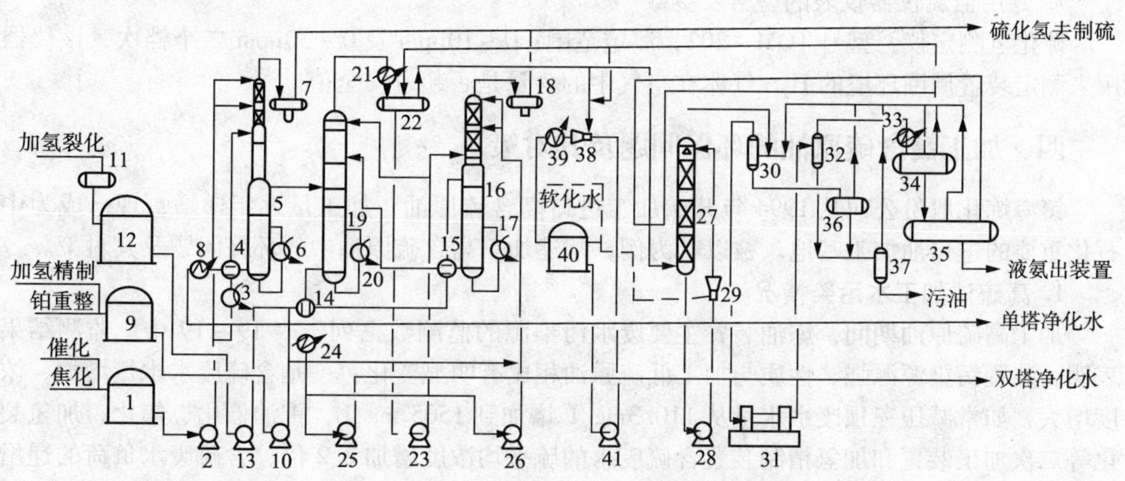

图 19－15　单塔、双塔汽提处理流程

1、9—污水沉降罐；2、10、13—进料泵；3、4、14、15—污水换热器；5—单塔；6、17、20—重沸器；7、18—硫化氢气液分离罐；8、24—净化水冷却器；11—污水泛气罐；12—污水贮罐；16—双塔硫化氢汽提塔；19—双塔氨汽提塔；21—汽氨冷却器；22—氨液回流罐；23—回流泵；25—净化水泵；26—净化水吸收水泵；27—氨精制塔；28—循环泵；29、38—混合器；30—氨气液分离器；31—氨压机；32—氨油分离器；33—氨冷凝冷却器；34—液氨循环罐；35—液氨储罐；36—低压储氨罐；37—集油罐；39—氨水冷却器；40—氨水罐；41—氨水泵

3. 工程设计处理能力

单塔为 $11m^3/h$；双塔为 $18m^3/h$。

4. 工程设计水质要求见表 19－16

表 19－16　工程设计水质要求　mg/L

项目		石油类	硫化物	氨氮	挥发酚	COD	pH 值	氰化物
进水	Ⅰ①	61	2882	1955	2352	7258	9.5	24
	Ⅱ②	88	19787	14875	3332	32256	10.5	209
出水	Ⅰ③	25	20	63	1568	1428	7.8	0.2
	Ⅱ④	30	16	46	784	979	7.2	20

①催化、焦化来的废水；②加氢裂化、加氢精制、重整废水；③单塔净化水；④双塔净化水

5. 处理每吨废水的消耗指标见表 19－17

表 19－17　处理每吨废水的消耗指标

项　目	蒸汽/(kg/t 水)	水/(t/t 水)	电/(kW·h/t 水)	说　明
设计值	267	16.56	3.87	水量为循环水与新鲜水之和
实际值	210	14.00	2.76	

6. 工程投资及主要工程技术指标见表 19－18

表 19－18　工程投资及主要工程技术指标

投资/万元	钢材/t	水泥/t	木材/m^3	备　注
285	323	262	33	

7. 专用监测仪器仪表的型号及参数

硫化氢测定仪：型号 TOM－202，测定范围：0～10ppm 及 0～30ppm 二个档次，该仪器用来测定装置周围环境的 H_2S 气体在空气中的含量是否超过安全值。

四、加工高含硫原油的环保问题及其对策

镇海炼化股份公司从 1994 年开始加工进口高含硫原油，加工量逐年递增，现已成为中石化重要的进口油加工基地。兹以其为例，阐述加工高含硫原油中的环保问题及其对策。

1. 高硫油加工水污染情况

加工高硫原油期间，炼油装置主要废水污染源的监测数据列于表 19－19 中。监测结果表明，装置污染源源强、性质与加工低硫原油相比有明显变化：一是含硫废水水量增加、浓度增大，如常减压三顶废水水量从 110.3mg/L 增加到 1505 mg/L，重油催化、焦化、加氢裂化等二次加工装置和加氢精制装置含硫废水的硫平均浓度增加 2.2 倍，含硫废水负荷的递增加大了废水汽提装置的负担；二是含油废水乳化严重，比较突出的有常减压电脱盐废水、常减压塔顶油水分离器切水、常三线碱洗水等，废水乳化给处理带来了难度。

表 19－19　加工高硫原油期间炼油污染源监测结果

监测点	水量/(t/h)	油/(mg/L)	酚/(mg/L)	pH 值	S^{2-}/(mg/L)	NH_3-N/(mg/L)	COD/(mg/L)
一套常减压电脱盐废水	30	150	6.79	5.41	23.6	14.1	365
一套常减压减顶脱水	5.0	420	30.3	8.29	1.51×10^3	242	1.37×10^3
二套常减压电脱盐水	18	500	10.0	6.20	50.0	20.5	450
二套常减压三顶水	12	200	22.5	8.18	1.50×10^3	217	2.51×10^3
催化分馏塔顶废水	28.0	115	570	9.19	3.01×10^3	1.47×10^3	2.75×10^3
催化富气水洗水	6.0	100	316	7.75	2.89×10^3	1.39×10^3	5.19×10^3
焦化分馏塔顶废水	4.5	1.2×10^3	265	8.68	3.16×10^3	2.15×10^3	1.57×10^3
焦化稳定塔顶废水	2.0	340	223	7.24	2.07×10^3	389	2.44×10^3
加氢裂化含硫废水	6.0	50	19	9.01	2.18×10^3	3.89×10^3	3.59×10^3
一套加氢含硫废水	7.0	270	84.6	8.30	6.45×10^3	4.43×10^3	7.19×10^3
二套加氢含硫废水	7.5	210	63	6.61	1.97×10^3	1.31×10^3	4.45×10^3

2. 高含硫废水汽提净化效率

(1)处理工艺及净化效率

一套废水汽提装置采用双塔汽提工艺，处理量为55t/h，处理重油催化、焦化、一套加氢含硫废水；二套废水汽提处理对象为加氢裂化和二套加氢含硫废水，采用单塔侧线抽出汽提工艺，处理量为11t/h。两套装置均有相应的氨精制装置，高硫油加工期间，两套汽提装置的净化效率如表19－20所示。

表19－20 含硫废水汽提装置净化效率

监测点		水量/(t/h)	S^{2-}/(mg/L)	NH_4^+－N/(mg/L)	油/(mg/L)	COD/(mg/L)	酚(mg/L)
一套含硫废水汽提	进水	47.5	300	3.11×10^3	1.53×10^3	7.91×10^3	397
	出水	49	130	27.6	147	2.46×10^3	327
	去除率/%	—	56.7	99.1	90.4	68.9	17.5
二套含硫废水汽提	进水	13.5	380	1.29×10^3	2.48×10^4	3.65×10^4	110
	出水	15	30	25.7	136.4	632	59.85
	去除率/%	—	92.1	99.8	99.5	98.3	45.6

由表19－20可知，一套汽提NH_4^+－N去除率为90.4%，硫去除率达99.1%，二套汽提硫和NH_4^+－N的去除率都达99%以上。出水硫化物均小于30mg/L，NH_4^+－N在150mg/L左右，但COD含量较高。

(2)含硫废水汽提系统存在的问题及处理对策

①原料水油含量偏高。含硫废水进塔前已经过简易油水分离器除油、大罐均质重力上浮分油等除油措施，一、二套汽提原料废水进塔前的停留时间约为30h，平时原料水含油量均在150mg/L以下，但加工高硫油期间，含油量仍高达300mg/L和380mg/L，其原因：一是乳化严重，如二常减顶废水乳化油占80%；二是焦化等含硫废水中酚等极性非烃类物质含量高，约占废水中总有机物的70%。乳化油及酚类等很难用重力浮升方法分离，这些物质进入汽提塔将导致塔釜积油，破坏汽液平衡，影响汽提效果。

原料水除油除加强装置含硫废水油水分离器界位控制、定时收油等源头控制措施外，在二套氨精制装置安装了一台粗粒化除油器。在经常反冲洗的前提下，其除油效率约为85%。但对焦化等含酚较高的废水，尚无有效的有机物脱除手段。

后来该公司采用静态水力旋流器预除油，旋流除油装置由6根旋流管单级并联组成，处理能力为10t/h，设备直径500mm，长1550mm，设计温度100℃，压力1.2MPa，处理量10t/h。除油流程充分利用现有设施，将旋流器直接安装到系统中。分离出的水相与原废水排放途径相同，油相返回到进料废水储罐，原有控制设备仍然保持正常运转。

②废水汽提负荷增大。高硫原油加工期间，二套废水汽提水质水量超过设计值，由于进水量大于处理量，废水浓度升高，引起塔顶拔出量增加，顶温上升，酸性气带氨气增加，导致酸性气管线堵塞，影响硫磺装置操作，同时侧线氨拔出量也相应增加，由于三线冷凝换热面积不足，造成氨精制塔超温，影响液氨质量解决的办法是新建一套120t/h的废水汽提装置投入运行。

③液氨质量变差。由于氨拔出量增加，气氨中有机物和硫化物含量增加，气氨虽经三级冷凝和氨精刮塔低温鼓泡萃取，但杂质仍不能有效脱除，最终导致液氨中硫和油含量偏高，

其硫和油的平均浓度为8.3mg/L和2282mg/L，含油量最高达5738mg/L。

液氨脱硫手段是使用脱硫脱氯剂，经过工业应用试验，HC－1和KT310两种脱硫脱氯剂对硫的平均脱除率约为80%，但要达到S＜0.2ppm的控制指标难度较大。液氨中油经相指纹分析，其IBP为59℃，FBP为203℃，说明油并非来自氨压机泄漏，而主要来自废水气汽提。因此，对液氨除油，建议从降低原料水带油、提高三级冷凝效率、最终液氨吸附除油三个环节综合治理。

3. 焦化含硫废水旋流除油除焦粉技术

焦化装置是使重质油品加热裂解，聚合生成轻质油、中间馏分油和焦炭的重要炼油加工装置，其生产工艺为：重质油在管式加热炉中迅速加热并在炉管中注水形成高流速，使油品在炉管中短时间内达到焦化反应所需的温度后，进入焦炭塔，进行焦化反应，反应生成的热焦经过吹汽、冷焦后用高压水进行除焦作业，反应得到的油气从焦炭塔顶进入分馏塔。镇海炼化公司现有一套1500kt/a焦化装置，该装置对提高油品的综合利用率，增加炼油经济效益起着积极的作用。但装置产生的含硫废水因带油、带焦粉，对环保工作带来了负面影响。

(1)对废水汽提塔的影响

含硫废水处理采用加压汽提法，装置流程为单塔侧线流程，可同时回收高纯度的氨和H_2S。焦化含硫废水带油将导致塔盘积油，破坏汽液平衡，影响汽提操作；废水带焦粉，很容易造成汽提塔的堵塞，虽然三套废水汽提塔为浮阀型塔，比一、二套填料型废水汽提塔堵塞情况大为好转，但焦粉对废水汽提的影响依然存在。一旦堵塞，装置只能停工检修，严重影响含硫废水的正常处理。

(2)对氨精制系统的影响

含硫废水经废水汽提系统后，其中的H_2S组分随酸性气送硫磺回收装置生产硫磺，氨组分则呈气态氨送氨精制系统生产液氨产品。在三级冷凝效果不佳、氨精制塔超温等不利工况下，废水中油易被气氨夹带，最终进入液氨产品。

由于原料水中带有大量的焦粉，经汽提塔后仍有部分焦粉随气氨进入氨精制系统，给氨精制系统也造成了严重影响。焦粉随气氨进入氨压缩机的气缸和油路，造成气缸和油路堵塞，引起非正常的停车和检修，使氨压缩机检修频次增加；焦粉也能引起氨精制系统中塔、机泵、管道等的堵塞，造成一定的损失；焦粉进入氨精制系统后，最终会有极少量带至液氨产品中，影响了液氨产品的质量。

为此，镇海炼化公司与华东理工大学联合开展了焦化含硫废水除油除焦粉技术研究，所开发的“油－焦粉固液旋流分离技术”基本解决了一直困扰环保系统的焦化含硫废水除油除焦粉难题。

4. 高含硫废水净化水的流化床处理技术

当含硫废水净化水的含硫量较高时，若直接外排至废水处理场，用一般的曝气池难以处理，目前国内炼油厂大多采用A/O法或稀释法来处理。A/O法处理效果较好，但停留时间长，占地面积大，操作难度较大。用含油废水将净化水稀释后进入曝气池的处理方法则要有相应数量的曝气池可供使用，这在有些废水处理场难以办到，而且该法的处理效果也不太理想。为此，可以采用生物流化床技术。

生物流化床由化学工业中的流化技术移植而来，它以许多细小的颗粒作为生物膜的载体，载体可以用石英砂(0.5～0.6mm)、颗粒炭(30～40目)、烟道灰等，其表面长有一定厚度的生物膜。如图19－16所示，当废水从流化床底以一定极限值的流速进入流化床并通入空气时，表面具有生物膜的载体开始流化，这些颗粒剧烈运行，使废水、空气和生物膜得到充分接触，颗粒间剧烈运动，使生物膜表面不断更新，微生物始终处于旺盛阶段，处理后的废水流入沉淀池，经沉淀后上面的水排放，下面的污泥一部分经压缩空气提升回流至流化床，多余部分排放。

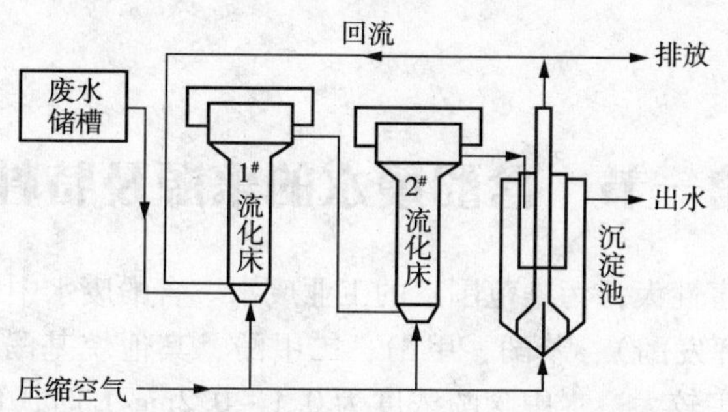

图 19－16 含硫废水净化的流化床处理工艺流程（小试）

首先在流化床内装入载体，数量约为床体积的 20%，再加入活性污泥和净化水，数量分别占床体积的 50% 和 30%，通入空气闷曝，大约 3d 后载体表面开始有生物膜生长。然后流化床开始连续进水，流量从 2L/h 逐渐提高到 5L/h，大约每天提高 0.5L/h。用显微镜观察生物膜的生长情况。到驯化后期发现生物膜中不仅有菌胶团围绕在载体四周，还发现草履虫、盖纤虫和钟虫等，说明生物膜生长较好，食物链初步形成。在驯化的后期开始采样分析，当出水水质波动不大时表示驯化工作基本完成，可以按预定的流量运行，考察流化床的运行效果。同时，对流化床中的生物浓度也进行测定，一般维持在 10g/L 左右，浓度过高时则排出一部分污泥。不同停留时间下流化床的去除率如表 19－21 所示。

表 19－21 不同停留时间下流化床的去除率 %

载 体	停留时间/h	COD	酚	氨 氮	硫化物
细粒活性炭	6.9	79.6	97.8	—	84.6
	3.5	85.9	94.8	—	85.6
废催化剂	13.8	53.1	95.8	21.5	91.2
	9.2	57.0	96.7	0	78.1
细粒活性炭	10.0	84.6	99.9	43.9	91.2
	6.0	92.6	99.9	43.0	79.7
	4.0	83.0	99.9	4.3	83.3

第二十章　含酚废水的处理

第一节　含酚废水的来源及特性

含酚废水是一种危害性大，污染范围广的工业废水。含酚废水中的酚是多种酚类的混合物，有一元酚(通常叫挥发酚)、苯酚、甲酚、二甲酚、其他烷基酚等。酚类由于难降解，在水体中存在对生物危害较大，水中含酚浓度为0.1～0.2mg/L时，鱼内即含有酚味；浓度高于10mg/L时，可引起鱼类大量死亡，海带、贝类也不能生存；灌溉水含酚浓度高于100mg/L，可引起农作物和蔬菜枯死和减产。与此同时，酚会危害人体健康，长期饮用被酚污染的水会出现慢性中毒，引起头痛、头晕、疲劳、失眠、耳鸣、贫血以及神经系统疾病，酚也是一种公认的致癌物。因此，外排废水中含酚量必须严格控制。

含酚废水的来源很广，除了炼油厂、油页岩干馏厂、石油化工厂之外，还有焦化厂等，焦化废水成分复杂，含有酚、氯酚、苯氧基酸、氨、硫化物、氰化物、焦油、吡啶等物质，且COD高。

含酚废水排放量及特性与生产工艺、原料性质、设备运转情况、操作条件、管理水平等因素的不同而各有差异。

1. 炼油厂

炼油厂的工艺生产装置，如常减压、催化装置、延迟焦化和电精制，再蒸馏、叠合等装置，都有含酚废水排出。其中大多数装置的酚浓度较低，排水量大，含油量高；只有少部分排出高浓度的含酚废水。例如催化裂化、焦化装置等。抚顺石油三厂催化裂化车间产生的废水量为5t/h，酚浓度为200～700mg/L，四次采样的分析结果如表20－1所示。

表20－1　抚顺石油三厂催化裂化车间废水分析结果

序号	挥发酚浓度/(mg/L)	硫化物浓度/(mg/L)	油浓度/(mg/L)	pH值	密度/(kg/L)
1	376.92	343.61	166.00	10.2	1.000
2	203.63	104.20	180.00	10.0	0.992
3	261.54	88.30	150.20	10.1	1.000
4	307.69	344.60	141.00	10.0	0.999

此外，炼油废水中酚的含量与炼厂加工的原油性质有关。如果加工重油、含硫原油，产生的废水中含酚量较高；而加工轻质油、低含硫原油，产生的废水中含酚量则较低。炼油厂含酚废水的水量与炼厂规模及管理技术水平有关。

2. 油页岩干馏厂

油页岩干馏厂，如茂名石油化工公司炼油厂、抚顺石油二厂的含酚废水是在油页岩干馏与油页岩加工过程中形成的。废水中的酚、醛、酮等物质含量较高，称为高浓度有机废水。

3. 石油化工厂

石油化工厂的含酚废水是在生产苯酚及酚类化合物的过程中形成的。例如：苯酚－丙酮装置、间苯酚装置等，它具有水量小、浓度高的特点，含酚废水含酚量一般在数千至数万mg/L。苯酚－丙酮装置排水水质水量如表20－2所示。

表20－2　苯酚－丙酮装置排水水质水量情况(20000t/a)

序号	装置及设备名称	排水量/(m^3/h)	废水组成及浓度/(mg/L)			备注
			苯酚	苯酚钠	NaOH	
1	蒸馏工段脱烃塔	0.7～1.0	30000～40000	—	—	连续排放
2	蒸馏工段喷射泵	1.0	1000	150000～200000	—	连续排放
3	后处理工段碱洗塔	0.5m^3/d	—	—	30000～50000	间歇排放

第二节　含酚废水的处理方法

根据含酚废水来源的不同，处理时常分为三类，以便有针对性地选择处理方法。即按酚浓度的高低，分为高浓度、中等浓度和低浓度含酚废水。对于含酚量低并且没有回收价值的，与全厂废水混合后可不加预处理而直接排入污水厂。对于含酚量较高(＞1000mg/L)的废水，应在装置内回收，或进行预处理。含酚废水回收处理的一般方法见表20－3。

表20－3　含酚废水回收处理的一般方法

分类	回收处理方法	适用范围	脱酚率	优缺点
物理法	蒸汽脱酚	焦化厂等含挥发酚为主的含酚废水	80%左右	操作较简单方便，脱酚塔太笨重，效率较低
	塔式萃取	含酚1000mg/L以上	90%～97%	回收率高，有成熟的运行经验，废水有新的污染
	离心机萃取	含酚1000mg/L以上	90%～99%	机器制作与安装要求较高，废水有新的污染
	活性炭或磺化煤吸附	低浓度或少量高浓度含酚废水	85%～99%	净化效果高，设备较简单，但再生麻烦，对预处理要求较高
	离子交换	水质较单纯的低浓度和少量的高浓度含酚废水	95%～99%	还能去除氰化物、吡啶等杂质，成本高，对预处理要求较高
	超声波	低浓度含酚水或深度净化	92%～98%	效率高，成本高
	电解氧化	低浓度或少量高浓度含酚废水	90%以上	效率高，但耗电量与含盐量大
化学法	二氧化碳	低浓度含酚废水	可达100%	不产生氯酚，处理效果稳定，货源少，价格较贵
	臭氧氧化	低浓度含酚废水或深度净化	99%	杀菌能力强，处理效果稳定，货源少，价格较贵
	化学沉淀	酚醛缩聚法适用于树脂厂、塑料厂高浓度含酚废水；石灰法适用于气化木材和泥煤的煤气站含酚废水	94%	可回收酚、醛等物质，方法简单、经济，处理后废水含酚浓度较高

续表

分类	回收处理方法	适用范围	脱酚率	优缺点
生物法	活性污泥法	一般进水含酚 200～500mg/L	95%～99%	处理效率较高，设备简单，运转管理的要求较高
	生物滤池	酚<200～300mg/L	85%～98%	设备简单，运转管理方便，占地面积大，卫生条件差
	塔式生物滤池	酚<100～200mg/L 氰<50～100mg/L	80%～98%	负荷高，占地少，耗电少；出水水质差
	生物转盘	酚<300mg/L	80%～99%	适应性强，管理方便，占地面积大
	氧化塘、氧化渠	较多用于低浓度含酚废水	70%～90%	设备少，经济；受地区、气候条件限制大，占地大
	污水灌溉	酚<10～50mg/L	—	利用水分与肥分，支援农业；卫生条件差，应严格控制水质
重复使用	封闭循环法	煤气发生站和焦化厂煤气洗涤水	—	可不排(或少排)废水，减少了危害，减轻了设备处理负荷；管理要求较严格
	掺入循环供水系统	厂内有净循环供水系统	—	不排(或少排)废水，稳定循环水质；对预处理的要求较高
	熄焦法	低浓度含酚废水	—	免除了复杂的处理设备；但对设备有一定腐蚀，对大气有些污染

一、高浓度含酚废水的处理方法

高浓度含酚废水常用溶剂萃取法和蒸气吹脱法。但应用这些回收产品的方法，选用时要同时考虑酚钠盐的销路，否则将导致回收产品销路不畅而停产。

1. 溶剂萃取法

多年来，国内外对工业含酚废水的治理与回收进行了大量的研究工作，提出并且实施了多种治理方法。其中，溶剂萃取是常用的废液脱酚方法。萃取法适用于从高浓度含酚废水中(酚浓度>1000 mg/L)回收酚类物质。不仅可回收挥发酚，也可回收不挥发酚。酚是一种重要的化工原料，通过治理含酚废水，将酚回收，具有一定的经济意义。

用作萃取脱酚的萃取剂，有苯、重苯、芳烃、醋酸丁酯、轻油、煤柴油、重溶剂油、醋酸乙酯、异丙醚、磷酸三甲酚、洗油、苯二异丙醚(DIPE)、乙酮、甲基异丁基酮(MIBK)、N－503、湿润剂等。采用甲基异丁基酮(MIBK)作为萃取剂的处理工艺流程如图 20－1所示。

此流程包括三部分，即萃取塔、溶剂回收塔、汽提塔。废水经萃取塔萃取分成萃取相和萃残液，萃取相进入溶剂回收精馏塔获得回收的 MIBK 和苯酚，萃残液通过汽提塔得到 MIBK 和脱酚后的处理水，从而实现了连续循环工艺流程。

高桥化工厂经实践证明，萃取相以该厂的异丙苯、N－503 为优。N－503 是一种淡黄色油状液体，化学名称为二(1－甲基庚基)替乙酰胺。它对苯酚具有高效的萃取能力，一次萃取脱酚率高达 95%以上。其化学性能稳定，易于再生，经碱洗二次，苯酚的萃取率达 99%以上。它可使含酚量为几千 mg/L 的工业废水降至几百或几十 mg/L。经长期使用，萃取剂不老化、不分解、脱酚效率不下降。

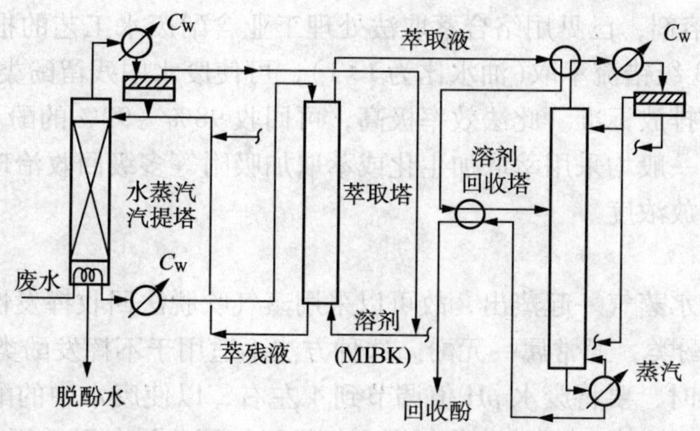

图 20－1 甲基异丁基酮(MIBK)处理含酚废水的工艺流程

N－503 萃取剂脱酚基本原理：萃取剂 N－503[N，N′－二(1－甲庚基)乙酰胺]，萃取时废水中酚与 N－503 形成分子间氢键缔合物。其反应式如下：

$$H_3C-C(=O)-N[CH(CH_3)C_6H_{13}]_2 + C_6H_5OH \longrightarrow C_6H_5O-H\cdots O=C(CH_3)-N[CH(CH_3)C_6H_{13}]_2$$

所形成的分子间氢键缔合物被萃入有机相后，用一定浓度 NaOH 溶液再进行反萃，有机相中酚与 NaOH 溶液形成溶于水相而不溶于有机相的酚钠，其反应式为：

$$C_6H_5OH + NaOH \longrightarrow C_6H_5ONa + H_2O$$

反萃后的有机相得到再生重复利用。含酚钠的溶液通过加入硫酸或通入 CO_2 气体使之酸化而获得粗酚。

高桥化工厂的脱酚装置已运转多年，至今仍稳定正常，效果良好，酚钠废水中和工序系间断操作；其投料系人工现场控制。废水流量、投碱量、油水比(萃取剂投料量)等均用仪表控制。每年平均回收苯酚 300 余吨，“三废”综合利润 10 余万元。脱酚处理效果见表20－4。

表 20－4 脱酚装置脱酚率

项目＼月份	1	2	3	4	5	6	7	8	9	10	11	12	年均
进水浓度/(mg/L)	9700	13000	9400	8900	11000	1050	12100	13900	9700	18000	14000	9300	10837.5
出水浓度/(mg/L)	17	22	27	30	65	46	47	43	31	59	30	22	36.58
脱酚率/%	99.8	99.9	99.7	99.6	94.1	99.9	96.4	96.9	99.7	96.7	97.8	99.7	98.6

我国一些工厂采用 N－503 煤油从高浓度的含酚废水中萃取脱酚成效显著。如用间甲酚作原料，每生产 1t 高效低毒氨基甲酸酯杀虫剂“速灭威”，产生废水 15～20t，酚含量平均达 6500 mg/L，采用 N－503 煤油溶液萃取脱酚后，可使废水中含酚量降至 30～40mg/L，因此 N－503 是一种较好的脱酚萃取剂。

依据可逆络合反应萃取分离极性有机物稀溶液的基本原理，通过工艺研究，采用高效

QH 型络合萃取脱酚溶剂，已见用络合萃取法处理工业含酚废水工艺的报道。利用混合型络合萃取剂，通过2～3 级错流萃取(油水比为1∶1)，可使废水中残留酚类浓度低于0.5mg/L，可以达到国家规定的排放标准。此法效率极高，可回收98%～99%的酚。

因此，目前国内一般均采用萃取加生化或萃取加吸附等多级回收治理方法，使高浓度含酚废水降到允许的排放浓度。

2. 蒸气吹脱法

挥发性酚类能与水蒸气一起蒸出，故可以采用蒸气吹脱法回收挥发性酚类。挥发酚多指沸点在230℃以下的酚类，通常属一元酚。这种方法不适用于不挥发酚类的回收。

回收挥发性酚类时，要将废水 pH 值调节到4 左右，以使废水中的酚盐转化为酚；并加药剂(如硫酸铜)沉淀硫化物，不让硫化氢混入挥发酚。回收设备可选用水蒸气蒸馏装置。

这种方法回收的挥发性酚类，要进一步分离水分后，才能资源化。常以碱中和，浓缩结晶得到酚钠，作为化工产品使用。从理论上来说，此法可定量的分离出挥发性酚类，但工程实施时，只需控制到达标排放即可。

由于蒸气吹脱法耗能大，一般只适用于高浓度含酚废水处理。如废水中挥发性酚类组成复杂，回收得到的酚钠就难以资源化。

3. 液膜萃取法处理碱渣含酚废水

溶剂萃取法的优点是工艺简单、容易操作，但除酚效率并不高。主要原因是酚在水相和萃取剂之间存在一个分配系数的问题，分配系数越大，除酚率就越高。而目前常用的两种萃取剂[醋酸丁酯和煤油(含15%～30%的N－503)]萃取酚的分配系数也只在50左右，还不能有效地将高浓度的酚脱除。

自1968年美籍华人黎念之、切安和Shrier等人发明了具有使用价值的液膜以来，美国、日本和欧洲各国都相继展开了大量的研究工作。20世纪70年代初期，Cussler又成功研究出含流动载体的乳化液膜，使液膜的应用范围进一步扩大。

我国液膜技术的研究始于20世纪70年代后期，第一套处理量为0.5t/h的液膜法除酚装置于1986年在南方塑料厂建成并投入使用，对含酚量大于1000mg/L的酚醛树脂废水进行了处理，达到了国家排放标准，且无二次污染。与一般方法相比，液膜法处理含酚废水具有简便快速、技术先进且较经济的优点。液膜的稳定性、破乳、溶胀等问题在理论上已基本解决，并出现了较好的提取、破乳装置，因此液膜法的工业化普及应用值得提倡。

目前，石化企业炼油后碱渣含酚废水中含酚量在500～2000ppm之间，如直接排放到生化厂处理，则先需经稀释处理到含酚量低于100ppm，这给生化厂带来严重的负荷；如采用氧化法处理，则设备投资大、成本高、运行价格贵，无法在企业中正常运转。而液膜法的小试试验研究结果表明，处理后水中含酚量可低于100ppm，可直接排放到生化厂处理。这为进一步做中试试验研究提供了理论及数据依据，且能带来巨大的社会效益和经济效益。

液膜萃取除酚由四个步骤组成。第一步是制备油包水乳状液，油为连续相，水为分散相，水相一般为NaOH溶液。第二步是萃取过程，在搅动下将乳液倒入含酚废水中，乳液在废水中以小乳珠形式存在，乳珠内是NaOH溶液即膜内相，废水为膜外相，膜内相与膜外相被油相(液膜)分开。萃取时，因酚能溶于油，容易从膜外相透过油膜进入膜内相，进入膜内相的酚与NaOH反应生成酚钠，酚钠不溶于油，也就不会经油膜扩散到膜外相中去，这样废水中的酚就会源源不断地经液膜进入膜内相，最终以酚钠的形式被富集起来，从而大大提高了除酚效率，这也是液膜萃取的单向迁移性。第三步是乳液与废水分离，萃取完成后停止搅拌，萃取体系自动分为两层，上层为富集了酚钠的乳液，下层为除酚后的废水。第四步是乳液再生，将富集了酚钠的乳液破乳，破乳后的乳液分为两层，上层为油相，下层为水相，水相会有高浓度酚钠，加酸后可回收酚；上层油相可再度用来制备乳液，以进行下一级萃取操作。

二、中等浓度的含酚废水的处理方法

中等浓度含酚废水，从经济观点来看这种浓度的酚，已没有必要进行回收。含酚5～500 mg/L的废水，均属于中等浓度含酚废水。

在此类含酚废水不杂有其他毒性物质(或已预先除去)的情况下，广泛采用生物法进行处理。生物法包括：氧化塘、氧化沟、滴滤池和活性污泥法。

其他去除中等浓度含酚废水的方法也有被采用。其中活性炭吸附法，可与生物法相竞争，它具有不受负荷波动影响而效果始终一致的优点。

采用氯化加石灰的方法，酚的去除率可几乎近100%。氯化时需加入高浓度的氯，以便把酚除尽。氯化时必须在pH＜7时才能进行完全，否则会产生有毒的氯酚。用此法处理含残留酚5mg/L的再生胶厂废水，可得无残留酚的排水。另外，臭氧和二氧化氯用作除酚氧化剂，效果也很好。

三、低浓度含酚废水的处理方法

低浓度含酚废水一般也采用生物化学法。在有条件时，可将酚废水与生活污水合并处理，以取得培养生物的营养料。生化处理法有活性污泥法、生物膜法和生物塘三类。在一般情况下，活性污泥法比生物膜法处理效率高(脱酚率达98%)，但运行经营费较大，操作条件要求较严；生物塘的基建和运行费用最省，但占地面积最大。因此，一般低浓度含酚废水，常用活性污泥法和生物膜法处理，而在有洼地可利用时采用生物塘。在处理要求高时，可采用两级曝气池、两级生物滤池或曝气池与生物滤池串联处理，或以生物塘作补充处理；而在必要时再用其他方法(如活性炭吸附法、臭氧氧化法、离子交换法、混凝沉淀法等)作深度处理。

生物处理通常能把酚类浓度降低到0.5～1 mg/L，其他方法也可将酚浓度脱至1.0 mg/L以下。对于这类低浓度含酚废水的处理，一般都以化学法或物化法来替代生物法。

经生物法处理后出水为0.16～0.35 mg/L的炼油厂废水可用臭氧进一步处理，使酚浓度降低至0.03mg/L。在臭氧处理装置后，不必再设计一级活性炭吸附装置。

活性炭吸附作为第三级处理工艺，对痕量酚的脱除早被充分肯定。据报道100kg活性炭可脱除0.5～25kg酚类。此法在较低pH值下，对酚类的脱除最为有效，因为酚类是有机弱酸。

使用大孔聚苯乙烯树脂脱除废液中的酚类，也已有报道。采用三塔串联处理系统，可使进口含酚5 mg/L的废水，酚类脱除率可达99%。1%浓度的氢氧化钠溶液即可使树脂得到再生。但已实现工业化的实例较少。据报道美国印第安纳州与西弗吉利亚州分别建成两套这种装置，用以脱除酚及多环芳烃。

将酚类脱除至很低残留的技术是可行的，并且实现工业化。低于毫克/升级的脱酚需经多级处理才能完成，要进一步提高脱除效率，意味着较大费用的增加。化学氧化法(如氯及臭氧)用于直接处理高、中浓度含酚废水经济上是不合理的，但用作生物脱酚后的末级处理却十分经济。活性炭吸附可同样用于中等浓度与低浓度含酚废水的处理，但投资与运行的费用大不一样。所以应按废水中污染物的特性，进行经济核算。

第三节　含酚废水的应用实例

一、塔式生物滤池处理含酚废水

1. 概况

以茂名石油化工公司炼油厂为例，在页岩干馏生产过程中，243t/d(1986 年平均值)高浓度有机废水是该公司最大的污染源之一。废水呈黄褐色，有特殊臭味，其中含酚、酸、醛、酮和有机碱等有毒、有害物高达 1% 以上。1986 年的水质情况是：COD 23400 ~ 26000mg/L，石油 668 ~ 1230mg/L；悬浮物 598 ~ 837mg/L；挥发酚 207 ~ 210mg/L。该废水所排出的挥发酚，占公司总排酚量的 60%。

2. 处理流程及主要设施

油页岩干馏废水处理流程示意图见图 20 - 2。

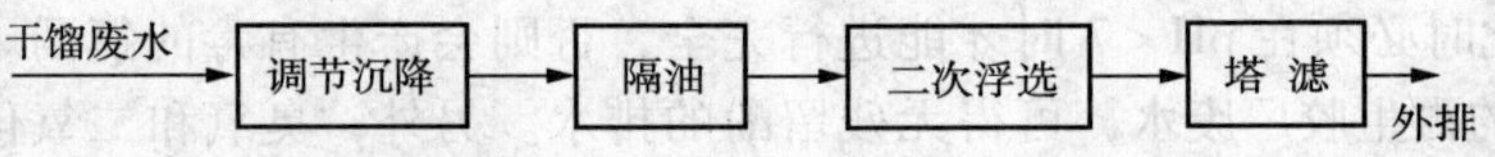

图 20 - 2　油页岩干馏废水处理流程示意图

主要设施如下：(1)调节沉降罐 $\phi 8.6m \times H12.3m$；(2)平流隔油池 $B \times L \times H = 3m \times 16m \times 3.2m$；水平流速 1.9mm/s，停留时间 2.1h；(3)平流沉淀池 $B \times L \times H = 3m \times 16m \times 4.5m$，水平流速 3.2mm/s，停留时间 1.3h；(4)一、二级浮选池 $B \times L \times H = 3m \times 16m \times 4.5m$，溶气压力 0.343 ~ 0.392MPa；(5)塔式生物滤池两座，$\phi 8m \times H27.2m$，塔内有酚醛树脂固化纸蜂窝填料，设计水力负荷 $72m^3/(m^2 \cdot d)$，有机负荷 $1.19kgBOD_5/(m^3 \cdot d)$；(6)自动板框压滤机，型号为 BAJZ15/800 - 50，滤板规格为 800m × 800m，过滤压力 0.6MPa，过滤面积 $15m^3$，板框操作一个周期为 2h。

3. 处理效果

各项处理设施的处理效果，见表 20 - 5 及表 20 - 6。

表 20 - 5　物化法预处理效果

项目	数据 / 设施名称	调节沉降罐	隔油沉淀池	投加 100mg/L 聚合铝 一级浮选	投加 100mg/L 聚合铝 二级浮选
挥发酚	进水/(mg/L)	232	194	151	73.6
	出水/(mg/L)	209	131	144	62.1
	去除率/%	9	32.5	4.6	15.6
COD	进水/(mg/L)	29000	25000	16200	10400
	出水/(mg/L)	24700	22000	14800	10300
	去除率/%	14.8	12.0	8.6	1.0
石油	进水/(mg/L)	2660	762	498	347
	出水/(mg/L)	959	637	465	175
	去除率/%	63.9	16.4	6.6	49.5
悬浮物	进水/(mg/L)	2300	589	488	333
	出水/(mg/L)	718	465	438	260
	去除率/%	68.8	21.1	10.2	21.9

表 20－6　塔式生物滤池法预处理效果(1987 年 5 月)

有机负荷/[kgBOD/(m^3·d)]	水力负荷/[m^3/(m^2·d)]	COD			BOD_5			挥发酚			石油		
		进水/(mg/L)	出水/(mg/L)	去除率/%	进水/(mg/L)	出水/(mg/L)	去除率/%	进水/(mg/L)	出水/(mg/L)	去除率/%	进水/(mg/L)	出水/(mg/L)	去除率/%
0.25～0.49	62	3000	1440	52.0	894	171	80.9	36.4	1.40	96.2	102	25.9	74.6
0.50～0.89	62	4810	2380	50.5	1550	456	70.6	70.6	11.2	81.0	192	62.9	67.2
0.90～1.37	62	4900	2730	44.3	1730	626	63.8	73.8	15.7	78.7	221	85.9	61.1

采用塔滤法处理油页岩干馏废水，其处理成本费为 0.37 元/kgCOD，在塔滤后，必须加处理设施，才能达到国家规定的排放标准。

目前，在国内外采用生物膜法处理含酚废水的研究已有很大进展，取得较好效果。例如，石油大学(北京)对辽河油田石化总厂含酚废水采用生物方法处理，收到较好效果，除酚率在 95% 以上。

二、焦化厂活性污泥法处理含酚废水

焦化厂废水中一元酚含量多，属于易生物降解的污染物；其次是苯类、吡啶类化合物，属于低速率降解物质。采用生化法处理焦化厂低浓度含酚废水，在技术经济上是合理的。

我国从 20 世纪 60 年代初开始采用活性污泥法处理含酚废水，20 世纪 70 年代已普遍推广到大中小型焦化厂。近年来为了提高含酚废水治理效果，对煤气净化工艺流程加以改革，既降低了废水的含酚量，又减少了废水产生量。同时，注意加强含酚废水的预处理，并提高生化处理装置的效率，如采用两段曝气或延时曝气技术，以及采用“生物铁法”等强化生化技术。再根据需要对生化处理后的废水进行混凝沉淀、过滤或活性炭吸附等三级处理，还增设污泥处理设施。

焦化厂含酚废水水量见表 20－7，含酚废水的水质见表 20－8。

表 20－7　焦化厂含酚废水水量　　m^3/h

排水点	工艺流程	焦化厂生产规模(以冶金焦计)/(10^4t/a)				备注
		4	10	20	60	
蒸氨后废水	硫氨流程	—	—	—	20	
	氨水流程	5	12	24	60	
终冷排污水	硫氨流程	—	—	—	34	按 15% 排污量计算
精苯车间分离水	连续流程	—	—	—	0.8	
	间歇流程	0.24	0.5	—	—	
焦油车间分离水洗涤水	连续流程	—	—	—	0.5	
	间歇流程	0.09	0.21	0.32	—	
古马隆分离水	间歇流程	—	0.17	0.36	1.0	
化验室		3.6	3.6	3.6	3.6	
煤气水封		0.2	0.2	0.2	0.4	

1. 废水预处理

预处理的目的是除去废水中的苯、轻焦油、胶状油、重焦油等对生化处理有危害的污染物。预处理通常包括均和、吹脱、除油、pH 值及温度调节等。

均和池的容积一般按 8～24h 的进水量计算。寒冷地区可选用较低数值，并考虑适当保温措施，避免使曝气池水温低于 17℃。

表 20-8　焦化厂含酚废水的水质

mg/L

排水点	pH 值	挥发酚	氰化物	苯	硫化物	硫化氢	油	硫氰化物	挥发氨	吡啶	萘	COD_{Mn}	BOD	色和嗅
蒸氨塔后（未脱酚）	8~9	1700~2300	5~12	—	—	21~136	610	635	108~225	140~296	—	8000~16000	3000~6000	棕色氨味
蒸氨塔后（已脱酚）	8	300~450	5~12	1.2	6.4	21~136	3061	—	108~225	140~296	1.5	4000~8000	1200~2500	同上
粗苯分离水	7~8	300~500	22~44	166~500	3.25	59~85	269~800	—	42~68	275~365	62.5	1000~2500	1000~1800	淡黄色苯味
终冷排污水	6~7	100~300	100~200	1.66	20~50	34	25	75	50~100	25~75	35	700~1029	—	金黄色焦油味
精苯车间分离水	5~6	892	75~88	200~400	20.48	100~200	51	—	42~240	170	—	1116	—	灰色二硫化碳味
精苯原料分离水	5~7	400~1180	72	—	41~96	—	120~17000	—	17~60	93~1050	—	1315~39000	—	黑色二硫化碳味
精苯蒸发器分离水	6~8	100~600	1~10	—	1.8	8~200	36~157	—	25~100	约 0	—	590~620	—	黄色苯味
焦油一次蒸发器分离水	8~9	300~600	23	2.00	3.2	471	3000~12000	—	2125	3290	37.5	27236	—	淡黄色焦油味
焦油原料分离水	9~10	1800~3400	54.3	—	72	2437	5000~110000	—	5750	600	—	19000~33485	—	棕色萘味
焦油洗塔分离水	8~9	5700~8977	—	—	120	289~1776	370~13000	—	—	1075	—	33675	—	—
洗涤蒸吹塔分离水	9~10	7000~14000	0.325	—	10400	93~425	5000~22271	—	—	583	—	39000	—	黄色萘味
硫酸钠废水	4~7	6000~12000	2~12	2.5	3.2~20	93~471	905~21932	—	42.5	87.40	37.5	21950~28515	—	—
黄血盐废水	6~7	337	58	—	—	10.2	116	—	85	210	—	—	—	—

在密闭的吹脱池中曝气机吹出氰化氢、氨、硫化氢等挥发性物质，再用抽风机送至专门的焚烧炉焚烧处理。吹脱时间为3.5～7h，氰化氢吹出率达50%左右。

重质油和轻质油一般采用重力分离法清除。除油池多采用竖流式和平流式。水力停留时间为2～4h。水平流速采用1～1.2mm/s。乳化油和胶状油用气浮法分离。溶气压力为0.3～0.5MPa（3～5kgf/cm^2），水在溶气罐中停留时间为1～5min。浮选槽中停留时间为30～60min。气水比为4%～8%，除油效率50%～70%。若在浮选池中投加混凝剂，效果更好。当投加三氯化铁250mg/L，石灰100mg/L，高分子絮凝剂3mg/L时，除油率高达85%，COD去除率为40%。

蒸氨废水和黄血盐装置处理后的终冷循环水的排污水，水温高于65℃，故应降温至生化处理要求的25～35℃。如采用换热器，尚可回收部分热能。

2. 废水生化处理

焦化厂含酚废水，可采用活性污泥法和生物过滤法进行处理。近年来国内外转而采用低负荷活性污泥法，如延时曝气、二段曝气或生物铁法等。除了出水含酚量能稳定在0.5mg/L以下外，其他各项排放指标均有改善，但COD仍达不到排放标准。其原因是废水中除含有难降解物质(如苯类和吡啶类化合物等)外，尚有硫化物、硫化氢、氰化物、硫氰化物等还原性毒物。

国内四个焦化厂的化验资料表明，其可生化性属于可降解的废水，采用生化处理是适宜的。活性污泥法对酚的去除率一般可达99.8%～99.9%，COD去除率为70%～80%。传统活性污泥法和延时曝气法的运行参数见表20-9。为了便于考虑处理方案，设计时可参照下列数据：COD的容积负荷为0.8～1.4kg/(m^3·d)，COD的污泥负荷为0.4～0.7kg/(kg·d)。

焦化厂含酚废水水质较复杂。两段活性污泥法对于曝气池中微生物，根据污染物降解难易程度，按先后次序进行降解。首先降解的污染物是酚，最后才是硫化物、硫氰化物、氰化物、硫代硫酸盐。因此考虑到微生物的世代关系，可将曝气池分成两段：前段为高负荷活性污泥吸附池，后段为延时曝气池。国外试验资料表明，若采用一段生化，处理后出水的COD不低于400mg/L，相同容积采用两段生化时，处理后出水的COD可降至200mg/L。

生物铁法在曝气池中投加了铁盐，铁盐能起混凝吸附作用，生成的絮凝物容重大，沉降性能好，从而可提高回流污泥浓度。此外，铁离子与微生物有较强的亲和力，能起辅酶激活剂的作用，从而提高了污泥的氧化能力。铁盐的投加方式有两种：一是在曝气池前设混合池、反应池及沉淀池，向混合池投加30～35mg/L(以Fe计)的铁盐，除混凝沉淀消耗外，剩余3～10mg/L的铁盐可进入曝气池；二是在曝气池前设气浮池时，可直接向曝气池投加5mg/L(以Fe计)的铁盐，使污泥含铁量达5%～10%。后者的运行资料见表20-10。

3. 废水三级处理

焦化厂含酚废水经生物法处理后，可用以下方法进行三级处理。

混凝沉淀法能使生化处理后的废水，进一步除油和除色，脱除氰化物和降低COD。特点是工艺简单可靠，操作费用也不高。生化处理后的废水流入第一反应槽(停留时间15～20min)，加酸调节pH至5～6；在投加硫酸亚铁(200～300mg/L)，使之与氰化物络合为普鲁士盐。在第二反应槽(停留时间25～30min)投加石灰，调节pH至8左右；并加入少量助凝剂(聚丙烯酰胺)，以压缩空气搅拌使之充分混合，然后流入凝聚沉淀池(停留时间2～3h)。经此法处理后废水中COD可下降30%～40%，油(正己烷萃取物)从20mg/L下降至5mg/L，总氰从10mg/L下降至0.5mg/L，悬浮物从70mg/L下降至10mg/L。

表 20－9　几个焦化厂操作数据

项目 地点	COD 容积负荷/[kg/(m³.d)]	污泥浓度/(g/L)	COD/(mg/L)		酚/(mg/L)		氰化物/(mg/L)		硫氰化物/(mg/L)		氨氮/(mg/L)		
			进口	出口	进口	出口	进口	出口	进口	出口	进口	出口	出口
国内焦化厂	1.8～3.36	2－4	887～1553	231～492	200～250	约0.5	20～40	—	—	—	—	—	—
引进焦化厂	0.8	约5	875	<200	40～50	<0.5	13	<10	—	—	—	—	—
英国 CW 焦化厂	1.321	—	1960	64	750	4	1.08	0.22	170	1	145	110	110
日本扇岛焦化厂	1.2	7	1200	150	—	<0.1	—	—	—	—	—	—	—

注：1. 国内焦化厂是六个厂的运行数据平均值

2. 引进焦化厂和日本扇岛焦化厂的 COD 值均为高锰酸钾指数

表 20－10　生物铁法处理含酚废水数据

处理水量/(m^3/h)	曝气时间/h	污泥浓度/(g/L)	污泥指数	灰分/%	污泥含含铁量/%	游离氰量/(mg/L)		氰化物容积负荷	挥发酚/(mg/L)	
						进口	出口		进口	出口
50	9	9.2	64.4	40.3	11.6	14.56	0.08	0.039	178	0.04
80	5.6	7.02	55.7	40.2	5.33	30.43	0.133	0.13	133.6	0.067
180	10					27.8	0.86		127	0.35

处理水量/(m^3/h)	酚的容积负荷	化学耗氧量/(mg/L)		化学耗氧量的容积负荷	五天生化需氧量/(mg/L)		生化需氧量/(mg/L)	备　注
		进口	出口		进口	出口		
50	0.45	1040	218	2.19	349	9.5	0.89	工业性实验
80	0.57	884.8	232.8	2.79	272.1	10.24	1.12	工业性实验
180	0.3	1200	295	2.17				生产运行数据

注：表内数据均为平均值，容积负荷为污染物去除负荷，单位为 kg/(m^3·d)

表 20-11 为某焦化厂废水三级处理设计数据。

为了进一步降低废水中的化学耗氧量和色度，可采用活性炭吸附处理。处理后的废水各项指标完全符合我国工业废水排放标准。

表 20-11　某焦化厂废水三级处理设计数据

名称	水量/(m^3/d)	水质/(mg/L)				
		化学耗氧量	酚	正己烷萃取物	总氮	悬浮物
焦化废水	2503	1520 ~1750	80 ~90	70 ~80	40 ~50	—
稀释后废水	5006	760 ~875	40 ~50	28 ~32	10 ~13	—
曝气池出口	5006	< 200	<0.5	<20	<10	
混凝过滤后	5800	<120	<0.5	5	0.5	过滤前 70
活性炭吸附后	5500	40	<0.1	1	0.5	吸附前 10

注：表内化学耗氧量为高锰酸钾指数

4. 污泥处理

污泥处理方法一般是浓缩、脱水、干燥或焚烧。因此焦化厂污泥，经浓缩和脱水后与炼焦煤混合，在炼焦过程中高温分解，比较经济合理。剩余污泥经 10 ~16h 重力浓缩后，含水率可由 99.1% ~99.6% 降至 98% 左右，再投加熟石灰、铁盐（投加量为干污泥的 6% ~10%），经离心机或板框压滤机脱水后，含水率可降至 75% ~80%。

三、生物流化床法处理高浓度含酚废水

在我国已投产的工业含酚废水处理方法中，曝气池生物降解法作为二级处理技术被广泛采用，但该法存在占地面积大、能耗高、氧利用率低等问题。目前，已有一些工厂采用固定床挂膜活性污泥法处理含酚废水，该法虽然比曝气池法提高了处理效率和强度，但仍存在能耗大、氧气利用率低、固定床处理塔体积大等缺点。近年来，将膜分离技术与生物反应器相结合用于废水处理的研究日益广泛，这种新型膜生物反应器的显著优势在于结构紧凑、废水净化程度高，显示出了良好的应用前景，但距工业化尚有一定的距离。

为此，有人利用驯化培养的活性污泥在三相喷射鼓泡环流反应器中对含酚废水进行了连续降解研究。实验过程中反应器内温度仍维持 28℃，pH 值调节在 7.5，空塔气速为 0.017m/s，可以使出水中苯酚的含量低至 0.5mg/L。沈齐英等人从燕山石化炼油厂污水场活性污泥中筛选出 3 株以利用酚为唯一碳源进行生长的细菌，同时进行紫外诱变和原生质体融合育种。利用这些优势菌种和海藻酸钠为原料制作载体，在实验室模拟三相生物流化床对高浓度含酚废水进行了处理，结果如表 20-12 所示，结果表明人工废水和燕化炼油厂原废水连续24h 出水中酚的降解率分别为 100%、98.91%，COD 和 BOD_5 的降解率分别为 86.05% 和 84.04%，效果显著。

表 20-12　燕化炼油厂废水三相生物流化床处理结果($x \pm s$)

时间/h	酚类			COD			BOD_5		
	入水浓度/(mg/L)	出水浓度/(mg/L)	降解率/%	入水值/(mg/L)	出水值/(mg/L)	降解率/%	入水值/(mg/L)	出水值/(mg/L)	降解率/%
3	2750.50 ±12.21	30.37 ±9.16	98.91	2775.19 ±14.25	387.16 ±8.05	86.05	1661.9 ±21.98	265.2 ±18.30	84.04
6	2750.50 ±12.21	30.37 ±9.16	98.91	2775.19 ±14.25	387.16 ±8.05	86.05	1661.9 ±21.98	265.2 ±18.30	84.04
9	2750.50 ±12.21	30.37 ±9.16	98.91	2775.19 ±14.25	387.16 ±8.05	86.05	1661.9 ±21.98	265.2 ±18.30	84.04
24	2750.50 ±12.21	30.37 ±9.16	98.91	2775.19 ±14.25	387.16 ±8.05	86.05	1661.9 ±21.98	265.2 ±18.30	84.04

注：各时间段出水酚浓度与入水酚浓度比较 P < 0.01、入水 COD 值与出水 COD 值比较 P <0.01、入水 BOD_5 值与出水 BOD_5 值比较 P <0.01

四、吸附法处理含酚废水

吸附法是一种简单、易行的废水处理方法。目前较广泛采用的固体吸附剂有活性炭、磺化煤、大孔树脂等。磺化煤虽然再生容易，但吸附容量较小，处理后废水中含酚量远达不到排放标准，需进行二级处理。活性炭的吸附容量大，对高、低浓度废水都有较好的去除效果，但随着活性炭用量的迅速增加，活性炭的再生显得愈来愈重要。目前，过热蒸汽再生法仍占主要地位，但是此法除了达到和维持800℃高温的再生条件要消耗大量的能量外，每次循环由摩擦造成的活性炭损失也高达50%～100%，且被吸附的酚易聚合形成双羟基联二苯和苯氧基酚覆盖在活性炭表面而使其再生困难，结果导致用活性炭处理含酚废水的经济可行性受到了质疑。大孔树脂较其他两种吸附剂有明显的优势，它有大量的孔穴和较大的比表面积，而且具有良好的疏水性。它对废水中酚类物质吸附可逆性好，可用 NaCl－NaOH 再生，不仅树脂可反复使用，而且可以回收酚类物质。大孔树脂处理含酚量较低的废水已取得了较好效果，但对于含酚量较高的废水，由于吸附量有限，仅靠树脂法已经不行，这时可先采用化学沉淀法将废水中的含酚量降低，再用树脂法处理，效果较好且已有成功的先例。因此开发新的活性炭再生工艺技术、研制新型的吸附剂是含酚废水处理的一个方向。

在活性炭再生方面，国内外许多学者进行了大量的研究。Lazareva 等用电化学法再生炭类吸附剂，发现其具有不断循环重复使用的优良性能，同时还发现吸附剂吸附能力的恢复率由其极化能力和吸附物质的性质决定；美国俄亥俄州立大学化学工程系的 Humayun 等通过比较有氧和无氧条件下活性炭吸附苯酚后再生效率的差别，得出氧作为催化剂使酚在活性炭表面某些活性中心上形成无法除去的高聚物，从而降低活性炭再生效率的结论，并提出了将活性炭预先氧化处理钝化活性，防止高聚物形成的设想；清华大学谭亚军等人通过分析影响湿式氧化分解法再生效率的因素，得出废水性质、温度和进水 pH 值为主要影响因素，反应时间、压力、搅拌强度及进水有机物浓度为次要影响因素的结论；利用超声波及超临界萃取等物理方式进行活性炭的再生也引起了学术界的广泛关注。此外，利用臭氧进行活性炭再生也正在研究之中。

在研制新型吸附剂方面国内外进行了大量的研究。如美国20世纪70年代研制的 Amberlite XAD 系列树脂，具有孔隙率高、吸附容量大、机械强度高等优点。国内目前也相继开发出 H 系列、GDX 系列、NKA 系列树脂，其性能已接近或超过国外产品。使用较普遍的有 H－103、H－03、NKA－2、DA－201 型树脂等。

五、萃取脱酚

1. 工艺技术原理及特点

高浓度含酚废水(含酚 2000～3000mg/L)，一般采用二级处理的方式，第一级称为预处理，将高浓度的酚降到 200～300mg/L 以下，再进行第二级生物处理。

高浓度含酚废水一般采用溶剂萃取法和蒸馏法进行预处理。蒸馏法存在着设备庞大、蒸汽耗量大等缺点；溶剂萃取法因投资少、成本低、脱酚效率高等特点，目前得到了广泛应用。该法不仅可以大幅度降低废水中的酚含量，而且可以回收酚钠盐，产生较好的经济效益(一般 3～4 年就可回收投资)，以达到综合利用的目的。

所谓萃取脱酚，就是在含酚废水中加入一种选择性溶剂，使酚从废水中溶解出来，达到分离的目的。

萃取剂一般为溶剂油、苯、煤油加 N－503 等石油和焦化产品。在萃取过程中，萃取剂溶解酚之后，从萃取器上部引出，到碱洗器与 NaOH 反应，生成酚钠盐，其反应式为：

$$C_6H_5OH + NaOH \longrightarrow C_6H_5ONa + H_2O$$

然后萃取溶剂再返回，重复利用。

2. 工程设计处理能力为 16～18m^3/h

3. 萃取脱酚的设计水质要求(表 20－13)

表 20－13　脱酚废水水质

mg/L

项　目	pH 值	挥发酚	氨	硫化物	氰化物	焦油	备　注
进　水	7～10	1500～2500	2500～4000	120～250	10～50	200～300	70～75℃
出　水	7～10	<200	2500～4000	20	10～50	60～90	40～46℃

4. 处理流程

(1)总处理流程(图 20－3)

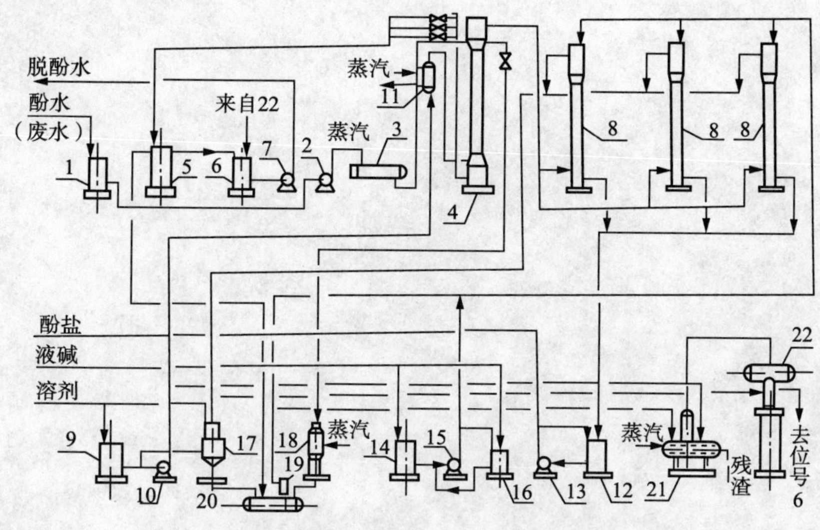

图 20－3　萃取脱酚总流程图

1—废水槽；2—废水泵；3—酚水加热冷却器；4—萃取塔；5—酚水控制分离器；6—脱酚水中间槽；7—脱酚水泵；8—碱洗塔；9—溶剂槽；10—溶剂泵；11—溶剂加热冷却器；12—酚盐槽；13—酚盐泵；14—液碱槽；15—碱液泵；16—配料槽；17—循环溶剂槽；18—乳化油槽；19—液下泵；20—低位放空槽；21—再生釜和柱；22—带油水分离器冷凝器

(2)萃取脱酚流程图(图 20－4)

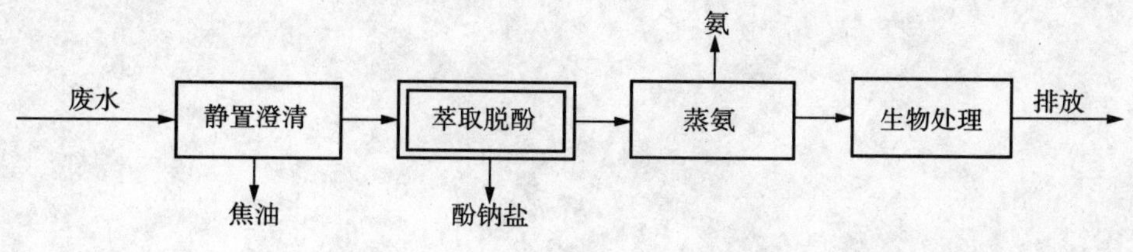

图 20－4　萃取脱酚流程图

5. 处理每吨水消耗指标(萃取脱酚)(表20-14)

表20-14 萃取脱酚消耗指标

项目	萃取溶剂	碱/100%	电	蒸汽	水	备注
指标	0.5kg	1.08kg	2.4kW	0.2t	生活用	

6. 萃取脱酚工程投资及主要工程材料指标(表20-15)

表20-15 萃取脱酚投资及材料指标

项目	投资/万元	钢材/t	水泥/t	木材/m^3
指标	~240	~45	~110	~57

第二十一章　含环烷酸废水的处理

环烷酸是石油中的天然有机羧酸，与存在于石油中的其他羧酸总称为石油羧酸，我国胜利油田、中原油田、克拉玛依油田的原油中均含有环烷酸。随着重质原油开发规模的迅速扩大，重质原油中有不少是环烷基原油，其中的主要酸实际上是环烷酸，而且主要是单环或双环的环烷酸。重石脑油、煤油和柴油馏份中分离出的酸（C_{10} ~ C_{14}）实际上完全是环烷酸。在不同的油田中，原油所含环烷酸的情况不同，如在辽河原油中羧酸的分子量范围在 170 ~ 900 之间，相应碳数为 C_0 ~ C_{62}，原油羧酸以环烷酸为主，羧酸中正构脂肪酸的含量低于 5%，各馏分中单环及双环环烷酸的含量都较高，馏份越重，多环或带芳香环的环烷酸含量越高。

第一节　含环烷酸废水的来源及特性

含环烷酸废水来源于炼油厂环烷酸回收装置的排水、柴油罐区脱水以及环烷酸废水的碱渣中和水。废水中主要含环烷酸、环烷酸钠和油类等污染物。由于环烷酸和环烷酸钠是环状的非烃类化合物及其盐类，又是乳化剂，因此废水乳化十分严重，且难以生物降解，需进行预处理。

环烷酸废水来源及组成见图 21 - 1 和图 21 - 2。含环烷酸废水及碱渣中和装置废水来源见图 21 - 3。

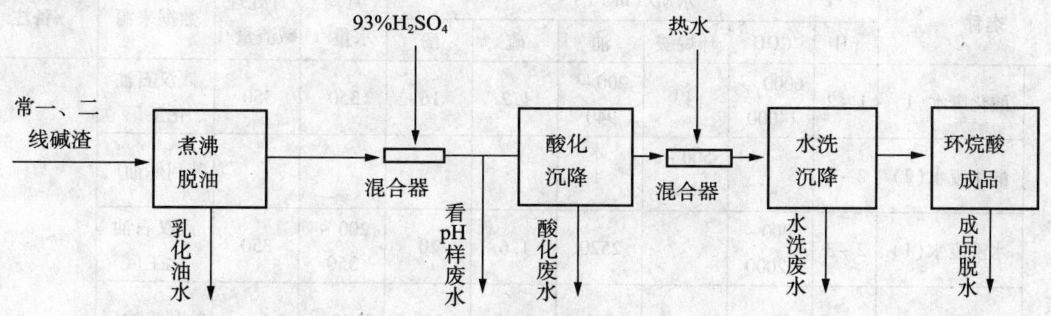

图 21 - 1　硫酸法环烷酸回收装置废水来源示意图

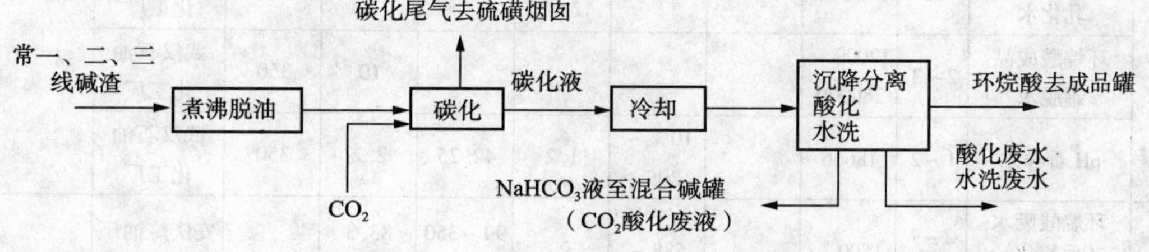

图 21 - 2　CO_2 法生产环烷酸装置废水来源示意图

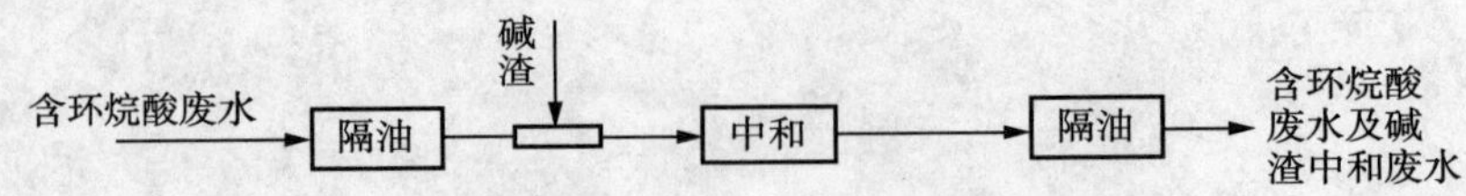

图 21-3　环烷酸废水及碱渣中和装置废水来源示意图

多年监测发现，环烷酸废水含 COD 常高达几万到十几万 mg/L，有时高达几十万 mg/L。其有机物中主要是环烷酸，在酸性污水中以环烷酸形式存在，在碱性污水中以环烷酸钠形式存在。由于环烷酸和环烷酸钠是强乳化剂和表面活性剂，若直接带入生化池会引起生化池表面大量起泡，活性污泥上翻死亡，将严重冲击生化操作，造成出水不合格。因此必须对其进行预处理，将其中的环烷酸尽可能拿出来，再限量引进污水场处理。

第二节　含环烷酸废水的处理方法

一、环烷酸回收装置废水预处理

环烷酸回收装置废水预处理的方法主要有酸化沉降和酸化萃取等。一般预处理后可使废水中的 COD 从几万 mg/L 降到 150mg/L 以下，然后排入污水厂进一步处理。

酸化法和二氧化碳法环烷酸回收装置的废水来源见图 21-1 和图 21-2。

1. 处理方法

由表 21-1 可以看出，采用硫酸法和 CO_2 法环烷酸回收装置排出的各股废水性质差别很大，因此必须根据各自的特性分别进行处理，处理方法详见表 21-2。

表 21-1　含环烷酸废水的水质和水量

名称		水质/(mg/L)						月均水量/t	月处理碱渣量/t	数据来源	备注
		pH	COD	环烷酸	油	硫	酚				
硫酸法	酸化废水(1)	1~2	6000~14000	13①	200~940	1.2	16	350	350	武汉石油化工厂	
	酸化废水(2)	2~3		500~1000						胜利炼油厂	
	水洗废水(1)	2~3	5000~12000		2520	1.6	20	200~350	350	武汉石油化工厂	
	水洗废水(2)	2	2814	5000②	190	8.46	200	50t/h③		胜利炼油厂	
	煮沸脱油罐乳化水	12	580000		62%	360	91	70	350	武汉石油化工厂	
	环烷酸成品罐脱水	2~3	12000~280000					10	350	武汉石油化工厂	
	pH 看样水	1~2	18666		10%~20%	1.2	42.25	2.2	350	武汉石油化工厂	
CO_2 法	环烷酸废水（后酸化）	2~7	1500~4372		588~2137		99~350	83.3	7/3 次	安庆炼油厂	
	碳酸钠装置排水	~9					500	1		安庆炼油厂	

续表

名称		水质/(mg/L)						月均水量/t	月处理碱渣量/t	数据来源	备注
		pH	COD	环烷酸	油	硫	酚				
碱渣中和法	环烷酸废水碱渣中和水(1)	7	2849～21189		231～15067		454～3850			镇海石油化工厂	为混合汽油碱渣中和
	环烷酸废水碱渣中和水(2)	7	10000～40000				500～3500	900	402	胜利炼油厂	为混合碱渣中和
	环烷酸废水碱渣中和水(3)	7～8	18000～100000		2690～10000	160	160			武汉石油化工厂	为常一、常二线碱渣中和
罐区脱水	催化柴油罐区脱水	9.2	27294		2248	126	190	30t/h		胜利炼油厂	
	混合柴油罐区脱水	8.5～10	74615		9230			100	136	武汉石油化工厂	
	油罐区脱水(1)	7.7～12	1053～43056		513～14900	6.59～220.9	100.45～4140	162～321	240	镇海石油化工厂	
	油罐区脱水(2)	9～10	6000～100000		2000～9000	40～140	200～250	50～100	121	安庆炼油厂	

①为另一批数据；②为集中排放的水量；③为补充硫酸酸化

在处理中需注意以下几点：①在酸性条件下回收的油类含有许多环烷酸，不应再和碱性物质接触，否则又生成环烷酸钠，重新造成乳化；②为防止稀酸腐蚀，输送酸性水管线最好采用玻璃钢管或在钢管内加防酸物质；输送泵采用含钼的不锈钢泵，阀门内衬聚四氟乙烯；③碱渣罐最好采用大罐($200m^3$ 以上)，以保证乳化层有足够的时间沉降破乳。

表 21－2　环烷酸回收装置各股废水预处理

废水名称	性状	主要成分	预处理方法
煮沸脱油乳化水	白色乳状液。乳化剂为环烷酸钠(水包油离子型乳化剂)	中性油、环烷酸钠、NaOH	①用 H^+ 离子破坏乳化液的界面膜。生产上用酸化废水或硫酸破乳，使其中的环烷酸钠转化成环烷酸。酸化至强酸性($pH<2$)破乳效果好，下层废水含污染物少。酸化至中性($pH=7$)不能破乳 ②长时间静置破乳。利用分散相和分散介质的相对密度差在长时间重力作用下，使之相互分离，生产上通过扩大碱渣罐容量，延长静置时间，以减少必需酸化的乳化水
酸化废水和水洗废水	正常情况下不乳化	环烷酸、硫酸钠	①使碱渣在强酸性($pH=1～2$)下酸化，使其中的环烷酸钠全部转化为环烷酸，以避免出现乳化 ②在酸性条件下充分静置，使环烷酸浮到水面并加以回收，酸化废水(或经中和)限流到污水处理场
环烷酸成品罐乳化水	棕褐色乳状物，乳化剂为环烷酸(油包水离子型乳化剂)	环烷酸	用起反应的 OH^- 离子破乳，生产上送至碱渣罐，利用碱渣中余碱(约 3%)使之转化为环烷酸钠，重新作为原料
pH 看样废水	—	环烷酸和硫酸钠	送至环烷酸回收槽，回收槽脱水送至原料碱渣罐
碳酸氢钠溶液	—	环烷酸钠、碳酸氢钠、酚钠	送至混合碱渣罐，下层水相互喷雾干燥，生产固体 Na_2CO_3

2. 处理流程

(1)连续硫酸法环烷酸废水预处理流程

连续硫酸法环烷酸废水预处理流程如图 21－4 所示。煮沸脱油后的乳化水送至沉降破乳罐，然后连续引入酸化和水洗废水，停止进料后鼓风搅拌，接着静置 8h，从罐的下部加入新鲜水以顶出上层的油，使油相进入回收罐中。下层酸性水(或经 NaOH 溶液中和)限流至污水处理场处理。

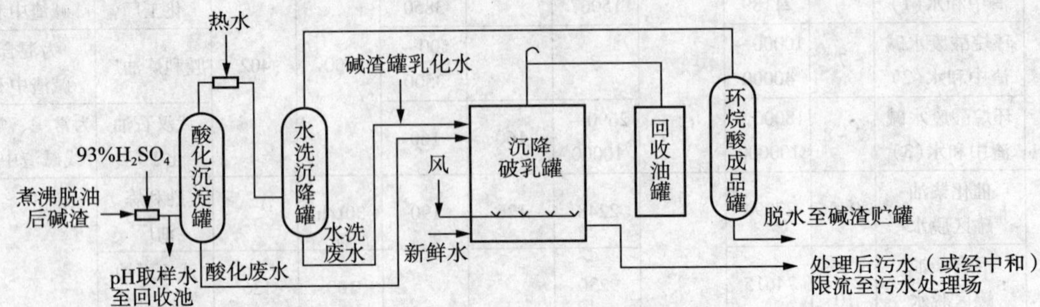

图 21－4　连续硫酸法环烷酸废水预处理流程

(2)间歇酸化硫酸法环烷酸废水处理

间歇酸化硫酸法环烷酸废水处理流程如图 21－5 所示。碱渣酸化罐沉降分出的酸性水自流到酸性水罐，酸度大的水送到中和罐，用氢氧化钠溶液中和后，限流排放到废水处理厂进行处理。

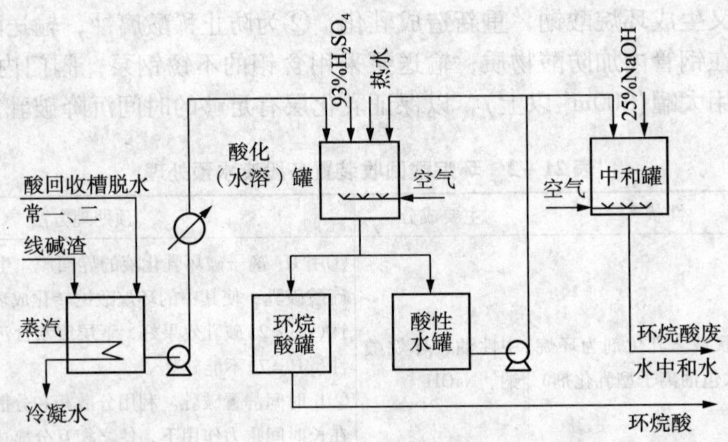

图 21－5　间歇酸化硫酸法环烷酸废水处理流程

由于采用间歇式酸化法，酸性水有足够的时间进行沉降，从而可减少环烷酸中酸性水量，另外采用碱水中和酸性水，使废水 pH 值符合污水处理厂进水要求。

3. 处理条件及效果

将酸化废水、水洗废水、乳化废水在 50～65℃温度下沉降 6～12h，在此期间鼓风搅拌 10～15min，其沉降破乳剂的沉降效果见表 21－3。

在酸化至 pH 为 2～3，沉降时间 6h 以上，可以使环烷酸回收装置总排出废水中油类和 COD 分别降至 200mg/L 和 1500mg/L 左右。

研究人员进行了絮凝气浮法处理含烷酸废水的研究，该装置采用全加压溶气气浮的原理，处理能力为 $2m^3/h$，溶气罐内压力为 0.2～0.4MPa。根据小试实验确定无机絮凝剂和高分子有机絮凝剂，分别配成 5% 和 0.05% 的溶液，废水经气浮、过滤后微波消解法测废水的

COD_{Cr}。试验结果表明，聚合硫酸铝、硫酸铝、PFS 三种无机絮凝剂与高分子 PHP 配合使用处理环烷酸废水，其中聚合硫酸铁效果最好。用 PFS 与 PHP 作絮凝剂，pH 对絮凝效果影响不大，受温度影响较大，在实验中应尽量降低温度。

表 21－3　预处理沉降效果

项目	沉降时间	
	6h	12h
pH	2～3	2～2.5
COD/(mg/L)	750～1590	750～1000
油类/(mg/L)	187～242	87～84
H_2SO_4/(mg/L)	—	0.84～1.09

4. 萃取法

清华大学核能研究院等单位提出的萃取法环烷酸废水处理工艺流程如图 21－6 所示，流程主体设备环隙式离心萃取器的结构如图 21－7 所示。该萃取器的工作过程是：两相液体进入环隙后，由于高速旋转转筒的带动和液层间的摩擦而迅速实现强烈的混合并完成传质过程。在离心力的作用下，被吸入澄清段的混合液分相后，重相被甩向筒壁，进入重相收集室后流出，轻相被挤向中心轴方向，流到轻相收集室，由轻相出口流出。

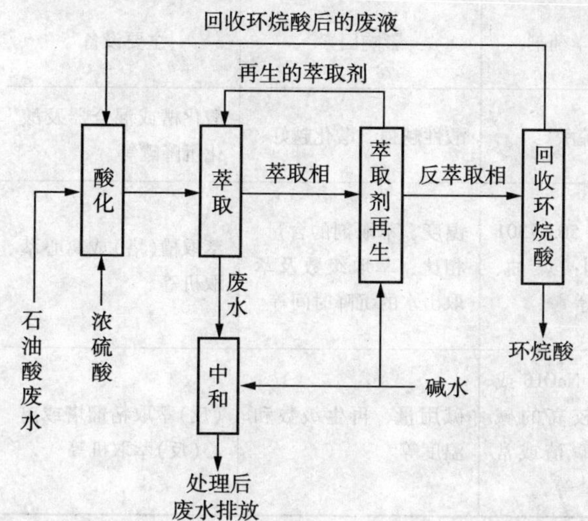

图 21－6　萃取法环烷酸废水处理工艺流程图

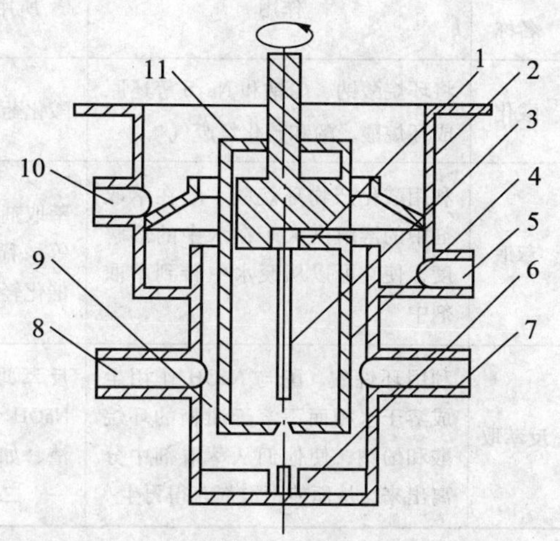

图 21－7　环隙式离心萃取器结构示意图

1—轻相堰；2—外壳；3—径向叶片；4—转筒；5—轻相出口；6—固定叶片；7—轻相入口；8—重相入口；9—环隙；10—重相出口；11—重相堰

水相为用浓硫酸酸化后的石油酸废水，有机相为含萃取剂三辛胺$(C_8H_{17})_3N$(体积含量为25%)的柴油。萃取机理如下，

$$2R_3N_{(o)} + 2H^+_{(w)} + SO_4^{2-}{}_{(w)} \rightleftharpoons (R_3NH)_2SO_{4(o)}$$

$$(R_3NH_2)SO_{4(o)} + 2RCOO^-_{(w)} \rightleftharpoons 2R_3LNH^+ \cdot RCOO^-_{(o)} + SO_4^{2-}{}_{(w)}$$

式中，$RCOO^-$为石油酸根，R 为烷基，下角 o、w 分别为有机相和水相。

在一定的工艺条件下的平衡试验表明，该体系在20s内基本达到平衡。几经测定，萃取器的级效率在95%以上。影响萃取效果的主要因素有酸度、温度、水相/有机相流率比、流量、萃取器级数等。所建整套废水处理装置于1988年7月正式投入运行，效果令人满意，其优点如下：①废水中化学耗氧物质去除率可达90%以上；②可回收利用废水中的环烷酸；③环隙式离心萃取器开停方便，不破坏平衡；④综合处理费用低，根据胜利炼油厂的长期运行标定报告可知，处理每吨废水成本费约8.6元，可去除20kg左右的化学耗氧物质，这些化学耗氧物质经过进一步处理可得到合格的环烷酸产品。

二、环烷酸废水与碱渣中和水的预处理

1. 处理方法

环烷酸废水碱渣中和水的性质主要取决于中和所用的碱渣。一般中和水的pH值为7～8，COD高达20000～40000mg/L，除了含有环烷酸钠、硫化钠外，还含有很多酚钠。由于酚在水中溶解度较大(如苯酚在20℃时溶解度达8.4%)，所以单纯采用酸化的方法，酚和酸化后的水相分离是很不彻底的，水相中含酚约为5000mg/L。故一般选用酸化－萃取－反萃取的方法脱除环烷酸钠、酚钠和硫化钠，从而降低中和水的COD值。该方法各工艺特点见表21－4。

表21－4　中和水酸化－萃取－反萃取工艺特点

工艺名称	作用	所用的化学药剂	影响因素	主要设备
酸化	将环烷酸钠、酚钠和 Na_2S 等还原成环烷酸、酚和硫化氢废气	酸化药剂：硫酸	酸性越强，酸化越好	酸化槽或混合器及酸化沉降罐等
萃取	利用酸化产物环烷酸、酚在萃取剂中的溶解度大于在水中的溶解度，使它可以从废水中转到萃取剂中	萃取剂：N－503 7301等；稀释剂：煤油、催化轻柴油等	温度、萃取剂的含量、相比、萃取级数及萃取出水的沉降时间等	萃取槽(塔)或离心萃取机等
反萃取	利用环烷酸、酚与NaOH作用生成溶于水相而不溶于油相的环烷酸和酚钠，使他们从萃取剂中分离出来，从而使萃取剂获得再生	反萃取剂：NaOH或NaOH含量较高的碱渣，如含硫碱渣或常一、二线碱渣等	碱用量、再生级数和温度等	(反)萃取精馏塔或离心(反)萃取机等

2. 预处理流程

中和水酸化－萃取－反萃取预处理流程见图21－8。环烷酸废水碱渣中和水用浓硫酸酸化至pH为2～3，沉降分层后分离出的油相含油类、环烷酸和粗酚。碱渣中硫化物以 H_2S 形式逸出(排至高烟囱或送至焚烧炉)。含酚和少量环烷酸的水相进入萃取装置，与萃取剂逆流接触，使油水两相得以分离。根据原料特性和排放水COD的要求，可采用一级或二级预处理。反萃取剂可以返回，与环烷酸废水一起处理。

3. 处理效果

一般处理后，可使废水中COD由原来的 2.5×10^4mg/L降到800～1500mg/L，COD去除率达到90%以上。但也有文献报道，由于生产环烷酸工段产生的环烷酸废水经“生物氧化－

石灰乳处理－四氯化碳萃取－酸化－四氯化碳萃取－活性炭吸附－臭氧氧化－活性炭吸附”等过程处理后的水质仍未达到国家允许的排放标准，因此尝试采用气相催化氧化法来处理环烷酸废水。实验结果表明，经处理后的废水的 COD 值低于国家允许的排放标准。

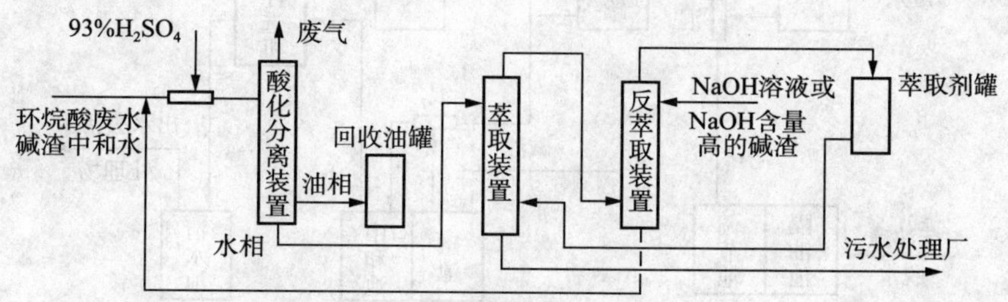

图 21－8　环烷酸废水碱渣中和水酸化－萃取－反萃取预处理流程图

三、柴油罐区脱水的处理

柴油罐区脱水的性质与加工的原油及柴油的精制方案有关。个别炼油厂加工的原油酸值很低。柴油无需精制就可出厂，但多数炼油厂加工的原油酸值较高，柴油出厂前多采用碱洗精制，所以柴油罐区脱水实为携带碱渣的废水（pH 9～10）。因而含有环烷酸钠（表面活性剂）乳化比较严重，COD 含量为几万至十几万 mg/L，有的甚至高达几十万 mg/L，虽然这股废水水量不大，但浓度高，排放集中，若直接到污水厂会造成冲击，所以必须进行预处理。

处理方法有：

（1）单独收集，经初步隔油后进入常压一、二线碱渣系统集中处理；

（2）单独收集，经初步隔油后用硫酸酸化或破乳，下层水相直接（或经中和后）限量排至污水处理场处理。酸化至不同 pH 值对水相中 COD 的影响如表 21－5 所示。从表 21－5 可看出水相中 COD 的含量随 pH 值的升高而上升，所以控制 pH 值非常重要。

表 21－5　不同 pH 值对水相中 COD 的影响

pH 值	2	4	5	7	9
COD/（mg/L）	1100～1450	2000～4000	3200～3500	5800～6200	13500～75600

武汉石油化工厂经多年的摸索和试验，借鉴其他炼厂治理环烷酸污水的经验，提出了“隔油－酸化－分油－中和－浮选－送水”等工序的预处理方案，于 1998 年建成了一套处理能力为 3t/h 的预处理设施，投资 300 万元。经整改试运，全套设施投入了正常运行，将环烷酸废水和柴油罐区脱出废水进行预处理后转污水场处理，达到了预期效果。

预处理设施流程如图 21－9 所示，环烷酸废水自环烷酸回收装置泵送至酸性水调节罐，经酸性污水泵送至静态混合器与隔油池的碱性污水在混合器中进行酸化。柴油罐区脱水经埋地管线自流至隔油池，隔油后自流至调节池，再经碱性污水泵送至静态混合器进行酸化。酸化后混合污水进入油水分离罐，含环烷酸油相上浮回收至污油罐。下层污水自流至静态混合器与回用碱中和，控制 pH 值至 6～9 再自流至中和池。脱臭后常压汽油碱渣或液态烃碱渣泵送至碱液储罐再自流至碱池，经碱液泵送至静态混合器进行中和。中和后污水经泵提升至浮选机，加药进行气浮，油渣上浮经刮渣机自流至浮渣池，污水进入清水池，再经清水泵送至污水处理场继续处理。

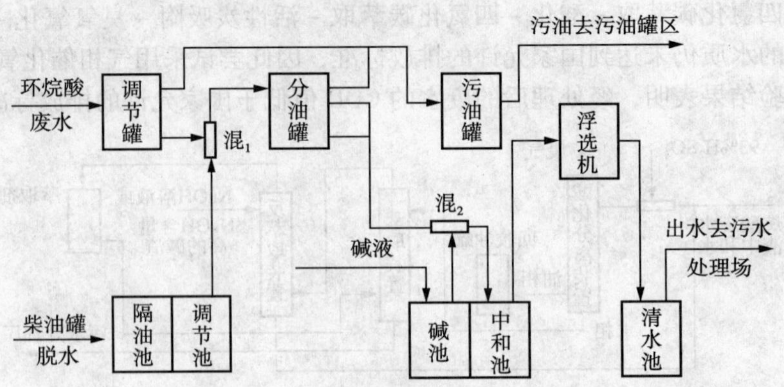

图 21－9 环烷酸废水和柴油罐区脱出废水预处理流程示意图

第三节 含环烷酸废水的应用实例

1. 工艺技术原理及特点

炼油厂以电精制为原料的环烷酸生产装置排出的环烷酸废水与部分碱渣中和后，其水质为：pH＝4～9，COD＝(1～2.5)×10^4mg/L，BOD_5/COD＝0.35，所以难以生化处理。采用溶剂萃取工艺处理环烷酸废水，经生产装置长期、连续运转证明，处理效果明显，COD去除率可达90%。

该工艺采用N_{235}作萃取剂，用全钛离心机进行三级萃取，出水进行生化处理。用过的萃取剂，利用碱液进行二级反萃取再生后，可以重复使用。

(1)萃取原理

N_{235}对环烷酸中和水中有机物的萃取包括简单萃取和化学萃取，且以化学萃取为主，其主要反应如下：

$$2R_3N_{(o)} + 2H^+_{(w)} + SO_4^{2-}{}_{(w)} \longrightarrow (R_3NH_4^+)_2SO_{4(o)}$$

$$(R_3NH_4^+)_2SO_{4(o)} + 2R'_{(w)} \longrightarrow 2R_3NH_4R'_{(o)} + SO_4^{2-}{}_{(w)}$$

石油酸的酸值大小、硫酸浓度的高低都会影响萃取过程。在硫酸浓度较高的情况下，产生硫酸氢盐。

(2)反萃原理

其反应如下：

$$R'H_{(o)} + Na^+_{(w)} + OH^-_{(w)} \longrightarrow R'_{(w)} + Na^+_{(w)} + H_2O$$

$$R_3NH^+R^-_{(o)} + Na^+_{(w)} + OH^-_{(w)} \longrightarrow R_3N^-_{(o)} + R'_{(w)} + H_2O$$

式中 R′——石油酸根；

R——烃基；

(o)——有机相；

(w)——水相。

该技术工艺简单、操作方便。可用于高浓度COD废水预处理。

2. 处理流程

环烷酸中和水经混合器加硫酸进行酸化，调整 pH ＝2，进入酸化罐分离。环烷酸经池201去混合碱渣罐，酸性水进萃取机与萃取剂混合进行逆流萃取。萃取后废水送污水处理场进行生化处理。萃取石油酸后的萃取剂与碱液混合作逆流反萃取。反萃取的萃取剂可循环使用。其流程见图21-10。

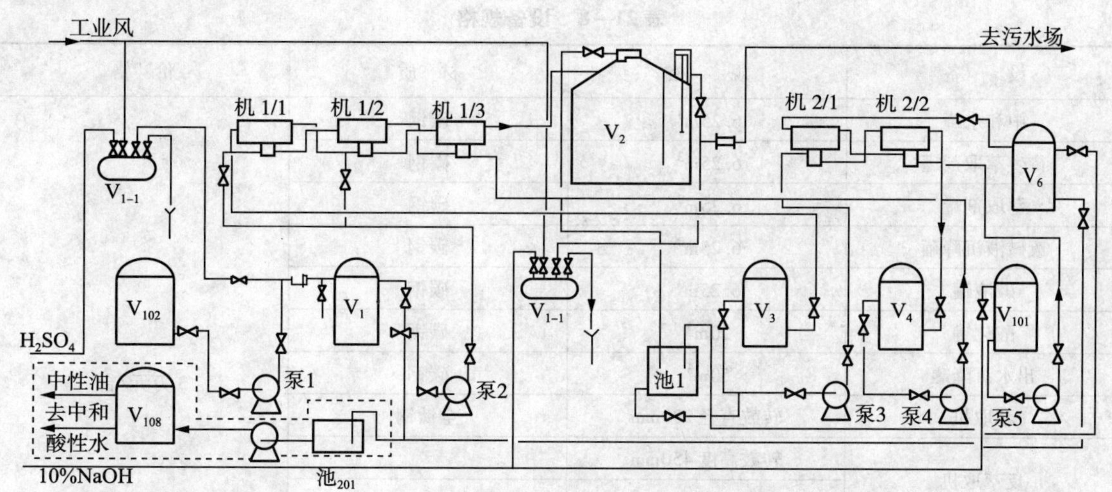

图21-10 环烷酸废水与部分碱渣中和水萃取处理流程图

V_{102}—中和水罐；V_1—酸化罐；V_2—出水沉降罐；V_3—待生萃取剂罐；V_4—萃取剂罐；V_6—废碱液沉降罐；V_{101}—碱液罐；V_{108}—混合碱渣罐

3. 工程设计处理能力为5t/h

4. 设计水质要求(表21-6)

表21-6 萃取工艺设计水质

项目	pH值	COD/(mg/L)
进水	4~9	10000~25000
出水	4~6	<2500
去除率		90%以上

5. 处理每t水的消耗指标(表21-7)

表21-7 处理每t水的消耗指标

项目	电/kW·h	H_2SO_4/kg	NaOH/kg	萃取剂
耗能	8	6.57	7.0	有一定耗损

6. 投资及主要设备规格

该装置总投资50万元，主要设备规格见表21-8。

7. 存在问题和改进意见

该装置自投用以来，主要存在以下问题：

(1)溶剂损失

酸性水经萃取后，夹带少量溶剂。设计中应设1台容积较大的沉降分离罐，水在罐中停留时间应不少于20h，实际生产中由于场地狭小，出水沉降罐仅为50m^3，停留时间不足8h，所以溶剂损失仍较大。若在出水管路上增设粗粒化除油器，可以回收部分溶剂。

(2)设备、管路腐蚀

表 21-8 设备规格

设　备	规　格	材　质	价　格
中和水罐	6.25m^3	碳钢	
待生萃取剂罐	6.25m^3	碳钢	
萃取剂罐	6.25m^3	碳钢	
废碱液沉降罐	6.25m^3	碳钢	
碱液罐	6.25m^3	碳钢	
酸化罐	20m^3	碳钢	
出水沉降罐	50m^3	碳钢	3万元/台
萃取机	转鼓直径230mm	全钛钢	
反萃取机	转鼓高度450mm		
	电机功率5.5kW		
泵1.2	扬程32m，6.55m^3/h 1.73kW	耐酸	
泵3.4	扬程20m，3.27m^3/h 0.63kW	耐酸	

由于溶剂萃取法要求在酸性介质中进行，因此，要求部分容器、管路、阀件必须采用防腐材料和措施。

①储罐。酸水处理装置的储罐主要采用玻璃钢衬里防腐措施。玻璃钢防腐施工技术要求严格，稍有疏忽容易造成大面积脱落，若采用钼钢罐可以解决这个问题，只是投资较高。

有些炼油厂采用新开发的RtF改性大漆对储罐进行防腐，使用二三年未发现问题，该防腐材料具有价格低廉(每$m^2$170元)，施工简便，修补容易。

②管路、阀件。酸水处理装置大部分存在碳钢腐蚀严重。曾先后采用不锈钢、工程塑料管路，但由于采用的工程塑料系普通塑料管，不具备耐热性能，使用后发生变形。由泵至酸化罐和酸化罐至萃取机、萃取机至出水沉降罐、出水沉降罐至污水处理场的管道改为M02Ti钢，可缓解腐蚀状况。

某炼油厂推荐采用高硼硅“京玻－特硬”玻璃管道，经在多个化工厂使用证明，这种管道效果良好，价格较为低廉，每米单价为5～10元，是衬胶管道的1/10。其耐热急变的温差值为120℃，使用压力＜4kg/cm^2。

8. 加工高酸原油的防腐问题

随着委内瑞拉、北海、西非、印度、中国和俄罗斯等地高酸原油的不断发现和开采，目前世界原油市场上高酸原油的产量每年约占全球原油总产量的5%左右，并且每年还以0.3%的速度增长。我国含酸原油的品种和数量也呈上升趋势，主要原因是蓬莱、流花、秦皇岛等海上含酸原油的开发利用。对于这些原油来说，最难解决的问题就是对设备的腐蚀，尤其是含环烷酸多的原油，许多炼油厂不敢贸然加工炼制，造成国际市场上高酸原油供过于求、价格偏低。由于该类原油价格诱人，加之炼油行业竞争激烈，目前越来越多的人开始把目光投向了这一领域。

高温下原油对蒸馏设备的腐蚀一直是炼油工业关注的焦点。在环烷酸和硫化物存在的高温区域，腐蚀速率明显增加，蒸馏设备和装置频繁发生故障，甚至出现停工停产现象，安全和可靠性成了重要问题。对每一个炼油厂来说，加工条件、原油来源、加工过程及设备材质不同，腐蚀程度大不相同，即使是特定的原油，腐蚀问题也未能从根本上得到解决。另外，大量相互依存和相互作用的参数影响高温下原油的腐蚀过程。

第二十二章　含氰(腈)废水的处理

第一节　含氰(腈)废水的来源及特性

氰化物是剧毒物质，特别是以游离状态存在的氰化物对生物的危害更大。我国“污水排放综合标准”规定，一切事业单位外排污水中 CN^- 含量不得超过 0.5mg/L。在石油化工行业的废水治理工程中，含氰废水的处理是一项非常重要的工作。

含氰(腈)废水主要来源于丙烯腈装置和化纤厂腈纶纤维生产过程中的聚合车间，纺丝车间以及回收车间二效蒸发装置的排水；炼油厂催化裂化也排出含氰(腈)废水。

第二节　含氰(腈)废水的处理方法

氰含量高的废水，应首先考虑回收利用；氰含量低的废水，已没有回收价值，只能进行处理。

含氰(腈)废水的处理方法有酸化曝气－碱液吸收法、碱性氯化法、加压水解法、生物法和焚烧法等。以加压水解法、碱性氯化法和生物法应用最为广泛。局部浓度高，毒性大并含有较多可燃性杂质的含氰(腈)废水，例如丙烯腈装置反应系统的废水，也采用直接焚烧法。

一、常用处理方法及其适用场合

1. 酸化曝气－碱液吸收法

向含氰(腈)废水投加硫酸，生成氰化氢气体。氰化氢气体以曝气吹出，再用氢氧化钠溶液吸收。

$$CN^- + H_2SO_4 \rightleftharpoons 2HCN + SO_4^{2-}$$

$$HCN + NaOH \longrightarrow NaCN + H_2O$$

酸化曝气－碱液吸收处理流程见图 22－1。

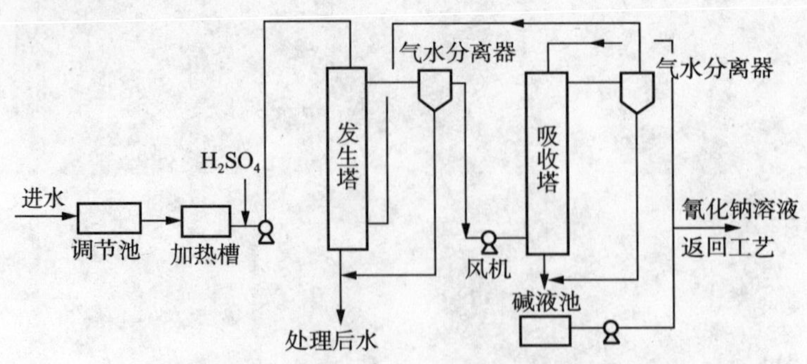

图 22－1　酸化曝气－碱液吸收处理流程

废水经调节、加热和酸化后，由发生塔顶部淋下；来自风机和吸收塔的空气自塔底鼓入，在填料层中与废水逆流接触。吹脱的氰化氢气体经气水分离器后，由风机鼓入吸收塔底部与塔顶淋下的氢氧化钠溶液接触，生成氢化钠溶液，汇集至碱液池。碱液不断循环吸收直至达到回用所需浓度为止。发生塔脱氰后的排水，先经除铜(如含有金属铜离子时)，然后用碱性氯化法处理废水中剩余的氰含量，达到排放标准后排放。

发生塔的效率与进水温度、水淋量、加酸量等因素有关。当废水氰化钠 900～1700mg/L、淋水量 $2.5m^3/h$、加酸量 4.5～5kg、温度 16～18℃时，发生塔排水残余氰化物为 30～60mg/L。当加温 35～40℃时，发生塔排水氰化物残余量为 10～40mg/L。吸收塔的吸收效果一般不受条件影响，吸收率大于98%。

2. 汽提吸收法

用蒸汽将废水中的氰化氢蒸出，使其与碳酸钠、铁屑接触，生成黄血盐。

$$4HCN + 2Na_2CO_3 \longrightarrow 4NaCN + 2CO_2 + 2H_2O$$

$$2HCN + Fe \longrightarrow Fe(CN)_2 + H_2$$

$$4NaCN + Fe(CN)_2 \longrightarrow Na_4Fe(CN)_6$$

汽提吸收法处理流程见图22-2。废水经两次加热后，进入解吸塔顶部，与塔底通入的蒸汽逆流相遇，蒸出废水中的氰化氢气体。脱氰后的废水可回用于生产。解吸塔顶部出来的101～103℃含氰蒸气，再次加热至130℃～150℃后，从底部进入吸收塔。预热至105～110℃的碳酸钠循环液从塔顶淋下，与塔内铁屑填料及含氰蒸气接触，生成黄血盐钠。碱液不断循环吸收，直至黄血盐含量达300～350g/L，抽出结晶，并向碱槽补充新碱液。

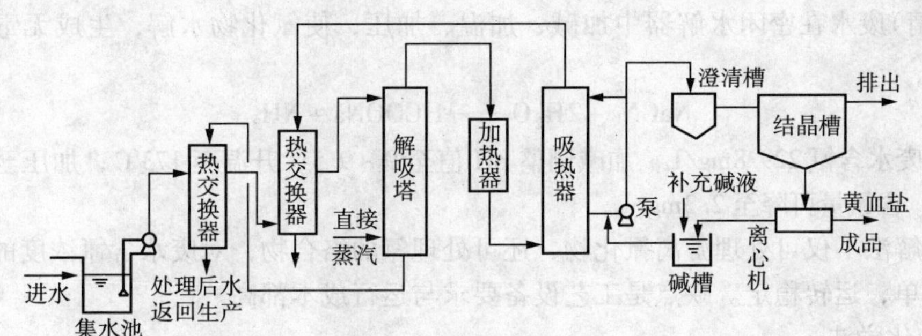

图22-2 汽提吸收法处理流程

某厂废水含氰 150～300mg/L，用此法脱氰后排水中含氰 20～30mg/L，脱氰效率达80%～90%。

3. 碱性氯化法

向含氰(腈)废水中投加氯系氧化剂，使氰化物第一步氧化为氰酸盐(称为不完全氧化)，第二步氧化为二氧化碳和氮(称为完全氧化)。

$$CN^- + HClO \longrightarrow CNCl + OH^-$$

$$CNCl + 2OH^- \longrightarrow CNO^- + Cl^- + H_2O$$

$$2CNO^- + 4OH^- + 3Cl_2 \longrightarrow 2CO_2 + N_2 + 6Cl^- + 2H_2O$$

pH 值对氧化反应的影响很大。当 pH > 10 时，完成不完全氧化反应只需 5min；pH < 8.5 时，则产生有剧毒的氯化氰气体。而完全氧化则相反，低 pH 值的反应速度较快。pH = 7.5～8.0 时，需时 10～15min；pH = 9～9.5 时，需时 30min；pH = 12 时，反应趋于停止。在处理过

程中，pH 值可分两个阶段调整。第一阶段加碱，在维持 $pH>10$ 的条件下加氯氧化；第二阶段加酸，在 pH 值降至 7.5～8 时，继续加氯氧化。但也可一次调整 pH＝8.5～9，加氯氧化 1h，使氰化物氧化为氮及二氧化碳。后一方法投氯量需增加 10%～30%，但操作管理简单方便。

氧化剂投量与废水中氰含量有关，大致耗量见表 22－1。当废水中含有有机物及金属离子时，耗氯量还要相应增加。

表 22－1　氧化剂投加量　　kg/100kg 氰化物

氧化剂	不完全氧化	完全氧化
Cl_2	275	680
$Ca(OCl)_2$	485	1220
NaClO	285	715

处理流程有间歇处理和连续处理两种。间歇处理要设两个反应池，交替使用。连续处理流程见图 22－3。

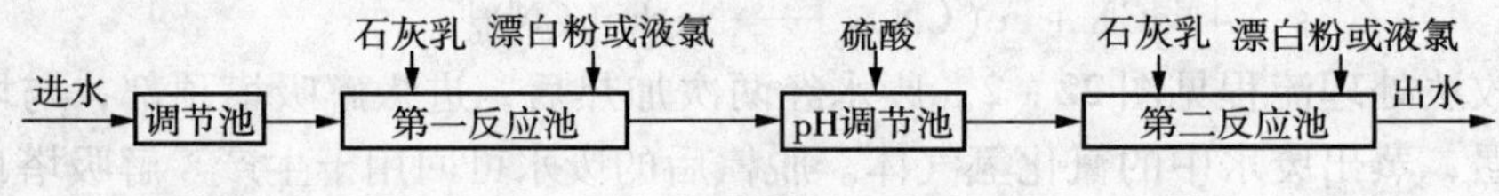

图 22－3　碱性氯化法处理流程

碱性氯化法是目前普遍使用的方法，也适用于废水中氰含量较低时的处理。

4. 加压水解法

含氰(腈)废水在密闭水解器中加碱、加温、加压，使氰化物水解，生成无毒的有机酸盐和氮。

$$NaCN + 2H_2O \longrightarrow HCOONa + NH_3$$

如某厂废水含氰 229.8mg/L，加碱调整 pH 值至 9～9.5，升温至 173℃，加压至 $8kg/cm^2$，反应 45min，含氰量可降至 2.3mg/L。

加压水解法不仅可处理游离氰化物，还可处理氰的络合物，对废水含氰浓度的适应范围广，操作简单，运转稳定。缺点是工艺设备要求与运行成本都高。

5. 生物化学法

利用分解氰能力强的微生物分解无机氰和有机氰。常用设备有生物滤池、生物转盘和表面加速曝气池。

一些焦化厂利用塔式生物滤池处理含氰(腈)废水，氰去除率为 95%。如某化纤厂用塔式生物滤池和生物转盘串联处理丙烯腈废水，丙烯腈去除率为 99%。用表面加速曝气池处理，曝气 9h，出水可符合排放标准。

6. 生物铁法

用活性污泥法并投加铁盐处理含氰(腈)废水。用铁盐作为凝聚剂能提高活性污泥氧化能力，改善污泥絮凝沉降性能。在水质波动较大的条件下，能保持较好的处理效果，出水水质稳定。当含氰量为 40mg/L 左右时，仍有良好的处理效果。

某厂试验资料：废水含氰低于 20mg/L，用活性污泥法处理，出水含氰为 0.2～1.2mg/L；用生物铁法处理，出水含氰则稳定在 0.1mg/L 左右。废水含氰大于 20mg/L，用活性污泥法处理，出水含氰量亦随之而增加，而用生物铁法处理，出水含氰量则较稳定。

几种处理方法的主要原理及效果见表 22－2。其技术经济分析如表 22－3 所示。

表 22－2　几种处理方法的主要原理及效果

方法名称	主要原理	适用范围及处理效果
酸化曝气－碱液吸收法	废水经调节，加热后投加硫酸，由发生塔顶部淋下，空气自塔底鼓入，生成氰化氢气体，再用氢氧化钠溶液吸收。 $CN^- + H_2SO_4 \rightleftharpoons 2HCN + SO_4^{2-}$ $HCN + NaOH \longrightarrow NaCN + H_2O$ 生成氰化钠溶液，汇集至碱液池，循环吸收	发生塔底部分离水，再用碱性氯化法处理，进水氰化物 500～1500mg/L，出水氰化物 40～60mg/L； 发生塔效果与进水温度、水量、加酸量等因素有关，当氰化物含量 900～1700mg/L 时，淋水量 $2.5m^3/h$，加酸量 $4.5～5kg/m^3$
碱性氯化法	投加氯系氧化剂，使氰化物第一步氧化为氰酸盐，第二步氧化为二氧化碳和水 $CN^- + Cl_2 \longrightarrow CNCl + Cl^-$ $CNCl + 2OH^- \longrightarrow CNO^- + Cl^- + H_2O$ $2CNO^- + 4OH^- + 3Cl_2 \longrightarrow 2CO_2\uparrow + N_2\uparrow + 6Cl^- + 2H_2O$	适用于含氰浓度较低的废水处理，pH 值控制特别重要，在第一段加碱，维持 pH＞10 的条件下加氯氧化，第二阶段加酸，在 pH＝7.5～8 时，继续加氯氧化
加压水解法	在密闭的容器（水解塔）中加碱、加温、加压，使氰化物水解生成无毒的有机酸盐和氨； $HCN + 2H_2O \longrightarrow HCOOH + NH_3$ $NaCN + 2H_2O \longrightarrow HCOONa + NH_3$ 一般控制压力 0.8～2.0MPa，温度 160～180℃	对废水含氰浓度的适用范围较广，既能处理游离的氰化物，又能处理络合氰化物，而且去除率较高。操作简单，运转稳定，但是对 COD 的去除率低，工艺较复杂，成本较高
生物法	采用塔式生物滤池、生物转盘、表面加速曝气池、接触氧化池等利用微生物降解	适用于处理含氰浓度低的废水，否则进水先要稀释。处理效果比较好，费用低。进水含氰量为 200～800mg/L。出水含氰量为 20mg/L 以下，COD 相应降低，串联处理可以达标
焚烧法	在炉温 800℃以上焚烧内直接焚烧	适应于浓缩后废水的处理。处理比较彻底，但能量消耗大，费用昂贵

表 22－3　几种处理方法的比较和评价

序号	项　目	焚烧法	水解、生物法	水解法	生物法
1	适用范围	含 CN^- 废水	含 CN^- 废水	含 CN^- 废水	含 CN^- 废水
2	关键设备	焚烧炉	水解塔 曝气池	浓缩罐 水解塔 曝气池	曝气池
3	主要控制参数	炉温	pH 值、温度、压力、溶解氧、MLSS、污泥负荷	浓缩化、pH 值、温度、压力、溶解氧、MLSS、污泥负荷	溶解氧、COD、MLSS、CN^- 浓度
4	去除效果	良好	尚好	难	易
5	管理操作难易	尚易	尚易	难	易
6	存在问题	耗油量大		流程长耗油量大	受气候影响易受冲击
7	投资/$\times 10^4$ 元	60	40	895	56
8	占地面积				最大
9	成本/(元/t)	7.23	22.2	17.7	1.52

续表

序号	项目	焚烧法	水解、生物法	水解法	生物法
10	评价/(元/t)	204	176.3	56.7	121.7
11	国内运行厂	齐鲁石化公司炼油厂	高桥石化公司化工厂	上海石化总厂	抚顺石化公司化纤厂

二、处理流程

1. 炼油厂含氰废水处理

炼油厂一般采用加压水解法处理含氰废水，其流程和处理效果分别如图 22-4、表 22-4 所示。例如某厂废水含氰 200mg/L，加碱调整 pH 值至 9~9.5，加温至 173℃，压力为 0.8MPa，反应 45min，出水含氰降至 2.3mg/L。

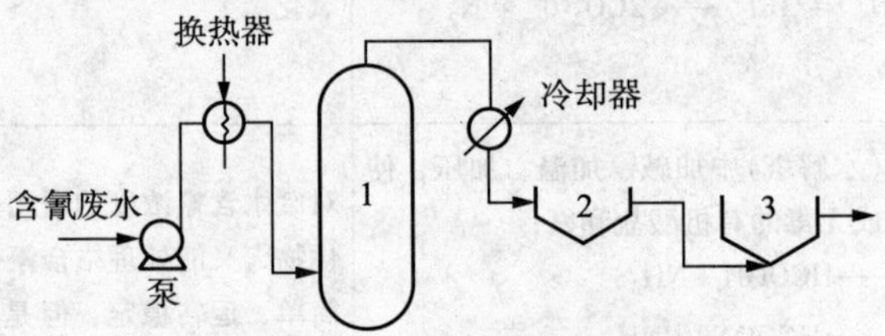

图 22-4　炼油厂含氰废水处理流程

1—加压水解塔；2—沉淀池；3—曝气池

表 22-4　加压水解处理效果

进出水项目	pH 值	硫化物/(mg/L)	氰化物/(mg/L)	乙腈/(mg/L)	丙烯腈/(mg/L)	硫腈酸盐/(mg/L)	氨/(mg/L)
进水	8~9	2000~4000	50~250	<100	微量	30~90	500~2000
出水	—	不变	<3	去除 25%	—	增加 10~20	不变

2. 化纤厂含腈废水处理

流程见图 22-5，丙烯腈废水处理效果见图 22-6。

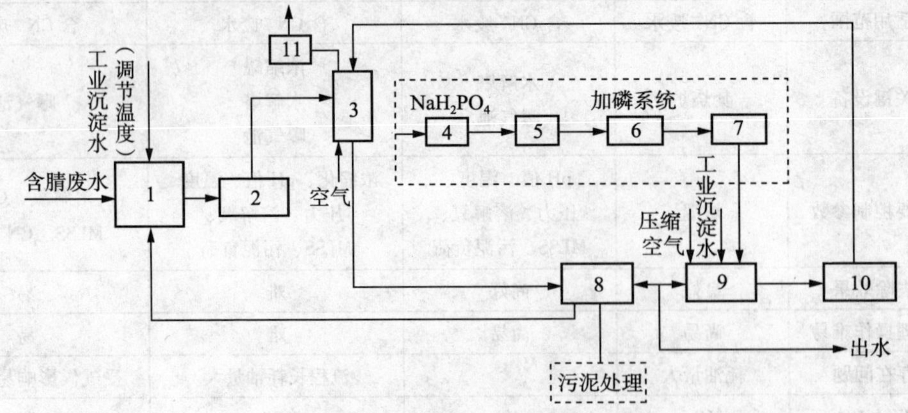

图 22-5　化纤厂含腈(腈纶)废水处理流程

1—调节池；2—废水泵房；3—塔式生物滤池；4—溶解槽；5—泵；6—高位槽；7—计量设备；8—沉淀池；9—喷淋水池；10—喷淋泵房；11—抽风

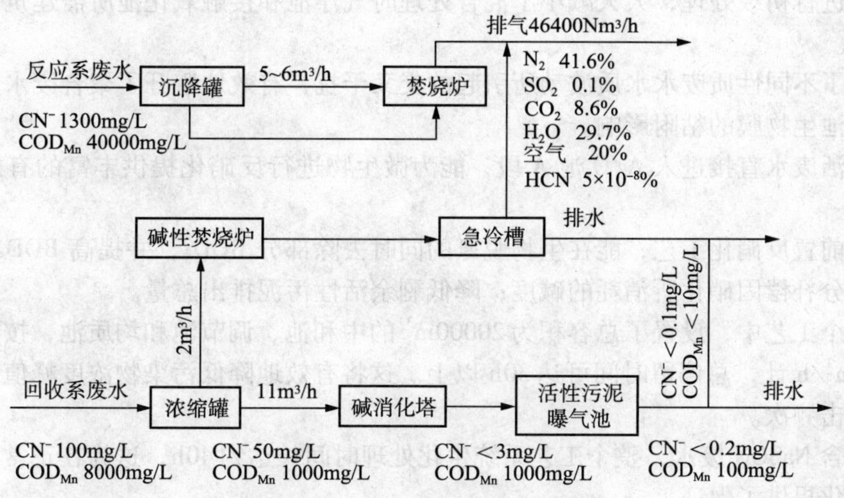

图 22－6　丙烯腈废水处理效果

3. 丙烯腈－腈纶联合装置废水处理

以安庆石化丙烯腈－腈纶联合装置废水处理为例，其工艺流程如图 22－7 所示。

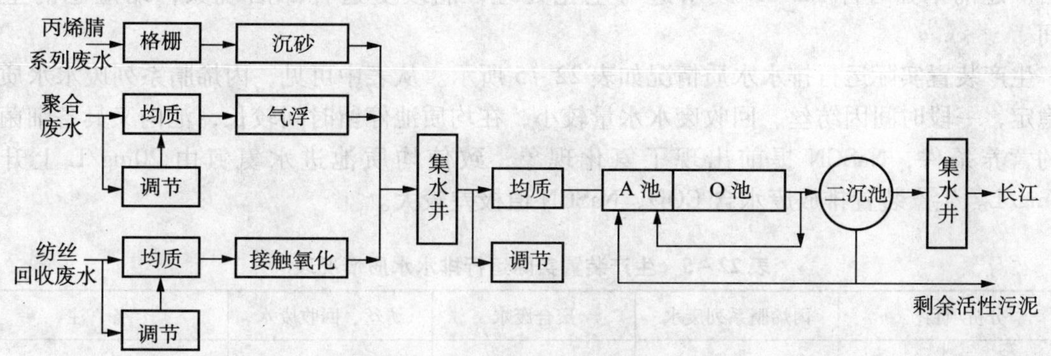

图 22－7　安庆石化丙烯腈－腈纶联合装置废水处理工艺流程

根据丙烯腈系列废水、聚合废水、纺丝、回收废水含污染物主要组成的不同，分别采用不同的处理工艺对其进行初级处理。丙烯腈系列废水与全厂生活污水混合自流进入初级处理站。经粗格栅、细格栅两次拦截悬浮物体，进入沉砂池停留几十分钟后自流到集水井，聚合废水正常情况下先进入均质池，必要时可切入调节池以调节水质、水量。在均质池、调节池内设置穿孔管，鼓风搅拌均匀水质，防止低聚物沉淀。废水在均质池内停留约 10h，溢流进入气浮池。通过混凝、反应、气浮去除 50% ~80% 低聚物并降低 COD。纺丝、回收废水同样在均质池停留约 10h，控制水质、水量溢流进入接触氧化池。接触氧化池总容积 4000m^3，填料体积 3000m^3，废水停留时间 14h，设计 NaSCN 处理容积负荷为 1.1kgNaSCN/(m^3 填料 · d)。经气浮和接触氧化池处理后的废水在集水井与丙烯腈系列废水混合，由泵提升至下段均质池。再次经均质池停留约 10h，控制水质水量进入 A/O 生化池，A 段停留时间约 6h，O 段停留时间约 18h。设计混合液回流比 $r=2\sim4$，污泥回流比为 1，污泥负荷为 0.125kgBOD/(kgMLSS · d)，A/O 池出水经二沉池流进集水井被提升至长江。整套工艺的技术特点如下：

①分别进行初级处理，大大减小了混合处理时气浮池和接触氧化池所需建筑容积，节省了运行费用。

②克服了不同性质废水水质波动所引起的交叉干扰，有效地避开了聚合废水所含低聚物对接触氧化池生物膜的粘附影响。

③引生活废水直接进入 A/O 池 A 段，能为微生物进行反硝化提供丰富的有机物作为碳源和能源。

④确定前置反硝化工艺，能在生物脱氮的同时去除部分 BOD_5，并提高 BOD_5 与 COD 的比值；可部分补偿因硝化所消耗的碱度；降低剩余活性污泥排出总量。

⑤在整个工艺中，设置了总容积为 $20000m^3$ 的中和池、调节池和均质池，按照最大废水处理量 $600m^3/h$ 计，总停留时间可达 30h 以上。这将有效地降低污染物浓度峰值，减少对生化系统的冲击频次。

⑥处理含 NaSCN 废水，整个工艺系统生化处理时间长达约 40h，这为在正常水质条件下 NH_4^+-N 硝化提供了保证。

⑦据有关实验及实际运行分析数据证实，含 NaSCN 废水在生化处理过程中，硝化菌的生长明显受抑制。控制 A/O 池进水 NaSCN 浓度，有利于 O 池硝化菌的正常生长。

⑧在含氰(腈)废水生化处理过程中，AN 优先被相应的专性菌降解，NaSCN 降解速度滞后。超前单独对含 NaSCN 废水进行生化处理，能改变这种滞后现象，缩短总的生化时间。

生产装置实际运行排水水质情况如表 22－5 所示。从表中可见，丙烯腈系列废水水质较为稳定，一段时间因纺丝、回收废水水量较小，在均质池停留时间较长，池内又具备细菌存在的营养条件，NaSCN 提前出现了氨化现象，致使均质池进水氨氮由 20mg/L 上升至 200mg/L。生产装置排放废水含 COD、NaSCN 值极差较大。

表 22－5　生产装置实际运行排水水质情况表

分析项目		丙烯腈系列废水	聚合废水	纺丝、回收废水	备　注
pH 值	平均值	8.17	6.25	7.01	1. 取 1995 年 9 月～1995 年 12 月数据； 2. 三股废水排放量均未超过最大设计水量； 3. * 数据为加样分析平均值
	范围	3.01～9.84	3.0～11.5	6.10～8.82	
COD	平均值	250.52	848.72	604.83	
	范围	30.7～1033	43.24～43320.8	222.38～2024.68	
CN^-	平均值	1.685	5.26 *		
	范围	09.03～2.35			
AN	平均值		50.57		
	范围		0.10～677		
NH_4^+-N	平均值	28.10 *	28.68 *	36.02	
	范围			3.8～203.74	
低聚物	平均值		271.11		
	范围		25～592		

由表 22－6 可见，含氰(腈)废水经二级处理后，除 NH_4^+-N、COD 外，其他各项指标均能 100% 达标，而且 CN^-、NaSCN 值远低于排放标准。

表 22-6　含氰(腈)废水二段处理效果

分析项目	pH 值		COD/(mg/L)		CN^-/(mg/L)		NaSCN/(mg/L)		NH_4^+-N/(mg/L)	
	平均值	范围	平均值	范围	平均值	范围	平均值	范围	平均值	范围
一级处理出水	6.68	2.56~9.96	377	81.9~1152.47	0.66	0.27~1.94	79	1.78~440.68	51.17	2.84~156.16
二级处理出水	6.98	6.00~8.18	103.5	64~568	0.05	0~0.14	1.56	0.37~12.34	31.11	0.56~162.4
单项合格率/%	100		69.64		100		100		46.43	
排放指标	6~9		≤100		≤0.5		≤30		≤15	

4. 微电解－生物滤塔法预处理含腈废水

上海石化的6.6万t/a腈纶工程，原料为丙烯腈、丙烯酸甲酯、甲基丙烯磺酸钠等，聚合采用二步水相悬浮法，以丙烯腈为第一单体，丙烯酸甲酯为第二单体，甲基丙烯磺酸钠为第三单体，以 $NaClO_3-NaS_2O_5$ 为引发剂，β－羟基乙硫醇为分子量调节剂，氯化亚铁为聚合促进剂，经聚合、脱单、水洗制成聚合物，再溶解成粗原液，经脱泡、过滤等工序制成纺丝原液进行纺丝。

聚合工序的废水中，丙烯腈(AN)含量最高，称为含腈废水，主要污染物有丙烯腈、丙烯酸甲酯、甲基丙烯磺酸钠、$NaClO_3$、NaS_2O_5、乙硫醇、低聚物(分子量较低的高分子聚合物)等；原液制备、溶剂回收、纺丝及后处理等工序的废水中，pH值波动大，称为酸碱废水。预处理后的水质应符合后续生化处理装置的进水水质要求：COD<750mg/L，丙烯腈<5mg/L，pH=6~9。

总的来看，腈纶生产中产生的含腈废水水质具有如下特点：①低聚物含量高，丙烯腈、丙烯酸甲酯、甲基丙烯磺酸钠等单体聚合成各种分子量的高分子化合物，分子量较低的低聚物因生产工艺中无法加以利用而排入污水中，以胶体、悬浮物形式存在，既难以自然沉降，也难以生物降解，进入生化系统后，易包裹微生物，使微生物的活性急剧下降。②丙烯腈含量高，丙烯腈毒性强，易对微生物造成冲击，当丙烯腈浓度大于45mg/L时，普通的活性污泥法难以稳定运行。

根据含腈废水的水质特点，提出了如图22-8所示的预处理工艺流程，通过微电解、中和、混凝、沉淀除去低聚物，然后进入生物滤塔降解丙烯腈，出水可达到后续生化处理装置的进水要求。

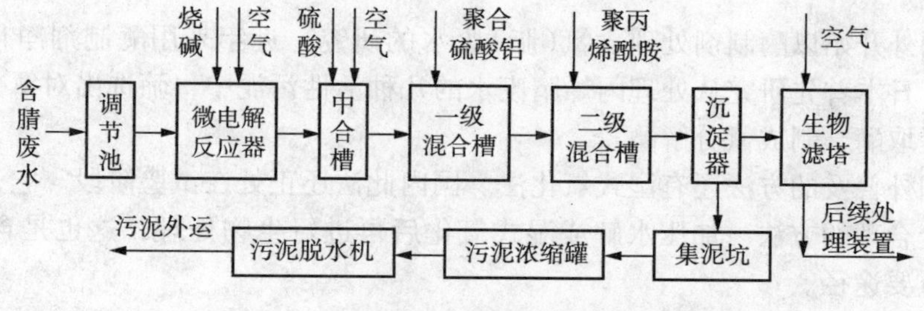

图 22-8　含腈废水预处理工艺流程示意图

微电解反应器中装有铸铁屑和焦炭。铸铁是铁和碳的合金，含腈废水含有较多的盐分，是良好的电解质。在酸性条件下，当铸铁屑浸泡在废水中时，形成无数个微电池，电位低的铁是阳极，电位高的碳是阴极，发生一系列电化学反应。反应生成大量的 $Fe(OH)_3$ 絮状物，其吸附能力高于一般药剂水解法得到的 $Fe(OH)_3$ 絮状物，在其他混凝剂的共同作用下，能有效地絮凝沉淀去除废水中的低聚物、悬浮物、水不溶物等，为后续生化装置创造有利条件。微电解反应器和生物滤塔处理的水质监测数据如表 22－7 所示。

表 22－7　微电解反应器和生物滤塔处理的水质监测数据

日期	微电解反应器			生物滤池					
	COD/(mg/L)			丙烯腈/(mg/L)			COD/(mg/L)		
	进水	出水	去除率/%	进水	出水	去除率/%	进水	出水	去除率/%
0918	1012	807	14.3	147	2.8	98.1	944	639	32.3
0919	1079	931	13.7	160	2.4	98.5	1003	720	28.2
0920	957	831	13.2	143	3.1	97.8	775	563	27.4
0921	982	854	13.0	127	3.0	97.6	830	639	23.0
0924	1296	1042	19.6	97	2.7	97.2	784	632	19.4
0925	1528	1204	21.2	107	3.3	96.9	832	700	15.9
平均	—	—	15.8	—	—	97.7	—	—	24.4

该工程的含腈废水通过预处理后，进入后续水质净化厂，与其他装置的腈纶废水、丙烯腈废水一起，加入部分生活污水，经调节、酸化、硝化、反硝化、后曝气、沉淀、氧化塘等处理工序，达标后排入杭州湾。

三、发展方向

由于人们对氰(腈)类的毒性有了进一步的认识，过去侧重于对游离氰的去除，近年来对络合氰研究也颇为重视。

目前国外含氰(腈)废水的处理，仍是以氧化分解的方法为主。由于离子交换、电渗析、臭氧等处理费用高，氯碱法又容易生成氯化烃类有毒物质，都有着不同的缺点，所以使用不多。

生物法和焚烧法，国内外运用广泛。由于生物法工艺成熟，处理费用低，所以国内外工业废水处理都有采用生物处理的趋向。

焚烧法在国外应用较为广泛，罗马尼亚年产 2×10^4t 丙烯腈装置，全部废水采用焚烧法(1450～1650℃)进行处理。美国、日本等国对含氰(腈)废水及含有氰类的化合物均用直接焚烧法处理。兰州 303 厂有氰醇焚烧炉、山东齐鲁石化公司和上海高桥化工厂分别有丙烯腈、乙腈焚烧炉。

目前，国外开始以酶制剂处理含氰(脂)废水的研究。近年来用酶制剂净化工业废水工作进展较快，日本首先研究从处理丙烯腈废水的几种活性污泥中，筛选出对氰分解能力强的菌株，从中提取酶，制成氰分解酶。

此外，国外普及的方法还有湿式氧化法。国内此法还正处在试验阶段。它是一种技术上先进、经济上合理的方法。加压水解或湿式氧化后再进行生物处理，这也是含氰(腈)废水处理的一个重要途径。

第三节　含氰(腈)废水的应用实例

一、大庆石化总厂含氰(腈)废水处理

大庆石化含腈废水来源较多，炼油厂、化纤厂、腈纶厂和化工二厂都产生这种废水。各

种含腈废水的水质、水量差异很大，所采用的处理工艺也不尽相同。

炼油厂的催化裂化装置每小时大约产生 14t 含 40mg/L 氰化物的废水。由于这股水量较小，与其他装置混合后，CN^-浓度很低，不影响生化处理，因此采用空气氧化法脱硫后进入炼油污水处理场。

化纤厂的含氰废水来自丙烯腈车间和抽丝车间，丙烯腈生产中排放的粗乙腈水溶液（含CN^-较高）进炉焚烧，其余废水和冷却水与抽丝车间排水混合后进行生化处理。

腈纶厂的含氰废水来自腈纶生产过程中的聚合车间、纺丝车间及回收车间，废水中主要含 NaSCN 和丙烯腈。腈纶废水采用德国 Linde 公司的 UNOX 技术（纯氧曝气生化处理技术）进行处理。

化工二厂的含氰废水来自丙烯腈、丙酮氰醇和硫氰酸钠三套装置，其中丙酮氰醇和硫氰酸钠装置的生产工艺过程不产生废水，含氰废水来自反应器、过滤器和管道、泵、阀门等的清洗过程以及冲洗地面和取样排放的废水。硫氰酸钠装置的含氰废水用 NaOH 调至 pH＞11 以后全部打入焚烧炉处理。丙酮氰醇装置的含氰废水，浓度较高的部分平时打入焚烧炉处理，开工对因水量较大，采用碱性氯化法处理后与浓度较低的部分废水进入丙烯腈装置的废水处理系统。

丙烯腈装置排放的含CN^-较多的废水（主要是废水塔釜液）进入焚烧炉处理，其含CN^-较少的部分（氨汽提塔釜液、地面和设备冲洗水以及来自丙酮氰醇的部分废水）经过过氧化物法处理后（加入 H_2O_2 加热氧化），打入腈纶污水处理场处理。

二、安庆石化含氰（腈）废水处理

国家“八五”重点项目 5 万 t/a 丙烯腈、5 万 t/a 腈纶安庆石化“丙烯腈－腈纶联合装置”分别于 1995 年 4 月、8 月投料试车一次成功。与该重点项目相配套的污水处理设施有丙烯腈提浓废液焚烧装置、氰化钠污水预处理装置、腈纶污水回收硫氰酸钠装置、腈纶污水预处理站、腈纶污水初级处理站、总厂大污水处理场。含氰（腈）污水的处理过程主要分三个步骤：首先生产装置进行预处理，然后分别对丙烯腈系列废水、聚合废水、纺丝、回收废水进行初级处理，最后集中进入总厂大污水处理场进行生化处理，经处理后的腈纶废水与炼油出水混合排入长江。

丙烯腈系列废水主要是指丙烯腈、硫胺、氰化钠、三站及罐区。丙烯腈废水经四效提浓，浓缩废液送到焚烧炉焚烧。四效凝液经投加双氧水进一步降低排水CN^-浓度。氰化钠废水处理是采用加热分解——以氯酸钠氧化法控制废水CN^-浓度。丙烯腈系列废水设计水质水量如表 22－8 所示。

腈纶废水主要是指聚合、纺丝、回收装置排水。溶剂回收区内设有废水回收 NaSCN 装置；在腈纶界区建有废水预处理装置，其主要作用是调节废水 pH 值。在预处理站，含氰（聚合）废水和酸性（纺丝、回收）废水分别进入中和池、调节池经过几个小时的停留，然后用泵提升至废水初级处理站。腈纶废水设计水质水量如表 22－9 所示。

表 22－8　丙烯腈系列废水水质水量

废水量/(m^3/h)		pH 值	废水中主要污染物名称/(mg/L)					
正常	最大		COD	BOD	AN	CN^-	NH_4^+	$(NH_4)_2SO_4$
84.5	111	6～9	863	362	8.5	1	15	312

表 22-9 腈纶废水水质水量情况表

排水装置名称	废水量/(m^3/h)		水温/℃	pH 值	废水中的主要污染物/(mg/L)					
	正常	最大			COD	BOD	NaSCN	AN	CN^-	低聚物
聚合	104	230	40	6~9	1614	646	10	110	5.51	145
纺丝、回收	216	270	40	6~9	477	191	455	—		—

三、某炼油化工总厂含硫、含氰废水处理

1. 工艺技术原理及特点

本实例介绍的是某炼油化工总厂 80×10^4t/a 催化裂化装置排出的含硫、含氰废水处理流程。

该装置每小时排出含硫废水 15t，含氰废水 18t。E201 排出含硫废水中含硫化物 500mg/L 以上；E301 排出的含氰废水中含氰化物 1000mg/L 左右。为防止对污水处理场的冲击影响，该厂对这两股水分别在装置内进行预处理，其中含硫废水采用汽提处理方法，而含氰废水则采用加压水解法使氰化物分解为无毒的有机酸盐。

含氰废水加压水解处理的基本反应为：

$$A[CN]_x + H_2O \xrightarrow[加热]{} (HCOO)_x A + NH_3$$

A 为铵基、金属或络合物。

2. 处理原则流程(图 22-9)

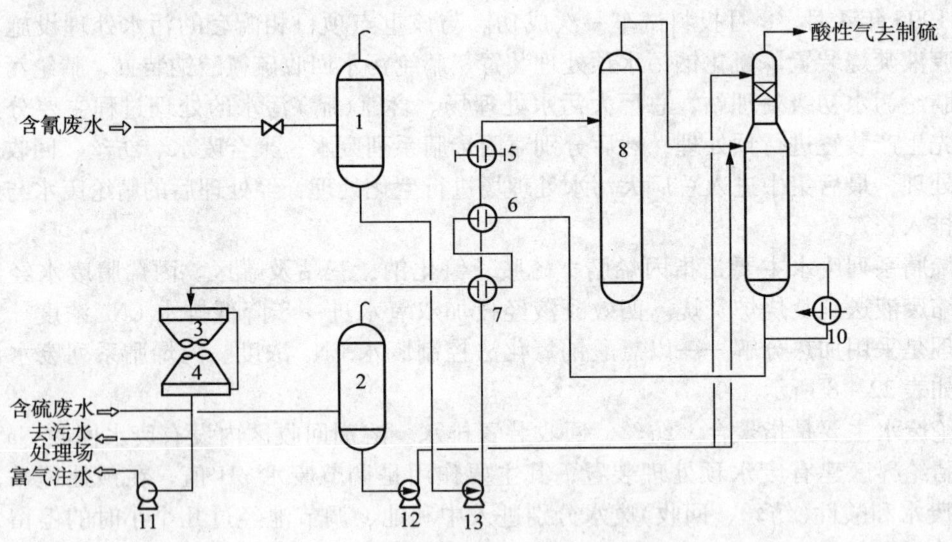

图 22-9 含氰废水处理原则流程图

1—容 401(含氰废水罐)；2—容 402(含硫废水罐)；3—空冷 401；4—空冷 402；
5—换 402(含氰废水加热器)；6—换 401/2(脱硫换热器)；7—换 401/1(净化废水换热器)；
8—塔 401(含氰废水水解塔)；9—塔 402(硫化氢汽提塔)；10—换 403(硫化氢汽提塔换热器)；
11—泵 403/1.2(废水回用泵)；12—泵 402/1.2(废水进料泵)；13—泵 401/1.2(含氰废水进料泵)

3. 工程设计处理能力

工程设计处理能力为 33t/h，其中含硫废水为 15t/h，含氰废水为 18t/h。

4. 工程设计水质要求(表 22－10)

表 22－10　工程设计水质要求　mg/L

项　目	pH 值	COD	BOD_5	硫	油	氰	酚
进　水	9.13	13000	9100	625	2010	864	1.0
出　水	9.43	2300	1600	100	200	34	0.8

5. 处理每吨废水的消耗指标(表 22－11)

表 22－11　处理每吨废水的消耗指标

耗电/kW	蒸汽/(t/t 水)	化学药剂	备　注
5	0.121	—	

6. 工程投资及主要工程技术指标(表 22－12)

表 22－12　工程投资及主要工程技术指标

投资/万元	钢材/t	水泥/t	木材/m^3	备　注
131	45	10	1	

四、某石油化工公司丙烯腈废水处理

1. 工艺技术原理及特点

本实例介绍处理某石油化工公司化工二厂年设计生产 5 万 t 丙烯腈装置所产生的 33t/h 含氰废水的污水一级处理场。采用碱消化－中和－生物曝气的处理流程。其主要原理是，利用在碱性条件下，使含氰废水消化水解，再经中和调整 pH 值后，通过生化曝气池，利用活性污泥降解废水中的有机物，使含氰废水得以净化。

处理过程是将含氰废水加碱后用泵送入碱消化塔。向塔内通入蒸汽，在一定的温度、压力条件下，使含氰废水消化水解。然后排至调整槽，经加酸中和调整 pH 值后，进入混合池，与投加的营养料、稀释水等均匀混合，再送入生物曝气池，通过活性污泥吸附、降解有机物。降解后的出水经沉淀池沉淀分离，达到一级污水处理分级控制指标，COD 值 < 500ppm 的排水标准后，送至二级污水处理净化厂进一步处理。

2. 工艺流程

丙烯腈废水一级处理场流程见图 22－10。

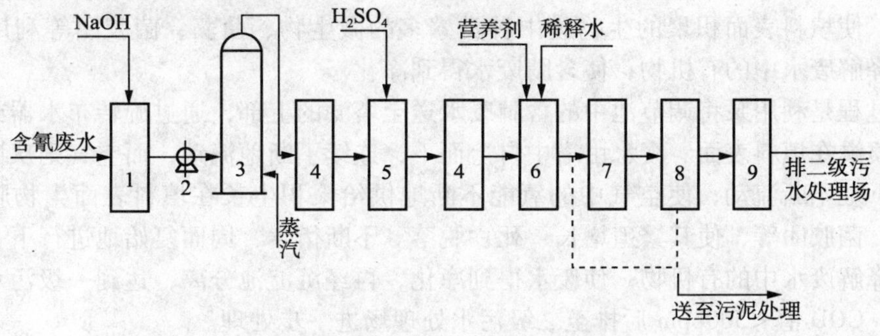

图 22－10　丙烯腈废水一级处理场流程

1—配水池；2—提升泵；3—碱消化塔；4—调整槽；5—中和槽；6—混合槽；7—曝气池；8—沉淀池；9—接受槽

3. 处理数据

含腈废水一级处理进、出口技术数据见表 22－13。

表 22－13　含腈废水处理场进、出口数据表

污水名称	水量/(t/h)		处理效果/(mg/L)								综合合格率/%	备注
	设计	实际	pH		COD_{Cr}		CN^-		NH_3-N			
			进口	出口	进口	出口	进口	出口	进口	出口		
含氰废水	33	33	10～11	7～8	1000～2000	300～500	3.0～4.0	0.01～0.1	300	100	90	76 年投产投资 106 万元，人员：7 人

4. 主要构筑物

含腈废水一级处理场主要构筑物见表 22－14。

表 22－14　丙烯腈废水处理构筑物参数表

编号	构筑物名称	个数	型式 φ长×宽×高/m	处理容积/m^3	停留时间/h	备　注
1	碱消化塔	1	φ1.1×1.7	16	0.5	
2	调整槽	1	2.5×1×2	5	—	
3	中和槽	1				
4	调整槽	1	12×4.8×8	460	14	
5	混合槽	1	2×2×1.5	6	—	
6	曝气池	2	12×4.8×4	460	14	
7	沉淀池	1	圆锥体	300	10	
8	接受槽					

五、含腈污水处理

1. 工艺技术原理及特点

本实例介绍处理某石油化工公司腈纶厂年产 5.2 万 t 腈纶纤维装置所产生的 426t/h 含腈废水一级处理场。采用塔式生物滤池——沉淀分离的处理流程。其主要原理是利用塔式生物滤池中的填料表面，能使废水、生物膜、空气三者充分接触，在水流紊动剧烈自上而下流动的状态下，使填料表面积聚的生物膜中种类繁多的微生物、菌藻、菌胶团等利用空气中的氧，吸附降解废水中的有机物，使含腈废水得到净化。

处理过程是利用泵将调节池中的含腈废水送至塔滤的上部，通过旋转布水器或喷嘴将废水均匀地喷淋在填料表面。废水由塔中自上而下，连续不断地流动，而空气则从塔底部进风口自上而下地不断流动，使空气中的氧能不断地供给聚积生长在填料表面生物膜中的微生物、菌藻、菌胶团等，使其繁殖增长、死亡脱落。不断衍生，周而复始地进行下去。通过生物的吸附降解废水中的有机物，使废水得到净化，再经沉淀池分离，达到一级污水处理分级控制指标，COD 值 <500ppm 后排至二级污水处理场进一步处理。

塔滤的特点是：对有机物负荷和毒性负荷高的冲击性废水的适应性较强。因此宜作为高浓度工业废水如含氰、酚、腈、醛等废水的预处理构筑物，从而为保证二级处理的平稳运

行，创造有利条件。

2. 工艺流程

含腈废水一级处理场工艺流程示意图见图22－11。

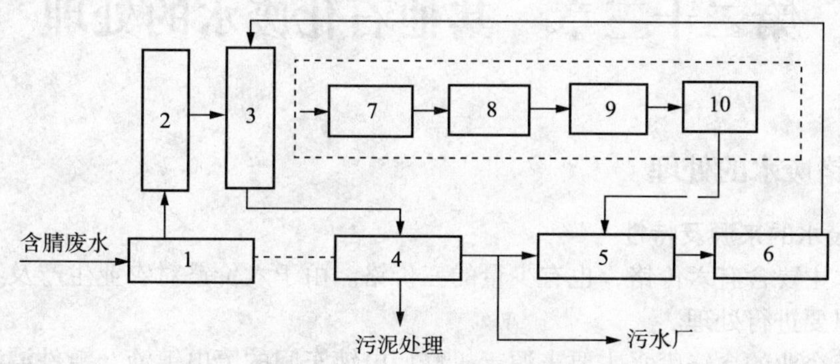

图22－11　含腈废水处理流程示意图

1—调节池；2—污水泵房；3—塔滤；4—沉淀池；5—喷淋水池；6—喷淋泵房；7—溶解槽；8—加药泵；9—高位槽；10—计量槽

3. 处理数据

含腈废水一级处理场进、出口的技术数据见表22－15。

表22－15　含腈废水处理场进、出数据表

水量/(t/h)		处理效果/(mg/L)												综合合格率/%
设计	实际	pH		AN		COD_{Cr}		BOD_5		NH_3-N		NaSCN		
		进	出	进	出	进	出	进	出	进	出	进	出	
405	426	6.2	6.5	341	6.9	1003	412	495	173	18.1	31	127	110	95

4. 主要构筑物

含腈污水一级处理场主要构筑物见表22－16。

表22－16　含腈污水处理场主要构筑物

编号	构筑物名称	个数	长×宽×高/m	处理能力/m^3	停留时间	备　注
1	调节池	2	212×12×12.51	1600	4h	
2	塔滤	6	ϕ4.2×23	426t/h	3min	生物滤池
3	污水泵房	1	8×21.6	426t/h	—	有6台泵，4大2小
4	沉淀池	1	24×12.8×2.2	560	1.4h	
5	喷淋水池	1	5×2.2×1.95	12	6min	
6	喷淋泵房	1	14.8×8	—	—	挂生物膜时用

第二十三章　其他石化废水的处理

一．含铬废水的处理

1. 含铬废水的来源及特性

含铬废水主要含有六价铬，也有少量的三价铬。由于六价铬对农业生产及人民健康有严重危害，所以要进行处理。

石油化工企业的含铬废水主要来源于机修厂电镀车间的废电镀液、镀件漂洗水、设备冷却水和冲洗地面水等。

含铬废水所含污染物质比较复杂，但处理的主要对象是六价铬，不管用什么方式，首先都将六价铬变成三价铬，然后排放或回收利用。

2. 含铬废水的处理方法

含铬废水的处理方法概括有硫酸亚铁法、离子交换法、活性炭吸附法、电解法和薄膜蒸发法等。硫酸亚铁法比较简单，在沉淀池内投加硫酸亚铁，生成氢氧化铬和氢氧化铁沉淀，使六价铬转换成三价铬。其他处理流程如图 23－1、图 23－2、图 23－3、图 23－4、图 23－5、图 23－6、图 23－7 所示。

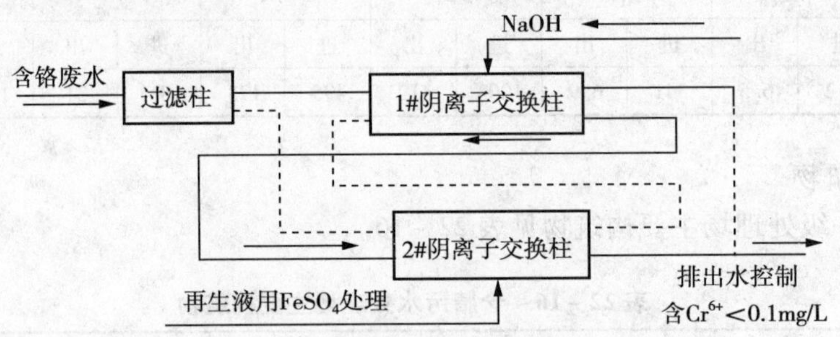

图 23－1　用阴离子交换树脂处理含铬废水流程

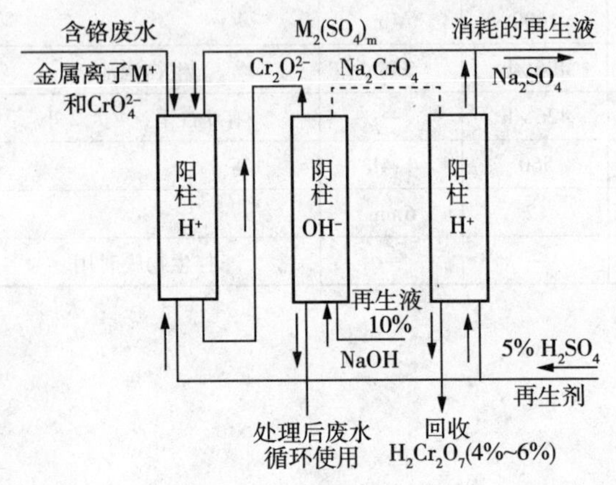

图 23－2　阳－阴床处理含铬废水和回收铬酸的典型流程

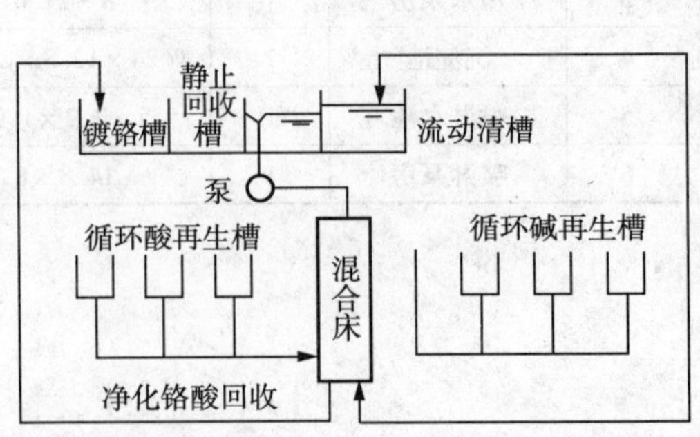

图 23－3　混合床处理含铬废水的流程

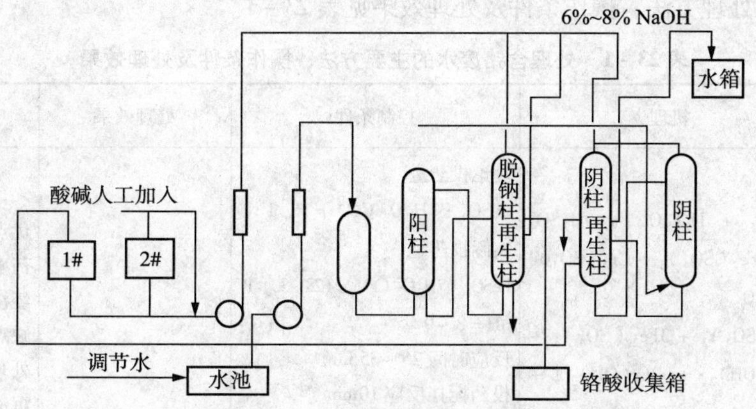

图 23－4 CYL－300 型离子交换法处理含铬废水流程

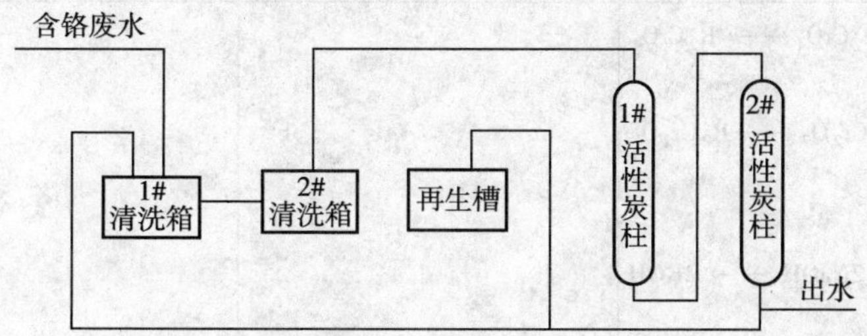

图 23－5 活性炭吸附法处理含铬废水流程

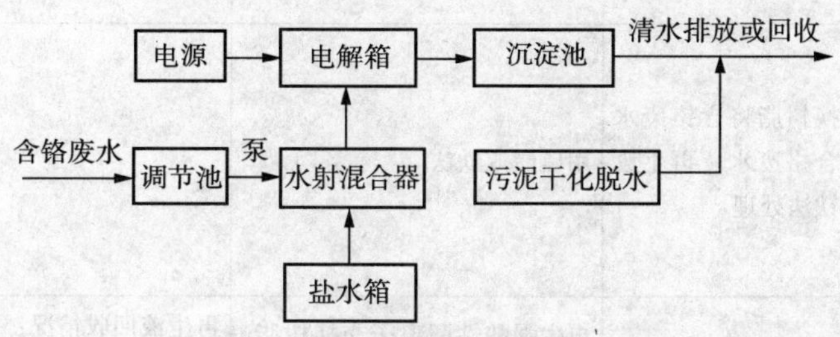

图 23－6 电解法处理含铬废水流程

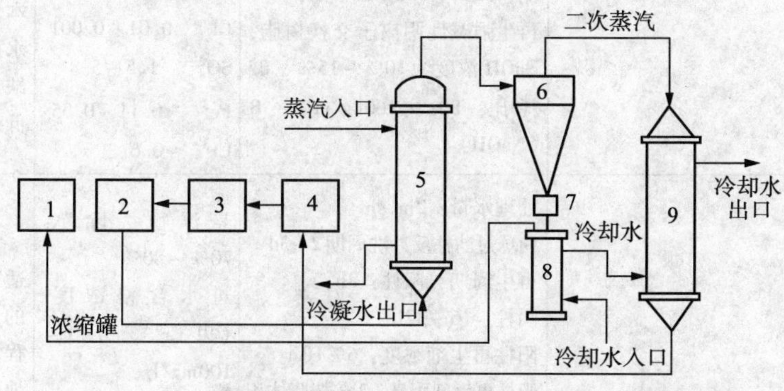

图 23－7 薄膜蒸发器处理含铬废水闭路循环系统流程

1—镀铬槽；2、3—回收槽；4—清洗槽；5—薄膜蒸发器；6—分离器；
7—液流阀；8—浓液冷凝器；9—冷凝器

各种方法的处理方法、操作条件及处理效果见表 23－1。

表 23－1　处理含铬废水的主要方法、操作条件及处理效果

序号	处理方法	机理	控制条件	处理效果	优、缺点
1	硫酸亚铁法	$6FeSO_4 + H_2CrO_7 + 6H_2SO_4 \longrightarrow 3Fe_2(SO_4)_3 + Cr_2(SO_4)_3 + 7H_2O$ $2Cr_2(SO_4)_3 + 3Fe_2(SO_4)_3 + 12Ca(OH)_2 \longrightarrow 2Cr(OH)_2\downarrow + 6Fe(OH)_3\downarrow + 12CaSO_4$	理论投药量 $FeSO_4 \cdot 7H_2O : Cr^{6+} = 16:1$ 实际投药量 $FeSO_4 \cdot 7H_2O : Cr^{6+} = (28 \sim 30):1$ $pH = 8 \sim 9$ 反应时间 25～35min 投药搅拌反应 10min 加碱后搅拌 15min 投加 NaON 静置 10min		优点： 药剂来源方便，较经济 缺点： 处理构筑物大，污泥沉渣多
2	离子交换法	$2ROH + Na_2CrO_4 \longrightarrow R_2CrO_4 + 2NaOH$ $2ROH + K_2Cr_2O_7 \longrightarrow R_2Cr_2O_7 + 2KOH$ 再生机理 $R_2CrO_4 + 2NaOH \longrightarrow 2ROH + Na_2CrO_4$ $R_2Cr_2O_7 + 4NaOH \longrightarrow 2ROH + 2Na_2CrO_4 + H_2O$			处理效果彻底，水可循环使用，可回收铬酸，大幅度减少泥渣量
	(1)阴离子交换树脂单床处理	用阴离子交换树脂将含铬废水浓缩，排放合格废水。再生废液用硫酸亚铁法处理	用硫酸亚铁法		优点：处理彻底，减少再生液量，降低成本，操作比较简单，水可循环使用 缺点：使用自来水降低处理能力
	(2)阳－阴复床式处理		再生强酸性阳离子交换树脂，硫酸浓度为 5%～10%，酸耗比：$320 \sim 400kg/m^3 - R$； 再生强碱性阴离子交换树脂，NaOH 浓度为 10%～15%，碱耗比：$80 \sim 160kg/m^3 - R$（NaOH）	再生液回收情况： 组成　含量(%) CrO_3　63～83 Cl^-　0.01～0.001 SO_4^{2-}　1.5～5.8 Fe^{3+}　0.11～0.35 $Cr^{3+} \approx 0.6$	优点：处理彻底，减少再生液量，降低成本，操作比较简单，水可循环使用 缺点：使用自来水降低处理能力
	(3)CYL－300 型离子交换法		处理水量：$2m^3/h$ 白球过滤柱反冲洗周期 2～3d 再生周期：阳柱：8h； 阴柱：16～32h 阳柱再生剂浓度：6% HCl 阳柱再生剂用量：2 倍树脂体积 阴柱再生剂浓度：6%～10% NaOH 阴柱再生剂用量：2 倍树脂体积	悬浮物去除率：70%～80% 进水含铬浓度：（以 Cr^{6+} 计）50～100mg/L 出水含铬浓度：（以 Cr^{6+} 计）≤0.5mg/L	适于中小型电镀车间的含铬废水处理，流程简单，投资小，占地面积小，处理水量大，树脂利用率高

续表

序号	处理方法	机理	控制条件	处理效果	优、缺点
3	活性炭吸附	用活性炭吸附和化学还原作用。在活性炭表面酸性条件下，可将六价铬还原为三价铬，消除毒性	用稀硫酸解析使活性炭再生		优点：处理效果可靠；投资低；占地面积小；操作简单；运转费低 缺点： 排出三价铬；活性炭再生复杂，排出稀硫酸废液
4	GTH－0.3，0.4 型电解法	在直流电的电解作用下，铁阳极产生亚铁离子，在酸性条件下，可将六价铬还原成三价铬和过量的亚铁，在中性和偏碱性条件下生成氢氧化物沉淀除铬		适应浓度变化范围大（10～15mg/L）和杂质含量多的废水； 用钢板、废钢板和炭钢切屑等作电极时，耗电量稳定在 4～5A·h/g 铬	优点： 处理能力均能达到技术指标 缺点： 消耗电、盐、钢板
5	薄膜蒸发法	镀铬废水由计量泵打入钛管内，管外用蒸汽加热，其热量由管壁传入废液。废热经预热上升至沸腾区，并从液相逐步变为气相而上升。由于二次蒸汽在管内迅速上升，使废液在管内壁形成薄膜，并继续上升。液膜上升过程中，继续蒸发，因此溶液不断浓缩	设备规格型号： TiCFE100　1000mm × 500mm ×2200mm 处理能力：100L/h 体内蒸汽压力：（1～1.5）× 9.8×10^4Pa 浓缩倍数：10 倍 冷凝水含六价铬：小于 3mg/L		不需投加化学药剂，没有废渣产生，可回收镀铬原料及漂洗水，不会造成二次污染

二、含苯废水的处理

1. 含苯废水的来源及特性

含苯废水主要来源于制苯车间、苯酚丙酮装置、苯乙烯装置、聚苯乙烯装置、乙基苯装置、烷基苯装置以及乙烯装置的裂解急冷水洗废水。

2. 含苯废水的处理方法

含苯废水的处理可采用吹脱法、活性炭吸附法或化学药剂法。一般常用吹脱法。吹脱法的原理是利用苯水共沸的性质，采用直接蒸馏的方法将苯蒸出，然后将含苯的废水（100mg/L、pH 值为 6～8）排入隔油池中。含苯废水的特点是不但浓度较高，而且含油量也较高（可高达 300mg/L 以上），因此，必须采取隔油池的预处理。

（1）吹脱法工艺流程

吹脱法的实质是让废水与空气充分接触，使废水中的溶解气体和易挥发的溶质穿过气液界面，向气相扩散，从而达到脱除污染物的目的。若将解析的污染物收集，可以将其回收或制取新产品。用吹脱法处理废水的过程中，污染物不断地从液相转入气相，从而引起二次污染。防止二次污染的方法有以下三种：一是符合排放标准时，从大气排放；二是中等浓度的有害气体，可以导入炉内燃烧；三是对于高浓度的有害气体，应回收利用。吹脱法工艺流程见图23-8。

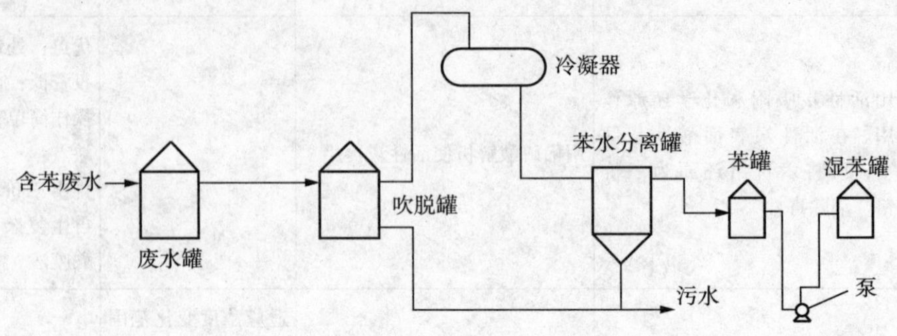

图23-8　吹脱法流程

(2)吹脱工艺条件及操作方法

具体的吹脱工艺条件及操作方法是，自烷基苯装置送来的氨洗废水送入废水罐，再由废水罐进入吹脱塔，在吹脱罐内废水经过蒸汽直接加热，温度控制在95±5℃。吹脱罐蒸出的水，经过冷凝器进入苯水分离罐，再用泵打回烷基苯装置的湿苯罐。吹脱罐底排出的废水和进水经过换热之后，含苯废水pH值在6～9，苯<100mg/L，排入管网送入污水场。

(3)吹脱工艺处理效果

吹脱法处理烷基苯装置排放的含苯废水，如某厂使含苯废水量由70t/h降到6t/h，废水中的苯含量由2000～5000mg/L降到100mg/L，处理后的含苯废水可送污水处理厂进行生物处理。此外每年可回收苯300～400t，其产值达20余万元，经济效益显著。

注意问题：氨洗液吹脱箱体积不能过小，否则不易控制温度或沸腾液面容易造成苯中带水和废水中带苯，影响回收苯的质量和苯的回收率，且管线腐蚀较严重。

三、含有机氯废水的处理

在石油化工行业中，排放二氯丙烷废水的生产装置主要有氯醇法生产环氧丙烷和环氧乙烷、丙烯氯化法生产环氧氯丙烷、乙烯氧氯化法生产氯乙烯等装置。在以上装置生产过程中排放的有机废水除含有多种氯代烃类及其衍生物外，还含有其他污染物。目前国内生产环氧丙烷装置排放的废水，在各类有机氯废水中占有最大的比重。某化工厂年产8000t环氧丙烷生产装置排放废水的来源、组成、数量见表23-2。

表23-2　环氧丙烷装置废水的来源及组成

废水来源	排水量/(m^3/h)	水温/℃	废水组成及浓度/(mg/L)						
			丙二醇	二氯丙烷	$CaCl_2$	$Ca(OH)_2$	SS	pH	COD
皂化工程	75	106	800	20～100	30000～40000	5000～7000	5000～7000	11～12	1700～2000
蒸馏工程	3	常温	—	600～1300	—	—	—	—	8000～10000

此类废水一般采用闪蒸-增稠工艺进行预处理。闪蒸是利用废水余热使其中的二氯丙烷等有机氯化物随蒸出的二次蒸汽带走，而二次蒸汽则作为皂化反应工序的加热蒸汽之补充，从而达到去除有机氯化物的目的。

闪蒸工艺方法有两种：一种是直接利用废水中的潜热进行常压闪蒸，二氯丙烷去除率较低，一般只有40%左右。另一种是借助蒸汽喷射泵或真空泵，使废水在负压状态下进行，有机氯化物去除率80%。

四、含氟废水的处理

含氟废水主要来源于烷基化装置HF酸再生塔排出的含有重质烃类的废水，含氟气体湿法净化排出的废水及地面冲洗水。

含氟废水的处理方法很多，通常的方法可以分为两类：一类是化学沉淀法，投加化学药剂和凝聚剂使生成难溶的氟化物絮凝沉淀。另一类是吸附法，使废水中的氟离子在吸附材料接触时被吸附。

含氟废水处理主要采用的是石灰石和石灰－氯化钙法。

1. 石灰法

用石灰法处理含氟废水，主要是使钙离子与氟离子反应，将氟化氢或可溶性的含氟化合物转化为溶解度低的氟化钙沉淀析出，将氟去除。

其化学反应式如下：

$$CaO + 2H_2O = Ca(OH)_2 + H_2O$$

$$Ca(OH)_2 + 2HF = CaF_2 + 2H_2O$$

大多数含氟废水是酸性的，在采用石灰去除氟的同时使废水中的酸得到中和，有些含氟废水中还含有金属盐类，这些盐类与氢氧化钙作用生成沉淀而被去除，当含有硫酸、磷酸时，石灰去氟效果最佳。

氧化钙的理论消耗量在不考虑废水中其他物质的需要量时，去除1mg/L氟需要氧化钙1.47mg。但实际上仅按理论值投加，去氟效果较差。试验表明石灰投加量必须超过50%以上。当废水中除含氟以外，还有其他消耗石灰的物质时，需投加的石灰量更多。在确定石灰消化系统的能力时，还应考虑石灰的有效氧化钙含量。

投加石灰去氟，其效果随pH值增加而升高，pH值大于11时，去氟效果最佳。不同pH值的去氟效果见表23－3。石灰的投加量以pH值加以控制，虽然pH值不表示钙的浓度，但它是目前最简单实用的方法。

表23－3　不同pH值的去氟效果

废水含氟量/(mg/L)	石灰乳加入量		石灰加入后废水pH值	处理后废水剩余含氟量/(mg/L)
	g/L	过量/%		
18880	30.40	10	7.92	170
18880	33.12	20	8.22	155
18880	41.45	50	9.2	55
18880	55.20	100	>10	18
18880	69.00	150	>10	17

石灰法处理含氟废水流程如图23－9所示。

调节池是否设置及其容积大小应根据废水流量和水质变化情况确定。调节池容积一般可取3～5h的平均流量。反应池的设计，应保证废水与石灰乳在池内充分混合，并有一定的接触反应时间(一般为0.5～1.5h)。反应池中需有搅拌装置，与废水充分接触，防止产生沉

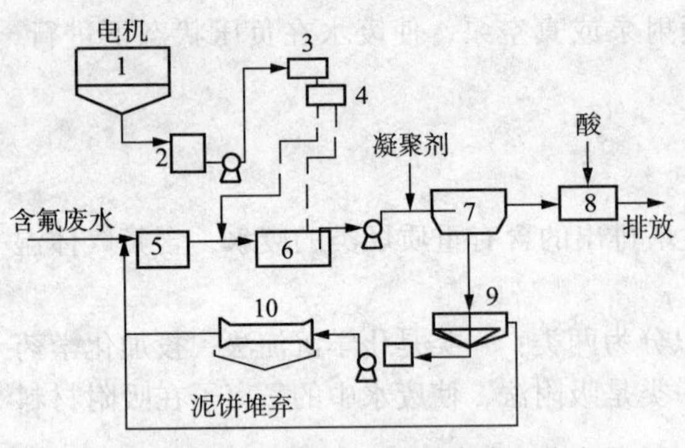

图 23－9　石灰法处理含氟废水工艺流程

淀。澄清池的作用是与石灰反应后生成氟化钙及泥渣，然后去除，去氟效果与沉降效率有很大的关系。去氟产生的泥渣颗粒极细，一般不易沉淀。试验表明，经 3h 静置沉淀，液面沉降深度仅 59%。还有资料提出，澄清时间在 24h 以上，才有可能使残余氟浓度接近理论溶解度。但是时间过长，从经济性上考虑很不合适，取得的效果并不明显。一般澄清时间可取 4h 左右。澄清的形式以泥渣接触型澄清池较佳。

在实际使用中，也有采用两个并联的中和槽（池）交替使用。即先在一槽（池）内充满含氟废水，同时加消石灰；当池满后把来水切入另一池。当关闭该槽（池）进水阀后，便开搅拌机；加消石灰直至 pH 值调节到 6～9 为止。澄清以后，打开出水阀，排出上清液。生成不溶于水的氯化钙沉淀在槽（池）底。可使用一个带有抽真空的槽车，将两槽（池）底的沉渣抽出进行利用或填埋。

反应池和中和池是产生有害烟雾的区域。为了防止有害气体污染周围环境，中和池应加盖封闭，池中废气经废水洗涤后得以排空。

石灰法的缺点是对高浓度含氟废水的处理效果不够理想，难以达到 10mg/L 以下。另一个缺点是排渣量大。还有处理周期长，给生产部门增加了负担。

2. 石灰－氯化钙法

石灰－氯化钙法是在石灰法的基础上发展起来的。为了提高石灰法的处理效率，人们尝试利用同离子效应的原理，向投加在石灰的水中投加了一种易溶的钙盐，由于离子浓度突然增大，使钙离子浓度与氟离子浓度的乘积大于溶液的溶度积，氟化钙的溶解度平衡和溶解度受到了影响，结果将有更多的氟化钙析出。根据理论计算，当氟化钙加入量为 0.1mol/L 时，氟化钙的溶解度降到 1.56mg/L（氟化钙在 18℃ 的理论溶解度，以氟计为 7.9mg/L）。试验表明，当石灰投加量为理论计算值的 0.77 倍，氟化钙的加入量为 0.05mol/L 以上时，含氟量可降到 10mg/L 以下。

石灰－氯化钙法的基本原理如下：

$$CaCl_2 + 2HF \longrightarrow 2HCl + CaF_2$$

$$CaCl_2 + 2H_2O = Ca(OH)_2 \downarrow + H_2O$$

$$2HCl + Ca(OH)_2 = CaCl_2 + 2H_2O$$

$$Ca(OH)_2 + 2HF = CaF_2 \downarrow + 2H_2O$$

在处理过程中加入石灰即可调节废水的 pH 值，又可以使 Ca^{2+} 得到相应的补充，通过同离子效应降低废水中的含氟量。

根据日本专利介绍的一种方法：先将废水中加入相当含氟浓度的易溶钙盐（氯化钙、硝酸钙等），pH 值控制在 2～7，然后再加入石灰使 pH 值达到 8～11，氟离子浓度也可降到 10mg/L 以下，如适当加入混凝剂效果更好。这类方法不仅减少了石灰的用量，也大大减少了化学污泥量，其流程见图 23－10。

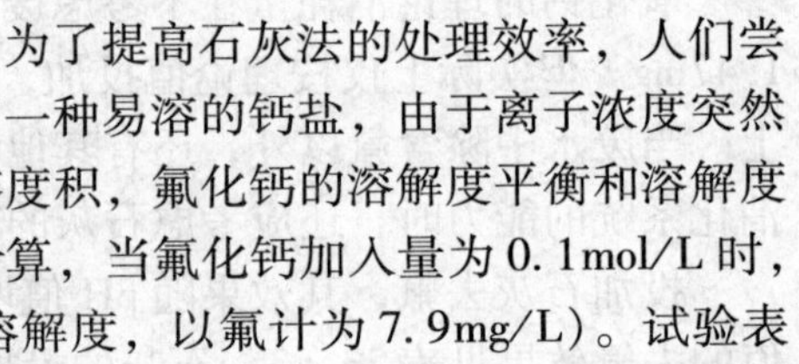

氯化钙　石灰乳　絮凝剂
含氟废水　处理池　澄清池　排放
渣　填埋

图 23－10　石灰－氯化钙法

五、含铅废水的处理

由于炼油厂的汽油采用四乙基铅的办法来提高汽油的辛烷值，而四乙基铅不但在汽油中溶解性好，同时也溶解于水，所以当调和汽油时，含有一定量的水分。加铅以后，从汽油罐脱出的水便是含铅废水，它占炼油厂含铅废水的90%左右。其他含铅废水还有汽油加铅泵房和加铅室的冲洗地面水等。

由于四乙基铅在汽油中的溶解性能比在水中的溶解性要好。通常用无铅汽油萃取水中的四乙基铅。设计采用的汽油和水的比例为1:1至3:1，萃取方式采用文氏管油水混合，低压油水沉降分离，根据废水中的含铅量可以采用与无铅汽油多级文氏管混合萃取沉降分离的方法。流程见图23-11。

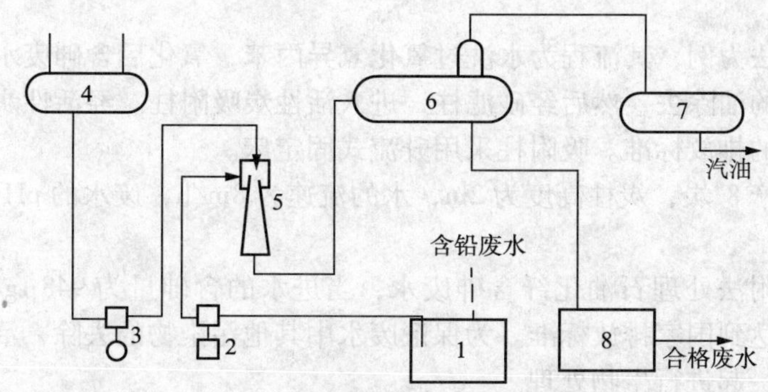

图23-11　含铅废水处理流程示意图

使用无铅汽油萃取后的废水，含铅量小于国家排放标准。例如大庆石油化工总厂炼油厂，萃取前废水含铅量在0.6~6.5mg/L。经一次混合萃取后，废水含铅量在0.14~0.3mg/L，去除率在50%~96.9%。汽油与水的比例为1:9。处理效果见表23-4。

表23-4　含铅废水处理效果

污水处理量/(m^3/h)	处理前含铅量/(mg/L)	处理后含铅量/(mg/L)	汽油与水混合萃取/次数	混合比 汽油：水	去除率/%
13.3	0.79	0.2	1	1:7	75
12.5	0.36	0.14	1	1:7	61
12.6	0.72	0.16	1	1:7	78
6.6	2.0	0.6	1	1:8	70
6.4	6.5	0.2	1	1:9	96.9

由上表可知，一个生产能力为500×10^4t/a炼油厂的加铅车间，含铅废水量很少，每天最大量为13m^3，而且废水中的含铅浓度低，一般小于1mg/L。由于废水中含铅量低，油水混合比由原来设计的3:1降到1:(4~9)，萃取次数也只一次。这样既节约了设备，又可减少汽油损失带来的污染，这是减少含铅废水和降低废水中铅浓度的一种好方法。为实现这一点，通常采取下列三种措施：①汽油各组分按需要比例调和以后，先脱水，然后再加四乙基铅液，做到汽油加铅以后尽量不脱水或少脱水。②做到精心操作，防止四乙基铅溅到罐外(桶外)和地面上，减少冲洗地面水并降低浓度。③加强机泵维护，防止机泵泄漏。

六、含砷废水的处理

采用石脑油或煤油等为原料(石脑油砷含量约为1000μg/g)生产高辛烷值汽油和化纤单体时，为防止催化剂中毒和延长催化剂的寿命，要求原料油中含砷量低于200μg/L，故需脱砷，严格控制原料油中砷含量。当采取过氧化氢异丙苯脱砷剂时，为使三价砷转化为水溶性的五价砷，用水洗脱砷，即产生含砷废水。以某石油化纤公司为例，每小时生产含砷(以砷计)为(700~800)μg/L的废水大约为40m^3。

含砷废水处理的方法很多，大体可分为化学法和物理法两种。化学法是通过加入沉淀剂使废水中溶解状态的砷转化为不溶解的砷化合物沉淀。物理法是在不改变水中砷化合物的化学结构情况下，从废水中去除。例如利用活性炭吸附除砷工艺在石油化纤工业中得到应用并取得了一定的效果。

以活性炭吸附法为例，其流程为水洗过氧化氢异丙苯，氧化后含砷废水首先进油水分离器，将含砷废水中的油除去，然后经砂滤柱，进入活性炭吸附柱。经活性炭吸附后的含砷废水可达到国家规定的排放标准。吸附柱采用升流式固定床。

活性炭选用国产8#炭，炭柱高度为2m，水的流速为8m/h，废水的pH值为6~9，吸附温度不超过30℃。

采用活性炭吸附法处理石油化纤含砷废水，当进水的含砷量为948μg/L时，吸附处理后的废水含砷量可达到国家排放标准。为保证废水中其他污染物的去除，活性炭处理后的含砷废水与其他废水一起进行生物处理。

由于活性炭对石油化纤废水中的砷化物吸附能量小，活性炭在热再生时还有部分损失，加之活性炭本身价格较贵，因此含砷废水处理成本较高。需开发廉价的吸附剂来代替活性炭。

其他含砷废水的处理方法在表23-5中已详细列出。

表23-5 含砷废水的处理方法

序号	处理方法	原理	控制条件	处理效果	优缺点
1	钙盐沉积法	—	1. $Ca(OH)_2$ 必须过量 2. pH值控制在11.5以上 3. 同时加入高分子絮凝剂效果更好	含砷量为37mg/L的废水，加石灰调pH值至12，沉淀分离。上清液用硫酸调节pH值至5.8~8.6，此时废水中含砷可在0.001mg/L，去除率可达99.9%	方法简单 1. 费用低廉 2. 处理无机砷效果明显 3. 石灰消耗量大 4. 产生大量的砷废渣难以处理 5. 处理后废水因pH值高，需酸中和后排放
2	铁盐沉积法	—	1. 一般反应时间为30min 2. pH值控制在6~9 3. 五价砷的铁砷比为5：1 4. 三价砷的铁砷比为10：1 5. 三价砷氧化为五价砷后，可降低消耗，提高处理效果	1. 在含砷200~300mg/L的废水中用铁盐沉淀铁砷比为2.4，经一级处理可达国家排放标准 2. 在含砷1000mg/L的废水中，采用一级石灰法、二级铁盐沉淀，铁砷比为4~5，出水也可达到国家排放标准	设备简单 1. 工艺可靠 2. 费用低 3. 是国内外去除砷的主要方法

续表

序号	处理方法	原理	控制条件	处理效果	优缺点
3	硫化物沉积法	—	1. 温度最好控制在 30℃ ~35℃ 2. 溶液 pH 值达 7 ~9 时停止通入 H_2S 3. 加入硫酸或盐酸控制 pH 值在 3 以下 4. 加入聚丙烯酰胺使沉淀加快	在含砷 8530mg/L 的废水中，加入硫氢化钠用量比理论稍多，反应 2 ~ 3h，沉淀分离后废水中含砷为 0.03mg/L，去除率为 99.9%	适于高浓度含砷量 1. 处理能力大 2. 成本低 3. 产生的沉淀可回收 4. 硫化物沉淀剂不要加入过多，否则会造成二次污染 5. 此法对三价砷的废水处理效果不太好
4	软锰矿沉淀法	—	1. 软锰矿的耗量为理论的 4 倍 2. 反应温度为 70℃ ~800℃ 3. 脱气时间为 1h 4. 氧化时间 3h 5. 沉淀时间 30 ~40min	含砷为 10mg/L 废水，经软锰矿沉淀后，含砷量可降到 0.05 mg/L	对含砷、含酸较高的废水采用此法比较经济可靠
5	浮选法	利用表面活性物质在气液交界处吸附砷的一种方法，在含砷废水中加入具有和它相反电荷的捕收剂，生成水溶性的络合物或不溶性沉淀物，使其附在气泡上，浮到水面作为浮渣进行回收	1. 一般选用氢氧化铁作絮凝剂 2. 用十三烷基硫酸钠作捕收剂	—	1. 处理量大 2. 渣量小 3. 净化深度高，适用性强 4. 占地面积少 5. 同时可处理多种金属离子
6	镁盐沉淀法	镁和砷生成砷酸镁等沉淀，在 pH 值高于 9 时还能产生氢氧化镁沉淀，对砷化物还有吸附作用，加入镁盐除砷是基于生成沉淀和吸附共沉淀的原理	用氢氧化钙调节 pH 值在 9 以上	在含砷 2490mg/L 的废水中，分批加入硝石灰和氯化镁沉淀分离后，滤液中含砷降到 0.03mg/L，去除率达 99% 以上	1. 沿海地区用海水作沉淀剂除砷最合适 2. 经济合理，工艺简单
7	离子交换法	1. OH 型的阳离子交换树脂可有效地从废水去除砷离子 2. 废水的 pH 值以中性最佳 3. 铁型和钼型阳离子可去除废水中的砷离子	1. 废水中五价砷的比例大于 90%，吸附速度为 10m/h，出水含砷为 0.025mg/L 2. 交换容量为 17.75mg 砷/mL 树脂 3. 再生速度为 5m/h 4. 再生效率 95% 以上	适用于处理量不大，含量较低，组成单纯，有较高回收价值的含砷废水	—

续表

序号	处理方法	原理	控制条件	处理效果	优缺点
8	反渗透法	1. 采用醋酸纤维素膜的反渗透装置 2. 含砷量在 5000～7000mg/L 废水 3. 操作压力 2.45 MPa 4. 透水速度为 5.7 ml/cm^2	出水含砷量 12.87mg/L，去除率为 97.9%	适用于废水处理量含砷量较低的废水	用硫酸调 pH 值到 5 可使膜上的沉淀溶解，反渗透膜再生
9	吸附法（镁粉）	1. 废水通过铁粉或氧化铁的吸附柱 2. 吸附柱内径为 50mm 3. 空速为 10mL/s	含砷 3mg/L 的废水，吸附后可降到 0.5mg/L	适用于热含砷废水的处理	常用的吸附剂有：活性炭、磺化炭、木炭、焦炭、泥煤、膨润土、高岭土、硅藻土、矿渣、炉渣、锯木等

七、含酸碱废水的处理

含酸碱废水主要来源于炼油厂、石油化工厂的洗涤水、成品油罐的切水、锅炉水处理排水、化学药剂设施及酸碱泵房的排水。

对于高浓度（含酸 4% 以上或含碱 2% 以上）的酸碱废水首先考虑回收利用。对于低浓度的酸碱废水一般采用中和法处理。

1. 低浓度含酸废水常用治理方法

低浓度含酸废水常用治理方法的适用条件、优缺点详见表 23－6。

表 23－6　酸性废水处理方法比较

处理方法	适用条件	主要优点	主要缺点
酸碱废水互相中和	1. 各种酸性废水 2. 废水中酸碱浓度基本一致，中和后能使 pH 值为 6.5～8.5	1. 节省中和药剂 2. 设备简单 3. 管理简单	1. 废水流量及浓度波动较大，处理效果难以保证 2. 废水变化情况不易掌握时，需设置调节池或投加中和剂补充处理
加药中和	1. 各种酸性废水 2. 酸性废水中和重金属与杂质较多的废水	1. 适应性强，对含杂质的废水可免去预处理 2. 含有重金属盐的废水经处理后，可将金属离子沉淀下来 3. 处理后出水可达排放标准	1. 管理有难度 2. 当投加石灰或电石渣时污泥量大 3. 处理费用高
普通过滤中和	适用于较洁净的单纯含盐酸、硝酸、硫酸的废水，不含有大量悬浮物和油及重金属盐	1. 设备简单，劳动强度低 2. 水量和浓度变化在不超过允许的范围内时，不需调整加料 3. 污泥量少	1. 对进入滤池的废水含酸浓度有限制 2. 对含油脂及大量悬浮物的废水需经预处理后才能进入滤池 3. 废水浓度增高时，处理设备不能超过负荷运行

(1)综合利用

尽量利用含酸废水生产出有用的产品。例如利用氯化铝废水生产氯化铵产品。利用含硫酸废水，生产硫酸亚铁或氧化铁红。

(2)互相中和

对含酸废水和含碱废水可以采取相互中和的方法进行处理。

(3)加药中和

对于含酸废水可以采取投加碱性物料的方法进行中和处理。一般采用的碱性物料有石灰、电渣石、白云石、大理石、碳酸钠、烧碱等。

石灰投加的方法分为干法和湿法两种。干法系将石灰粉直接投入废水中，此法虽简单，一般不采用，通常采用湿法投加，应添加搅拌设备。投药量大时，可设置单独投药装置，一般由溶液直接用管道投药，如果条件允许应设置自动酸度计，即将调节阀安在投药管上进行控制，以确保处理效果和提高自动管理水平。

含酸废水的处理应设调节池，以便均衡中和。中和反应槽设有机械搅拌，才能使反应完全。由于空气中的 CO_2 与 CaO 生成 $CaCO_3$ 沉淀，易发生堵塞，故不宜采用压缩空气搅拌。废水中含有重金属盐类或其他有害物质时，应根据情况除盐解毒。

石灰中和应根据需要采用一次中和或多次中和，其工艺流程见图 23－12。

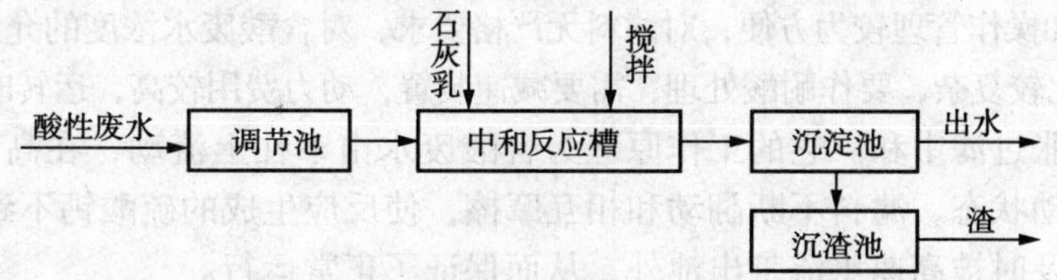

图 23－12 石灰中和酸性废水工艺流程

石灰中和酸性废水的设计数据：①石灰溶液制成 5% ~10% 乳液投加；②混合反应时间，一般采用 2 ~ 4min；③沉淀时间，一般采用 1 ~ 2h；④污泥体积为处理废水体积的 10% ~25%，污泥含水率一般为 90% ~95%；⑤石灰要有储存量。

碱性物料总耗量计算公式如下：

$$N_2 = N_S AK/a \times 100$$

式中 N_2——碱性物料总耗量，kg/h；

N_S——废水中的酸含量，kg/h；

A——药剂比消耗量；

a——碱性物料的纯度；

K——反应不均匀系数；一般采用 1.1 ~ 1.2，若以干粉或石灰浆由于反应不完全，可用 1.4 ~ 1.5，药剂比消耗量见表 23－7。

(4)过滤中和

一般适于低浓度的少量的含酸废水，对含有大量的悬浮物、油、重金属盐类和其他有毒物质的酸性废水，不宜采用。中和滤料有石灰石、白云石、大理石。

在处理流程上可分为普通过滤中和、滚筒过滤中和、升流式膨胀过滤中和与变滤速中和四种。

①普通过滤中和。它应用于含盐酸和硝酸的废水，因石灰石与盐酸、硝酸中和后生成的盐类为可溶性盐类，而含硫酸废水过滤中和产生的硫酸钙覆盖于滤料表面，阻碍中和反应继

续进行，所以不宜采用。

②滚筒过滤中和。将石灰投入不断旋转的卧式滚筒中，含酸废水流经筒内进行中和反应，经处理后的废水由筒体另一端排出，滚筒出水端设有穿孔滤板。含酸废水处理能力取决于滚筒的直径、长度和转速，酸性水的浓度，石灰石的成分等因素。

表 23－7　药剂比消耗量

酸	中和 1g 酸所需碱的质量/g					
	CaO	$Ca(OH)_2$	NaOH	NaCO	MgO_3	$CaCO_3$
H_2SO_4	0.56	0.755	0.866	1.08	0.40	1.02
HNO_3	0.445	0.59	0.635	0.84	0.33	0.795
HCl	0.77	1.01	1.10	1.45	1.11	1.37
CH_3COOH	0.466	0.616	0.666	0.88	0.66	0.83
CO_2	1.27	1.68	1.82	2.41	—	2.27
$FeSO_4$	0.37	0.49	0.526	0.70	—	0.658
$FeCl_2$	0.45	0.58	—	—	—	—
$CuSO_4$	0.352	0.465	0.251	0.667	—	0.628

滚筒过滤中和操作管理较为方便，对滤料无严格要求，对含酸废水浓度的允许值较高。主要缺点为滚筒结构比较复杂，要作耐酸处理，需要减速装置，动力费用较高，运转时，声响较大。

③升流式膨胀过滤中和。它的工作原理为含酸废水由下往上流动，在高流速的作用下，滤料浮起处于运动状态，滤料不断翻动和相互摩擦，使反应生成的硫酸钙不致在滤料表面上形成保护膜，而及时被高速水流带出池外，从而保证了正常运行。

其优点是容易操作管理，出水水质稳定、设备简单、不影响环境卫生沉渣。缺点是进水硫酸浓度受到限制。

④变滤速中和－曝气塔。此塔处理含酸废水浓度不宜大于 1.5～15t/h，进水含硫酸浓度不大于 3000mg/L，滤速大于 150m/h。占地面积小，设备价格相对便宜，出水符合国家排放标准，处理流程见图 23－13。

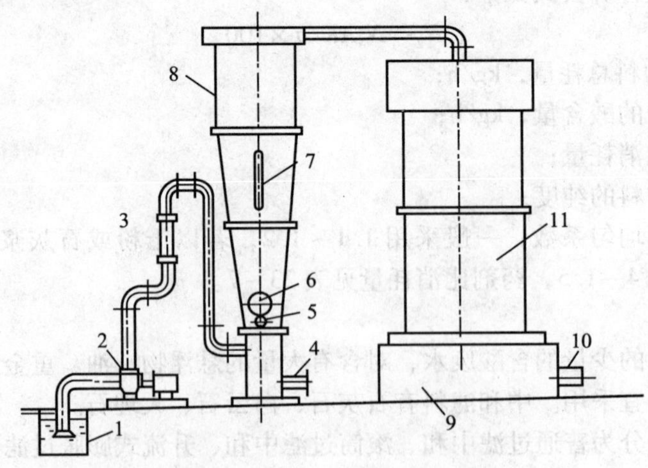

图 23－13　变滤速中和－曝气塔

1—调节池；2—耐酸泵；3—流量计；4—排污口；5—自动排砂孔；6—人工排砂孔；7—试镜；8—中和塔；9—集水池；10—排放口；11—曝气塔

2. 高浓度含酸废水

含酸废水中除含酸外，还含有复杂的有机、无机杂质，可采用不同的方法进行处理，要求资源再利用。首先废酸能够利用或循环使用，同时要考虑经济、材料消耗等方面的问题，使治理技术不断改进提高。

治理方法有：塔式浓缩法、鼓泡浓缩法、浸没燃烧法、真空浓缩法。

(1)塔式浓缩法

是一套处理70%～80%废硫酸的方法。外部用大锅加热，使锅内硫酸沸腾，经汽提塔排出，硫酸浓度得到提高。

此装置工艺成熟，但热效率低，生产能力小，设备腐蚀严重，浓缩锅寿命短，造成检修周期短、费用高。特别是废酸中有机物、残留硝酸及硫酸蒸气均随水流排出，造成二次污染。某厂曾采用的塔式浓缩法将汽提塔移出锅顶之外，浓缩锅增加搅拌，再增加一个洗涤塔，经这样改革后浓缩锅不再有酸渣沉淀，因此不容易烧坏，而废酸中的有机物从洗涤塔可以得到部分回收。浓缩冷却充分，能源利用合理。

(2)鼓泡浓缩法

鼓泡浓缩是一种把燃烧炉气直接引入废酸中进行传质换热，使废酸蒸发浓缩的装置。可将大于60%的废硫酸浓缩到93%。日处理量可达100～300t。

这套工艺基本可行，热利用率较高，主要问题在于排放尾气的酸雾量大，超出国家排放标准。在国外采用丝网过滤器，排放的SO_2低于国家排放标准。

(3)浸没燃烧法

浸没燃烧又称液下燃烧，它是一种将燃料气和空气直接引入废酸中，在液面下进行燃烧换热，使废酸蒸发得到浓缩的装置。

浸没燃烧浓缩装置的优点在于设备简单紧凑，含杂质多的废酸也不影响其浓缩操作和热效率，日处理量大，国外已实现工业化。其缺点为有机物在浓缩过程中得不到净化处理，产生二次污染。

(4)真空浓缩法

真空蒸发浓缩工艺有间断的、连续的；有单段、多段；有单效、多效；为提高热效率，中间增加蒸汽压缩机等多种多样的工艺过程，可将30%硫酸浓缩到93%以上。

此工艺设备布置紧凑、占地面积小，温度、压力、液位、真空度等工艺条件均可实现自动控制，它的特点是：能耗低、产量大、综合利用效果好、无二次污染，是一种先进的方法。

3. 含碱废水的处理

含碱废水一般采用中和法处理，可用废酸中和、加酸中和或烟道气中和。含碱废水常见的几种中和处理方法比较见表23－8。

表23－8 含碱废水处理方法比较

处理方法	适用条件	主要优点	主要缺点
酸碱废水互相中和	废水中酸碱浓度基于平衡	节省中和剂、设备少，管理简单	废水的数量与浓度波动较大时，效果难以保证，补充中和剂
加酸中和	常需工业硫酸、盐酸、硝酸	当中和药剂为副产品时，比较经济	当中和剂为工业产品时，则不经济

续表

处理方法	适用条件	主要优点	主要缺点
烟道气中和	1. 要求有大量能满足处理的烟气，同时在处理过程中，烟气不能间断 2. 当碱性废水有间断性时，要求有备用水作除尘的有效措施	1. 既能除尘又能降低废水中碱度 2. 可节省大量除尘用水，改善周围环境	废水经烟道中和后，废水中的硫化物耗氧量、色度、水的温度均有所提高

4. 含酸碱废水处理实例

(1)化工酸碱污水处理实例之一

①污水来源：染料厂和电石厂排出的酸碱污水。

②设计水量水质：化工酸碱污水量48000m³/d。水质：COD800mg/L，pH 2.4，Ca^{2+} 160 mg/L。

③处理流程及说明：其处理流程见图23－14。

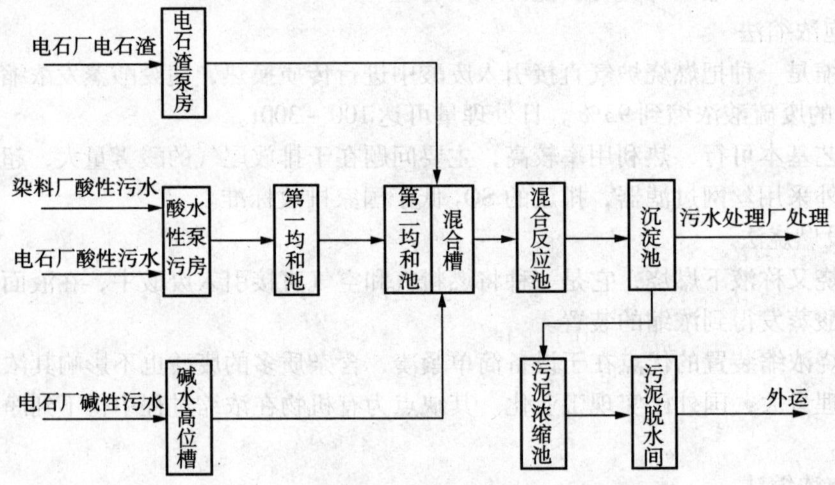

图23－14　处理流程

来自染料厂和电石厂的酸性污水用泵提升送入第一均化池、第二均化池，以稳定混合反应池前污水的pH值，保证中和反应较好地运行。第二均化池末端设有混合槽，用泵送来的电石厂碱性污水在此与酸性污水混合，共同进入混合反应池。混合反应池由曲径混合槽和四格分别设有机械搅拌器的反应槽组成，在曲径混合槽中段和反应槽的第三格分别设有电石渣调节阀。前者按来水不同的pH值调节电石渣加量，后者按反应后污水的pH值补加电石渣调节pH值。混合反应池出水排入斜板沉淀池沉淀，沉淀池出水用管道输送至污水处理厂进一步处理。

沉淀泥渣进入辐流式浓缩池浓缩，浓缩后污泥由刮泥机收集，排入离心脱水机房脱水后外运。

④处理效果：COD 710mg/L，pH 6.5～8.5，Ca^{2+} 800mg/L。

⑤设计特点及经验教训：

a. 该流程为综合污水处理厂酸碱污水预处理，处理后污水为中性或微碱性，这样大大简化了输水管道工程。b. 工程所用水泵为自制玻璃钢耐腐蚀污水泵，处理构筑物为花岗岩砌筑，环氧酚醛胶泥勾缝，环氧玻璃钢做面层。c. 小试时酸性污水在均化池中无沉淀物，设计未考虑均化池排泥设施。实际生产时第一均化池内大量积泥。d. 离心机用于污泥脱水，泥饼含水率很低，但滤液含泥率高达3.5%～5%，污泥处理收率只有25%～30%。e. 其他：工程概算652.6万元，占地面积1.66hm^2，处理成本小于0.15元/m^3污水。

(2)化工酸碱污水处理实例之二

①污水来源：某化工厂主要产品有烧碱、盐酸、聚氯乙烯等基本化工原料。生产过程中排出含酸及含碱污水。碱性污水来自电解工段，主要是电解槽清洗，以及检修过程中产生的冲洗水。酸性污水来自盐酸合成工段，主要是检修、泄漏以及HCl尾气吸收产生的酸性污水。

此外，该厂软水站用阴阳离子交换床进行水的软化处理，离子交换床再生时产生酸碱废水，约50～60m^3/d，这部分污水不与其他污水混合，单独进行中和处理后排入市政管网。

②设计水量水质：该厂1963年建成酸碱污水处理装置，经1987年、1993年改建后，设计处理能力达500m^3/h。近年来，由于生产工艺的改造、管理的加强，污水排放量减少，目前实际运行的处理水量为150m^3/h。污水水质参见表23－9。

表23－9　污水水质

污水名称	主要成分	pH	污水量/(m^3/h)
酸性污水	HCl	1～3	90
碱性污水	$Ca(OH)_2$	14	60

③处理流程及说明：处理流程见图23－15。由于酸性污水的水质、水量变化较大，需用调节池调节，以稳定水质、水量。酸性污水和碱性污水在调节池中混合后流出，调节池起到了稳定水质、水量和初步中和的双重作用。由于初步中和的污水中总的含酸量大于含碱量，调节池出水偏酸性，在中和滤池中与石灰石滤料进一步中和后，经沉淀再进入吹脱池，吹脱水中的CO_2，以进一步提高污水的pH值。吹脱池出口有pH值自动连续测定装置。如果污水的pH值小于6，则启动加碱装置加碱。如果上述处理方式仍不能使出水pH值达标，污水即重新返回调节池再次进行处理。

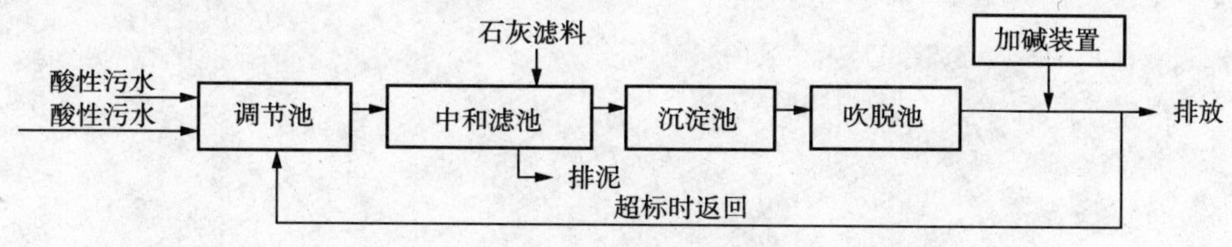

图23－15　处理流程

④主要构筑物尺寸：主要构筑物尺寸参见表23－10。

表23－10　主要构筑物尺寸

序号	设备名称	规格/m	容积或高度	数量/座
1	调节池	36 × 125 × 5	2250m^3	1
2	中和滤池	$D=2.5$	4.5m	8
3	沉淀池	25.2 ×5 × 6.25	790m^3	2
4	吹脱池	10 × 5 × 4.2	210m^3	4

⑤处理效果：调节池出水的 pH 为≈5。中和滤池出水的 pH 为 5.8～6。吹脱池出水 pH >6。

由于处理后的出水系通过市政管网送到城市污水厂处理，故不对出水的 COD_{Cr} 进行经常检测，经数次抽查，排放水中 COD_{Cr} < 200mg/L，符合有关规定。

⑥工艺特点及经验教训：a. 工艺特点：中和滤池：中和滤池为地下式，结构很简单，中和时间短，混合均匀，管理费用低。水质控制：该流程为酸性污水与碱性污水相互中和的装置，处理后出水呈微酸性或中性。设计在处理系统后端设置了自动检测装置、自动控制加碱装置和返回处理装置，保证出水水质达标。吹脱 CO_2：沉淀池出水进行 CO_2 吹脱，对进一步提高 pH 值作用明显。

b. 经验教训：酸性污水来自若干生产工序，水量和浓度变化均较大，影响调节池出水水质稳定。所有输送碱液的管道和设备，因碱性过大，常年运行后，结垢严重，清垢很困难。

⑦其他：1993 年改建投资 1200 万元，目前处理成本约 1.1 元/m^3 污水。

第二十四章　石化工业中水回用技术及工程实例

第一节　污水回用概述

人口的迅猛增加和工业的高速发展，导致水资源短缺日益加剧。20世纪世界人口激增，淡水消耗量增加，使20世纪末的人均占有水量仅是20世纪初的1/18。目前约有1/3的世界人口面临供水紧张的威胁。若按目前这种趋势发展，30年后世界将有2/3的人口处在供水紧张的环境中，15亿人缺少饮用水。50年后缺少饮用水的人口将达到20亿。这些问题已引起世界有关人士的高度重视，1972年联合国第一次环发大会指出"石油危机之后，下一个危机便是水"。

我国水资源短缺与其他国家相比更加突出。据联合国调查资料，我国人均水资源量仅是世界人均占有量的1/4，是世界上13个主要缺水国之一，也是公认的"贫水国"。我国水利专家预测，2020年我国将缺水300多亿立方米。水不仅影响工业的发展，而且严重影响人民的生活质量和社会的安定，炼化企业供水不足问题日趋严重。除长江沿岸企业供水情况较好外，其他地区企业均存在不同程度的供水不足现象，特别是"三北"地区和沿海地区，正面临严重供水不足问题。

在水资源短缺的同时水体污染严重。全世界每年排放工业废水约$4260 \times 10^8\ m^3$，使可供人类使用总量1/3的淡水受到污染。世界卫生组织统计，每年至少有1500万人死于水污染引起的疾病。我国环境污染日益严重已成为不争的事实，2004年全国废水排放量达482.4亿m^3，造成全国700余条大中河流中的近1/2受到污染，其中70余条河水因污染严重而失去使用价值。78%的城市河段不宜做为饮用水源，50%的城市地下水已受到污染。可以说水体污染已到了触目惊心、非治理不可的程度。水资源的短缺严重制约了国民经济的发展和人民生活水平的提高。为了保证经济的快速发展对水的需求，必须做到节流、治污、开源并举，而污水资源化是开源的措施之一。世界各国纷纷开展了污水回用的研究与实践，尤其像美国和日本这样的发达国家和以色列这样水资源缺乏的国家。我国的污水回用起步较晚，除北京高碑店、天津纪庄子、大连等大型的污水回用示范工程外，污水回用的研究与实践已经在城市污水回用、大型工业企业里(如炼油企业)逐步开展，已取得了一定的社会效益和环境效益。

石化行业是耗水和污水排放大户。据资料介绍，石化行业的新鲜水用量占全国工业用水总量的2.87%；废水排放量占全国生产和生活废水排放量的2.34%，在全国工业废水排放量中所占的比例高达3.85%。目前我国石化行业的水资源利用虽然做了一部分工作，但整体水平与国际先进水平相比还存在着相当大的差距，国内石化企业在水资源利用、管理和技术水平均存在不足，从另一方面也说明石化企业水资源利用有较大的改进、提高和发展的空间。因此石化企业的节约用水、搞好污水处理、提高水的重复利用率和降低用水量，对所在地区的经济发展乃至国民经济可持续发展都是至关重要的。

一、国内外污水回用情况

1. 美国污水回用现状

美国是世界上采用污水再生利用最早的国家之一，20 世纪 70 年代初开始大规模污水处理厂建设，随后开始回用污水。目前，有 357 个城市回用污水，再生回用点 536 个。全国城市污水回用总量约为 $9.4\times10^9\ m^3/a$，其中包括：溉灌用水、景观用水、工艺用水、工业冷却水、锅炉补水以及回灌地下水和娱乐养鱼等多种用途；其中灌溉用水 $5.8\times10^9\ m^3/a$，占总用量的 60%；工业用水占总用量的 30%，城市生活等其他方面的回用水量不足 10%。美国污水回用实例较多，如城市污水回用的先驱之一——佛罗里达州的圣彼得斯堡，1978 年开始将再生水回用于生活杂用水，目前已能够向 7000 多户家庭提供再生水；伯利恒钢铁厂每天将 $76\times10^4\ m^3$ 污水回用于工业生产和工艺冷却水；圣迭戈市每天有 $18.5\times10^4\ m^3$ 再生水作为饮用水；美国最大的核电站——派洛浮第核电站，将生物膜法处理后的出水经电站深度处理后作为冷却水使用，水的循环次数达 15 次。西南地区的几个主要发电厂，包括核电厂在内普遍使用处理后的城市污水作为冷却水，如拉斯维加斯的科拉拉电厂和森路士电厂，都使用 1981 年投产、处理规模为 $24\times10^4\ m^3/d$ 的拉斯维加斯市污水厂的外排污水作冷却水系统的补水，美国亚利桑那州帕洛弗迪核电站污水回用冷却水，水量达 $1.2\times10^8\sim1.7\times10^8\ m^3/a$，还有洛杉矶市长滩地区的电厂，也使用城市外排污水作循环水的补水；位于加利福尼亚州的橘县水管理区的 21 世纪水厂，1965 年就开始研究将深度处理后的污水回灌地下，1972 年兴建工程，1976 年投入运行。

美国及其各州通过法规等措施促进再生水的回用，建立各种用途的水回用标准。1994 年，加利福尼亚州水法典规定，当再生水可以获得并且满足各类用途的适当的水质，提供给用户的价格合理，不给公众健康造成危害，不使下游水质恶化，不对植物、鱼类和野生动物造成危害时，不能用生活饮用水来满足非饮用水(包括墓地灌溉、高尔夫球场灌溉、高速路观景区、工业等)的用途。也就是说在可以得到适当的再生水并且满足以上条件的情况下，任何个人及公众团体将不能用任何来源的适合于饮用的生活水用于非饮用的用途。法典允许再生水用于住宅区的景观灌溉、工业冷却水应用、非住宅区的厕所冲洗。佛罗里达州环境法规部建立了强制性的水回用计划，要求使用城市污水处理设施中的再生水，除非这种回用不经济、技术上不可行或不符合环保要求。

1992 年，美国环境保护署(USEPA)与国际发展署联合，发布了“水回用指南”，指南规定了各种类型的应用的水质标准，主要是灌溉和补充地下水，给没有水回用标准或标准正处于修订中的各州提供了指导。

2. 日本的污水回用现状

日本早在 1962 年已开始污水回用技术的开发和应用，20 世纪 70 年代已经初见规模。随着回用技术的不断发展，再生水成本不断下降，水质不断提高，逐渐成为缓解水资源短缺的主要手段，表 24-1 是日本水资源利用情况。

1990 年日本已经建成 1369 座“中水”工程，如东京江东区污水回用总量 $13\times10^4\ m^3/d$，城北区 $24\times10^4\ m^3/d$，它们中的 80% 回用于工业水，赖户内海地区污水回用量已经达到该地区用淡水总量的 2/3，取新水量仅为淡水用量的 1/3，大大缓解了该地区水资源严重短缺的矛盾。1997 年，163 个公有水处理厂(POTWs)为 192 个使用区提供再生水及回用水。此外，1475 个单个建筑及街区水再生及回用系统为商业性建筑及公寓提供厕所冲洗水及景观用水。日本目前的水回用现状见表 24－2。

表 24－1 日本 1965～1995 年间水资源开发利用概况 $10^6\ m^3/d$

时间	1965 年	1975 年	1985 年	1995 年
淡水使用总量	49.1	131.6	137.3	148.1
淡水提取总量	31.3	40.5	24.9	22.6
回收利用总量	17.4	81.4	102.4	114.3
回收利用率/%	24.2	64.9	74.5	77.2

表 24－2 日本水回用现状

应用目的和动机	目的和动机	POTWs 数量及现场处理设施	年使用量/$10^6 m^3$
厕所冲洗水	保持和减少废水排放	36	3.0
来自 POTWs	建设用地扩充能力	1475	71
环境用水	径流需要，城市舒适用水，宣传 POTWs	55	63.9
农业灌溉	可靠的水供应	16	15.9
融雪	街道和道路的清洁	24	15.3
工业用水	可靠的低价水供应	6	12.6
清洁用水	可靠的低价水供应	49	11.2
冷却用水	低价水供应，环保	20	4.8
稀释用水	粪便处理	13	4.1
植树	可靠的低价水供应	90	0.5
其他	如建设场灰尘控制等	47	3.6
小计	POTWs	192	135
	现场	1475	71
总计		1667	206

由表 24－2 可以看出，再生水的年使用量为 $206\times10^6\ m^3$（国家土地署，1998 年）。可以看出，与许多其他国家农业灌溉占水回用的绝对优势量相比，日本主要用于城市非饮用水的用途。另外，增加河流流量、满足城市环保新趋势的“恢复水娱乐性”需求，需要大量的再生水。因此，在用水量大、价格高的城市，再生水被看成可靠的“新水源”。

日本的水回用主要定位于城市再利用，大多数其他国家的水回用主要用于灌溉，如加利福尼亚州 68% 的再生水用于农业和景观灌溉，而日本则仅为 16%。再生水被市政府当作安全、可靠、可以接受的“新”水源，用于厕所冲洗、增加河流流量、城市美化用水等，水回用系统从附带的、零散的水回用到高度管理的水回用系统及体系。

单个建筑的废水再生及回用主要指大型办公楼及公寓楼的废水经现场废水处理厂处理后就地用于这些建筑的厕所冲洗。几个建筑物连在一起形成的街区废水处理设施产生的再生水经街区分布管线返回到这些建筑物中用于厕所冲洗，典型的废水处理组合工艺是膜分离、活性污泥工艺（膜生物反应器）和消毒。出水在回用之前经三级处理或先进的废水处理工艺处理。再生水主要用于厕所冲洗、环境用水，另外还有灌溉、融雪等用途。这一类型的大规模水回用正在东京都、福冈、名古屋等城市中逐渐增多，其他大规模系统已在千叶县、滨松市、神户市建设。

开放式再循环系统先将再生水用于工业、农业、美化环境、融雪设施等。使用后的水不再返回 POTWs，而是排放到环境中，日本有数百个这样的设施。

回用水还用于增加河流流量。在这种水回用体系中，用泵将再生水从 POTWs 抽到河流引入点，以满足增加流量的需求，因为上游过度抽水，使河流流量显著减少。这些水回用实例包括东京都和崎玉县交界的 Ara River、福冈县的 Naka River 和 Mikasa River、兵库县和大阪府的 Ina River，主要涉及城市废水的回用。此外，工业水再循环在日本广泛采用，其中室内水再循环比例达到 90%。

日本回用于环境的水有如下特点：再生水处理由三级处理组成，有化学絮凝、颗粒介质过滤，通常还有臭氧氧化以去除色度和异味；再生水通常从 POTWs 到排放点的运输距离较短；和大规模厕所冲洗比较，不需要复杂的管道；运行和管理费用低廉。此外，与水族公园和水花园距离较近，使用回用水较饮用水节省费用。

除日本、美国外，俄罗斯、西欧各国、以色列、南非和纳米比亚等的污水回用事业也很普遍。莫斯科市东南区 36 家工厂用污水总量达 $5.5\times10^5 m^3/d$；南非和纳米比亚等国甚至建起饮用水再生制造厂。南非的约翰内斯堡每天有 $0.94\times10^5 m^3$ 饮用水来自再生工厂；纳米比亚于 1968 年建起了世界上第一个再生饮用水工厂，日产水 $6200m^3$，水质达到世界卫生组织和美国环保局公布的标准。

由于用水量的猛增，2001 年后韩国出现水供应不能满足需求的状况，韩国政府推荐对污水处理设施和办公楼的出水进行处理后回用。

3. 我国污水回用情况

我国早在 20 世纪 50 年代开始采用污水灌溉农田，20 世纪 80 年代开始将污水深度处理后回用于生活和工业，首先尝试的是大楼污水的再利用。20 世纪 80 年代末，随着我国大部分城市水危机的频繁出现，促进了污水回用技术的研究和开发。

目前，污水回用主要有两种方式：一是“中水”回用，二是集中处理后回用。办公楼、宾馆、饭店和生活小区等较为集中排放的污水就地净化后得到“中水”，回用于冲厕、洗车、消防、绿地等杂用水，如 1982 年青岛市将“中水”作为市政及其他杂用水，缓解了淡水供求矛盾。集中处理回用是将二级处理出水经深度处理后再供给工业生产和城市生活作低质用水。如大连春柳污水处理厂将二级处理污水进行深度处理后回用于煤气厂代替新水，这是我国最早进行的示范工程。其后北京、天津等城市也建起了相应的示范工程。

由于石化企业是用水大户，所以多年来许多炼油厂开始了污水回用研究与应用工作。我国炼油污水处理及回用的试验与应用已有近 30 年的历史。20 世纪七八十年代以来，东方红炼油厂、长岭炼油厂、大连红星化工厂、天津石化等先后将经过处理的外排水直接回用于循环冷却水系统，由于回用水的腐蚀性、微生物、NH_3-N、COD、BOD 过高等原因，效果并不理想。20 世纪 90 年代以来，世界范围的缺水危机以及巨大的回用水处理市场促进了污水回用研究和应用的快速发展，炼化污水深度处理及回用的研究不断深入，使长期存在的问题逐渐得到解决。

二、炼化污水回用途径

所谓污水回用是指污水直接用于生产或生活，并能满足对水质要求的过程。经过适当处理后的污水可以用于农田灌溉、工业生产和城市绿化等方面。污水回用农业的优势在于农业是用水大户，需要水量大，且对综合水质要求较低，经过处理的城市污水水质一般能够满足要求。但农业用水的季节性较强，离城市和大型企业较远，对污水中有害有毒物质要求较高，工业企业的外排污水一般满足不了对水质的要求。

污水回用工业企业的优势在于工业企业对水的需求量大而稳定，大型石油化工企业的各用途耗水占总取水量的比例大致为：化学水约50%，循环冷却水约35%，工艺与其他约15%。化学水耗水量大，对水质要求高。如果使用城市污水或工业污水作化学水水源，需要用于建设污水深度处理设施的大量投资，运行费用明显高于现阶段的新水费用，虽在技术上可行，但在经济上难以实现；循环水冷却水系统耗水量也很大，对水质要求较低，经过处理的城市污水水质一般能够满足工业企业循环冷却水的要求；但城市污水源一般离工业企业较远，需要建设输水工程，投资较大。工业企业自身产生的外排污水最大可以满足企业总水耗的50%，污水源一般距离用水单位较近，用于输水工程建设的投资较小。但工业污水的水质一般较城市污水水质差，多数炼油企业的外排污水需要做进一步处理，水质才能满足循环冷却水的要求。

污水回用城市绿化，一般城市污水经过处理后的水质可以满足要求。但绿化用水量较小，用水点分散，需要铺设输水管网。另外对污水的味道要求较高，不能污染绿化区域的环境。

炼化污水的回用一般要经过深度处理(即三级处理)来除去二级处理(生化处理)所不能除去的污染物(有机物及胶状固体、可溶的无机矿物质氮磷等)和COD、BOD、颜色、味道、气味等。

炼化污水回用主要有三种途径，一是作循环水补充水源，二是作工业用水水源，三是作锅炉用水产生蒸汽。比较而言，现阶段污水回用工业企业的循环水系统最可行。

污水回用工业循环冷却水涉及三个主要的问题：首先是什么样的水质可以回用于冷却水系统，即回用污水水质的标准问题；其次是怎样使污水水质达到标准，即污水深度处理问题；再其次是达标污水如何使用，即水质稳定问题。

回用污水水质标准越低，外排污水深度处理越容易，但污水回用后冷却水处理越难；反之，回用污水水质标准越高，外排污水深度处理越难，污水回用后冷却水处理越容易。因而存在最佳回用污水水质。美国、日本的不同单位提出的回用污水水质标准分别见表24-3、表24-4。从表24-3、表24-4可以看出，回用污水都是城市污水，没有工业污水回用标准。虽然不同国家和不同地区对回用于冷却水的污水水质要求不同，但对污水水质都有要求，不是所有的污水都能回用于循环冷却水，其中对BOD的要求较高，最高值不超过30mg/L；悬浮物最高不超过38mg/L；氯化物最高不超过652mg/L；对硫化物未提出明确要求。

我国污水回用单位根据各自研究和实际经验，提出了我们的回用污水水质标准。为使炼化污水经深度处理后满足循环水补水要求，针对回用污水水质特点开发出了一系列冷却水处理技术。中国石化科学研究院开发的RP系列阻垢缓蚀剂、杀菌剂工艺处理南方沿海某炼厂外排污水回用循环水系统的现场监测结果为：平均腐蚀速率0.053mm/a，黏附速率8.62mg/(cm^2·月)，能满足生产装置对水处理效果的要求，同时为企业创造经济效益84万元。南京化工学院应用化学系刘正宝等研究了一种钼系复合型阻垢缓蚀剂，试验结果表明，缓蚀阻垢性能好、用量低，与其他重金属缓蚀剂相比，对环境污染小。我国研究人员做了大量研究，研制的ZFS-O_3含有机磷的碱性锌配方，用于中原油田炼油厂循环水系统，监测腐蚀率、结垢率均达到行业标准要求，找到了一种适用于高碱度、高硬度的水处理配方，通过控制一定的工艺能达到较好的水处理效果。另外，还提出一种全有机碱性循环水处理配方，配方中不含无机磷、金属离子等，具有优异的阻垢缓蚀性能。四川大学化学学院还研制了一种季铵化腐殖酸，这种化合物兼具良好的缓蚀性能和阻垢性能。

表 24－3　美国和日本城市污水回用冷却水的水质标准

项　目	美国推荐	AWWA	布班刻城	科罗拉多城	东京	名古屋
pH 值	5.0～8.3	—	7.0～7.2	6.9	6.8	6.7
浊度/度	—	—	2	2	1.5	0.5
色度/度	—	—	1	5	—	11.5
BOD/(mg/L)	—	—	2	8	12.2	—
COD/(mg/L)	75	100	—	—	9.6	8.4
TP/(mg/L)	—	4	20	1	—	—
NH_3-N/(mg/L)	1	—	6	27	12	—
总硬度/(mg/L)	650	850	160	240	111	278
总碱度/(mg/L)	350	500	500	—	83	113
氯离子/(mg/L)	500	500	82	20	67	652
TDS/(mg/L)	—	1000	500	650	343	1571
铁离子/(mg/L)	0.5	—	—	—	0.2	0.2

表 24－4　美国回用电厂冷却水的城市污水水质标准

项　目	内华达电力公司	Clark 县卫生	Denton 市	西南公共事业公司	Burank 市	科罗拉多城
BOD/(mg/L)	21	30	10	15	2	8
悬浮物/(mg/L)	24	30	38	10	2	2
TDS/(mg/L)	940	<1500	127	1250	500	650
钠/(mg/L)	—	—	—	—	88	55
氯化物/(mg/L)	—	315	70	345	82	20
pH 值	7.7	7.5	7.2	7.3	7.2	6.9
大肠菌/(个/ml)	10	—	16000	—	62	225
总硬度/(mg/L)	—	—	—	250	160	240
磷酸盐/(mg/L)	19	—	—	21	20	1
有机氮/(mg/L)	1.0	—	—	—	39	5
色度/度	—	—	—	—	<1	5
MBSA/(mg/L)	—	—	—	—	<0.5	0.15
氨/(mg/L)	—	—	—	—	6	27
硝酸盐/(mg/L)	1.0～3.4	—	—	—	—	0.5
重金属/(mg/L)	—	—	痕量	痕量	痕量	痕量

对于循环水系统的杀菌技术，目前主要采用氧化性和非氧化性杀菌剂交替杀菌的方式。因为氧化性杀菌剂具有廉价、安全、广谱的特点，所以为人们广泛使用，非氧化性杀菌剂主要有异噻唑啉酮类、季铵盐类和酚类等。由于循环冷却水系统的藻类繁殖及随后的生物黏泥危害越来越严重，所以开发兼具良好杀菌性能和黏泥剥离性能的杀菌剥离剂越来越受到人们重视。华南理工大学学者研究了天然高分子改性异喹啉季铵盐对硫酸盐还原菌的杀菌性能，并讨论了其杀菌机理。在研制新型杀菌剂方面也取得了很多进展，结果表明，新型杀菌剂具有广谱、杀菌率高的特点；能较好地分散菌基团，从而对菌基团里的微生物有较好的杀灭效果，具有良好的剥离功能；还有适应于高 pH 值污水条件下使用的杀菌剂。

三、污水回用的深度处理技术

污水回用的关键是污水处理技术。污水回用技术作为三级污水处理技术，与二级污水处理技术有很大区别。它的处理对象是二级出水，水中主要污染物除了有机物以外，还有SS、溶解性无机盐、磷、氨氮和细菌等，且在有机物中，除未完全沉淀的活性污泥外，有相当一部分是微生物的代谢分泌物和难降解物质，可降解有机物(BOD)仅占相当少的一部分。在这种情况下，再用生物法去除有机物显然是相当困难的。

污水处理技术按其机理可分为物理法、化学法、物理化学法和生物化学法等。通常污水回用技术需多种污水处理技术的合理组合，即各种水处理方法结合起来深度处理污水，这是因为单一的某种处理方法一般很难达到回用水水质的要求。国内外污水回用常见的处理技术见表24-5。

表24-5　国内外污水回用的处理技术

处理方法	去除对象	处理技术
物理化学法	悬浮物	快速过滤、MF(微滤)、混凝沉淀、气浮法
	有机物	臭氧氧化、混凝沉淀、活性炭吸附、反渗透
	无机盐	电渗析、RO(反渗透)、蒸馏、冷却、离子交换法
	磷	活性矾土吸附、石灰混凝、铝盐或铁盐凝聚、离子交换
	氨氮	吹脱、氨解吸、沸石吸附、离子交换、折点加氯
	脱臭	臭氧氧化、活性炭吸附
	大肠杆菌群	氯消毒、臭氧氧化、UV(紫外消毒)、UF(超滤)
生物法	有机物	滴滤池、延时曝气、氧化塘、土地处理
	氮、磷	A/O、A^2/O、UCT工艺、生物接触氧化、氧化沟、SBR

沉淀和过滤主要用于去除水中的SS；空气吹脱对外排水的易挥发性物质如氨氮和有机物有较好的处理效果，但存在二次污染等问题；膜分离技术用于废水的深度处理时，根据膜材料和孔径的不同，能够有选择性地去除SS和一价或二价离子，出水可以达到多种工业用水要求。絮凝常和沉淀、过滤结合使用以降低水的浊度和SS；离子交换、电渗析可有效降低水的盐浓度；电化学、光化学和声化学氧化技术主要用于去除水中的大分子物质，与氧化剂如O_3、H_2O_2的协同作用使污染物的去除效率远大于单独处理的效果。这类处理技术在城市污水处理厂二级出水深度处理、冶炼废水、石油化工废水和纺织印染废水、乳品工业、食品工业和造纸工业废水的处理以及回用方面应用较多。

下面介绍几种常用的污水回用处理技术。

1. 混凝沉淀

混凝沉淀是污水回用中常用的一种技术，它的主要目的是去除进水中的悬浮固体(SS)。进水中含有相对较多的悬浮固体，直接进行絮凝过滤会导致滤池堵塞，无法正常运行。所以，先把这些悬浮固体去除，以保证后续工序的正常运行。这种技术要加大量的药剂，运行费用比较高，且所加药剂还可能造成二次污染。

2. 絮凝过滤

絮凝过滤是进一步去除水中的悬浮固体和胶体，以去除大部分的COD。最近几年，絮凝剂的生产技术得到迅猛发展，这使获得廉价絮凝剂成为可能，从而为絮凝工艺在污水处理中的应用开辟了道路。同时，过滤工艺也有很大进步，在以往砂滤的基础上，又发展了流砂过滤、纤维球过滤、纤维束过滤等过滤技术。这些技术大大提高了过滤的效率和效果，在污水回用中有广泛的应用。

3. 活性炭吸附

活性炭吸附法可以去除水中的颜色、异味等，更重要的是它可以吸附水中的溶解性有机物，对 COD 的去除有良好的效果，去除率在50%左右。活性炭资源丰富，且可通过高温高压再生后多次使用。失去再生功能后也易于处理，不会造成二次污染，这种工艺在污水回用中应用很广。在活性炭的制造工艺方面也取得了一些进展，提出了活性炭纤维、微波处理活性炭等方法。通过这些方法，可以大大提高活性炭的吸附和再生性能，对污水回用的继续推广起到显著的推动作用。

4. 除氮除磷

污水在进入回用处理系统前经过了二级处理，水中的氮主要以氨氮的形式存在。去除的方法有汽提法、离子交换法、生物脱氮法、折点加氯法等，其中以汽提法最简单。在污水中加入石灰，将 pH 值控制在 10.5 左右，然后通入空气，每立方米污水大约需要 $3m^3$ 空气，使污水中的氨氮变成氨气排出，但汽提法有结垢问题。离子交换法相当复杂又很昂贵。生物脱氮法比较难以管理和控制。折点加氯价格相当高，产生对人体有害的物质，破坏水体缓冲能力，对自然环境有害，一般不宜采用。

用石灰作絮凝剂是一种有效的除氮除磷的方法。石灰可以调节水的 pH 值，使氨氮从水中逸出，还可以形成磷酸钙沉淀，把磷从水中分离出来。但石灰存在使用量大、操作条件差、管道结垢等问题，给管理工作带来不少麻烦，虽然有较多优点，实际使用还是比较少。

5. 杀菌

杀菌工艺在污水回用工程中不仅仅是为了消毒，还有一个作用是抑制微生物的生长，防止生物黏泥堵塞管道。污水回用工程中经常出现的一个问题是生物黏泥堵塞管道。由于回用水中仍然含有一定浓度的 COD、氨氮和磷等营养物质，这为微生物的生长提供了有利条件。当微生物大量繁殖时，会黏附在固体颗粒上，形成生物黏泥，这与活性污泥的形成类似。

杀菌工艺常用的有液氯、次氯酸钠、臭氧杀菌等几种工艺。臭氧氧化是化学氧化的一种形式，它的氧化能力比较强，能在较短的时间对污染物质氧化分解，去除污水中的 BOD、COD、色和嗅，并可去除铁、锰、氰和酚，杀菌力比氯快 15～20 倍，对病毒和脊髓灰白质等特别有效，处理废水没有二次污染，反应速度快，处理过程简单，处理构筑物少，因此近年来发展较快，在污水深度处理中很受重视。臭氧氧化法主要存在的问题是臭氧生产效率低，电耗大(生产 1kg 臭氧用空气做原料，耗电 17～20kW·h，用氧气做原料为 8.5～10kW·h)，处理成本高。

微电解杀菌代表了污水处理技术发展的一种新趋势，即电化学处理技术。它具有设备紧凑、占地面积少、操作简便灵活、无需添加药剂等优点。

6. 溶解性无机盐的去除

在一些对水质要求较高的场合，比如回用水作为饮用水、制糖工业用水等，去除水中的溶解性无机盐是相当必要的。常用的方法有反渗透、电渗析和离子交换技术。这些方法都可以有效地去除水中的溶解性无机盐类物质，但它们都有处理费用昂贵的缺点。反渗透和电渗析技术都要消耗大量的电能，而离子交换技术由于离子交换树脂的交换容量小，只能用于小水量，且需要进行频繁的再生处理，设备费和再生药品费都较高。所以这类技术应用得并不普及，这也是进一步提高回用水水质的主要障碍。

7. 生物深度处理技术

生物法在污水回用深度处理中应用非常广泛，能够降解多种污染物，处理成本低，运行稳定可靠，抗冲击能力很强。

常用的生物处理法有生物过滤法、生物接触氧化法、氧化塘、地层生物修复等。

(1)生物过滤法

利用过滤材料上培养的微生物聚合体——生物膜来氧化分解污染物，净化水质，如生物滤池。

(2)生物接触氧化法

该法结合了生物膜法和活性污泥法的优点，既有良好的除污染效果，又能够用于不同的处理规模。填料是微生物附着生长的基质，因此填料的好坏是影响其处理效果的关键因素。

(3)氧化塘

利用生态系统的净化作用去除污染，如 COD、TN、SS、重金属等，可单独处理污水或用于污水的深度处理。

(4)地层生物修复

利用微生物分解和地层的过滤作用去除污染物，可单独使用或用于污水深度处理。需要指出的是，一种深度处理技术一般只能去除某一类污染物，因此，污水回用往往需要几种技术组合处理才能满足要求。

以上简要介绍了几种常用的污水回用处理技术。评判一种技术有没有使用价值的一个重要标准是它处理的污水能不能达到排放或使用标准。目前我国已颁布实施一系列相关标准[如《城市污水再生利用分类》(GB/T 18919—2002)、《城市污水再生利用 城市杂用水水质》(GB/T 18920—2002)、《城市污水再生利用景观环境用水水质》(GB/T 18921—2002)、《城市污水再生利用地下水回灌水质》(GB/T 19772—2005)、《城市污水再生利用工业用水水质》(GB/T 19923—2005)、《城市污水再生利用农田灌溉用水水质》(GB 20922—2007)等]。

目前常用的污水深度处理工艺如下：

①美国

a. 宾夕法尼亚电力工业采用的城市污水厂外排污水深度处理工艺：污水处理厂二级出水－混凝沉淀－过滤－泡沫分离－回用。

b. 马里兰的伯利恒钢铁厂采用的城市污水厂外排污水深度处理工艺：污水处理厂二级出水－混凝沉淀－回用。

c. 得克萨斯石油公司采用的城市污水厂外排污水深度处理工艺：污水处理厂二级出水－加氯－化学软化－沸石处理－回用。

d. 内华达电力公司采用的城市污水厂外排污水深度处理工艺：污水处理厂二级出水－加氯－石灰－明矾防腐剂－回用。

②日本

a. 东京江东地区工业水道采用的城市污水厂外排污水深度处理工艺：污水处理厂二级出水－混凝沉淀－活性炭吸附－加氯－回用。

b. 江崎工业水采用的城市污水厂外排污水深度处理工艺：污水处理厂二级出水－加氯－回用。

c. 名古屋工业水采用的城市污水厂外排污水深度处理工艺：污水处理厂二级出水－混

凝沉淀－砂滤－加氯－回用。

d. 川崎工业水采用的城市污水厂外排污水深度处理工艺：污水处理厂二级出水－混凝沉淀－双层滤料过滤－活性炭吸附－臭氧－回用。

③中国

a. 市政工程东北设计研究院与大连春柳污水处理厂提出的城市污水厂外排污水深度处理工艺：污水处理厂二级出水－澄清－过滤－杀菌－除氨氮－回用。

b. 清华大学与太原化工厂提出的污水厂外排污水深度处理工艺：污水处理厂二级出水－颗粒填料生物接触氧化－混凝沉淀－双层滤料过滤－回用。

c. 中国科学院生态环境研究所与燕山石化公司提出的石化污水处理厂外排污水深度处理工艺：污水处理厂二级出水－生物接触氧化－混凝沉淀－精密过滤－杀菌－回用。

第二节　炼化废水回用技术现状

石油化工企业是工业用水大户，在消耗大量新鲜水的同时又要排出大量废水。因此开展废水资源化工作，不仅可以节约大量的新鲜水，还可以减少污染排放，其经济效益、社会效益都非常显著。国外的大型石油公司非常重视废水资源化工作，并取得了很大的成绩。我国石油化工企业开展这方面的工作较晚，但已充分认识到了其重要性，并有一些企业开始了用水优化及废水回用工作。

一、废水回用的潜力

表 24－6 是我国炼油厂部分排水量的统计数据，表 24－7 表示国外一些炼油厂排水量的典型数据(70 年代末至 80 年代中)。对比以上两表和表 24－8 可见，按加工每吨原油排水量计，我国炼油化工厂 80 年代末至 90 年代初的排水量与国外 70～80 年代的水平相差不小，说明压缩用水量、减少排水量的潜力很大。

表 24－6　我国炼油厂部分排水量统计数据

名　称	年　份	单位原油排水量/(t/t 原油)	备　注
15 个炼油厂统计	1987	最高 4.11 最低 0.636 平均 1.38	
燕山石化	1988	0.921	不包括生活污水 400t/h，按现场实测值计算现场实测，只包括南蒸馏及南催化
抚顺石油二厂	1991	0.562	
济南炼油厂	1988	0.391	

表 24－7　API 统计百余个炼油厂最低用水量(20 世纪 70 年代中期)

炼油厂等级	炼油厂数	最低废水排量/(t/t 原油)
B(常减压)	15	0.012
B(常减压＋催化裂化)	70	0.04
C(全燃料型)	20	0.52
D(全燃料－润滑油)	28	0.44
E(燃料＋润滑油＋石油化工)	4	0.98

表 24 - 8　国外一些炼油厂排水量的典型数据(20 世纪 70 年代末至 80 年代中)

炼油厂	类　型	处理量/ ($\times 10^4$t/a)	排水量/ (t/t 原油)	GB 3551—83
(美)Bakers field	燃料(重质油)	410	0.1	250×10^4t/a
(美)Amarill	全燃料型	100	0.13	—
(美)贝尼西亚	—	400	0.5	$250\sim500\times10^4$t/a
(美)樱桃角	500	0.86	—	—
(美)佐利叶	—	820	0.54	$>500\times10^4$t/a
西班牙石化厂	—	450	0.26	—
(日)川崎	—	260	0.43	—
(日)鹿岛	—	800	0.32	—
(日)爱知	—	600	0.40	—
(美)太阳油托伦乡(ESSO)	—	536	0.26	—
西德英戈尔施塔特	—	430	0.16	—
(Shell)西德英戈尔施塔特	—	300	0.19	—
(日)出光兴产口库	—	508	0.007	—

二、回用水的水质要求

废水经深度处理后，主要回用途径有循环冷却水补水、清洁用水、绿化用水、建筑用水等。从石化行业用水分布状况看，循环冷却水占生产总用水量的 80% ~90%，循环冷却系统的补充水占企业新鲜水用量的 30% ~70%，由此可见，石化行业节水减排的着眼点应放在循环冷却水系统。

削减循环冷却水系统补充水量的主要途径，一是以空冷替代水冷；二是提高循环水浓缩倍数；三是开辟循环冷却水系统的补充水的“新水源”。其中提高循环水的浓缩倍数最为直接和有效，但当浓缩倍数达到 3 ~5 倍后，如要继续降低企业的新鲜水耗量，最佳途径是开辟“新水源”。特别是对污水处理场排放的达标水，经深度或适度处理后成为水质更接近于新鲜水的回用水，部分或全部替代新鲜水作循环冷却水系统的补充水，最终达到节水和减排的双重目的。

此外在石化企业敞开式循环水系统日常运行中，常会出现结垢、腐蚀及微生物黏泥、藻类滋生等问题，用新鲜水作循环水的补充水尚且如此，如若用废水作补充水，水中细菌含量、电导率均高于新鲜水，则更会产生生物黏泥和腐蚀，因此废水进入循环水系统之前应有针对性地进行处理，处理的重点是杀菌灭藻、缓蚀、降低电导率。表 24 -9 列出了国内部分废水回用设计规范推荐标准。

表 24 -9　废水回用循环冷却水补充水质标准

项　目	工业循环冷却水处理设计规范 GB 50050—2007	我国污水回用设计规范推荐标准 CECS61—94	大连市污水回用示范工程标准	天津大学推荐标准	牛口峪水库污水排放标准	抚顺石化污水回用水质指标	大庆石化回用于循环冷却水补充水水质标准
浊度/度	≤20	5	3	5(10)	—	≤3	<5
BOD_5/(mg/L)	—	10	5	5	—	≤5	5
COD_{Cr}/(mg/L)	≤100	75	60	40 循环冷却 60 直流冷却	60	≤20	24

续表

项　目	工业循环冷却水处理设计规范 GB 50050—2007	我国污水回用设计规范推荐标准 CECS61—94	大连市污水回用示范工程标准	天津大学推荐标准	牛口峪水库污水排放标准	抚顺石化污水回用水质指标	大庆石化回用于循环冷却水补充水水质标准
氨氮/(mg/L)	≤10	1	1	(3)	15	≤1	<3
SS/(mg/L)	—	1000	906	800	—	≤1	<3
总碱度/(mg/L)	—	350	260	150(350)	—	≤200	125
pH 值	6.8~9.5	6.5~9.0	7~8	6~9	6~8.5	6.5~7.5	7~8.5
色度/度	—	—	36~46	—	—	—	< 15
游离氯/(mg/L)	0.2~1.0	0.1~0.2	0.4~0.8	—	—	—	0.5~0.8
外观及臭味	—	无不快感	无不快感	无不快感	—	—	—
锰/(mg/L)	—	0.2	0.1	0.1	—	—	0.1
总硬度/(mg/L)	≤1100	450	280	200(350)	—	≤300	125
电导率/(μs/cm)	≤3000	铁 0.3	铁 0.1 总磷 0.9	300 (1000)	—	—	250
Ca^{2+}/(mg/L)	30~200	—	—	—	—	—	50
Mg^{2+}/mg/L)	—	—	—	—	—	—	35
Fe^{2+}/(mg/L)	≤1.0(总铁)	—	—	—	—	≤0.5	0.2
Cl^-/(mg/L)	≤1000	300	220	300(碳钢) 100(不锈钢)	—	—	< 35
石油类/(mg/L)	≤5(非炼油企业) ≤10(炼油企业)	—	—	—	4	≤0	<1
异养菌数/(个/ml)	$<5\times10^5$	10×10^5	5×10^5	1×10^5(冬) 5×10^5(夏)		≤100	100
黏泥量/(ml/m³)	<4	—	—	—	—	—	1

注：天津大学推荐标准给出了两个标准，括弧外的为一类标准，括弧内的为二类标准。

三、废水回用的可行性

为了研究废水回用的可行性，中国石油大学环境中心对炼油化工厂的外排水水质与同一工厂的循环水水质、新鲜水水质进行了对比分析，其结果如表 24-10 所示。

表 24-10　某厂三种水的水质分析列表

项　目	新鲜水	循环水	外排水
pH 值	6.85	7.65	7.22
电导率/(μS/cm)	275	1734	1010
Ca^{2+}/(mg/L)	101.35	171.03	64.89
Mg^{2+}/(mg/L)	13.67	48.45	11.96
总硬度/(mg/L)	310.34	629.53	212.06
总碱度/(mg/L)	402.11	722.97	308.96
悬浮物/(mg/L)	16.30	29.2	38.50
COD/(mg/L)	10.29	31.61	87.69
Cl^-/(mg/L)	60.82	123.79	55.16
总溶固/(mg/L)	180	1680	704
细菌/(个/mL)	< 100	4.2×10^5	3.6×10^5

从上表可见，外排废水中 Ca^{2+}、Mg^{2+}、总硬度、总碱度等指标均小于新鲜水，Ca^{2+}、Mg^{2+}浓度也符合《工业循环冷却水处理设计规范》中的要求（规范要求 Ca^{2+} 的允许值是 30～200mg/L），从结垢可能性分析，外排水回用作循环水补充水是可能的。但是，外排水中细菌总数、电导率、SS、COD、BOD、总溶固均大于新鲜水，这些指标均是造成腐蚀的主要原因，因此外排废水必须深度处理，特别是注意杀菌、缓蚀处理，方可回用作为循环水的补充水。

此外，有的炼油化工装置排出水质与新鲜水比较，水质也较好，可以重复使用。表24－11列出了燕山石化炼油厂一些部位排水水质分析结果，表中还给出了密云水库水质作为参考对比。从表中可见，这些排水水质并不太差，有的甚至与密云水库水质相近，有的只是含油和 TS 较高，如采用简单的重力分离除去油及 SS，则浊度及 COD 亦可随之下降，仍有可能在某些用水部位代替新鲜水使用。

表 24－11　燕山石化炼油厂一些部位排水水质

项　目	二催化新区明沟水	新常减压初馏塔顶排水	新常减压常压塔顶排水	密云水库水
pH 值	7.19～7.22	6.33～8.22	5.28～5.87	8～8.1
碱度/(mg/L)	2.5～5.2	0.82～1.72	0.36～0.76	2.5～3.0
硬度/(mg/L)	2.96～4.56	0.12～0.56	0.04～0.72	2.5～3.5
浊度/(mg/L)	0.16～2.2	1.88～43.26	0.63～5.34	0～1
电导率/(μS/cm)	306～360	84～198	24～53	300～400
Ca^{2+}/(mg/L)	37.2～44.0	1.60～13.60	2.40～16.0	30～40
Cl^{-}/(mg/L)	14～47	2～7	11～22	20～30
SO_4^{2-}/(mg/L)	16～62	0～6	0	10～20
S^{2-}/(mg/L)	0.001～0.004	0～1.84	8.82～14.4	—
酚/(mg/L)	0～0.014	0.65～1.03	0.95～1.29	—
COD/(mg/L)	0～16.6	207～446	194～488	—
SS/(mg/L)	2～82	0～12	0～22	1～2
TDS/(mg/L)	184～244	20～76	0～20	—
TS/(mg/L)	186～318	22～76	20～28	—
油/(mg/L)	0～0.1	16～64	24～57	—

伴随着高效缓蚀剂、高效杀菌剂和黏泥控制等循环冷却水水质稳定技术的发展，近年来循环水补充水的水质要求已有所放宽。同时，废水生物处理技术的发展，使外排污水的净化深度和稳定度有较大提高。通过对国内外回用实例的调查发现，回用废水用作循环冷却水系统的补充水，最具有影响因素的污染物分别为悬浮物、COD 和 NH_3-N。而在循环冷却水系统的补充水水质要求放宽后，一般认为达标排放的废水仅需通过低成本的适度处理，使废水中的 COD < 50mg/L、$NH_3-N<8$mg/L、悬浮物 < 10mg/L、石油类 < 2mg/L，再经水质稳定处理后，就可以回用于循环水。

四、石化企业废水回用途径与回用技术

1. 废水资源化的两种基本途径及比较

废水资源化有两种基本途径，一种是将各装置所排废水全部排入污水处理场集中处理，将处理后的废水回用；另一种是将各装置所排废水尽可能地进行就地处理后，直接回用。美

国学者 Frayne 比较了这两种常用方式的优缺点，其流程分别如图 24－1、图 24－2 所示(图中数据从一系列实际研究中得到)。

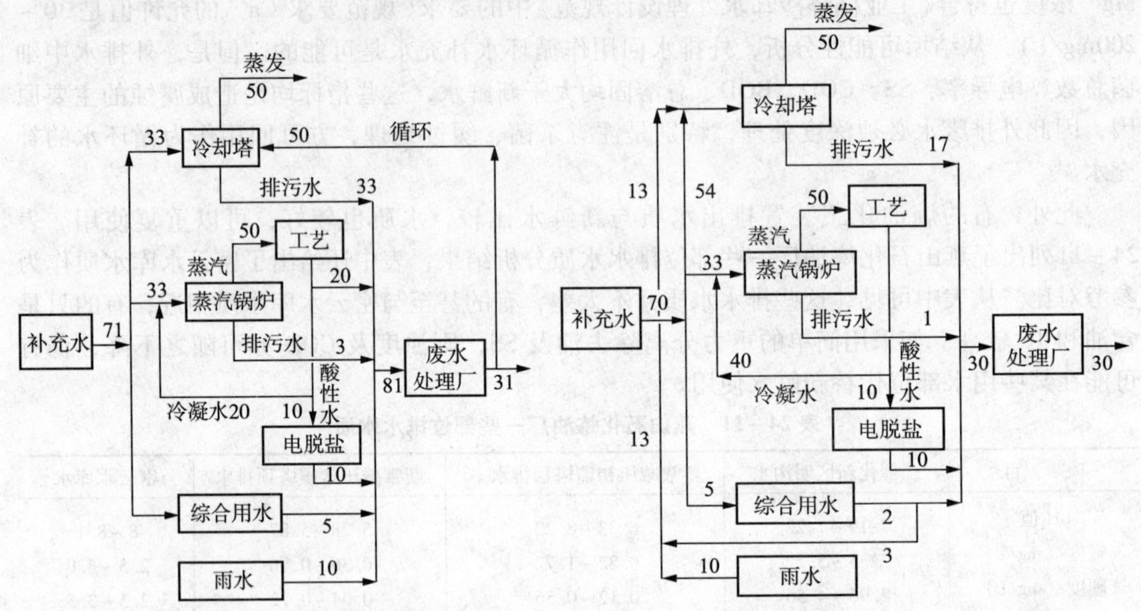

图 24－1　废水集中处理后回用的水平衡图　　　　图 24－2　废水就地处理后回用的水平衡图

图 24－1 所示的回用方式只需要一个处理量大的废水处理场及相应管线、泵，便于大规模生产和管理。其主要缺点是：各种废水都汇集到一处处理，增加处理难度；如果不进行深度处理而冷却系统允许达到的浓缩倍数一定时(国内炼油厂的浓缩倍数一般为 2.5～3.5，国外为 3～5)，废水中的无机、有机可溶物将使循环次数减少，要通过排放较多的废水、补充新鲜水或回用水来满足浓缩倍数的要求，这势必增加废水处理场的负荷，若要除去废水中的可溶物和对冷却系统有害的氨、细菌，防止结垢、腐蚀，则还要进一步处理。

图 24－2 所示的回用方式是将废水分级处理，对于污染程度低或污染组分单一的废水经简单处理后回用，这样可以大大降低废水处理难度，且单个设备投资小。如雨水和一些一次性综合用水的污染程度低，可溶性无机、有机物含量少，经过简单的预处理即可作为冷却塔用水，这种水可达较高的循环次数，排污水量少，可减轻废水处理场的负荷。水质很好的非工艺冷凝水可以回收作锅炉补充水，这样不仅可以直接减少废水量，还可以提高锅炉水的循环次数，减少锅炉排污水。

比较两种回用方式，后者的优越性更为明显。在实际应用中，往往将这两种方式结合起来。

2. 炼油厂废水就地回用的途径

炼油厂各用水装置对水质的要求不尽相同，所以要做到合理用水，就应按照对水质要求标准的高低来排队使用。如果某一装置排出的废水水质能满足另一用水装置的水质要求，就可以将其直接送给该装置使用。如果某一装置的排出废水水质仅一、二项指标超出了另一装置的用水标准，则可将其处理(这种处理通常难度不会很大)后用于该装置，而不必要排到污水处理场。

目前国内外应用较多的是那些容易实现、改造工作量不大、对工艺生产不会造成影响且可立即见效的废水回用与循环方案。

(1)分馏塔塔顶回流罐切水

这部分废水经酸性水汽提或不经汽提(当含 S^{2-} 较少时)可直接用于脱盐注水，这在国外早已实行。例如美国曾对97个炼油厂进行了调查，酸性水汽提后100%用于脱盐注水者达36个厂，部分用于脱盐注水者也有43个，据称在脱盐过程中，回用废水中的酚又被抽提进入油相，抽提率达90%以上，因之脱盐排水中的酚含量也大为降低。国内也有成功经验，一般脱盐用水占原油处理量的3%～10%，这部分水的回用对减少软化水耗量和废水外排量，效益明显。

催化分馏塔塔顶油水分离器切水直接用于富气的水洗水，石家庄炼油厂已经实现，估计可节约软化水30t/h，还可以减少水洗时的水蒸气耗量。另外，分馏塔塔顶油水储器废水还可以用于配制碱洗用水、烧焦罐用水等方面。

现阶段蒸汽冷凝水的回用比例甚低，例如燕山石化炼油厂全厂的蒸汽用量为293t/h，锅炉用水量高达270t/h，冷凝回收只有40～50t/h，占锅炉给水量的18.50%，而国外炼油厂回收冷凝液可达给水量的53%，表24－12为催化裂化压缩机冷凝水水质情况，可以看出，只要控制冷凝水不被润滑油污染，完全可以回用。

表24－12　催化裂化气压缩机冷凝水水质(最大值)

项　目	一催化裂化	二催化裂化	项　目	一催化裂化	二催化裂化
流量/(t/h)	36	36	SO_4^{2-}/(mg/L)	3.6	3.6
温度/℃	65	47	TS/(mg/L)	76	24
pH值	8.23	8.77	TDS/(mg/L)	52	20
总碱度/(mg/L)	0.8	0.32	SS/(mg/L)	24	4.0
硬度/(mg/L)	4.8	2.4	S^{2-}/(mg/L)	0.097	0.002
浊度/度	3.93	0.16	酚/(mg/L)	0.259	0.082
电导率/(μS/cm)	105	13.2	COD/(mg/L)	0	4
Ca^{2+}/(mg/L)	4.8	2.4	油/(mg/L)	1	0.5
Cl^-/(mg/L)	6.0	6.0			

(2)锅炉排污水

国内这部分水量占锅炉给水量的20%～25%，而国外只占4%～8%，一般水温为80℃～90℃，大部分都排入明沟。比较方便的办法是将其减压闪蒸回收冷凝液(同时也回收热能)，也可以将其余热利用后，作为循环水的补充水。

(3)机泵冷却水

炼油厂的一些压缩机均采用一次通过冷却水。这些冷却水使用后，并没有遭受污染，但却直接外排。可以将这部分排水送去作为其他装置生产用新鲜水水源，或作为软化水水源。表24－13为燕山炼油厂两种压缩机的排水水质，并列出了新鲜水水质以供对比。

(4)循环冷却水系统排污

为保持一定浓缩倍数，循环冷却水系统需经常排污，可以采用旁路软化技术，使之循环回用。即将旁滤池及冲洗水及冷却塔排污水引入软化池，加石灰可以除去 Ca^{2+}、Mg^{2+} 及 SiO_2 等，经沉淀后再返回循环水系统，一般可减少总排水量的5%。

车间内污染较低的排水(如机泵冷却水、离子交换反冲洗水)可以经简单处理(如除油)或不经处理，用于非饮用生活水、清扫用水、绿化用水以及消防池储水等。

表 24-13　压缩机冷却水的排水水质(最大值)

项　　目	丙烷压缩机	加氢压缩机	新鲜水
流量/(t/h)	12	34	—
温度/℃	44	24	—
pH 值	8.16	7.96	8.16
总碱度/(mg/L)	5	4.96	5.12
硬度/(mg/L)	4.92	5.04	5.08
Ca^{2+}/(mg/L)	44	49	46
Cl^-/(mg/L)	54	52	—
SO_4^{2-}/(mg/L)	54	56	56
S^{2-}/(mg/L)	0.007	0.026	0.002
酚/(mg/L)	0.29	0.149	0.041
COD/(mg/L)	240	430	330
浊度/度	4	6.75	4.7
电导率/(μS/cm)	588	624	576
TS/(mg/L)	484	464	448
TDS/(mg/L)	436	428	432
SS/(mg/L)	8	36	16
油/(mg/L)	1	0.5	—

3. 污水处理场外排水回用技术

我国污水回用于循环冷却水的尝试有 30 多年的历史，1973 年燕山石化炼油厂将二级处理过的污水回送到循环水厂作补充水，回用率 20%，5 年中回用天数 530d；但后来由于换热管上有生物黏泥及藻类附着，试验中止。长岭炼厂于 1976 年试用过三级处理过的污水回用到循环冷却水系统，大连红星化工厂也试用过污水处理厂的排水作为冷却水的补充水，但因种种原因而停止了回用。

石化废水(污水)回用需要解决好技术、成本、用途及资金等方面的问题。环保技术的快速发展，已使污水回用不存在绝对的技术障碍，在深度处理工艺中已有化学法、生化法、物理法等多种成熟技术可供企业选择。每种处理工艺都有其特点，究竟采用何种方法，要视回用水质、运行成本、回用用途等因素确定。其中，运行成本、回用用途是选择处理工艺的重要因素，资金来源、政策支持、水资源状况和当地水价都是决定污水回用实施进程的关键因素。全国大部分地区的石化企业都不同程度地存在用水压力。国家水资源配额使用和污染物排放总量控制等管理制度的实施，都要求石化企业高度重视污水的资源化利用问题。近年来，国家对各地工业用水价格调控力度的不断加大，已使污水回用变得有“利”可图。据预测，如污水回用的处理成本能控制在 1~2 元/m^3，将会使它具有极大的推动力。循环水系统是石化企业的用水大户。因此，除绿化、杂用水外，循环水补水必然是石化企业回用污水考虑的主要用户。回用污水用于循环水系统，必须保证循环水系统安全、平稳运行，其水质需要满足以下要求：①循环水系统不易结垢；②循环水系统腐蚀要小；③可供微生物利用的营养物质要少(即低 COD)；④水中的细菌含量要低；⑤能保证循环水系统的高浓缩倍数运行，否则也将限制回用水的使用。

石化废水深度处理的目的是进一步去除废水中剩余的悬浮物(SS)、有机物、油类、色度、浊度、NH_3-N 和磷等污染物，回用的领域有循环冷却水系统、生产、生活的杂用或用于绿化。绿化对回用水的水质要求较低，很多石油化工厂已经应用，但回用于生产过程的水质要求较高。目前石化废水深度处理的常用方法有物理、化学和生物处理法。①物理处理法：沉淀和过滤主要用于去除水中的 SS；空气吹脱对外排水中易挥发性物质如 NH^3-N 和有机物有较好的处理效果，但存在二次污染等问题；膜分离技术用于废水深度处理时，根据膜材质和孔径的不同，能够有选择性地去除 SS 和一价或二价离子，出水可以达到多种工业用水要求。②化学深度处理：絮凝常和沉淀、过滤相结合使用，以降低水的浊度和 SS；离子交换、电渗析可有效降低水的盐浓度；电化学、光化学和声化学氧化技术主要用于去除水中的大分子物质，与氧化剂如 O_3、H_2O_2 的协同作用使污染物的去除效率远大于两者单独处理的效果。③生物深度处理：主要是好氧生物处理，以生物膜法为主，能够将多种污染物较彻底去除，从而避免回用水的微生物滋生及生物黏泥等问题。

石化废水的三级处理技术发展较快，从目前的方法上看，各种处理方法都不是完美无缺的，每一种方法都有自己的使用条件和应用范围，单独一种处理方法很难完成污水深度处理的全部任务，因此必须依靠各种方法的相互配合、联合处理、发挥每一方法的长处，实际工程已证明了通过以上各项技术组合均能达到回用的目的。目前常用的石化废水深度处理组合技术有传统技术、膜生物反应器技术、生物过滤技术和臭氧、活性炭技术等。传统技术包括混凝、沉淀、过滤、消毒等单元，具有占地面积大、操作复杂、出水水质不稳定等缺点。当前膜分离、氧化技术和生物深度处理技术是石油化工废水回用研究的热点。

膜技术有微滤、超滤、反渗透和电渗析等，Elmaleh S、Ghaffor N 等人利用一种新的超滤膜材料过滤炼油厂的外排水，处理后完全达到回用冷却循环水的标准。该技术对污染物去除效率较高，但对进水水质要求较严，还具有初期投资大、运行费用高、维修管理复杂等缺点。同时，由于膜组件的质量和污染问题没能较好解决，因此大多数企业还很少采用此种方法。近年来，O_3 氧化技术在石油化工废水回用中的应用日益广泛，电化学技术、光化学技术用于废水深度处理的研究增多，电解氧化、电解絮凝和电解催化氧化用于去除 COD 和金属离子等效果显著，紫外光氧化、光催化氧化、射线辐照法用于大分子物质的去除有良好的作用。需要指出的是，电化学和光化学法由于能耗和处理费用较高，尚处于试验阶段。

生物深度处理具有去除污染物的种类多、效率高、抗冲击能力强且运行费用低等优点，再经过絮凝、过滤等处理后，能够获得良好的回用水，这是含有 COD、油、NH_3-N、BOD 等浓度较高的石化外排水深度处理优先考虑的技术。生物深度处理充分利用滤料的截污吸附作用和滤料上附着生物膜的生物降解作用，可以获得较好的污染物去除效果，尤其是曝气生物滤池及生物强化技术在近几年的城市污水和工业废水深度处理方面得到了广泛的研究和关注，其结合吸附、过滤、生物降解三种功能为一体，具有流程短、运行管理方便、费用低等优点。

目前，国内外对石化废水深度处理的方法有：生化法、活性炭吸附法、臭氧氧化法、高级氧化法(强化化学氧化法)、膜分离法等，下面主要介绍几种炼化废水三级深度处理新技术。

(1)臭氧氧化

石油化工废水中污染物与臭氧反应有两种类型，一类是受传质速度控制的物质，如酚、氰、不饱和有机化合物、H_2S等；一类是受化学反应速度控制的物质，如石油制品、合成表面活性剂、环戊烷、环已烷、苯并芘、甲醛、丙烯腈等。

石油化工废水经过一级、二级处理后，为了提高出水水质，使其达到生产系统中循环或回用的目的，可以再采用如图24-3所示的臭氧氧化法进行深度处理。

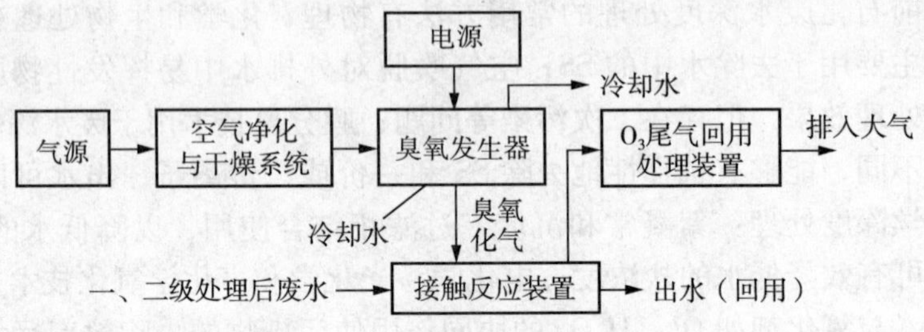

图24-3　臭氧氧化法处理废水流程图

各个工艺系统的作用及组成：①空气净化与干燥处理系统，包括无油空气压缩机、冷却器、冷冻、冷凝装置、过滤净化及稳定装置、空气吸附干燥及干燥剂再生装置、空气减压装置等；②臭氧发生系统，制造臭氧以供水处理使用，包括臭氧发生器、供电设备(调压器、升压变压器、电气控制设备等)、发生器冷却设备(水泵、热交换器等)；③臭氧-水的接触反应系统，用于水的臭氧氧化处理，包括臭氧-水的接触反应装置及其尾气的回收利用或处理后的排放装置。

接触反应装置有鼓泡塔、管式固定螺旋混合器、涡轮注入器等。为了使处理反应效果良好和装置选型合理，在选型后应进行必要的试验，以确定相应的臭氧投加量、反应时间、接触反应高度、臭氧浓度等设计参数。接触反应装置的主要设计参数如表24-14所示。

表24-14　接触反应装置的主要设计参数列表

项目		接触时间/min	臭氧投加量/(mg/L)	臭氧耗量比/(mgO_3/mg污染物)	处理效果		
					处理前水质/(mg/L)	处理后水质/(mg/L)	处理率/%
石油化工废水除酚		>10	400	1.4	290	0.3	99.89
炼油废水除酚		>10	750	1.3	605	0.3	99.95
炼油废水深度去除酚		>10	20~40		0.38	0.012	96.84
炼油废水深度处理同时去除酚、硫、油、COD	酚	>10	30~50	—	0.1~0.3	<0.01	90~96.67
	硫	>10	30~50	—	<0.1	0.006	94
	油	>10	30~50	—	5	0.3	94
	COD	>10	30~50	—	80	48	40
重油裂解废水同时去除油、酚、硫、COD、CN	油	12	300~400	15.3~20.4	22.8	3.2	85.79
	酚	12	300~400	87~116	3.45	0.007	99.80
	硫	12	300~400	789~1052	0.64	0.26	59.38
	COD	12	300~400	1.42~1.90	289	78	73
	CN	12	300~400	166~221	2.02	0.21	89.6
油田及炼油废水同时去除油、BOD	油	—			20~50	1.5~3	92.5~94
	BOD	—			69~131	6~11	91.3~91.6

续表

项目		接触时间/min	臭氧投加量/(mg/L)	臭氧耗量比/(mgO$_3$/mg污染物)	处理效果		
					处理前水质/(mg/L)	处理后水质/(mg/L)	处理率/%
油田及炼油废水去除油	6~12	—	0.4~0.45	17.6~32.7	1.3~34	92.61~89.6	
循环水杀菌及除藻	0.1~5	1~3					

由上表可见，含酚废水经臭氧氧化处理后效果较好，酚的去除率为90%~99%；对含油废水中硫化物、石油类的去除率次之，为94%；对废水中COD的去除率仅为40%，这是因为臭氧将大分子有机物、环状有机物氧化后，生产链状的小分子化合物所致，废水中的有机物数量仍然存在，故COD值未减小。另外，臭氧对废水及循环水中杀菌灭藻效果很好，同时臭氧还具有缓蚀、除垢功能。

(2)高级氧化法

光催化氧化是近20年才出现的水处理新技术，是目前深度氧化技术中研究较多的一项技术。光催化氧化法可以产生大量的OH^-自由基，与其他氧化法相比，该过程具有可降解废水中的污染物为CO_2、水和无机盐，不会产生二次污染的优点，而且它是一种物理化学过程，很容易根据需要加以控制。光催化氧化法常见的有O_3/UV组合技术、H_2O_2/UV组合技术、O_3/H_2O_2与UV组合技术。国内外的研究已表明，上述方法可有效去除废水中难降解的有机物，如酚类、苯及芳香烃化合物等。有实验表明，利用O_3/UV深度处理含油废水显著，可实现含油废水的重复利用。

采用光敏化半导体为催化剂处理有机废水是近年来研究较多的一个分支。光敏化氧化以光敏化半导体为催化剂，大多采用以TiO_2为代表的钛系半导体触媒或贵金属催化剂，利用催化剂催化水中有机物的氧化和降解反应，是废水处理的新技术。用TiO_2光催化剂处理含有机物的废水被认为是最有前途、最有效的处理手段，是近年来国内外的研究热点。大量研究工作表明，该法对水中的卤代脂肪烃芳烃、有机酸类、多环芳烃、酚类、表面活性剂等都能有效地进行光催化反应并除臭、脱色、矿化，最终分解为CO_2和H_2O，从而消除其对环境的污染。光催化氧化法催化剂成本较高，但设备简单、运行简便、无二次污染，杀菌作用强，在石化废水处理方面前景广阔。目前，正尝试在TiO_2/UV系统中加入O_3组成新的高级氧化过程，以加速OH^-的产生速率。由于该过程的机理尚处于探索阶段，要弄清各种因素的影响还需进一步研究。

(3)曝气生物滤池技术

曝气生物滤池(Biological Aerated Filter)简称BAF，是20世纪80年代末90年代初在普通生物滤池的基础上，并借鉴给水滤池工艺而开发的一种污水处理新工艺，最初用于污水的三级处理，后发展成直接用于二级处理。自20世纪80年代在欧洲建成第一座曝气生物滤池污水处理厂后，目前世界上已有数百多座大大小小的污水处理厂采用了这种技术。该技术不仅可用于水体富营养化处理，而且可广泛应用于城市污水、小区生活污水、生活杂排水和食品加工废水、酿造和造纸等高浓度有机废水的处理。随着研究的深入，曝气生物滤池从单一的工艺逐渐发展成系列综合工艺，具有去除SS、COD、BOD、硝化、脱氮除磷、除去AOX(有害物质)的作用，其最大特点是集生物氧化和截流悬浮固体于一体，节省了后续二次沉淀池，在保证处理效果的前提下使处理工艺简化。此外，曝气生物滤池工艺有机物容积负荷高、水力负荷大、水力停留时间短、所需基建投资少、能耗及运行成本低，同时该工艺出水水质高。

曝气生物滤池是普通生物滤池的一种变形，也可以看成是生物接触氧化法的一种特殊形式。其基本原理是在一级强化的基础上，在生物反应器内装填高比表面积的颗粒填料，以颗粒状填料及其附着生长的生物膜为主要处理介质，充分发挥生物代谢作用、物理过滤作用、生物膜和填料的物理吸附作用以及反应器内食物链的分级捕食作用，实现污染物在同一单元反应器内去除。

曝气生物滤池是一种发展较快的新型生物处理技术，是符合我国国情的水处理技术，有很大的应用潜力，应加大力度进行深入研究，推动该技术的国产化并在水处理中推广应用。20 世纪 90 年代初我国就已开始对曝气生物滤池工艺进行实验研究和开发，中冶集团马鞍山钢铁设计研究总院环境工程公司、北京环境保护科学研究院、清华大学等是我国研究该技术较早的单位，并将曝气生物滤池成功地应用于多个大、中、小型工程，随着实际工程的应用运行，曝气生物滤池的特殊优点越来越受到我国水处理界各方的关注。由于曝气生物滤池具有很强的硝化反硝化能力，在污水的三级脱氮处理和微污染水源水的预处理中将得到广泛的应用。曝气生物滤池存在的主要问题是：①进水一般要求进行预处理，一定程度上增加了工艺的复杂性。②进水悬浮物较多时，运行周期短，反冲洗频繁。③产生的污泥稳定性差，进一步处理比较困难。④同步生物除磷效果不好，一般多采用化学法进行，增加了药剂的使用量。⑤污染物去除机理尚不十分明确，未能充分发挥处理潜力。

(4)生物强化技术与固定化技术

生物强化技术(bioaugmentation)，又称生物增强技术，是通过向废水处理系统中直接投加从自然界中筛选的优势菌种或通过基因重组技术产生的高效菌种，以改善原处理系统的能力，达到对某一种或某一类有害物质的去除或某方面性能的优化目的。

生物强化技术产生于 20 世纪 70 年代中期，80 年代以来在水污染治理、污染土壤的生物修复及大气污染的治理中得到了广泛的研究和应用。产生初期是因为一些废水治理厂的突发事件，如受到有毒有害难降解有机物的冲击；导致水处理系统中的活性污泥的大量死亡，或是原系统的处理能力不足，使治理后的废水达不到排放标准，于是有针对性地直接向原有系统中投加高效菌种，以“挽救”系统，使其迅速恢复正常，改善出水水质。

生物强化技术在水污染治理中的应用具有广阔的前景和深远的意义。

①一般污水处理系统是针对某一种或某一类物质为治理目标构建起来的，在水质波动不大时，能够满足治理要求，但当处理系统偶尔受到其他有毒有害物质冲击时，原系统中的固有菌种很难迅速适应这种废水，甚至其活性被严重抑制，导致死亡，整个系统的正常运行被扰乱，而生物强化技术具有针对性强、应用灵活、效率高等特点，高效菌种的投加能迅速有效地使原有设施恢复正常运转。

②随着人们环境意识的提高，国内外废水排放的环境标准也日趋严格，某些组成复杂的废水，其出水既要满足整体 BOO、COD 的排放标准，又要尽量降低那些含量虽低、但危害甚强的有毒有害污染物，生物强化技术为其去除开辟了一条新途径。

③对于全球性普遍存在的地下水污染，其中污染物浓度一般较低，不足以支持大量菌体的生长，采用生物强化技术，直接向其中投加适量菌种，便可以达到预期目标。于是国内外研究人员开始研究把这项技术用于工业废水、地表水及地下水中难降解的有毒有害物质的治

理或用于改善提高废水处理的效果。生物强化技术与一般生物治理技术相结合，在废水治理中以显示其独特的作用。

生物固定化技术(biological immobilized technology)是强化技术与一般生物治理技术相结合的产物，用于废水处理是近年来发展起来的废水处理新技术。固定化细胞(也叫固定化微生物)是指经过物理或化学方法固定之后繁殖的细胞(微生物)，它是生物工程领域中的一项新兴技术。在水处理中采用固定化细胞，有利于提高生物反应器内的微生物浓度，有利于反应后的固液分离，有利于除氮、除去高浓度有机物或某种难降解物质，是一种高效低耗、运转管理容易、十分有前途的废水处理技术。20 世纪 80 年代初，国内外开始应用固定化细胞技术来处理工业废水和分解难生物降解的有机污染物，并取得了令人瞩目的成绩。近年来，固定化细胞技术一直是水处理领域的研究热点。目前普遍认为，固定化细胞在废水处理中，特别是特种废水处理中具有广阔的应用前景。固定化细胞技术在国内外废水处理中的研究情况综述如下。

固定化细胞在水处理中的应用，可以追溯到活性污泥法的起源。因为生化反应曝气池中的活性污泥实际上是一种人工培养的生物絮体，它是由好氧微生物及其吸附、黏附的有机质和无机质所组成，具有吸附和分解废水中的有机污染物的能力，显示出其生物化学氧化活性。在活性污泥中，所有微生物几乎是全部被包裹(或包埋)在微生物絮体内，因此，自然形成的微生物絮体(活性污泥)可以看成是一种最原始的包埋固定化微生物。这种方法形成的微生物絮体的特点是自然形成，但解体容易，即固定化强度不高，且存在以下一些问题：a. 反应池中微生物浓度低，因此基质的去除速度慢，停留时间长，反应池体积大；b. 处理水的固液分离靠物理沉淀；c. 对许多有害物质的处理能力低；d. 产生大量的剩余污泥；e. 常发生污泥膨胀。20 世纪五六十年代，发展了浓缩型的高效生物膜法，该方法是依靠微生物的自然附着力在某些固形物的表面形成固着型生物膜，如生物固定床、生物流水床、生物接触氧化法等工艺。这种生物膜是自然形成的物理吸附固定化微生物群，其固定化强度虽比上述的生物絮体高，但仍没有摆脱自然的力量。直到 20 世纪 70 年代末 80 年代初，人工强化的固定化微生物才引起人们的注意，它是人为地将特定的微生物封闭在高分子网络载体内，菌体脱落少，又能利用那些具有高活性的、但不易形成沉降、性能良好的絮体或生物膜的微生物，载体中微生物密度高。固定化技术由于能将微生物或酶的理论停留时间提高到趋近无穷大，很高的稀释率也不会引起微生物的冲出现象，即容积负荷可以通过进水量任意调节和控制，这样可以大大提高生产效率。由此可以看出，固定化细胞的发展，正如人工强化的生物处理法的发展一样，是一个由自然到人工强化的过程。

固定化细胞以其独特的优点近年来在废水处理领域中引起了人们的普遍关注并获得了广泛的研究。它具有以下优点：①比普通活性污泥法具有 1 ~ 3 倍的处理能力，且出水水质好，抗水力、有机负荷的冲击能力强，可降低运行费用与投资。②对于厌氧消化工艺，可保留对环境干扰敏感、生长缓慢的产甲烷细菌，缩短了启动时间，使工艺稳定地运行。③在降解有毒污染物方面，抗毒性作用明显加强。更有前途的是用包埋高效率的混合微生物系作为投菌剂，能强化现存生物处理系统的处理效率。

研究表明，筛选得到的苯酚高效降解菌投加到 SBR 反应器中，在 40d 内对苯酚的降解率始终维持在 95% ~100%，而那些没有投加高效菌种的反应器，苯酚的去除率由初始的 100% 降低到 40%；附着生长生物床反应器中加入降解 BTX(苯、甲苯、二甲苯)的混合优势菌，在HRT为1.9h时，生物增强系统可去除10mg/L的BXT，而非强化系统去除仅为3.2mg/L。通过筛选的高效降解菌，采用相应的固定化细胞技术，使废水驯化期大大缩短，在处理难降解废水(含混合氯代芳烃、3-氯苯胺、五氯酚、苯、甲苯和二甲苯等)，在短时期内表现出较强降解效果以及良好的抗冲击负荷能力。利用颗粒活性炭为载体的固定化细胞技术在含甲醇工业废水回用中及煤气废水、炼油废水处理中也得到了较好的处理效果。

目前，从总体上来说，固定化细胞大多尚处于实验室的水平，处于初级研究阶段，用该技术处理实际废水的应用例子还不多，要达到工业化应用还需解决下述问题：①实际废水是一个十分复杂的混合体系，用单一菌种处理一般难以达到要求，因此对于复杂的废水体系，是采用混合菌还是采用单一高效菌分级处理，有待于进一步探索。②包埋固定化细胞不能去除废水中的悬浮物，因此必须先将悬浮物分解或除去。它也不能除去悬浮在反应器中的微生物细胞(来自于载体内泄露出来的细胞的增殖)，因此出水仍有一定的浑浊度。③包埋载体对基质(特别是氧气)和产物存在扩散阻力，因此需要高效曝气和混合设备才能使固定化细胞处于良好的微环境中，发挥其高效作用。④由于目前尚不能精确确定固定好载体中微生物浓度，因此，适用于传统的生物处理法的设计、运行管理及最佳控制的动力学处理法不能用于固定化微生物系统。⑤固定化载体的成本及使用寿命是决定其经济可行性的关键，所以应开发研制低费用、低传质阻力、高强度的固定材料。另外，开发和设计适合于固定化微生物的生化反应器也是一个亟待解决的问题。⑥含高SS废水固定化处理和其他优化组合的处理工艺的开发，如厌氧-好氧联合的固定化细胞处理工艺。固定化技术在难降解有机污染物治理方面的应用情况见表24-15。

表24-15　固定化技术在难降解有机废水治理中的应用

难降解有机物		微生物	固定化技术/方法
酚类	苯酚	Rhodococcus sp.	海藻酸钙包埋
		Rhodococcus sp.	颗粒活性炭吸附
		驯化活性污泥	乙型载体吸附
		Candida tropicaLis	海藻酸钙包埋
		AlcaLigens sp.	海藻酸钙包埋
	一氯酚	Phanerochaete sp.	海藻酸钙包埋
	邻苯二酚	Laccase/tryosinase	明胶包埋
	五氯酚	Flavobacterium sp.	聚氨酯包埋
	甲酚	Pseudtnnonas sp.	海藻酸钙包埋
芳烃类	甲苯	Pseudomonas sp.	树脂吸附法
	苯、甲苯	混合菌	活性炭吸附法
	3-氯硝基苯	混合菌	膜反应器
	3-氯苯胺	Pseudomonns sp.	海藻酸钙包埋
	邻苯二甲酸酯	未鉴定	PVA包埋
	萘-菲	Pseudomonas sp.	沙粒吸附
	萘-2-磺酸 蒽醌-2-磺酸钠	混合菌	吸附固定法
吡啶		Pirrwlobacter	海藻酸钙包埋
		优势菌	PVA-无纺布包埋

续表

难降解有机物		微生物	固定化技术/方法
喹啉		Pseudomonas sp.	海藻酸钙包埋
		优势菌	PVA-无纺布包埋
		Comamonas sp.	多孔玻璃吸附
其他化合物	三氯乙烯	Mechylocystis sp.	海藻酸钙包埋
	脂肪乙烯	Pseudomonas sp.	海藻酸钙包埋
	氯	Fusarium sp.	海藻酸钙包埋
	除草剂	Agrobacterium sp.	海藻酸钙包埋
	水胺硫磷农药	驯化活性污泥	PVA 包埋
	四环素废水	驯化活性污泥	PVA 包埋
	洗涤剂 LAS	驯化活性污泥	PVA 包埋

综上所述，由于石化废水经过二级处理后残留的有机污染物均为氯代烃、芳香烃等难降解有机物，属于混合型废水系统，且石化废水经过二级处理后可生化性较低，考虑到停留时间对工程投资的影响，结合以上对石化废水回用技术的研究，可以看出采用固定化强化技术可以使常规生物处理系统具有抗冲击负荷能力强、停留时间短、运行费用低等一系列优点。固定化技术应用于难降解有机废水回用中已见报道，但都是针对一种或单相污染物的去除，对混合污染物废水处理应用研究还较少，对用于现有石化废水深度处理的实用技术还有待于研究。

4. 确定工艺流程时应注意的问题

除了考虑经济效益之外，在确定工艺流程时应充分认识污水水质问题，采取针对性措施。具体如下：

(1)回用污水的 TDS 浓度通常比新鲜水高，腐蚀程度大，所以在回用水中控制腐蚀比在新鲜水中所要求的缓蚀剂要多。

(2)回用水中 COD 高、有机物和微生物多，在热交换管与管道表面会生成黏泥，促进泥垢沉积，不但降低传热效率，还会引起腐蚀。因此在水处理方案中需要大剂量的杀生剂(氯的用量要比处理净水的多几倍乃至十几倍)。通氯气来控制水系统微生物的繁殖是国内目前仍普遍采用的方式，但在高 pH 值情况下，大部分氯以氯离子或次氯酸根的形态存在，杀菌能力大大降低。而溴及其化合物则是一种适宜于碱性水处理方案中的杀菌剂，要以溴代氯，并使用新型、高效、广谱的杀菌剂如异噻唑啉酮、季铵盐等。除了循环水要加杀菌剂外，在外排水作为补充水进入循环水系统前，补充水也要先进行杀菌灭藻处理。采用臭氧杀菌也很有效。

(3)当回用水用于冷却水时，必须加入足够的消毒剂，以保证工人的身体健康。

(4)污水中悬浮物多，易形成泥垢，在进入循环水系统前要进行絮凝沉降、精密过滤、杀菌灭藻等降低浊度的预处理，以减轻污水作为补充水时的水质要求。循环水系统中要有旁流过滤以降低循环水的浊度。

(5)经过二级或三级处理的废水若供循环水系统使用，因其含有不能除去的盐类杂质，硬度、碱度较高，致使循环冷却水系统的浓缩倍数提高不多。因此要采用含磺酸基、羧基、羟基、膦酸基等基团的新型高效阻垢分散剂，使浓缩倍数接近于 3。

第三节　污水回用工程实例

中国石油“十五”期间在炼化污水回用方面做了大量工作，形成一批科技成果并在一些炼化企业得到应用。这里对部分炼化业污水回用的实例做简单介绍。

1. 哈尔滨炼油厂污水深度处理回用工艺

哈尔滨炼油厂的污水净化回用装置处理规模4000m^3/d，工艺路线见图24-4。

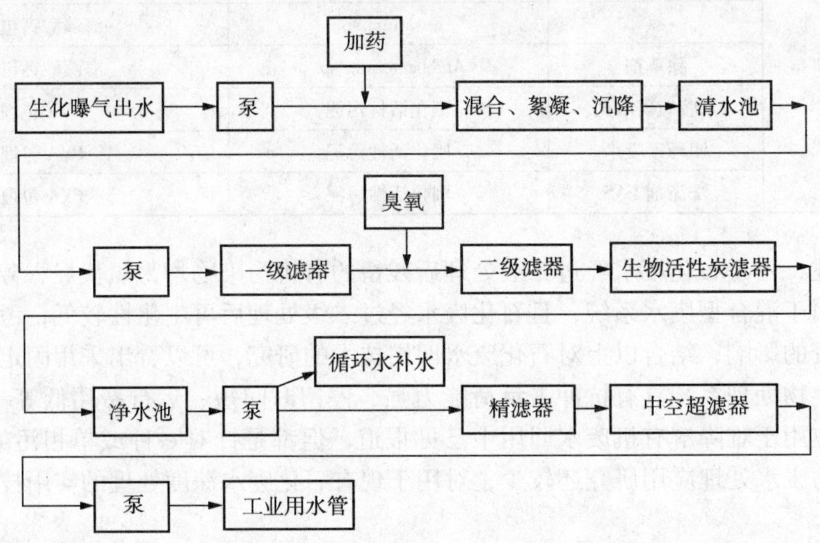

图24-4　哈尔滨炼油厂炼油污水处理回用工业化试验工艺流程

生化曝气池出水由泵提升后加药，进入24孔混凝池，然后进入斜管沉降池，经化学絮凝的水通过斜管后，上部为清水，底部为絮凝、沉降的悬浊液。底部的沉积物通过排泥管、排泥阀进入排泥槽，再由排泥泵排至室外。上部的清水经集水管进入集水槽内的混合器，经加药、混合后再进入集水槽内。将二级滤器中的臭氧和空气引入清水池底进行气浮。

一级滤器(高效精密滤器)：滤器内的滤料既能吸附又能拦截污物，降低浊度。其调节能力强，有优良耐化学腐蚀能力，纳污量高，不易堵塞，出水水质可以调节，最佳出水浊度可达3度。

臭氧发生器：臭氧(O_3)能有效去除有机物、无机物，脱色，去味，其主要原理是将溶解的有机物、氰化物及油类氧化降解为小分子或是易生化处理的简单化合物，同时起杀灭细菌的作用。

二级滤器(石英砂滤器)：石英砂滤器内为经过臭氧氧化处理的水，在滤器内再充分进行氧化降解，然后经石英砂过滤，保护活性炭。

三级滤器(活性炭滤器)：三级滤器采用生物活性炭法，使活性炭外层生成生物膜，以除去水中能被微生物降解的物质，而难以降解的物质被活性炭吸附使水净化，经处理的水进入净水池备用。

中空超滤：中空超滤是目前较先进的膜过滤装置，能有效地拦截水中的细菌、大分子微生物、有机物等，其出水浊度极小。

由于没有考虑氨氮的脱除问题，导致出水氨氮浓度过高，后对流程进行改造。至2001年7月完成第二阶段试验。试验流程改造如图24-5所示。

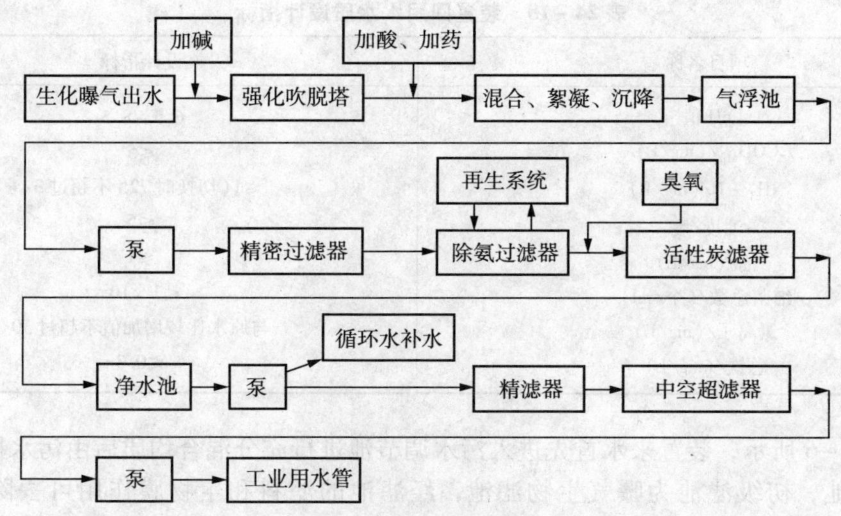

图 24－5　哈尔滨炼油厂污水深度处理工艺第二阶段工艺流程

工艺改进包括增加氨氮吹脱塔、强化原清水池为气浮池、去掉砂滤器增加除氨过滤器，除氨器为斜发沸石吸附脱氨工艺，两台交替吸附脱附运行。试验统计结果见表 24－16。

表 24－16　哈尔滨炼油厂污水深度处理第二阶段工业试验主要污染物去除效果统计表

项　目	COD_{Cr}	pH	氨氮	硫化物	油	浊度
进水浓度平均值/(mg/L)	99.06	6.27	167	0.115	4.03	
要求值/(mg/L)	20	6.25～8.5	5	0.01	0.5	5
出水浓度平均值/(mg/L)	7.42	7.41	1.78	0.007	0	1.58

该处理系统长期运行，处理出水的水质较好，其中约 70% 回用到循环水系统，有 30% 的处理出水再经过精密过滤和超滤（UF）后回用作动力装置的补水。

2. 锦州石化公司污水回用工艺

锦州石化公司污水回用装置的设计处理能力为 550t/h，其中自用反冲洗水为 50t/h。污水来源分两处，一是化工污水场二级处理后达标排放的污水，水量 390～450t/h，二是公司内可以直接排放的清净废水，水量 150～250t/h，装置设计年运行 8400h，处理水量 420 × 10^4 t/a，装置的进水水质设计指标及回用水水质指标见表 24－17、表 24－18。

处理合格的产品水全部回用到公司内的循环水场作为循环水补水。该装置共有五条并联的生产线，其中的除氨系统可以根据水质氨氮情况进行切停。污水回用处理工艺流程见图 24－6。

表 24－17　装置的进水水质设计指标

项目名称	设计指标
pH 值	6～9
COD_{Cr}/(mg/L)	≤100
油/(mg/L)	≤10
浊度/度	≤100
NH_3-N/(mg/L)	≤15

表 24-18 装置回用水水质设计指标

项目名称	设计指标
pH 值	6.5~8.5
COD_{Mn}/(mg/L)	≤5
NH_3-N/(mg/L)	≤1(切换时 72h 不超过 3)
浊度/度	≤5
油/(mg/L)	≤1
细菌总数/(个/ml)	$\leqslant 1\times10^5$
氯离子/(mg/L)	与原水比较增加值不超过 30
总铁/(mg/L)	≤0.3

如图 24-6 所示，装置来水首先进入污水调节池进行充分混合均质后由污水提升泵提升进入初级滤池，初级滤池为曝气生物滤池，经滤池的滤料和生物膜作用可去除大部分的 COD、氨氮等有机物，初级滤池出水投加絮凝剂 PAC 和助凝剂 PAM 后进入混合反应槽，再入气浮池，采用部分回流式气浮法进行气浮，气浮池上部浮渣由刮渣机刮入螺旋输送机输送至污泥池，由气浮池出来的清水流入清水池，经清水泵升压后进入精密滤器去除浊度，再入除氨器去除氨氮，除氨器出水与臭氧发生器产生的臭氧在混合器内充分反应后再进入活性炭滤器，在活性炭滤器内通过强氧化、生化、物化反应，出水在回用水池内投加杀菌剂后，各项指标都达到回用水要求，由回用水泵加压送至各循环水用户。

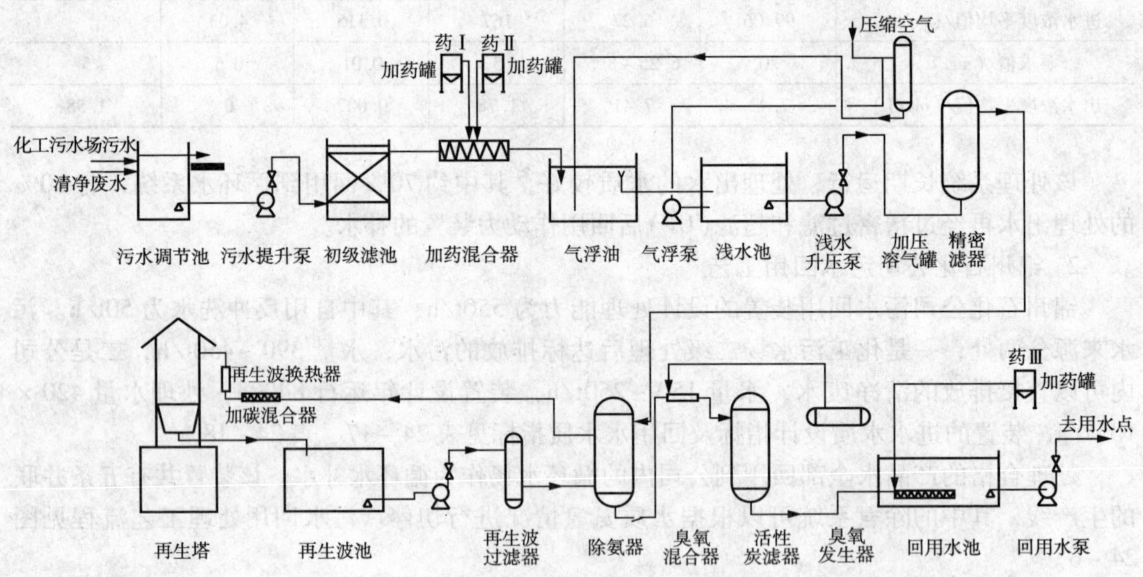

图 24-6 污水回用装置工艺流程图

长期运转表明，外排污水经此回用装置处理后回用于循环水补充水，循环水场水质各项指标均未发生大的波动，使用前后水质对比情况见表 24-19。

经过处理之后回用水硬度为 273 mg/L，略低于公司的新水硬度(新水硬度 265~357mg/L)，回用水的其他各项指标也都低于或相当于循环水指标，因此回用水作为补水未对循环水场造成任何不利影响。

表 24－19　补充回用水前后循环水场水质对照

项目	黏附速度/[mg/(cm² · 月)]	腐蚀率/(mm/a)	硬度/(mg/L)	电导率/(μS/cm)	Fe^{2+}/(mg/L)	Cl^-/(mg/L)	细菌/($\times 10^5$ 个/ml)	pH 值
补充回用水之后	0.080～2.60	0.004～0.099	518	1020	0.32	98	0.16	8.46
补充回用水之前	0.085～2.76	0.004～0.083	524	980	0.38	91	0.17	8.30

3. 吉林油田石油综合利用厂污水处理回用工艺

吉林油田石油综合利用厂通过强化原污水老三套处理工艺，使出水直接用于循环水补水使用，自 1994 年运行至今效果稳定。

具体措施包括：

(1)隔油池出水的含油量与浮油层的厚度有关，厚度越大含油量也越大，因此降低浮油层的厚度可降低出水含油量。为此，加强隔油池的污油回收管理，增加收油次数，将原来控制隔油池油层厚度不大于 10cm 改为不大于 5cm。

(2)浮选池在浮选处理中，其浮选剂的投量应根据进出水水质情况确定。原来不管污水水质情况，一律每班加药 12kg。1994 年起根据污水水质分析进行加药量的确定，并适当增加药量，一般在 8～20kg 左右。

(3)生化处理是污水最重要的环节，其处理效果直接影响处理水的各项指标，因此提高生化处理效果成为能否进行回用的重点。主要从两个方面，一是生化池的溶解氧含量要求在 1mg/L 以上。如果低于 0.5 mg/L，必须对生化池鼓风补氧。二是控制生化池活性污泥沉降比，同时控制上限不超过 45%，过高则排泥。

通过以上措施，1994 年 6 月以后该厂的污水处理水平有了较大提高。关键性指标如 COD 32～63mg/L、BOD 11.2～18.7 mg/L、油 1.85～6.36 mg/L、pH 7.85～8.10、悬浮物 14.0～24.7mg/L，未见相关 NH_3-N 的报道。

4. 大庆石化污水深度处理中试工艺

大庆石化公司随着生产规模的不断扩大，水资源紧张的矛盾日益显露，排放量约为 4700t/h 的生产污水已达到公司污水东排管线设计能力的极限。

(1)外排污水水量与成分分析

公司各生产厂(炼油、化纤、化肥、化 1、化 2、化 3、腈纶、塑料、热电、水气等厂)共排放污水 4700t/h，其中生产废水 1450t/h；清洁下水 3250t/h。生活区(龙凤、卧里屯、兴化)污水排放量总计为 1700t/h。各主要排放口外排污水污染物成分如表 24－20 所示。

表 24－20　主要污水排放口外排水污染物组成

排水处	pH 值	电导率/(μS/cm)	COD_{Cr}	BOD_5	Ca^{2+}	Mg^{2+}	SS	Cl^-	T－P	NH_4^+-N	硬度($Ca^{2+}+Mg^{2+}$)/(μg/L)	水量/(t/h)
			/(mg/L)									
炼油污水处理场	7.68	645	92	32	75.06	29.26	60.87	30.38	1.44	17.16	102.8	960
化肥厂	8.36	30.0	98	11.6	114	6.04	107	21.5	0.134	7.11	120.04	450
热电厂	7.92	24.1	197	36.6	60.45	28.1	110	10.8	2.049	3.05	88.6	500
化工污水处理场	8.39		395				73.5			2.97		450
腈纶污水处理场	7.68		355				70.5			89.0		330
总厂 1.3#泵站	8.05		335				85			8.65		4200
生活区污水	7.80	880	86	35	97	32	88	27	1.17	14.1	129	1700

由表中可以看出，在公司外排污水中炼油一、二污水处理场出水，化肥厂排水、热电厂排水和生活区生活污水的水质污染程度较轻，水质较为清洁，这部分外排污水的总排量为3610 t/h，约占公司全部外排污水总量的56.4%，若通过适当工艺经处理后作为生产用水予以回用，则既可减轻红旗水库的供水压力，又可合理利用水资源，无论从技术还是经济角度考虑都是合理可行的。

公司循环总水量达151500t/h，而补水量达3330 t/h。根据污水排放的水质特性和乙烯厂区循环冷却水补水量较大的特点，公司以化肥、热电两厂排水和兴化生活污水为回用原水进行了污水深度处理和回用的中型试验研究。

(2)污水深度处理中型试验

污水深度处理回用工程的污水来源于乙烯化工污水深度处理工程，其组成比例为：化肥厂总排水：热电厂总排水：兴化生活污水＝1：1：1。由监测数据表明，源污水的COD_{Cr}、BOD_5、SS、浊度等变化幅度较大，而Ca^{2+}、Mg^{2+}、总硬度等变化幅度较小，根据源污水的水质特点及公司对污水回用于循环水补水的水质要求，污水深度处理工艺应满足以下要求：①能进一步降低源污水中残留的COD、BOD；②尽可能去除NH_4^+-N和总磷；③去除悬浮物，降低浊度；④消毒、灭菌。

为满足以上要求，结合国内外污水深度处理相应技术，乙烯化工区污水深度处理试验工艺流程选择“生物接触氧化－絮凝沉淀－过滤－消毒杀菌”工艺。混合源污水首先进入调节池，在调节池内经沉沙、均质后提升进入生物接触氧化塔；塔内填充烧结的耐水填料以利微生物驯化、繁殖和挂膜，经生物接触氧化塔处理后，污水中的COD、BOD、NH_4^+-N、T－P、石油类等指标已明显降低；污水进入絮凝沉淀单元后，通过投加絮凝沉淀药剂，污水中的SS虽得到初步沉淀，但澄清出水SS含量仍不能满足要求，因此由压滤泵升压后进入压滤单元(精密过滤单元)；压滤单元采用LLY－300型精密过滤器，具有良好的SS去除效果，压滤出水SS含量已较低，自流进中间水箱，中间水箱出水除提供一部分压滤(精密过滤)系统定期反冲洗用水外，全部自流入臭氧消毒杀菌单元；经臭氧消毒杀菌后，各项指标应基本满足循环冷却水补水对水质的要求，流入清水池供循环冷却水补水使用。循环水补水水质指标见表24－21。

表24－21　大庆石化污水回用为循环冷却水补水的水质要求

项　目	水质指标要求	项　目	水质指标要求
电导率/(μS/cm)	250	Ca^{2+}/(mg/L)	50
浊度/NTU	<5	Mg/(mg/L)	35
pH值	7.0～8.50	TDS/(mg/L)	<350
色度/度	<15	油/(mg/L)	<1
COD_{Mn}/(mg/L)	24(8.0)	NH_3-N/(mg/L)	<3
SS/(mg/L)	<3	TP/(mg/L)	<1
Cl^-/(mg/L)	<35	总硬度/(mg/L)	125
SO_4^{2-}/(mg/L)	<40	总碱度/(mg/L)	125

试验参数为:

①设计污水处理量400L/h。

②调节池2m×2m×1.5m，污水停留时间12h。

③生物接触氧化塔φ0.6m×4m，内填充10mm×10mm凹凸棒0.68m^3，污水有效停留时间1.12h。

④絮凝沉降单元混合槽1m×0.5m×0.18m，污水停留时间10.8min；絮凝槽1m×0.5m×0.36m，停留时间21.6min；沉淀槽1m×0.5m×1.08m，停留时间64.6min。

⑤LLY-300型精密过滤器的截污量5kg/m^3滤料，反冲洗周期112h。

⑥消毒杀菌单元选用XFZ-5BⅢ型高中频臭氧发生器，工作电流450mA，进气压力0.058MPa，产气量0.3m^3/h，O_3发生量4.5g/h。

在所确定的最佳工艺条件下进行了半年连续试验，结果统计见表24-22。

表24-22 大庆石化污水深度处理中试试验主要污染物去除效果统计表

项 目	COD	BOD	氨氮	TP	油	SS	浊度NTU	铁
原污水浓度/(mg/L)	68.90	35.70	16.7	1.48	2.58	98.47	176	0.69
出水浓度/(mg/L)	12.95	10.9	1.43	0.17	0.45	6.77	5.86	0.22
去除率/%	81.0	69.5	91.0	89.0	83.0	93.0	97.0	68.0

出水经静态阻垢、旋转挂片、动态模拟试验证明在合适的水稳剂作用下作为循环水补水可以实现满意的运行效果。

5. 抚顺石化公司污水深度处理回用技术

抚顺石化乙烯化工有限公司现有一套年产近18万t乙烯的联合装置，其产生的生产废水为100m^3/h，另有生活污水40m^3/h，未回用前生产废水和生活污水在污水处理场混合池混合后进行生化处理，经处理合格后排入沈抚灌渠。2001年投资200万元建设污水回用工程，将生活污水与原污水处理场处理过的部分生产废水作为原水，处理量为100m^3/h，当年4月开工10月竣工，生物膜经20余天的培养、驯化后投入运行，10月底出水水质达标，引50m^3/h进入循环水系统代替新鲜水作为补充水使用，5个月左右的分析检测结果表明，未引起循环水水质指标的波动，目前已稳定运行。

(1)回用工程原水水质

2000年8月~2001年2月连续对污水水源水质进行化验分析，结果见表24-23。通过近半年的水质分析得出结论，生产废水由于水质指标中如COD、电导率、盐等含量较高且时常波动，对循环水水质有影响，而生活污水的水质相对稳定且经深度处理后，可以满足循环水的水质要求，公司决定先对生活污水进行回用，适量引入生产废水，结合乙烯公司循环水水质的实际情况，确定了适合的回用水指标。

(2)工艺流程和技术参数

根据原水水质条件和回用水水质要求，确定水源以生活污水为主，适量引入生产废水，对3套不同的工艺技术方案进行了论证和比较，通过小试、中试，最终确定工艺为图24-7所示的流程。

表 24-23 生产废水、生活污水和混合污水水质(2000年8月~2001年2月)

分析项目	生产废水(经处理后)	生活污水	混合水
pH 值	8.1	7.3	7.7
浊度/(mg/L)	15	13	13.4
COD/(mg/L)	67	32	43
油/(mg/L)	3.5	2.3	3
BOD/(mg/L)	21	9	11
NH_3-N/(mg/L)	16.5	10.3	12.5
磷/(mg/L)	3.3	6.3	3.8
酚/(mg/L)	7.2	1.5	1.9
硫化物/(mg/L)	3.5	1.1	1.8
SS/(m/L)	21	10	13
细菌总数/(个/mL)	7.9×10^5	8.3×10^5	8.1×10^5
Ca^{2+}/(mg/L)	48	29	32
SO_4^{2-}/(mg/L)	185	56	173
总硬度/(mg/L)	455	320	390
总铁/(mg/L)	1.19	0.85	0.97
Cl^-/(mg/L)	159	39	93
电导率/(μS/cm)	760	256	595

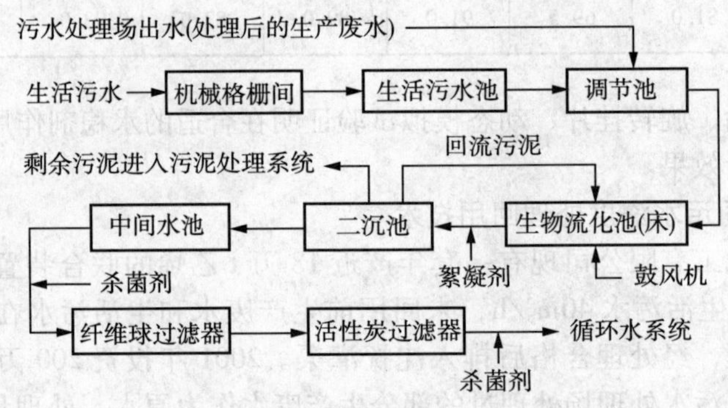

图 24-7 污水回用处理工艺流程

①机械格栅。采用不锈钢自动机械格栅，拦截生活污水中较大的悬浮物和其他杂质，格栅条间距 10mm，高 7.5m。

②调节池。为了达到较好的均质效果，在利用原生活污水池的基础上，再新建一座调节池，用于调节生活污水和生产废水的水量，同时起到初沉作用，容积为 240m³，水力停留时间 2h，两池合计停留时间 5h。

③生物流化池。在这套污水回用工艺中，引入的是一套曝气生物流化池(Aerated Biological Fluidizing Tank，ABFT)。它的生物载体即流化介质采用改性聚乙烯悬浮填料，其单个填料的总表面积可达 670mm²，空隙率 84.4%，全池的填料以 70% 的填充率填加，在出口设一 5.5mm 的格网，以防填料流失。曝气装置采用 ZY 无堵塞倒伞型曝气器，氧利用率 18%。浸渍式的生物载体对形成的生物膜起保护作用，并由于无数次的碰撞，增加了空气的利用率，使每一个载体内部形成了无数个微型的厌氧、好氧区，维持了生物的多样性，因此对废水降解的速度快，抗冲击能力强，尤其是对 NH_4^+-N、P、硫化物等处理效果更佳。池中填

料的各个层面微生物的生长呈多样性分布：下部异养微生物为优势菌，污染物主要在这里被去除；上部自养菌如硝化细菌占优势，氨氮被硝化；在生物膜内部以及部分填料间的缝隙还存在兼性微生物。因此，在ABFT工艺中发生着硝化和反硝化反应，COD、BOD的去除率可达70%以上，水力停留时间2.5h，负荷0.4kgBOD/(m^3·d)。生物流化池结构示意见图24-8。

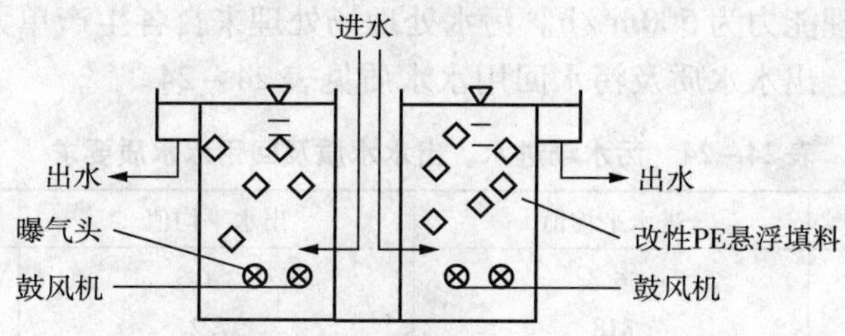

图24-8　生物流化池结构示意图

④混凝加药。经ABFT工艺处理后的出水需进行混凝沉淀处理，在曝气生物流化池的出水中投加6mg/L聚合氯化铝(PAC)，然后进行沉淀。

⑤沉淀池。采用辐流式沉淀池，直径12m，沉淀时间2h。

⑥中间水池。主要是为初滤系统、精滤系统提供反冲洗水，容积为80m^3。

⑦初滤系统。采用高效纤维球过滤器，滤速为30m/h，悬浮物的去除率90%，反冲洗强度为15L/(m^2·s)，其滤材选用涤纶纤维，纤维球呈偏圆形，直径为35~40mm，比表面积约3000m^2/m^3，密度略大于水，具有柔性强、可压缩、孔隙大、截污能力强的特点，工作时滤层孔隙上疏下密，易反洗。

⑧精滤系统。采用活性炭吸附过滤器，对初滤出水进行深度处理以进一步去除有机物。选用柱状煤质活性炭，直径1.5~2mm，堆积密度500kg/m^3，碘值1000 mg/L，再生周期1年，在滤速为8m/h时，接触时间15min，反冲洗强度为15L/(m^2·s)。

⑨杀菌消毒。采用美国JC系列加药设备，无动力消耗，可连续投加，药剂为菌藻净，具有缓释、高效、广谱、低毒、环保的特点，通过在水中水解反应，生成次溴酸和次氯酸，并由其中的平衡体控制释放速度，实现杀菌消毒的作用。其投加点在初滤前和精滤后两处，投加量为5mg/L。

6. 抚顺石化公司石油一厂污水回用现场中试试验

污水深度处理和回用水量为1m^3/h，以此为500m^3/h的污水回用装置提供依据，在COD、SS、BOD、氨氮浓度分别不大于150mg/L、200mg/L、60mg/L、50mg/L的水质情况下，采用粗滤-精滤-碳滤-除氮-反渗透工艺，进行了污水回用研究，其中离子交换除氮采用一种含水的架状铝硅酸盐多孔矿物质填料(具有阳离子的选择性交换能力)，反渗透机采用4根13cm RO膜，试验压力1.4~1.5MPa，试验确定的最佳流程为如图24-9。

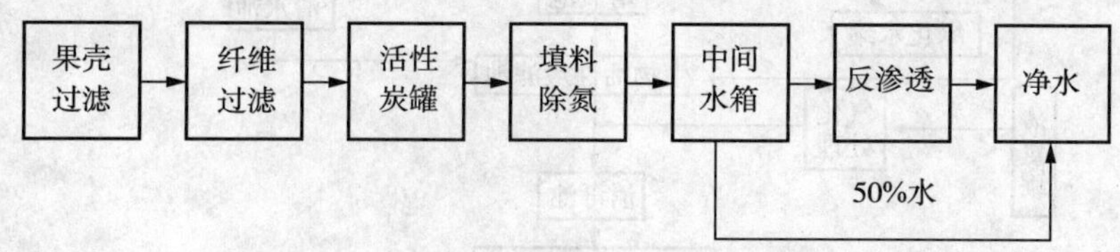

图24-9　污水回用现场中试试验工艺流程

果壳过滤器有较强的截污能力，而纤维过滤器过滤精度高，两级过滤后，各项污染指标去除作用明显(电导率除外)。反渗透膜采用螺旋卷式薄膜复合膜，具有工作压力低、产水通量大、盐截流率高、抗污染好、容易清洗、不会生物降解等优点。经过以上流程，50%水量的反渗透出水中各项污染物指标均低于回用水标准（COD 5.8mg/L，SS 9.6mg/L，氨氮0.7mg/L）。其成本低，操作方便，装置出水可完全达到回用要求。

7. 大港石化公司污水回用处理工艺

大港石化公司处理能力为500m^3/h。污水处理场处理来自各生产单元的含碱、含盐、含油及脱硫废水，其进、出水水质及污水回用水水质见表24-24。

表24-24　污水场进水、出水水质及回用水水质要求

项　目	进水平均值	出水平均值	回用水水质要求
含油率/(mg/L)	56.4	3.0	≤1.0
COD/(mg/L)	818	97.2	≤50
氨氮质量浓度/(mg/L)	68	21.6	≤10
pH值	8.5	7.18	≤7~9
硫化物质量浓度/(mg/L)	17.5	0.016	≤0.1
BOD/(mg/L)		9.5	≤10
悬浮物质量浓度/(mg/L)		105	≤30

从表24-22看出，污水处理场出水水质除pH、硫化物和BOD符合回用水水质外，含油量、COD和氨氮质量浓度均未达到要求。大港石化公司于2000~2001年开展炼油污水回用研究工作，开发了悬浮填料生物接触氧化深度处理外排废水技术，并于2002年采用该技术建成处理量为300t/h污水回用装置，处理工艺流程见图24-10。

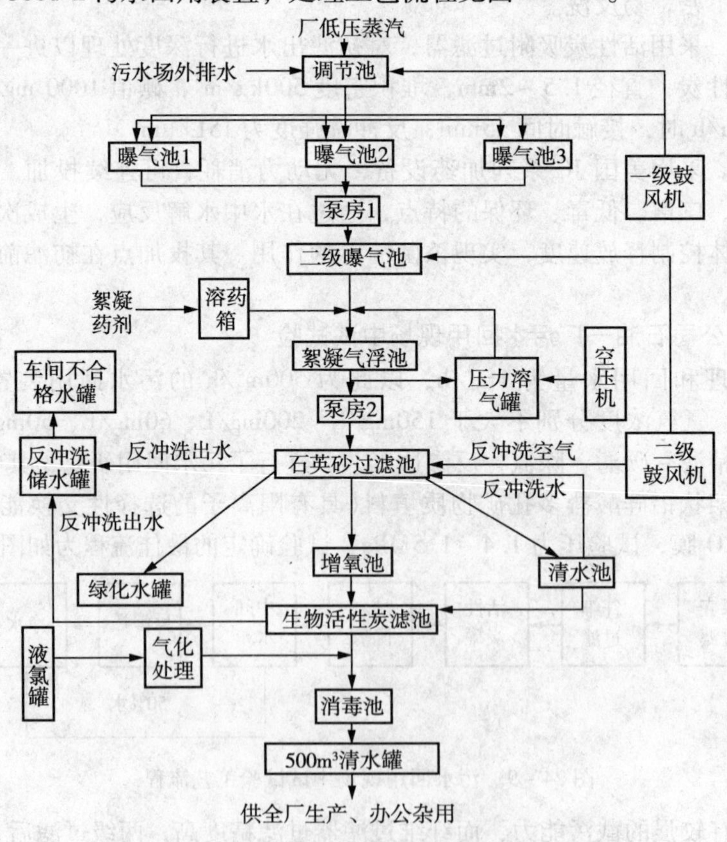

图24-10　大港石化公司污水回用处理工艺流程

(1)生化深度处理

曝气池消除污染的生化处理是采用悬浮载体生物接触氧化深度处理技术，利用附着生长在填料表面的微生物来氧化、分解污染物。池内加入一种新型填料——悬浮填料，它的密度与水相近，在正常的曝气强度下可以自由流化，其比表面积大，挂膜和脱膜速度快，不会堵塞，可长期运行。填料上附着的微生物主要是好氧细菌，包括自养和异养细菌，此外还有少量的微型动物和藻类。微生物在填料上生长后形成生物膜，不会随水流失，同时具备相当大的抗冲击能力，使生物处理池保持足够的微生物量，可以将外排水中少量的溶解性污染物彻底氧化或分解。微生物生长和代谢所需要的氧气由曝气系统提供。在生物处理池的底部布置了穿孔管曝气装置，运行时通过穿孔管的释放和填料的切割、分散作用，空气中的氧溶解到水里，再通过一系列扩散或传质过程到达微生物表面细胞内，满足微生物的需要。

好氧微生物生长的环境条件为：溶解氧(DO)浓度大于1.0 mg/L，pH值为6.5~8.5，生长和代谢的温度为10~40℃。

(2)生物膜的培养

生物膜是填料表面一层薄薄的、褐色或淡色的微生物群体，也是曝气池去除污染物的主体，生物膜状况的好坏对污染物的去除效率有直接的影响。悬浮填料投加到曝气池后需要在其表面富集微生物，培养生物膜，这个过程就是填料的挂膜。挂膜的方式有两种：自然接种富集培养和人工接种培养。两种挂膜方式各有利弊，当处理某些特种行业的有毒废水时可以二者同时兼顾。

本项目深度处理曝气池的微生物挂膜采用自然富集培养的方式，也就是说进水中已有的土著细菌在良好的环境条件下黏附到填料表面，生长、繁殖，形成菌落或菌苔，最后在填料表面连成完整的一层膜。在细菌生长的过程中，微型动物如原生动物和后生动物也会附着在填料表面生长，从而使填料表面形成一个复杂的微生态系统，共同担负去除污染物的作用。

判断填料挂膜结束的方法有两种：一是生物膜成熟，填料表面有一层薄而均匀的生物膜，呈褐色或淡色，原生动物和后生动物均有出现，且固着型动物成为优势种群，高等的微型动物如环节动物也相继出现，表明生物已趋于成熟；二是进出水水质的变化对主要污染物具有一定的去除效果，如BOD的去除率上升到60%左右，氨氮的去除率和去除负荷率均较高等。

(3)絮凝气浮

生化处理后的出水存在一定数量的悬浮物、脱落的生物膜和胶体，加入适量的絮凝剂，可以使胶体脱稳形成沉淀物，与絮凝剂结合生成大的絮体，提高沉淀或气浮的效果。根据中试试验结果，絮凝剂采用无机高分子复盐聚双酸铝铁(PAFSC)，投加浓度为10~20mg/L；如果出水的悬浮物浓度高或者絮凝生成的矾花小而分散，可以投加适量的聚丙烯酰胺，投加量应通过试验确定。

絮凝剂溶解于水后通过计量泵投加于二级曝气池的出水集水槽，经过管道混合及搅拌机的慢速搅拌生成大的矾花，进入浮选池后矾花被溶气释放器产生的微小气泡上托至水面而被刮除。搅拌机的转速控制在8~10 r/min。刮渣机的刮渣频率可根据浮渣量的多少确定，通常为每班1~2次。刮渣时应先利用水位控制器将气浮池的水位抬高约30 cm，待浮渣顶层高出排渣槽口时开启刮渣机，浮渣清除完毕后打开水位控制器直至正常运行。运行中应注意：四格气浮池应独立刮渣，确保有足够的出水供作加压回流水。

气浮池采用加压部分回流的运行方式，回流率应根据出水的水质情况确定或调整，一般为10% ~25%。浮选后的出水应清澈，没有大的矾花或沉淀物，仅有少量细小颗粒物，操作中应经常观察出水的状况并及时调节絮凝和浮选的操作参数。

气浮池刮出的浮渣通过管道流入浮渣池，停留一段时间，自然浓缩后通过污泥泵打到排水车间污泥罐中，一般为每天运行1次。冬季运行后应利用空气管扫线，防止管道冻裂。采用悬浮填料生物接触氧化深度处理外排废水技术对污水场外排污水进行深度处理后再回用，污水平均含油量由3.0mg/L下降到0.6mg/L，COD由97.2mg/L下降到25mg/L，氨氮浓度由21.6mg/L下降到3.72mg/L。深度处理后的出水总体上可以达到地下水的质量，部分指标如阴阳离子浓度、总溶解性固体等指标还比地下水低，能够回用于工业循环冷却系统、动力水水源、绿化，生活办公杂用水等领域，每年可减少废水排放量175×10^4t，用水量也大幅下降。既解决了大港油田和大港石化公司的缺水矛盾，避免了环境污染，也为石化公司节约了大量购水和排水费用，节水效果显著，环境效益和社会效益突出，有利于公司的良性发展。该项目获得了中国石油天然气集团公司技术创新二等奖。

8. 克拉玛依石化公司污水深度处理回用技术

2004年5月，克拉玛依石化公司投资兴建的4000t/d污水深度处理回用装置试车成功，经过净化的污水各项指标全部达到回用水要求，成功实现了工业化污水资源化综合利用。该装置工艺流程见图24-11。

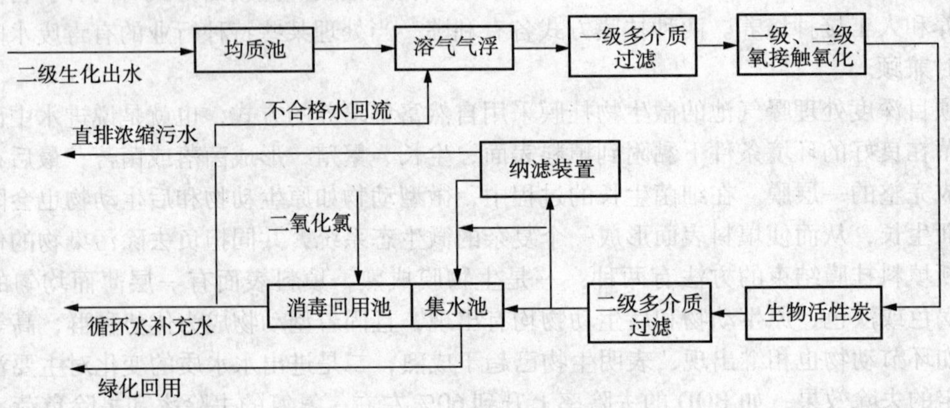

图24-11 污水深度处理实验装置

该污水深度处理装置首次采用了国内先进的"混凝气浮 + BAC(臭氧生物活性炭) + 纳滤"工艺，经过物化、生化相结合的多级处理，不但使污水中各种污染物得到有效去除，而且解决了回用水盐分富集等问题，使回用方向和范围扩大，达到了国内领先水平，为中国石油污水资源化利用起到了示范作用。装置负荷标定数据见表24-25，装置吨水处理成本在0.7元左右，处理后水用于循环水补水和绿化用水，每月可提供循环水补水6万多m^3，同时减少废水排放，取得了较好的环境效益和经济效益。

表24-25 装置满负荷标定数据

主要控制指标处理单元	COD/(mg/L)	含油量/(mg/L)	电导率/(μS/cm)	浊度/(NTU)	总硬度/(mg/L)	总碱度/(mg/L)	矿化度
气浮系统进水	67.9	4.685	2710	11.796	433.39	179.17	1930
气浮系统出水	55.6	4.080	—	—	—	—	—
二级多介质过滤器出水	31.24	1.585	2670	2.681	—	—	—

续表

主要控制指标处理单元	COD/(mg/L)	含油量/(mg/L)	电导率/(μS/cm)	浊度/(NTU)	总硬度/(mg/L)	总碱度/(mg/L)	矿化度
纳滤出水	1.64	—	340	0.912	—	—	—
外输产品水	2.15	1.509	1240	1.0	126.37	69.36	723
指标	<30	<5	<1500	<5	<300	<150	
原料水流量	171.8m^3/h						
循环水供水量	98.5 m^3/h						
绿化供水量	51m^3/h						
纳滤系统除盐率	87.5%						

9. 大连石化公司炼油污水深度处理回用技术

中国石油组织立项，中国石油大学(华东)和大连石化公司联合开发出了炼油污水深度处理回用技术。该技术是在研究国内外同类技术基础上开发的新工艺，2002 年通过国家教育部组织的鉴定，2003 年获山东省科技进步三等奖。具体工艺流程见图 24－12。各处理单元出水指标见表 24－26。

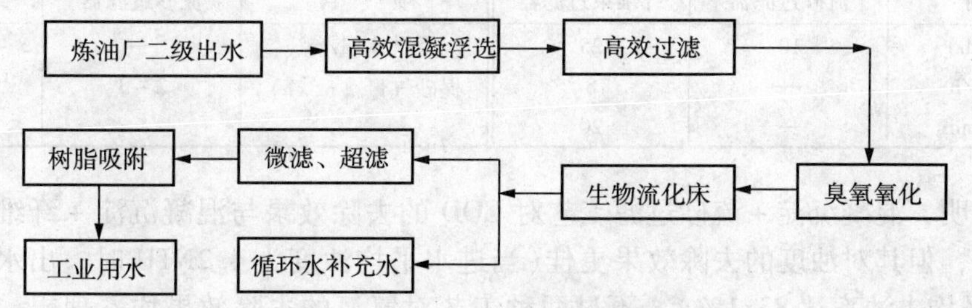

图 24－12　炼油污水深度处理回用技术工艺流程图

表 24－26　各处理单元出水指标

项目	处理前污水指标	高效气浮单元后	高效过滤单元后	生物流化床后	吸附单元后
pH 值	7～9	7～9	7～9	6.5～8.5	6.5～8.5
石油类/(mg/L)	≤10	≤5	≤1.0	≤0.5	未检出
COD/(mg/L)	≤100	≤60	≤50	≤30	≤15
挥发酚/(mg/L)	≤0.5	≤0.2	≤0.1	≤0.02	≤0.001
悬浮物/(mg/L)	≤150	≤70	≤25	≤15	≤2.5
氨氮/(mg/L)	≤25	≤15	≤15	≤5	≤2
异养菌总数/(个/ml)				$\leq 5\times10^5$	

炼厂二级处理出水经此套工艺处理后，生物流化床出水水质完全达到了工业循环水补充水要求，工艺处理吨废水的成本为 0.88 元。

10. 上海石化股份公司污水深度处理回用技术

上海石化股份公司水质净化厂采用二级生物法处理石化废水，其出水水质如表 24－27 所示。由表中可知，二级处理出水的水质较好，但波动范围较大，且除 pH 值外其他指标的上限值均高于回用水标准。

表 24－27 出水水质与回用水标准比较列表

项 目	范 围	回用水标准	项 目	范 围	回用水标准
pH 值	7.20～8.35	6.5～8.5	BOD_5/(mg/L)	1.3～27.8	<5
COD/(mg/L)	37.2～99.8	< 50	SS/(mg/L)	2.0～58.0	< 10
氨氮/(mg/L)	0.3～16.4	<5			

中试采用如图 24－13 所示的工艺流程，混凝沉淀采用斜管沉淀(混合、反应及沉淀时间分别为 1min、20min、40 min)，纤维束过滤器和流砂过滤器并联运转，处理水量均为 $5m^3/h$。其主要运行参数如表 24－28 所示。

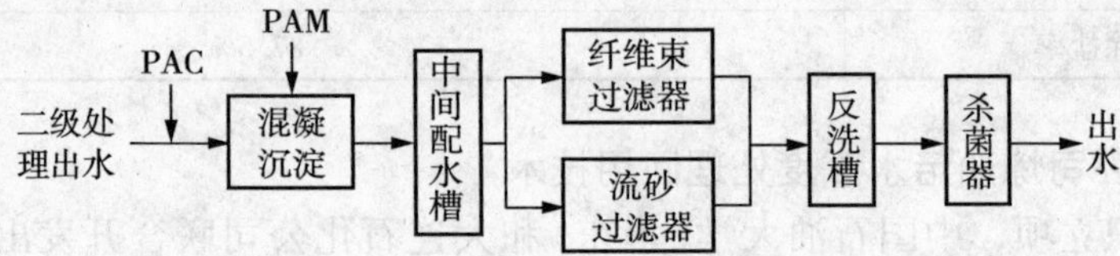

图 24－13 深度处理的中试工艺流程

表 24－28 主要运行参数

项 目	流砂过滤器	纤维束过滤器	项 目	流砂过滤器	纤维束过滤器
滤速/(m/h)	10	25	反洗水量/m^3	—	2
反洗周期/h	—	8	提砂气量/(m^3/h)	2～3	—
反洗时间/min	—	20			

研究表明，混凝沉淀＋流砂过滤工艺对 COD 的去除效果与混凝沉淀＋纤维束过滤工艺的相差不大，但其对浊度的去除效果更佳(当进水平均浊度为 4.2NTU 时，出水平均浊度为 0.6NTU，平均去浊率达 83.1%)。不过两种工艺对氨氮的去除效果均不理想。石化废水经深度处理后的水质指标如表 24－29 所示。从表 24－29 可以看出，深度处理出水的各项水质指标完全达到了循环冷却水的标准。为考察该水回用作循环冷却水时对系统的影响，运用饱和指数法(LangeLier 指数法)和稳定指数法(Ryznar 指数法)对水质进行了评价。结果表明，饱和指数在 0～0.5 之间，即该回用水对循环冷却水系统具有腐蚀倾向；而 6.0＜稳定指数＜7.0，即水质基本稳定，无结垢倾向。

表 24－29 经深度处理后的总出水水质

项目	COD/(mg/L)	BOD_5/(mg/L)	氨氮/(mg/L)	pH 值	总硬度/(mg/L)	总碱度/(mg/L)	Ca^{2+}/(mg/L)	TDS/(mg/L)	Cl^-/(mg/L)	SO_4^{2-}/(mg/L)	Fe/(mg/L)	Mn/(mg/L)	浊度/NTU	色度/倍	石油类/(mg/L)	细菌数/(个/mL)
含量	46.2	2.0	2～3	7.55	225.9	284	65.3	150	313	345.8	0.16	0.14	0.7	26	0.68	< 100

因为饱和指数法和稳定指数法均以碳酸钙的溶解平衡作为判断依据，并没有考虑其他因素对水质的影响，故又采用旋转挂片法验证回用水的腐蚀倾向，并与工业水的腐蚀性进行了比较。试验表明，与工业水相比回用水对碳钢更具腐蚀性，表现出腐蚀倾向，这与饱和指数法所得结论相同。因此，再生水应用于循环冷却水系统时要采取有效的防腐蚀措施。

11. 天津石化公司污水深度处理回用技术

天津石化公司建成了以纤维束过滤器为核心工艺的废水回用水质深度处理装置，其流程如图 24－14 所示。

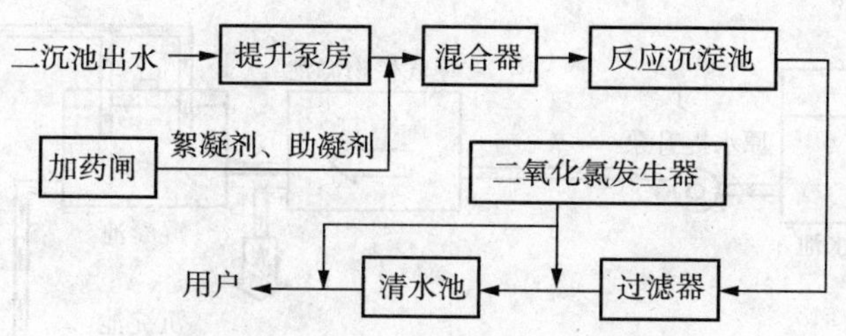

图 24-14 废水回用深度处理工艺流程

该系统的原水为化工、化纤等厂的生产废水和生活污水的二级处理（主体工艺为 UNOX 纯氧曝气活性污泥法）出水，其 COD 为 40~100mg/L，浊度为 5~30NTU。过滤器把出水浊度和水头损失作为控制指标，同时测定 COD。该系统的出水一部分用于冲厕或浇灌绿地，一部分用作循环冷却补水（COD <40mg/L，浊度 <5NTU，pH 值 =6~9）。

12. 燕山石化公司

燕山石化全年污水排放量约为 1600 万 m^3，占公司生产用水量的 65.1%，这为污水再生利用提供了有利的条件和丰富的水源。近几年，燕化加大技术攻关和技术引进，加大对污水处理技术和资金投入，先后建成了两套技术先进、具有一定规模的污水处理和回用装置：一是将炼油污水经过深度处理后并入工业管网，作为循环水补水或其他杂用水使用；二是将化工污水进行深度处理后作为锅炉除盐水的补水使用。

（1）前期研究工作

1993 年，燕化与中国科学院生态环境研究中心共同承担了国家"八五"科技攻关专题——"石化地区污水回用成套技术"研究。该项研究以化工污水处理场二级处理出水为水源，采用"生物接触氧化-絮凝-沉淀-纤维过滤工艺"，处理过的回用水可用于循环水补水。获得了国家科委、国家计委、财政部联合颁发的"八五"科技重大成果奖和中国科学院颁发的科技进步二等奖。

2000 年，燕山石化又开展了"牛口峪污水回用于循环冷却水"中试，建成一套 $1m^3/h$ 的中试装置，重点考察该工艺对降低 COD 的效果，试验结果表明处理后污水用于循环补水是可行的。此后，燕山石化研究院又对燕化西区车间的二沉池出水进行了补充试验，结果表明，西区出水经过简单"絮凝-沉淀-过滤"工艺，其出水可用于循环补水。由于工业废水色度和臭味都比城市污水严重，攻关中又运用活性炭吸附技术，增加了脱色脱臭单元。经过几年的开发、摸索和尝试，西区污水处理后终于达到了工业用水的标准。

目前，燕山石化的污水回用可以分为两个层次：第一个层次在西区净化车间，常规生化处理的二沉池出水经过生化、过滤、杀菌等深度处理后作为循环水补水；第二个层次是将第一个层次处理后的污水经过超滤-反渗透处理，作为锅炉补给水。

（2）西区净化车间回用水工程

2002 年 9 月 30 日，燕山石化投资 1634 万元、国内同类处理装置规模最大的污水回用装置——西区炼油污水回用装置建成。由于首次应用生物曝气滤池、折点加氯、纤维过滤器、活性炭过滤等技术，其工艺流程如图 24-15 所示，相关技术指标如表 24-30 所示。

该装置处理后的污水已成功回用于炼油厂工业用水和橡胶事业部循环水补充用水。2003 年，该装置生产再生水达 240 万 t，2004 年处理污水量达 580 万 t，使燕山石化环保事业部实现了由污水处理达标排放型向污水资源利用型企业的转变。

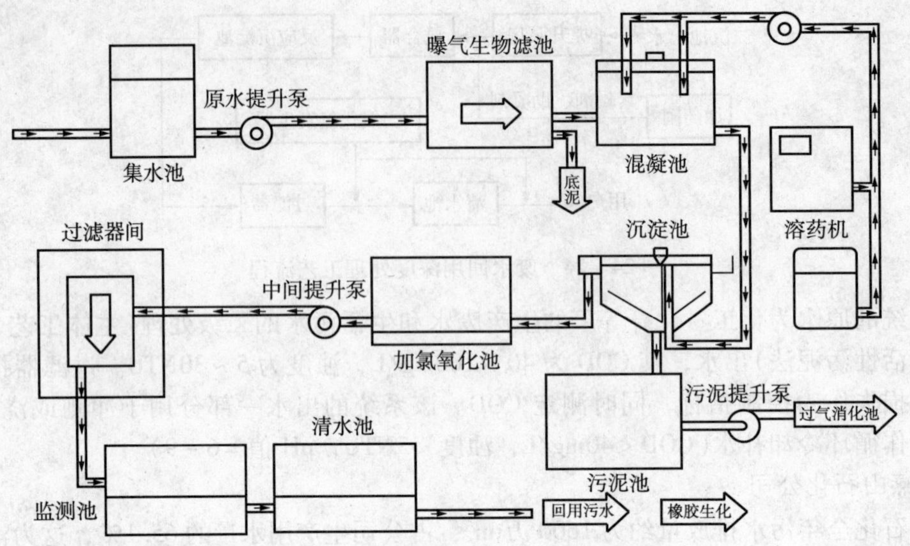

图 24-15　西区净化车间污水回用工艺流程示意图

表 24-30　西区净化车间污水回用相关技术指标　mg/L

名　称	COD	SS	BOD_5	NH_4^+-N	油	异氧菌
二沉池出水	100	70	30	25	5	—
曝气生物滤池出水	50	40	10	5	4	—
小二沉池出水	35	20	6	5	0.5	—
加氯氧化	—	—	—	1	—	—
纤维过滤器出水	30	10	5	—	≤0.5	—
活性炭过滤器出水	≤50	≤5	≤5	≤1	—	—
总出水	≤50	≤5	≤5	≤1	≤0.5	≤300

(3)东区污水回用装置

2003 年，燕山石化在炼油污水成功回用的基础上，开始实施东区污水回用装置的规划和建设。外排污水经过简单处理后，经过超滤膜去除大分子、胶体、悬浮物、细菌等；超滤的产水再经过高效的反渗透膜去除 98% 的盐分；反渗透产水进入现有的离子交换系统，处理后的水是软化水，无论是用于循环水还是锅炉水都有保证，甚至可以饮用，其水质通常比饮用水还要好。

超滤进水水质为：COD_{Cr}≤40mg/L，浊度≤5.0NTU，油≤2mg/L，氨氮≤1mg/L，悬浮物≤5mg/L，TDS≤1000mg/L，Ca^{2+}≤240mg/L。采用 OMEXELL 公司的超滤 SFP2660，聚偏氟乙烯(PVDF)材质，过滤孔径 0.03μm；共 10 组，8 组运行，1 组备用、1 组清洗，每组出力 70t/h。为节约占地，采用上下两层布置方式。反渗透装置采用二段式 15∶8 排列，设计出力为 103t/h/套；进水加阻垢剂 Flocon-135，加药量为 3ppm。

2004 年 7 月 26 日，东区污水回用装置一次开车成功并生产出合格的准一级脱盐水，当天就开始对化工厂进行了试送水。7 月 27 日上午 10 时，东区污水回用装置生产的准一级脱盐水以360t/h的流量成功输送入化工厂锅炉系统，替代新鲜水成功进行了锅炉补水。东区污水回用装置设计取水量1200m^3/h，每小时生产800m^3除盐水。该装置达标运行后每年可为燕化节水600万～700万t。

预计东西区两套回用装置共同发挥作用所产生的回用水水量可接近燕山石化总用水量的1/6。东西区污水回用装置的建成投产不仅对中国石油化工系统开展污水回用具有典型的示范作用，而且还将逐步缓解水资源短缺的难题，同时也使燕化实现了由污水处理达标排放型向污水资源利用型的转变，取得了经济、社会效益的双丰收。

参 考 文 献

[1] 杨岳平，徐新华，刘传富．废水处理工程及实例分析(上篇)[M]．北京：化学工业出版社，2003.

[2] 缪应祺．水污染控制工程[M]．南京：东南大学出版社，2002.

[3] 夏建新，李天宏，王英，张淑萍．全球环境变迁[M]．北京：中央民族大学出版社，2006.

[4] 祁鲁梁，李永存，李本高．水处理工艺与运行管理实用手册[M]．北京：中国石化出版社，2002.

[5] 陈国华．水体油污染治理[M]．北京：化学工业出版社，2002.

[6] 刘德绪．油田污水处理工程[M]．北京：石油工业出版社，2001.

[7] 吴芳云，陈进富，赵朝成，孙金蓉．石油环境工程[M]．北京：石油工业出版社，2002.

[8] 张振家．工厂废水处理站工艺原理与维护管理[M]．北京：化学工业出版社，2003.

[9] 曾科，卜秋平，陆少鸣．污水处理厂设计与运行[M]．北京：化学工业出版社，2008.

[10] 潘涛，田刚．废水处理工程技术手册[M]．北京：化学工业出版社，2010.

[11] 李亚峰，佟玉衡，陈立杰．实用废水处理技术(第二版)[M]．北京：化学工业出版社，2009.

[12] 张学洪．工业废水处理工程实例[M]．北京：冶金工业出版社，2009.

[13] 钟琼．废水处理技术及设施运行[M]．北京：中国环境科学出版社，2008.

[14] 张翼，林玉娟，范洪富，王宝辉．石油石化工业污水分析与处理[M]．北京：石油工业出版社，2006.

[15] 陈家庆．石油石化工业环保技术概论[M]．北京：中国石化出版社，2005.

[16] 董国永．石油环保技术进展[M]．北京：石油工业出版社，2006.

[17] 邹家庆．工业废水处理技术[M]．北京：化学工业出版社，2003.

[18] 王良均，吴孟周．石油化工废水处理设计手册[M]．北京：中国石化出版社，1996.

[19] 汪大翚，徐新华，宋爽．工业废水中专项污染物处理手册[M]．北京：化学工业出版社，2000.

[20] 王国华，任鹤云．工业废水处理工程设计与实例[M]．北京：化学工业出版社，2005.

[21] 北京市市政设计院．给水排水设计手册(第6册)[M]．北京：中国建筑工业出版社．2002.

[22] 崔玉川．废水处理工艺设计计算[M]．北京：水力电力出版社，1994.

[23] 买文宁，邢传宏，徐洪斌．有机废水生物处理技术及工程设计[M]．北京：化学工业出版社，2008.